Viga, carga y diagrama del momento flexionante	Ecuacion
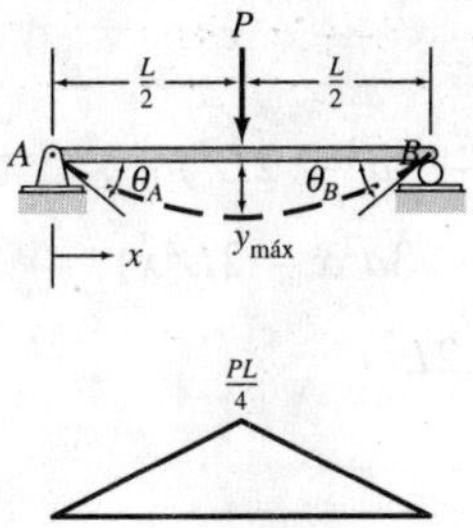	$0 \leq x \leq \frac{L}{2}$: $\theta = \frac{P}{16EI}(4x^2 - L^2)$ $y = \frac{P}{48EI}(4x^3 - 3L^2x)$ $\theta_A = -\frac{PL^2}{16EI};\ \theta_B = \frac{PL^2}{16EI}$ $y_{máx} = -\frac{PL^3}{48EI}$
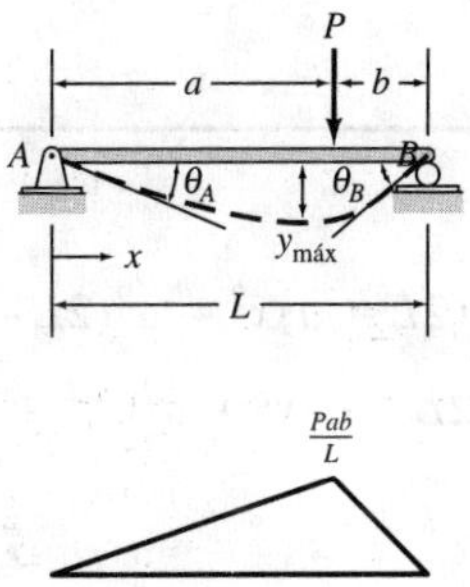	$0 \leq x \leq a$: $\theta = \frac{Pb}{6EIL}(3x^2 + b^2 - L^2)$ $y = \frac{Pb}{6EIL}(x^3 + b^2x - L^2x)$ $a \leq x \leq L$: $\theta = \frac{Pa}{6EIL}[L^2 - a^2 - 3(L - x)^2]$ $y = \frac{Pa(L-x)}{6EIL}(x^2 + a^2 - 2Lx)$ $\theta_A = -\frac{Pb}{6EIL}(L^2 - b^2)$ $\theta_B = \frac{Pa}{6EIL}(L^2 - a^2)$ Para $a \geq b$: $y_{máx} = -\frac{Pb}{9\sqrt{3}\,EIL}(L^2 - b^2)^{3=2}$ en $x = \left(\frac{L^2 - b^2}{3}\right)^{1/2}$
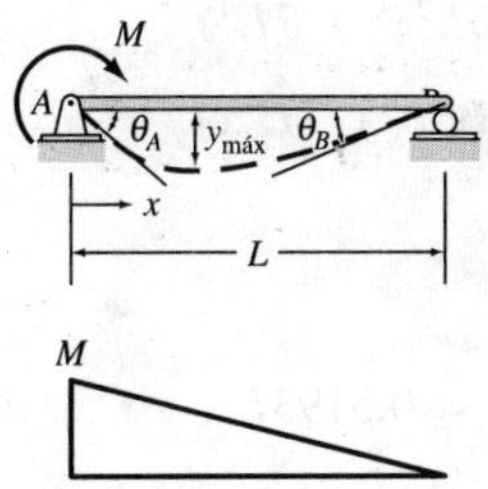	$\theta = -\frac{M}{6EIL}(3x^2 - 6Lx + 2L^2)$ $y = -\frac{M}{6EIL}(x^3 - 3Lx^2 + 2L^2x)$ $\theta_A = -\frac{ML}{3EI};\ \theta_B = \frac{ML}{6EI}$ $y_{máx} = -\frac{ML^2}{9\sqrt{3}\,EI}$ en $x = L\left(1 - \frac{1}{\sqrt{3}}\right)$

Viga, carga y diagrama del momento flexionante	Ecuaciones para la pendiente y la deflexión
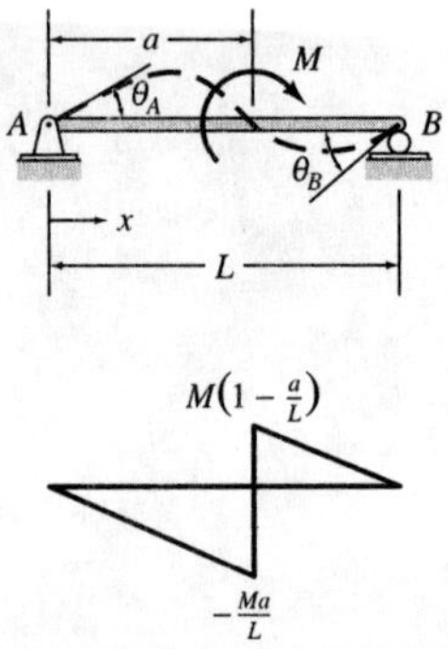	$0 \le x \le a$: $\theta = \frac{M}{6EIL}(-3x^2 + 6aL - 3a^2 - 2L^2)$ $y = \frac{M}{6EIL}(-x^3 + 6aLx - 3a^2x - 2L^2x)$ $\theta_A = \frac{M}{6EIL}(6aL - 3a^2 - 2L^2)$ $\theta_B = \frac{M}{6EIL}(L^2 - 3a^2)$
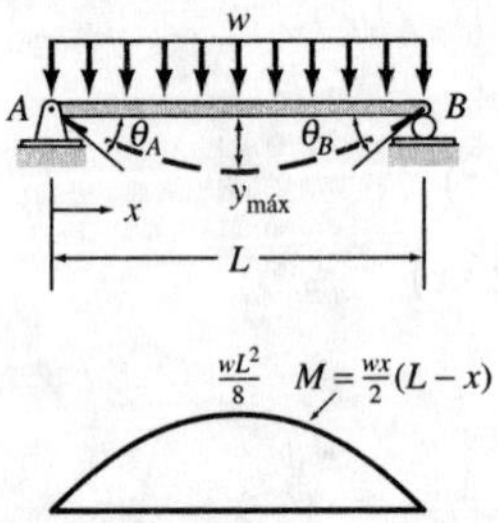	$\theta = -\frac{w}{24EI}(4x^3 - 6Lx^2 + L^3)$ $y = -\frac{w}{24EI}(x^4 - 2Lx^3 + L^3x)$ $\theta_A = -\frac{wL^3}{24EI}$ $\theta_B = \frac{wL^3}{24EI}$ $y_{máx} = -\frac{5wL^4}{384EI}$ en $x = \frac{L}{2}$
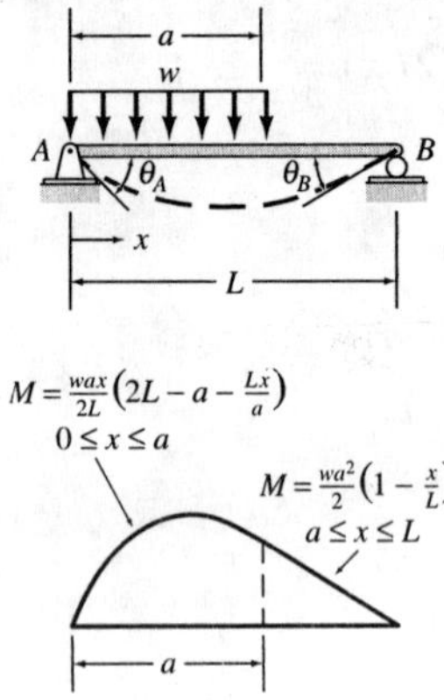	$0 \le x \le a$: $\theta = -\frac{w}{24EIL}[4Lx^3 - 6a(2L-a)x^2 + a^2(2L-a)^2]$ $y = -\frac{w}{24EIL}[Lx^4 - 2a(2L-a)x^3 + a^2(2L-a)^2x]$ $a \le x \le L$: $\theta = -\frac{wa^2}{24EIL}(6x^2 - 12Lx + a^2 + 4L^2)$ $y = -\frac{wa^2}{24EIL}(L-x)(-2x^2 + 4Lx - a^2)$ $\theta_A = -\frac{wa^2}{24EIL}(2L-a)^2$ $\theta_B = \frac{wa^2}{24EIL}(2L^2 - a^2)$
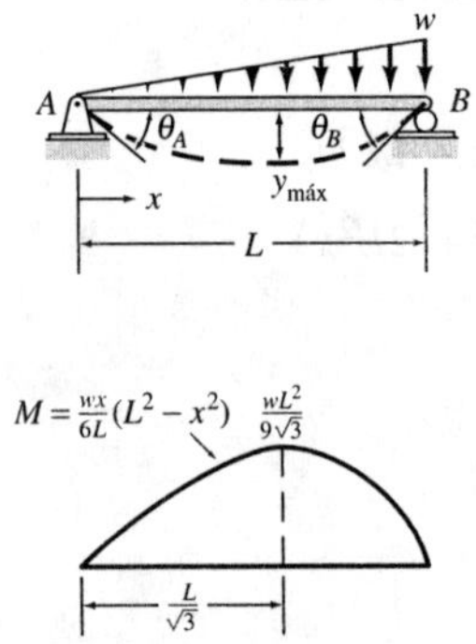	$\theta = -\frac{w}{360EIL}(15x^4 - 30L^2x^2 + 7L^4)$ $y = -\frac{w}{360EIL}(3x^5 - 10L^2x^3 + 7L^4x)$ $\theta_A = -\frac{7wL^3}{360EI}$ $\theta_B = \frac{wL^3}{45EI}$ $y_{máx} = -0.00652\frac{wL^4}{EI}$ en $x = 0.5193L$

ANÁLISIS ESTRUCTURAL

ANÁLISIS ESTRUCTURAL

SEGUNDA EDICIÓN

ASLAM KASSIMALI

Southern Illinois University-Carbondale

THOMSON LEARNING

Australia • Brasil • Canadá • España • Estados Unidos • México • Reino Unido • Singapur

THOMSON LEARNING

Análisis Estructural
Aslam Kassimali

Vicepresidente de Editorial y Producción:
Miguel Ángel Toledo Castellanos

Editor de desarrollo:
Pedro de la Garza Rosales

Traducción:
José Hernán Pérez Castellanos

Corrección de estilo y revisión técnica:
Eduardo Ramírez Grycuk
Universidad Autónoma Metropolitana-Azcapotzalco

Gerente de producción:
René Garay Argueta

Diseño de portada:
Movimiento Gráfico

Tipografía:
Eduardo Ramírez Grycuk

Lecturas:
Aurelio García y
Mayolo Solano

Impreso en México
Printed in Mexico
1 2 3 4 03 02 01
Para mayor información contáctenos a:
Séneca 53
Col. Polanco
México, D. F. 11560

Puede visitar nuestro sitio Web en
http://www.thomsonlearning.com.mx

Traducido del libro *Structural Analysis* publicado en inglés por Brooks/Cole / 1999 ISBN-0-534-95324-7.
Datos para catalogación bibliográfica:
Kassimali, Aslam
Análisis estructural 2a. Ed.
Incluye referencias bibliográficas e índice.
ISBN 970-686-042-8
1. Análisis estructural
2. Técnicas para el análisis de estructuras de construcción en ingeniería civil.

División Iberoamericana

México y América Central:
Thomson Learning
Séneca 53
Col. Polanco
México, D. F. 11560
Tel (525)281 29 06
Fax (525)281 29 06
editor@thomsonlearning.com.mx

Pacto Andino:
Thomson Learning
Calle 39 No. 24-09
La Soledad
Bogotá, Colombia
Tel (571) 340-9470
Fax (571) 340-9475
clithomson@andinet.com

Cono Sur:
Suipacha 774 2 C
Buenos Aires, Argentina
Tel (5411)4325-2236
Fax (5411)4328-1829
thomson@thomsonlearning.com.ar

El Caribe:
Thomson Learning
Home Mortgage Plaza
268 Ponce de León A
Suite 510, 5th Floor
Hato Rey, Puerto Rico
Tel (787)758-7580
Fax (787)758-7573
thomson@coqui.net

España:
Paraninfo Thomson Learning
Calle Magallanes 25
28015 Madrid
España
Tel 34 (0)91 446-3350
Fax 34 (0)91 445-6218
clientes@paraninfo.es

EN MEMORIA DE *AMI*

CONTENIDO

PREFACIO

El objetivo de esta obra es desarrollar la comprensión de los principios básicos del análisis estructural. Al hacer hincapié sobre el enfoque intuitivo clásico, *Análisis estructural* cubre el análisis de las vigas, las armaduras y los armazones rígidos estáticamente determinados e indeterminados. Asimismo, presenta una introducción hacia el análisis matricial de las estructuras.

El libro se divide en tres partes. En la parte uno se presenta una introducción general al contenido de la ingeniería estructural. Incluye un capítulo dedicado por completo al tema de las cargas porque, por lo general, no se presta atención a este importante tema en muchos cursos curriculares de ingeniería civil. En la parte dos, que consta de los capítulos 3 al 10, se cubre el análisis de las vigas, armaduras y armazones rígidos estáticamente determinados. Los capítulos sobre las deflexiones (capítulos 6 y 7) están colocados antes de los que se refieren a las líneas de influencia (capítulos 8 y 9), de modo que las líneas de influencia para las deflexiones se puedan incluir en los capítulos posteriores. Asimismo, esta parte contiene un capítulo sobre el análisis de las estructuras simétricas (capítulo 10). En la parte tres del libro, capítulos 11 a 17, se cubre el análisis de las estructuras estáticamente indeterminadas. El formato del libro es flexible para que los profesores hagan resaltar los temas que sean coherentes con los objetivos del curso.

Cada capítulo de esta obra se inicia con una sección de introducción en la que se definen su objetivo y finalidades, con una sección de resumen en la que se describen sus características sobresalientes. Una importante característica general de esta obra es la inclusión de procedimientos paso por paso para el análisis, con el fin de que los estudiantes realicen una transición más fácil de la teoría hacia la resolución de problemas. Se dan numerosos ejemplos resueltos, con el fin de ilustrar la aplicación de los conceptos fundamentales.

Acerca de la edición revisada

En esta segunda edición se ha aumentado el número de problemas en alrededor del 33% (incluyendo problemas nuevos de diseño y orientados a las computadoras) para hacer que el total sea de más de 500. Se ha revisado el capítulo sobre cargas, para satisfacer las provisiones de la norma ASCE 7-95. Se tienen otras numerosas revisiones de menor amplitud, incluyendo una discusión ampliada del ladeo en las estructuras, en el capítulo 15, y se han vuelto a dibujar muchas figuras para acrecentar la claridad.

Reconocimientos

Deseo expresar mi agradecimiento a Suzanne Jeans de Brooks/Cole Publishing Company, por su apoyo y ayuda constantes a lo largo de todo este proyecto, y a Jonathan Plant, mi editor para la primera edición, por alentarme para desarrollar esta segunda. Se reconocen con gratitud los comentarios y sugerencias para lograr mejoras, provenientes de colegas y estudiantes que han usado la primera edición. Todas sus sugerencias se consideraron con cuidado y se pusieron en práctica, siempre que fue posible. También estoy agradecido con los revisores siguientes, por sus cuidadosas revisiones, tanto de la primera como de la segunda ediciones, como también por sus sugerencias constructivas:

Ayo Abatan
Virginia Polytechnic Institute and State University

Riyad S. Aboutaha
Georgia Institute of Technology

Osama Abudayyeh
Western Michigan University

Thomas T. Baber
University of Virginia

Gordon B. Batson
Clarkson University

George E. Blandford
University of Kentucky

Ramon F. Borges
Penn State/Altoona College

Kenneth E. Buttry
University of Wisconsin

William F. Carroll
University of Central Florida

Malcolm A. Cutchins
Auburn University

Jack H. Emanuel
University of Missouri—Rolla

Robert Taylor
Northeastern University

C. C. Tung
North Carolina State University

Nicholas Willems
University of Kansas

Fouad Fanous
Iowa State University

Leon Feign
Fairfield University

Robert Fleischman
University of Notre Dame

George Kostyrko
California State University

E. W. Larson
California State University/ Northridge

L. D. Lutes
Texas A&M University

Eugene B. Loverich
Northern Arizona University

David Mazurek
US Coast Guard Academy

Ahmad Namini
University of Miami

Arturo E. Schultz
North Carolina State University

Kassim Tarhini
Valparaiso University

John Zachar
Milwaukee School of Engineering

Mannocherch Zoghi
University of Dayton

Por último, me gustaría expresar a mi amada esposa Maureen mi aprecio por su aliento y ayuda constantes en la preparación de este manuscrito, y a mis hijos, Jamil y Nadim, por su comprensión y paciencia enormes.

Aslam Kassimali

PARTE UNO

INTRODUCCIÓN AL ANÁLISIS ESTRUCTURAL Y A LAS CARGAS

1 INTRODUCCIÓN AL ANÁLISIS ESTRUCTURAL

The Sears Tower, Chicago
Photo courtesy of Bethlehem Steel Corporation

El análisis estructural es la predicción del comportamiento de una estructura dada bajo cargas prescritas y otros efectos externos, o bajo ambas influencias, como movimientos de los apoyos y cambios en la temperatura. Las características de comportamiento que por lo común interesan en el diseño de estructuras son: 1) esfuerzos o resultantes de los esfuerzos, como fuerzas axiales, fuerzas cortantes o momentos flexionantes; 2) deflexiones, y 3) reacciones en los apoyos. Por tanto, el análisis de una estructura suele comprender la determinación de estas cantidades según las cause una condición dada de carga. El objetivo de este texto es presentar los métodos para el análisis de estructuras en equilibrio estático.

En este capítulo, se da una introducción general al contenido del análisis estructural. En primer lugar, se dan breves antecedentes históricos, incluyendo los nombres de personas cuyo trabajo es importante en el campo. Enseguida, se discute el papel del análisis estructural en los proyectos de ingeniería estructural. Se describen los cinco tipos comunes de estructuras: estructuras a tensión y compresión, armaduras y estructuras bajo corte y flexión. Por último, se considera el desarrollo de los modelos simplificados de estructuras reales para los fines del análisis.

1.1 ANTECEDENTES HISTÓRICOS

Desde los albores de la historia, la ingeniería estructural ha sido parte esencial del esfuerzo humano. Sin embargo, no fue sino hasta alrededor de la mitad del siglo XVII que los ingenieros empezaron a aplicar el conocimiento de la mecánica (las matemáticas y la ciencia) en el diseño de estructuras. Las primeras estructuras de ingeniería se diseñaron por tanteos y con la aplicación de reglas empíricas basadas en la experiencia pasada. Algunas de las magníficas estructuras de las eras antiguas, como las pirámides egipcias (alrededor del año 3000 a. C.), los templos griegos (500-200 a. C.), los coliseos y acueductos romanos (200 a. C.-200 d. C.) y las catedrales góticas (1000-1500 d. C.), todavía en pie, son en la actualidad testimonio del ingenio de sus constructores (Fig. 1.1).

En general, Galileo Galilei (1564-1642) se considera como el iniciador de la teoría de las estructuras. En su libro titulado *Dos ciencias nuevas*, que se publicó en 1638, Galileo analizó la falla de algunas estructuras simples, incluyendo las vigas en voladizo. Aun cuando las predicciones de Galileo de las resistencias de las vigas sólo fueron aproximadas, su trabajo puso el cimiento para los desarrollos futuros en la teoría de las estructuras y anunció una nueva era de la ingeniería estructural, en la cual los principios analíticos de la mecánica y la resistencia de los materiales tendrían una importante influencia en el diseño de las estructuras.

Después del trabajo precursor de Galileo, el conocimiento de la mecánica estructural avanzó a paso rápido en la segunda mitad del siglo XVII y hacia el XVIII. Entre los investigadores notables de ese periodo se encuentran Robert Hooke (1635-1703), quien desarrolló la ley de las relaciones lineales entre la fuerza y la deformación de los materiales (ley de Hooke); Sir Isaac Newton (1642-1727), quien formuló las leyes del movimiento y desarrolló el cálculo; John Bernoulli (1667-1748), quien formuló el principio del trabajo virtual; Leonhard Euler (1707-1783), quien desarrolló la teoría del pandeo de las columnas, y C. A. de Coulomb (1736-1806), quien presentó el análisis de la flexión de las vigas elásticas.

En 1826, L. M. Navier (1785-1836) publicó un tratado sobre el comportamiento elástico de las estructuras, el cual se considera como el primer libro de texto sobre la teoría moderna de la resistencia de los materiales. El desarrollo de la mecánica estructural continuó a un paso tremendo durante todo el resto del siglo XIX y hacia la primera mitad del XX, cuando se desarrollaron la mayor parte de los métodos clásicos para el análisis de las estructuras que se describen en este texto. Los colaboradores importantes de este periodo incluyeron a B. P. Clapeyron (1799-1864), quien

Fig. 1.1 *La Catedral de Notre Dame en París se terminó de construir en el siglo XIII*
Fotografía cortesía de la Oficina de Turismo del Gobierno de Francia

formuló la ecuación de los tres momentos para el análisis de las vigas continuas; J. C. Maxwell (1831-1879), quien presentó el método de las deformaciones coherentes y la ley de las deflexiones recíprocas; Otto Mohr (1835-1918), quien desarrolló el método de la viga conjugada para el cálculo de las deflexiones y los círculos de Mohr del esfuerzo y la deformación unitaria; Alberto Castigliano (1847-1884), quien formuló el teorema del trabajo mínimo; C. E. Greene (1842-1903), quien desarrolló el método del momento-área; H. Müller-Breslau (1851-1925, quien presentó un principio para la construcción de las líneas de influencia; G. A. Maney (1888-1947), quien desarrolló el método de la pendiente-deflexión, que se considera como el precursor del método matricial de las rigideces, y Hardy Cross (1885-1959), quien desarrolló el método de la distribución de momentos, en 1924. El método de la distribución de momentos proporciona a los ingenieros un procedimiento iterativo sencillo para el análisis de estructuras estáticamente indeterminadas con intensidad. Este método, que fue usado con mayor amplitud por los ingenieros en estructuras durante el periodo de 1930 a 1970, contribuyó de manera significativa a comprender el comportamiento de los armazones estáticamente indeterminados. Se diseñaron muchas estructuras durante ese periodo, como edificios muy altos, lo cual no habría sido posible sin disponer del método de la distribución de momentos.

El advenimiento de las computadoras en la década de 1970 revolucionó el análisis estructural. Debido a que la computadora podía resolver grandes sistemas de ecuaciones simultáneas, los análisis que llevaban días y, a veces, semanas en la era previa a la computadora ahora se podían realizar en segundos. El desarrollo de los métodos actuales, orientados a la computadora, se pueden atribuir, entre otros, a J. H. Argyris, R. W. Clough, S. Kelsey, R. K. Livesley, H. C. Martin, M. T. Turner, E. L. Wilson y O. C. Zienkiewicz.

1.2 PAPEL DEL ANÁLISIS ESTRUCTURAL EN LOS PROYECTOS DE INGENIERÍA ESTRUCTURAL

La ingeniería estructural es la ciencia y el arte de planear, diseñar y construir estructuras seguras y económicas que servirán a los fines a los que están dirigidas. El análisis estructural es parte integral de cualquier proyecto de ingeniería de estructuras, siendo su función la predicción del comportamiento de la estructura propuesta. En la figura 1.2, se presenta un diagrama de flujo en el que se muestran las diversas fases de un proyecto típico de ingeniería de estructuras. Como se indica en este diagrama, el proceso es iterativo y, en general, consta de los pasos siguientes:

1. *Fase de planeación* La fase de planeación suele comprender el establecimiento de los requisitos de funcionamiento de la estructura propuesta, la consideración de los tipos posibles de estructuras (por ejemplo, armazón rígido o armadura) que puedan ser factibles y los tipos de materiales que se van a usar (por ejemplo, acero estructural o concreto reforzado). Esta fase también puede comprender la consideración de factores no estructurales, como la estética, el impacto ambiental de la estructura, etcétera. Por lo común, el resultado de esta fase es un sistema estructural que

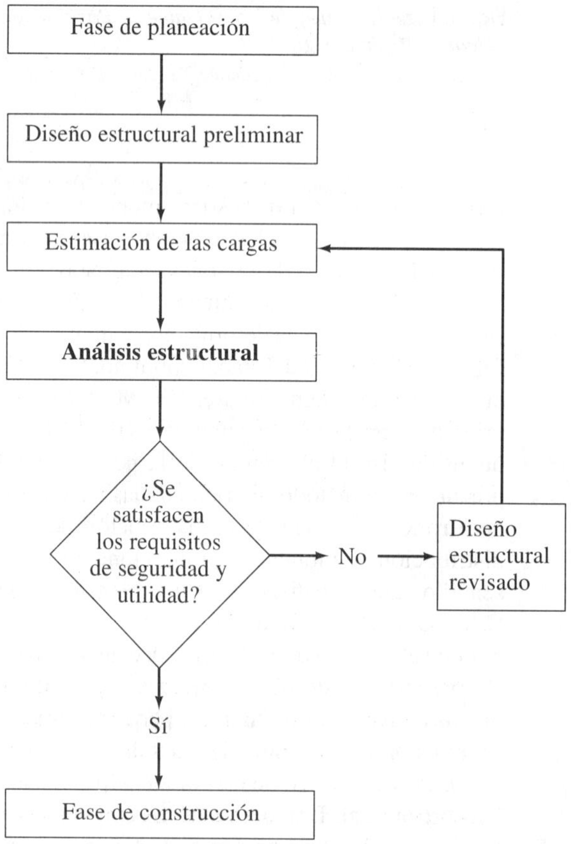

Fig. 1.2 *Fases de un proyecto típico de ingeniería estructural*

cumple con los requisitos de funcionamiento y que se espera sea el más económico. Quizá esta fase es la más decisiva de todo el proyecto y requiere experiencia y conocimiento de las prácticas de construcción, además de una plena comprensión del comportamiento de las estructuras.

2. ***Diseño estructural preliminar*** En la fase preliminar del diseño de la estructura, se estiman los tamaños de los diversos miembros del sistema estructural seleccionado con base en un análisis aproximado, la experiencia pasada y los requisitos de los códigos. En la fase siguiente, se usan los tamaños de los miembros seleccionados de esta manera para estimar el peso de la estructura.

3. ***Estimación de las cargas*** La estimación de las cargas comprende la determinación de todas las cargas que puede esperarse actúen sobre la estructura.

4. ***Análisis estructural*** En el análisis estructural, se usan los valores de las cargas para llevar a cabo un análisis de la estructura para determinar los esfuerzos o las resultantes de esfuerzos en los miembros, y las deflexiones en diversos puntos de la estructura.

5. ***Comprobaciones de seguridad y utilidad*** Se usan los resultados del análisis para determinar si la estructura satisface o no los requisitos de seguridad y utilidad de los códigos de diseño. Si estos requisitos se satisfacen, entonces se preparan los dibujos de diseño y las especificaciones de la construcción, y se inicia la fase de construcción.

6. ***Diseño estructural revisado*** Si no se satisfacen los requisitos de los códigos, entonces se revisan los tamaños del los miembros y se repiten las fases 3 a 5 hasta que se satisfagan todos los requisitos de seguridad y utilidad.

Excepto por una discusión de los tipos de cargas que se puede esperar actúen sobre las estructuras (capítulo 2), el enfoque principal de este texto será sobre el análisis de las estructuras.

1.3 CLASIFICACIÓN DE LAS ESTRUCTURAS

Como se discutió en la sección anterior, quizá la decisión más importante que toma un ingeniero en estructuras al poner en práctica un proyecto de ingeniería es la selección del tipo de estructura que debe usar para soportar o transmitir las cargas. Las estructuras de uso común se pueden clasificar en cinco categorías básicas, dependiendo del tipo de esfuerzos primarios que pueden desarrollar en sus miembros bajo las cargas principales de diseño. Sin embargo, debe tenerse en cuenta que se pueden combinar dos o más de los tipos básicos de estructuras que se describen en lo que sigue, en una sola estructura, como un edificio o un puente, para que se cumplan los requisitos funcionales de esa estructura.

Estructuras a tensión

Los miembros de las estructuras a tensión quedan sujetos a tensión pura bajo la acción de las cargas externas. Debido a que el esfuerzo de tensión se distribuye de manera uniforme sobre las áreas de las secciones transversales de los miembros, el material de una estructura de este tipo se utiliza de la manera más eficiente. Con frecuencia, se emplean estructuras a tensión compuestas de cables flexibles de acero para sostener puentes o techos de claros largos. En virtud de su flexibilidad, los cables tienen una rigidez despreciable a la tensión y sólo pueden desarrollar tensión.

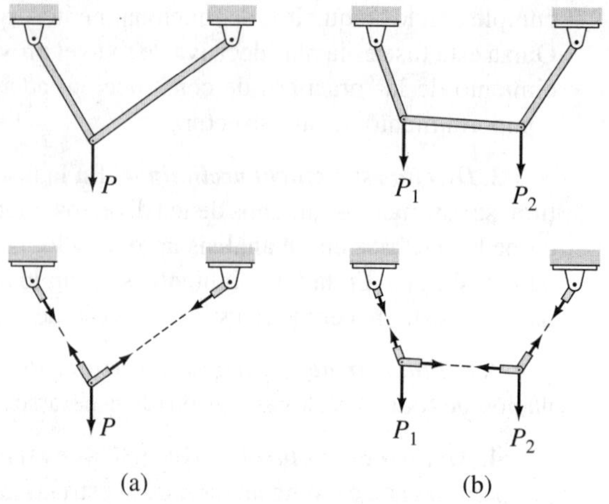

Fig. 1.3

De este modo, bajo cargas externas, un cable adopta una forma que le permite soportar la carga sólo por fuerzas de tensión. En otras palabras, la forma de un cable cambia al cambiar las cargas que actúan sobre él. Como ejemplo, en la figura 1.3, se muestran las formas que puede tomar un solo cable bajo dos condiciones diferentes de carga.

En la figura 1.4, se muestra un tipo conocido de estructura con cable: el *puente colgante*. En un puente colgante, la calzada se suspende de dos cables principales por medio de suspensores verticales. Los cables principales pasan sobre un par de torres y se anclan, en roca maciza o en una cimentación de concreto, en sus extremos. En virtud de que a los puentes colgantes y a otras estructuras con cables les falta rigidez en las direcciones laterales, son susceptibles a oscilaciones inducidas por el viento (véase la figura 1.5). Por lo tanto, para reducir esas oscilaciones, se pueden colocar sistemas de riostras o tirantes.

Además de las estructuras de cables, otros ejemplos de estructuras a tensión incluyen las barras verticales usadas como suspensores (por ejemplo, para sostener balcones o tanques) y las estructuras de membrana como los toldos.

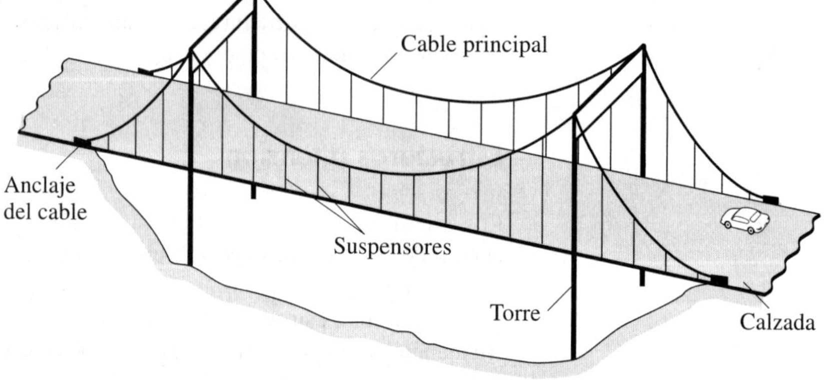

Fig. 1.4 *Puente colgante*

Fig. 1.5 *Puente de Tacoma Narrows oscilando antes de su desplome en 1940*
Fotografía No. 72-787 de la Smithsonian Institution

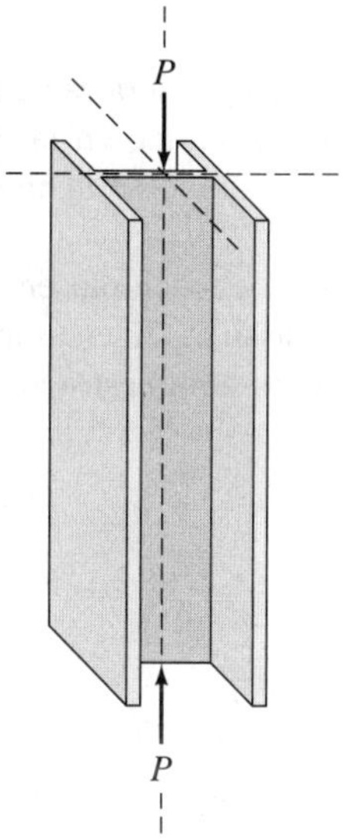

Fig. 1.6 *Columna*

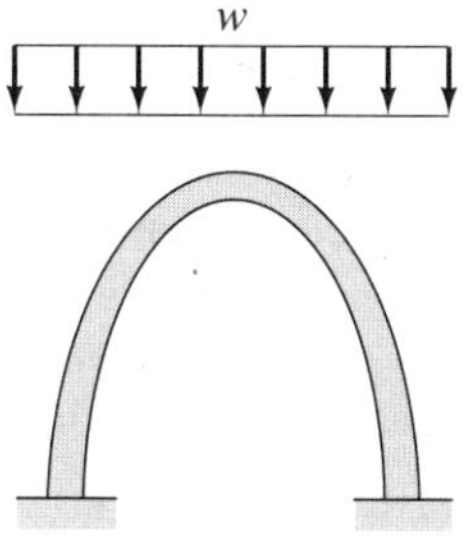

Fig. 1.7 *Arco*

Estructuras a compresión

Las estructuras a compresión desarrollan principalmente esfuerzos de compresión bajo la acción de cargas externas. Dos ejemplos comunes de esas estructuras son las *columnas* y los *arcos*. Las columnas son miembros rectos sujetos a cargas axiales de compresión, como se muestra en la figura 1.6. Cuando un miembro recto se sujeta a cargas laterales o a momentos, o a ambas acciones, se llama *viga-columna*.

Un arco es una estructura curva, con una forma similar al de un cable invertido, como se muestra en la figura 1.7. Esas estructuras se usan con frecuencia para sostener puentes y techos de claros largos. En los arcos se desarrollan principalmente esfuerzos de compresión, cuando se sujetan a las cargas, y suelen diseñarse de modo que sólo desarrollen compresión bajo una carga principal de diseño. Sin embargo, dado que los arcos son rígidos y no pueden cambiar sus formas como lo pueden hacer los cables, otras condiciones de carga suelen producir flexión y esfuerzos cortantes secundarios en estas estructuras, los cuales, si son significativos, deben de considerarse en sus diseños.

Debido a que las estructuras a compresión son susceptibles de sufrir pandeo o inestabilidad, en sus diseños debe de considerarse la posibilidad de una falla de ese tipo; si es necesario, debe proporcionarse un arriostramiento adecuado para evitar esas fallas.

Armaduras

Las *armaduras* se componen de miembros rectos unidos en sus extremos por conexiones articuladas para formar una configuración estable (Fig. 1.8). Cuando se aplican cargas a una armadura sólo en las uniones, sus miembros se alargan o se acortan. Por consiguiente, los miembros de una estructura ideal siempre están en tensión uniforme o en compresión uniforme. Las armaduras reales suelen construirse al conectar los miembros por medio de placas de unión, con conexiones atornilla-

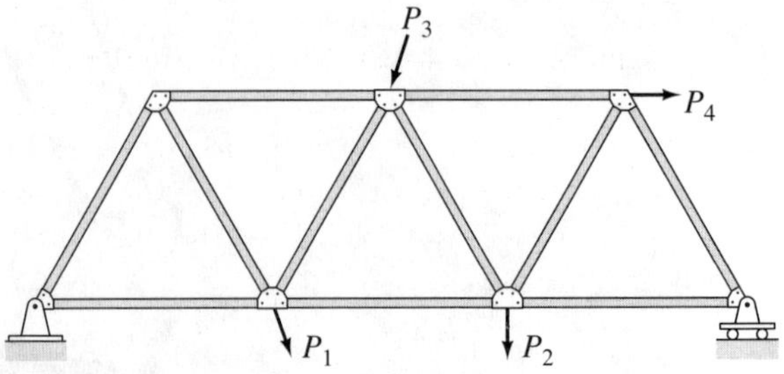

Fig. 1.8 *Armadura plana*

das o soldadas. Aun cuando las uniones rígidas formadas de esta manera causan algo de flexión en los miembros de una armadura cuando ésta se carga, en la mayor parte de los casos esos esfuerzos secundarios de flexión son pequeños y la hipótesis de uniones articuladas proporciona diseños satisfactorios.

Las armaduras, por su peso ligero y alta resistencia, se encuentran entre los tipos de uso más común de estructuras. Estas estructuras se usan en diversas aplicaciones que van desde soportar tejados de edificios hasta servir como estructuras de apoyo en estaciones espaciales.

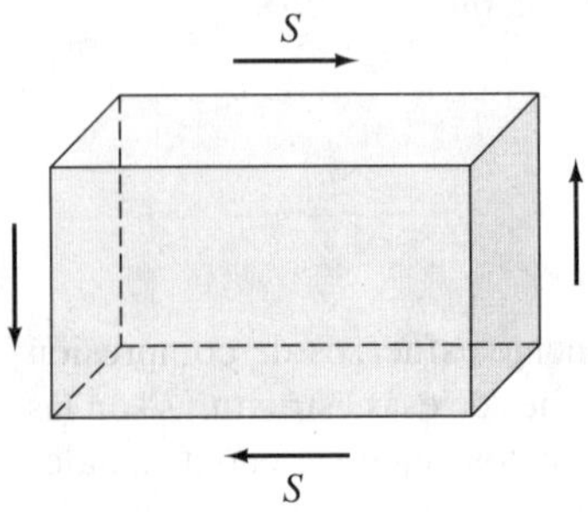

Fig. 1.9 *Muro de esfuerzo cortante*

Estructuras de esfuerzo cortante

Las *estructuras de esfuerzo cortante*, como los *muros de esfuerzo cortante* de concreto reforzado (Fig. 1.9), se usan en edificios de varios pisos para reducir los movimientos laterales debidos a las cargas del viento y las excitaciones de los temblores de tierra. En las estructuras de esfuerzo cortante se desarrollan principalmente esfuerzos cortantes en un plano, con esfuerzos relativamente pequeños de flexión, bajo la acción de las cargas externas.

Estructuras de flexión

En las *estructuras de flexión* se desarrollan principalmente esfuerzos flexionantes, bajo la acción de las fuerzas externas. En algunas estructuras, los esfuerzos cortantes asociados con los cambios en los momentos flexionantes también pueden ser significativos y deben de considerarse en sus diseños.

Algunas de las estructuras de uso más común, como las *vigas*, los *armazones rígidos*, las *losas* y las *placas*, se pueden clasificar como estructuras de flexión. *Una viga es un miembro recto que se carga en sentido perpendicular a su eje longitudinal* (Fig. 1.10). Recuérdese, por lo visto en los cursos anteriores sobre *estática* y *mecánica de los materiales* que el esfuerzo flexionante (normal) varía en forma lineal sobre la altura de la viga, desde el esfuerzo máximo de compresión en la fibra más

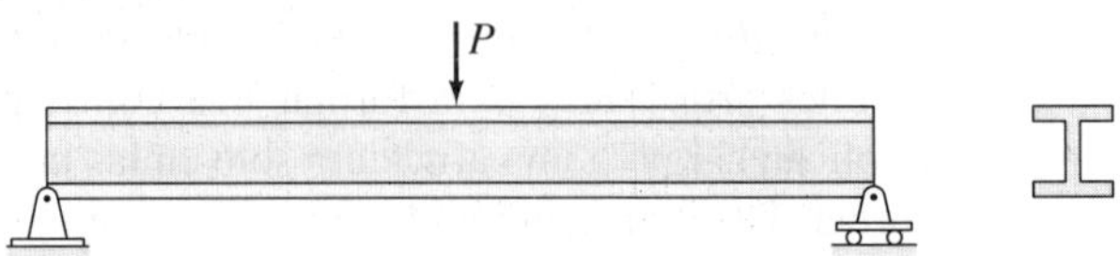

Fig. 1.10 *Viga*

alejada del eje neutro en el lado cóncavo de la viga flexionada, hasta el esfuerzo máximo de tensión en la fibra más exterior del lado convexo. Por ejemplo, en el caso de una viga horizontal sujeta a una vertical hacia abajo, como se muestra en la figura 1.10, el esfuerzo flexionante varía desde el esfuerzo máximo de compresión en el borde superior hasta el esfuerzo máximo de tensión en el borde inferior de la viga. Para utilizar el material de la sección transversal de una viga del modo más eficiente bajo esta distribución variable de esfuerzos, a menudo se da la forma de I a las secciones transversales de las vigas (véase la figura 1.10), con la mayor parte de ese material en los patines superior e inferior. Las secciones transversales con forma de I son las más eficaces para resistir los momentos flexionantes.

Los armazones rígidos se componen de miembros rectos unidos entre sí por conexiones rígidas (resistentes del momento) o por conexiones articuladas para formar configuraciones estables. A diferencia de las armaduras, las cuales se sujetan sólo a cargas en las uniones, sobre los armazones las cargas externas pueden estar aplicadas sobre los miembros así como sobre las uniones (véase la figura 1.11). En general, los miembros de un armazón rígido se sujetan a momento flexionante, corte y compresión axial o tensión, bajo la acción de cargas externas. Sin embargo, el diseño de los miembros horizontales o vigas de los armazones rectangulares suele regirse sólo por los esfuerzos flexionantes y cortantes, ya que las fuerzas axiales en esos miembros por lo común son pequeñas.

Los armazones, como las armaduras, se encuentran entre los tipos de estructuras de uso más común. El acero estructural y los armazones de concreto reforzado son de uso común en los edificios de varios pisos (Fig. 1.12), los puentes y las

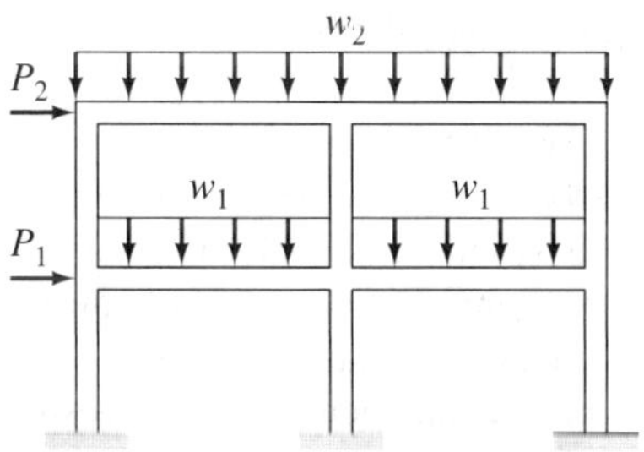

Fig. 1.11 *Armazón rígido*

Fig. 1.12 *Esqueleto de un edificio de armazón de acero estructural*
Fotografía cortesía de Bethlehem Steel Corporation

plantas industriales. Los armazones también se usan como estructuras de soporte en los aviones, los barcos, los vehículos aeroespaciales y otras aplicaciones aeroespaciales y mecánicas.

Puede resultar interesante hacer notar que con frecuencia se usa el término *estructura armada* para referirse a cualquier estructura compuesta de miembros rectos, incluyendo una armadura. En ese contexto, este libro de texto está dedicado principalmente al análisis de las estructuras armadas planas.

1.4 MODELOS ANALÍTICOS

Un modelo analítico es una representación simplificada, o una ideal, de una estructura real para los fines del análisis. El objetivo del modelo es simplificar el análisis de una estructura complicada. El modelo analítico representa, con tanta exactitud como es prácticamente posible, las características de comportamiento de una estructura que interesa al analista, al mismo tiempo que descarta gran parte de los detalles acerca de los miembros, las conexiones, etc., que se espera tengan poco efecto sobre las características deseadas. El establecimiento del modelo analítico es uno de los pasos más importantes del proceso de análisis; requiere experiencia y conocimiento de las prácticas de diseño, además de una plena comprensión del comportamiento de las estructuras. Recuérdese que la respuesta estructural que se prediga a partir del análisis sólo es válida hasta el punto en que el modelo represente la estructura real.

En general, el desarrollo del modelo analítico comprende la consideración de los factores que se dan a continuación.

Estructura plana en comparación con la espacial

Si todos los miembros de una estructura, así como las cargas aplicadas, se encuentran en un plano, se dice que la estructura es una *estructura plana*. El análisis de las estructuras planas, o bidimensionales, es mucho más sencillo que el de las estructuras espaciales o tridimensionales. Por fortuna, para el análisis, muchas estructuras tridimensionales reales se pueden subdividir en estructuras planas.

Como ejemplo, considérese el sistema de armazón de un puente que se muestra en la figura 1.13(a). Los miembros principales del sistema, diseñados para soportar las cargas verticales se muestran mediante rectas de trazo continuo, en tanto que los miembros secundarios de arriostramiento, necesarios para resistir las cargas laterales del viento y para dar estabilidad, se representan por rectas a trazos. La plataforma del puente descansa sobre vigas llamadas *largueros*; estas vigas son sostenidas por las *vigas del piso*, las cuales, a su vez, están conectadas en sus extremos a las uniones en los paneles inferiores de las dos armaduras longitudinales. De este modo, el peso del tránsito, la plataforma, los largueros y las vigas del piso se transmite, por las vigas del piso, a las armaduras de apoyo en sus uniones; las armaduras, a su vez, transmiten la carga hacia la cimentación. Debido a que esta carga aplicada actúa sobre cada armadura en su propio plano, las armaduras se pueden tratar como estructuras planas.

Como otro ejemplo, en la figura 1.14(a), se muestra el sistema de armazón de un edificio de varios pisos. En cada piso, la losa del mismo descansa sobre las vigas del piso, las cuales transfieren cualquier carga aplicada al piso, el peso de la losa y su propio peso a las vigas maestras de los armazones rígidos de apoyo. Esta carga aplicada actúa sobre cada armazón en su propio plano, de modo que, por lo tanto, cada armazón se puede analizar como una estructura plana. De este modo, las cargas transferidas a cada armazón se transmiten más allá de las vigas maestras a las columnas y, a continuación, finalmente a la cimentación.

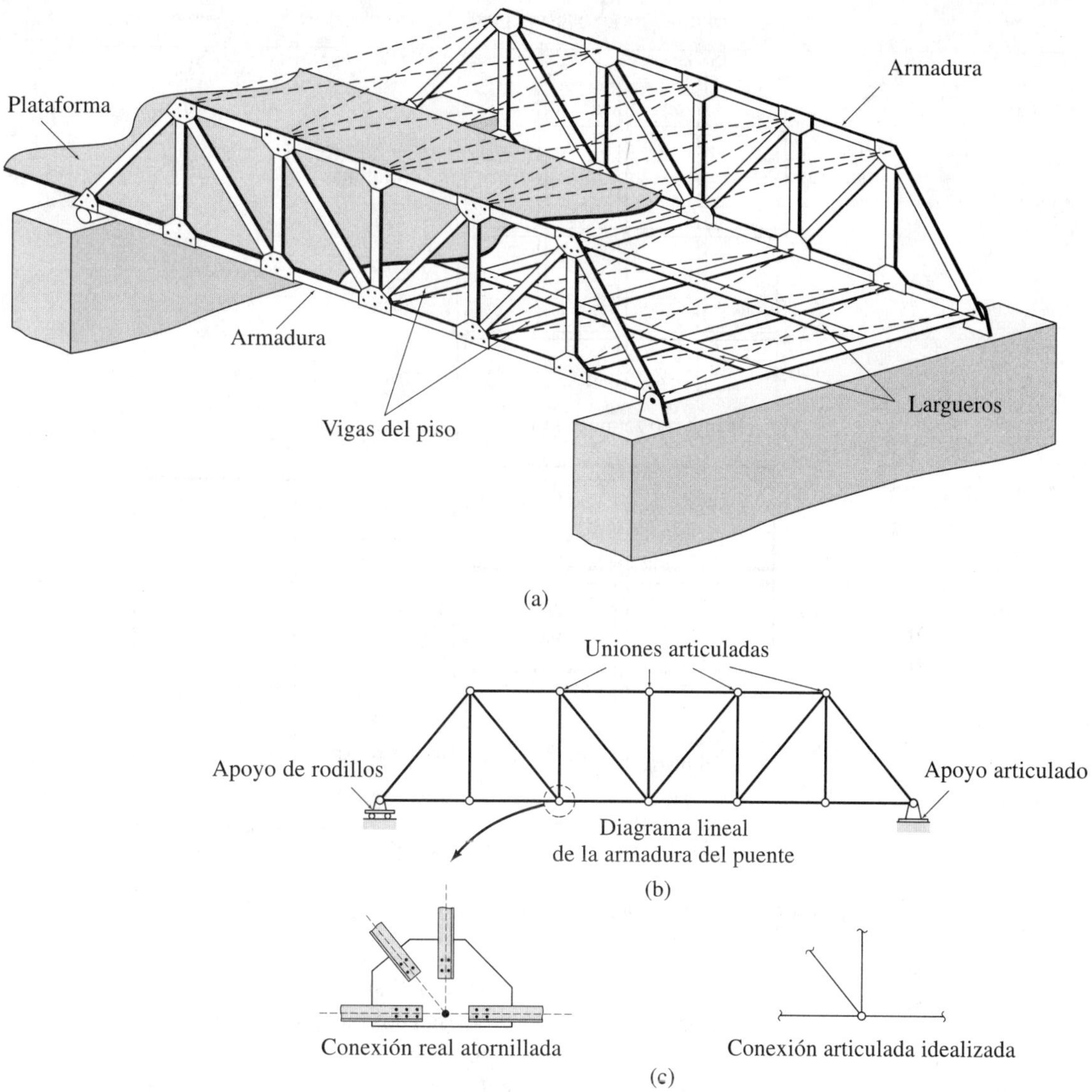

Fig. 1.13 *Armazón de un puente*

Aunque una gran mayoría de los sistemas estructurales tridimensionales reales se pueden subdividir en estructuras planas para los fines del análisis, algunas estructuras, como los domos reticulados, las estructuras aeroespaciales y las torres de transmisión no se pueden subdividir en componentes planares, debido a su forma, disposición de los miembros o cargas aplicadas. Esas estructuras, llamadas *estructuras espaciales*, se analizan como cuerpos tridimensionales sujetos a sistemas tridimensionales de fuerzas.

Diagrama lineal

El modelo analítico del cuerpo bidimensional o tridimensional seleccionado se representa por un *diagrama lineal*. Sobre este diagrama, cada miembro de la estructura se representa por una línea que coincida con su eje centroidal. En el diagrama, no se muestran las dimensiones de los miembros ni el tamaño de las conexiones. En las figuras 1.13(b) y 1.14(b), se muestran los diagramas lineales de la armadura del

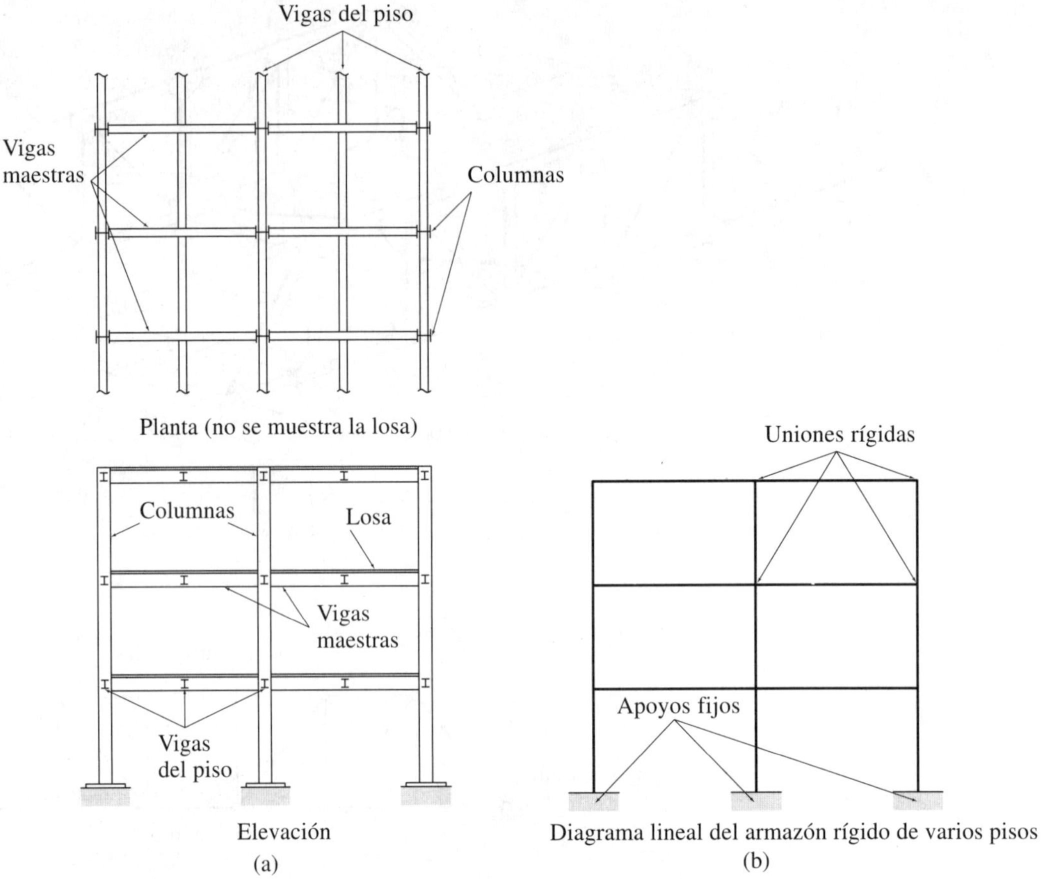

Fig. 1.14 *Armazón de un edificio de varios pisos*

puente de la figura 1.13(a) y del armazón rígido de la figura 1.14(a), respectivamente. Nótese que a veces se usan dos rectas (═) en este texto para representar miembros en los diagramas lineales. Esto se hace, cuando es necesario, en beneficio de la claridad de la representación; en esos casos, la distancia entre las rectas no representa la altura del miembro.

Conexiones

Dos tipos de conexiones son de uso común para unir los miembros de las estructuras: 1) las *conexiones rígidas* y 2) las *conexiones flexibles*, o *articuladas*. (Aunque en los códigos de diseño de acero estructural se reconoce un tercer tipo de conexión, denominada *conexión semirrígida*, en la práctica no es de uso común y, por lo tanto, no se considera en este texto.)

Una conexión o unión rígida impide las traslaciones y rotaciones relativas de los extremos de los miembros conectados a ella; es decir, todos los extremos de miembros conectados a una unión rígida tienen las mismas traslación y rotación. En otras palabras, se mantienen los ángulos originales que existen entre los miembros que se intersecan en una unión rígida, después que la estructura se ha deformado bajo la acción de cargas. Por lo tanto, esas juntas son capaces de transmitir fuerzas así como momentos entre los miembros conectados. Las juntas rígidas suelen representarse por puntos en las intersecciones de los miembros, en el diagrama lineal de la estructura, como se muestra en la figura 1.14(b).

Una conexión o junta articulada sólo impide las traslaciones relativas de los extremos de los miembros conectados a ella; es decir, todos los extremos de los miembros conectados a una unión articulada tienen la misma traslación, pero pueden tener rotaciones diferentes. Por tanto, esas juntas son capaces de transmitir fuerzas, pero no momentos, entre los miembros conectados. Las juntas articuladas por lo común se representan por círculos pequeños en las intersecciones de los miembros, en el diagrama lineal de la estructura, como se muestra en la figura 1.13(b).

Las conexiones perfectamente rígidas y las articulaciones sin fricción perfectamente flexibles que se usan en el análisis son simples idealizaciones de las conexiones reales, las cuales rara vez son perfectamente rígidas o perfectamente flexibles (véase la figura 1.13(c)). Sin embargo, las conexiones reales, atornilladas o soldadas, se diseñan a propósito para que se comporten como los casos idealizados. Por ejemplo, las conexiones de las armaduras se diseñan con los ejes centroidales de los miembros concurrentes a un punto, como se muestra en la figura 1.13(c), para evitar excentricidades que pueden causar flexión de los miembros. Para esos casos, el análisis con base en conexiones y apoyos idealizados (que se describen en el párrafo siguiente) por lo general produce resultados satisfactorios.

Apoyos

Por lo común, los apoyos para las estructuras planas se idealizan como *apoyos fijos*, que no permiten movimiento alguno; *apoyos articulados*, los cuales pueden impedir la traslación pero permiten la rotación, o los *apoyos de rodillos*, o de *eslabón*, los cuales pueden impedir la traslación sólo en una dirección. En el capítulo 3, se presenta una descripción más detallada de las características de estos apoyos. En la figura 1.13(b), se muestran los símbolos usados por lo común para representar apoyos de rodillos y articulados, en los diagramas lineales, y en la figura 1.14(b), se ilustra el símbolo para los apoyos fijos.

RESUMEN

En este capítulo, se aprendió acerca del análisis estructural y su papel en la ingeniería de estructuras. El *análisis estructural* es la predicción del comportamiento de una estructura dada bajo cargas prescritas. Durante mucho tiempo, la ingeniería de estructuras ha sido parte del esfuerzo humano, pero se considera a Galileo como el precursor de la *teoría* de estructuras. Después de su trabajo iniciador, muchas otras gentes han realizado colaboraciones significativas. El advenimiento de las computadoras ha revolucionado el análisis estructural.

La *ingeniería de estructuras* es la ciencia de la planeación, el diseño y la construcción segura y económica de estructuras. El análisis estructural es parte integral de este proceso.

Las estructuras se pueden clasificar en cinco categorías básicas, a saber, estructuras a tensión (por ejemplo, cables y suspensores), estructuras a compresión (por ejemplo, columnas y arcos), armaduras, estructuras de esfuerzo cortante (por ejemplo, muros de esfuerzo cortante) y estructuras de flexión (por ejemplo, vigas y armazones rígidos).

Un modelo analítico es una representación simplificada de una estructura real para los fines del análisis. El desarrollo del modelo comprende por lo general 1) la determinación de si la estructura se puede tratar o no como una estructura plana, 2) la construcción del diagrama lineal de la estructura y 3) la idealización de las conexiones y los apoyos.

2 CARGAS SOBRE LAS ESTRUCTURAS

Puente dañado por un temblor de tierra
Fotografía cortesía de Bethlehem Steel Corporation

El objetivo de un ingeniero en estructuras es diseñar una estructura que pueda soportar todas las cargas a las que se sujete mientras está sirviendo para la finalidad que se pretende, durante toda la vida que se espera de ella. Por lo tanto, al diseñar una estructura, un ingeniero debe considerar todas las cargas que se pueda esperar, en forma realista, actuarán sobre ella durante toda la vida para la que se planea. Las cargas que actúan sobre las estructuras comunes de la ingeniería civil se pueden agrupar, según su naturaleza y fuente, en tres clases: 1) *cargas muertas*, debidas al peso del propio sistema estructural y cualquier otro material que esté sujeto a él de manera permanente; 2) *cargas vivas*, que son las cargas movibles o en movimiento debidas al uso de la estructura, y 3) *cargas ambientales*, las cuales son causadas por efectos del ambiente, como el viento, la nieve y los temblores de tierra.

Además de estimar las magnitudes de las cargas de diseño, un ingeniero también debe considerar la posibilidad de que algunas de estas cargas podrían actuar en forma simultánea sobre la estructura. Finalmente, la estructura se diseña de modo que pueda soportar la combinación más desfavorable de cargas que es probable ocurran mientras dure.

Las cargas mínimas de diseño y la combinación de cargas para las cuales las estructuras deben diseñarse suelen especificarse en los códigos de construcción. Los códigos nacionales, que proporcionan una guía acerca de las cargas para los edificios, puentes y otras estructuras, incluyen la *ASCE Standard Minimum Design Loads for Buildings and Other Structures* (Norma ASCE, Cargas mínimas de diseño para edificios y otras estructuras) (ANSI/ASCE 7-95) [1],* el *Manual for Railway Engineering* (Manual para la ingeniería de ferrocarriles) [24], las *Standard Specifications for Highway Bridges* (Especificaciones estándar para puentes de caminos) [34] y el *Uniform Building Code* (Código de construcción uniforme) [38].

Aunque los requisitos sobre las cargas de la mayor parte de los códigos locales de construcción en general se basan en los de los códigos nacionales, cuya lista se da aquí, esos códigos locales pueden contener provisiones adicionales justificadas por condiciones regionales como temblores de tierra, tornados, huracanes, nieve intensa y aspectos semejantes. Los códigos locales de construcción suelen ser documentos legales de aplicación obligatoria para salvaguardar el bienestar y la seguridad públicas, y el ingeniero debe familiarizarse plenamente con el código de construcción para la zona en que se va a construir la estructura.

Las cargas descritas en los códigos por lo común se basan en la experiencia pasada y el estudio, y son las mínimas para las que deben diseñarse los diversos tipos de estructuras. Sin embargo, el ingeniero debe decidir si la estructura va a quedar sujeta a cualesquiera cargas, además de las consideradas por el código y, de ser así, debe diseñar esa estructura para que resista las cargas adicionales. Recuérdese que, al final, el ingeniero es el responsable del diseño seguro de la estructura.

El objetivo de este capítulo es describir los tipos de cargas que es común encontrar en el diseño de estructuras y presentar los conceptos básicos de la estimación de las cargas. En primer lugar, se describen las cargas muertas y, a continuación, se discuten las cargas vivas para edificios y puentes. Enseguida, se considera el efecto dinámico, o el impacto, de las cargas vivas. Se describen las cargas ambientales, incluyendo las cargas del viento, las cargas de la nieve y las cargas de los temblores de tierra. Se da una breve discusión de las presiones hidrostáticas y del suelo, así como los efectos térmicos, y se concluye con una discusión acerca de las combinaciones de cargas usadas para fines de diseño.

El material que se presenta aquí está basado principalmente en la *ASCE Standard Minimum Design Loads for Buildings and Other Structures* (ANSI/ASCE 7-95), que por lo común se menciona como la *ASCE 7 Standard* y es quizá la norma

---

*Los números entre corchetes se refieren a conceptos cuya lista se da en la bibliografía.

que se usa con mayor amplitud en la práctica. Ya que lo que aquí se pretende es familiarizar al lector con el tema general de las cargas sobre las estructuras, muchos de los detalles no se han incluido. Es innecesario decir que, al diseñar estructuras, deben seguirse las provisiones completas de los códigos locales de construcción, o bien, la *ASCE 7 Standard*.*

2.1 CARGAS MUERTAS

Las *cargas muertas* son cargas por gravedad de magnitudes constantes y con posiciones fijas que actúan en forma permanente sobre le estructura. Esas cargas constan de los pesos del propio sistema estructural y de todo el demás material y equipo sujeto de manera permanente a ese sistema. Por ejemplo, las cargas muertas para la estructura de un edificio incluyen los pesos de los armazones, los sistemas de armado y arriostramiento, los pisos, los tejados, los plafones, los muros, las escaleras, los sistemas de calefacción y acondicionamiento del aire, la plomería, los sistemas eléctricos, etcétera.

El peso de la estructura no se conoce con anticipación al diseño y suele suponerse con base en la experiencia pasada, Una vez que se ha analizado la estructura y se han determinado los tamaños de los miembros, se calcula el peso real mediante el uso de esos tamaños y los pesos unitarios de los materiales. Entonces, se compara el peso real con el supuesto y, si es necesario, se revisa el diseño. En la tabla 2.1, se dan los pesos unitarios de algunos materiales comunes de construcción. Los pesos del equipo permanente de servicio, como los sistemas de calefacción y acondicionamiento del aire, por lo general se obtienen del fabricante.

Tabla 2.1 *Pesos unitarios de los materiales de construcción*

	Peso unitario	
Material	**lb/ft³**	**kN/m³**
Aluminio	165	25.9
Ladrillo	120	18.8
Concreto reforzado	150	23.6
Acero estructural	490	77.0
Madera	40	06.3

EJEMPLO 2.1

El sistema del piso de un edificio consta de una losa de concreto reforzado de 5 in de espesor que descansa sobre cuatro vigas de acero del piso, las cuales, a su vez, están soportadas por dos vigas maestras de acero, como se muestra en la figura 2.1(a). Las áreas de las secciones transversales de las vigas del piso y de las vigas maestras son de 14.7 in^2 y 52.3 in^2, respectivamente. Determine las cargas muertas que actúan sobre las vigas *CG* y *DH* y la viga maestra *AD*.

SOLUCIÓN

Viga CG Como se muestra en la figura 2.1(a), la parte de la losa soportada por la viga *CG* tiene un ancho de 10 ft (es decir, la mitad de la distancia entre las vigas *CG* y *BF* más la mitad de la distancia entre las vigas *CG* y *DH*) y una longitud de 24 ft. Esta área superficial ($24 \times 10 = 240$ ft^2) soportada por la viga *CG* (el área sombreada en la figura 2.1(a) se menciona como el *área tributaria* para la viga *CG*.

*Se pueden comprar ejemplares de esta norma a la American Society of Civil Engineers, 345 East 47th Street, New York, NY 10017.

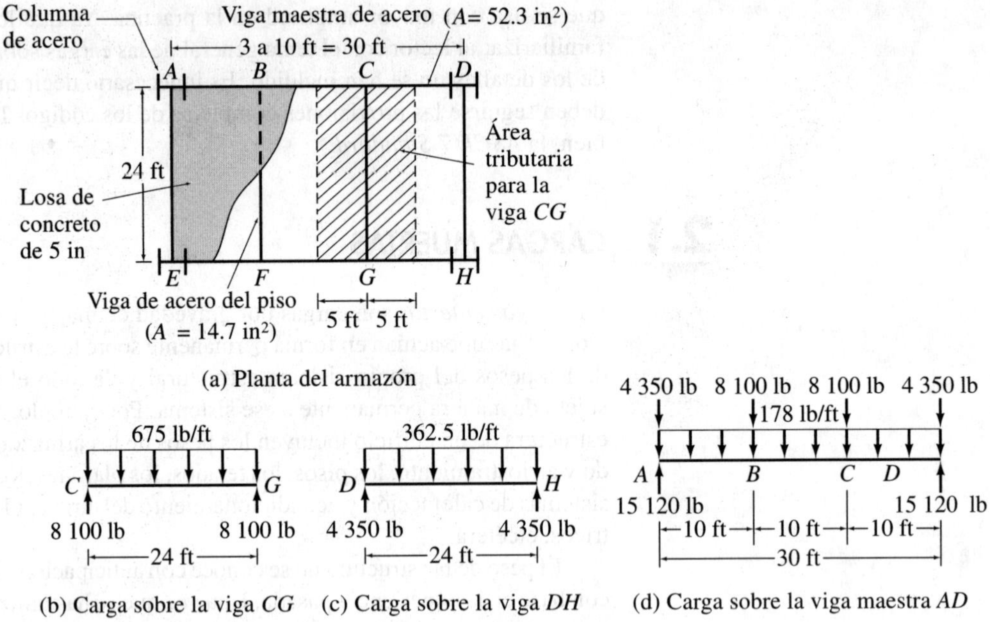

Fig. 2.1

Se usan los pesos unitarios del concreto reforzado y del acero estructural, de la tabla 2.1, para calcular la carga muerta por pie de longitud de la viga CG, como sigue:

$$\text{Losa de concreto:} \quad (150 \text{ lb/ft}^3)(10 \text{ ft})(1 \text{ ft})\left(\frac{5}{12}\right)\text{ft} = 625 \text{ lb/ft}$$

$$\text{Viga de acero:} \quad (490 \text{ lb/ft}^3)\left(\frac{14.7}{144}\text{ft}^2\right)(1 \text{ ft}) = 50 \text{ lb/ft}$$

$$\text{Carga total} = 675 \text{ lb/ft}$$ **Resp.**

Esta carga está uniformemente distribuida sobre la viga, como se muestra en la figura 2.1(b). En esta figura, también se muestran las reacciones ejercidas por las vigas maestras de apoyo en los extremos de la viga del piso. Como esta última está cargada de manera simétrica, las magnitudes de las reacciones son iguales a la mitad de la carga total que actúa sobre ella:

$$R_C = R_G = \tfrac{1}{2}(675 \text{ lb/ft})(24 \text{ ft}) = 8100 \text{ lb}$$

Nótese que las magnitudes de estas reacciones en los extremos representan las cargas hacia abajo que se están transmitiendo a las vigas maestras de apoyo AD y EH, en los puntos C y G, respectivamente.

Viga DH El área tributaria para la viga DH tiene 5 ft de ancho y 24 ft de largo. La carga muerta por pie de longitud de esta viga se calcula como sigue:

$$\text{Losa de concreto:} \quad (150 \text{ lb/ft}^3)(5 \text{ ft})(1 \text{ ft})\left(\frac{5}{12}\text{ft}\right) = 312.5 \text{ lb/ft}$$

$$\text{Viga de acero:} \quad (\text{igual que para la viga } CG) = 50.0 \text{ lb/ft}$$

$$\text{Carga total} = 362.5 \text{ lb/ft}$$ **Resp.**

Como se muestra en la figura 2.1(c), las reacciones en los extremos son

$$R_D = R_H = \tfrac{1}{2}(362.5 \text{ lb/ft})(24 \text{ ft}) = 4350 \text{ lb}$$

Viga maestra AD Debido a la simetría del sistema del armazón y de la carga, las cargas que actúan sobre las vigas BF y AE son iguales a las que actúan sobre las vigas CG y DH, respectivamente. La carga sobre la viga maestra AD consta de la carga uniformemente distribuida debida a su propio peso, cuya magnitud es de

$$(490\ \text{lb/ft}^3)\left(\frac{52.3}{144}\text{ft}^2\right)(1\ \text{ft}) = 178\ \text{lb/ft}$$

y las cargas concentradas transmitidas por las vigas del piso en los puntos A, B, C y D, como se muestra en la figura 21(d). **Resp.**

2.2 CARGAS VIVAS

Las *cargas vivas* son aquéllas cuyas magnitudes o posiciones, o ambos aspectos, varían por causa del uso de la estructura. A veces, el término cargas vivas se usa para referirse a todas aquellas cargas que actúan sobre la estructura y que no sean cargas muertas, incluyendo las cargas ambientales, como las de la nieve y del viento. Sin embargo, puesto que las probabilidades de ocurrencia de las cargas ambientales son diferentes de las debidas al uso de las estructuras, en los códigos actuales se usa el término de cargas vivas para referirse sólo a aquellas cargas variables causadas por ese uso de las estructuras. Con este último contexto es que se usa este término en este libro.

Las magnitudes de las cargas vivas de diseño suelen especificarse en los códigos de construcción. La posición de una carga viva puede cambiar, de modo que cada miembro de la estructura debe diseñarse para la posición de la carga que causa el esfuerzo máximo en ese miembro. Los diferentes miembros de una estructura pueden alcanzar sus niveles máximos de esfuerzo en diferentes posiciones de la carga dada. Por ejemplo, conforme un camión se mueve a través de un puente de armadura, los esfuerzos en los miembros de esa armadura varían al cambiar la posición del camión. Si el miembro A queda sujeto a su esfuerzo máximo cuando el camión está en cierta posición x, entonces otro miembro B puede alcanzar su nivel máximo de esfuerzo cuando ese camión está en una posición diferente y sobre el puente. En los capítulos subsiguientes, se discuten los procedimientos para determinar la posición de una carga viva en la cual una característica particular de respuesta, como una resultante de esfuerzos o una deflexión, de una estructura es máxima (o mínima).

Cargas vivas para los edificios

Por lo común, las cargas vivas para los edificios se especifican como cargas superficiales uniformemente distribuidas. En la tabla 2.2, se dan las cargas vivas mínimas del piso para algunos tipos comunes de edificios. Para obtener una lista amplia de cargas vivas para diversos tipos de edificios y respecto a las provisiones referentes a las cargas vivas sobre los tejados, las cargas concentradas y la reducción en las cargas vivas, se recomienda al lector que consulte la *ASCE 7 Standard*.

Cargas vivas para puentes

La American Association of State Highway and Transportation Officials especifica las cargas vivas debidas al tránsito de vehículos sobre los puentes de caminos en las *Standard Specifications for Highway Bridges* (Especificaciones estándar para puentes de caminos) [34], la cual por lo común se menciona como la *AASHTO Specification*.

Tabla 2.2 *Cargas vivas mínimas de los pisos para los edificios*

Ocupación o uso	**Carga viva** psf	kPa
Cuartos privados y salas para pacientes de hospitales, casas residenciales, apartamentos, cuartos de hospedaje de hoteles, salones de clase de escuelas	40	1.92
Salas de lectura de bibliotecas, salas de operaciones y laboratorios de hospitales	60	2.87
Salas de danza y salones de baile, restaurantes y gimnasios	100	4.79
Fabricación ligera, almacenes para artículos ligeros, almacenes para ventas al por mayor	125	5.98
Fabricación pesada, almacenes de artículos pesados	250	11.97

Fuente: Adaptada con autorización de la ASCE 7-88, *Minimum Design Loads for Buildings and Other Structures*, julio de 1990.
psf = lb/ft^2.

Puesto que la carga más pesada sobre los puentes de caminos suele ser causada por los camiones, la *AASHTO Specification* define dos sistemas de camiones estándares, los *H trucks* (camiones H) y los *HS trucks* (camiones HS), con el fin de representar las cargas de los vehículos para fines de diseño.

Las cargas H-truck (o cargas H), que representan un camión de dos ejes, se designan por la letra *H*, seguido por el peso total del camión y su carga en toneladas (cortas, 2000 lb), y el año en el que la carga se especificó inicialmente. Por ejemplo, la carga H20-44 representa un código para un camión de dos ejes que pesa 20 toneladas, instituida inicialmente en la edición de 1944 de la *AASHTO Specification*. En la figura 2.2(a), se muestran el espaciamiento entre los ejes, las cargas de los ejes y el espaciamiento entre las ruedas, para los camiones H.

Las cargas HS-truck (o cargas HS) representan un camión tractor de dos ejes con un semirremolque de un eje. Estas cargas se designan por las letras *HS*, seguidas por el peso del camión *H* correspondiente en toneladas y el año en el cual la carga se especificó en un principio. En la figura 2.2(a), se muestran el espaciamiento entre los ejes, las cargas de los ejes y el espaciamiento entre las ruedas, para los camiones HS. Nótese que el espaciamiento entre el eje posterior del camión tractor y el eje del semirremolque debe de variarse entre 14 ft y 30 ft, y para el diseño debe de usarse el espaciamiento que cause el esfuerzo máximo.

El tipo particular de carga de camión que se debe usar en el diseño depende del tránsito que se anticipe sobre el puente. La H20-44 y la HS20-44 son las cargas de uso más común; en la figura 2.2(a) se muestran las cargas de los ejes para estos tipos de cargas.

Además de la carga de un solo camión, antes mencionada, la cual debe colocarse para producir el efecto más desfavorable sobre el miembro que se está diseñando, la AASHTO especifica que se considere la carga en un carril, que consiste de una carga uniformemente distribuida combinada con una sola cara concentrada. La carga sobre el carril representa el efecto de un carril de vehículos de peso mediano que contienen un camión pesado. La carga sobre el carril también debe colocarse sobre la estructura de modo que cause el esfuerzo máximo en el miembro que se esté considerando. Como ejemplo, en la figura 2.2(b) se muestra la carga sobre el carril correspondiente a las cargas de camiones H20-44 y HS20-44. Debe de usarse el tipo de carga, carga del camión o carga sobre el carril, que cause el esfuerzo máximo en un miembro para el diseño de ese miembro. En la *AASHTO Specification*, puede

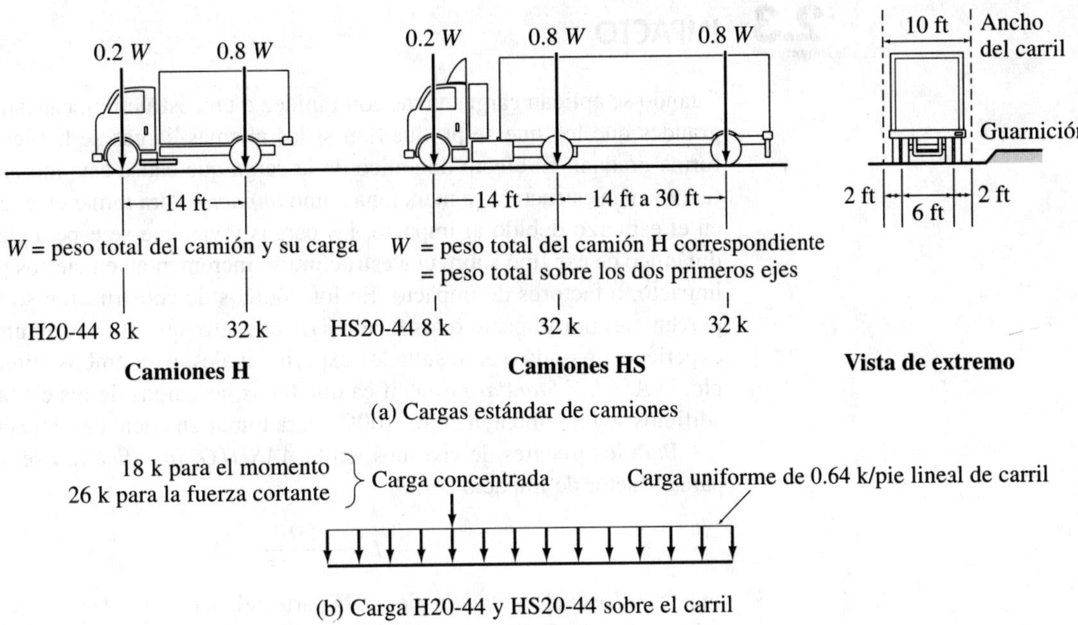

Fig. 2.2 *Cargas vivas para puentes de caminos* (k = kilolibra)

Fuente: Tomada de las *Standard Specifications for Highway Bridges*. Copyright 1989. American Association of State Highway and Transportation Officials. Washington, D. C. Usada con autorización.

hallarse información adicional de carriles múltiples, cargas para claros continuos, reducción en la intensidad de la carga, etcétera.

La American Railway Engineering Association (AREA, en el *Manual for Railway Engineering* (Manual para la ingeniería de ferrocarriles) [24], especifica las cargas vivas para puentes de ferrocarriles. Estas cargas, que comúnmente se conocen como *Cooper E loadings*, consisten en dos conjuntos de nueve cargas concentradas, cada una separada por distancias especificadas, que representan las dos locomotoras seguidas por una carga uniforme que representa el peso de los vagones de carga. En la figura 2.3, se ilustra un ejemplo de carga de ese tipo, conocida como la carga E80. Se pueden obtener las cargas de diseño para trenes más pesados o más ligeros, a partir de la mencionada, al incrementar o disminuir en forma proporcional las magnitudes de las cargas, manteniendo al mismo tiempo iguales distancias entre las cargas concentradas. Por ejemplo, se puede obtener la carga E40 a partir de la E80, tan sólo al dividir las magnitudes de las cargas entre 2. Como en el caso de los puentes de caminos que se consideraron con anterioridad, deben colocarse las cargas vivas sobre puentes de ferrocarril de modo que causen el efecto más desfavorable sobre el miembro que se esté considerando.

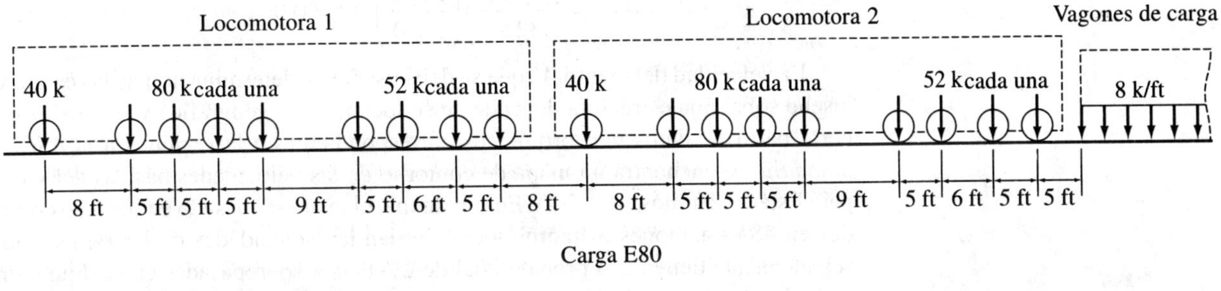

Fig. 2.3 *Cargas vivas para puentes de ferrocarril* (k = kilolibra)

2.3 IMPACTO

Cuando se aplican cargas vivas con rapidez a una estructura, causan esfuerzos más grandes que los que se producirían si las mismas cargas se hubieran aplicado en forma gradual. El efecto dinámico de la carga que causa este incremento en el esfuerzo en la estructura se menciona como *impacto*. Para tomar en cuenta el aumento en el esfuerzo debido al impacto, las cargas vivas que se espera causen un efecto dinámico de ese tipo sobre una estructura se incrementan en ciertos porcentajes por impacto, o factores de impacto. En los códigos de construcción se especifican los porcentajes por impacto o los factores de impacto, que por lo común se basan en la experiencia pasada o en resultados experimentales, o en ambos criterios. Por ejemplo, la *ASCE 7 Standard* especifica que todas las cargas de los elevadores para los edificios se incrementen en un 100%, para tomar en cuenta el impacto.

Para los puentes de caminos, en la *AASHTO Specification* se da la expresión para el factor de impacto como

$$I = \frac{50}{L+125} \leq 0.3$$

en la cual L es la longitud en pies de la parte del claro cargada para causar el esfuerzo máximo en el miembro que se está considerando. En [24], se especifican expresiones empíricas semejantes para los factores de impacto que deben usarse al diseñar puentes de ferrocarril.

2.4 CARGAS DEL VIENTO

Las *cargas del viento* se producen por el flujo de este último alrededor de la estructura. Las magnitudes de las cargas del viento que pueden actuar sobre una estructura dependen de la localización geográfica de ésta, de las obstrucciones en el terreno que la rodea, como edificios cercanos, y de la configuración geométrica y de las características de vibración de la propia estructura. Aun cuando los procedimientos descritos en los diversos códigos para la estimación de las cargas del viento suelen variar en los detalles, la mayor parte de ellos se basan en la misma relación básica entre la velocidad del viento, V, y la presión dinámica, q, inducida sobre una superficie plana normal al flujo de ese viento, la cual se puede obtener al aplicar el principio de Bernoulli y se expresa como

$$q = \tfrac{1}{2}\rho V^2 \tag{2.1}$$

en la cual ρ es la densidad de masa del aire. Si se usa el peso unitario del aire de 0.0765 lb/ft^3, para la atmósfera estándar (al nivel del mar, con una temperatura de 59°F), y se expresa la velocidad del viento, V, en millas por hora, la presión dinámica, q, en libras por pie cuadrado se expresa por

$$q = \frac{1}{2}\left(\frac{0.0765}{32.2}\right)\left(\frac{5280}{3600}\right)^2 V^2 = 0.00256V^2 \tag{2.2}$$

La velocidad del viento, V, que se debe usar en la determinación de las cargas de diseño sobre una estructura depende de su localización geográfica y se puede obtener a partir de datos meteorológicos correspondientes a la región. En la *ASCE 7 Standard*, se encuentra un mapa de contorno de las velocidades básicas del viento para Estados Unidos (Fig. 2.4). En este mapa, el cual está basado en los datos reunidos en 485 estaciones meteorológicas, se dan las velocidades de las ráfagas de 3 segundos que tienen una probabilidad de 2% de ser sobrepasadas en cualquier año dado. Estas velocidades son para terreno abierto a las alturas de 33 ft (10 m) arriba

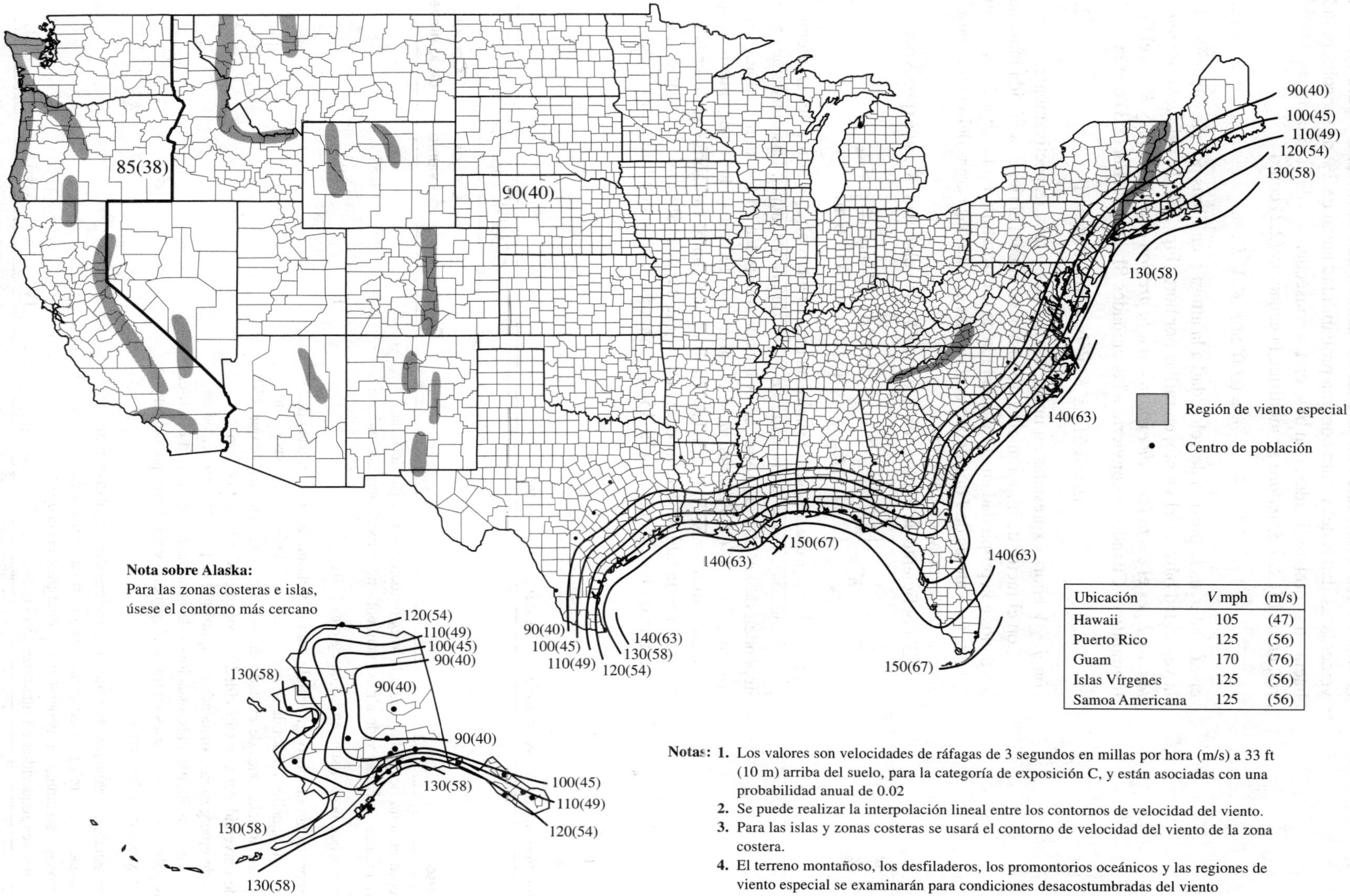

Ubicación	V mph	(m/s)
Hawaii	105	(47)
Puerto Rico	125	(56)
Guam	170	(76)
Islas Vírgenes	125	(56)
Samoa Americana	125	(56)

Notas:
1. Los valores son velocidades de ráfagas de 3 segundos en millas por hora (m/s) a 33 ft (10 m) arriba del suelo, para la categoría de exposición C, y están asociadas con una probabilidad anual de 0.02
2. Se puede realizar la interpolación lineal entre los contornos de velocidad del viento.
3. Para las islas y zonas costeras se usará el contorno de velocidad del viento de la zona costera.
4. El terreno montañoso, los desfiladeros, los promontorios oceánicos y las regiones de viento especial se examinarán para condiciones desacostumbradas del viento

Fig. 2.4 *Velocidades básicas del viento para Estados Unidos*

Fuente: Reproducido con autorización de la ASCE 7-95, *Minimum Design Loads for Buildings and Other Structures*, junio de 1996.

del nivel del suelo. Para tomar en cuenta la variación en la velocidad del viento con la altura y los alrededores en la cual se localiza una estructura, y para ajustar las velocidades dadas del viento con una probabilidad anual de 2% de ser sobrepasadas hacia otras probabilidades, con base en las consecuencias de la falla de las estructuras, en la *ASCE 7 Standard* se modifica la ecuación (2.2) como

$$q_z = 0.00256 K_z K_{zt} V^2 I \qquad \textbf{(2.3)}$$

en la cual q_z es la presión de velocidad a la altura z, en libras por pie cuadrado; V es la velocidad básica del viento, en millas por hora (Fig. 2.4); I es el *factor de importancia*; K_z es el *coeficiente de exposición a la presión de velocidad*, y K_{zt} es el factor topográfico. Cuando se convierte a las unidades SI, la ecuación (2.3) queda

$$q_z = 0.613\, K_z K_{zt} V^2 I \qquad \text{[unidades SI]} \qquad (2.4)$$

con q_z y V ahora expresadas en unidades de N/m^2 y m/s, respectivamente.

Con el factor de importancia I, se toman en cuenta el riesgo a la vida humana y los daños a la propiedad en el caso de falla de la estructura. En la tabla 2.3, se da una lista de los valores de I que deben usarse para estimar las cargas del viento, para las diversas categorías de edificios.

El coeficiente de exposición a la presión de velocidad, K_z, se expresa por

$$K_z = \begin{cases} 2.01(z/z_g)^{2/\alpha} & \text{para 15 ft (4.6 m)} \le z \le z_g \\ 2.01(15/z_g)^{2/\alpha} & \text{para } z < \text{15 ft (4.6 m)} \end{cases} \qquad \textbf{(2.5)}$$

en la cual z = altura arriba del suelo, en pies (o metros); z_g = altura del gradiente, en pies (o metros), y α = coeficiente de la ley de las potencias. Las constantes z_g y α dependen de las obstrucciones en el terreno que rodea en forma inmediata a la estructura. En la *ASCE 7 Standard*, se clasifican los terrenos a los cuales pueden exponerse las estructuras, en cuatro categorías. Estas cuatro categorías se describen con brevedad en la tabla 2.4, en la cual también se dan los valores de las constantes para cada una de las mismas. En la *ASCE 7 Standard*, se puede hallar una descripción

Tabla 2.3 *Clasificación de los edificios para las cargas ambientales*

		Factor de importancia, *I*	
Ocupación o uso	**Categoría**	**Cargas del viento**	**Cargas de la nieve**
Edificio que representa un riesgo bajo para la vida humana en el caso de falla, como instalaciones agrícolas y de almacenamiento de importancia secundaria	I	0.87	0.8
Todos los edificios que no se listen en las categorías I, III y IV	II	1.00	1.0
Edificios que representan un riego apreciable para la vida humana en el caso de falla, como son: aquellos en donde se congregan más de 300 personas en un área; escuelas e instalaciones de cuidado diurno con capacidad mayor que 250; edificios de universidades con capacidad mayor que 500; hospitales sin tratamiento de emergencia o instalaciones quirúrgicas, pero con capacidad de pacientes mayor que 50; cárceles, estaciones de generación de energía eléctrica y servicios públicos no esenciales en una emergencia, y edificios que contengan materiales tóxicos o explosivos	III	1.15	1.1
Instalaciones esenciales, incluyendo hospitales, estaciones de bomberos y de policía, instalaciones y refugios de la defensa nacional, centros de comunicaciones, estaciones de generación de energía eléctrica y servicios generales requeridos en una emergencia	IV	1.15	1.2

Fuente: Adaptada con autorización de la ASCE 7-95, *Minimum Design Loads for Buildings and Other Structures*, junio de 1996.

Tabla 2.4 *Categorías de exposición para edificios, para cargas del viento*

Exposición	Constantes			
	Categoría	z_g **ft(m)**	α	**G**
Centros de ciudades grandes con por lo menos 50% de edificios que tienen alturas mayores de 70 ft	A	1500(457)	5.0	0.8
Zonas urbanas y suburbanas con obstrucciones estrechamente espaciadas del tamaño de casas de una sola familia o más grandes	B	1200(366)	7.0	0.8
Terreno abierto con obstrucciones dispersas de alturas por lo general menores de 30 ft	C	900(274)	9.5	0.85
Zonas costeras planas, sin obstrucciones	D	700(213)	11.5	0.85

Fuente: Adaptada con autorización de la ASCE 7-95, *Minimum Design Loads for Buildings and Other Structures*, junio de 1996.

más detallada de las categorías de exposición. Con el factor topográfico, K_{zt}, se toma en consideración el efecto del aumento en el viento debido a cambios abruptos en la topografía, como colinas aisladas y riscos empinados. Para las estructuras ubicadas en las cimas de esas colinas, o cerca de ellas, debe determinarse el valor de K_{zt} con aplicación del procedimiento que se especifica en la *ASCE 7 Standard*. Para otras estructuras, $K_{zt} = 1$.

Las presiones externas del viento que deben usarse para diseñar el armazón principal de las estructuras se expresan por

$$p_z = q_z G C_p \quad \text{para el muro de barlovento}$$
$$p_h = q_h G C_p \quad \text{para el muro de sotavento, muros laterales y tejado} \qquad \textbf{(2.6)}$$

en la cual h = altura media del tejado arriba del suelo; q_h = presión de velocidad a la altura h (evaluada al hacer la sustitución $h = z$ en la ecuación (2.3) o en la (2.4); p_z = presión de diseño del viento a la altura z arriba del suelo; p_h = presión de diseño del viento a la altura media del tejado, h; G = *factor de efecto de ráfaga*, y C_p = *coeficiente de presión externa.*

Se usa el factor de efecto de ráfaga, G, para considerar el efecto de carga de la turbulencia del viento sobre la estructura. En la tabla 2.4, se listan sus valores para las cuatro categorías de exposición.

En la *ASCE 7 Standard*, se han proporcionado los valores de los coeficientes de presión externa, C_p, basadas en pruebas en el túnel de viento y a escala natural, para diversos tipos de estructuras. En la figura 2.5, se muestran los coeficientes especificados para diseñar el armazón principal de las estructuras. A partir de esta figura, se puede ver que la presión externa del viento varía con la altura sobre el muro de barlovento de la estructura, pero es uniforme sobre el muro de sotavento y los muros laterales. Nótese que las presiones positivas actúan hacia las superficies, en tanto que las negativas, llamadas succiones, actúan alejándose de las superficies de las estructuras.

Una vez que se han establecido las presiones externas del viento, se combinan con las presiones internas para obtener las presiones de diseño del viento. Conocidas las presiones de diseño del viento, se pueden determinar las cargas de diseño correspondientes sobre los miembros de las estructuras, al multiplicar las presiones por las áreas tributarias apropiadas de los miembros

EJEMPLO 2.2

Determine la presión externa del viento sobre el tejado del armazón a dos aguas de un edificio industrial no esencial, mostrado en la figura 2.6(a). La estructura está ubicada en un suburbio de Boston, Massachussetts, en donde el terreno es representativo de la exposición B. La dirección del viento es normal a la guarnición del armazón, como se muestra.

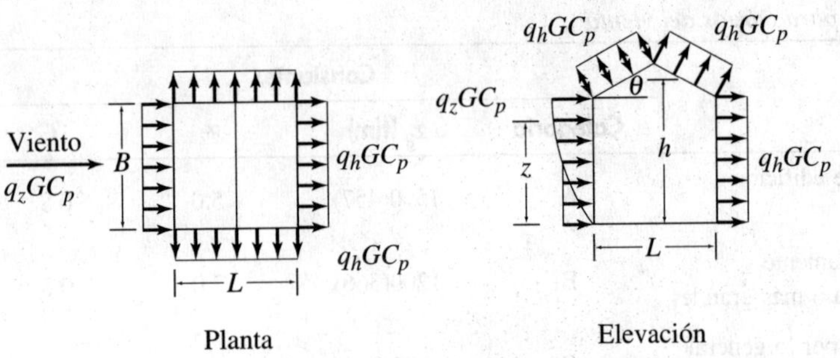

Coeficientes de presión de los muros, C_p

Superficie	L/B	C_p	Úsese con
Muro de barlovento	Todos los valores	0.8	q_z
Muro de sotavento	0-1	−0.5	
	2	−0.3	q_h
	≥4	−0.2	
Muros laterales	Todos los valores	−0.7	q_h

Coeficientes de presión del tejado, C_p para usarse con q_h

Dirección del viento	h/L	Ángulo de barlovento, θ (grados) 10	15	20	25	30	35	45	≥ 60***	Ángulo de sotavento, θ (grados) 10	15	≥ 20
Normal a la guarnición para θ ≥ 10°	≤0.25	−0.7	−0.5 0.0*	−0.3 0.2	−0.2 0.3	−0.2 0.3	0.0* 0.4	0.5	0.01θ	−0.3	−0.5	−0.6
	0.5	−0.9	−0.7	−0.4 0.0*	−0.3 0.2	−0.2 0.2	−0.2 0.3	0.0* 0.4	0.01θ	−0.5	−0.5	−0.6
	≥1.0	−1.3**	−1.0	−0.7	−0.5 0.0*	−0.3 0.2	−0.2 0.2	0.0* 0.3	0.01θ	−0.7	−0.6	−0.6

Dirección del viento	h/L	Distancia horizontal desde el borde de barlovento	C_p
Normal a la guarnición para θ < 10° y paralela a la guarnición para todo θ	≤0.5	0 a h/2	−0.9
		h/2 a h	−0.9
		h a 2h	−0.5
		> 2h	−0.3
	≥1.0	0 a h/2	−1.3**
		> h/2	−0.7

*Se da el valor para fines de interpolación

**El valor se puede reducir linealmente con el área sobre la cual es aplicable, de la manera siguiente:

Área (ft^2)	Factor de reducción
≤100 (9.29 m^2)	1.0
250 (23.23 m^2)	0.9
≥1000 (92.9 m^2)	0.8

***Para pendientes de tejados mayores que 80°, úsese C_p = 0.8.

Notas:

1. Los signos de más y de menos significan presiones que actúan hacia las superficies o alejándose de éstas, respectivamente.
2. Se puede realizar interpolación lineal para valores de *L/B*, *h/L* y *q* diferentes de los que se muestran. La interpolación sólo se llevará a cabo entre valores del mismo signo. En donde no se da valor del mismo signo, supóngase 0.0 para los fines de la interpolación.
3. En donde se listan dos valores de C_p, esto indica que la pendiente del tejado de barlovento queda sujeta a presiones positivas o negativas y que la estructura de ese tejado se diseñará para las dos condiciones. En este caso, la interpolación para razones intermedias de *h/L* sólo se llevarán a cabo entre valores de C_p de signos semejantes.
4. Para tejados de una sola agua, toda la superficie es de barlovento o de sotavento.

Notación:

B: Dimensión horizontal del edificio, en pies (metros), medida en dirección normal a la del viento
L: Dimensión horizontal del edificio, en pies (metros), medida en dirección paralela a la del viento
h: Altura media del tejado, en pies (metros), excepto que se usará l altura del alero para $q \leq 10°$
z: Altura arriba del suelo, en pies (metros)
G: Factor de efecto de ráfaga
q_z, q_h: Presión de velocidad, en libras por pie cuadrado (N/m²), evaluada a la altura respectiva
q: Ángulo del plano del tejado respecto de la horizontal, en grados

Fig. 2.5 *Coeficientes de presión externa, C_p, para cargas sobre sistemas que resisten la fuerza principal del viento, para edificios encerrados o parcialmente encerrados de todas las alturas*

Fuente: Adaptada con autorización de la ASCE 7-95, *Minimum Design Loads for Buildings and Other Structures*, junio de 1996.

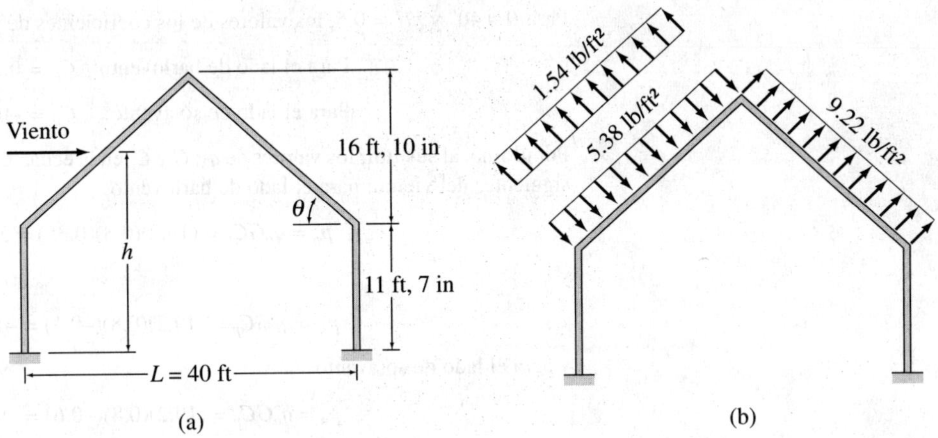

Fig. 2.6

SOLUCIÓN *Pendiente y altura media del tejado* De la figura 2.6(a), se obtiene

$$\tan\theta = \frac{16.83}{20} = 0.842, \qquad \text{o bien,} \qquad \theta = 40.1°$$

$$h = 11.58 + \frac{16.83}{2} = 20.0$$

$$\frac{h}{L} = \frac{20}{40} = 0.5$$

Presión de velocidad en $z = h = 20'$ De la figura 2.4, se obtiene la velocidad básica del viento para Boston como

$$V = 110 \text{ mph}$$

En la tabla 2.3, se puede ver que el factor de importancia de las cargas del viento para edificios no esenciales (categoría II) es

$$I = 1.0$$

y, de la tabla 2.4, para la categoría de exposición B, se obtienen los siguientes valores de las constantes:

$$z_g = 1200 \text{ ft} \qquad \text{y} \qquad \alpha = 7.0$$

Con el uso de la ecuación (2.5), se determina el coeficiente de exposición a la presión de velocidad:

$$K_h = 2.01\left(\frac{h}{z_g}\right)^{2/\alpha} = 2.01\left(\frac{20}{1200}\right)^{2/7} = 0.62$$

Si se usa $K_{zt} = 1$, se aplica la ecuación (2.3) para obtener la presión de velocidad a la altura h como

$$\begin{aligned} q_h &= 0.00256\, K_h K_{zt} V^2 I \\ &= 0.00256\,(0.62)\,1(110)^2\,(1.0) \\ &= 19.2 \text{ psf} \end{aligned}$$

Presión externa del viento sobre el tejado En la tabla 2.4, se obtiene el factor de efecto de ráfaga:

$$G = 0.8$$

Para $\theta \approx 40°$ y $h/L = 0.5$, los valores de los coeficientes de presión externa son (Fig. 2.5):

Para el lado de barlovento: $C_p = 0.35$ y -0.1

Para el lado de sotavento: $C_p = -0.6$

Por último, al sustituir los valores de q_h, G y C_p en la ecuación (2.6), se obtienen las presiones siguientes del viento: para el lado de barlovento,

$$p_h = q_h G C_p = (19.2)(0.8)(0.35) = 5.38 \text{ psf}$$ **Resp.**

y

$$p_h = q_h G C_p = (19.2)(0.8)(-0.1) = -1.54 \text{ psf}$$ **Resp.**

y para el lado de sotavento

$$p_h = q_h G C_p = (19.2)(0.8)(-0.6) = -9.22 \text{ psf}$$ **Resp.**

Estas presiones del viento se aplican al tejado del armazón como se muestra en la figura 2.6(b). Las dos presiones del viento (positiva y negativa) sobre el lado de barlovento se tratan como condiciones separadas de carga y la estructura se diseña para las dos condiciones.

2.5 CARGAS DE LA NIEVE

En muchas partes de Estados Unidos y del mundo, deben considerarse las cargas de la nieve al diseñar las estructuras. La carga de diseño de la nieve para una estructura se basa en la carga de la nieve sobre el suelo, para su localización geográfica, la cual puede obtenerse de los códigos de construcción o de datos meteorológicos para esa región. En la *ASCE 7 Standard*, se tienen mapas de contorno (semejantes al de la figura 2.4) de las cargas de la nieve sobre el suelo para varias partes de Estados Unidos. En estos mapas, los cuales están basados en datos reunidos en 204 estaciones meteorológicas y en más de otros 9000 lugares, se dan las cargas de la nieve (en libras por pie cuadrado) que tienen una probabilidad del 2% de sobrepasarse en cualquier año dado.

Una vez que se ha establecido la carga de la nieve sobre el suelo, se determina la carga de diseño de la nieve para el tejado de la estructura al considerar factores como la exposición de esa estructura al viento y sus características térmicas, geométricas y funcionales. En la mayor parte de los casos, se tiene menos nieve sobre los tejados que sobre el suelo. En la *ASCE 7 Standard*, se recomienda que la carga de diseño de la nieve para tejados planos se exprese como

$$p_f = 0.7 C_e C_t I p_g \tag{2.7}$$

en la cual p_f = carga de diseño de la nieve para tejado plano, en libras por pie cuadrado (kN/m^2); p_g = carga de la nieve sobre el suelo, en libras por pie cuadrado (kN/m^2); C_e = *factor de exposición*; C_t = *factor térmico*, e I = factor de importancia.

En la ecuación (2.7), con el factor numérico 0.7, el cual se menciona como factor básico de exposición, se toma en cuenta el efecto general del viento, el cual es probable que sople algo de la nieve hacia afuera de los tejados. El efecto local del viento, el cual depende del terreno en particular que circunda la estructura y de la exposición de su tejado, se toman en consideración por medio del factor de exposición C_e. En la *ASCE 7 Standard* se dan los valores de C_e, el cual va desde 0.7, para estructuras en zonas con mucho viento y con tejados expuestos, hasta 1.3, para estructuras expuestas a poco viento.

Con el factor térmico, C_t, se toma en cuenta el hecho de que habrá más nieve sobre los tejados de estructuras no calentadas que en las que lo están. Los valores de C_t se especifican como 1.0 y 1.2 para estructuras calentadas y no calentadas, respectivamente. Como en el caso de las cargas del viento, con el factor de importancia I de la ecuación (2.7) se considera la vida humana y el daño a la propiedad, en el caso de falla de la estructura. Los valores de I que deben usarse para estimar las cargas de la nieve para los tejados se dan en la tabla 2.3.

La carga de diseño de la nieve para un tejado inclinado se determina al multiplicar la carga correspondiente al tejado plano por un *factor de pendiente*, C_s. Por tanto,

$$p_s = C_s p_f \tag{2.8}$$

p_s es la carga de diseño de la nieve sobre el techo inclinado que se considera actúa sobre la proyección horizontal de la superficie del tejado, y el factor de pendiente C_s se expresa por

$$\text{Para tejados calientes} \quad \begin{cases} C_s = 1 & \text{para } 0 \le \theta < 30° \\ C_s = 1 - \dfrac{\theta - 30°}{40°} & \text{para } 30° \le \theta \le 70° \\ C_s = 0 & \text{para } \theta > 70° \end{cases} \tag{2.9}$$

$$\text{Para tejados fríos} \quad \begin{cases} C_s = 1 & \text{para } 0 \le \theta < 45° \\ C_s = 1 - \dfrac{\theta - 45°}{25°} & \text{para } 45° \le \theta \le 70° \\ C_s = 0 & \text{para } \theta > 70° \end{cases} \tag{2.10}$$

En las ecuaciones (2.9) y (2.10), θ denota la pendiente del tejado respecto de la horizontal, en grados. Estos factores de pendiente se basan en las consideraciones de que es más probable que la nieve resbale hasta caer de los techos empinados, en comparación con los poco profundos, y que es más probable que se funda más nieve y resbale de los tejados de las estructuras calentadas que de las que no lo están.

En la *ASCE 7 Standard*, se especifican valores mínimos de cargas de la nieve para las cuales deben diseñarse estructuras con pendientes de los tejados de menos de 15°. Si $p_g \le 20$ psf (0.96 kN/m^2), entonces p_f no será menor que $p_g I$; si $p_g > 20$ psf (0.96 kN/m^2), entonces p_f no será menor que $20I$ psf (0.96 I kN/m^2).

En algunas estructuras, la carga de la nieve actuando sólo sobre una parte del tejado puede causar esfuerzos más altos que cuando todo el tejado está cargado. Para considerar esa posibilidad, en la *ASCE 7 Standard* se recomienda que, en los diseños de estructuras con pendientes del tejado de $15° \le \theta \le 70°$, también debe considerarse el efecto de una carga uniforme no balanceada de magnitud igual, aplicada al lado de sotavento de ese tejado, con el lado de barlovento sin nieve.

EJEMPLO 2.3

Determine las cargas de diseño de la nieve para el tejado del armazón de dos aguas de un edificio de apartamentos, mostrado en la figura 2.7(a). El edificio está ubicado en Chicago, Illinois, en donde la carga de la nieve sobre el suelo es de 25 psf. Debido a la existencia de varios árboles cerca de la estructura, suponga que el factor de exposición es de $C_e = 1$.

SOLUCIÓN *Carga de la nieve sobre tejado plano*

$p_g = 25$ psf

$C_e = 1$

$C_t = 1$ (estructura calentada)

$I = 1$ (tomado de la tabla 2.3 para edificio no esencial, categoría II)

A partir de la ecuación (2.7), se obtiene la carga de la nieve sobre tejado plano como

$$p_f = 0.7 C_e C_t I p_g = 0.7(1)(1)(1)(25)$$
$$= 17.5 \text{ psf}$$

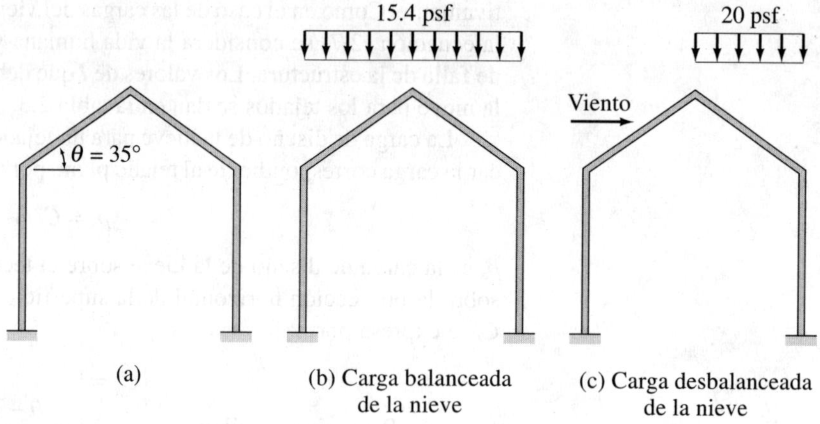

Fig. 2.7

La pendiente es $\theta = 35°$, lo cual es mayor que 15°, de modo que no es necesario considerar los valores mínimos de p_f.

Carga de la nieve sobre techo inclinado Al aplicar la ecuación (2.29), se calcula el factor de pendiente como

$$C_s = 1 - \frac{\theta - 30°}{40°} = 1 - \frac{35° - 30°}{40°} = 0.88$$

De la ecuación (2.8), se determina la carga de diseño de la nieve sobre tejado inclinado:

$$p_s = C_s p_f = 0.88(17.5) = 15.4 \text{ psf}$$ **Resp.**

Esta carga se conoce como *carga balanceada de diseño de la nieve* y se aplica a todo el tejado de la estructura, como se muestra en la figura 2.7(b).

$$\textit{Carga desbalanceada de diseño de la nieve} = \frac{1.3\, p_s}{C_e} = \frac{1.3(15.4)}{1}$$

$$= 20.0 \text{ psf}$$ **Resp.**

Esta carga es aplicada únicamente para el muro de sotavento, como se muestra en la figura 2.7(c).

2.6 CARGAS DE LOS TEMBLORES DE TIERRA

Un *temblor de tierra* es una ondulación repentina de una parte de la superficie terrestre. Aun cuando, durante un temblor de tierra, la superficie del suelo se mueve tanto en la dirección horizontal como en la vertical, la magnitud de la componente vertical del movimiento del suelo suele ser pequeña y no tiene un efecto significativo sobre la mayor parte de las estructuras. La que causa el daño estructural es la componente horizontal del movimiento del suelo y es la que debe considerarse en los diseños de estructuras ubicadas en zonas propensas a los temblores de tierra.

Durante un temblor de tierra, conforme la cimentación de la estructura se mueve con el suelo, la parte arriba de éste de la estructura, debido a la inercia de su masa, se resiste al movimiento, causando de este modo que la estructura vibre en la dirección horizontal (Fig. 2.8). Estas vibraciones producen fuerzas cortantes horizontales en la estructura. Para hacer una predicción exacta de los esfuerzos que se pueden desarrollar en una estructura en el caso de un temblor de tierra, se debe realizar un análisis dinámico, considerando la masa y la rigidez características de esa estructu-

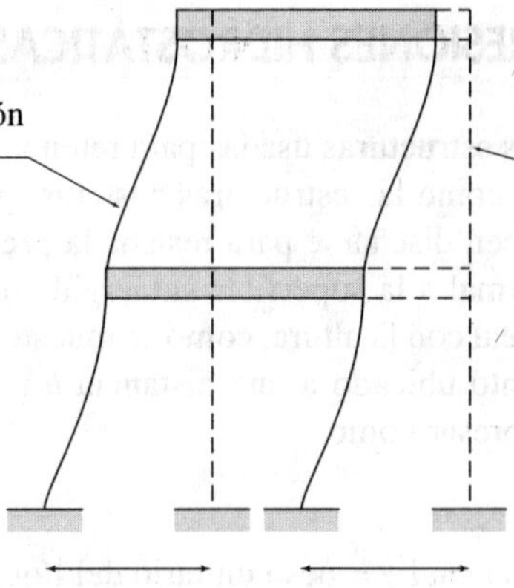

Fig. 2.8 *Efecto del temblor de tierra sobre una estructura*

ra. Sin embargo, para los edificios rectangulares de altura pequeña a mediana, en la mayor parte de los códigos se emplean fuerzas estáticas equivalentes para diseñar en relación con la resistencia a los temblores de tierra. En este enfoque empírico, se hace una aproximación del efecto dinámico del temblor de tierra por medio de un conjunto de fuerzas laterales (horizontales) aplicadas a la estructura, y se lleva a efecto un análisis estático para evaluar los esfuerzos en la misma.

En la *ASCE 7 Standard* se usa este enfoque de fuerzas laterales equivalentes para el diseño respecto a los temblores de tierra de edificios *regulares* (es decir, rectangulares) hasta de 240 ft (75 m) de altura. Se considera que un edificio es regular si no tiene irregularidades estructurales respecto a la planta ni en el sentido vertical. Según la *ASCE 7 Standard*, la fuerza sísmica lateral total mínima para la que debe diseñarse un edificio de ese tipo con el fin que la resista se expresa por la ecuación

$$V = C_s W \tag{2.11}$$

en la cual V = fuerza lateral total o fuerza cortante base, W = carga muerta del edificio y C_s = coeficiente de respuesta sísmica. Este último se define por la ecuación

$$C_s = \frac{1.2C_v}{RT^{2/3}} \leq \frac{2.5C_a}{R} \tag{2.12}$$

en la cual C_v y C_a son los coeficientes sísmicos basados en el perfil del suelo y en la aceleración pico efectiva relacionada con la velocidad (A_v) y la aceleración pico efectiva (A_a), respectivamente; R denota el factor de modificación de la respuesta, y T representa el periodo fundamental de vibración de la estructura.

La aceleración pico efectiva relacionada con la velocidad (A_v) y la aceleración pico efectiva (A_a), que se usan en la evaluación de la fuerza cortante base de diseño, dependen de la ubicación geográfica de la estructura y se puede obtener de los mapas de contorno que se proporcionan en la *ASCE 7 Standard.* Con el factor de modificación de la respuesta, R, se toma en consideración la capacidad de disipación de la energía de la estructura; sus valores van desde 1.25, para muros de corte de mampostería simple no reforzada, hasta 8, para armazones resistentes de momentos. En la *ASCE 7 Standard* se dan fórmulas sencillas para estimar el periodo fundamental T, a partir de las dimensiones globales de los diversos tipos de edificios.

Entonces, la fuerza lateral total V así obtenida se distribuye sobre la altura del edificio. El procedimiento para la distribución de V, para los diversos niveles de pisos del edificio, se describe en la *ASCE 7 Standard.*

2.7 PRESIONES HIDROSTÁTICAS Y DEL SUELO

Las estructuras usadas para retener agua, como las cortinas de presas y los tanques, así como las estructuras costeras, parcial o completamente sumergidas en el agua, deben diseñarse para resistir la presión hidrostática. La presión hidrostática actúa normal a la superficie sumergida de la estructura, variando su magnitud en forma lineal con la altura, como se muestra en la figura 2.9. De este modo, la presión en un punto ubicado a una distancia h por debajo de la superficie del líquido se puede expresar como

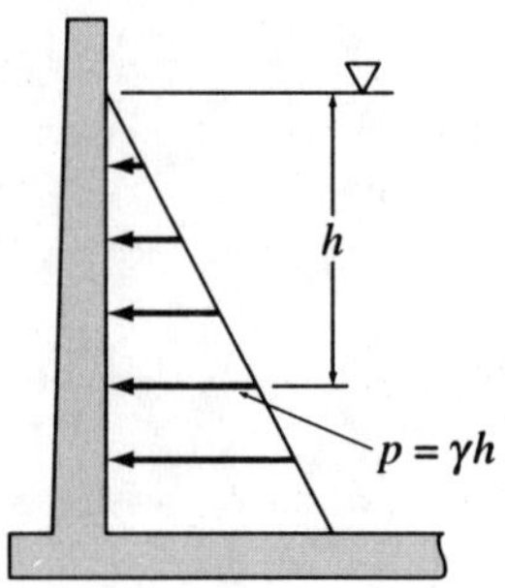

Fig. 2.9 *Presión hidrostática*

$$p = \gamma h \tag{2.13}$$

en la cual γ = peso unitario del líquido.

Las estructuras subterráneas, los muros y pisos del sótano y los muros de retención deben diseñarse para resistir la presión del suelo. La presión vertical del suelo se expresa por la ecuación (2.13), con γ representando ahora el peso unitario de ese suelo. La presión lateral del suelo depende del tipo de éste y suele ser considerablemente menor que la vertical. Para las partes de las estructuras por debajo del nivel freático, debe considerarse el efecto combinado de la presión hidrostática y la del suelo, debido al peso de éste, reducido por el empuje.

2.8 EFECTOS TÉRMICOS Y DE OTRA CLASE

Las estructuras estáticamente indeterminadas pueden estar sujetas a esfuerzos debidos a los cambios de temperatura, la contracción del material, los errores de fabricación y los asentamientos diferenciales de los apoyos. Aun cuando estos efectos por lo común no se tratan en los códigos de construcción, pueden causar esfuerzos significativos en las estructuras y deben considerarse en sus diseños. Los procedimientos para la determinación de las fuerzas inducidas en las estructuras, debidas a estos efectos, se consideran en la parte III.

2.9 COMBINACIONES DE CARGAS

Como se dijo con anterioridad, una vez que se han estimado las magnitudes de las cargas de diseño para una estructura, un ingeniero debe considerar todas las cargas que podrían actuar de manera simultánea sobre esa estructura en un momento dado. Por ejemplo, es bastante improbable que un temblor de tierra y las cargas máximas del viento ocurran en forma simultánea. Con base en la experiencia pasada y el análisis de probabilidades, en la *ASCE 7 Standard* se especifican diversas combinaciones de cargas que deben considerarse al diseñar estructuras. Es importante darse cuenta que la estructura debe diseñarse para tener una resistencia adecuada para resistir la más desfavorable de todas las combinaciones de cargas.

Además de la resistencia mencionada o de los requisitos de seguridad, una estructura también debe satisfacer toda necesidad de adecuación al servicio relacionada con el uso al que se pretende de ella. Por ejemplo, un edificio muy alto puede ser perfectamente seguro y, sin embargo, no dar un servicio adecuado si se flexiona o vibra en exceso debido al viento. Los requisitos de adecuación al servicio se especifican en los códigos de construcción para la mayor parte de los tipos comunes de estructuras y suelen interesarse en las deflexiones, las vibraciones, el agrietamiento, la corrosión y la fatiga.

RESUMEN

En este capítulo, se aprendió acerca de las cargas que actúan sobre estructuras comunes de la ingeniería civil. Estas cargas se pueden agrupar en tres clases: 1) cargas muertas, 2) cargas vivas y 3) cargas ambientales.

Las cargas muertas tienen magnitudes constantes y posiciones fijas , y actúan de manera permanente sobre la estructura. Las cargas vivas tienen magnitudes o posiciones variables, o ambas características, y son causadas por el uso u ocupación de la estructura. Cada miembro de la estructura debe diseñarse para aquella posición de la carga viva que produce el efecto más desfavorable sobre ese miembro. Para estructuras sujetas a cargas vivas aplicadas con rapidez, en el diseño debe de considerarse el efecto dinámico, o el impacto, de esas cargas.

Las presiones externas del viento usadas para el diseño del armazón principal de la estructura se expresan por

$$\begin{aligned} p_z &= q_z G C_p \quad \text{para el muro de barlovento} \\ p_h &= q_h G C_p \quad \text{para el muro de sotavento, muros laterales y tejado} \end{aligned} \tag{2.6}$$

en donde h es la altura media del tejado, G es el factor de efecto de ráfaga, C_p es el coeficiente de presión externa y q_z es la presión de velocidad a la altura z, la cual se expresa en psf como

$$q_z = 0.00256 K_z K_{zt} V^2 I \tag{2.3}$$

con K_z = coeficiente de exposición a la presión de velocidad, K_{zt} = factor topográfico, V = velocidad básica del viento en mph e I = factor de importancia.

La carga de diseño de la nieve sobre tejado plano, para los edificios, se expresa por

$$p_f = 0.7 C_e C_t I p_g \tag{2.7}$$

en donde p_g = carga de la nieve sobre el suelo, C_e = factor de exposición, C_t = factor térmico e I = factor de importancia. La carga de diseño de la nieve sobre tejado inclinado se expresa como

$$p_s = C_s p_f \tag{2.8}$$

con C_s = factor de pendiente.

La fuerza sísmica lateral total de diseño para los edificios regulares se expresa por

$$V = C_s W \tag{2.11}$$

en la cual C_s = coeficiente de respuesta sísmica y W = carga muerta del edificio.

La magnitud de la presión hidrostática en un punto localizado a una distancia h debajo de la superficie del líquido se expresa por

$$p = \gamma h \tag{2.13}$$

en la cual γ = peso unitario del líquido.

Al diseñar estructuras estáticamente indeterminadas, deben considerarse los efectos de los cambios de temperatura, la contracción del material, los errores de fabricación y los asentamientos de los apoyos. La estructura debe diseñarse para soportar la combinación más desfavorable de las cargas.

PROBLEMAS

Sección 2.1

2.1 El sistema del piso de un edificio de apartamentos consiste en una losa de concreto reforzado de 4 in de espesor que descansa sobre tres vigas de acero del piso, las cuales, a su vez, están soportadas por dos vigas maestras de acero, como se muestra en la figura P2.1. Las áreas de la sección transversal de las vigas del piso y de las vigas maestras son de 18.3 in^2 y 32.7 in^2, respectivamente. Determine las cargas muertas que actúan sobre la viga *CD* y la viga maestra *AE*.

2.2 Resuelva el problema 2.1 si un muro de ladrillo de 6 in de espesor, el cual tiene 7 ft de alto y 25 ft de largo, se apoya directamente sobre la parte superior de la viga *CD*. Véase la figura P2.1.

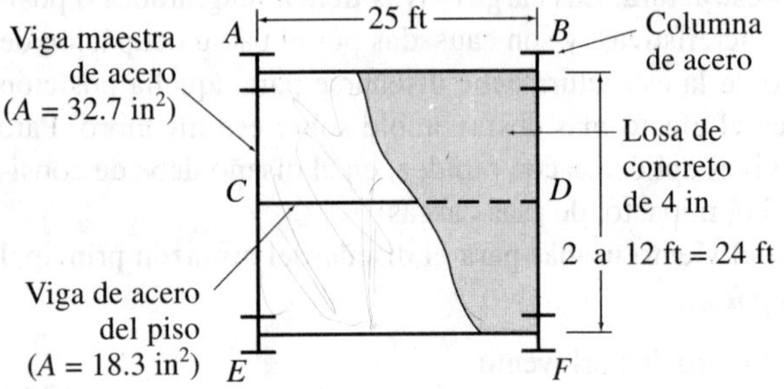

Fig. P2.1, P2.2, P2.5

2.3 El sistema del piso de un gimnasio consta de una losa de concreto de 130 mm de espesor que descansa sobre cuatro vigas de acero ($A = 9100$ mm^2) que, a su vez, están soportadas por dos vigas maestras de acero ($A = 25\,600$ mm^2), como se muestra en la Fig. P2.3. Determine las cargas muertas que actúan sobre la viga *BF* y la viga maestra *AD*.

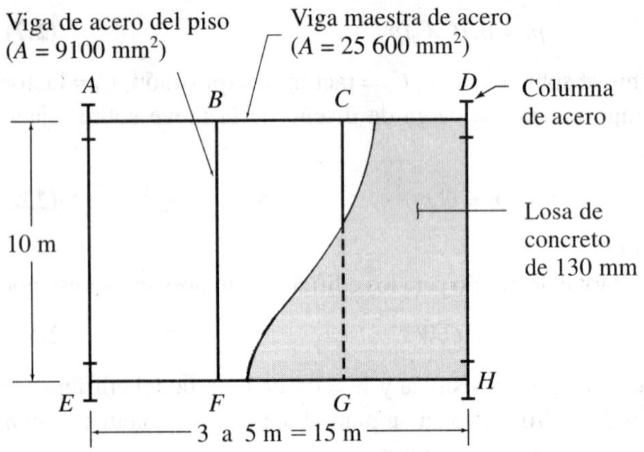

Fig. P2.3, P2.6

2.4 El sistema del tejado de un edificio de oficinas consta de una losa de concreto reforzado de 4 in de espesor que descansa sobre cuatro vigas de acero ($A = 16.2$ in^2), las cuales están soportadas por dos vigas maestras de acero ($A = 42.9$ in^2). Las vigas maestras, a su vez, están soportadas por cuatro columnas, como se muestra en la figura P2.4. Determine las cargas muertas que actúan sobre la viga maestra *AG*.

Sección 2.2

2.5 Para el edificio de apartamentos cuyo sistema de piso se describió en el problema 2.1, determine las cargas vivas que actúan sobre la viga *CD* y la viga maestra *AE*. Véase la figura P2.1.

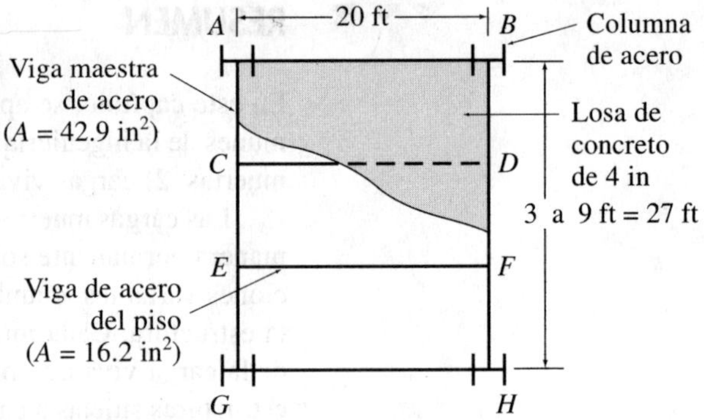

Fig. P2.4, P2.7

2.6 Para el gimnasio cuyo sistema de piso se describió en el problema 2.3, determine las cargas vivas que actúan sobre la viga *BF* y la viga maestra *AD*. Véase la figura P2.3.

2.7 El tejado del edificio de oficinas considerado en el problema 2.4 se sujeta a una carga viva de 20 psf. Determine las cargas vivas que actúan sobre la viga *EF*, la viga maestra *AG* y la columna *A*. Véase la figura P2.4.

Sección 2.4

2.8 Determine la presión externa del viento sobre el tejado del armazón a dos aguas de un edificio de apartamentos, mostrado en la figura P2.8. El edificio está localizado en el área de Los Angeles, California, en donde el terreno es representativo de la exposición A. La dirección del viento es normal a la guarnición, como se muestra.

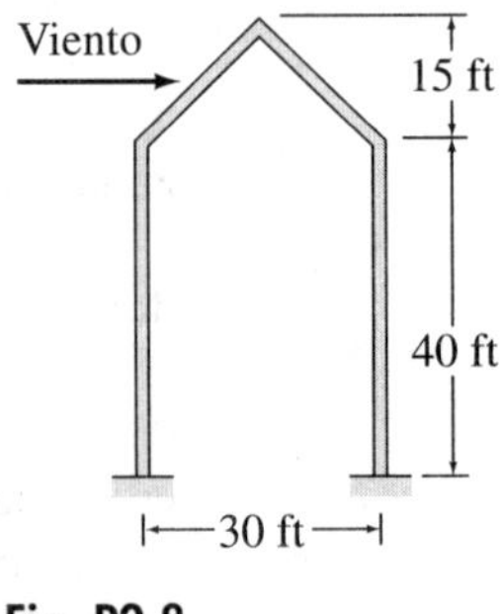

Fig. P2.8

2.9 Determine la presión externa del viento sobre el tejado del armazón a dos aguas de un edificio de escuela, mostrado en la figura 2.9. La estructura está localizada en un suburbio de Chicago, Illinois, en donde el terreno es representativo de la exposición B. La dirección del viento es normal a la guarnición, como se muestra.

2.10 Determine la presión externa del viento sobre el tejado del armazón a dos aguas de un edificio para un centro esencial

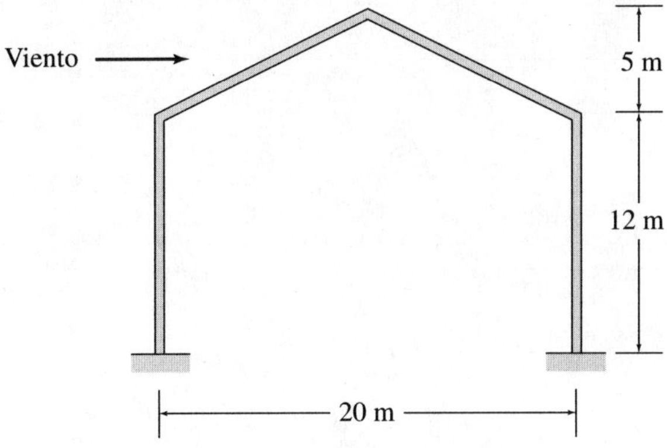

Fig. P2.9, P2.13

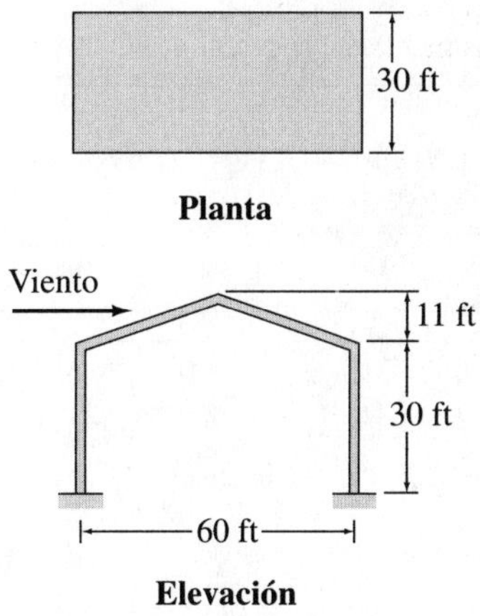

Fig. P2.10, P2.11, P2.12

para operaciones en desastres, mostrado en la figura P2.10. El edificio está ubicado en Kansas City, Missouri, en donde el terreno es representativo de la exposición C. La dirección del viento es normal a la guarnición, como se muestra en la figura.

2.11 Determine las presiones externas del viento sobre los muros de barlovento y de sotavento del edificio del problema 2.10. Véase la figura P2.10.

Sección 2.5

2.12 Determine las cargas de diseño de la nieve para el tejado del edificio del centro para operaciones en desastres del problema 2.10. La carga de la nieve sobre el suelo en Kansas City es de 20 psf. Debido a la existencia de árboles cerca del edificio, supóngase que el factor de exposición es $C_e = 1$. Véase la figura P2.10.

2.13 Determine las cargas de diseño de la nieve para el tejado del edificio de escuela del problema 2.9. La carga de la nieve sobre el suelo en Chicago es de 1.2 kN/m^2. Supóngase que el factor de exposición es de $C_e = 1$. Véase la figura P2.9.

PARTE DOS

ANÁLISIS DE ESTRUCTURAS ESTÁTICAMENTE DETERMINADAS

3 EQUILIBRIO Y REACCIONES EN LOS APOYOS

Carretera elevada SR-386/I-65, Nashville, Tennessee
Fotografía cortesía del American Institute of Steel Construction, Inc.

El objetivo de este capítulo es repasar el concepto básico de equilibrio de las estructuras bajo la acción de fuerzas y desarrollar el análisis de las reacciones ejercidas por los apoyos sobre estructuras planas (bidimensionales) sujetas a sistemas coplanares de fuerzas.

En primer lugar, se repasa el concepto de equilibrio y se desarrollan las ecuaciones de equilibrio de las estructuras. A continuación, se discuten las fuerzas externas e internas. Entonces, se describen los tipos comunes de apoyos usados para restringir los movimientos de las estructuras planas. Las estructuras se pueden clasificar como estáticamente determinadas externamente, indeterminadas o inestables. Se analiza cómo se puede hacer esta clasificación para las estructuras planas. Enseguida, se desarrolla un procedimiento para determinar las reacciones en los apoyos para las estructuras planas estáticamente determinadas. Por último, se define el principio de superposición y se muestra cómo usar proporciones en el cálculo de las reacciones de estructuras simplemente apoyadas.

3.1 EQUILIBRIO DE LAS ESTRUCTURAS

Se considera que una estructura está en equilibrio si, inicialmente en reposo, permanece en reposo cuando se sujeta a un sistema de fuerzas y de pares. Si una estructura está en equilibrio, entonces todos sus miembros y partes también están en equilibrio.

Para que una estructura esté en equilibrio, todas las fuerzas y pares (incluyendo las reacciones de los apoyos) que actúan sobre ella deben equilibrarse entre sí y no debe haber fuerza resultante ni par resultante que actúen sobre dicha estructura. Recuérdese, de lo visto en *estática*, que para una estructura espacial (tridimensional), sujeta a sistemas de fuerzas y pares tridimensionales (Fig. 3.1), las condiciones de fuerza resultante cero y par resultante cero se pueden expresar en un sistema de coordenadas cartesianas (*xyz*) como

$$\sum F_x = 0 \qquad \sum F_y = 0 \qquad \sum F_z = 0$$
$$\sum M_x = 0 \qquad \sum M_y = 0 \qquad \sum M_z = 0 \tag{3.1}$$

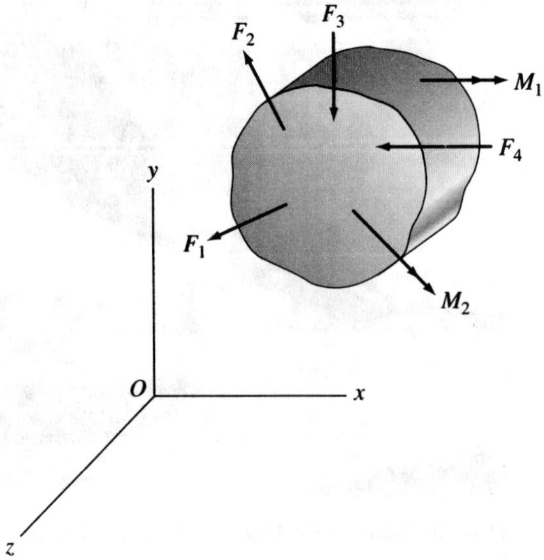

Fig. 3.1

Estas seis ecuaciones se llaman *ecuaciones de equilibrio de las estructuras espaciales* y son las condiciones necesarias y suficientes para que ese equilibrio exista. Las tres primeras ecuaciones garantizan que no hay fuerza resultante que actúe sobre la estructura y las últimas tres expresan el hecho de que, sobre esta misma estructura, no actúa par resultante.

Para una estructura plana que se encuentra en el plano *xy* y está sujeta a un sistema coplanar de fuerzas y pares (Fig. 3.2), las condiciones necesarias y suficientes para el equilibrio se pueden expresar como

$$\sum F_x = 0 \qquad \sum F_y = 0 \qquad \sum M_z = 0 \tag{3.2}$$

Estas tres ecuaciones se mencionan como las *ecuaciones de equilibrio de las estructuras planas*. Las dos primeras de las tres ecuaciones de equilibrio expresan, respectivamente, que las sumas algebraicas de las componentes x y de las componentes y de todas las fuerzas son cero, indicando con ello que la fuerza resultante que actúa sobre la estructura es cero. La tercera ecuación indica que la suma algebraica de los momentos de todas las fuerzas alrededor de cualquier punto en el plano de la estructura y los momentos de cualesquiera pares que actúen sobre ésta es cero, indicando con ello que el par resultante que actúa sobre la estructura es cero. Todas las ecuaciones de equilibrio se deben satisfacer en forma simultánea para que la estructura esté en equilibrio.

Debe tenerse en cuenta que si una estructura (por ejemplo, un vehículo aerospacial), inicialmente en movimiento, se sujeta a fuerzas que satisfacen las ecuaciones de equilibrio, mantendrá su movimiento con una velocidad constante, ya que las fuerzas no pueden acelerarlo. También se puede considerar que esas estructuras están en equilibrio. Empero, por lo común se usa el término equilibrio para referirse al estado de reposo de las estructuras, y en lo sucesivo se usará en este contexto.

Formas alternativas de las ecuaciones de equilibrio de las estructuras planas

Aun cuando las ecuaciones de equilibrio, como se expresan en las ecuaciones (3.2), proporcionan el medio más conveniente para analizar una mayoría de las estructuras planas, se puede facilitar el análisis de algunas de éstas al emplear una de los dos formas alternativas siguientes de las ecuaciones de equilibrio:

$$\sum F_q = 0 \qquad \sum M_A = 0 \qquad \sum M_B = 0 \tag{3.3}$$

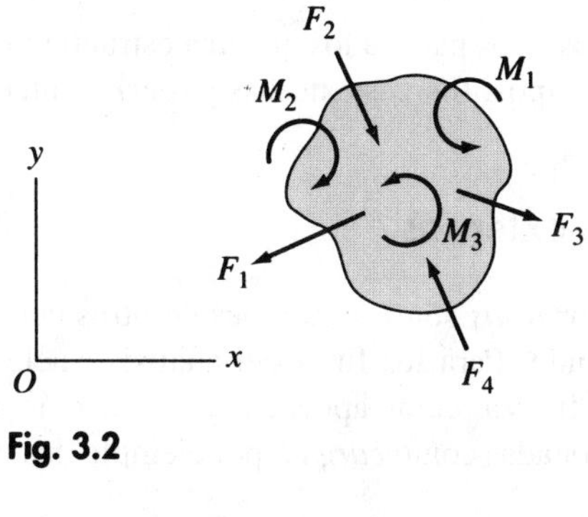

Fig. 3.2

en donde A y B son dos puntos cualesquiera en el plano de la estructura, siempre que la recta que une A y B no sea perpendicular al eje q, y

$$\sum M_A = 0 \qquad \sum M_B = 0 \qquad \sum M_C = 0 \tag{3.4}$$

en las cuales A, B y C son puntos cualesquiera en el plano de la estructura, siempre que estos tres puntos no se encuentren sobre la misma recta.

Sistemas de fuerzas concurrentes

Cuando una estructura está en equilibrio bajo la acción de un sistema de fuerzas concurrentes —es decir, las líneas de acción de todas las fuerzas se intersecan en un punto— las ecuaciones de equilibrio de los momentos se satisfacen en forma automática y sólo es necesario considerar las ecuaciones de equilibrio de las fuerzas. Por lo tanto, para una estructura espacial sujeta a un sistema tridimensional de fuerzas concurrentes, las ecuaciones de equilibrio son

$$\sum F_x = 0 \qquad \sum F_y = 0 \qquad \sum F_z = 0 \tag{3.5}$$

De manera análoga, para una estructura plana sujeta a un sistema concurrente de fuerzas coplanares, las ecuaciones de equilibrio se pueden expresar como

$$\sum F_x = 0 \qquad \sum F_y = 0 \tag{3.6}$$

Estructuras de dos fuerzas y de tres fuerzas

A lo largo de todo este texto, se encontrarán varias estructuras y miembros estructurales que se encontrarán en equilibrio bajo la acción de sólo dos o tres fuerzas. Se puede facilitar de manera considerable el análisis de esas estructuras y de las estructuras compuestas por esos miembros al recordar, de lo visto en *estática*, las características siguientes de esos sistemas:

1. Si una estructura está en equilibrio bajo la acción de sólo dos fuerzas, éstas deben ser iguales, opuestas y colineales.
2. Si una estructura está en equilibrio bajo la acción de sólo tres fuerzas, éstas deben ser concurrentes, o bien, paralelas.

3.2 FUERZAS EXTERNAS E INTERNAS

Las fuerzas y los pares a los que una estructura puede estar sujeta se pueden clasificar en dos tipos: fuerzas externas y fuerzas internas:

Fuerzas externas

Fuerzas externas son las acciones de otros cuerpos sobre la estructura que se está considerando. Para los fines del análisis, suele ser conveniente clasificar todavía más estas fuerzas como aplicadas y de reacción. Las *fuerzas aplicadas*, por lo general mencionadas como *cargas* (por ejemplo, las cargas vivas y las del viento), tienen tendencia a mover la estructura y, comúnmente, son *conocidas* en el análisis. Las fuerzas de reacción, o *reacciones*, son las ejercidas por los apoyos sobre la estructura y tienen tendencia a impedir su movimiento y a mantenerla en equilibrio. Es común que las reacciones se encuentren entre las *incógnitas* que deben determinarse por medio del análisis. El estado de equilibrio o de movimiento de la estructura como un todo lo rigen únicamente las fuerzas externas que actúan sobre ella.

Fuerzas internas

Las *fuerzas internas* son las fuerzas o pares ejercidos sobre un miembro o parte de la estructura por el resto de la misma. Estas fuerzas se desarrollan dentro de la estructura y mantienen unidas las diversas partes de ella. Las fuerzas internas siempre se presentan en parejas iguales pero opuestas, porque cada miembro o parte ejercen de regreso al resto de la estructura las mismas fuerzas que actúan sobre ellos, pero en direcciones opuestas, según la tercera ley de Newton. Debido a que las fuerzas internas se cancelan entre sí, no aparecen en las ecuaciones de equilibrio de la estructura completa. Las fuerzas internas también se encuentran entre las incógnitas en el análisis y se determinan al aplicar las ecuaciones de equilibrio a los miembros o partes, por separado, de la estructura.

3.3 TIPOS DE APOYOS PARA LAS ESTRUCTURAS PLANAS

Los apoyos se usan para sujetar las estructuras al suelo o a otros cuerpos, restringiendo de este modo sus movimientos bajo la acción de las cargas aplicadas. Las cargas tienden a mover las estructuras; pero los apoyos impiden los movimientos al ejercer fuerzas, o reacciones, que se oponen para neutralizar los efectos de esas cargas, manteniendo de este modo las estructuras en equilibrio. El tipo de reacción que un apoyo ejerce sobre una estructura depende del dispositivo de soporte que se use y del tipo de movimiento que impide. Un apoyo que impide la traslación de la estructura en una dirección en particular ejerce una fuerza de reacción sobre esa estructura en esa dirección. De manera análoga, un apoyo que impide la rotación de la estructura en torno a un eje en particular ejerce un par de reacción sobre esa estructura, en torno a ese eje.

En la figura 3.3, se ilustran los tipos de apoyos de uso común para las estructuras planas. Estos apoyos se agrupan en tres categorías, dependiendo del número de reacciones (1, 2 o 3) que ejercen sobre las estructuras. En la figura también se dan los tipos de reacciones que ejercen estos apoyos, así como el número de incógnitas que los diversos apoyos introducen en el análisis. En las figuras 3.4 a 3.6, se ilustran los apoyos de rodillo, oscilante y articulado.

3.4 DETERMINACIÓN, INDETERMINACIÓN E INESTABILIDAD ESTÁTICAS

Estabilidad interna

Se considera que una estructura es *internamente estable*, o *rígida, si mantiene su forma y sigue siendo un cuerpo rígido cuando se separa de los apoyos.* De manera inversa, una estructura se denomina *internamente inestable* (o no rígida) si no puede conservar su forma y puede sufrir grandes desplazamientos bajo pequeñas perturbaciones cuando no está apoyada desde el exterior. En la figura 3.7, se muestran algu-

Categoría	Tipo de apoyo	Representación simbólica	Reacciones	Número de incógnitas
I	De rodillo	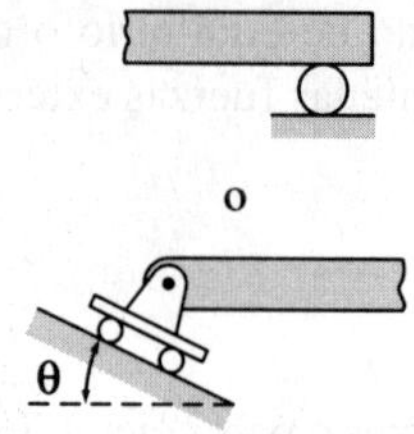	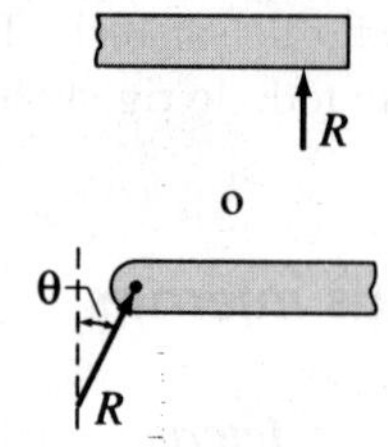	**1** **La fuerza de reacción *R* actúa perpendicular a la superficie de apoyo y puede estar dirigida hacia la estructura o en dirección opuesta a ella. La incógnita es la magnitud de *R*.**
	Oscilante	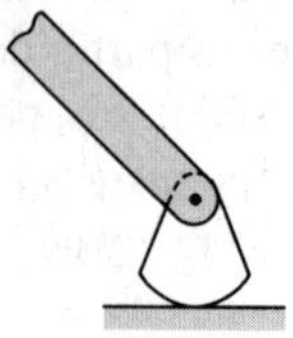	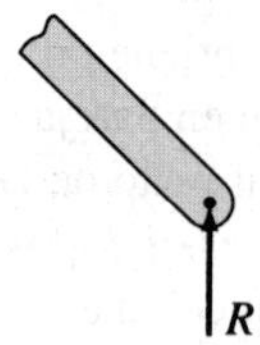	
	De eslabón	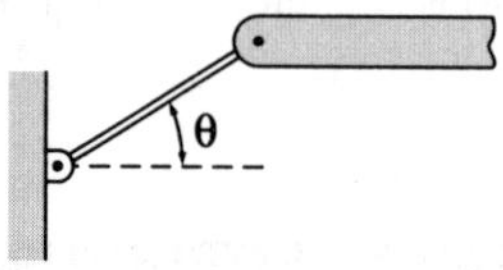	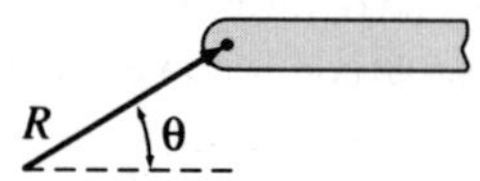	**1** **La fuerza de reacción *R* actúa en la dirección del eslabón y puede estar dirigida hacia la estructura o en dirección opuesta a ella. La incógnita es la magnitud de *R*.**
II	Articulado	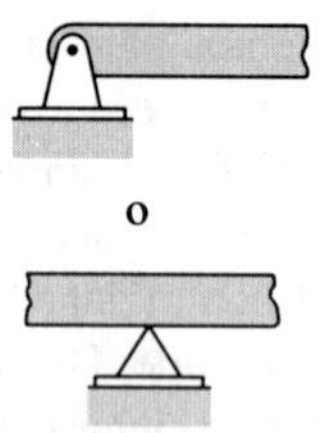	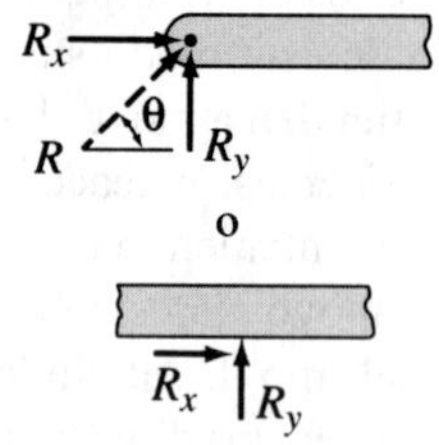	**2** **La fuerza de reacción *R* puede actuar en cualquier dirección. Suele ser conveniente representar *R* por sus componentes rectangulares R_x y R_y. Las dos incógnitas son las magnitudes de R_x y R_y**
III	Fijo	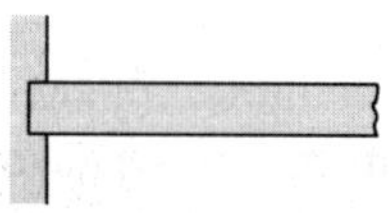	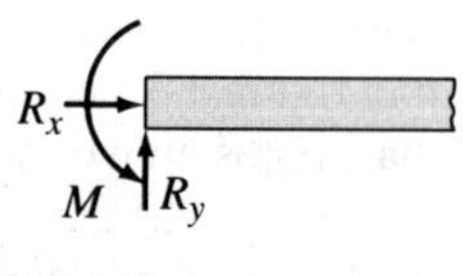	**3** **Las reacciones constan de dos componentes de una fuerza, R_x y R_y, y de un par de momento *M*. Las tres incógnitas son las magnitudes de R_x, R_y y *M*.**

Fig. 3.3 *Tipos de apoyos para las estructuras planas*

nos ejemplos de estructuras internamente estables. Nótese que cada una de las estructuras mostradas forma un cuerpo rígido y que cada una puede conservar su forma bajo las cargas. En la figura 3.8, se muestran algunos ejemplos de estructuras internamente inestables. La observación cuidadosa de estas estructuras indica que cada una de ellas está compuesta de dos partes rígidas, *AB* y *BC*, conectadas por una unión articulada *B*, la cual no puede impedir la rotación de una de las partes con respecto a la otra.

Debe tenerse en cuenta que todos los cuerpos rígidos se deforman cuando se sujetan a cargas; en la mayor parte de las estructuras de ingeniería, en las condiciones de servicio, las deformaciones son tan pequeñas que se puede despreciar su efecto sobre el estado de equilibrio de la estructura. El término *estructura rígida*,

Fig. 3.4 *Soporte de rodillo*
Fotografía cortesía del Illinois Department of Transportation.

como se usa aquí, implica que la estructura ofrece una resistencia significativa a cambiar su forma, en tanto que una no rígida ofrece una resistencia despreciable al cambio de su forma cuando se separa de los apoyos y, a menudo, se aplastaría bajo su propio peso cuando no está apoyada desde el exterior.

Determinación estática de las estructuras internamente estables

Una estructura internamente estable se considera que es *estáticamente determinada externamente si se pueden determinar todas las reacciones de sus apoyos al resolver las ecuaciones de equilibrio.* Ya que una estructura plana estáticamente estable se

Fig. 3.5 *Soporte oscilante*

Fig. 3.6 *Soporte articulado*

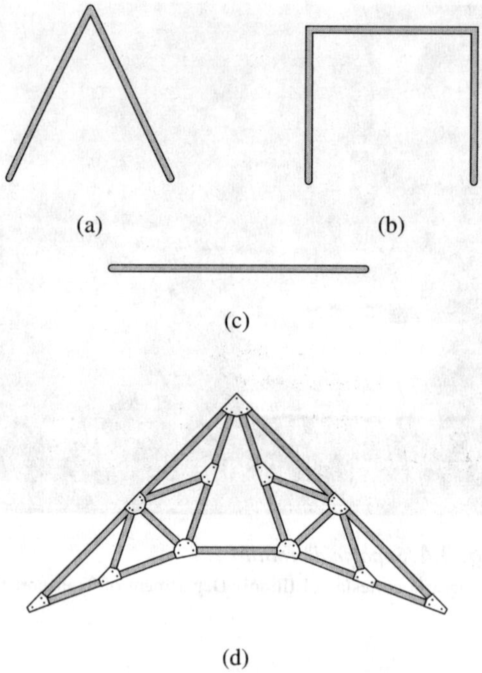

Fig. 3.7 *Ejemplos de estructuras internamente estables*

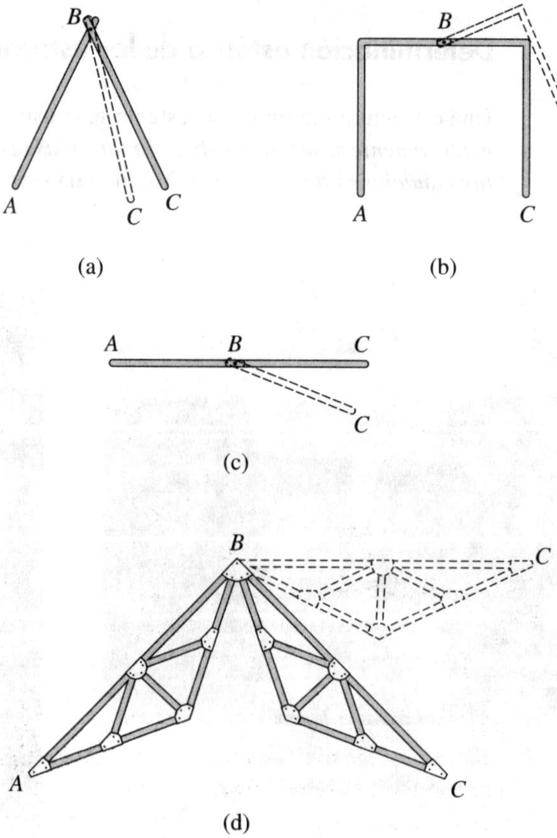

Fig. 3.8 *Ejemplos de estructuras internamente inestables*

puede tratar como un cuerpo rígido plano, para que esté en equilibrio bajo un sistema general de cargas coplanares debe estar apoyada al menos por tres reacciones que satisfagan las tres ecuaciones de equilibrio (ecuaciones 3.2, 3.3 o 3.4). Asimismo, dado que sólo se tienen tres ecuaciones de equilibrio, no se pueden usar para determinar más de tres reacciones. Por consiguiente, una estructura plana que es estáticamente determinada externamente debe estar apoyada exactamente por tres reacciones. En la figura 3.9, se muestran algunas ejemplos de estructuras planas estáticamente determinadas externamente. Se debe hacer notar que cada una de estas estructuras está apoyada por tres reacciones que se pueden determinar al resolver las tres ecuaciones de equilibrio.

Si una estructura está apoyada por más de tres reacciones, entonces no se pueden determinar todas las reacciones a partir de las tres ecuaciones de equilibrio. Esas estructuras se denominan *estáticamente indeterminadas externamente*. Las reacciones en exceso de las necesarias para el equilibrio se conocen como *redundantes externas* y el número de éstas se menciona como el *grado de indeterminación externa*. Como consecuencia, si una estructura tiene r reacciones ($r > 3$), entonces el grado de indeterminación externa se puede escribir como

$$i_e = r - 3 \tag{3.7}$$

En la figura 3.10, se muestran algunos ejemplos de estructuras planas estáticamente indeterminadas externamente.

Si una estructura se encuentra apoyada por menos de tres reacciones de apoyo. las reacciones no son suficientes para impedir todos los movimientos posibles de la estructura en su plano. Una estructura de este tipo no puede permanecer en equilibrio bajo un sistema general de cargas y, por lo tanto, se dice que es *estáticamente inestable externamente*. Un ejemplo de una estructura de este tipo se muestra en la figura 3.11. La armadura que se muestra en esta figura sólo está apoyada sobre dos rodillos. Debe resultar obvio que aunque las dos reacciones pueden impedir que la armadura gire y se traslade en la dirección vertical, no pueden impedir su traslación en la dirección horizontal. Por tanto, la armadura no está restringida por completo y es estáticamente inestable.

Las condiciones de inestabilidad, determinación e indeterminación estáticas de estructuras planas internamente estables se pueden resumir como sigue:

$r < 3$	la estructura es estáticamente inestable externamente	
$r = 3$	la estructura es estáticamente determinada externamente	**(3.8)**
$r > 3$	la estructura es estáticamente indeterminada externamente	

en donde r = número de reacciones.

Debe tenerse en cuenta que la primera de las tres condiciones expresadas en las ecuaciones (3.8) es tanto necesaria como suficiente, en el sentido de que si $r < 3$, la estructura es en verdad inestable. Sin embargo, las dos condiciones restantes, $r = 3$ y $r > 3$, aunque necesarias, no son suficientes para la determinación e indeterminación estáticas, respectivamente. En otras palabras, una estructura puede estar apoyada por un número suficiente de reacciones ($r \geq 3$), pero todavía puede ser inestable debido a una disposición impropia de los apoyos. Esas estructuras se mencionan como *geométricamente inestables externamente*. En la figura 3.12, se muestran los dos tipos de disposiciones de las reacciones que causan inestabilidad geométrica en

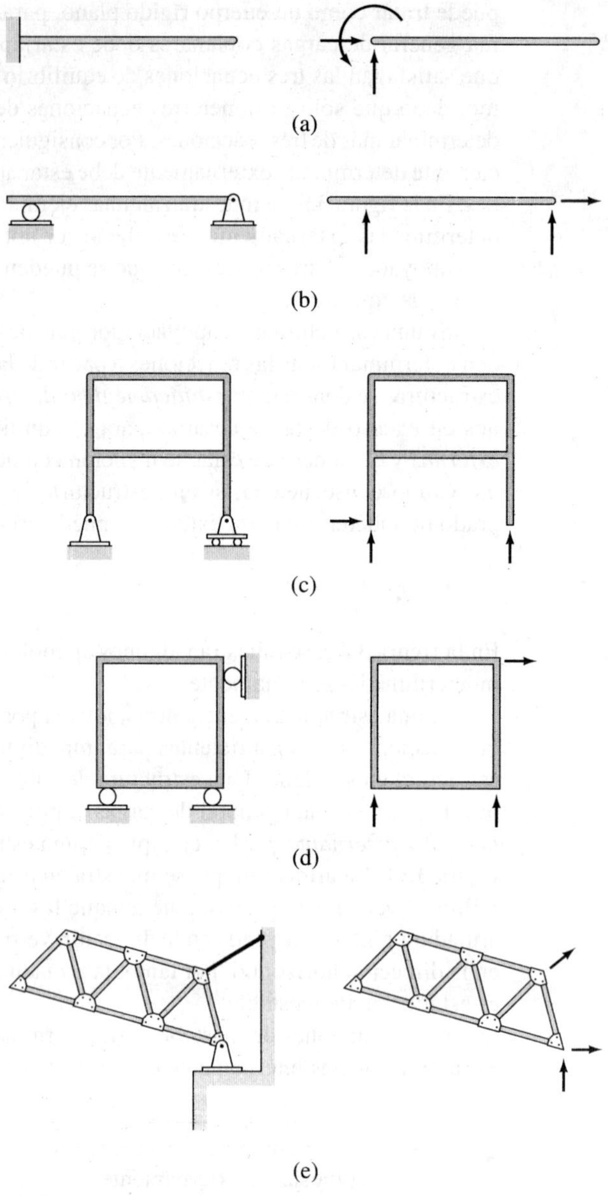

Fig. 3.9 *Ejemplos de estructuras planas estáticamente determinadas externamente*

las estructuras planas. La armadura de la figura 3.12(a) está apoyada por tres reacciones paralelas. En esta figura se puede ver que, aun cuando se tiene un número suficiente de reacciones ($r = 3$), todas se encuentran en la dirección vertical, de modo que no pueden impedir la traslación de la estructura en la dirección horizontal. Por lo tanto, la armadura es geométricamente inestable. En la figura 3.12(b), se muestra el otro tipo de disposición de las reacciones que causa inestabilidad geométrica. En este caso, la viga está apoyada por tres reacciones no paralelas. Sin embargo, puesto que las líneas de acción de las tres fuerzas de reacción son concurrentes al mismo punto, A, no pueden impedir la rotación de la viga alrededor de ese punto. En otras palabras, no se puede satisfacer la ecuación de equilibrio de los momentos, $\sum M_A = 0$, para un sistema general de fuerzas coplanares aplicadas a la viga. Por ende, la viga es geométricamente inestable.

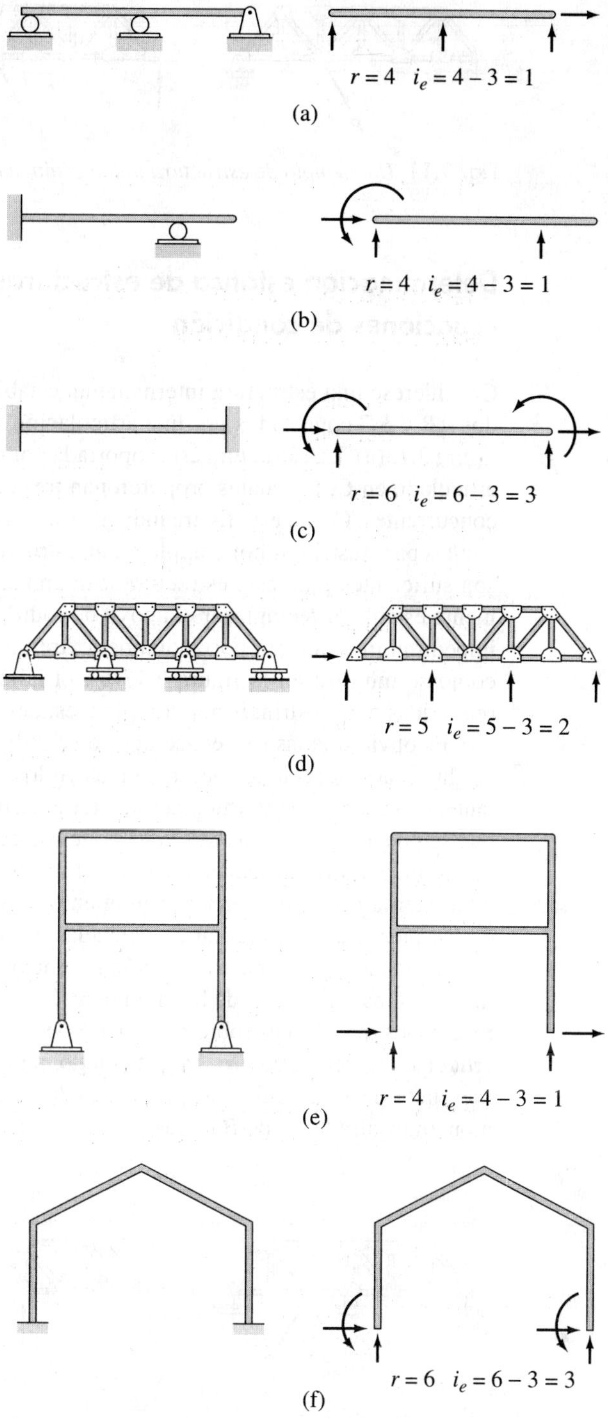

Fig. 3.10 *Ejemplos de estructuras planas estáticamente indeterminadas externamente*

Con base en la discusión precedente, se puede concluir que para que una estructura plana internamente estable sea geométricamente estable externamente, de modo que pueda permanecer en equilibrio bajo la acción de cualquier carga coplanar, debe estar apoyada por lo menos por tres reacciones, las cuales no deben ser todas paralelas ni concurrentes.

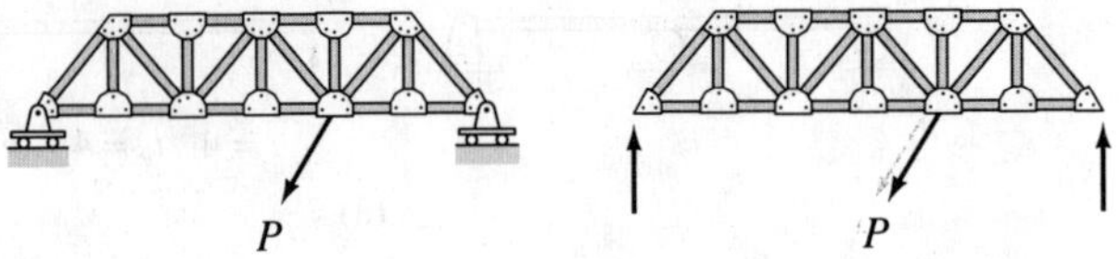

Fig. 3.11 *Un ejemplo de estructura plana estáticamente inestable externamente*

Determinación estática de estructuras internamente estables; ecuaciones de condición

Considérese una estructura internamente estable compuesta de dos miembros rígidos AB y BC conectados por una articulación interna en B, como se muestra en la figura 3.13(a). La estructura está soportada por un apoyo de rodillo en A y un soporte articulado en C, los cuales proporcionan tres reacciones externas no paralelas y no concurrentes. Como esta figura indica, estas reacciones, las cuales habrían sido suficientes para restringir por completo una estructura internamente estable, o rígida, no son suficientes para esta estructura. Sin embargo, la estructura puede ser externamente estable al reemplazar el apoyo de rodillo en A por un apoyo articulado, para impedir el movimiento horizontal del extremo A de la propia estructura. Por tanto, como se muestra en la figura 3.13(b), el número mínimo de reacciones externas requeridas para restringir por completo esta estructura es de cuatro.

Es obvio que las tres ecuaciones de equilibrio no son suficientes para determinar las cuatro reacciones desconocidas en los apoyos para esta estructura. No obstante, la presencia de la articulación interna en B proporciona una ecuación adicional que se puede usar con las tres ecuaciones de equilibrio con el fin de determinar las cuatro incógnitas. La ecuación adicional se basa en la condición de que una articulación interna no puede transmitir momento; es decir, los momentos en los extremos de las piezas de la estructura conectadas a una unión articulada son cero. Por lo tanto, cuando se usa una articulación interna para conectar dos partes de una estructura, la suma algebraica de los momentos, en torno a la articulación, de las cargas y reacciones que actúan sobre cada parte de la propia estructura, a cada lado de esa articulación, debe ser cero. De este modo, para la estructura de la figura 3.13(b), la presencia de la articulación interna en B requiere que la suma algebraica de los momentos alrededor de B de las cargas y reacciones que actúan sobre cada uno de

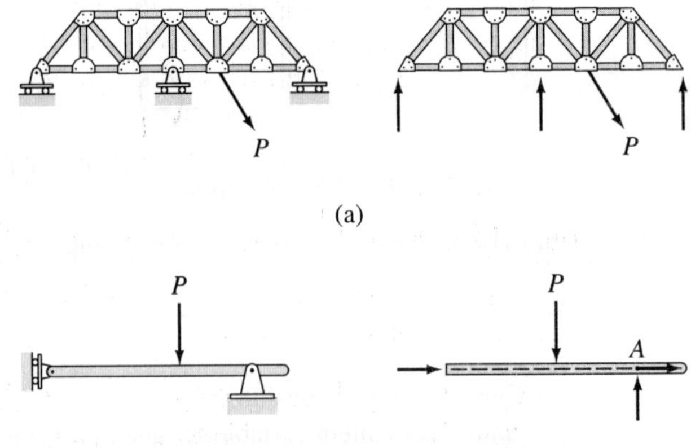

Fig. 3.12 *Disposiciones de las reacciones que causan inestabilidad geométrica externa en las estructuras planas.*

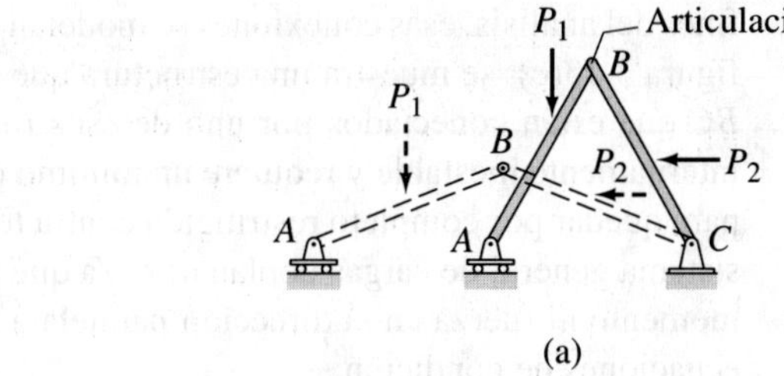

(a)

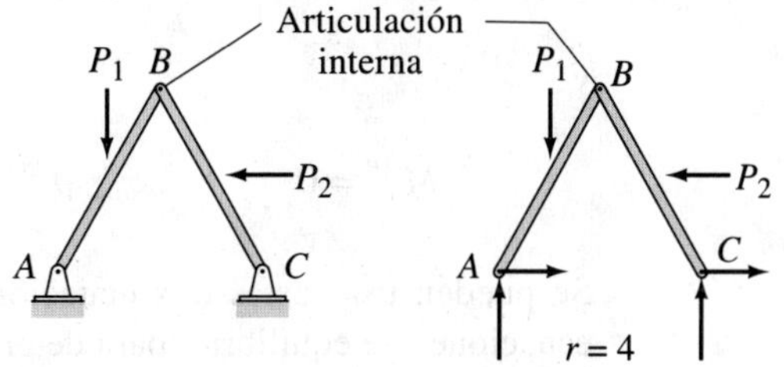

Una ecuación de condición: $\Sigma M_B^{AB} = 0$ o $\Sigma M_B^{BC} = 0$

(b)

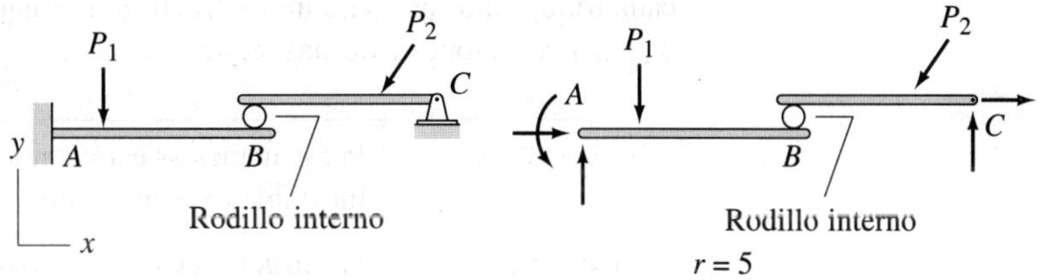

Dos ecuaciones de condición: $\Sigma F_x^{AB} = 0$ o $\Sigma F_x^{BC} = 0$

$\Sigma M_B^{AB} = 0$ o $\Sigma M_B^{BC} = 0$

(c)

Fig. 3.13

los miembros *AB* y *BC* debe ser cero; es decir, $\sum M_A^{AB} = 0$ y $\sum M_A^{BC} = 0$. Por lo común, ese tipo de ecuaciones se conocen como las *ecuaciones de condición* o *de construcción*, Es importante darse cuenta que estas dos ecuaciones no son independientes. Cuando una de las dos ecuaciones —por ejemplo, $\sum M_A^{AB} = 0$— se satisface junto con la ecuación de momentos de equilibrio, $\sum M = 0$, para la estructura completa, la ecuación restante, $\sum M_A^{BC} = 0$, se satisface en forma automática. Por consiguiente, una articulación interna que conecta dos miembros o partes de una estructura proporciona una ecuación independiente de condición. (En los capítulos subsiguientes, se consideran las estructuras que contienen juntas articuladas que conectan más de dos miembros.) Debido a que se pueden determinar las cuatro reacciones desconocidas para la estructura de la figura 3.13(b), al resolver las tres ecuaciones de equilibrio más una ecuación de condición ($\sum M_A^{AB} = 0$ o $\sum M_A^{BC} = 0$), se considera que la estructura es estáticamente determinada externamente.

En ocasiones, se usan conexiones en las estructuras que permiten no sólo las rotaciones relativas de los extremos de los miembros, sino también traslaciones relativas en ciertas direcciones de los extremos de los miembros conectados. Para los fines del análisis, esas conexiones se modelan como juntas internas de rodillos. En la figura 3.13(c), se muestra una estructura que consta de dos miembros rígidos AB y BC que están conectados por uno de esos rodillos internos en B. La estructura es internamente inestable y requiere un mínimo de cinco reacciones externas de apoyo para quedar por completo restringida contra todos los movimientos posibles bajo un sistema general de cargas coplanares. Ya que un rodillo interno no puede transmitir momento ni fuerza en la dirección paralela a la superficie de apoyo, da lugar a dos ecuaciones de condición:

$$\sum F_x^{AB} = 0 \quad \text{o} \quad \sum F_x^{BC} = 0$$

y

$$\sum M_A^{AB} = 0 \quad \text{o} \quad \sum M_A^{BC} = 0$$

Se pueden usar estas dos ecuaciones de condición, en conjunción con las tres ecuaciones de equilibrio, para determinar las cinco reacciones externas desconocidas. Por consiguiente, la estructura de la figura 3.13(c) es estáticamente determinada externamente.

A partir de la discusión anterior, se puede concluir que si se tienen e_c ecuaciones de condición (una ecuación para cada articulación interna y dos ecuaciones para cada rodillo interno) para una estructura internamente inestable, la cual está apoyada por r reacciones externas, entonces si

$r < 3 + e_c$	la estructura es estáticamente inestable externamente
$r = 3 + e_c$	la estructura es estáticamente determinada externamente
$r > 3 + e_c$	la estructura es estáticamente indeterminada externamente

(3.9)

Para una estructura indeterminada externamente, el grado de indeterminación externa se expresa como

$$i_e = r - (3 + e_c) \qquad \textbf{(3.10)}$$

Enfoque alternativo Un enfoque alternativo que se puede aplicar para determinar la inestabilidad, determinación e indeterminación estáticas de estructuras internamente inestables es el siguiente:

1. Cuente el número total de reacciones de los apoyos, r.
2. Cuente el número total de fuerzas internas, f_i, que pueden ser transmitidas por las articulaciones y los rodillos internos de la estructura. Recuerde que una articulación interna puede transmitir dos componentes de fuerzas y un rodillo interno puede transmitir una componente.
3. Determine el número total de incógnitas, $r + f_i$.
4. Cuente el número de miembros o partes rígidos, n_r, contenidos en la estructura.
5. Debido a que cada una de las partes o miembros rígidos por separado de la estructura deben estar en equilibrio bajo la acción de las cargas, reacciones o fuerzas internas, o todas ellas, aplicadas, cada miembro debe satisfacer las

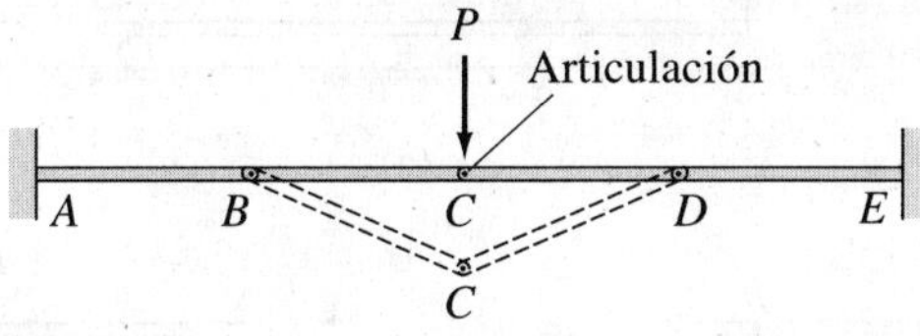

Fig. 3.14

tres ecuaciones de equilibrio, ($\sum F_x = 0$, $\sum F_y = 0$ y $\sum M = 0$). Por tanto, el número total de ecuaciones de las que se dispone para la estructura completa es $3n_r$.

6. Determine si la estructura es estáticamente inestable, determinada o indeterminada, al comparar el número total de incógnitas, $r + f_i$, con el número total de ecuaciones. Si

$r + f_i < 3n_r$	la estructura es estáticamente inestable externamente	
$r + f_i = 3n_r$	la estructura es estáticamente determinada externamente	**(3.11)**
$r + f_i > 3n_r$	la estructura es estáticamente indeterminada externamente	

Para estructuras indeterminadas, el grado de indeterminación externa se expresa por

$$i_e = (r + f_i) - 3n_r \qquad \textbf{(3.12)}$$

Si se aplica este procedimiento alternativo a la estructura de la figura 3.13(b), se puede ver que, para esta estructura, $r = 4$, $f_i = 2$ y $n_r = 2$. Como el número total de incógnitas ($r + f_i = 6$) es igual al número total de ecuaciones ($3n_r = 6$), la estructura es estáticamente determinada externamente. De manera análoga, para la estructura de la figura 3.13(c), $r = 5$, $f_i = 1$ y $n_r = 2$. Ya que $r + f_i = 3n_r$, esta estructura también es estáticamente determinada externamente.

Los criterios para la determinación e indeterminación estáticas, según se describen en las ecuaciones (3.9) y (3.11), aunque necesarios, no son suficientes, porque no pueden tomar en cuenta la posibilidad de la inestabilidad geométrica. Para evitar la inestabilidad geométrica, las estructuras internamente inestables, como las internamente estables consideradas con anterioridad, deben estar apoyadas por reacciones, sin que todas sean paralelas ni concurrentes. En la figura 3.14, se ilustra un tipo adicional de inestabilidad geométrica que puede surgir en las estructuras internamente inestables. Para la viga que se muestra, la cual contiene tres articulaciones internas en B, C y D, $r = 6$ y $e_c = 3$ (es decir, $r = 3 + e_c$); por lo tanto, según la ecuación (3.9), la viga está apoyada por un número suficiente de reacciones y debe ser estáticamente determinada. Sin embargo, en la figura se puede ver que la parte BCD de la viga es inestable, porque no puede brindar apoyo a la carga vertical P aplicada a ella en su posición no deformada. Los miembros BC y CD deben sufrir rotaciones finitas para desarrollar alguna resistencia a la carga aplicada. Ese tipo de inestabilidad geométrica se puede evitar al apoyar externamente cualquier parte de la estructura que contenga tres o más articulaciones internas que sean colineales.

EJEMPLO 3.1

Clasifique cada una de las estructuras que se muestran en la figura 3.15 como inestables, estáticamente determinadas o estáticamente indeterminadas, externamente. Si la estructura es

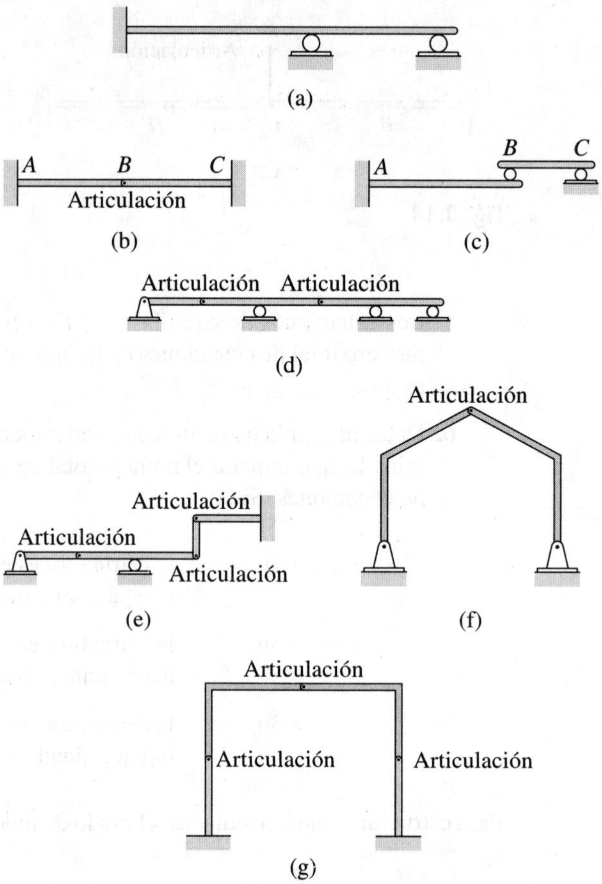

Fig. 3.15

estáticamente indeterminada externamente, entonces determine el grado de indeterminación externa.

SOLUCIÓN (*a*) Esta viga es internamente estable, con $r = 5 > 3$. Por lo tanto, es estáticamente indeterminada externamente con el grado de indeterminación externa de

$$i_e = r - 3 = 5 - 3 = 2$$ **Resp.**

(*b*) Esta viga es internamente inestable. Se compone de dos miembros rígidos, *AB* y *BC*, conectados por una articulación interna en *B*. Para esta viga, $r = 6$ y $e_c = 1$. Puesto que $r > 3 + e_c$, la estructura es estáticamente indeterminada externamente con el grado de indeterminación externa de

$$i_e = r - (3 + e_c) = 6 - (3 + 1) = 2$$ **Resp.**

Método alternativo $f_i = 2$, $n_r = 2$, $r + f_i = 6 + 2 = 8$ y $3n_r = 3(2) = 6$. Ya que $r + f_i > 3n_r$, la viga es estáticamente indeterminada externamente, con

$$i_e = (r + f_i) - 3n_r = 8 - 6 = 2$$ **Coincide**

(*c*) Esta estructura es internamente inestable con $r = 4$ y $e_c = 2$. Dado que $r < 3 + e_c$, la estructura es estáticamente inestable externamente. Esto se puede verificar a partir de la figura, la cual hace ver que el miembro *BC* no está restringido contra el movimiento en la dirección horizontal. **Resp.**

Método alternativo $f_i = 1$, $n_r = 2$, $r + f_i = 4 + 1 = 5$ y $3n_r = 6$. Ya que $r + f_i < 3n_r$, la estructura es estáticamente inestable externamente. **Coincide** (*d*) Esta viga es internamente inestable con $r = 5$ y $e_c = 2$. Debido a que $r = 3 + e_c$, la viga es estáticamente determinada externamente. **Resp.**

Método alternativo $f_i = 4$, $n_r = 3$, $r + f_i = 5 + 4 = 9$ y $3n_r = 3(3) = 9$. En virtud de que $r + f_i = 3n_r$, la viga es estáticamente determinada externamente. **Coincide**

(*e*) Ésta es una estructura internamente inestable con $r = 6$ y $e_c = 3$. Ya que $r = 3 + e_c$, la estructura es estáticamente determinada externamente. **Resp.**

Método alternativo $f_i = 6$, $n_r = 4$, $r + f_i = 6 + 6 = 12$ y $3n_r = 3(4) = 12$. Debido a que $r + f_i = 3n_r$, la estructura es estáticamente determinada externamente. **Coincide**

(*f*) Este armazón es internamente inestable con $r = 4$ y $e_c = 1$. Como $r = 3 + e_c$, el armazón es estáticamente determinado externamente. **Resp.**

Método alternativo $f_i = 2$, $n_r = 2$, $r + f_i = 4 + 2 = 6$ y $3n_r = 3(2) = 6$. Dado que $r + f_i = 3n_r$, el armazón es estáticamente determinado externamente. **Coincide**

(*g*) Este armazón es internamente inestable con $r = 6$ y $e_c = 3$. Dado que $r = 3 + e_c$, el armazón es estáticamente determinado externamente. **Resp.**

Método alternativo $f_i = 6$, $n_r = 4$, $r + f_i = 6 + 6 = 12$ y $3n_r = 3(4) = 12$. Debido a que $r + f_i = 3n_r$, el armazón es estáticamente determinado externamente. **Coincide**

3.5 CÁLCULO DE LAS REACCIONES

Se puede usar el siguiente procedimiento paso a paso para determinar las reacciones de las estructuras planas estáticamente determinadas que estén sujetas a cargas coplanares.

1. Dibuje un diagrama de cuerpo libre (DCL) de la estructura.

a. Muestre la estructura que se está considerando separada de sus apoyos y desconectada de todos los demás cuerpos a los cuales puede estar conectada.

b. Muestre cada fuerza o par conocidos en el DCL por medio de una flecha, indicando su dirección y sentido. Escriba la magnitud de cada fuerza y par conocidos por su flecha.

c. Muestre la orientación del sistema de coordenadas *xy* mutuamente perpendiculares que se va a usar en el análisis. Suele ser conveniente orientar los ejes *x* y *y* en las direcciones horizontal (positiva hacia la derecha) y vertical (positiva hacia arriba), respectivamente. Sin embargo, si las dimensiones de la estructura o las líneas de acción de la mayor parte de las cargas aplicadas, o ambas cosas, están en una dirección inclinada, la selección del eje *x* (o del *y*) en esa dirección puede facilitar en forma considerable el análisis.

d. En cada punto en donde la estructura se haya separado de un apoyo, muestre las reacciones externas desconocidas que se están ejerciendo sobre esa estructura. En la figura 3.3, se da el tipo de reacciones que pueden ser ejercidas por los diversos apoyos. Las fuerzas de reacción se representan en el DCL por medio de flechas en las direcciones conocidas de sus líneas de acción. Los pares de reacción se representan por flechas curvas. Los sentidos de las reacciones no se conocen y se pueden suponer de manera arbitraria. No obstante, por lo general es conveniente suponer los sentidos de las fuerzas de reacción en las direcciones positivas *x* y *y*, y el de los pares de reacción en sentido contrario al movimiento de las manecillas del reloj. Los sentidos reales de las reacciones se conocerán después de que se hayan determinado sus magnitudes al resolver las ecuaciones de equilibrio y de la condición (si la hay). Una magnitud positiva para una reacción implicará que el sentido supuesto en el inicio era correcto, en tanto que un valor negativo de la magnitud indicará que el sentido real es el opuesto al que se supuso en el DCL. Como las magnitudes de las reacciones todavía no se conocen, se denotan por medio de símbolos apropiados en el DCL.

e. Para completar el DCL, dibuje las dimensiones de la estructura, mostrando las ubicaciones de todas las fuerzas externas, conocidas y desconocidas.

2. Haga la comprobación respecto a la determinación estática. Con aplicación del procedimiento descrito en la sección 3.4, determine si la estructura dada es o no estáticamente determinada. Si la estructura es estática o geométricamente inestable o indeterminada externamente, finalice el análisis en esta etapa.

3. Determine las reacciones desconocidas al aplicar las ecuaciones de equilibrio y de la condición (si la hay) a la estructura completa. Con el fin de evitar la resolución de ecuaciones simultáneas, escriba las ecuaciones de equilibrio y de la condición de modo que cada ecuación comprenda sólo una incógnita. Para algunas estructuras internamente inestables, no sería posible escribir ecuaciones que contengan una incógnita cada una. Para esas estructuras, las reacciones se determinan al resolver las ecuaciones en forma simultánea. En ocasiones se puede facilitar el análisis de esas estructuras internamente inestables y evitarse la solución de ecuaciones simultáneas, al desconectar la estructura para tener partes rígidas y aplicar las ecuaciones de equilibrio a las partes por separado con el fin de determinar las reacciones. En ese caso, se deben construir los diagramas de cuerpo libre de las partes de la estructura; estos diagramas deben mostrar, además de cualquier carga aplicada y reacción de los apoyos, todas las fuerzas internas que están siendo ejercidas sobre esa parte en las conexiones. Recuerde que las fuerzas internas que actúan sobre las partes adyacentes de una estructura deben tener las mismas magnitudes pero sentidos opuestos, según la tercera ley de Newton.

4. Aplique una ecuación alternativa de equilibrio, que no haya sido usada con anterioridad, a la estructura completa para comprobar los cálculos. De preferencia, esta ecuación alternativa debe comprender todas las reacciones que se determinaron en el análisis. Para este fin, se puede usar una ecuación de equilibrio de momentos que comprenda una suma de momentos alrededor de un punto que no se encuentre sobre las líneas de acción de las fuerzas de reacción. Si el análisis se ha llevado a cabo de manera correcta, entonces debe satisfacerse esta ecuación alternativa de equilibrio.

EJEMPLO 3.2

Determine las reacciones en los apoyos para la viga que se muestra en la figura 3.16(a).

SOLUCIÓN

Diagrama de cuerpo libre En la figura 3.16(b), se muestra el diagrama de cuerpo libre de la viga. Note que el rodillo en A ejerce la reacción R_A en la dirección perpendicular a la superficie inclinada de apoyo.

Determinación estática La viga que es internamente estable está apoyada por tres reacciones, R_A, B_x y B_y, las cuales no todas son paralelas ni concurrentes. Por lo tanto, la viga es estáticamente determinada.

Reacciones de los apoyos Como dos de las tres reacciones, a saber B_x y B_y, son concurrentes en B, sus momentos en torno a este punto son cero. Por lo tanto, la ecuación de equilibrio, $\sum M_B = 0$, la cual comprende la suma de los momentos de todas las fuerzas respecto a B, sólo contiene una incógnita, R_A. Por consiguiente,

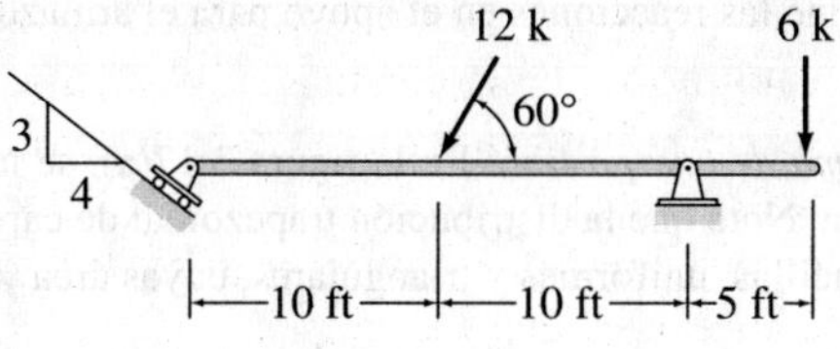

(a)

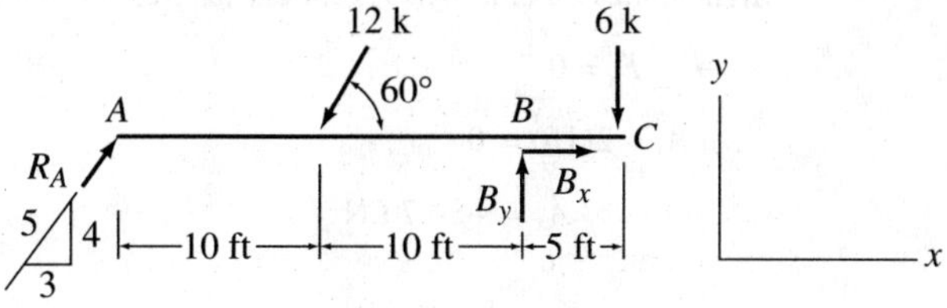

(b)

Fig. 3.16 (k = kilolibra)

$$+ \circlearrowleft \sum M_B = 0$$

$$-\frac{4}{5} R_A(20) + 12 \text{ sen } 60°(10) - 6(5) = 0$$

$$R_A = 4.62 \text{ k}$$

La respuesta positiva para R_A indica que la suposición inicial acerca del sentido de esta reacción fue correcta. Por lo tanto,

$$R_A = 4.62 \text{ k} \nearrow$$ **Resp.**

Enseguida, con el fin de determinar B_x, se aplica la ecuación de equilibrio,

$$+ \rightarrow \sum F_x = 0$$

$$\frac{3}{5}(4.62) - 12 \cos 60° + B_x = 0$$

$$B_x = 3.23 \text{ k}$$

$$B_x = 3.23 \text{ k} \rightarrow$$ **Resp.**

Ahora se puede determinar la única incógnita restante, B_y, al aplicar la ecuación restante de equilibrio:

$$+ \uparrow \sum F_y = 0$$

$$\frac{4}{5}(4.62) - 12 \text{ sen } 60° + B_y - 6 = 0$$

$$B_y = 12.7 \text{ k}$$

$$B_y = 12.7 \text{ k} \uparrow$$ **Resp.**

En el cálculo anterior, para evitar la necesidad de tener que resolver ecuaciones simultáneas, se aplicaron las ecuaciones de equilibrio de tal manera que cada ecuación sólo contuvo una incógnita.

Comprobación de los cálculos Por último, para comprobar los cálculos, se aplica una ecuación alternativa de equilibrio (véase la figura 3.16(b)):

$$+ \circlearrowleft \sum M_C = -\frac{4}{5}(4.62)(25) + 12 \text{ sen } 60°(15) - 12.7(5)$$

$$= -0.01 \text{ k-ft}$$ **Coincide**

EJEMPLO 3.3 Determine las reacciones en el apoyo para el armazón que se muestra en la figura 3.17(a).

SOLUCIÓN *Diagrama de cuerpo libre* En la figura 3.17(a), se muestra el diagrama de cuerpo libre del armazón. Note que la distribución trapezoidal de cargas se ha dividido en dos distribuciones más sencillas, uniformes y triangulares, cuyas área y centroides son más fáciles de calcular.

Determinación estática El armazón es internamente estable con $r = 3$. Por lo tanto, es estáticamente determinado.

Reacciones en el apoyo Al aplicar las tres ecuaciones de equilibrio, se obtiene

$$+\rightarrow \sum F_x = 0$$

$$A_x + 2(15) = 0$$

$$A_x = -30.7 \text{ kN}$$

$$A_x = 30 \text{ kN} \leftarrow \qquad \textbf{Resp.}$$

$$+\uparrow \sum F_y = 0$$

$$A_y - 2(9) - \frac{1}{2}(3)(9) = 0$$

$$A_y = 31.5 \text{ kN}$$

$$A_y = 31.5 \text{ kN} \uparrow \qquad \textbf{Resp.}$$

$$+ \circlearrowleft \sum M_A = 0$$

$$M_A - [2(15)]\left(\frac{15}{2}\right) - [2(9)]\left(\frac{9}{2}\right) - \left[\frac{1}{2}(3)(9)\right]\frac{2}{3} - (9) = 0$$

$$M_A = 387 \text{ kN-m}$$

$$M_A = 387 \text{ kN-m} \circlearrowleft \qquad \textbf{Resp.}$$

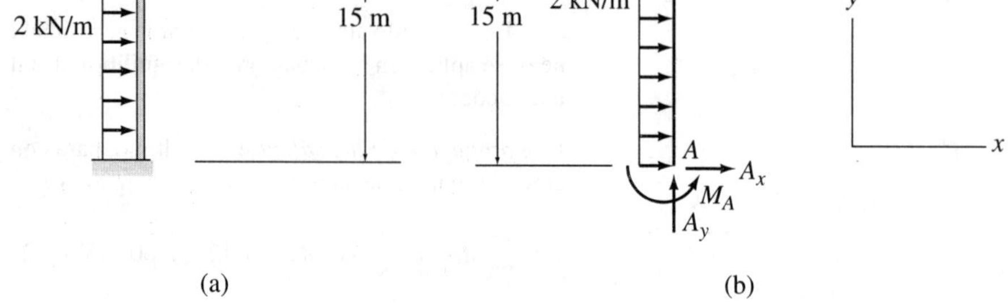

(a) (b)

Fig. 3.17

Comprobación de los cálculos

$$+\circlearrowleft \sum M_B = -30(15) - 31.5(9) + 387 + [2(15)]\left(\frac{15}{2}\right)$$

$$+[2(9)]\left(\frac{9}{2}\right) + \left[\frac{1}{2}(3)(9)\right]\left(\frac{9}{3}\right)$$

$$= 0$$

Coincide

EJEMPLO 3.4 Determine las reacciones en los apoyos para el armazón que se muestra en la figura 3.18(a).

SOLUCIÓN *Diagrama de cuerpo libre* Véase la figura 3.18(b).

Determinación estática El marco es internamente estable con $r = 3$. Por consiguiente, es estáticamente determinado.

Reacciones en los apoyos

$$+\rightarrow \sum F_x = 0$$

$$A_x + \frac{4}{5}(2.5)(18) - 15 = 0$$

$$A_x = -7.5 \text{ k}$$

$$A_x = 7.5 \text{ k} \leftarrow$$ **Resp.**

$$+\circlearrowleft \sum M_A = 0$$

$$-\left[\frac{1}{2}(2.5)(18)\right]\left(\frac{18}{3}\right) - [1.5(18)](9) + 15(12) + B_y(12) = 0$$

$$B_y = 16.5 \text{ k}$$

$$B_y = 16.5 \text{ k} \uparrow$$ **Resp.**

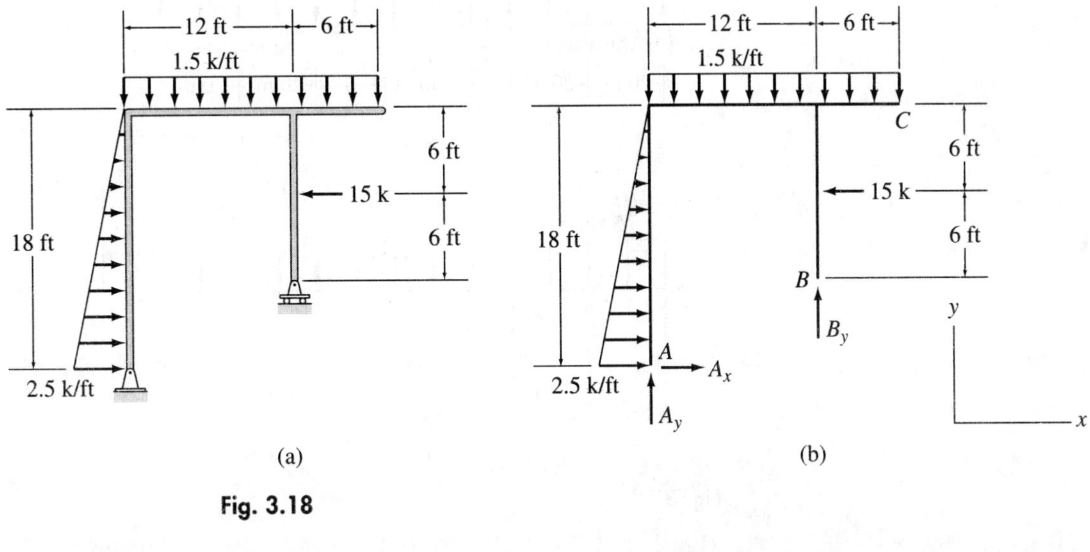

Fig. 3.18

$$+\uparrow \sum F_y = 0$$

$$A_y - 1.5(18) + 16.5 = 0$$

$$A_y = 10.5 \text{ k}$$

$A_y = 10.5 \text{ k} \uparrow$ **Resp.**

Comprobación de los cálculos

$$+\circlearrowleft \sum M_C = -7.5(18) - 10.5(18) + \left[\frac{1}{2}(2.5)(18)\right]\frac{2}{3}(18)$$

$$+1.5(18)\left(\frac{18}{2}\right) - 15(6) - 16.5(6)$$

$$= 0$$

Coincide

EJEMPLO 3.5 Determine las reacciones en los apoyos para la viga que se muestra en la figura 3.19(a).

SOLUCIÓN *Diagrama de cuerpo libre* Véase la figura 3.19(b).

Determinación estática La viga es internamente inestable. Está compuesta de tres miembros rígidos, *AB*, *BE* y *EF*, conectados por dos articulaciones internas en *B* y *E*. La estructura tiene $r = 5$ y $e_c = 2$; debido a que $r = 3 + e_c$, la estructura es estáticamente determinada.

Reacciones en los apoyos

$$+\rightarrow \sum F_x = 0$$

$$A_x = 0$$

$A_x = 0$ **Resp.**

Enseguida, se aplica la ecuación de la condición, $\sum M_B^{AB} = 0$, la cual comprende la suma de momentos en torno a *B* de todas las fuerzas que actúan sobre la parte *AB*:

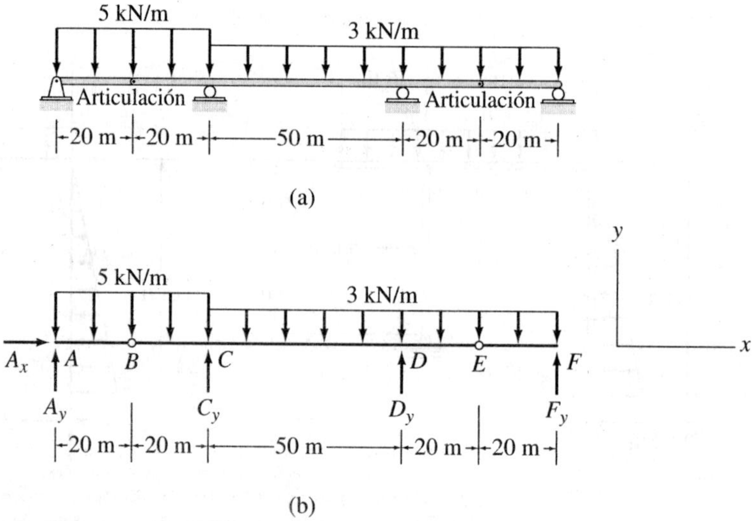

Fig. 3.19

$+\circlearrowleft \sum M_B^{AB} = 0$

$$-A_y(20) + [5(20)](10) = 0$$

$$A_y = 50 \text{ kN}$$

$A_y = 50 \text{ kN} \uparrow$ **Resp.**

De manera análoga, al aplicar la ecuación de condición $\sum M_E^{EF} = 0$, se determina la reacción F_y, como sigue:

$+\circlearrowleft \sum M_E^{EF} = 0$

$$-[3(20)](10) + F_y(20) = 0$$

$$F_y = 30 \text{ kN}$$

$F_y = 30 \text{ kN} \uparrow$ **Resp.**

Ahora se pueden aplicar las dos ecuaciones restantes de equilibrio con el fin de determinar las dos incógnitas que quedan, C_y y D_y:

$+\circlearrowleft \sum M_D = 0$

$$-50(90) + [5(40)](70) - C_y(50) + [3(90)](5) + 30(40) = 0$$

$$C_y = 241 \text{ kN}$$

$C_y = 241 \text{ kN} \uparrow$ **Resp.**

Es importante darse cuenta que las ecuaciones de equilibrio de momentos comprenden los momentos de *todas* las fuerzas que actúan sobre la estructura completa, en tanto que las ecuaciones de momentos de condición comprenden sólo los momentos de aquellas fuerzas que actúan sobre la parte de la propia estructura en *uno de los lados* de la articulación interna.

Por último, se calcula D_y al aplicar la ecuación de equilibrio,

$+\uparrow \sum F_y = 0$

$$50 - 5(40) + 241 - 3(90) + D_y + 30 = 0$$

$$D_y = 149 \text{ kN}$$

$D_y = 149 \text{ kN} \uparrow$ **Resp.**

Comprobación de los cálculos

$+\circlearrowleft \sum M_F = -50(130) + [5(40)](110) - 241(90) + [3(90)](45) - 149(40)$

$= 0$ **Coincide**

EJEMPLO 3.6

Determine las reacciones en los apoyos para el arco con tres articulaciones que se muestra en la figura 3.20(a).

SOLUCIÓN *Diagrama de cuerpo libre* Véase la figura 3.20(b).

Determinación estática El arco es internamente inestable; se compone de dos partes rígidas, AB y BC, conectadas por una articulación interna en B. El arco tiene $r = 4$ y $e_c = 1$; puesto que $r = 3 + e_c$, es estáticamente determinada.

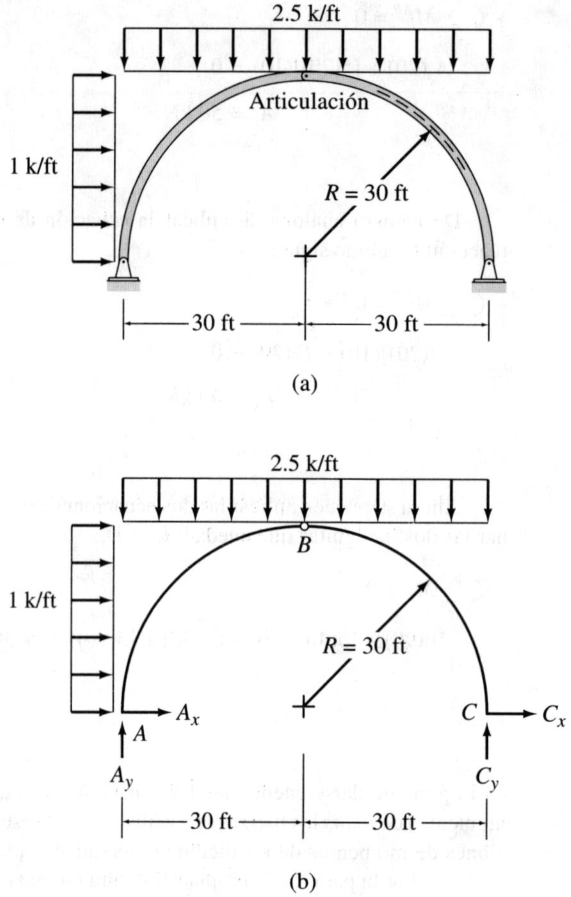

Fig. 3.20

Reacciones en los apoyos

$+\circlearrowleft \sum M_C = 0$

$$-A_y(60) - [1(30)](15) + [2.5(60)](30) = 0$$

$$A_y = 67.5 \text{ k}$$

$A_y = 67.5 \text{ k} \uparrow$ **Resp.**

$+\circlearrowleft \sum M_B^{AB} = 0$

$$-A_x(30) - 67.5(30) + [1(30)](15) + [2.5(30)](15) = 0$$

$$A_x = 15 \text{ k}$$

$A_x = 15 \text{ k} \rightarrow$ **Resp.**

$+\circlearrowleft \sum F_x = 0$

$$15 + 1(30) + C_x = 0$$

$$C_x = -45 \text{ k}$$

$C_x = 45 \text{ k} \leftarrow$ **Resp.**

$$+\circlearrowleft \sum F_y = 0$$

$$67.5 - 2.5(60) + C_y = 0$$

$$C_y = 82.5 \text{ k}$$

$$C_y = 82.5 \text{ k} \uparrow$$ **Resp.**

Comprobación de los cálculos Para comprobar los cálculos, se aplica la ecuación de equilibrio $\sum M_B$ para la estructura completa:

$$+\circlearrowleft \sum M_B = 15(30) - 67.5(30) + [1(30)](15) + [2.5(60)](0) - 45(30) + 82.5(30) = 0$$

Coincide

EJEMPLO 3.7

Determine las reacciones en los apoyos de la viga que se muestra en la figura 3.21(a).

SOLUCIÓN

Diagrama de cuerpo libre El diagrama de cuerpo libre de la estructura completa se muestra en la figura 3.21(b).

Determinación estática La viga es internamente inestable, con $r = 5$ y $e_c = 2$. Ya que $r = 3 + e_c$, la estructura es estáticamente determinada.

Reacciones en los apoyos Si se usa el diagrama de cuerpo libre de la viga completa que se muestra en la figura 3.21(b), se determinan las reacciones del modo siguiente:

$$+\rightarrow \sum F_x = 0$$

$$A_x = 0$$

$$A_x = 0$$ **Resp.**

$$+\circlearrowleft \sum M_C^{AC} = 0$$

$$-A_y(200) + 80(125) - B_y(75) = 0$$

$$8A_y + 3B_y = 400 \quad (1)$$

Para obtener otra ecuación que contenga las mismas dos incógnitas, A_y y B_y, se escribe la segunda ecuación de condición como

$$+\circlearrowleft \sum M_D^{AD} = 0$$

$$-A_y(350) + 80(275) - B_y(225) + [(3)(150)](75) = 0$$

$$14A_y + 9B_y = 2230 \quad (2)$$

Si se resuelven las ecuaciones (1) y (2) de manera simultánea, se obtiene

$$A_y = -103 \text{ k} \quad \text{y} \quad B_y = 408 \text{ k}$$

$$A_y = 103 \text{ k} \downarrow$$ **Resp.**

$$B_y = 408 \text{ k} \uparrow$$ **Resp.**

Las dos incógnitas que faltan, E_y y F_y, se determinan con base en las dos ecuaciones restantes de equilibrio:

$$+\circlearrowleft \sum M_F = 0$$

$$103(550) + 80(475) - 408(425) + [3(350)](175) - E_y(125) = 0$$

$$E_y = 840 \text{ k}$$

$$E_y = 840 \text{ k} \uparrow$$ **Resp.**

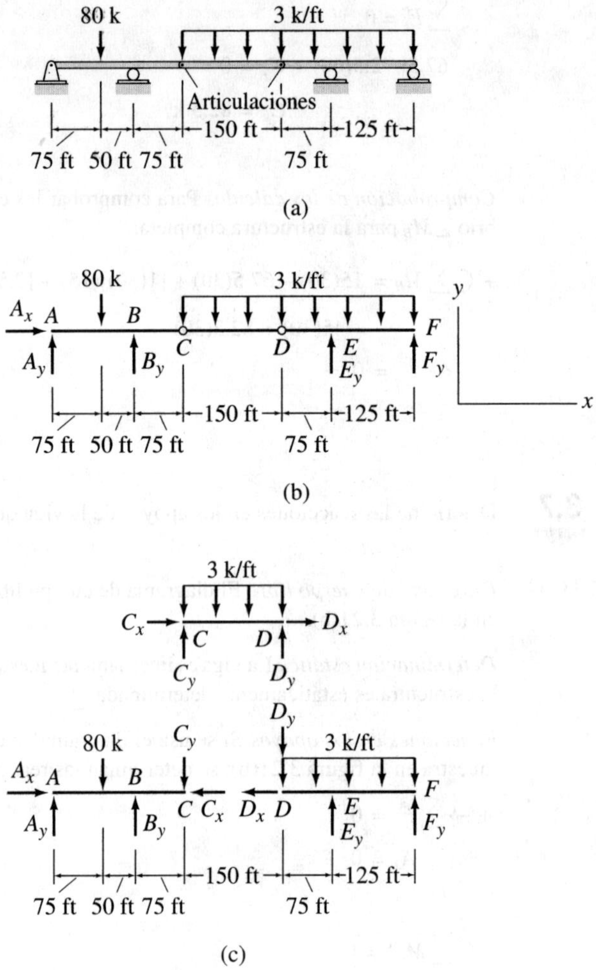

Fig. 3.21

$$+\uparrow \sum F_y = 0$$

$$-103 - 80 + 408 - 3(350) + 840 + F_y = 0$$

$$F_y = -15 \text{ k}$$

$$F_y = 15 \text{ k} \downarrow$$ **Resp.**

Método alternativo De modo alternativo, se pueden determinar las reacciones de la viga al aplicar las tres ecuaciones de equilibrio a cada una de las tres partes rígidas, AC, CD y DF, de la misma. En la figura 3.21(c), se muestran los diagramas de cuerpo libre de estas partes rígidas. En estos diagramas se muestran, además de las cargas aplicadas y de las reacciones en los apoyos, las fuerzas internas que se están ejerciendo a través de las articulaciones internas C y D. Note que las fuerzas internas que actúan en los extremos C de las partes AC y CD, y en los extremos D de las partes CD y DF, tienen las mismas magnitudes pero sentidos opuestos, según la ley de Newton de la acción y la reacción.

El número total de las incógnitas (incluyendo las fuerzas internas) es de nueve. Dado que se tienen tres ecuaciones de equilibrio para cada una de las tres partes rígidas, el número total de ecuaciones de las que se dispone también es de nueve ($r + f_i = 3n_r = 9$). Por lo tanto, se pueden determinar las nueve incógnitas (reacciones más fuerzas internas) a partir de las ecuaciones de equilibrio, y la viga es estáticamente determinada.

Si se aplican las tres ecuaciones de equilibrio a la parte *CD*, se obtiene lo siguiente:

$$+\circlearrowleft \sum M_C^{CD} = 0$$

$$-[3(150)](75) + D_y(150)=0$$

$$D_y = 225 \text{ k}$$

$$+\uparrow \sum F_y^{CD} = 0$$

$$C_y - 3(150) + 225 = 0$$

$$C_y = 225 \text{ k}$$

$$+\rightarrow \sum F_x^{CD} = 0$$

$$C_x + D_x = 0 \qquad \textbf{(3)}$$

A continuación, se considera el equilibrio de la parte *DF*:

$$+\rightarrow \sum F_x^{DF} = 0$$

$$-D_x = 0 \quad \text{o} \quad D_x = 0$$

De la ecuación (3), se obtiene $C_x = 0$.

$$+\circlearrowleft \sum M_F^{DF} = 0$$

$$225(200) + [3(200)](100) - Ey(125) = 0$$

$$E_y = 840 \text{ k}$$ **Coincide**

$$+\uparrow \sum F_y^{DF} = 0$$

$$-225 - 3(200) + 840 + F_y = 0$$

$$F_y = -15 \text{ k}$$ **Coincide**

Considerando el equilibrio de la parte *AC*, se escribe

$$+\rightarrow \sum F_x^{AC} = 0$$

$$A_x - 0 = 0$$

$$A_x = 0$$ **Coincide**

$$+\circlearrowleft \sum M_A^{AC} = 0$$

$$-80(75) + B_y(125) - 225(200) = 0$$

$$B_y = 408 \text{ k}$$ **Coincide**

$$+\uparrow \sum F_y^{AC} = 0$$

$$-A_y - 80 + 408 - 225 = 0$$

$$A_y = -103 \text{ k}$$ **Coincide**

EJEMPLO 3.8

Un armazón a dos aguas está sujeto a una carga del viento, como se muestra en la figura 3.22(a). Determine las reacciones en sus apoyos debido a la carga.

SOLUCIÓN *Diagrama de cuerpo libre* Véase la figura 3.22(b).

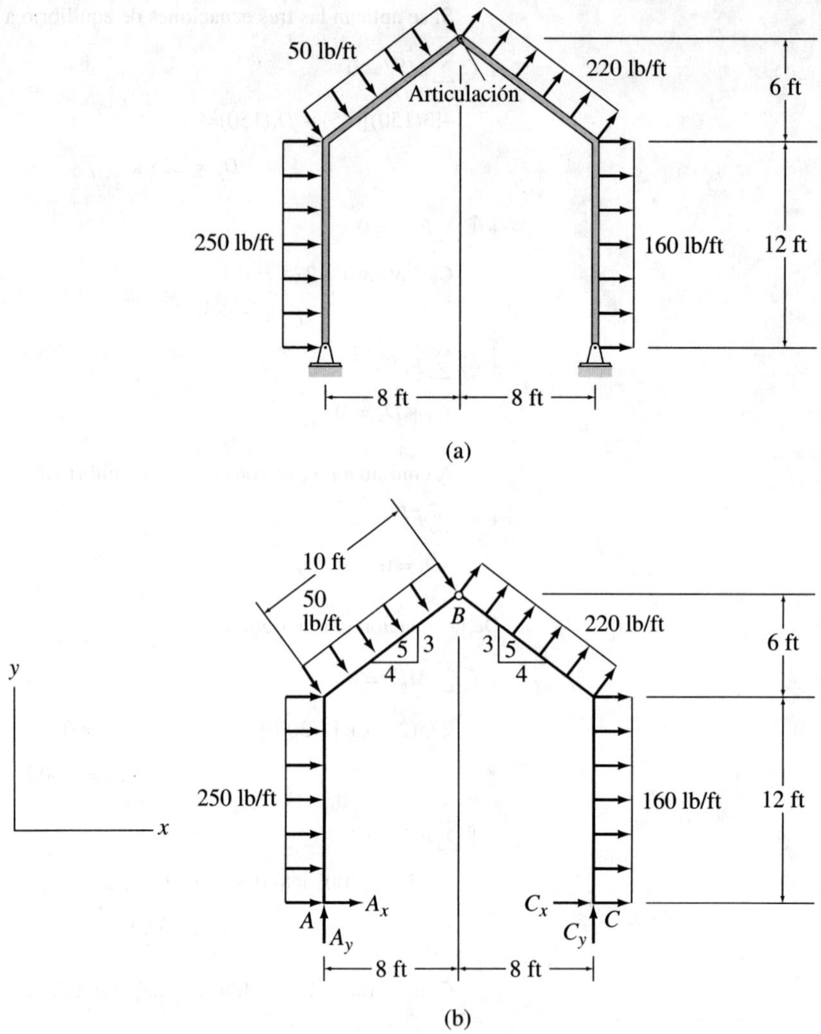

Fig. 3.22

Determinación estática El armazón es internamente inestable, con $r = 4$ y $e_c = 1$. Dado que $r = 3 + e_c$, es estáticamente determinado.

Reacciones en los apoyos

$$+\circlearrowleft \sum M_C = 0$$

$$-A_y(16) - [250(12)](6) - \left[\frac{3}{5}(50)(10)\right](12 + 3)$$

$$+ \left[\frac{4}{5}(50)(10)\right](8 + 4) - \left[\frac{3}{5}(220)(10)\right](12 + 3)$$

$$- \left[\frac{4}{5}(220)(10)\right](4) - [160(12)](6) = 0$$

$$A_y = -3503.75 \text{ lb}$$

$$A_y = 3503.75 \text{ lb} \downarrow$$ **Resp.**

$$+\circlearrowleft \sum M_A^{AB} = 0$$

$$A_x(18) + 3503.75(8) + [250(12)](6+6) + [50(10)](5) = 0$$

$$A_x = -3696.11 \text{ lb}$$

$$A_x = 3696.11 \text{ lb} \leftarrow$$ **Resp.**

$$+\rightarrow \sum F_x = 0$$

$$-3696.11 + 250(12) + \frac{3}{5}(50)(10) + \frac{3}{5}(220)(10)$$

$$+160(12) + C_x = 0$$

$$C_x = -2843.89 \text{ lb}$$

$$C_x = 2843.89 \text{ lb} \leftarrow$$ **Resp.**

$$+\uparrow \sum F_y = 0$$

$$-3503.75 - \frac{4}{5}(50)(10) + \frac{4}{5}(220)(10) + C_y = 0$$

$$C_y = 2143.75 \text{ lb}$$

$$C_y = 2143.75 \text{ lb} \uparrow$$ **Resp.**

Comprobación de los cálculos

$$+\circlearrowleft \sum M_B = (-3696.11 - 2843.89)(18)$$
$$+ (3503.75 + 2143.75)(8) + [(250 + 160)(12)](12)$$
$$+ [(50 + 220)(10)](5)$$
$$= 0$$

Coincide

3.6 PRINCIPIO DE SUPERPOSICIÓN

El *principio de superposición* sencillamente expresa que *sobre una estructura elástica lineal, el efecto combinado de varias cargas que actúan en forma simultánea es igual a la suma algebraica de los efectos de cada carga actuando por separado*. Por ejemplo, este principio implica que, para la viga del ejemplo 3.2, pudieron haberse obtenido las reacciones totales debidas a las dos cargas que actúan en forma simultánea, al sumar de manera algebraica, o *superponer*, las reacciones debidas a cada una de las dos cargas actuando por separado.

El principio de superposición simplifica de modo considerable el análisis de estructuras sujetas a tipos diferentes de cargas que actúan en forma simultánea y se usa con amplitud en el análisis estructural. El principio es válido para las estructuras que satisfacen las dos condiciones siguientes: 1) las deformaciones de la estructura deben ser tan pequeñas que las ecuaciones de equilibrio se puedan basar en la configuración geométrica no deformada, y 2) la estructura debe estar compuesta de material linealmente elástico; es decir, la relación esfuerzo-deformación para el material estructural debe seguir la ley de Hooke. Las estructuras que satisfacen estas dos condiciones responden de manera lineal a las cargas aplicadas y se les menciona como *estructuras elásticas lineales*. En general, las estructuras de ingeniería se diseñan de modo que, bajo las cargas de servicio, sufran deformaciones pequeñas con esfuerzos dentro de las partes lineales de las curvas de esfuerzo-deformación de sus materiales. Por tanto, bajo las cargas de servicio, los tipos más comunes de estructuras se pueden clasificar como elásticas lineales; por lo tanto, se puede aplicar el principio de superposición en su análisis. En todo este texto, el principio de superposición se considera válido.

3.7 REACCIONES DE ESTRUCTURAS SIMPLEMENTE APOYADAS USANDO PROPORCIONES

Considérese una viga simplemente apoyada, sujeta a una carga concentrada vertical, como se muestra en la figura 3.23. Al aplicar las ecuaciones de equilibrio de momentos, $\sum M_B = 0$ y $\sum M_A = 0$, se obtienen las expresiones para las reacciones verticales en los apoyos A y B, respectivamente, como

$$A_y = P\left(\frac{b}{S}\right) \quad \text{y} \quad B_y = P\left(\frac{a}{S}\right) \tag{3.13}$$

en donde, como se muestra en la figura 3.23, a = distancia de la carga P al apoyo A (medida como positiva hacia la derecha); b = distancia de P al apoyo B (medida como positiva hacia la izquierda), y S = distancia entre los apoyos A y B.

La primera de las dos expresiones de la ecuación (3.13) indica que la magnitud de la reacción vertical en A es igual a la magnitud de la carga P multiplicada por la razón entre la distancia de P al soporte B y la distancia entre los apoyos A y B. De modo análogo, la segunda expresión de la ecuación (3.13) expresa que la magnitud de la reacción vertical en B es igual a la magnitud de P multiplicada por la razón entre la distancia de P a A y la distancia entre A y B. Estas expresiones que contienen proporciones, cuando se usan en conjunción con el principio de superposición, lo hacen muy conveniente para determinar las reacciones de estructuras simplemente apoyadas, sujetas a series de cargas concentradas, como se ilustra mediante el ejemplo siguiente:

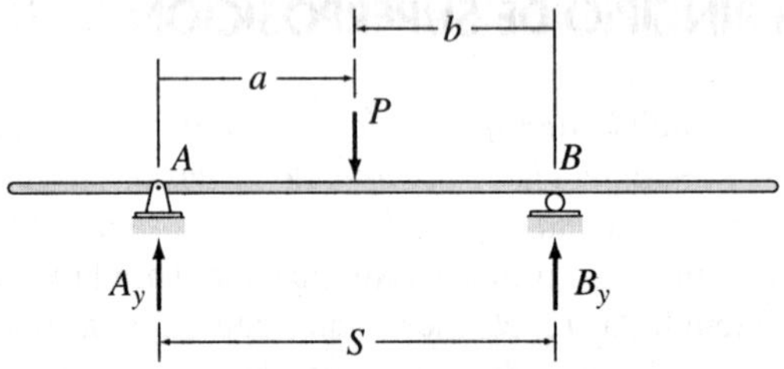

Fig. 3.23

EJEMPLO 3.9 Determine las reacciones en los apoyos para la armadura que se muestra en la figura 3.24(a).

SOLUCIÓN *Diagrama de cuerpo libre* Véase la figura 3.24(b).

Determinación estática La armadura es internamente estable con $r = 3$. Por lo tanto, es estáticamente determinada.

Reacciones en los apoyos

$+\rightarrow \sum F_x = 0$

$$A_x = 0 \qquad \textbf{Resp.}$$

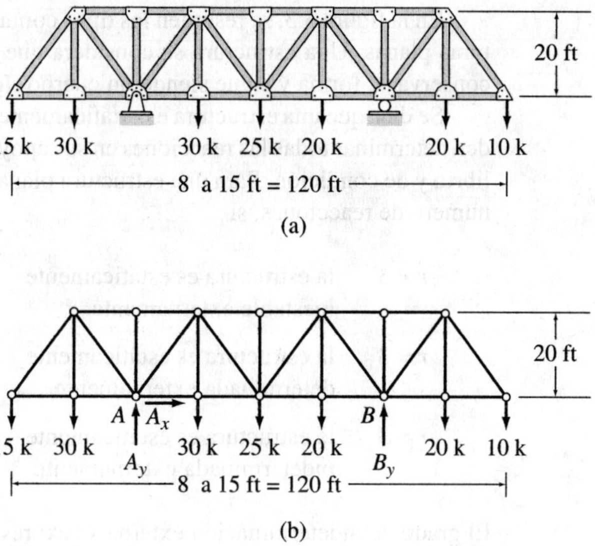

Fig. 3.24

$$A_y = 15\left(\frac{6}{4}\right) + 30\left(\frac{5}{4}+\frac{3}{4}\right) + 25\left(\frac{2}{4}\right) + 20\left(\frac{1}{4}+\frac{1}{4}\right) + 10\left(\frac{-2}{4}\right)$$

$$= 90 \text{ k} \qquad A_y = 90 \text{ k} \uparrow$$ **Resp.**

$$A_y = 15\left(\frac{-2}{4}\right) + 30\left(\frac{-1}{4}+\frac{1}{4}\right) + 25\left(\frac{2}{4}\right) + 20\left(\frac{3}{4}+\frac{5}{4}\right) + 10\left(\frac{6}{4}\right)$$

$$= 60 \text{ k} \qquad B_y = 60 \text{ k} \uparrow$$ **Resp.**

Comprobación de los cálculos

$$+\uparrow \sum F_y = -15 - 2(30) - 25 - 2(20) - 10 + 90 + 60 = 0$$ **Coincide**

RESUMEN

En este capítulo, se ha aprendido que se considera que una estructura está en equilibrio si, inicialmente en reposo, permanece en reposo cuando se sujeta a un sistema de fuerzas y pares. Las ecuaciones de equilibrio de las estructuras espaciales se pueden expresar como

$$\sum F_x = 0 \qquad \sum F_y = 0 \qquad \sum F_z = 0$$
$$\sum M_x = 0 \qquad \sum M_y = 0 \qquad \sum M_z = 0 \qquad (3.1)$$

Para las estructuras planas, las ecuaciones de equilibrio se expresan como

$$\sum F_x = 0 \qquad \sum F_y = 0 \qquad \sum M_z = 0 \qquad (3.2)$$

En las ecuaciones (3.3) y (3.4), se dan dos formas alternativas de las ecuaciones de equilibrio para las estructuras planas.

En la figura 3.3, se resumen los tipos comunes de apoyos usados para las estructuras planas. Una estructura se considera que es internamente estable, o rígida, si conserva su forma y sigue siendo un cuerpo rígido cuando se separa de los apoyos.

Se dice que una estructura es estáticamente determinada externamente si se pueden determinar todas las reacciones en sus apoyos al resolver las ecuaciones de equilibrio y de condición. Para una estructura plana internamente estable, apoyada por r número de reacciones, si

$r < 3$	la estructura es estáticamente inestable externamente	
$r = 3$	la estructura es estáticamente determinada externamente	**(3.8)**
$r > 3$	la estructura es estáticamente indeterminada externamente	

El grado de indeterminación externa se expresa por

$$i_e = r - 3 \quad \textbf{(3.7)}$$

Para una estructura plana internamente inestable, la cual tiene el número r de reacciones externas y el número e_c de ecuaciones de condición, si

$r < 3 + e_c$	la estructura es estáticamente inestable externamente	
$r = 3 + e_c$	la estructura es estáticamente determinada externamente	**(3.9)**
$r > 3 + e_c$	la estructura es estáticamente indeterminada externamente	

El grado de indeterminación externa para una estructura de este tipo se expresa por

$$i_e = r - (3 + e_c) \quad \textbf{(3.10)}$$

Para que una estructura plana sea geométricamente estable, debe estar apoyada por reacciones, sin que todas sean paralelas ni concurrentes. En la sección 3.5, se presenta un procedimiento para la determinación de las reacciones en los apoyos para las estructuras planas.

El principio de superposición expresa que, en una estructura elástica lineal, el efecto combinado de varias cargas que actúan en forma simultánea es igual a la suma algebraica de los efectos de cada una de las cargas actuando por separado. En la sección 3.7, se discute la determinación de reacciones de estructuras simplemente apoyadas, usando proporciones.

PROBLEMAS

Sección 3.4

3.1 al 3.4 Clasifique cada una de las estructuras que se muestran como externamente inestables, estáticamente determinadas o estáticamente determinadas. Si la estructura es estáticamente indeterminada externamente, entonces determine el grado de indeterminación externa.

Secciones 3.5 y 3.7

3.5 a 3.11 Determine las reacciones en los apoyos para la viga que se muestra.

3.12 El peso de un automóvil, que se mueve a velocidad constante sobre un puente de viga, se modela como una sola carga

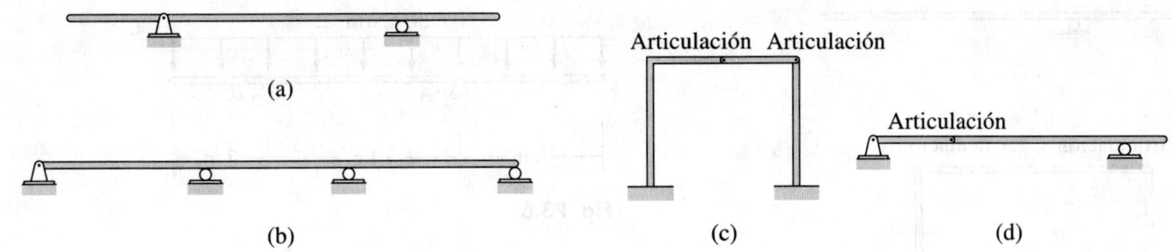

Fig. P3.1

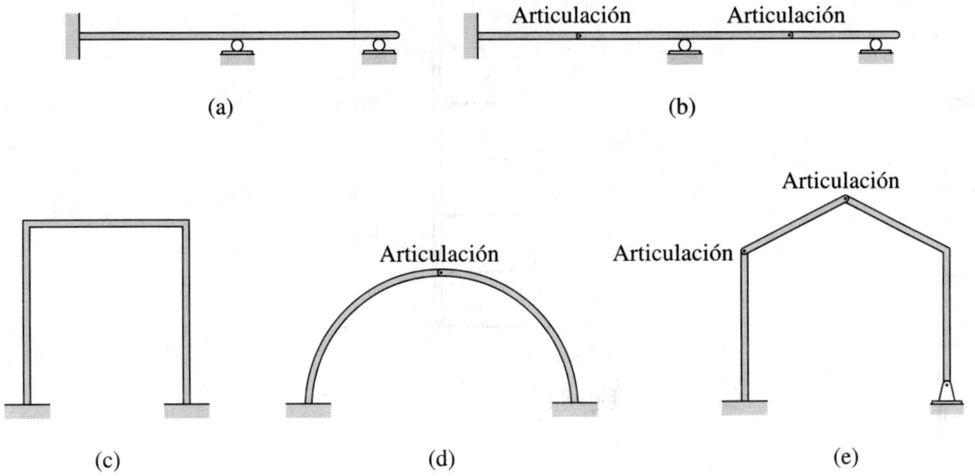

Fig. P3.2

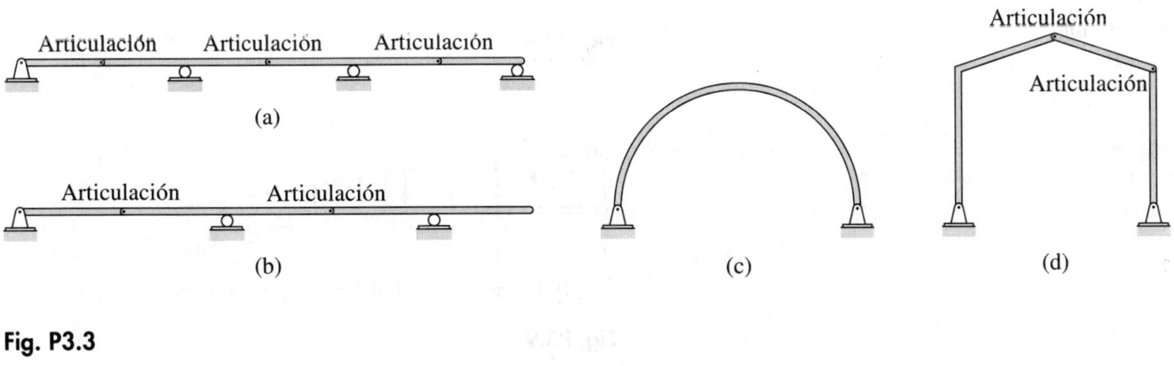

Fig. P3.3

concentrada, como se muestra en la figura P3.12. Determine las expresiones para las reacciones verticales en los apoyos, en términos de la posición del automóvil según se mide por la distancia x, y trace las gráficas que muestren las variaciones de estas reacciones como funciones de x.

3.13 El peso de un tranvía de 5 m de largo, que se mueve a una velocidad constante sobre un puente de viga, se modela como una carga en movimiento, uniformemente distribuida, como se muestra en la figura P3.13. Determine las expresiones para las reacciones verticales en los apoyos, en términos de la posición del tranvía según se mide por la distancia x, y trácense las gráficas que muestren las variaciones de estas reacciones como funciones de x.

3.14 a 3.36 Determine las reacciones en los apoyos para las estructuras que se muestran.

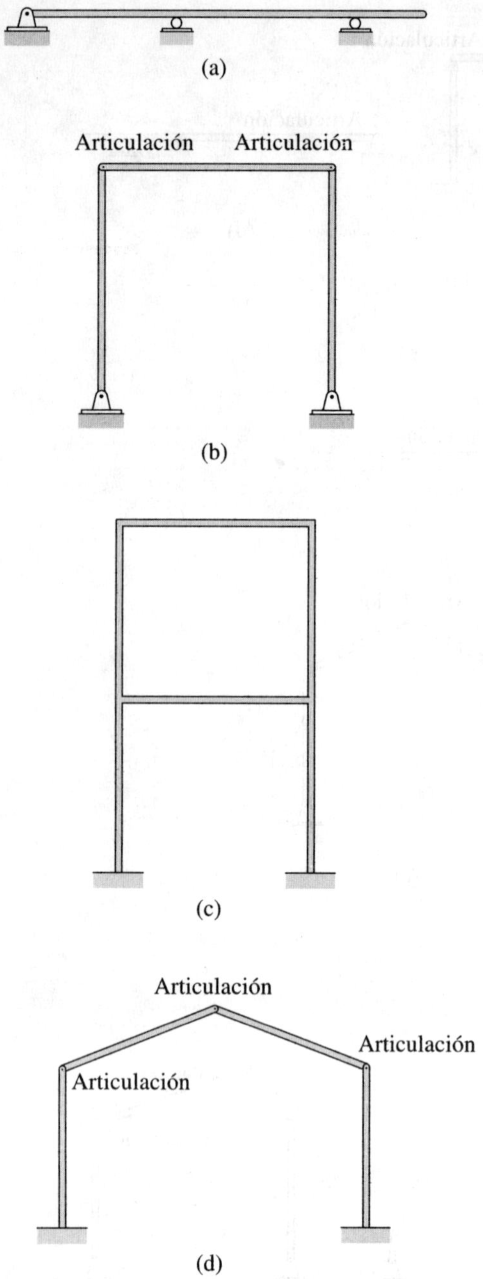

Fig. P3.4

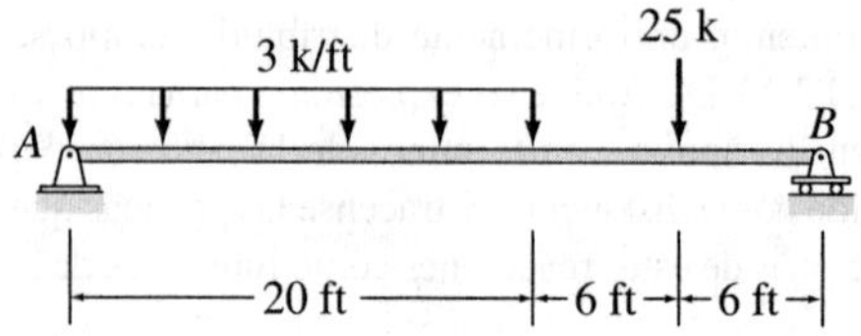

Fig. P3.5

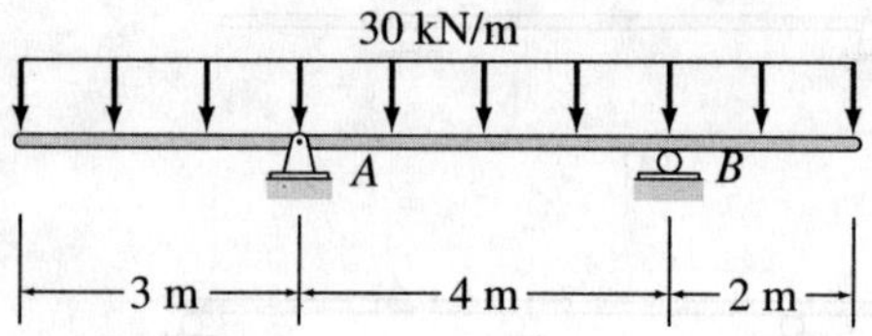

Fig. P3.6

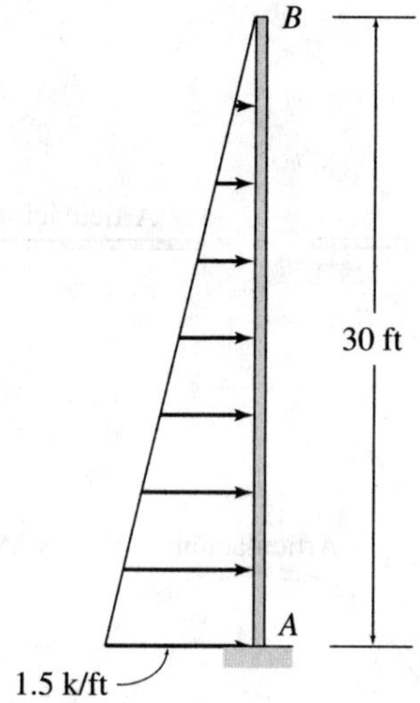

Fig. P3.7

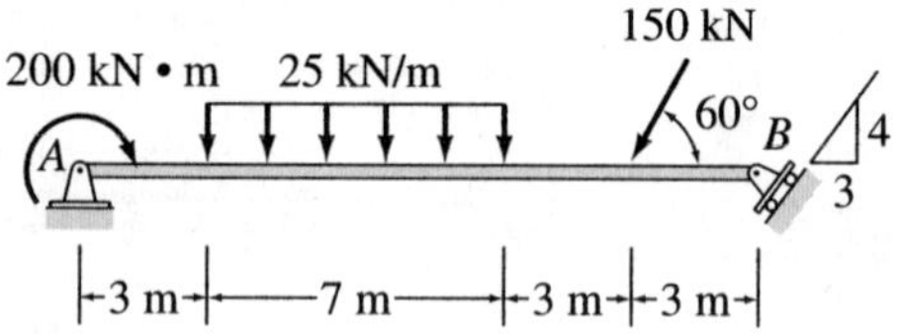

Fig. P3.8

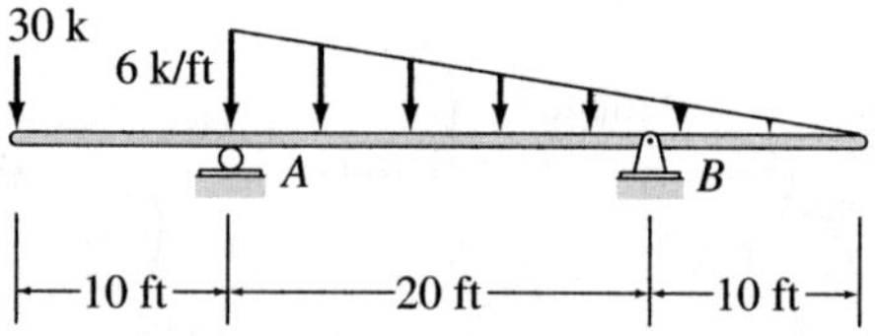

Fig. P3.9

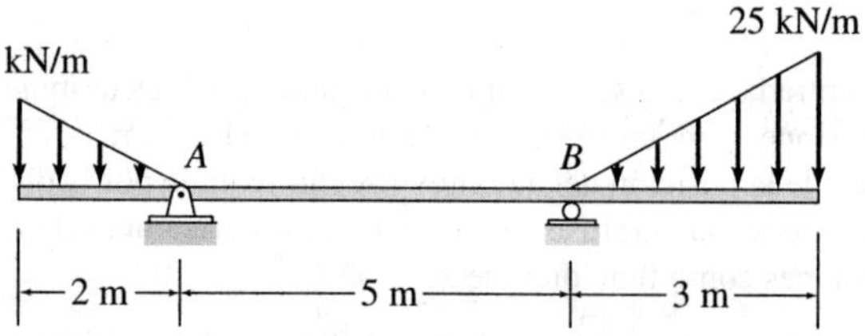

Fig. P3.10

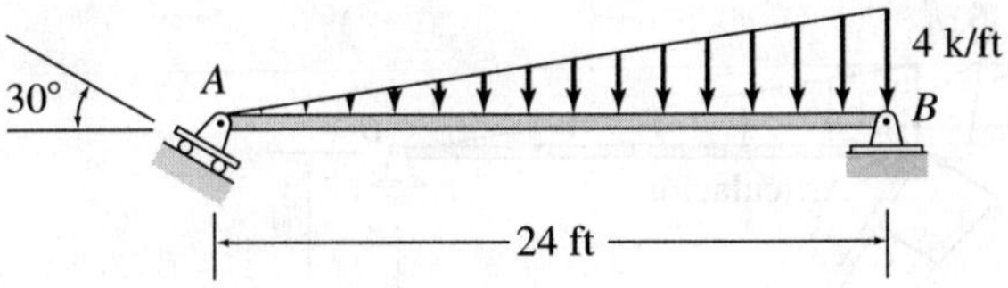

Fig. P3.11

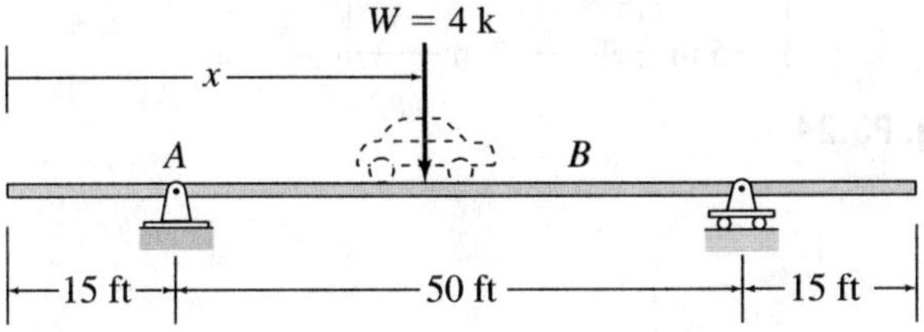

Fig. P3.12

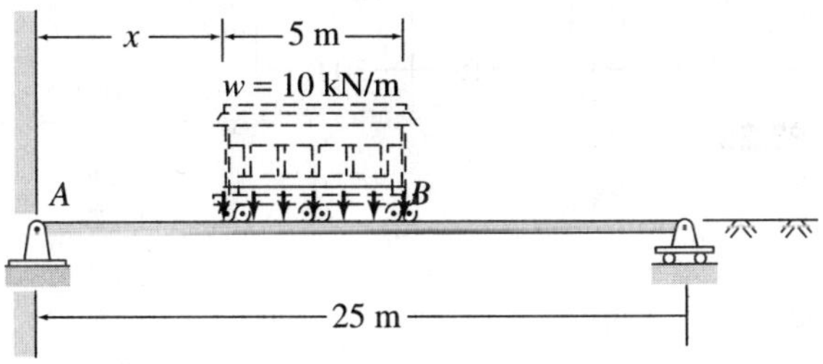

Fig. P3.13

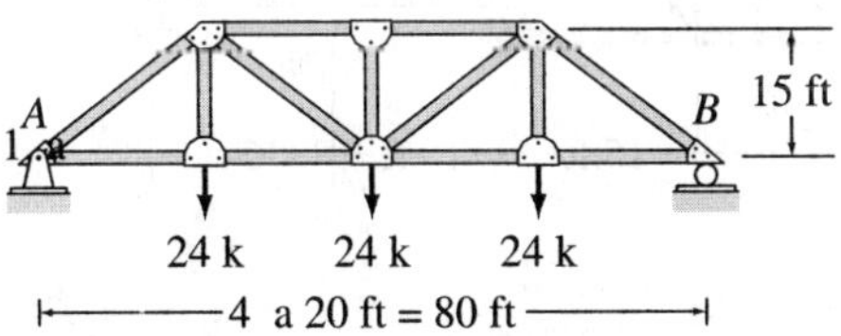

Fig. P3.14

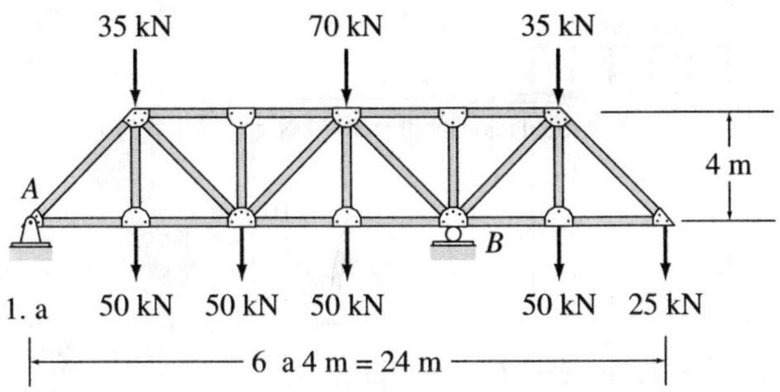

Fig. P3.15

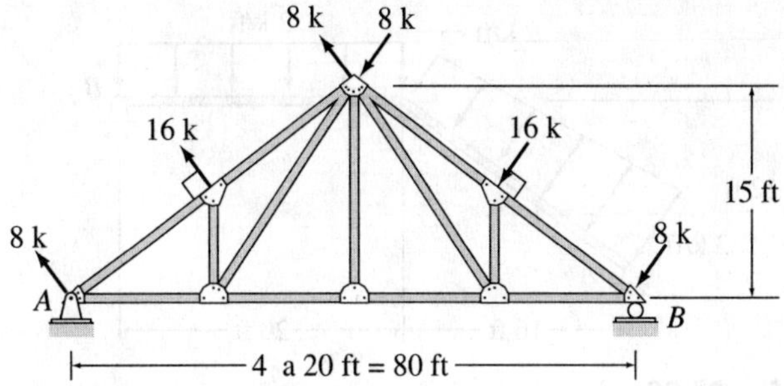

Fig. P3.16

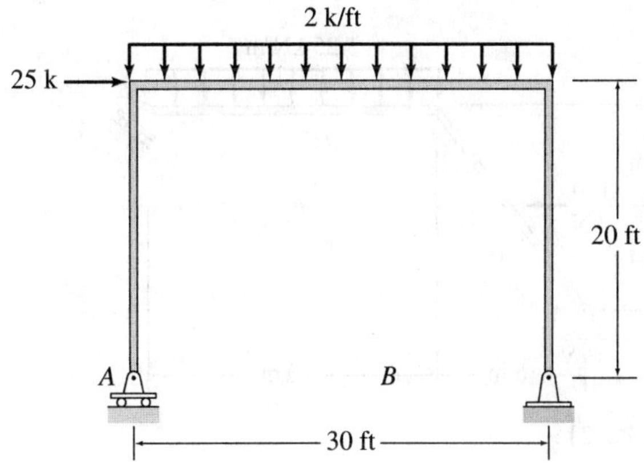

Fig. P3.17

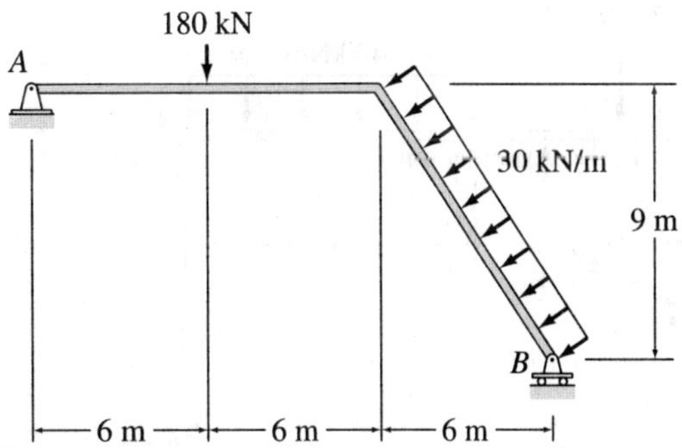

Fig. P3.18

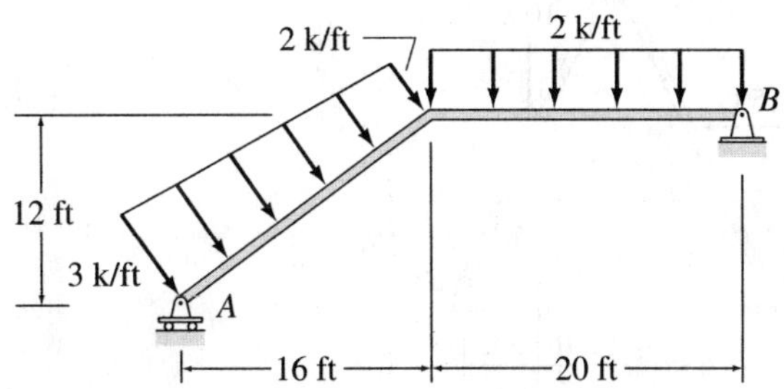

Fig. P3.19

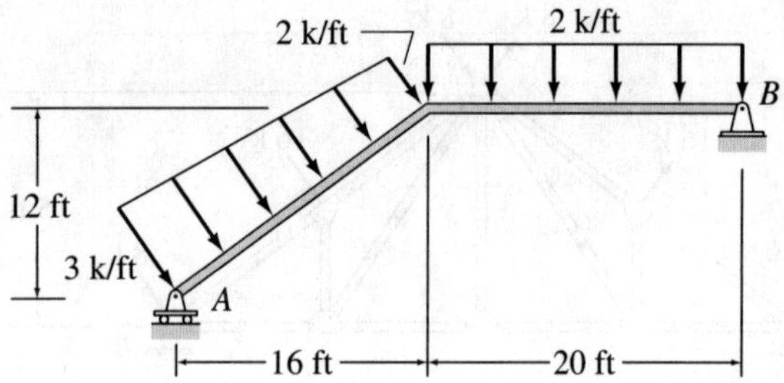

Fig. P3.20

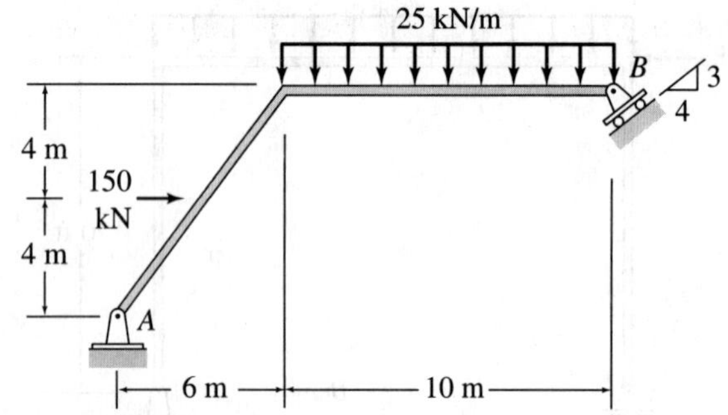

Fig. P3.21

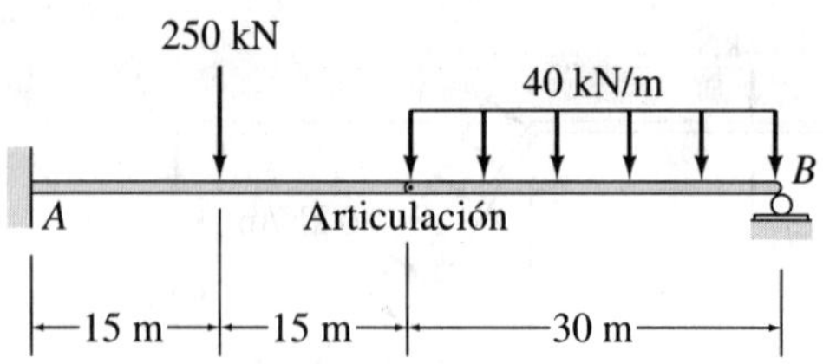

Fig. P3.22

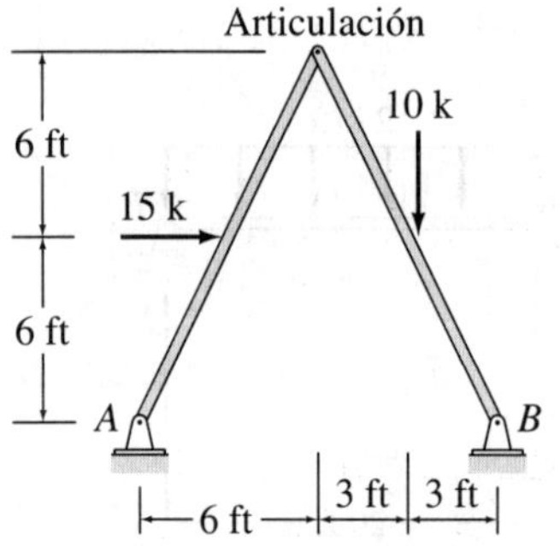

Fig. P3.23

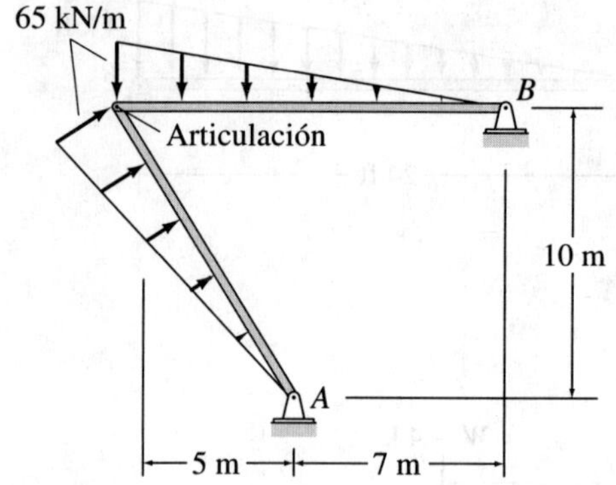

Fig. P3.24

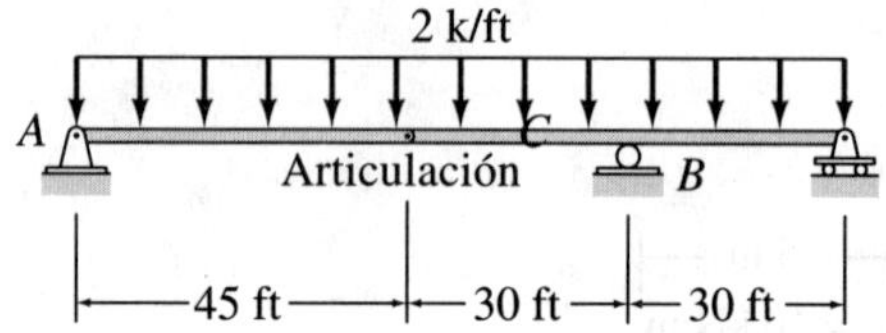

Fig. P3.25

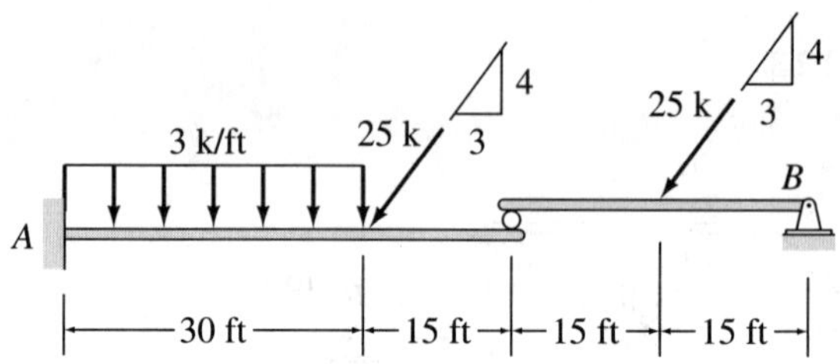

Fig. P3.26

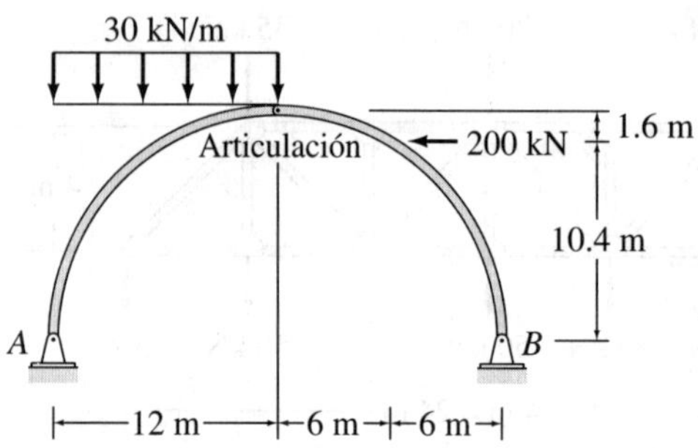

Fig. P3.27

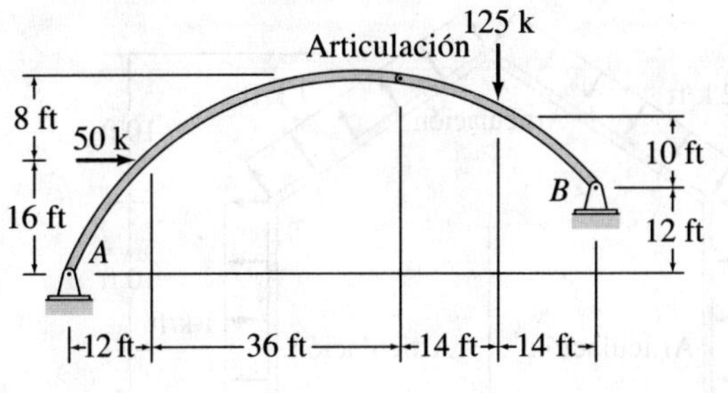

Fig. P3.28

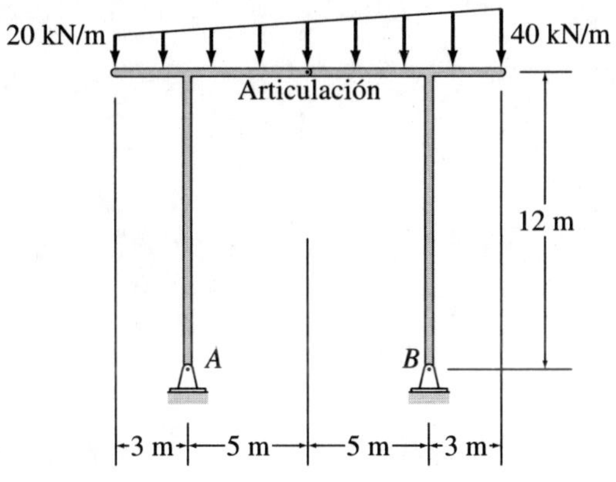

Fig. P3.29

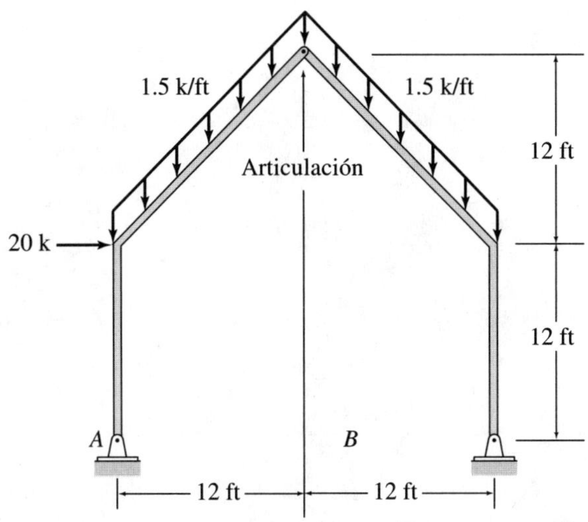

Fig. P3.30

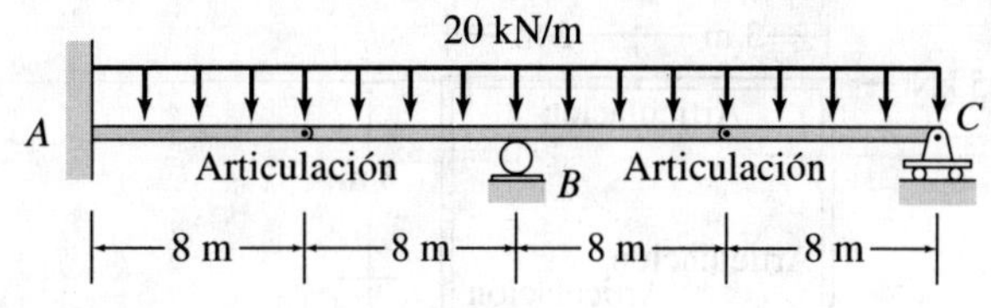

Fig. P3.31

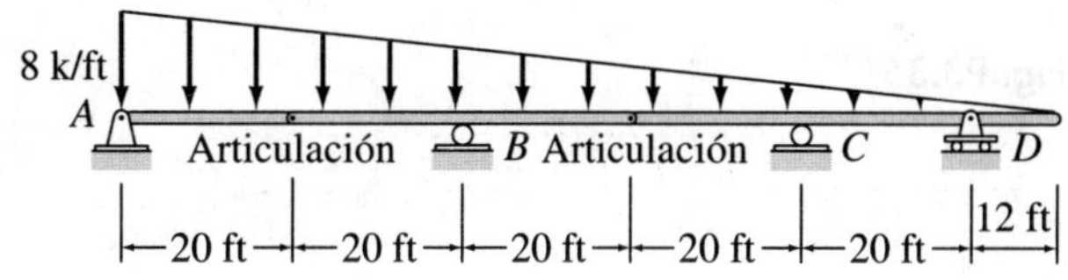

Fig. P3.32

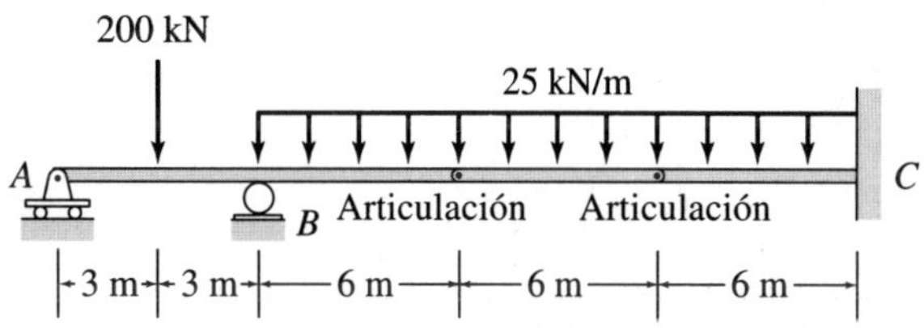

Fig. P3.33

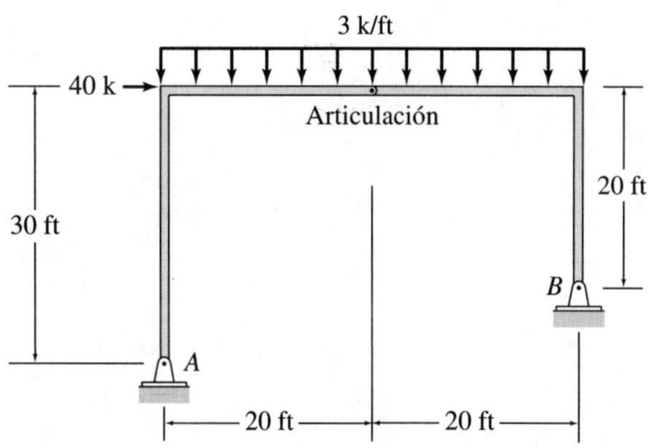

Fig. P3.34

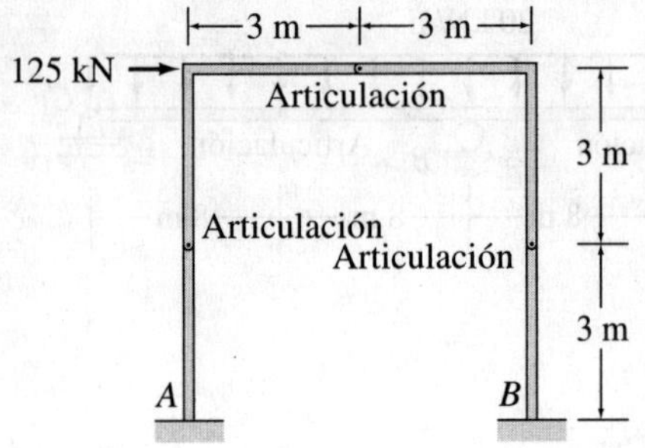

Fig. P3.35

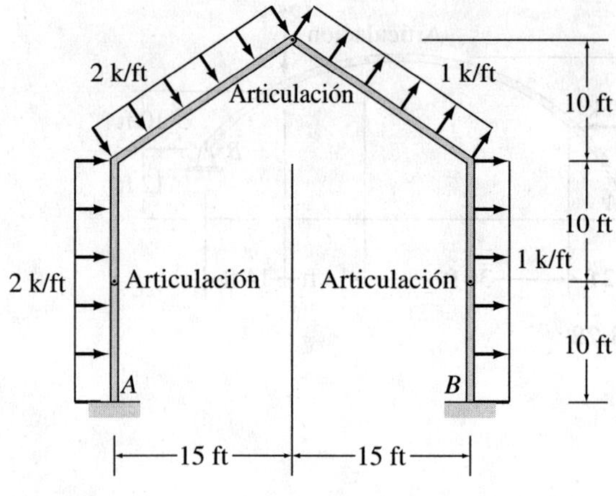

Fig. P3.36

4 ARMADURAS PLANAS Y ESPACIALES

Un puente de armaduras sobre el Río Mississippi
Fotografía cortesía del Illinois Department of Transportation

Una *armadura* es un montaje de miembros rectos conectados en sus extremos por conexiones flexibles para formar una configuración rígida. En virtud de su peso ligero y su alta resistencia, las armaduras se usan con amplitud y sus aplicaciones van desde soportar puentes y tejados de edificios (Fig. 4.1) hasta ser soporte de estructuras en estaciones espaciales (Fig. 4.2). Las armaduras modernas se construyen al conectar los miembros, que suelen consistir en acero estructural, perfiles de aluminio o puntales de madera, a escuadras de ensamble por medio de conexiones con pernos o soldadas.

Fig. 4.1 *Armadura de tejado*
Fotografía cortesía de Bethlehem Steel Corporation

Fig. 4.2 *Modelo conceptual de una estación espacial*
Fotografía cortesía de la National Aeronautics and Space Administration

Como se discutió en la sección 1.4, si todos los miembros de una armadura y las cargas aplicadas se encuentran en un solo plano, se dice que la armadura es una *armadura plana*.

Por lo común, las armaduras planas se usan para soportar plataformas de puentes y tejados de edificios. En la sección 1.4 (véase la figura 1.13(a)), se describió un sistema típico de armazón para los puentes de armadura. En la figura 4.3, se muestra un sistema típico de armazón para un tejado soportado por armaduras planas. En este caso, dos o más armaduras se conectan en sus uniones (nodos) por medio de vigas, denominadas *largueros*, para formar un armazón tridimensional. El tejado se sujeta a los largueros, los cuales transmiten la carga del tejado (peso del tejado más cualquier otra carga debida a nieve, viento, etc.), así como su propio peso, a las armaduras de apoyo en los nodos. Debido a que esta carga aplicada actúa sobre cada armadura en su propio plano, las armaduras se pueden tratar como planas. En las figuras 4.4 y 4.5, se muestran algunas de las configuraciones comunes de las armaduras para puentes y tejados, muchas de las cuales han recibido el nombre de sus diseñadores originales.

Aun cuando una gran mayoría de las armaduras se pueden analizar como planas, hay algunos sistemas de armaduras, como las torres de transmisión y los domos reticulados (Fig. 4.6), que no se pueden tratar como planas debido a su forma, disposición de los miembros o carga aplicada. Este tipo de armaduras, que se conocen como *armaduras espaciales*, se analizan como cuerpos tridimensionales sujetos a sistemas de fuerzas también tridimensionales.

El objetivo de este capítulo es desarrollar el análisis de fuerzas sobre los miembros de armaduras planas y espaciales, estáticamente determinadas. Se empieza por discutir las hipótesis básicas que fundamentan el análisis presentado en este capítulo y, a continuación, se consideran el número y la disposición de los miembros necesarios para formar armaduras planas internamente estables, o rígidas. Como parte de esta discusión, se definen las armaduras *simples* y *compuestas*. También se presentan las ecuaciones de condición que por lo común se encuentran en las armaduras planas. Enseguida, se establece la clasificación de las armaduras planas como estáticamente determinadas, indeterminadas e inestables, y se presentan los procedimientos para el análisis de las armaduras planas simples por los métodos de los nodos y de las secciones. Se concluye con un análisis de las armaduras planas compuestas, una breve discusión de las armaduras complejas y el análisis de las armaduras espaciales.

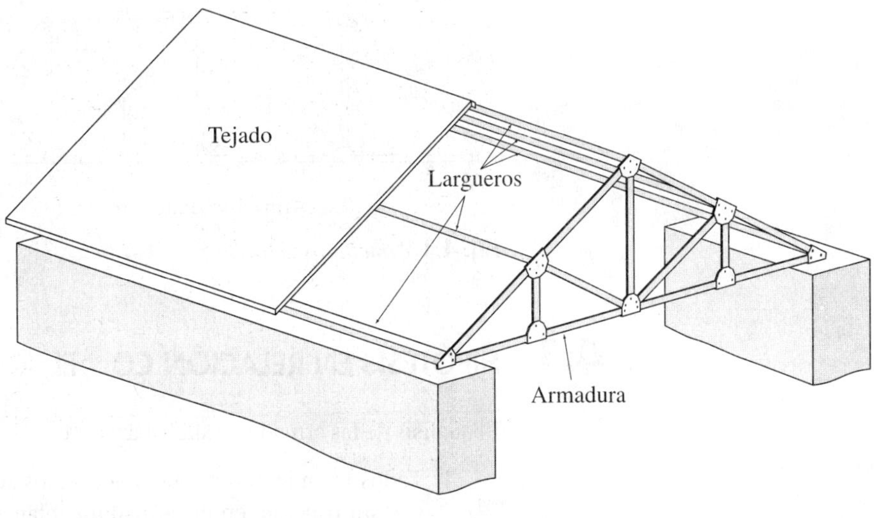

Fig. 4.3 *Armazón de un tejado soportado por armaduras*

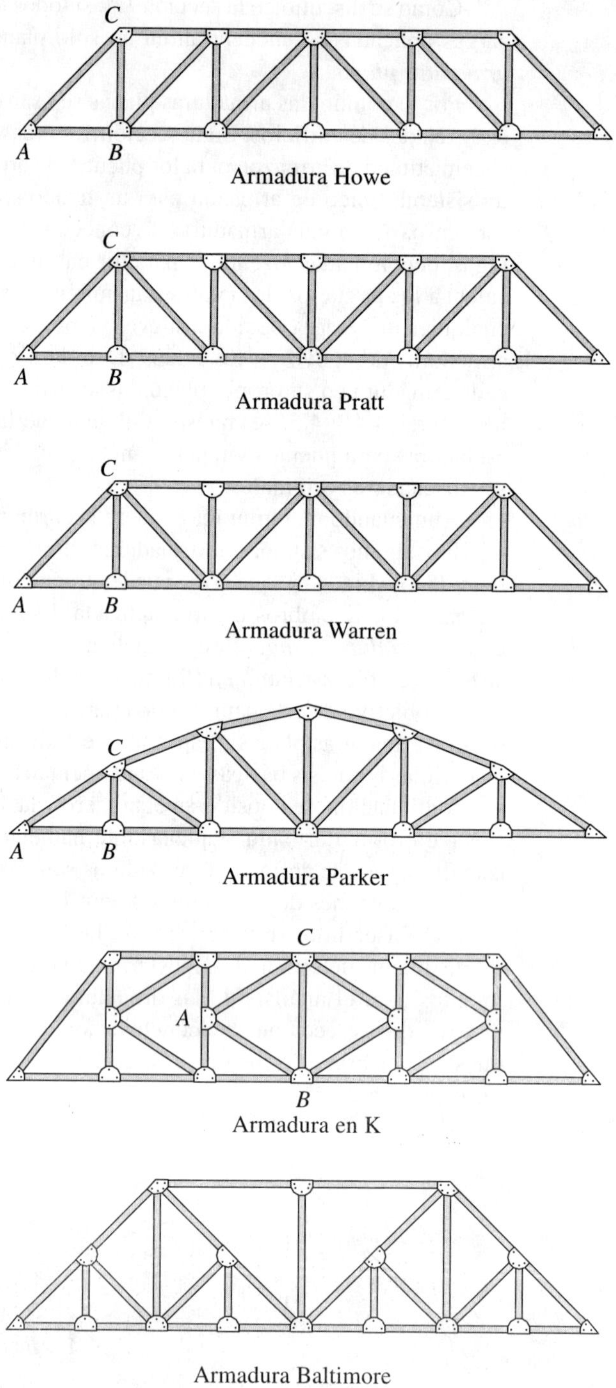

Fig. 4.4 *Armaduras comunes para puentes*

4.1 HIPÓTESIS EN RELACIÓN CON EL ANÁLISIS DE ARMADURAS

El análisis de las armaduras suele basarse en las hipótesis simplificadoras siguientes:

1. Todos los miembros están conectados sólo en sus extremos por articulaciones sin fricción, en las armaduras planas, y por articulaciones de rótula sin fricción, en las armaduras espaciales.

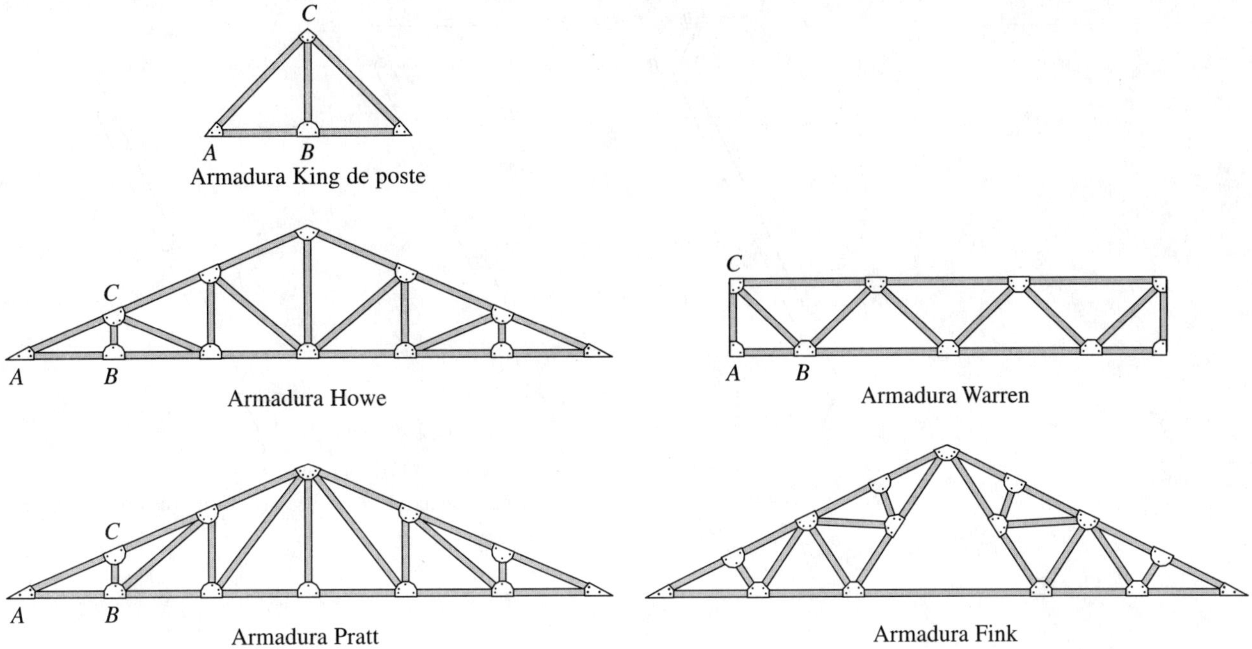

Fig. 4.5 *Armaduras comunes para tejados*

2. Todas las cargas y reacciones en los apoyos están aplicadas sólo en los nodos.
3. El eje centroidal de cada miembro coincide con la línea que une los centros de los nodos adyacentes.

La razón para establecer estas hipótesis es obtener una *armadura ideal*, cuyos miembros sólo estén sujetos a fuerzas axiales. Como cada miembro de una armadura ideal está conectado en sus extremos por articulaciones sin fricción (hipótesis 1), sin cargas aplicadas entre sus extremos (hipótesis 2), el miembro estaría sujeto sólo a dos fuerzas en sus extremos, como se muestra en la figura 4.7(a). Dado que el

Fig. 4.6 *Domo reticulado*
Fotografía cortesía de Bethlehem Steel Corporation

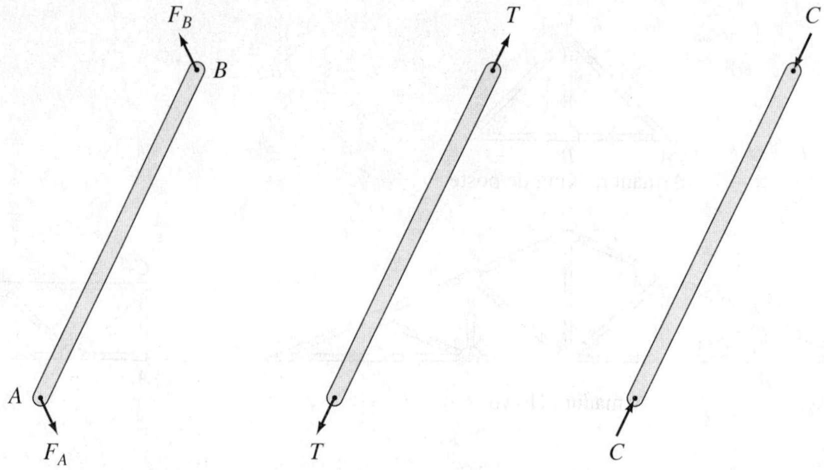

(a) (b) Tensión axial (c) Compresión axial

Fig. 4.7

miembro está en equilibrio, la fuerza resultante y el par resultante de las dos fuerzas F_A y F_B deben ser cero; es decir, las fuerzas deben satisfacer las tres ecuaciones de equilibrio. A partir de la figura 4.7(a), se puede ver que para que la fuerza resultante de las dos fuerzas sea cero ($\sum F_x = 0$ y $\sum F_y = 0$), esas dos fuerzas deben tener magnitudes iguales pero sentidos opuestos. Para que su par resultante también sea igual a cero $\sum M = 0$, las dos fuerzas deben ser colineales —es decir, deben tener la misma línea de acción. Es más, dado que el eje centroidal de cada miembro de la armadura es una recta que coincide con la que conecta los centros de los nodos adyacentes (hipótesis 3), el miembro no está sujeto a momento flexionante ni a fuerza cortante y está a tensión axial (siendo alargado, como se muestra en la figura 4.7(b)), o bien, a compresión axial (siendo acortado, como se muestra en la figura 4.7(c)). Esas fuerzas axiales sobre los miembros, determinadas a partir del análisis de una armadura ideal, se llaman *fuerzas primarias*.

En las armaduras reales, estas idealizaciones casi nunca se llevan a efecto por completo. Como se expresa con anterioridad, las armaduras reales se construyen al conectar los miembros a escuadras de ensamble por medio de conexiones soldadas o con pernos (Fig. 4.8). Incluso, algunos miembros de la armadura pueden ser continuos en los nodos. Además, aunque, en efecto, las cargas externas son transmitidas a las armaduras en los nodos por medio de vigas de piso, largueros, etc., los pesos muertos de los miembros se distribuyen a lo largo de sus longitudes. Los momentos flexionantes y las fuerzas cortantes y axiales causadas por éstas y por otras desviaciones por lo general se mencionan como *fuerzas secundarias*. Aunque las fuerzas secundarias no se pueden eliminar, en la mayor parte de las armaduras se pueden reducir de manera apreciable al usar miembros más o menos esbeltos y al diseñar las conexiones de modo que los ejes centroidales de aquellos miembros que encuentran en un nodo sean concurrentes en un punto (como se muestra en la figura 1.13). En las armaduras de este tipo, las fuerzas secundarias son pequeñas en comparación con las primarias y, por lo general, no se consideran en sus diseños. En este capítulo, la atención se centra sólo en las fuerzas primarias. Si se anticipa la existencia de grandes fuerzas secundarias, la armadura se debe analizar como un armazón rígido, aplicando los métodos que se presentan en los capítulos subsiguientes.

Fig. 4.8 *Puente de armadura con conexiones empernadas*
Fotografía cortesía del Illinois Department of Transportation

4.2 DISPOSICIÓN DE LOS MIEMBROS DE ARMADURAS PLANAS; ESTABILIDAD INTERNA

Con base en la discusión llevada a cabo en la sección 3.4, se puede definir una armadura plana como internamente estable si el número y la disposición geométrica de sus miembros es tal que la propia armadura no cambia su forma y sigue siendo un cuerpo rígido cuando se separa de sus apoyos. En este caso, se usa el término *interno* para referirse al número y disposición de los miembros contenidos en la armadura. La inestabilidad debida a un número insuficiente de apoyos externos o debida a la disposición inadecuada de estos apoyos se menciona como *externa*.

Elemento básico de armadura

Se puede formar la armadura internamente estable (o rígida) más sencilla al conectar tres miembros en sus extremos por articulaciones, para formar un triángulo, como se muestra en la figura 4.9(a). Esta armadura triangular se llama *elemento básico de armadura*. Nótese que esta armadura triangular es internamente estable en el sentido

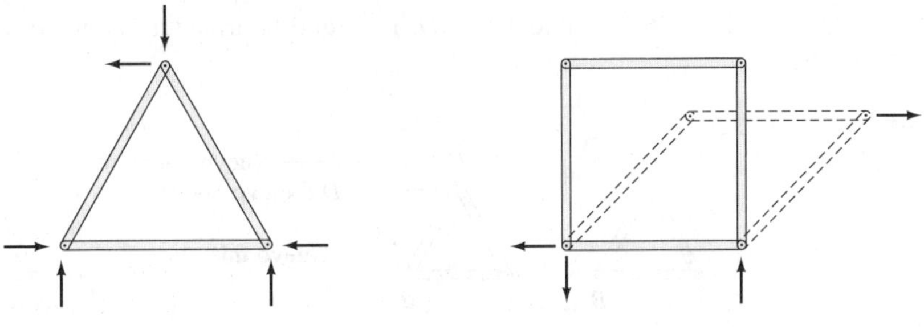

(a) (b)

Fig. 4.9

de que es un cuerpo rígido que no cambiará su forma bajo las cargas. Como contraste, una armadura rectangular formada al conectar cuatro miembros en sus extremos por articulaciones, como se muestra en la figura 4.9(b), es internamente inestable porque cambiará su forma y se aplastará si se sujeta a un sistema general de fuerzas coplanares.

Armaduras simples

Se puede agrandar el elemento básico de armadura *ABC* de la figura 4.10(a) al agregar dos nuevos miembros, *BD* y *CD*, a dos de los nodos existentes, *B* y *C*, y al conectarlos para formar un nuevo nodo *D*, como se muestra en la figura 4.10(b), En tanto que el nuevo nodo *D* no se encuentre sobre la recta que pasa por los nodos existentes, *B* y *C*, la nueva armadura agrandada será internamente estable. La armadura se puede agrandar todavía más al repetir el mismo procedimiento (como se muestra en la figura 4.10(c)) tantas veces como se desee. Las armaduras construidas por este procedimiento se llaman *armaduras simples*. El lector debe examinar las armaduras ilustradas en las figuras 4.4 y 4.5, con el fin de verificar que cada una de ellas, con la excepción de la Baltimore (Fig. 4.4) y la Fink (Fig. 4.5), es una armadura simple. En estas figuras, el elemento básico de las armaduras simples se identifica como *ABC*.

Una armadura simple se forma al agrandar el elemento básico de armadura, el cual contiene tres miembros y tres nodos, al añadir dos miembros adicionales por cada nodo adicional, de modo que el número total de miembros m en una armadura simple se expresa por

$$m = 3 + 2(j - 3) = 2j - 3 \tag{4.1}$$

en la cual j = número total de nodos (incluyendo aquellos fijados a los apoyos).

Armaduras compuestas

Las armaduras compuestas se construyen al conectar dos o más armaduras simples para formar un solo cuerpo rígido. Para impedir cualquier movimiento relativo entre las armaduras simples, cada armadura debe conectarse a la otra, o a las otras, por medio de conexiones capaces de transmitir por lo menos tres componentes de fuerzas, no siendo todas paralelas ni concurrentes. En la figura 4.11, se muestran dos ejemplos de disposiciones de las conexiones usadas para formar armaduras compuestas. En la figura 4.11(a), dos armaduras simples, *ABC* y *DEF*, están conectadas por tres miembros, *BD*, *CD* y *BF*, los cuales son no paralelos y no concurrentes. En la figura 4.11(b), se muestra otro tipo de disposición de conexión. Esta comprende la conexión de las dos armaduras simples *ABC* y *DEF* por un nodo común *C* y un miembro *BD*. Para que la armadura compuesta sea internamente estable, el nodo

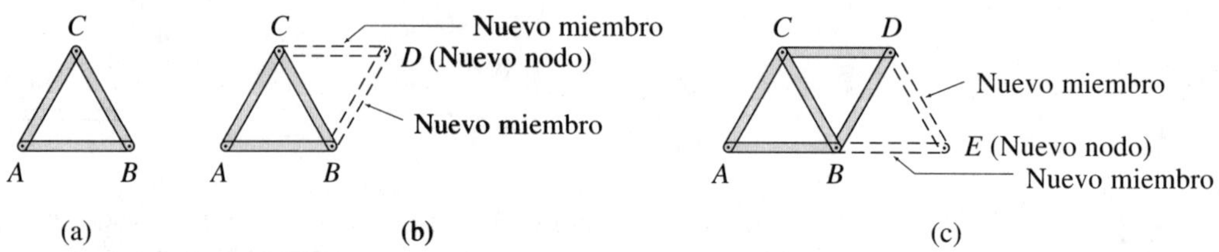

Fig. 4.10 *Armadura simple*

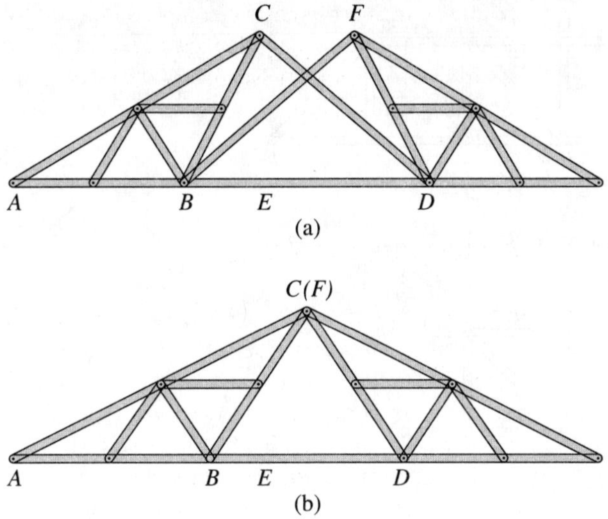

Fig. 4.11 *Armaduras compuestas*

común C y los nodos B y D no deben encontrarse sobre una recta. La relación entre el número total de miembros m y el número total de nodos j, para una armadura compuesta internamente estable, sigue siendo la misma que para las simples. Esta relación, la cual se expresa por la ecuación (4.1), se puede verificar con facilidad para las armaduras compuestas que se muestran en la figura 4.11.

Estabilidad interna

La ecuación (4.1) expresa el requisito del número mínimo de miembros que una armadura plana de j nodos debe contener, si debe ser internamente estable. Si una armadura plana contiene m miembros y j nodos, entonces si

$$\begin{aligned} m &< 2j - 3 \quad \text{la armadura es internamente inestable} \\ m &\geq 2j - 2 \quad \text{la armadura es internamente estable} \end{aligned} \tag{4.2}$$

Es muy importante darse cuenta que aun cuando el criterio planteado para la estabilidad interna es *necesario, no es suficiente* para garantizar esa estabilidad. Una armadura no sólo debe contener miembros suficientes para satisfacer la condición $m \geq 2j - 3$, sino que los miembros también deben estar dispuestos de manera apropiada para garantizar la rigidez de la armadura completa. Recuérdese, con base en la discusión acerca de las armaduras simples y compuestas, que en una armadura estable, cada nodo está conectado al resto de la estructura por al menos dos miembros no paralelos, y cada parte de la armadura debe estar conectada al resto de la misma por conexiones capaces de transmitir al menos tres componentes de fuerzas no paralelas y no concurrentes.

EJEMPLO 4.1

Clasifique cada una de las armaduras planas que se muestran en la figura 4.12 como internamente estable o inestable.

SOLUCIÓN

(*a*) La armadura que se muestra en la figura 4.12(a) contiene 20 miembros y 12 nodos. Por lo tanto, $m = 20$ y $2j - 3 = 2(12) - 3 = 21$. Ya que m es menor que $2j - 3$, esta armadura no tiene un número suficiente de miembros para formar un cuerpo rígido; por lo tanto, es internamen-

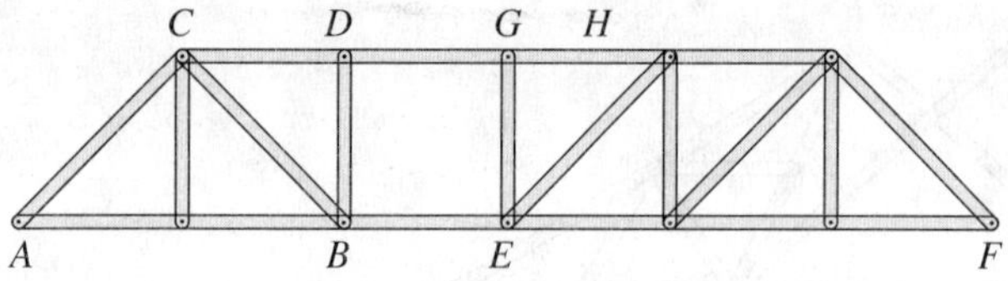

$m = 20 \quad j = 12 \quad m < 2j - 3$

(a) Internamente inestable

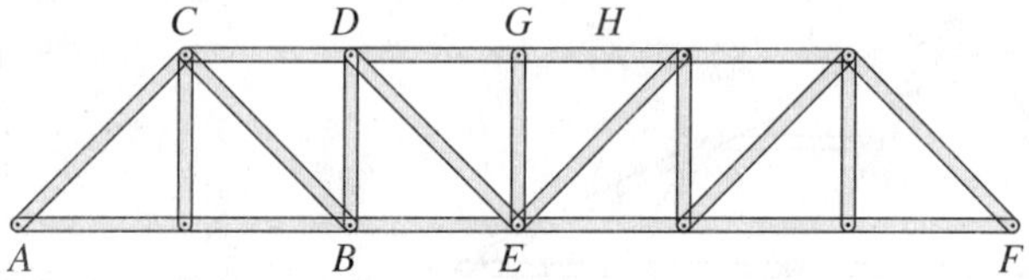

$m = 21 \quad j = 12 \quad m = 2j - 3$

(b) Internamente estable

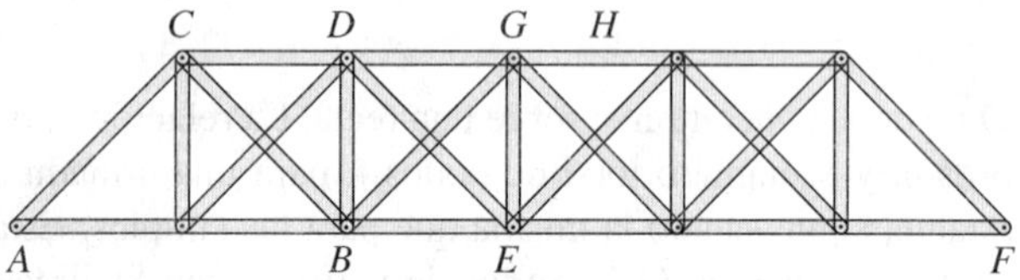

$m = 25 \quad j = 12 \quad m > 2j - 3$

(c) Internamente estable

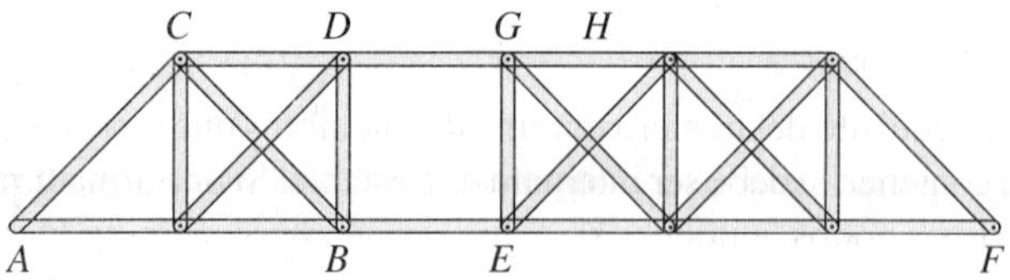

$m = 23 \quad j = 12 \quad m > 2j - 3$

(d) Internamente inestable

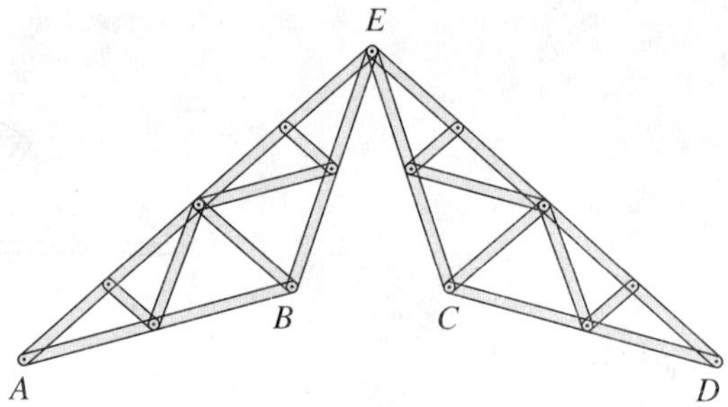

$m = 26 \quad j = 15 \quad m < 2j - 3$

(e) Internamente inestable

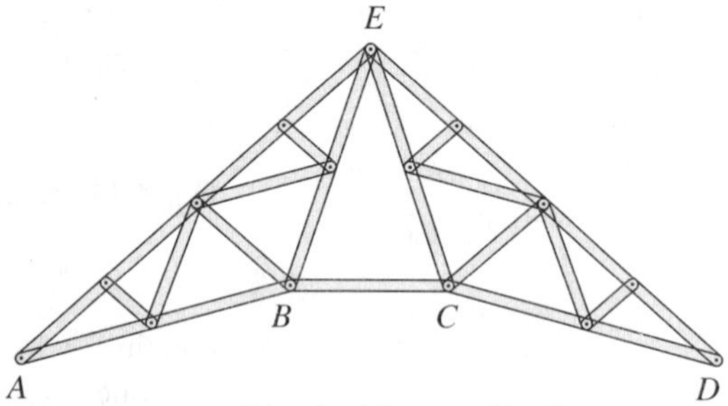

$m = 27 \quad j = 15 \quad m = 2j - 3$

(f) Internamente estable

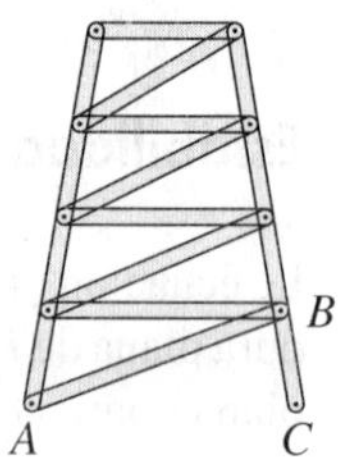

$m = 16 \quad j = 10 \quad m < 2j - 3$

(g) Internamente inestable

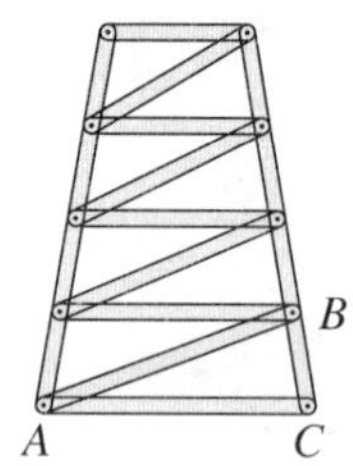

$m = 17 \quad j = 10 \quad m = 2j - 3$

(h) Internamente estable

Fig. 4.12

te inestable. Una observación cuidadosa de la armadura hace ver que contiene dos cuerpos rígidos, *ABCD* y *EFGH*, conectados por dos miembros paralelos, *BE* y *DG*. Estos dos miembros horizontales no pueden impedir el desplazamiento relativo en la dirección vertical de una de las partes rígidas de la armadura con respecto a la otra. **Resp.**

(*b*) La armadura que se muestra en la figura 4.12(b) es la misma que la de la figura 4.12(a), excepto que ahora se ha agregado un miembro diagonal *DE* para impedir el desplazamiento relativo entre las dos partes *ABCD* y *EFGH*. La armadura entera ahora actúa como un solo cuerpo rígido. La adición del miembro *DE* aumenta el número de miembros a 21 (en tanto que el número de nodos sigue siendo el mismo, 12), con lo que se satisface la ecuación $m = 2j - 3$. La armadura ahora es internamente estable. **Resp.**

(*c*) A la armadura de la figura 4.12(b) se le añaden cuatro diagonales más, para obtener la que se muestra en la figura 4.12(c), incrementando de este modo m hasta 25, en tanto que j permanece constante en 12. Debido a que $m > 2j - 3$, la armadura es internamente estable. Asimismo, como la diferencia $m - (2j - 3) = 4$, la armadura contiene cuatro miembros más de los requeridos para la estabilidad interna. **Resp.**

(*d*) La armadura que se muestra en la figura 4.12(d) se obtiene de la que se ilustra en la figura 4.12(c) al eliminar dos diagonales, *BG* y *DE*, del panel *BE*, con lo cual se disminuye m hasta 23; j permanece constante en 12. Aun cuando $m - (2j - 3) = 2$ —es decir, la armadura contiene dos miembros más que el mínimo requerido para la estabilidad interna— sus dos partes rígidas, *ABCD* y *EFGH*, no están conectadas en forma apropiada para formar un solo cuerpo rígido. Por lo tanto, el armadura es internamente inestable. **Resp.**

(*e*) La armadura que se muestra en la figura 4.12(e) es internamente inestable porque $m = 26$ y $j = 15$, lo que da $m < 2j - 3$. Esto también se ve claro en el diagrama de la armadura, en el cual se muestra que las partes *ABE* y *CDE* de la misma pueden girar cada una con respecto a la otra. La diferencia $m - (2j - 3) = -1$ indica que esta armadura tiene un miembro menos que los requeridos para la estabilidad interna. **Resp.**

(*f*) En la figura 4.12(f), se ha agregado un miembro *BC* a la armadura de la figura 4.12(e), el cual impide el movimiento relativo de las dos partes *ABE* y *CDE*, con lo que se hace que la armadura sea internamente estable. Como ahora se ha incrementado m hasta 27, satisface la ecuación $m = 2j - 3$, para $j = 15$. **Resp.**

(*g*) La armadura de torre que se muestra en la figura 4.12(g) tiene 16 miembros y 10 nodos. En virtud de que $m < 2j - 3$, la armadura es internamente inestable. Esto también resulta obvio a partir de la figura 4.12(g), la cual muestra que el miembro *BC* puede girar con respecto al resto de la estructura. Esta rotación puede ocurrir porque el nodo *C* está conectado por solo un miembro, en lugar de los dos requeridos para restringir por completo un nodo de una armadura plana. **Resp.**

(*h*) En la figura 4.12(h), se ha agregado un miembro *AC* a la armadura de la figura 4.12(g), lo cual la hace internamente estable. En este caso, $m = 17$ y $j = 10$, de modo que se satisface la ecuación $m = 2j - 3$. **Resp.**

4.3 ECUACIONES DE CONDICIÓN PARA LAS ARMADURAS PLANAS

En la sección 3.4, se indicó que los tipos de conexiones usadas para conectar partes rígidas de estructuras internamente estables dan lugar a ecuaciones de condición que, junto con las tres ecuaciones de equilibrio, se pueden usar para determinar las reacciones necesarias para restringir por completo esas estructuras.

En la figura 4.13, se muestran tres tipos de disposiciones de conexiones de uso común para unir dos armaduras rígidas con el fin de formar una sola armadura (internamente estable). En la figura 4.13(a), dos armaduras rígidas, *AB* y *BC*, están conectadas entre sí para una articulación interna en *B*. Puesto que una articulación interna no puede transmitir momento, da lugar a una ecuación de condición:

$$\sum M_B^{AB} = 0 \qquad \text{o} \qquad \sum M_B^{BC} = 0$$

En la figura 4.13(b), se muestra otro tipo de disposición de la conexión. Esta comprende la conexión de dos armaduras rígidas, *AB* y *CD*, por medio de dos miembros paralelos. Como estas barras paralelas (horizontales) no pueden transmitir fuerza en la dirección perpendicular a ellas, este tipo de conexión proporciona una ecuación de condición:

$$\sum F_y^{AB} = 0 \qquad \text{o} \qquad \sum F_y^{CD} = 0$$

Otro tipo de disposición de conexión comprende conectar dos armaduras rígidas, *AB* y *CD*, por un solo eslabón, *BC*, como se muestra en la figura 4.13(c). Como un eslabón no puede transmitir momento ni fuerza en la dirección perpendicular a él, da lugar a dos ecuaciones de condición:

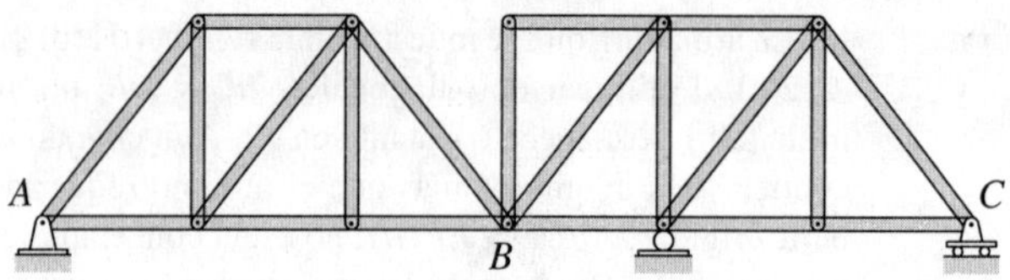

Una ecuación de condición:

$\Sigma M_B^{AB} = 0$ o $\Sigma M_B^{BC} = 0$

(a)

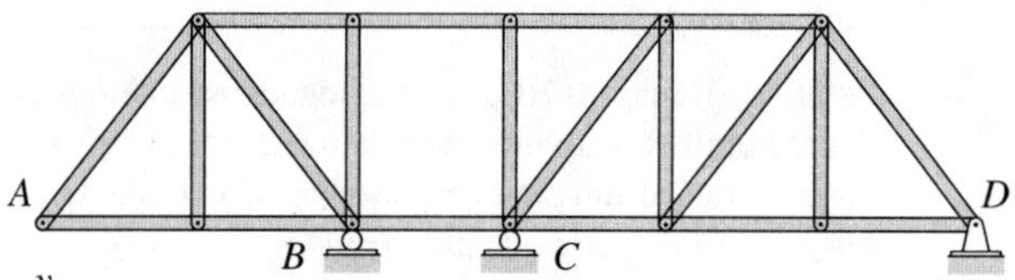

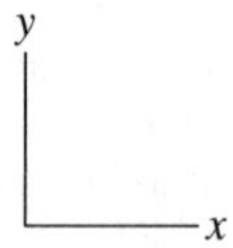

Una ecuación de condición:

$\Sigma F_y^{AB} = 0$ o $\Sigma F_y^{CD} = 0$

(b)

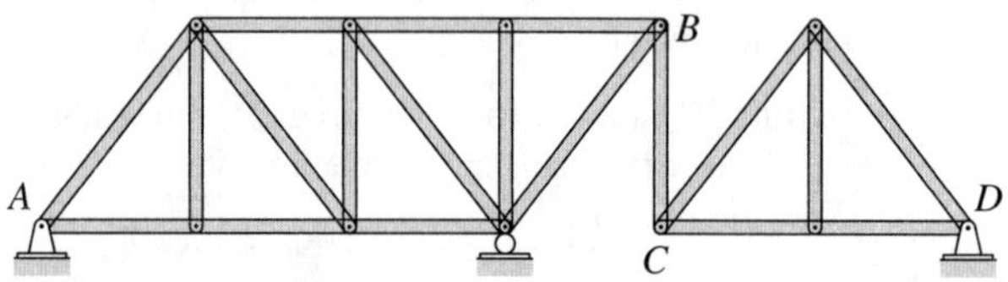

Dos ecuaciones de condición:

$\Sigma F_x^{AB} = 0$ o $\Sigma F_x^{CD} = 0$

$\Sigma M_B^{AB} = 0$ o $\Sigma M_C^{CD} = 0$

(c)

Fig. 4.13 *Ecuaciones de condición para armaduras planas*

$$\sum F_x^{AB} = 0 \quad \text{o} \quad \sum F_x^{CD} = 0$$

y

$$\sum M_A^{AB} = 0 \quad \text{o} \quad \sum M_C^{CD} = 0$$

Como se indicó en el capítulo anterior, se pueden usar estas ecuaciones de condición, con las tres ecuaciones de equilibrio, para determinar las reacciones desconocidas de las armaduras planas estáticamente determinadas externamente. El lector debe verificar que las tres armaduras mostradas en la figura 4.13 son estáticamente determinadas externamente.

4.4 DETERMINACIÓN, INDETERMINACIÓN E INESTABILIDAD ESTÁTICAS DE LAS ARMADURAS PLANAS

Se considera que una armadura es *estáticamente determinada, si las fuerzas en todos sus miembros, así como todas las reacciones externas, se pueden determinar al usar las ecuaciones de equilibrio.*

Como los dos métodos de análisis presentados en las secciones siguientes se pueden usar sólo para analizar armaduras estáticamente determinadas, es importante que el estudiante sea capaz de reconocer las armaduras de este tipo, antes de proceder con el análisis.

Considérese una armadura plana sujeta a las cargas externas P_1 y P_2, como se muestra en la figura 4.14(a). En la figura 4.14(b), se muestran los diagramas de cuerpo libre de los cinco miembros y de los cuatro nodos. Cada miembro está sujeto a dos fuerzas axiales en sus extremos, las cuales son colineales (con el eje centroidal del miembro) e iguales en magnitud pero de sentidos opuestos. Nótese que, en la figura 4.14(b), se supone que todos los miembros se encuentran a tensión; es decir, las fuerzas están tirando de los miembros. Los diagramas de cuerpo libre de los nodos muestran las mismas fuerzas que actúan sobre los miembros, pero en direcciones opuestas, de acuerdo con la tercera ley de Newton. El análisis de la armadura comprende el cálculo de las magnitudes de las cinco fuerzas que actúan sobre los miembros, F_{AB}, F_{AC}, F_{BC}, F_{BD} y F_{CD} (las líneas de acción de estas fuerzas se conocen) y las tres reacciones, A_x, A_y y B_y. Por lo tanto, el número total de cantidades desconocidas que deben determinarse es de ocho.

Si suponemos que la armadura completa está en equilibrio, cada uno de sus nodos también debe estar en equilibrio. Como se muestra en la figura 4.14(b), en

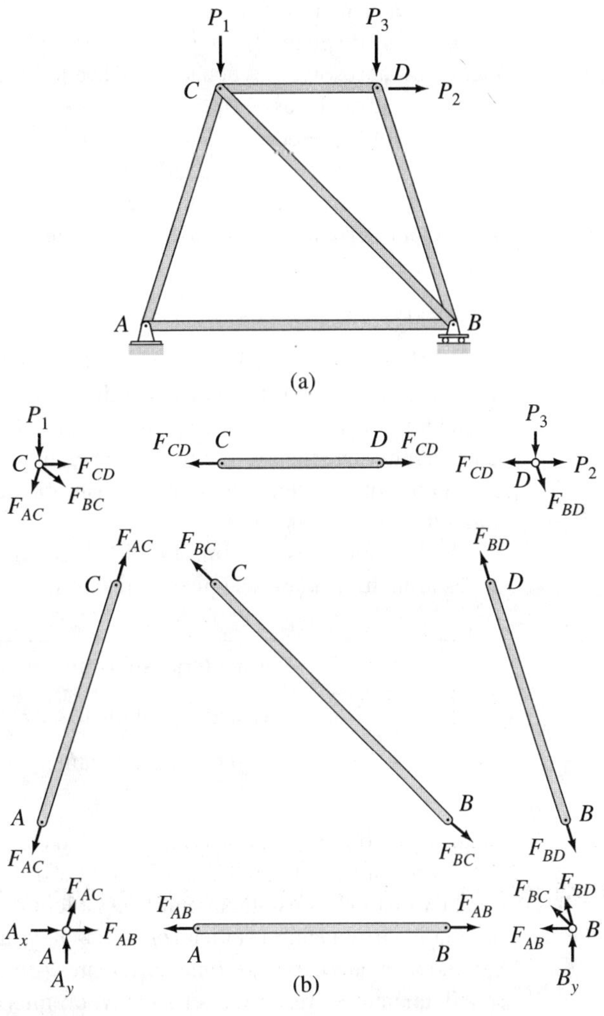

Fig. 4.14

cada nodo, las fuerzas internas y externas forman un sistema de fuerzas coplanares y concurrentes, las cuales deben satisfacer las dos ecuaciones de equilibrio, $\sum F_x = 0$ y $\sum F_y = 0$. Ya que la armadura contiene cuatro nodos, el número total de ecuaciones de las que se dispone es de 2(4) = 8. Se pueden resolver estas ocho ecuaciones de equilibrio de los nodos para calcular las ocho incógnitas. Por lo tanto, la armadura plana de la figura 4.14(a) es estáticamente determinada.

Se podrían escribir tres ecuaciones de equilibrio de la armadura completa como un cuerpo rígido y resolverse para las tres reacciones desconocidas (A_x, A_y y B_y). Sin embargo, estas ecuaciones de equilibrio (así como las ecuaciones de condición en el caso de las armaduras internamente inestables) *no son independientes* de las ecuaciones de equilibrio de los nodos y no contienen información adicional.

Con base en la discusión precedente, se pueden desarrollar los criterios para la determinación, indeterminación e inestabilidad estáticas de las armaduras planas generales que contengan m miembros y j nodos, y estén apoyadas por r (número de) reacciones externas; esto es, se necesita calcular un total de $m + r$ cantidades desconocidas. Dado que se tienen j nodos y se pueden escribir dos ecuaciones de equilibrio ($\sum F_x = 0$ y $\sum F_y = 0$) para cada uno de ellos, el número total de ecuaciones de equilibrio de las que se dispone es de $2j$. Si el número de incógnitas ($m + r$) para una armadura es igual al número de ecuaciones de equilibrio ($2j$) —es decir, $m + r = 2j$— pueden determinarse todas las incógnitas al resolver las ecuaciones de equilibrio y la armadura es estáticamente determinada.

Si una armadura tiene más incógnitas ($m + r$) que las ecuaciones de equilibrio de las que se dispone ($2j$) —es decir, $m + r > 2j$— no pueden determinarse todas las incógnitas al resolver las ecuaciones de equilibrio de las que se dispone. Se dice que una armadura de este tipo es *estáticamente indeterminada*. Las armaduras estáticamente indeterminadas tienen más miembros o reacciones externas, o ambas cosas, que los mínimos requeridos para contar con la estabilidad. Los miembros y las reacciones en exceso se dice que son *redundantes* y el número de esos miembros y reacciones en exceso se conoce como *grado de indeterminación estática*, i, la cual se puede expresar como

$$i = (m + r) - 2j \tag{4.3}$$

Si el número de incógnitas ($m + r$) para una armadura es menor que el número de ecuaciones de equilibrio de los nodos ($2j$) — esto es, $m + r < 2j$ — se dice que la armadura es *estáticamente inestable*. La inestabilidad estática puede deberse a que la armadura tiene menos miembros que el número requerido para contar con la estabilidad interna, o bien, a un número insuficiente de reacciones externas, o a ambas condiciones.

Las condiciones de la inestabilidad, determinación e indeterminación estáticas de las armaduras planas se pueden resumir como sigue:

$m + r < 2j$	armadura estáticamente inestable	
$m + r = 2j$	armadura estáticamente determinada	**(4.4)**
$m + r > 2j$	armadura estáticamente indeterminada	

La primera condición, para la inestabilidad estática de las armaduras, es tanto necesaria como suficiente en el sentido de que si $m < 2j - r$, se tiene la certidumbre de que la armadura es estáticamente inestable. Empero, las dos condiciones restantes, para la determinación estática ($m = 2j - r$) y la indeterminación ($m > 2j - r$), son condiciones necesarias pero no suficientes. En otras palabras, estas dos ecuaciones sencillamente expresan que el *número* de miembros y de reacciones es suficiente para tener estabilidad. No dan información referente a su *disposición*. Una armadura puede tener un número suficiente de miembros y de reacciones externas, pero todavía puede ser inestable debido a una disposición inapropiada de los miembros o de los apoyos externos, o de ambos.

Se hará hincapié que para que los criterios referentes a la determinación e indeterminación estáticas, según se dan por las ecuaciones (4.3) y (4.4), sean válidos, la armadura debe ser estable y actuar como un solo cuerpo rígido, bajo un sistema general de cargas coplanares, cuando se sujeta a los apoyos. Las armaduras internamente estables deben estar apoyadas al menos por tres reacciones, las cuales no todas deben ser paralelas ni concurrentes. Si una armadura es internamente estable, entonces debe estar apoyada por reacciones iguales en número a por lo menos tres más el número de ecuaciones de condición ($3 + e_c$), y no todas las reacciones deben ser paralelas ni concurrentes. Además, cada nodo, miembro y parte de la armadura debe estar restringida contra todos los movimientos posibles de un cuerpo rígido en el plano de esa armadura, sea por el resto de ésta o por los apoyos externos. Si una armadura contiene un número suficiente de miembros, pero no están dispuestos de manera apropiada, se dice que tiene *forma crítica*. Para algunas armaduras, puede no resultar obvio a partir de los dibujos si sus miembros están o no dispuestos de manera apropiada. Sin embargo, si la disposición de los miembros no es apropiada, resultará evidente durante el análisis de la armadura. El análisis de una armadura inestable de este tipo siempre conducirá a resultados incoherentes, indeterminados o infinitos.

EJEMPLO 4.2

Clasifique cada una de las armaduras planas que se muestran en la figura 4.15 como inestable, estáticamente determinada o estáticamente indeterminada. Si la armadura es estáticamente indeterminada, determine entonces el grado de indeterminación estática.

SOLUCIÓN

(*a*) La armadura que se muestra en la figura 4.15(a) contiene 17 miembros y 10 nodos, y se encuentra apoyada por 3 reacciones. Por tanto, $m + r = 2j$. Como las tres reacciones no son paralelas ni concurrentes y los miembros de la armadura están dispuestos en forma apropiada, es estáticamente determinada. **Resp.**

(*b*) Para esta armadura, $m = 17$, $j = 10$ y $r = 2$. Debido a que $m + r < 2j$, la armadura es inestable. **Resp.**

(*c*) Para esta armadura, $m = 21$, $j = 10$ y $r = 3$. Como se tiene $m + r > 2j$, la armadura es estáticamente indeterminada, con el grado de indeterminación $i = (m + r) - 2j = 4$. Debe resultar obvio a partir de la figura 4.15(c) que la armadura contiene cuatro miembros más que los requeridos para la estabilidad. **Resp.**

(*d*) En esta armadura, se tiene $m = 16$, $j = 10$ y $r = 3$. La armadura es inestable, ya que $m + r < 2j$. **Resp.**

(*e*) Esta armadura está compuesta de dos partes rígidas, *AB* y *BC*, conectadas por una articulación interna en *B*, La armadura tiene $m = 26$, $j = 15$ y $r = 4$. De este modo, $m + r = 2j$. Las cuatro reacciones no son paralelas ni concurrentes y la armadura completa está restringida de manera apropiada, de modo que es estáticamente determinada. **Resp.**

(*f*) Para esta armadura, $m = 10$, $j = 7$ y $r = 3$. En virtud de que $m + r < 2j$, la armadura es inestable. **Resp.**

(*g*) En la figura 4.15(g), se ha agregado un miembro *BC* a la armadura de la figura 4.15(f), el cual impide la rotación relativa de las dos partes *ABE* y *CDE*. Como m ahora se ha incrementado hasta 11, manteniéndose constantes j y r en 7 y 3, respectivamente, se satisface la ecuación $m + r = 2j$. Por consiguiente, la armadura de la figura 4.15(g) es estáticamente determinada. **Resp.**

(*h*) La armadura de la figura 4.15(f) se estabiliza al reemplazar el soporte de rodillo en *D* por uno articulado, como se muestra en la figura 4.15(h). De este modo, el número de reacciones se ha incrementado hasta 4, pero m y j permanecen constantes en 10 y 7, respectivamente. Con $m + r = 2j$, la armadura ahora es estáticamente determinada. **Resp.**

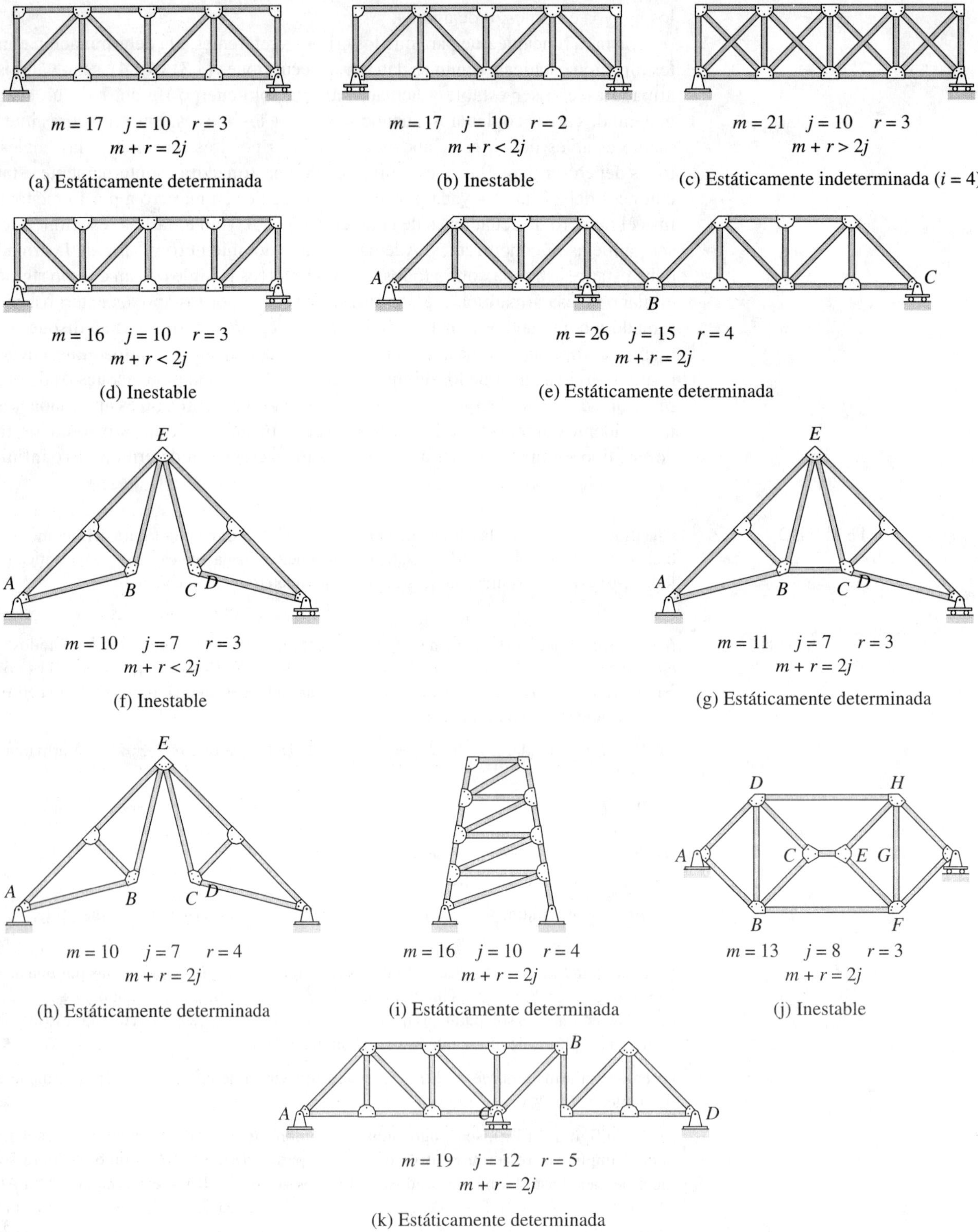

m = 17 j = 10 r = 3
m + r = 2j
(a) Estáticamente determinada
m = 17 j = 10 r = 2
m + r < 2j
(b) Inestable
m = 21 j = 10 r = 3
m + r > 2j
(c) Estáticamente indeterminada (i = 4)
m = 16 j = 10 r = 3
m + r < 2j
(d) Inestable
A
B
C
m = 26 j = 15 r = 4
m + r = 2j
(e) Estáticamente determinada
E
A
B
C
D
m = 10 j = 7 r = 3
m + r < 2j
(f) Inestable
E
A
B
C
D
m = 11 j = 7 r = 3
m + r = 2j
(g) Estáticamente determinada
E
A
B
C
D
m = 10 j = 7 r = 4
m + r = 2j
(h) Estáticamente determinada
m = 16 j = 10 r = 4
m + r = 2j
(i) Estáticamente determinada
D
H
A
C
E
G
B
F
m = 13 j = 8 r = 3
m + r = 2j
(j) Inestable
B
A
C
D
m = 19 j = 12 r = 5
m + r = 2j
(k) Estáticamente determinada

Fig. 4.15

(*i*) Para la armadura de torre que se muestra en la figura 4.15(i), $m = 16, j = 10$ y $r = 4$. Como $m + r = 2j$, la armadura es estáticamente determinada. **Resp.**

(*j*) Esta armadura tiene $m = 13, j = 8$ y $r = 3$. Aunque $m + r = 2j$, la armadura es inestable, porque contiene dos partes rígidas *ABCD* y *EFGH* conectadas por tres miembros paralelos, *BF*, *CE* y *DH*, los cuales no pueden impedir el desplazamiento relativo, en la dirección vertical, de una de las partes rígidas con respecto a la otra. **Resp.**

(*k*) Para la armadura que se muestra en la figura 4.15(k), $m = 19, j = 12$ y $r = 5$. En virtud de que $m + r = 2j$, la armadura es estáticamente determinada. **Resp.**

4.5 ANÁLISIS DE LAS ARMADURAS PLANAS POR EL MÉTODO DE LOS NODOS

En el *método de los nodos, se determinan las fuerzas axiales en los miembros de una armadura estáticamente determinada al considerar el equilibrio de sus nodos (uniones).* Como la armadura completa está en equilibrio, cada uno de sus nodos también debe estar en equilibrio. En cada nodo de la armadura, las fuerzas en los miembros y cualesquiera cargas y reacciones aplicadas forman un sistema de fuerzas concurrentes y coplanares (véase la figura 4.14), las cuales deben satisfacer dos ecuaciones de equilibrio, $\sum F_x = 0$ y $\sum F_y = 0$, para que ese nodo esté en equilibrio. Estas dos ecuaciones de equilibrio se deben satisfacer en cada nodo de la armadura. Sólo se tienen dos ecuaciones de equilibrio en un nodo, de modo que no se pueden usar para determinar más que dos fuerzas desconocidas.

El método de los nodos consiste en seleccionar un nodo con no más de dos fuerzas desconocidas (las cuales no deben ser colineales) que actúen sobre él y aplicar las dos ecuaciones de equilibrio con el fin de determinar esas dos fuerzas desconocidas. El procedimiento se puede repetir hasta que se hayan obtenido todas las fuerzas deseadas. Como se discutió en la sección anterior, se pueden determinar todas las fuerzas desconocidas en los miembros y las reacciones a partir de las ecuaciones de equilibrio de los nodos, pero en muchas armaduras puede no ser posible hallar un nodo con dos o menos incógnitas, para arrancar el análisis, a menos que las reacciones se conozcan de antemano. En esos casos, las reacciones se calculan al usar las ecuaciones de equilibrio y de condición (si las hay) para la armadura completa, antes de proceder con el método de los nodos para determinar las fuerzas en los miembros.

Con el fin de ilustrar el análisis por este método, considérese la armadura que se muestra en la figura 4.16(a). La armadura contiene cinco miembros, cuatro nodos y tres reacciones. Dado que $m + r = 2j$, la armadura es estáticamente determinada. En la figura 4.16(b), se dan los diagramas de cuerpo libre de todos los miembros y nodos. En virtud de que todavía no se conocen las fuerzas en los miembros, se ha supuesto de manera arbitraria el sentido de las fuerzas axiales (tensión o compresión) en los miembros. Como se muestra en la figura 4.16(b), se supone que los miembros *AB*, *BC* y *AD* están a tensión, con las fuerzas axiales tendiendo a alargar esos miembros, en tanto que se supone que los miembros *BD* y *CD* están a compresión, con las fuerzas axiales tendiendo a acortarlos. Los diagramas de cuerpo libre de los nodos muestran las fuerzas en los miembros en direcciones opuestas a las que tienen sobre los extremos de esos miembros, de acuerdo con la ley de Newton de la acción y la reacción. Si se enfoca la atención en el diagrama de cuerpo libre del nodo *C*, se observa que la *fuerza de tensión* F_{BC} está *tirando hacia afuera* del nodo, en tanto que la *fuerza de compresión* F_{CD} está *empujando hacia* éste. En la figura 4.16(c), se puede ver este efecto de los miembros a tensión de tirar de los nodos y de aquellos a compresión de empujar hacia esos nodos, en los diagramas de cuerpo libre de

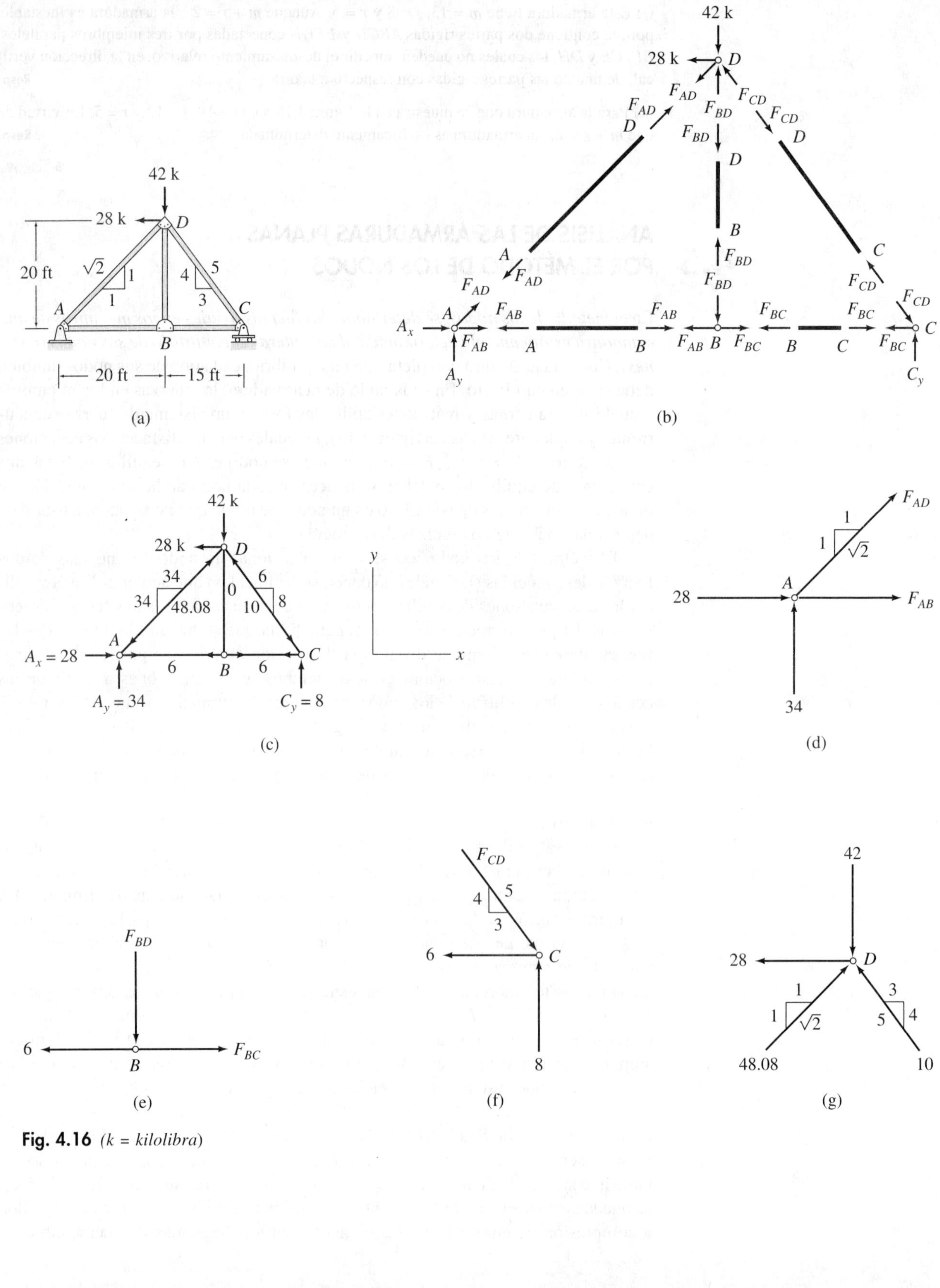

Fig. 4.16 *(k = kilolibra)*

todos los nodos. En el análisis, suelen omitirse los diagramas de cuerpo libre de los miembros y sólo se dibujan los de los nodos, de modo que es importante entender que *una fuerza axial de tensión en un miembro siempre se indica en el nodo por una flecha que tira hacia afuera de éste y que una fuerza de compresión en un miembro siempre se indica por una flecha que empuja hacia el nodo.*

El análisis de la armadura por el método de los nodos se inicia al seleccionar un nodo que tenga dos o menos fuerzas desconocidas (las cuales no deben ser colineales) actuando sobre él. Un examen de los diagramas de cuerpo libre de los nodos de la figura 4.16(b) indica que ninguno de los nodos satisface este requisito. Por lo tanto, se calculan las reacciones al aplicar las tres ecuaciones de equilibrio al diagrama de cuerpo libre de toda la armadura, mostrado en la figura 4.16(c), del modo siguiente:

$$+ \rightarrow \sum F_x = 0 \qquad A_x - 28 = 0 \qquad A_x = 28 \text{ k} \rightarrow$$

$$+ \circlearrowleft \sum M_C = 0 \qquad -A_y(35) + 28(20) + 42(15) = 0 \qquad A_y = 34 \text{ k} \uparrow$$

$$+ \rightarrow \sum F_y = 0 \qquad 34 - 42 + C_y = 0 \qquad C_y = 8 \text{ k} \uparrow$$

Habiendo determinado las reacciones, ahora se puede empezar a calcular las fuerzas en los miembros en el nodo *A*, que ahora tiene dos fuerzas desconocidas, F_{AB} y F_{AD}, o bien, en el nodo *C*, el cual también tiene dos incógnitas, F_{BC} y F_{CD}. Empecemos con el nodo *A*. El diagrama de cuerpo libre de este nodo se muestra en la figura 4.16(d). Aunque se podrían usar los senos y cosenos de los ángulos de inclinación de los miembros inclinados, al escribir las ecuaciones de equilibrio del nodo, suele ser más conveniente en lugar de ello usar las pendientes de esos miembros. La pendiente de un miembro inclinado es sencillamente la razón de la proyección vertical de la longitud de ese miembro a la proyección horizontal de su longitud. Por ejemplo, a partir de la figura 4.16(a), se puede ver que el miembro *CD* de la armadura que se está considerando se eleva 20 ft en la dirección vertical sobre una distancia horizontal de 15 ft. Por lo tanto, la pendiente de este miembro es 20:15, o bien, 4:3. De manera análoga, se puede ver que la pendiente del miembro *AD* es 1:1. Las pendientes de los miembros inclinados determinadas de este modo, a partir de las dimensiones de la armadura, por lo general se representan en el diagrama de esta última por medio de pequeños triángulos rectángulos dibujados sobre esos miembros inclinados, como se muestra en la figura 4.16(a).

Si se vuelve a enfocar la atención en el diagrama de cuerpo libre del nodo *A* de la figura 4.16(d), se determinan las incógnitas F_{AB} y F_{AD}, al aplicar las dos ecuaciones de equilibrio:

$$+ \uparrow \sum F_y = 0 \qquad 34 + \frac{1}{\sqrt{2}} F_{AD} = 0 \qquad F_{AD} = -48.08 \text{ k}$$

$$= 48.08 \text{ k(C)}$$

$$+ \rightarrow \sum F_x = 0 \qquad 28 - \frac{1}{\sqrt{2}}(48.08) + F_{AB} = 0 \qquad F_{AB} = +6 \text{ k}$$

$$= 6 \text{ k(T)}$$

Nótese que las ecuaciones de equilibrio se aplicaron en tal orden de modo que cada una contuviera sólo una incógnita. La respuesta negativa para F_{AD} indica que el miembro *AD* está a compresión, en lugar de a tensión, como se supuso en un principio, en tanto que la respuesta positiva para F_{AB} indica que el sentido supuesto de la fuerza axial (tensión) en el miembro *AB* fue correcto.

Enseguida, se dibuja el diagrama de cuerpo libre del nodo *B*, como se muestra en la figura 4.16(e) y se determinan F_{BC} y F_{BD}, como sigue:

$$+\rightarrow \sum F_x = 0 \qquad -6 + F_{BC} = 0 \qquad F_{BC} = +6 \text{ k, o } F_{BC} = 6 \text{ k (T)}$$

$$+\uparrow \sum F_y = 0 \qquad -F_{BD} = 0 \qquad F_{BD} = 0$$

Si se aplica la ecuación de equilibrio $\sum F_x = 0$ al diagrama de cuerpo libre del nodo C (Fig. 4.16(f)), se obtiene

$$+\rightarrow \sum F_x = 0 \quad -6 + \frac{3}{5}F_{CD} = 0 \quad F_{CD} = +10 \text{ k, o } F_{CD} = 10 \text{ k (C)}$$

Se han determinado todas las fuerzas en los miembros, de modo que se pueden usar las tres ecuaciones de equilibrio restantes, $\sum F_y = 0$, en el nodo C, y $\sum F_x = 0$ y $\sum F_y = 0$, en el nodo D, para comprobar los cálculos. De este modo, en el nodo C,

$$+\uparrow \sum F_y = 8 - \frac{4}{5}(10) = 0$$ **Coincide**

y en el nodo D (Fig. 4.16(g)),

$$+\rightarrow \sum F_x = -28 + \frac{1}{\sqrt{2}}(48.08) - \frac{3}{5}(10) = 0$$ **Coincide**

$$+\uparrow \sum F_y = \frac{1}{\sqrt{2}}(48.08) - 42 + \frac{4}{5}(10) = 0$$ **Coincide**

En los párrafos anteriores, se ha llevado a cabo el análisis de una armadura al dibujar un diagrama de cuerpo libre y escribir las dos ecuaciones de equilibrio para cada uno de sus nodos. Sin embargo, el análisis de las armaduras se puede facilitar de modo considerable si se pueden determinar por inspección algunas de las fuerzas en los miembros (de preferencia todas) —es decir, sin dibujar los diagramas de cuerpo libre de los nodos y escribir las ecuaciones de equilibrio. Este procedimiento se puede aplicar en forma conveniente para los nodos en los que al menos una de las fuerzas desconocidas está actuando en la dirección horizontal o vertical. Cuando las dos fuerzas desconocidas en un nodo tienen direcciones inclinadas, suele volverse necesario dibujar el diagrama de cuerpo libre de ese nodo y determinar las incógnitas al resolver las ecuaciones de equilibrio de manera simultánea. Para ilustrar este procedimiento, considérese una vez más la armadura de la figura 4.16(a). En la figura 4.16(c), se muestra el diagrama de cuerpo libre de la armadura completa, en el cual también se muestran las reacciones en los apoyos, calculadas con anterioridad. Si se enfoca la atención en el nodo A de esta figura, se observa que para que se satisfaga la ecuación de equilibrio $\sum F_y = 0$ en ese nodo, la componente vertical de F_{AD} debe empujar hacia abajo en el nodo con una magnitud de 34 k, para equilibrar la reacción vertical hacia arriba de 34 k. El hecho de que el miembro AD esté a compresión se indica en el diagrama de la armadura al dibujar flechas cercanas a los nodos A y D, empujando hacia ellos, como se muestra en la figura 4.16(c). Debido a que se ha hallado la magnitud de la componente vertical de F_{AD} como de 34 k y ya que la pendiente del miembro AD es 1:1, la magnitud de la componente horizontal de F_{AD} debe ser de 34 k; por lo tanto, la magnitud de la fuerza resultante F_{AD} es $F_{AD} = \sqrt{(34)^2 + (34)^2} = 48.08$ k. Las componentes de F_{AD}, así como la propia F_{AD} se muestran en los lados correspondientes de un triángulo rectángulo dibujado sobre el miembro AD, como se muestra en la figura 4.16(c). Con la componente horizontal de F_{AD}, ahora conocida, se observa (a partir de la figura 4.16(c)), que para que se satisfaga la ecuación de equilibrio $\sum F_x = 0$ en el nodo A, la fuerza en el miembro AB (F_{AB}) debe tirar hacia la derecha en ese nodo, con una magnitud de 6 k para equilibrar la componente horizontal de F_{AD} de 34 k, que actúa hacia la izquierda, y la reacción horizontal de 28 k, que actúa hacia la derecha. Ahora se escribe la magnitud de F_{AB} sobre el miembro AB y se dibujan las flechas, tirando de los nodos, cerca de los nodos A y B, para indicar que ese miembro AB está a tensión.

A continuación, se enfoca la atención en el nodo B de la armadura. Debe resultar obvio, a partir de la figura 4.16(c), que para que se satisfaga $\sum F_y = 0$ en B, la fuerza en el miembro BD debe ser cero. Para satisfacer $\sum F_x = 0$, la fuerza en el miembro BC debe tener una magnitud de 6 k y debe tirar hacia la derecha sobre el nodo B, lo que indica tensión en ese miembro. Esta información más reciente se registra en el diagrama de la armadura en la figura 14.6(c). Si se considera ahora el equilibrio de C, en la figura se puede ver que para que se satisfaga $\sum F_y = 0$, la componente vertical de F_{CD} debe empujar hacia abajo en el nodo, con una magnitud de 8 k, para equilibrar la reacción vertical hacia arriba de 8 k. Por tanto, el miembro CD está a compresión. Puesto que la magnitud de la componente vertical de F_{CD} es de 8 k y ya que la pendiente del miembro CD es 4:3, la magnitud de la componente horizontal de F_{CD} es igual a (3/4)(8) = 6 k; por lo tanto, la magnitud de la propia F_{CD} es $F_{CD} = \sqrt{(6)^2 + (8)^2} = 10$ k. Habiendo determinado todas las fuerzas en los miembros, se comprueban los cálculos al aplicar las ecuaciones de equilibrio $\sum F_x = 0$, en el nodo C, y $\sum F_x = 0$ y $\sum F_y = 0$, en el nodo D. En la figura 4.16(c), ya se cuenta con las componentes horizontales y verticales de los miembros, de modo que se puede hacer con facilidad la comprobación por inspección, para hallar que, en efecto, estas ecuaciones de equilibrio se satisfacen. Se debe reconocer que todas las flechas mostradas en el diagrama de la armadura de la figura 4.16(c) indican fuerzas que actúan en los nodos (no en los extremos de los miembros).

Identificación de los miembros de fuerza cero

En virtud de que las armaduras suelen diseñarse para soportar varias condiciones diferentes de carga, no es extraño encontrar miembros con fuerzas de cero en ellos, cuando se está analizando una armadura para una condición particular de carga. Los miembros de fuerza cero también se añaden a las armaduras para arriostrar los miembros a compresión contra el pandeo y los miembros esbeltos a tensión contra la vibración. Se puede facilitar el análisis de las armaduras, si se pueden identificar los miembros de fuerza cero por inspección. Dos tipos comunes de disposiciones de los miembros que dan por resultado miembros de fuerza cero son las siguientes:

1. Si sólo se conectan dos miembros no colineales a un nodo que no tiene cargas o reacciones externas aplicadas a él, entonces la fuerza en los dos miembros es de cero.
2. Si se conectan tres miembros, dos de los cuales son colineales, a un nodo que no tiene cargas o reacciones externas aplicadas a él, entonces la fuerza en el miembro que no es colineal es de cero.

En la figura 4.17(a), se muestra el primer tipo de disposición. Consta de dos miembros no colineales, AB y AC, conectados a un nodo A. Nótese que no están aplicadas cargas ni reacciones externas al nodo. En esta figura, se puede ver que para que se satisfaga la ecuación de equilibrio $\sum F_y = 0$, la componente y de F_{AB} debe ser cero; por lo tanto, $F_{AB} = 0$. Debido a que la componente x de F_{AB} es cero, se puede satisfacer la segunda ecuación de equilibrio, $\sum F_x = 0$, sólo si F_{AC} también es cero.

En la figura 4.17(b), se muestra el segundo tipo de disposición y consta de tres miembros, AB, AC y AD, conectados entre sí en el nodo A. Nótese que dos de los tres miembros, AB y AD, son colineales. En la figura se puede ver que como no se

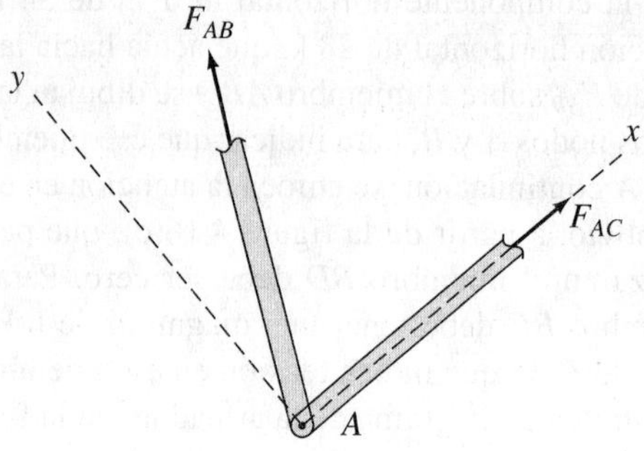

(a)

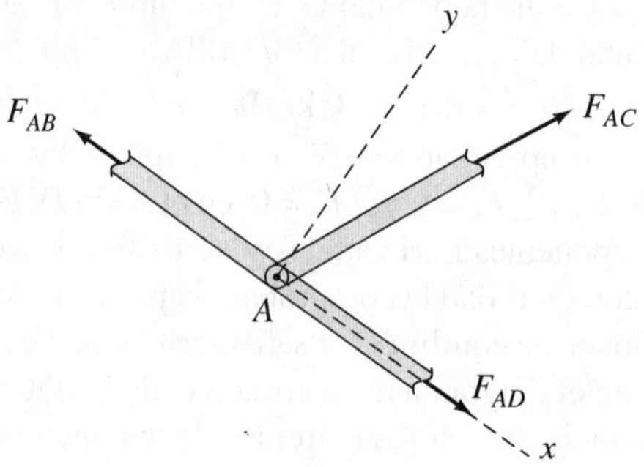

(b)

Fig. 4.17

tiene carga ni reacción externas aplicadas al nodo para equilibrar la componente *y* de F_{AC}, sólo se puede satisfacer la ecuación de equilibrio $\sum F_y = 0$ si F_{AC} es cero.

EJEMPLO 4.3

Identifique todos los miembros de fuerza cero en la armadura Fink para tejado, sujeta a una carga de nieve no equilibrada, como se muestra en la figura 4.18.

SOLUCIÓN

En la figura se puede ver que, en el nodo *B*, están conectados tres miembros, *AB*, *BC* y *BJ*, de los cuales *AB* y *BC* son colineales y *BJ* no lo es. Como no hay fuerzas externas aplicadas al nodo *B*, el miembro *BJ* es uno de fuerza cero. Se puede aplicar un razonamiento semejante para el nodo *D*, para identificar el miembro *DN* como uno de fuerza cero. A continuación, se

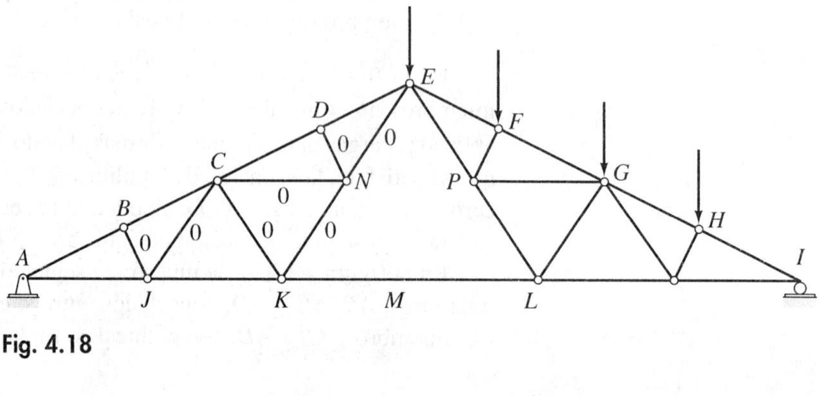

Fig. 4.18

enfoca la atención en el nodo J, en donde están conectados cuatro miembros, AJ, BJ, CJ y JK y no existen cargas externas aplicadas. Ya se ha identificado BJ como un miembro de fuerza cero. De los tres miembros restantes, AJ y JK son colineales; por consiguiente, CJ debe ser un miembro de fuerza cero. Análogamente, en el nodo N, el miembro CN se identifica como de fuerza cero; se pueden aplicar el mismo tipo de argumentos para el nodo C con el fin de identificar el miembro CK como de fuerza cero y, para el nodo K, para identificar el KN también como de fuerza cero. Por último, se considera el nodo N, en donde están conectados cuatro miembros, CN, DN, EN y KN, de los cuales tres de ellos, CN, DN y KN, ya se han identificado como de fuerza cero. No existen fuerzas externas aplicadas al nodo N, de modo que la fuerza en el miembro restante, EN, también debe ser cero.

▲▲▲

Procedimiento para el análisis

Se puede aplicar el siguiente procedimiento paso a paso, para el análisis de armaduras planas simples, estáticamente determinadas, por el método de los nodos.

1. Compruebe la armadura respecto a la determinación estática, como se discutió en la sección anterior. Si se encuentra que la armadura es estáticamente determinada y estable, continúe con el paso 2. De lo contrario, finalice el análisis en esta etapa. (El análisis de armaduras estáticamente indeterminadas se considera en la parte tres de este texto.)

2. Identifique por inspección cualesquiera miembros de fuerza cero de la armadura.

3. Determine las pendientes de los miembros inclinados (excepto los de fuerza cero) de la armadura.

4. Dibuje un diagrama de cuerpo libre de armadura completa, mostrando todas las cargas y reacciones externas. Escríbanse ceros por los miembros que se han identificado como de fuerza cero.

5. Examine el diagrama de cuerpo libre de la armadura para seleccionar un nodo que no tenga más de dos fuerzas desconocidas (las cuales no deben ser colineales) actuando sobre él. Si se encuentra ese nodo, entonces continúe directamente con el paso siguiente. De lo contrario, determine las reacciones al aplicar las tres ecuaciones de equilibrio y las ecuaciones de condición (si las hay) al diagrama de cuerpo libre de la armadura como un todo; enseguida, seleccione un nodo con dos o menos incógnitas y continúe con el paso siguiente.

6. a. Dibuje un diagrama de cuerpo libre del nodo seleccionado, mostrando las fuerzas de tensión por medio de flechas que tiren hacia afuera del nodo y las de compresión por flechas que empujen hacia el nodo. Suele ser conveniente suponer que las fuerzas desconocidas en los miembros son de tensión.

b. Determine las fuerzas desconocidas al aplicar las dos ecuaciones de equilibrio, $\sum F_x = 0$ y $\sum F_y = 0$. Una respuesta positiva para la fuerza en un miembro significa que el miembro está a tensión, como se supuso en un principio, en tanto que una negativa indica que el miembro está a compresión.

Si por lo menos una de las fuerzas desconocidas que actúan en el nodo seleccionado está en la dirección horizontal o en la vertical, las incógnitas se pueden determinar de modo conveniente al satisfacer por inspección las dos ecuaciones de equilibrio del nodo en el diagrama de cuerpo libre de la armadura.

7. Si se han determinado todas las fuerzas y reacciones deseadas que actúan en los miembros, continúe con el paso siguiente. De lo contrario, seleccione otro nodo con no más de dos incógnitas y regrese al paso 6.

8. Si, en el paso 5, se determinaron las reacciones mediante la aplicación de las ecuaciones de equilibrio y de condición de la armadura como un todo, entonces aplique las ecuaciones restantes de equilibrio de los nodos, que no hayan sido utilizadas hasta ahora, para comprobar los cálculos. Si las reacciones se calcularon por la aplicación de ecuaciones de equilibrio de nodos, entonces use las ecuaciones de equilibrio de la armadura completa para comprobar los cálculos. Si el análisis se ha realizado en forma correcta, entonces estas ecuaciones adicionales de equilibrio se deben satisfacer.

EJEMPLO 4.4

Determine la fuerza en cada uno de los miembros de la armadura Warren que se muestra en la figura 4.19(a) por el método de los nodos.

SOLUCIÓN

Determinación estática La armadura tiene 13 miembros y 8 nodos, y está apoyada por 3 reacciones. Puesto que $m + r = 2j$ y las reacciones y los miembros de la armadura están dispuestos de manera apropiada, es estáticamente determinada.

Miembros de fuerza cero En la figura 4.19(a) se puede ver que, en el nodo *G*, están conectados tres miembros, *CG*, *FG* y *GH*, de los cuales *FG* y *GH* son colineales y *CG* no lo es. Puesto que no se aplica carga externa al nodo *G*, el miembro *CG* es uno de fuerza cero.

$$F_{CG} = 0 \qquad \textbf{Resp.}$$

A partir de las dimensiones de la armadura, se encuentra que todos los miembros inclinados tienen pendientes de 3:4, como se muestra en la figura 4.19(a). El diagrama de cuerpo libre de la armadura completa se muestra en la figura 4.19(b). Como no se puede hallar un nodo con dos o menos incógnitas —las cuales no deben ser colineales—, se calculan las reacciones en los apoyos. (Aun cuando el nodo *G* sólo tiene dos fuerzas desconocidas, F_{FG} y F_{GH},

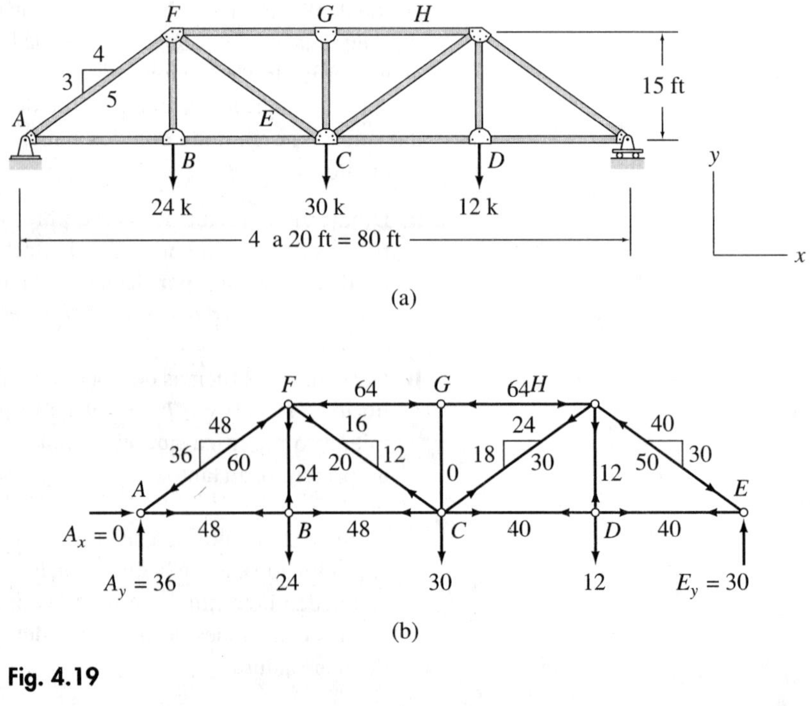

Fig. 4.19

que actúan sobre él, estas fuerzas son colineales, de modo que no se pueden determinar a partir de la ecuación de equilibrio, $\sum F_x = 0$.)

Reacciones Mediante el uso de proporciones,

$$A_y = 24\left(\frac{3}{4}\right) + 30\left(\frac{1}{2}\right) + 12\left(\frac{1}{4}\right) = 36$$

$$\sum F_y = 0 \qquad E_y = (24 + 30 + 12) - 36 = 30 \text{ k}$$

$$\sum F_x = 0 \qquad A_x = 0$$

Nodo A Si se enfoca la atención en el nodo A de la figura 4.19(b), se observa que para que se satisfaga $\sum F_y = 0$, la componente vertical de F_{AF} debe empujar hacia abajo hacia ese nodo, con una magnitud de 36 k para equilibrar la reacción hacia arriba de 36 k. La pendiente del miembro AF es 3:4, de modo que la magnitud de la componente horizontal de F_{AF} es (4/3)(36), o sea, 48 k. Por tanto, la fuerza en el miembro AF es de compresión, con una magnitud de $F_{AF} = \sqrt{(48)^2 + (36)^2} = 60$ k.

$$F_{AF} = 60 \text{ k (C)} \qquad \textbf{Resp.}$$

Con la componente horizontal de F_{AF} ahora conocida, a partir de la figura se puede ver que para que se satisfaga $\sum F_x = 0$, F_{AB} debe tirar hacia la derecha, con una magnitud de 48 k para equilibrar la componente horizontal de F_{AF}, de 48 k, que actúa hacia la izquierda. Por lo tanto, el miembro AB está a tensión con una fuerza de 48 k.

$$F_{AB} = 48 \text{ k (T)} \qquad \textbf{Resp.}$$

Nodo B A continuación, considere el equilibrio del nodo B. Si se aplica $\sum F_x = 0$, se obtiene F_{BC}.

$$F_{BC} = 48 \text{ k (T)} \qquad \textbf{Resp.}$$

A partir de $\sum F_y = 0$, se obtiene F_{BF}.

$$F_{BF} = 24 \text{ k (T)} \qquad \textbf{Resp.}$$

Nodo F Este nodo tiene ahora dos incógnitas, F_{CF} y F_{FG}, de modo que se pueden determinar al aplicar las ecuaciones de equilibrio como se indica a continuación. En la figura 4.19(b), se ve que para que se satisfaga $\sum F_y = 0$, la componente vertical de F_{CF} debe tirar hacia abajo sobre el nodo F, con una magnitud de 36 – 24 = 12 k. Si se usa la pendiente 3:4 del miembro CF, se obtiene la magnitud de la componente horizontal como (4/3)(12) = 16 k y la de la propia F_{CF} como de 20 k.

$$F_{CF} = 20 \text{ k (T)} \qquad \textbf{Resp.}$$

Si se considera el equilibrio del nodo F en la dirección horizontal ($\sum F_x = 0$), debe resultar obvio, a partir de la figura 4.19(b), que F_{FG} debe empujar hacia la izquierda sobre ese nodo, con una magnitud de 48 + 16 = 64 k.

$$F_{FG} = 64 \text{ k (C)} \qquad \textbf{Resp.}$$

Nodo G De modo análogo, al aplicar $\sum F_x = 0$, se obtiene F_{GH}.

$$F_{GH} = 64 \text{ k (C)} \qquad \textbf{Resp.}$$

Note que, en este nodo, ya se ha utilizado la segunda ecuación de equilibrio, $\sum F_y = 0$, en la identificación del miembro CG como de fuerza cero.

Nodo C Al considerar el equilibrio en la dirección vertical, $\sum F_y = 0$, se observa (en la Fig. 4.19(b)) que el miembro CH debe estar a tensión y que la magnitud de la componente vertical de su fuerza debe ser igual a 30 – 12 = 18 k. Como consecuencia, las magnitudes de la componente horizontal de F_{CH} y de la propia F_{CH} son de 24 k y 30 k, respectivamente, como se muestra en la figura 4.19(b).

$$F_{CH} = 30 \text{ k (T)} \qquad \textbf{Resp.}$$

Al considerar el equilibrio en la dirección horizontal, $\sum F_x = 0$, se observa que el miembro CD debe de estar a tensión y que la magnitud de su fuerza debe ser igual a 48 + 16 – 24 = 40 k.

$$F_{CD} = 40 \text{ k (T)} \qquad \textbf{Resp.}$$

Nodo D Al aplicar $\sum F_x = 0$, se obtiene F_{DE}.

$$F_{DE} = 40 \text{ k (T)} \qquad \textbf{Resp.}$$

De $\sum F_y = 0$, se determina F_{DH}.

$$F_{DH} = 12 \text{ k (T)} \qquad \textbf{Resp.}$$

Nodo E Si se consideran las componentes verticales de todas las fuerzas que actúan en el nodo E, se encuentra que para que se satisfaga $\sum F_y = 0$, la componente vertical de F_{EH} debe empujar hacia abajo, hacia el propio nodo, con una magnitud de 30 k para equilibrar la reacción hacia arriba $E_y = 30$ k. La magnitud de la componente horizontal de F_{EH} es igual a (4/3)(30), o sea, 40 k. Por tanto, F_{EH} es una fuerza de compresión con una magnitud de 50 k.

$$F_{EH} = 50 \text{ k (C)} \qquad \textbf{Resp.}$$

Comprobación de los cálculos Para comprobar los cálculos, se aplican las ecuaciones restantes siguientes de equilibrio de nodos (véase la figura 4.19(b)). En el nodo E,

$$+\rightarrow \sum F_x = -40 + 40 = 0 \qquad \textbf{Coincide}$$

En el nodo H,

$$+\rightarrow \sum F_x = 64 - 24 - 40 = 0 \qquad \textbf{Coincide}$$

$$+\uparrow \sum F_y = -18 - 12 + 30 = 0 \qquad \textbf{Coincide}$$

▲▲▲

EJEMPLO 4.5

Determine la fuerza en cada uno de los miembros del arco armado de tres articulaciones que se muestra en la figura 4.20(a), por el método de los nodos.

SOLUCIÓN

Determinación estática La armadura contiene 10 miembros y 7 nodos, y se encuentra apoyada por 4 reacciones. Dado que $m + r = 2j$ y las reacciones y los miembros están dispuestos de manera adecuada, es estáticamente determinada. Note que como $m < 2j - 3$, la armadura no es internamente estable y no continuará siendo un cuerpo rígido cuando se separa de sus apoyos. No obstante, cuando se separa de los apoyos, la armadura mantendrá su forma y puede tratarse como un cuerpo rígido.

Miembros de fuerza cero En la figura 4.20(a), se puede ver que en el nodo C, están conectados tres miembros, AC, CE y CF, de los cuales AC y CF son colineales. Supuesto que el nodo C no tiene carga externa aplicada a él, el miembro no colineal CE es uno de fuerza cero.

$$F_{CE} = 0 \qquad \textbf{Resp.}$$

Se puede aplicar un razonamiento semejante para el nodo D e identificar el miembro DG como uno de fuerza cero.

$$F_{DG} = 0 \qquad \textbf{Resp.}$$

En la figura 4.20(a), se muestran las pendientes de los miembros inclinados con fuerza diferente de cero. El diagrama de cuerpo libre de la armadura completa se muestra en la figura 4.20(b). El método de los nodos se puede iniciar en el nodo E o en el G, ya que cada uno de los dos sólo tiene dos incógnitas.

Nodo E Si empieza con el nodo E, en la figura 4.20(b) se observa que para que se satisfaga $\sum F_x = 0$, la fuerza en el miembro EF debe ser de compresión, con una magnitud de 15 kN.

$$F_{EF} = 15 \text{ kN (C)} \qquad \textbf{Resp.}$$

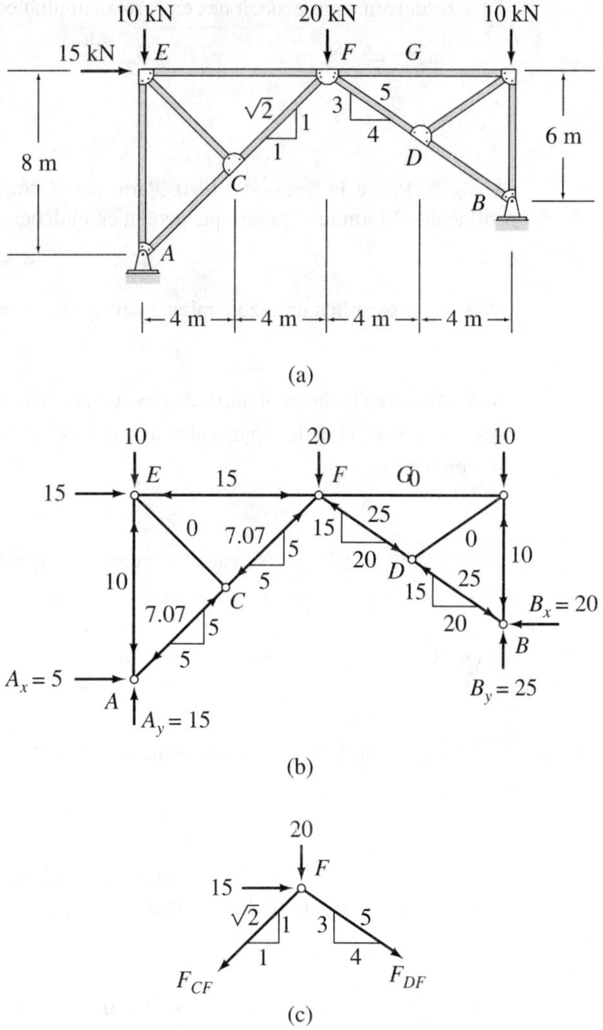

Fig. 4.20

Análogamente, de $\sum F_y = 0$, se obtiene F_{AE}.

$$F_{AE} = 10 \text{ kN (C)} \qquad \textbf{Resp.}$$

Nodo G Si se considera el equilibrio del nodo G en la dirección horizontal ($\sum F_x = 0$), se observa que la fuerza en el miembro FG es cero.

$$F_{FG} = 0 \qquad \textbf{Resp.}$$

De manera semejante, al aplicar $\sum F_y = 0$, se obtiene F_{BG}.

$$F_{BG} = 10 \text{ kN (C)} \qquad \textbf{Resp.}$$

Nodo F A continuación, considérese el nodo F. Las dos fuerzas desconocidas, F_{CF} y F_{DF}, que actúan en este nodo tienen direcciones inclinadas, de modo que se dibuja el diagrama de cuerpo libre del mismo como se muestra en la figura 4.20(c) y se determinan las incógnitas al resolver las ecuaciones de equilibrio en forma simultánea:

$$+\rightarrow \sum F_x = 0 \qquad 15 - \frac{1}{\sqrt{2}}F_{CF} + \frac{4}{5}F_{DF} = 0$$

$$+\uparrow \sum F_y = 0 \qquad -20 - \frac{1}{\sqrt{2}}F_{CF} - \frac{3}{5}F_{DF} = 0$$

Si se resuelven estas ecuaciones en forma simultánea, se obtiene

$F_{DF} = -25$ kN y $F_{CF} = -7.07$ kN

$F_{DF} = 25$ kN (C) **Resp.**

$F_{CF} = 7.07$ kN (C) **Resp.**

Nodo C (Véase la figura 4.20(b)). Para que el nodo C esté en equilibrio, las dos fuerzas colineales diferentes de cero que actúan en él deben ser iguales y opuestas.

$F_{AC} = 7.07$ kN (C) **Resp.**

Nodo D Si se aplica un razonamiento semejante en el nodo D, se obtiene F_{BD}.

$F_{BD} = 25$ kN (C) **Resp.**

Nodo A Habiendo determinado todas las fuerzas en los miembros, se aplican las dos ecuaciones de equilibrio en el nodo A para calcular las reacciones en el apoyo, A_x y A_y. Al aplicar $\sum F_x = 0$, se obtiene A_x.

$A_x = 5$ kN $\rightarrow$ **Resp.**

Al aplicar $\sum F_y = 0$, se encuentra que A_y es igual a $10 + 5 = 15$ kN.

$A_y = 15$ kN $\uparrow$ **Resp.**

Nodo B Al aplicar $\sum F_x = 0$, se obtiene B_x.

$B_x = 20$ kN $\leftarrow$ **Resp.**

A partir de $\sum F_y = 0$, se encuentra que $B_y = 15 + 10 = 25$ kN.

$B_y = 25$ kN $\uparrow$ **Resp.**

Comprobación del equilibrio de la armadura completa Por último, para comprobar los cálculos, se considera el equilibrio de la armadura completa. Si se aplican las tres ecuaciones de equilibrio al cuerpo libre de la armadura completa, mostrado en la figura 4.20(b), se tiene

$+\rightarrow \sum F_x = 5 + 15 - 20 = 0$ **Coincide**

$+\uparrow \sum F_y = 15 - 10 - 20 - 10 + 25 = 0$ **Coincide**

$+\circlearrowleft \sum M_B = 5(2) - 15(16) - 15(6) + 10(16) + 20(8) = 0$ **Coincide**

4.6 ANÁLISIS DE LAS ARMADURAS PLANAS POR EL MÉTODO DE LAS SECCIONES

El método de los nodos, presentado en la sección anterior, prueba ser muy eficiente cuando se deben determinar las fuerzas en todos los miembros de una armadura. Sin embargo, si sólo se desean las fuerzas en ciertos miembros, el método de los nodos puede probar no ser eficiente, porque puede comprender cálculo de fuerzas en varios otros miembros de la armadura, antes de que se alcance un nodo que se pueda analizar para la fuerza deseada en un miembro. El *método de las secciones* nos permite determinar en forma directa las fuerzas en los miembros específicos, sin que se calculen en primer lugar muchas fuerzas innecesarias en los miembros, como puede requerirse por el método de los nodos.

El método de las secciones comprende el corte de la armadura en dos partes, al pasar una sección imaginaria a través de los miembros cuyas fuerzas se desean. Entonces se determinan las fuerzas deseadas en los miembros al considerar el equilibrio de una de las dos partes de la armadura. Cada parte de la armadura se trata como un cuerpo rígido en equilibrio, bajo la acción de cualesquiera cargas y reacciones aplicadas y las fuerzas en los miembros que han sido cortados por la sección. Las fuerzas desconocidas en los miembros se determinan al aplicar las tres ecuaciones de equilibrio a una de las dos partes de la armadura. Sólo se tienen tres ecuaciones de equilibrio disponibles, de modo que no se pueden usar para determinar más de tres fuerzas desconocidas. Por consiguiente, en general, *deben elegirse las secciones de modo que no pasen por más de tres miembros con fuerzas desconocidas*. En algunas armaduras, la disposición de los miembros puede ser tal que, al utilizar secciones que pasen a través de más de tres miembros con fuerzas desconocidas, se pueden determinar una o, cuando más, dos de esas fuerzas desconocidas. No obstante, esas secciones se emplean en el análisis de sólo ciertos tipos de armaduras (véase el ejemplo 4.7).

Procedimiento para el análisis

Se puede utilizar el siguiente procedimiento paso a paso para determinar las fuerzas en los miembros de armaduras planas estáticamente determinadas, por el método de las secciones.

1. Seleccione una sección que pase por tantos miembros como sea posible de aquellos cuyas fuerzas se desean, pero no más de tres miembros con fuerzas desconocidas. La sección debe cortar la armadura en dos partes.

2. Aunque se puede usar cualquiera de las dos partes de la armadura para calcular las fuerzas en los miembros, se debe seleccionar aquella que requerirá menos cantidad de esfuerzo de cálculo en la determinación de las fuerzas desconocidas. Para evitar la necesidad del cálculo de reacciones, si una de las dos partes de la armadura no tiene alguna de éstas actuando sobre ella, entonces seleccione esta parte para el análisis de las fuerzas en los miembros y continúe con el paso siguiente. Si las dos partes de la armadura están sujetas a apoyos externos, entonces calcule las reacciones mediante la aplicación de las ecuaciones de equilibrio y de condición (si las hay) al cuerpo libre de la armadura completa. Enseguida, para el análisis de las fuerzas en los miembros, selecciónese la parte de la armadura que tenga el menor número de cargas y de reacciones externas aplicadas a ella.

3. Dibuje el diagrama de cuerpo libre de la parte de la armadura seleccionada, mostrando todas las cargas y reacciones externas aplicadas a ella, así como las fuerzas en los miembros que hayan sido cortadas por la sección. Suele suponerse que las fuerzas desconocidas en los miembros son de *tensión* y, por tanto, se muestran en el diagrama de cuerpo libre por medio de flechas que *tiran hacia afuera* de los nodos.

4. Determine las fuerzas desconocidas mediante la aplicación de las tres ecuaciones de equilibrio. Para evitar la resolución de ecuaciones simultáneas, intente aplicar las ecuaciones de equilibrio de tal manera que cada una de ellas contenga sólo una incógnita. A veces puede lograrse esto al usar los sistemas alternativos de las ecuaciones de equilibrio ($\sum F_q = 0$, $\sum M_A = 0$, $\sum M_B = 0$ o $\sum M_A = 0$, $\sum M_B = 0$, $\sum M_C = 0$), descritas en la sección 3.1, en lugar del sistema usual de ecuaciones de dos sumas de fuerzas y una de momentos ($\sum F_x = 0$, $\sum F_y = 0$, $\sum M = 0$).

5. Para comprobar los cálculos, aplique una ecuación alternativa de equilibrio, que no se haya usado para calcular las fuerzas en los miembros. De preferencia, esta ecuación alternativa debe contener las fuerzas en los miembros de-

terminadas por el análisis. Si el análisis se ha realizado de manera correcta, entonces debe satisfacerse esta ecuación alternativa de equilibrio.

EJEMPLO 4.6 Determine las fuerzas en los miembros CJ e IJ de la armadura que se muestra en la figura 4.21(a), por el método de las secciones.

SOLUCIÓN *Sección aa* Como se muestra en la figura 4.21(a), se hace pasar una sección *aa* a través de los miembros *IJ*, *CJ* y *CD*, cortando la armadura en dos partes, *ACI* y *DGJ*. Se usará la parte de la izquierda, *ACI*, para analizar las fuerzas en los miembros.

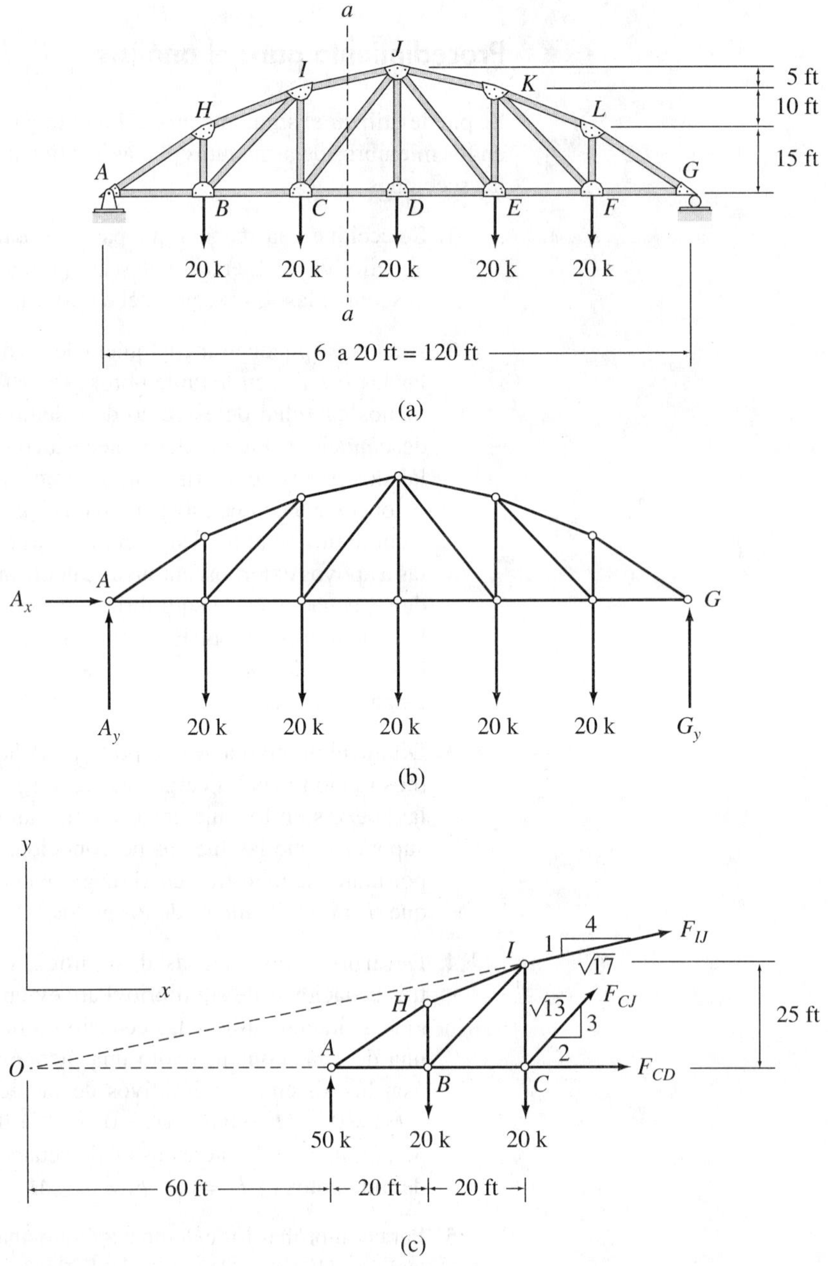

Fig. 4.21

Reacciones Antes de proceder con el cálculo de las fuerzas en los miembros, es necesario determinar las reacciones en el apoyo A. Al considerar el equilibrio de la armadura completa (Fig. 4.21(b)), se determinan las reacciones como $A_x = 0$, $A_y = 50$ k↑ y $G_y = 50$ k↑.

Fuerzas en los miembros En la figura 4.21(c), se muestra el diagrama de cuerpo libre de la parte ACI de la armadura. Se supone que las tres fuerzas desconocidas, F_{IJ}, F_{CJ} y F_{CD}, son de tensión y se indican mediante flechas que tiran hacia afuera de los nodos correspondientes en el diagrama. Las pendientes de las fuerzas inclinadas, F_{IJ} y F_{CJ}, se obtienen a partir de las dimensiones de la armadura, dadas en la figura 4.21(a), y se muestran en el diagrama de cuerpo libre. Las fuerzas desconocidas en el miembro se determinan al aplicar las ecuaciones de equilibrio, como se indica a continuación.

Puesto que F_{CJ} y F_{CD} pasan por el punto C, al sumar los momentos respecto a este nodo se obtiene una ecuación que sólo contiene a F_{IJ}:

$$+\circlearrowleft \sum M_B = 0 \qquad -50(40) + 20(20) - \frac{4}{\sqrt{17}} F_{IJ}(25) = 0$$

$$F_{IJ} = -65.97 \text{ k}$$

La respuesta negativa para F_{IJ} indica que la hipótesis inicial acerca de que esta fuerza fuera de tensión era incorrecta. En realidad, la fuerza F_{IJ} es una de compresión.

$$F_{IJ} = 65.97 \text{ k (C)}$$ **Resp.**

Enseguida, se calcula F_{CJ} al sumar los momentos respecto al punto O, el cual es el punto de intersección de las líneas de acción de F_{IJ} y F_{CD}. Dado que la pendiente del miembro IJ es 1:4, la distancia $OC = 4(IC) = 4(25) = 100$ ft (véase la figura 4.21(c)). El equilibrio de los momentos respecto a O da

$$+\circlearrowleft \sum M_O = 0 \qquad 50(60) - 20(80) - 20(100) + \frac{3}{\sqrt{13}} F_{CJ}(100) = 0$$

$$F_{CJ} = 7.21 \text{ k (T)}$$ **Resp.**

Comprobación de los cálculos Para comprobar los cálculos, se aplica una ecuación alternativa de equilibrio, la cual comprenda las dos fuerzas en los miembros que acaban de determinarse.

$$+\uparrow \sum F_y = 50 - 20 - 20 - \frac{1}{\sqrt{17}}(65.97) + \frac{1}{\sqrt{13}}(7.21) = 0$$ **Coincide**

EJEMPLO 4.7

Determine las fuerzas en los miembros FJ, HJ y HK de la armadura en K que se muestra en la figura 4.22(a), por el método de las secciones.

SOLUCIÓN

En la figura 4.22(a), se puede observar que la sección horizontal *aa* que pasa a través de los tres miembros de interés, FJ, HJ y HK, también corta un miembro adicional FI, con lo que se liberan cuatro incógnitas, las cuales no pueden determinarse por medio de tres ecuaciones de equilibrio. Las armaduras como la que se está considerando en este caso, con los miembros dispuestos en la forma de letra K, pueden analizarse mediante una sección curva alrededor del nodo de en medio, como la sección *bb* que se muestra en la figura 4.22(a). Para evitar el cálculo de las reacciones en los apoyos, para el análisis se usará la parte superior $IKNL$ de la armadura, arriba de la sección *bb*. El diagrama de cuerpo libre de esta parte se muestra en la figura 4.22(b). Se puede ver que, aun cuando la sección *bb* ha cortado cuatro miembros, FI, IJ, JK y HK, las fuerzas en los miembros FI y HK pueden determinarse al sumar los momentos respecto a los puntos K e I, respectivamente, porque las líneas de acción de tres de las fuerzas desconocidas pasan por estos puntos. Por lo tanto, en primer lugar se calculará F_{HK}, considerando la sección *bb* y, a continuación, se usará la sección *aa* para determinar F_{FJ} y F_{HJ}.

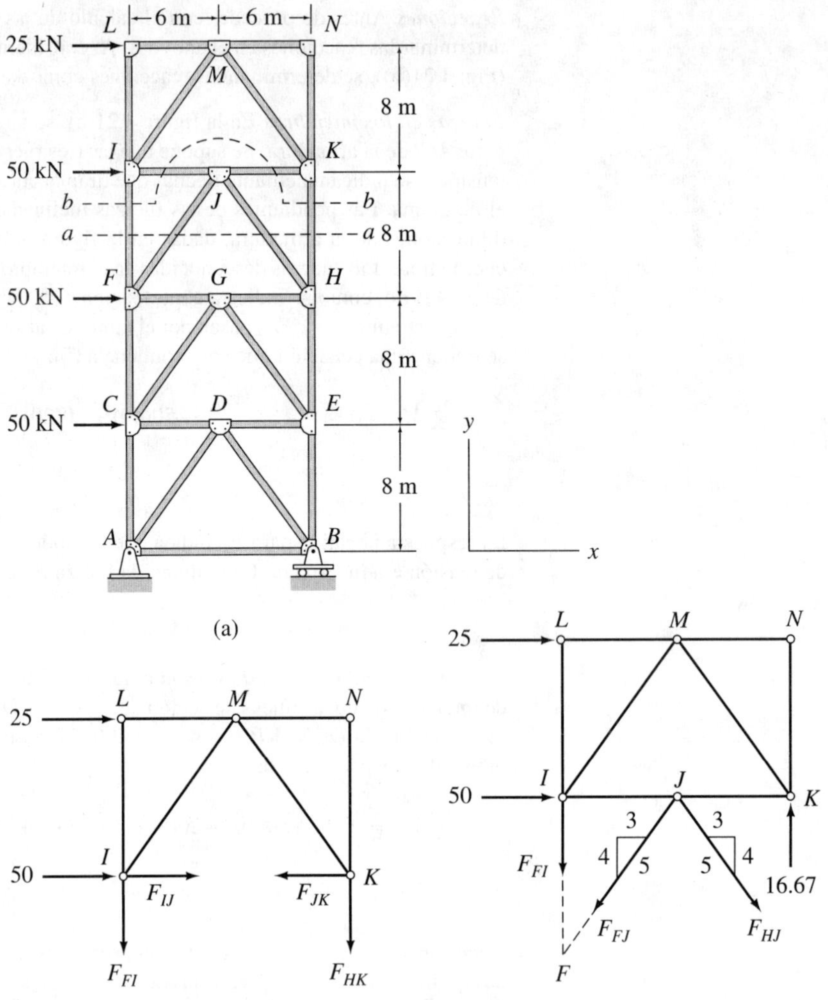

(a)

(b) Sección *bb*

(c) Sección *aa*

Fig. 4.22

Sección bb Si se usa la figura 4.22(b), se escribe

$$+\circlearrowleft \sum M_I = 0 \qquad -25(8) - F_{HK}(12) = 0$$

$$F_{HK} = -16.67 \text{ kN}$$

$$F_{HK} = 16.67 \text{ kN (C)}$$ **Resp.**

Sección aa En la figura 4.22(c), se muestra el diagrama de cuerpo libre de la parte *IKNL* de la armadura, arriba de la sección *aa*. Para determinar F_{HJ}, se suman los momentos respecto a F, el cual es el punto de intersección de las líneas de acción de F_{FI} y F_{FJ}. Por consiguiente,

$$+\circlearrowleft \sum M_F = 0 \qquad -25(16) - 50(8) + 16.67(12) - \frac{3}{5}F_{HJ}(8) - \frac{4}{5}F_{HJ}(6) = 0$$

$$F_{HJ} = -62.5 \text{ kN}$$

$$F_{HJ} = 62.5 \text{ kN (C)}$$ **Resp.**

Al sumar las fuerzas en la dirección horizontal, se obtiene

$$+\rightarrow \sum F_x = 0 \quad 25 + 50 - \frac{3}{5}F_{FJ} - \frac{3}{5}(62.5) = 0$$

$$F_{FJ} = 62.5 \text{ kN (T)}$$ **Resp.**

Comprobación de los cálculos Por último, para comprobar los cálculos, se aplica una ecuación alternativa de equilibrio, la cual comprenda las tres fuerzas en los miembros determinadas por el análisis. Si se usa la figura 4.22(c), se escribe

$$+\circlearrowleft \sum M_I = -25(8) - \frac{4}{5}(62.5)(6) + \frac{4}{5}(62.5(6) + 16.67(12) = 0$$ **Coincide**

4.7 ANÁLISIS DE LAS ARMADURAS COMPUESTAS

Aunque el método de los nodos y el de las secciones descritos en las secciones se pueden utilizar por separado para el análisis de las armaduras compuestas, a veces se puede facilitar el análisis de este tipo de armaduras si se aplica una combinación de los dos métodos. Para algunos tipos de armaduras compuestas, se estropea el análisis secuencial de los nodos cuando no se puede encontrar uno de éstos con dos o menos fuerzas desconocidas. En ese caso, entonces se emplea el método de las secciones para calcular algunas de las fuerzas en los miembros, lo que entonces conduce a un nodo con dos o menos incógnitas, a partir de lo cual se puede continuar el método de los nodos. Este enfoque se ilustra por medio del ejemplo siguiente.

EJEMPLO 4.8

Determine la fuerza en cada miembro de la armadura Fink que se muestra en la figura 4.23(a).

SOLUCIÓN

La armadura Fink que se muestra en la figura 4.23(a) es una armadura compuesta formada al conectar dos armaduras simples, ACL y DFL, por medio de un nodo común L y un miembro CD.

Determinación estática La armadura contiene 27 miembros y 15 nodos, y está apoyada por tres reacciones. Dado que $m + r = 2j$ y las reacciones y los miembros de la armadura están dispuestos en forma apropiada, es estáticamente determinada.

Reacciones Las reacciones en los apoyos A y F de la armadura, según se calculan al aplicar las tres ecuaciones de equilibrio al diagrama de cuerpo libre de la armadura completa (Fig. 4.23(b)), son

$$A_x = 0 \qquad A_y = 42 \text{ k} \uparrow \qquad F_y = 42 \text{ k} \uparrow$$

Nodo A Ahora se puede iniciar el método de los nodos en el nodo A, el cual sólo tiene dos fuerzas desconocidas, F_{AB} y F_{AI}, actuando sobre él. Por inspección de las fuerzas que actúan en este nodo (véase la figura 4.23(b)), se obtiene lo siguiente:

$$F_{AI} = 93.1 \text{ k (C)}$$ **Resp.**

$$F_{AB} = 84 \text{ k (T)}$$ **Resp.**

Unión I El diagrama de cuerpo libre del nodo I se muestra en la figura 4.23(c). El miembro BI es perpendicular a los miembros AI e IJ, los cuales son colineales, de modo que se puede simplificar el cálculo de las fuerzas en el miembro al usar un eje $\bar{x}$ en la dirección de los miembros colineales, como se muestra en la figura 4.23(c).

$$+\nwarrow \sum F_{\bar{y}} = 0 \qquad -\frac{2}{\sqrt{5}}(12) - F_{BI} = 0$$

$$F_{BI} = -10.73 \text{ k}$$

$$F_{BI} = 10.73 \text{ k (C)}$$ **Resp.**

$$+\nearrow \sum F_{\bar{x}} = 0 \qquad 93.91 - \frac{1}{\sqrt{5}}(12) + F_{IJ} = 0$$

$$F_{IJ} = -88.54 \text{ k}$$

$$F_{IJ} = 88.54 \text{ k (C)}$$ **Resp.**

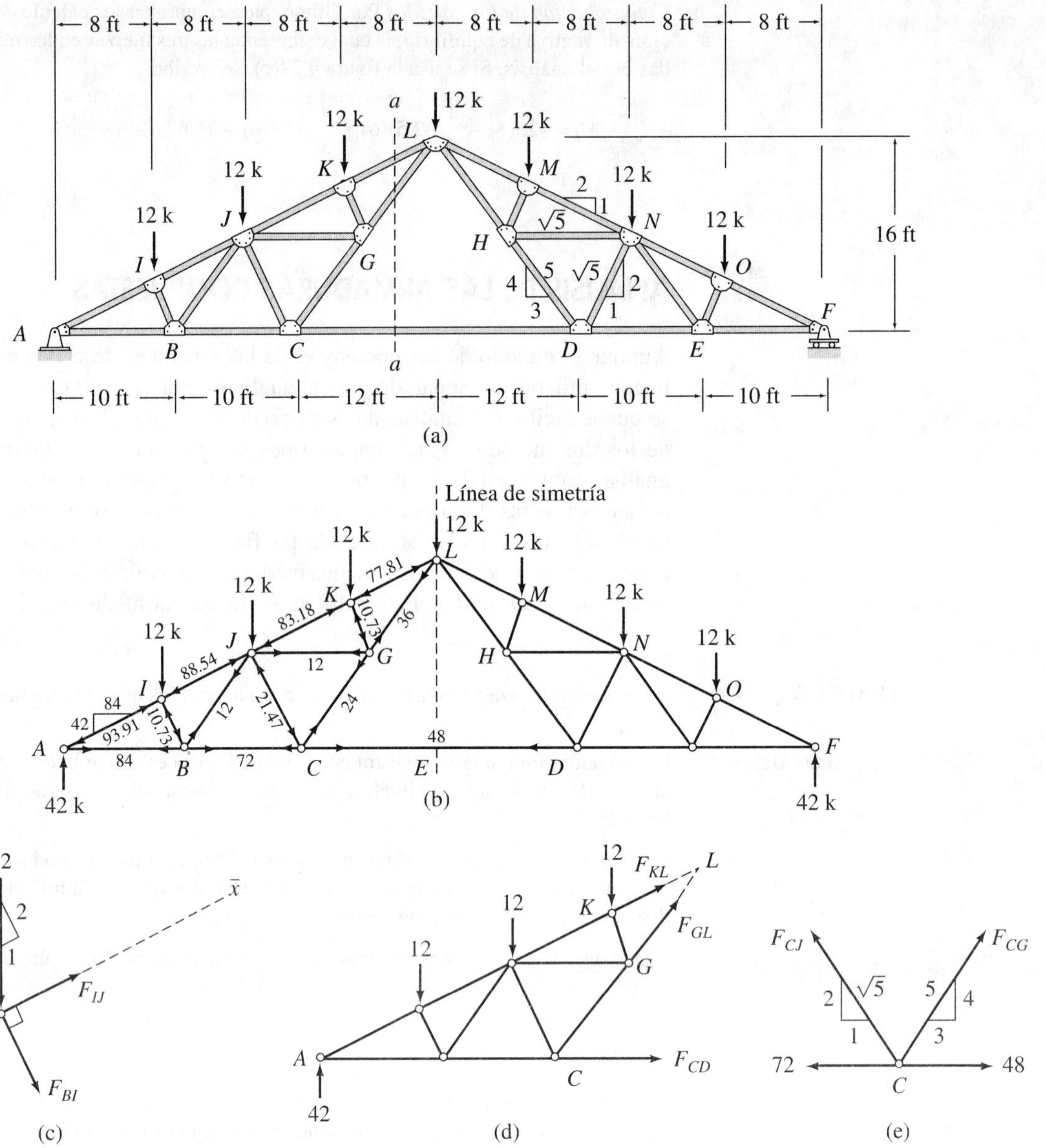

Fig. 4.23

Nodo B Si se considera el equilibrio del nodo *B*, se obtiene (véase la figura 4.23(b)) lo siguiente:

$$+\uparrow \sum F_y = 0 \qquad -\frac{2}{\sqrt{5}}(10.73) + \frac{4}{5}F_{BJ} = 0$$

$F_{BJ} = 12$ k (T) **Resp.**

$$+\rightarrow \sum F_x = 0 \qquad -84 + \frac{1}{\sqrt{5}}(10.73) + \frac{3}{5}(12) + F_{BC} = 0$$

$F_{BC} = 72$ k (T) **Resp.**

Sección aa Como en cada uno de los dos nodos siguientes, *C* y *J*, se tienen tres incógnitas (F_{CD}, F_{CG} y F_{CJ}, en el nodo *C*, y F_{CJ}, F_{GJ} y F_{JK}, en el nodo *J*), se calcula F_{CD} con el uso de la sección *aa*, como se muestra en la figura 4.23(a). (Si nos moviéramos hasta la junta *F* y se iniciara el cálculo de las fuerzas en miembros desde un extremo de la armadura, se encontrarían dificultades semejantes en los nodos *D* y *N*.)

En la figura 4.23(d), se muestra el diagrama de cuerpo libre de la parte de la armadura a la izquierda de la sección *aa*. Se determina F_{CD} al sumar los momentos respecto al punto *L*, el punto de intersección de las líneas de acción de F_{GL} y F_{KL}.

$$+\circlearrowleft \sum M_L = 0 \quad -42(32) + 12(24) + 12(16) + 12(8) + F_{CD}(16) = 0$$

$$F_{CD} = 48 \text{ k (T)}$$ **Resp.**

Nodo C Teniendo conocida ahora F_{CD}, sólo se tienen dos incógnitas, F_{CG} y F_{CJ}, en el nodo *C*. Se pueden determinar estas fuerzas al aplicar las dos ecuaciones de equilibrio al diagrama de cuerpo libre del nodo *C*, como se muestra en la figura 4.23(e).

$$+\uparrow \sum F_y = 0 \qquad \frac{2}{\sqrt{5}}F_{CJ} + \frac{4}{5}F_{CG} = 0$$

$$+\uparrow \sum F_x = 0 \qquad -72 + 48 - \frac{1}{\sqrt{5}}F_{CJ} + \frac{3}{5}F_{CG} = 0$$

Si se resuelven estas ecuaciones en forma simultánea, se obtiene

$$F_{CJ} = -21.47 \text{ k} \quad \text{y} \quad F_{CG} = 24 \text{ k}$$

$$F_{CJ} = 21.47 \text{ k (C)}$$ **Resp.**

$$F_{CG} = 24 \text{ k (T)}$$ **Resp.**

Nodos J, K y G De manera análoga, al considerar el equilibrio de los nodos *J*, *K* y *G*, en ese orden, se determina lo siguiente:

$$F_{JK} = 83.18 \text{ k (C)}$$ **Resp.**

$$F_{GJ} = 12 \text{ k (T)}$$ **Resp.**

$$F_{KL} = 77.81 \text{ k (C)}$$ **Resp.**

$$F_{GK} = 10.73 \text{ k (C)}$$ **Resp.**

$$F_{GL} = 36 \text{ k (T)}$$ **Resp.**

Simetría Dado que la configuración geométrica de la armadura y las cargas aplicadas son simétricas respecto a la línea de centros de la propia armadura (mostrada en la figura 4.23(b)), sus fuerzas en los miembros también serán simétricas con respecto a la línea de simetría. Por lo tanto, basta determinar las fuerzas en los miembros sólo en la mitad de la armadura. En la figura 4.23(b), se muestran las fuerzas en los miembros determinadas en lo anterior para la mitad izquierda de la armadura. Se pueden obtener las fuerzas en la mitad derecha a partir de la consideración de la simetría; por ejemplo, la fuerza en el miembro *MN* es igual a la del miembro *JK*, etcétera. Se insta al lector a que verifique esto al calcular unas cuantas fuerzas en los miembros en la mitad derecha de la armadura. **Resp.**

4.8 ARMADURAS COMPLEJAS

Las armaduras que no se pueden clasificar como simples ni compuestas se conocen como *armaduras complejas*. En la figura 4.24, se muestran dos ejemplos de armaduras complejas. Desde un punto de vista analítico, la diferencia principal entre las armaduras simples o compuestas y las complejas se basa en el hecho de que no se pueden aplicar los métodos de los nodos y de las secciones, como se describieron con anterioridad, para el análisis de las armaduras complejas. En la figura 4.24 se puede ver que, aun cuando las dos armaduras complejas que se muestran son estáticamente determinadas, después del cálculo de las reacciones no se puede apli-

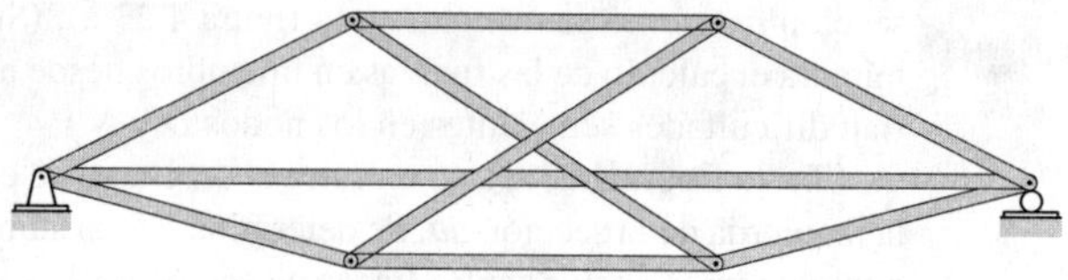

$m = 9 \quad j = 6 \quad r = 3$
$m + r = 2j$
(a)

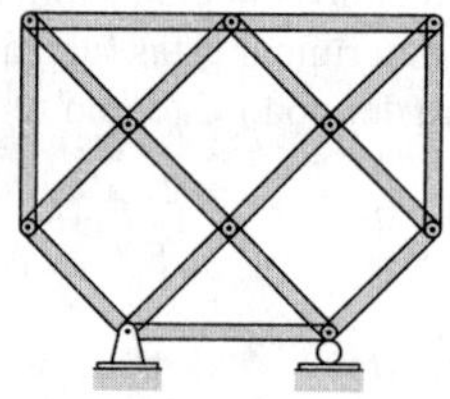

$m = 17 \quad j = 10 \quad r = 3$
$m + r = 2j$
(b)

Fig. 4.24 *Armaduras complejas*

car el método de los nodos porque no se puede hallar un nodo en el cual existan dos o menos fuerzas desconocidas en los miembros. Del mismo modo, no se puede emplear el método de las secciones, porque toda sección pasaría a través de más de tres miembros con fuerzas desconocidas. Se pueden determinar las fuerzas en los miembros en ese tipo de armaduras al escribir dos ecuaciones de equilibrio en términos de las fuerzas desconocidas en los miembros, para cada nodo de la armadura y, a continuación, resolver el sistema de $2j$ ecuaciones en forma simultánea. En la actualidad, las armaduras complejas suelen analizarse en computadoras, aplicando la formulación matricial que se presenta en el capítulo 17.

4.9 ARMADURAS ESPACIALES

Debido a su forma, disposición de los miembros o cargas aplicadas, las armaduras espaciales no se pueden subdividir en armaduras planas para los fines del análisis y, por lo tanto, deben analizarse como estructuras tridimensionales sujetas a sistemas de fuerzas tridimensionales. Como se hizo ver en la sección 4.1, para simplificar el análisis de las armaduras espaciales, se supone que los miembros de la armadura están conectados en sus extremos por articulaciones de rótula sin fricción, todas las cargas y reacciones externas se aplican sólo en los nodos (uniones) y el eje centroidal de cada miembro coincide con la recta que une los centros de nodos adyacentes. En virtud de estas hipótesis simplificadoras, los miembros de las armaduras espaciales se pueden tratar como miembros con fuerzas axiales aplicadas.

La armadura espacial internamente estable (o rígida) más sencilla se puede formar al conectar seis miembros en sus extremos por medio de articulaciones de rótula para formar un *tetraedro*, como se muestra en la figura 4.25(a). Esta armadura tetraédrica se puede considerar como el *elemento básico de armadura espacial*. Debe tenerse en cuenta que este elemento básico de armadura es internamente estable en el sentido de que es un cuerpo tridimensional rígido que no cambiará su forma bajo una carga tridimensional general aplicada en sus nodos. La armadura básica *ABCD* de la figura 4.25(a) se puede agrandar al sujetar tres nuevos miembros, *BE*, *CE* y

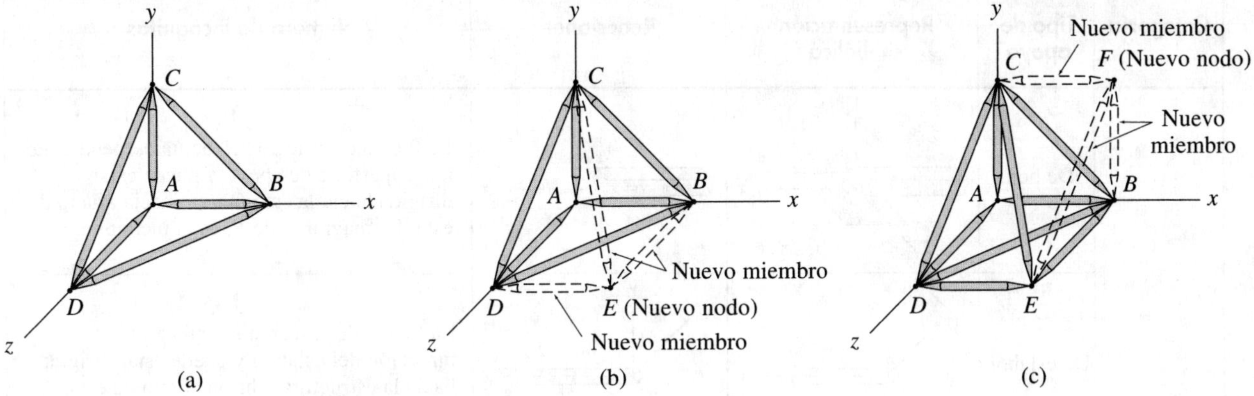

Fig. 4.25 *Armadura espacial simple*

DE, a los tres nodos existentes *B*, *C* y *D*, y al conectarlos para formar un nuevo nodo *E*, como se ilustra en la figura 4.25(b). En tanto que el nuevo nodo *E* no se encuentre en el plano que contiene los puntos existentes *B*, *C* y *D*, la nueva armadura agrandada será internamente estable. La armadura puede agrandarse todavía más al repetir el mismo procedimiento (como se muestra en la figura 4.25(c)), tantas veces como se desee. Las armaduras construidas por medio de este procedimiento se denominan *armaduras espaciales simples*.

Una armadura espacial simple se forma al agrandar el elemento tetraédrico básico, que contiene seis miembros y cuatro nodos, al agregar tres miembros adicionales por cada nodo adicional, de modo que el número total de miembros m en una armadura espacial simple se expresa como

$$m = 6 + 3(j - 4) = 3j - 6 \qquad \textbf{(4.5)}$$

en la cual j = número total de nodos (incluyendo los fijados a los apoyos).

Reacciones

En la figura 4.26, se ilustran los apoyos de uso común para las armaduras espaciales. El número y direcciones de las fuerzas de reacción que un apoyo puede ejercer sobre la armadura dependen del número y direcciones de las traslaciones que impide.

Como se sugiere en la sección 3.1, para que una estructura espacial internamente estable esté en equilibrio bajo un sistema general de fuerzas tridimensionales, debe estar apoyada al menos por seis reacciones que satisfagan las seis ecuaciones de equilibrio (ecuaciones (3.1)):

$$\sum F_x = 0 \qquad \sum F_y = 0 \qquad \sum F_z = 0$$

$$\sum M_x = 0 \qquad \sum M_y = 0 \qquad \sum M_z = 0$$

En virtud de que sólo se tienen seis ecuaciones de equilibrio, no se pueden usar para determinar más de seis reacciones. Por consiguiente, una estructura espacial internamente estable que sea estáticamente determinada externamente debe estar apoyada exactamente por seis reacciones. Si una estructura espacial está apoyada por más de seis reacciones, entonces todas esas reacciones no se pueden determinar a partir de las seis ecuaciones de equilibrio y se dice que una estructura de este tipo es estáticamente indeterminada externamente. Inversamente, si una estructura espacial

Categoría	Tipo de apoyo	Representación simbólica	Reacciones	Número de incógnitas
I	De bola	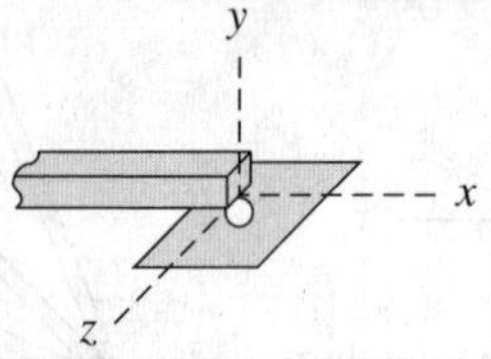	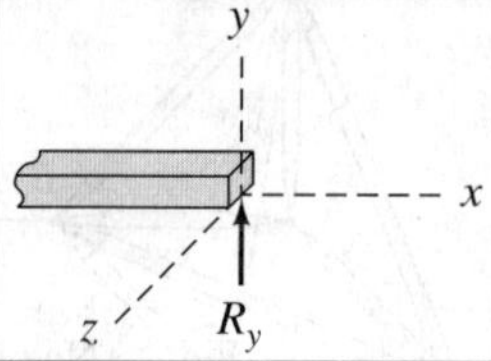	**1** La fuerza de reacción R_y actúa perpendicular a la superficie de apoyo y puede estar dirigida hacia la estructura o hacia afuera de ésta. La magnitud de R_y es la incógnita.
	De eslabón	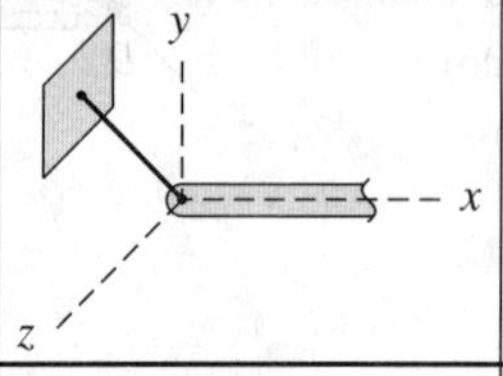	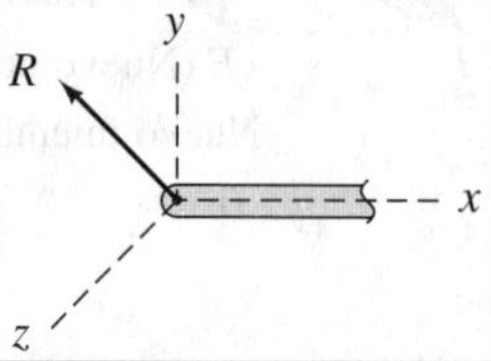	**1** La fuerza de reacción R actúa en la dirección del eslabón y puede estar dirigida hacia la estructura o hacia afuera de ésta. La magnitud de R es la incógnita.
II	De rodillo	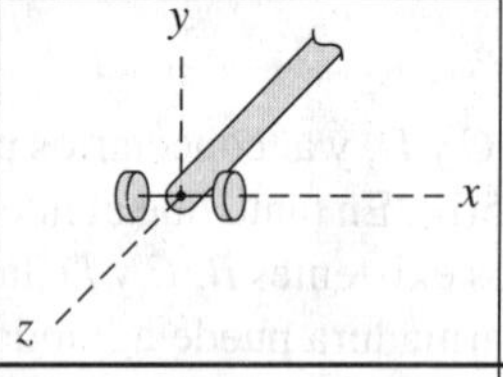	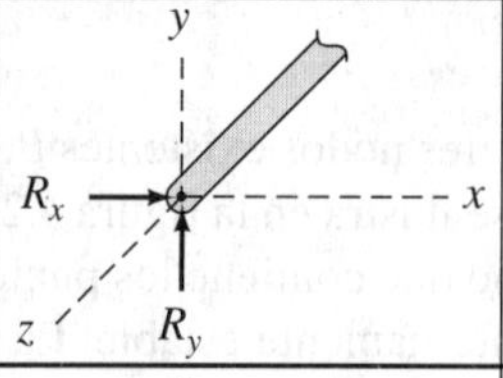	**2** Dos componentes de fuerza de reacción, R_x y R_y, actúan en un plano perpendicular a la dirección hacia la cual el rodillo puede rodar con libertad. Las magnitudes de R_x y R_y son las incógnitas.
III	De rótula	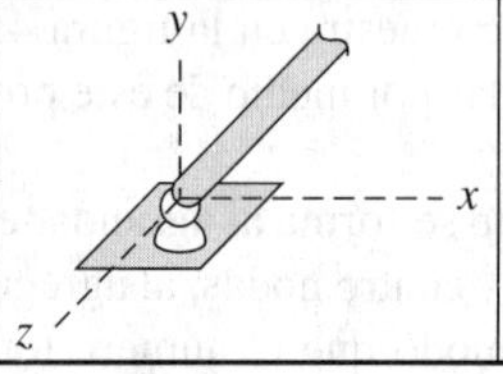	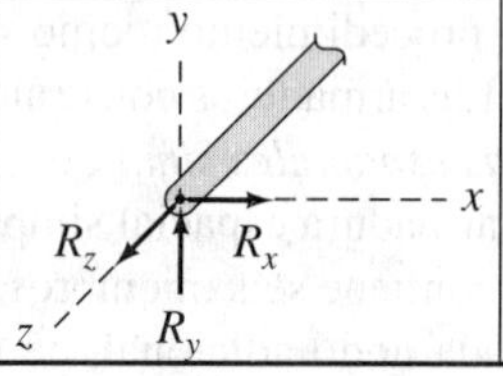	**3** La fuerza de reacción R puede actuar en cualquier dirección. Suele representarse por sus componentes rectangulares, R_x, R_y y R_z. Las magnitudes de R_x, R_y y R_z son las incógnitas.

Fig. 4.26 *Tipos de apoyos para las armaduras espaciales*

está apoyada por menos de seis reacciones, éstas no son suficientes para impedir todos los movimientos posibles de la estructura en el espacio tridimensional y se dice que una estructura de este tipo es estáticamente inestable externamente. Por tanto, si

$$\begin{array}{ll} r < 6 & \text{la estructura espacial es estáticamente inestable externamente} \\ r = 6 & \text{la estructura espacial es estáticamente determinada externamente} \\ r > 6 & \text{la estructura espacial es estáticamente indeterminada externamente} \end{array} \qquad (4.6)$$

en donde r = número de reacciones.

Como en el caso de las estructuras planas discutidas en el capítulo anterior, las condiciones para la determinación e indeterminación estáticas, como se expresan en la ecuación (4.6), son necesarias pero no suficientes. Para que una estructura espacial sea geométricamente estable externamente, las reacciones deben estar dispuestas de modo apropiado de modo que puedan impedir las traslaciones en las direcciones de cada uno de los tres ejes de coordenadas, así como las rotaciones en torno a cada uno de ellos. Por ejemplo, si las líneas de acción de todas las reacciones de estructuras espaciales fueran paralelas o se intersecaran con un eje común, la estructura sería geométricamente inestable.

Determinación, indeterminación e inestabilidad estáticas

Si una estructura espacial contiene m miembros y está apoyada por r reacciones externas entonces, para su análisis, se necesita determinar un total de $m + r$ fuerzas desconocidas. Puesto que la armadura está en equilibrio, cada uno de sus nodos también debe estar en equilibrio. En cada nodo, las fuerzas internas y externas forman un sistema de fuerzas concurrentes tridimensionales que deben satisfacer las tres ecuaciones de equilibrio, $\sum F_x = 0$, $\sum F_y = 0$ y $\sum F_z = 0$. Por lo tanto, si la armadura contiene j nodos, el número total de ecuaciones de equilibrio de las que se dispone es $3j$. Si $m + r = 3j$, se pueden determinar todas las incógnitas al resolver las $3j$ ecuaciones de equilibrio y la armadura es estáticamente determinada.

Las armaduras espaciales que contienen más incógnitas que las ecuaciones de equilibrio de las que se dispone ($m + r > 3j$) son estáticamente indeterminadas, y aquéllas con menos incógnitas que las ecuaciones de equilibrio ($m + r < 3j$) son estáticamente inestables. Por consiguiente, las condiciones de inestabilidad, determinación e indeterminación estáticas de las armaduras espaciales se pueden resumir del modo siguiente:

$$
\begin{array}{ll}
m + r < 3j & \text{armadura espacial estáticamente inestable} \\
m + r = 3j & \text{armadura espacial estáticamente determinada} \\
m + r > 3j & \text{armadura espacial estáticamente indeterminada}
\end{array}
\qquad (4.7)
$$

Para que los criterios en relación con determinación e indeterminación estáticas, según se expresan en la ecuación (4.7), sean válidos, la armadura debe ser estable y actuar como un solo cuerpo rígido, bajo un sistema general tridimensional de cargas, cuando se separa de los apoyos.

Análisis de las fuerzas en los miembros

Los dos métodos para el análisis de las armaduras planas, discutidos en las secciones 4.5 y 4.6, se pueden extender hacia el análisis de las armaduras espaciales. En esencia, el *método de los nodos* sigue siendo el mismo, excepto en que, en cada nodo de la armadura espacial, ahora se deben satisfacer tres ecuaciones de equilibrio ($\sum F_x = 0$, $\sum F_y = 0$ y $\sum F_z = 0$). Dado que las tres ecuaciones de equilibrio no se pueden usar para determinar más de tres fuerzas desconocidas, el análisis arranca en un nodo que tenga un máximo de tres fuerzas desconocidas (las cuales no deben ser coplanares) actuando sobre él. Las tres incógnitas se determinan al aplicar las tres ecuaciones de equilibrio. Enseguida, se avanza de nodo a nodo, calculando tres o menos fuerzas desconocidas en cada nodo subsiguiente, hasta que se hayan determinado todas las fuerzas deseadas.

Ya que en el espacio tridimensional es difícil visualizar las orientaciones de los miembros inclinados, suele ser conveniente expresar las componentes rectangulares de las fuerzas en esos miembros en términos de las proyecciones de las longitudes de estos últimos en las direcciones x, y y z. Considérese un miembro AB de una armadura espacial, como se muestra en la figura 4.27. Las proyecciones de su longitud L_{AB} en las direcciones x, y y z son x_{AB}, y_{AB} y z_{AB}, respectivamente, como se muestra, con

$$L_{AB} = \sqrt{(x_{AB})^2 + (y_{AB})^2 + (z_{AB})^2}$$

En virtud de que la fuerza F_{AB} actúa en la dirección del miembro, sus componentes F_{xAB}, F_{yAB} y F_{zAB} en las direcciones x, y y z, respectivamente se pueden expresar como

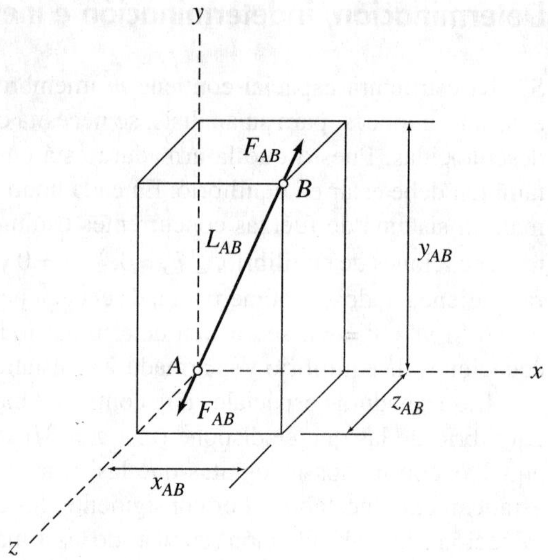

Fig. 4.27

$$F_{xAB} = F_{AB}\left(\frac{x_{AB}}{L_{AB}}\right)$$

$$F_{yAB} = F_{AB}\left(\frac{y_{AB}}{L_{AB}}\right)$$

$$F_{zAB} = F_{AB}\left(\frac{z_{AB}}{L_{AB}}\right)$$

y la fuerza resultante F_{AB} se da como

$$L_{AB} = \sqrt{(F_{xAB})^2 + (F_{yAB})^2 + (F_{zAB})^2}$$

El análisis de las armaduras espaciales se puede facilitar por la identificación, por inspección, de los miembros de fuerza cero. Dos tipos comunes de disposiciones de los miembros que dan por resultado miembros de fuerza cero son las siguientes:

1. Si todos los miembros conectados a un nodo, con la excepción de uno, se encuentran en un solo plano y no están aplicadas cargas o reacciones externas a ese nodo, entonces la fuerza en el miembro que no es coplanar es cero.
2. Si todos los miembros conectados a un nodo, excepto dos, tienen fuerza cero y no están aplicadas cargas o reacciones externas a ese nodo, entonces a menos que los dos miembros restantes sean colineales, la fuerza en cada uno de ellos también es cero.

En la figura 4.28(a), se muestra el primer tipo de disposición. Consta de cuatro miembros, *AB*, *AC*, *AD* y *AE*, conectados a un nodo *A*. De estos, *AB*, *AC* y *AD* se encuentran en el plano *xz*, en tanto que el miembro *AE* no lo está. Nótese que no existen cargas ni reacciones externas aplicadas al nodo *A*. Debe resultar obvio que para que se satisfaga la ecuación de equilibrio $\sum F_y = 0$, la componente *y* de F_{AE} debe ser cero y, por lo tanto, $F_{AE} = 0$.

El segundo tipo de disposición se muestra en la figura 4.28(b). Consta de cuatro miembros, *AB*, *AC*, *AD* y *AE*, conectados a un nodo *A*, de los cuales *AD* y *AE* son miembros de fuerza cero, como se muestra. Nótese que al nodo no se encuen-

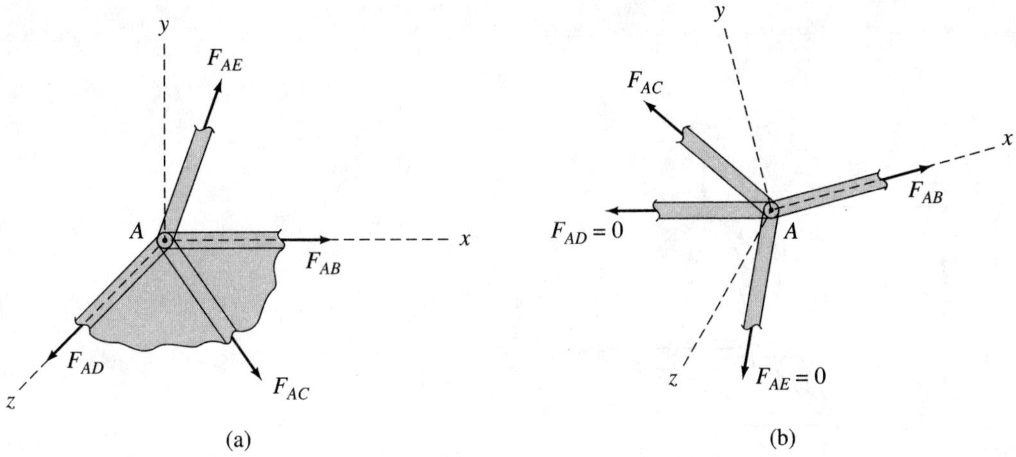

Fig. 4.28

tran aplicadas cargas ni reacciones externas. Al elegir la orientación del eje x en la dirección del miembro AB, se puede ver que sólo se pueden satisfacer las ecuaciones de equilibrio $\sum F_y = 0$ y $\sum F_z = 0$ si $F_{AC} = 0$. Debido a que la componente x de F_{AC} es cero, la ecuación $\sum F_x = 0$ sólo se satisface si F_{AB} también es cero.

Como en el caso de las armaduras planas, se puede emplear el *método de las secciones* para la determinación de las fuerzas en miembros específicos de las armaduras espaciales. Se pasa una sección imaginaria a través de la armadura, cortando los miembros cuyas fuerzas se desean. Entonces se calculan las fuerzas deseadas en los miembros al aplicar las seis ecuaciones de equilibrio (ecuaciones (3.1)) a una de las dos partes de la armadura. No se pueden determinar más de seis fuerzas desconocidas a partir de las seis ecuaciones de equilibrio, de modo que, en general, se elige una sección que no pase por más de seis miembros con fuerzas desconocidas.

En virtud de la considerable cantidad de esfuerzo de cálculo que requiere, en la actualidad el análisis de las armaduras espaciales se lleva a cabo en computadoras. Sin embargo, es importante analizar en formar manual al menos unas cuantas armaduras espaciales más o menos pequeñas, para adquirir comprensión de los conceptos básicos que intervienen en el análisis de esas estructuras.

EJEMPLO 4.9

Determine las reacciones en los apoyos y la fuerza en cada uno de los miembros de la armadura espacial que se muestra en la figura 4.29(a).

SOLUCIÓN

Determinación estática La armadura contiene 9 miembros y 5 nodos, y está apoyada por 6 reacciones. Como se tiene $m + r = 3j$, y las reacciones y los miembros de la armadura están dispuestos en forma apropiada, es estáticamente determinada.

Proyecciones de los miembros Las proyecciones de los miembros de la armadura en las direcciones x, y y z, según se obtienen a partir de la figura 4.29(a), así como sus longitudes calculadas a partir de estas proyecciones, se encuentran listadas en la tabla 4.1.

Miembros de fuerza cero En la figura 4.29(a), se puede ver que, en el nodo D, están conectados tres miembros, AD, CD y DE. De estos miembros, AD y CD se encuentran en el mismo plano (xz), en tanto que DE no lo está. Ya que no existen cargas ni reacciones externas aplicadas en el nodo, el miembro DE es uno de fuerza cero.

$F_{DE} = 0$ **Resp.**

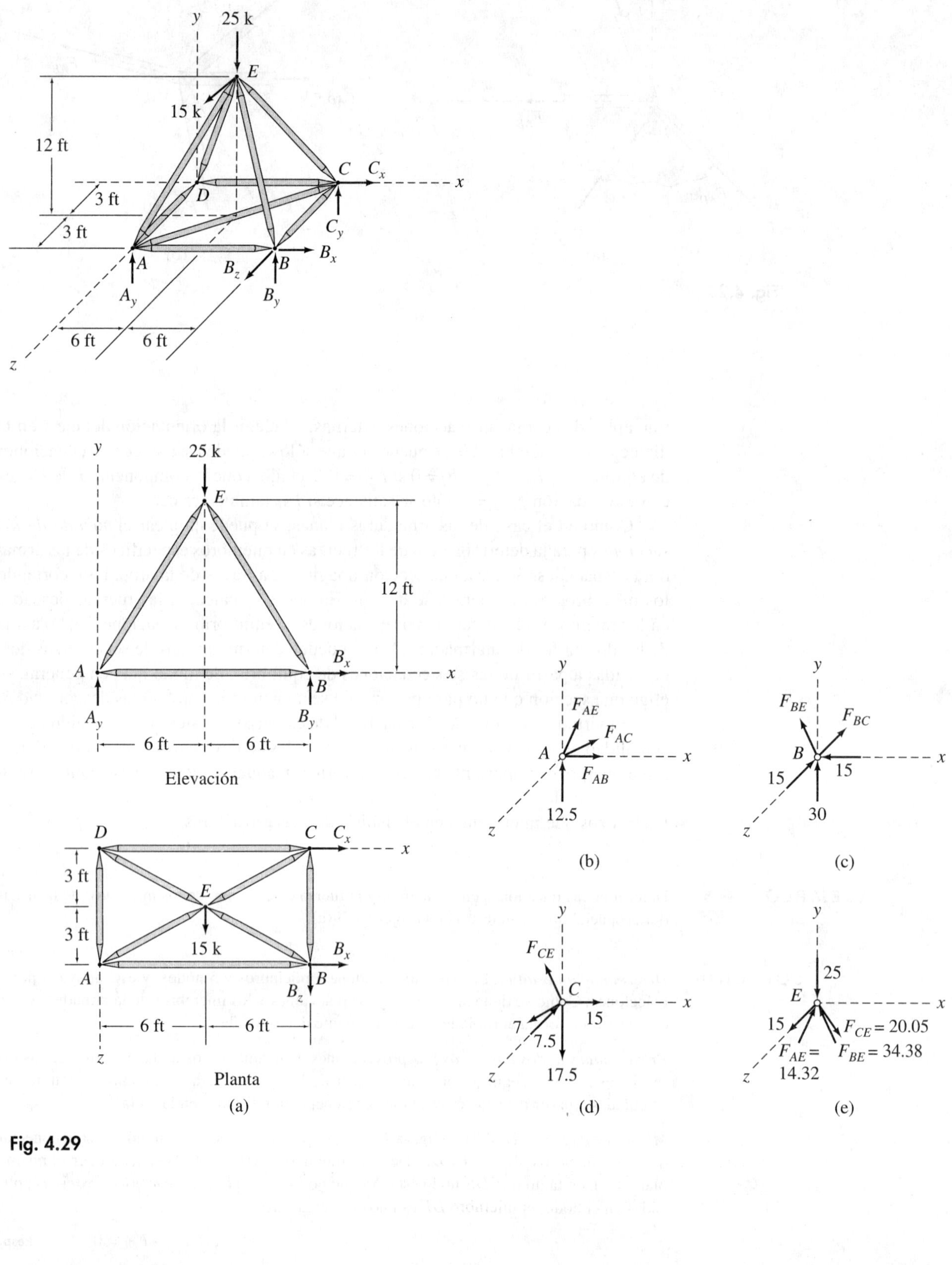
y
25 k
E
15 k
12 ft
C
C_x
x
D
3 ft
3 ft
C_y
A
B_z
B
B_x
A_y
B_y
6 ft
6 ft
z
Elevación
Planta
(a)
F_{AE}
F_{AC}
F_{AB}
12.5
(b)
F_{BE}
F_{BC}
15
30
(c)
F_{CE}
7
7.5
17.5
(d)
$F_{CE} = 20.05$
$F_{AE} =$ 14.32
$F_{BE} = 34.38$
(e)

Fig. 4.29

Tabla 4.1

Miembro	Proyección x (ft)	Proyección y (ft)	Proyección z (ft)	Longitud (ft)
AB	12	0	0	12.0
BC	0	0	6	6.0
CD	12	0	0	12.0
AD	0	0	6	6.0
AC	12	0	6	13.42
AE	6	12	3	13.75
BE	6	12	3	13.75
CE	6	12	3	13.75
DE	6	12	3	13.75

Habiendo identificado a *DE* como un miembro de fuerza cero, se puede ver que dado que los dos miembros restantes, *AD* y *CD*, no son colineales, también deben ser de fuerza cero.

$F_{DE} = 0$ **Resp.**

$F_{DE} = 0$ **Resp.**

Reacciones Véase la figura 4.29(a).

$+\swarrow \sum F_z = 0$

$B_z + 15 = 0$

$B_z = -15 \text{ k}$

$B_z = 15 \text{ k} \nearrow$ **Resp.**

$+ \circlearrowleft \sum M_y = 0$

$B_x(6) + 15(12) - 15(6) = 0$

$B_x = -15 \text{ k}$

$B_x = 15 \text{ k} \leftarrow$ **Resp.**

$+ \rightarrow \sum F_x = 0$

$-15 + C_x = 0$

$C_x = 15 \text{ k} \rightarrow$ **Resp.**

$+ \circlearrowleft \sum M_x = 0$

$-A_y(6) - B_y(6) + 25(3) + 15(12) = 0$

$$A_y + B_y = 42.5 \quad (1)$$

$+\uparrow \sum F_y = 0$

$$A_y + B_y + C_y - 25 = 0 \quad (2)$$

Si se sustituye la ecuación (1) en la (2), se obtiene

$C_y = -17.5 \text{ k}$

$C_y = 17.5 \text{ k} \downarrow$ **Resp.**

$$+\circlearrowleft \sum M_z = 0$$

$$B_y(12) - 17.5(12) - 25(6) = 0$$

$B_y = 30 \text{ k} \uparrow$ **Resp.**

Al sustituir $B_y = 30$ en la ecuación (1), se obtiene A_y.

$A_y = 12.5 \text{ k} \uparrow$ **Resp.**

Nodo A Véase la figura 4.29(b).

$$+\uparrow \sum F_y = 0 \qquad 12.5 + \left(\frac{y_{AE}}{L_{AE}}\right) F_{AE} = 0$$

en la cual el segundo término del segundo miembro representa la componente y de F_{AE}. Si se sustituyen los valores de y y L, para el miembro AE, tomados de la tabla 4.1, se escribe

$$12.5 + \left(\frac{12}{13.75}\right) F_{AE} = 0$$

$$F_{AE} = -14.32 \text{ k}$$

$F_{AE} = 14.32 \text{ k (C)}$ **Resp.**

De manera análoga, se aplican las ecuaciones restantes de equilibrio:

$$+\swarrow \sum F_z = 0 \qquad -\left(\frac{6}{13.42}\right) F_{AC} + \left(\frac{3}{13.75}\right)(14.32) = 0$$

$F_{AC} = 7.0 \text{ k (T)}$ **Resp.**

$$+\rightarrow \sum F_x = 0 \qquad F_{AB} + \left(\frac{12}{13.42}\right)(7) + \left(\frac{6}{13.75}\right)(14.32) = 0$$

$F_{AB} = 0$ **Resp.**

Nodo B (Véase la figura 4.19(c).)

$$+\rightarrow \sum F_x = 0 \qquad -\left(\frac{6}{13.42}\right) F_{BE} - 15 = 0$$

$$F_{BE} = -34.38 \text{ k}$$

$F_{BE} = 34.38 \text{ k (C)}$ **Resp.**

$$+\swarrow \sum F_z = 0 \qquad -15 - F_{BC} + \left(\frac{3}{13.75}\right)(34.38) = 0$$

$$F_{BC} = -7.5 \text{ k}$$

$F_{BC} = 7.5 \text{ k (C)}$ **Resp.**

Como se han determinado todas las fuerzas desconocidas en el nodo B, se usará la ecuación restante de equilibrio para comprobar los cálculos:

$$+\uparrow \sum F_y = 30 - \left(\frac{12}{13.75}\right)(34.38) = 0$$ **Coincide**

Nodo C Véase la figura 4.29(d).

$$+\uparrow \sum F_y = 0 \qquad -17.5 + \left(\frac{12}{13.75}\right) F_{CE} = 0$$

$F_{CE} = 20.05 \text{ k (T)}$ **Resp.**

Comprobación de los cálculos En el nodo C (Fig. 4.29(d)),

$$+\rightarrow \sum F_x = 15 - \left(\frac{6}{13.75}\right)(20.05) - \left(\frac{12}{13.42}\right)(7) = 0$$ **Coincide**

$$+\swarrow \sum F_z = -7.5 + \left(\frac{6}{13.42}\right)(7) + \left(\frac{3}{13.75}\right)(20.05) = 0$$ **Coincide**

En el nodo E (Fig. 4.29(e)),

$$+\rightarrow \sum F_x = \frac{6}{13.75}(14.32 - 34.38 + 20.05) = 0$$ **Coincide**

$$+\uparrow \sum F_y = -25 + \left(\frac{12}{13.75}\right)(14.32 + 34.38 + 20.05) = 0$$ **Coincide**

$$+\swarrow \sum F_z = 15 - \left(\frac{3}{13.75}\right)(14.32 + 34.38 + 20.05) = 0$$ **Coincide**

RESUMEN

Una armadura se define como una estructura que está compuesta por miembros rectos conectados en sus extremos por medio de conexiones flexibles para formar una configuración rígida. El análisis de las armaduras se basa en tres hipótesis simplificadoras:

1. Todos los miembros están conectados sólo en sus extremos por articulacio nes sin fricción, en las armaduras planas, y por articulaciones de rótula sin fricción, en las armaduras espaciales.
2. Todas las cargas y reacciones en los apoyos están aplicadas sólo en los nodos.
3. El eje centroidal de cada miembro coincide con la línea que une los centros de los nodos adyacentes. El efecto de estas hipótesis es que todos los miembros de la armadura se pueden tratar como miembros con fuerzas axiales.

Se considera que una armadura es internamente estable si el número y disposición de sus miembros es tal que no cambia su forma y permanece siendo un cuerpo rígido cuando se separa de sus apoyos. Los tipos comunes de ecuaciones de condición para las armaduras planas se describen en la sección 4.3.

Se considera que una armadura es estáticamente determinada si se pueden determinar todas las fuerzas en sus miembros y las reacciones usando las ecuaciones de equilibrio. Si una armadura plana contiene m miembros, j nodos y está apoyada por r reacciones, entonces si

$m + r < 2j$ la armadura es estáticamente inestable

$m + r = 2j$ la armadura es estáticamente determinada **(4.4)**

$m + r > 2j$ la armadura es estáticamente indeterminada

El grado de indeterminación estática se expresa por

$$i = (m + r) - 2j \qquad \textbf{(4.3)}$$

Las condiciones expresadas en relación a la determinación e indeterminación estáticas son necesarias pero no suficientes. Para que estos criterios sean válidos, la armadura debe ser estable y actuar como un solo cuerpo rígido bajo un sistema general de cargas coplanares, cuando se sujeta a los apoyos.

Para analizar las armaduras planas estáticamente determinadas, se puede aplicar el método de los nodos, el cual en esencia consiste en la selección de un nodo con no más de dos fuerzas desconocidas actuando sobre él y en la aplicación de las dos ecuaciones de equilibrio para determinar esas fuerzas desconocidas. El procedimiento se repite hasta que se obtienen todas las fuerzas deseadas. Este método es el más eficiente cuando se desea conocer las fuerzas en todos o en la mayor parte de los miembros de una armadura.

Por lo común, el método de las secciones prueba ser más conveniente cuando se desea conocer las fuerzas sólo en unos cuantos miembros específicos de la armadura. En esencia, este método está relacionado con el corte de la armadura en dos partes, al pasar una sección imaginaria a través de los miembros cuyas fuerzas se desea conocer, y la determinación de las fuerzas deseadas al aplicar las tres ecuaciones de equilibrio al cuerpo libre de una de las dos partes de la armadura.

En general, se puede facilitar el análisis de las armaduras compuestas al usar una combinación del método de los nodos y el de las secciones. También se presenta un procedimiento para la determinación de las reacciones y las fuerzas en los miembros en las armaduras espaciales.

PROBLEMAS

Sección 4.4

4.1 a 4.5 Clasifique cada una de las armaduras planas que se muestran como inestable, estáticamente determinada o estáticamente indeterminada. Si la armadura es estáticamente indeterminada, entonces determine el grado de indeterminación estática.

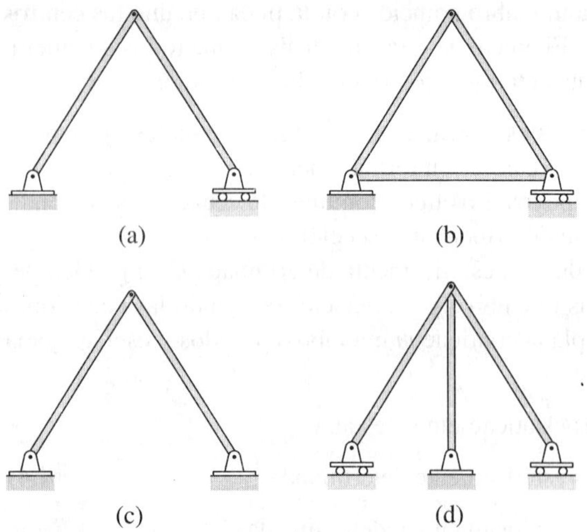

Fig. P4.1

Sección 4.5

4.6 a 4.22 Determine la fuerza en cada uno de los miembros de la armadura que se muestra, por el método de los nodos.

4.23 Determine la fuerza en cada uno de los miembros de la armadura que soporta una plataforma de piso, como se muestra en la figura 4.23. La plataforma está simplemente apoyada sobre las vigas del piso las cuales, a su vez, están conectadas a los nodos de la armadura. Por tanto, la carga uniformemente distribuida sobre la plataforma se transmite por las vigas del piso como cargas concentradas a los nodos superiores de la armadura.

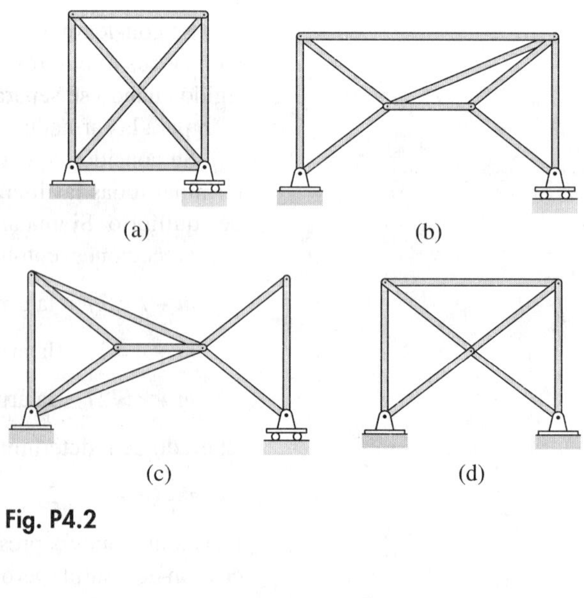

Fig. P4.2

4.24 y 4.25 Determine la fuerza en cada miembro de la armadura de tejado que se muestra. El tejado está simplemente apoya-

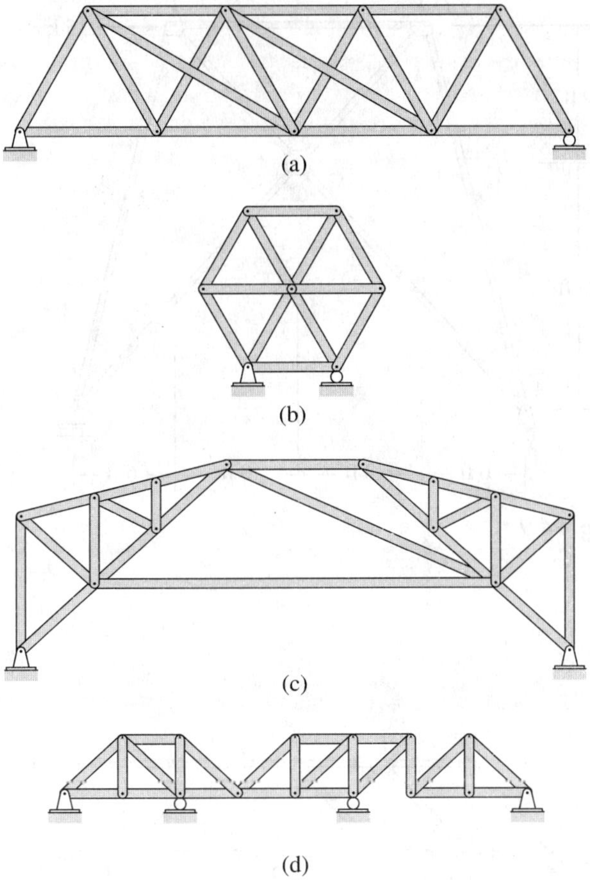

Fig. P4.3

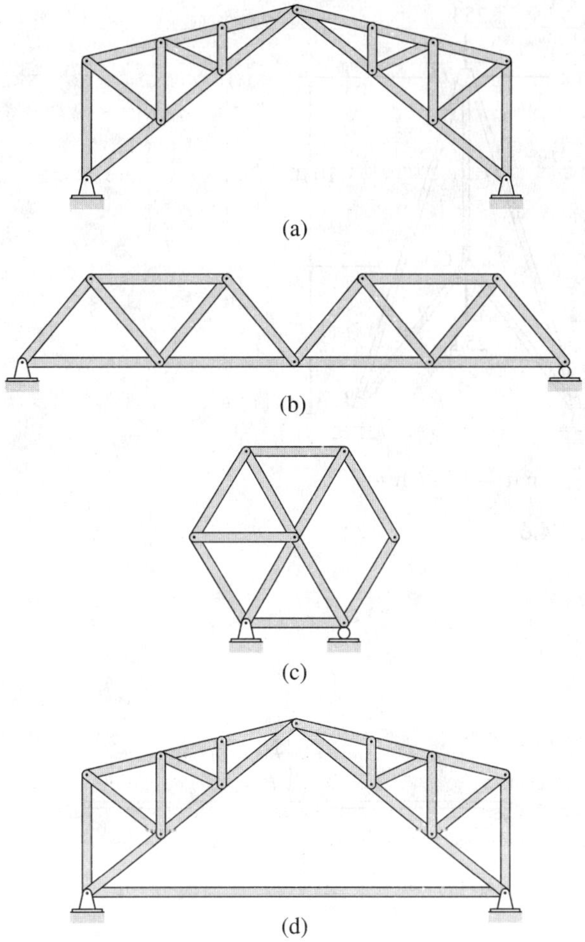

Fig. P4.4

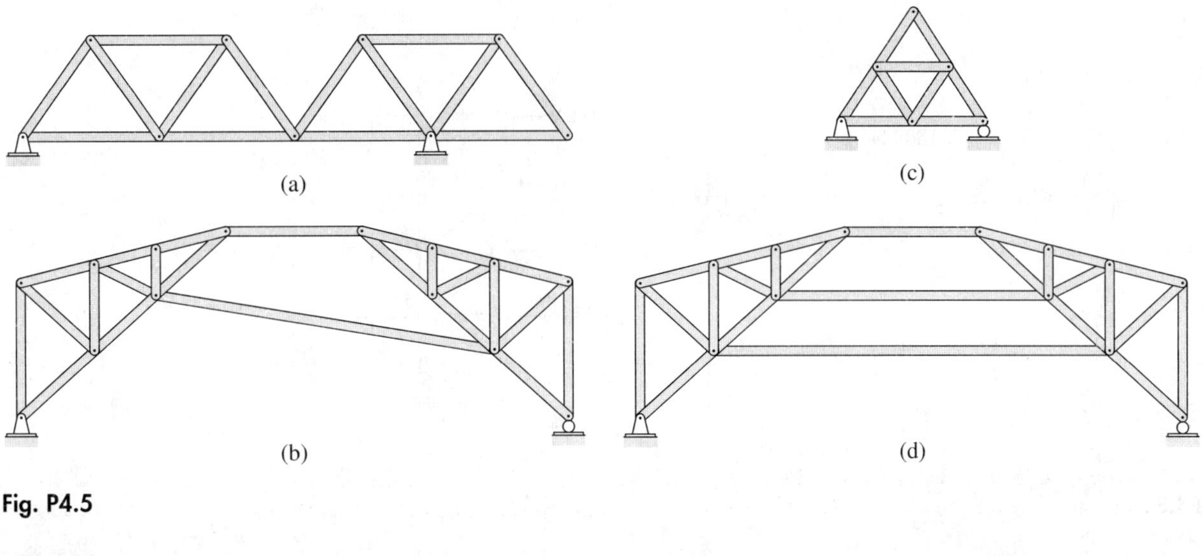

Fig. P4.5

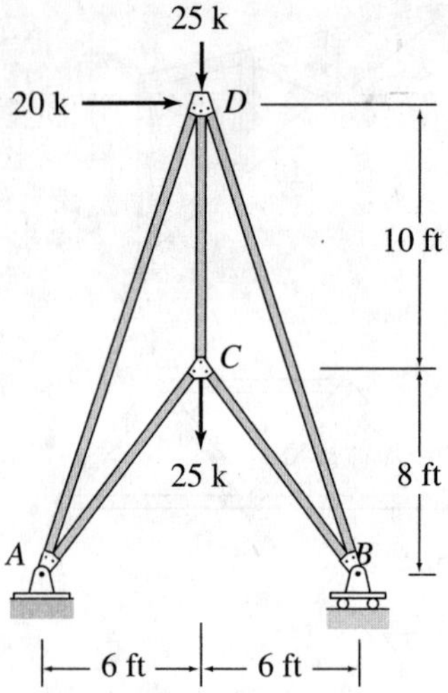

Fig. P4.6

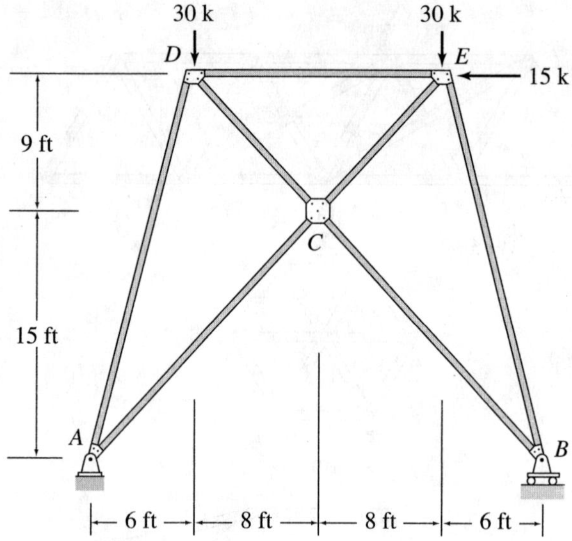

Fig. P4.9

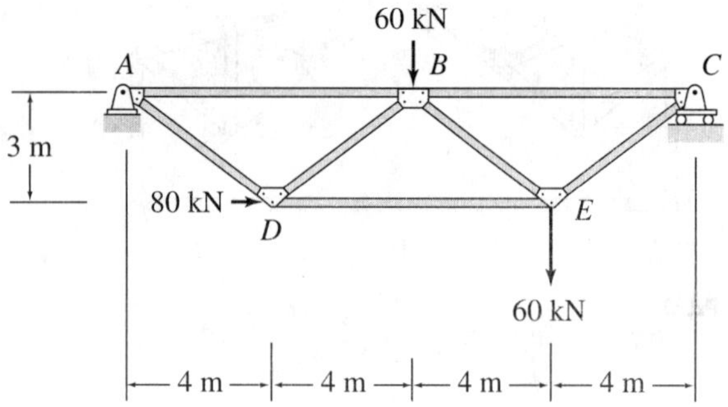

Fig. P4.7

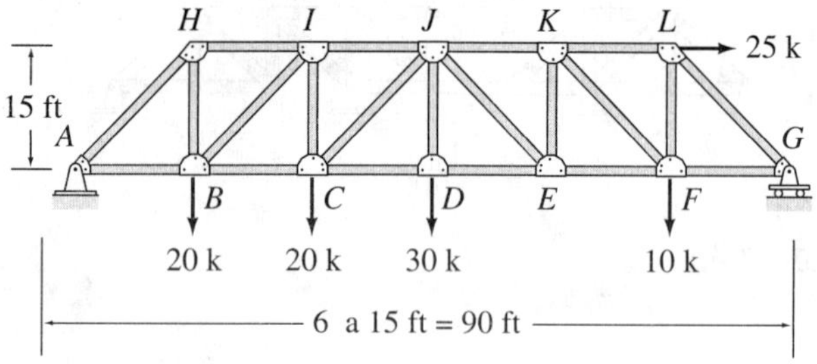

Fig. P4.10

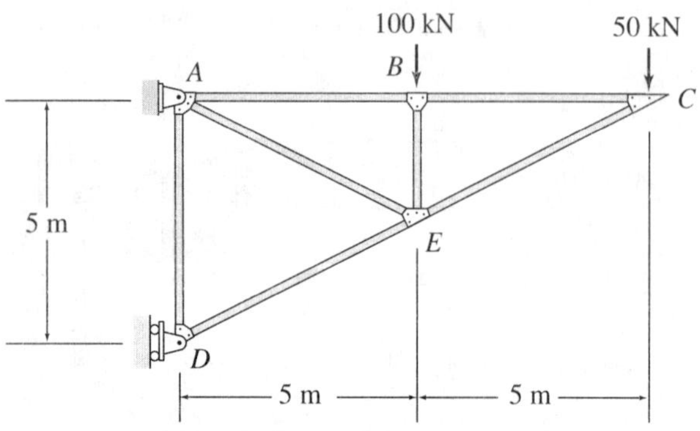

Fig. P4.8

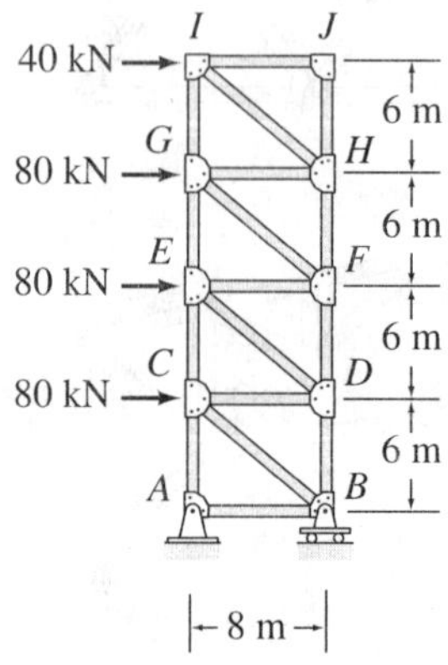

Fig. P4.11

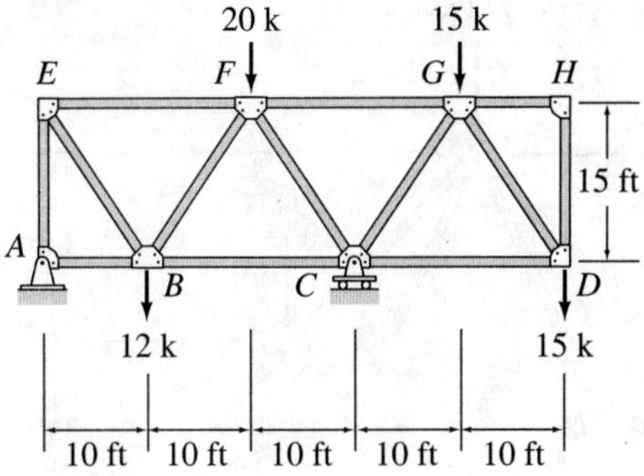

Fig. P4.12

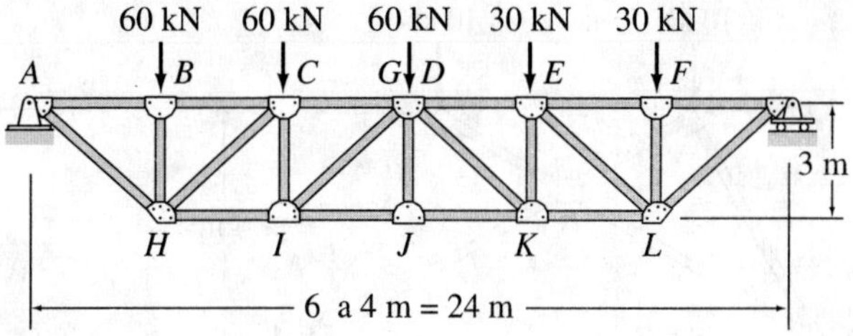

Fig. P4.13

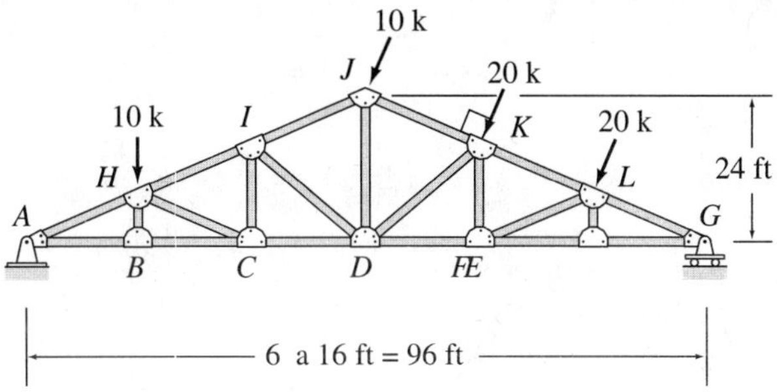

Fig. P4:14

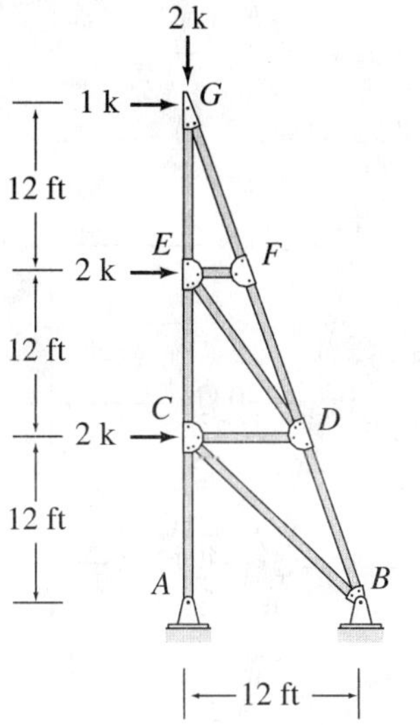

Fig. P4.15

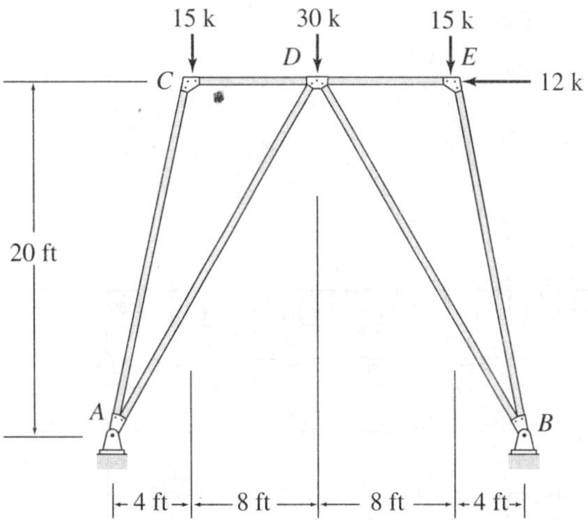

Fig. P4.16

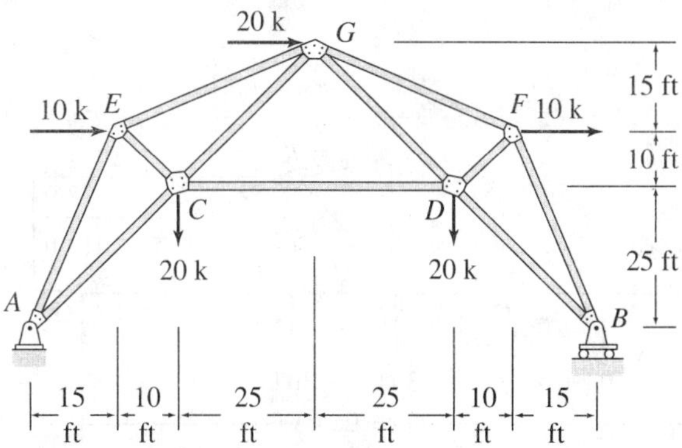

Fig. P4.17

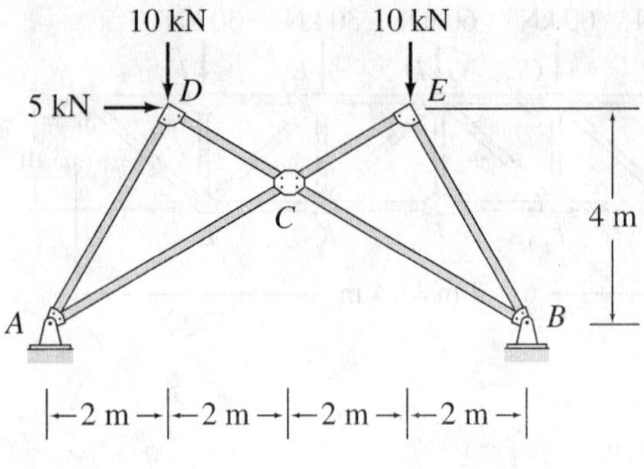

Fig. P4.18

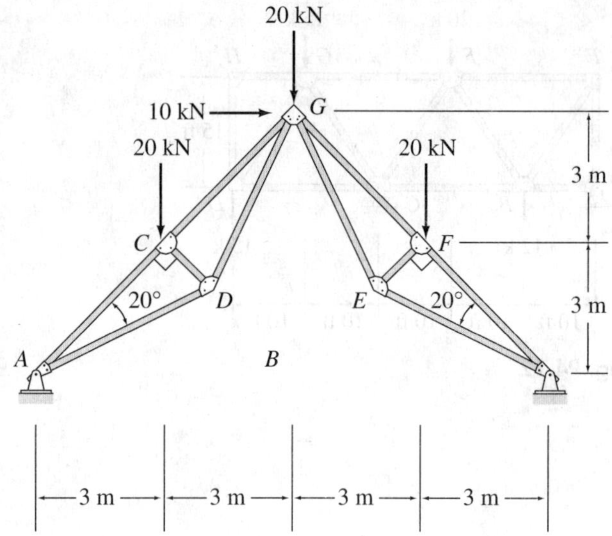

Fig. P4.20

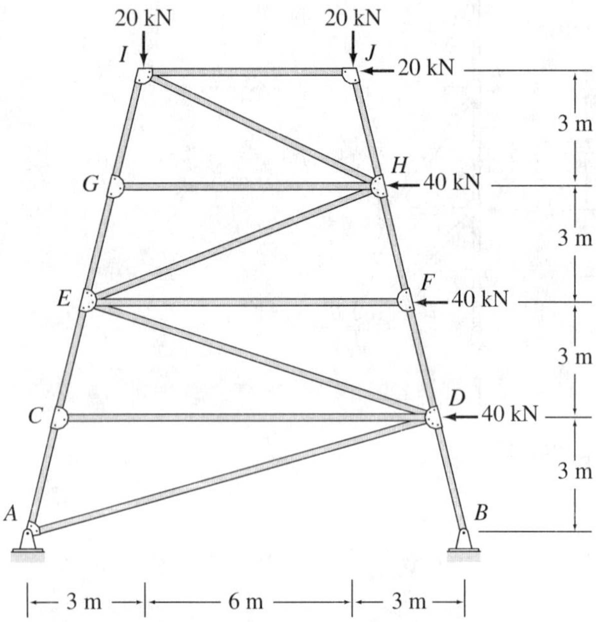

Fig. P4.19

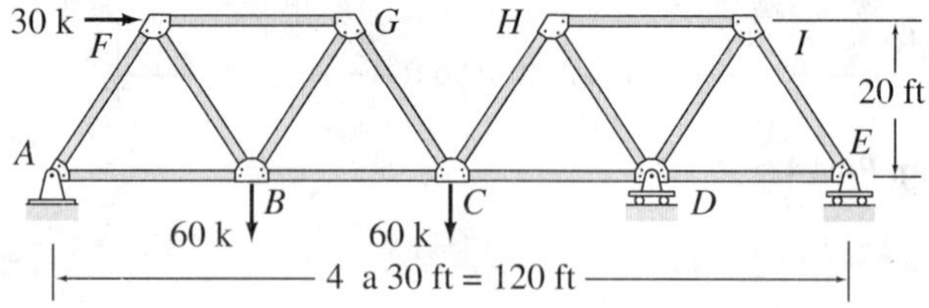

Fig. P4.21

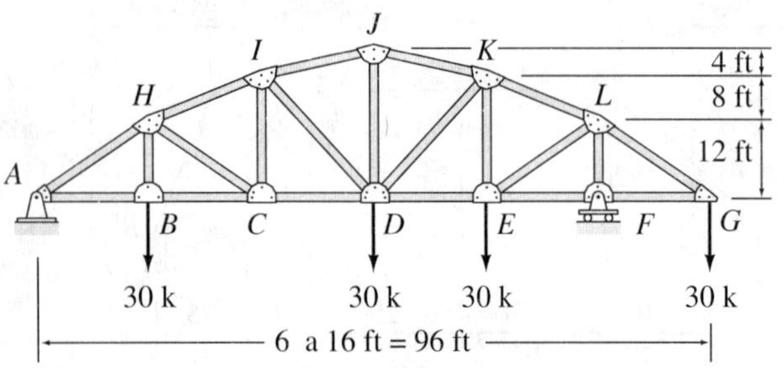

Fig. P4.22

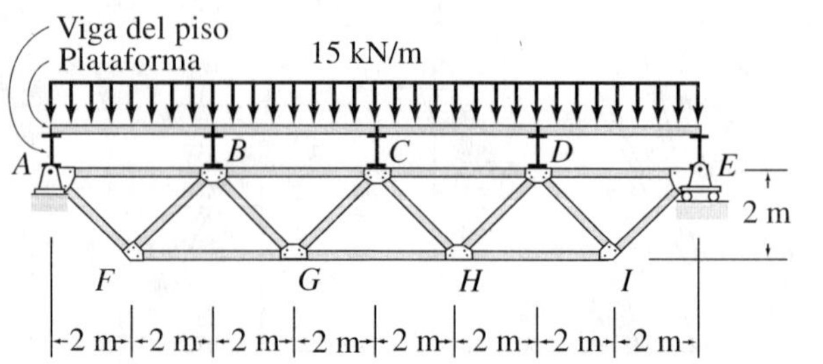

Fig. P4.23

do sobre los largueros los cuales, a su vez, están fijados a los nodos de la cuerda superior de la armadura. Por tanto, la carga uniformemente distribuida sobre el tejado es transmitida por los largueros como cargas concentradas a los nodos de la armadura.

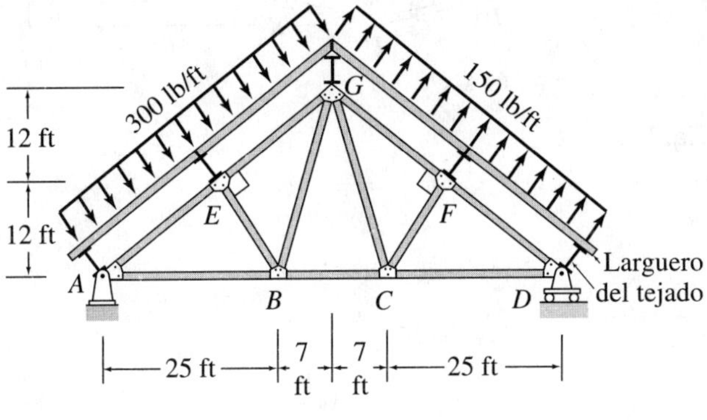

Fig. P4.24

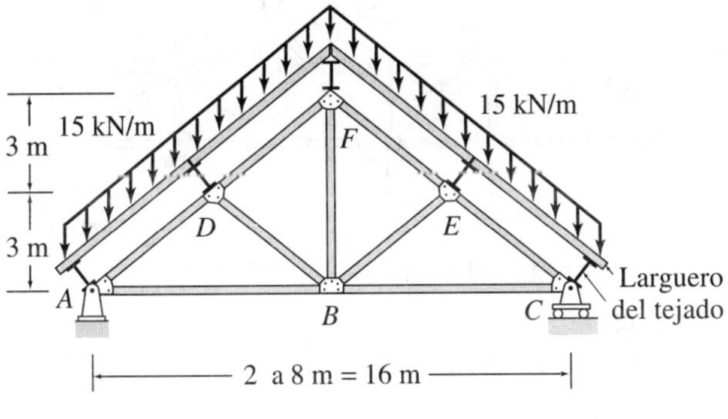

Fig. P4.25

Sección 4.6

4.26 Determine las fuerzas en el miembro GH de la cuerda superior y en el miembro BC de la cuerda inferior de la armadura, si $h = 3$ ft. ¿Cómo cambiarían las fuerzas en estos miembros si se duplicara la altura h de la armadura hasta 6 ft?

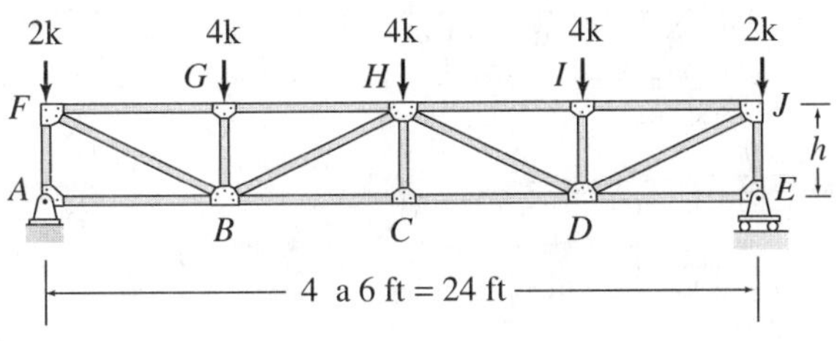

Fig. P4.26

4.27 a 4.36 Determine las fuerzas en los miembros identificados por "x" de la armadura que se muestra, por el método de las secciones.

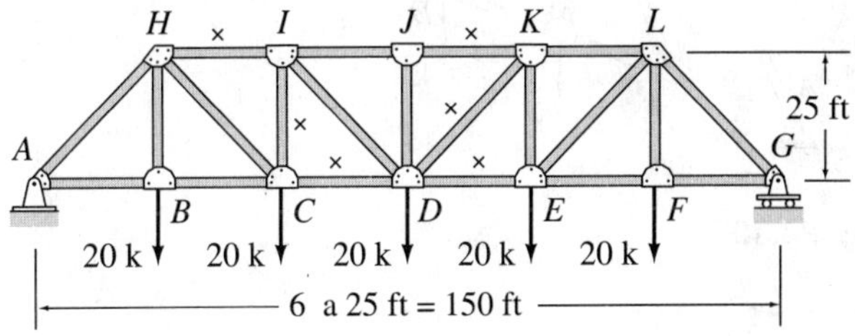

Fig. P4.27

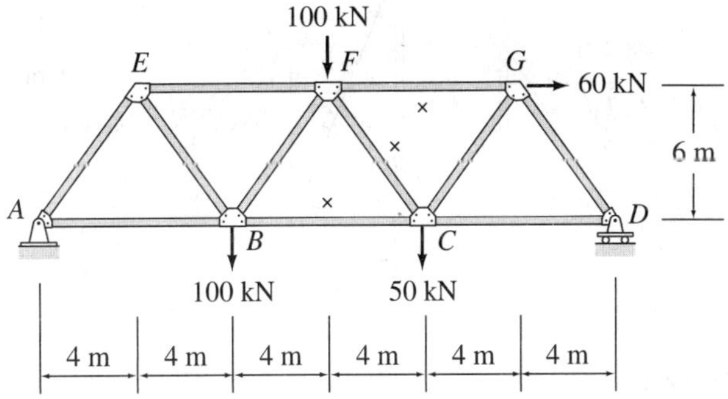

Fig. P4.28

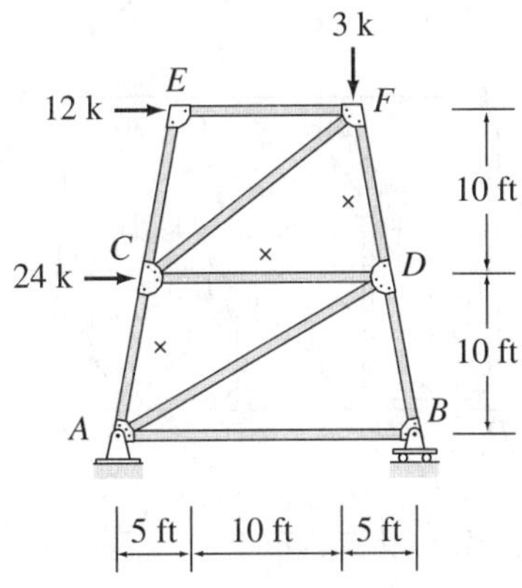

Fig. P4.29

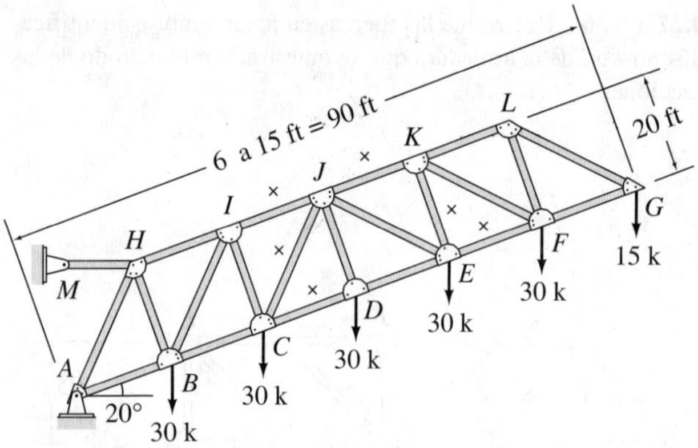

Fig. P4.30

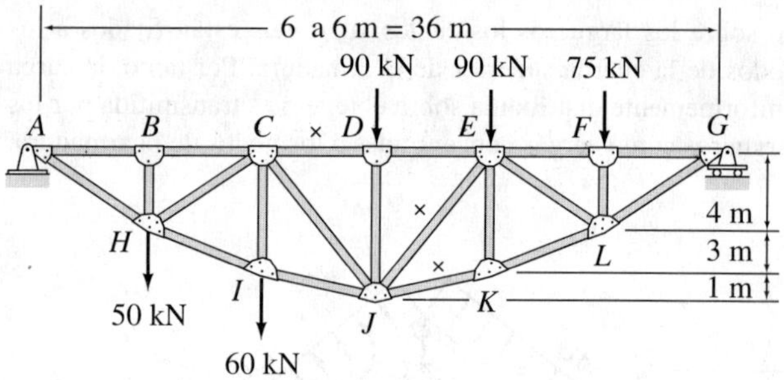

Fig. P4.33

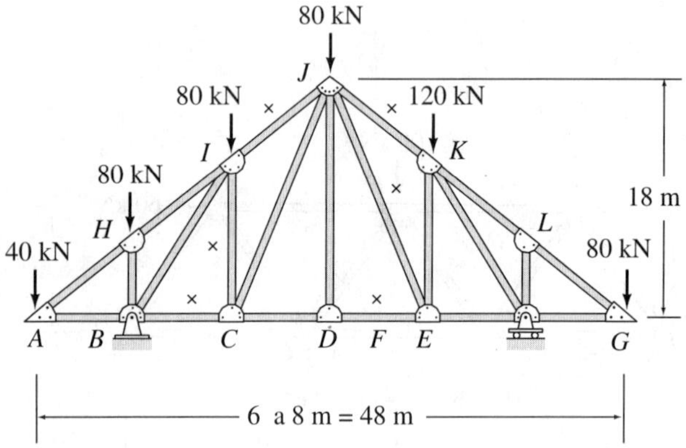

Fig. P4.31

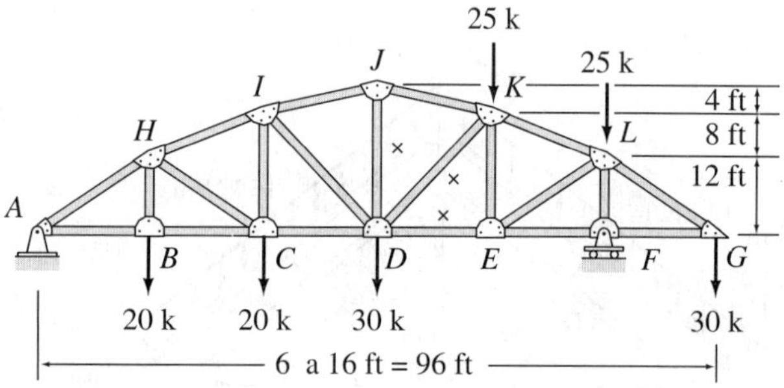

Fig. P4.34

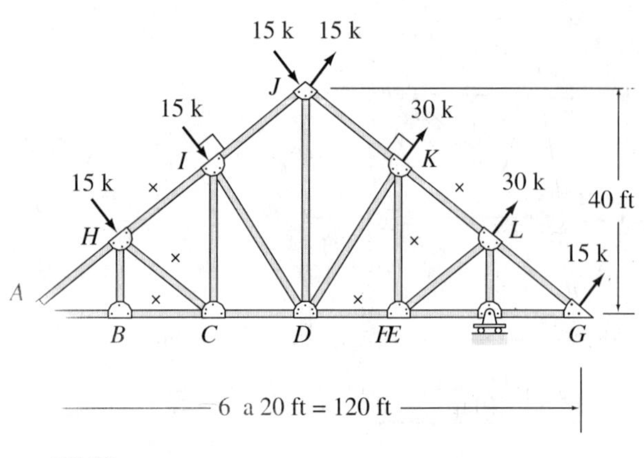

g. **P4.32**

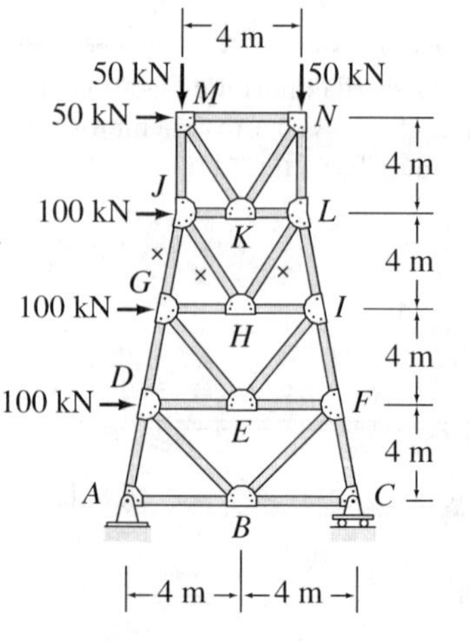

Fig. P4.35

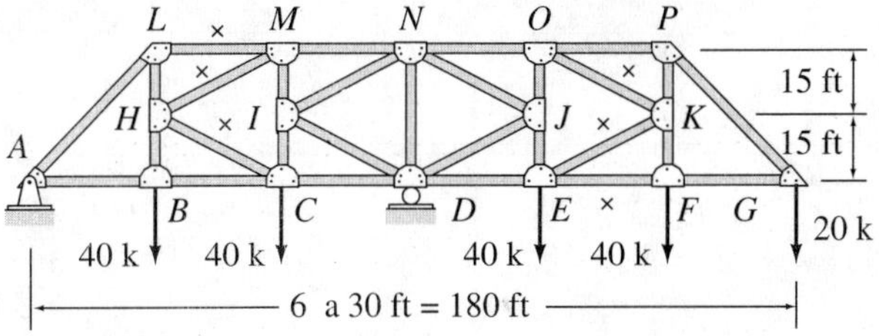

Fig. P4.36

Sección 4.7

4.37 a 4.41 Determine la fuerza en cada miembro de la armadura que se muestra.

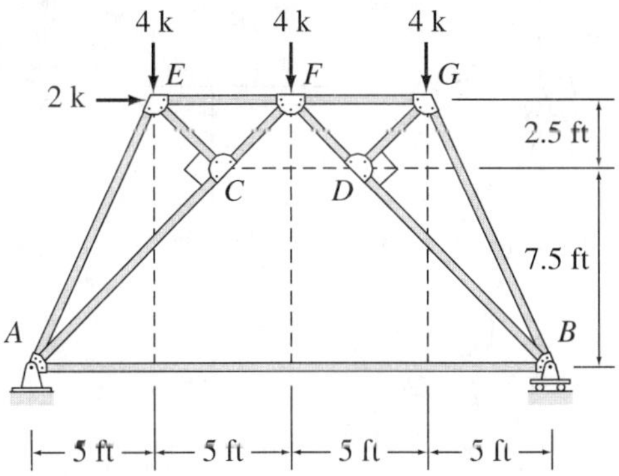

Fig. P4.37

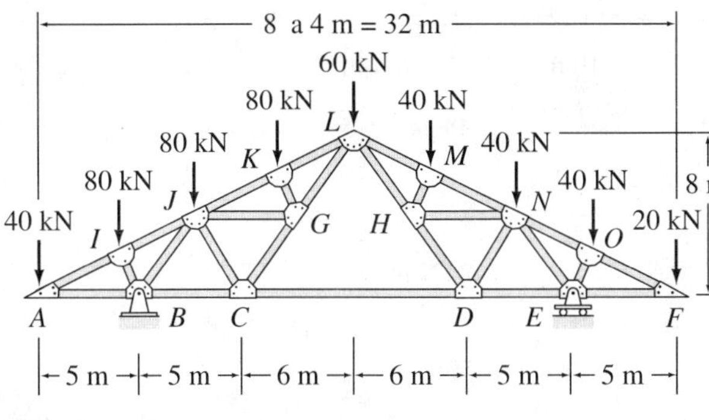

Fig. P4.38

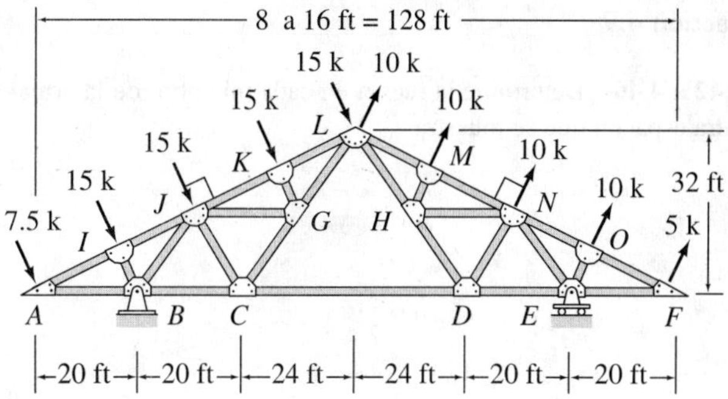

Fig. P4.39

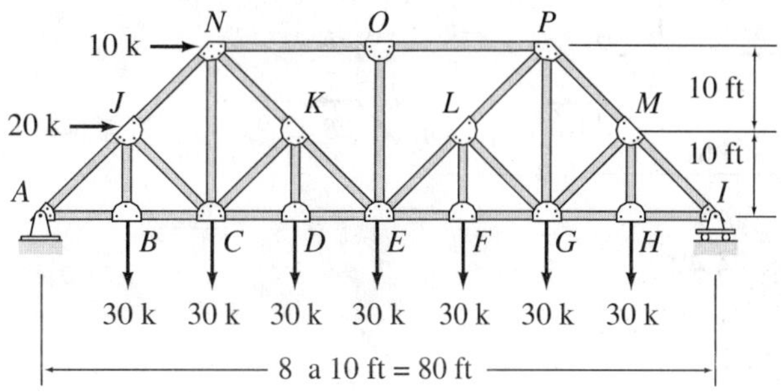

Fig. P4.40

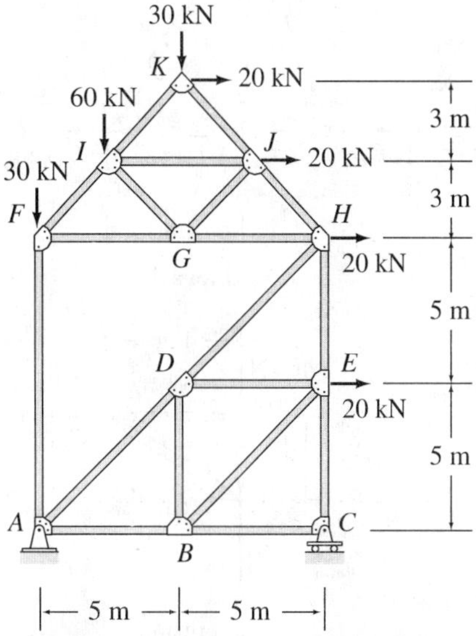

Fig. P4.41

Sección 4.9

4.42 a 4.46 Determine la fuerza en cada miembro de la armadura espacial que se muestra.

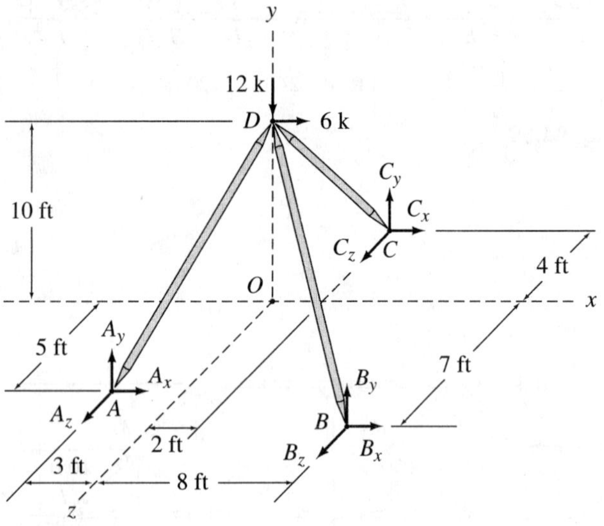

Fig. P4.42

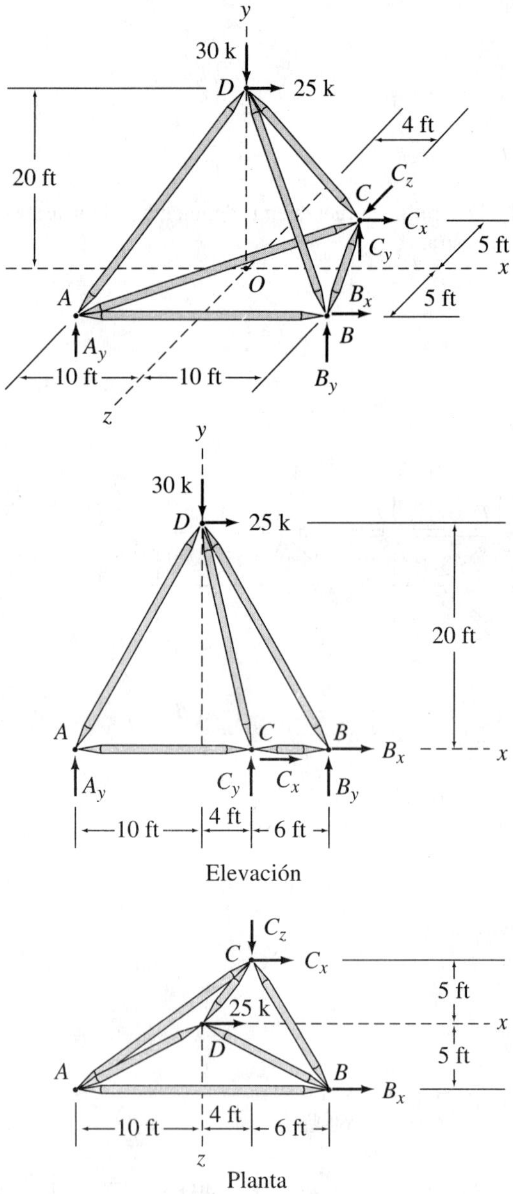

Fig. P4.44

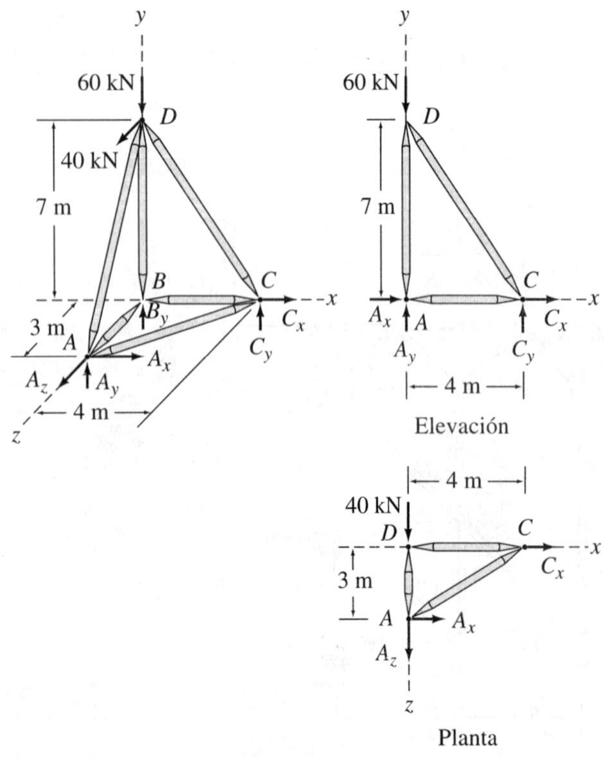

Fig. P4.43

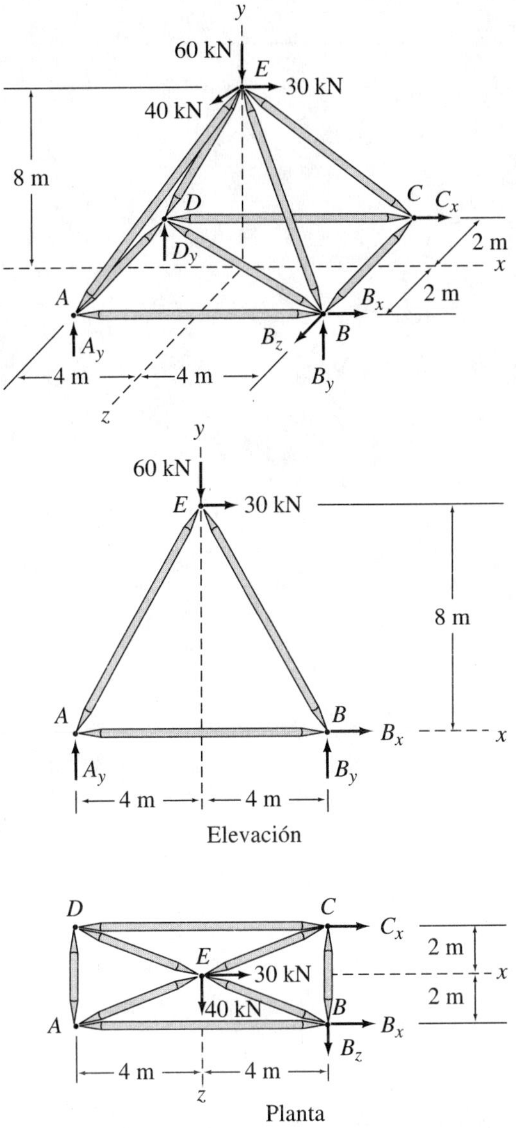

Fig. P4.45

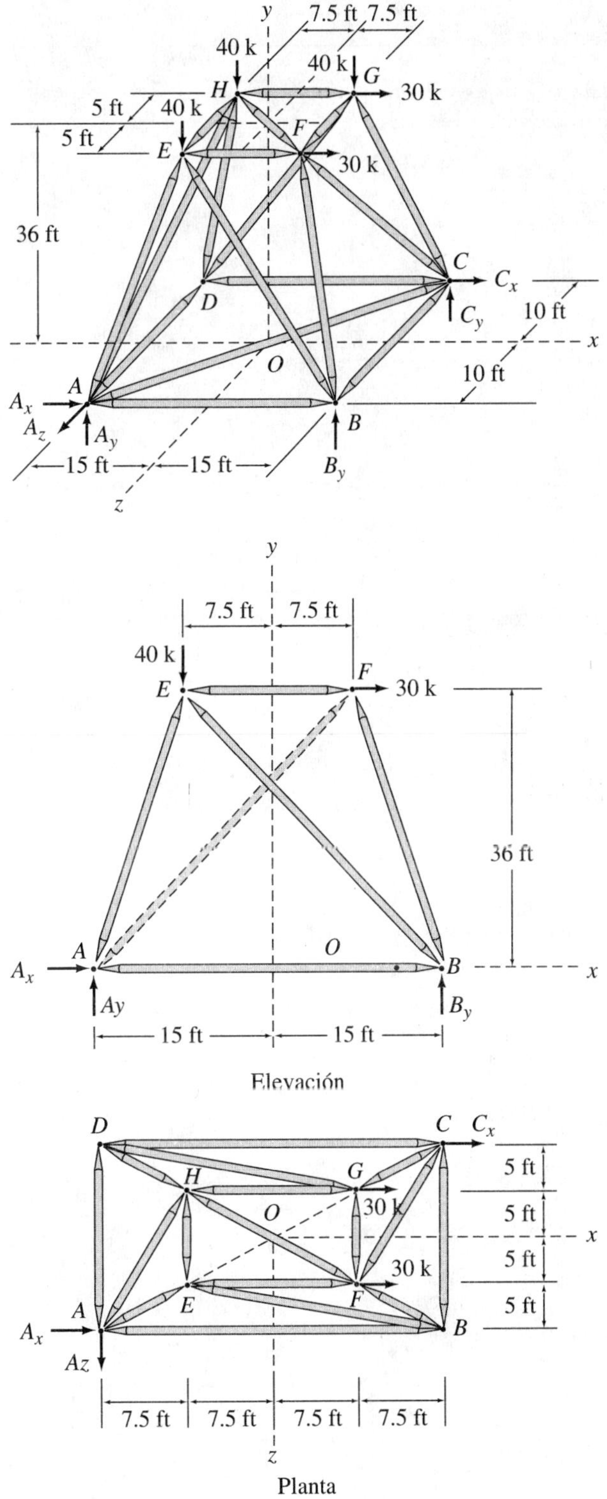

Fig. P4.46

5 VIGAS Y ARMAZONES: FUERZA CORTANTE Y MOMENTO FLEXIONANTE

Viga maestra
Fotografía cortesía de la Bethlehem Steel Corporation

A diferencia de las armaduras, consideradas en el capítulo anterior, cuyos miembros siempre están sujetos sólo a fuerzas axiales, los miembros de los armazones rígidos y las vigas pueden estar sujetos a fuerzas cortantes y a momentos flexionantes, así como a fuerzas axiales, bajo la acción de cargas externas. La determinación de estas fuerzas y momentos internos (resultantes de las esfuerzos) es necesaria para el diseño de esas estructuras. El objetivo de este capítulo es presentar el análisis de las fuerzas y momentos internos que se pueden desarrollar en las vigas, y los miembros de los armazones planos, bajo la acción de sistemas coplanares de fuerzas y pares externos.

Se empieza por definir los tres tipos de resultantes de esfuerzos —fuerzas axiales, fuerzas cortantes y momentos flexionantes— que pueden actuar sobre las secciones transversales de las vigas y de los miembros de los armazones planos. A continuación, se discute la construcción de los diagramas de las fuerzas cortantes y de los momentos flexionantes, por el método de las secciones. También se consideran las formas flexionadas cualitativas de las vigas y las relaciones entre las cargas, fuerzas cortantes y momentos flexionantes. Además, se desarrollan los procedimientos para construir los diagramas de las fuerzas cortantes y de los momentos flexionantes, con el uso de estas relaciones. Por último, se presenta la clasificación de los armazones planos como estáticamente determinados, indeterminados e inestables, y el análisis de los armazones planos estáticamente determinados.

5.1 FUERZA AXIAL, FUERZA CORTANTE Y MOMENTO FLEXIONANTE

En la sección 3.2, se definieron las fuerzas internas como aquellas fuerzas y aquellos pares ejercidos sobre una parte de la estructura por el resto de la misma. Considérese, por ejemplo, la viga simplemente apoyada que se muestra en la figura 5.1(a). El diagrama de cuerpo libre de toda la viga se ilustra en la figura 5.1(b), así como las reacciones A_x y A_y, y B_y, en los apoyos A y B, respectivamente. Como se discute en el

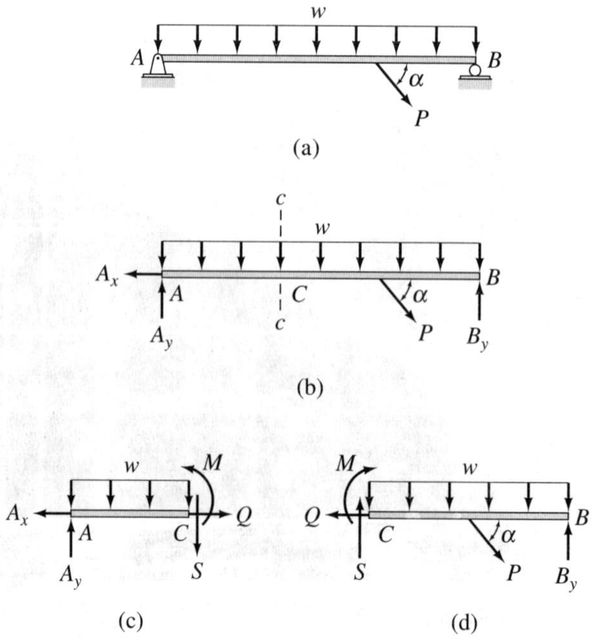

Fig. 5.1

capítulo 3, las reacciones en los apoyos se pueden calcular por la aplicación de las ecuaciones de equilibrio al diagrama de cuerpo libre de la viga completa. Con el fin de determinar las fuerzas internas que actúan sobre la sección transversal de la viga en un punto *C*, se pasa una sección imaginaria *cc* por *C*, con lo que se corta la viga en dos partes, *AC* y *CB*, como se muestra en la figura 5.1(b) y en la 5.1(d). En el diagrama de cuerpo libre de la parte *AC* (Fig. 5.1(c)) se muestran, además de las cargas externas y reacciones en los apoyos que actúan sobre esa parte, las fuerzas internas, *Q*, *S* y *M*, ejercidas sobre *AC*, en *C*, por la parte que se ha quitado de la estructura. Nótese que, sin estas fuerzas internas, la parte *AC* no está en equilibrio. Asimismo, bajo un sistema coplanar general de cargas y reacciones externas, se necesitan tres fuerzas internas (dos componentes perpendiculares de fuerza y un par) en una sección, para mantener una parte de la viga en equilibrio. Las dos componentes internas de fuerza suelen estar orientadas en la dirección del eje centroidal de la viga, y perpendicular a éste, en la sección que se esté considerando, como se muestra en la figura 5.1(c). La fuerza interna *Q*, en la dirección del eje centroidal de la viga, se llama *fuerza axial*, y la fuerza interna *S*, en la dirección perpendicular al mismo eje, se conoce con el nombre de *fuerza cortante* (o, sencillamente, *cortante*). El momento *M* del par interno se denomina *momento flexionante*. Recuerde, por lo visto en *mecánica de los materiales*, que estas fuerzas internas, *Q*, *S* y *M*, representan las resultantes de la distribución de esfuerzos que actúan sobre la sección transversal de la viga.

En la figura 5.1(d), se muestra el diagrama de cuerpo libre de la parte *CB* de la viga. Observe que en este diagrama se muestran las mismas fuerzas internas, *Q*, *S* y *M*, pero en direcciones opuestas, ejerciéndose sobre la parte *CB*, en *C*, por la parte *AC* que se ha quitado, de acuerdo con la tercera ley de Newton. Se pueden determinar las magnitudes y los sentidos correctos de las fuerzas internas sencillamente al aplicar las tres ecuaciones de equilibrio, $\sum F_x = 0$, $\sum F_y = 0$ y $\sum M = 0$, a una de las dos partes (*AC* o *CB*) de la viga.

En las figuras 5.1(c) y 5.1(d), se puede ver que para que, en una parte de la viga, se satisfaga la ecuación de equilibrio $\sum F_x = 0$, la fuerza axial interna *Q* debe tener igual magnitud (pero dirección opuesta) a la suma algebraica (resultante) de las componentes en la dirección paralela al eje de la viga de todas las fuerzas externas que actúan sobre esa parte. Si suponemos que la viga como un todo está en equilibrio —es decir, $\sum F_x = 0$ para la viga completa— la aplicación de $\sum F_x = 0$ a cada una de sus partes por separado dará por resultado la misma magnitud de la fuerza *Q*. Como consecuencia, se puede expresar lo siguiente:

La fuerza axial interna Q, en cualquier sección de una viga, tiene igual magnitud, pero dirección opuesta, a la suma algebraica (resultante) de las componentes en la dirección paralela al eje de la propia viga de todas las cargas externas y reacciones en los apoyos que actúan sobre cualquiera de los dos lados de la sección que se está considerando.

Si se aplica un razonamiento semejante, se pueden definir la cortante y el momento flexionante como sigue:

La cortante S en cualquier sección de una viga tiene igual magnitud, pero dirección opuesta, a la suma algebraica (resultante) de las componentes en la dirección perpendicular al eje de la propia viga de las cargas externas y reacciones en los apoyos que actúan sobre cualquiera de los dos lados de la sección que se está considerando.

El momento flexionante M en cualquier sección de una viga tiene igual magnitud, pero dirección opuesta a la suma algebraica de los momentos respecto a (el centroide de la sección transversal de la viga en) la sección que se esté considerando de todas las cargas externas y reacciones en los apoyos que actúan sobre cualquiera de los dos lados de esa sección.

Convención de los signos

En la figura 5.2, se ilustra la convención de los signos de uso común para las fuerzas axiales, cortantes y momentos flexionantes. Una característica importante de esta convención de los signos, la cual a menudo se menciona como *convención de la viga*, es que dará lugar a los mismos resultados (positivos o negativos) sin importar cuál de los lados de la sección se considere para calcular las fuerzas internas. En la figura 5.2(a), se muestran las direcciones positivas de las fuerzas internas que actúan sobre las partes del miembro, a cada lado de la sección.

Sin embargo, desde un punto de vista referente al cálculo, suele ser más conveniente expresar esta convención de signos en términos de las cargas y las reacciones externas que actúan sobre la viga o miembro de armazón, como se muestra en las figuras 5.2(b) a 5.2(d). En la figura 5.2(b), se observa que *se considera que la fuerza axial interna Q es positiva cuando las fuerzas externas que actúan sobre el miembro producen tensión o tienen la tendencia a separar el miembro en la sección.*

Como se muestra en la figura 5.2(c), *se considera que la cortante S es positiva cuando la fuerza externa tiende a empujar la parte del miembro a la izquierda de la sección hacia arriba con respecto a la parte de la derecha de la misma sección.* A partir de esta figura, se puede ver que una fuerza externa que actúa hacia arriba sobre la parte izquierda, o hacia abajo sobre la parte derecha, causa una cortante positiva. De modo alternativo, se puede recordar esta convención del signo para la cortante al darse cuenta que cualquier fuerza que produce un momento en el sentido del movimiento de las manecillas del reloj, respecto de una sección, causa una cortante positiva en esa sección y viceversa.

En la figura 5.2(d), se muestra el momento flexionante positivo. *Se considera que el momento flexionante M es positivo cuando las fuerzas y pares externos tienden a que la viga se flexione cóncava hacia arriba, causando compresión en las fibras superiores y tensión en las inferiores de la viga en esa sección.* Cuando se usa la parte izquierda para calcular el momento flexionante, las fuerzas que actúan sobre la parte que producen momentos en el sentido del movimiento de las manecillas del reloj respecto a la sección, así como los pares en el sentido del mismo movimiento, causan momento positivo flexionante en esa sección. Sin embargo, cuando se consi-

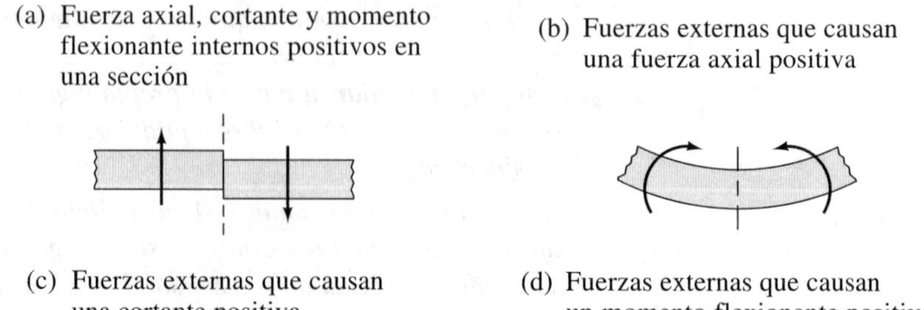

(a) Fuerza axial, cortante y momento flexionante internos positivos en una sección

(b) Fuerzas externas que causan una fuerza axial positiva

(c) Fuerzas externas que causan una cortante positiva

(d) Fuerzas externas que causan un momento flexionante positivo

Fig. 5.2 *Convención de la viga*

dera la parte derecha, las fuerzas que producen momentos en sentido contrario al movimiento de las manecillas del reloj respecto a la sección, y los pares en ese mismo sentido, causan momento flexionante positivo y viceversa.

Hasta ahora, en la discusión, se ha supuesto que la viga o miembro de armazón están horizontales, pero la convención de los signos antes descrita se puede aplicar para miembros inclinados y verticales, empleando un sistema de coordenadas *xy*, como se muestra en la figura 5.2(a). El eje *x* del sistema de coordenadas se orienta en la dirección del eje centroidal del miembro y la dirección positiva del eje *y* se elige de modo que ese sistema de coordenadas sea derecho, con el eje *z* apuntando siempre hacia afuera del plano del papel. Ahora se puede usar la convención de los signos para un miembro inclinado o uno vertical al considerar la dirección *y* positiva como aquélla hacia arriba y la parte del miembro cercana al origen *O* como la que está a la izquierda de la sección.

Procedimiento para el análisis

El procedimiento para la determinación de las fuerzas internas en un lugar especificado de una viga se puede resumir del modo siguiente:

1. Calcule las reacciones en los apoyos mediante la aplicación de las ecuaciones de equilibrio y de condición (si las hay) al cuerpo libre de la viga completa. (En las vigas en voladizo, se puede evitar este paso al seleccionar, para el análisis, la parte libre, o no apoyada externamente, de la viga; véase el ejemplo 5.2.)

2. Pase una sección perpendicular al eje centroidal de la viga en el punto en donde se desean las fuerzas internas, cortando de este modo la viga en dos partes.

3. Aunque se puede usar cualquiera de las dos partes de la viga para calcular las fuerzas internas, debe seleccionarse aquélla que requiera la menor cantidad de esfuerzo de cálculo, como aquélla que no tiene reacciones actuando sobre ella o la que tiene el menor número de cargas y reacciones externas aplicadas a ella.

4. Determine la fuerza axial en la sección al sumar algebraicamente las componentes, en la dirección paralela al eje de la viga, de todas las cargas externas y reacciones en los apoyos que actúan sobre la parte seleccionada. Según la convención de los signos adoptada en los párrafos anteriores, si se está usando la parte de la viga a la izquierda de la sección para calcular la fuerza axial, entonces las fuerzas externas que actúan hacia la izquierda se consideran positivas, en tanto que las fuerzas que actúan hacia la derecha se consideran como negativas (véase la figura 5.2(b)). Si se está usando la parte derecha para el análisis, entonces las fuerzas externas que actúan hacia la derecha se consideran como positivas y viceversa.

5. Determine la cortante en la sección al sumar algebraicamente las componentes, en la dirección perpendicular al eje de la viga, de todas las cargas y reacciones externas que actúan sobre la parte seleccionada. Si se está usando la parte izquierda de la viga para el análisis, entonces las fuerzas externas que actúan hacia arriba se consideran positivas, en tanto que las fuerzas externas que actúan hacia abajo se consideran negativas (véase la figura 5.2(c)). Si ha seleccionado la parte derecha para el análisis, entonces las fuerzas externas hacia abajo se consideran positivas y viceversa.

6. Determine el momento flexionante en la sección al sumar algebraicamente los momentos respecto de ésta de todas las fuerzas externas más los momen-

tos de cualesquiera pares externos que actúen sobre la parte seleccionada. Si se está usando la parte izquierda para el análisis, entonces los momentos en el sentido del movimiento de las manecillas del reloj se consideran como positivos y aquellos en sentido contrario a ese movimiento se consideran negativos (véase la figura 5.2(d)). Si se ha seleccionado la parte derecha para el análisis, entonces los momentos en sentido contrario al movimiento de las manecillas del reloj se consideran positivos y viceversa.

7. Para comprobar los cálculos, pueden obtenerse los valores de algunas o de todas las fuerzas internas, usando la parte de la viga no utilizada en los pasos 4 al 6. Si el análisis se ha realizado en forma correcta, entonces los resultados con base tanto en la parte izquierda como en la derecha deben ser idénticos.

EJEMPLO 5.1

Determine la fuerza axial, la cortante y el momento flexionante en el punto *B* de la viga que se muestra en la figura 5.3(a).

SOLUCIÓN *Reacciones* Si se considera el equilibrio del cuerpo libre de toda la viga (Fig. 5.3(b)), se escribe

$$+\rightarrow \sum F_x = 0 \qquad A_x - \left(\frac{4}{5}\right)(25) = 0 \qquad A_x = 20 \text{ k} \rightarrow$$

$$+\circlearrowleft \sum M_c = 0 \qquad -A_y(36) + 30(24) + \left(\frac{3}{5}\right)(25)(12) = 0 \qquad A_y = 25 \text{ k} \uparrow$$

$$+\uparrow \sum F_y = 0 \qquad 25 - 30 - \left(\frac{3}{5}\right)(25) + C_y = 0 \qquad C_y = 20 \text{ k} \uparrow$$

Sección bb Se pasa una sección *bb* por el punto *B*, cortando la viga en dos partes, *AB* y *BC* (véase la figura 5.3(b)). En lo que sigue, se usa la parte *AB*, que está a la izquierda de la sección, para calcular las fuerzas internas.

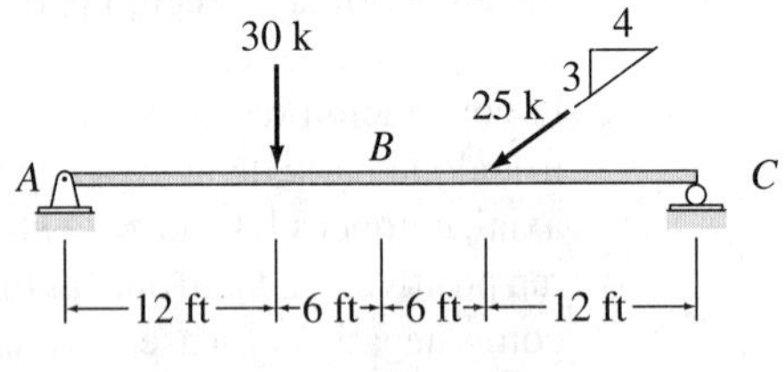

(a)

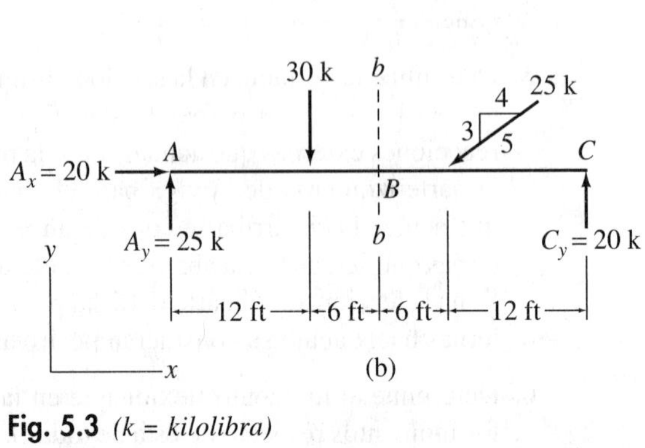

(b)

Fig. 5.3 *(k = kilolibra)*

Fuerza axial Si se consideran las fuerzas externas que actúan hacia la izquierda como positivas, se escribe

$$Q = -20 \text{ k} \qquad \textbf{Resp.}$$

Cortante Si se consideran las fuerzas externas que actúan hacia arriba como positivas, se escribe

$$S = 25 - 30 = -5 \qquad S = -5 \text{ k} \qquad \textbf{Resp.}$$

Momento flexionante Si se consideran los momentos, respecto de B, en el sentido del movimiento de las manecillas del reloj de las fuerzas externas como positivos, se escribe

$$M = 25(18) - 30(6) = 270 \qquad M = 270 \text{ k-ft} \qquad \textbf{Resp.}$$

Comprobación de los cálculos Para comprobar los cálculos, se obtienen las fuerzas internas usando la parte BC, la cual está a la derecha de la sección considerada.

Al tomar en cuenta las componentes horizontales de las fuerzas externas que actúan hacia la derecha sobre la parte BC como positivas, se obtiene

$$Q = -\left(\frac{4}{5}\right)(25) = -20 \text{ k} \qquad \textbf{Coincide}$$

Al considerar las fuerzas que actúan hacia abajo como positivas, se obtiene

$$S = -20 + \left(\frac{3}{5}\right)(25) = -5 \text{ k} \qquad \textbf{Coincide}$$

Por último, al considerar los momentos, respecto de B, en sentido contrario al movimiento de las manecillas del reloj como positivos, se obtiene

$$M = 20(18) - \left(\frac{3}{5}\right)(25)(6) = 270 \text{ k-ft} \qquad \textbf{Coincide}$$

EJEMPLO 5.2

Determine la cortante y el momento flexionante en el punto B de la viga que se muestra en la figura 5.4.

SOLUCIÓN

Sección bb (Véase la figura 5.4.) Para evitar el cálculo de las reacciones, se selecciona la parte BC no apoyada externamente, la cual se encuentra a la derecha de la sección bb, para calcular las fuerzas internas.

Cortante Si se consideran las fuerzas externas que actúan hacia abajo como positivas, se escribe

$$S = +20(4) = +80 \text{ kN} \qquad S = 80 \text{ kN} \qquad \textbf{Resp.}$$

Nótese que el par de 500 kN · m no tiene efecto sobre la cortante.

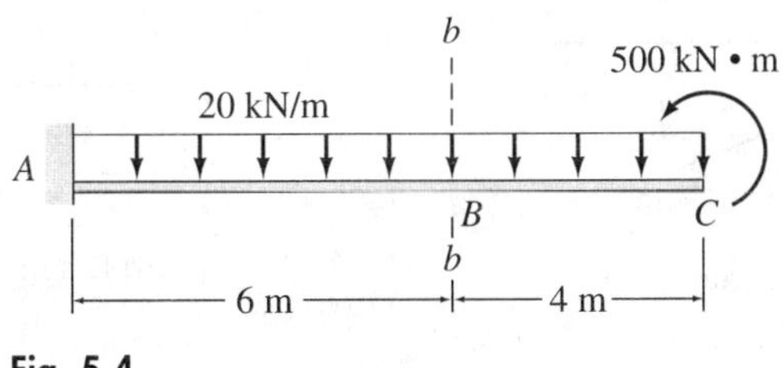

Fig. 5.4

Momento flexionante Si se consideran los momentos en sentido contrario al movimiento de las manecillas del reloj como positivos, se escribe

$$M = 500 - 20(4)(2) = 340 \text{ kN} \cdot \text{m}$$

$$M = 340 \text{ kN} \cdot \text{m} \qquad \textbf{Resp.}$$

El lector puede comprobar los resultados al sumar las fuerzas y los momentos sobre la parte AB de la viga, después de calcular las reacciones en el apoyo A.

5.2 DIAGRAMAS DE LA FUERZA CORTANTE Y DEL MOMENTO FLEXIONANTE

Los diagramas de la fuerza cortante y del momento flexionante muestran las variaciones de estas cantidades a los largo del miembro. Se pueden construir esos diagramas al aplicar el método de las secciones descrito en la sección anterior. Si se avanza de uno de los extremos del miembro hacia el otro (por lo general, de izquierda a derecha), se pasan secciones, después de cada cambio sucesivo en la carga, a lo largo del miembro, para determinar ecuaciones que expresen la cortante y el momento flexionante en términos de la distancia de la sección a un origen fijo, entonces se trazan los valores de la cortante y de los momentos flexionantes, determinados a partir de estas ecuaciones, como ordenadas contra la posición con respecto a uno de los extremos del miembro, tomada como abscisa, para obtener los diagramas de la fuerza cortante y del momento flexionante. Este procedimiento se ilustra por medio de los ejemplos que siguen.

EJEMPLO 5.3

Dibuje los diagramas de la cortante y del momento flexionante para la viga que se muestra en la figura 5.5(a).

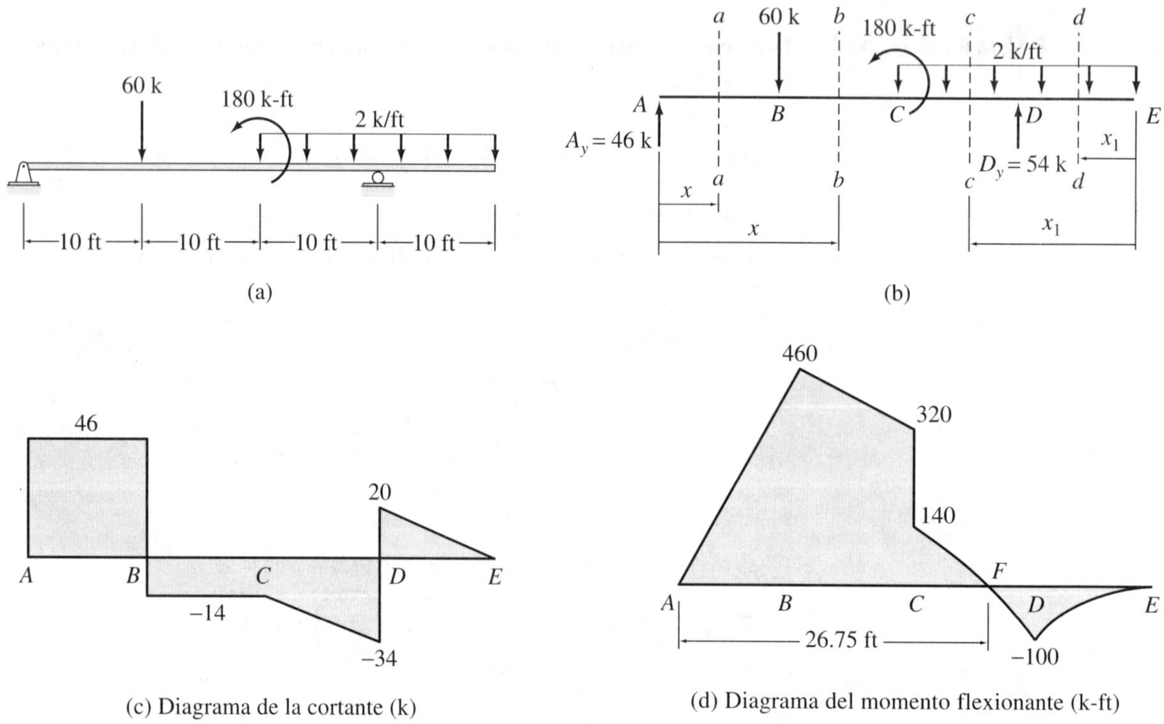

Fig. 5.5

SOLUCIÓN *Reacciones.* Véase la figura 5.5(b).

$+\rightarrow \sum F_x = 0$ $\qquad A_x = 0$

$+ \circlearrowleft \sum M_D = 0$

$$-A_y(30) + 60(20) + 180 + 2(20)(0) = 0$$

$$A_y = 46 \text{ k} \uparrow$$

$+\uparrow \sum F_y = 0$

$$46 - 60 - 2(20) + D_y = 0$$

$$D_y = 54 \text{ k} \uparrow$$

Diagrama de la cortante Para determinar la ecuación para la cortante en el segmento *AB*, se pasa una sección *aa* a una distancia *x* del apoyo *A*, como se muestra en la figura 5.5(b). Si se considera el diagrama de cuerpo libre a la izquierda de esta sección, se obtiene

$$S = 46 \text{ k} \qquad \text{para} \qquad 0 < x < 10 \text{ ft}$$

Como esta ecuación indica, la cortante es constante en 46 k, desde una distancia infinitesimal a la derecha del punto *A* hasta una distancia infinitesimal a la izquierda del punto *B*. En el punto *A*, la cortante se incrementa en forma abrupta desde 0 hasta 46 k, de modo que se traza una recta vertical desde 0 hasta 46, sobre el diagrama de la cortante (Fig. 5.5(c)), en *A*, para indicar este cambio. Ésta se hace seguir por una recta horizontal desde *A* hasta *B*, para indicar que la cortante se mantiene constante en este segmento.

Enseguida, al usar la sección *bb* (Fig. 5.5(b)), se determina la ecuación para la cortante en el segmento *BC* como

$$S = 46 - 60 = -14 \text{ k} \qquad \text{para} \qquad 10 < x \leq 20 \text{ ft}$$

El cambio abrupto en la cortante, desde 46 k a una distancia infinitesimal a la izquierda de *B* hasta –14 k a una distancia infinitesimal a la derecha de este mismo punto, se muestra en el diagrama de la cortante (Fig. 5.5(c)) por medio de una recta vertical, desde +46 hasta –14. Entonces se traza una recta horizontal, desde *B* hasta *C*, para indicar que la cortante permanece constante en este valor en todo este segmento.

Con el fin de determinar las ecuaciones para la cortante en la mitad derecha de la viga, es conveniente usar otra coordenada, x_1, dirigida hacia la izquierda desde el extremo *E* de la viga, como se muestra en la figura 5.5(b). Se obtienen las ecuaciones para la cortante en los segmentos *ED* y *DC*, al considerar los cuerpos libres a la derecha de las secciones *dd* y *cc*, respectivamente. De este modo,

$$S = 2x_1 \qquad \text{para} \qquad 0 \leq x_1 < 10 \text{ ft}$$

y

$$S = 2x_1 - 54 \qquad \text{para} \qquad 10 \text{ ft} < x_1 \leq 20 \text{ ft}$$

estas ecuaciones indican que la cortante se incrementa linealmente desde cero hasta +20 k a una distancia infinitesimal a la derecha de *D*; enseguida, cae en forma abrupta hasta –34 k a una distancia infinitesimal a la izquierda de *D* y, desde allí, se incrementa en forma lineal hasta –14 k, en *C*. Esta información se encuentra en el diagrama de la cortante, como se muestra en la figura 5.5(c). **Resp.**

Diagrama del momento flexionante Si se usan las mismas secciones y coordenadas que se emplearon con anterioridad para calcular la cortante, se determinan las ecuaciones siguientes para el momento flexionante en los cuatro segmentos de la viga. Para el segmento *AB*:

$$M = 46x \qquad \text{para} \qquad 0 \leq x_1 \leq 10 \text{ ft}$$

Para el segmento *BC*:

$$M = 46x - 60(x - 10) = -14x + 600 \qquad \text{para} \qquad 10 \text{ ft} \leq x_1 < 20 \text{ ft}$$

Para el segmento *ED*:

$$M = -2x_1\left(\frac{x_1}{2}\right) = -x_1^2 \qquad \text{para} \qquad 0 \leq x_1 \leq 10 \text{ ft}$$

Para el segmento *DC*:

$$M = -x_1^2 + 54(x_1 - 10) = -x_1^2 + 54x_1 - 540 \qquad \text{para} \qquad 10 \text{ ft} \leq x_1 < 20 \text{ ft}$$

Las dos primeras ecuaciones, para la mitad izquierda de la viga, indican que el momento flexionante crece en forma lineal desde 0 hasta 460 k-ft en *B*; enseguida decrece en forma lineal hasta 320 k-ft en *C*, como se muestra en diagrama del momento flexionante de la figura 5.5(d). Las dos últimas ecuaciones para la mitad derecha de la viga son cuadráticas en x_1. Los valores de *M*, calculados a partir de estas ecuaciones, están representados en diagrama del momento flexionante que se muestra en la figura 5.5(d). Se puede ver que *M* decrece desde 0 en *E* hasta –100 k-ft en *D* y, a continuación, crece hasta +140 k-ft a una distancia infinitesimal a la derecha de *C*. Nótese que, en *C*, el momento flexionante cae en forma abrupta en una cantidad de 320 – 140 = 180 k-ft, lo cual es igual a la magnitud del momento del par externo en sentido contrario al movimiento de las manecillas del reloj que actúa en este punto.

Un punto en el cual el momento flexionante es cero se conoce como *punto de inflexión*, Para determinar la ubicación del punto de inflexión *F* (Fig. 5.5(d)), se hace *M* = 0 en la ecuación para el momento flexionante correspondiente al segmento *DC*, para obtener

$$M = -x_1^2 + 54x_1 - 540 = 0$$

de lo cual resulta $x_1 = 13.25$ ft; es decir, el punto *F* está localizado a una distancia de 13.25 ft del extremo *E*, o sea, 40 – 13.25 = 26.75 ft del apoyo *A* de la viga, como se muestra en la figura 5.5 (d). **Resp.**

EJEMPLO 5.4

Dibuje los diagramas de la cortante y del momento flexionante para la viga que se muestra en la figura 5.6(a).

SOLUCIÓN

Reacciones Véase la figura 5.6(b).

$$+\rightarrow \sum F_x = 0 \qquad\qquad B_x = 0$$

$$+\circlearrowleft \sum M_c = 0$$

$$\left(\frac{1}{2}\right)(9)(27)\left(\frac{9}{3}\right) - B_y(6) = 0 \qquad\qquad B_y = 60.75 \text{ kN} \uparrow$$

$$+\uparrow \sum F_y = 0$$

$$-\left(\frac{1}{2}\right)(9)(27) + 60.75 + C_y = 0 \qquad\qquad C_y = 60.75 \text{ kN} \uparrow$$

Diagrama de la cortante Para determinar las ecuaciones de la cortante en los segmentos *AB* y *BC* de la viga, se pasan las secciones *aa* y *bb* a través de ésta, como se muestra en la figura 5.6(b). Si se consideran los cuerpos libres a la izquierda de estas secciones y que la intensidad de la carga, $w(x)$, en un punto a una distancia *x* del extremo *A* es $w(x) = (\frac{27}{9})x = 3x$ kN/m, se obtienen las ecuaciones siguientes para la cortante en los segmentos *AB* y *BC*, respectivamente:

$$S = -\left(\frac{1}{2}\right)(x)(3x) = -\frac{3x^2}{2} \qquad \text{para} \qquad 0 \leq x < 3 \text{ m}$$

$$S = -\left(\frac{3x^2}{2}\right) + 60.75 \qquad \text{para} \qquad 3 \text{ m} < x < 9 \text{ m}$$

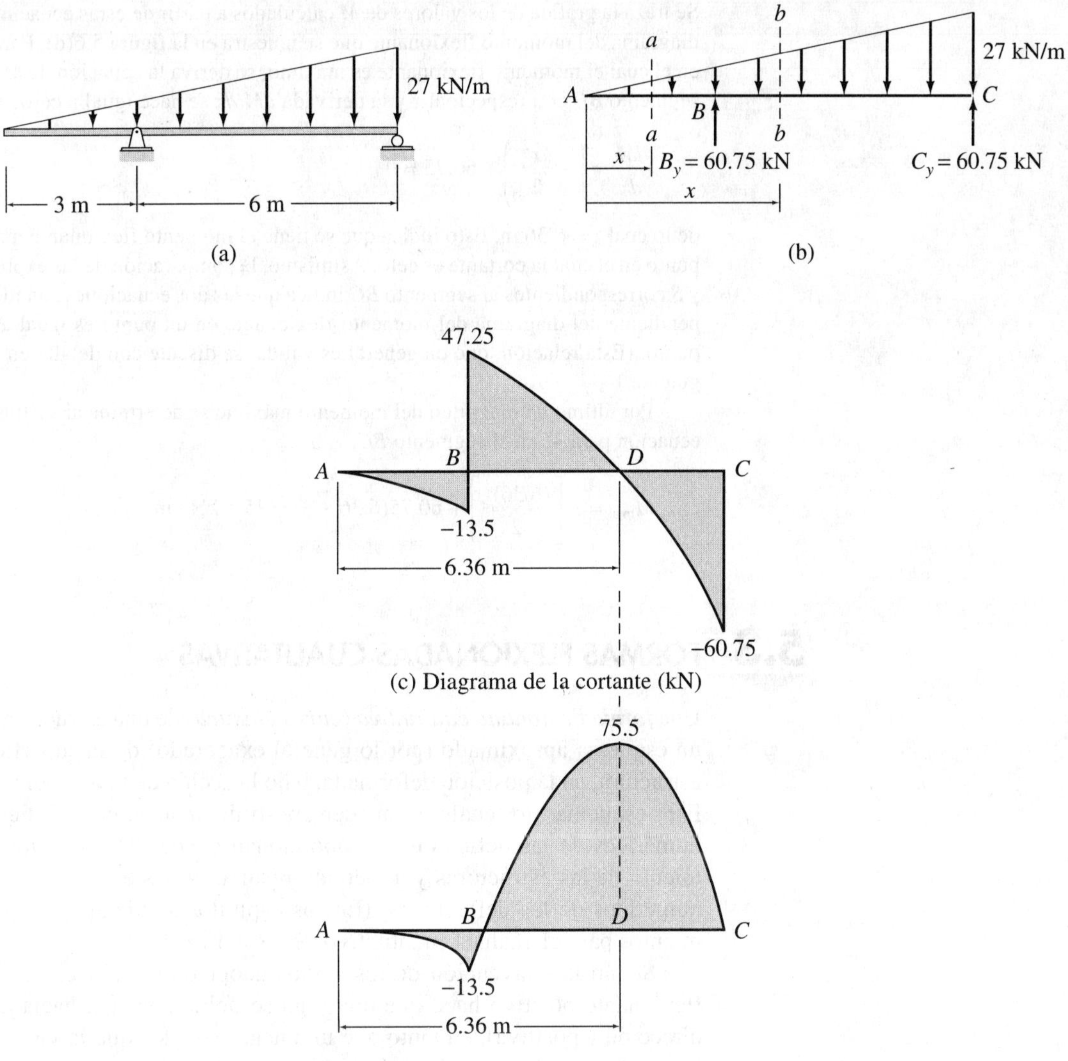

(d) Diagrama del momento flexionante (kN · m)

Fig. 5.6

Se traza la gráfica de los valores de S calculados a partir de estas ecuaciones para obtener el diagrama de la cortante que se muestra en la figura 5.6(c). El punto D en el cual la cortante es cero se obtiene a partir de la ecuación

$$S = -\left(\frac{3x^2}{2}\right) + 60.75 = 0$$

de la cual $x = 6.36$ m. **Resp.**

Diagrama del momento flexionante Si se utilizan las mismas secciones empleadas con anterioridad para calcular la cortante, se determinan las ecuaciones siguientes para el momento flexionantes, en los segmentos AB y BC, respectivamente:

$$M = -\left(\frac{1}{2}\right)(x)(3x)\left(\frac{x}{3}\right) = -\frac{x^2}{2} \qquad \text{para} \qquad 0 \leq x \leq 3 \text{ m}$$

$$M = -\left(\frac{x^2}{2}\right) + 60.75(x - 3) \qquad \text{para} \qquad 3 \text{ m} \leq x \leq 9 \text{ m}$$

Se traza la gráfica de los valores de M calculados a partir de estas ecuaciones para obtener el diagrama del momento flexionante que se muestra en la figura 5.6(d). Para localizar el punto en el cual el momento flexionante es máximo, se deriva la ecuación de M correspondiente al segmento BC con respecto a x y la derivada dM/dx se hace igual a cero; es decir,

$$\frac{dM}{dx} = \left(-\frac{3x^2}{2}\right) + 60.75 = 0$$

de lo cual $x = 6.36$ m. Esto indica que se tiene el momento flexionante máximo en el mismo punto en el cual la cortante es cero. Asimismo, la comparación de las expresiones para dM/dx y S correspondientes al segmento BC indica que las dos ecuaciones son idénticas; es decir, la pendiente del diagrama del momento flexionante en un punto es igual a la cortante en ese punto. (Esta relación, que en general es válida, se discute con detalle en una sección subsiguiente.)

Por último, la magnitud del momento máximo se determina al sustituir $x = 6.36$ m en la ecuación para M en el segmento BC:

$$M_{\text{máx}} = -\left[\frac{(6.36)^3}{2}\right] + 60.75(6.36 - 3) = 75.5 \text{ kN} \cdot \text{m}$$ **Resp.**

5.3 FORMAS FLEXIONADAS CUALITATIVAS

Una *forma flexionada cualitativa* (*curva elástica*) de una estructura es sencillamente un esquema aproximado (por lo general exagerado) de la superficie neutra de esa estructura, en la posición deformada, bajo la acción de una condición dada de carga. Esos esquemas, los cuales se pueden construir sin tener conocimiento de los valores numéricos de las deflexiones, proporcionan concepciones valiosas del comportamiento de las estructuras y a menudo resultan útiles en el cálculo de esos valores numéricos de las deflexiones. (En los capítulos siguientes, se presentan procedimientos para el análisis cuantitativo de las deflexiones.)

Según la convención de los signos adoptada en la sección 5.1, un momento flexionante positivo hace que una viga se doble cóncava hacia arriba (o hacia la dirección y positiva), en tanto que uno negativo hace que la viga se doble cóncava hacia abajo (o hacia la dirección y negativa). De donde se puede obtener el signo (positivo o negativo) de la curvatura en cualquier punto a lo largo del eje de una viga a partir del diagrama del momento flexionante. Si se usan los signos de las curvaturas, se puede hacer con facilidad un esquema de una forma flexionada cualitativa (curva elástica) de la viga, que sea coherente con sus condiciones de apoyo (véase la figura 5.7).

Considere la viga analizada en el ejemplo 5.3. En las figuras 5.7(a) y (b), respectivamente, se han vuelto a dibujar la viga y su diagrama del momento flexionante. En la figura 5.7(c), se muestra una forma flexionada cualitativa de la viga. Debido a que el momento flexionante es positivo en el segmento AF, la viga está doblada cóncava hacia arriba en esta región. Inversamente, el momento flexionante es negativo en el segmento FE; por lo tanto, en esta región, la viga está doblada cóncava hacia abajo. Si se consideran las condiciones de apoyo, note que en los dos apoyos, A y D, la deflexión de la viga es cero, pero su pendiente (rotación) no es cero en estos puntos.

Es importante darse cuenta que una forma flexionada cualitativa es aproximada, porque sólo se basa en los signos de las curvaturas; no se conocen los valores numéricos de las deflexiones a lo largo del eje de la viga (excepto en los apoyos). Por ejemplo, los cálculos numéricos posiblemente indicarían que el extremo E de la viga en realidad se flexiona hacia arriba, en lugar de hacia abajo, como se supone en la figura 5.7(c).

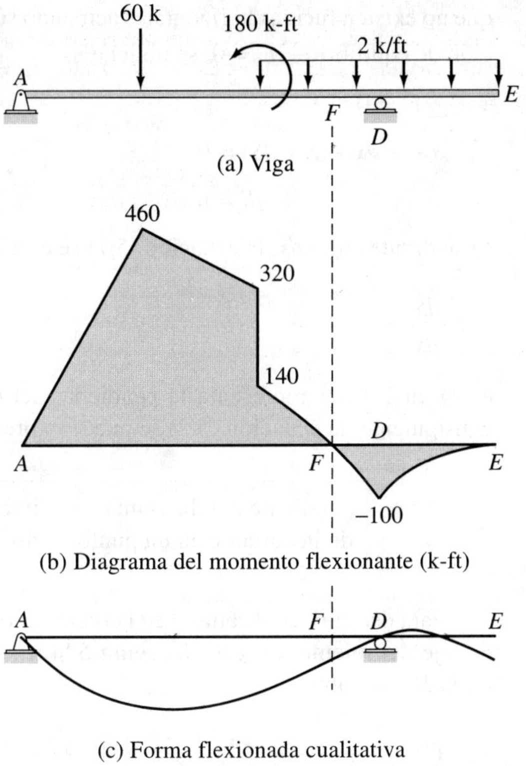

Fig. 5.7

5.4 RELACIONES ENTRE CARGAS, FUERZAS CORTANTES Y MOMENTOS FLEXIONANTES

Se puede facilitar en forma considerable la construcción de los diagramas de la cortante y del momento flexionante al usar las relaciones diferenciales básicas que existen entre las cargas, las fuerzas cortantes y los momentos flexionantes.

Para deducir estas relaciones, considérese una viga sujeta a una carga arbitraria, como se muestra en la figura 5.8(a). Se supone que todas las cargas externas mostradas en esta figura están actuando en sus direcciones positivas. Como se indica en esta figura, las cargas externas, distribuida y concentrada, que actúan hacia arriba (en la dirección y positiva) se consideran positivas; los pares externos que actúan en el sentido del movimiento de las manecillas del reloj también se consideran como positivos y viceversa. A continuación, considere el equilibrio de un elemento diferencial de longitud dx, aislado de la viga al hacer pasar secciones imaginarias a las distancias x y $x + dx$, a partir del origen O, como se muestra en la figura 5.8(a). El diagrama de cuerpo libre del elemento se muestra en la figura 5.8(b), en el cual S y M representan la cortante y el momento flexionante, respectivamente, que actúan sobre la cara izquierda del elemento (es decir, a la distancia x del origen O) y dS y dM denotan los cambios en la cortante y el momento flexionante, respectivamente, sobre la distancia dx, Como la distancia dx es infinitesimalmente pequeña, se puede considerar que la carga distribuida w que actúa sobre el elemento tiene una magnitud uniforme $w(x)$. Para que el elemento esté en equilibrio, las fuerzas y pares que actúan sobre él deben satisfacer las dos ecuaciones de equilibrio, $\sum F_y = 0$ y $\sum M = 0$. La tercera ecuación de equilibrio, $\sum F_x = 0$, se satisface de manera automática, ya que no existen fuerzas horizontales actuando sobre el elemento. Si se aplica la ecuación de equilibrio $\sum F_y = 0$, se obtiene

$$+\uparrow \sum F_y = 0$$

$$S + w\,dx - (S + dS) = 0$$

$$dS = w\,dx \tag{5.1}$$

Si se divide entre dx, la ecuación (5.1) se escribe como

$$\frac{dS}{dx} = w \tag{5.2}$$

en la cual dS/dx representa la pendiente del diagrama de la fuerza cortante. Por consiguiente, la ecuación (5.2) se puede expresar como

pendiente del diagrama de la cortante en un punto	=	intensidad de la carga distribuida en ese punto

(5.3)

Para determinar el cambio en la fuerza cortante entre los puntos A y B a lo largo del eje del miembro (véase la figura 5.8(a)), se integra la ecuación (5.1) desde A hasta B, para obtener

$$\int_A^B dS = S_B - S_A = \int_A^B w\,dx \tag{5.4}$$

en la cual $(S_B - S_A)$ representa el cambio en la fuerza cortante entre los puntos A y B, e $\int_A^B w\,dx$ representa el área debajo del diagrama de la carga distribuida entre esos mismos puntos A y B. Por consiguiente, la ecuación (5.4) se puede expresar como

cambio en la cortante entre los puntos A y B	=	área debajo del diagrama de cargas distribuida entre los puntos A y B

(5.5)

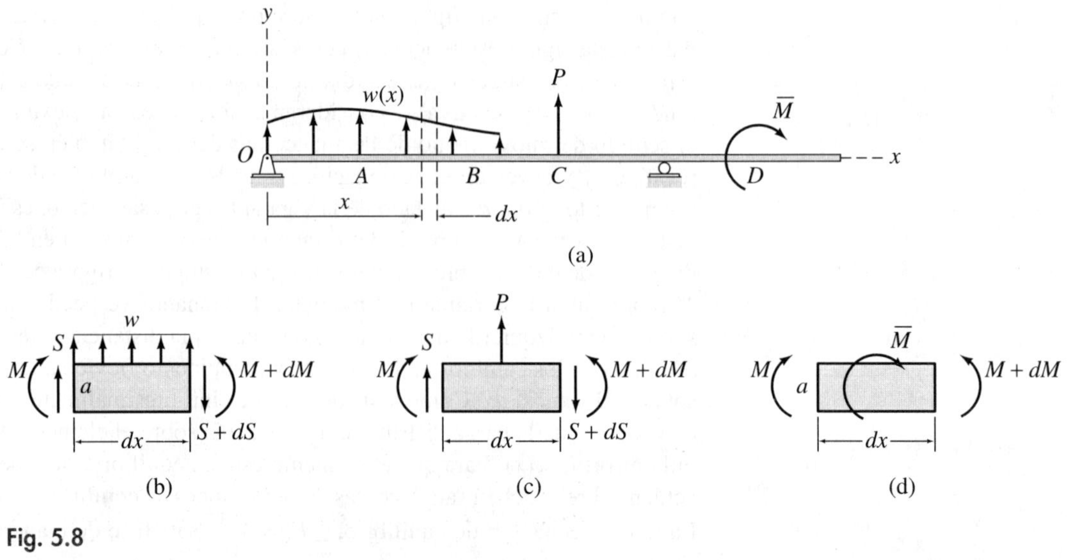

Fig. 5.8

Si se aplica la ecuación de equilibrio de los momentos al cuerpo libre del elemento de viga mostrado en la figura 5.8(b), se escribe

$$+\circlearrowleft \sum M_c = 0 \qquad -M + w(dx)(dx/2) - (S + dS)dx + (M + dM) = 0$$

Al despreciar los términos que contienen diferenciales de segundo orden, se obtiene

$$dM = S\,dx \tag{5.6}$$

la cual también se puede escribir como

$$\frac{dM}{dx} = S \tag{5.7}$$

en la cual dM/dx representa la pendiente del diagrama del momento flexionante. Como consecuencia, la ecuación (5.7) se puede expresar como

pendiente del diagrama del momento flexionante en un punto = cortante en ese punto	**(5.8)**

Para obtener el cambio en el momento flexionante entre los puntos *A* y *B* (véase la figura 5.8(a)), se integra la ecuación (5.6), para obtener

$$\int_A^B dM = M_B - M_A = \int_A^B S\,dx \tag{5.9}$$

en la cual $(M_B - M_A)$ representa el cambio en el momento flexionante entre los puntos *A* y *B* e $\int_A^B S\,dx$ representa el área debajo del diagrama de la fuerza cortante entre los mismos puntos. Por tanto, la ecuación (5.9) se puede expresar como

cambio en el momento flexionante entre los puntos *A* y *B* = **área** debajo del diagrama de la **cortante** entre los puntos *A* y *B*	**(5.10)**

Cargas concentradas

Las relaciones entre las cargas y las fuerzas cortantes deducidas hasta aquí (ecuaciones (5.1) a (5.5)) no son válidas en el punto de aplicación de cargas concentradas. Como se ilustra en el ejemplo 5.3, en un punto de ese tipo la cortante cambia de manera abrupta en una cantidad igual a la magnitud de la carga concentrada. Para verificar esta relación, se considera el equilibrio de un elemento diferencial que se aísla de la viga de la figura 5.8(a) al pasar secciones imaginarias a distancias infinitesimales, a la izquierda y a la derecha del punto de aplicación *C* de la carga concentrada *P*. El diagrama de cuerpo libre de este elemento se muestra en la figura 5.8(c). Si se aplica la ecuación de equilibrio $\sum F_y = 0$, se obtiene

$$+\uparrow \sum F_y = 0$$

$$S + P - (S + dS) = 0$$

$$dS = P \tag{5.11}$$

la cual se puede expresar como

cambio en la cortante en el punto de aplicación de una carga concentrada = magnitud de la carga	**(5.12)**

Las relaciones entre las fuerzas cortantes y los momentos flexionantes (ecuaciones (5.6) a (5.10)), deducidas con anterioridad, siguen siendo válidas en los puntos de aplicación de las cargas concentradas. Observe que, en virtud del cambio abrupto en el diagrama de la cortante en un punto de ese tipo, se tendrá un cambio abrupto en la pendiente del diagrama del momento flexionante en ese punto.

Pares o momentos concentrados

Aunque las relaciones entre las cargas y las fuerzas cortantes deducidas hasta ahora (ecuaciones (5.1) a (5.5), (5.11) y (5.12)) son válidas en los puntos de aplicación de pares o momentos concentrados, las relaciones entre las cortantes y los momentos flexionantes, según se expresan por las ecuaciones (5.6) a (5.10), no son válidas en esos puntos. Como se ilustra en el ejemplo 5.3, en el punto de aplicación de un par, el momento flexionante cambia en forma abrupta en una cantidad igual a la magnitud del momento del par. Con el fin de obtener esta relación, se considera el equilibrio de un elemento diferencial que se aísla de la viga de la figura 5.8(a) al pasar secciones imaginarias a distancias infinitesimales, a la izquierda y a la derecha del punto de aplicación D del par $\overline{M}$. El diagrama de cuerpo libre de este elemento se muestra en la figura 5.8(d). Si se aplica la ecuación de equilibrio de los momentos, se escribe

$$+\circlearrowleft \sum M_a = 0$$

$$-M - \overline{M} + (M + dM) = 0$$

$$dM = \overline{M} \qquad \textbf{(5.13)}$$

la cual se puede expresar como

$$\boxed{\begin{array}{c}\text{cambio en el momento flexionante}\\ \text{en el punto de aplicación de un par}\end{array} = \begin{array}{c}\text{magnitud del momento}\\ \text{del par}\end{array}} \qquad \textbf{(5.14)}$$

Procedimiento para el análisis

Se puede aplicar el siguiente procedimiento paso a paso para construir los diagramas de fuerza cortante y de momento flexionante para las vigas, al aplicar las relaciones dadas entre las cargas, las cortantes y los momentos flexionantes:

1. Calcule las reacciones en los apoyos.

2. Constrúyase el diagrama de la fuerza cortante como sigue:

a. Determine la cortante en el extremo izquierdo de la viga. Si no se aplica una carga concentrada en este punto, la cortante en éste es cero; avance al paso 2b). De lo contrario, la ordenada del diagrama de la fuerza cortante en este punto cambia en forma abrupta desde cero hasta la magnitud de la fuerza concentrada. Recuerde que una fuerza hacia arriba hace que la cortante se incremente, en tanto que una hacia abajo hace que esa cortante decrezca.

b. Avanzando desde el punto en el cual se calculó la cortante en el paso anterior, hacia la derecha a lo largo de la viga, identifique el punto siguiente en el cual se va a determinar el valor numérico de la ordenada del diagrama de la cortante. Por lo común, es necesario determinar esos valores sólo en los extremos de la viga y en aquellos puntos en los que se aplican las fuerzas concentradas y en donde cambian las distribuciones de la carga.

c. Determine la ordenada del diagrama de la cortante en el punto seleccionado en el paso 2b) (o precisamente a la izquierda de él, si una carga concentrada actúa en ese punto) al sumar algebraicamente el área debajo del diagrama de cargas, entre el punto anterior y el que se está considerando en este momento, a la cortante hallada en ese punto anterior (o precisamente a la derecha de él, si una carga concentrada actúa en dicho punto). En el apéndice A, se da una lista de las fórmulas para las áreas de formas geométricas comunes.

d. Determínese la forma del diagrama de la cortante, entre el punto anterior y el que se está considerando en este momento, al aplicar la ecuación (5.3), la cual expresa que la pendiente del diagrama de la cortante en un punto es igual a la intensidad de la carga en ese punto.

e. Si ninguna carga concentrada está actuando en el punto que se está considerando, entonces avance al paso 2f). De lo contrario, determine la ordenada del diagrama de la cortante, precisamente a la derecha del punto, al sumar algebraicamente la magnitud de la carga concentrada a la cortante, precisamente a la izquierda del mencionado punto. Por consiguiente, el diagrama de la cortante en este punto cambia de una manera abrupta en una cantidad igual a la magnitud de la fuerza concentrada.

f. Si el punto considerado no está localizado en el extremo derecho de la viga, entonces regrese al paso 2b). De lo contrario, se ha completado el diagrama de la fuerza cortante. Si el análisis se ha llevado a cabo en forma correcta, entonces el valor de la cortante, precisamente a la derecha del extremo derecho de la viga, debe ser cero, excepto por los errores de redondeo.

3. Construya el diagrama del momento flexionante como se indica a continuación:

a. Determine el momento flexionante en el extremo izquierdo de la viga. Si no se encuentra aplicado un par en este punto, el momento flexionante es cero en el mismo; prosiga con el paso 3b). De lo contrario, la ordenada del diagrama del momento flexionante en este punto cambia de manera abrupta desde cero hasta la magnitud del momento del par. Recuerde que un par en el sentido del movimiento de las manecillas del reloj hace que el momento flexionante se incremente, en tanto que uno en sentido contrario a ese movimiento hace que ese momento flexionante disminuya en su punto de aplicación.

b. Avanzando desde el punto en el que se calculó el momento flexionante en el paso anterior, hacia la derecha a lo largo de la viga, identifique el siguiente punto en el cual se va a determinar el valor numérico de la ordenada de ese momento flexionante. Suele ser necesario determinar esos valores sólo en los puntos en donde se calcularon los valores numéricos de la cortante en el paso 2, en donde se aplican los pares y en donde se presentan los valores máximos y mínimos del momento flexionante. Además de los puntos de aplicación de los pares, se presentan los valores máximos y mínimos del momento flexionante en los puntos en donde la fuerza cortante es cero. En un punto de cortante cero, si esta cortante cambia de positiva a la izquierda, a negativa a la derecha, la pendiente del diagrama del momento flexionante cambiará de positiva a la izquierda del punto, a negativa a la derecha del mismo; es decir, el momento flexionante será máximo en este punto. Inversamente, en un punto de cortante cero, en donde esta cortante cambia de negativa a la izquierda, a positiva a la derecha, el momento flexionante será mínimo. Para las condiciones de carga más comunes, como cargas concentradas y uniforme y linealmente distribuidas, se pueden localizar los puntos de cortante cero al considerar la configuración geométrica del diagrama de esa cortante. Sin embargo, para algunos casos de cargas linealmente distribuidas, así como para aquéllas de distribución no lineal, se hace necesario localizar los puntos de cortante cero resolviendo las expresiones para la cortante, como se ilustra en el ejemplo 5.4.

c. Determine la ordenada del diagrama del momento flexionante en el punto seleccionado en el paso 3b) (o precisamente a la izquierda de él, si actúa un par en ese punto) al sumar algebraicamente el área debajo del diagrama de la cortante, entre el punto anterior y el que se está considerando, al momento flexionante hallado en el punto anterior (o precisamente a la derecha de él, si actúa un par en el mismo).

d. Determínese la forma del diagrama del momento flexionante, entre el punto anterior y el que se está considerando, al aplicar la ecuación (5.8), la cual expresa que la pendiente del diagrama del momento flexionante en un punto es igual a la cortante en ese punto.

e. Si ningún par está actuando en el punto que se está considerando, entonces prosiga con el paso 3f). De lo contrario, determínese la ordenada del diagrama del momento flexionante precisamente a la derecha de este punto, al sumar algebraicamente la magnitud del momento del par al momento flexionante precisamente a la izquierda del mencionado punto. De este modo, el diagrama del momento flexionante en este punto cambia de manera abrupta en una cantidad igual a la magnitud del momento del par.

f. Si el punto que se está considerando no está localizado en el extremo derecho de la viga, entonces regrese al paso 3b). En caso contrario, se ha completado el diagrama del momento flexionante. Si el análisis se ha llevado a cabo en forma correcta, entonces el valor del momento flexionante precisamente a la derecha del extremo derecho de la viga debe ser cero, excepto por los errores de redondeo.

Se puede aplicar el procedimiento descrito para construir los diagramas de la fuerza cortante y del momento flexionante, avanzando del extremo izquierdo de la viga hacia su extremo derecho, como en la actualidad es la práctica común. No obstante, si se desea construir estos diagramas avanzando desde el extremo derecho de la viga hacia la izquierda, el procedimiento en esencia sigue siendo el mismo, excepto que ahora debe considerarse que las fuerzas hacia abajo hacen que crezca la cortante, que los pares en sentido contrario al movimiento de las manecillas del reloj causan incremento en el momento flexionante, y viceversa.

EJEMPLO 5.5

Dibuje los diagramas de la cortante y del momento flexionante, así como la forma flexionada cualitativa para la viga que se muestra en la figura 5.9(a).

SOLUCIÓN *Reacciones* (Véase la figura 5.9(b).)

$$+ \rightarrow \sum F_x = 0 \qquad A_x = 0$$

Por proporciones,

$$A_y = 12\left(\frac{20}{30}\right) + 30\left(\frac{10}{30}\right) = 18 \text{ k} \qquad A_y = 18 \text{ k} \uparrow$$

$+\uparrow \sum F_y = 0$

$$18 - 12 - 30 + D_y = 0$$

$$D_y = 24 \text{ k} \qquad\qquad D_y = 24 \text{ k} \uparrow$$

Diagrama de la cortante

Punto A Suponemos que en el punto *A* actúa una fuerza concentrada positiva (hacia arriba) con una magnitud de 18 k, el diagrama de la cortante crece en forma abrupta desde 0 hasta +18 k en este punto.

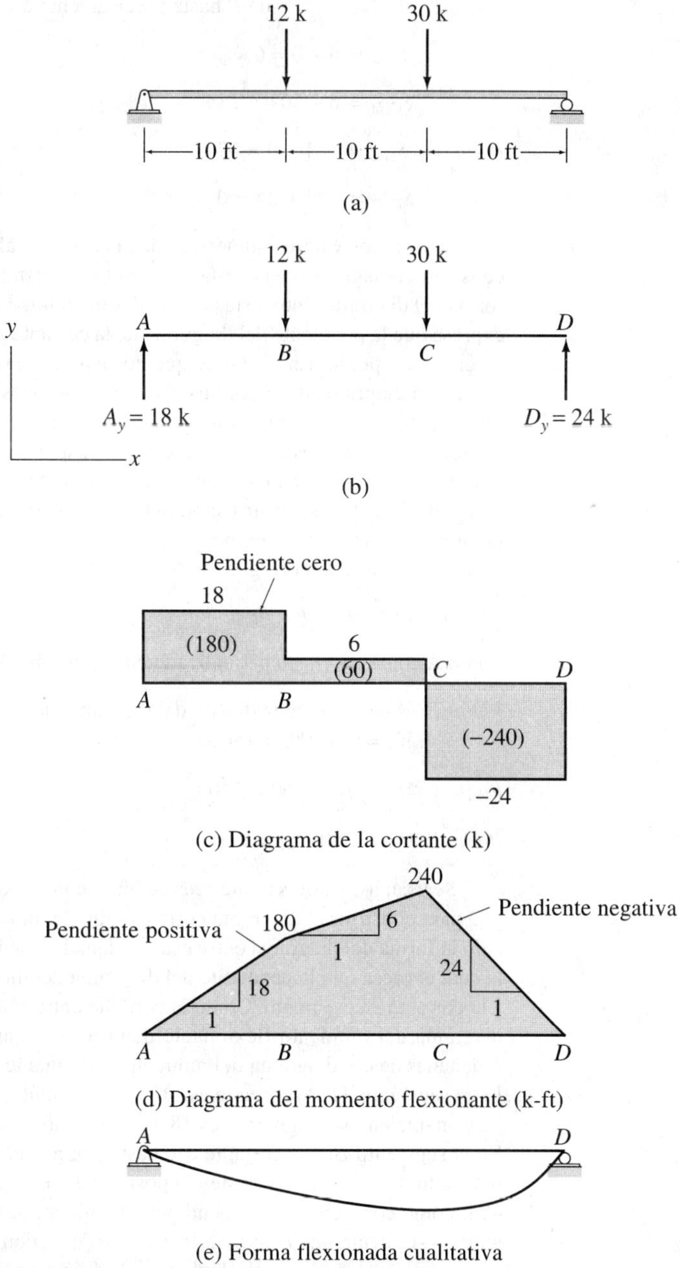

Fig. 5.9

Punto B La cortante precisamente a la izquierda del punto *B* se expresa por

$S_{B,I} = S_{A,D}$ + área debajo del diagrama de cargas entre precisamente a la derecha de *A* hasta precisamente a la izquierda de *B*

en la cual se usan los subíndices *I* y *D* para denotar "precisamente a la izquierda" y "precisamente a la derecha", respectivamente. Como no se aplica carga a este segmento de la viga,

$$S_{B,I} = 18 + 0 = 18 \text{ k}$$

Debido a que, en el punto *B*, actúa una carga concentrada negativa (hacia abajo) con una magnitud de 12 k, la cortante precisamente a la derecha de *B* es

$$S_{B,D} = 18 - 12 = 6 \text{ k}$$

Punto C $S_{C,I} = S_{B,D}$ + área debajo del diagrama de cargas entre precisamente a la derecha de *B* hasta precisamente a la izquierda de *C*

$$S_{C,I} = 6 + 0 = 6 \text{ k}$$

$$S_{C,D} = 6 - 30 = -24 \text{ k}$$

Punto D $S_{D,I} = -24 + 0 = -24 \text{ k}$

$S_{D,D} = -24 + 24 = 0$ **Coincide**

Se usan los valores numéricos de la cortante calculados en los puntos *A*, *B*, *C* y *D* para construir el diagrama de la cortante, como se muestra en la figura 5.9(c). Se ha establecido la forma del diagrama entre estas ordenadas mediante la aplicación de la ecuación (5.3), la cual expresa que la pendiente del diagrama de la cortante en un punto es igual a la intensidad de la carga en ese punto. En virtud de que no se aplica carga a la viga entre estos puntos, la pendiente del diagrama de la cortante es cero entre ellos y este diagrama consta de una serie de rectas horizontales, como se muestra en la figura. Observe que el diagrama de la cortante se cierra (es decir, regresa a cero) precisamente a la derecha del extremo derecho *D* de la viga, lo que indica que el análisis se ha llevado a cabo en forma correcta. **Resp.**

Para facilitar la construcción del diagrama del momento flexionante, se han calculado las áreas de los diversos segmentos del diagrama de la cortante y se muestran entre paréntesis en el propio diagrama (Fig. 5.9(c)).

Diagrama del momento flexionante

Punto A como no existe par aplicado en el extremo *A*, $M_A = 0$.

Punto B $M_B = M_A$ + área debajo del diagrama de la cortante entre *A* y *B*

$$M_B = 0 + 180 = 180 \text{ k-ft}$$

Punto C $M_C = 180 + 60 = 240 \text{ k-ft}$

Punto D $M_D = 240 - 240 = 0$ **Coincide**

Se usan los valores numéricos del momento flexionante calculados en los puntos *A*, *B*, *C* y *D* para construir el diagrama correspondiente, mostrado en la figura 5.9(d). Se ha establecido la forma del diagrama entre estas ordenadas mediante la aplicación de la ecuación (5.8), la cual expresa que la pendiente del diagrama del momento flexionante en un punto es igual a la cortante en ese punto. Como la cortante entre estos puntos es constante, la pendiente del diagrama del momento flexionante debe ser constante entre los mismos. Por lo tanto, las ordenadas de ese diagrama del momento flexionante se unen por medio de rectas inclinadas. En el segmento *AB*, la cortante es +18 k. Por lo tanto, la pendiente del diagrama del momento flexionante en este segmento es 18:1 y positiva —es decir, *hacia arriba a la derecha* (/)—. En el segmento *BC*, la cortante cae hasta +6; por lo tanto, la pendiente de este diagrama se reduce hasta 6:1, pero sigue siendo positiva. En el segmento *CD*, la cortante se transforma en –24; como consecuencia, la pendiente del diagrama del momento flexionante se vuelve negativa —es decir, *hacia abajo a la derecha* (\)—, como se muestra en la figura 5.9(d). Observe que se tiene el momento flexionante máximo en el punto *C*, en donde la cortante cambia de positiva, a la izquierda, hacia negativa a la derecha. **Resp.**

Forma flexionada cualitativa En la figura 5.9(e), se muestra una forma flexionada cualitativa de la viga. Como el momento flexionante es positivo sobre toda su longitud, la viga se dobla cóncava hacia arriba, como se muestra. **Resp.**

EJEMPLO 5.6

Dibuje los diagramas de la cortante y del momento flexionante, así como la forma flexionada cualitativa, para la viga que se muestra en la figura 5.10(a).

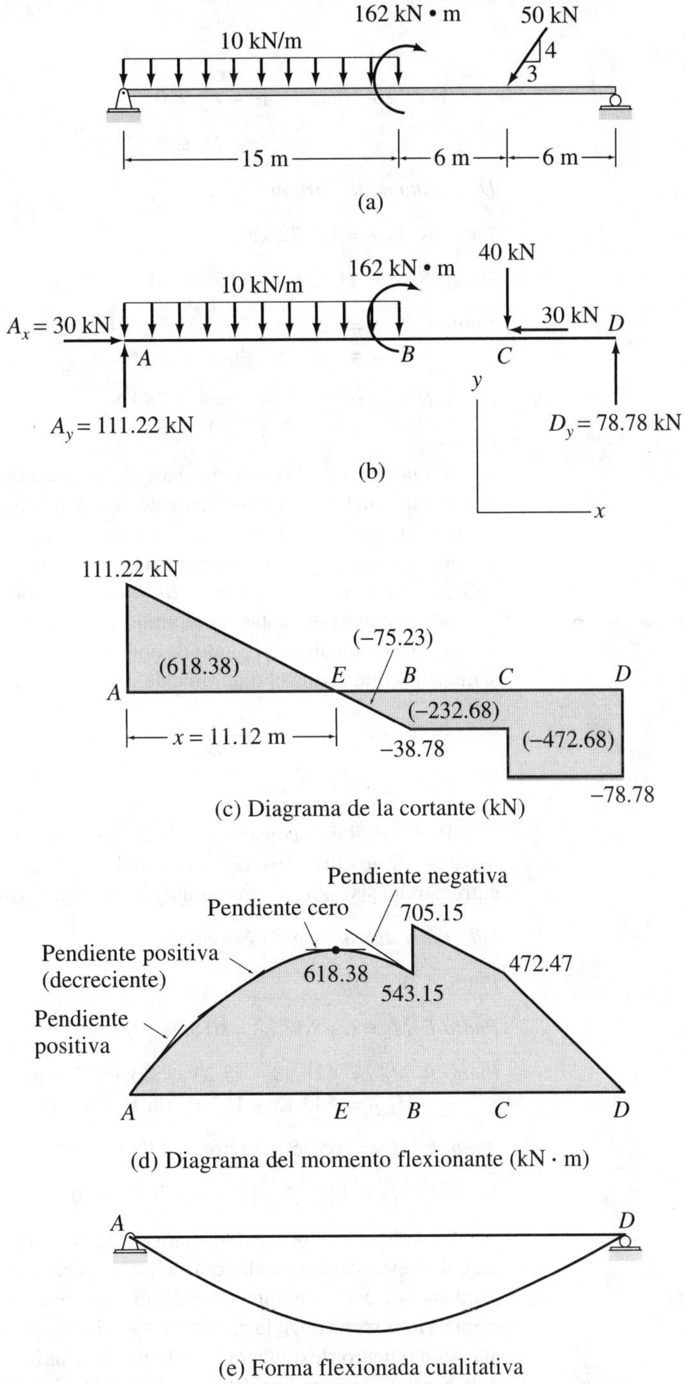

(c) Diagrama de la cortante (kN)

(d) Diagrama del momento flexionante (kN · m)

(e) Forma flexionada cualitativa

Fig. 5.10

SOLUCIÓN *Reacciones* (Véase la figura 5.10(b).)

$+\rightarrow \sum F_x = 0$

$A_x - 30 = 0$

$A_x = 30$ kN $\qquad A_x = 30$ kN $\rightarrow$

$+\circlearrowleft \sum M_D = 0$

$-A_y(27) + 10(15)(19.5) - 162 + 40(6) = 0$

$A_y = 111.22$ kN $\qquad A_y = 111.22$ kN $\uparrow$

$+\uparrow \sum F_y = 0$

$111.22 - 10(15) - 40 + D_y = 0$

$D_y = 78.78$ kN $\qquad D_y = 78.78$ kN $\uparrow$

Diagrama de la cortante

Punto A $S_{A,D} = 111.22$ kN

Punto B $S_B = 111.22 - 10(15) = -38.78$ kN

Punto C $S_{C,I} = -38.78 + 0 = -38.78$ kN
$S_{C,D} = -38.78 - 40 = -78.78$ kN

Punto D $S_{D,I} = -78.78 + 0 = -78.78$ kN
$S_{D,D} = -78.78 + 78.78 = 0$ **Coincide**

En la figura 5.10(c), se muestra el diagrama de la cortante. En el segmento *AB*, la viga está sujeta a una carga uniformemente distribuida hacia abajo (negativa) de 10 kN/m. Debido a que la intensidad de la carga es constante y negativa en el segmento *AB*, el diagrama de la cortante en este segmento es una recta con pendiente negativa. Ninguna carga distribuida se aplica a la viga en los segmentos *BC* y *CD*, de modo que el diagrama de la cortante en estos segmentos consta de rectas horizontales, lo que indica pendientes de cero. **Resp.**

Se puede localizar el punto de cortante cero, *E*, mediante la aplicación de los triángulos semejantes que forma el diagrama de la cortante entre *A* y *B*. Por tanto,

$$\frac{x}{111.22} = \frac{15}{(111.22+38.78)}$$

$$x = 11.12 \text{ m}$$

Para facilitar la construcción del diagrama del momento flexionante, se han calculado las áreas de los diversos segmentos del diagrama de la fuerza cortante; éstos se muestran entre paréntesis sobre el propio diagrama (Fig. 5.10(c)).

Diagrama del momento flexionante

Punto A $M_A = 0$

Punto E $M_E = 0 + 618.38 = 618.38$ kN · m

Punto B $M_{B,I} = 618.38 - 75.23 = 543.15$ kN · m
$M_{B,D} = 543.15 + 162 = 705.15$ kN · m

Punto C $M_C = 705.15 - 232.68 = 472.47$ kN · m

Punto D $M_D = 472.47 - 472.68 = -0.21 \approx 0$ **Coincide**

En la figura 5.10(d), se muestra el diagrama del momento flexionante. La forma de este diagrama entre las ordenadas que acaban de calcularse se ha basado en la condición de que la pendiente de este diagrama en cualquier punto es igual a la cortante en ese punto. Precisamente a la derecha de *A*, la cortante es positiva y, por consiguiente, es la pendiente del diagrama del momento flexionante en este punto. Conforme nos movemos hacia la derecha desde *A*, la cortante decrece linealmente (pero sigue siendo positiva), hasta que se vuelve cero en *E*. Por lo tanto, la pendiente del diagrama del momento flexionante decrece en forma gradual, o se vuelve menos inclinada (pero permanece positiva), conforme nos movemos hacia la derecha desde A, hasta que se vuelve cero en E. Observe que el diagrama de la cortante en el segmento AE es lineal, pero el del momento flexionante en este segmento es parabólico, o sea, una curva de segundo grado, porque este último diagrama se obtiene al integrar el de la cortante (ecuación 5.10). Por lo tanto, la curva del momento flexionante siempre será de un grado mayor en uno que el de la curva correspondiente de la cortante.

A partir de la figura 5.10(d), se puede ver que el momento flexionante se vuelve un máximo local en el punto E, en donde la cortante cambia de positiva, a la izquierda, a negativa, a la derecha. Conforme nos movemos hacia la derecha a partir de E, la cortante se vuelve negativa y decrece en forma lineal entre E y B. En consecuencia, la pendiente del diagrama del momento flexionante se vuelve negativa a la derecha de E y decrece en forma continua (se vuelve más inclinada hacia abajo a la derecha) entre E y precisamente hasta la izquierda de B. En B, actúa un par positivo (en el sentido del movimiento de las manecillas del reloj), de modo que el momento flexionante crece de manera abrupta en este punto en una cantidad igual a la magnitud del momento del par. El valor más grande (máximo global) del momento flexionante sobre toda la longitud de la viga se presenta precisamente a la derecha de B. (Observe que, en este punto, no hay cambio abrupto ni discontinuidad en el diagrama de la fuerza cortante.) Por último, como la cortante en los segmentos BC y CD es constante y negativa, el diagrama del momento flexionante en estos segmentos consta de rectas con pendientes negativas. **Resp.**

Forma flexionada cualitativa Véase la figura 5.10(e). **Resp.**

EJEMPLO 5.7

Trace los diagramas de la fuerza cortante y del momento flexionante, así como la forma flexionada cualitativa, para la viga que se muestra en la figura 5.11(a).

SOLUCIÓN *Reacciones* (Véase la figura 5.11(b).)

$+\rightarrow \sum F_x = 0$ $\qquad B_x = 0$

$+\circlearrowleft \sum M_C = 0$

$$\frac{1}{2}(3)(12)(24) - B_y(20) + 3(20)(10) - \frac{1}{2}(3)(6)(2) = 0$$

$B_y = 50.7 \text{ k}$ $\qquad B_y = 50.7 \text{ k} \uparrow$

$+\uparrow \sum F_y = 0$

$$-\frac{1}{2}(3)(12) + 50.7 - 3(20) - \frac{1}{2}(3)(6) + C_y = 0$$

$C_y = 36.3 \text{ k}$ $\qquad C_y = 36.3 \text{ k} \uparrow$

Diagrama de la cortante

Punto A $S_A = 0$

Punto B $S_{B,I} = 0 - \frac{1}{2}(3)(12) = -18 \text{ k}$

$S_{B,D} = -18 + 50.7 = 32.7 \text{ k}$

Punto C $S_{C,I} = 32.7 - 3(20) = -27.3 \text{ k}$

$S_{C,D} = -27.3 + 36.3 = 9 \text{ k}$

Punto D $S_D = 9 - \frac{1}{2}(3)(6) = 0$ **Coincide**

En la figura 5.11(c), se muestra el diagrama de la fuerza cortante. La forma del diagrama entre las ordenadas que acaban de calcularse se obtiene al aplicar la condición de que la pendiente de este diagrama en cualquier punto es igual a la intensidad de la carga en ese punto. Por ejemplo, como la intensidad de la carga en A es cero, así es la pendiente del

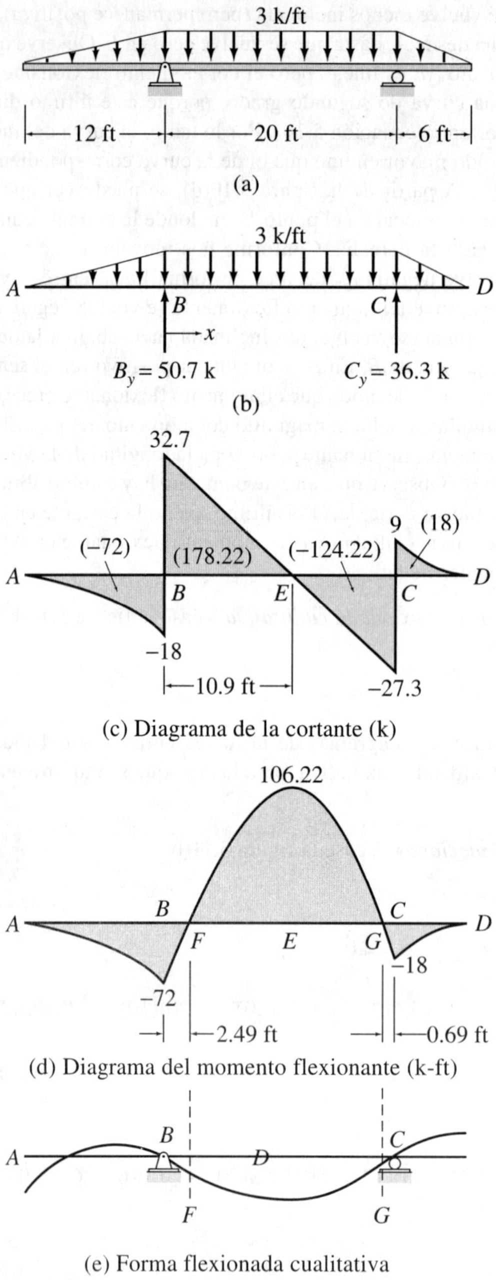

Fig. 5.11

diagrama de la cortante en ese punto. Entre A y B, la intensidad de la carga es negativa y decrece en forma lineal, desde cero en A hasta –3 k/ft en B. Por tanto, la pendiente del diagrama de la cortante es negativa en este segmento y decrece (se vuelve más empinada) de manera continua, desde A hasta precisamente la izquierda de B. El resto de este diagrama se construye al aplicar un razonamiento semejante. **Resp.**

El punto de fuerza cortante cero, E, se localiza al utilizar los triángulos semejantes que forma el diagrama correspondiente entre B y C.

Para facilitar la construcción del diagrama del momento flexionante, se han calculado las áreas de los diversos segmentos del diagrama de la cortante y se muestran entre paréntesis en el propio diagrama (Fig. 5.11(c)). Se debe hacer notar que se pueden obtener las áreas de las embocaduras parabólicas, AB y CD, al usar la fórmula para el área de esta forma que se da en el apéndice A.

Diagrama del momento flexionante

Punto A $M_A = 0$

Punto B $M_B = 0 - 72 = -72$ k-ft

Punto E $M_E = -72 + 178.22 = 106.22$ k-ft

Punto C $M_C = 106.22 - 124.22 = -18$ k-ft

Punto D $M_D = -18 + 18 = 0$ **Coincide**

La forma del diagrama del momento flexionante entre estas ordenadas se obtiene al aplicar la condición de que la pendiente de este diagrama en cualquier punto es igual a la cortante en ese punto. En la figura 5.11(d), se muestra el diagrama del momento flexionante construido de este modo.

A partir de este figura, se puede ver que el momento flexionante máximo negativo se tiene en el punto *B*, en tanto que el máximo positivo, el cual tiene el valor absoluto más grande sobre la longitud completa de la viga, ocurre en el punto *E*. **Resp.**

Para localizar los puntos de inflexión, *F* y *G*, se iguala a cero la ecuación para el momento flexionante en el segmento *BC*, en términos de la distancia *x* desde el punto izquierdo de apoyo, *B* (Fig. 5.11(b)):

$$M = -\left(\frac{1}{2}\right)(3)(12)(4 + x) + 50.7x - 3(x)\left(\frac{x}{2}\right) = 0$$

o bien,

$$-1.5x^2 + 32.7x - 72 = 0$$

de lo cual $x = 2.49$ ft y $x = 19.31$ ft, desde *B*.

Forma flexionada cualitativa En la figura 5.11(e), se muestra una forma flexionada cualitativa de la viga. El momento flexionante es positivo en el segmento *FG*, así que la viga se dobla cóncava hacia arriba en esta región. Inversamente, ya que el momento flexionante es negativo en los segmentos *AF* y *GD*, la viga se dobla cóncava hacia abajo en estos segmentos. **Resp.**

EJEMPLO 5.8

Trace los diagramas de la fuerza cortante y del momento flexionante, así como la forma flexionada cualitativa, para la viga que se muestra en la figura 5.12(a).

SOLUCIÓN *Reacciones* (Véase la figura 5.12(b).)

$$+\circlearrowleft \sum M_B^{BD} = 0$$

$$-20(10)(5) + C_y(10) - 100(15) = 0$$

$$C_y = 250 \text{ kN} \qquad C_y = 250 \text{ kN} \uparrow$$

$$+\uparrow \sum F_y = 0$$

$$A_y - 20(10) + 250 - 100 = 0$$

$$A_y = 50 \text{ kN} \qquad A_y = 50 \text{ kN} \uparrow$$

$$+\circlearrowleft \sum M_A = 0$$

$$M_A - 20(10)(15) + 250(20) - 100(25) = 0$$

$$M_A = 500 \text{ kN} \cdot \text{m} \qquad M_A = 500 \text{ kN} \cdot \text{m} \circlearrowright$$

Diagrama de la cortante

Punto A $S_{A,D} = 50$ kN

Punto B $S_B = 50 + 0 = 50$ kN

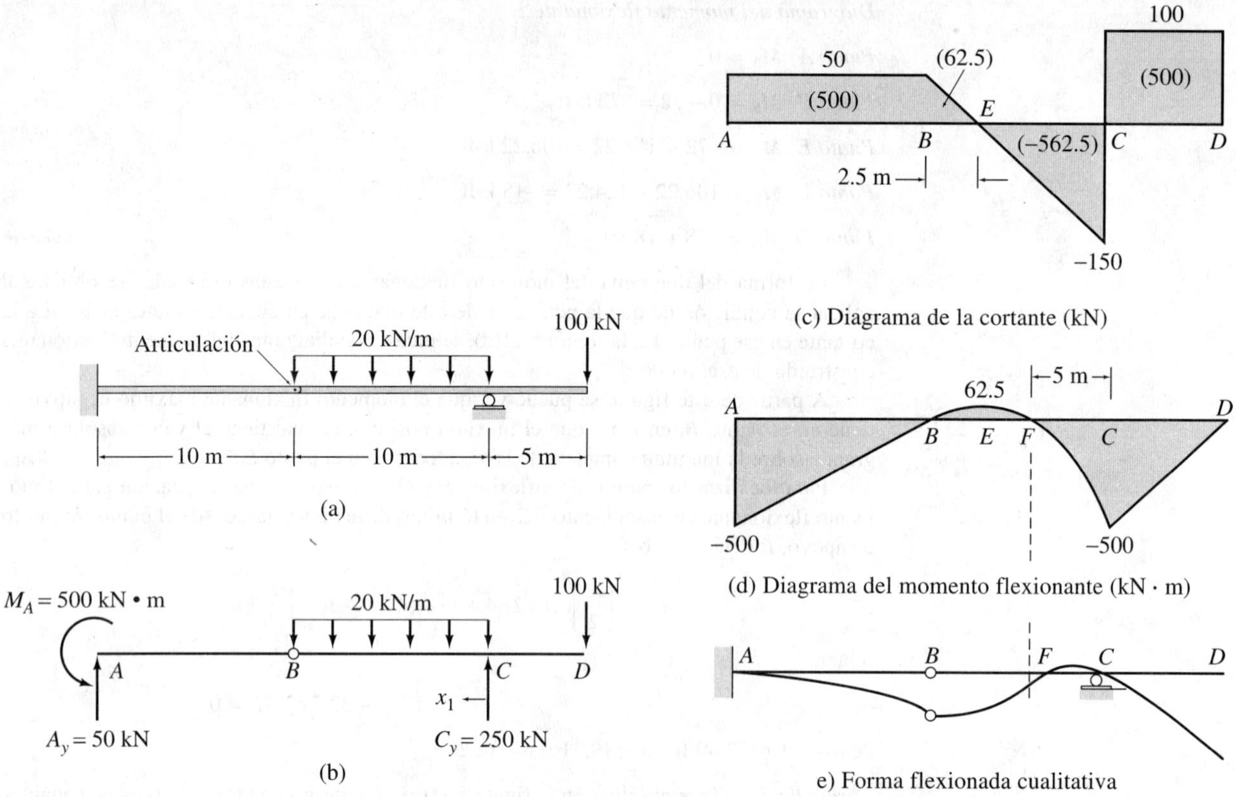

(c) Diagrama de la cortante (kN)

(a)

(d) Diagrama del momento flexionante (kN · m)

(b)

e) Forma flexionada cualitativa

Fig. 5.12

Punto C $S_{C,I} = 50 - 20(10) = -150$ kN
$S_{C,D} = -150 + 250 = 100$ kN

Punto D $S_{D,I} = 100 + 0 = 100$ kN
$S_{D,D} = 100 - 100 = 0$ **Coincide**

El diagrama de la cortante se muestra en la figura 5.12(c). **Resp.**

Diagrama del momento flexionante

Punto A $M_{A,D} = -500$ kN · m

Punto B $M_B = -500 + 500 = 0$

Punto E $M_E = 0 + 62.5 = 62.5$ kN · m

Punto C $M_C = 62.5 - 562.5 = -500$ kN · m

Punto D $M_D = -500 + 500 = 0$ **Coincide**

El diagrama del momento flexionante se muestra en la figura 5.12(d). El punto de inflexión F se puede localizar al igualar a cero la ecuación para el momento flexionante en el segmento BC, en términos de la distancia x_1 desde el punto derecho de apoyo, C (Fig. 5.12(b)):

$$M = -100(5 + x_1) + 250x_1 - 20(x_1)\left(\frac{x_1}{2}\right) = 0$$

o bien,

$$-10x_1^2 + 150x_1 - 500 = 0$$

de lo cual $x_1 = 5$ m y $x_1 = 10$ m, desde C. Nótese que la solución $x_1 = 10$ m representa la localización de la articulación interna en B, en la cual el momento flexionante es cero. Por tanto, el punto de inflexión F se encuentra ubicado a una distancia de 5 m a la izquierda de C, como se muestra en la figura 5.12(d). **Resp.**

Forma flexionada cualitativa En la figura 5.12(e), se muestra una forma flexionada cualitativa de la viga. Nótese que en el apoyo fijo A, tanto la deflexión como la pendiente de la viga son cero, en tanto que en el apoyo de rodillo C, sólo la deflexión es cero, pero la pendiente no lo es. La articulación interna B no proporciona restricción respecto a la rotación. De modo que la pendiente en este punto puede ser discontinua. **Resp.**

EJEMPLO 5.9

Trace los diagramas de la fuerza cortante y del momento flexionante, así como la forma flexionada cualitativa, para la viga estáticamente indeterminada que se muestra en la figura 5.13. En la figura 5.13(a), se dan las reacciones en los apoyos, determinadas mediante la aplicación de los procedimientos para el análisis de las vigas estáticamente indeterminadas (presentado en la parte tres de este texto).

SOLUCIÓN Si importar que la viga sea estáticamente determinada o indeterminada, una vez que se han determinado las reacciones en los apoyos, el procedimiento para la construcción de los diagramas de la fuerza cortante y del momento flexionante sigue siendo el mismo. En las figuras 5.13(b) y (c), se muestran estos diagramas, respectivamente y, en la figura 5.13(d), se muestra la forma flexionada cualitativa de la viga.

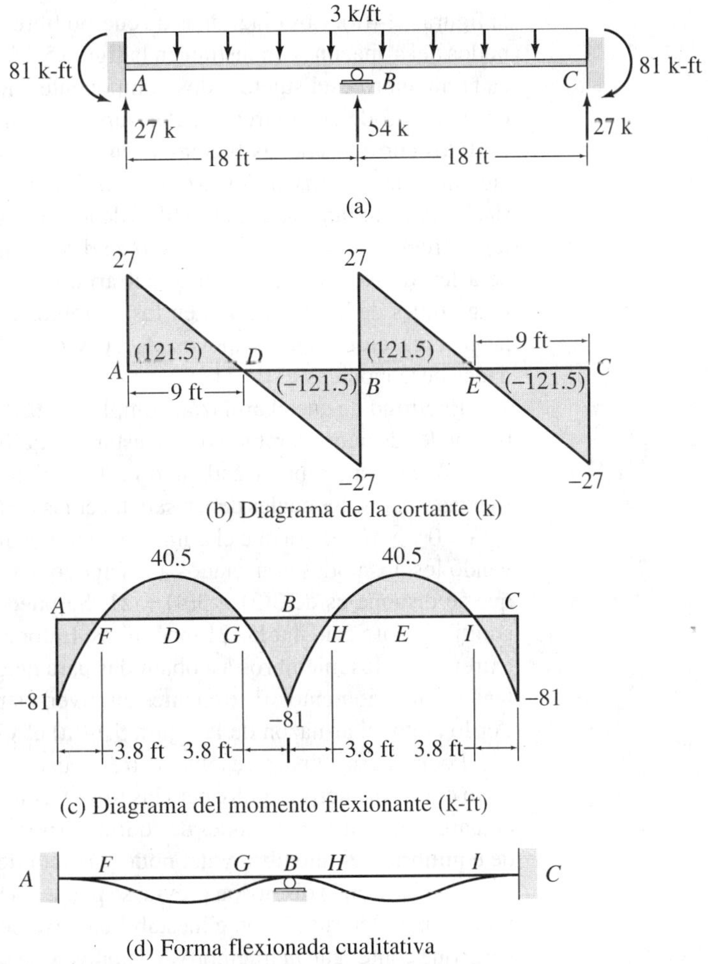

Fig. 5.13

5.5 DETERMINACIÓN, INDETERMINACIÓN E INESTABILIDAD ESTÁTICAS DE LOS ARMAZONES PLANOS

Como se define en la sección 1.3, los armazones rígidos, que suelen mencionarse sencillamente como *armazones*, se componen de miembros rectos conectados por medio de conexiones rígidas (que resisten los momentos), o bien, por conexiones articuladas, para formar configuraciones estables. Por lo común, los miembros de los armazones se conectan por uniones rígidas, aun cuando a veces se usan las conexiones articuladas. Una unión rígida impide las traslaciones y rotaciones relativas de los miembros conectados a ella, de modo que la unión es capaz de transmitir dos componentes rectangulares de fuerza y un par entre los miembros conectados. En general, bajo la acción de cargas externas, los miembros de un armazón pueden quedar sujetos a momento flexionante, fuerza cortante y tensión o compresión axiales.

Se considera que un armazón es *estáticamente determinado, si los momentos flexionantes, las fuerzas cortantes y las fuerzas axiales en todos sus miembros, así como todas las reacciones externas, se pueden determinar mediante la aplicación de las ecuaciones de equilibrio y de condición.*

Dado que el método de análisis presentado en la sección siguiente sólo se puede utilizar para analizar armazones estáticamente determinados, es importante que el estudiante sea capaz de reconocer este tipo de armazones, antes de proceder con el análisis.

Considérese un armazón plano sujeto a una carga arbitraria, como se muestra en la figura 5.14(a). Los diagramas de cuerpo libre de los tres miembros y de los cuatro nodos del armazón se muestran en la figura 5.14(b). Además de las fuerzas externas, cada miembro está sujeto a dos componentes internas de fuerza y a un par interno en cada uno de sus extremos. Por supuesto, antes del análisis, no se conocen los sentidos correctos de las fuerzas y pares internos, los cuales por lo común se mencionan como *fuerzas en los extremos de los miembros*, y se eligen en forma arbitraria. En los diagramas de cuerpo libre de los nodos se muestran las mismas fuerzas en los extremos de los miembros, pero en direcciones opuestas, de acuerdo con la tercera ley de Newton. El análisis del armazón comprende la determinación de las magnitudes de las 18 fuerzas en los extremos de los miembros (6 por miembro) y las tres reacciones en los apoyos, A_X, A_Y y D_Y. Por lo tanto, el número total de cantidades desconocidas es de 21.

En virtud de que el armazón completo está en equilibrio, cada uno de sus miembros y de sus nodos también deben estar en equilibrio. Como se muestra en la figura 5.14(b), cada miembro y cada nodo están sujetos a un sistema coplanar general de fuerzas y pares, los cuales deben satisfacer las tres ecuaciones de equilibrio, $\sum F_X = 0$, $\sum F_Y = 0$ y $\sum M = 0$. Ya que el armazón contiene tres miembros y cuatro nodos (incluyendo los dos nodos conectados a los apoyos), el número total de ecuaciones de las que se dispone es de $3(3) + 3(4) = 21$. Se pueden resolver estas 21 ecuaciones de equilibrio para calcular las 21 incógnitas. Entonces se pueden usar las fuerzas en los extremos de los miembros así obtenidas para determinar las fuerzas axiales, las cortantes y los momentos flexionantes en diversos puntos a lo largo de los miembros. Por lo tanto, el armazón de la figura 5.14(a) es estáticamente determinado.

Podrían escribirse y resolverse tres ecuaciones de equilibrio del armazón completo como un cuerpo rígido, para las tres reacciones desconocidas (A_X, A_Y y D_Y). Sin embargo, estas tres ecuaciones de equilibrio no son independientes de las ecuaciones de equilibrio del miembro y del nodo y no contienen información adicional.

Con base en la discusión previa, se pueden desarrollar los criterios para la determinación, indeterminación e inestabilidad estáticas de los armazones planos en general que contengan m miembros y j nodos, y se encuentren apoyados por r (número de) reacciones externas. Para el análisis, se necesitan determinar $6m$ fuerzas en los

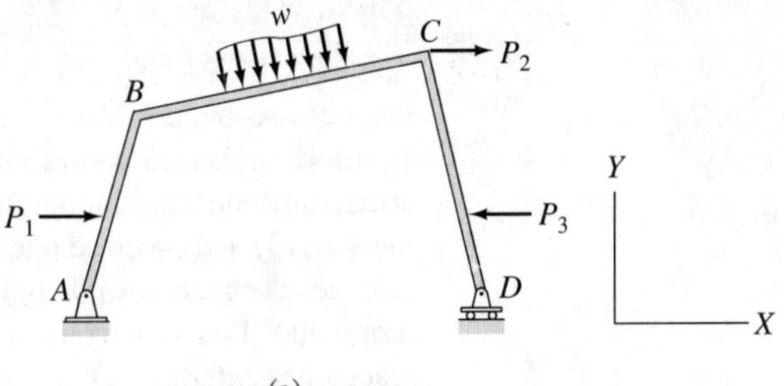

(a)

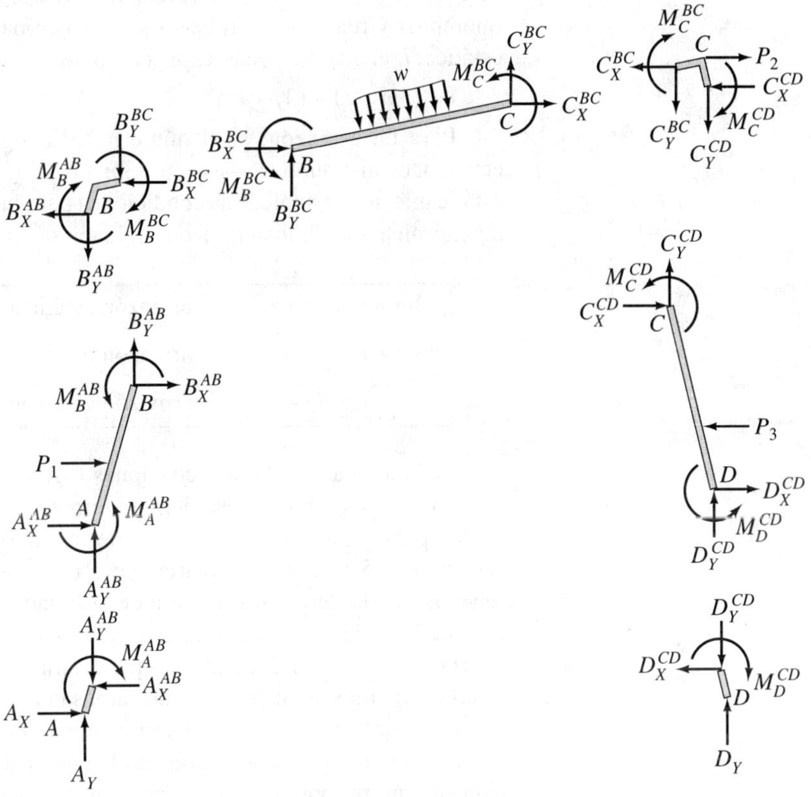

(b)

Fig. 5.14

miembros y r reacciones externas; es decir, se necesita calcular un total de $6m + r$ cantidades desconocidas. Supuesto que se tienen m miembros y j nodos y se pueden escribir tres ecuaciones de equilibrio por cada miembro y por cada nodo, el número de ecuaciones de equilibrio de las que se dispone es $3(m + j)$. Además de contener articulaciones o rodillos internos, o ambos tipos de elementos, estas ecuaciones internas proporcionan ecuaciones adicionales, las cuales se pueden usar en conjunción con las de equilibrio para determinar las incógnitas. Por consiguiente, si se tienen e_c ecuaciones de condición para un armazón, el número total de ecuaciones (ecuaciones de equilibrio más las de condición) de las que se dispone es $3(m + j) + e_c$. Para un armazón, si el número de incógnitas es igual al número de ecuaciones; es decir,

$$6m + r = 3(m + j) + e_c$$

o bien,

$$3m + r = 3j + e_c$$

entonces se pueden determinar todas las incógnitas al resolver las ecuaciones de equilibrio y las de condición, y el armazón es estáticamente determinado. Si un armazón tiene más incógnitas que ecuaciones de las que se dispone —es decir, $3m + r > 3j + e_c$— no se pueden determinar todas las incógnitas mediante la resolución de las ecuaciones disponibles, y se dice que el armazón es estáticamente indeterminado. Los armazones estáticamente indeterminados tienen más miembros o reacciones externas, o más de ambos, que los mínimos requeridos por la estabilidad. Se dice que los miembros y reacciones en exceso son *redundantes* y el número de miembros y reacciones en exceso se menciona como el grado de indeterminación estática, i, el cual se puede expresar como

$$i = (3m + r) - (3j + e_c) \tag{5.15}$$

Para un armazón, si el número de incógnitas es menor que el número de ecuaciones disponibles —esto es, $3m + r < 3j + e_c$— se dice que ese armazón es estáticamente inestable. Las condiciones para la inestabilidad, la determinación y la indeterminación de los armazones planos se puede resumir como sigue:

$3m + r < 3j + e_c$	armazón estáticamente inestable	
$3m + r = 3j + e_c$	armazón estáticamente determinado	**(5.16)**
$3m + r > 3j + e_c$	armazón estáticamente indeterminado	

En la aplicación de las ecuaciones (5.16), los extremos del armazón sujetos a los apoyos, así como cualesquiera extremos libres se tratan como nodos. Las condiciones para la determinación e indeterminación estáticas, como las expresan las ecuaciones (5.16), son necesarias pero no suficientes. Para que estos criterios en relación con la determinación e indeterminación estáticas sean válidos, la disposición de los miembros, las reacciones en los apoyos y las articulaciones y rodillos internos (si los hay) debe ser tal que el armazón seguirá siendo geométricamente estable bajo un sistema general de cargas coplanares.

El procedimiento para la determinación del número de ecuaciones de condición sigue siendo el mismo que el discutido en el capítulo 3. Recuerde que una articulación interna proporciona una ecuación de condición y que un rodillo interno da lugar a dos de esas ecuaciones. Cuando varios miembros de un armazón se conectan en un nodo articulado, el número de ecuaciones de condición en este último es igual al número de miembros que se encuentran en él menos uno. Por ejemplo, considérese el nodo articulado H del armazón que se muestra en la figura 5.15. Como una articulación no puede transmitir momento, los momentos en los extremos H de los tres miembros EH, GH y HI que se encuentran en el nodo deben ser cero; es decir, $M_H^{EH} = 0$, $M_H^{GH} = 0$ y $M_H^{HI} = 0$. Sin embargo, estas tres ecuaciones no son independientes en el sentido de que dos cualesquiera de las tres se satisfacen junto con la ecuación de equilibrio de momentos para el nodo H, la ecuación restante se satisfará de manera automática. Por tanto, el nodo articulado H suministra dos ecuaciones independientes de condición. Si se aplica un razonamiento semejante, se puede demostrar que un nodo de rodillo interno da lugar a las ecuaciones de condición cuyo número es igual a 2 × (número de miembros que se encuentran en el nodo −1).

Enfoque alternativo

Un enfoque alternativo que se puede aplicar para la determinación del grado de indeterminación estática de un armazón es cortar un número suficiente de miembros

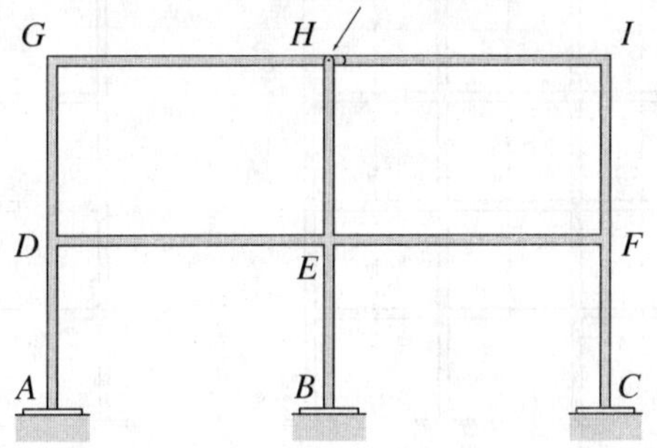

Dos cualesquiera de las siguientes pueden considerarse como ecuaciones de condición:

$$M_H^{EH} = 0, \quad M_H^{GH} = 0, \quad M_H^{HI} = 0$$

Fig. 5.15

del mismo al hacer pasar secciones imaginarias o remover apoyos suficientes, o realizar ambos procedimientos, para volver a la estructura estáticamente determinada. El número total de restricciones internas y externas eliminadas de esta manera es igual al grado de indeterminación estática. Como un ejemplo, considérese el armazón que se muestra en la figura 5.16(a). El armazón se puede hacer estáticamente determinado al hacer pasar una sección imaginaria a través de la viga maestra BC, con lo que se eliminan de esta manera tres restricciones internas (la fuerza axial Q, la cortante S y el momento flexionante M), como se muestra en la figura 5.16(b). Observe que las dos estructuras en voladizo producidas de esta manera son tanto estáticamente determinadas como geométricamente estables. En virtud de que tuvieron que eliminarse tres restricciones (Q, S y M) del armazón original estáticamente indeterminado de la figura 5.16(a), para obtener los armazones estáticamente deter-

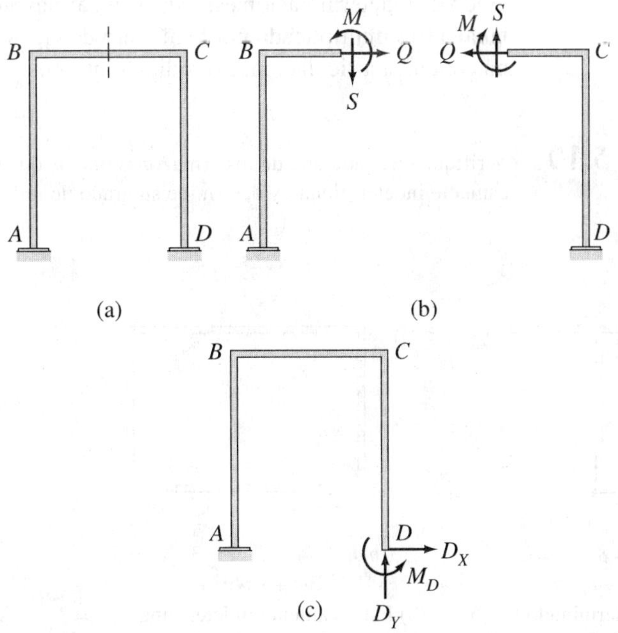

Fig. 5.16

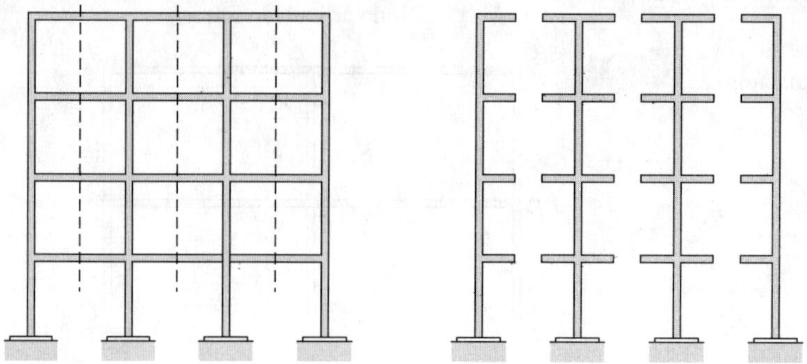

(a) (b)

Fig. 5.17

minados de la figura 5.16(b), el grado de indeterminación estática del armazón original es tres. Existen muchas elecciones posibles referentes a las restricciones que se pueden eliminar de una estructura estáticamente indeterminada para volverla estáticamente determinada. Por ejemplo, de modo alternativo, el armazón de la figura 5.16(a) se puede volver estáticamente determinado al desconectarlo del apoyo fijo en D, como se muestra en la figura 5.16(c). Ya que en este proceso deben eliminarse tres restricciones o reacciones externas, D_X, D_Y y M_D, el grado de indeterminación estática del armazón es tres, como se concluyó con anterioridad.

Este enfoque alternativo de establecimiento del grado de indeterminación (en lugar de aplicar la ecuación (5.15)) proporciona el medio más conveniente de determinación de los grados de esa indeterminación para los armazones de edificios de varios pisos. En la figura 5.17(a), se muestra un ejemplo de un armazón de ese tipo. Debido a que cada corte elimina tres restricciones, el número total de restricciones que deben eliminarse para volver a la estructura estáticamente determinada es igual a tres multiplicado por el número de vigas maestras en el armazón. Por tanto, el grado de indeterminación estática de un armazón de varios pisos con apoyos fijos es igual a tres multiplicado por el número de vigas maestras, siempre que ese armazón no contenga articulaciones o rodillos internos.

EJEMPLO 5.10

Verifique que cada uno de los armazones planos que se muestran en la figura 5.18 es estáticamente indeterminado y determine su grado de indeterminación estática.

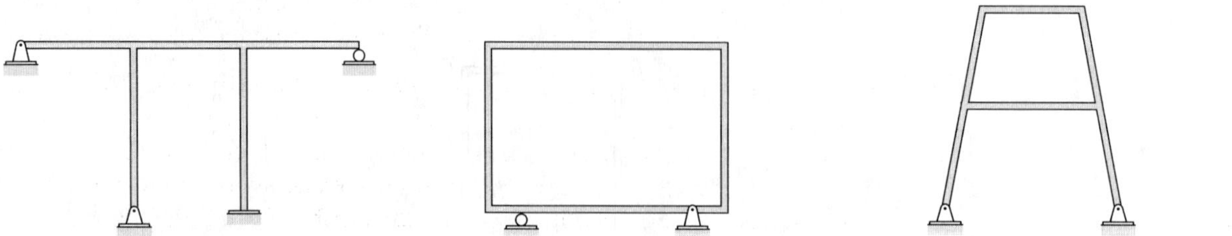

$m = 5 \quad j = 6 \quad r = 8 \quad e_c = 0$
$3m + r > 3j + e_c$
(a) Estáticamente indeterminado (i = 5)

$m = 4 \quad j = 4 \quad r = 3 \quad e_c = 0$
$3m + r > 3j + e_c$
(b) Estáticamente indeterminado (i = 3)

$m = 6 \quad j = 6 \quad r = 4 \quad e_c = 0$
$3m + r > 3j + e_c$
(c) Estáticamente indeterminado (i = 4)

Fig. 5.18

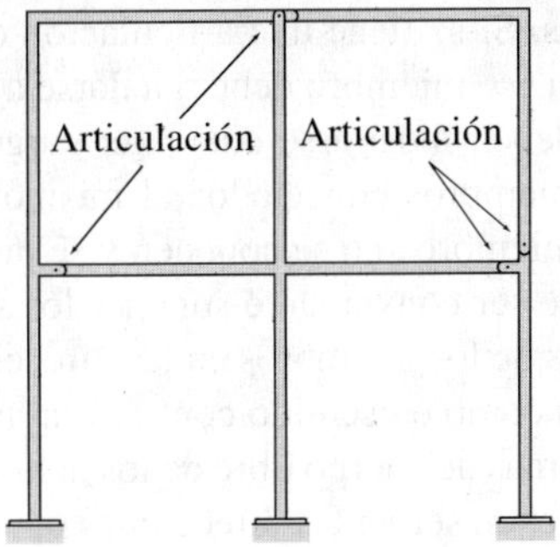

$m = 10 \quad j = 9 \quad r = 9 \quad e_c = 5$

$3m + r > 3j + e_c$

(d) Estáticamente indeterminado ($i = 7$)

$i = 3$ (número de vigas maestras) = 3(4) = 12

(e)

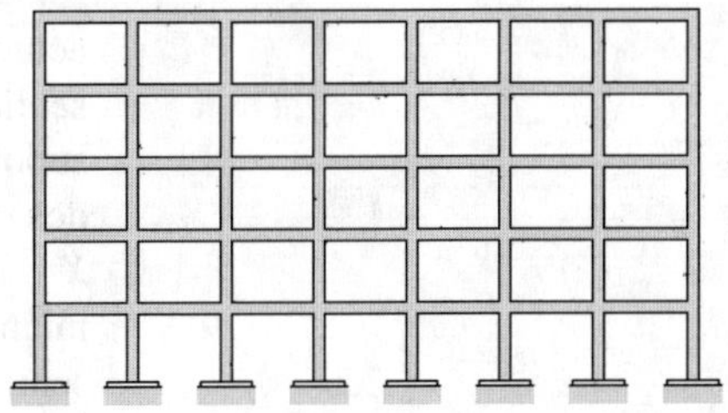

$i = 3$ (número de vigas maestras) 3(35) = 105

(f)

Fig. 5.18 (*Continuación*)

SOLUCIÓN Véanse las figuras 5.18(a) a (f).

5.6 ANÁLISIS DE LOS ARMAZONES PLANOS

Se puede aplicar el siguiente procedimiento paso a paso para la determinación de las fuerzas en los extremos de los miembros, así como las fuerzas cortantes, los momentos flexionantes y las fuerzas axiales en miembros de armazones planos estáticamente determinados.

1. Verifique la determinación estática. Usando el procedimiento descrito en la sección anterior, determine si el armazón dado es o no estáticamente determinado. Si se encuentra que el armazón es estáticamente determinado y estable, prosiga con el paso 2. De lo contrario, finalice el análisis en esta etapa. (El análisis de los armazones estáticamente indeterminados se considera en la Parte tres de este texto.)

2. Determine las reacciones en los apoyos. Dibuje un diagrama de cuerpo libre del armazón completo y determine las reacciones mediante la aplicación de las ecuaciones de equilibrio y cualesquiera ecuaciones de condición que puedan escribirse en términos sólo de las reacciones externas (sin que intervengan fuerzas internas en los miembros). Para algunos armazones internamente inestables puede ser imposible expresar todas las ecuaciones necesarias de condición, exclusivamente en términos de reacciones externas; por lo tanto, puede ser imposible determinar todas las reacciones. Sin embargo, algunas de las reacciones para ese tipo de estructuras por lo general pueden calcularse a partir de las ecuaciones de las que se disponga.

3. Determine las fuerzas en los extremos de los miembros. Suele ser conveniente especificar las direcciones de las fuerzas desconocidas en los extremos de los miembros del armazón mediante el uso de un sistema de coordenadas XY estructural común (o global), con los ejes X y Y orientados en las direcciones horizontal (positiva hacia la derecha) y vertical (positiva hacia arriba). Dibuje los diagramas de cuerpo libre de todos los miembros y nodos de la estructura. Estos diagramas deben mostrar, además de cualesquiera cargas externas y reacciones en los apoyos, todas las fuerzas internas que se están ejerciendo sobre el miembro o el nodo. Recuerde que un nodo rígido es capaz de transmitir dos componentes de fuerza y un par, un nodo articulado puede transmitir dos componentes de fuerza y un nodo de rodillo sólo puede transmitir una de esas componentes. Si se tiene una articulación en un extremo de un miembro, el momento interno en ese miembro debe igualarse a cero. En el diagrama de cuerpo libre de un nodo, deben mostrarse cualquier carga que actúe sobre éste, no en los extremos de los miembros conectados al mismo. Los sentidos de las fuerzas en los extremos de los miembros no se conocen y se pueden suponer en forma arbitraria. Sin embargo, suele ser conveniente suponer los sentidos de las fuerzas desconocidas en los extremos de los miembros en las direcciones X y Y positivas y los de los pares desconocidos como en sentido contrario al movimiento de las manecillas del reloj. En los diagramas de cuerpo libre de los nodos, los sentidos de las fuerzas internas y de los pares deben ser en las direcciones opuestas a las que se supusieron en los extremos de los miembros, de acuerdo con la tercera ley de Newton. Calcúlense las fuerzas en los extremos de los miembros en la forma siguiente:

a. Seleccione un miembro o un nodo con tres o menos incógnitas.

b. Determine las fuerzas y momentos desconocidos mediante la aplicación de las tres ecuaciones de equilibrio ($\sum F_X = 0$, $\sum F_Y = 0$ y $\sum M = 0$ al cuerpo libre del miembro o del nodo seleccionado en el paso 3a).

c. Si se han determinado todas las fuerzas, todos los momentos y todas las reacciones desconocidos, entonces prosiga con el paso 3d); en caso contrario, regrésese al paso 3a).

d. Puesto que las reacciones en los apoyos se calcularon en el paso 2 mediante el uso de las ecuaciones de equilibrio y de condición de la estructura completa, debe haber algunas ecuaciones restantes que no se han utilizado hasta ahora. El número de ecuaciones que han quedado debe ser igual al número de reacciones calculadas en el paso 2. Use estas ecuaciones restantes para comprobar los cálculos. Si el análisis se ha llevado a cabo en forma correcta, entonces se deben satisfacer esas ecuaciones restantes.

Para algunos tipos de armazones, puede ser que no se encuentre un miembro o un nodo que tenga un número de incógnitas menor que el número de ecuaciones de equilibrio, o igual a éste, para iniciar o continuar el análisis. En un caso así, puede ser necesario escribir ecuaciones de equilibrio en términos de los incógnitas para dos o más cuerpos libres y resolver esas ecuaciones en forma simultánea, para determinar las fuerzas y momentos desconocidos.

4. Para cada miembro del armazón, construya los diagramas de la fuerza cortante, el momento flexionante y la fuerza flexionante, como sigue:

a. Seleccione un sistema de coordenadas xy para el miembro (local), con el origen en cualquiera de los dos extremos del propio miembro y el eje x dirigido a lo largo del eje centroidal de éste. La dirección positiva del eje y se elige de modo que el sistema de coordenadas sea derecho, con el eje z apuntando hacia afuera del plano del papel.

b. Resuelva todas las cargas, reacciones y fuerzas en los extremos externas que actúan sobre el miembro en componentes en las direcciones x y y (es decir, en las direcciones paralela y perpendicular al eje centroidal del miembro). Determine la fuerza axial total (resultante) y la cortante en cada uno de los extremos del miembro al sumar algebraicamente las componentes x y las componentes y, respectivamente, de las fuerzas que actúan en cada uno de esos extremos.

c. Construya los diagramas de la fuerza cortante y del momento flexionante para el miembro, mediante la aplicación del procedimiento descrito en la sección 5.4. El procedimiento se puede aplicar a los miembros no horizontales, al considerar el extremo del miembro en el cual está ubicado el origen del sistema de coordenadas xy como el extremo izquierdo de ese miembro (con el eje x apuntando hacia la derecha) y la dirección y positiva como la correspondiente hacia arriba.

d. Construya el diagrama de la fuerza axial, mostrando la variación de esa fuerza a lo largo del miembro. Se puede construir ese diagrama mediante la aplicación del método de las secciones. Avanzando en la dirección x positiva, desde el extremo del miembro en el cual está localizado el origen del sistema de coordenadas xy, se hacen pasar secciones después de cada cambio sucesivo en la carga a lo largo del miembro, con el fin de determinar las ecuaciones para la fuerza axial en términos de x. Según la convención de los signos adoptada en la sección 5.1, se considera que las fuerzas externas que actúan en la dirección x negativa (que causan tensión en la sección) son positivas. Se sitúan los valores de las fuerzas axiales, determinados a partir de estas ecuaciones, como ordenadas contra x, para obtener el diagrama de la fuerza axial.

5. Dibújese una forma flexionada cualitativa del armazón. Usando los diagramas de los momentos flexionantes construidos en el paso 4, dibújese un forma flexionada cualitativa para cada miembro del armazón. Entonces se obtiene la forma flexionada del armazón completo al unir, en los nodos, las formas flexionadas correspondientes a cada uno de los miembros, de modo que se mantengan los ángulos originales entre los miembros en los nodos rígidos y se satisfagan las condiciones en los apoyos. Al trazar los esquemas de las formas flexionadas de los armazones, se desprecian las deformaciones debidas a las fuerzas axiales y a las cortantes, las cuales suelen ser despreciables por su pequeñez en comparación con las deformaciones por los momentos flexionantes.

Se debe hacer notar que los diagramas de momentos flexionantes construidos con la aplicación del procedimiento descrito en el paso 4c) siempre mostrará momentos en los *lados a compresión* de los miembros. Por ejemplo, en un punto a lo largo de un miembro vertical, si el lado izquierdo del miembro está a compresión, entonces el valor del momento en ese punto aparecerá en el lado izquierdo. Como el lado del miembro en el cual aparece el momento indica la dirección de éste, no es necesario usar los signos más y menos en los diagramas de momentos. Cuando se diseñan armazones de concreto reforzado, a veces se trazan los diagramas de momentos en los lados a tensión de los miembros, para facilitar la colocación de las varillas de acero usadas para reforzar el concreto que es débil a tensión. Se puede obtener el diagrama del momento del lado a tensión sencillamente al invertir (es decir, hacer un giro de 180° en torno al eje del miembro) el diagrama del momento del lado a compresión. En este texto, sólo se consideran los diagramas de momentos del lado a compresión.

EJEMPLO 5.11

Trace los diagramas de la cortante, del momento flexionante y de la fuerza axial, así como la forma flexionada cualitativa, para el marco que se muestra en la figura 5.19(a).

SOLUCIÓN

Determinación estática $m = 3$, $j = 4$, $r = 3$ y $e_c = 0$. En virtud de que $3m + r = 3j + e_c$ y el armazón es geométricamente estable, es estáticamente determinado.

Reacciones Considerando el equilibrio del armazón completo (Fig. 5.19(b)), se observa que, para que se satisfaga $\sum F_X = 0$, la componente de la reacción A_X debe actuar hacia la izquierda con una magnitud de 18 k, para equilibrar la carga horizontal de 18 k hacia la derecha. Por tanto,

$A_X = -18$ k $\qquad\qquad$ $A_X = 18$ k ←

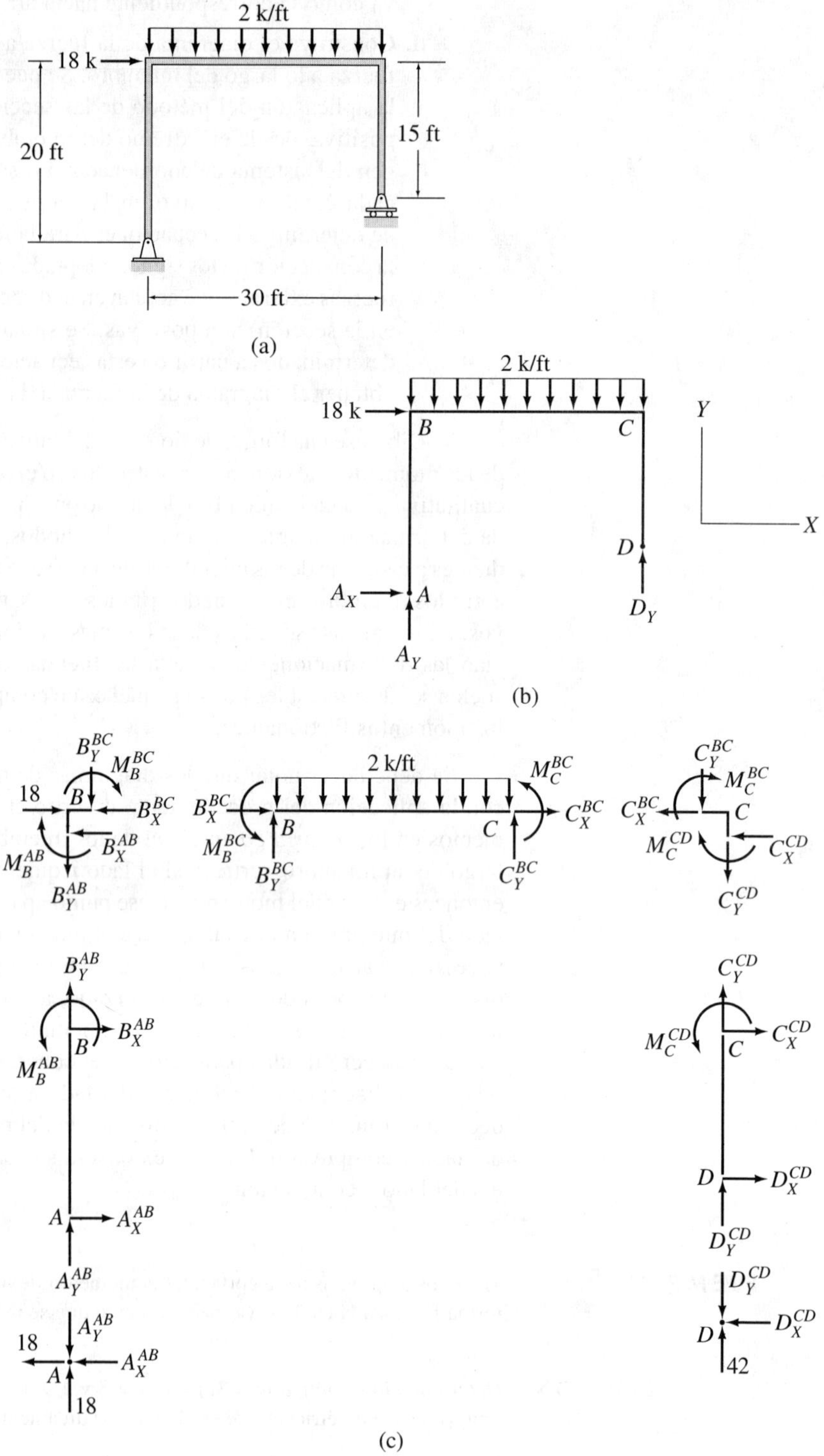
2 k/ft
18 k
20 ft
15 ft
30 ft
(a)
2 k/ft
18 k
B
C
Y
X
D
A_X
A
D_Y
A_Y
(b)
B_Y^{BC}
M_B^{BC}
18
B
B_X^{BC}
B_X^{AB}
M_B^{AB}
B_Y^{AB}
2 k/ft
M_C^{BC}
B_X^{BC}
B
C
C_X^{BC}
M_B^{BC}
B_Y^{BC}
C_Y^{BC}
C_Y^{BC}
M_C^{BC}
C_X^{BC}
C
M_C^{CD}
C_X^{CD}
C_Y^{CD}
B_Y^{AB}
B_X^{AB}
B
M_B^{AB}
A
A_X^{AB}
A_Y^{AB}
A_Y^{AB}
18
A_X^{AB}
A
18
C_Y^{CD}
M_C^{CD}
C
C_X^{CD}
D
D_X^{CD}
D_Y^{CD}
D_Y^{CD}
D
D_X^{CD}
42
(c)

Fig. 5.19

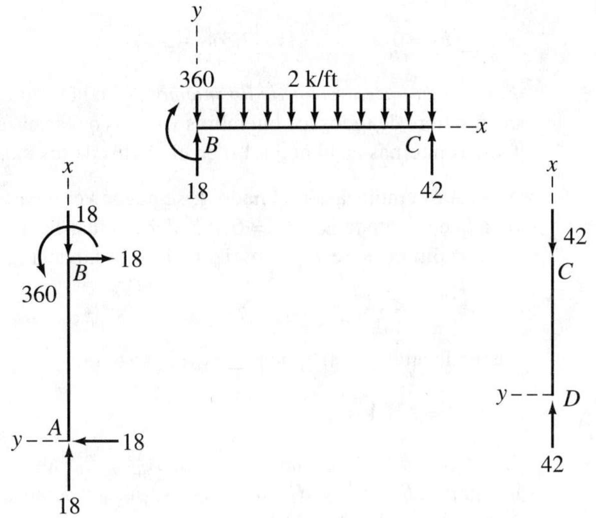

(d)

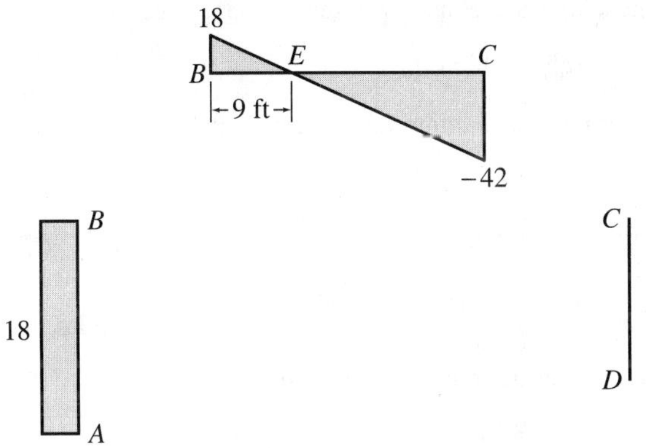

(e) Diagramas de las cortantes (k)

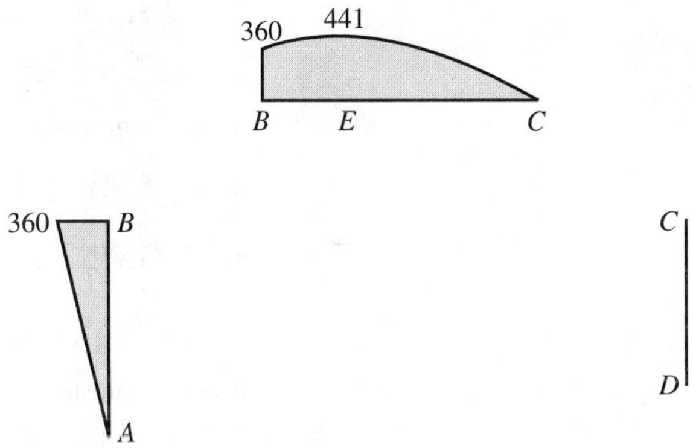

(f) Diagramas de los momentos flexionantes (k-ft)

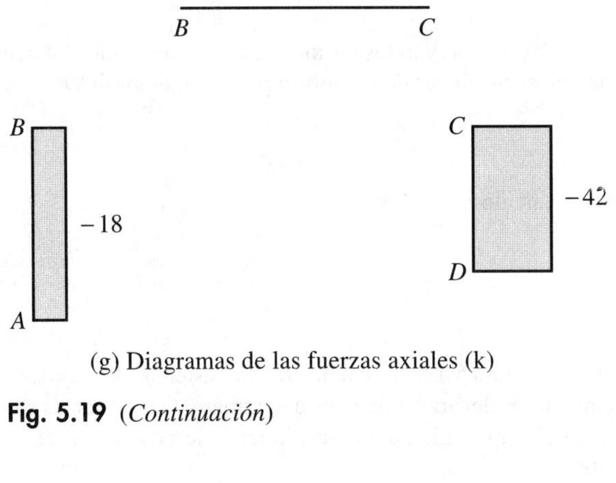

(g) Diagramas de las fuerzas axiales (k)

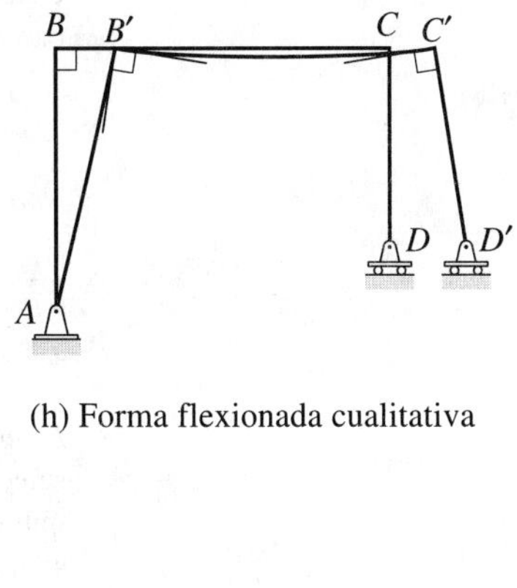

(h) Forma flexionada cualitativa

Fig. 5.19 (*Continuación*)

Se calculan las dos reacciones restantes por la aplicación de las dos ecuaciones de equilibrio, como sigue:

$+\circlearrowleft \sum M_A = 0 \qquad -18(20) - 2(30)(15) + D_Y(30) = 0 \qquad D_Y = 42 \text{ k} \uparrow$

$+\uparrow \sum F_Y = 0 \qquad A_Y - 2(3) + 42 = 0 \qquad A_Y = 18 \text{ k} \uparrow$

Fuerzas en los extremos de los miembros En la figura 5.19(c), se muestran los diagramas de cuerpo libre de todos los miembros y nodos del armazón. Se puede empezar el cálculo de las fuerzas internas en el nodo A o en el D, dos de los cuales sólo tienen tres incógnitas.

Nodo A Si empieza con el nodo A, se puede ver a partir de su diagrama de cuerpo libre que, para que se satisfaga $\sum F_X = 0$, A_X^{AB} debe actuar hacia la derecha con una magnitud de 18 k, para equilibrar la reacción horizontal de 18 k hacia la izquierda. Por tanto,

$$A_X^{AB} = -18 \text{ k}$$

De modo análogo, al aplicar $\sum F_Y = 0$, se obtiene

$$A_Y^{AB} = -18 \text{ k}$$

Miembro AB Con las magnitudes de A_X^{AB} y A_Y^{AB} ahora conocidas, el miembro AB tiene tres incógnitas, B_X^{AB}, B_Y^{AB} y M_B^{AB}, las cuales se pueden determinar mediante la aplicación de $\sum F_x = 0$, $\sum F_Y = 0$ y $\sum M_A = 0$. Por consiguiente,

$$B_X^{AB} = 18 \text{ k} \qquad B_Y^{AB} = -18 \text{ k} \qquad M_B^{AB} = 360 \text{ k-ft}$$

Nodo B Si se avanza a continuación hacia el nodo B y se considera su equilibrio, se obtiene

$$B_X^{BC} = 0 \qquad B_Y^{BC} = 18 \text{ k} \qquad M_B^{BC} = -360 \text{ k-ft}$$

Miembro BC Enseguida, al considerar el equilibrio del miembro BC, se escribe

$+\rightarrow \sum F_X = 0 \qquad C_X^{BC} = 0$

$+\uparrow \sum F_Y = 0 \qquad 18 - 2(30) + C_Y^{BC} = 0 \qquad C_Y^{BC} = 42 \text{ k}$

$+\circlearrowleft \sum M_B = 0 \qquad -360 - 2(30)(15) + 42(30) + M_C^{BC} = 0 \qquad M_C^{BC} = 0$

Nodo C Aplicando las tres ecuaciones de equilibrio, se obtiene

$$C_X^{CD} = 0 \qquad C_Y^{CD} = -42 \text{ k} \qquad M_C^{CD} = 0$$

Miembro CD Al aplicar $\sum F_X = 0$ y $\sum F_Y = 0$, en ese orden, se obtiene

$$D_X^{CD} = 0 \qquad D_Y^{CD} = 42 \text{ k}$$

Como se han determinado todas las fuerzas y todos los momentos desconocidos, se comprueban los cálculos al aplicar las tres ecuaciones de equilibrio para el miembro CD:

$+\circlearrowleft \sum M_D = 0$ **Coincide**

Nodo D (Comprobación de los cálculos.)

$+\rightarrow \sum F_X = 0$ **Coincide**

$+\uparrow \sum F_Y = 0 \qquad 42 - 42 = 0$ **Coincide**

Diagramas de las cortantes En la figura 5.19(d), se muestran los sistemas de coordenadas xy seleccionados para los tres miembros del armazón, y los diagramas de las cortantes para esos miembros, construidos mediante la aplicación del procedimiento descrito en la sección 5.4, se ilustran en la figura 5.19(e). **Resp.**

Diagramas de los momentos flexionantes En la figura 5.19(f), se muestran los diagramas de los momentos flexionantes para los tres miembros del armazón.

Diagramas de las fuerzas axiales A partir del diagrama de cuerpo libre del miembro AB, dado en la figura 5.19(d), se ve que la fuerza axial a todo lo largo de este miembro es de compresión, con una magnitud constante de 18 k. Por lo tanto, el diagrama de la fuerza axial para este miembro es una recta paralela al eje x, en un valor de –18 k, como se muestra en la figura 5.19(g). Análogamente, en la figura 5.19(d) se puede ver que las fuerzas axiales en los miembros BC y CD también son constantes, con magnitudes de 0 y –42 k, respectivamente. En la figura 5.19(g), se muestran los diagramas de las fuerzas axiales, construidas de este modo, para estos miembros. **Resp.**

Forma flexionada cualitativa Con base en los diagramas de los momentos flexionantes de los miembros del armazón (Fig. 5.19(f)), se observa que los miembros AB y BC se curvan cóncavo hacia la izquierda y cóncavo hacia abajo, respectivamente. Como ningún momento flexionante se desarrolla en el miembro CD, no se curva sino permanece recto. En la figura 5.19(h), se muestra una forma flexionada cualitativa del armazón, obtenida al unir en los nodos las formas flexionadas de los tres miembros. Como esta figura indica, la deflexión del armazón en el apoyo A es cero. Debido a la carga horizontal en B, el nodo B se desvía hacia la derecha hasta B'. Como se desprecian todas las deformaciones debidas a las fuerzas axiales en los miembros y se supone que las deformaciones por los momentos flexionantes son pequeñas, el nodo B sólo se desvía en la dirección horizontal, y el nodo C se desvía en la misma cantidad que el B; es decir, $BB' = CC'$. Nótese que las curvaturas de los miembros son coherentes con sus diagramas de los momentos flexionantes y que se han mantenido los ángulos originales de 90° entre los miembros, en los nodos rígidos B y C. **Resp.**

EJEMPLO 5.12

Un armazón a dos aguas se sujeta a una carga de nieve, como se muestra en la figura 5.20(a). Trácense los diagramas de las fuerzas cortantes, de los momentos flexionantes y de las fuerzas axiales, así como la forma flexionada cualitativa, para el armazón.

SOLUCIÓN *Determinación estática* $m = 4$, $j = 5$, $r = 4$ y $e_c = 1$. Ya que $3m + r = 3j + e_c$ y el armazón es geométricamente estable, es estáticamente determinado.

Reacciones Véase la figura 5.20(b).

$$+ \circlearrowleft \sum M_E = 0$$

$$-A_Y(8) + 12(8)(4) = 0 \qquad A_Y = 48 \text{ kN} \uparrow$$

$$+ \uparrow \sum F_Y = 0$$

$$48 - 12(8) + E_Y = 0 \qquad E_Y = 48 \text{ kN} \uparrow$$

$$+ \circlearrowleft \sum M_C^{AC} = 0$$

$$A_X(8) + 48(4) + 12(4)(2) = 0 \qquad A_X = 12 \text{ kN} \rightarrow$$

$$+ \rightarrow \sum F_X = 0$$

$$12 + E_X = 0$$

$$E_X = -12 \text{ kN} \qquad E_X = 12 \text{ kN} \leftarrow$$

Fuerzas en los extremos de los miembros Véase la figura 5.20(c).

Nodo A Al aplicar las ecuaciones de equilibrio $\sum F_X = 0$ y $\sum F_Y = 0$, se obtiene

$$A_X^{AB} = 12 \text{ kN} \qquad A_Y^{AB} = 48 \text{ kN}$$

Miembro AB Considerando el equilibrio del miembro AB, se obtiene

$$B_X^{AB} = -12 \text{ kN} \qquad B_Y^{AB} = -48 \text{ kN} \qquad M_B^{AB} = -60 \text{ kN} \cdot \text{m}$$

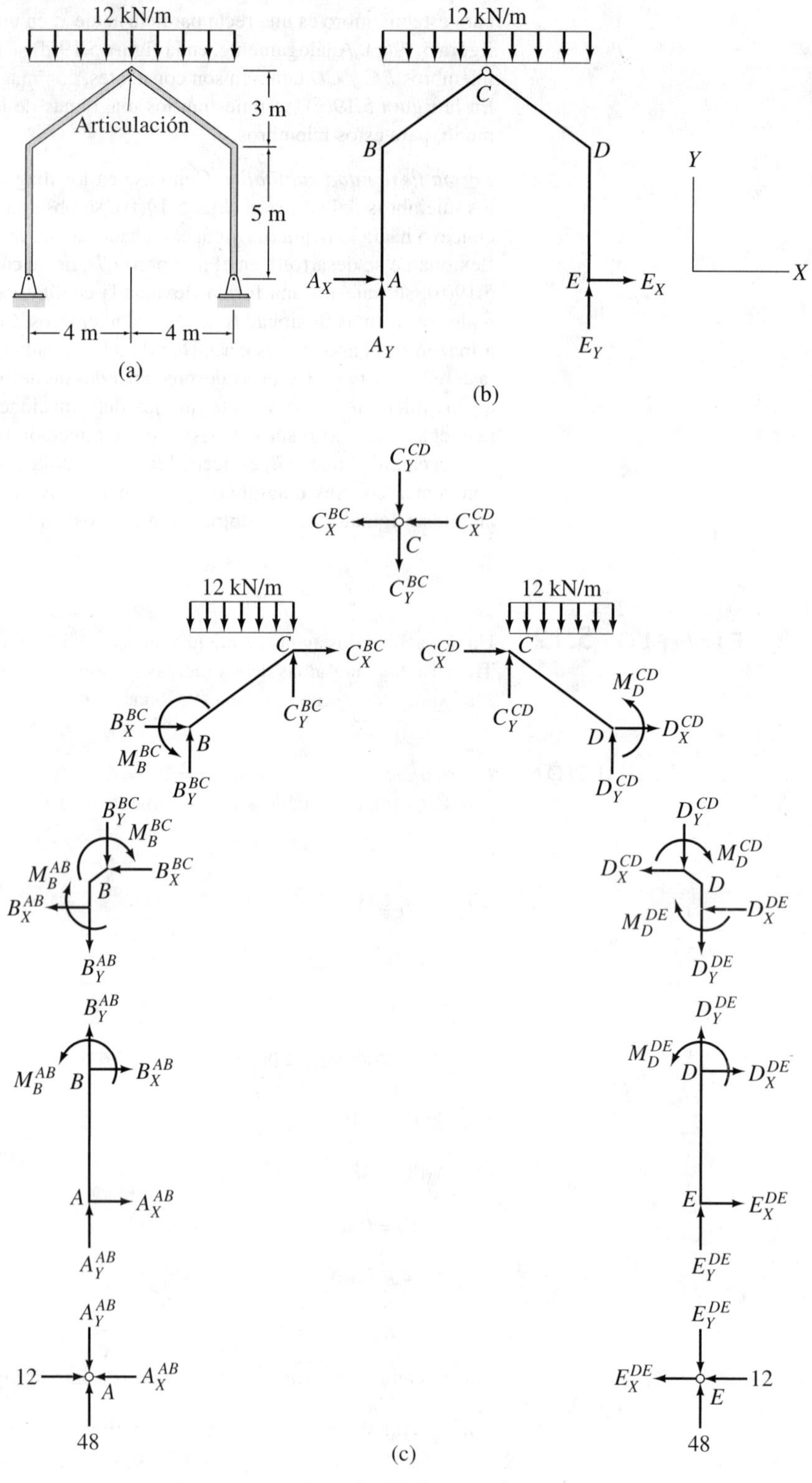
12 kN/m
3 m
Articulación
5 m
4 m
4 m
(a)
12 kN/m
C
B
D
A_X
A
E
E_X
A_Y
E_Y
Y
X
(b)
C_Y^{CD}
C_X^{BC}
C_X^{CD}
C
C_Y^{BC}
12 kN/m
C
C_X^{BC}
B_X^{BC}
M_B^{BC}
B
B_Y^{BC}
C_Y^{BC}
12 kN/m
C_X^{CD}
C
M_D^{CD}
C_Y^{CD}
D
D_X^{CD}
D_Y^{CD}
B_Y^{BC}
M_B^{BC}
M_B^{AB}
B_X^{BC}
B_X^{AB}
B
B_Y^{AB}
D_Y^{CD}
M_D^{CD}
D_X^{CD}
D
D_X^{DE}
M_D^{DE}
D_Y^{DE}
B_Y^{AB}
M_B^{AB}
B
B_X^{AB}
A
A_X^{AB}
A_Y^{AB}
D_Y^{DE}
M_D^{DE}
D
D_X^{DE}
E
E_X^{DE}
E_Y^{DE}
A_Y^{AB}
12
A_X^{AB}
A
48
E_Y^{DE}
E_X^{DE}
12
E
48
(c)

Fig. 5.20

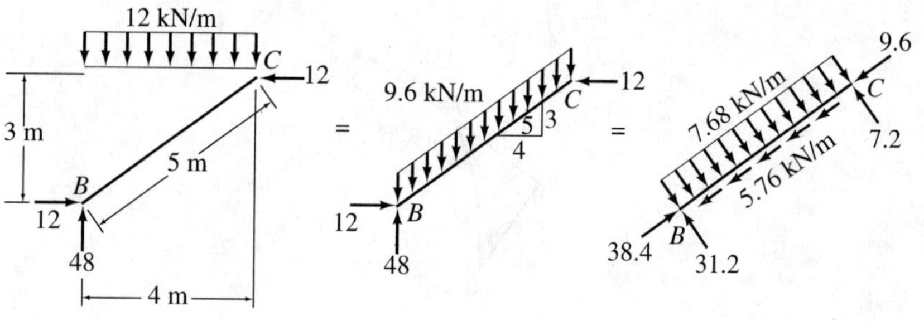

(d)

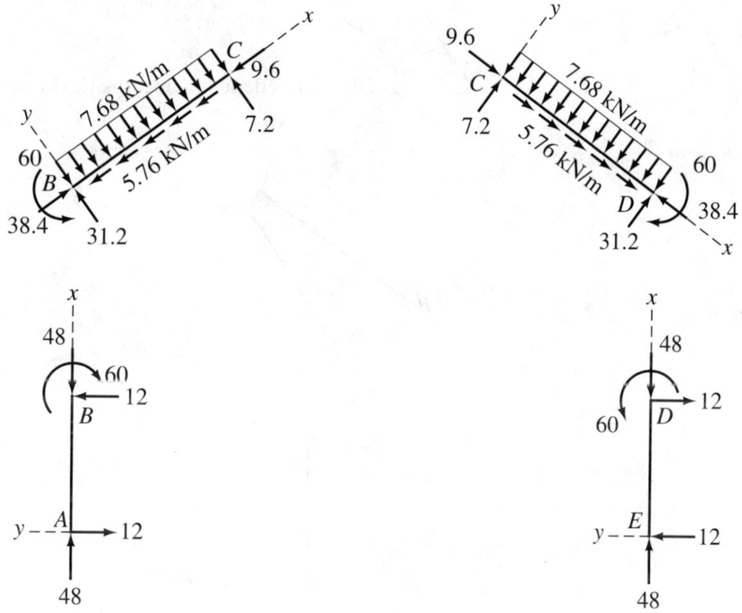

(e)

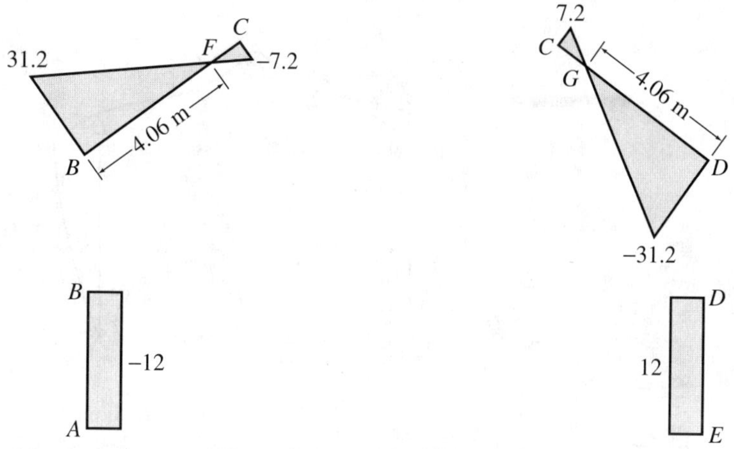

(f) Diagramas de las cortantes (kN)

Fig. 5.20 (*Continuación*)

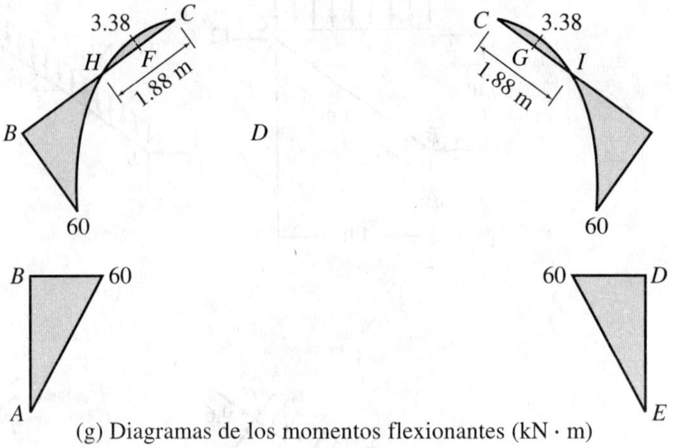

(g) Diagramas de los momentos flexionantes (kN · m)

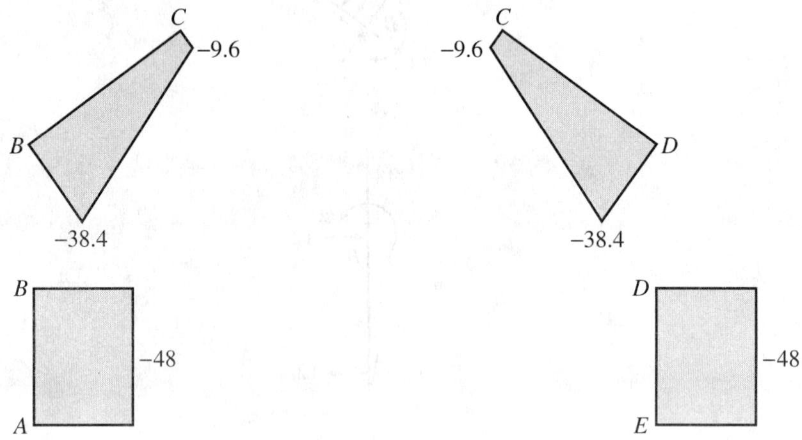

(h) Diagramas de las fuerzas axiales (kN)

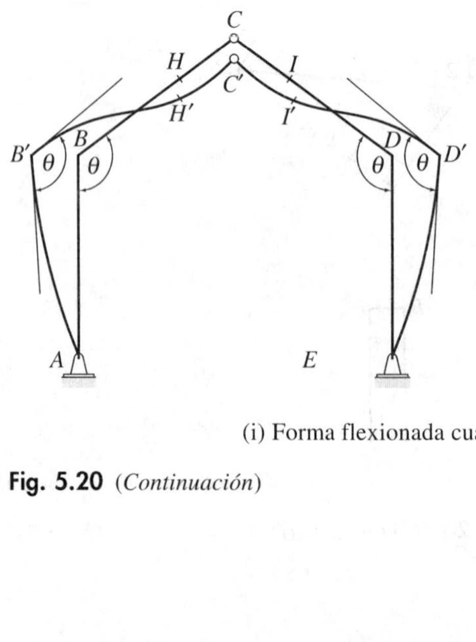

(i) Forma flexionada cualitativa

Fig. 5.20 (*Continuación*)

Nodo B Si se aplican las tres ecuaciones de equilibrio, se obtiene

$$B_X^{BC} = 12 \text{ kN} \qquad B_Y^{BC} = 48 \text{ kN} \qquad M_B^{BC} = 60 \text{ kN} \cdot \text{m}$$

Miembro BC

$$+ \rightarrow \sum F_X = 0 \qquad C_X^{BC} = -12 \text{ kN}$$

$$+ \uparrow \sum F_Y = 0$$

$$48 - 12(4) + C_Y^{BC} = 0 \qquad C_Y^{BC} = 0$$

$$+ \circlearrowleft \sum M_B = 0$$

$$60 - 12(4)(2) + 12(3) = 0$$ **Coincide**

Nodo C Considerando el equilibrio del nodo *C*, se determina

$$C_X^{CD} = 12 \text{ kN} \qquad C_Y^{CD} = 0$$

Miembro CD

$$+ \rightarrow \sum F_X = 0 \qquad D_X^{CD} = -12 \text{ kN}$$

$$+ \uparrow \sum F_Y = 0$$

$$-12(4) + D_Y^{CD} = 0 \qquad D_Y^{CD} = 48 \text{ kN}$$

$$+ \circlearrowleft \sum M_D = 0$$

$$-12(3) + 12(4)(2) + M_D^{CD} = 0 \qquad M_D^{CD} = -60 \text{ kN} \cdot \text{m}$$

Nodo D Al aplicar las tres ecuaciones de equilibrio, se obtiene

$$D_X^{DE} = 12 \text{ kN} \qquad D_Y^{DE} = -48 \text{ kN} \qquad M_D^{DE} = 60 \text{ kN} \cdot \text{m}$$

Miembro DE

$$+ \rightarrow \sum F_X = 0 \qquad E_X^{DE} = -12 \text{ kN}$$

$$+ \uparrow \sum F_Y = 0 \qquad E_Y^{DE} = 48 \text{ kN}$$

$$+ \circlearrowleft \sum M_E = 0$$

$$60 - 12(5) = 0$$ **Coincide**

Nodo E

$$+ \rightarrow \sum F_X = 0 \qquad -12 + 12 = 0$$ **Coincide**

$$+ \uparrow \sum F_Y = 0 \qquad 42 - 42 = 0$$ **Coincide**

Cargas distribuidas sobre los miembros inclinados BC y CD Como se especifica la carga por la nieve de 12 kN/m, por metro horizontal, es necesario resolverla en las componentes paralela y perpendicular a las direcciones de los miembros *BC* y *CD*. Considérese, por ejemplo, el miembro *BC*, como se muestra en la figura 5.20(d). La carga vertical total que actúa sobre este miembro es de (12 kN/m)(4 m) = 48 kN. Si se divide esta carga vertical total entre la longitud del miembro, se obtiene la intensidad de la carga distribuida vertical por metro, a lo largo del miembro inclinado, como 48/5 = 9.6 kN/m. Las componentes de esta carga vertical distribuida en las direcciones paralela y perpendicular al eje del miembro son (3/5)(9.6) = 5.76 kN/m y (4/5)(9.6) = 7.68 kN/m, respectivamente, como se muestra en la figura 5.20(d). La carga distribuida para el miembro *CD* se calcula de modo análogo y se muestra en la figura 5.20(e).

Diagramas de las cortantes y de los momentos flexionantes Véanse las figuras 5.20(f) y (g). **Resp.**

Diagramas de las fuerzas axiales Las ecuaciones para la fuerza axial en los miembros del armazón son:

Miembro *AB*	$Q = -48$
Miembro *BC*	$Q = -38.4 + 5.76x$
Miembro *CD*	$Q = -9.6 - 5.76x$
Miembro *DE*	$Q = -48$

Los diagramas de las fuerzas axiales se muestran en el figura 5.20(h). **Resp.**

Forma flexionada cualitativa Véase la figura 5.20(i). **Resp.**

RESUMEN

En este capítulo, se ha aprendido que la fuerza axial interna en cualquier sección de un miembro es de igual magnitud, pero de dirección opuesta, a la suma algebraica de las componentes, en la dirección paralela al eje de ese miembro, de todas las cargas y reacciones externas que actúan sobre cualquiera de los dos lados de la sección. Se le considera como positiva, cuando las fuerzas externas tienden a producir tensión. La fuerza cortante en cualquier sección de un miembro tiene igual magnitud, pero dirección opuesta, a la suma algebraica de las componentes, en la dirección perpendicular al eje de ese miembro, de todas las cargas y reacciones externas que actúan sobre cualquiera de los dos lados de la sección. Se le considera como positiva, cuando las fuerzas externas tienden a empujar hacia arriba la parte del miembro que está a la izquierda de la sección, con respecto a la parte que queda a la derecha de esta misma. El momento flexionante en cualquier sección de un miembro tiene igual magnitud, pero dirección opuesta, a la suma algebraica de los momentos respecto a esa sección de todas las cargas y reacciones externas que actúan sobre cualquiera de los dos lados de la misma. Se le considera positivo cuando las fuerzas y pares externos tienden a curvar el miembro cóncavo hacia arriba, lo que causa compresión en las fibras superiores y tensión en las inferiores, en la sección.

Los diagramas de la cortante, del momento flexionante y de la fuerza axial ilustran las variaciones de estas cantidades a lo largo del miembro. Esos diagramas se pueden construir por la determinación y trazado de las ecuaciones que expresen estas resultantes de esfuerzos en términos de la distancia de la sección al extremo del miembro. La construcción de los diagramas de la cortante y del momento flexionante se pueden facilitar en forma considerable por la aplicación de las relaciones siguientes que existen entre las cargas, las cortantes y los momentos flexionantes:

pendiente del diagrama de la cortante en un punto	=	intensidad de la carga distribuida en ese punto	**(5.3)**
cambio en la cortante entre los puntos *A* y *B*	=	área debajo del diagrama de la carga distribuida entre los puntos *A* y *B*	**(5.5)**
cambio en la cortante en el punto de aplicación de una carga concentrada	=	magnitud de la carga	**(5.12)**
pendiente del diagrama del momento flexionante en un punto	=	cortante en ese punto	**(5.8)**

cambio en el momento flexionante entre los puntos A y B = área debajo del diagrama de la cortante entre los puntos A y B **(5.10)**

cambio en el momento flexionante en el punto de aplicación de un par = magnitud del momento del par **(5.14)**

Se considera que un armazón es estáticamente determinado, si se pueden determinar todas las fuerzas cortantes, todos los momentos flexionantes y todas las fuerzas axiales en todos sus miembros, así como las reacciones externas, por la aplicación de las ecuaciones de equilibrio y de condición. Si un armazón plano contiene m miembros y j nodos, está apoyado por r reacciones y tiene e_c ecuaciones de condición, entonces si

$3m + r < 3j + e_c$ el armazón es estáticamente inestable

$3m + r = 3j + e_c$ el armazón es estáticamente determinado **(5.16)**

$3m + r > 3j + e_c$ el armazón es estáticamente indeterminado

El grado de indeterminación estática se expresa por

$$i = (3m + r) - (3j + e_c) \quad \textbf{(5.15)}$$

En la sección 5.6, se presenta un procedimiento para la determinación de las fuerzas en los extremos de los miembros, así como las cortantes, los momentos flexionantes y las fuerzas axiales en esos miembros de los armazones planos estáticamente determinados.

PROBLEMAS

Sección 5.1

5.1 a 5.8 Determine las fuerzas axiales, las cortantes y los momentos flexionantes en los puntos A y B de la estructura que se muestra.

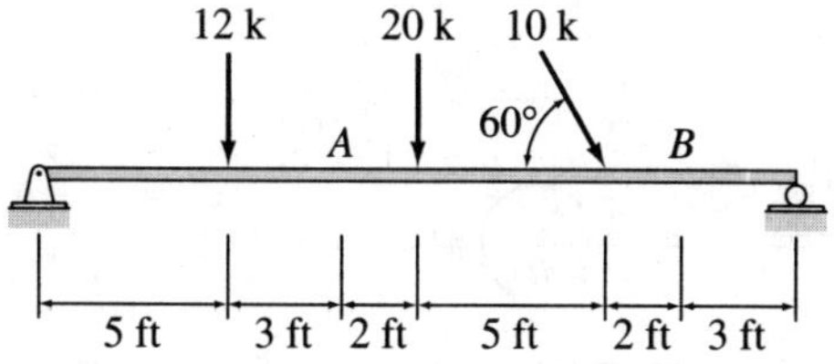

Fig. P5.1

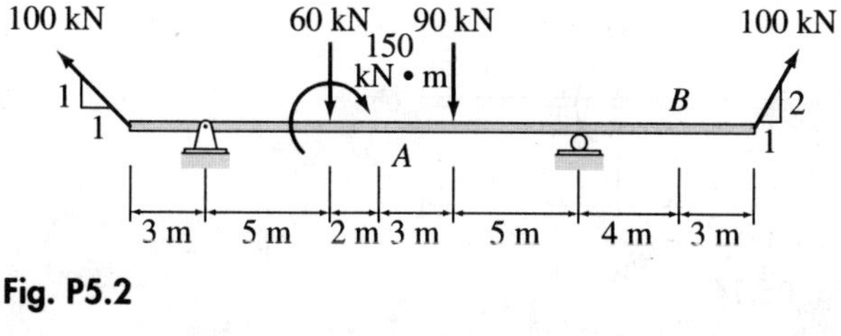

Fig. P5.2

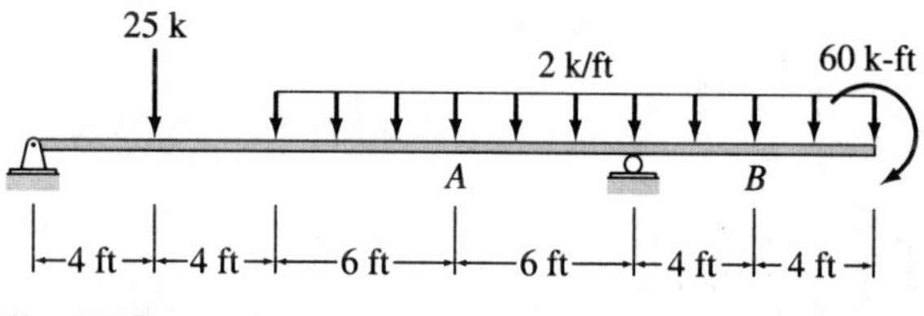

Fig. P5.3

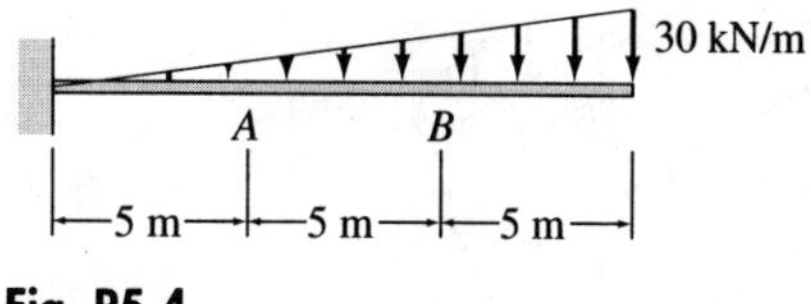

Fig. P5.4

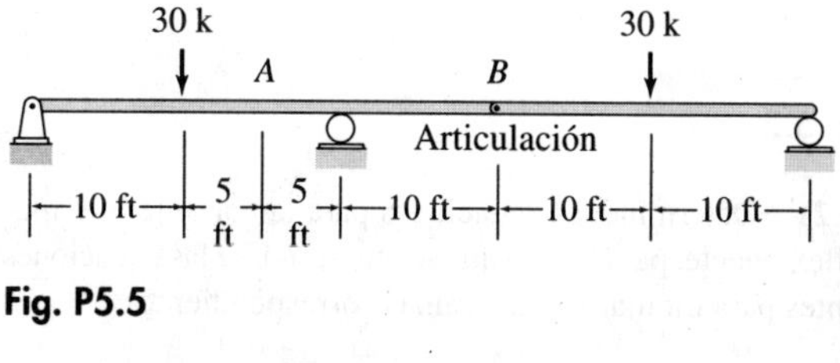

Fig. P5.5

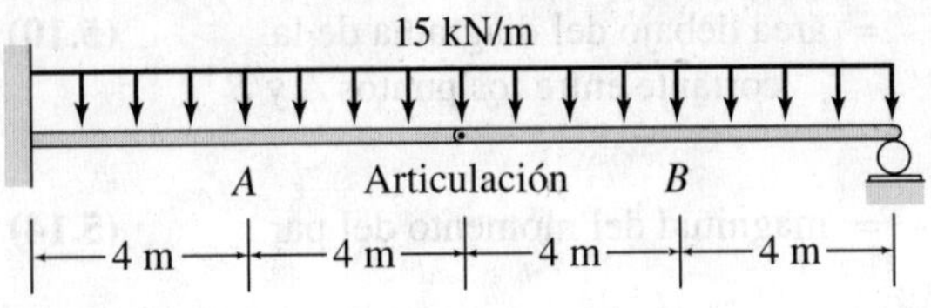

Fig. P5.6

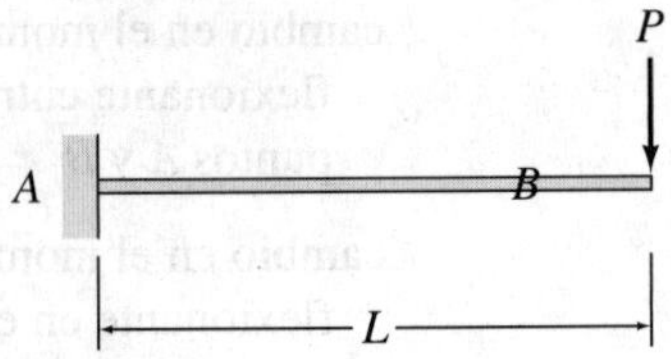

Fig. P5.9

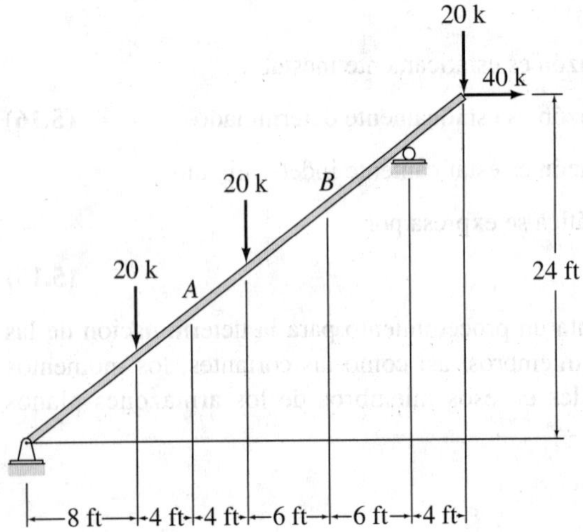

Fig. P5.7

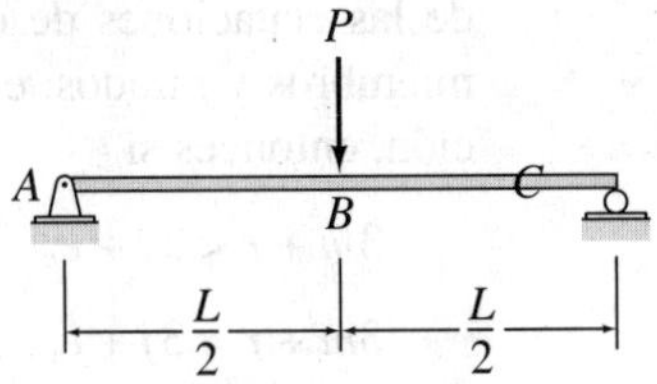

Fig. P.510

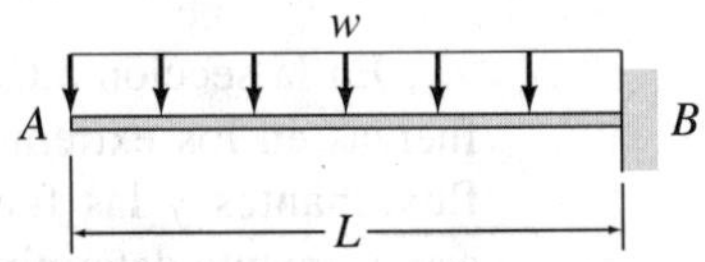

Fig. P5.11

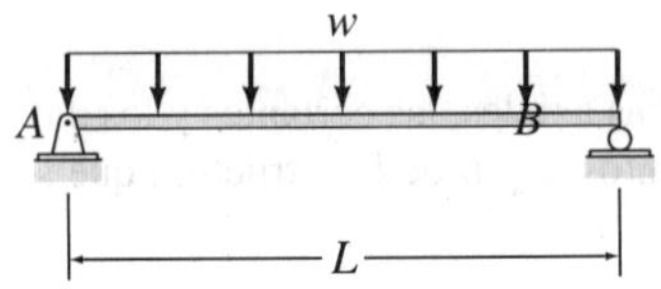

Fig. P5.12

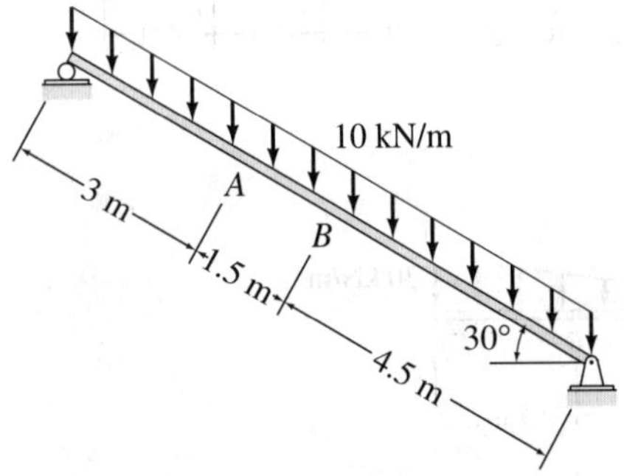

Fig. P5.8

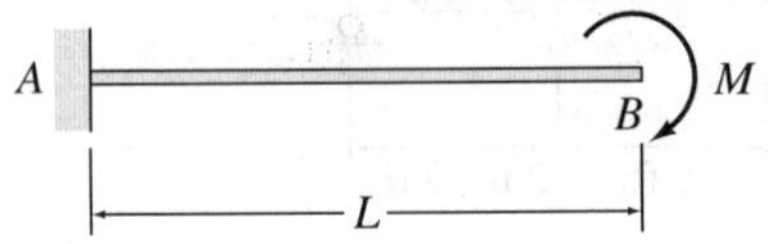

Fig. P5.13

Sección 5.2

5.9 a 5.21 Determine las ecuaciones para la cortante y el momento flexionante, para la viga que se muestra. Use las ecuaciones resultantes para dibujar los diagramas correspondientes.

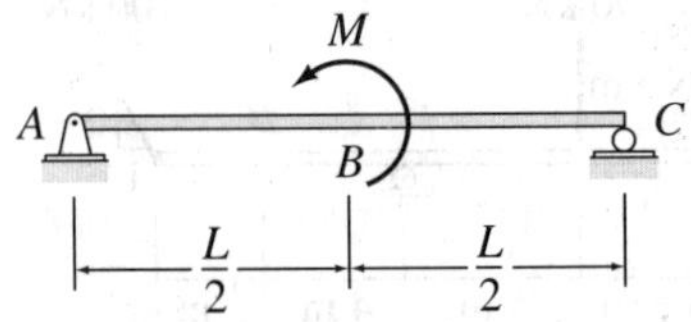

Fig. P5.14

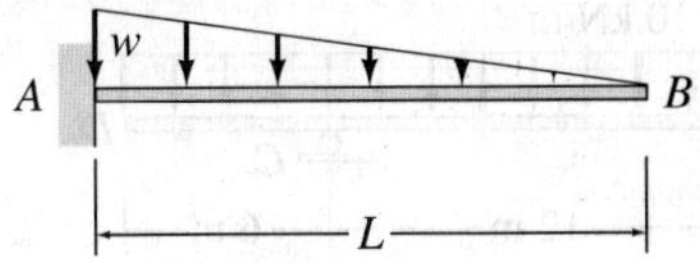

Fig. P5.15

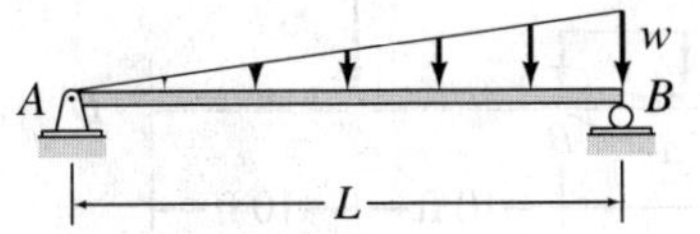

Fig. P5.16

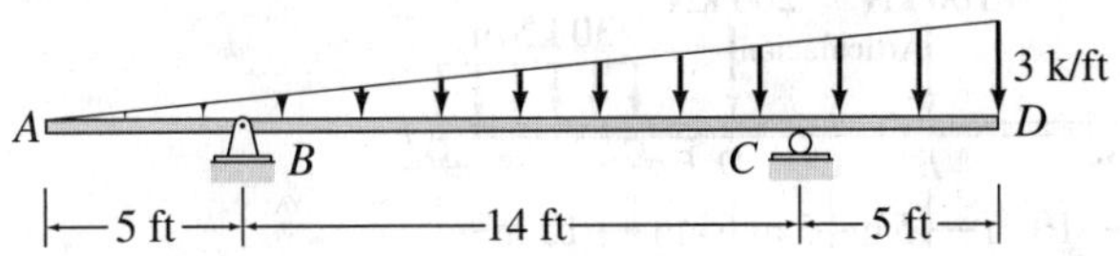

Fig. P5.17

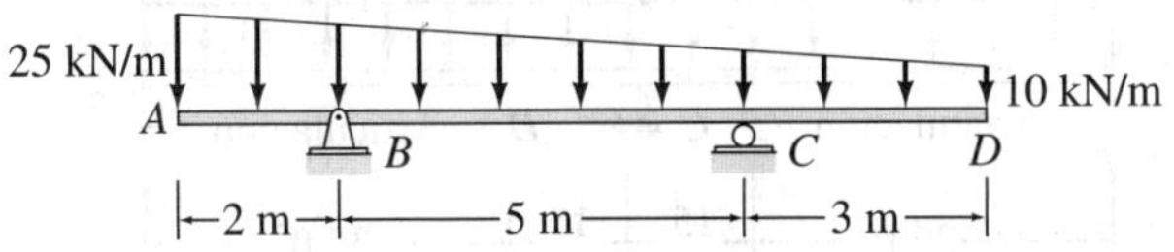

Fig. P5.18

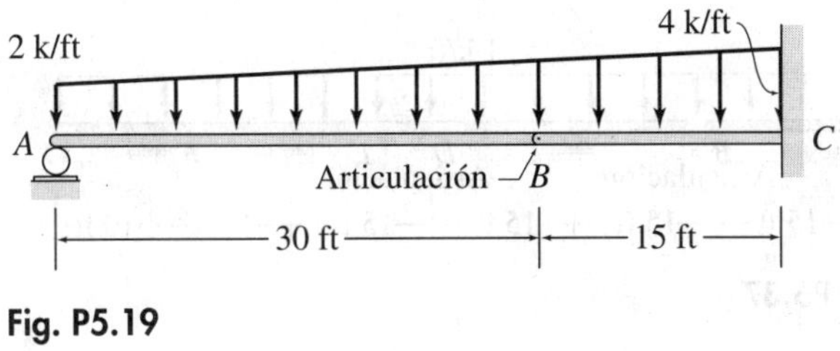

Fig. P5.19

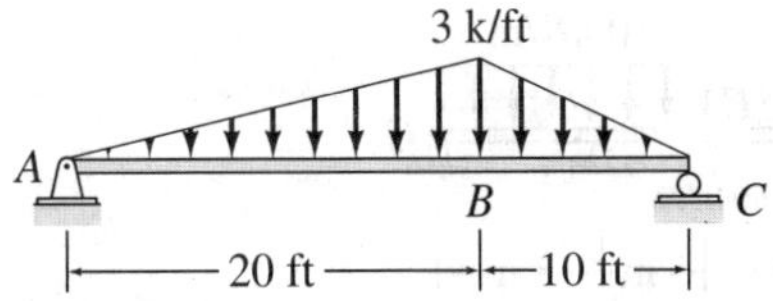

Fig. P5.20

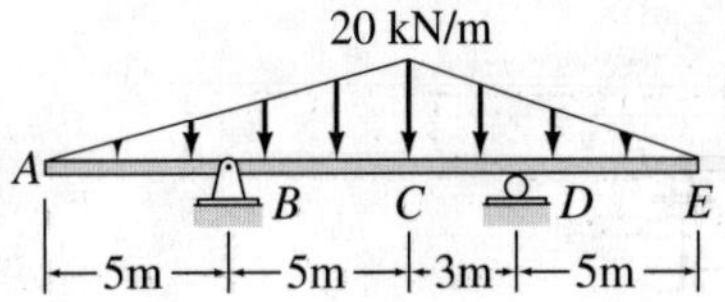

Fig. P5.21

Sección 5.4

5.22 a 5.38 Trace los diagramas de la cortante y del momento flexionante, así como la forma flexionada cualitativa para la viga que se muestra.

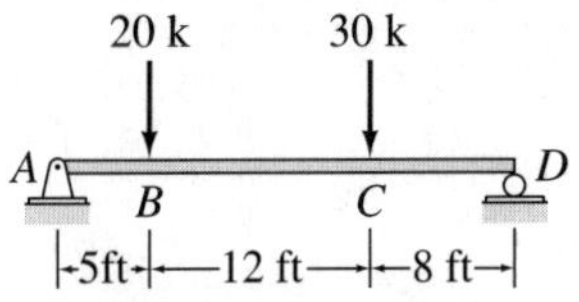

Fig. P5.22

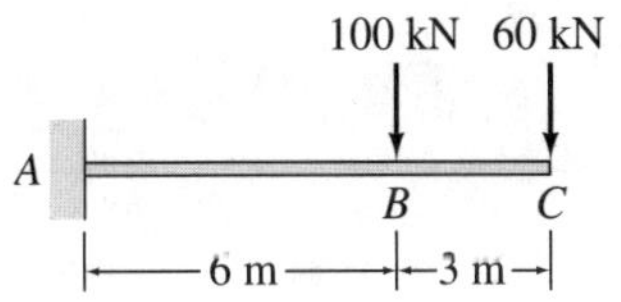

Fig. P5.23

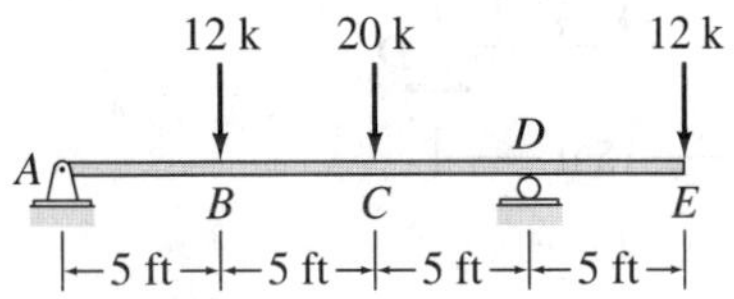

Fig. P5.24

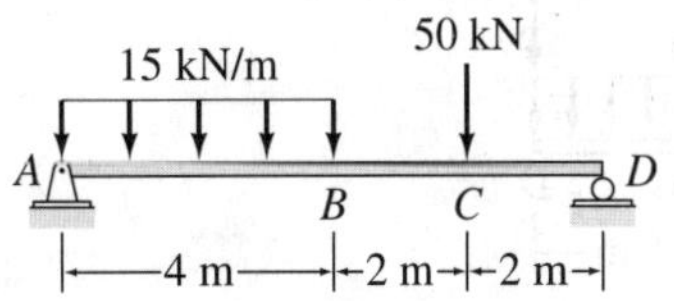

Fig. P5.25

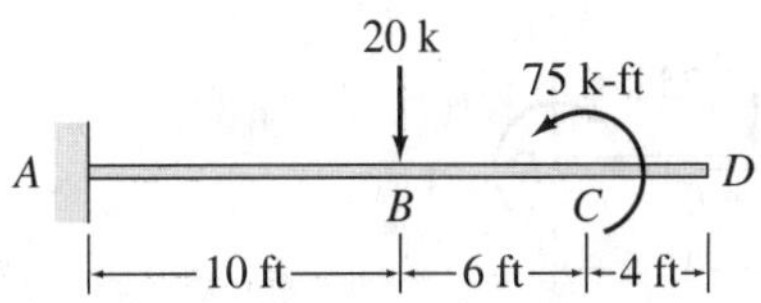

Fig. P5.26

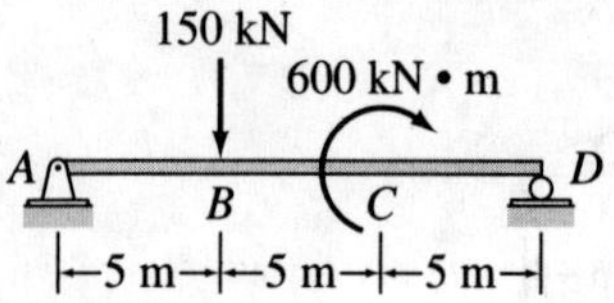

Fig. P5.27

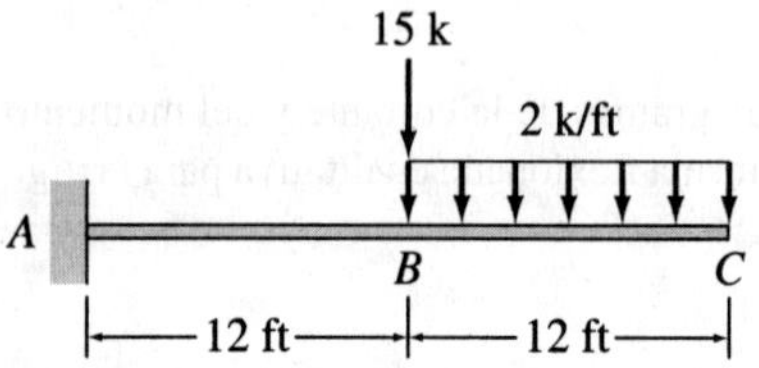

Fig. P5.28

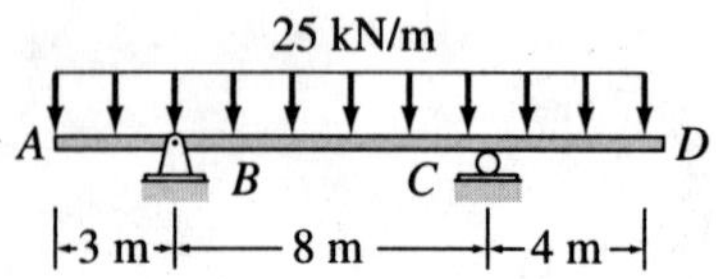

Fig. P5.29

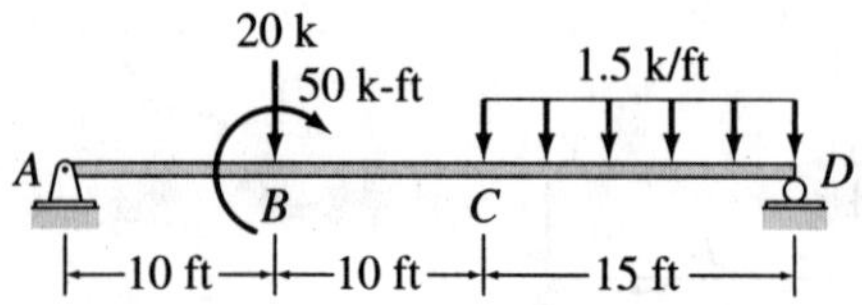

Fig. P5.30

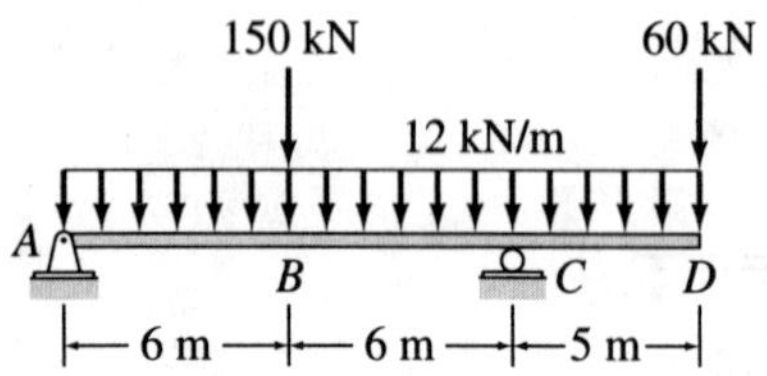

Fig. P5.31

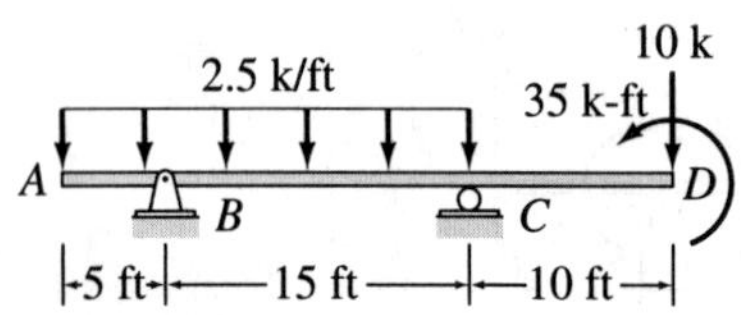

Fig. P5.32

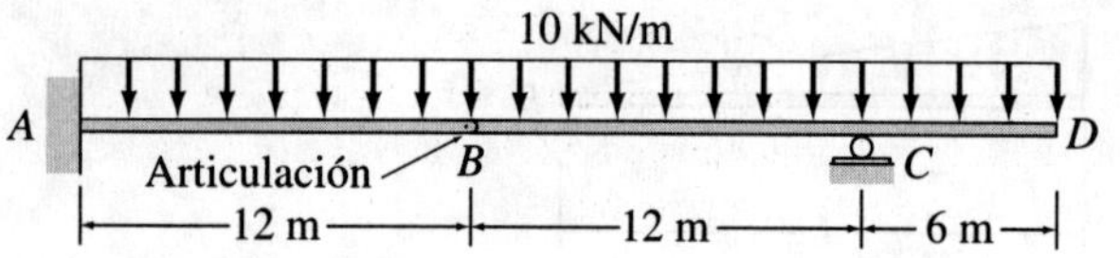

Fig. P5.33

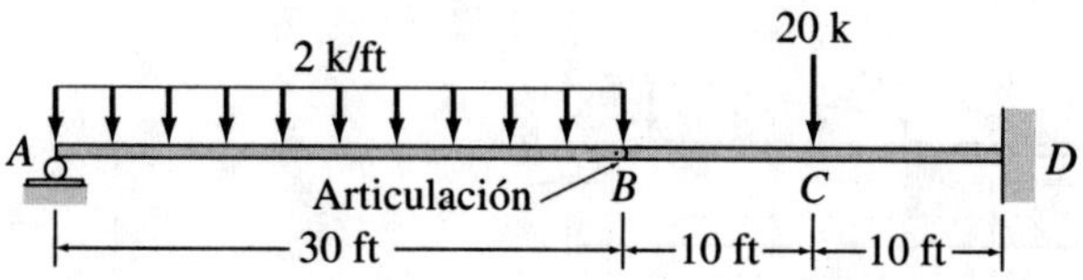

Fig. P5.34

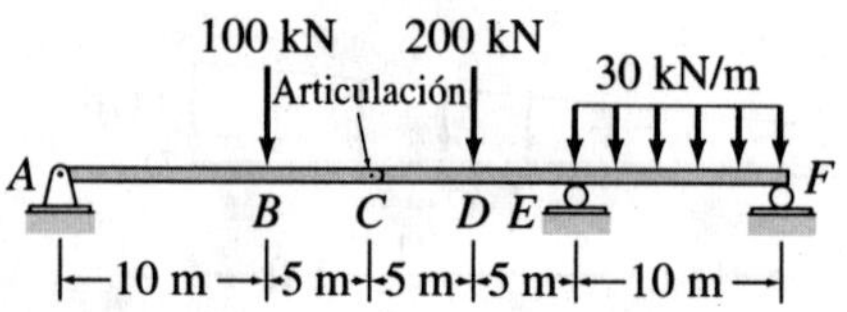

Fig. P5.35

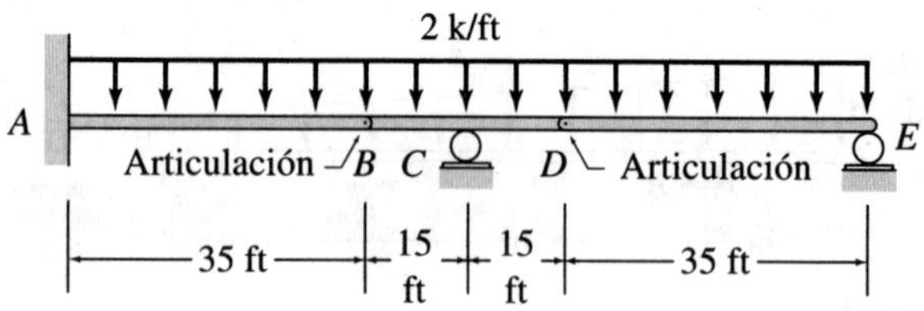

Fig. P5.36

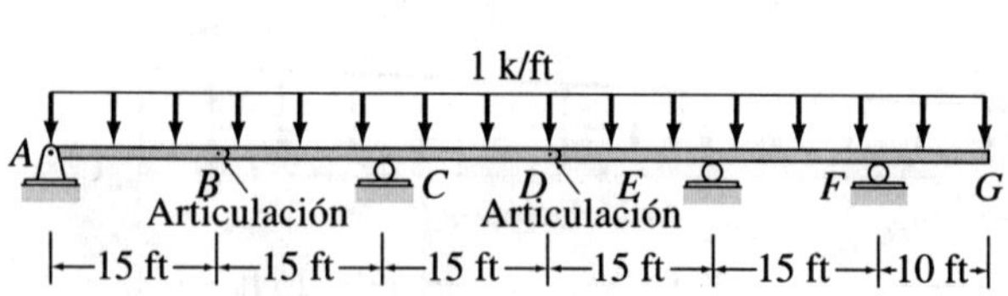

Fig. P5.37

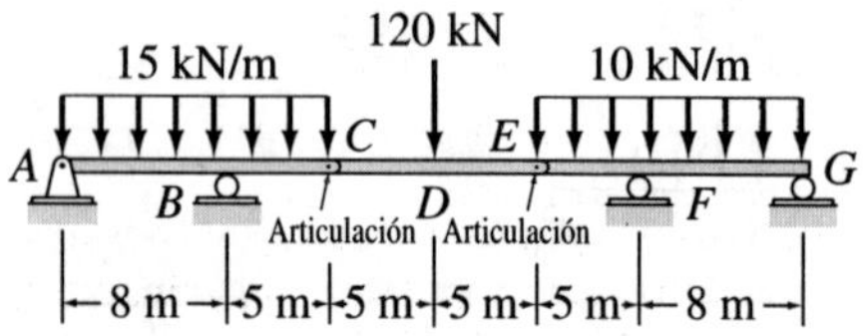

Fig. P5.38

5.39 Trace los diagramas de la cortante y del momento flexionante para la zapata de concreto reforzado sujeta a la carga hacia abajo de una columna de 1.5 k/ft y la reacción hacia arriba del suelo de 0.5 k/ft, como se muestra en la figura.

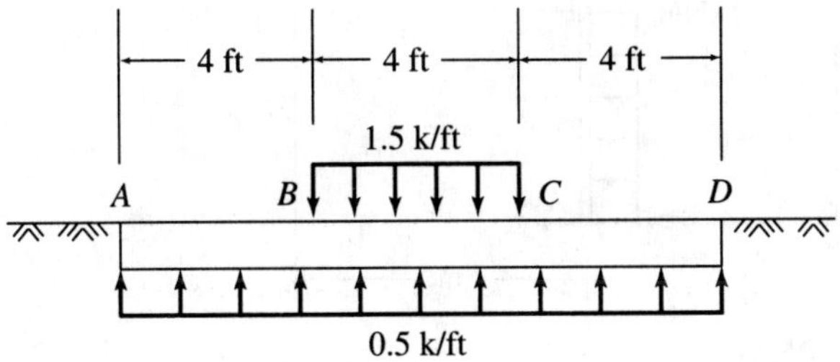

Fig. P5.39

5.40 y 5.41 Para la viga que se muestra: a) determine la distancia *a* para la cual los momentos flexionantes positivo y negativo máximos en la viga son iguales, y b) dibuje los diagramas correspondientes de la cortante y del momento flexionante para la propia viga.

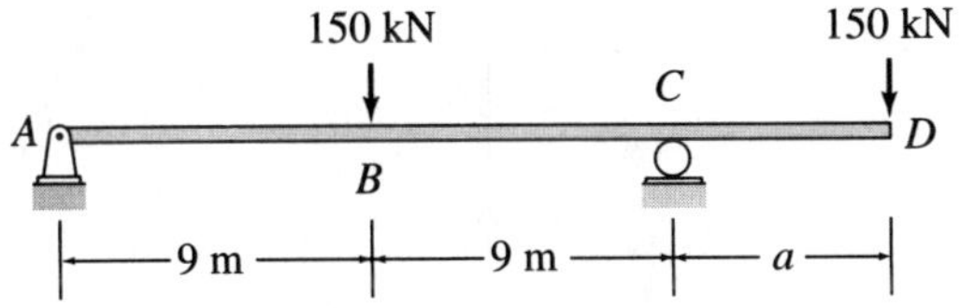

Fig. P5.40

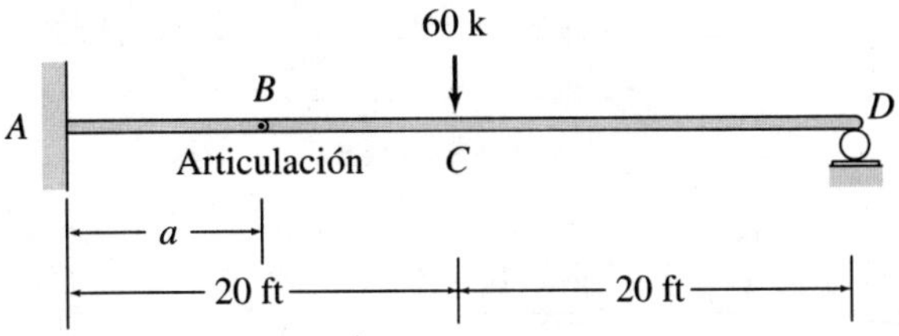

Fig. P5.41

Sección 5.5

5.42 y 5.43 Clasifique cada uno de los armazones planos que se muestran como inestable, estáticamente determinado o estáticamente indeterminado. Si es estáticamente indeterminado, entonces determine el grado de indeterminación estática.

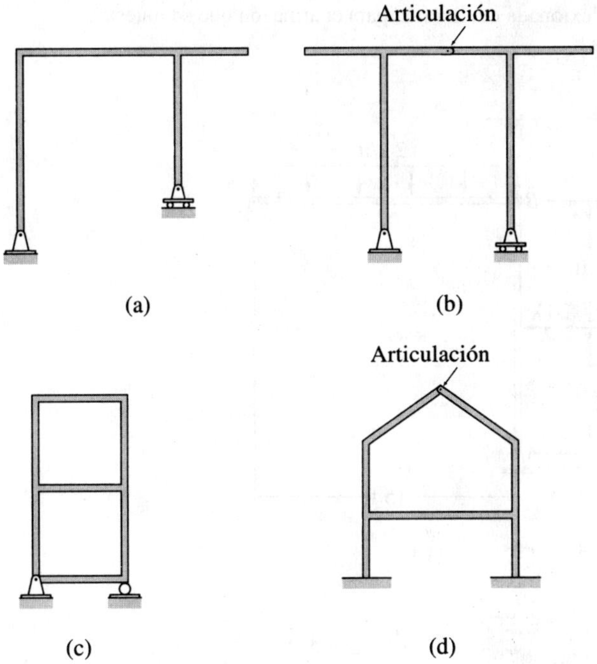

Fig. P5.42

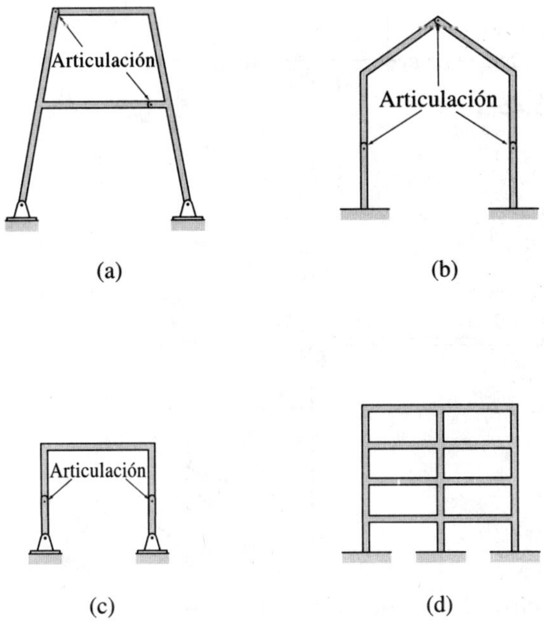

Fig. P5.43

Sección 5.6

5.44 a 5.56 Trace los diagramas de las cortantes, de los momentos flexionantes y de las fuerzas axiales, así como la forma flexionada cualitativa, para el armazón que se muestra.

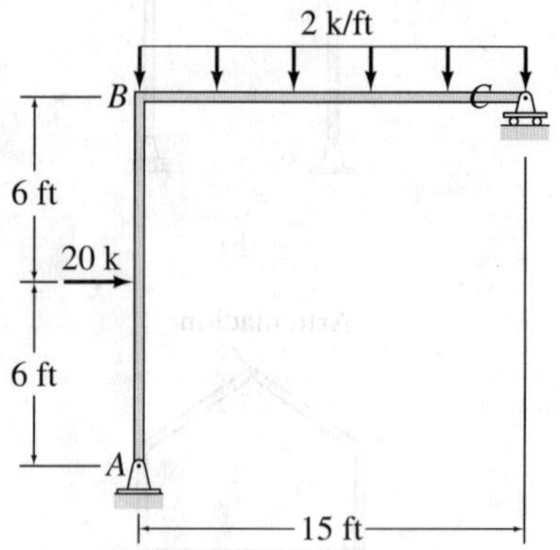

Fig. P5.44

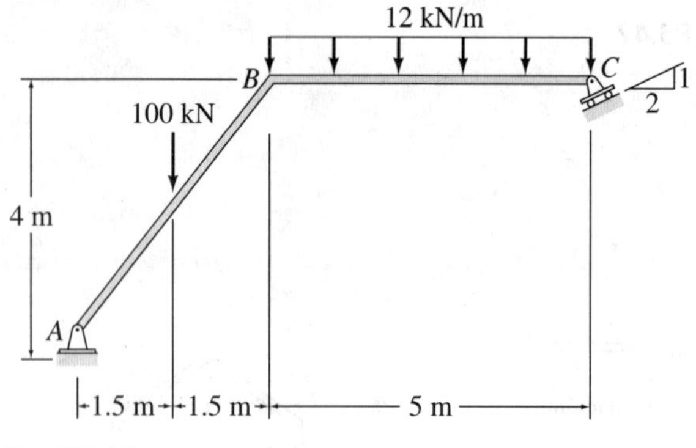

Fig. P5.45

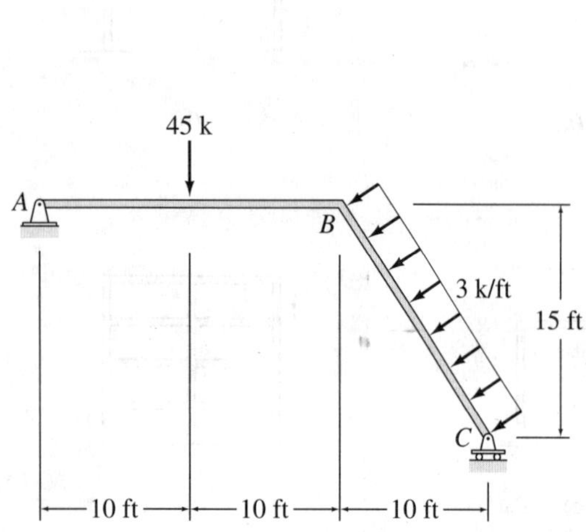

Fig. P5.46

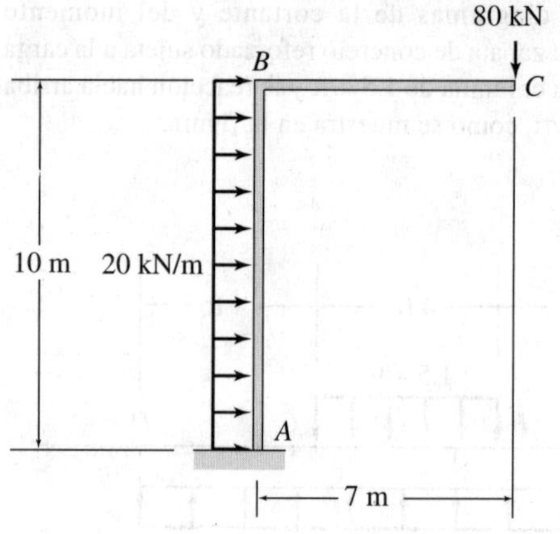

Fig. P5.47

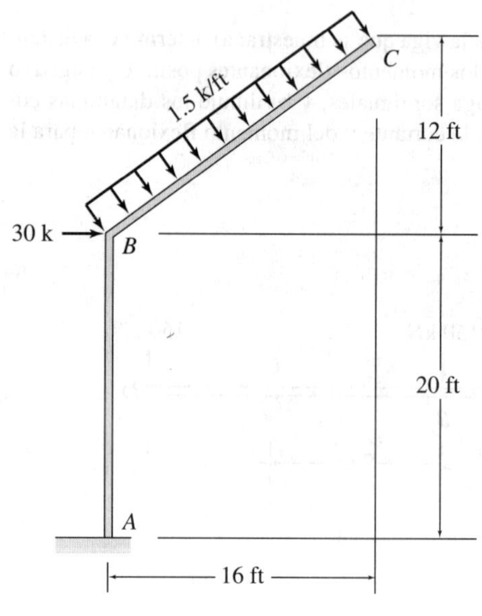

Fig. P5.48

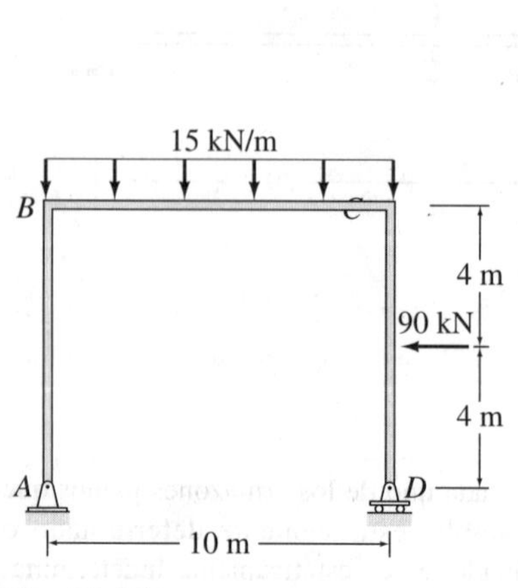

Fig. P5.49

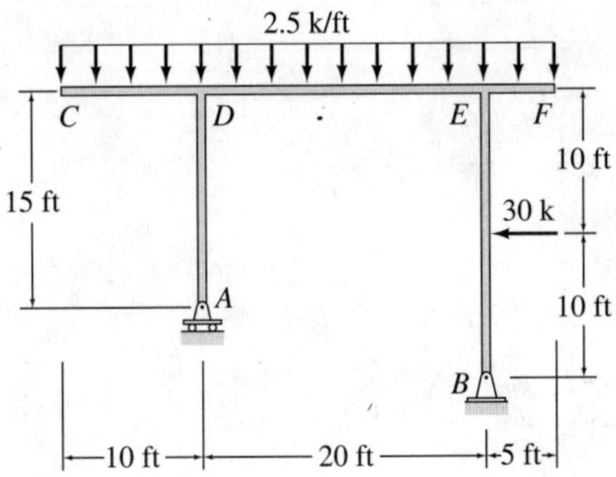

Fig. P5.50

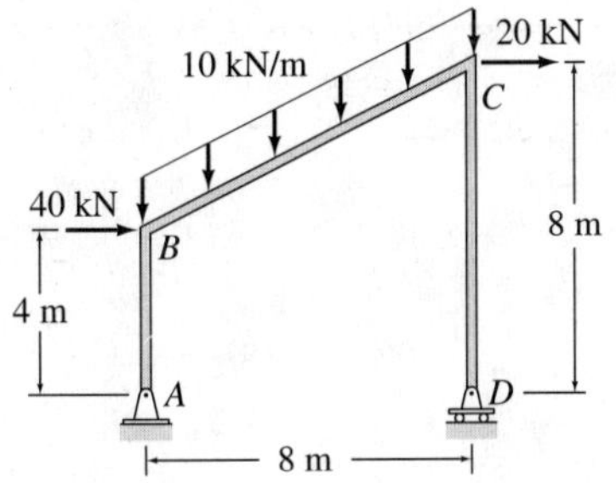

Fig. P5.51

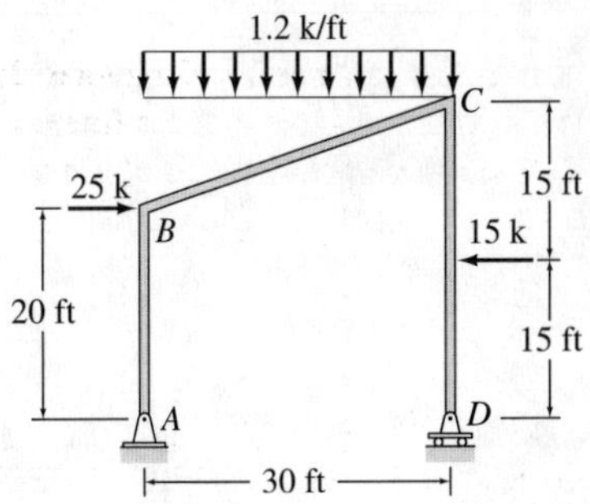

Fig. P5.52

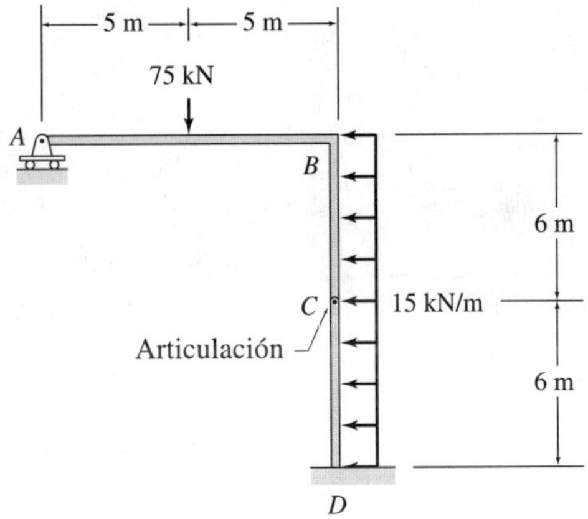

Fig. P5.53

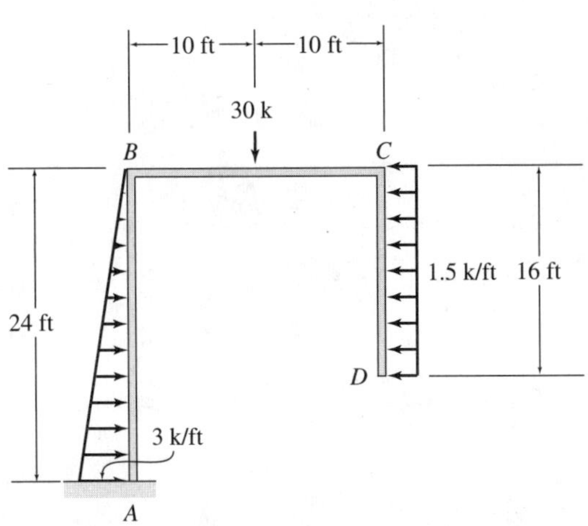

Fig. P5.54

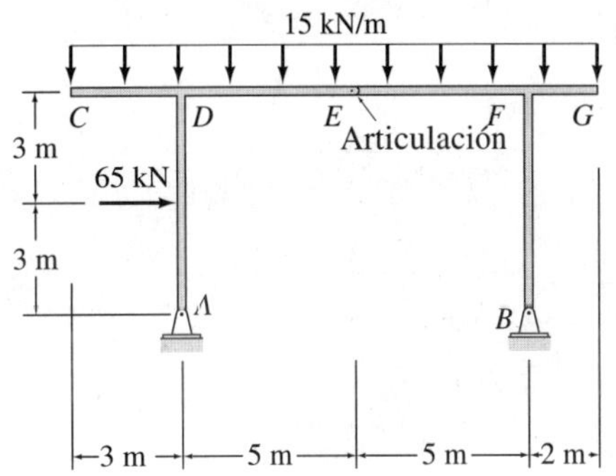

Fig. P5.55

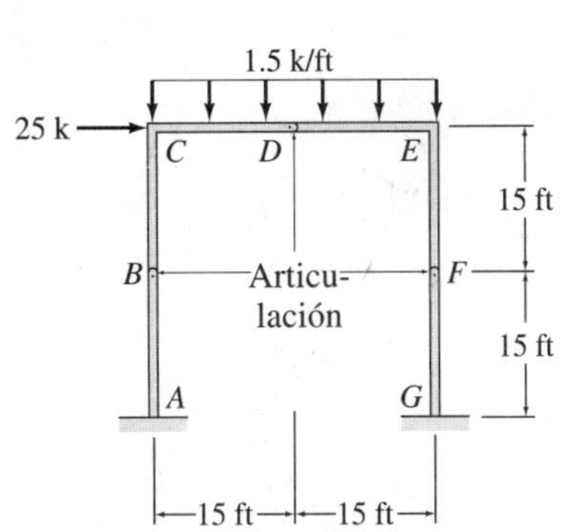

Fig. P5.56

6 DEFLEXIONES DE LAS VIGAS: MÉTODOS GEOMÉTRICOS

Edificio de John Hancock, Chicago
Fotografía cortesía de Bethlehem Steel Corporation

Las estructuras, como todos los demás cuerpos físicos, se deforman y cambian cuando se sujetan a fuerzas. Otras causas comunes de deformación de estructuras incluyen los cambios de temperatura y los asentamientos de los apoyos. Si las deformaciones desaparecen y la estructura vuelve a adquirir su forma original, cuando se eliminan las acciones que causan las deformaciones, se dice que estas últimas son *deformaciones elásticas*. Las deformaciones permanentes de las estructuras se mencionan como *deformaciones no elásticas*, o *plásticas*. En este texto, la atención se centrará en las *deformaciones elásticas lineales*. Esas deformaciones varían en forma lineal con las cargas aplicadas (por ejemplo, si se duplican las magnitudes de las cargas que actúan sobre la estructura, sus deformaciones también se duplican, y así sucesivamente). Recuerde, por lo visto en la sección 3.6, que para que una estructura responda en forma lineal a las cargas aplicadas, debe estar compuesta de material elástico lineal y debe sufrir deformaciones pequeñas. El principio de superposición es válido para esas estructuras.

Para la mayor parte de las estructuras, las deformaciones excesivas son indeseables, ya que pueden menoscabar la capacidad de la estructura para cumplir con la finalidad que se pretende de ella. Por ejemplo, un edificio alto puede ser perfectamente seguro en el sentido de que no se sobrepasan los esfuerzos admisibles y, sin embargo, ser inútil (desocupado), si se flexiona demasiado debido al viento, lo que causa grietas en los muros y las ventanas. Las estructuras suelen diseñarse de modo que sus deflexiones en condiciones normales de servicio no sobrepasen los valores admisibles especificados en los códigos de construcción.

Con base en la discusión anterior, se puede ver que el cálculo de las deflexiones forma parte esencial del análisis estructural. También se requieren los cálculos de las deflexiones en la determinación de las reacciones y las resultantes de esfuerzos para las estructuras estáticamente indeterminadas, que se consideran en la parte tres de este texto.

Los métodos que se han desarrollado para calcular las deflexiones se pueden clasificar en términos generales en dos categorías: 1) métodos geométricos y 2) métodos de trabajo-energía. Como estos nombres implican, los métodos geométricos se basan en una consideración de la configuración geométrica de las formas flexionadas de las estructuras, en tanto que los métodos de trabajo-energía se basan en los principios básicos del trabajo y la energía.

En este capítulo se estudian los métodos geométricos de uso común para determinar las pendientes y deflexión de las vigas estáticamente determinadas. Los métodos de trabajo-energía se discuten en el capítulo siguiente. En primer lugar, se deduce la ecuación diferencial para la deflexión de las vigas; esta deducción va seguida de repasos breves de los métodos de (doble) integración directa y de superposición para calcular las deflexiones. (En este punto, se supone que el lector está familiarizado con estos métodos, por lo aprendido en un curso previo en *mecánica de los materiales*.) Enseguida, se presenta el método del momento-área para calcular las pendientes y deflexión de las vigas, la construcción de diagramas del momento flexionante por partes y, por último, el método de la viga conjugada para calcular también las pendientes y deflexión de las vigas.

6.1 ECUACIÓN DIFERENCIAL PARA LA DEFLEXIÓN DE LAS VIGAS

Considere una viga elástica inicialmente recta, sujeta a una carga arbitraria que actúa perpendicular a su eje centroidal y en el plano de simetría de su sección transversal, como se muestra en la figura 6.1(a). La superficie neutra de la viga en el estado deformado se conoce como *curva elástica*. Para deducir la ecuación diferencial que define la curva elástica, se enfoca la atención en un elemento diferencial dx de la viga. El elemento, en la posición deformada, se muestra en la figura 6.1(b). Como

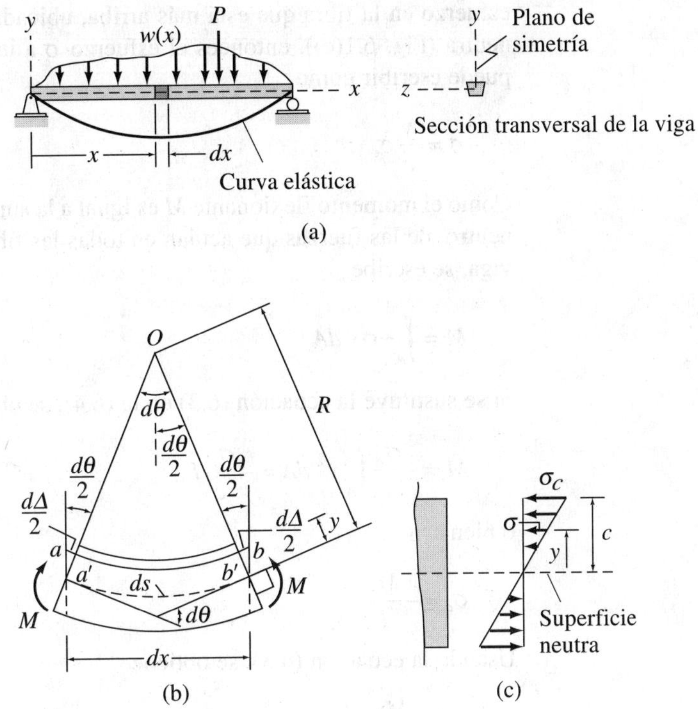

Fig. 6.1

esta figura indica, se supone que las secciones planas perpendiculares a la superficie neutra de la viga, antes de la flexión, siguen siendo planas y perpendiculares a esa superficie neutra, después de la flexión. La convención de los signos para el momento flexionante M es la misma que se estableció en el capítulo 5; es decir, un momento flexionante positivo causa compresión en las fibras que se encuentran arriba de la superficie neutra (en la dirección y positiva). Se considera que las deformaciones y los esfuerzos de tensión son positivos. La pendiente de la curva elástica, $\theta = dy/dx$, se supone que es tan pequeña que θ^2 es despreciable en comparación con la unidad; sen $\theta \approx \theta$ y cos $\theta \approx 1$. Note que $d\theta$ representa el cambio en la pendiente sobre el tramo diferencial dx. En la figura 6.1(b), se puede ver que la deformación de una fibra arbitraria ab, ubicada a una distancia y de la superficie neutra se puede expresar como

$$d\Delta = a'b' - ab = -2y\left(\frac{d\theta}{2}\right) = -y\, d\theta$$

Por tanto, la deformación unitaria en la fibra ab es igual a

$$\varepsilon = \frac{d\Delta}{dx} = \frac{d\Delta}{ds} = -\frac{y\, d\theta}{R\, d\theta} = -\frac{y}{R} \tag{6.1}$$

en la cual R es el radio de curvatura. Al sustituir la relación lineal esfuerzo-deformación unitaria $\varepsilon = \sigma/E$ en la ecuación (6.1), se obtiene

$$\sigma = -\frac{Ey}{R} \tag{6.2}$$

en la cual σ es el esfuerzo en la fibra ab y E representa el módulo de Young de elasticidad. La ecuación (6.2) indica que el esfuerzo varía linealmente con la distancia y a la superficie neutra, como se muestra en la figura 6.1(c). Si σ_c denota el esfuerzo en la fibra que está más arriba, ubicada a una distancia c de la superficie neutra (Fig. 6.1(c)), entonces el esfuerzo σ a una distancia y de esa superficie se puede escribir como

$$\sigma = \frac{y}{c}\sigma_c \tag{6.3}$$

Como el momento flexionante M es igual a la suma de los momentos respecto al eje neutro, de las fuerzas que actúan en todas las fibras de la sección transversal de la viga, se escribe

$$M = \int_A -\sigma y \, dA \tag{6.4}$$

Si se sustituye la ecuación (6.3) en la (6.4), se obtiene

$$M = -\frac{\sigma_c}{c}\int_A y^2 \, dA = -\frac{\sigma_c}{c} I$$

o bien

$$\sigma_c = -\frac{Mc}{I}$$

Usando la ecuación (6.3), se obtiene

$$\sigma = -\frac{My}{I} \tag{6.5}$$

en donde I es el momento de inercia de la sección transversal de la viga.

A continuación, al combinar las ecuaciones (6.2) y (6.5), se obtiene la relación momento-curvatura:

$$\frac{1}{R} = \frac{M}{EI} \tag{6.6}$$

en la cual es común referirse al producto EI como la *rigidez a la flexión* de la viga. Para expresar la ecuación (6.6) en coordenadas cartesianas, recuerde (de lo visto en *cálculo*) la relación

$$\frac{1}{R} = \frac{d^2y/dx^2}{[1+(dy/dx)^2]^{3/2}} \tag{6.7}$$

en la cual y representa la deflexión vertical. Como se dijo con anterioridad, para pendientes pequeñas el cuadrado de la pendiente, $(dy/dx)^2$, es despreciable en comparación con la unidad. Por consiguiente, la ecuación (6.7) se reduce a

$$\frac{1}{R} \approx \frac{d^2y}{dx^2} \tag{6.8}$$

Al sustituir la ecuación (6.8) en la (6.6), se obtiene la ecuación diferencial siguiente para la deflexión de las vigas:

$$\boxed{\frac{d^2y}{dx^2} = \frac{M}{EI}} \tag{6.9}$$

Esta ecuación también se conoce como la ecuación de la viga de Bernoulli-Euler. En virtud de que $\theta = dy/dx$, la ecuación (6.9) también se puede expresar como

$$\boxed{\frac{d\theta}{dx} = \frac{M}{EI}} \tag{6.10}$$

6.2 MÉTODO DE INTEGRACIÓN DIRECTA

El método de integración directa en esencia está relacionado con escribir la expresión para M/EI (el momento flexionante dividido entre la rigidez a la flexión de la viga) en términos de la distancia x a lo largo del eje de la viga e integrar esta expresión sucesivamente con el fin de obtener ecuaciones para la pendiente y la deflexión de la curva elástica. Las constantes de integración se determinan a partir de las ecuaciones en la frontera. El método de integración directa prueba ser el más conveniente para calcular las pendientes y las deflexiones de las vigas para las que se puede expresar M/EI como una sola función continua de x a lo largo de toda la viga. Sin embargo, la aplicación del método a estructuras para las que la función M/EI no es continua puede ser bastante complicada. Se presenta esta problema porque cada discontinuidad, debido al cambio en la carga o en la rigidez a la flexión (EI), o en ambas condiciones, introduce dos constantes adicionales de integración en el análisis, las cuales deben evaluarse por la aplicación de las condiciones de continuidad de la curva elástica, un proceso que puede ser tedioso. Sin embargo, se puede evitar esta dificultad y simplificarse un tanto el análisis mediante el empleo de las *funciones de singularidad* definidas en la mayor parte de los libros de texto sobre *mecánica de los materiales*.

EJEMPLO 6.1

Determine las ecuaciones para la pendiente y la deflexión de la viga mostrada en la figura 6.2(a), por el método de integración directa. Asimismo, calcule la pendiente en cada uno de los extremos y la deflexión a la mitad del claro de la viga. EI es constante.

SOLUCIÓN *Reacciones* Véase la figura 6.2(b).

$$+\rightarrow \sum F_x = 0 \qquad\qquad A_x = 0$$

$$+\circlearrowleft \sum M_B = 0$$

$$-A_y(L) + w(L)\left(\frac{L}{2}\right) = 0 \qquad\qquad A_y = \frac{wL}{2}\uparrow$$

$$+\uparrow \sum F_x = 0$$

$$\left(\frac{wL}{2}\right) - (wL) + B_y = 0 \qquad\qquad B_y = \frac{wL}{2}\uparrow$$

Ecuación para el momento flexionante Con el fin de determinar la ecuación del momento flexionante para la viga, se pasa una sección a una distancia x del apoyo A, como se muestra en la figura 6.2(b). Si se considera el cuerpo libre a la izquierda de esta sección, se obtiene

$$M = \frac{wL}{2}(x) - (wx)\left(\frac{x}{2}\right) = \frac{w}{2}(Lx - x^2)$$

Ecuación para M/EI La rigidez a la flexión, EI, de la viga es constante, así que la ecuación para M/EI se puede escribir como

$$\frac{d^2y}{dx^2} = \frac{M}{EI} = \frac{w}{2EI}(Lx - x^2)$$

Ecuaciones para la pendiente y la deflexión La ecuación para la curva elástica de la viga se puede obtener al integrar la ecuación para M/EI como

$$\theta = \frac{dy}{dx} = \frac{w}{2EI}\left(\frac{Lx^2}{2} - \frac{x^3}{3}\right) + C_1$$

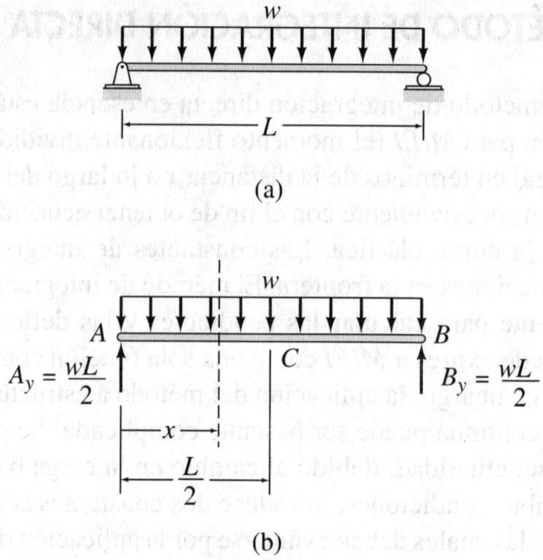

Fig. 6.2

Si se integra una vez más, se encuentra la ecuación de la deflexión como

$$y = \frac{w}{2EI}\left(\frac{Lx^3}{6} - \frac{x^4}{12}\right) + C_1x + C_2$$

Las constantes de integración C_1 y C_2 se evalúan por la aplicación de las siguientes ecuaciones en la frontera:

En el extremo A, $\quad x = L, \quad y = 0$

En el extremo B, $\quad x = L, \quad y = 0$

Al aplicar la primera condición en la frontera —es decir, al hacer $x = 0$ y $y = 0$ en la ecuación para y— se obtiene $C_2 = 0$. A continuación, al aplicar la segunda condición en la frontera —es decir, al hacer $x = L$ y $y = 0$ en la ecuación para y— se obtiene

$$0 = \frac{w}{2EI}\left(\frac{L^4}{6} - \frac{L^4}{12}\right) + C_1L$$

de lo cual

$$C_1 = -\frac{wL^3}{24EI}$$

Por tanto, las ecuaciones para la pendiente y la deflexión de la viga son

$$\theta = \frac{w}{2EI}\left(\frac{Lx^2}{2} - \frac{x^3}{3} - \frac{L^3}{12}\right) \qquad (1) \qquad \textbf{Resp.}$$

$$y = \frac{wx}{24EI}\left(Lx^2 - \frac{x^3}{3} - \frac{L^3}{2}\right) \qquad (2) \qquad \textbf{Resp.}$$

Pendientes en los extremos A y B Haciendo la sustitución $x = 0$ y L, respectivamente, en la ecuación (1), se obtiene

$$\theta_A = -\frac{wL^3}{24EI} \quad \text{o bien} \quad \theta_A = \frac{wL^3}{24EI} \qquad \textbf{Resp.}$$

$$\theta_B = \frac{wL^3}{24EI} \quad \text{o bien} \quad \theta_B = -\frac{wL^3}{24EI} \qquad \textbf{Resp.}$$

Deflexión a la mitad del claro Al sustituir $x = L/2$ en la ecuación (2), se obtiene

$$y_C = -\frac{5wL^4}{384EI} \quad \text{o bien} \quad y_C = \frac{5wL^4}{384EI} \downarrow$$ **Resp.**

6.3 MÉTODO DE SUPERPOSICIÓN

Cuando una viga se sujeta a varias cargas, suele ser conveniente determinar la pendiente o la deflexión causadas por el efecto combinado de esas cargas al sobreponer (sumando algebraicamente) las pendientes o deflexiones debidas a cada una de las cargas actuando por separado sobre la viga. La pendiente y la deflexión debidas a cada una de las cargas por separado se pueden calcular mediante la aplicación del método de integración directa descrito con anterioridad, o bien, con alguno de los otros métodos que se discuten en las secciones subsiguientes. Asimismo, muchos manuales de ingeniería estructural (por ejemplo, el *Manual of Steel Construction*, publicado por el *American Institute of Steel Construction*) contiene fórmulas de la deflexión para vigas, para diversos tipos de cargas y condiciones en los apoyos, las cuales se pueden usar para este fin. Para contar con una referencia conveniente, al inicio de esta obra se dan esas fórmulas para las pendientes y deflexiones de las vigas, para algunos tipos comunes de cargas y condiciones en los apoyos.

6.4 MÉTODO DEL MOMENTO-ÁREA

El método del momento-área para calcular las pendientes y deflexiones de las vigas fue desarrollado por Charles E. Greene, en 1873. El método se basa en dos teoremas, llamados *teoremas del momento-área*, que relacionan la configuración geométrica de la curva elástica de una viga con su diagrama M/EI, el cual se construye al dividir las ordenadas del diagrama del momento flexionante entre la rigidez y la flexión, EI. En el método se utilizan las interpretaciones gráficas de las integrales que intervienen en la resolución de la ecuación diferencial de la deflexión (ecuación (6.9)) en términos de las áreas y los momentos de las áreas del diagrama M/EI. Por lo tanto, resulta más conveniente para ser usado en las vigas con discontinuidades en la carga y la EI variable, en comparación con el método de integración directa descrito con anterioridad.

Para deducir los teoremas del momento-área, considere una viga sujeta a una carga arbitraria, como se muestra en la figura 6.3. En la figura, también se muestran la curva elástica y el diagrama M/EI para la viga. Si se enfoca la atención en un elemento diferencial, dx, de la viga, recuerde, por lo visto en la sección anterior (ecuación (6.10)) que $d\theta$, la cual representa el cambio en la pendiente de la curva elástica sobre el tramo diferencial dx, se expresa por

$$d\theta = \frac{M}{EI}dx \tag{6.11}$$

Note que el término$(M/EI)\,dx$ representa un área infinitesimal debajo del diagrama M/EI, como se muestra en la figura 6.3. Con el fin de determinar el cambio en la pendiente entre dos puntos arbitrarios A y B de la viga, se integra la ecuación (6.11) desde A hasta B, para obtener

$$\int_A^B d\theta = \int_A^B \frac{M}{EI}dx$$

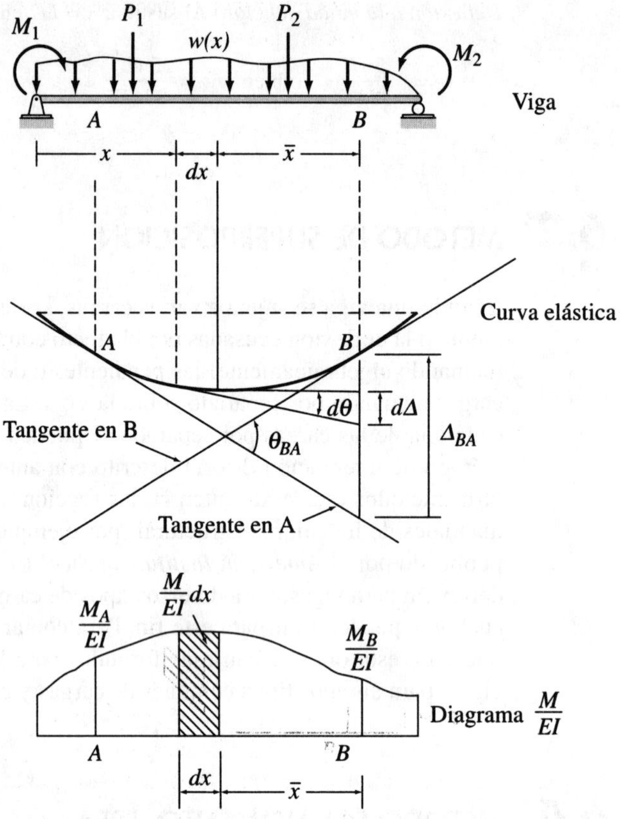

Fig. 6.3

o bien,

$$\theta_{BA} = \theta_B - \theta_A = \int_A^B \frac{M}{EI} dx \tag{6.12}$$

en la cual θ_A y θ_B son las pendientes de la curva elástica en los puntos A y B, respectivamente, en relación con el eje de la viga en estado no deformado (horizontal), θ_{BA} denota el ángulo entre las tangentes a la curva elástica en A y B, y $\int_A^B (M/EI)\,dx$ representa el área debajo del diagrama M/EI entre los puntos A y B.

La ecuación (6.12) representa la expresión matemática del *primer teorema del momento-área*, el cual se puede enunciar como sigue:

El cambio en la pendiente entre las tangentes a la curva elástica en dos puntos cualesquiera es igual al área debajo del diagrama M/EI entre dichos puntos, siempre que la curva elástica sea continua.

Como se observa, este teorema sólo puede aplicarse a aquellas partes de la curva elástica donde no hay discontinuidades debidas a la presencia de articulaciones internas. Al aplicar el primer teorema del momento-área, si el área del diagrama M/EI entre dos puntos cualesquiera es positiva, entonces el ángulo desde la tangente en el punto a la izquierda hasta la tangente en el punto a la derecha será descrito en sentido contrario al movimiento de las manecillas del reloj y este cambio en la pendiente se considera como positivo, y viceversa.

Si se considera una vez más la viga que se muestra en la figura 6.3, se observa que la desviación $d\Delta$ entre las tangentes trazadas en los extremos del elemento diferencial dx, sobre una recta perpendicular al eje no deformado de la viga desde un punto B, se expresa por

$$d\Delta = \bar{x}(d\theta) \tag{6.13}$$

donde $\bar{x}$ es la distancia desde B hasta el elemento dx. La sustitución de la ecuación (6.11) en la (6.13) da

$$d\Delta = \left(\frac{M}{EI}\right)\bar{x}\,dx \tag{6.14}$$

Note que el término del segundo miembro de la ecuación (6.14) representa el momento del área infinitesimal correspondiente a dx, respecto a B. Si se integra la ecuación (6.14) entre dos puntos cualesquiera A y B de la viga, se obtiene

$$\int_A^B d\Delta = \int_A^B \frac{M}{EI}\bar{x}\,dx$$

o bien,

$$\boxed{\Delta_{BA} = \int_A^B \frac{M}{EI}\bar{x}\,dx} \tag{6.15}$$

en la cual Δ_{BA} representa la *desviación tangencial de B* desde la tangente en A, lo cual es la deflexión del punto B en la dirección perpendicular al eje no deformado de la viga desde la tangente en el punto A y $\int_A^B (M/EI)\bar{x}\,dx$ representa el momento del área debajo del diagrama M/EI, entre los puntos A y B, respecto al punto B.

La ecuación (6.15) representa la expresión matemática del *segundo teorema del momento-área*, el cual se puede enunciar como sigue:

La desviación tangencial en la dirección perpendicular al eje no deformado de la viga de un punto de la curva elástica, desde la tangente a esta misma curva en otro punto, es igual al momento del área debajo del diagrama M/EI entre los dos puntos, respecto del punto en el cual se desea la desviación, siempre que la curva elástica sea continua entre los dos puntos.

Es importante hacer notar el orden de los subíndices usados para Δ en la ecuación (6.15). El primer subíndice denota el punto en donde se determina la desviación y respecto del cual se evalúan los momentos, en tanto que el segundo subíndice denota el punto en donde se traza la tangente a la curva elástica. Asimismo, ya que la distancia $\bar{x}$ de la ecuación (6.15) siempre se toma como positiva, el signo de Δ_{BA} es el mismo que el del área del diagrama M/EI entre A y B. Si el área del diagrama M/EI entre A y B es positivo, entonces Δ_{BA} también es positiva y el punto B se encuentra arriba (en la dirección y positiva) de la tangente a la curva elástica en el punto A, y viceversa.

Procedimiento para el análisis

Para aplicar los teoremas del momento-área con el fin de calcular las pendientes y deflexiones de una viga, se necesita dibujar una forma flexionada cualitativa de esa viga, usando su diagrama del momento flexionante. A este respecto, recuerde, por lo visto en la sección 5.3, que un momento flexionante positivo hace que la viga se curve cóncava hacia arriba, en tanto que uno negativo hace que se curve cóncava hacia abajo. Asimismo, en un apoyo fijo, tanto la pendiente como la deflexión de la viga deben ser cero; por lo tanto, la tangente a la curva elástica en este punto se encuentra en la dirección del eje no deformado, en tanto que en un apoyo articulado o de rodillo la deflexión es cero, pero la pendiente puede no serlo. Para facilitar el cálculo de las áreas y de los momentos de las áreas de los diagramas M/EI, en el apéndice A se encuentra una lista de las fórmulas para las áreas y centroides de formas geométricas comunes.

En lugar de adoptar una convención formal respecto a los signos, es práctica común aplicar un enfoque intuitivo en la resolución de problemas en el que se aplica el método del momento-área. En este enfoque, se supone que las pendientes y las deflexiones en los diversos puntos son positivas en las direcciones mostradas en el esquema de la forma flexionada o curva elástica de la estructura. Cualquier área del diagrama M/EI que tienda a incrementar la cantidad que se está considerando se toma como positiva, y viceversa. Una respuesta positiva para una pendiente o deflexión indica que el sentido de esa cantidad, según se supuso en la curva elástica, es correcta. Inversamente, una respuesta negativa indica que el sentido correcto es el opuesto al que inicialmente se supuso.

En la aplicación de los teoremas del momento-área es importante darse cuenta que, en general, estos teoremas no proporcionan en forma directa la pendiente y la deflexión en un punto con respecto al eje no deformado de la viga (lo cual suele ser de interés práctico); en lugar de ello, proporcionan la pendiente y la deflexión en un punto con relación a la tangente a la curva elástica en otro punto. Por lo tanto, antes de que pueda calcular la pendiente o la deflexión de un punto arbitrario de la viga, debe identificarse un punto en donde la pendiente de la tangente a la curva elástica se conozca inicialmente o se pueda determinar mediante el uso de las condiciones en los apoyos. Una vez que se establece esta *tangente de referencia*, se pueden calcular la pendiente y la deflexión en cualquier punto de la viga por la aplicación de los teoremas del momento-área. En las vigas en voladizo, como la pendiente de la tangente a la curva elástica en que el apoyo fijo es cero, se puede usar esta tangente como referencia. En el caso de las vigas para las que no se puede localizar por inspección una tangente con pendiente cero, suele usarse la tangente en uno de los apoyos como referencia. Se puede determinar la pendiente de esta tangente de referencia mediante el uso de las condiciones de deflexiones cero, en el apoyo de referencia y en un apoyo adyacente.

Por lo común, las magnitudes de las pendientes y deflexiones de las estructuras son muy pequeñas, así que, desde un punto de vista del cálculo suele ser más conveniente determinar la solución en términos de EI y, a continuación, sustituir los valores numéricos de E y de I, en la etapa final del análisis, para obtener las magnitudes numéricas de las pendientes y deflexiones. Cuando el momento de inercia varía a lo largo de una viga, es conveniente expresar los momentos de inercia de los diversos segmentos de la misma en términos de un solo *momento de inercia de referencia*, el cual se lleva en forma simbólica a través del análisis.

EJEMPLO 6.2

Determine las pendientes y deflexiones en los puntos B y C de la viga en voladizo que se muestra en la figura 6.4(a), por el método del momento-área.

SOLUCIÓN

Diagrama del momento flexionante En la figura 6.4(b), se muestra el diagrama del momento flexionante para la viga.

Diagrama M/EI Como se indica en la figura 6.4(a), los valores del momento de inercia de los segmentos AB y BC de la viga son de 6000 in^4 y 3000 in^4, respectivamente. Si se usa $I = I_{BC} = 3000$ in^4 como momento de referencia, se expresa I_{AB}, en términos de I, como

$$I_{AB} = 6000 = 2(3000) = 2I$$

lo cual indica que, para obtener el diagrama M/EI en términos del EI, debe dividirse el diagrama del momento flexionante para el segmento AB entre 2, como se muestra en la figura 4.6(c).

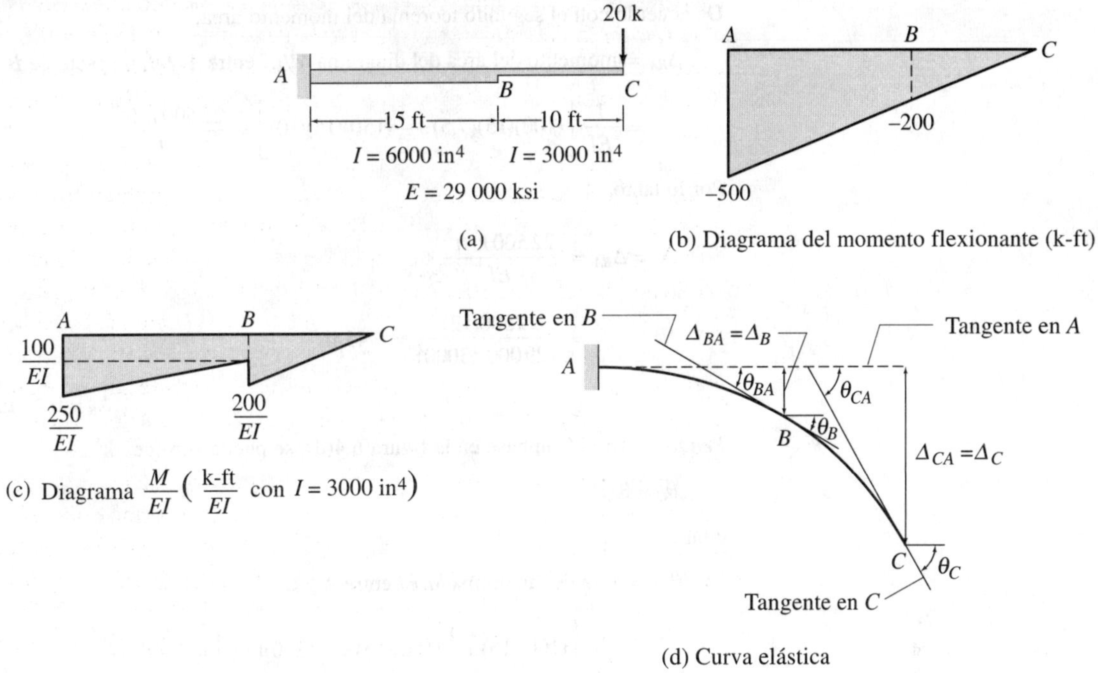

(a)

(b) Diagrama del momento flexionante (k-ft)

(c) Diagrama $\frac{M}{EI}\left(\frac{\text{k-ft}}{EI} \text{ con } I = 3000 \text{ in}^4\right)$

(d) Curva elástica

Fig. 6.4 *(k = kilolibra, ksi = kilolibra/pulgada cuadrada)*

Curva elástica La curva elástica para la viga se muestra en la figura 6.4(d), Note que, en virtud de que el diagrama *M*/*EI* es negativo, la viga se curva cóncava hacia abajo. Dado que el apoyo en *A* es fijo, la pendiente en este punto es cero ($\theta_A = 0$; es decir, la tangente a la curva elástica en *A* es horizontal, como se muestra en la figura.

Pendiente en B Teniendo conocida la pendiente en *A*, se puede determinar la pendiente en *B* al evaluar el cambio en la pendiente θ_{BA} entre *A* y *B* (el cual es el ángulo entre las tangentes a la curva elástica en los puntos *A* y *B*, como se muestra en la figura 6.4(d)). Según el primer teorema del momento-área, θ_{BA} = área del diagrama *M*/*EI* entre *A* y *B*. Esta área se puede calcular al dividir el diagrama *M*/*EI* en dos partes, una rectangular y otra triangular, como se muestra en la figura 6.4(c). Por tanto,

$$\theta_{BA} = \frac{1}{EI}\left[(100)(15) + \frac{1}{2}(150)(15)\right] = \frac{2625 \text{ k-ft}^2}{EI}$$

En la figura 6.4(d) se puede ver que, en virtud de que la tangente en *A* es horizontal (en la dirección del eje no deformado de la viga), la pendiente en *B* (θ_B) es igual al ángulo θ_{BA} entre las tangentes en *A* y *B*; es decir,

$$\theta_B = \theta_{BA} = \frac{2625 \text{ k-ft}^2}{EI} = \frac{2625(12)^2 \text{ k-in}^2}{EI}$$

Sustituyendo los valores numéricos de E = 29 000 ksi e $I = 3000 \text{ in}^4$, se obtiene

$$\theta_B = \frac{2625(12)^2}{(29000)(3000)} \text{ rad} = 0.0043 \text{ rad}$$

$$\theta_B = 0.0043 \text{ rad}$$ **Resp.**

Deflexión en B A partir de la figura 6.4(d), se puede ver que la deflexión en *B* con respecto al eje no deformado de la viga es igual a la desviación tangencial de ese punto respecto de la tangente en *A*; es decir,

$$\Delta_B = \Delta_{BA}$$

De acuerdo con el segundo teorema del momento-área,

$$\Delta_{BA} = \text{momento del área del diagrama } M/EI \text{ entre } A \text{ y } B\text{, respecto de } B$$

$$= \frac{1}{EI}\left[(100)(15)(7.5) + \frac{1}{2}(150)(15)(10)\right] = \frac{22\,500 \text{ k-ft}^3}{EI}$$

Por lo tanto,

$$\Delta_B = \Delta_{BA} = \frac{22\,500 \text{ k-ft}^3}{EI}$$

$$= \frac{22500(12)^3}{(29000)(3000)} = 0.45 \text{ in}$$

$$\Delta_B = 0.45 \text{ in} \downarrow$$ **Resp.**

Pendiente en C Con base en la figura 6.4(d), se puede ver que

$$\theta_C = \theta_{CA}$$

donde

$$\theta_{CA} = \text{área del diagrama } M/EI \text{ entre } A \text{ y } C$$

$$= \frac{1}{EI}\left[(100)(15) + \frac{1}{2}(150)(15) + \frac{1}{2}(200)(10)\right] = \frac{3625 \text{ k-ft}^2}{EI}$$

Por lo tanto,

$$\theta_C = \theta_{CA} = \frac{3625 \text{ k-ft}^2}{EI}$$

$$= \frac{3625(12)^2}{(29000)(3000)} = 0.006 \text{ rad}$$

$$\theta_C = 0.006$$ **Resp.**

Deflexión en C En la figura 6.4(d), se puede ver que

$$\Delta_C = \Delta_{CA}$$

donde

$$\Delta_{CA} = \text{momento del área del diagrama } M/EI \text{ entre } A \text{ y } C\text{, respecto de } C$$

$$= \frac{1}{EI}\left[(100)(15)(7.5+10) + \frac{1}{2}(150)(15)(10+10) + \frac{1}{2}(200)(10)(6.67)\right]$$

$$= \frac{55\,420 \text{ k-ft}^3}{EI}$$

Por lo tanto,

$$\Delta_C = \Delta_{CA} = \frac{55\,420 \text{ k-ft}^3}{EI}$$

$$= \frac{55420(12)^3}{(29000)(3000)} = 1.1 \text{ in}$$

$$\Delta_C = 1.1 \text{ in} \downarrow$$ **Resp.**

EJEMPLO 6.3

Determine la deflexión máxima para la viga mostrada en la figura 6.5(a), por el método del momento-área.

SOLUCIÓN *Diagrama M/EI* Debido a que *EI* es constante a lo largo de la viga, la forma del diagrama *M/EI* es la misma que la del momento flexionante. En la figura 6.5(b) se muestra el diagrama *M/EI*.

Curva elástica La curva elástica para la viga se muestra en la figura 6.5(c).

Pendiente en A No se conoce la pendiente de la curva elástica en ningún punto de la viga, de modo que se usará la tangente en el apoyo *A* como referencia y se determinará su pendiente, θ_A, a partir de que las deflexiones en los puntos de apoyo *A* y *C* son cero. En la figura 6.5(c), se puede ver que

$$\theta_A = \frac{\Delta_{CA}}{L}$$

en la cual θ_A es pequeña, de modo que $\theta_A \approx \theta_A$. Para evaluar la desviación tangencial Δ_{CA}, se aplica el segundo teorema del momento-área:

$$\Delta_{CA} = \text{momento del área del diagrama } M/EI \text{ entre } A \text{ y } C\text{, respecto de } C$$

$$\Delta_{CA} = \frac{1}{EI}\left[\frac{1}{2}(400)(10)\left(\frac{10}{3}+5\right)+\frac{1}{2}(400)(5)\left(\frac{10}{3}\right)\right] = \frac{20\,000\text{ kN}\cdot\text{m}^3}{EI}$$

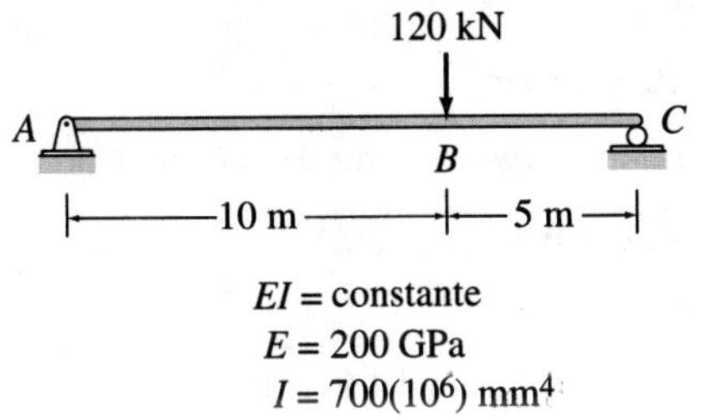

(a)

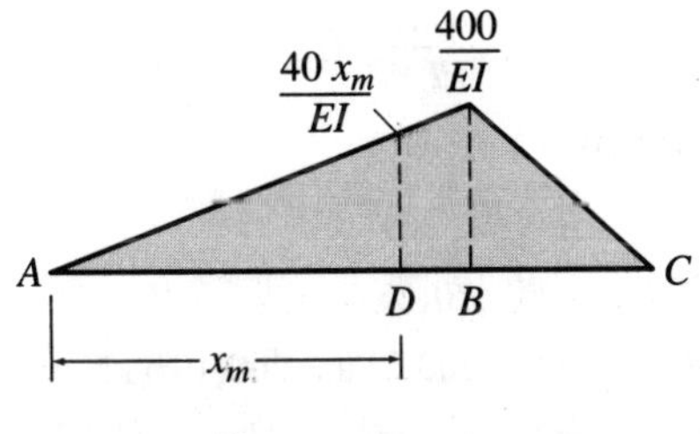

(b) $\frac{M}{EI}$ Diagrama $\left(\frac{\text{kN}\cdot\text{m}}{EI}\right)$

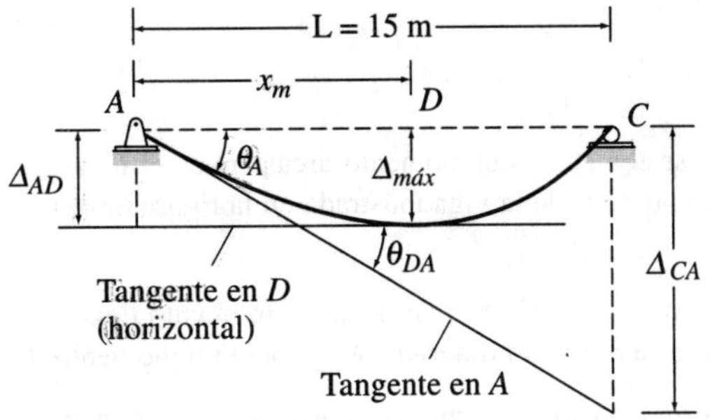

(c) Curva elástica

Fig. 6.5

Por lo tanto, la pendiente en A es

$$\theta_A = \frac{\Delta_{CA}}{L} = \frac{20000/EI}{15} = \frac{1333.33\,\text{kN}\cdot\text{m}^2}{EI}$$

Localización de la deflexión máxima Si la deflexión máxima se tiene en el punto D, localizado a una distancia x_m del apoyo izquierdo A (véase la figura 6.5(c)), entonces la pendiente en D debe ser cero; por lo tanto,

$$\theta_{DA} = \theta_A = \frac{1333.33\,\text{kN}\cdot\text{m}^2}{EI}$$

lo cual indica que para que la pendiente en D sea cero (es decir, el área del diagrama M/EI entre A y D) debe ser igual a $1333.33/EI$. Se aplica esta condición para determinar la localización del punto D:

$$\theta_{DA} = \text{área del diagrama } \frac{M}{EI} \text{ entre } A \text{ y } D = \frac{1333.33}{EI}$$

o bien,

$$\frac{1}{2}\left(\frac{40x_m}{EI}\right)x_m = \frac{1333.33}{EI}$$

de lo cual

$$x_m = 8.16 \text{ m}$$

Deflexión máxima A partir de la figura 6.5(c), se puede ver que

$$\Delta_{\text{máx}} = \Delta_{AD}$$

donde

$$\begin{aligned}\Delta_{AD} &= \text{momento del área del diagrama } M/EI \text{ entre } A \text{ y } D\text{, respecto de } A \\ &= \frac{1}{2}\,\frac{(40)(8.16)}{EI}(8.16)\left(\frac{2}{3}\right)(8.16) \\ &= \frac{7244.51\,\text{kN}\cdot\text{m}^3}{EI}\end{aligned}$$

Por lo tanto,

$$\Delta_{\text{máx}} = \frac{7244.51\,\text{kN}\cdot\text{m}^3}{EI}$$

Sustituyendo $E = 200$ GPa $= 200(10^6)$ kN/m^2 y $I = 700(10^6)$ mm^4 $= 700(10^{-6})$ m^4, se obtiene

$$\Delta_{\text{máx}} = \frac{7244.51}{200(10^6)(700)(10^{-6})} = 0.0517 \text{ m}$$

$\Delta_{\text{máx}} = 51.7$ mm ↓ **Resp.**

EJEMPLO 6.4

Use el método del momento-área para determinar la pendiente en el punto A y la deflexión en el punto C de la viga mostrada en la figura 6.6(a).

SOLUCIÓN *Diagrama M/EI* El diagrama del momento flexionante se muestra en la figura 6.6(b) y, en la figura 6.6(c), el diagrama M/EI para un momento de inercia de referencia es $I = 2500$ in^4.

Curva elástica La curva elástica para la viga se muestra en la figura 6.6(d). Note que la curva elástica es discontinua en la articulación interna C. Por lo tanto, los teoremas del momento-área deben aplicarse por separado sobre las partes AC y CF de la curva, a cada lado de la articulación.

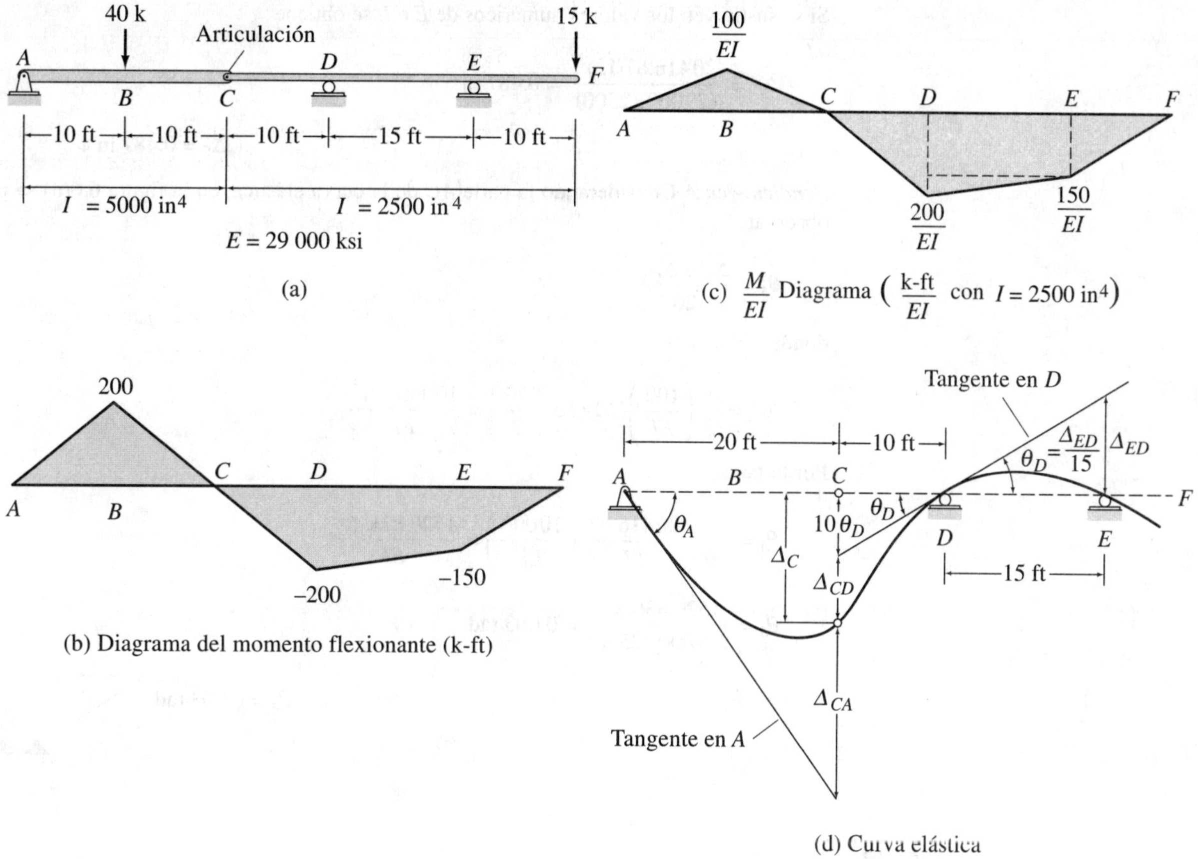

Fig. 6.6

Pendiente en D La tangente en el apoyo D se selecciona como la de referencia. Con base en la figura 6.6(d), se puede ver que la pendiente de esta tangente se expresa por la relación

$$\theta_D = \frac{\Delta_{ED}}{15}$$

donde, por el segundo teorema del momento-área,

$$\Delta_{ED} = \frac{1}{EI}\left[150(15)(7.5) + \frac{1}{2}(50)(15)(10)\right] = \frac{20625\,\text{k-ft}^3}{EI}$$

Por lo tanto,

$$\theta_D = \frac{20625}{15(EI)} = \frac{1375\,\text{k-ft}^2}{EI}$$

Deflexión en C A partir de la figura 6.6(d), se puede ver que

$$\Delta_C = 10\theta_D + \Delta_{CD}$$

en la cual

$$\Delta_{CD} = \frac{1}{2}\left(\frac{200}{EI}\right)(10)\left(\frac{20}{3}\right) = \frac{6666.67\,\text{k-ft}^3}{EI}$$

Por lo tanto,

$$\Delta_C = 10\left(\frac{1375}{EI}\right) + \frac{6666.67}{EI} = \frac{20416.67\,\text{k-ft}^3}{EI}$$

Si se sustituyen los valores numéricos de E e I, se obtiene

$$\Delta_C = \frac{20416.67(12)^3}{(29000)(2500)} = 0.487 \text{ in}$$

$$\Delta_C = 0.487 \text{ in} \downarrow \qquad \textbf{Resp.}$$

Pendiente en A Considerando la parte AC de la curva elástica, en la figura 6.6(d) se puede observar

$$\theta_A = \frac{\Delta_C + \Delta_{CA}}{20}$$

donde

$$\Delta_{CA} = \frac{1}{2}\left(\frac{100}{EI}\right)(20)(10)\left(\frac{20}{3}\right) = \frac{10000 \text{ k-ft}^3}{EI}$$

Por lo tanto,

$$\theta_A = \frac{1}{20}\left(\frac{20416.67}{EI} + \frac{10000}{EI}\right) = \frac{1520.83 \text{ k-ft}^2}{EI}$$

$$\theta_A = \frac{1520.83(12)^2}{(29000)(2500)} = 0.003 \text{ rad}$$

$$\theta_A = 0.003 \text{ rad} \qquad \textbf{Resp.}$$

6.5 DIAGRAMAS DEL MOMENTO FLEXIONANTE POR PARTES

Como se ilustra en la sección anterior, la aplicación del método del momento-área comprende el cálculo de las áreas y de los momentos de las áreas de diversas partes del diagrama M/EI. En la sección siguiente se mostrará que el método de la viga conjugada para la determinación de las deflexiones de las vigas también requiere el cálculo de estas cantidades. Cuando una viga está sujeta a diferentes tipos de cargas, como una combinación de cargas distribuidas y concentradas, la determinación de las propiedades del diagrama M/EI resultante, debido al efecto combinado de todas las cargas, puede convertirse en una tarea formidable. Se puede evitar estas dificultad por la construcción del diagrama del momento flexionante en *partes*; es decir, la construcción de un diagrama separado del momento flexionante para cada una de las cargas. Entonces, las ordenadas de los diagramas obtenidos se dividen entre EI para obtener los diagramas M/EI. Estos diagramas suelen consistir en formas geométricas simples, así que sus áreas y los momentos de las áreas se pueden calcular con facilidad. De ahí, se obtienen las áreas y los momentos de las áreas requeridos del diagrama M/EI resultante al sumar algebraicamente (sobreponer) las áreas y los momentos de áreas, respectivamente, de los diagramas de los momentos flexionantes para cada una de las cargas por separado.

Es común el uso de dos procedimientos para construir diagramas de momentos flexionantes por partes. El primero de ellos comprende sencillamente la aplicación de cada una de las cargas por separado sobre la viga y la construcción de los diagramas correspondientes. Considere, por ejemplo, una viga sujeta a una combinación de una carga uniformemente distribuida y una carga concentrada, como se muestra en la figura 6.7(a). Para construir el diagrama del momento flexionante por partes se aplican los dos tipos de carga por separado sobre la viga, como se muestra en las figuras 6.7(b) y (c), y se trazan los diagramas correspondientes de los momentos flexionantes. Suele ser conveniente dibujar juntas las partes del diagrama del momento flexionante, como se muestra en la figura 6.7(d). Aun cuando no es necesario para la aplicación de los métodos del momento-área y de la viga conjugada, si se desea, se puede obtener el diagrama resultante del momento flexionante (Fig. 6.7(a)) mediante la superposición de las dos partes que se muestran en las figuras 6.7(b) y (c).

Un procedimiento alterno para la construcción de los diagramas de los momentos flexionantes por partes consiste en seleccionar un punto de la viga (por lo común, un punto de apoyo o uno de los extremos de la viga) en el cual se supone que la viga está fija, aplicando cada una de las cargas y reacciones en los apoyos por separado sobre esta viga imaginaria en voladizo y construyendo los diagramas correspondientes. Es común mencionar este procedimiento como construcción del *diagrama del momento flexionante por partes en voladizo*. Para ilustrar este procedimiento considere otra vez la viga analizada en la figura 6.7. Se ha vuelto a dibujar la viga en la figura 6.8(a), en la cual también se muestran las cargas externas, así como las reacciones en los apoyos determinadas a partir de las ecuaciones de equilibrio. Para construir el diagrama del momento flexionante por partes en voladizo, con respecto al punto de apoyo *B*, se concibe la viga como una en voladizo con apoyo fijo en el punto *B*. Entonces se aplican las dos cargas y la reacción en el apoyo *A* por separado sobre esta viga imaginaria en voladizo, como se muestra en las figuras 6.4(b)–(d), y se trazan los diagramas correspondientes de los momentos flexionantes, como se

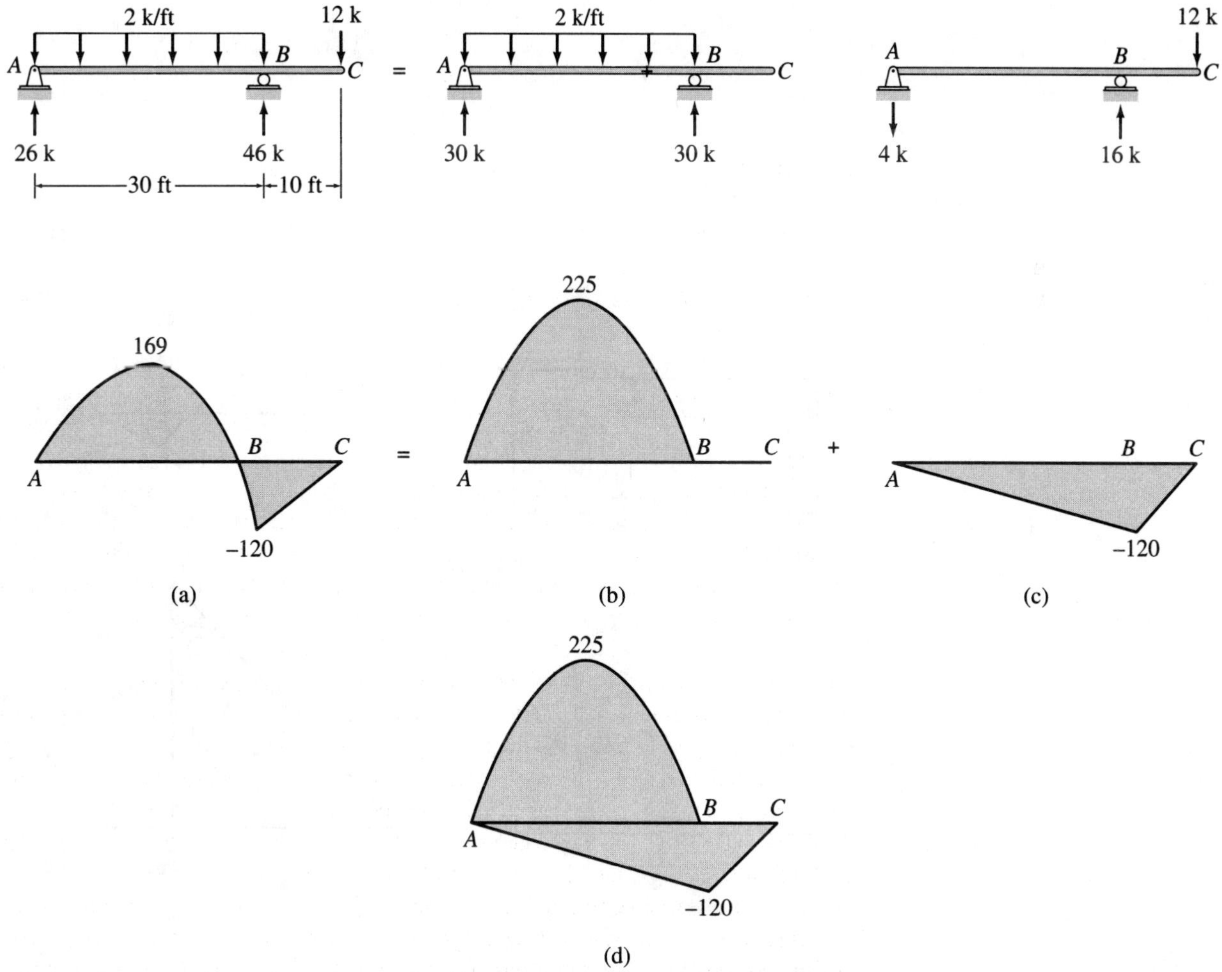

Fig. 6.7

muestra en estas figuras. A menudo, las partes del diagrama del momento flexionante se dibujan juntas, como se muestra en la figura 6.8(e). Si se desea, se puede obtener el diagrama resultante del momento flexionante, como se ilustra en la figura 6.8(a), al sobreponer las tres partes que se muestran en las figuras 6.8(b)–(d).

EJEMPLO 6.5

Determine la deflexión en el punto C de la viga mostrada en la figura 6.9(a), por el método del momento-área.

SOLUCIÓN

Diagrama M/EI En la figura 6.8, se determinó el diagrama del momento flexionante por partes en voladizo, con respecto al punto de apoyo B. Las ordenadas de ese diagrama se dividen entre EI para obtener el diagrama M/EI que se muestra en la figura 6.9(b).

Curva elástica Véase la figura 6.9(c).

Pendiente en B Si se selecciona la tangente en B como la de referencia, a partir de la figura 6.9(c) se puede ver que

$$\theta_B = \frac{\Delta_{AB}}{30}$$

Al usar el diagrama M/EI (Fig. 6.9(b)) y las propiedades de las formas geométricas dadas en el apéndice A, se calcula

$$\Delta_{BA} = \frac{1}{EI}\left[\frac{1}{2}(780)(30)(20) - \frac{1}{3}(900)(30)\left(\frac{3}{4}\right)(30)\right]$$

$$= \frac{31\,500 \text{ k-ft}^3}{EI}$$

Por lo tanto,

$$\theta_B = \frac{31500}{30EI} = \frac{1050 \text{ k-ft}^2}{EI}$$

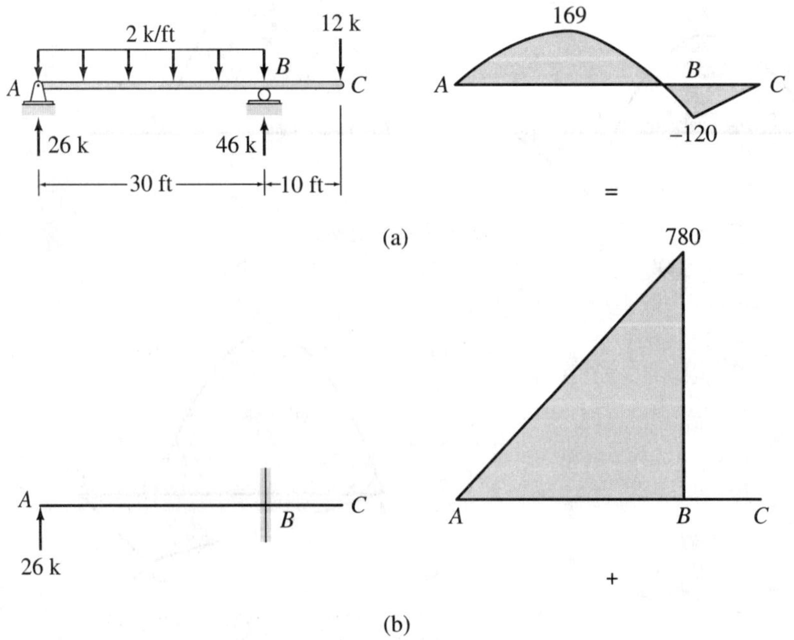

Fig. 6.8

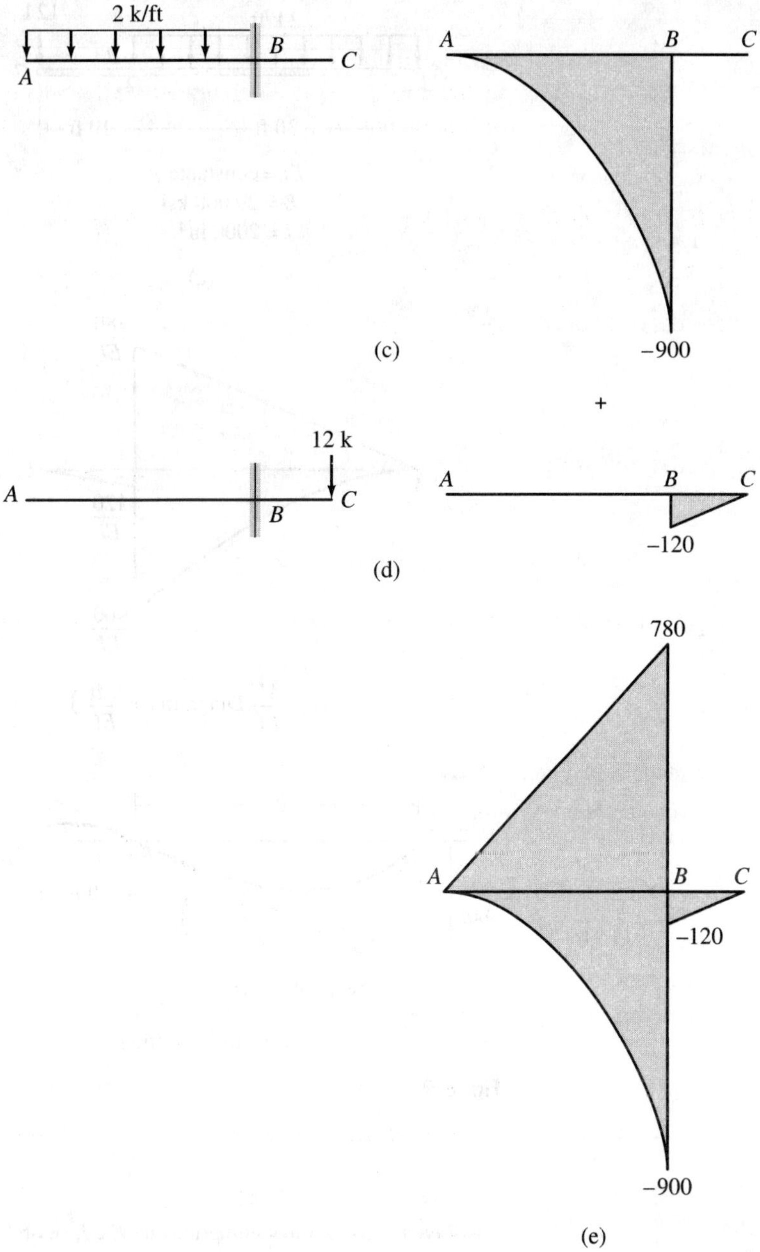

Fig. 6.8 (*Continuación*)

Deflexión en C A partir de la figura 6.9(c), se puede ver que

$$\Delta_C = 10\theta_B - \Delta_{CB}$$

donde

$$\Delta_{CB} = \frac{1}{2}\left(\frac{120}{EI}\right)(10)\left(\frac{20}{3}\right) = \frac{4000\,\text{k-ft}^3}{EI}$$

Por lo tanto,

$$\Delta_C = 10\left(\frac{1050}{EI}\right) - \frac{4000}{EI} = \frac{6500\,\text{k-ft}^3}{EI}$$

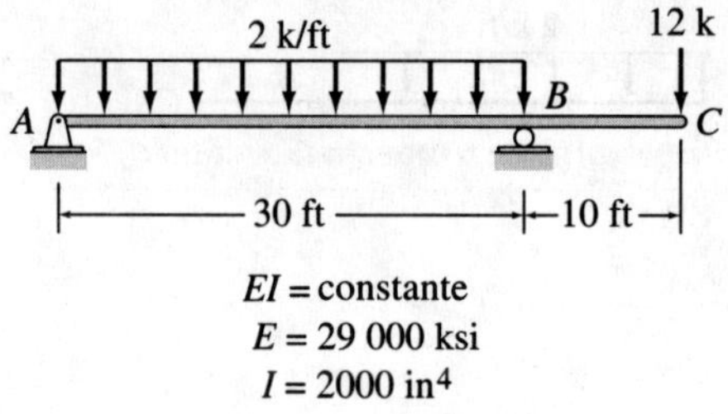

(a)

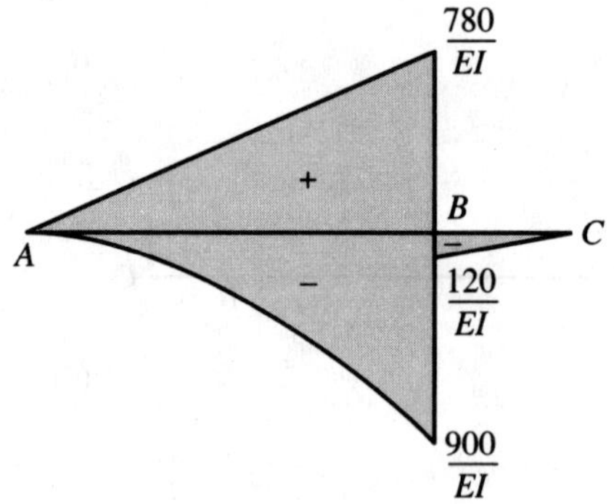

(b) $\frac{M}{EI}$ Diagrama $\left(\frac{\text{k-ft}}{EI}\right)$

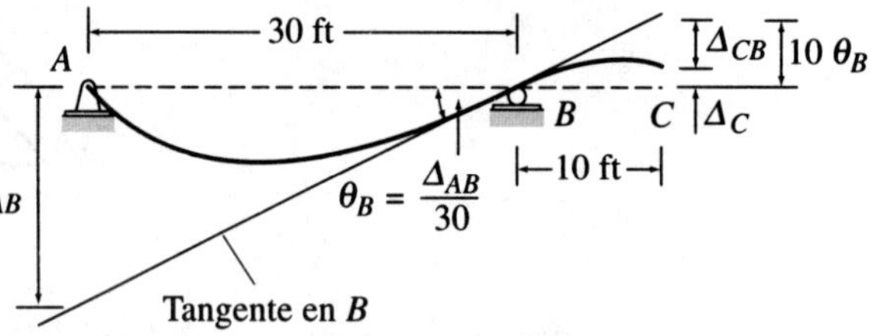

(c) Curva elástica

Fig. 6.9

Sustituyendo los valores numéricos de E e I, se obtiene

$$\Delta_C = \frac{6500(12)^3}{(29000)(2000)} = 0.194 \text{ in}$$

$\Delta_C = 0.194$ in ↑ **Resp.**

6.6 MÉTODO DE LA VIGA CONJUGADA

El método de la viga conjugada, desarrollado por Otto Mohr en 1868, en general proporciona un medio más conveniente de cálculo de las pendientes y deflexiones de las vigas que el método del momento-área. Aunque, en esencia, la cantidad de esfuerzo de cálculo requerido por los dos métodos es el mismo, muchos ingenieros prefieren el método de la viga conjugada debido a su convención sistemática respec-

Tabla 6.1

Relaciones entre carga-cortante-momento flexionante	Relaciones entre *M/EI*-pendiente-deflexión
$\frac{dS}{dx} = w$	$\frac{d\theta}{dx} = \frac{M}{EI}$
$\frac{dM}{dx} = S$ o $\frac{d^2M}{dx^2} = w$	$\frac{dy}{dx} = q$ o $\frac{dS}{dx} = \frac{d^2y}{dx^2} = \frac{M}{EI}$

to a los signos y aplicación directa, la cual no requiere el trazado de un esquema de la curva elástica de la estructura.

El método de la viga conjugada se basa en la analogía que existe entre las relaciones de la carga, la fuerza cortante y el momento flexionante y las relaciones entre *M/EI*, la pendiente y la deflexión. Estos dos tipos de relación se dedujeron en las secciones 5.4 y 6.1, respectivamente, y se repiten en la tabla 6.1 para fines de comparación. Como se indica en esta tabla, las relaciones entre *M/EI*, la pendiente y la deflexión tienen la misma forma que las existentes entre la carga, la cortante y el momento flexionante. Por consiguiente, la pendiente y la deflexión se pueden calcular a partir de *M/EI* por las mismas operaciones que las realizadas para calcular la cortante y el momento flexionante, respectivamente, a partir de la carga. Es más, si se aplica el diagrama *M/EI* para una viga como la carga sobre una viga análoga ficticia, entonces la cortante y el momento flexionante en cualquier punto de dicha viga serán iguales a la pendiente y la deflexión, respectivamente, en el punto correspondiente de la viga real. La viga ficticia se conoce como *viga conjugada* y se define como:

Una viga conjugada correspondiente a una viga real es una viga ficticia de la misma longitud que la real, pero que está externamente apoyada e internamente conectada, de suerte que si la conjugada se carga con el diagrama M/EI de la real, la cortante y el momento flexionante en cualquier punto de la viga conjugada son iguales, respectivamente, a la pendiente y la deflexión en el punto correspondiente de la viga real.

Como lo indica el párrafo anterior, en esencia, el método de la viga conjugada comprende el cálculo de pendientes y deflexiones de vigas, mediante el cálculo de las cortantes y los momentos flexionantes en las vigas conjugadas correspondientes.

Apoyos para las vigas conjugadas

Los apoyos externos y las conexiones internas para las vigas conjugadas se determinan a partir de relaciones análogas entre esas conjugadas y las vigas reales correspondientes; es decir, la cortante y el momento flexionante en cualquier punto de la viga conjugada deben ser coherentes con la pendiente y la deflexión en ese punto de la viga real. En la figura 6.10, se muestran las contrapartes conjugadas de los diversos tipos de apoyos reales así determinados. Como se indica en esta figura, un apoyo articulado o de rodillo en uno de los extremos de la viga real sigue siendo el mismo en la viga conjugada. Esto se debe a que en ese tipo de apoyos puede haber pendiente, pero no deflexión, de la viga real. Como consecuencia, en el extremo correspondiente de la conjugada debe haber cortante, pero no momento flexionante, y un apoyo articulado o de rodillo en ese extremo satisfaría estas condiciones. Ya que en un apoyo fijo de la viga real no hay pendiente ni deflexión, tanto la cortante como el momento flexionante en ese extremo de la conjugada deben ser cero; por lo tanto, el conjugado de un apoyo fijo es un extremo libre, como se muestra en la figura 6.10. Inversamente, un extremo libre de una viga real se convierte en un apoyo fijo en la conjugada, porque en ese extremo de la viga real puede haber pendiente, así como deflexión; por consiguiente, la viga conjugada debe desarrollar tanto cortante como momento flexionante en ese punto. En un apoyo interior de una viga real no hay deflexión, pero la pendiente es continua (es decir, no hay cambio abrupto de la pendiente de uno de los lados del apoyo al otro), así que el punto correspondiente de la viga conjugada se convierte en una articulación interna, en la cual el momento flexionante es cero y la cortante es continua. Por último, en una articulación interna en la viga real puede haber deflexión, así como pendiente discontinua de la propia viga. Como consecuencia, la viga conjugada debe tener momento flexionante y un cambio abrupto de la cortante en ese punto. En virtud de que un apoyo interior satisface estos dos requisitos, una articulación interna en la viga real se transforma en un apoyo interior en la conjugada, como se muestra en la figura 6.10.

En la figura 6.11, se ilustran las conjugadas de algunos tipos comunes de vigas (reales). Como se indica en las figuras 6.11(a)–(e), las vigas conjugadas correspondientes a vigas reales estáticamente determinadas siempre son estáticamente deter-

Viga real		**Viga conjugada**	
Tipo de apoyo	**Pendiente y deflexión**	**Cortante y momento flexionante**	**Tipo de apoyo**
Apoyo simple en el extremo 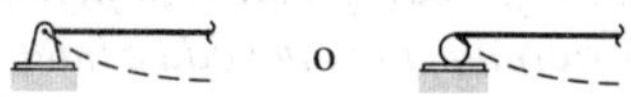	$\theta \neq 0$ $\Delta = 0$	$S \neq 0$ $M = 0$	Apoyo simple en el extremo 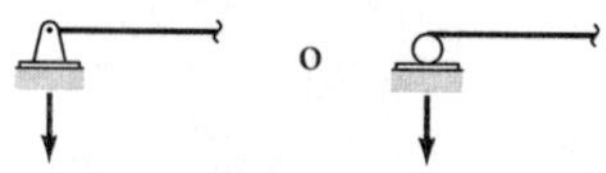
Apoyo fijo 	$\theta = 0$ $\Delta = 0$	$S = 0$ $M = 0$	Extremo libre 
Extremo libre 	$\theta \neq 0$ $\Delta \neq 0$	$S \neq 0$ $M \neq 0$	Apoyo fijo 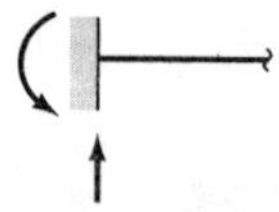
Apoyo interior simple 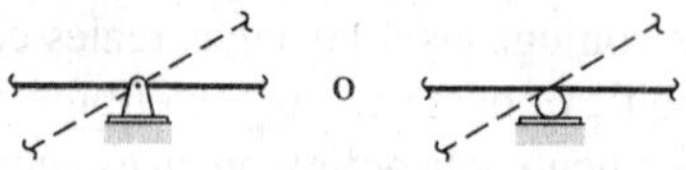	$\theta \neq 0$ y continua $\Delta = 0$	$S \neq 0$ y continua $M = 0$	Articulación interna 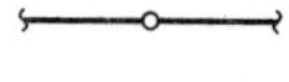
Articulación interna 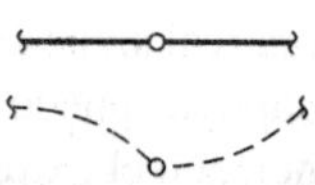	$\theta \neq 0$ y discontinua $\Delta \neq 0$	$S \neq 0$ y discontinua $M \neq 0$	Apoyo interior simple 

Fig. 6.10 *Apoyos para las vigas conjugadas*

minadas, en tanto que las vigas estáticamente indeterminadas tienen vigas conjugadas inestables, como se muestra en las figuras 6.11(f)-(h). Sin embargo, como estas vigas conjugadas inestables se cargarán con los diagramas *M/EI* de vigas reales estáticamente determinadas, las cuales son autoequilibradas, esas vigas conjugadas inestables estarán en equilibrio. Como se ilustra en los dos últimos ejemplos de la figura 6.11, las vigas reales estáticamente inestables tienen vigas conjugadas estáticamente indeterminadas.

Convención de los signos

Si se aplican las ordenadas positivas del diagrama *M/EI* a la viga conjugada como cargas positivas (en la dirección *y* positiva) y viceversa, entonces una cortante positiva en esta conjugada denota una pendiente positiva (en sentido contrario al movimiento de las manecillas del reloj) en la viga real, con respecto al eje no deformado de esta última; asimismo, un momento flexionante positivo en la conjugada denota una deflexión positiva (hacia arriba o en la dirección *y* positiva) de la real, con respecto al eje no deformado de esta última y viceversa.

Procedimiento para el análisis

Se puede aplicar el siguiente procedimiento paso a paso para determinar las pendientes y deflexiones de las vigas por el método de la viga conjugada.

1. Construya el diagrama *M/EI* para la viga dada (real), sujeta a la carga (real) especificada. Si la viga está sujeta a una combinación de tipos diferentes de cargas (por ejemplo, cargas concentradas y cargas distribuidas), el análisis se facilita de manera considerable mediante la construcción del diagrama *M/EI* por partes, como se discutió en la sección anterior.

2. Determine la viga conjugada correspondiente a la viga real dada. Los apoyos externos y las conexiones internas para la conjugada deben seleccionarse de modo que la cortante y el momento flexionante en cualquier punto de esta última sean coherentes con la pendiente y la deflexión, respectivamente, en ese punto de la viga real. En la figura 6.10, se dan los conjugados de diversos tipos de apoyos reales.

3. Aplique el diagrama *M/EI* (obtenido en el paso 1) como la carga sobre la viga conjugada. Las ordenadas positivas de ese diagrama se aplican como carga hacia arriba sobre la conjugada y viceversa.

4. Calcule las reacciones en los apoyos de la viga conjugada por la aplicación de las ecuaciones de equilibrio y de condición (si las hay).

5. Determine las cortantes en aquellos puntos de la viga conjugada en donde se desean las pendientes en la real. Determine los momentos flexionantes en aquellos puntos de la viga conjugada en donde se desean las deflexiones de la viga real. Las cortantes y los momentos flexionantes en las vigas conjugadas se consideran como positivos o negativos de acuerdo con la convención de los signos de la viga (Fig. 5.2).

6. La pendiente en un punto de la viga real, con respecto al eje no deformado de la misma, es igual a la cortante en ese punto de la viga conjugada. Una cortante positiva en la viga conjugada denota una pendiente positiva, o en sentido contrario al movimiento de las manecillas del reloj, de la real y viceversa.

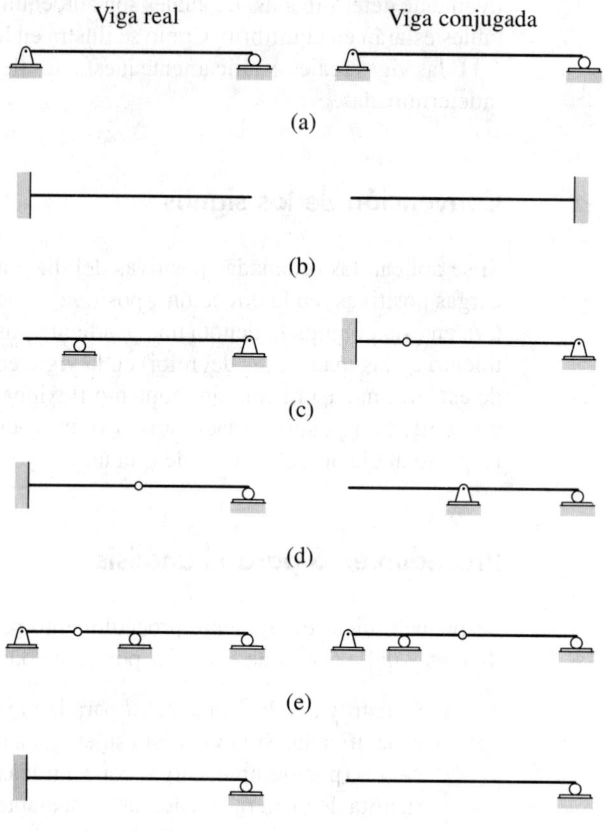

Fig. 6.11

7. La deflexión en un punto de la viga real, con respecto al eje no deformado de la misma, es igual al momento flexionante en ese punto de la viga conjugada. Un momento flexionante positivo en la conjugada denota una deflexión positiva, o hacia arriba, de la real y viceversa.

EJEMPLO 6.6

Determine las pendientes y deflexiones en los puntos B y C de la viga en voladizo mostrada en la figura 6.12(a), por el método de la viga conjugada.

SOLUCIÓN

Diagrama M/EI Esta viga se analizó en el ejemplo 6.2, por el método del momento-área. En la figura 6.12(b) se muestra el diagrama M/EI para un momento de inercia de referencia $I = 3000 \text{ in}^4$.

Viga conjugada En la figura 6.12(c) se muestra la viga conjugada, cargada con el diagrama M/EI de la viga real. Note que el punto A, el cual está fijo en la viga real, se convierte en libre en la viga conjugada; en tanto que el punto C, el cual es libre en la viga real, se convierte en fijo en la viga conjugada. Debido a que el diagrama M/EI es negativo, se aplica como una carga hacia abajo sobre la viga conjugada.

Pendiente en B La pendiente en B de la viga real es igual a la cortante en B de la conjugada. Si se utiliza el cuerpo libre de la viga conjugada a la izquierda de B y si se consideran las fuerzas que actúan hacia arriba sobre ese cuerpo libre como positivas, de acuerdo con la convención de los signos de la viga (véase la figura 5.2), se calcula la cortante en B, en esa viga conjugada, como

$$+\uparrow S_B = \frac{1}{EI}\left[-100(15) - \frac{1}{2}(150)(15)\right] = \frac{2625 \text{ k-ft}^2}{EI}$$

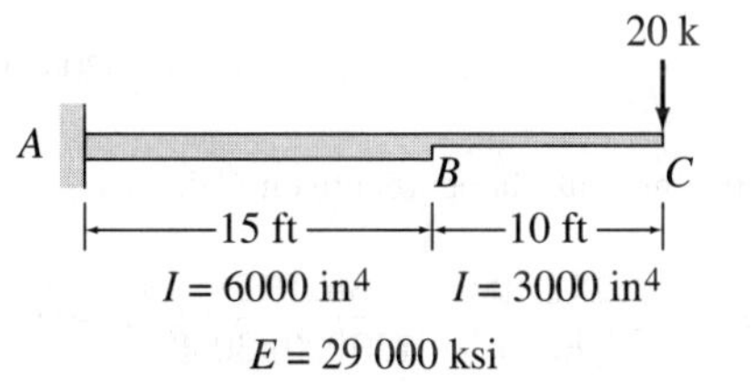

(a) Viga real

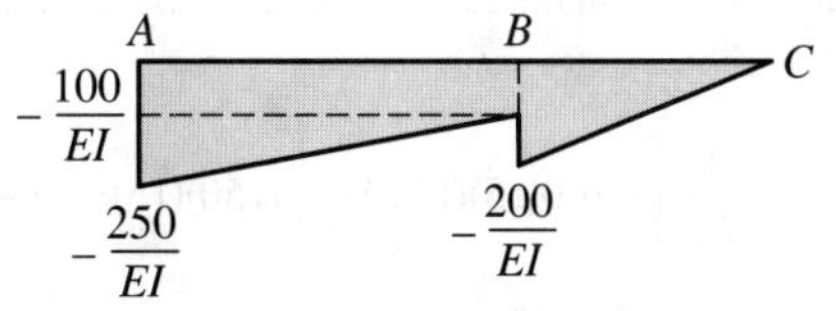

(b) $\frac{M}{EI}$ Diagrama $\left(\frac{\text{k-ft}}{EI} \text{ con } I = 3000 \text{ in}^4\right)$

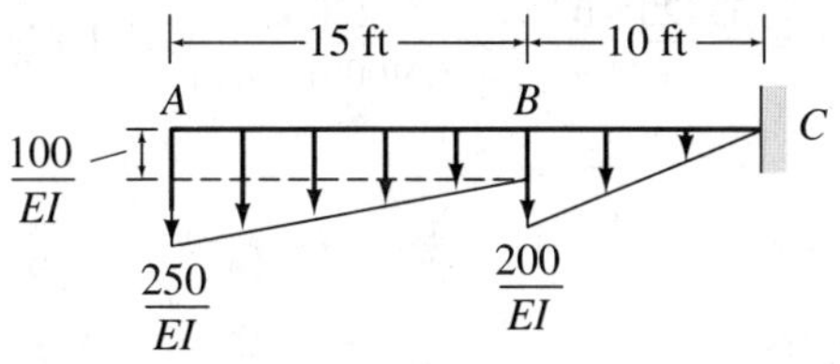

(c) Viga conjugada

Fig. 6.12

Por lo tanto, la pendiente en B de la viga real es

$$\theta_B = \frac{2625\,\text{k-ft}^2}{EI}$$

Sustituyendo los valores numéricos de E e I, se obtiene

$$\theta_B = \frac{2625(12)^2}{(29000)(3000)} = -0.0043 \text{ rad}$$

$$\theta_B = 0.0043 \text{ rad} \qquad \textbf{Resp.}$$

Deflexión en B La deflexión en B de la viga real es igual al momento flexionante en B de la viga conjugada. Usando el cuerpo libre de la viga conjugada a la izquierda de B y considerando los momentos en el sentido del movimiento de las manecillas del reloj de las fuerzas externas que actúan en torno a B como positivos, según la convención de los signos de la viga (Fig. 5.2), se calcula el momento flexionante en B de la viga conjugada como

$$+\circlearrowright M_B = \frac{1}{EI}\left[-100(15)(7.5) - \frac{1}{2}(150)(15)(10)\right] = \frac{22500\,\text{k-ft}^3}{EI}$$

Por lo tanto, la deflexión en B de la viga real es

$$\Delta_B = \frac{22500\,\text{k-ft}^3}{EI} = -\frac{22500(12)^3}{(29000)(3000)} = -0.45 \text{ in}$$

$$\Delta_B = 0.45 \text{ in} \downarrow \qquad \textbf{Resp.}$$

Pendiente en C Si se utiliza el cuerpo libre de la viga conjugada a la izquierda de C, se determina la cortante en C como

$$+\uparrow S_C = \frac{1}{EI}\left[-100(15) - \frac{1}{2}(150)(15) - \frac{1}{2}(200)(10)\right] = \frac{3625\,\text{k-ft}^2}{EI}$$

Por consiguiente, la pendiente en C de la viga real es

$$\theta_C = \frac{3625\,\text{k-ft}^2}{EI} = \frac{3625(12)^2}{(29000)(3000)} = -0.006 \text{ rad}$$

$$\theta_C = 0.006 \text{ rad} \qquad \textbf{Resp.}$$

Deflexión en C Considerando el cuerpo libre de la viga conjugada a la izquierda de C, se obtiene

$$+\circlearrowright M_C = \frac{1}{EI}\left[-100(15)(17.5) - \frac{1}{2}(150)(15)(20) - \frac{1}{2}(200)(10)(6.67)\right]$$

$$= \frac{55\,420\,\text{k-ft}^3}{EI}$$

Como consecuencia, la deflexión en C de la viga real es

$$\Delta_C = \frac{55420\,\text{k-ft}^3}{EI} = -\frac{55420(12)^3}{(29000)(3000)} = -1.1 \text{ in}$$

$$\Delta_C = 1.1 \text{ in} \downarrow \qquad \textbf{Resp.}$$

EJEMPLO 6.7

Aplique el método de la viga conjugada para determinar las pendientes en los extremos A y D, así como las deflexiones en los puntos B y C de la viga mostrada en la figura 6.13(a).

SOLUCIÓN *Diagrama M/EI* En la figura 6.13(b) se muestra el diagrama *M/EI* para esta viga.

Viga conjugada En la figura 6.13(c), se muestra la viga conjugada cargada con el diagrama *M/EI* de la real. Los puntos *A* y *D*, los cuales son apoyos simples en los extremos en la viga real, siguen siendo los mismos en la viga conjugada. Debido a que el diagrama *M/EI* es positivo, se aplica como una carga hacia arriba sobre la viga conjugada.

Reacciones para la viga conjugada Mediante la aplicación de las ecuaciones de equilibrio al cuerpo libre de la viga conjugada completa se obtiene lo siguiente:

$$+ \circlearrowleft \sum M_D = 0$$

$$A_y(40) - \frac{1}{EI}\left[\frac{1}{2}(800)(20)\left(\frac{20}{3}+20\right) + 600(10)(15) + \frac{1}{2}(200)(10)\left(\frac{20}{3}+10\right) + \frac{1}{2}(600)(10)\left(\frac{20}{3}\right)\right] = 0$$

$$A_y = \frac{8500\,\text{k-ft}^2}{EI}$$

$$+\uparrow \sum F_y = 0$$

$$\frac{1}{EI}\left[-8500+\frac{1}{2}(800)(20) + 600(10) + \frac{1}{2}(200)(10) + \frac{1}{2}(600)(10)\right] - D_y = 0$$

$$D_y = \frac{9500\,\text{k-ft}^2}{EI}$$

Pendiente en A La pendiente en *A* de la viga real es igual a la cortante precisamente a la derecha de *A* en la viga conjugada, la cual es

$$+\uparrow S_{A,R} = -A_y = -\frac{8500\,\text{k-ft}^2}{EI}$$

Por lo tanto, la pendiente en *A* de la viga real es

$$\theta_A = -\frac{8500\,\text{k-ft}^2}{EI} = -\frac{8500(12)^2}{(1800)(46000)} = -0.015 \text{ rad}$$

$$\theta_A = 0.015 \text{ rad}$$ **Resp.**

Pendiente en D La pendiente en *D* de la viga real es igual a la cortante precisamente a la izquierda de *D* en la conjugada, la cual es

$$+\downarrow S_{D,L} = +D_y = \frac{+9500\,\text{k-ft}^2}{EI}$$

Por consiguiente, la pendiente en *D* de la viga real es

$$\theta_D = \frac{9500\,\text{k-ft}^2}{EI} = -\frac{9500(12)^2}{(1800)(46000)} = 0.017 \text{ rad}$$

$$\theta_D = 0.017 \text{ rad}$$ **Resp.**

Deflexión en B La deflexión en *B* de la viga real es igual al momento flexionante en *B* de la viga conjugada. Usando el cuerpo libre de la viga conjugada a la izquierda de *B*, se calcula

$$+\circlearrowleft M_B = \frac{1}{EI}\left[-8500+\frac{1}{2}(800)(20)\left(\frac{20}{3}\right)\right] = -\frac{116666.67\,\text{k-ft}^3}{EI}$$

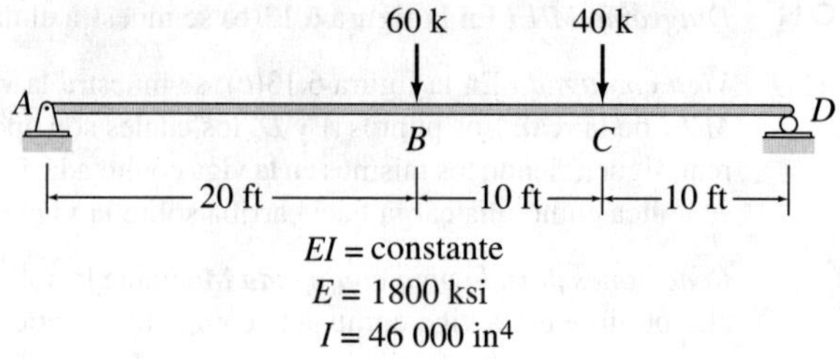

(a) Viga real

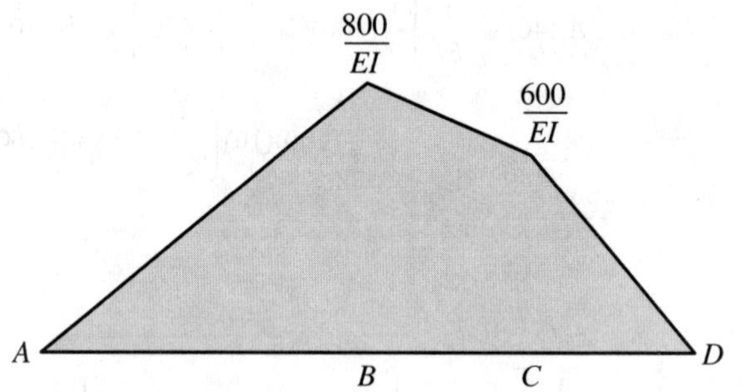

(b) $\frac{M}{EI}$ Diagrama $\left(\frac{\text{k-ft}}{EI}\right)$

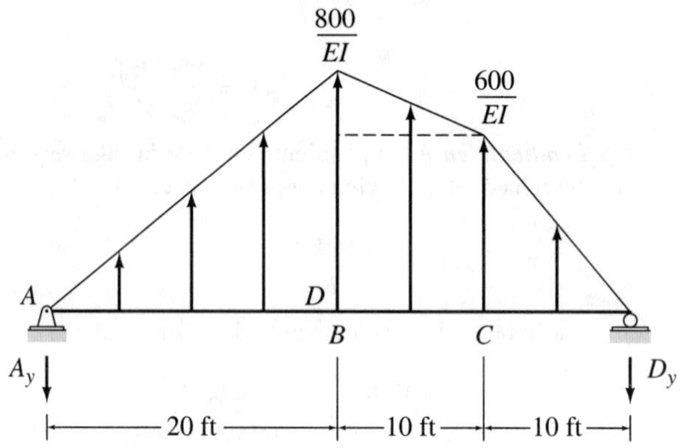

(c) Viga conjugada

Fig. 6.13

Por lo tanto, la deflexión en B de la viga real es

$$\Delta_B = -\frac{116666.67\,\text{k-ft}^3}{EI} = -\frac{116666.67(12)^3}{(1800)(46000)} = -2.43 \text{ in}$$

$$\Delta_B = 2.43 \text{ in} \downarrow$$ **Resp.**

Deflexión en C La deflexión en C de la viga real es igual al momento flexionante en C de la viga conjugada. Usando el cuerpo libre de la viga conjugada, a la derecha de C, se determina

$$+\circlearrowleft M_C = \frac{1}{EI}\left[-9500(10) + \frac{1}{2}(600)(10)\left(\frac{10}{3}\right)\right] = -\frac{85000\,\text{k-ft}^3}{EI}$$

Como consecuencia, la deflexión en C de la viga real es

$$\Delta_C = -\frac{85000\,\text{k-ft}^3}{EI} = -\frac{85000(12)^2}{(1800)(46000)} = -1.77 \text{ in}$$

$\Delta_C = 1.77$ in ↓ **Resp.**

EJEMPLO 6.8

Determine la deflexión máxima para la viga mostrada en la figura 6.14(a), por el método de la viga conjugada.

SOLUCIÓN *Diagrama M/EI* Esta viga se analizó con anterioridad en el ejemplo 6.3, por el método del momento-área. En la figura 6.14(b), se muestra el diagrama *M*/*EI* para la viga.

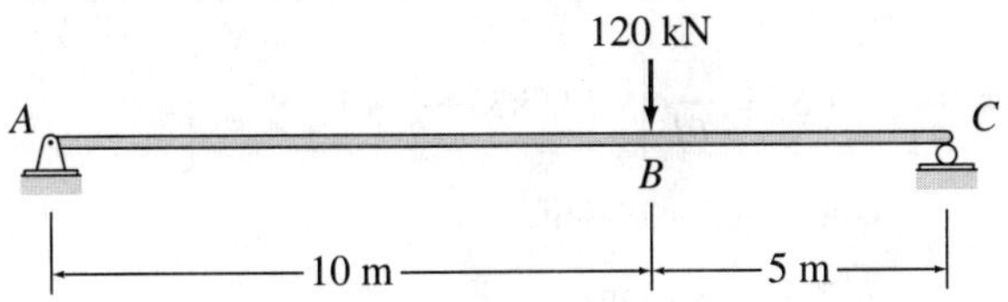

EI = constante
E = 200 GPa
$I = 700(10^6)$ mm^4

(a) Viga real

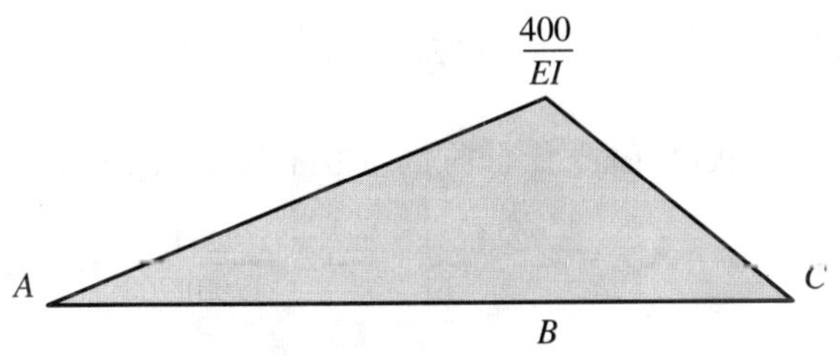

(b) $\frac{M}{EI}$ Diagrama $\left(\frac{\text{kN} \bullet \text{m}}{EI}\right)$

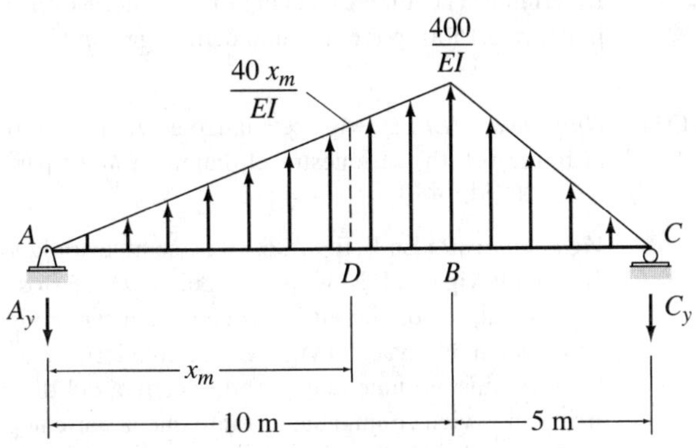

(c) Viga conjugada

Fig. 6.14

Viga conjugada En la figura 6.14(c) se muestra la viga conjugada simplemente apoyada, cargada con el diagrama *M/EI* de la real.

Reacción en el apoyo A de la viga conjugada Mediante la aplicación de la ecuación de equilibrio de los momentos $\sum M_C = 0$ al cuerpo libre de la viga conjugada completa, se determina

$$+ \circlearrowleft \sum M_C = 0$$

$$A_y(15) - \frac{1}{EI}\left[\frac{1}{2}(400)(10)\left(\frac{10}{3}+5\right)+\frac{1}{2}(400)(5)\left(\frac{10}{3}\right)\right] = 0$$

$$A_y = \frac{1333.33\,\text{kN}\cdot\text{m}^2}{EI}$$

Localización del momento flexionante máximo en la viga conjugada Si el momento flexionante máximo en la viga conjugada (o la deflexión máxima en la viga real) se presenta en el punto *D*, localizado a una distancia x_m del apoyo izquierdo *A* (véase la figura 6.14(c)), entonces la cortante en la viga conjugada, en *D*, debe ser cero. Considerando el cuerpo libre de la viga conjugada a la izquierda de *D*, se escribe

$$+\uparrow S_D = \frac{1}{EI}\left[-1333.33+\frac{1}{2}(40x_m)(x_m)\right] = 0$$

con lo que se obtiene

$$x_m = 8.16 \text{ m}$$

Deflexión máxima de la viga real La deflexión máxima de la viga real es igual al momento flexionante máximo en la viga conjugada, el cual se puede determinar al considerar el cuerpo libre de esta última a la izquierda de *D*, con $x_m = 8.16$ m. Por tanto,

$$+ \circlearrowleft M_{\text{máx}} = M_D = \frac{1}{EI}\left[-1333.33(8.16)+\frac{1}{2}(40)(8.16)^2\left(\frac{8.16}{3}\right)\right]$$

$$= \frac{7244.51\,\text{kN}\cdot\text{m}^3}{EI}$$

Por lo tanto, la deflexión máxima de la viga real es

$$\Delta_{\text{máx}} = -\frac{7244.51\,\text{kN}\cdot\text{m}^3}{EI} = -\frac{7244.51}{(200)(700)} = -0.0517 \text{ m} = -51.7 \text{ mm}$$

$$\Delta_{\text{máx}} = 51.7 \text{ mm} \downarrow$$ **Resp.**

EJEMPLO 6.9

Determine la pendiente en el punto *A* y la deflexión en el punto *C* de la viga que se muestra en la figura 6.15(a), por el método de la viga conjugada.

SOLUCIÓN

Diagrama M/EI Esta viga se analizó en el ejemplo 6.4 por el método del momento-área. En la figura 6.15(b) se muestra el diagrama *M/EI* para un momento de inercia de referencia $I = 2500 \text{ in}^4$.

Viga conjugada En la figura 6.15(c), se muestra la viga conjugada cargada con el diagrama *M/EI* de la viga real. Note que los puntos *D* y *E*, los cuales son apoyos interiores simples de la viga real, se convierten en articulaciones en la viga conjugada; el punto *C*, el cual es una articulación interna en la viga real, se convierte en un apoyo interior simple en la viga conjugada. Asimismo, note que la parte positiva del diagrama *M/EI* se aplica como carga hacia arriba en la viga conjugada, en tanto que la parte negativa de este mismo diagrama se aplica como carga hacia abajo.

Reacción en el apoyo A de la viga conjugada Se determina la reacción A_y de la viga conjugada al aplicar las ecuaciones de condición de la manera siguiente:

$$+ \circlearrowleft \sum M_D^{AD} = ($$

$$A_y(\quad)) - \frac{1}{2}\left(\frac{\;\;0}{\;\;I}\right)(20)(20) + C_y(10) + \frac{1}{2}\left(\frac{200}{EI}\right)(10)\left(\frac{10}{3}\right) = 0$$

o bien,

$$C_y = -3A_y + \frac{1666.67}{EI} \tag{1}$$

$$+ \circlearrowleft \sum M_E^{AE} = 0$$

$$A_y(45) - \frac{1}{2}\left(\frac{100}{EI}\right)(20)(35) + C_y(25) + \frac{1}{2}\left(\frac{200}{EI}\right)(10)\left(\frac{10}{3}+15\right)$$

$$+ \frac{150}{IE}(15)(7.5) + \frac{1}{2}\left(\frac{50}{EI}\right)(15)(10) = 0$$

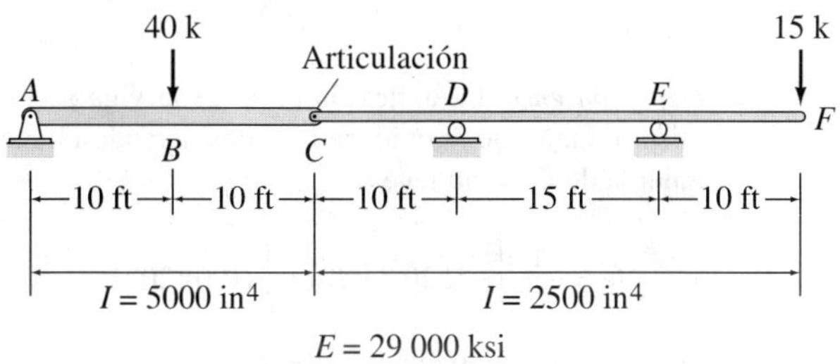

(a) Viga real

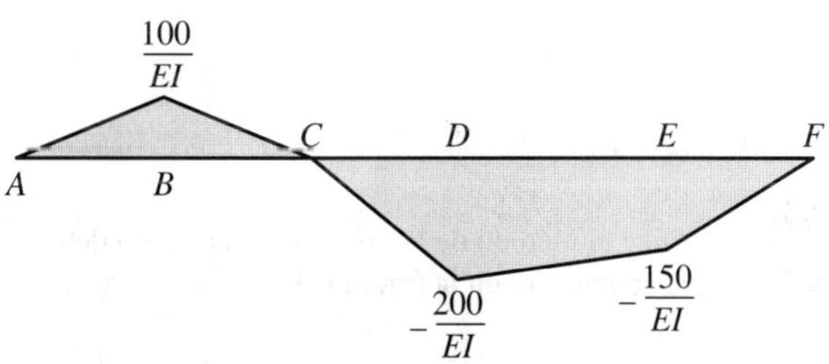

(b) $\frac{M}{EI}$ Diagrama $\left(\frac{\text{k-ft}}{EI}\text{ con } I = 2500 \text{ in}^4\right)$

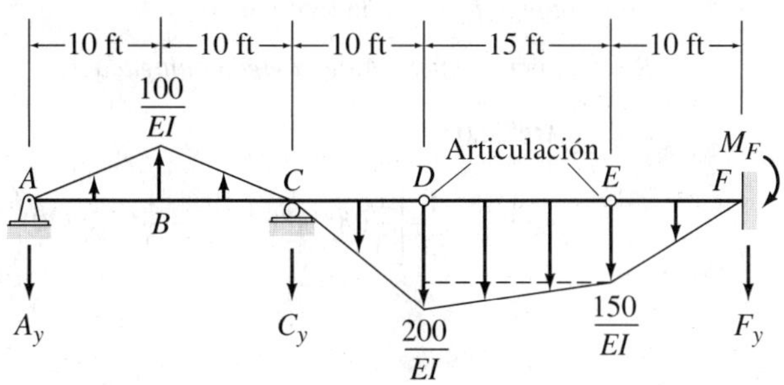

(c) Viga conjugada

Fig. 6.15

o bien,

$$45A_y + 25C_y = -\frac{3958.33}{EI} \qquad \textbf{(2)}$$

Si se sustituye la ecuación (1) en la (2) y se resuelve para A_y, se obtiene

$$A_y = \frac{1520.83\,\text{k-ft}^2}{EI}$$

Pendiente en A La pendiente en *A* de la viga real es igual a la cortante precisamente a la derecha de ese punto, en la conjugada, la cual es

$$+\uparrow S_{A,R} = -A_y = \frac{1520.83\,\text{k-ft}^2}{EI}$$

Por lo tanto, la pendiente en *A* de la viga real es

$$\theta_A = \frac{1520.83}{EI} = \frac{1520.83(12)^2}{(29000)(2500)} = -0.003 \text{ rad}$$

$$\theta_A = 0.003 \text{ rad} \qquad \textbf{Resp.}$$

Deflexión en C La deflexión en *C* de la viga real es igual al momento flexionante, en el mismo punto, de la conjugada. Considerando el cuerpo libre de la viga conjugada a la izquierda de *C*, se obtiene

$$+\circlearrowleft M_C = \frac{1}{EI}\left[-1520.83(20) + \frac{1}{2}(100)(20)(10)\right] = -\frac{20416.67\,\text{k-ft}^3}{EI}$$

De donde, la deflexión en *C* de la viga real es

$$\Delta_C = -\frac{20416.67\,\text{k-ft}^3}{EI} = -\frac{20416.67(12)^3}{(29000)(2500)} = -0.487 \text{ in}$$

$$\Delta_C = 0.487 \text{ in} \downarrow \qquad \textbf{Resp.}$$

EJEMPLO 6.10

Utilice el método de la viga conjugada para determinar la deflexión en el punto *C* de la viga que se muestra en la figura 6.16(a).

SOLUCIÓN *Diagrama M/EI* Esta viga se analizó con anterioridad en el ejemplo 6.5, por el método del momento-área. En la figura 6.16(b) se muestra el diagrama *M/EI* por partes en voladizo, con respecto al punto *B*.

Viga conjugada Véase la figura 6.16(c).

Reacción en el apoyo A de la viga conjugada

$$+\circlearrowleft \sum M_B^{AB} = 0$$

$$A_y(30) - \frac{1}{EI}\left[\frac{1}{3}(900)(30)\left(\frac{30}{4}\right) - \frac{1}{2}(780)(30)\left(\frac{30}{3}\right)\right] = 0$$

$$A_y = \frac{1650\,\text{k-ft}^2}{EI}$$

Deflexión en C La deflexión en *C* de la viga real es igual al momento flexionante, en el mismo punto, de la viga conjugada. Considerando el cuerpo libre de la viga conjugada a la izquierda de *C*, se obtiene

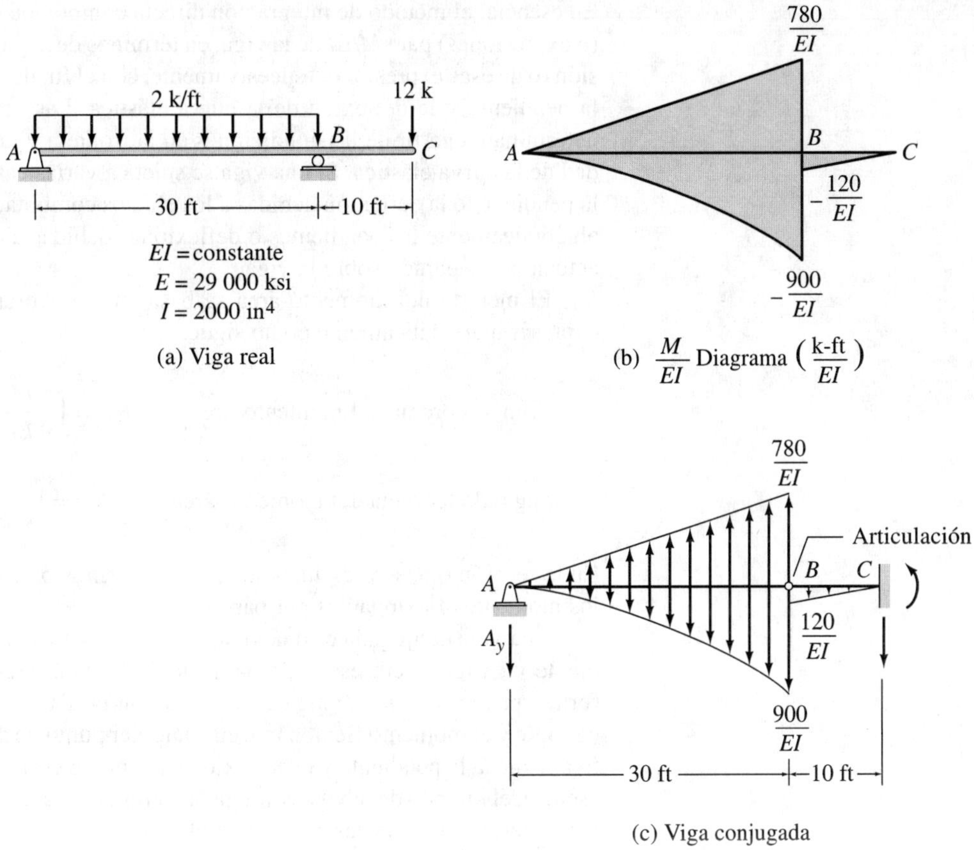

Fig. 6.16

$$+ \circlearrowleft M_C = \frac{1}{EI}\left[-1650(40) - \frac{1}{3}(900)(30)\left(\frac{30}{4}+10\right) + \frac{1}{2}(780)(30)(20) - \frac{1}{2}(120)(10)\left(\frac{20}{3}\right)\right] = \frac{6500\,\text{k-ft}^3}{EI}$$

Donde la deflexión en C de la viga real es

$$\Delta_C = -\frac{6500\,\text{k-ft}^3}{EI} = -\frac{6500(12)^3}{(29000)(2000)} = 0.194 \text{ in}$$

$\Delta_C = 0.194$ in ↓ **Resp.**

RESUMEN

En este capítulo se han discutido los métodos geométricos para la determinación de las pendientes y deflexiones de las vigas estáticamente determinadas. La ecuación diferencial para la deflexión de las vigas se puede expresar como

$$\frac{d^2y}{dx^2} = \frac{M}{EI} \tag{6.9}$$

En esencia, el método de integración directa comprende la escritura de la expresión (o expresiones) para M/EI de la viga, en términos de x, y la integración de esa expresión (o de esas expresiones) sucesivamente, con el fin de obtener las ecuaciones para la pendiente y la deflexión de la curva elástica. Las constantes de integración se determinan a partir de las condiciones en la frontera y las condiciones de continuidad de la curva elástica. Si una viga se sujeta a varias cargas, se pueden determinar la pendiente o la deflexión debidas a los efectos combinados de esas cargas al sumar algebraicamente las pendientes o deflexiones debidas a cada una de las cargas que actúan por separado sobre la viga.

El método del momento-área se basa en dos teoremas, los cuales se pueden expresar matemáticamente como sigue:

Primer teorema del momento-área: $$\theta_{BA} = \int_A^B \frac{M}{EI}\, dx \qquad \textbf{(6.12)}$$

Segundo teorema del momento-área: $$\Delta_{BA} = \int_A^B \frac{M}{EI}\, \bar{x}\, dx \qquad \textbf{(6.15)}$$

En la sección 6.5, se presentan dos procedimientos para construir los diagramas de los momentos flexionantes por partes.

Una viga conjugada es una viga ficticia de la misma longitud que la correspondiente viga real; pero está externamente apoyada e internamente conectada de tal forma que, si la viga conjugada se carga con el diagrama M/EI de la viga real, la cortante y el momento flexionante en cualquier punto de aquélla son iguales, respectivamente, a la pendiente y la deflexión en el punto correspondiente de la última. En esencia, el método de la viga conjugada comprende la determinación de las pendientes y deflexiones de las vigas por el cálculo de las cortantes y los momentos flexionantes en las vigas conjugadas correspondientes.

PROBLEMAS

Sección 6.2

6.1 a 6.5 Determine las ecuaciones para la pendiente y la deflexión, de la viga que se muestra, por el método de integración directa. EI = constante.

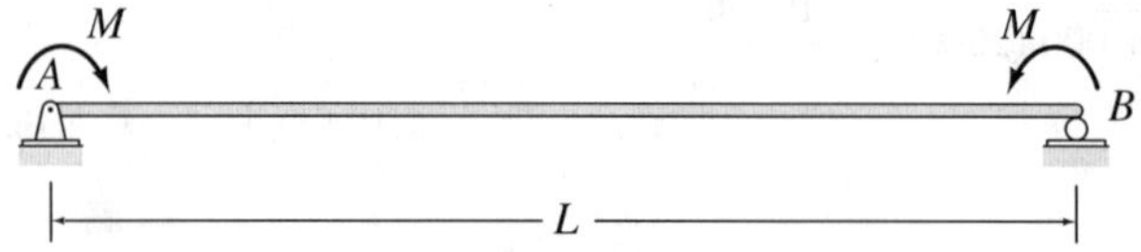

Fig. P6.1

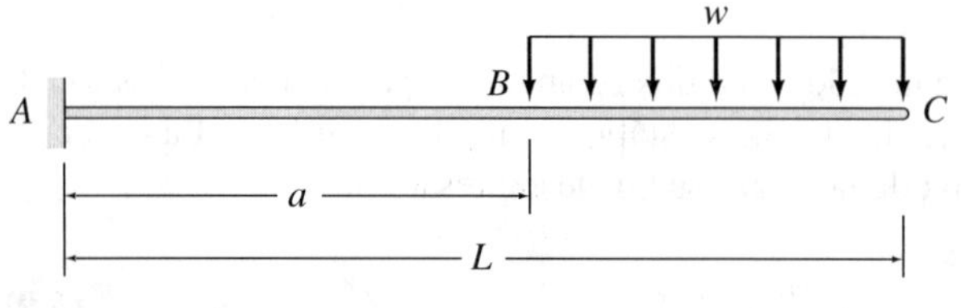

Fig. P6.2

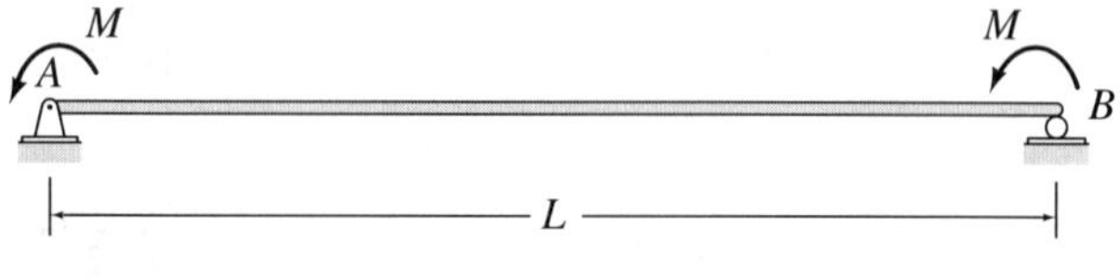

Fig. P6.3

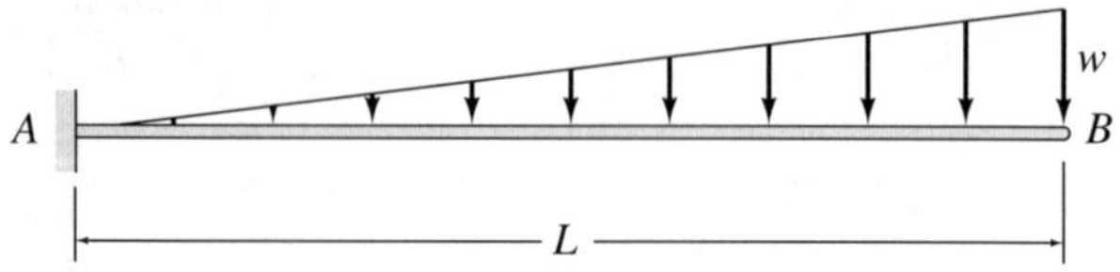

Fig. P6.4

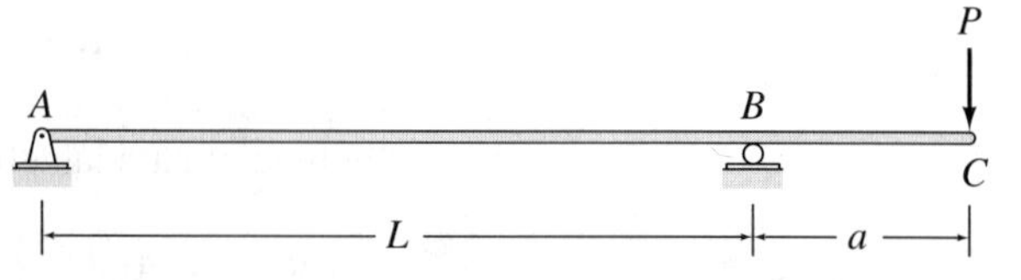

Fig. P6.5

Secciones 6.4 y 6.5

6.6 a 6.7 Determine la pendiente y la deflexión en el punto B, de la viga que se muestra, por el método del momento-área.

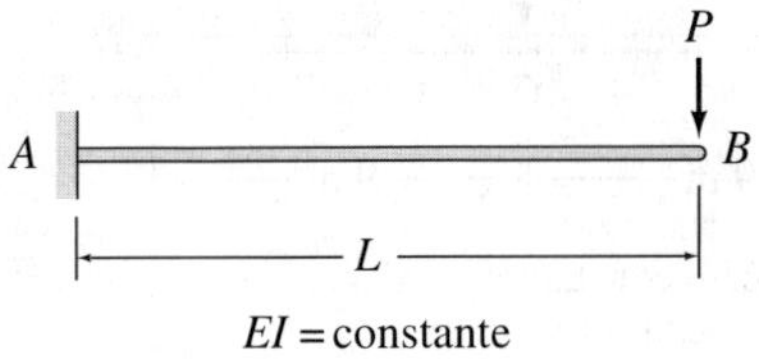

Fig. P6.6, P6.27

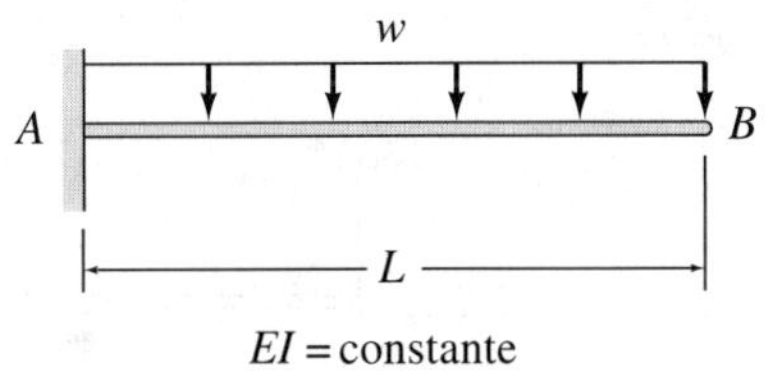

Fig. P6.7, P6.28

6.8 Determina la pendiente y la deflexión en el punto A, de la viga que se muestra, por el método del momento-área.

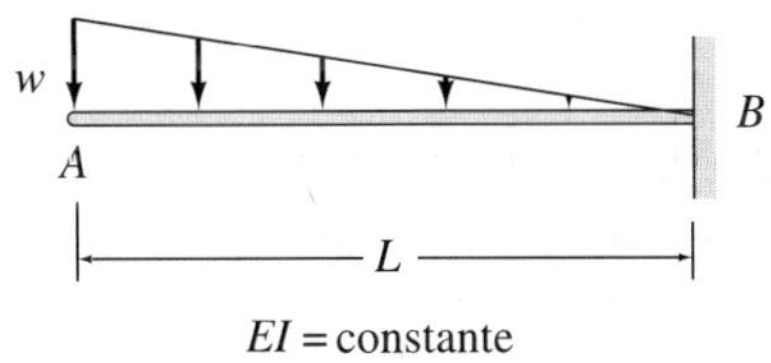

Fig. P6.8, P6.29

6.9 a 6.12 Utilice el método del momento-área para determinar las pendientes y deflexiones en los puntos B y C de la viga mostrada.

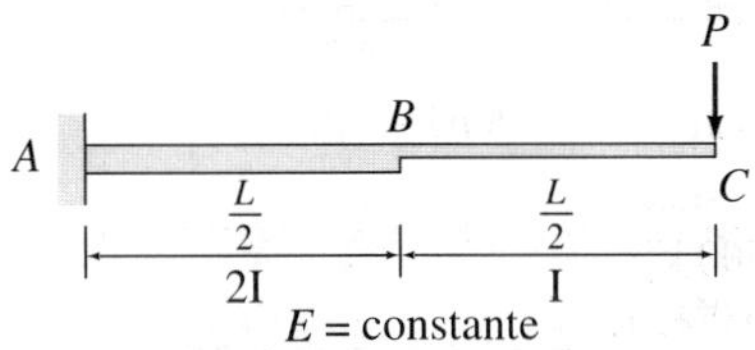

Fig. P6.9, P6.30

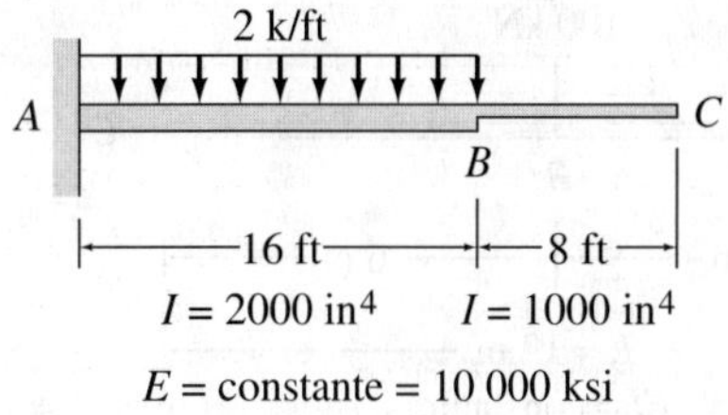

Fig. P6.10, P6.31

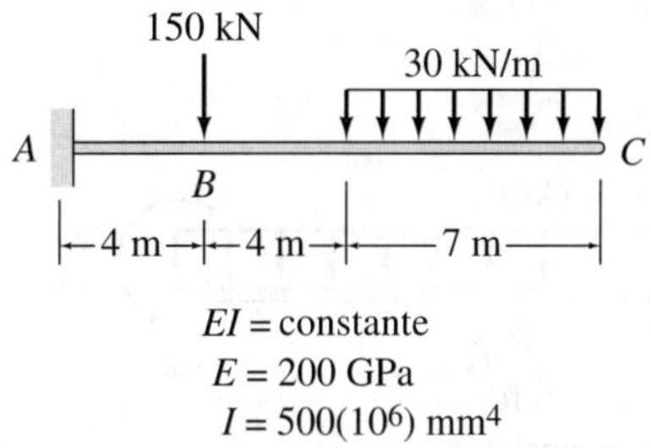

Fig. P6.11, P6.32

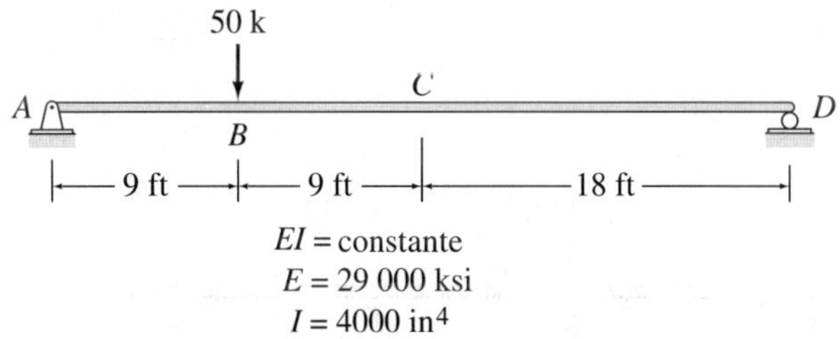

Fig. P6.12, P6.33

6.13 a 6.17 Determine el momento de inercia I más pequeño requerido por la viga que se muestra, de modo que su deflexión máxima no sobrepase el límite de 1/360 de la longitud del claro (es decir, $\Delta_{máx} \leq L/360$). Utilice el método del momento-área.

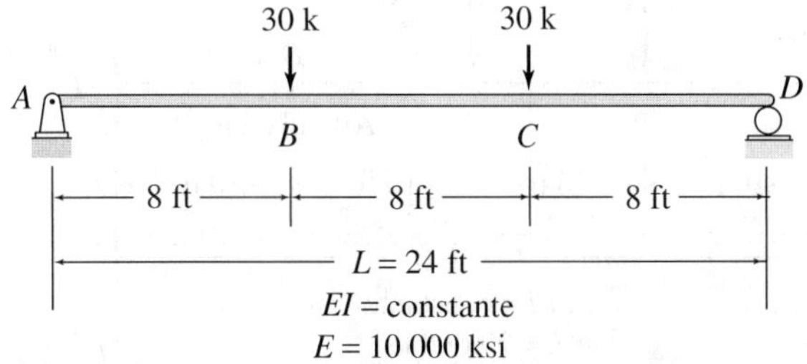

Fig. P6.13, P6.34

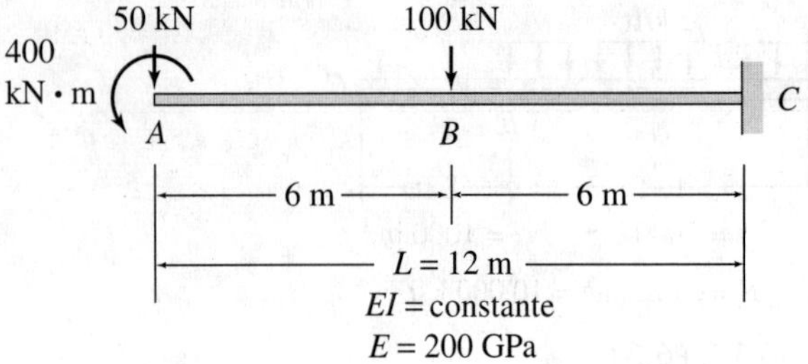

Fig. P6.14, P6.35

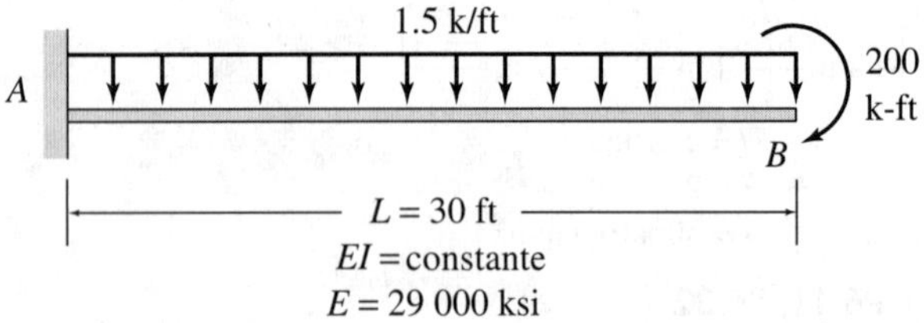

Fig. P6.15, P6.36

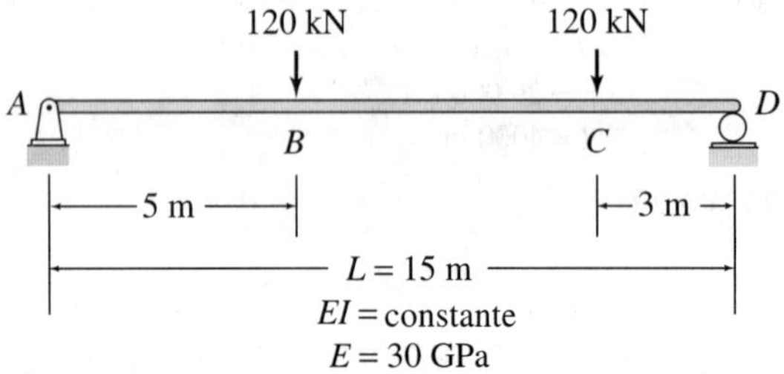

Fig. P6.16, P6.37

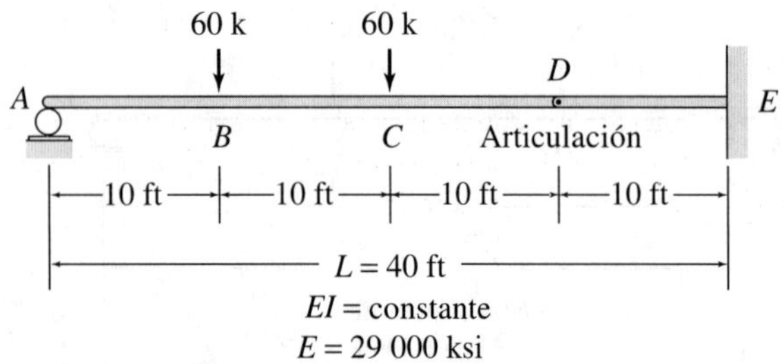

Fig. P6.17, P6.38

6.18 a 6.23 Determine la deflexión máxima para la viga mostrada, por el método del momento-área.

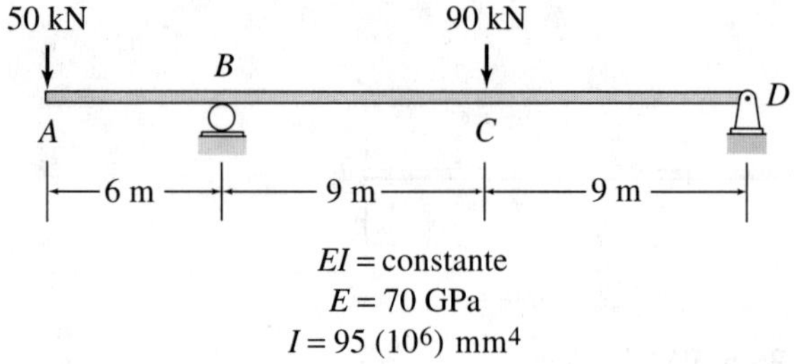

Fig. P6.18, P6.39

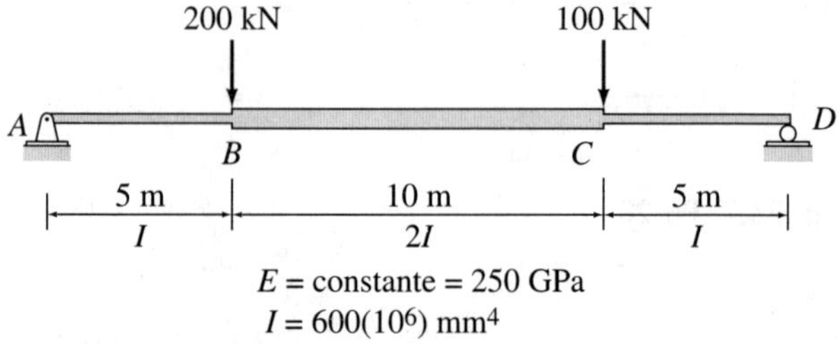

Fig. P6.19, P6.40

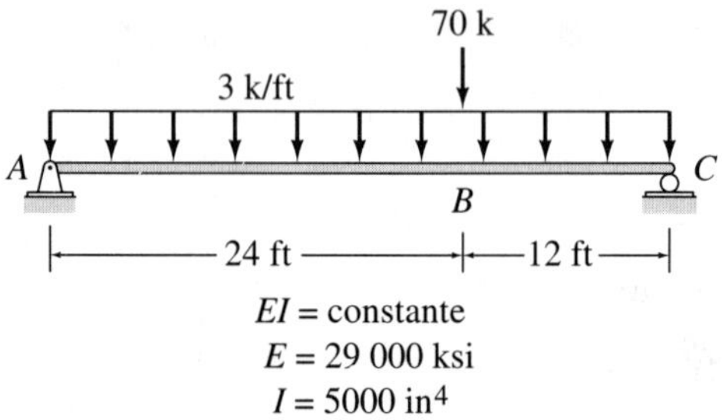

Fig. P6.20, P6.41

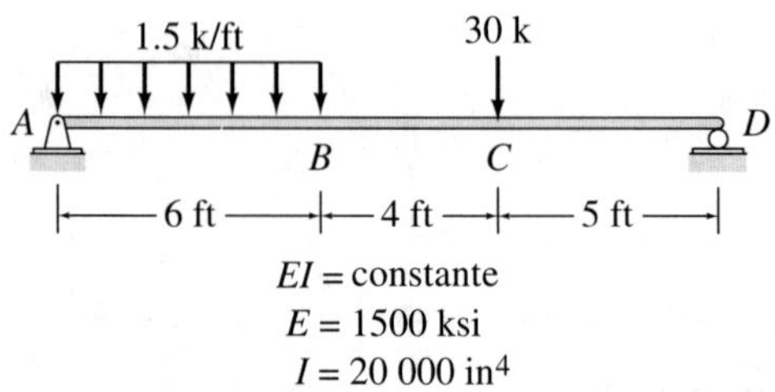

Fig. P6.21, P6.42

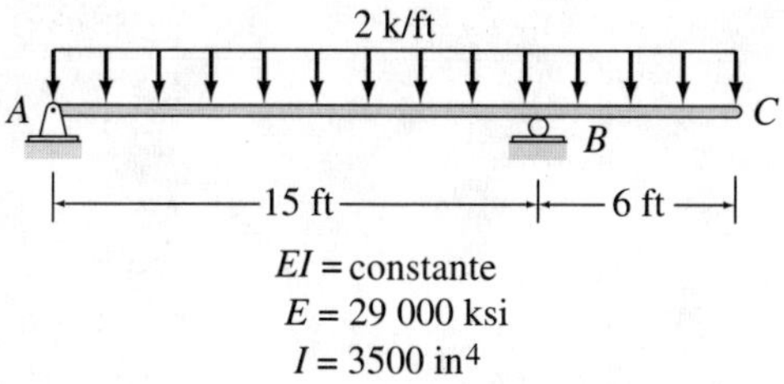

Fig. P6.22, P6.43

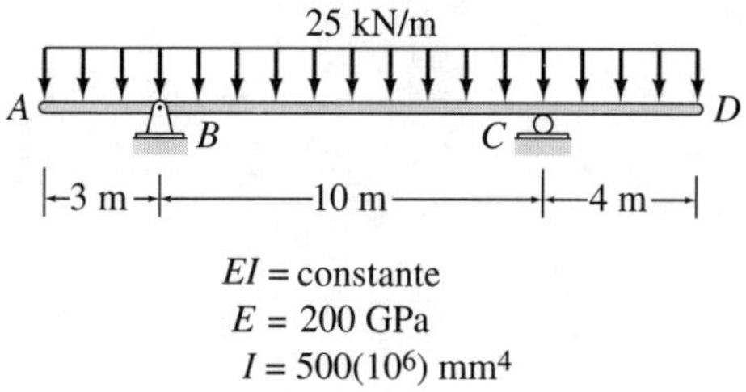

Fig. P6.23, P6.44

6.24 Aplique el método del momento-área para determinar las pendientes y deflexiones en los puntos A y D de la viga mostrada.

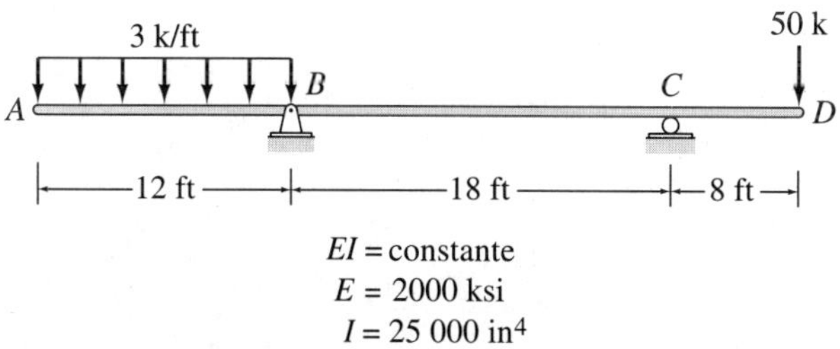

Fig. P6.24, P6.45

6.25 y 6.26 Aplique el método del momento-área para determinar las pendientes y deflexiones en los puntos B y D de la viga mostrada.

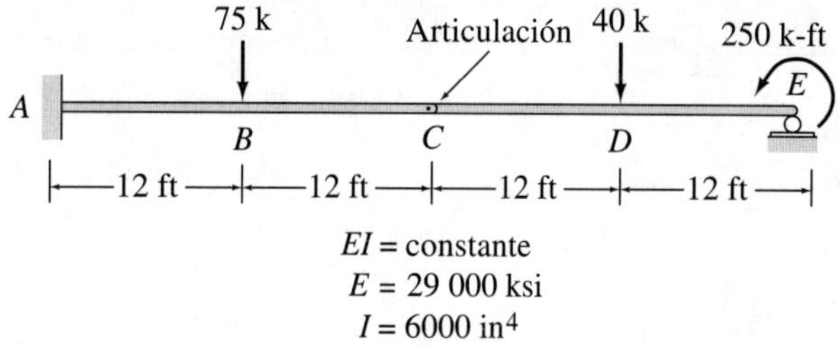

Fig. P6.25, P6.46

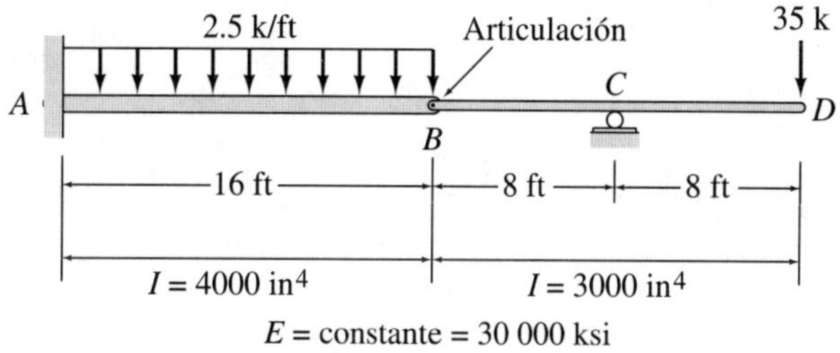

Fig. P6.26, P6.47

Sección 6.6

6.27 y 6.28 Use el método de la viga conjugada para determinar la pendiente y la deflexión, en el punto B, de las vigas que se muestran en las figuras P6.6 y P6.7

6.29 Determine la pendiente y la deflexión, en el punto A, de la viga mostrada en la figura P6.8, por el método de la viga conjugada.

6.30 a 6.33 Utilice el método de la viga conjugada para determinas las pendientes y deflexiones en los puntos B y C de las vigas mostradas en las figuras P6.9 a P6.12.

6.34 a 6.38 Aplicando el método de la viga conjugada, determine los momentos de inercia I más pequeños requeridos para las vigas que se muestran en las figuras P6.13 a P6.17, de modo que la deflexión máxima de la viga no sobrepase el límite de 1/360 de la longitud del claro (es decir, $\Delta_{máx} \leq L/360$).

6.39 a 6.44 Determine la deflexión máxima para las vigas mostradas en las figuras P6.18 a P6.23, por el método de la viga conjugada.

6.45 Use el método de la viga conjugada para determinar las pendientes y deflexiones en los puntos A y D de la viga mostrada en la figura P6.24.

6.46 y 6.47 Use el método de la viga conjugada para determinar las pendientes y deflexiones en los puntos B y D de las vigas mostradas en las figuras P6.25 y P6.26.

7 DEFLEXIONES DE LAS ARMADURAS, VIGAS Y ARMAZONES: MÉTODOS DEL TRABAJO-ENERGÍA

Desplome de un puente debido al impacto de un camión de carga ancha
Fotografía cortesía del Illinois Department of Transportation

En este capítulo, se desarrollan métodos para el análisis de las deflexiones de estructuras estáticamente determinadas mediante la aplicación de algunos principios básicos del trabajo y la energía. Los métodos del trabajo-energía son más generales que los métodos geométricos considerados en el capítulo anterior, en el sentido de que pueden aplicarse a varios tipos de estructuras, como las armaduras, las vigas y los armazones. Una desventaja de estos métodos es que, con cada aplicación, sólo se puede calcular una componente de la deflexión, o la pendiente, en un punto de la estructura.

Se empieza con un repaso del concepto básico de trabajo realizado por fuerzas y pares durante una deformación de la estructura y, a continuación, se discute el principio del trabajo virtual. Este principio se usa para formular el método del trabajo virtual para las deflexiones de armaduras, vigas y armazones. Se deducen las expresiones para la energía de deformación de esas estructuras y, después, se considera el segundo teorema de Castigliano para calcular las deflexiones. Por último, se presentan la ley de Betti y la ley de Maxwell de las deflexiones recíprocas.

7.1 TRABAJO

El trabajo realizado por una fuerza que actúa sobre una estructura se define sencillamente como esa fuerza multiplicada por el desplazamiento de su punto de aplicación en la dirección de la propia fuerza. Se considera que el trabajo es positivo cuando la fuerza y el desplazamiento en la dirección de ésta tienen el mismo sentido, y negativo cuando la fuerza y el desplazamiento tienen sentidos opuestos.

Consideremos el trabajo realizado por una fuerza P durante la deformación de una estructura bajo la acción de un sistema de fuerzas (el cual incluye a P), como se muestra en la figura 7.1(a). La magnitud de P puede variar a medida que su punto de aplicación se desplaza desde A, en la posición no deformada de la estructura, hasta A', en la posición deformada final. El trabajo dW que P realiza conforme su punto de aplicación sufre un desplazamiento infinitesimal, $d\Delta$ (Fig. 7.1(a)), se puede escribir como

$$dW = P(d\Delta)$$

El trabajo total W que la fuerza P realiza sobre el desplazamiento completo Δ se obtiene por la integración de la expresión de dW, como

$$W = \int_0^\Delta P\, d\Delta \tag{7.1}$$

Como la ecuación (7.1) indica, el trabajo es igual al área debajo del diagrama fuerza-desplazamiento, como se muestra en la figura 7.1(b). En este texto, se enfoca la atención en el análisis de las estructuras elásticas lineales, así que una expresión para el trabajo que tiene un interés especial es para el caso en el que la fuerza varía en forma lineal con el desplazamiento, desde cero hasta su valor final, como se muestra en la figura 7.1(c). El trabajo para un caso de este tipo se da por el área triangular debajo del diagrama fuerza desplazamiento y se expresa como

$$W = \frac{1}{2}P\Delta \tag{7.2}$$

En la figura 7.1(d), se ilustra otro caso especial de interés. En este caso, la fuerza permanece en P, en tanto que su punto de aplicación sufre un desplazamiento Δ causado por alguna otra acción independiente de P. En este caso, el trabajo realizado

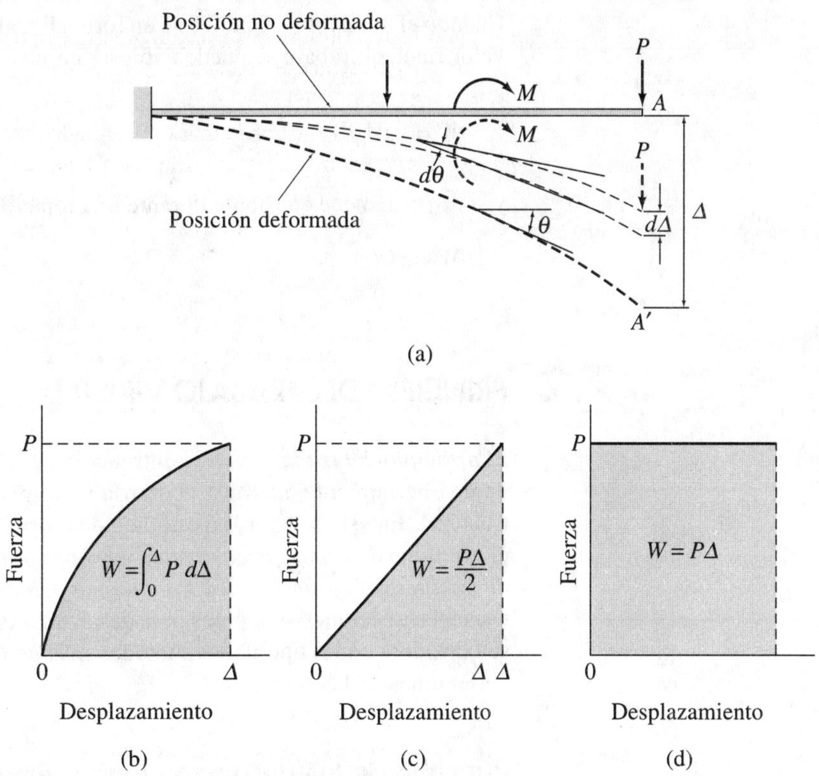

Fig. 7.1

por la fuerza P es igual al área rectangular debajo del diagrama fuerza-desplazamiento y se expresa como

$$W = P\Delta \tag{7.3}$$

Es importante establecer una distinción entre las dos expresiones para el trabajo como se dan por las ecuaciones (7.2) y (7.3). Nótese que la expresión para el trabajo, para el caso en el que la fuerza varía linealmente con el desplazamiento (ecuación 7.2), contiene un factor de $\frac{1}{2}$, en tanto que la expresión para el trabajo, para el caso de una fuerza constante (ecuación 7.3), no contiene este factor. Estas dos expresiones para el trabajo se usarán más adelante en el desarrollo de diferentes métodos para el cálculo de las deflexiones de las estructuras.

Las expresiones para el trabajo de los pares tienen forma semejante a las del trabajo de las fuerzas. El trabajo realizado por un par que actúa sobre una estructura se define como el momento del par multiplicado por el ángulo que describe ese par. El trabajo dW que un par de momento M realiza al describir una rotación infinitesimal $d\theta$ (véase la figura 7.1(a)) se expresa por

$$dW = M(d\theta)$$

De donde, el trabajo total W de un par con momento variable M, sobre la rotación completa θ, se puede expresar como

$$W = \int_0^{\theta} M\, d\theta \tag{7.4}$$

Cuando el momento del par varía en forma lineal con la rotación, desde cero hasta su valor final, el trabajo se puede expresar como

$$W = \frac{1}{2} M\theta \tag{7.5}$$

y si M permanece constante durante una rotación θ, entonces el trabajo se da por

$$W = M\theta \tag{7.6}$$

7.2 PRINCIPIO DEL TRABAJO VIRTUAL

El *principio del trabajo virtual*, introducido por John Bernoulli en 1717, proporciona una herramienta analítica poderosa para muchos problemas de la mecánica estructural. En esta sección, se estudian dos formulaciones de este principio, a saber, el *principio de los desplazamientos virtuales para los cuerpos rígidos* y el *principio de las fuerzas virtuales para los cuerpos deformables.* Esta última formulación se usa en las secciones siguientes para desarrollar el *método del trabajo virtual*, el cual se considera como uno de los métodos más generales para la determinación de las deflexiones de las estructuras.

Principio de los desplazamientos virtuales para los cuerpos rígidos

El principio de los desplazamientos virtuales para los cuerpos rígidos se puede enunciar como sigue:

Si un cuerpo rígido se encuentra en equilibrio bajo un sistema de fuerzas y si se sujeta a cualquier desplazamiento virtual de cuerpo rígido, el trabajo virtual realizado por las fuerzas externas es cero.

El término *virtual* sencillamente significa imaginario, no real. Considérese la viga que se muestra en la figura 7.2(a). El diagrama de cuerpo libre de la viga se muestra en la figura 7.2(b), en el cual P_x y P_y representan las componentes de la carga externa P en las direcciones x y y, respectivamente.

Ahora, supóngase que a la viga se le da un desplazamiento virtual de cuerpo rígido, arbitrariamente pequeño, desde su posición inicial de equilibrio ABC hasta otra posición $A'B'C'$, como se muestra en la figura 7.2(c). Como se hace ver en esta figura, el desplazamiento virtual total de cuerpo rígido de la viga se puede descomponer en las traslaciones Δ_{vx} y Δ_{vy} en las direcciones x y y, respectivamente, y una rotación θ_v alrededor del punto A. Nótese que aquí se usa el subíndice v para identificar los desplazamientos como cantidades virtuales. Conforme la viga pasa por el desplazamiento virtual, desde la posición ABC hasta la $A'B'C'$, las fuerzas que actúan sobre ella realizan trabajo, el cual se conoce como *trabajo virtual*. El trabajo virtual total, W_{ve}, efectuado por las fuerzas externas que actúan sobre la viga se puede expresar como la suma del trabajo virtual W_{vx} y el W_{vy} realizados durante las traslaciones en las direcciones x y y, respectivamente, y el trabajo virtual W_{vr}, hecho durante la rotación; es decir,

$$W_{ve} = W_{vx} + W_{vy} + W_{vr} \tag{7.7}$$

Durante las traslaciones virtuales Δ_{vx} y Δ_{vy} de la viga, el trabajo virtual realizado por las fuerzas se da por

$$W_{vx} = A_x\Delta_{vx} - P_x\Delta_{vx} = (A_x - P_x)\Delta_{vx} = (\textstyle\sum F_x)\Delta_{vx} \tag{7.8}$$

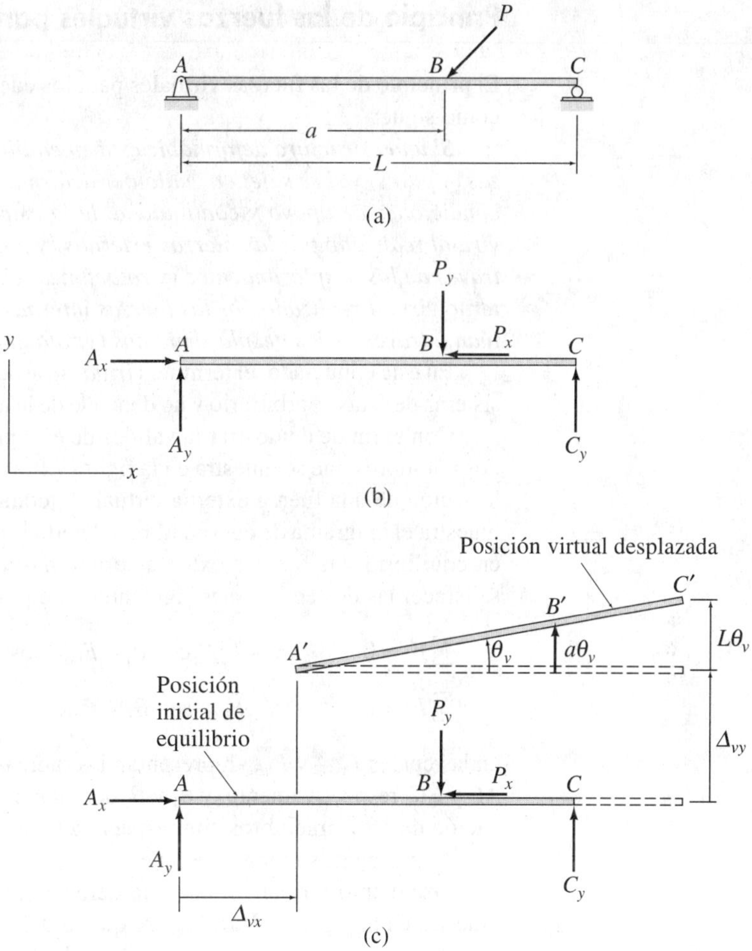

Fig. 7.2

y

$$W_{vy} = A_y\Delta_{vy} - P_y\Delta_{vy} + C_y\Delta_{vy} = (A_y - P_y + C_y)\Delta_{vy} = (\sum F_x)\Delta_{vy} \qquad \textbf{(7.9)}$$

(véase la figura 7.2(c)). El trabajo virtual realizado por las fuerzas durante la pequeña rotación virtual θ_v se puede expresar como

$$W_{vr} = -P_y(a\theta_v) + C_y(L\theta_v) = (-aP_y + LC_y)\theta_v = (\sum M_A)\theta_v \qquad \textbf{(7.10)}$$

Al sustituir las ecuaciones (7.8) a la (7.10) en la (7.7), se escribe el trabajo virtual total realizado como

$$W_{ve} = (\sum F_x)\Delta_{vx} + (\sum F_y)\Delta_{vy} + (\sum M_A)\theta_v \qquad \textbf{(7.11)}$$

En virtud de que la viga está en equilibrio, $\sum F_x = 0$, $\sum F_y = 0$ y $\sum M_A = 0$; por consiguiente, la ecuación (7.11) queda

$$\boxed{W_{ve} = 0} \qquad \textbf{(7.12)}$$

que es la expresión matemática del principio de los desplazamientos virtuales para los cuerpo rígidos.

Principio de las fuerzas virtuales para los cuerpos deformables

El principio de las fuerzas virtuales para los cuerpos deformables se puede enunciar como sigue:

Si una estructura deformable está en equilibrio bajo un sistema virtual de fuerzas (y pares) y si se sujeta a cualquier deformación real pequeña, coherente con las condiciones de apoyo y continuidad de la estructura, entonces el trabajo externo virtual realizado por las fuerzas externas (y pares externos) virtuales que actúan a través de los desplazamientos (y rotaciones) externos reales es igual al trabajo interno virtual realizado por las fuerzas internas (y pares internos) virtuales que actúan a través de los desplazamientos (y rotaciones) internos reales.

En este enunciado, el término *virtual* se asocia con las fuerzas para indicar que el sistema de éstas es arbitrario y no depende de la acción que causa la deformación real.

Con el fin de demostrar la validez de este principio, considérese la armadura de dos miembros que se muestra en la figura 7.3(a). La armadura está en equilibrio bajo la acción de una fuerza externa virtual P_v, como se muestra. En la figura 7.3(b), se muestra el diagrama de cuerpo libre del nodo C de la armadura. Como el nodo C está en equilibrio, las fuerzas externas e internas virtuales que actúan sobre él deben satisfacer las dos ecuaciones siguientes de equilibrio:

$$\begin{aligned} \sum F_x = 0 \qquad & P_v - F_{vAC}\cos\theta_1 - F_{vBC}\cos\theta_2 = 0 \\ \sum F_y = 0 \qquad & -F_{vAC}\,\text{sen}\,\theta_1 + F_{vBC}\,\text{sen}\,\theta_2 = 0 \end{aligned} \tag{7.13}$$

en las cuales F_{vAC} y F_{vBC} representan las fuerzas virtuales internas en los miembros AC y BC, respectivamente, y θ_1 y θ_2 denotan, respectivamente, los ángulos de inclinación de estos miembros con respecto a la horizontal (Fig. 7.3(a)).

Ahora bien, supongamos que al nodo C de la armadura se le da un pequeño desplazamiento virtual, Δ, hacia la derecha de su posición de equilibrio, como se muestra en la figura 7.3(a). Nótese que la deformación es coherente con las condiciones de apoyo de la armadura; es decir, los nodos A y B, sujetos a los apoyos, no se desplazan. Debido a que los fuerzas virtuales que actúan en los nodos A y B no efectúan trabajo, el trabajo virtual total para la armadura (W_v) es igual a la suma algebraica del trabajo de las fuerzas virtuales que actúan en el nodo C; esto es,

$$W_v = P_v\Delta - F_{vAC}(\Delta\cos\theta_1) - F_{vBC}(\Delta\cos\theta_2)$$

o bien,

$$W_v = (P_v - F_{vAC}\cos\theta_1 - F_{vBC}\cos\theta_2)\Delta \tag{7.14}$$

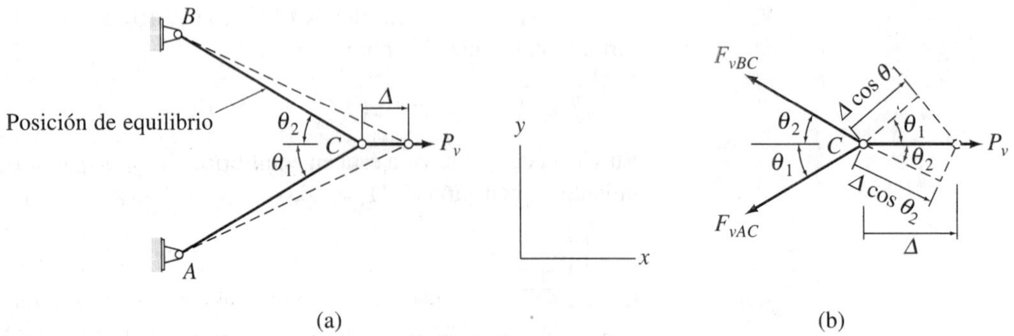

Fig. 7.3

Como se indica por la ecuación (7.13), el término entre los paréntesis del segundo miembro de la ecuación (7.14) es cero; por consiguiente, el trabajo virtual total es $W_v = 0$. De donde, la ecuación (7.14) se puede expresar como

$$P_v\Delta = F_{vAC}(\Delta \cos \theta_1) + F_{vBC}(\Delta \cos \theta_2) \tag{7.15}$$

en la cual la cantidad del primer miembro representa el trabajo virtual externo (W_{ve}) realizado por la fuerza virtual externa, P_v, que actúa a través del desplazamiento real externo, Δ. Asimismo, al darse cuenta que los términos $\Delta\cos\theta_1$ y $\Delta\cos\theta_2$ son iguales a los desplazamientos (alargamientos) reales internos de los miembros AC y BC, respectivamente, se puede concluir que el segundo miembro de la ecuación (7.15) representa el trabajo virtual interno, W_{vi}, realizado por las fuerzas virtuales internas que actúan a través de los desplazamientos reales internos; es decir,

$$\boxed{W_{ve} = W_{vi}} \tag{7.16}$$

que es la expresión matemática del principio de las fuerzas virtuales para los cuerpos deformables.

Se debe tener en cuenta que el principio de las fuerzas virtuales, como se describe en los párrafos anteriores, es aplicable sin importar la causa de las deformaciones reales; es decir, las deformaciones debidas a cargas, cambios de temperatura o cualquier otro efecto se pueden determinar por la aplicación del principio. Sin embargo, las deformaciones deben ser bastante pequeñas de modo que las fuerzas virtuales permanezcan con magnitud y dirección constantes mientras se efectúa el trabajo virtual. También, aun cuando, en este texto, la aplicación de este principio se limita a las estructuras elásticas, tal principio es válido sin importar si la estructura es elástica o no.

El método del trabajo virtual se basa en el principio de las fuerzas virtuales para los cuerpos deformables según se expresa por la ecuación (7.16), la cual se puede volver a escribir como

$$\boxed{\text{trabajo virtual externo} = \text{trabajo virtual interno}} \tag{7.17}$$

o, de modo más específico, como

$$\overbrace{\sum \begin{pmatrix} \text{fuerza virtual externa} \\ \text{desplazamiento real externo} \end{pmatrix} = \sum \begin{pmatrix} \text{fuerza virtual interna} \\ \text{desplazamiento real interno} \end{pmatrix}}^{\textit{Sistema virtual}}_{\textit{Sistema real}} \tag{7.18}$$

en el cual los términos *fuerzas* y *desplazamientos* se usan en un sentido general e incluyen momentos y rotaciones, respectivamente. Nótese que en virtud de que las fuerzas virtuales son independientes de las acciones que causan la deformación real y permanecen constantes durante esta deformación, las expresiones del trabajo virtual, externo e interno, de las ecuaciones (7.18) no contienen el factor 1/2.

Como la ecuación (7.18) indica, en el método del trabajo virtual se emplean dos sistemas separados: un sistema de fuerzas virtuales y un sistema real de cargas (o de otros efectos) que causan la deformación que se va a determinar. Para determinar la deflexión (o pendiente) en cualquier punto de una estructura, se selecciona un sistema de fuerzas virtuales, de modo que la deflexión (o rotación) deseada sea la única incógnita en la ecuación (7.18). En las tres secciones siguientes, se desarrollan las expresiones explícitas del método del trabajo virtual que deben usarse para calcular deflexiones de armaduras, vigas y armazones.

7.3 DEFLEXIONES DE LAS ARMADURAS POR EL MÉTODO DEL TRABAJO VIRTUAL

Con el fin de desarrollar la expresión del método del trabajo virtual que se puede usar para determinar las deflexiones de las armaduras, considérese una armadura arbitraria estáticamente determinada, como se muestra en la figura 7.4(a). Supongamos que se desea determinar la deflexión vertical, Δ, en el nodo B de la armadura, debida a las cargas externas dadas P_1 y P_2. La armadura es estáticamente determinada, así que se pueden determinar las fuerzas axiales en sus miembros con base en el método de los nodos descrito con anterioridad en el capítulo 4. Si F representa la fuerza axial en un miembro arbitrario j (por ejemplo, el miembro CD de la figura 7.4(a)) de la armadura, entonces (con base en la *mecánica de los materiales*) la deformación axial, δ, de este miembro se da por

$$\delta = \frac{FL}{AE} \tag{7.19}$$

en la cual L, A y E denotan, respectivamente, la longitud, el área de la sección transversal y el módulo de elasticidad del miembro j.

Para determinar la deflexión vertical, Δ, en el nodo B de la armadura, se selecciona un sistema virtual que consiste en una carga unitaria que actúa en ese nodo y en la dirección de la deflexión deseada, como se muestra en la figura 7.4(b). Nótese que el sentido (hacia abajo) de la carga unitaria de la figura 7.4(b) es el mismo que el supuesto de la deflexión deseada Δ, de la figura 7.4(a). Se pueden determinar las fuerzas en los miembros de la armadura, debidas a la carga unitaria virtual, a partir del método de los nodos. Denótese por F_v la fuerza virtual en el miembro j. Enseguida, se sujeta la armadura con la carga unitaria virtual que actúa sobre ella (Fig. 7.4(b)) a las deformaciones de las cargas reales (Fig. 7.4(a)). El trabajo virtual externo realizado por la carga unitaria virtual a medida que recorre la deflexión real Δ es igual a

$$W_{ve} = 1(\Delta) \tag{7.20}$$

Para determinar el trabajo virtual interno, enfoquemos la atención en el miembro j (miembro CD de la figura 7.4). El trabajo virtual interno realizado sobre el miembro j por la fuerza axial virtual F_v, que actúa a través de la deformación axial real δ, es igual a $F_v\delta$. Por lo tanto, el trabajo virtual interno total realizado sobre todos los miembros de la armadura se puede escribir como

$$W_{vi} = \sum F_v(\delta) \tag{7.21}$$

Al igualar el trabajo virtual externo (ecuación (7.20)) con el trabajo virtual interno (ecuación (7.21)), de acuerdo con el principio de las fuerzas virtuales para los cuerpos deformables, se obtiene la expresión siguiente para el método del trabajo virtual para las deflexiones de las armaduras:

$$\boxed{1(\Delta) = \sum F_v(\delta)} \tag{7.22}$$

Cuando las deformaciones son causadas por cargas externas, se puede sustituir la ecuación (7.19) en la (7.22), para obtener

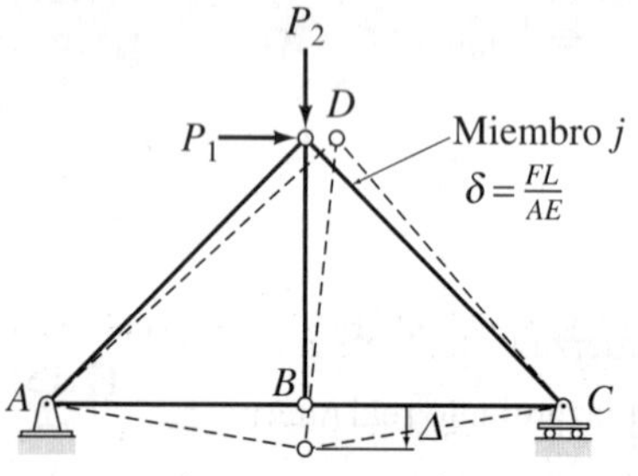

(a) Sistema real

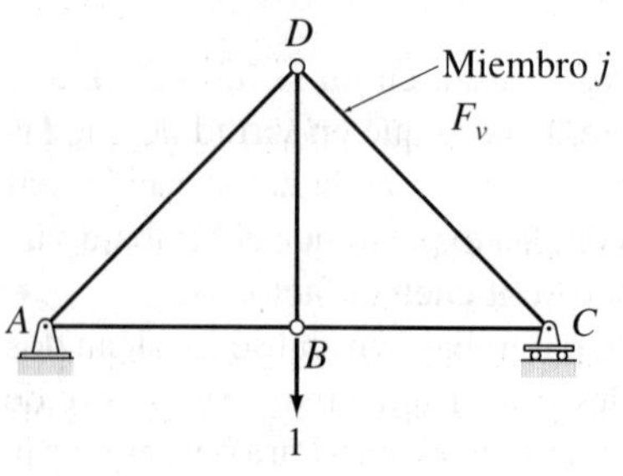

(b) Sistema virtual

Fig. 7.4

$$1(\Delta) = \sum F_v \left(\frac{FL}{AE} \right) \tag{7.23}$$

Como la deflexión deseada, Δ, es la única incógnita en la ecuación (7.23), su valor se puede determinar al resolver esta ecuación.

Cambios de temperatura y errores de fabricación

La expresión del método del trabajo virtual, como se da por la ecuación (7.22), es bastante general en el sentido de que se puede usar para determinar deflexiones de las armaduras debidas a cambios de la temperatura, errores de fabricación y cualquier otro efecto para los cuales se conocen o se pueden evaluar de antemano las deformaciones axiales, δ, de los miembros.

La deformación axial de un miembro j de una armadura, de longitud L, debida a un cambio en la temperatura (ΔT) se expresa por

$$\delta = \alpha(\Delta T)L \tag{7.24}$$

en la cual α denota el coeficiente de expansión térmica del miembro j. Si se sustituye la ecuación (7.24) en la (7.22), se obtiene la expresión siguiente:

$$1(\Delta) = \sum F_v \alpha(\Delta T)L \tag{7.25}$$

la cual se puede usar para calcular las deflexiones de las armaduras debidas a los cambios en la temperatura.

Las deflexiones de las armaduras debidas a errores de fabricación se pueden determinar sencillamente al sustituir δ de la ecuación (7.22) por los cambios en las longitudes de los miembros debidos a errores de fabricación.

Procedimiento para el análisis

Se puede utilizar el siguiente procedimiento paso a paso para determinas las deflexiones de las armaduras por el método del trabajo virtual.

1. ***Sistema real*** Si la deflexión de la armadura que se va determinar es causada por cargas externas, entonces aplíquese el método de los nodos o el de las secciones, o ambos, para calcular las fuerzas axiales (reales) (F) en todos los miembros de esa armadura. En los ejemplos que se dan al final de esta sección, la fuerzas de tensión en los miembros se consideran como positivas y viceversa. De manera análoga, los incrementos en la temperatura y los aumentos en las longitudes de los miembros debidos a errores de fabricación se consideran como positivos y viceversa.

2. ***Sistema virtual*** Quítense todas las cargas dadas (reales) de la armadura; a continuación, aplíquese una carga unitaria en el nodo en donde se desea la deflexión, para forma el sistema de fuerzas virtuales. Mediante la aplicación del método de los nodos o el de las secciones, o ambos, calcúlense las fuerzas axiales virtuales (F_v) en todos los miembros de la armadura. La convención de los signos usada para las fuerzas virtuales debe ser la misma que la adoptada para las fuerzas reales en el paso 1; es decir, si las fuerzas reales de tensión, los incrementos en la temperatura o los alargamientos de los miembros debidos a errores de fabricación se consideraron como positivos en el paso 1, entonces las fuerzas virtuales de tensión también deben considerarse como positivas y viceversa.

3. Ahora se puede determinar la deflexión deseada de la armadura por la aplicación de la ecuación (7.23), si la deflexión se debe a cargas externas; la (7.25), si la deflexión es causada por cambios en la temperatura; o la (7.22), en el caso de la deflexión debida a errores de fabricación. Se puede facilitar la aplicación de estas expresiones del trabajo virtual al disponer las cantidades reales y virtuales, calculadas en los pasos 1 y 2, en forma de tabla, como se ilustra en los ejemplos siguientes. Una respuesta positiva para la deflexión deseada significa que ocurre en la misma dirección que la correspondiente a la carga unitaria, en tanto que una negativa indica que esa deflexión se presenta en la dirección opuesta a la de la carga unitaria.

EJEMPLO 7.1

Determine la deflexión horizontal en el nodo G de la armadura mostrada en la figura 7.5(a), por el método del trabajo virtual.

SOLUCIÓN

Sistema real El sistema real consta de la carga dada en el problema, como se muestra en la figura 7.5(b). Las fuerzas axiales en los miembros debidas a las cargas reales (F), obtenidas por la aplicación del método de los nodos, también se muestran en la figura 7.5(b).

Sistema virtual El sistema virtual consiste en una carga unitaria (de 1 k) aplicada en la dirección horizontal en el nodo G, como se muestra en la figura 7.5(c) (k = kilolibra). Las fuerzas axiales en los miembros, debida a la carga virtual (F_v) de 1 k, se determinan por la aplicación del método de los nodos. Estas fuerzas en los miembros también se ilustran en la figura 7.5(c).

Deflexión horizontal en G, Δ_G Para facilitar el cálculo de la deflexión deseada en los miembros, las fuerzas, reales y virtuales, se presentan en una tabla, junto con las longitudes (L) y las áreas de las secciones transversales (A) de los propios miembros, como se muestra en la tabla 7.1. El módulo de elasticidad, E, es el mismo para todos los miembros, así que su valor no se incluye en la tabla. Note que se usa la misma convención de los signos tanto para el sistema real como para el virtual; es decir, tanto en la cuarta como en la quinta columnas, se anotaron las fuerzas de tensión como números positivos y las de compresión como números negativos. Entonces, para cada miembro, se calcula la cantidad $F_v(FL/A)$ y su valor se hace constar en la sexta columna de la tabla. Enseguida, se determina la suma algebraica, $\sum F_v(FL/A)$, de todos los valores que aparecen en la sexta columna y su valor se registra abajo

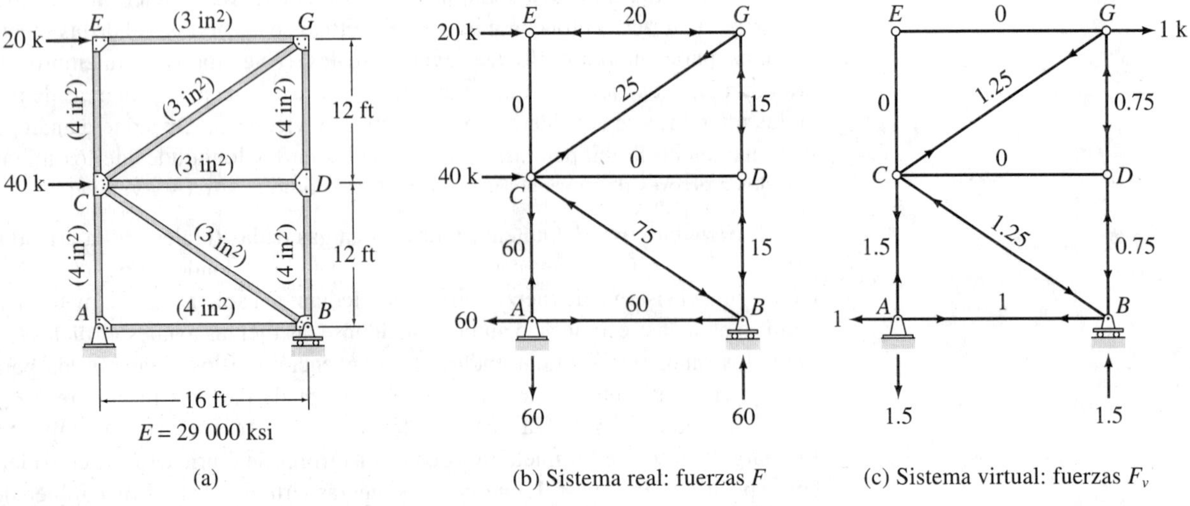

Fig. 7.5 (*ksi = kilolibra por pulgada cuadrada*)

Tabla 7.1

Miembro	L (in)	A (in^2)	F (k)	F_v (k)	$F_v(FL/A)$ (k^2/in)
AB	192	4	60	1	2880
CD	192	3	0	0	0
EG	192	3	–20	0	0
AC	144	4	60	1.5	3240
CE	144	4	0	0	0
BD	144	4	–15	–0.75	405
DG	144	4	–15	–0.75	405
BC	240	3	–75	–1.25	7500
CG	240	3	25	1.25	2500
					$\sum F_v\left(\frac{FL}{A}\right) = 16\,930$

$$1(\Delta_G) = \frac{1}{E}\sum F_v\left(\frac{FL}{A}\right)$$

$$(1\text{ k})\Delta_G = \frac{16\,930\text{ k}^2/\text{in}}{29\,000\text{ k/in}^2}$$

$$\Delta_G = 0.584\text{ in}$$

$$\Delta_G = 0.584\text{ in} \rightarrow$$ **Resp.**

de esa sexta columna, como se muestra. El trabajo virtual interno total realizado sobre todos los miembros de la armadura se expresa por

$$W_{vi} = \frac{1}{E}\sum F_v\left(\frac{FL}{A}\right)$$

El trabajo virtual externo realizado por la carga de 1 k, actuando a través de la deflexión horizontal deseada en G, Δ_G, es

$$W_{vi} = (1\text{ k})\,\Delta_G$$

Por último, se determina la deflexión deseada Δ_G al igualar el trabajo virtual externo con el trabajo virtual interno y resolver la ecuación resultante para esa cantidad Δ_G, como se muestra en la tabla 7.1. Note que la respuesta positiva para Δ_G indica que el nodo G se desvía hacia la derecha, en la dirección de la carga unitaria.

EJEMPLO 7.2

Determine las componentes horizontal y vertical de la deflexión en el nodo B de la armadura mostrada en la figura 7.6(a), por el método del trabajo virtual.

SOLUCIÓN

Sistema real En la figura 7.6(b), se muestran el sistema real y las fuerzas axiales (F) correspondientes en los miembros.

Deflexión horizontal en B, Δ_{BH} El sistema virtual usado para la determinación de la deflexión horizontal en B consta de una carga de 1 kN aplicada en la dirección horizontal en ese nodo, como se muestra en la figura 7.6(c). Las fuerzas axiales en los miembros (F_{v1}), debidas a esta carga virtual, también se muestran en esta figura. Entonces se hacen constar en la tabla las fuerzas axiales en los miembros debidas al sistema real (F) y este sistema virtual (F_{v1}), y se aplica la expresión del trabajo virtual dada por la ecuación (7.23), para determinar Δ_{BH}, como se muestra en la tabla 7.2.

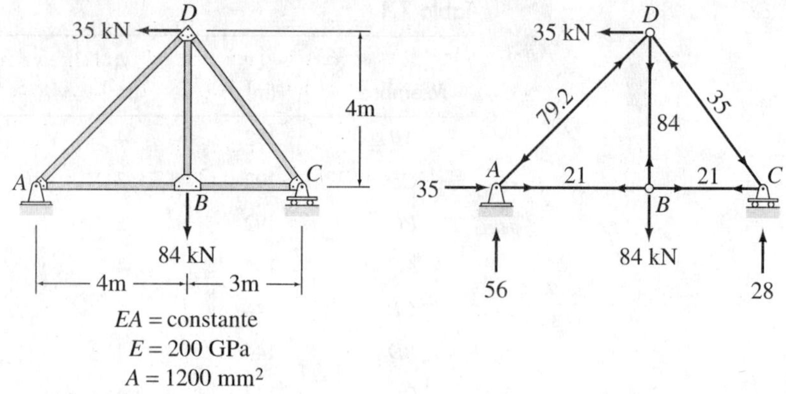

(a)

(b) Sistema real: fuerzas F

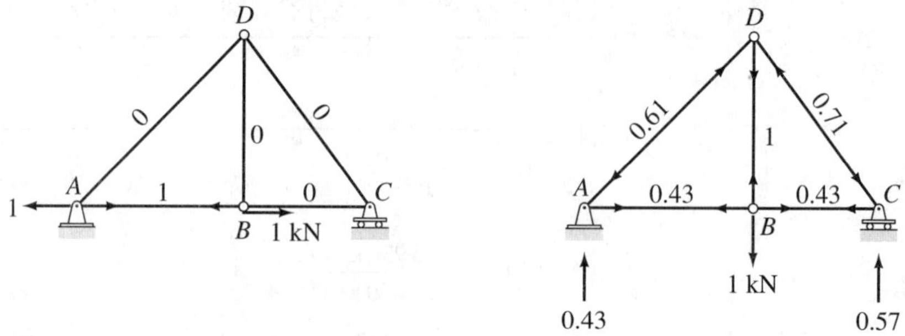

(c) Sistema virtual para la determinación de Δ_{BH} (fuerzas F_{v1})

(d) Sistema virtual para la determinación de Δ_{BH} (fuerzas F_{v2})

Fig. 7.6

Tabla 7.2

Miembro	L (m)	F (kN)	F_{v1} (kN)	$F_{v1}(FL)$ (kN² · m)	F_{v2} (kN)	$F_{v2}(FL)$ (kN² · m)
AB	4	21	1	84	0.43	36.12
BC	3	21	0	0	0.43	27.09
AD	5.66	–79.2	0	0	–0.61	273.45
BD	4	84	0	0	1	336.00
CD	5	–35	0	0	–0.71	124.25
		$\sum F_v(FL)$		84		796.91

$$1(\Delta_{BH}) = \frac{1}{EA}\sum F_{v1}(FL)$$

$$(1\text{ kN})\Delta_{BH} = \frac{84}{200(10^6)(0.0012)}\text{ kN} \cdot \text{m}$$

$$\Delta_{BH} = 0.00035\text{ m}$$

$$\Delta_{BH} = 0.35\text{ nm} \rightarrow$$ **Resp.**

$$1(\Delta_{BV}) = \frac{1}{EA}\sum F_{v2}(FL)$$

$$(1\text{ kN})\Delta_{BV} = \frac{796.91}{200(10^6)(0.0012)}\text{ kN} \cdot \text{m}$$

$$\Delta_{BV} = 0.00332\text{ m}$$

$$\Delta_{BV} = 3.32\text{ nm} \downarrow$$ **Resp.**

Deflexión vertical en B, Δ_{BV} El sistema virtual usado para la determinación de la deflexión vertical en *B* consta de una carga de 1 kN aplicada en la dirección vertical en ese nodo, como se muestra en la figura 7.6(d). Las fuerzas axiales en los miembros (F_{v2}), debidas a esta carga virtual, también se muestran en esta figura. Estas fuerzas en los miembros se hacen constar en la sexta columna de la tabla 7.2 y se calcula Δ_{BV} al aplicar la expresión para el trabajo virtual (ecuación (7.23)), como se muestra en la tabla.

EJEMPLO 7.3

Determine la deflexión vertical en el nodo *C* de la armadura mostrada en la figura 7.7(a) debida a una caída en la temperatura de 15°F, en los miembros *AB* y *BC*, y un aumento en la temperatura de 60°F, en los miembros *AF*, *FG*, *GH* y *EH*. Use el método del trabajo virtual.

SOLUCIÓN

Sistema real El sistema real consiste en los cambios en la temperatura (ΔT) dados en el problema, como se muestra en la figura 7.7(b).

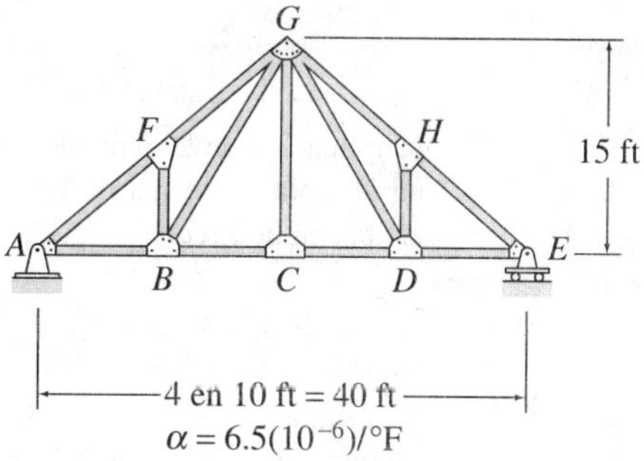

(a)

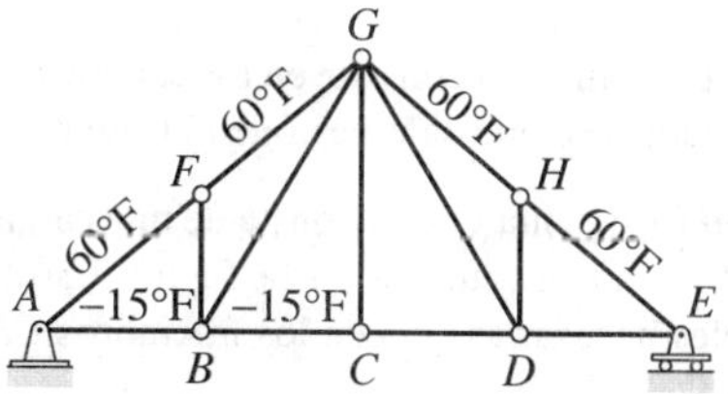

(b) Sistema real: ΔT

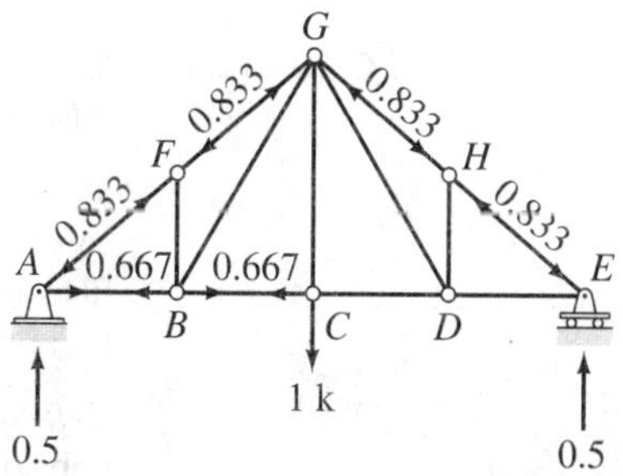

(c) Sistema virtual: fuerzas F_v

Fig. 7.7

Sistema virtual El sistema virtual consiste en una carga de 1 k aplicada en la dirección vertical en el nodo *C*, como se muestra en la figura 7.7(c). Note que sólo se calculan las fuerzas axiales virtuales (F_v) para aquellos miembros que se sujetan a los cambios de temperatura. En virtud de que los cambios de temperatura en los miembros restantes de la armadura son cero, sus deformaciones axiales son cero; por lo tanto, ningún trabajo virtual interno se realiza sobre esos miembros.

Deflexión vertical en C, Δ_C Los cambios de temperatura (ΔT) y las fuerzas virtuales en los miembros (F_v) se encuentran tabulados junto con las longitudes (*L*) de esos miembros, en la tabla 7.3. El coeficiente de expansión térmica, α, es el mismo para todos los miembros, de modo que su valor no se incluye en la tabla. La deflexión deseada Δ_C se determina mediante

Tabla 7.3

Miembro	L (ft)	ΔT (°F)	F_v (k)	$F_v(\Delta T)L$ (k-°F-ft)
AB	10	–15	0.667	–100
BC	10	–15	0.667	–100
AF	12.5	60	–0.833	–625
FG	12.5	60	–0.833	–625
GH	12.5	60	–0.833	–625
EH	12.5	60	–0.833	–625
				$\sum F_v(\Delta T)L = -2700$

$$1(\Delta_C) = \alpha \sum F_v(\Delta T)L$$

$$(1\text{ k})\Delta_C = 6.5(10^{-6})(-2700)\text{ k-ft}$$

$$\Delta_C = -0.0176\text{ ft} = -0.211\text{ in}$$

$$\Delta_C = 0.211\text{ in} \uparrow$$ **Resp.**

la aplicación de la expresión del trabajo virtual dada en la ecuación (7.25), como se muestra en la tabla. Note que la respuesta negativa para Δ_C indica que el nodo C se desvía hacia arriba, en la dirección opuesta a la de la carga unitaria.

EJEMPLO 7.4

Determine la deflexión vertical del nodo D de la armadura mostrada en la figura 7.8(a), si el miembro CF es demasiado largo en 0.6 in y el EF es demasiado corto en 0.4 in. Utilice el método del trabajo virtual.

SOLUCIÓN

Sistema real El sistema real consiste en los cambios en las longitudes (d) de los miembros CF y EF de la armadura, como se muestra en la figura 7.8(b).

Sistema virtual El sistema virtual consta de una carga de 1 k aplicada en la dirección vertical en el nodo D, como se muestra en la figura 7.8(c). Se pueden calcular con facilidad las fuerzas virtuales necesarias (F_v) en los miembros CF y EF por la aplicación del método de las secciones.

Deflexión vertical en D, Δ_D La deflexión deseada se determina al aplicar la expresión del trabajo virtual dada por la ecuación (7.22), como se muestra en la tabla 7.4.

Tabla 7.4

Miembro	δ (in)	F_v (k)	$F_v(\delta)$ (k-in)
CF	0.6	–1	–0.6
EF	–0.4	1	–0.4
			$\sum F_v(\delta) = -1.0$

$$1(\Delta_D) = \sum F_v(\delta)$$

$$(1\text{ k})\Delta_D = -1.0\text{ k-in}$$

$$\Delta_D = -1.0\text{ in}$$

$$\Delta_D = 1.0\text{ in} \uparrow$$ **Resp.**

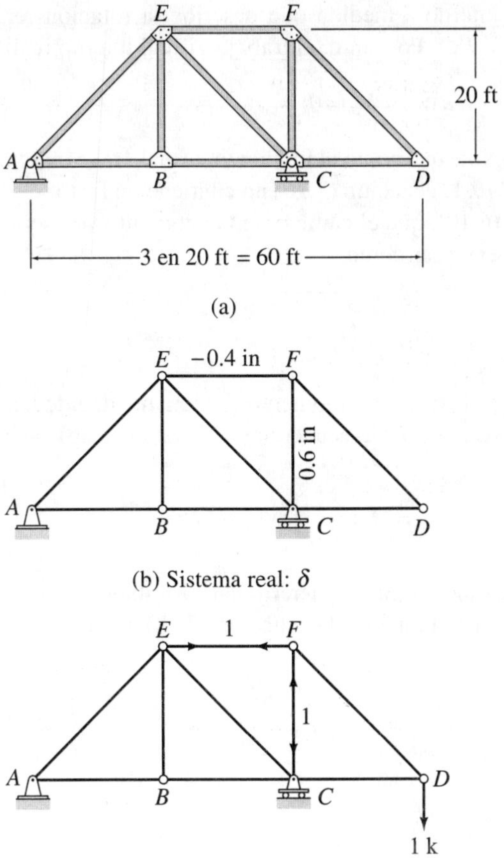

(a)

(b) Sistema real: δ

Sistema virtual: fuerzas F_v

Fig. 7.8

7.4 DEFLEXIONES DE LAS VIGAS POR EL MÉTODO DEL TRABAJO VIRTUAL

Con el fin de desarrollar una expresión para el método del trabajo virtual en la determinación de las deflexiones en las vigas, considérese una viga sujeta a una carga arbitraria, como se muestra en la figura 7.9(a). Supongamos que se desea encontrar la deflexión vertical, Δ, en un punto B de la viga. Para determinar esta deflexión, se selecciona un sistema virtual que consiste en una carga unitaria que actúa en el punto y en la dirección de la deflexión deseada, como se muestra en la figura 7.9(b). Ahora bien, si se sujeta la viga con la carga unitaria virtual actuando sobre ella (Fig. 7.4(b)), a las deformaciones debidas a las cargas reales (Fig. 7.9(a)), el trabajo virtual externo efectuado por esa carga unitaria virtual a medida que recorre la deflexión real Δ es $W_{ve} = 1\ (\Delta)$.

Para obtener el trabajo virtual interno, se enfoca la atención en el elemento diferencial dx de la viga, localizado a una distancia x del apoyo izquierdo A, como se muestra en las figuras 7.9(a) y (b). Debido a que la viga con la carga virtual (Fig. 7.9(b)) se sujeta a la deformación debida a la carga real (Fig. 7.9(a)), el momento flexionante virtual interno, M_v, que actúa sobre el elemento dx, efectúa trabajo virtual interno a medida que describe la rotación real $d\theta$, como se muestra en la figura 7.9(c). Por tanto, el trabajo virtual interno realizado sobre el elemento dx se da por

$$dW_{vi} = M_v(d\theta) \qquad \textbf{(7.26)}$$

Note que como el momento virtual M_v se mantiene constante durante la rotación real $d\theta$, la ecuación (7.26) no contiene un factor de 1/2. Recuerde, a partir de la ecuación (6.10), que el cambio de la pendiente, dq, sobre la longitud diferencial dx se puede expresar como

$$d\theta = \frac{M}{EI}dx \qquad \textbf{(7.27)}$$

en la cual M = momento flexionante debido a la carga real que causa la rotación $d\theta$. Al sustituir la ecuación (7.27) en la (7.26), se escribe

$$W_{vi} = M_v\left(\frac{M}{EI}\right)dx \qquad \textbf{(7.28)}$$

Ahora se puede determinar el trabajo virtual interno total realizado sobre toda la viga al integrar la ecuación (7.28) sobre la longitud L de la viga, como

$$W_{vi} = \int_0^L \frac{M_v M}{EI}dx \qquad \textbf{(7.29)}$$

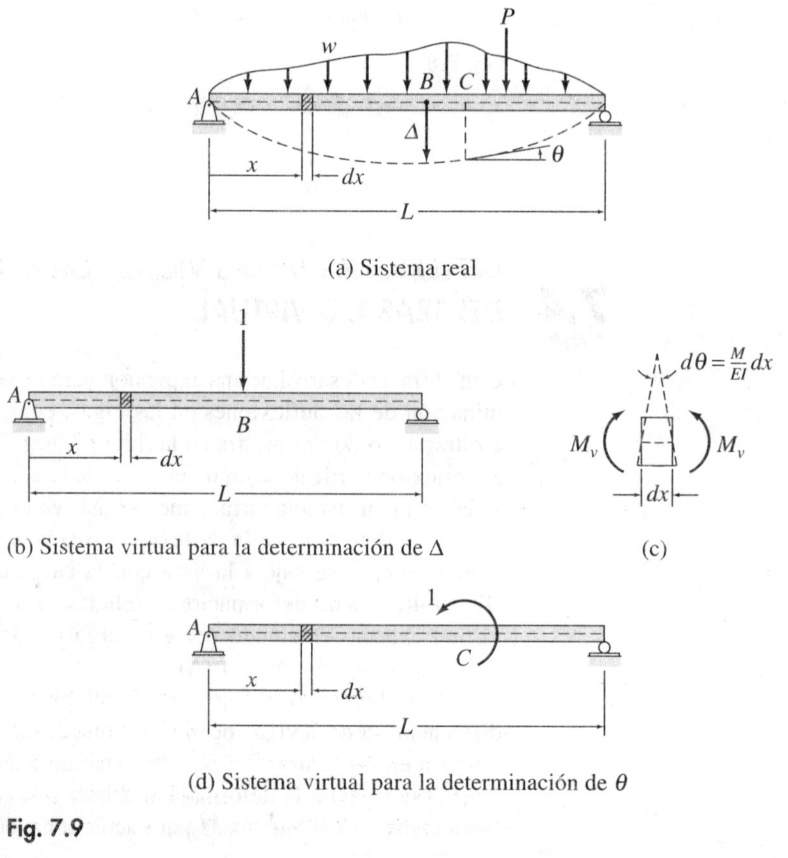

(a) Sistema real

(b) Sistema virtual para la determinación de Δ

(c)

(d) Sistema virtual para la determinación de θ

Fig. 7.9

Igualando el trabajo virtual externo, $W_{ve} = 1\ (\Delta)$, al trabajo virtual interno (ecuación (7.29)), se obtiene la expresión siguiente para el método del trabajo virtual para las deflexiones de las vigas:

$$1\ (\Delta) = \int_0^L \frac{M_v M}{EI}\, dx \qquad \textbf{(7.30)}$$

Si se desea encontrar la pendiente θ en un punto C de la viga (Fig. 7.9(a)), entonces se usa un sistema virtual que consta de un par virtual que actúa en ese punto, como se muestra en la figura 7.9(d). Cuando la viga con el par unitario virtual se sujeta a las deformaciones debidas a la carga real, el trabajo virtual externo efectuado por el par unitario virtual, conforme describe la rotación real θ, es $W_{ve} = 1\ (\theta)$. La expresión para el trabajo virtual interno sigue siendo la misma que la dada en la ecuación (7.29), excepto que M_v ahora denota el momento flexionante debido al par unitario virtual. Al hacer $W_{ve} = W_{vi}$, se obtiene la expresión siguiente para el método del trabajo virtual para las pendientes de las vigas:

$$1\ (\theta) = \int_0^L \frac{M_v M}{EI}\, dx \qquad \textbf{(7.31)}$$

En la deducción de la ecuación (7.29) para el trabajo virtual interno, se ha despreciado el trabajo interno efectuado por las fuerzas cortantes virtuales que actúan a través de las deformaciones reales causadas por esas cortantes. Por lo tanto, las expresiones del método del trabajo virtual, como se dan por las ecuaciones (7.30) y (7.31), no toman en cuenta las deformaciones causadas por las cortantes de las vigas. Empero, para la mayor parte de las vigas (excepto para las vigas peraltadas), esas deformaciones son tan pequeñas, en comparación con las deformaciones debidas a los momentos flexionantes, que su efecto se puede despreciar en el análisis.

Procedimiento para el análisis

Se puede usar el procedimiento paso a paso siguiente para determinar las pendientes y las deflexiones de las vigas, por el método del trabajo virtual.

1. ***Sistema real*** Dibuje un diagrama de la viga en el que se muestren todas las cargas reales (dadas) que actúan sobre ella.

2. ***Sistema virtual*** Dibuje un diagrama de la viga sin las cargas reales. Si se va a determinar la deflexión, entonces aplique una carga unitaria en el punto y en la dirección de la deflexión deseada. Si se va a calcular la pendiente, entonces aplique un par unitario en el punto de viga en el que se desea esa pendiente.

3. Al examinar los sistemas real y virtual y la variación de la rigidez a la flexión, EI, especificada a lo largo de la viga, divida esta última en segmentos de modo que las cargas real y virtual, así como EI, sean continuas en cada segmento.

4. Para cada segmento de la viga, determine una ecuación que exprese la variación del momento flexionante debido a la carga real (M) a lo largo del segmento, en términos de una coordenada de posición x. El origen de x puede localizarse en cualquier punto de la viga y debe elegirse de modo que el número de términos en la ecuación para M sea mínimo. Suele ser conveniente considerar los momentos flexionantes como positivos o negativos, de acuerdo con la *convención de los signos de la viga* (Fig. 5.2).

5. Para cada segmento de la viga, determine la ecuación para el momento flexionante debido a la carga o par virtuales (M_v), usando la misma coordenada x que se usó para este segmento en el paso 4 con el fin de establecer la expresión para el momento flexionante real, M. La convención de los signos para el momento flexionante virtual (M_v) debe ser la misma que la adoptada para el momento flexionante real en el paso 4.

6. Determine la deflexión o pendiente deseada de la viga mediante la aplicación de la expresión apropiada del trabajo virtual, ecuaciones (7.30) o (7.31). Si la viga se ha dividido en segmentos, entonces la integral del segundo miembro de las ecuaciones (7.30) o (7.31) se pueden evaluar por la adición algebraica de las integrales para todos esos segmentos.

EJEMPLO 7.5

Determine la pendiente y la deflexión en el punto A de la viga mostrada en la figura 7.10(a), por el método del trabajo virtual.

SOLUCIÓN

Sistema real Véase la figura 7.10(b).

Pendiente en A, θ_A El sistema virtual consta de un par unitario aplicado en A, como se muestra en la figura 7.10(c). En las figuras 7.10(a) a (c), se puede ver que no hay discontinuidades de las cargas real y virtual o de EI a lo largo de la viga. Por consiguiente, no hay necesidad de subdividir la viga en segmentos. Para determinar la ecuación del momento flexionante M, debido a la carga real, se selecciona una coordenada x con su origen en el extremo A de la viga, como se muestra en la figura 7.10(b). Mediante la aplicación del método de las secciones descrito en la sección 5.2, se determina la ecuación para M como

$$0 < x < L \qquad M = -\frac{1}{2}(x)\left(\frac{wx}{L}\right)\left(\frac{x}{3}\right) = -\frac{wx^2}{6L}$$

De modo análogo, la ecuación para el momento flexionante M_{v1}, debido al momento unitario virtual, en términos de la misma coordenada x es

$$0 < x < L \qquad M_{v1} = 1$$

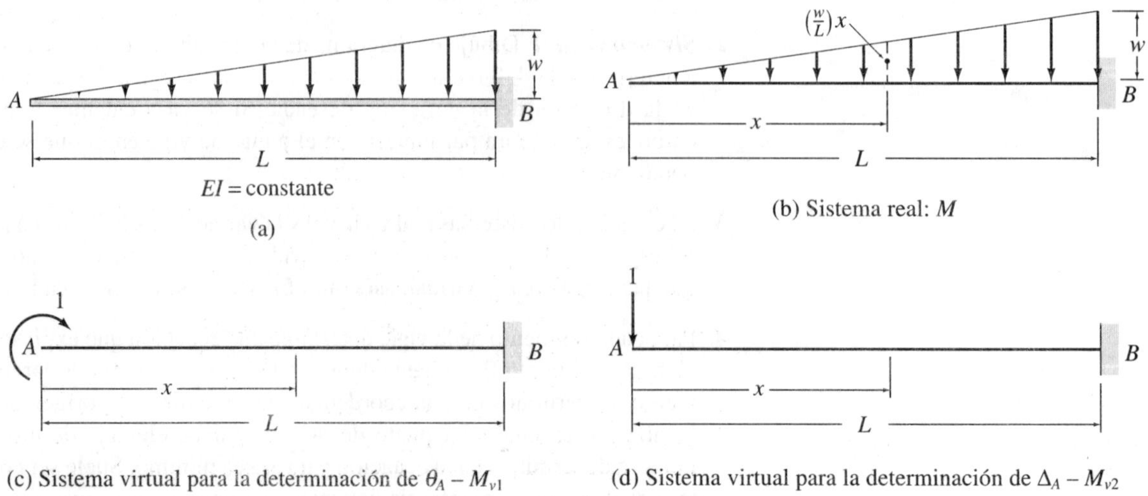

Fig. 7.10

Para determinar la pendiente deseada θ_A, se aplica la expresión para el trabajo virtual dada por la ecuación (7.31):

$$1\,(\theta_A) = \int_0^L \frac{M_{v1}M}{EI}\,dx = \int_0^L 1\left(\frac{wx^3}{6LEI}\right)dx$$

$$\theta_A = -\frac{w}{6EIL}\left[\frac{x^4}{4}\right]_0^L = -\frac{wL^3}{24EI}$$

La respuesta negativa para θ_A indica que el punto A gira en sentido contrario al movimiento de las manecillas del reloj, en la dirección opuesta a la del momento unitario.

$$\theta_A = \frac{wL^3}{24EI}$$ 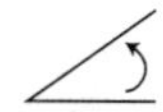 **Resp.**

Deflexión en A, Δ_A El sistema virtual consta de una carga unitaria aplicada en A, como se muestra en la figura 7.10(d). Si se usa la misma coordenada x que se usó para calcular θ_A, entonces la ecuación para M sigue siendo la misma que antes y la ecuación para el momento flexionante M_{v2}, debido a la carga unitaria virtual (Fig. 7.10(d)), se expresa por

$$0 < x < L \qquad M_{v2} = -1(x) = -x$$

Mediante la aplicación de la expresión del trabajo virtual dada por la ecuación (7.30), se determina la deflexión deseada, Δ_A, como

$$1\,(\Delta_A) = \int_0^L \frac{M_{v2}M}{EI}\,dx = \int_0^L (-x)\left(-\frac{wx^3}{6LEI}\right)dx$$

$$\Delta_A = \frac{w}{6EIL}\left[\frac{x^5}{5}\right]_0^L = -\frac{wL^4}{30EI}$$

La respuesta positiva para Δ_A indica que el punto A se desvía hacia abajo, en la dirección de la carga unitaria.

$$\Delta_A = \frac{wL^4}{30EI} \downarrow$$ **Resp.**

EJEMPLO 7.6

Determine la deflexión en el punto D de la viga mostrada en la figura 7.11(a), por el método del trabajo virtual.

SOLUCIÓN

En las figuras 7.11(b) y (c), respectivamente, se muestran los sistemas real y virtual. En la figura 7.11(a), se puede ver que la rigidez a la flexión, EI, de la viga cambia en forma abrupta en los puntos B y D. Asimismo, en las figuras 7.11(b) y (c) se indica que las cargas real y virtual son discontinuas en los puntos C y D, respectivamente. En consecuencia, la variación de la cantidad (M_vM/EI) será discontinua en los puntos B, C y D. De donde, la viga debe dividirse en cuatro segmentos, AB, BC, CD y DE; en cada segmento, la cantidad (M_vM/EI) será continua y, por tanto, puede integrarse.

En las figuras 7.11(b) y (c), se muestran las coordenadas x seleccionadas para la determinación de las ecuaciones de los momentos flexionantes. Note que, en cualquier segmento en particular de la viga, se debe usar la misma coordenada x para escribir las dos ecuaciones; es decir, la ecuación para el momento flexionante real (M) y la ecuación para el momento flexionante virtual (M_v). En la tabla 7.5, se han hecho constar las ecuaciones para M y M_v, para los cuatro segmentos de la viga, determinados mediante la utilización del método de las secciones. Ahora se puede calcular la deflexión en D mediante la aplicación de la expresión del trabajo virtual dada por la ecuación (7.30).

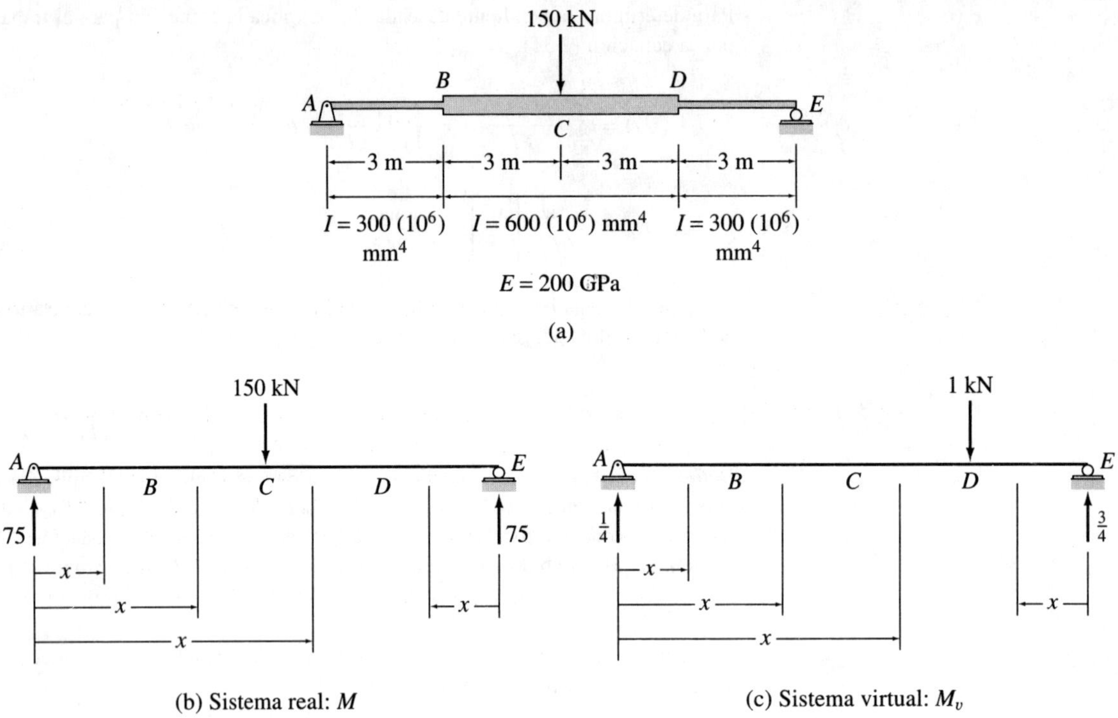

Fig. 7.11

Tabla 7.5

Segmento	**Coordenada x** Origen	Límites (m)	***EI*** **($I = 300 \times 10^6$ mm^4)**	***M*** **(kN · m)**	***M$_v$*** **(kN · m)**
AB	*A*	0-3	*EI*	$75x$	$\frac{x}{4}$
BC	*A*	3-6	2*EI*	$75x$	$\frac{x}{4}$
CD	*A*	6-9	2*EI*	$75x - 150(x - 6)$	$\frac{x}{4}$
ED	*E*	0-3	*EI*	$75x$	$\frac{3}{4}x$

$$1\,(\Delta_D) = \int_0^L \frac{M_v M}{EI}\,dx$$

$$1\,(\Delta_D) = \frac{1}{EI}\left[\int_0^3 \left(\frac{x}{4}\right)(75x)dx + \frac{1}{2}\int_3^6 \left(\frac{x}{4}\right)(75x)dx\right.$$

$$\left. + \frac{1}{2}\int_6^9 \left(\frac{x}{4}\right)(-75x + 900)dx + \int_0^3 \left(\frac{3}{4}x\right)(75x)dx\right]$$

$$(1\text{ kN})\Delta_D = \frac{2193.75\text{ kN}^2 \cdot \text{m}^3}{EI}$$

Por lo tanto,

$$\Delta_D = \frac{2193.75 \text{ kN}^2 \cdot \text{m}^3}{EI} = \frac{2193.75}{200(300)} = 0.366 \text{ m} = 36.6 \text{ mm}$$

$\Delta_D = 36.6 \text{ mm} \downarrow$ **Resp.**

EJEMPLO 7.7

Determine la deflexión en el punto C de la viga mostrada en la figura 7.12(a), por el método del trabajo virtual.

SOLUCIÓN Esta viga se analizó con anterioridad por los métodos del momento-área y de la viga conjugada en los ejemplos 6.5 y 6.10, respectivamente.

En la figura 7.12(b), se muestran los sistemas real y virtual para este problema. Las cargas real y virtual son discontinuas en el punto B, así que la viga se divide en dos segmentos, AB y BC. Las coordenadas x usadas para la determinación de las ecuaciones de los momentos flexionantes se muestran en las figuras 7.12(b) y (c), y en la tabla 7.6, se hacen constar las ecuaciones para M y M_v, obtenidas para cada uno de los dos segmentos de la viga.

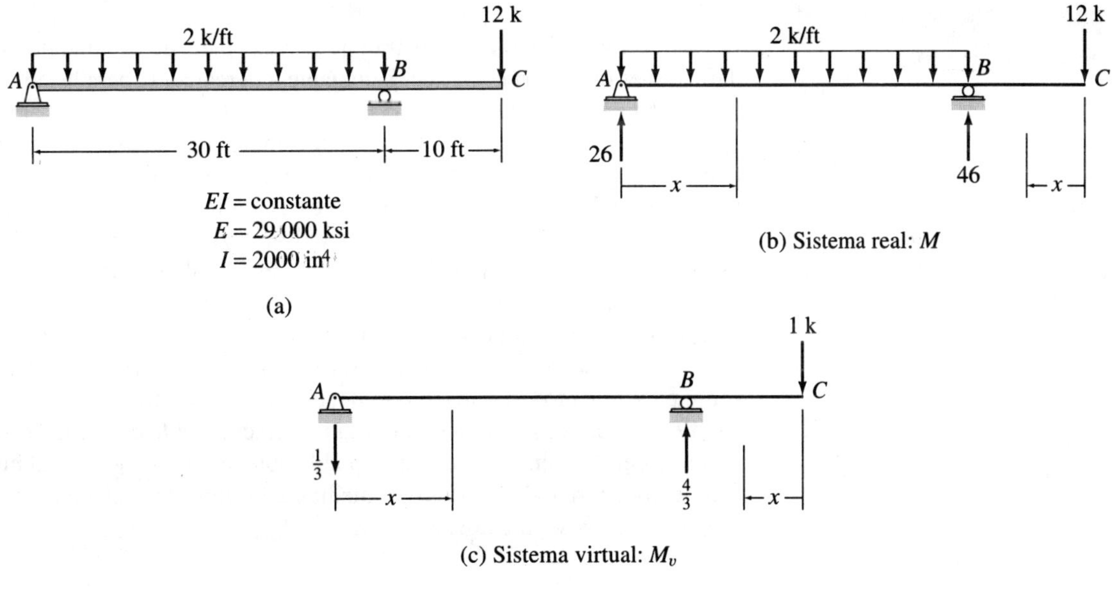

Fig. 7.12

Tabla 7.6

	Coordenada x			
Segmento	**Origen**	**Límites (ft)**	**M (k-ft)**	**M_v (k-ft)**
AB	A	0-30	$26x - x^2$	$-\frac{x}{3}$
CD	C	0-10	$-12x$	$-x$

Ahora se puede determinar la deflexión en C a través de la aplicación de la expresión del trabajo virtual dada por la ecuación (7.30), como sigue:

$$1\ (\Delta_C) = \int_0^L \frac{M_v M}{EI}\,dx$$

$$1\ (\Delta_C) = \frac{1}{EI}\left[\int_0^{30}\left(-\frac{x}{3}\right)(26x - x^2)dx + \int_0^{10}(-x)(-12x)dx\right]$$

$$(1\text{ k})\Delta_C = -\frac{6500\text{ k}^2\text{-ft}^3}{EI}$$

Por lo tanto,

$$\Delta_C = \frac{6500\text{ k-ft}^3}{EI} = \frac{6500(12)^3}{(29\,000)(2000)} = -0.194\text{ in}$$

$$\Delta_C = 0.194\text{ in}\uparrow$$ **Resp.**

7.5 DEFLEXIONES DE LOS ARMAZONES POR EL MÉTODO DEL TRABAJO VIRTUAL

La aplicación del método del trabajo virtual para determinar las pendientes y deflexiones de los armazones es semejante a la realizada para las vigas. Con el fin de determinar la deflexión, Δ, o la rotación, θ, en un punto de un armazón se aplican una carga unitaria o un par unitario virtuales en ese punto. Cuando el sistema virtual se sujeta a la deformación del armazón debida a las cargas reales, el trabajo virtual externo efectuado por la carga unitaria o por el par unitario es $W_{ve} = 1\ (\Delta)$ o $W_{ve} = 1\ (\theta)$. Como las partes del armazón pueden sufrir deformaciones axiales además de las que sufre por la flexión, el trabajo virtual interno total realizado sobre el armazón es igual a la suma del trabajo virtual interno debido a la flexión y el debido a las deformaciones axiales. Como se discutió en la sección anterior, cuando las cargas real y virtual y la rigidez a la flexión, EI, son continuas sobre un segmento del armazón, se puede obtener el trabajo virtual interno debido a la flexión, para ese segmento, por la integración de la cantidad M_vM/EI sobre la longitud del segmento. Entonces se puede obtener el trabajo virtual interno debido a la flexión, para todo el armazón, mediante la suma del trabajo correspondiente a cada uno de los segmentos; es decir,

$$W_{vib} = \sum \int \frac{M_v M}{EI}\,dx \qquad \textbf{(7.32)}$$

De modo análogo, si las fuerzas axiales F y F_v, debidas a las cargas real y virtual, respectivamente, y la rigidez axial AE son constantes sobre la longitud L de un segmento del armazón, entonces, como se discutió en la sección 7.3, el trabajo virtual interno para ese segmento, debido a la deformación axial, es igual a $F_v(FL/AE)$. De donde, el trabajo virtual interno debido a las deformaciones axiales, para el armazón completo, se puede expresar como

$$W_{via} = \sum F_v\left(\frac{FL}{AE}\right) \qquad \textbf{(7.33)}$$

Sumando las ecuaciones (7.32) y (7.33), se obtiene el trabajo virtual interno total para el armazón, debido tanto a las deformaciones por flexión como a las axiales, como

$$W_{vi} = \sum F_v \left(\frac{FL}{AE} \right) + \sum \int \frac{M_v M}{EI} dx \tag{7.34}$$

Al igualar el trabajo virtual externo con el trabajo virtual interno se obtienen las expresiones del método del trabajo virtual para las deflexiones y rotaciones de los armazones, respectivamente, como

$$\boxed{1\,(\Delta) = \sum F_v \left(\frac{FL}{AE} \right) + \sum \int \frac{M_v M}{EI} dx} \tag{7.35}$$

y

$$\boxed{1\,(\theta) = \sum F_v \left(\frac{FL}{AE} \right) + \sum \int \frac{M_v M}{EI} dx} \tag{7.36}$$

En general, las deformaciones axiales en los miembros de los armazones compuestos de materiales comunes de ingeniería son mucho menores que las deformaciones debidas a la flexión y, como consecuencia, suelen despreciarse en el análisis. En este texto, a menos que se exprese lo contrario, se despreciará el efecto de las deformaciones axiales en el análisis de los armazones. Se pueden obtener las expresiones del trabajo virtual en las que se consideren sólo las deformaciones de los armazones debidas a la flexión, sencillamente al omitir el primer término en los segundos miembros de las ecuaciones (7.35) y (7.36), las cuales de este modo se reducen a

$$\boxed{1\,(\Delta) = \sum \int \frac{M_v M}{EI} dx} \tag{7.37}$$

y

$$\boxed{1\,(\theta) = \sum \int \frac{M_v M}{EI} dx} \tag{7.38}$$

Procedimiento para el análisis

Se puede usar el procedimiento siguiente, paso a paso, para determinar las pendientes y las deflexiones en los armazones, por el método del trabajo virtual.

1. ***Sistema real*** Determine las fuerzas internas en los extremos de los miembros del armazón, debidas a la carga real, mediante la aplicación del procedimiento descrito en la sección 5.6.

2. ***Sistema virtual*** Si se va a determinar la deflexión del armazón, entonces aplique una carga unitaria en el punto y en la dirección de la deflexión deseada. Si va a calcular la rotación, entonces aplique un par unitario en el punto del armazón en donde se desea esa rotación. Determine las fuerzas en los extremos de los miembros debidos a la carga virtual.

3. Si es necesario, divida los miembros del armazón en segmentos, de modo que las cargas real y virtual, así como EI, sean continuas en cada segmento.
4. Para cada segmento del armazón, determine una ecuación que exprese la variación del momento flexionante debido a la carga real (M), a lo largo del segmento, en términos de una coordenada de posición x.
5. Para cada segmento del armazón, determine la ecuación del momento flexionante debido a la carga o par virtuales (M_v), usando la misma coordenada x que se usó para este segmento en el paso 4, con el fin de establecer la expresión del momento flexionante real, M. Puede aplicar cualquier convención conveniente de los signos para M y M_v. No obstante, es importante que la convención de los signos sea la misma para M como para M_v en un segmento en particular.
6. Si en el análisis se va a incluir el efecto de las deformaciones axiales, entonces sígase con el paso 7. De lo contrario, determine la deflexión o rotación deseadas del armazón por medio de la aplicación de la expresión apropiada del trabajo virtual, ecuaciones (7.37) o (7.38). Finalice el análisis en esta etapa.
7. Si es necesario, divida los miembros del armazón en segmentos, de modo que las fuerzas axiales reales y virtuales y AE sean constantes en cada uno de esos segmentos. No es necesario que estos segmentos sean los mismos que se usaron en el paso 3 para evaluar el trabajo virtual interno debido a la flexión. Sin embargo, es importante que se utilice la misma convención de los signos tanto para la fuerza axial real, F, como para la fuerza axial virtual F_v, en un segmento en particular.
8. Determine la deflexión o rotación deseadas del armazón al aplicar la expresión apropiada del trabajo virtual, ecuaciones (7.35) o (7.36).

EJEMPLO 7.8

Determine la rotación del nodo C del armazón mostrado en la figura 7.13(a), por el método del trabajo virtual.

SOLUCIÓN

En las figuras 7.13(b) y (c), respectivamente, se muestran los sistemas real y virtual. En estas figuras, también se muestran las coordenadas x usadas para la determinación de las ecuaciones de los momentos flexionantes para los tres segmentos del armazón, AB, BC y CD. Las ecuaciones para M y M_v, obtenidas para los tres segmentos se tienen en la tabla 7.7. Ahora se puede determinar la rotación del nodo C del armazón, al aplicar la expresión para el trabajo virtual dada por la ecuación (7.38):

$$1\,(\theta_C) = \sum \int \frac{M_v M}{EI} dx$$

$$= \frac{1}{EI}\int_0^{30}\left(\frac{x}{30}\right)\left(38.5x - 1.5\frac{x^2}{2}\right)dx$$

$$(1\text{ k-ft})\theta_C = -\frac{6487.5\text{ k}^2\text{-ft}^3}{EI}$$

Por lo tanto,

$$\theta_C = \frac{6487.5\text{ k-ft}^2}{EI} = \frac{6487.5(12)^2}{(29000)(2500)} = -0.0129\text{ rad.}$$

$\theta_C = 0.0129$ rad. ↻ **Resp.**

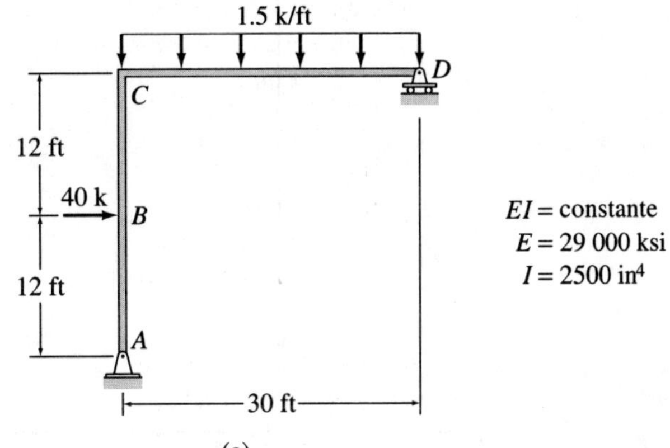

(a)

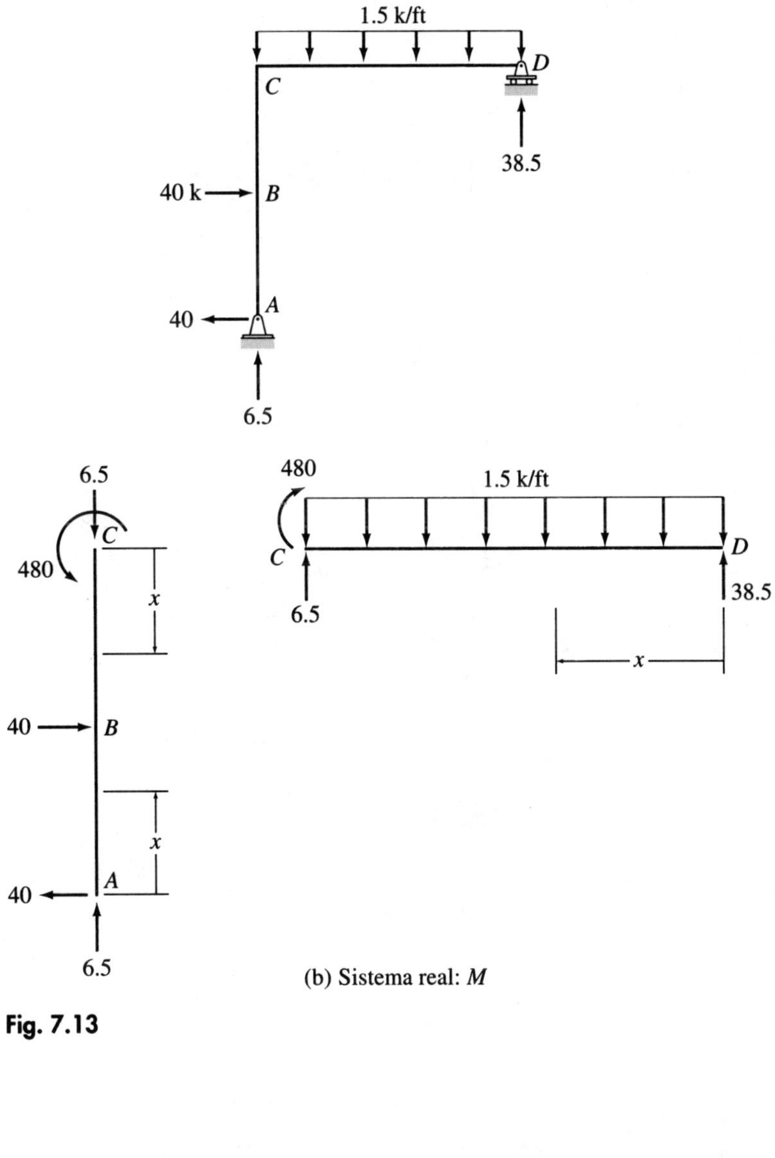

(b) Sistema real: M

Fig. 7.13

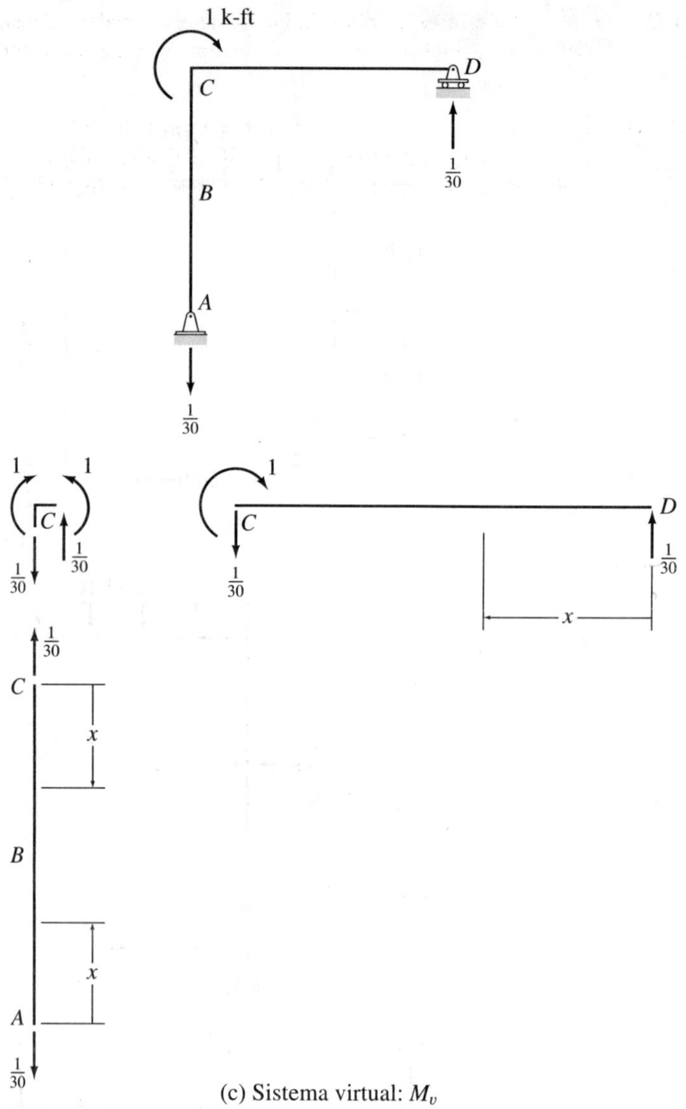

(c) Sistema virtual: M_v

Fig. 7.13 (*Continuación*)

Tabla 7.7

Segmento	Coordenada x		M (k-ft)	M_v (k-ft)
	Origen	Límites (ft)		
AB	*A*	0-12	$40x$	0
CB	*C*	0-12	480	0
DC	*D*	0-30	$38.5x - 1.5\dfrac{x^2}{2}$	$\dfrac{x}{30}$

EJEMPLO 7.9

Determine la deflexión horizontal en el nodo C del armazón mostrado en la figura 7.14(a), incluyendo el efecto de las deformaciones axiales, por el método del trabajo virtual.

SOLUCIÓN Los sistemas real y virtual se muestran en las figuras 7.14(b) y (c), respectivamente. En las figuras, también se muestran las coordenadas x usadas para la determinación de las ecuaciones de los momentos flexionantes para los tres miembros del armazón, AB, BC, y CD. En la tabla

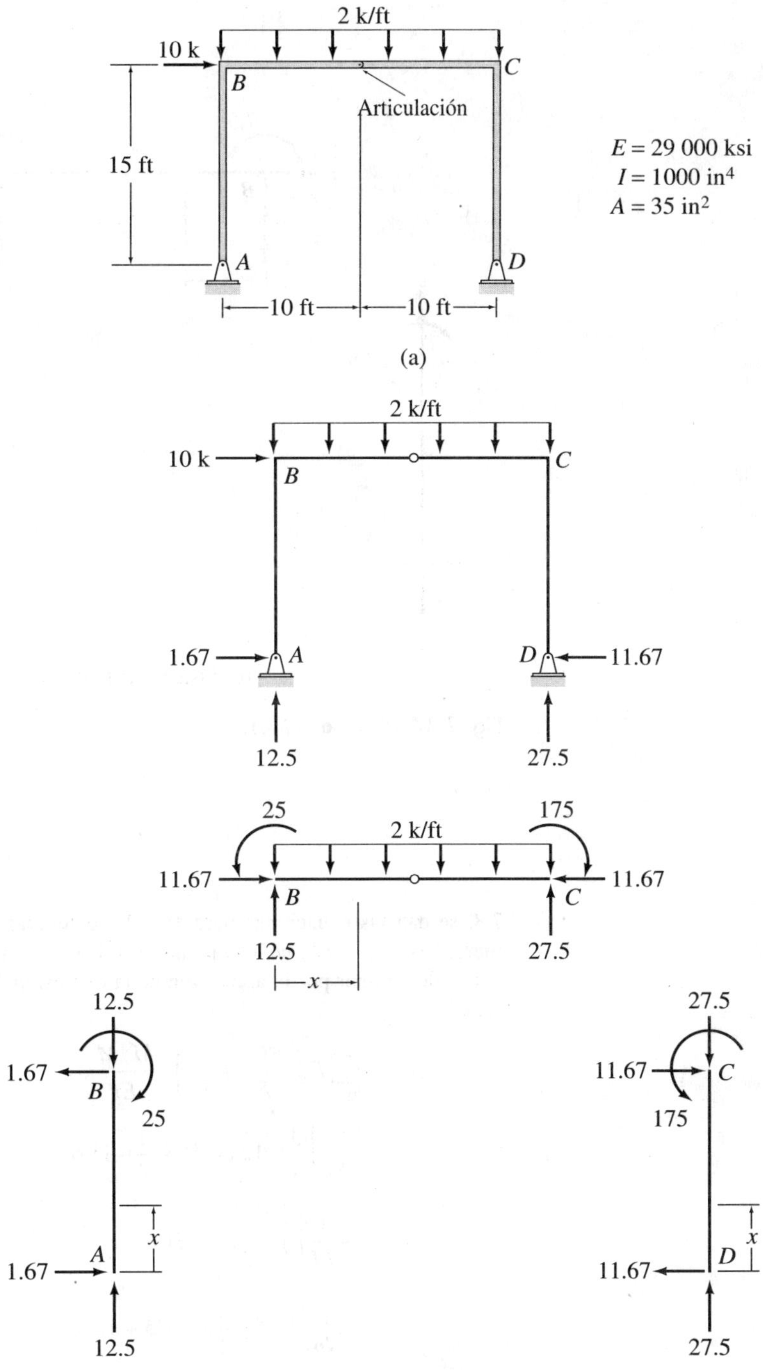

(a)

(b) Sistema real: M, F

Fig. 7.14

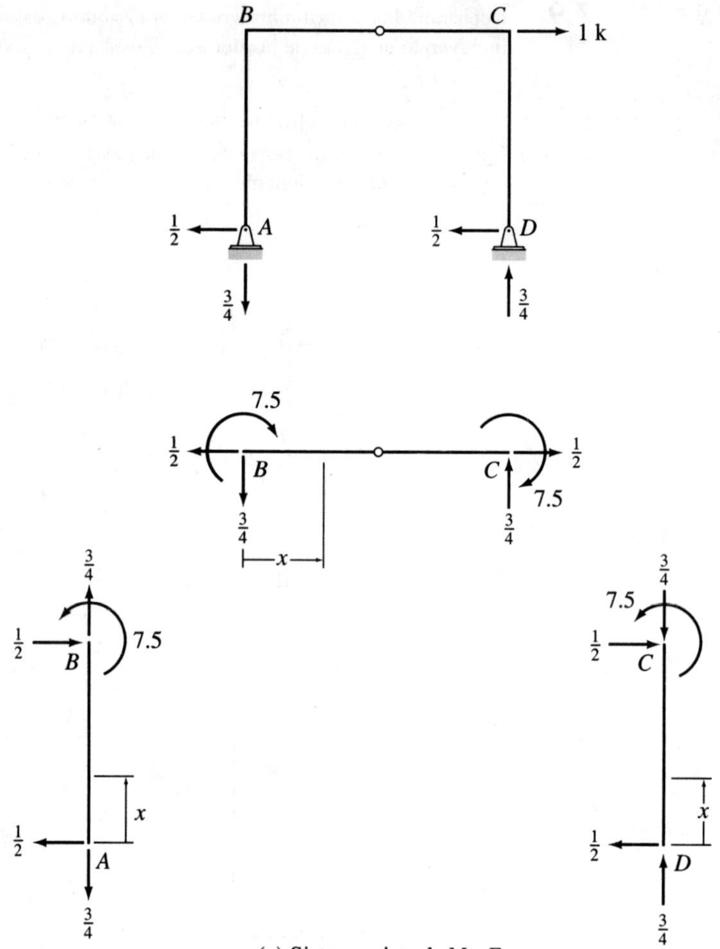

(c) Sistema virtual: M_v, F_v

Fig. 7.14 (*Continuación*)

7.8, se dan las ecuaciones para M y M_v obtenidas para los tres miembros, junto con las fuerzas axiales F y F_v de los miembros. La deflexión horizontal en el nodo C del armazón se puede determinar por la aplicación de la expresión del trabajo virtual dada por la ecuación (7.35):

$$1\,(\Delta_C) = \sum F_v\left(\frac{FL}{AE}\right) + \sum \int \frac{M_v M}{EI}dx$$

$$1\,(\Delta_C) = \frac{1}{EI}\left[\frac{3}{4}(-12.5(15) + \frac{1}{2}(-11.67)(20) - \frac{3}{4}(-27.5)(15)\right]$$

$$+\frac{1}{EI}\left[\int_0^{15} \frac{x}{2}(-1.67x)dx\right.$$

$$\left. + \int_0^{20}\left(7.5 - \frac{3}{4}x\right)(-25 + 12.5x - x^2)dx + \int_0^{15}\frac{x}{2}(11.67x)dx\right]$$

$$(1\text{ k})\Delta_C = \frac{50.08\text{ k-ft}}{AE} + \frac{9375\text{ k}^2\text{-ft}^3}{EI}$$

Tabla 7.8

	Coordenada x					
Segmento	**Origen**	**Límites (ft)**	**M (k-ft)**	**F (k)**	**M_v (k-ft)**	**F_v (k)**
AB	*A*	0-15	$-1.67x$	–12.50		
BC	*B*	0-20	$-25 + 12.5x - x^2$	–11.67		
DC	*D*	0-15	$11.67x$	–27.50		

Por lo tanto,

$$\theta_C = \frac{52.08\,\text{k-ft}}{AE} = \frac{9375\,\text{k-ft}^3}{EI}$$

$$= \frac{52.08}{(35)(29000)} + \frac{9375(12)^2}{(29000)(1000)}$$

$$= 0.00005 + 0.04655$$

$$= 0.0466\text{ ft} = 0.559\text{ in}$$

$\Delta_C = 0.559\text{ in} \rightarrow$ **Resp.**

Note que la magnitud del término de deformación axial es tan pequeño como para despreciarse, en comparación con la del término de la deformación debida a la flexión.

7.6 CONSERVACIÓN DE LA ENERGÍA Y ENERGÍA DE DEFORMACIÓN

Antes de poder desarrollar el método siguiente para calcular las deflexiones de las estructuras, es necesario comprender los conceptos de conservación de la energía y de energía de deformación.

La *energía* de una estructura se puede definir sencillamente como su *capacidad para realizar trabajo.* El término *energía de deformación* se atribuye a la *energía que una estructura tiene en virtud de su deformación.* La relación entre el trabajo y la energía de deformación de una estructura se basa en el *principio de conservación de la energía,* el cual se puede enunciar como sigue:

El trabajo efectuado sobre una estructura elástica en equilibrio por fuerzas externas aplicadas estáticamente (en forma gradual) es igual al trabajo realizado por las fuerzas internas, o sea, la energía de deformación almacenada en la estructura.

Este principio se expresa de manera matemática como

$$\boxed{W_e = W_i} \qquad (7.39)$$

o bien,

$$\boxed{W_e = U} \qquad (7.40)$$

En estas ecuaciones, W_e y W_i representan el trabajo realizado por las fuerzas externas e internas, respectivamente, y U denota la energía de deformación de la estructura.

La expresión explícita para la energía de deformación depende de los tipos de fuerzas internas que se pueden desarrollar en los miembros de la estructura. En lo que sigue, se deducen esas expresiones para la energía de deformación de armaduras, vigas y armazones.

Energía de deformación de armaduras

Considere la armadura arbitraria que se muestra en la figura 7.15. La armadura está sujeta a una carga P, la cual se incrementa gradualmente desde cero hasta su valor final, causando que la estructura se deforme como se muestra en la figura. En virtud de que se están considerando estructuras linealmente elásticas, la deflexión de la armadura, Δ, en el punto de aplicación de P aumenta en forma lineal con la carga; por lo tanto, como se discute en la sección 7.1 (véase la figura 7.1(c)), el trabajo externo efectuado por P durante la deformación Δ se puede expresar como

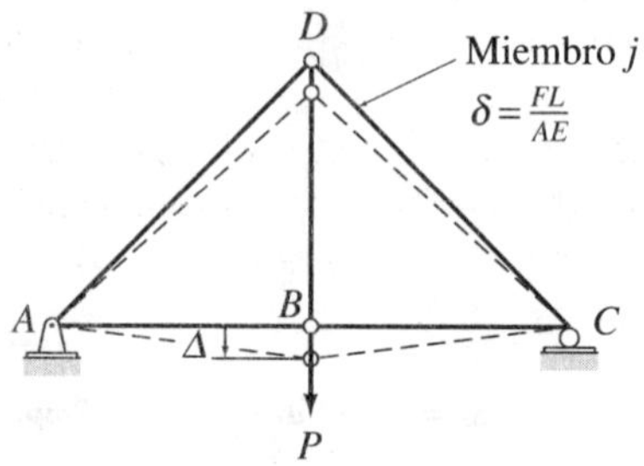

Fig. 7.15

$$W_e = \frac{1}{2}P\Delta$$

Con el fin de desarrollar la expresión para el trabajo interno o energía de deformación de la armadura, enfoquemos la atención en un miembro arbitrario j (por ejemplo, el CD de la figura 7.15) de la misma. Si F representa la fuerza axial en este miembro, debida a la carga externa P entonces, como se discute en la sección 7.3, la deformación axial de este miembro se da por $\delta = (FL)/(AE)$. De donde, el trabajo interno o energía de deformación almacenada en el miembro j, U_j se expresa por

$$U_j = \frac{1}{2}F\delta = \frac{F^2L}{2AE}$$

La energía interna de toda la armadura es sencillamente igual a la suma de las energías de deformación de todos sus miembros y se puede expresar como

$$\boxed{U = \sum \frac{F^2L}{2AE}} \qquad \textbf{(7.41)}$$

Note que aparece un factor de $\frac{1}{2}$ en la expresión para la energía de deformación, porque la fuerza axial F y la deformación axial δ causada por F están relacionadas por la relación lineal $\delta = (FL)/(AE)$.

Energía de deformación de vigas

Para desarrollar la expresión para la energía de deformación de las vigas, considere una viga arbitraria, como se muestra en la figura 7.16(a). A medida que la carga externa P que actúa sobre la viga se incrementa en forma gradual, desde cero hasta su valor final, el momento flexionante interno, M, que actúa sobre un elemento diferencial dx de la viga (Figs. 7.16(a) y (b)) también se incrementa de modo gradual, desde cero hasta su valor final, al mismo tiempo que las secciones transversales de ese elemento dx describen un ángulo $d\theta$, una con respecto a la otra. Por lo tanto, el trabajo interno o la energía de deformación almacenada en el elemento dx se da por

$$dU = \frac{1}{2}M(d\theta) \qquad \textbf{(7.42)}$$

Recordando, por lo visto en la sección 7.4 (ecuación (7.27)), que el cambio en la pendiente, $d\theta$, se puede expresar en términos del momento flexionante, M, por la relación $d\theta = (M/EI)dx$, la ecuación (7.42) se escribe como

$$dU = \frac{M^2}{2EI}dx \tag{7.43}$$

Ahora se puede obtener la expresión para la energía de deformación de la viga completa al integrar la ecuación (7.43) sobre la longitud L de la propia viga:

$$\boxed{U = \int_0^L \frac{M^2}{2EI}dx} \tag{7.44}$$

Cuando la cantidad M/EI no es una función continua de x sobre toda la longitud de la viga, entonces ésta debe dividirse en segmentos de tal modo que M/EI sea continua en cada segmento. Entonces, la integral del segundo miembro de la ecuación (7.44) se evalúa al sumar las integrales correspondientes a todos los segmentos en que se dividió la viga. Debe tenerse en cuenta que la ecuación (7.44) se basa en la consideración de las deformaciones de las vigas debidas a la flexión y no incluye el efecto de las deformaciones por cortantes, las cuales, como se dijo con anterioridad, para la mayor parte de las vigas son despreciables por su pequeñez en comparación con las deformaciones por flexión.

Energía de deformación de los armazones

Las partes de los armazones pueden estar sujetas a fuerzas axiales así como a momentos flexionantes, de modo que la energía total de deformación (U) de los mismos se expresa como la suma de la energía de deformación debida a las fuerzas axiales (U_a) y la debida a la flexión (U_b); es decir,

$$U = U_a + U_b \tag{7.45}$$

Si un armazón se divide en segmentos, de modo que la cantidad F/AE sea constante sobre la longitud L de cada uno de ellos, entonces —como se hizo ver con anterioridad en el caso de las armaduras— la energía de deformación almacenada en cada segmento debida a la fuerza axial F es igual a $(F^2L)/(2AE)$. Por lo tanto, la energía de deformación debida a las fuerzas axiales, para todo el armazón, se puede expresar como

$$U_a = \sum \frac{F^2L}{2AE} \tag{7.46}$$

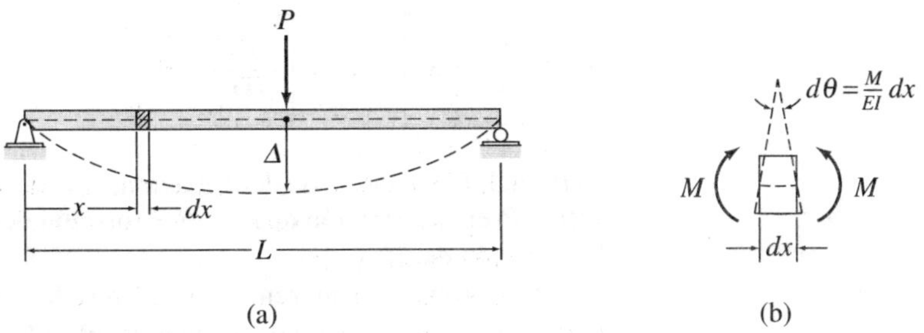

Fig. 7.16

De manera análoga, si el armazón se divide en segmentos, de modo que la cantidad *M*/*EI* sea continua en cada uno de ellos, entonces la energía de deformación almacenada en cada segmento, debida a la flexión, se puede obtener al integrar esa cantidad sobre la longitud del mismo (ecuación (7.44)). La energía de deformación debida a la flexión, para el armazón completo, es igual a la suma de las energías de deformación debidas a la flexión de todos los segmentos en que se dividió, y se puede expresar como

$$U_b = \sum \int \frac{M^2}{2EI} dx \tag{7.47}$$

Al sustituir las ecuaciones (7.46) y (7.47) en la (7.45), se obtiene la expresión siguiente para la energía de deformación de los armazones debida tanto a las fuerzas axiales como a la flexión:

$$\boxed{U = \sum \frac{F^2 L}{2AE} + \sum \int \frac{M^2}{2EI} dx} \tag{7.48}$$

Como se expresó con anterioridad, en general las deformaciones axiales de los armazones son mucho menores que las debidas a la flexión y suelen despreciarse en el análisis, La energía de deformación de los armazones, debida sólo a la flexión, se expresa como

$$\boxed{U = \sum \int \frac{M^2}{2EI} dx} \tag{7.49}$$

7.7 SEGUNDO TEOREMA DE CASTIGLIANO

En esta sección, se considera otro método relacionado con la energía para la determinación de las deflexiones de las estructuras. Este método, el cual sólo se puede aplicar a las estructuras linealmente elásticas, fue presentado inicialmente por Alberto Castigliano, en 1873, y, de manera común, se le conoce como *segundo teorema de Castigliano*. (El primer teorema de Castigliano, que se puede usar para establecer ecuaciones de equilibrio de las estructuras, no se considera en este texto.) El segundo teorema de Castigliano se puede enunciar como sigue:

Para las estructuras linealmente elásticas, la derivada parcial de la energía de deformación con respecto a una fuerza aplicada (o par aplicado) es igual al desplazamiento (o rotación) de la fuerza (o par) a lo largo de su línea de acción.

En forma matemática, este teorema se puede expresar como

$$\boxed{\frac{\partial U}{\partial P_i} = \Delta_i} \quad \text{o} \quad \boxed{\frac{\partial U}{\partial \overline{M}_i} = \theta_i} \tag{7.50}$$

en la cual, U = energía de deformación; Δ_i = deflexión del punto de aplicación de la fuerza P_i en la dirección de P_i, y θ_i = rotación del punto de aplicación del par $\overline{M}_i$ en la dirección de $\overline{M}_i$.

Para probar este teorema, considérese la viga mostrada en la figura 7.17. Esta viga está sujeta a las cargas externas P_1, P_2 y P_3, las cuales se incrementan de modo gradual desde cero hasta sus valores finales, causando que la viga se flexione, como

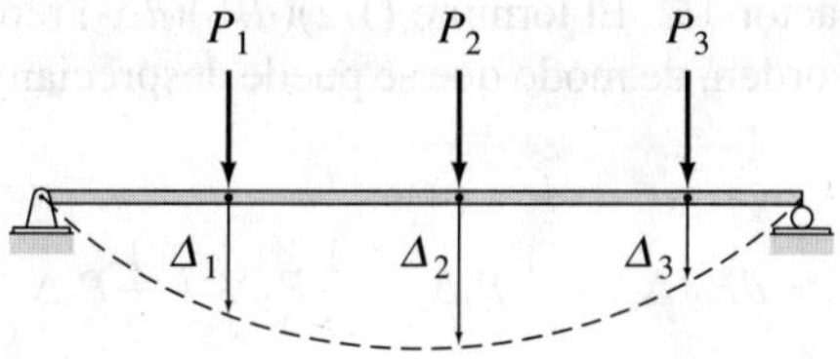

Fig. 7.17

se muestra en la figura. La energía de deformación (U) almacenada en la viga a causa del trabajo externo (W_e) efectuado por estas fuerzas se expresa por

$$U = W_e = \frac{1}{2}P_1\Delta_1 + \frac{1}{2}P_2\Delta_2 + \frac{1}{2}P_3\Delta_3 \tag{7.51}$$

en la cual Δ_1, Δ_2 y Δ_3 son las deflexiones de la viga en los puntos de aplicación de P_1, P_2 y P_3, respectivamente, como se muestra en la figura. Como la ecuación (7.15) indica, la energía de deformación U es función de las cargas externas y se puede expresar como

$$U = f(P_1, P_2, P_3) \tag{7.52}$$

Ahora, supóngase que se va a determinar la deflexión Δ_2 de la viga en el punto de aplicación de P_2. Si se incrementa P_2 en una cantidad infinitesimal dP_2, entonces el incremento en la energía de deformación de la viga, debido a la aplicación de dP_2, se puede escribir como

$$dU = \frac{\partial U}{\partial P_2}dP_2 \tag{7.53}$$

y la energía total de deformación, U_T. almacenada ahora en la viga queda dada por

$$U_T = U + dU = U + \frac{\partial U}{\partial P_2}dP_2 \tag{7.54}$$

Se supone que la viga está compuesta de material linealmente elástico, de modo que sin importar la secuencia en que se apliquen las cargas P_1, $(P_2 + dP_2)$ y P_3, la energía total de deformación almacenada en ella debe ser la misma.

Considérese, por ejemplo, la secuencia en la cual se aplica dP_2 a la viga, antes de la aplicación de P_1, P_2 y P_3. Si $d\Delta_2$ es la deflexión de la viga en el punto de aplicación de dP_2 debida a esta última, entonces la energía de deformación almacenada en la propia viga se expresa por $(1/2)(dP_2)(d\Delta_2)$. Después, se aplican a ella las cargas P_1, P_2 y P_3, causando las deflexiones adicionales Δ_1, Δ_2 y Δ_3, respectivamente, en sus puntos de aplicación. Note que en virtud de que la viga es linealmente elástica, las cargas P_1, P_2 y P_3 causan las mismas deflexiones, Δ_1, Δ_2 y Δ_3, respectivamente, y se efectúa la misma cantidad de trabajo externo sobre ella sin importar si alguna otra carga está actuando sobre la misma o no. La energía total de deformación almacenada en la viga durante la aplicación de dP_2, seguida por P_1, P_2 y P_3 es dada por

$$U_T = \frac{1}{2}(dP_2)(\Delta_2) + dP_2(\Delta_2) + \frac{1}{2}P_1\Delta_1 + \frac{1}{2}P_2\Delta_2 + \frac{1}{2}P_3\Delta_3 \tag{7.55}$$

Ya que dP_2 permanece constante durante la deflexión adicional, Δ_2, de su punto de aplicación, el término $dP_2(\Delta_2)$ del segundo miembro de la ecuación (7.55) no contiene el factor 1/2. El término $(1/2)(dP_2)(d\Delta_2)$ representa una pequeña cantidad de segundo orden, de modo que se puede despreciar y la ecuación (7.55) se puede escribir como

$$U_T = dP_2(\Delta_2) + \frac{1}{2}P_1\Delta_1 + \frac{1}{2}P_2\Delta_2 + \frac{1}{2}P_3\Delta_3 \tag{7.56}$$

Al sustituir la ecuación (7.51) en la (7.56), se obtiene

$$U_T = dP_2(\Delta_2) + U \tag{7.57}$$

y al igualar las ecuaciones (7.54) y (7.57), se escribe

$$U + \frac{\partial U}{\partial P_2}dP_2 = dP_2(\Delta_2) + U$$

o bien,

$$\frac{\partial U}{\partial P_2} = \Delta_2$$

la cual es el enunciado matemático del segundo teorema de Castigliano.

Aplicación a las armaduras

Con el fin de desarrollar la expresión del segundo teorema de Castigliano, la cual se pueda usar para determinar las deflexiones de las armaduras, se sustituye la energía de deformación (U) de las armaduras por la ecuación (7.41), en la expresión general de ese segundo teorema para las deflexiones, como se da mediante una de las ecuaciones (7.50), para obtener

$$\Delta = \frac{\partial}{\partial P}\sum \frac{F^2L}{2AE} \tag{7.58}$$

Como la derivada parcial $\partial F^2/\partial P = 2F(\partial F/\partial P)$, la expresión del segundo teorema de Castigliano para las armaduras se puede escribir como

$$\boxed{\Delta = \sum\left(\frac{\partial F}{\partial P}\right)\frac{FL}{AE}} \tag{7.59}$$

La ecuación anterior es semejante en forma a la expresión del método del trabajo virtual para las armaduras (ecuación (7.23)). Como se ilustra mediante los ejemplos resueltos al final de esta sección, el procedimiento para calcular las deflexiones por medio del segundo teorema de Castigliano también es semejante al del método del trabajo virtual.

Aplicación a las vigas

Al sustituir la energía de deformación (U) de las vigas en las expresiones generales del segundo teorema de Castigliano (ecuación (7.50)) por la ecuación (7.44), se obtienen las expresiones siguientes para las deflexiones y rotaciones, respectivamente, de las vigas:

$$\Delta = \frac{\partial}{\partial P}\int_0^L \frac{M^2}{2EI}dx \quad \text{y} \quad \theta = \frac{\partial}{\partial \overline{M}}\int_0^L \frac{M^2}{2EI}dx$$

o bien

$$\Delta = \int_0^L \left(\frac{\partial M}{\partial P}\right)\frac{M}{EI}dx \tag{7.60}$$

y

$$\theta = \int_0^L \left(\frac{\partial M}{\partial \overline{M}}\right)\frac{M}{EI}dx \tag{7.61}$$

Aplicación a los armazones

De modo análogo, al sustituir la energía de deformación (U) de los armazones debida a las fuerzas axiales y a la flexión en las expresiones generales del segundo teorema de Castigliano (ecuación (7.50)) por la ecuación (7.48), se obtienen las expresiones siguientes para las deflexiones y rotaciones, respectivamente, de los armazones:

$$\Delta = \sum\left(\frac{\partial F}{\partial P}\right)\frac{FL}{AE} + \sum\int\left(\frac{\partial M}{\partial P}\right)\frac{M}{EI}dx \tag{7.62}$$

y

$$\theta = \sum\left(\frac{\partial F}{\partial \overline{M}}\right)\frac{FL}{AE} + \sum\int\left(\frac{\partial M}{\partial \overline{M}}\right)\frac{M}{EI}dx \tag{7.63}$$

Cuando, en el análisis, se desprecia el efecto de las deformaciones axiales de los miembros de los armazones, las ecuaciones (7.62) y (7.63) se reducen a

$$\Delta = \sum\int\left(\frac{\partial M}{\partial P}\right)\frac{M}{EI}dx \tag{7.64}$$

y

$$\theta = \sum\int\left(\frac{\partial M}{\partial \overline{M}}\right)\frac{M}{EI}dx \tag{7.65}$$

Procedimiento para el análisis

Como se expresó con anterioridad, el procedimiento para calcular las deflexiones de las estructuras por medio del segundo teorema de Castigliano es semejante al del método del trabajo virtual. En esencia, el procedimiento comprende los pasos siguientes:

1. Si una carga externa (o par externo) está actuando sobre la estructura dada en el punto y en la dirección de la deflexión (o rotación) deseada, entonces designe la carga (o par) como la variable P (o $\overline{M}$) y siga con el paso 2. De lo contrario, aplique una carga ficticia P (o par ficticio $\overline{M}$) en el punto y en la dirección de la deflexión (o rotación) deseada.

2. Determine la fuerza axial F o la ecuación (o ecuaciones), o ambas, para el momento flexionante $M(x)$ en cada miembro de la estructura, en términos de P (o de $\overline{M}$).
3. Derive las fuerzas axiales en los miembros, F, o los momentos flexionantes $M(x)$, o ambos, obtenidos en el paso 2 con respecto a la variable P (o $\overline{M}$) para calcular $\partial F/\partial P$ o $\partial M/\partial P$, o ambas (o bien $\partial F/\partial \overline{M}$ o $\partial M/\partial \overline{M}$, o ambas).
4. Sustituya el valor numérico de P (o de $\overline{M}$) en las expresiones de F o de $M(x)$, o de ambos, y de sus derivadas parciales. Si P (o $\overline{M}$) representa una carga ficticia (o par ficticio), su valor numérico es cero.
5. Aplique la expresión apropiada del segundo teorema de Castigliano (ecuaciones (7.59) a (7.65)) para determinar la deflexión o rotación deseada de la estructura. Una respuesta positiva para la deflexión (o rotación) deseada indica que esa deflexión (o rotación) ocurre en la misma dirección que P (o $\overline{M}$) y viceversa.

EJEMPLO 7.10

Determine la deflexión en el punto C de la viga mostrada en la figura 7.18(a), por el segundo teorema de Castigliano.

SOLUCIÓN Esta viga se analizó con anterioridad por los métodos del momento-área, de la viga conjugada y del trabajo virtual, en los ejemplos 6.5, 6.10 y 7.7, respectivamente.

La carga externa de 12 k ya está actuando en el punto C, en donde se va a determinar la deflexión, de modo que esta carga se designa como la variable P, como se muestra en la figura 7.18(b). Enseguida, se calculan las reacciones de la viga en términos de P. Éstas también se muestran en la figura 7.18(b). Dado que la carga es discontinua en el punto B, la viga se divide en dos segmentos, AB y BC. En la figura 7.18(b), se muestran las coordenadas x usadas para la determinación de las ecuaciones del momento flexionante en los dos segmentos de la viga.

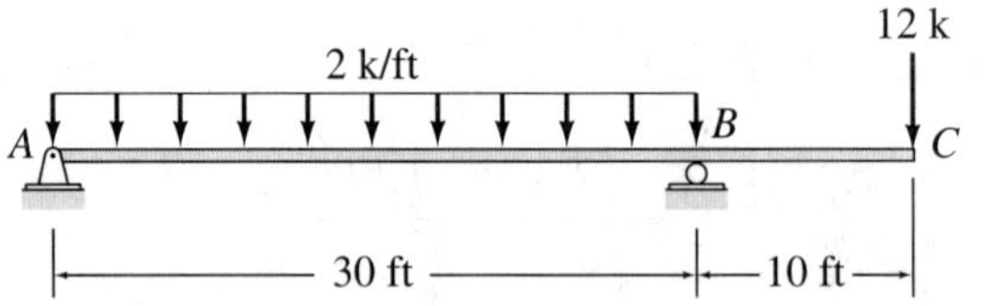

EI = constante
E = 29 000 ksi
I = 2000 in^4

(a)

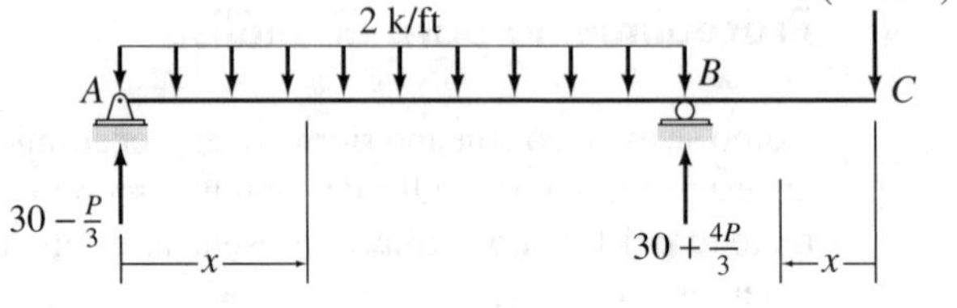

(b)

Fig. 7.18

Tabla 7.9

	Coordenada x			
Segmento	**Origen**	**Límites (ft)**	M **(k-ft)**	$\dfrac{\partial M}{\partial P}$ **(k-ft/k)**
AB	A	0-30	$\left(30-\dfrac{P}{3}\right)x-x^2$	$-\dfrac{x}{3}$
CB	C	0-10	$-Px$	$-x$

En la tabla 7.9, se hacen constar las ecuaciones para M (en términos de P) obtenidas para los dos segmentos, junto con las derivadas parciales de M con respecto a P.

Ahora se puede determinar la deflexión en C al sustituir $P = 12$ k en las ecuaciones para M y $\partial M/\partial P$ y por la aplicación de la expresión del segundo teorema de Castigliano, como se da por la ecuación (7.60):

$$\Delta_C = \int_0^L \left(\frac{\partial M}{\partial P}\right)\left(\frac{M}{EI}\right)dx$$

$$\Delta_C = \frac{1}{EI}\left[\int_0^{30}\left(-\frac{x}{3}\right)\left(30x-\frac{12x}{3}-x^2\right)dx + \int_0^{10}(-x)(-12x)dx\right]$$

$$= \frac{1}{EI}\left[\int_0^{30}\left(-\frac{x}{3}\right)(26x-x^2)dx + \int_0^{10}(-x)(-12x)dx\right]$$

$$= -\frac{6500\text{ k-ft}^3}{EI} = -\frac{6500(12)^3}{(29000)(2000)} = -0.194 \text{ in}$$

La respuesta negativa para Δ_C indica que el punto C se desvía hacia arriba, en la dirección opuesta a la de P.

$\Delta_C = 0.194$ in ↑ **Resp.**

▲▲▲

EJEMPLO 7.11

Determine la rotación en el nodo C del armazón mostrado en la figura 7.19(b), por el segundo teorema de Castigliano.

SOLUCIÓN Este armazón se analizó con anterioridad por el método del trabajo virtual, en el ejemplo 7.8.

Ningún par externo está actuando en el nodo C, en donde se desea la rotación, de modo que se aplica un par ficticio $\overline{M}$ (= 0) en C, como se muestra en la figura 7.19(b). Las coordenadas x usadas para la determinación de las ecuaciones de los momentos flexionantes para los tres segmentos del armazón también se muestran en la figura 7.19(b), y las ecuaciones para M en términos de $\overline{M}$ y $\partial M/\partial \overline{M}$, obtenidas para los tres segmentos, se hacen constar en la tabla 7.10. Ahora se puede determinar la rotación en el nodo C del armazón al hacer $\overline{M} = 0$ en las ecuaciones para M y $\partial M/\partial \overline{M}$, y por la aplicación de la expresión del segundo teorema de Castigliano, según se expresa por la ecuación (7.65):

$$\theta_C = \sum \int \left(\frac{\partial M}{\partial \overline{M}}\right)\frac{M}{EI}dx$$

$$= \int_0^{30}\left(\frac{x}{30}\right)\left(38.5x-1.5\frac{x^2}{2}\right)dx$$

$$= -\frac{6487.5\text{ k-ft}^2}{EI} = -\frac{6487.5(12)^2}{(29000)(2500)} = 0.0129 \text{ rad}$$

$\theta_C = 0.0129$ rad **Resp.**

▲▲▲

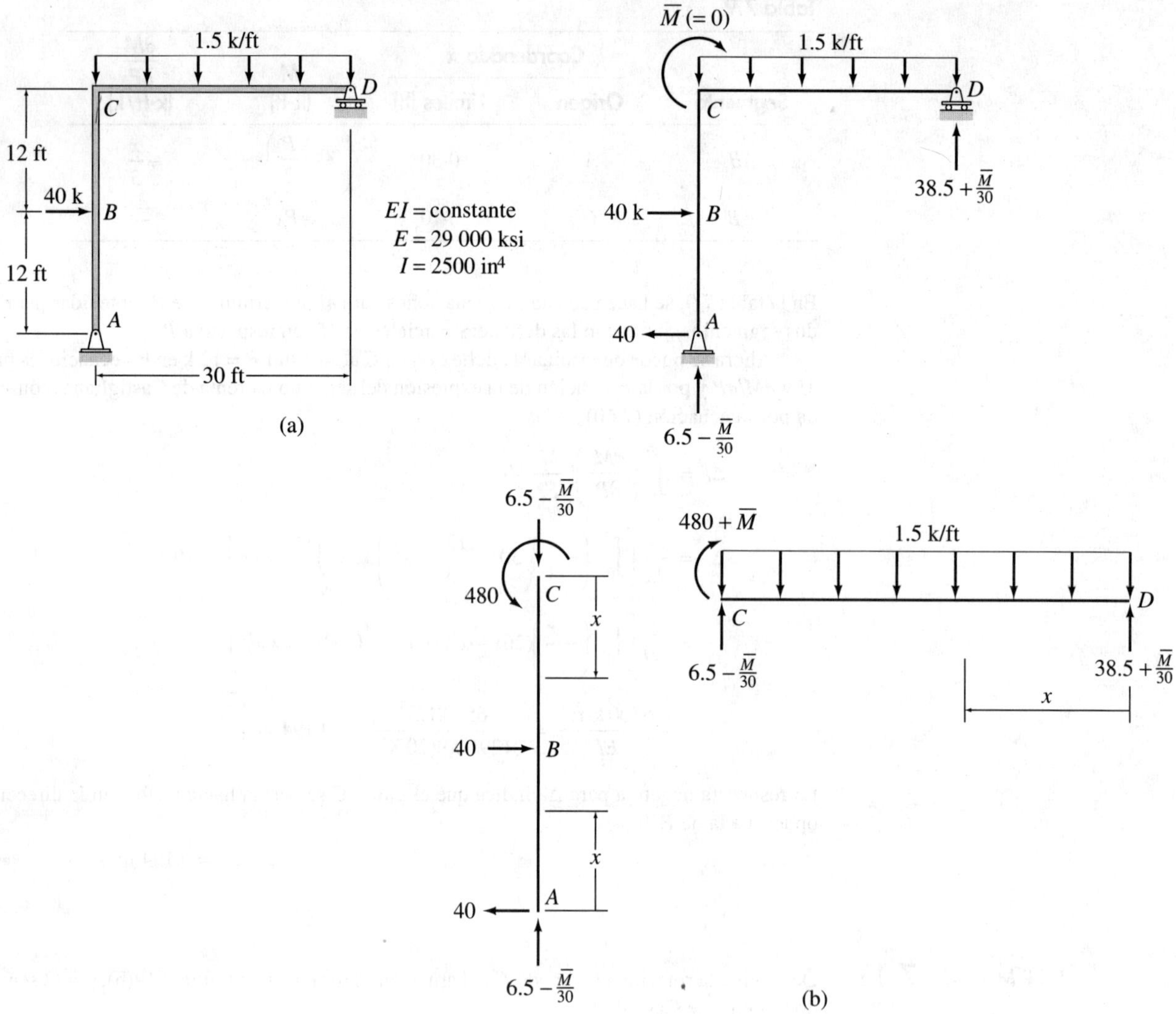

Fig. 7.19

Tabla 7.10

	Coordenada x			
Segmento	**Origen**	**Límites (ft)**	M **(k-ft)**	$\frac{\partial M}{\partial \bar{M}}$ **(k-ft/k-ft)**
AB	A	0-12	$40x$	0
CD	C	0-12	480	0
DC	D	0-30	$\left(38.5+\frac{\bar{M}}{30}\right)x-1.5\frac{x^2}{2}$	$\frac{x}{30}$

EJEMPLO 7.12

Use el segundo teorema de Castigliano para determinar las componentes horizontal y vertical de la deflexión en el nodo B de la armadura mostrada en la figura 7.20(a).

SOLUCIÓN Esta armadura se analizó con anterioridad por el método del trabajo virtual, en el ejemplo 7.2.

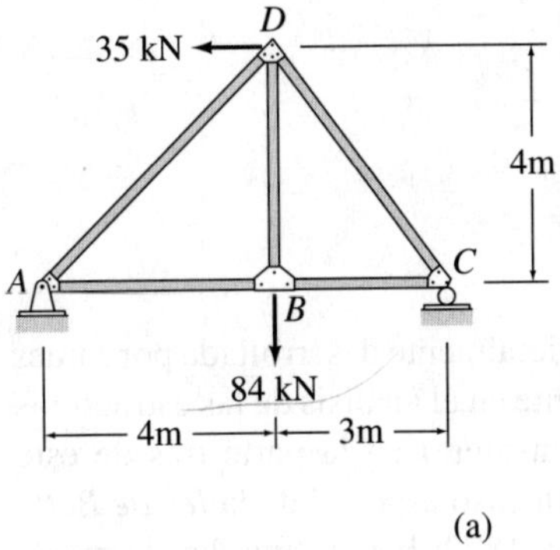

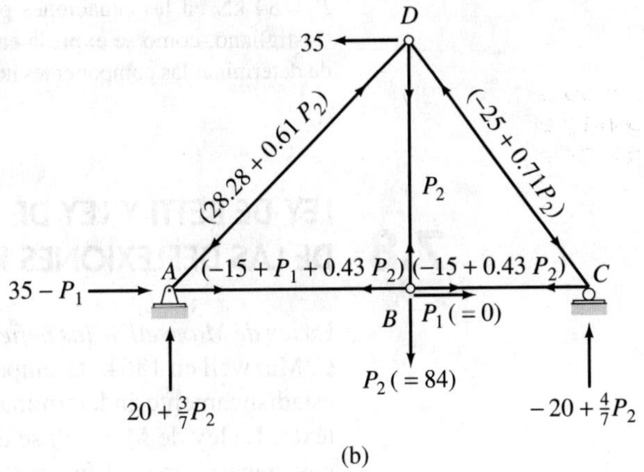

Fig. 7.20

Tabla 7.11

Miembro	L (m)	F (kN)	$\frac{\partial F}{\partial P_1}$ (kN/kN)	$\frac{\partial F}{\partial P_2}$ (kN/kN)	Para $P_1 = 0$ y $P_2 = 84$ kN: $(\partial F/\partial P_1)FL$ (kN · m)	$(\partial F/\partial P_2)FL$ (kN · m)
AB	4	$-15 + P_1 + 0.43P_2$	1	0.43	84.48	36.32
BC	3	$-15 + 0.43P_2$	0	0.43	0	27.24
AD	5.66	$-28.28 - 0.61P_2$	0	−0.61	0	274.55
BD	4	P_2	0	1	0	336.00
CD	5	$25 - 0.71P_2$	0	−0.71	0	122.97
			$\sum\left(\frac{\partial F}{\partial P}\right)FL$		84.48	797.08

$$\Delta_{BH} = \frac{1}{EA}\sum\left(\frac{\partial F}{\partial P_1}\right)FL \qquad \Delta_{BV} = \frac{1}{EA}\sum\left(\frac{\partial F}{\partial P_2}\right)FL$$

$$= \frac{84.48}{AE}\text{ kN}\cdot\text{m} \qquad = \frac{797.08}{AE}\text{ kN}\cdot\text{m}$$

$$= \frac{84.48}{200(10^6)(0.0012)} = 0.00035\text{ m} \qquad = \frac{797.08}{200(10^6)(0.0012)} = 0.00332\text{ m}$$

$\Delta_{BH} = 0.35$ mm → **Resp.** $\Delta_{BV} = 3.32$ mm ↓ **Resp.**

Como se muestra en la figura 7.20(b), se aplica una fuerza horizontal ficticia P_1 ($= 0$) en el nodo *B*, para determinar la componente horizontal de la deflexión, en tanto que la carga vertical de 84 kN se designa como la variable P_2 que se va a usar para calcular la componente vertical de la deflexión en ese mismo nodo *B*. Entonces se determinan las fuerzas axiales en los miembros, en términos de P_1 y P_2, por la aplicación del método de los nodos. En la tabla 7.11, se tienen estas fuerzas en los miembros, *F*, junto con sus derivadas parciales con respecto a P_1 y P_2. Note que las fuerzas axiales de tensión se consideran como positivas y las de compresión como negativas. Enseguida, se sustituyen los valores numéricos de $P_1 = 0$ y

$P_2 = 84$ kN en las ecuaciones para F y se aplica la expresión para el segundo teorema de Castigliano, como se expresa en la ecuación (7.59), como se muestra en la tabla, con el fin de determinar las componentes horizontal y vertical de la deflexión en el nodo B de la armadura.

7.8 LEY DE BETTI Y LEY DE MAXWELL DE LAS DEFLEXIONES RECÍPROCAS

La *ley de Maxwell de las deflexiones recíprocas*, inicialmente desarrollada por James C. Maxwell en 1864, desempeña un papel importante en el análisis de las estructuras estadísticamente indeterminadas que se van a considerar en la parte tres de este texto. La ley de Maxwell se deducirá aquí como un caso especial de la *ley de Betti*, más general, la cual fue presentada por E. Betti en 1872. Esta última ley se puede enunciar como sigue:

Para una estructura linealmente elástica, el trabajo virtual realizado por un sistema P de fuerzas y pares actuando a través de la deformación causada por otro sistema Q de fuerzas y pares es igual al trabajo virtual del sistema Q actuando a través de la deformación debida al sistema P.

Para demostrar la validez de esta ley, considérese la viga que se muestra en la figura 7.21. La viga está sujeta a dos sistemas diferentes de fuerzas, los sistemas P y Q, como se muestra en las figuras 7.21(a) y (b), respectivamente. Ahora, supongamos que esa viga, que tiene las fuerzas P ya actuando sobre ella (Fig. 7.21(a)), se sujeta a las deflexiones causadas por el sistema Q (Fig. 7.21(b)). El trabajo virtual externo (W_{ve}) realizado se puede escribir como

$$W_{ve} = P_1\Delta_{Q1} + P_2\Delta_{Q2} + \cdots + P_n\Delta_{Qn}$$

o bien,

$$W_{ve} = \sum_{i=1}^{n} P_i\Delta_{Qi}$$

Al aplicar el principio de las fuerzas virtuales para los cuerpos deformables, $W_{ve} = W_{vi}$, y si se aplica la expresión para el trabajo virtual interno realizado en las vigas (ecuación (7.29)), se obtiene

$$\sum_{i=1}^{n} P_i\Delta_{Qi} = \int_0^L \frac{M_P M_Q}{EI}dx \qquad \textbf{(7.66)}$$

A continuación, supóngase que la viga con las fuerzas Q actuando sobre ella (Fig. 7.21(b)) se sujeta a las deflexiones causadas por las fuerzas P (Fig. 7.218a)). Al igualar el trabajo virtual externo con el trabajo virtual interno, se obtiene

$$\sum_{j=1}^{m} Q_j\Delta_{pj} = \int_0^L \frac{M_Q M_P}{EI}dx \qquad \textbf{(7.67)}$$

Notando que los segundos miembros de las ecuaciones (7.66) y (7.67) son idénticos, se igualan los primeros miembros, para obtener

$$\sum_{i=1}^{n} P_i\Delta_{Qi} = \sum_{j=1}^{m} Q_j\Delta_{Pj} \qquad \textbf{(7.68)}$$

La ecuación (7.68) representa el enunciado matemático de la ley de Betti.

La ley de Maxwell de las deflexiones recíprocas afirma que *para una estructura linealmente elástica, la deflexión en un punto i debida a una carga unitaria aplicada en un punto j es igual a la deflexión en j debida a una carga unitaria en i.*

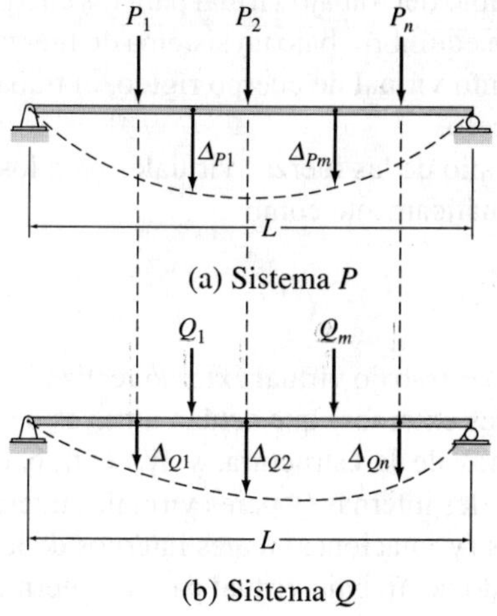

Fig. 7.21

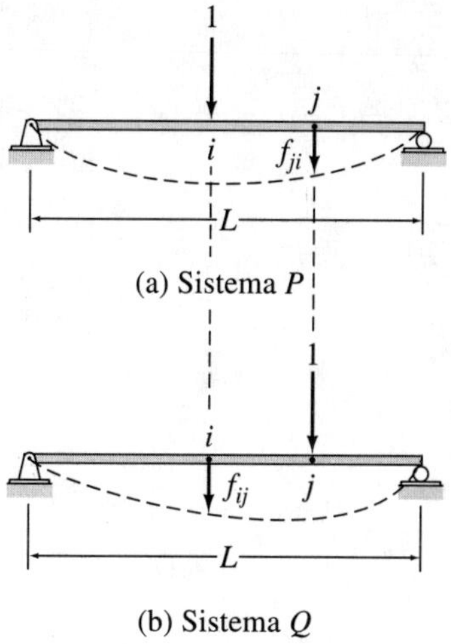

Fig. 7.22

En este enunciado, los términos *deflexión* y *carga* se usan en el sentido general para incluir la rotación y el par, respectivamente. Como se mencionó con anterioridad, la ley de Maxwell se puede considerar como un caso especial de la ley de Betti. Para probar la ley de Maxwell, considere la viga que se muestra en la figura 7.22. La viga está sujeta por separado a los sistemas P y Q, que consisten en las cargas unitarias en los puntos i y j, respectivamente, como se muestra en las figuras 7.22(a) y (b). Como se indica en la figura, f_{ij} representa la deflexión en i debida a la carga unitaria en j, en tanto que f_{ji} denota la deflexión en j debida a la carga unitaria en i. Estas deflexiones por unidad de carga se mencionan como *coeficientes de flexibilidad*. Al aplicar la ley de Betti (ecuación (7.68)), se obtiene

$$1\,(f_{ij}) = 1\,(f_{ji})$$

o bien,

$$\boxed{f_{ij} = f_{ji}} \qquad \textbf{(7.69)}$$

que es la expresión matemática de la ley de Maxwell.

La relación recíproca sigue siendo válida entre las rotaciones causadas por dos pares unitarios, así como entre la deflexión y la rotación causadas por un par unitario y una fuerza unitaria, respectivamente.

RESUMEN

En este capítulo, se ha aprendido que el trabajo realizado por una fuerza P (o un par M) durante un desplazamiento Δ (o rotación θ) de su punto de aplicación en la dirección de su línea de acción queda dado por

$$W = \int_0^{\Delta} P\,d\Delta \qquad \textbf{(7.1)}$$

o bien,

$$W = \int_0^{\theta} M\,d\theta \qquad \textbf{(7.4)}$$

El principio del trabajo virtual para los cuerpos rígidos expresa que si un cuerpo rígido está en equilibrio bajo un sistema de fuerzas y si se sujeta a cualquier pequeño desplazamiento virtual de cuerpo rígido, el trabajo virtual realizado por las fuerzas externas es cero.

El principio de las fuerzas virtuales para los cuerpos deformables se puede expresar matemáticamente como

$$W_{ve} = W_{vi} \tag{7.16}$$

en la cual W_{ve} = trabajo virtual externo realizado por las fuerzas virtuales externas (y pares virtuales externos) que actúan a través de los desplazamientos (y rotaciones) reales externos de la estructura, y W_{vi} = trabajo virtual interno realizado por las fuerzas virtuales internas (y pares virtuales internos) que actúan a través de los desplazamientos (y rotaciones) reales internos de la estructura.

El método del trabajo virtual para la determinación de las deformaciones de las estructuras se basa en el principio de las fuerzas virtuales para los cuerpos deformables. En el método se emplean dos sistemas separados: 1) un sistema real de cargas (o de otros efectos) que causan la deformación que se va a determinar y 2) un sistema virtual que consta de una carga unitaria (o un par unitario) aplicada en el punto y en la dirección de la deflexión (o rotación) deseada. Las expresiones explícitas del método del trabajo virtual que se deben usar para determinar las deflexiones de las armaduras, las vigas y los armazones son las siguientes:

Armaduras $$1(\Delta) = \sum F_v\left(\frac{FL}{AE}\right) \tag{7.23}$$

Vigas $$1\,(\Delta) = \int_0^L \frac{M_v M}{EI}\,dx \tag{7.30}$$

Armazones $$1\,(\Delta) = \sum F_v\left(\frac{FL}{AE}\right) + \sum \int \frac{M_v M}{EI}\,dx \tag{7.35}$$

El principio de la conservación de la energía afirma que el trabajo realizado por fuerzas externas estáticamente aplicadas sobre una estructura elástica en equilibrio es igual al trabajo efectuado por las fuerzas internas o a la energía de deformación almacenada en la estructura. Las expresiones para la energía de deformación de las armaduras, las vigas y los armazones son

Armaduras $$U = \sum \frac{F^2 L}{2AE} \tag{7.41}$$

Vigas $$U = \int_0^L \frac{M^2}{2EI}\,dx \tag{7.44}$$

Armazones $$U = \sum \frac{F^2 L}{2AE} + \sum \int \frac{M^2}{2EI}\,dx \tag{7.48}$$

El segundo teorema de Castigliano para las estructuras linealmente elásticas se puede expresar matemáticamente como

$$\frac{\partial U}{\partial P_i} = \Delta_i \qquad \text{o} \qquad \frac{\partial U}{\partial \overline{M}_i} = \theta_i \tag{7.50}$$

Las expresiones del segundo teorema de Castigliano, que pueden usarse para determinar las deflexiones, son las siguientes:

$$\text{Armaduras} \qquad \Delta = \sum \left(\frac{\partial F}{\partial P} \right) \frac{FL}{AE} \tag{7.59}$$

$$\text{Vigas} \qquad \Delta = \int_0^L \left(\frac{\partial M}{\partial P} \right) \frac{M}{EI} dx \tag{7.60}$$

$$\text{Armazones} \qquad \Delta = \sum \left(\frac{\partial F}{\partial P} \right) \frac{FL}{AE} + \sum \int \left(\frac{\partial M}{\partial P} \right) \frac{M}{EI} dx \tag{7.62}$$

La ley de Maxwell de las deflexiones recíprocas afirma que, para una estructura linealmente elástica, la deflexión en un punto *i* debida a una carga unitaria aplicada en un punto *j* es igual a la deflexión en *j* debida a una carga unitaria en *i*.

PROBLEMAS

Sección 7.3

7.1 a 7.4 Use el método del trabajo virtual para determinar las componentes horizontal y vertical de la deflexión en el nodo *B* de la viga mostrada en las figuras P7.1–P7.4.

7.5 Use el método del trabajo virtual para determinar la deflexión vertical en el nodo *C* de la armadura mostrada en la figura P7.5.

7.6 Use el método del trabajo virtual para determinar la deflexión horizontal en el nodo *E* de la armadura mostrada en la figura P7.6

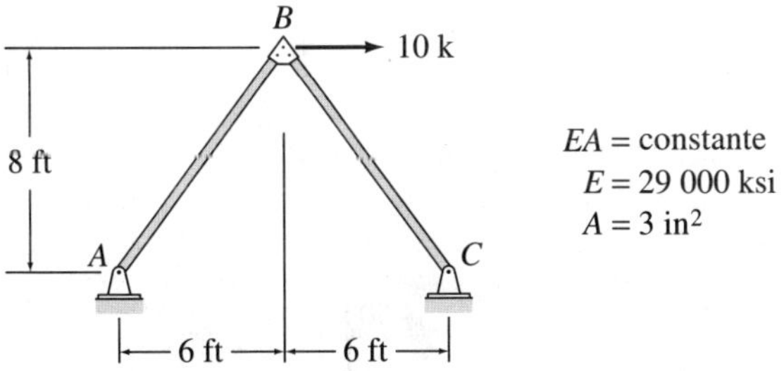

Fig. P7.1, P7.41

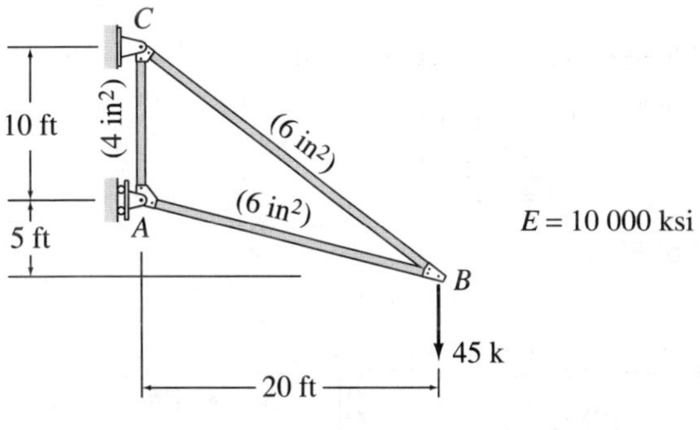

Fig. P7.3, P7.43

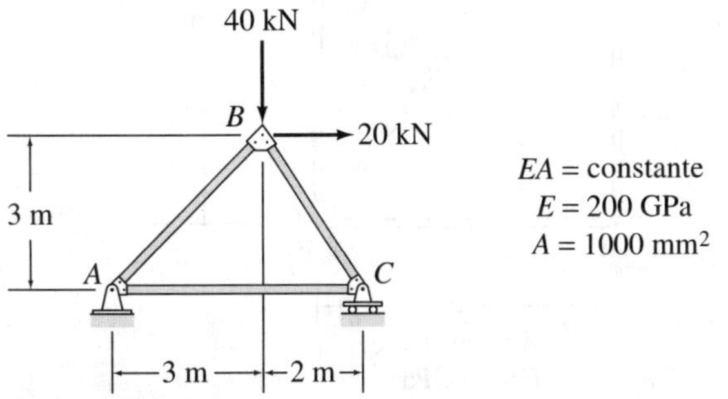

Fig. P7.2, P7.42

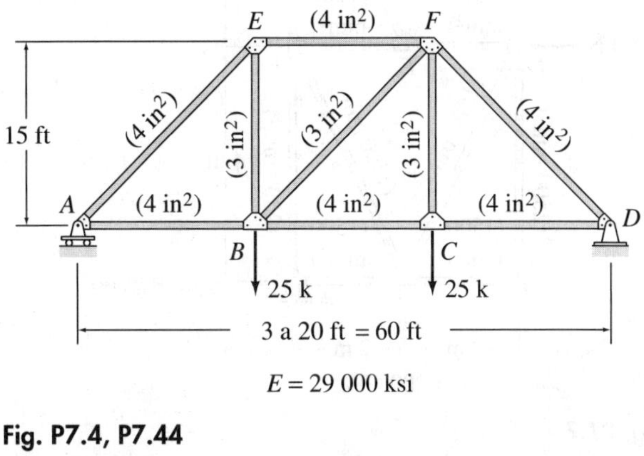

Fig. P7.4, P7.44

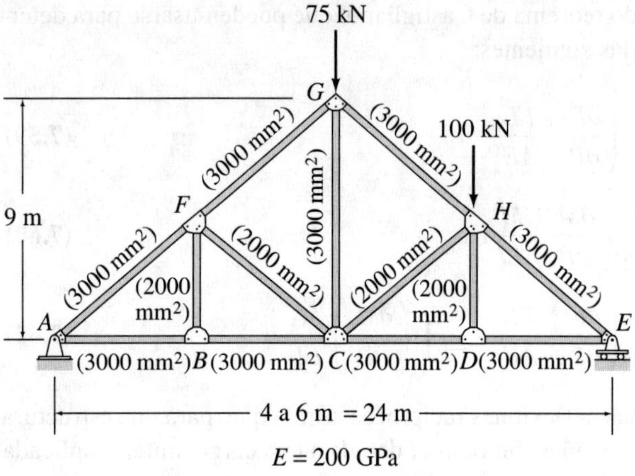

Fig. P7.5

7.7 Use el método del trabajo virtual para determinar la deflexión horizontal en el nodo H de la armadura mostrada en la figura P7.7.

7.8 a 7.10 Determine el área A de la sección transversal más pequeña requerida para los miembros de la armadura que se muestra, de modo que la deflexión horizontal en el nodo D no sea mayor que 10 mm. Aplique el método del trabajo virtual.

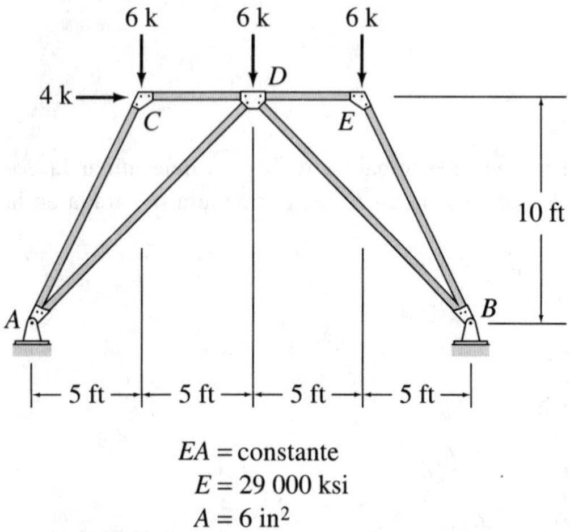

Fig. P7.6, P7.45

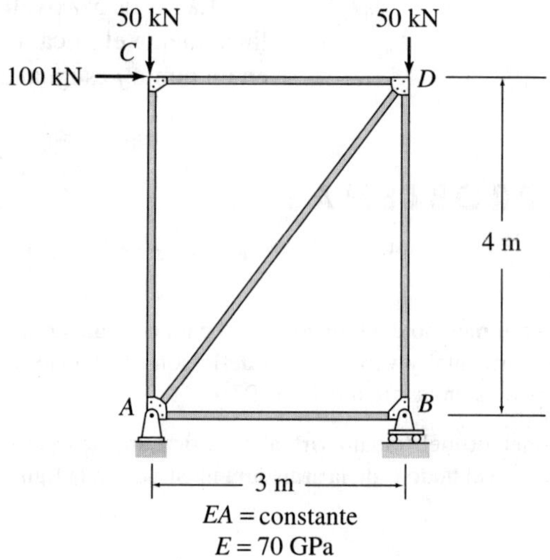

Fig. P7.8

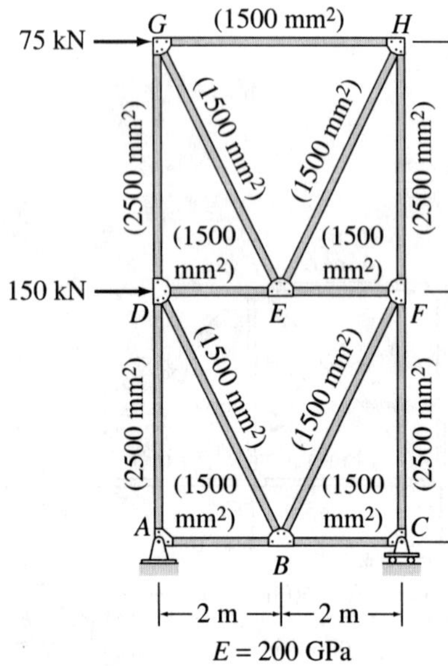

Fig. P7.7

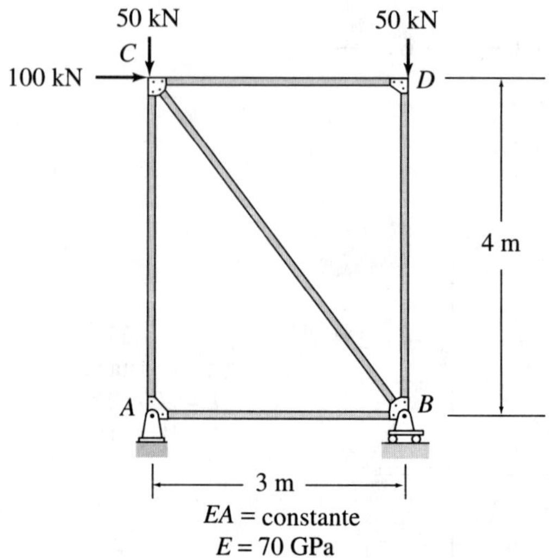

Fig. P7.9

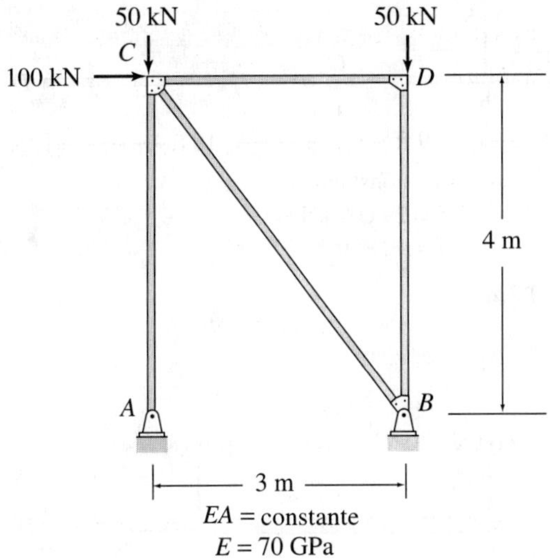

Fig. P7.10

7.11 a 7.13 Determine el área A de la sección transversal más pequeña para los miembros de la armadura que se muestra, de modo que la deflexión vertical en el nodo B no sobrepase 0.4 pulgadas. Aplique el método del trabajo virtual.

7.14 Determine la deflexión vertical en el nodo G de la armadura mostrada en la figura 7.14 debida a un aumento en la temperatura de 65°F, en los miembros AB, BC, CD y DE y a una caída de temperatura de 20°F, en los miembros FG y GH. Aplique el método del trabajo virtual.

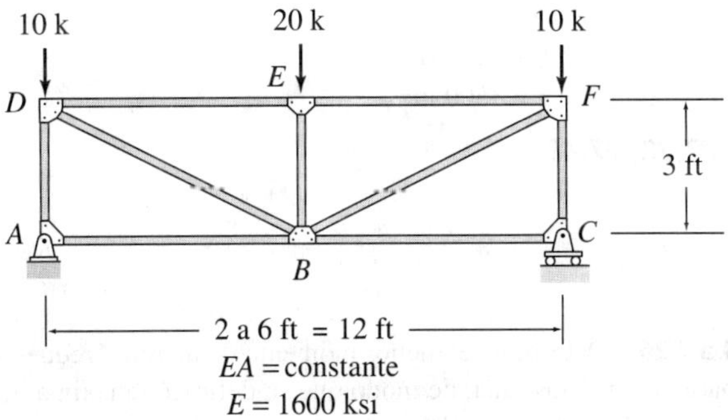

Fig. P7.11

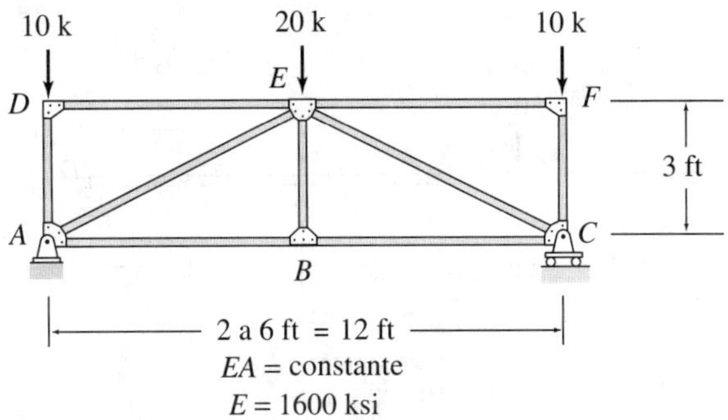

Fig. P7.12

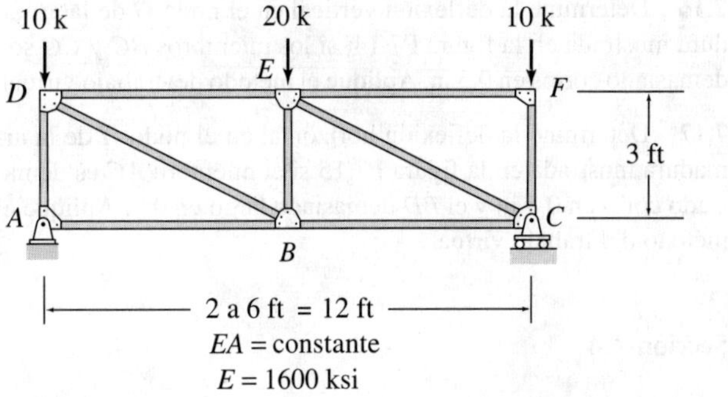

Fig. P7.13

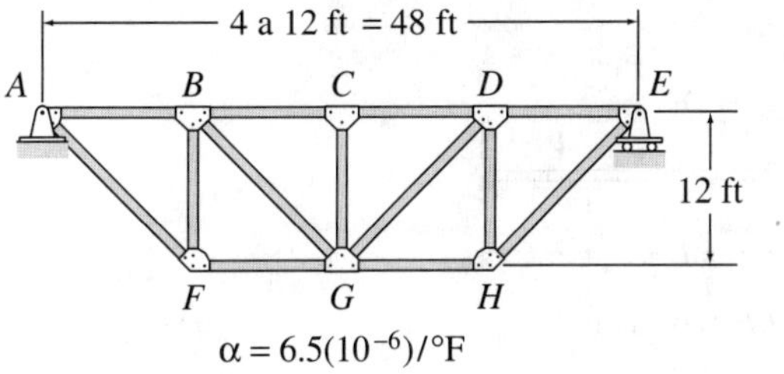

Fig. P7.14, P7.16

7.15 Determine la deflexión horizontal en el nodo H de la armadura mostrada en la figura P7.15 debida a un aumento en la temperatura de 70°F en los miembros BD, DF y FH. Utilice el método del trabajo virtual.

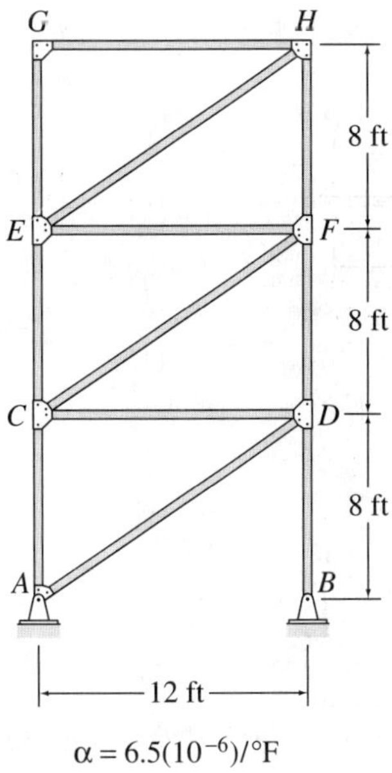

Fig. P7.15, P7.17

7.16 Determine la deflexión vertical en el nodo G de la armadura mostrada en la figura P7.14, si los miembros BC y CG son demasiado cortos en 0.5 in. Aplique el método del trabajo virtual.

7.17 Determine la deflexión horizontal en el nodo H de la armadura mostrada en la figura P7.15 si el miembro AC es demasiado corto en 0.5 in y el BD demasiado largo en 0.7. Aplique el método del trabajo virtual.

Sección 7.4

7.18 Utilice el método del trabajo virtual para determinar la pendiente y la deflexión en el punto A de la viga que se muestra.

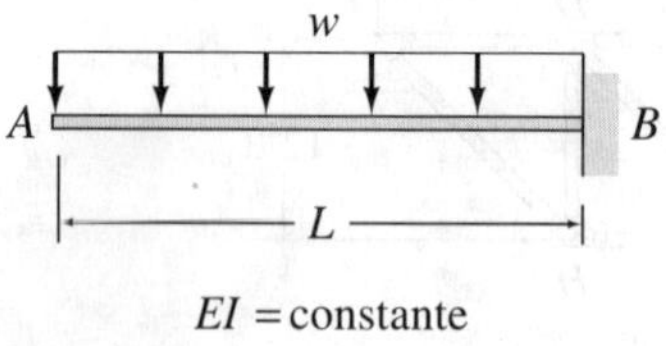

Fig. P7.18

7.19 Use el método del trabajo virtual para determinar la pendiente y la deflexión en el punto B de la viga que se muestra.

7.20 a 7.23 Utilice el método del trabajo virtual para determinar la deflexión en el punto C de la viga mostrada.

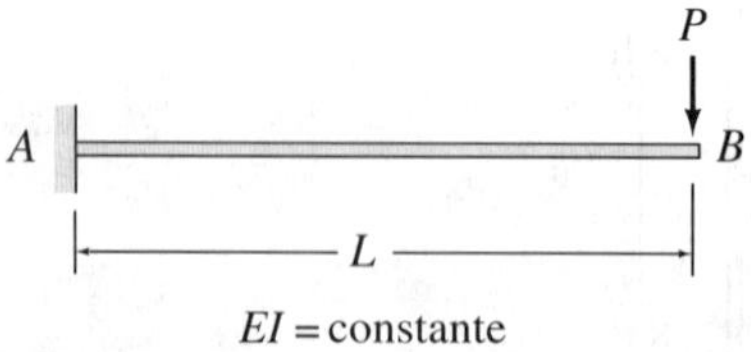

Fig. P7.19

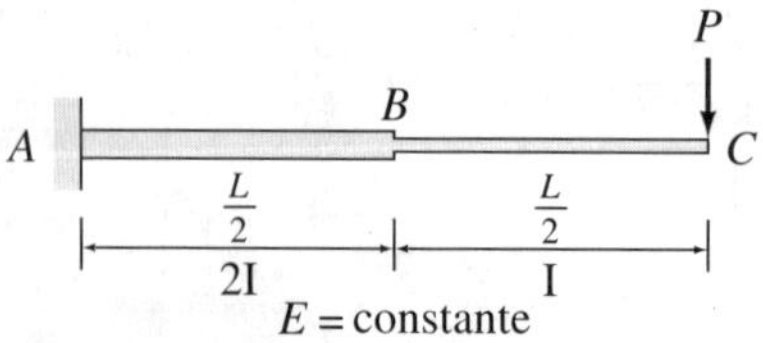

Fig. P7.20, P7.46

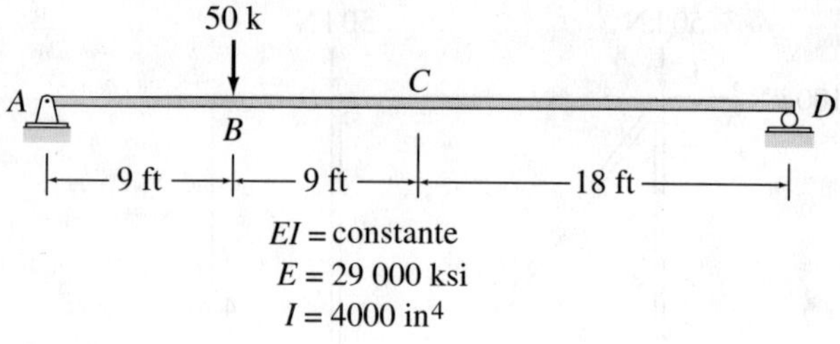

Fig. P7.21, P7.47

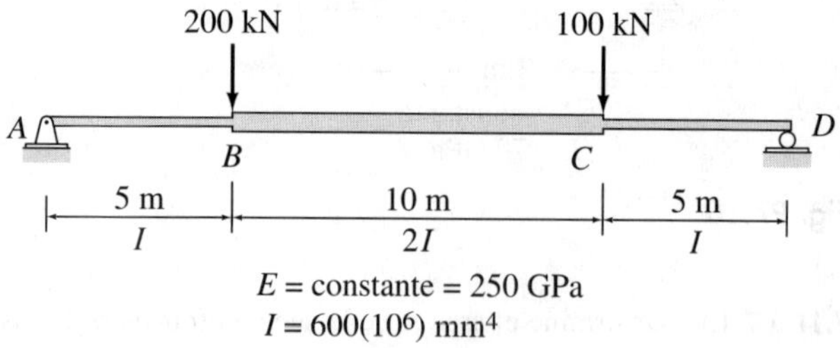

Fig. P7.22, P7.48

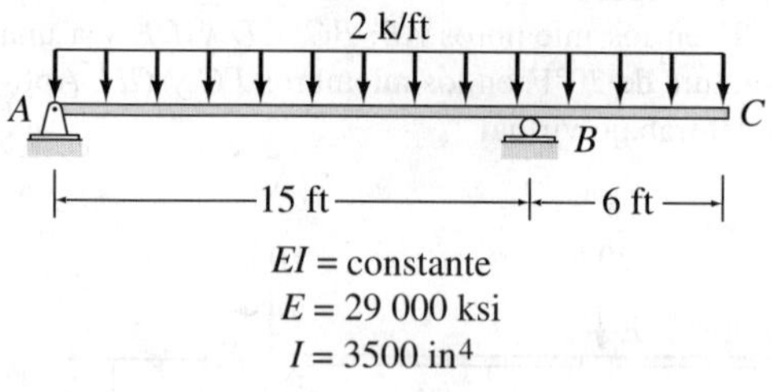

Fig. P7.23, P7.49

7.24 a 7.26 Determine el menor momento de inercia I requerido para la viga mostrada, de modo que su deflexión máxima no sobrepase el límite de 1/360 de la longitud del claro (es decir, $\Delta_{máx} \leq L/360$). Aplique el método del trabajo virtual.

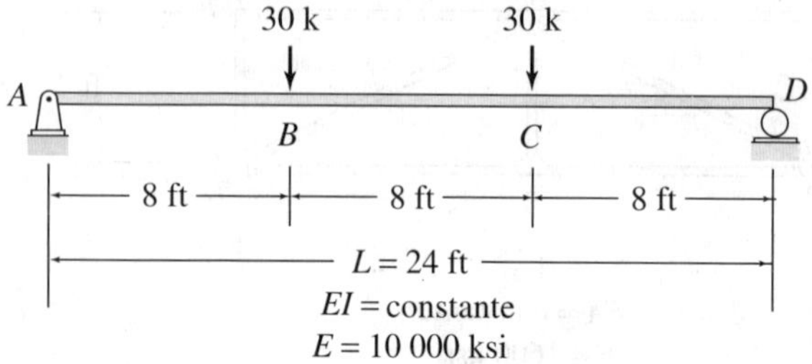

Fig. P7.24

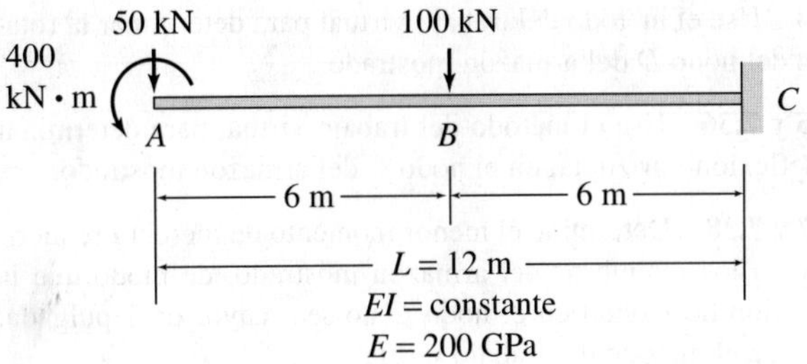

Fig. P7.25

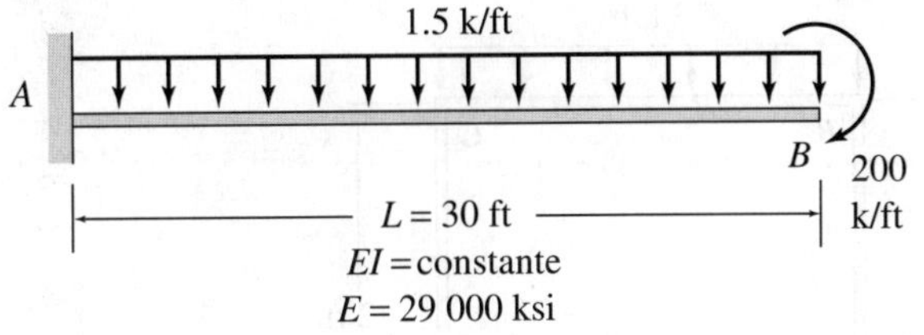

Fig. P7.26

7.27 Aplique el método del trabajo virtual para determinar la pendiente y la deflexión en el punto D de la viga mostrada.

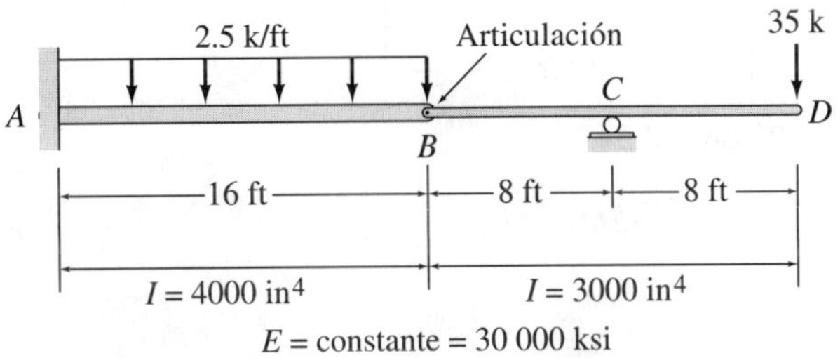

Fig. P7.27, P7.50

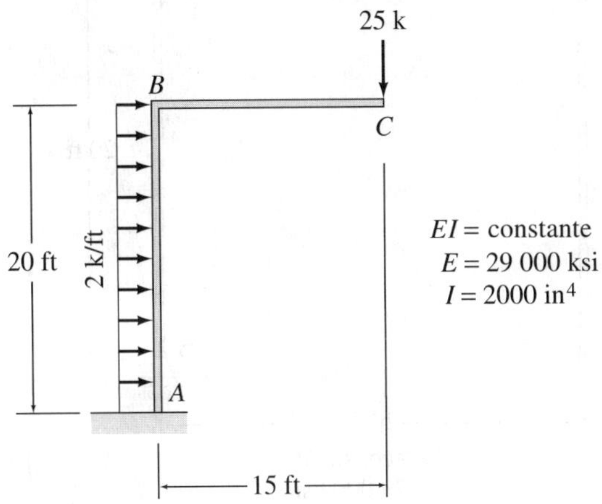

Fig. P7.28, P7.51

Sección 7.5

7.28 y 7.29 Use el método del trabajo virtual para determinar la deflexión vertical en el nodo C del armazón mostrado.

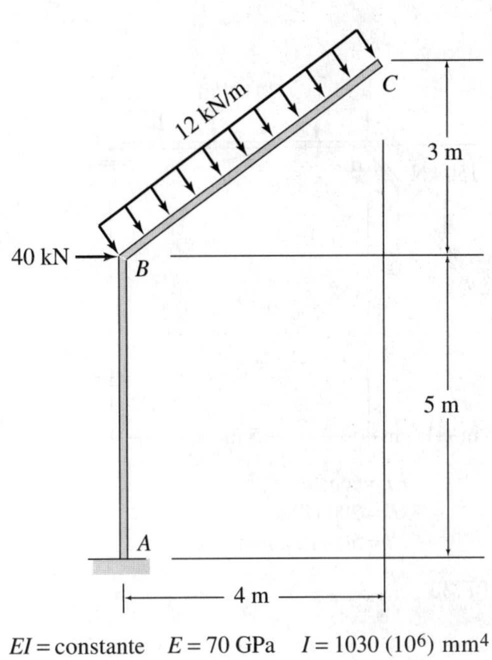

Fig. P7.29

7.30 Use el método del trabajo virtual para determinar la rotación del nodo D del armazón mostrado.

7.31 Utilice el método del trabajo virtual para determinar la deflexión horizontal en el nodo E del armazón mostrado en la figura P7.30.

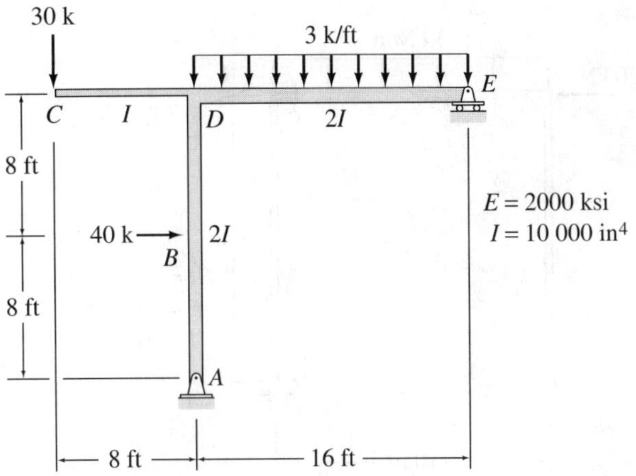

Fig. P7.30, P7.31

7.32 Use el método del trabajo virtual para determinar la rotación del nodo B del armazón mostrado.

7.33 Use el método del trabajo virtual para determinar la deflexión vertical en el nodo B del armazón mostrado en la figura P7.32.

7.34 Use el método del trabajo virtual para determinar la rotación del nodo D del armazón mostrado.

7.35 y 7.36 Use el método del trabajo virtual para determinar la deflexión horizontal en el nodo C del armazón mostrado.

7.37 y 7.38 Determine el menor momento de inercia I requerido para los miembros del armazón mostrado, de modo que la deflexión horizontal en el nodo C no sea mayor de 1 pulgada. Aplique el método del trabajo virtual.

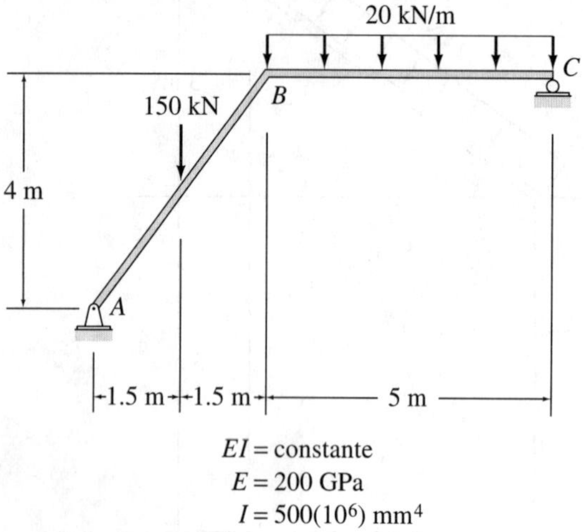

Fig. P7.32, P7.33

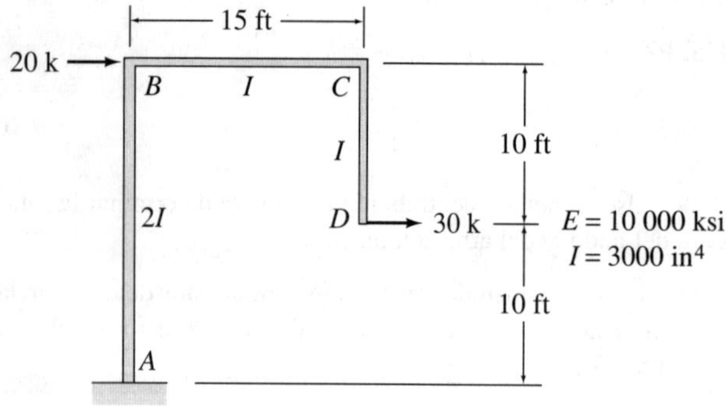

Fig. P7.34, P7.52

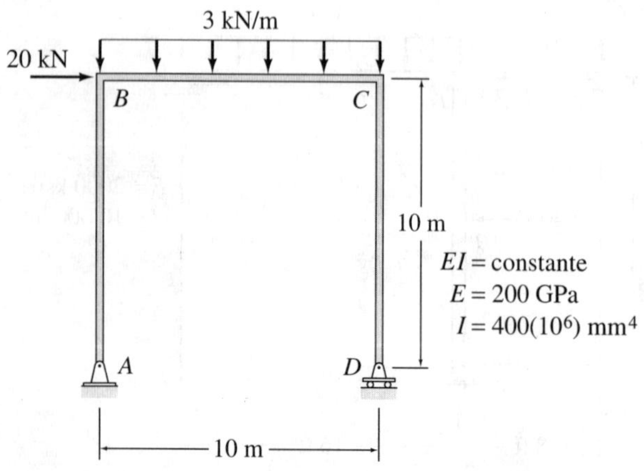

Fig. P7.35, P7.53

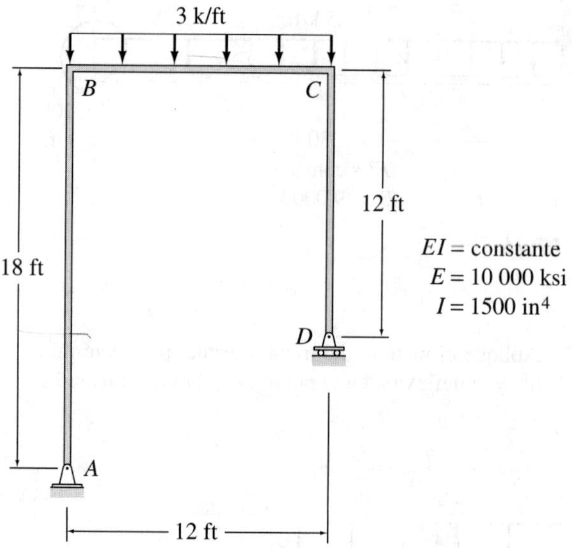

Fig. P7.36, P7.54

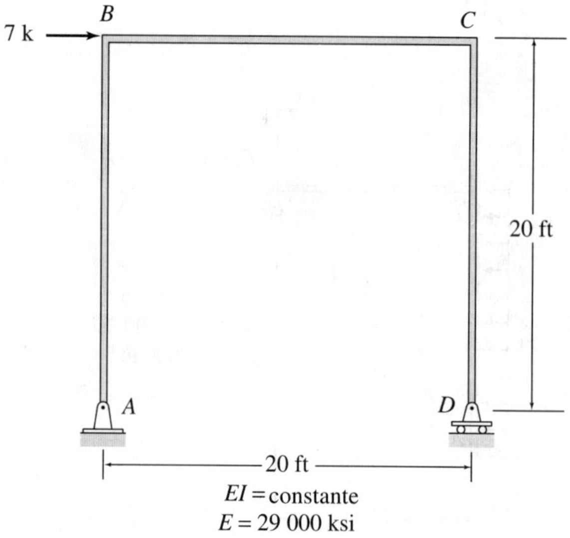

Fig. P7.37

7.39 Use el método del trabajo virtual para determinar la rotación del nodo D del armazón mostrado.

7.40 Con aplicación del método del trabajo virtual, determine la deflexión vertical en el nodo E del armazón mostrado en la figura P7.39.

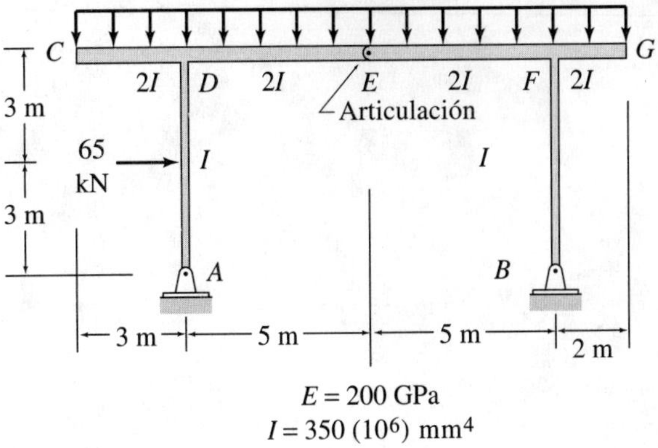

Fig. P7.39, P7.40

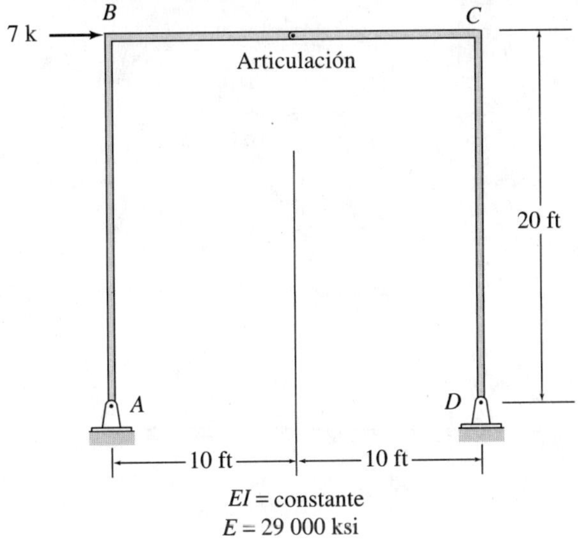

Fig. P7.38

Sección 7.7

7.41 a 7.44 Aplique el segundo teorema de Castigliano para determinar las componentes horizontal y vertical de la deflexión en el nodo B de las armaduras mostradas en las figuras P7.1–P7.4.

7.45 Utilice el segundo teorema de Castigliano para determinar la deflexión horizontal en el nodo E de la armadura mostrada en la figura P7.6.

7.46 a 7.49 Utilice el segundo teorema de Castigliano para determinar la deflexión en el punto C de las vigas mostradas en las figuras P7.20–P7.23.

7.50 Use el segundo teorema de Castigliano para determinar la pendiente y la deflexión en el punto D de la viga mostrada en la figura P7.27.

7.51 Use el segundo teorema de Castigliano para determinar la deflexión vertical en el nodo C del armazón mostrado en la figura P7.28.

7.52 Use el segundo teorema de Castigliano para determinar la rotación en el nodo D del armazón mostrado en la figura P7.34.

7.53 y 7.54 Use el segundo teorema de Castigliano para determinar la deflexión horizontal en el nodo C de los armazones mostrados en las figuras P7.35 y P7.36.

8 LÍNEAS DE INFLUENCIA

Puente sujeto a cargas variables debidas al tránsito
Fotografía cortesía del Illinois Department of Transportation

En los capítulos anteriores, se consideró el análisis de estructuras sujetas a cargas cuyas posiciones estaban fijas sobre las propias estructuras. Un ejemplo de una carga estacionaria de ese tipo es la carga muerta debida al peso de la propia estructura y del otro material y equipo fijos de manera permanente a ésta. Sin embargo, en general las estructuras también se sujetan a cargas (como las vivas y las ambientales) cuyas posiciones pueden variar sobre las mismas. En este capítulo, se estudia el análisis de estructuras estáticamente determinadas sujetas a cargas variables.

Como un ejemplo, considere la armadura de puente mostrada en la figura 8.1. A medida que un automóvil se mueve de un lado a otro del puente, las fuerzas en los miembros de la armadura variarán con la posición x de aquél. Se debe comprender que las fuerzas en los diferentes miembros de la armadura se volverán máximas en diferentes posiciones del automóvil. Por ejemplo, si la fuerza en el miembro AB se hace máxima cuando el automóvil se encuentra en cierta posición $x = x_1$, entonces la fuerza en otro miembro —por ejemplo el CH— se puede hacer máxima cuando ese automóvil esté en una posición diferente $x = x_2$. El diseño de cada miembro de la armadura se debe basar en la fuerza máxima que se desarrolla en ese miembro a medida que el automóvil se mueve de uno a otro lado del puente. Por lo tanto, el análisis de la armadura comprendería, para cada miembro, la determinación de la posición del automóvil en la cual la fuerza en el mismo se hace máxima y, a continuación, el cálculo del valor de la fuerza máxima en el miembro.

A partir de la discusión precedente, se puede ver que el análisis de las estructuras para cargas variables consta de dos pasos: 1) determinación de la posición (o posiciones) de la(s) carga(s) en las que la función de respuesta que interesa (por ejemplo, una reacción, una cortante o un momento flexionante en una sección de una viga, o una fuerza en un miembro de una armadura) se hace máxima y 2) cálculo del valor máximo de la función de respuesta.

Un concepto importante que se usa en el análisis de las estructuras sujetas a cargas variables es el de las *líneas de influencia*, introducido inicialmente por E. Winkler, en 1867. *Una línea de influencia es una gráfica de una función de respuesta de una estructura como función de la posición de una carga unitaria hacia abajo que se mueve de un lado a otro de esa estructura.*

Este capítulo se inicia con la descripción del procedimiento para la construcción de las líneas de influencia para las reacciones, las fuerzas cortantes y los momentos flexionantes de las vigas y armazones mediante el uso de las ecuaciones de equilibrio. Enseguida, se discute el *principio de Müller-Breslau* y su aplicación para la determinación de las líneas de influencia. También se consideran las líneas de influencia para las funciones de respuesta de las fuerzas de vigas maestras con sistemas de pisos y de armaduras y, por último, las líneas de influencia para las deflexiones. La aplicación de las líneas de influencia en la determinación de los valores máximos de las funciones de respuesta de las estructuras se considera en el capítulo siguiente.

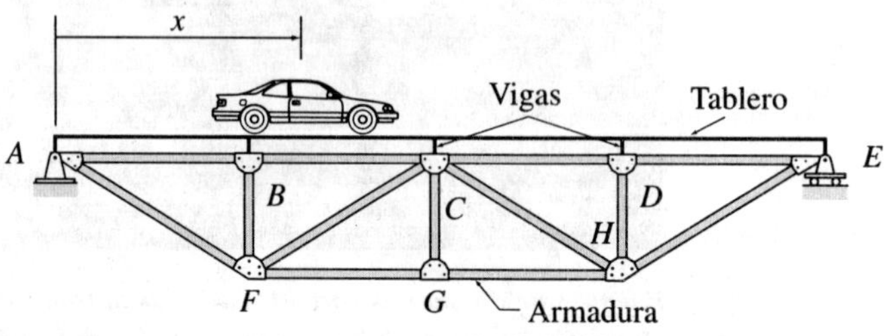

Fig. 8.1

8.1 LÍNEAS DE INFLUENCIA PARA LAS VIGAS Y LOS ARMAZONES POR EL MÉTODO DEL EQUILIBRIO

Considérese la viga simplemente apoyada que se muestra en la figura 8.2(a). La carga está sujeta a una carga concentrada hacia abajo de magnitud unitaria, la cual se mueve desde el extremo izquierdo *A* de la viga hasta el derecho *C*. La posición de la carga unitaria se define por la coordenada *x* medida desde el extremo izquierdo *A* de la viga, como se muestra en la figura. Suponga que se desea trazar las líneas de influencia para las reacciones verticales en los apoyos *A* y *C*, así como para la cortante y el momento flexionante en el punto *B*, ubicado a una distancia *a* del extremo izquierdo de la viga, como se muestra en la figura.

Líneas de influencia para las reacciones

Para desarrollar la línea de influencia para la reacción vertical A_y de la viga, se determina la expresión para A_y en términos de la posición variable de la carga unitaria, *x*, aplicando la ecuación de equilibrio

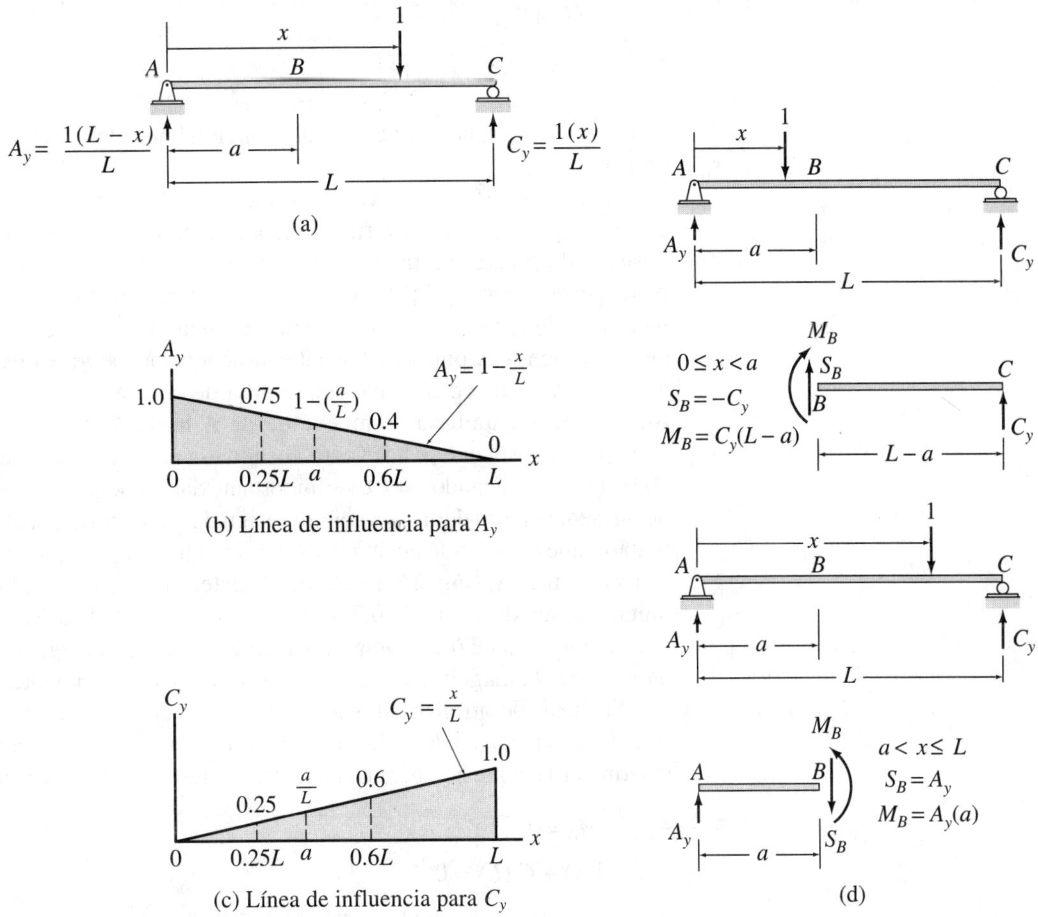

Fig. 8.2

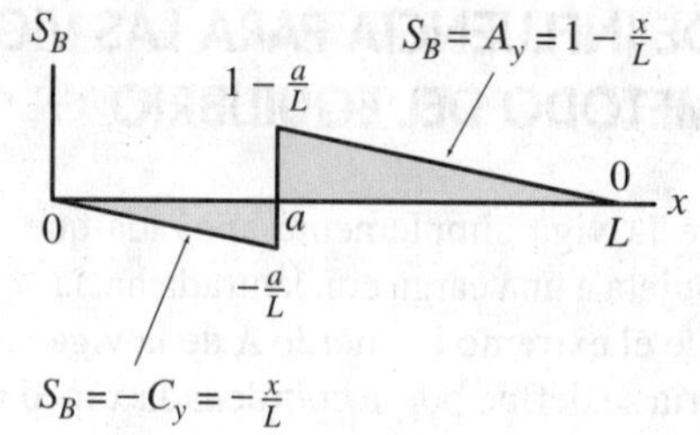

(e) Líneas de influencia para S_B

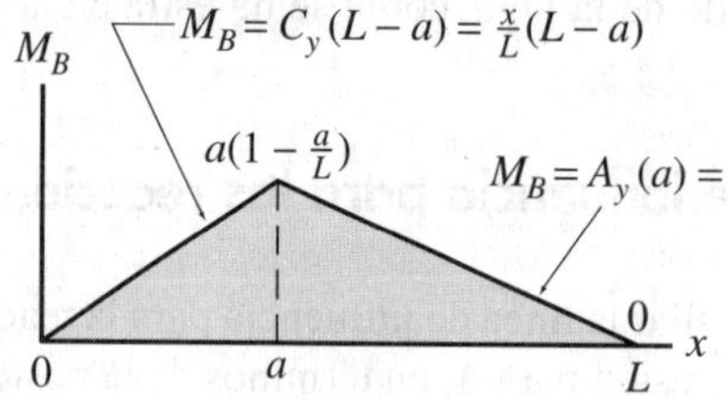

(f) Línea de influencia para M_B

Fig. 8.2 (*Continuación*)

$$+\circlearrowleft \sum M_C = 0$$

$$-A_y(L) + 1(L-x) = 0$$

$$A_y = \frac{1(L-x)}{L} = 1 - \frac{x}{L} \qquad \textbf{(8.1)}$$

La ecuación (8.1) indica que A_y es una función lineal de x, con $A_y = 1$ en $x = 0$ y $A_y = 0$ en $x = L$.

La ecuación (8.1) representa la ecuación de la línea de influencia para A_y, la cual se construye al trazar la gráfica de esta ecuación con A_y como ordenada, contra la posición de la carga unitaria, x, como abscisa, según se muestra en la figura 8.2(b). Note que esta línea de influencia (Fig. 8.2(b)) muestra en forma gráfica de qué manera el movimiento de una carga unitaria a lo largo de la viga influye en la magnitud de la reacción A_y. Como esta línea de influencia indica, $A_y = 1$ cuando la carga unitaria está localizada en el apoyo izquierdo A de la viga (es decir, cuando $x = 0$). Conforme la carga unitaria se mueve desde A hasta C, la magnitud de A_y decrece linealmente hasta que se hace cero cuando esa carga unitaria alcanza el apoyo derecho C (es decir, cuando $x = L$). Es importante darse cuenta que la ordenada de la línea de influencia en cualquier posición x es igual a la magnitud de A_y debida a una carga unitaria que actúa en la posición x sobre la viga. Por ejemplo, a partir de la línea de influencia para A_y (Fig. 2.8(b)), se puede determinar que, cuando se aplica una carga unitaria a una distancia de $0.25L$ desde el extremo A de la viga, la magnitud de la reacción A_y será de 0.75. De modo análogo, cuando la carga unitaria está actuando en $x = 0.6L$, la magnitud de A_y será de 0.4, y así sucesivamente.

Se puede desarrollar la línea de influencia para la reacción vertical C_y en la viga (Fig. 8.2(a)) mediante la aplicación del procedimiento que se acaba de describir. Para determinar la expresión para C_y en términos de x, se aplica la ecuación de equilibrio:

$$+\circlearrowleft \sum M_A = 0$$

$$-1(x) + C_y(L) = 0$$

$$C_y = \frac{1(x)}{L} = \frac{x}{L} \qquad \textbf{(8.2)}$$

La ecuación (8.2) representa la línea de influencia para C_y, la cual se construye al trazar la gráfica de esta ecuación, como se muestra en la figura 8.2(c). A partir de las figuras 8.2(b) y (c), se puede ver que la suma de las ordenadas de las líneas de influencia para las reacciones A_y y C_y en cualquier posición de la carga unitaria, x, es igual a 1, lo cual indica que se satisface la ecuación de equilibrio $\sum F_y = 0$.

Línea de influencia para la cortante en *B*

Las líneas de influencia para las cortantes y los momentos flexionantes se pueden desarrollar mediante el empleo de un procedimiento semejante al que se usó para la construcción de las líneas de influencia de las reacciones. Con él debe desarrollar la línea de influencia para la fuerza cortante en el punto B de la viga (Fig. 8.2(d)), por lo que se determinan las expresiones para S_B. En la figura 8.2(d), se puede ver que cuando la carga unitaria se localiza a la izquierda del punto B —es decir, sobre el segmento AB de la viga ($0 \leq x < a$)— la cortante en ese punto se puede obtener de modo conveniente por el uso del cuerpo libre de la parte BC de la viga que está a la derecha del propio B. Considerando como positivas las fuerzas externas hacia abajo y las reacciones que actúan sobre la parte BC, de acuerdo con la *convención de los signos de la viga* (sección 5.1), se determina la cortante en B como

$$S_B = -C_y \qquad 0 \leq x < a$$

Cuando la carga unitaria está localizada a la derecha del punto B —es decir, sobre el segmento BC de la viga ($a < x \leq L$)— es más sencillo determinar S_B por el uso del cuerpo libre de la parte AB, la cual está a la izquierda de ese punto considerado. Si se consideran como positivas las fuerzas externas hacia arriba y las reacciones que actúan sobre la parte AB, se determina la cortante en B como

$$S_B = A_y \qquad a < x \leq L$$

Por tanto, las ecuaciones de la línea de influencia para S_B se pueden escribir como

$$S_B = \begin{cases} -C_y & 0 \leq x < a \\ A_y & a < x \leq L \end{cases} \tag{8.3}$$

Note que la ecuación (8.3) expresa la línea de influencia para S_B en términos de las líneas de influencia para las reacciones A_y y C_y. Esta ecuación indica que se puede obtener el segmento de la línea de influencia para S_B, entre los puntos A y B ($0 \leq x < a$), al multiplicar por –1 las ordenadas del segmento de la línea de influencia para C_y entre esos mismos puntos. Asimismo, de acuerdo con esta ecuación, el segmento de la línea de influencia para S_B, entre los puntos B y C ($a < x \leq L$), es el mismo que el segmento de la línea de influencia para A_y entre los mismos dos puntos. En la figura 8.2(e), se muestra la línea de influencia para S_B construida de este modo, a partir de las líneas de influencia de A_y y C_y. Suele ser más conveniente construir las líneas de influencia para las cortantes y los momentos flexionantes (que se van a discutir un poco más adelante) a partir de las líneas de influencia para las reacciones, en lugar de a partir de las ecuaciones que expresen esas fuerzas y esos momentos en términos de la posición de la carga unitaria, x. Si se desea, se pueden obtener esas ecuaciones para la línea de influencia para S_B, en términos de x, sencillamente al sustituir las ecuaciones (8.1) y (8.2) en la (8.3); es decir,

$$S_B = \begin{cases} -C_y = -\dfrac{x}{L} & 0 \leq x < a \\[2ex] A_y = 1 - \dfrac{x}{L} & a < x \leq L \end{cases} \tag{8.4}$$

La línea de influencia para S_B (Fig. 8.2(e)) muestra que la cortante en B es cero cuando la carga unitaria está localizada en el apoyo izquierdo A de la viga. Conforme la carga unitaria se mueve desde A hasta B, la cortante en B decrece de manera lineal hasta que se vuelve $-a/L$, cuando esa carga llega precisamente a la izquierda de este último punto. Cuando la carga unitaria cruza el punto B, la cortante en él crece en forma abrupta hasta $1 - (a/L)$. Enseguida, decrece de modo lineal a medida que la mencionada carga unitaria se mueve hacia C, hasta que se vuelve cero cuando dicha carga alcanza ese apoyo derecho C.

Línea de influencia para el momento flexionante en *B*

Cuando la carga unitaria está localizada a la izquierda del punto B (Fig. 8.2(d)), la expresión para el momento flexionante en B se puede obtener en forma conveniente al hacer uso del cuerpo libre de la parte BC de la viga, a la derecha de B. Considerando como positivos los momentos en sentido contrario al movimiento de las manecillas del reloj de las fuerzas externas y de las reacciones que actúan sobre la parte BC, de acuerdo con la *convención de los signos de la viga* (sección 5.1), se determina el momento flexionante en B como

$$M_B = C_y(L - a) \qquad 0 \leq x < a$$

Cuando la carga unitaria está localizada a la derecha del punto B, se usa el cuerpo libre de la parte AB, a la izquierda de B, para determinar M_B. Si se consideran como positivos los momentos en el sentido del movimiento de las manecillas del reloj de las fuerzas externas y de las reacciones que actúan sobre la parte AB, se determina el momento flexionante en B como

$$M_B = A_y(a) \qquad a \leq x \leq L$$

De donde, las ecuaciones de la línea de influencia para M_B se pueden escribir como

$$M_B = \begin{cases} C_y(L - a) & 0 \leq x \leq a \\ A_y(a) & a \leq x \leq L \end{cases} \tag{8.5}$$

La ecuación (8.5) indica que se puede obtener el segmento de la línea de influencia para M_B, entre los puntos A y B ($0 \leq x \leq a$), al multiplicar por $(L - a)$ las ordenadas del segmento de la línea de influencia para C_y entre esos mismos puntos. Según esta ecuación, se puede obtener el segmento de la línea de influencia para M_B, entre los puntos B y C ($a \leq x \leq L$), al multiplicar por a las ordenadas del segmento de la línea de influencia para A_y entre esos mismos puntos. En la figura 8.2(f), se muestra la línea de influencia para M_B construida de este modo, a partir de las líneas de influencia para A_y y C_y. Se pueden obtener las ecuaciones de esta línea de influencia, en términos de la posición de la carga unitaria, x, al sustituir las ecuaciones (8.1) y (8.2) en la (8.5); es decir,

$$S_B = \begin{cases} C_y(L - a) = \dfrac{x}{L}(L - a) & 0 \leq x \leq a \\[2ex] A_y(a) = \left(1 - \dfrac{x}{L}\right)a & a \leq x \leq L \end{cases} \tag{8.6}$$

Aunque la línea de influencia para M_B (Fig. 8.2(f)) se asemeja, en forma, al diagrama del momento flexionante de la viga para una carga concentrada que se aplique en el punto B, la línea de influencia para el momento flexionante tiene un significado por completo diferente al del diagrama del propio momento flexionante, y es esencial que se comprenda con claridad la diferencia entre los dos. Un diagrama de momento flexionante muestra de qué manera varía este último en *todas las secciones* a lo largo de un miembro para una condición de carga cuya posición es fija sobre ese miembro, en tanto que una línea de influencia para el momento flexionante muestra cómo varía este último en *una sección en particular* a medida que una carga unitaria se mueve de uno a otro lado a lo largo del miembro.

Note, en la figura 8.2, que las líneas de influencia para las reacciones, la cortante y el momento flexionante de la viga simplemente apoyada consta de segmentos rectilíneos. En la sección siguiente se demuestra que esto es cierto para las líneas de influencia para todas las funciones de respuesta que comprenden fuerzas y momentos (por ejemplo, reacciones, cortantes, momentos flexionantes y fuerzas en los miembros de armaduras) para todas las estructuras estáticamente determinadas. Sin embargo, las líneas de influencia para las deflexiones de ese mismo tipo de estructuras (que se discuten en la sección 8.5) se componen de líneas curvas.

Procedimiento para el análisis

El procedimiento para la construcción de las líneas de influencia para las reacciones, las cortantes y los momentos flexionantes de las vigas y armazones, mediante la aplicación del método del equilibrio, se puede resumir como sigue:

1. Seleccione un origen a partir del cual se medirá la posición de una carga unitaria hacia abajo y concentrada, en movimiento. Suele ser conveniente suponer que la carga unitaria se mueve desde el extremo izquierdo de la estructura hacia el derecho, con su posición definida por una coordenada x que se mide desde el extremo izquierdo de la propia estructura.

2. Para construir una línea de influencia para la reacción en un apoyo:

a. Coloque la carga unitaria a una distancia x del extremo izquierdo de la estructura y determine la expresión para la reacción, en términos de x, por la aplicación de una ecuación de equilibrio o condición. Si la estructura está compuesta de dos o más partes rígidas conectadas entre sí por articulaciones o rodillos internos, o por ambos tipos de ligas, la expresión para la reacción puede cambiar conforme la carga unitaria se mueve desde una de las partes rígidas hacia la siguiente, cruzando una articulación o rodillo internos. Por lo tanto, para ese tipo de estructuras, cuando se apliquen las ecuaciones de condición, la carga unitaria debe colocarse en forma sucesiva sobre cada parte rígida de la estructura que se encuentre en la trayectoria de ella, y debe determinarse una expresión para la reacción, para cada posición de la carga.

b. Una vez que se ha (n) determinado la expresión (o expresiones) para todas las posiciones de la carga unitaria, construya la línea de influencia al trazar la gráfica de la expresión (o expresiones), con la magnitud de la reacción como ordenada, contra la posición x de la carga unitaria como abscisa. Una ordenada positiva de la línea de influencia indica que la carga unitaria aplicada en ese punto hace que la reacción actúe en la dirección positiva (es decir, la dirección de la reacción usada inicialmente en la deducción de la ecuación de la línea de influencia) y viceversa.

c. Repita el paso 2 hasta que se hayan determinado todas las líneas de influencia deseadas para las reacciones.

3. En general, resulta conveniente construir las líneas de influencia para las cortantes y los momentos flexionantes mediante el uso de las líneas de influencia para las reacciones en los apoyos. Por tanto, antes de proceder con la construcción de una línea de influencia para la cortante o el momento flexionante en un punto de la estructura, hay que asegurarse que se dispone de las líneas de influencia para todas las reacciones, en cualquiera de los lados, izquierdo o derecho, del punto que se esté considerando. De lo contrario, trácense las líneas de influencia requeridas para las reacciones, aplicando el procedimiento descrito en el paso anterior. Se puede construir una línea de influencia para la cortante (o el momento flexionante) en un punto de la estructura, como sigue:

a. Coloque la carga unitaria sobre la estructura, en una posición variable x, a la *izquierda* del punto que se esté considerando y determine la expresión para la cortante (o el momento flexionante). Si se conocen las líneas de influencia para todas las reacciones, entonces suele ser conveniente usar la parte de la estructura a la *derecha* del punto, para la determinación de la expresión para la cortante (o el momento flexionante), la cual contendrá términos que sólo comprendan reacciones. Se considera que la cortante (o el momento flexionante es positiva(o) o negativa(o) de acuerdo con la *convención de los signos de la viga* establecida en la sección 5.1 (véase la figura 5.2).

b. A continuación, coloque la carga unitaria a la *derecha* del punto que se esté considerando y determine la expresión para la cortante (o el momento flexionante). Si se conocen las líneas de influencia para todas las reacciones, entonces suele ser conveniente usar la parte de la estructura a la *izquierda* del punto, para la determinación de la expresión deseada, la cual contendrá términos que sólo comprenden reacciones.

c. Si las expresiones para la cortante (o el momento flexionante) contienen términos que sólo comprenden reacciones, entonces en general es más sencillo construir la línea de influencia para esa cortante (o momento flexionante) mediante la combinación de los segmentos de las líneas de influencia de las reacciones, de acuerdo con estas expresiones. De lo contrario, sustituya las expresiones para las reacciones en las expresiones para la cortante (o el momento flexionante) y trace las gráficas de las expresiones resultantes, las cuales ahora estarán en términos sólo de x, con el fin de obtener la línea de influencia.

d. Repita el paso 3 hasta que se hayan determinado todas las líneas de influencia deseadas para las cortantes y los momentos flexionantes.

EJEMPLO 8.1

Trace las líneas de influencia para las reacciones verticales en los apoyos A y C, así como para la cortante y el momento flexionante en el punto B, de la viga simplemente apoyada que se muestra en la figura 8.3(a).

SOLUCIÓN

En la figura 8.3(b), se muestra el diagrama de cuerpo libre de la viga. En este diagrama se muestra la viga sujeta a una carga en movimiento de 1 k (kilolibra), cuya posición se define por la coordenada x medida desde el extremo izquierdo A de la propia viga. Se supone que las dos reacciones verticales A_y y C_y son positivas en la dirección hacia arriba, como se indica en el diagrama de cuerpo libre.

Línea de influencia para A_y Con el fin de determinar la expresión para A_y, se aplica la ecuación de equilibrio:

$$+\circlearrowleft \sum M_C = 0$$

$$-A_y(20) + 1(20 - x) = 0$$

$$A_y = \frac{1(20-x)}{20} = 1 - \frac{x}{20}$$

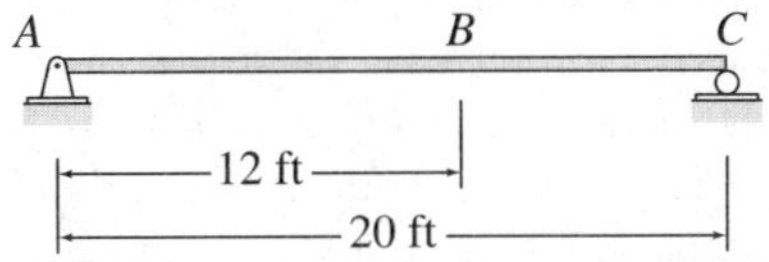

(a)

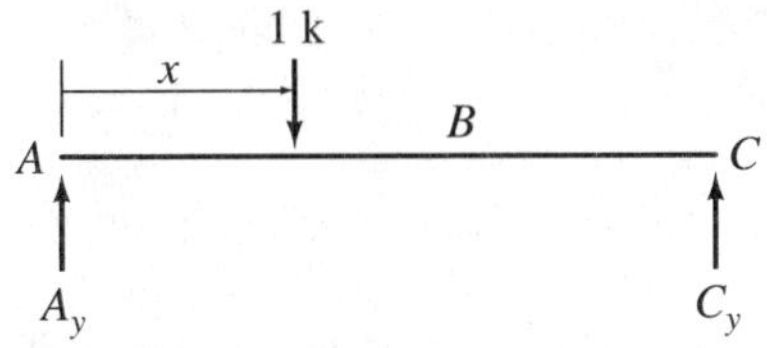

(b)

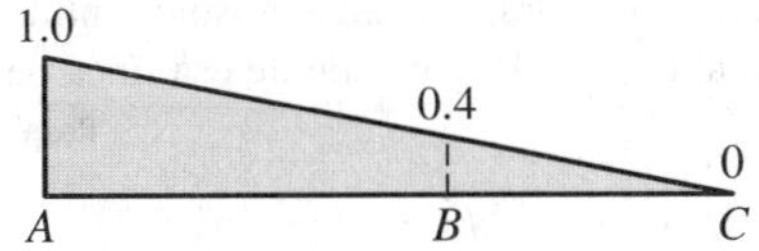

(c) Línea de influencia para A_y (k/k)

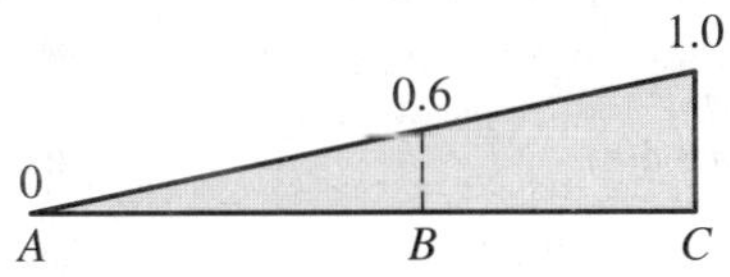

(d) Línea de influencia para C_y (k/k)

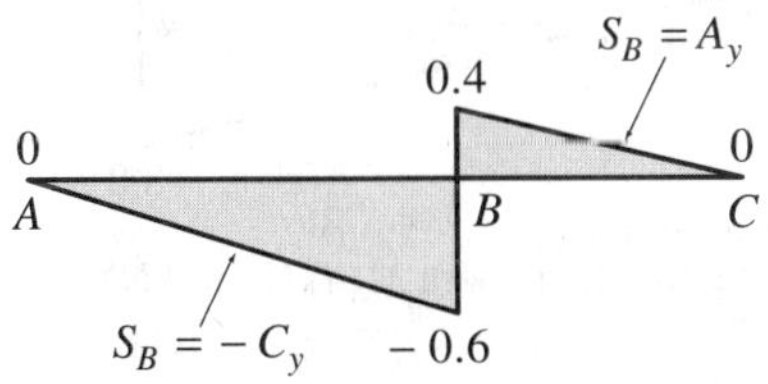

(e) Línea de influencia para S_B (k/k)

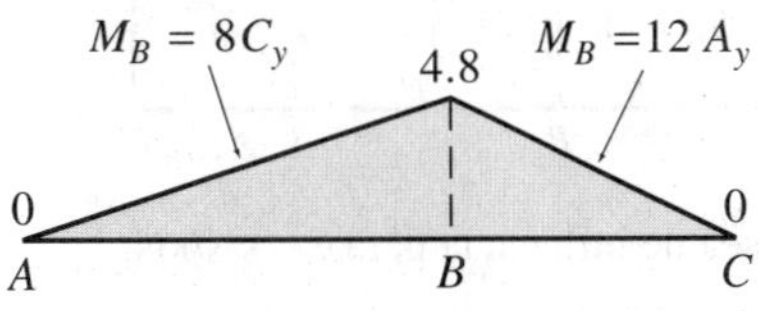

(f) Línea de influencia para M_B (k-ft/k)

Fig. 8.3

En la figura 8.3(c), se muestra la línea de influencia para A_y, la cual se obtiene al trazar la gráfica de esta ecuación. Note que las ordenadas de la línea de influencia se expresan en las unidades que se obtienen al dividir las unidades de la función de respuesta, A_y, entre las unidades de la carga unitaria; es decir *k*/*k*. **Resp.**

Línea de influencia para C_y

$$+\circlearrowleft \sum M_A = 0$$

$$-1(x) + C_y(20) = 0$$

$$C_y = \frac{1(x)}{20} = \frac{x}{20}$$

En la figura 8.3(d), se muestra la línea de influencia para C_y, la cual se obtiene al trazar la gráfica de esta ecuación. **Resp.**

Línea de influencia para S_B En primer lugar, se coloca la carga unitaria en una posición variable, a la izquierda del punto B —es decir, sobre el segmento AB de la viga— y se determina la cortante en este punto utilizando el cuerpo libre de la parte BC de la viga, la cual está a la derecha de B:

$$S_B = -C_y \qquad 0 \le x < 12 \text{ ft}$$

A continuación, se ubica la carga unitaria a la derecha de B —es decir, en el segmento BC de la viga— y se utiliza el cuerpo libre de la parte AB, la cual está a la izquierda de B, para determinar S_B:

$$S_B = A_y \qquad 12 \text{ ft} < x \le 20 \text{ ft}$$

De donde, las ecuaciones de la línea de influencia para S_B son

$$S_B = \begin{cases} -C_y = -\dfrac{x}{20} & 0 \le x < 12 \text{ ft} \\ A_y = 1 - \dfrac{x}{20} & 12 \text{ ft} < x \le 20 \text{ ft} \end{cases}$$

La línea de influencia para S_B se muestra en la figura 8.3(e). **Resp.**

Línea de influencia para M_B En primer lugar, se coloca la carga unitaria en una posición x a la izquierda de B y se determina el momento flexionante en este punto usando el cuerpo libre de la parte de la viga a la derecha de B:

$$M_B = 8C_y \qquad 0 \le x \le 20 \text{ ft}$$

Enseguida, se ubica la carga unitaria a la derecha de B y se utiliza el cuerpo libre de la parte de la viga a la izquierda de B para determinar M_B:

$$M_B = 12A_y \qquad 12 \text{ ft} \le x \le 20 \text{ ft}$$

Por tanto, las ecuaciones de la línea de influencia para M_B son

$$M_B = \begin{cases} 8C_y = \dfrac{2x}{5} & 0 \le x \le 20 \text{ ft} \\ 12A_y = 12 - \dfrac{3x}{5} & 12 \text{ ft} \le x \le 20 \text{ ft} \end{cases}$$

En la figura 8.3(f), se muestra la línea de influencia para M_B **Resp.**

EJEMPLO 8.2

Trace las líneas de influencia para la reacción vertical y el momento de reacción en el apoyo A, así como la cortante y el momento flexionante en el punto B, de la viga en voladizo mostrada en la figura 8.4(a).

Línea de influencia para A_y

$$+\uparrow \sum F_y = 0$$

$$A_y - 1 = 0$$

$$A_y = 1$$

La línea de influencia para A_y se muestra en la figura 8.4(c). **Resp.**

Línea de influencia para M_A

$$+\circlearrowleft \sum M_A = 0$$

$$-M_A - 1(x) = 0$$

$$M_A = -1(x) = -x$$

En la figura 8.4(d), se muestra la línea de influencia para M_A, la cual se obtiene al trazar la gráfica de esta ecuación. Como todas las ordenadas de la línea de influencia son negativas, esto indica que, en realidad, el sentido de M_A para todas las posiciones de la carga unitaria sobre la viga es contrario al movimiento de las manecillas del reloj, y no en el mismo sentido como inicialmente se supuso (véase la figura 8.4(b)) al deducir la ecuación de esa línea de influencia. **Resp.**

Línea de influencia para S_B

$$S_B = \begin{cases} 0 & 0 \le x < 3 \text{ m} \\ A_y = 1 & 3 \text{ m} < x \le 8 \text{ m} \end{cases}$$

La línea de influencia para S_B se muestra en la figura 8.4(e). **Resp.**

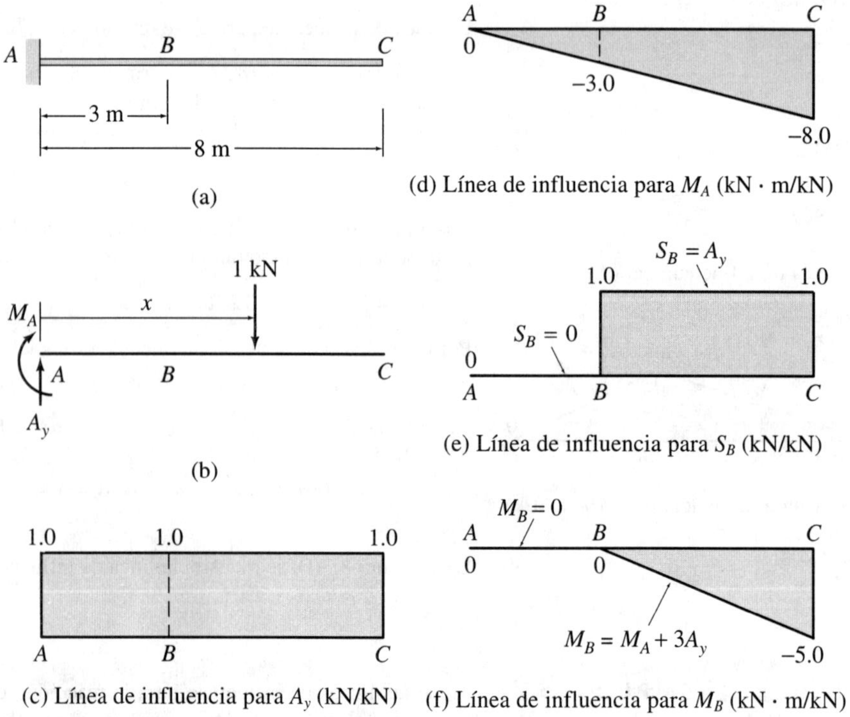

(a)

(b)

(c) Línea de influencia para A_y (kN/kN)

(d) Línea de influencia para M_A (kN · m/kN)

(e) Línea de influencia para S_B (kN/kN)

(f) Línea de influencia para M_B (kN · m/kN)

Fig. 8.4

Línea de influencia para M_B

$$M_B = \begin{cases} 0 & 0 \leq x \leq 3 \text{ m} \\ M_A + 3A_y = -x + 3(1) = -x + 3 & 3 \text{ m} \leq x \leq 8 \text{ m} \end{cases}$$

La línea de influencia para M_B se muestra en la figura 8.4(f). **Resp.**

EJEMPLO 8.3 Trace las líneas de influencia para las reacciones verticales en los apoyos A, C y E, la cortante precisamente a la derecha del apoyo C y el momento flexionante en el punto B de la viga mostrada en la figura 8.5(a).

SOLUCIÓN La viga está compuesta de dos partes rígidas, AD y DE, conectadas por una articulación interna en D. Con el fin de evitar la resolución de ecuaciones simultáneas en la determinación de las expresiones para las reacciones, se aplicarán las ecuaciones de equilibrio y de condición en un orden tal que cada una de ellas sólo contenga una incógnita.

Línea de influencia para E_y Se aplicará la ecuación de condición, $\sum M_D^{DE} = 0$, con el fin de determinar la expresión para E_y. En primer lugar, se coloca la carga unitaria en una posición variable x a la izquierda de la articulación D —es decir, sobre la parte rígida AD de la viga— para obtener

$$+ \circlearrowleft \sum M_D^{DE} = 0$$

$$E_y(20) = 0$$

$$E_y = 0 \qquad 0 \leq x \leq 40 \text{ ft}$$

Enseguida, se ubica la carga unitaria a la derecha de la articulación D —es decir, sobre la parte rígida DE de la viga— para obtener

$$+ \circlearrowleft \sum M_D^{DE} = 0$$

$$-1(x - 40) + E_y(20) = 0$$

$$E_y = \frac{1(x-40)}{20} = \frac{x}{20} - 2 \qquad 40 \text{ ft} \leq x \leq 60 \text{ ft}$$

De donde, las ecuaciones de la línea de influencia para E_y son

$$E_y = \begin{cases} 0 & 0 \leq x \leq 40 \\ \dfrac{x}{20} - 2 & 40 \text{ ft} \leq x \leq 60 \text{ ft} \end{cases}$$

La línea de influencia para E_y se muestra en la figura 8.5(c).

Línea de influencia para C_y Si se aplica la ecuación de equilibrio:

$$+ \circlearrowleft \sum M_A = 0$$

$$-1(x) + C_y(20) + E_y(60) = 0$$

$$C_y = \frac{x}{20} - 3E_y$$

Al sustituir E_y por sus expresiones, se obtiene

$$C_y = \begin{cases} \dfrac{x}{20} - 0 = \dfrac{x}{20} & 0 \leq x \leq 40 \text{ ft} \\ \dfrac{x}{20} - 3\left(\dfrac{x}{20} - 2\right) = 6 - \dfrac{x}{10} & 40 \text{ ft} \leq x \leq 60 \text{ ft} \end{cases}$$

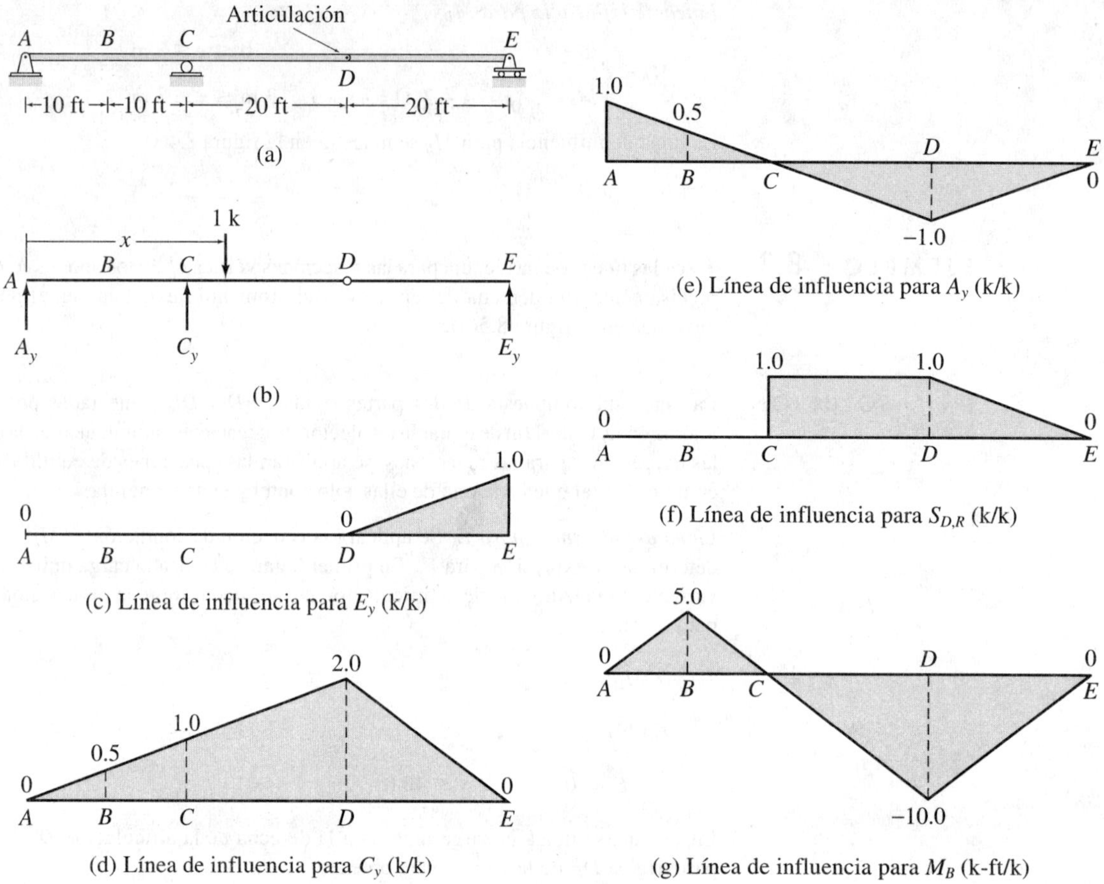

(a)

(b)

(c) Línea de influencia para E_y (k/k)

(d) Línea de influencia para C_y (k/k)

(e) Línea de influencia para A_y (k/k)

(f) Línea de influencia para $S_{D,R}$ (k/k)

(g) Línea de influencia para M_B (k-ft/k)

Fig. 8.5

En la figura 8.5(d), se muestra la línea de influencia para C_y, la cual se obtiene al trazar las gráficas de estas ecuaciones. **Resp.**

Línea de influencia para A_y

$$+\uparrow \sum F_y = 0$$

$$A_y - 1 + C_y + E_y = 0$$

$$A_y = 1 - C_y - E_y$$

Al sustituir C_y y E_y por sus expresiones, se obtienen las ecuaciones siguientes de la línea de influencia para A_y:

$$A_y = \begin{cases} 1 - \dfrac{x}{20} - 0 = 1 - \dfrac{x}{20} & 0 \leq x \leq 40 \text{ ft} \\ 1 - \left(6 - \dfrac{x}{20}\right) - \left(\dfrac{x}{20} - 2\right) = \dfrac{x}{20} - 3 & 40 \text{ ft} \leq x \leq 60 \text{ ft} \end{cases}$$

En la figura 8.5(e), se muestra la línea de influencia para A_y. **Resp.**

Línea de influencia para la cortante precisamente a la derecha de C, $S_{D,R}$

$$S_{D,R} = \begin{cases} -E_y & 0 \leq x < 20 \text{ ft} \\ 1 - E_y & 20 \text{ ft} < x \leq 60 \text{ ft} \end{cases}$$

Sustituyendo E_y por sus expresiones, se obtiene

$$S_{D,R} = \begin{cases} 0 & 0 \le x < 20 \text{ ft} \\ 1 - 0 = 1 & 20 \text{ ft} < x \le 40 \text{ ft} \\ 1 - \left(\dfrac{x}{20} - 2\right) = 3 - \dfrac{x}{20} & 40 \text{ ft} \le x \le 60 \text{ ft} \end{cases}$$

En la figura 8.5(f), se muestra la línea de influencia para $S_{D,R}$. **Resp.**

Línea de influencia para M_B

$$M_B = \begin{cases} 10A_y - 1(10 - x) & 0 \le x \le 10 \text{ ft} \\ 10A_y & 10 \text{ ft} \le x \le 60 \text{ ft} \end{cases}$$

Al sustituir A_y por sus expresiones, se obtiene

$$M_B = \begin{cases} 10\left(1 - \dfrac{x}{20}\right) - 1(10 - x) = \dfrac{x}{2} & 0 \le x \le 10 \text{ ft} \\ 10\left(1 - \dfrac{x}{20}\right) = 10 - \dfrac{x}{2} & 10 \text{ ft} \le x \le 40 \text{ ft} \\ 10\left(\dfrac{x}{20} - 3\right) = \dfrac{x}{2} - 30 & 40 \text{ ft} \le x \le 60 \text{ ft} \end{cases}$$

En la figura 8.5(g), se muestra la línea de influencia para M_B. **Resp.**

EJEMPLO 8.4

Trace las líneas de influencia para las reacciones horizontal y vertical en los apoyos *A* y *B*, así como la cortante en la articulación *E*, para el armazón de puente con tres articulaciones mostrado en la figura 8.6(a).

SOLUCIÓN *Línea de influencia para A_y*

$$+\circlearrowleft \sum M_B = 0$$

$$-A_y(10) + 1(15 - x) = 0$$

$$A_y = \frac{1(15 - x)}{10} = 1.5 - \frac{x}{10}$$

La línea de influencia para A_y se muestra en la figura 8.6(c). **Resp.**

Línea de influencia para B_y

$$+\uparrow \sum F_y = 0$$

$$A_y - 1 + B_y = 0$$

$$B_y = 1 - A_y = 1 - \left(1.5 - \frac{x}{10}\right) = \frac{x}{10} - 0.5$$

La línea de influencia para B_y se muestra en la figura 8.6(d). **Resp.**

Línea de influencia para A_x Se usará la ecuación de condición $\sum M_E^{CE}$ con el fin de determinar las expresiones para A_x. En primer lugar, se coloca la carga unitaria a la izquierda de la articulación *E* —es decir, sobre la parte rígida *CE* del armazón— para obtener

$$+ \circlearrowleft \sum M_E^{CE} = 0$$

$$A_x(3) - A_y(5) + 1(10 - x) = 0$$

$$A_x = \frac{5}{3}A_y - \frac{1}{3}(10 - x) = \frac{5}{3}\left(1.5 - \frac{x}{10}\right) - \frac{1}{3}(10 - x)$$

$$= \frac{x-5}{6} \qquad 0 \leq x \leq 10 \text{ m}$$

Enseguida, se ubica la carga unitaria a la derecha de la articulación E —es decir, sobre la parte rígida EG del armazón— para obtener

$$+ \circlearrowleft \sum M_E^{CE} = 0$$

$$A_x(3) - A_y(5) = 0$$

$$A_x = \frac{5}{3}A_y = \frac{5}{3}\left(1.5 - \frac{x}{10}\right) = \frac{15-x}{6} \qquad 10 \text{ m} \leq x \leq 20 \text{ m}$$

Por tanto, las ecuaciones de la línea de influencia para A_x son

$$A_x = \begin{cases} \dfrac{x-5}{6} & 0 \leq x \leq 10 \text{ m} \\ \dfrac{15-x}{6} & 10 \text{ m} \leq x \leq 20 \text{ m} \end{cases}$$

La línea de influencia para A_x se muestra en la figura 8.6(e). **Resp.**

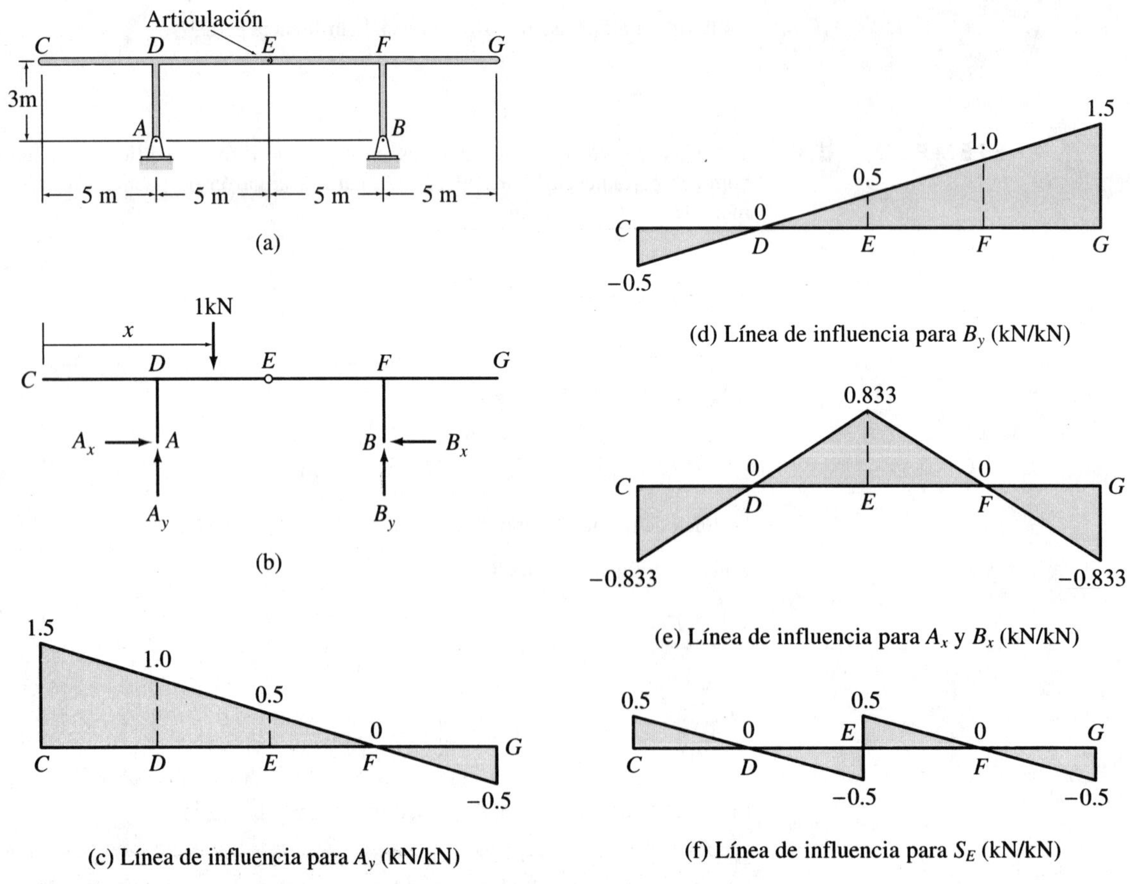

Fig. 8.6

Línea de influencia para B_x

$$+ \rightarrow \sum F_x = 0$$

$$A_x - B_x = 0$$

$$B_x = A_x$$

lo cual indica que la línea de influencia para B_x es la misma que para A_x (Fig. 8.6(e)). **Resp.**

Línea de influencia para S_E

$$S_E = \begin{cases} -B_y = -\dfrac{x}{10} + 0.5 & 0 \leq x < 10 \text{ m} \\ A_y = 1.5 - \dfrac{x}{10} & 10 \text{ m} < x \leq 20 \text{ m} \end{cases}$$

La línea de influencia para S_E se muestra en la figura 8.6(f). **Resp.**

8.2 PRINCIPIO DE MÜLLER-BRESLAU Y LÍNEAS CUALITATIVAS DE INFLUENCIA

La construcción de las líneas de influencia para las funciones de respuesta que comprenden fuerzas y momentos se puede facilitar de modo considerable mediante la aplicación de un procedimiento desarrollado por Heinrich Müller-Breslau, en 1886. El procedimiento, el cual comúnmente se conoce como *principio de Müller-Breslau*, se puede enunciar del modo siguiente:

La línea de influencia para una función de respuesta de fuerza (o de momento) queda dada por la forma deformada de la estructura liberada que se obtiene al eliminar la restricción correspondiente a la función de respuesta de la estructura original y al dar a la estructura liberada un desplazamiento (o rotación) unitario(a) en el lugar y en la dirección de la función de respuesta, de modo que sólo la función de respuesta y la carga unitaria efectúen trabajo externo.

Este principio sólo es válido para las líneas de influencia para las funciones de respuesta que contienen fuerzas y momentos (por ejemplo, reacciones, cortantes, momentos flexionantes o fuerzas en los miembros de armaduras) y no se aplica a las líneas de influencia para las deflexiones.

Con el fin de probar la validez del principio de Müller-Breslau, considere la viga simplemente apoyada sujeta a una carga unitaria en movimiento, como se muestra en la figura 8.7(a). Las líneas de influencia para las reacciones verticales en los apoyos A y C, así como las de la cortante y del momento flexionante en el punto B, de esta viga se desarrollaron en la sección anterior mediante la aplicación de las ecuaciones de equilibrio (véase la figura 8.2). Supóngase que ahora se desea trazar las líneas de influencia para las mismas cuatro funciones de respuesta, usando el principio de Müller-Breslau.

Para construir la línea de influencia para la reacción vertical A_y, se elimina la restricción correspondiente a esta A_y al reemplazar el apoyo articulado en A por uno de rodillo, el cual sólo puede ejercer una reacción horizontal, como se muestra en la figura 8.7(b). Nótese que el punto A de la viga ahora tiene la libertad de desplazarse en la dirección de A_y. Aun cuando se ha eliminado la restricción correspondiente a A_y, esta reacción A_y todavía actúa sobre la viga, la cual permanece en equilibrio en la posición horizontal (mostrada por las líneas a trazo continuo en la figura) bajo la acción de la carga unitaria y las reacciones A_y y C_y. Enseguida, al punto A de la viga liberada se le da un desplazamiento virtual unitario, $\Delta = 1$, en la dirección positiva de A_y, haciendo que se desplace, como se muestra por las líneas a trazos en

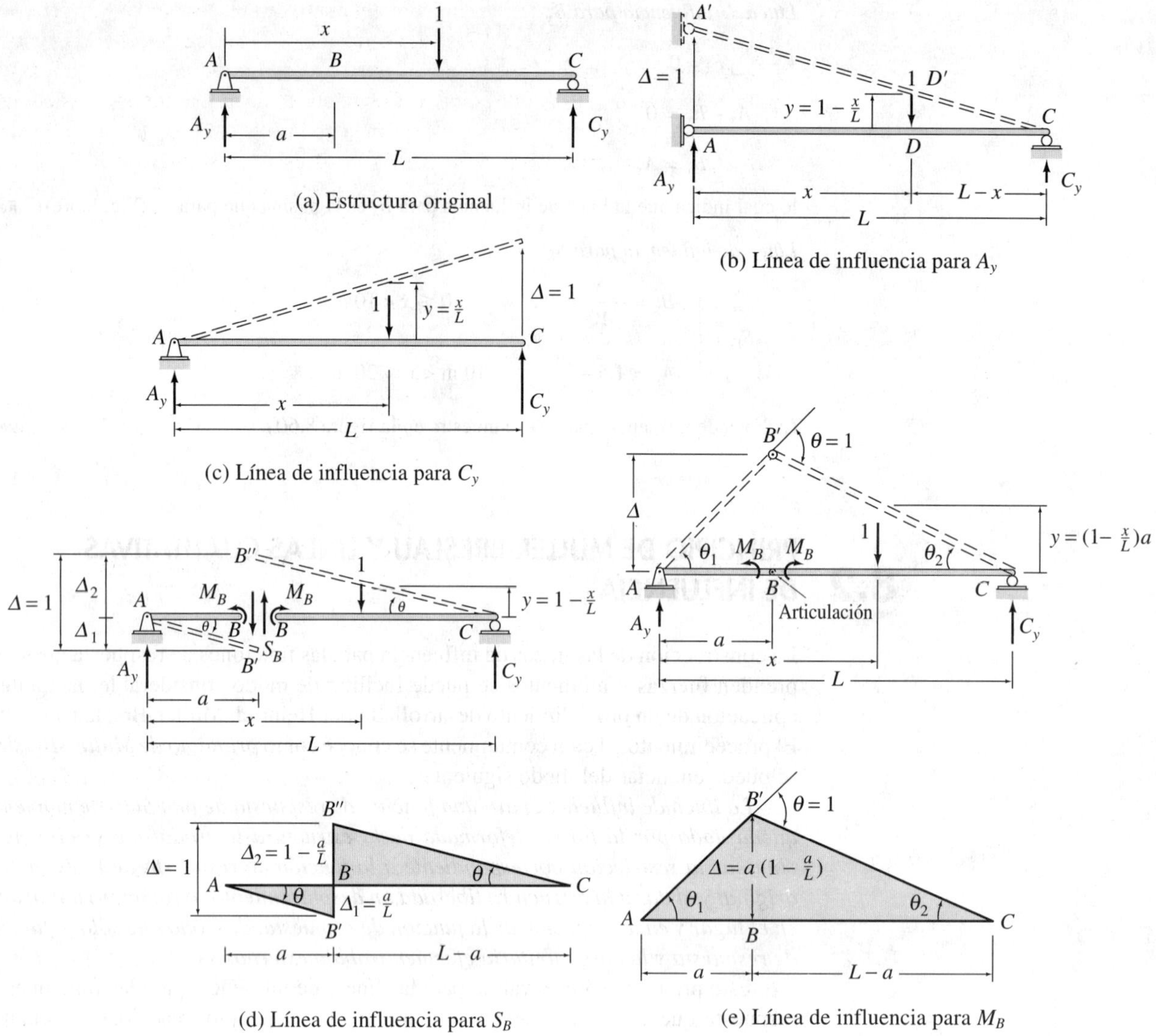

Fig. 8.7

la figura 8.7(b). Nótese que el patrón del desplazamiento virtual aplicado es coherente con las condiciones de apoyo de la viga liberada; es decir, los puntos A y C no se pueden mover en las direcciones horizontal y vertical, respectivamente. Asimismo, como la viga original es estáticamente determinada, la eliminación de una restricción de ella la reduce a una estáticamente inestable. De este modo, la viga liberada sigue siendo recta (es decir, no se dobla) durante el desplazamiento virtual. Supuesto que la viga está en equilibrio, de acuerdo con el principio de los desplazamientos virtuales para los cuerpos rígidos (sección 7.2), el trabajo virtual realizado por las fuerzas reales externas que actúan a través de los desplazamientos virtuales externos debe ser cero; esto es,

$$W_{ve} = A_y(1) - 1(y) = 0$$

de lo cual,

$$A_y = y \qquad \textbf{(8.7)}$$

en donde y representa el desplazamiento del punto de aplicación de la carga unitaria, como se muestra en la figura 8.7(b). La ecuación (8.7) indica que el desplazamiento y de la viga en cualquier posición x es igual a la magnitud de A_y debida a la carga unitaria que actúa en esa posición x. Por tanto, el desplazamiento y en cualquier posición x es igual a la ordenada de la línea de influencia para A_y en esa posición, como se expresa por el principio de Müller-Breslau. La ecuación (8.7) se puede expresar en términos de x, al considerar la configuración geométrica de la forma deformada de la viga. A partir de la figura 8.7(b), se observa que los triángulos $A'AC$ y $D'DC$ son semejantes. Por consiguiente,

$$\frac{y}{(L-x)} = \frac{1}{L} \qquad \text{o} \qquad y = 1 - \frac{x}{L}$$

Al sustituir esta expresión en la ecuación (8.7), se encuentra la ecuación de la línea de influencia para A_y en términos de x como

$$A_y = 1 - \frac{x}{L}$$

la cual es la misma que la ecuación (8.1), que se dedujo por la consideración del equilibrio.

La línea de influencia para la reacción vertical C_y se determina de manera semejante, como se muestra en la figura 8.7(c). Nótese que esta línea de influencia es idéntica a la construida con anterioridad mediante la consideración del equilibrio (Fig. 8.2(c)).

Con el fin de construir la línea de influencia para la cortante S_B en el punto B de la viga, se elimina la restricción correspondiente a esa S_B realizando un corte a la viga en B, como se muestra en la figura 8.7(d). Note que los puntos B de las partes AB y BC de la viga liberada ahora tienen la libertad para desplazarse verticalmente, una con relación a la otra. Para que la viga liberada se mantenga en equilibrio, se aplican en B las fuerzas cortantes, S_B, y los momentos flexionantes, M_B, como se indica en la figura. Note que se supone que S_B y M_B actúan en sus direcciones positivas, según la *convención de los signos de la viga*. A continuación, a la viga liberada se le da en B un desplazamiento relativo virtual unitario, $\Delta = 1$, en la dirección positiva de S_D (fig. (8.7d)), al mover el extremo B de la parte AB hacia abajo, en Δ_1, y el extremo B de la parte BC hacia arriba, en Δ_2, de modo que $\Delta_1 + \Delta_2 = \Delta = 1$. Los valores de Δ_1 y Δ_2 dependen del requisito de que las rotaciones, θ, de las dos partes AB y BC sean las mismas (es decir, los segmentos AB' y $B''C$ en la posición desplazada deben ser paralelos entre sí), así que el trabajo neto realizado por los dos momentos M_B es cero y sólo las fuerzas cortantes S_B y la carga unitaria efectúan trabajo. Aplicando el principio de los desplazamientos virtuales, se escribe

$$\begin{aligned} W_{ve} &= S_B(\Delta_1) + S_B(\Delta_2) - M_B(\theta) + M_B(\theta) - 1(y) \\ &= S_B(\Delta_1 + \Delta_2) - 1(y) \\ &= S_B(\Delta) - 1(y) \\ &= S_B(1) - 1(y) = 0 \end{aligned}$$

de lo cual

$$S_B = y$$

lo cual indica que la forma deformada de la viga (Fig. 8.7(d)) es la línea de influencia para S_B, como lo expresa el principio de Müller-Breslau. Se pueden establecer los valores de las ordenadas Δ_1 y Δ_2 a partir de la configuración geométrica de la forma deformada de la viga. A partir de la figura 8.7(d), se observa que los triángulos ABB' y BCB'' son semejantes. Por lo tanto,

$$\frac{\Delta_1}{a} = \frac{\Delta_2}{L-a} \quad \text{o} \quad \Delta_2 = \left(\frac{L-a}{a}\right)\Delta_1 \tag{8.8}$$

También,

$$\Delta_1 + \Delta_2 = 1 \quad \text{o} \quad \Delta_2 = 1 - \Delta_1 \tag{8.9}$$

Al igualar las ecuaciones (8.8) y (8.9) y despejar Δ_1, se obtiene

$$\Delta_1 = \frac{a}{L}$$

Sustituyendo Δ_1 por su expresión, en la ecuación (8.9), se obtiene

$$\Delta_2 = 1 - \frac{a}{L}$$

Estas ordenadas son las mismas que las determinadas con anterioridad por el método del equilibrio (Fig. 8.2(e)).

Con el fin de construir la línea de influencia para el momento flexionante M_B, se elimina la restricción correspondiente a este M_B por la introducción de una articulación en B, como se muestra en la figura 8.7(e). Las partes AB y BC de la viga liberada ahora pueden girar con libertad, una con relación a la otra. Para que la viga liberada se mantenga en equilibrio, se aplican los momentos M_B, como se muestra en la figura. Se supone que el momento flexionante es positivo, según la *convención de los signos de la viga*. Después, en B, se introduce una rotación virtual unitaria, $\theta = 1$ (Fig. 8.7(e)), al hacer girar la parte AB en θ_1, en sentido contrario al movimiento de las manecillas del reloj, y la parte BC en θ_2, en el mismo sentido de ese movimiento, de modo que $\theta_1 + \theta_2 = \theta = 1$. Si se aplica el principio de los desplazamientos virtuales, se escribe

$$\begin{aligned} W_{ve} &= M_B(\theta_1) + M_B(\theta_2) - 1(y) \\ &= M_B(\theta_1 + \theta_2) - 1(y) \\ &= M_B(\theta) - 1(y) \\ &= M_B(1) - 1(y) = 0 \end{aligned}$$

de lo cual

$$M_B = y$$

lo cual indica que la forma deformada de la viga (Fig. 8.7(e)) es la línea de influencia para M_B, como lo expresa el principio de Müller-Breslau. Se puede establecer el valor de la ordenada Δ, a partir de la configuración geométrica de la forma deformada de la viga. En la figura 8.7(e), se puede ver que

$$\Delta = a\theta_1 = (L-a)\theta_2 \tag{8.10}$$

o bien,

$$\theta_1 = \left(\frac{L-a}{a}\right)\theta_2 \tag{8.11}$$

Asimismo,

$$\theta_1 + \theta_2 = 1 \quad \text{o} \quad \theta_1 = 1 - \theta_2 \tag{8.12}$$

Igualando las ecuaciones (8.11) y (8.12) y despejando θ_2, se obtiene

$$\theta_2 = \frac{a}{L}$$

Sustituyendo, en la ecuación (8.10), θ_2 por su expresión, se obtiene

$$\Delta = (L - a)\frac{a}{L} = a\left(1 - \frac{a}{L}\right)$$

lo cual es lo mismo que se obtuvo con anterioridad por el método del equilibrio (Fig. 8.2(f)).

En la sección anterior, se dijo que las líneas de influencia para las funciones de respuesta de las fuerzas y de los momentos de todas las estructuras estáticamente determinadas constan de segmentos rectilíneos. Se puede explicar este hecho por medio del principio de Müller-Breslau. Al poner en práctica este principio en la construcción de una línea de influencia, necesita eliminarse de la estructura la restricción correspondiente a la función de respuesta de la fuerza o del momento. En el caso de una estructura estáticamente determinada, la eliminación de cualquiera de esas restricciones de la misma la reduce a una estructura, o un *mecanismo*, estáticamente inestable. Cuando esta estructura liberada, estáticamente inestable, se sujeta al desplazamiento (o rotación) unitario(a), ningún esfuerzo se induce en los miembros de dicha estructura, la cual permanece recta y se traslada o gira, o realiza ambos movimientos, como cuerpo rígido, formando de este modo una conformación deformada (y, por consiguiente, una línea de influencia) que consta de segmentos rectilíneos. Debido a que, para los fines de la construcción de una línea de influencia, la eliminación de la restricción de una fuerza o de un momento de una estructura estáticamente indeterminada no la hace estáticamente inestable, las líneas de influencia para estas últimas estructuras constan de líneas curvas.

Líneas cualitativas de influencia

En muchas aplicaciones prácticas, sólo es necesario determinar la forma general de las líneas de influencia, pero no los valores numéricos de las ordenadas. *Un diagrama en el que se muestre la forma general de una línea de influencia, sin los valores numéricos de sus ordenadas, se llama línea cualitativa de influencia.* Como contraste, una línea de influencia con los valores de sus ordenadas conocidos se menciona como *línea cuantitativa de influencia.*

Aun cuando el principio de Müller-Breslau se puede usar para determinar líneas cuantitativas de influencia, como se discutió con anterioridad, es más frecuente que se use para construir líneas cualitativas. Entonces, si se desea, se calculan los valores numéricos de las ordenadas de la línea de influencia mediante la aplicación del método del equilibrio.

Procedimiento para el análisis

En la sección 8.1, se presentó un procedimiento para la determinación de las líneas de influencia de fuerzas y de momentos para las vigas y armazones. El procedimiento alternativo siguiente, el cual se basa en una combinación del principio de Müller-Breslau y el método del equilibrio, puede facilitar de modo considerable la construcción de esas líneas de influencia.

1. Dibuje la forma general de la línea de influencia por la aplicación del principio de Müller-Breslau:

a. Partiendo de la estructura dada, elimine la restricción correspondiente a la función de respuesta cuya línea de influencia se desea, para obtener la estructura liberada.

b. Aplique un(a) pequeño(a) desplazamiento (o rotación) a la estructura liberada, en el lugar y en la dirección positiva de la función de respuesta. Dibuje una forma deformada de la estructura liberada que sea coherente con las condiciones de apoyo y de continuidad de ésta, para obtener la forma general de la línea de influencia. (Recuerde que las líneas de influencia para las estructuras estáticamente determinadas sólo constan de segmentos rectilíneos.) Entonces, si sólo se desea la línea cualitativa de influencia, finalice el análisis en esta etapa. De lo contrario, continúe con el paso siguiente

2. Determine los valores numéricos de las ordenadas de la línea de influencia mediante la aplicación del método del equilibrio y de la configuración geométrica de la propia línea.

a. Coloque una carga unitaria sobre la estructura dada (es decir, no liberada, en la ubicación de la función de respuesta y determine el valor numérico de la ordenada de la línea de influencia en ese lugar aplicando la ecuación (o ecuaciones de equilibrio) o de condición, o de ambos tipos. Si la función de respuesta que interesa es una cortante, entonces la carga unitaria debe colocarse de manera sucesiva en dos lugares, precisamente a la izquierda y a la derecha del punto en donde se desea la cortante, y deben calcularse los valores de las ordenadas de la línea de influencia en estos lugares. Si la ordenada de la línea de influencia en la ubicación de la función de respuesta es cero, entonces coloque la carga unitaria en la ubicación de la ordenada máxima o mínima, y determine el valor numérico de esa ordenada por la consideración de equilibrio.

b. Aplicando la configuración geométrica de la línea de influencia, determine los valores numéricos de todas las ordenadas restantes, en donde ocurren los cambios en la pendiente de esa línea.

Una ventaja del procedimiento descrito es que permite construir la línea de influencia para cualquier función de respuesta de fuerza o de momento, sin tener que determinar de antemano las líneas de influencia para otras funciones, las cuales pueden ser necesarias o no. Por ejemplo, la construcción de las líneas de influencia para las cortantes y los momentos flexionantes, por este procedimiento, no requiere el uso de las líneas de influencia para las reacciones. El procedimiento se ilustra mediante los ejemplos siguientes. Se alienta al lector a comprobar las líneas de influencia desarrolladas en los ejemplos 8.1 al 8.4, aplicando este procedimiento.

EJEMPLO 8.5

Trace las líneas de influencia para las reacciones verticales en los apoyos *B* y *D*, así como para la cortante y el momento flexionante en el punto *C*, de la viga mostrada en la figura 8.8(a).

SOLUCIÓN

Línea de influencia para B_y Con el fin de determinar la forma general de la línea de influencia para B_y, se elimina el apoyo de rodillo en *B* de la viga dada (Fig. 8.8(a)), para obtener la viga liberada que se muestra en la figura 8.8(b). Enseguida, al punto *B* de la viga liberada se le da un pequeño desplazamiento, Δ, en la dirección positiva de B_y y se dibuja una forma deformada de la viga, como se muestra mediante la línea a trazos de la figura. Note que la forma deformada es coherente con las condiciones de apoyo de la estructura liberada; es decir, el extremo derecho de la viga liberada, el cual está sujeto al apoyo articulado *D*, no se desplaza. La forma de la línea de influencia es la misma que la deformada de la estructura liberada, como se muestra en la figura 8.8(b).

Para obtener el valor numérico de la ordenada de la línea de influencia en B, se coloca una carga de 1 kN en el punto B de la viga original (Fig. 8.8(b)) y se aplica una ecuación de equilibrio a fin de obtener B_y,

$$+\circlearrowleft \sum M_D = 0 \qquad 1(9) - B_y(9) = 0 \qquad B_y = 1 \text{ kN}$$

Por tanto, el valor de la ordenada de la línea de influencia en B es 1 kN/kN. Ahora se puede determinar el valor de la ordenada en A a partir de la configuración geométrica de la línea de influencia (Fig. 8.8(b)). Al observar que los triángulos $AA'D$ y $BB'D$ son semejantes, se escribe

$$AA' = \left(\frac{1}{9}\right)(12) = \frac{4}{3} \text{ kN/kN}$$

En la figura 8.8(b), se muestra la línea de influencia para B_y obtenida de esta manera. **Resp.**

Línea de influencia para D_y La línea de influencia para D_y se construye de manera semejante y se muestra en la figura 8.8(c). **Resp.**

Línea de influencia para S_C Para determinar la forma general de la línea de influencia para la cortante en el punto C, se corta la viga dada en C para obtener la estructura liberada que se

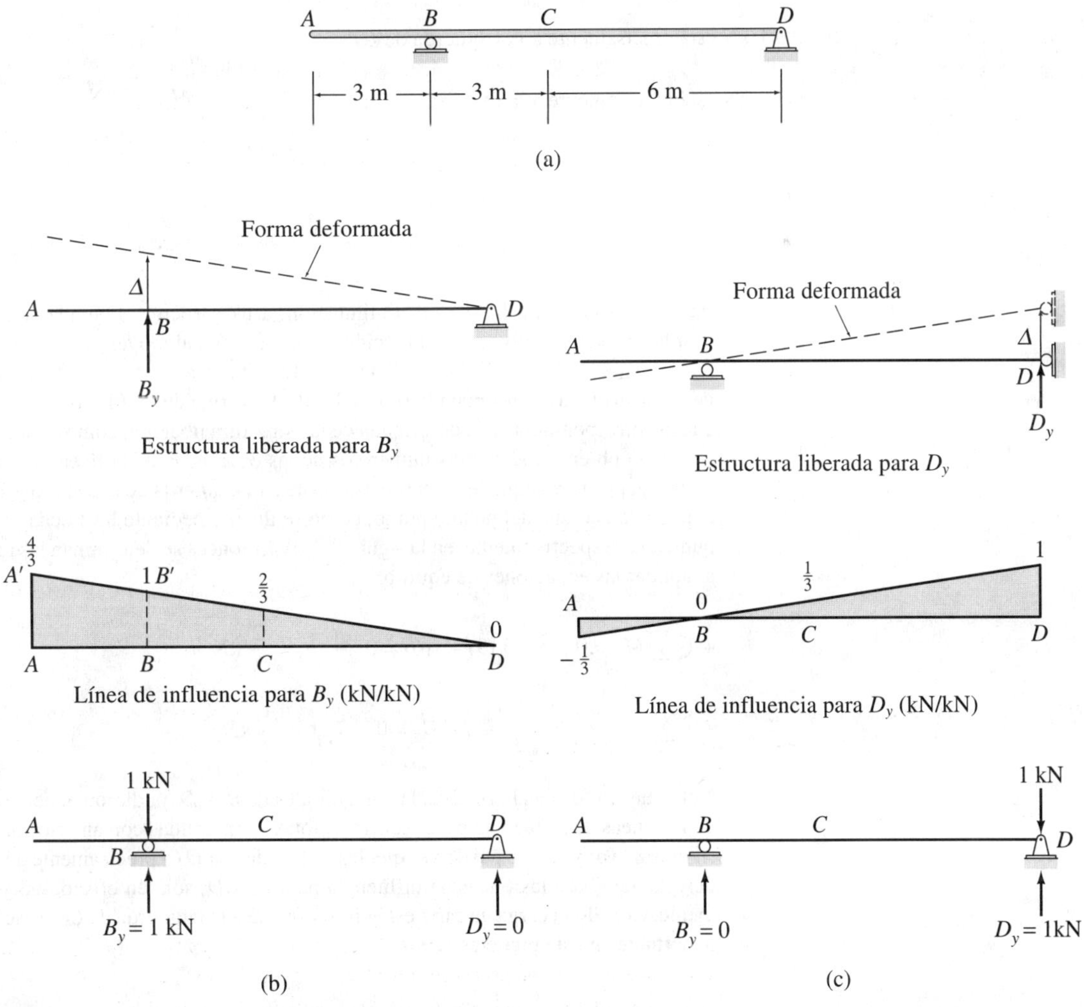

Fig. 8.8

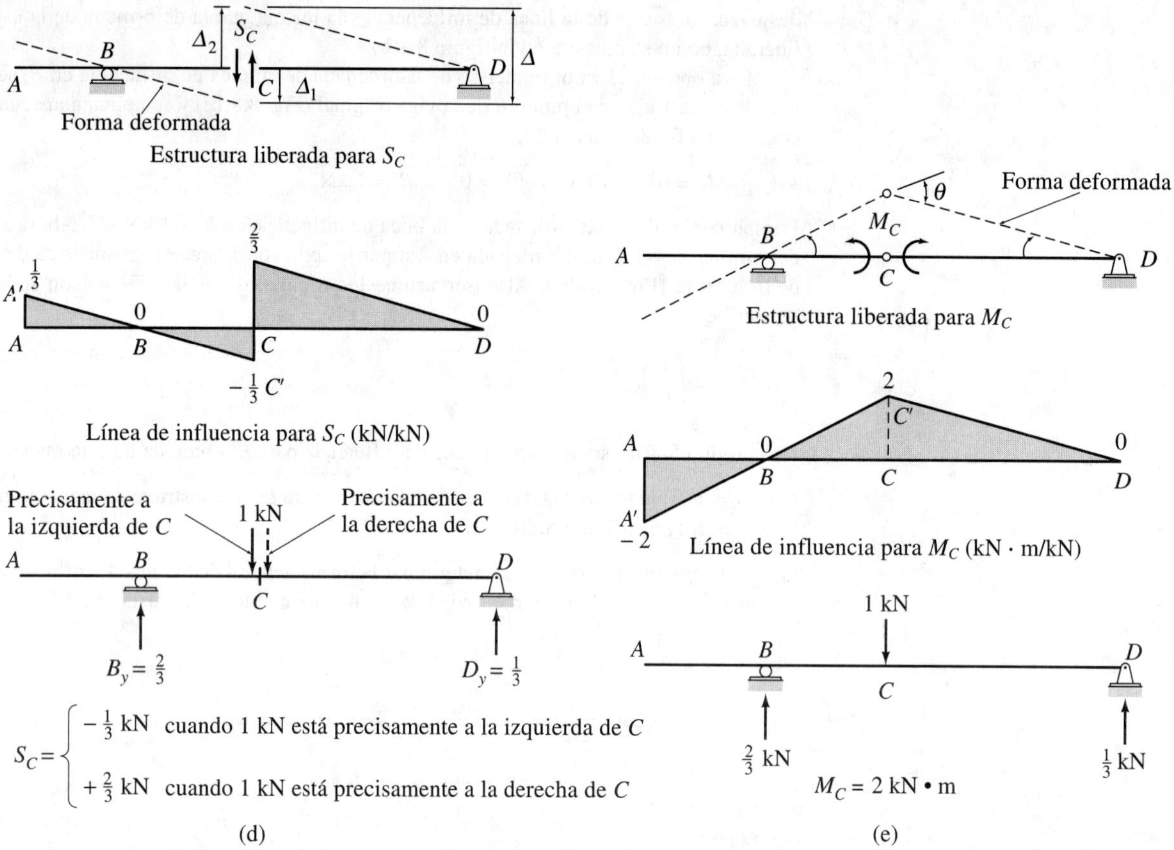

Fig. 8.8 (*Continuación*)

muestra en la figura 8.8(d). A continuación, a la estructura liberada se le da un pequeño desplazamiento relativo en la dirección positiva de S_C, al mover el extremo C de la parte AC hacia abajo, en Δ_1, y el extremo C de la parte CD hacia arriba, en Δ_2, para obtener la forma deformada que se muestra en la figura 8.8(d). La forma de la línea de influencia es la misma que la correspondiente a la deformada de la estructura liberada, como se hace ver en la figura.

Para obtener los valores numéricos de las ordenadas de la línea de influencia en C, se coloca la primera carga de 1 kN precisamente a la izquierda de ese punto y, después, precisamente a la derecha del mismo punto, como se ilustra mediante las flechas a trazo continuo y punteada, respectivamente, en la figura 8.8(d). Entonces se determinan las reacciones B_y y D_y al aplicar las ecuaciones de equilibrio:

$$+\circlearrowleft \sum M_D = 0 \qquad -B_y(9) - 1(6) = 0 \qquad B_y = \frac{2}{3}\text{ kN}\uparrow$$

$$+\uparrow \sum F_y = 0 \qquad \left(\frac{2}{3}\right) - 1 - D_y = 0 \qquad D_y = \frac{1}{3}\text{ kN}\uparrow$$

Note que, en forma alternativa, las magnitudes de B_y y D_y pudieron haberse obtenido a partir de las líneas de influencia para estas reacciones, construidas con anterioridad. A partir de las figuras 8.8(b) y (c), se puede ver que las ordenadas en C (o precisamente a la izquierda o a la derecha de C) de las líneas de influencia para B_y y D_y son, en efecto, 2/3 y 1/3, respectivamente. Cuando la carga unitaria está precisamente a la izquierda de C (véase la figura 8.8(d)), la cortante en este punto es

$$S_C = -D_y = -\frac{1}{3}\text{ kN}$$

Cuando la carga unitaria está precisamente a la derecha de C, la cortante en este punto es

$$S_C = B_y = \frac{2}{3}\text{ kN}$$

De donde, los valores de la línea de influencia en C son –1/3 kN/kN (precisamente a la izquierda de C) y 2/3 kN/kN (precisamente a la derecha de C), como se muestra en la figura. Ahora se puede obtener la ordenada de la línea de influencia en A, a partir de la configuración geométrica de la propia línea (Fig. 8.8(d)). Observando que los triángulos $AA'B$ y BCC' son semejantes, se obtiene la ordenada de A, AA' = 1/3 kN/kN. En la figura 8.8(d), se muestra la línea de influencia para S_C obtenida de este modo. **Resp.**

Línea de influencia para M_C Para obtener la forma general de la línea de influencia para el momento flexionante en C, se inserta una articulación en este punto, en la viga dada, con el fin de obtener la estructura liberada que se muestra en la figura 8.8(e). Enseguida, en el mismo punto de la estructura liberada, se introduce una pequeña rotación θ, en la dirección positiva de M_C, haciendo girar la parte AC en sentido contrario al movimiento de las manecillas del reloj y la parte CD en el sentido de ese movimiento, para obtener la forma deformada que se muestra en la figura 8.8(e). La forma de la línea de influencia es la misma que la deformada de la estructura liberada, como se muestra en la figura.

Para obtener el valor numérico de la ordenada de la línea de influencia en C, se coloca una carga de 1 kN en ese punto, sobre la viga original (Fig. 8.8(e)). Al aplicar, en orden, las ecuaciones de equilibrio $\sum M_D = 0$ y $\sum F_y = 0$, se calculan las reacciones B_y = 2/3 kN y D_y = 1/3, después de lo cual el momento flexionante en C se determina como

$$M_C = \left(\frac{2}{3}\right)(3) = 2\text{ kN} \cdot \text{kN}$$

Por tanto, el valor de la ordenada de la línea de influencia en C es de 2 kN · m/kN. Por último, a fin de completar la línea de influencia, se determina la ordenada en A al considerar la configuración geométrica de la propia línea. En la figura 8.8(e), se observa que en virtud que los triángulos $AA'B$ y BCC' son semejantes, la ordenada en A es AA' = –2 kN · m/kN. En la figura 8.8(e), se muestra la línea de influencia para M_C obtenida de esta manera. **Resp.**

EJEMPLO 8.6

Trace las líneas de influencia para las reacciones verticales en los apoyos A y E, el momento de reacción en el apoyo A, la cortante en el punto B y el momento flexionante en el punto D de la viga mostrada en la figura 8.9(a).

SOLUCIÓN

Línea de influencia para A_y A fin de determinar la forma general de la línea de influencia para A_y, se elimina la restricción correspondiente a esta A_y, al reemplazar el apoyo fijo en A por una guía de rodillos que impide el desplazamiento horizontal y la rotación en este punto, pero no el desplazamiento vertical. Enseguida, al punto A de la estructura liberada se le da un pequeño desplazamiento Δ y se traza una forma deformada de la viga, como se muestra en la figura 8.9(b). Nótese que la forma deformada es coherente con las condiciones de apoyo y de continuidad de la estructura liberada. El extremo A de la viga, sujeto a la guía de rodillos, no puede girar, de modo que la parte AC debe permanecer horizontal en la configuración desplazada. Asimismo, el punto E está sujeto al apoyo de rodillo; por lo tanto, no se puede desplazar en la dirección vertical. De este modo, la parte CF gira alrededor de E, como se muestra en la figura. Las dos partes rígidas, AC y CF, de la viga permanecen rectas en la configuración desplazada y giran una con relación a la otra en la articulación interna que se encuentra en C, la cual permite esa rotación. La forma de la línea de influencia es la misma que la deformada de la estructura liberada, como se muestra en la figura 8.9(b).

Al reconocer que A_y = 1 k, cuando se aplica una carga de 1 k en A, se obtiene el valor de 1 k/k para la ordenada de la línea de influencia en ese punto A. Entonces se determinan las ordenadas en los puntos C y F a partir de la configuración geométrica de la propia línea de influencia. En la figura 8.9(b), se muestra la línea de influencia para A_y obtenida de este modo. **Resp.**

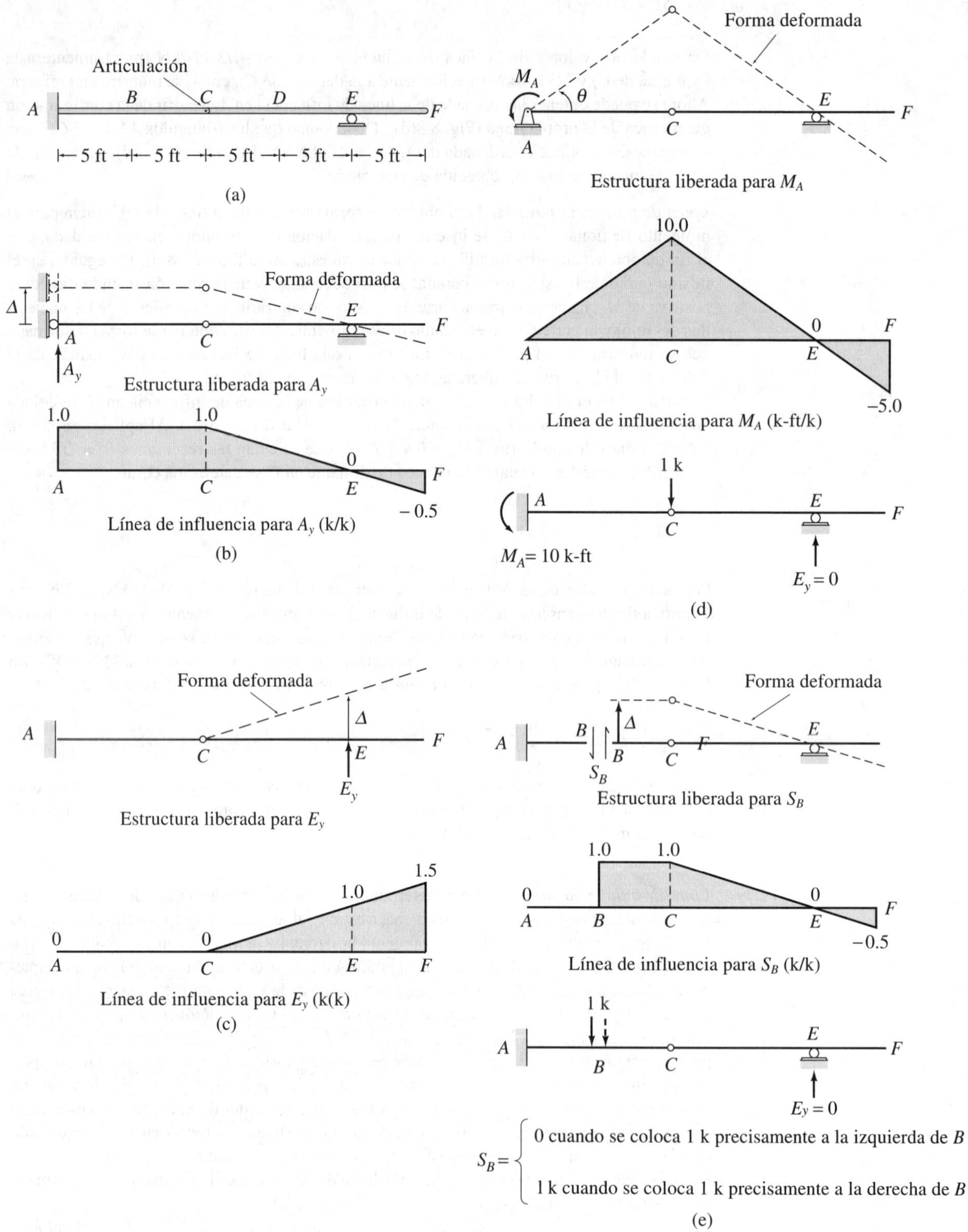

Articulación
A
B
C
D
E
F
5 ft
5 ft
5 ft
5 ft
5 ft
(a)
Forma deformada
M_A
θ
Estructura liberada para M_A
10.0
0
−5.0
Línea de influencia para M_A (k-ft/k)
1 k
M_A= 10 k-ft
E_y = 0
(d)
Forma deformada
Δ
A_y
Estructura liberada para A_y
1.0
1.0
0
− 0.5
Línea de influencia para A_y (k/k)
(b)
Forma deformada
Δ
E_y
Estructura liberada para E_y
1.5
1.0
0
0
Línea de influencia para E_y (k(k)
(c)
Forma deformada
Δ
S_B
Estructura liberada para S_B
1.0
1.0
0
0
−0.5
Línea de influencia para S_B (k/k)
1 k
E_y = 0
S_B = 0 cuando se coloca 1 k precisamente a la izquierda de B
1 k cuando se coloca 1 k precisamente a la derecha de B
(e)

Fig. 8.9

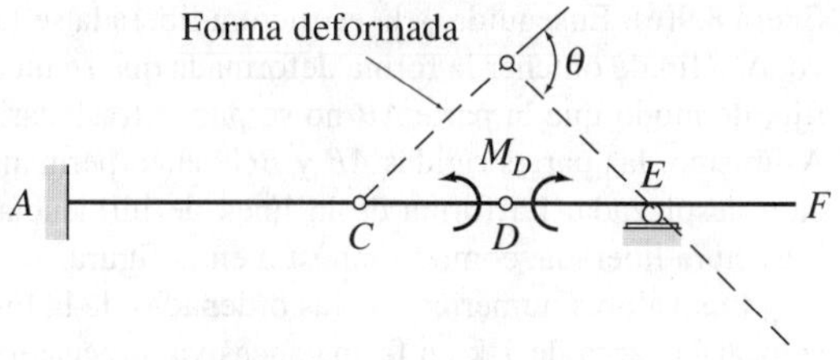

Estructura liberada para M_D

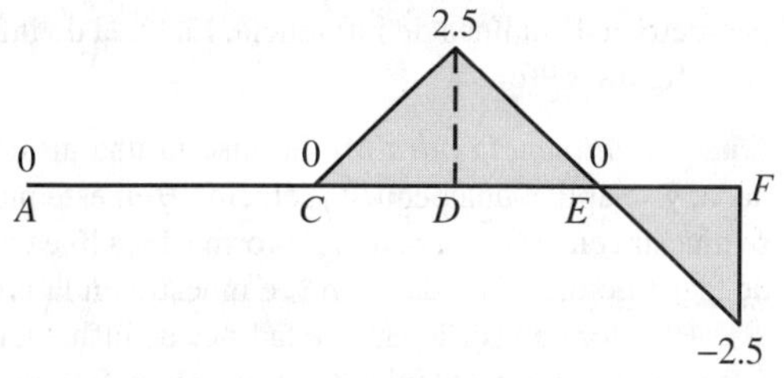

Línea de influencia para M_D (k-ft/k)

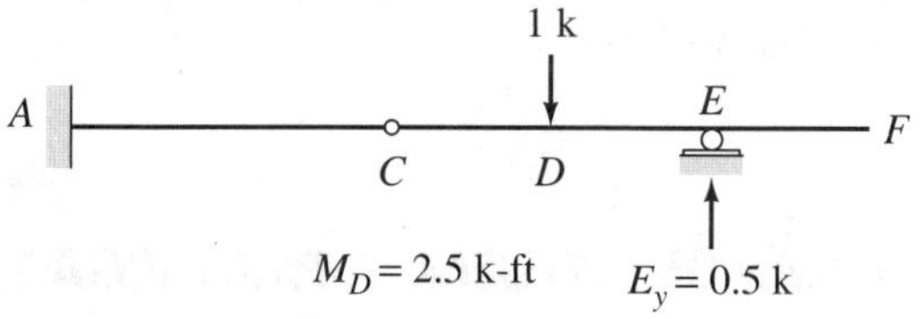

(f)

Fig. 8.9 (*Continuación*)

Línea de influencia para E_y De la estructura dada, se elimina el apoyo E de rodillo y se aplica un pequeño desplazamiento, Δ, en este punto, para obtener la forma deformada que se muestra en la figura 8.9(c). En virtud del apoyo fijo en A, la parte AC de la viga liberada no puede trasladarse ni girar como un cuerpo rígido. La forma de la línea de influencia es la misma que la deformada de la estructura liberada, como se muestra en la figura.

Al darse cuenta que $E_y = 1$ k cuando se coloca una carga de 1k en E, se obtiene el valor de 1 k/k para la ordenada de la línea de influencia en ese punto. Entonces se determina la ordenada en F, a partir de la configuración geométrica de la propia línea de influencia. En la figura 8.9(c), se muestra la línea de influencia obtenida de esta manera. **Resp.**

Línea de influencia para M_A Con el fin de eliminar la restricción correspondiente al momento de reacción M_A, se reemplaza el apoyo fijo en A por uno articulado, como se muestra en la figura 8.9(d). A continuación, en A de la estructura liberada, se introduce una pequeña rotación θ en la dirección positiva (en sentido contrario al movimiento de las manecillas del reloj) de M_A, para obtener la forma deformada que se muestra en la figura. La forma de la línea de influencia es la misma que la deformada de la estructura liberada.

En virtud de que la ordenada de la línea de influencia en A es cero, se determina la ordenada en C al colocar la carga de 1 k en este último punto, sobre la viga original (Fig. 8.9(d)). Después de calcular la reacción $E_y = 0$, aplicando la ecuación de condición $\sum M_C^{CF}$, se determina el momento en A a partir de la ecuación de equilibrio:

$$+ \circlearrowleft \sum M_A = 0 \qquad M_A - 1(10) = 0 \qquad M_A = 10 \text{ k-ft}$$

De donde, el valor de la ordenada de la línea de influencia en C es de 10 k-ft/k. Entonces se determina la ordenada en F al considerar la configuración geométrica de la línea de influencia. En la figura 8.9(d), se muestra la línea de influencia obtenida de este modo. **Resp.**

Línea de influencia para S_B Para eliminar la restricción correspondiente a la cortante en B, se corta la viga dada en este punto, para obtener la estructura liberada que se muestra en la figura 8.9(e). Enseguida, a la estructura liberada se le da un pequeño desplazamiento relativo, Δ, a fin de obtener la forma deformada que se muestra en la misma figura. El apoyo *A* es fijo, de modo que la parte *AB* no se puede trasladar ni hacer girar como un cuerpo rígido. Asimismo, las partes rígidas *AB* y *BC* deben permanecer paralelas entre sí en la configuración desplazada. La forma de la línea de influencia es la misma que la deformada de la estructura liberada, como se muestra en la figura.

Los valores numéricos de las ordenadas de la línea de influencia en *B* se determinan al colocar la carga de 1 k en forma sucesiva, precisamente a la izquierda y precisamente a la derecha de ese punto (Fig. 8.9(e)), y calculando las cortantes en *B* para las dos posiciones de la carga unitaria. Después, se determinan las ordenadas en *C* y *F* a partir de la configuración geométrica de la línea de influencia. La línea de influencia obtenida de este modo se muestra en la figura 8.9(c). **Resp.**

Línea de influencia para M_D Se inserta una articulación interna en el punto *D*, en la viga dada, y se aplica una pequeña rotación θ en este punto, para obtener la forma deformada que se muestra en la figura 8.9(f). La forma de la línea de influencia es la misma que la deformada de la estructura liberada, como se muestra en la propia figura.

El valor de la ordenada de la línea de influencia en *D* se determina al colocar la carga de 1 k en este punto y calculando el momento flexionante en el mismo, para esta posición de la carga unitaria (Fig. 8.9(f)). Entonces se determina la ordenada en *F* a partir de la configuración geométrica de la propia línea. La línea de influencia obtenida de este modo se muestra en la figura 8.9(f). **Resp.**

8.3 LÍNEAS DE INFLUENCIA PARA VIGAS MAESTRAS CON SISTEMAS DE PISOS

En las secciones anteriores, se consideraron las líneas de influencia para vigas que estaban sujetas a una carga en movimiento aplicada directamente a éstas. En la mayor parte de los puentes y edificios, existen algunos miembros estructurales que no están sujetos a las cargas vivas directamente, sino a las cargas que se transmiten a través de sistemas de armazones de pisos. En la sección 1.4, se describieron sistemas típicos de armazones usados en puentes y edificios (Figs. 1.13 y 1.14, respectivamente). En la figura 8.10, se muestra otro ejemplo del sistema de armazón de un puente. El tablero del puente descansa sobre vigas llamadas *largueros*, las cuales son sostenidas por las *vigas de piso*, las que, a su vez, son sostenidas por las *vigas maestras*. De este modo, cualesquiera cargas vivas (por ejemplo, el peso del tránsito), sin importar en dónde estén localizadas sobre el puente o si son concentradas o distribuidas, siempre se transmiten a las vigas maestras como cargas concentradas, aplicadas en los puntos en donde estas vigas soportan las vigas de piso.

Para ilustrar el procedimiento de construcción de las líneas de influencia para las cortantes y momentos flexionantes en las vigas maestras que soportan sistemas de puentes y pisos de edificios, considere la viga maestra simplemente apoyada que se muestra en la figura 8.11(a). Como se ilustra, una carga unitaria se mueve de izquierda a derecha sobre los largueros, los cuales se supone están simplemente apoyados sobre las vigas de piso. El efecto de la carga unitaria se transmite hacia la viga maestra en los puntos *A* al *F*, en los cuales la viga maestra presta apoyo a las vigas de piso. Por lo común, los puntos *A* al *F* se conocen como *nodos* y las partes de la viga maestra entre los nodos (por ejemplo, *AB* o *BC*) se llaman *paneles*. En la figura 8.11(a), se muestran los largueros que descansan sobre la parte superior de las vigas de piso, las cuales descansan sobre la parte superior de la viga maestra. Aun cuando aquí se usan esos esquemas para mostrar la manera en que la carga se transmite de un miembro estructural al otro, en los sistemas reales de pisos, los miembros rara vez se soportan sobre la parte superior del uno al otro, como se ilustra en la figura 8.11(a). En lugar de ello, los largueros y las vigas de piso suelen colocarse en posi-

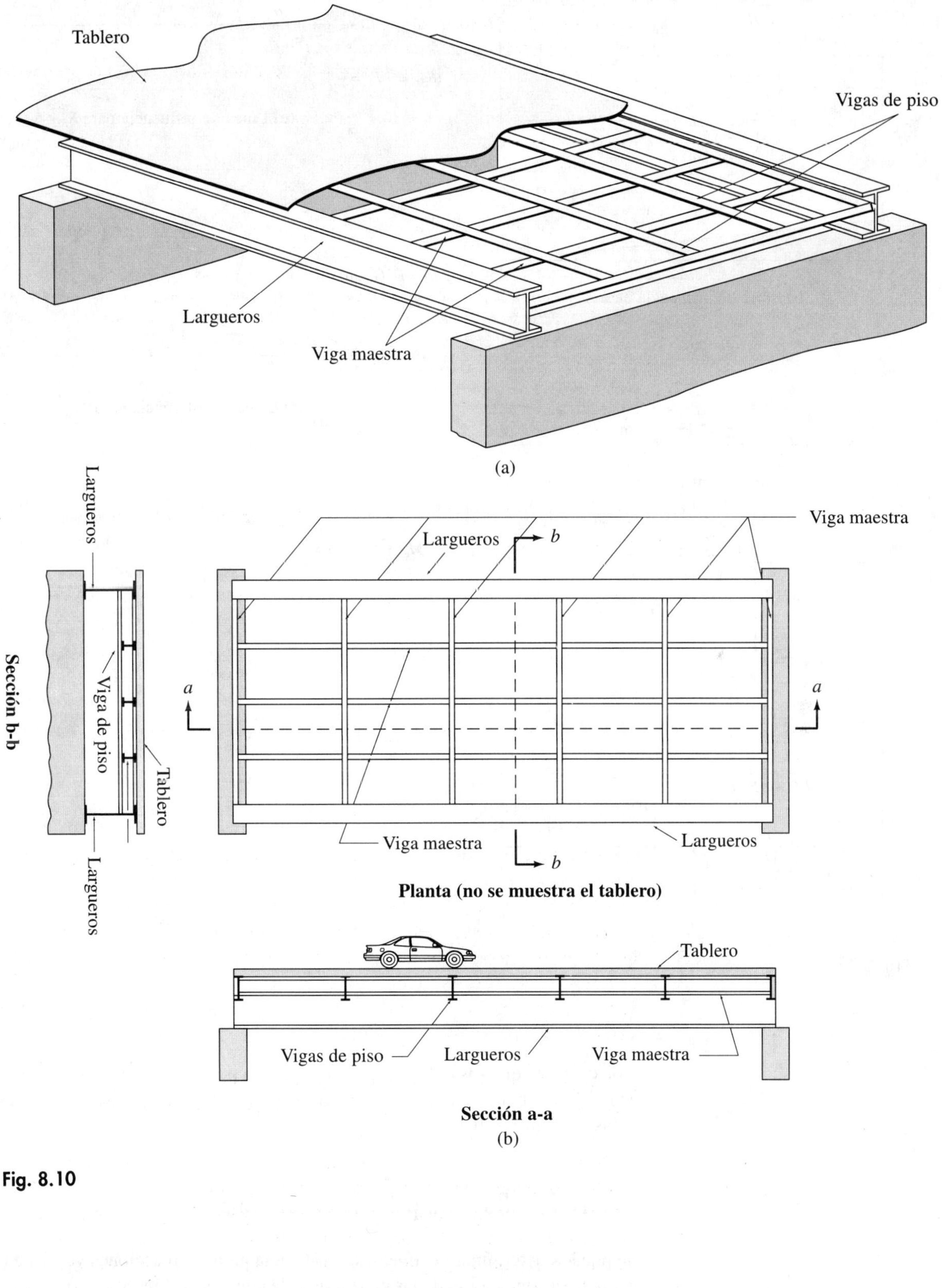
Tablero
Vigas de piso
Largueros
Viga maestra
(a)
Largueros
Viga de piso
Tablero
Largueros
Sección b-b
Viga maestra
Largueros
b
a
a
Viga maestra
Largueros
b
Planta (no se muestra el tablero)
Tablero
Vigas de piso
Largueros
Viga maestra
Sección a-a
(b)

Fig. 8.10

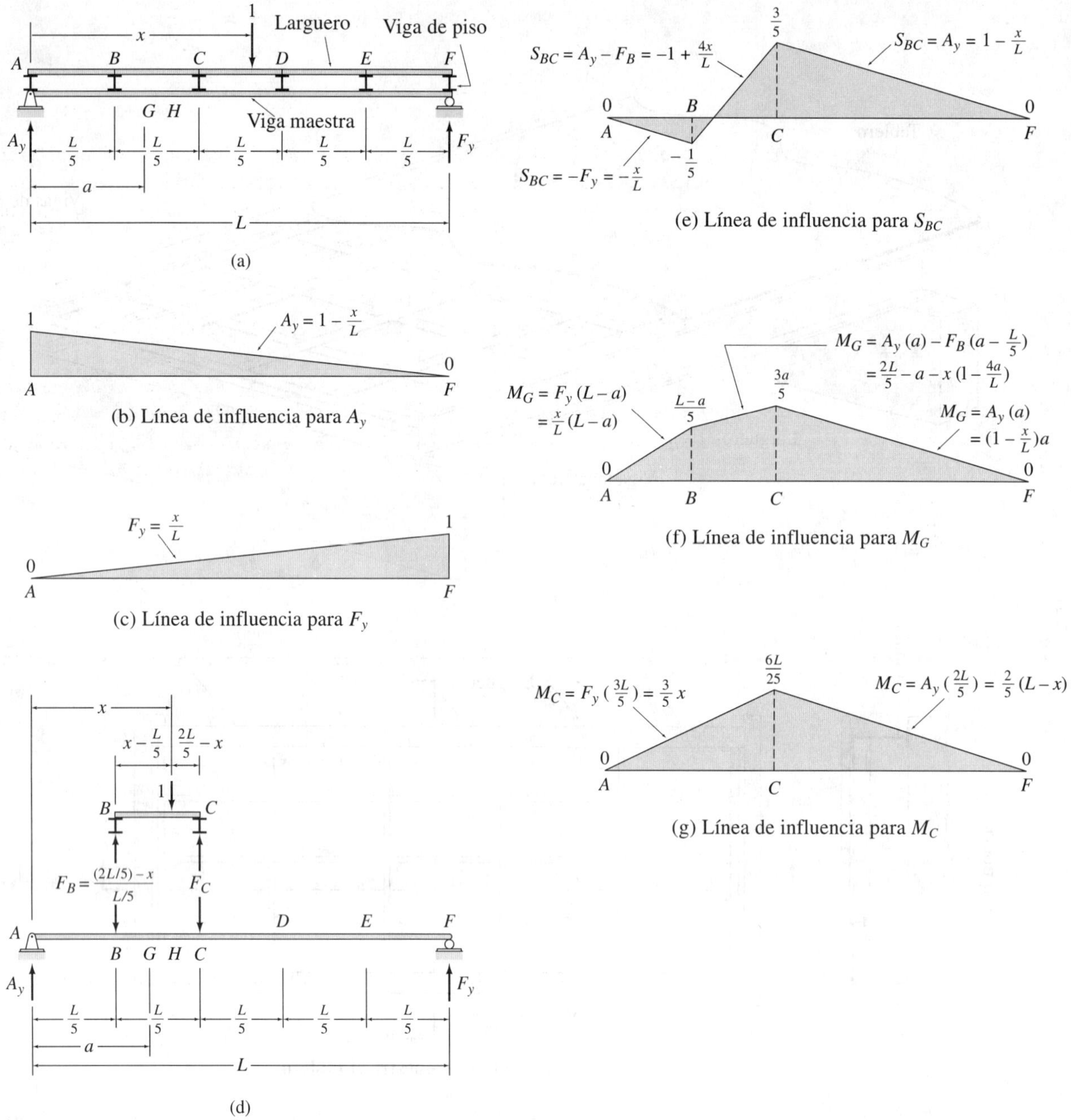

(a)

(b) Línea de influencia para A_y

(c) Línea de influencia para F_y

(d)

(e) Línea de influencia para S_{BC}

(f) Línea de influencia para M_G

(g) Línea de influencia para M_C

Fig. 8.11

ción de modo que sus bordes superiores queden parejos entre sí y se encuentran más abajo de los bordes superiores de las vigas maestras, o al mismo nivel que estos (véase la figura 8.10).

Líneas de influencia para las reacciones

Se pueden determinar las líneas de influencia para las reacciones verticales A_y y F_y mediante la aplicación de las ecuaciones de equilibrio (Fig. 8.11(a)):

$$+\circlearrowleft \sum M_F = 0 \qquad -A_y(L) + 1(L-x) = 0 \qquad A_y = 1 - \frac{x}{L}$$

$$+\circlearrowleft \sum M_A = 0 \qquad -1(x) + F_y(L) = 0 \qquad F_y = \frac{x}{L}$$

En las figuras 8.11(b) y (c) se muestran las líneas de influencia obtenidas al trazar las gráficas de estas ecuaciones. Note que estas líneas de influencia son idénticas a las correspondientes a las reacciones de una viga simplemente apoyada a la cual la carga unitaria se aplica en forma directa.

Línea de influencia para la cortante en el panel *BC*

A continuación, supóngase que se desean construir las líneas de influencia para las cortantes en los puntos *G* y *H*, los cuales están localizados en el panel *BC* como se muestra en la figura 8.11(a). Cuando la carga unitaria está ubicada a la izquierda del nodo *B*, la cortante en cualquier punto dentro del panel *BC* (por ejemplo, los puntos *G* y *H*) se puede expresar como

$$S_{BC} = -F_y = -\frac{x}{L} \qquad 0 \le x \le \frac{L}{5}$$

De manera análoga, cuando la carga unitaria está localizada a la derecha del nodo *C*, la cortante en cualquier punto dentro del panel *BC* se da por

$$S_{BC} = A_y = 1 - \frac{x}{L} \qquad \frac{2L}{5} \le x \le L$$

Cuando la carga unitaria está localizada dentro del panel *BC*, como se muestra en la figura 8.11(d), en la expresión para la cortante en ese panel debe incluirse la fuerza F_B ejercida sobre la viga maestra por la viga de piso, en *B*:

$$S_{BC} = A_y - F_B = \left(1 - \frac{x}{L}\right) - \left(2 - \frac{5x}{L}\right) = -1 + \frac{4x}{L} \qquad \frac{L}{5} \le x \le \frac{2L}{5}$$

De donde, las ecuaciones de la línea de influencia para S_{BC} pueden escribirse como

$$S_{BC} = \begin{cases} -F_y = -\dfrac{x}{L} & 0 \le x \le \dfrac{L}{5} \\ A_y - F_B = -1 + \dfrac{4x}{L} & \dfrac{L}{5} \le x \le \dfrac{2L}{5} \\ A_y = 1 - \dfrac{x}{L} & \dfrac{2L}{5} \le x \le L \end{cases} \qquad \textbf{(8.13)}$$

Estas expresiones para la cortante no dependen de la ubicación exacta de un punto dentro del panel; es decir, estas expresiones siguen siendo las mismas para todos los puntos ubicados dentro del panel *BC*. Las expresiones no cambian porque las cargas se transmiten a la viga maestra sólo en los nodos; por lo tanto, *la cortante en cualquier panel de la viga maestra permanece constante de un lado a otro de la longitud de ese panel*. De este modo, para las vigas maestras con sistemas de pisos, las líneas de influencia para las cortantes suelen construirse para los paneles, en lugar de hacerlo para puntos específicos a lo largo de las vigas maestras. La línea de influencia para la cortante en el panel *BC*, obtenida al trazar la gráfica de las ecuaciones (8.13), se muestra en la figura 8.11(e).

Línea de influencia para el momento flexionante en *G*

Se puede construir la línea de influencia para el momento flexionante en el punto G, el cual está localizado en el panel BC (Fig. 8.11(a)), aplicando un procedimiento semejante. Cuando la carga unitaria está localizada a la izquierda del nodo B, el momento flexionante en G se puede expresar como

$$M_G = F_y(L-a) = \frac{x}{L}(L-a) \qquad 0 \le x \le \frac{L}{5}$$

Cuando la carga unitaria está localizada a la derecha del nodo C, el momento flexionante en G se da por

$$M_G = A_y(a) = \left(1-\frac{x}{L}\right)a \qquad \frac{2L}{5} \le x \le L$$

Cuando la carga unitaria está localizada dentro del panel BC, como se muestra en la figura 8.11(d), en la expresión para el momento flexionante en G, debe incluirse el momento de la fuerza F_B ejercida sobre la viga maestra en B, por la viga de piso, en torno a ese punto G:

$$M_G = A_y(a) - F_B\left(a-\frac{L}{5}\right) = \left(1-\frac{x}{L}\right)a - \left(2-\frac{5x}{L}\right)\left(a-\frac{L}{5}\right)$$
$$= \frac{2L}{5} - a - x\left(1-\frac{4x}{L}\right) \qquad \frac{L}{5} \le x \le \frac{2L}{5}$$

De este modo, las ecuaciones de las líneas de influencia para M_G pueden escribirse como

$$M_G = \begin{cases} -F_y(L-a) = -\dfrac{x}{L}(L-a) & 0 \le x \le \dfrac{L}{5} \\ A_y(a) - F_B\left(a-\dfrac{L}{5}\right) = \dfrac{2L}{5} - a - x\left(1-\dfrac{4x}{L}\right) & \dfrac{L}{5} \le x \le \dfrac{2L}{5} \\ A_y(a) = \left(1-\dfrac{x}{L}\right)a & \dfrac{2L}{5} \le x \le L \end{cases} \qquad \textbf{(8.14)}$$

La ecuación (8.14) indica que, a diferencia de la cortante, la cual permanece constante en todo un panel, las expresiones para el momento flexionante dependen de la ubicación específica del punto G dentro del panel BC. La línea de influencia para M_G, obtenida al trazar la gráfica de las ecuaciones (8.14), se muestra en la figura 8.11(f). En esta figura se puede ver que tanto la línea de influencia para M_G, como la línea de influencia para la cortante construida con anterioridad (Fig. 8.11(e)), consta de tres segmentos rectilíneos, con discontinuidades en los extremos del panel que contiene la función de respuesta que se está considerando.

Línea de influencia para el momento flexionante en el nodo *C*

Cuando la carga unitaria está localizada a la izquierda de C (Fig. 8.11(a)), el momento flexionante en este punto queda dado por

$$M_C = F_y\left(\frac{3L}{5}\right) = \frac{x}{L}\left(\frac{3L}{5}\right) = \frac{3}{5}x \qquad 0 \le x \le \frac{2L}{5}$$

Cuando la carga unitaria está localizada a la derecha de C,

$$M_C = A_y\left(\frac{2L}{5}\right) = \left(1-\frac{x}{L}\right)\frac{2L}{5} = \frac{2}{5}(L-x) \qquad \frac{2L}{5} \le x \le L$$

De donde, las ecuaciones de la línea de influencia para M_C se pueden escribir como

$$M_C = \begin{cases} F_y\left(\dfrac{3L}{5}\right) = \dfrac{3}{5}x & 0 \le x \le \dfrac{2L}{5} \\ A_y\left(\dfrac{2L}{5}\right) = \dfrac{2}{5}(L-x) & \dfrac{2L}{5} \le x \le L \end{cases} \qquad \textbf{(8.15)}$$

La línea de influencia obtenida al trazar las gráficas de estas ecuaciones se muestra en la figura 8.11(g). Note que esta línea de influencia es idéntica a la del momento flexionante de una viga correspondiente, sin el sistema de piso.

Procedimiento para el análisis

Como el ejemplo antes dado indica, las líneas de influencia para las vigas maestras que sirven de apoyo a sistemas de pisos, con largueros simplemente apoyados, constan de segmentos rectilíneos, teniéndose discontinuidades o cambios en las pendientes sólo en los nodos. En las líneas de influencia para las cortantes y para los momentos flexionantes, en puntos localizados dentro de los paneles, los cambios en la pendiente se tienen en los nodos que están en los extremos del panel que contiene la función de respuesta (Figs. 8.11(e) y (f)), en tanto que en las líneas de influencia para los momentos flexionantes en los nodos, el cambio en la pendiente ocurre en el nodo en donde se evalúa el momento flexionante. Como consecuencia, las líneas de influencia para las vigas maestras se construyen en forma conveniente como se indica a continuación.

Determine las ordenadas de la línea de influencia en los puntos de apoyo y en los nodos en donde ocurren los cambios en la pendiente, colocando una carga unitaria de manera sucesiva en cada uno de estos puntos y aplicando las ecuaciones de equilibrio. En el caso de una línea de influencia para el momento flexionante en un nodo de una viga maestra en voladizo, la ordenada de esa línea en la ubicación del momento será cero. En ese caso, se hace necesario determinar una ordenada adicional de la línea de influencia (por lo común, en el extremo libre de la viga maestra en voladizo) que no sea cero, a fin de completar dicha línea.

Si la viga maestra contiene articulaciones internas, sus líneas de influencia serán discontinuas en los nodos, en donde se localizan esas articulaciones. Si, dentro de un panel, se localiza una articulación, entonces se tendrán las discontinuidades en los nodos que se encuentran en los extremos de ese panel. Determine las ordenadas de la línea de influencia en los nodos en donde se presentan las discontinuidades debidas a la presencia de articulaciones internas, colocando la carga unitaria en estos puntos y aplicando las ecuaciones de equilibrio o de condición, o de ambos tipos.

Complete la línea de influencia al unir las ordenadas previamente calculadas por medio de rectas y al determinar cualesquiera ordenadas restantes mediante la aplicación de la configuración geométrica de la propia línea.

EJEMPLO 8.7

Trace las líneas de influencia para la cortante en el panel CD y el momento flexionante en D de la viga maestra con el sistema de piso, según se muestra en la figura 8.128(a).

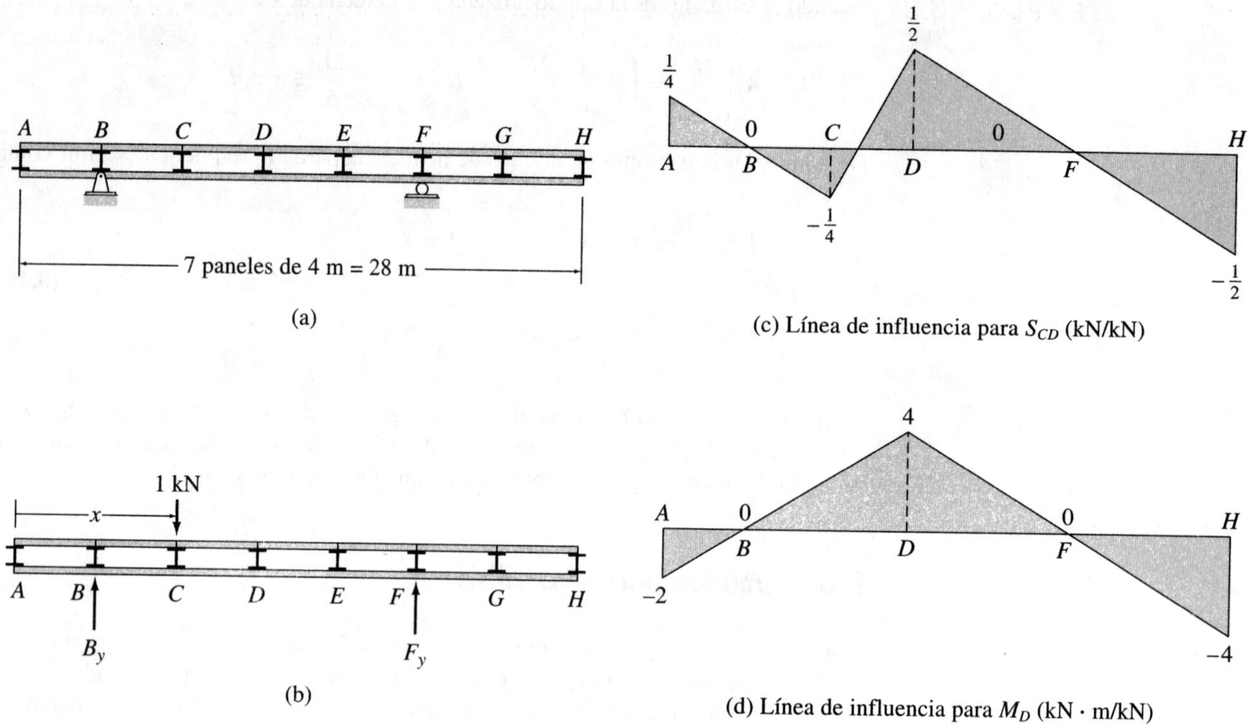

(a)

(b)

(c) Línea de influencia para S_{CD} (kN/kN)

(d) Línea de influencia para M_D (kN · m/kN)

Fig. 8.12

Línea de influencia para S_{CD} A fin de determinar la línea de influencia para la cortante en el panel *CD*, se coloca una carga de 1 kN de manera sucesiva en los nodos *B*, *C*, *D* y *F*. Para cada posición de la carga unitaria, en principio se determina por proporciones la reacción apropiada en el apoyo, y se calcula la cortante en el panel *CD*. Por tanto, cuando

1 kN está en *B*,	$F_y = 0$	$S_{CD} = 0$
1 kN está en *C*,	$F_y = \frac{1}{4}$ kN	$S_{CD} = -\frac{1}{4}$ kN
1 kN está en *D*,	$B_y = \frac{2}{4} = \frac{1}{2}$ kN	$S_{CD} = \frac{1}{2}$ kN
1 kN está en *F*,	$B_y = 0$	$S_{CD} = 0$

La línea de influencia para S_{CD} se construye al situar estas ordenadas en una gráfica y al unirlas con rectas, como se muestra en la figura 8.12(c). Entonces se determinan las ordenadas en los extremos *A* y *B* de la viga maestra a partir de la configuración geométrica de esa línea de influencia.

Resp.

Línea de influencia para M_D Para determinar la línea de influencia para el momento flexionante en el nodo *D*, se coloca la carga de 1 kN de manera sucesiva en los nodos *B*, *D* y *F*. Para cada posición de la carga unitaria, el momento flexionante en *D* se determina como sigue: Cuando

1 kN está en *B*,	$F_y = 0$	$M_D = 0$
1 kN está en *D*,	$B_y = \frac{1}{2}$ kN	$M_D = \left(\frac{1}{2}\right)8 = 4$ kN · m
1 kN está en *F*,	$B_y = 0$	$M_D = 0$

En la figura 8.12(d), se muestra la línea de influencia para M_D.

Resp.

EJEMPLO 8.8

Trace las líneas de influencia para la reacción en el apoyo A, la cortante en el panel CD y el momento flexionante en D de la viga maestra con sistema de piso, según se muestra en la figura 8.13(a).

SOLUCIÓN *Línea de influencia para* A_y A fin de determinar la línea de influencia para la reacción A_y, se coloca una carga de 1 kN de manera sucesiva en los nodos A, B y C. Para cada posición de la carga unitaria, se calcula la magnitud de A_y por la aplicación de la ecuación de condición $\sum M_F^{AF} = 0$. Es decir, cuando

1 k está en A, $\qquad A_y = 1$ k

1 k está en B, $\qquad + \circlearrowleft \sum M_F^{AF} = 0$

$$-A_y(15) + 1(15) = 0 \qquad A_y = \frac{1}{3}\text{ k}$$

1 k está en C, $\qquad + \circlearrowleft \sum M_F^{AF} = 0$

$$-A_y(15) = 0$$

$$A_y = 0$$

La línea de influencia para A_y, obtenida de este modo, se muestra en la figura 8.13 (c). **Resp.**

Línea de influencia para S_{CD} Se coloca la carga de 1 k de manera sucesiva en cada uno de los cinco nodos y se determinan las ordenadas de la línea de influencia, como se indica a continuación. Cuando

1 kN está en A,	$A_y = 1$ k	$S_{CD} = 0$
1 kN está en B,	$A_y = \frac{1}{3}$ k	$S_{CD} = \left(\frac{1}{3}\right) - 1 = -\frac{2}{3}$ k
1 kN está en C,	$A_y = 0$	$S_{CD} = -1$ k
1 kN está en D,	$A_y = 0$	$S_{CD} = 0$
1 kN está en E,	$A_y = 0$	$S_{CD} = 0$

La línea de influencia para S_{CD} así obtenida se muestra en la figura 8.13(d). **Resp.**

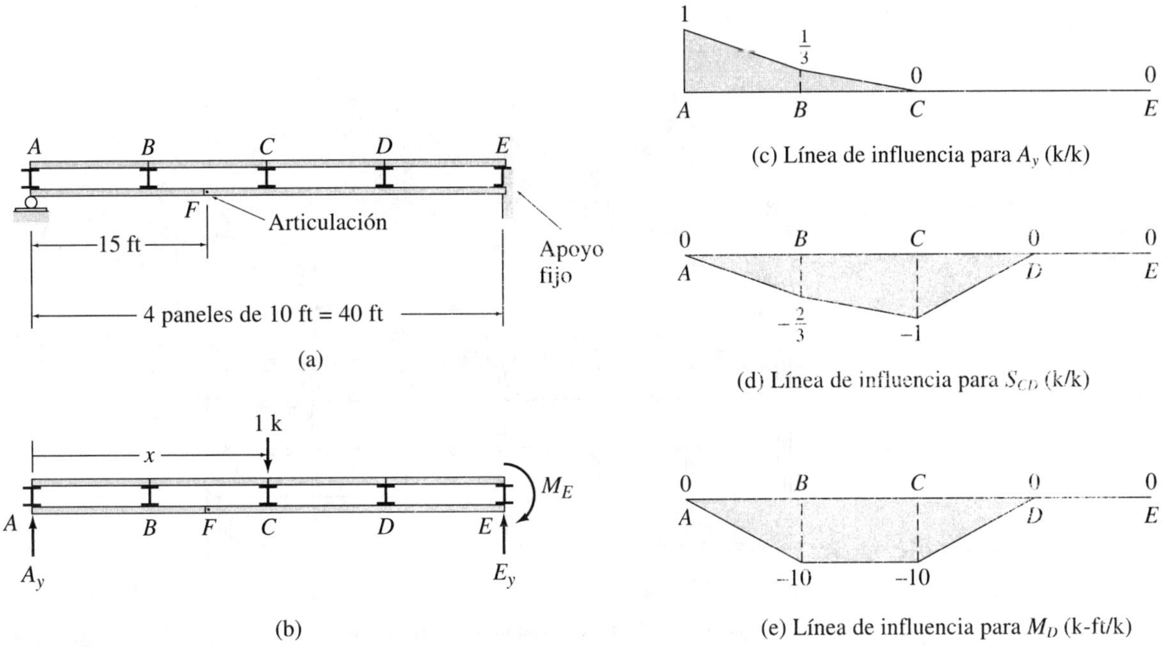

Fig. 8.13

Línea de influencia para M_D Se coloca una carga de 1 k de manera sucesiva en cada uno de los cinco nodos y se determinan las ordenadas de la línea de influencia como sigue. Cuando

1 kN está en A,	$A_y = 1$ k	$M_D = 0$
1 kN está en B,	$A_y = \frac{1}{3}$ k	$M_D = \left(\frac{1}{3}\right)30 - 1(20) = -10$ k-ft
1 kN está en C,	$A_y = 0$	$M_D = -1(10) = -10$ k-ft
1 kN está en D,	$A_y = 0$	$M_D = 0$
1 kN está en E,	$A_y = 0$	$M_D = 0$

La línea de influencia para M_D se muestra en la figura 8.13(e). **Resp.**

8.4 LÍNEAS DE INFLUENCIA PARA ARMADURAS

Los sistemas de armazones de pisos de uso común para transmitir cargas vivas a las armaduras son semejantes a los usados para las vigas maestras, discutidos en la sección anterior. En la figura 8.14, se muestra un sistema de piso de un puente de armadura, descrito con anterioridad en la sección 1.4 (Fig. 1.13). El tablero del puente descansa sobre largueros que son soportados por vigas de piso, las cuales, a su vez, están conectadas en sus extremos a los nodos de las cuerdas inferiores de las dos armaduras longitudinales. Por tanto, cualesquiera cargas vivas (por ejemplo, el peso del tránsito), sin importar en dónde están ubicadas sobre el tablero o si están concentradas o distribuidas, siempre se transmiten hacia las armaduras como cargas concentradas que se aplican en los nodos. Las cargas vivas se transmiten a las armaduras de tejados de manera semejante. Como en el caso del sistema de piso de las vigas maestras, se supone que los sistemas de pisos de las armaduras están simplemente apoyados en sus extremos, sobre las vigas adyacentes de piso. De donde, las líneas de influencia para las armaduras también contienen segmentos rectilíneos entre los nodos.

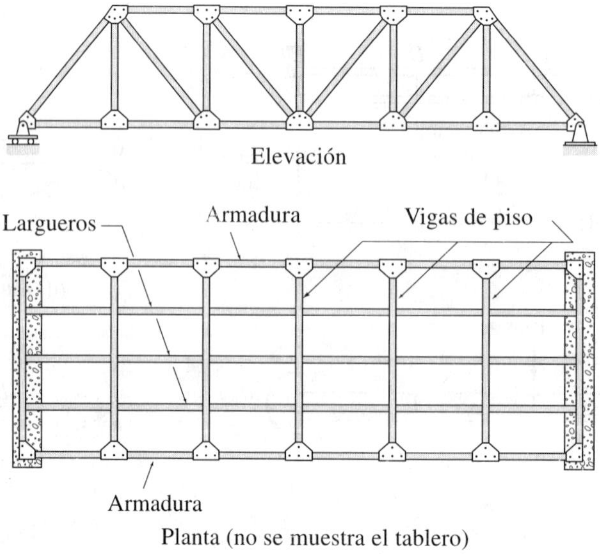

Fig. 8.14

Para ilustrar la construcción de las líneas de influencia para las armaduras, considere la armadura Pratt para puente mostrada en la figura 8.15(a). Una carga unitaria (de 1 k) se mueve de izquierda a derecha sobre los largueros de un sistema de piso sujeto a la cuerda inferior *AG* de la armadura. El efecto de la carga unitaria se transmite a la armadura en los nodos *A* al *G*, en donde las vigas de piso se conectan a la propia armadura. Suponga que se desean trazar las líneas de influencia para las reacciones verticales en los apoyos *A* y *E*, así como las fuerzas axiales en los miembros *CI*, *CD*, *DI*, *IJ* y *FL* de la armadura.

Líneas de influencia para las reacciones

Se pueden determinar las ecuaciones de las líneas de influencia para las reacciones verticales, A_y y E_y, al aplicar las ecuaciones de equilibrio (Fig. 8.15(b)):

$$+\circlearrowleft \sum M_E = 0 \qquad -A_y(60) + 1(60 - x) = 0 \qquad A_y = 1 - \frac{x}{60}$$

$$+\circlearrowleft \sum M_A = 0 \qquad -1(x) + E_y(60) = 0 \qquad E_y = \frac{x}{60}$$

En las figuras 8.15(c) y (d), se muestran las líneas de influencia que se obtienen al trazar las gráficas de estas ecuaciones. Nótese que estas líneas de influencia son idénticas a las de las reacciones de una viga correspondiente a la cual se aplica directamente la carga unitaria.

Línea de influencia para la fuerza en el miembro vertical *CI*

Se pueden determinar las expresiones para la fuerza en el miembro, F_{CI}, si se pasa una sección imaginaria *aa* a través de los miembros *CD*, *CI* y *HI*, como se muestra en la figura 8.15(e) y mediante la aplicación de la ecuación de equilibrio $\sum F_y = 0$ a una de las dos partes de la armadura. En la figura 8.15(e), se puede ver que, cuando la carga de 1 k se encuentra localizada a la izquierda del nodo *C* —es decir, sobre la parte *AC* de la armadura—, entonces F_{CI} se puede determinar de modo conveniente al considerar el equilibrio del cuerpo libre de la parte derecha *DG* como

$$+\uparrow \sum F_y = 0 \qquad -F_{CI} + E_y = 0 \qquad F_{CI} = E_y \qquad 0 \leq x \leq 30 \text{ ft}$$

lo cual indica que el segmento de la línea de influencia para F_{CI}, entre *A* y *C*, es idéntico al segmento correspondiente de la línea de influencia para E_y. Cuando la carga de 1 k se encuentra localizada a la derecha del nodo *D*, resulta conveniente determinar F_{CI} al utilizar el cuerpo libre de la parte izquierda *AC*:

$$+\uparrow \sum F_y = 0 \qquad A_y + F_{CI} = 0 \qquad F_{CI} = A_y \qquad 45 \text{ ft} \leq x \leq 90 \text{ ft}$$

lo cual indica que se puede obtener el segmento de la línea de influencia para F_{CI}, entre *D* y *G*, al multiplicar el segmento correspondiente de la línea de influencia para A_y por -1. En la figura 8.15(f), se muestran los segmentos de la línea de influencia para F_{CI}, entre *A* y *C* y entre *D* y *G*, construidos de este modo a partir de las líneas de influencia para E_y y A_y, respectivamente, al utilizar las expresiones anteriores. Cuando la carga de 1 k está localizada entre *C* y *D*, la parte de la misma transmitida hacia la armadura por la viga de piso en *C*, $F_C = (45 - x)/15$, debe incluirse en la ecuación de equilibrio $\sum F_y = 0$ en la parte izquierda *AC*, para obtener F_{CI}:

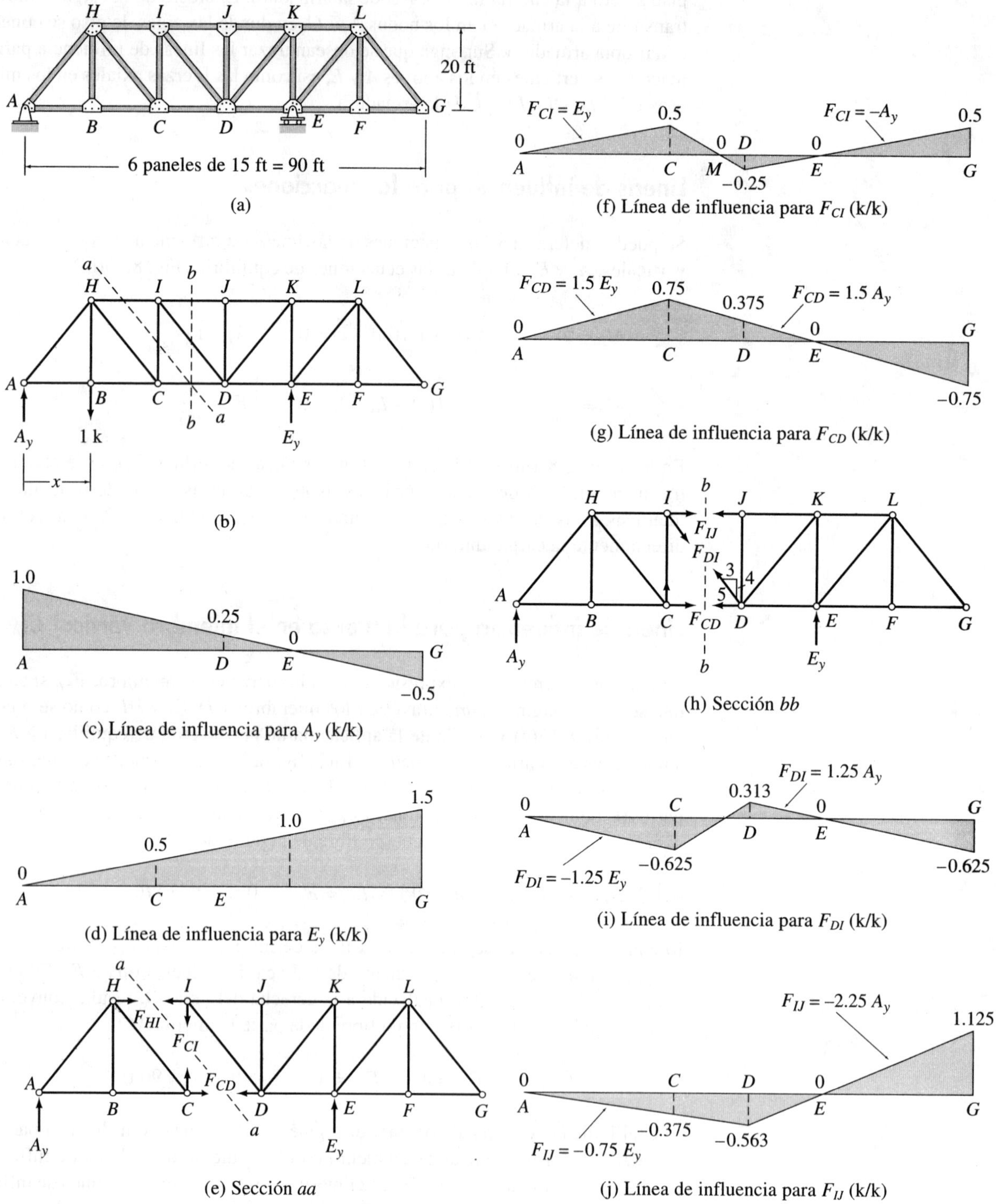

H I J K L
20 ft
A B C D E F G
6 paneles de 15 ft = 90 ft
(a)
$F_{CI} = E_y$ 0.5 $F_{CI} = -A_y$ 0.5
0 0 D 0
A C M E G
−0.25
(f) Línea de influencia para F_{CI} (k/k)
a b
H I J K L
A B C D E F G
b a
A_y 1 k E_y
x
(b)
$F_{CD} = 1.5\,E_y$ 0.75 0.375 $F_{CD} = 1.5\,A_y$
0 0 G
A C D E
−0.75
(g) Línea de influencia para F_{CD} (k/k)
b
H I J K L
F_{IJ}
F_{DI}
3 4 5
A B C F_{CD} D E F G
A_y b E_y
(h) Sección bb
1.0
0.25
0
A D E G
−0.5
(c) Línea de influencia para A_y (k/k)
$F_{DI} = 1.25\,A_y$
0.313
0 C 0 G
A D E
−0.625 −0.625
$F_{DI} = -1.25\,E_y$
(i) Línea de influencia para F_{DI} (k/k)
1.5
1.0
0.5
0
A C E G
(d) Línea de influencia para E_y (k/k)
a
H I J K L
F_{HI}
F_{CI}
F_{CD}
A B C D E F G
a
A_y E_y
(e) Sección aa
$F_{IJ} = -2.25\,A_y$
1.125
0 C D 0
A E G
−0.375 −0.563
$F_{IJ} = -0.75\,E_y$
(j) Línea de influencia para F_{IJ} (k/k)

Fig. 8.15

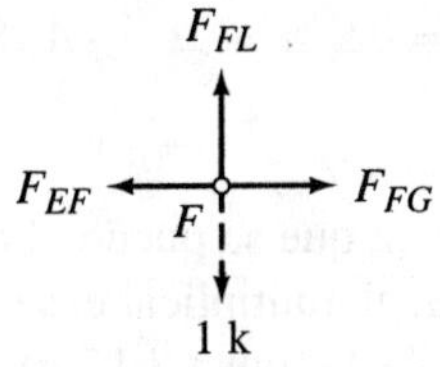

(k)

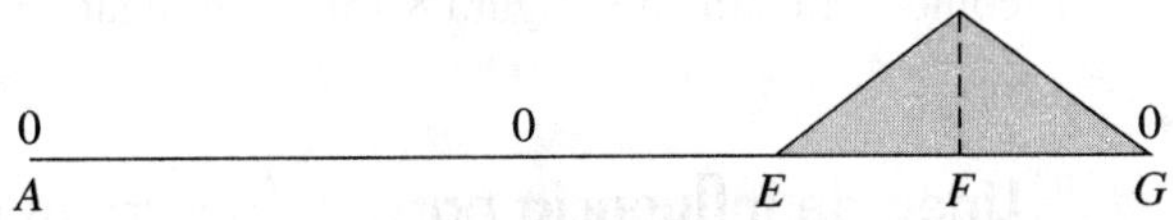

(l) Línea de influencia para F_{FL}

Fig. 8.15 (*Continuación*)

$$+\uparrow \sum F_y = 0 \qquad -A_y - \left(\frac{45-x}{15}\right) + F_{CI} = 0$$

$$F_{CI} = -A_y - \left(\frac{45-x}{15}\right)$$

$$30 \text{ ft} \leq x \leq 45 \text{ ft}$$

Por tanto, la línea de influencia para F_{CI} se compone de tres segmentos rectilíneos, como se muestra en la figura 8.15(f). Dado que, en la deducción de las ecuaciones de la línea de influencia, se supuso que la fuerza en el miembro, F_{CI}, era de tensión, una ordenada positiva de esa línea indica que la carga de 1 k aplicada en ese punto causa una fuerza de tensión en el miembro *CI* y viceversa. De donde, la línea de influencia para F_{CI} (Fig. 8.15(f)) indica que el miembro *CI* estará a tensión cuando la carga de 1 k esté localizada entre *A* y *M* y entre *E* y *G*, en tanto que estará a compresión cuando la carga unitaria se coloque entre *M* y *E*.

Línea de influencia para la fuerza en el miembro *CD* de la cuerda inferior

Se pueden determinar las expresiones para la fuerza en el miembro F_{CD}, si se considera la misma sección *aa* usada para F_{CI}, pero mediante la aplicación de la ecuación de equilibrio de momentos, $\sum M_I = 0$. En la figura 8.15(e), se puede ver que, cuando se aplica la carga de 1 k a la izquierda del nodo *C*, entonces se puede determinar F_{CD} de modo conveniente al considerar el equilibrio del cuerpo libre de la parte derecha *DG* de la armadura:

$$+ \circlearrowleft \sum M_I = 0 \qquad -F_{CD}(20) + E_y(30) = 0$$

$$F_{CD} = 1.5E_y \qquad 0 \leq x \leq 30 \text{ ft}$$

lo cual indica que se puede obtener el segmento de la línea de influencia para F_{CD}, entre *A* y *C*, al multiplicar el segmento correspondiente de la línea de influencia para E_y por 1.5. Cuando la carga de 1 k se ubica a la derecha de *C*, resulta conveniente determinar F_{CD} por la utilización del cuerpo libre de la parte izquierda *AC*:

$$+\circlearrowleft \sum M_I = 0 \qquad -A_y(30) + F_{CD}(20) = 0$$

$$F_{CD} = 1.5A_y \qquad 30 \text{ ft} \leq x \leq 90 \text{ ft}$$

lo cual indica que se puede obtener el segmento de la línea de influencia para F_{CD}, entre C y G, al multiplicar el segmento correspondiente de la línea de influencia para A_y por 1.5. En la figura 8.15(g), se muestra la línea de influencia para F_{CD} construida de este modo a partir de las líneas de influencia para A_y y E_y.

De modo alternativo, se pudo haber determinado la línea de influencia para F_{CD} al considerar la sección vertical *bb* que pasa a través de los miembros *CD*, *DI* e *IJ*, como se ilustra en la figura 8.15(h), en lugar de la sección inclinada *aa*.

Línea de influencia para la fuerza en el miembro diagonal *DI*

Se pueden determinar las expresiones para F_{DI} al considerar la sección *bb* (Fig. 8.15(h)) y por la aplicación de la ecuación de equilibrio $\sum F_y = 0$ a una de las dos partes de la armadura. Cuando la carga unitaria está localizada a la izquierda del nodo C, la aplicación de la ecuación de equilibrio $\sum F_y = 0$ a la parte derecha *DG* de la armadura da

$$+\uparrow \sum F_y = 0 \qquad \frac{4}{5} F_{DI} + E_y = 0$$

$$F_{DI} = -1.25E_y \qquad 0 \leq x \leq 30 \text{ ft}$$

Cuando la carga de 1 k se localiza a la derecha del nodo D, se escribe

$$+\uparrow \sum F_y = 0 \qquad A_y - \frac{4}{5} F_{DI} = 0$$

$$F_{DI} = -1.25A_y \qquad 45 \text{ ft} \leq x \leq 90 \text{ ft}$$

En la figura 8.15(i), se muestran los segmentos de la línea de influencia para F_{DI}, entre A y C y entre D y G, construida de este modo a partir de las líneas de influencia para A_y y E_y, respectivamente. Entonces se conectan las ordenadas en C y D, por medio de una recta, para completar la línea de influencia para F_{DI}, como se muestra en la figura.

Línea de influencia para la fuerza en el miembro *IJ* de la cuerda superior

Al considerar la sección *bb* (Fig. 8.15(h)) y colocar, en principio, la carga unitaria a la izquierda y, enseguida, a la derecha del nodo D, se obtienen las expresiones siguientes para F_{IJ}:

$$+\circlearrowleft \sum M_D = 0$$

$$F_{IJ}(20) + E_y(15) = 0$$

$$F_{IJ} = -0.75E_y \qquad 0 \leq x \leq 30 \text{ ft}$$

$$+\circlearrowleft \sum M_D = 0$$

$$-A_y(45) - F_{IJ}(20) = 0$$

$$F_{IJ} = -2.25A_y \qquad 45 \text{ ft} \leq x \leq 90 \text{ ft}$$

La línea de influencia para F_{IJ} obtenida de este modo se muestra en la figura 8.15(j).

Línea de influencia para la fuerza en el miembro vertical *FL*

Se puede construir la línea de influencia para F_{FL}, si se considera el equilibrio del nodo *F*. En la figura 8.15(k), se muestra el diagrama de cuerpo libre de este nodo. Si se aplica la ecuación de equilibrio $\sum F_y = 0$ al cuerpo libre del nodo *F*, se determina que F_{FL} es cero cuando la carga de 1 k se localiza en los nodos *A* al *E*, así como en el nodo *G*, y que $F_{FL} = 1$ cuando la carga unitaria se aplica al nodo *F*. De donde, la ordenada de la línea de influencia en *F* es igual a 1, en tanto que las ordenadas en *A* hasta *E*, así como en *G*, son cero. En la figura 8.15(l), se muestra la línea de influencia para F_{FL}, obtenida al conectar estas ordenadas por medio de rectas. Como lo indica esta línea de influencia, la fuerza en el miembro *FL* no será cero sólo cuando la carga unitaria esté ubicada en los paneles *EF* y *FG* de la armadura.

Procedimiento para el análisis

Se pueden construir las líneas de influencia para las reacciones de las armaduras al aplicar el mismo procedimiento usado para las reacciones de las vigas, descrito en las secciones 8.1 y 8.2.

Tal vez el procedimiento más directo para la construcción de las líneas de influencia para las fuerzas axiales en los miembros de las armaduras es aplicar una carga unitaria en forma sucesiva en cada nodo de la cuerda cargada de la armadura y, para cada posición de esa carga unitaria, determinar la magnitud de la fuerza en el miembro que se está considerando mediante la utilización del método de los nodos o el de las secciones, o de ambos. Entonces, las ordenadas de las líneas de influencia calculadas de esta manera se conectan por rectas, para obtener la línea de influencia deseada. En general, este procedimiento prueba ser muy tardado para la construcción de las líneas de influencia para la mayor parte de los miembros de las armaduras, excepto para los miembros verticales que están conectados en uno de sus extremos a dos miembros horizontales (por ejemplo, los miembros *BH*, *DJ* y *FL* de la armadura mostrada en la figura 8.15(a)), cuyas fuerzas se pueden determinar por inspección.

El procedimiento alternativo siguiente puede facilitar de manera considerable la construcción de las líneas de influencia para las fuerzas axiales en los miembros de la mayor parte de los tipos más comunes de armaduras:

1. Trace las líneas de influencia para las reacciones de la armadura dada.

2. Mediante la aplicación del método de las secciones o el de los nodos, obtenga la ecuación de equilibrio que se usará para determinar la expresión (o las expresiones) de la fuerza en el miembro cuya línea de influencia se desea. La fuerza en el miembro deseada debe ser la única incógnita en la ecuación de equilibrio. Si no se puede hallar esa ecuación de equilibrio, entonces se hace necesario construir las líneas de influencia para las otras fuerzas en los miembros que aparecen en la ecuación, antes de que se pueda construir la línea de influencia deseada (véanse los ejemplos 8.9 y 8.10).

3. Si se utiliza el método de las secciones, entonces aplique una carga unitaria a la izquierda del extremo izquierdo del panel a través del cual pasa la sección y determine la expresión para la fuerza en el miembro mediante la aplicación de la ecuación de equilibrio al cuerpo libre de la armadura que está a la derecha de dicha sección. Enseguida, aplique la carga unitaria a la derecha del extremo derecho del panel seccionado y determine la expresión para la fuerza en el miembro por la aplicación de la ecuación de equilibrio al cuerpo libre que está a la izquierda de la sección. Construya la línea de influencia al trazar la gráfica de las expresiones de la fuerza en el miembro y conectar las ordenadas en los extremos del panel seccionado por una recta.

4. Cuando se aplique el método de los nodos, si el nodo que se está considerando no está ubicado en la cuerda cargada de la armadura, entonces determine la expresión de la fuerza en el miembro deseada directamente para la aplicación de la ecuación de equilibrio al cuerpo libre del propio nodo. De lo contrario, aplique una carga unitaria al nodo que se está considerando y determine la magnitud de la fuerza en el miembro al considerar el equilibrio de ese nodo. A continuación, determine la expresión para la fuerza en el miembro, para una posición de la carga unitaria fuera de los paneles adyacentes al nodo que se está considerando. Por último, conecte los segmentos y ordenadas de la línea de influencia así obtenidos por medio de rectas, para completar esa línea.

Si inicialmente supuso, en la deducción de las ecuaciones de la línea de influencia, que la fuerza en el miembro era de tensión, entonces una ordenada positiva de esa línea indica que la carga unitaria aplicada en ese punto causa una fuerza de tensión en el miembro y viceversa.

EJEMPLO 8.9

Trace las líneas de influencia para las fuerzas en los miembros AF, CF y CG de la armadura Parker mostrada en la figura 8.16(a). Las cargas vivas se transmiten a la cuerda inferior de la armadura.

SOLUCIÓN *Líneas de influencia para las reacciones* En las figuras 8.16(c) y (d), se muestran las líneas de influencia para las reacciones A_y y E_y (Fig. 8.16(b)), obtenidas al aplicar las ecuaciones de equilibrio, $\sum M_E = 0$ y $\sum M_A = 0$, respectivamente, al cuerpo libre de la armadura completa.

Línea de influencia para F_{AF} Se pueden determinar las expresiones para F_{AF} mediante la aplicación de la ecuación de equilibrio $\sum F_y = 0$ al diagrama de cuerpo libre del nodo A, mostrado en la figura 8.16(e). Cuando la carga de 1 k está ubicada en el nodo A, se escribe

$$+\uparrow \sum F_y = 0 \qquad A_y - 1 + \frac{3}{5} F_{AF} = 0$$

Como $A_y = 1$ k (véase la figura 8.16(c)), se obtiene

$$F_{AF} = 0 \qquad \text{para} \qquad x = 0$$

Cuando la carga de 1 k se ubica a la derecha del nodo B, se escribe

$$+\uparrow \sum F_y = 0 \qquad A_y + \frac{3}{5} F_{AF} = 0$$

$$F_{AF} = -1.667 A_y \qquad 20 \text{ ft} \leq x \leq 80 \text{ ft}$$

De donde, el segmento de la línea de influencia para F_{AF}, entre B y E, se obtiene al multiplicar el segmento correspondiente de la línea de influencia para A_y por –1.667, como se muestra en la figura 8.16(f). Entonces se conectan las ordenadas en A y B por una recta, para completar la línea de influencia, como se muestra en la figura. **Resp.**

Línea de influencia para F_{CF} Las expresiones para F_{CF} se pueden determinar al pasar una sección *aa* a través de los miembros BC, CF y FG , como se ilustra en la figura 8.16(b). Los diagramas de cuerpo libre de las dos partes de la armadura, así obtenidos, se muestran en la figura 8.16(g). Las líneas de acción de F_{FG} y F_{BC} se intersecan en el punto O, así que la ecuación de equilibrio $\sum M_O = 0$ sólo contendrá una incógnita, a saber, F_{CF}. Por tanto, la distancia $OA = OB - AB = 60 - 20$ 40 ft, como se hace ver en la figura 8.16(g). Cuando la carga de 1 k se localiza a la izquierda de B, se aplica la ecuación de equilibrio $\sum M_O = 0$ al cuerpo libre de la parte derecha CE de la armadura, para obtener

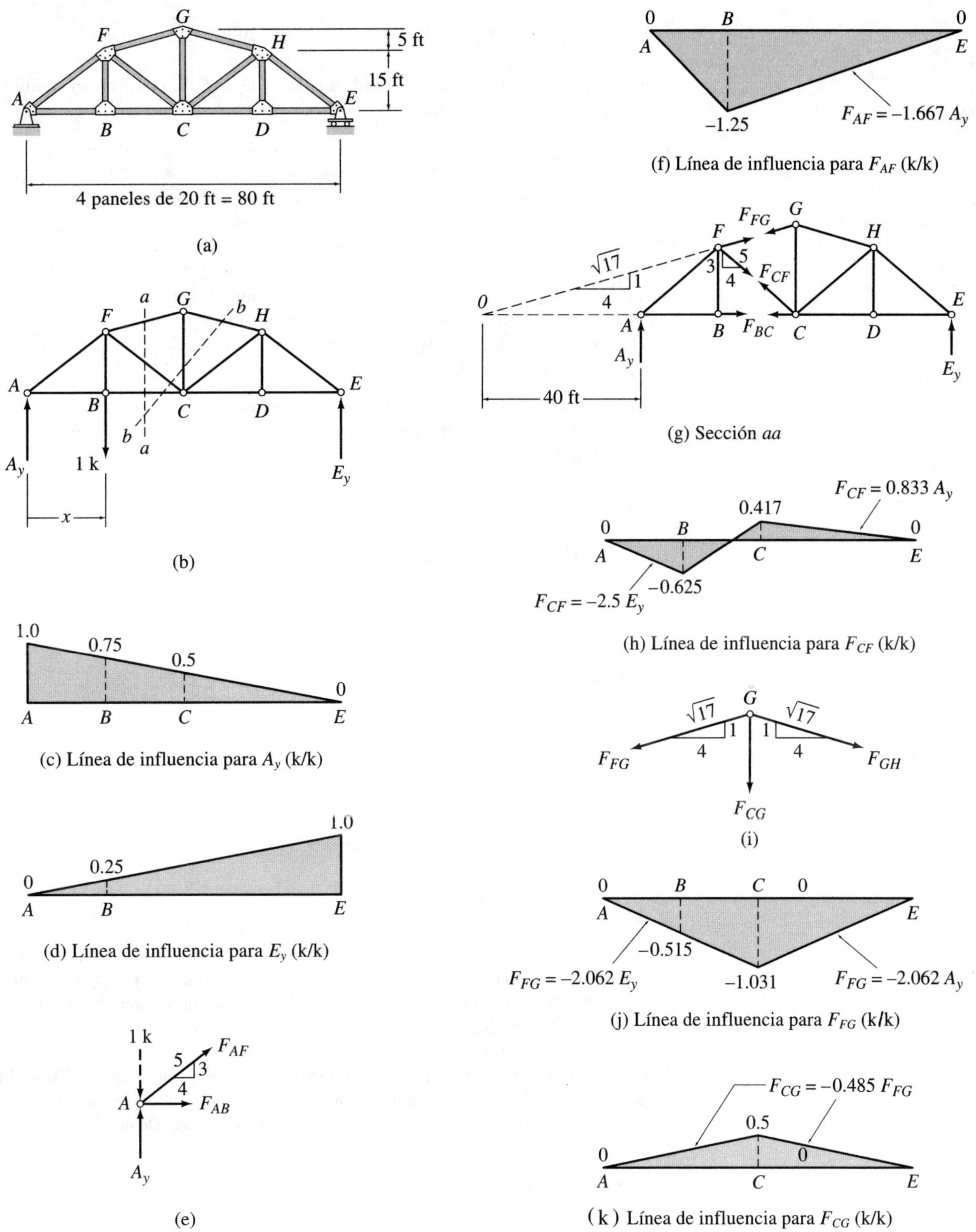

(a)

(b)

(c) Línea de influencia para A_y (k/k)

(d) Línea de influencia para E_y (k/k)

(e)

(f) Línea de influencia para F_{AF} (k/k)

(g) Sección *aa*

(h) Línea de influencia para F_{CF} (k/k)

(i)

(j) Línea de influencia para F_{FG} (k/k)

(k) Línea de influencia para F_{CG} (k/k)

Fig. 8.16

$$+\circlearrowleft \sum M_O = 0$$

$$\frac{3}{5}F_{CF}(80) + E_y(120) = 0$$

$$F_{CF} = -2.5E_y \qquad 0 \leq x \leq 20 \text{ ft}$$

Cuando la carga de 1 k queda localizada a la derecha de C, se considera el equilibrio de la parte izquierda AB, para obtener

$$+\circlearrowleft \sum M_O = 0$$

$$A_y(40) - \frac{4}{5}F_{CF}(15) - \frac{3}{5}F_{CF}(60) = 0$$

$$F_{CF} = 0.833A_y \qquad 40 \text{ ft} \leq x \leq 80 \text{ ft}$$

Los segmentos de la línea de influencia para F_{CF}, entre A y B y entre C y E se construyen mediante la utilización de las líneas de influencia para E_y y A_y, respectivamente, de acuerdo con las expresiones dadas. Entonces se conectan las ordenadas en B y C por una recta, para completar la línea de influencia, como se ilustra en la figura 8.16(h). **Resp.**

Línea de influencia para F_{CG} Se determinará la línea de influencia para F_{CG} al considerar el equilibrio del nodo G. Aplicando las ecuaciones de equilibrio al diagrama de cuerpo libre del nodo G (Fig. 8.16(i)), se escribe

$$+\uparrow \sum F_y = 0$$

$$-F_{CG} - \left(\frac{1}{\sqrt{17}}\right)F_{FG} - \left(\frac{1}{\sqrt{17}}\right)F_{GH} = 0$$

$$F_{CG} = -\left(\frac{1}{\sqrt{17}}\right)(F_{FG} + F_{GH}) \tag{1}$$

$$+\rightarrow \sum F_x = 0$$

$$-\left(\frac{4}{\sqrt{17}}\right)F_{FG} + \left(\frac{4}{\sqrt{17}}\right)F_{GH} = 0$$

$$F_{GH} = F_{FG} \tag{2}$$

Si se sustituye la ecuación (2) en la (1), se obtiene

$$F_{CG} = -\left(\frac{2}{\sqrt{17}}\right)F_{FG} = -0.485F_{FG} \tag{3}$$

Note que la ecuación (3), la cual es válida para cualquier posición de la carga unitaria, indica que se puede obtener la línea de influencia para F_{CG} al multiplicar la línea de influencia para F_{FG} por –0.485. Por tanto, primero se construirá la línea de influencia para F_{FG}, usando la sección *aa* (Fig. 8.16(g)) y, después, se aplicará la ecuación (3) a fin de obtener la línea de influencia deseada para F_{CG}.

Se puede ver, a partir de la ecuación 8.16(g), que cuando una carga de 1 k se ubica a la izquierda de B, se puede determinar la expresión para F_{FG} al aplicar la ecuación de equilibrio $\sum M_C = 0$ al cuerpo libre de la parte derecha CE de la armadura. De donde,

$$+\circlearrowleft \sum M_C = 0$$

$$\left(\frac{4}{\sqrt{17}}\right)F_{FG}(20) + E_y(40) = 0$$

$$F_{FG} = -2.062E_y \qquad 0 \leq x \leq 20 \text{ ft}$$

Cuando la carga de 1 k se ubica a la derecha de C, se considera el equilibrio de la parte izquierda AB, para obtener

$$+\circlearrowleft \sum M_C = 0$$

$$-\left(\frac{1}{\sqrt{17}}\right)F_{FG}(20) - \left(\frac{4}{\sqrt{17}}\right)F_{FG}(15) - A_y(40) = 0$$

$$F_{FG} = -2.062A_y \qquad 40 \text{ ft} \leq x \leq 80 \text{ ft}$$

En la figura 8.16(j), se muestra la línea de influencia para F_{FG} construida mediante la aplicación de las expresiones anteriores.

Ahora se puede obtener la línea de influencia deseada para F_{CG} al multiplicar la línea de influencia para F_{FG} por –0.485, de acuerdo con la ecuación (3). La línea de influencia para F_{CG} así obtenida se muestra en la figura 8.16(k). **Resp.**

También se puede construir la línea de influencia para F_{CG} al considerar la sección *bb* mostrada en la figura 8.16(b). Si se suman los momentos respecto al punto de intersección de los ejes de los miembros *BC* y *GH*, se pueden determinar las expresiones para F_{CG} en términos de F_{CF} y de A_y o E_y. cuyas líneas de influencia se conocen. Entonces se puede construir la línea de influencia para F_{CG} al trazar las gráficas de estas expresiones. Se alienta al lector a que compruebe la línea de influencia para F_{CG}, mostrada en la figura 8.16(k), mediante el empleo de este procedimiento alternativo.

EJEMPLO 8.10

Trace la línea de influencia para la fuerza en el miembro *HL* de la armadura *K* mostrada en la figura 8.17(a). Las cargas vivas se transmiten a la cuerda inferior de la armadura.

SOLUCIÓN

Líneas de influencia para las reacciones Véanse las figuras 8.17(c) y (d).

Líneas de influencia para F_{HL} En la figura 8.17(b), se puede observar que cualquier sección, como la *aa*, que pase a través del miembro *HL* corta tres o más miembros adicionales, liberando de este modo cuatro o más incógnitas, las cuales no se pueden determinar por medio de las tres ecuaciones de equilibrio. Por lo tanto, en primer lugar, se construirá la línea de influencia para F_{LM}, considerando la sección curva *bb*, como se muestra en la figura 8.17(b), y, a continuación, se usará la sección *aa* con el fin de determinar la línea de influencia deseada para F_{HL}.

Los diagramas de cuerpo libre de las dos partes de la armadura, obtenidas al pasar la sección *bb*, se muestran en la figura 8.17(e). Se puede ver que, aun cuando la sección *bb* ha cortado cuatro miembros, *CD*, *DH*, *HM* y *LM*, se puede determinar la fuerza en el miembro *LM* al sumar los momentos respecto al punto *D*, porque las líneas de acción de las tres incógnitas restantes pasan por este punto. Cuando la carga de 1 kN se ubica a la izquierda de *C*, se puede obtener la expresión para F_{LM} como

$$+\circlearrowleft \sum M_D = 0$$

$$F_{LM}(12) + E_y(8) = 0$$

$$F_{LM} = -0.667E_y \qquad 0 \leq x \leq 16 \text{ m} \tag{1}$$

Cuando la carga unitaria se localiza a la derecha de *D*, se obtiene

$$+\circlearrowleft \sum M_D = 0$$

$$-F_{LM}(12) + A_y(24) = 0$$

$$F_{LM} = -2A_y \qquad 24 \text{ m} \leq x \leq 32 \text{ m} \tag{2}$$

La línea de influencia para F_{LM}, obtenida de este modo, se muestra en la figura 8.17(f).

Ahora se puede construir la línea de influencia deseada para F_{HL} al considerar la sección *aa*. En la figura 8.17(g), se muestran los diagramas de cuerpo libre de las dos partes de la armadura, obtenidas al pasar la sección *aa*. Cuando la carga de 1 kN se localiza a la izquierda de *C*, se puede determinar la expresión para F_{HL}, aplicando la ecuación de equilibrio $\sum M_C = 0$:

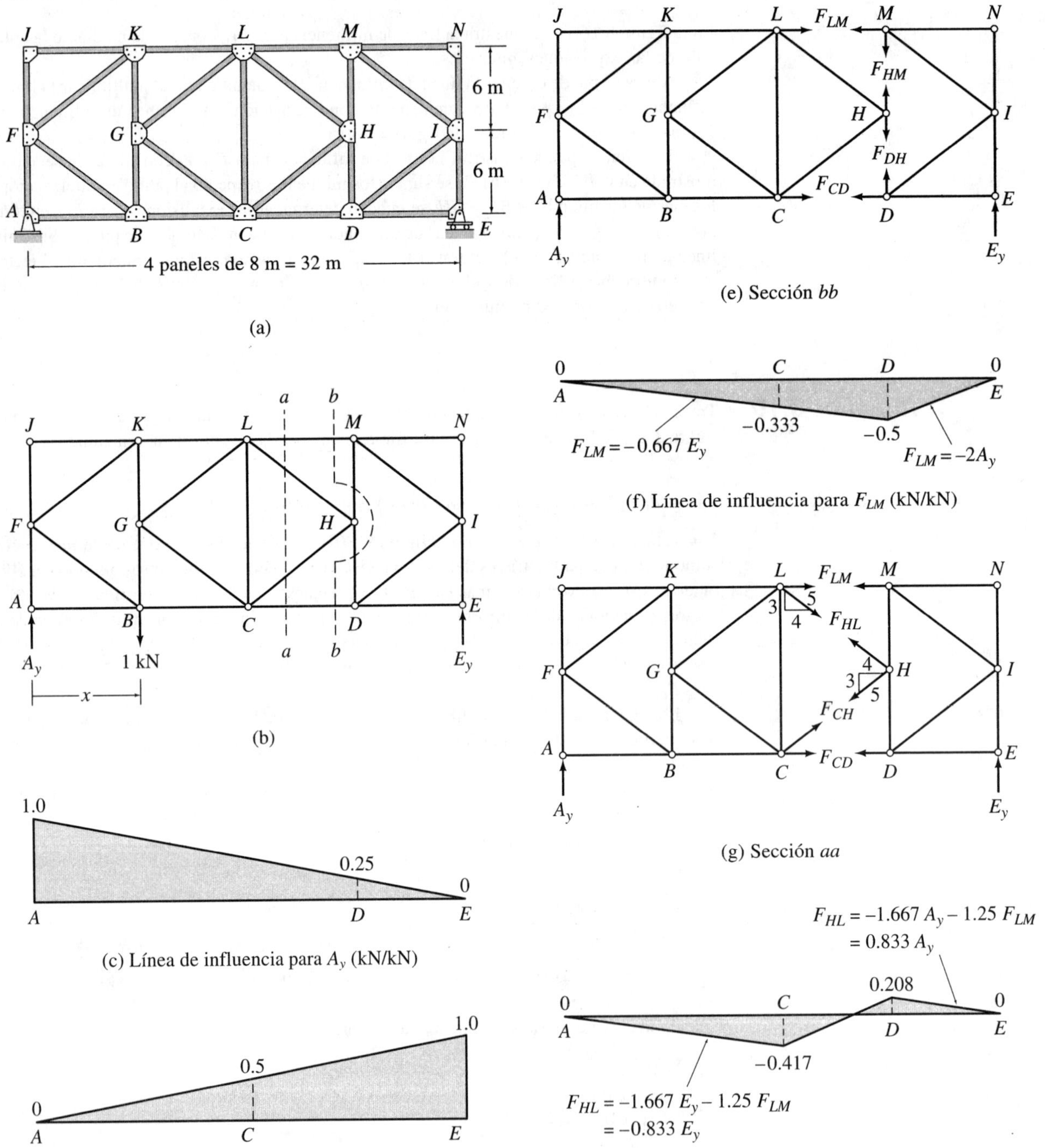

(a)

(e) Sección *bb*

(b)

(f) Línea de influencia para F_{LM} (kN/kN)

(g) Sección *aa*

(c) Línea de influencia para A_y (kN/kN)

(d) Línea de influencia para E_y (kN/kN)

(h) Línea de influencia para F_{HL} (kN/kN)

Fig. 8.17

$+ \circlearrowleft \sum M_C = 0$

$$F_{LM}(12) + \frac{4}{5}F_{HL}(6) + \frac{3}{5}F_{HL}(8) + E_y(16) = 0$$

$$F_{HL} = -1.667E_y - 1.25F_{LM} \qquad 0 \leq x \leq 16 \text{ m} \tag{3}$$

Cuando la carga de 1 kN está a la derecha de D, se obtiene

$+ \circlearrowleft \sum M_C = 0$

$$-A_y(16) - F_{LM}(12) - \frac{4}{5}F_{HL}(12) = 0$$

$$F_{HL} = -1.667A_y - 1.25F_{LM} \qquad 24 \text{ m} \leq x \leq 32 \text{ m} \tag{4}$$

A fin de obtener las expresiones para F_{HL} en términos sólo de las reacciones, se sustituyen las ecuaciones (1) y (2) en las (3) y (4), respectivamente, para obtener

$$F_{HL} = -0.833E_y \qquad 0 \leq x \leq 16 \text{ m} \tag{5}$$

$$F_{HL} = 0.833A_y \qquad 24 \text{ m} \leq x \leq 32 \text{ m} \tag{6}$$

Ahora se puede construir la línea de influencia para F_{HL}, usando las ecuaciones (3) y (4) o las (5) y (6). La línea de influencia así obtenida se muestra en la figura 8.17(h). **Resp.**

8.5 LÍNEAS DE INFLUENCIA PARA DEFLEXIONES

La línea de influencia para una deflexión exhibe la variación de una deflexión de una estructura cuando una carga concentrada de magnitud unitaria se mueve a través de esa estructura. Supongamos que se desea construir la línea de influencia para la deflexión vertical en el punto B de la viga simplemente apoyada que se muestra en la figura 8.18(a). Se puede construir la línea de influencia si se coloca una carga unitaria sucesivamente en puntos arbitrarios a la izquierda y a la derecha de B; se

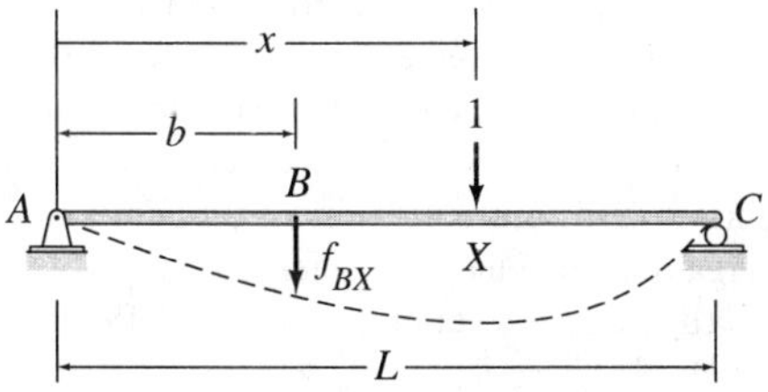

(a)

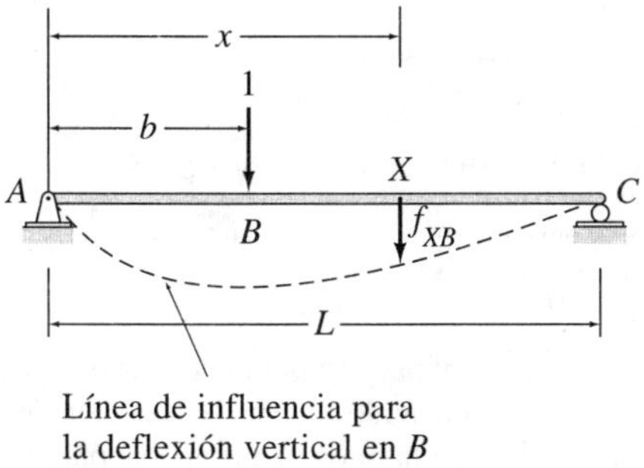

(b)

Fig. 8.18

determina una expresión para la deflexión vertical en B, para cada posición de esa carga unitaria, usando uno de los métodos para calcular las deflexiones descritos en los capítulos 6 y 7, y se trazan las gráficas de las expresiones.

Se puede idear un procedimiento más eficiente para la construcción de las líneas de influencia de deflexiones por la aplicación de la *ley de Maxwell de las deflexiones recíprocas* (sección 7.8). Considerando una vez más la viga de la figura 8.18(a), si f_{BX} es la deflexión vertical en B cuando la carga unitaria está colocada en un punto arbitrario X, entonces f_{BX} representa la ordenada en X de la línea de influencia, para la deflexión vertical en B. Ahora, supóngase que se coloca la carga unitaria en B, como se muestra en la figura 8.18(b), y se calcula la deflexión vertical en el punto X, f_{XB}. Según la *ley de Maxwell de las deflexiones recíprocas*,

$$f_{XB} = f_{BX}$$

lo cual indica que la deflexión en X debida a la carga unitaria en B, f_{XB}, también representa la ordenada en X de la línea de influencia para la deflexión vertical en B. Debido a que el punto X se eligió de manera arbitraria, se puede concluir que *la forma deformada (curva elástica) de una estructura debida a una carga unitaria aplicada en un punto representa la línea de influencia para la deflexión en el punto en donde se aplica esa carga unitaria*. Por tanto, se puede construir una línea de influencia para la deflexión en un punto de una estructura, colocando una carga unitaria en el punto en donde se desea la deflexión; determinando la forma deformada (curva elástica) correspondiente de esa estructura, mediante la utilización de uno de los métodos para calcular deflexiones descritos en los capítulos 6 y 7, y trazando la gráfica de la forma deformada. El procedimiento se ilustra mediante el ejemplo siguiente.

EJEMPLO 8.11

Trace la línea de influencia para la deflexión vertical en el extremo B de la viga en voladizo mostrada en la figura 8.19(a).

SOLUCIÓN A fin de determinar la línea de influencia para la deflexión vertical en B, se coloca una carga de 1 k en este punto, como se ilustra en la figura 8.19(b), y se determina la expresión para la forma deformada de la viga aplicando el método de la viga conjugada descrito en la sección 6.6. En la figura 8.19(c), se muestra el diagrama M/EI de la viga real, debido a la carga de 1 k aplicada en B, y la viga conjugada, cargada con el diagrama M/EI de la viga real, se muestra en la figura 8.19(d). La deflexión en un punto arbitrario X localizado a una distancia x de A, en la viga real, es igual al momento flexionante en X en la viga conjugada. A partir de la figura 8.19(d), se puede ver que el momento flexionante en X, en la viga conjugada, se da por

$$M_X = \frac{1}{EI}\left\{-15\left(1-\frac{x}{15}\right)x\left(\frac{x}{2}\right)-\left(\frac{1}{2}\right)\left[15-15\left(1-\frac{x}{15}\right)\right]x\left(\frac{2x}{3}\right)\right\}$$

$$= \frac{1}{6EI}(x^3 - 45x^2)$$

Por tanto, la deflexión en X sobre la viga real es

$$f_{XB} = \frac{1}{6EI}(x^3 - 45x^2)$$

lo cual representa la expresión para la forma deformada de la viga debida a la carga de 1 k en B (Fig. 8.19(b)). Aplicando la *ley de Maxwell de las deflexiones recíprocas*, $f_{BX} = f_{XB}$, se obtiene la ecuación de la línea de influencia para la deflexión vertical en B como

$$f_{BX} = \frac{1}{6EI}(x^3 - 45x^2)$$

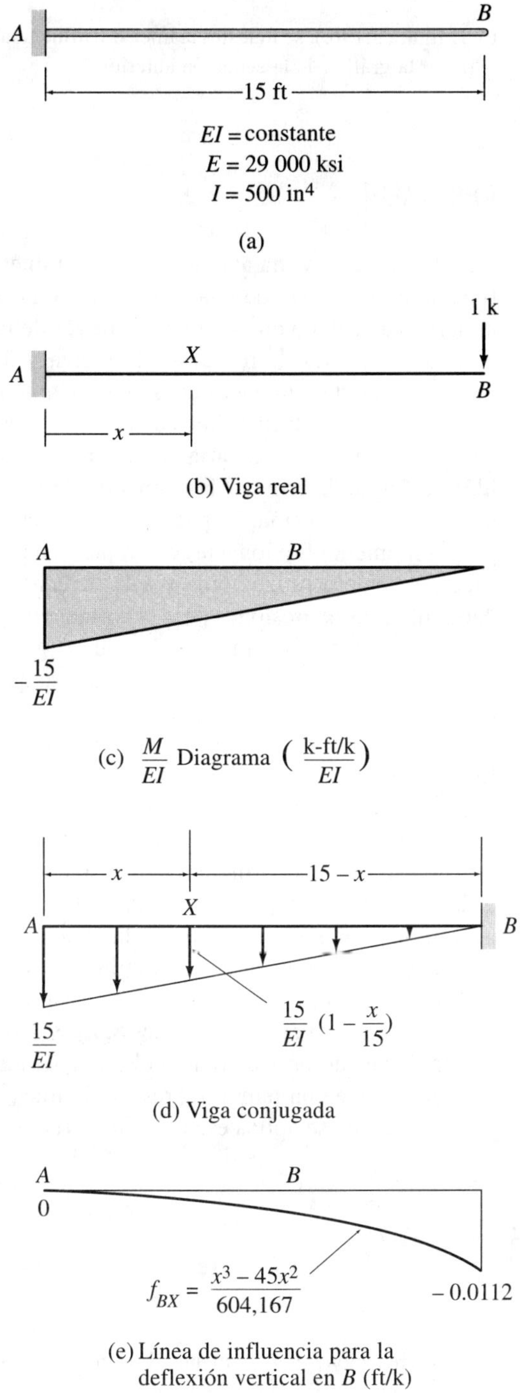
A
B
15 ft
EI = constante
E = 29 000 ksi
I = 500 in4
(a)
1 k
X
A
B
x
(b) Viga real
A
B
− 15/EI
(c) M/EI Diagrama (k-ft/k / EI)
x
15 − x
X
A
B
15/EI
15/EI (1 − x/15)
(d) Viga conjugada
A
B
0
f_BX = (x3 − 45x2) / 604,167
− 0.0112
(e) Línea de influencia para la
deflexión vertical en B (ft/k)

Fig. 8.19

Al sustituir los valores numéricos de E e I, se obtiene

$$f_{BX} = \frac{x^3 - 45x^2}{604167}$$

En la figura 8.19(e), se muestra la línea de influencia para la deflexión vertical en B, obtenida al trazar la gráfica de la ecuación anterior. **Resp.**

RESUMEN

En este capítulo, se ha aprendido que una línea de influencia es una gráfica de una función de respuesta de una estructura, como función de la posición de una carga unitaria hacia abajo que se mueve a través de la estructura. Las líneas de influencia para las funciones de respuesta de fuerza y de momento de todas las estructuras estáticamente determinadas constan de segmentos rectilíneos.

Se puede construir la línea de influencia para una reacción al colocar una carga unitaria en una posición variable x sobre la estructura, aplicar una ecuación de equilibrio a fin de determinar la expresión de la reacción en términos de x y trazar la gráfica de la expresión. Se puede construir la línea de influencia para la cortante (o para el momento flexionante) en un punto de una viga al colocar una carga unitaria sucesivamente a la izquierda y a la derecha del punto que se esté considerando, determinar las expresiones para la cortante (o el momento flexionante) para las dos posiciones de la carga unitaria y trazar las gráficas de las expresiones.

El principio de Müller-Breslau expresa que la línea de influencia para una función de respuesta de fuerza (o de momento) queda dada por la forma deformada de la estructura liberada que se obtiene al eliminar la restricción correspondiente a la función de respuesta de la estructura original y dando a esa estructura liberada un desplazamiento (o rotación) unitario(a) en el lugar y en la dirección de la función de respuesta, de modo que sólo esa función de respuesta y la carga unitaria efectúen trabajo externo. Este principio es de uso común para construir líneas cualitativas de influencia (es decir, la forma general de las líneas de influencia). Entonces, si se desean, los valores numéricos de las líneas de influencia se calculan mediante la aplicación de las ecuaciones de equilibrio. Los procedimientos para la construcción de las líneas de influencia para vigas maestras con sistemas de pisos y para armaduras se presentaron en las secciones 8.3 y 8.4, respectivamente.

La forma deformada (curva elástica) de una estructura, debida a una carga unitaria aplicada en un punto, representa la línea de influencia para la deflexión en el punto en donde se aplica esa carga unitaria.

PROBLEMAS

Secciones 8.1 y 8.2

8.1 al 8.3 Trace las líneas de influencia para las reacciones verticales en los apoyos A y C, así como para la cortante y el momento flexionante en B, de las vigas mostradas en las figuras P8.1 a P8.3.

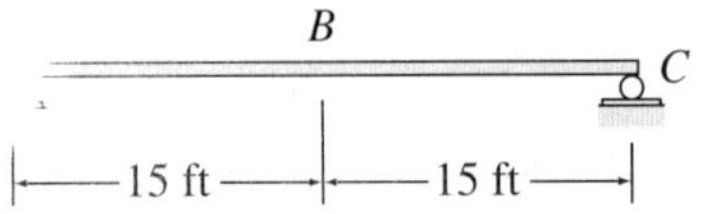

Fig. P8.1, P8.51

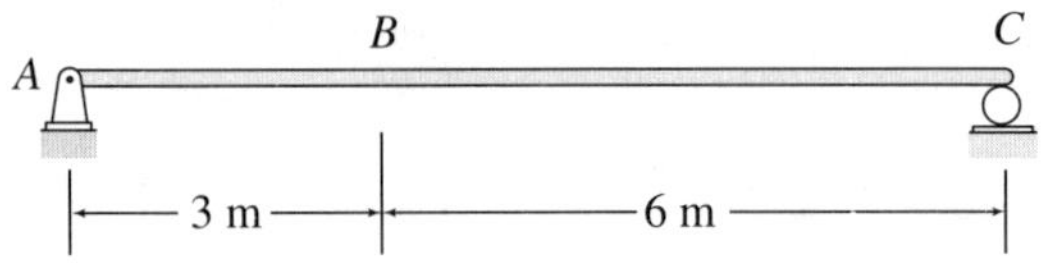

Fig. P8.2, P8.52

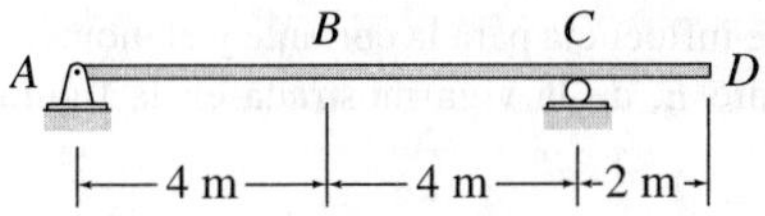

Fig. P8.3, P8.53

8.4 Trace las líneas de influencia para las reacciones verticales en los apoyos *A* y *C*, la cortante precisamente a la derecha de *A* y el momento flexionante en el punto *B* de la viga mostrada en la figura P8.4.

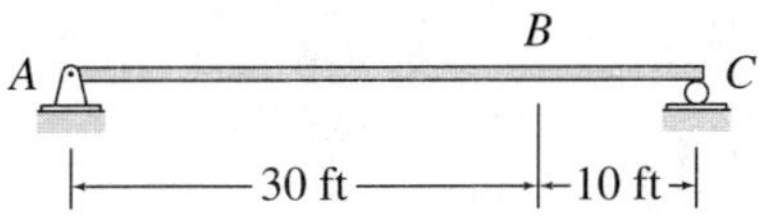

Fig. P8.4

8.5 Trace las líneas de influencia para la reacción vertical y el momento de reacción en el apoyo *A*, así como para la cortante y el momento flexionante en el punto *B*, de la viga en voladizo mostrada en la figura P8.5.

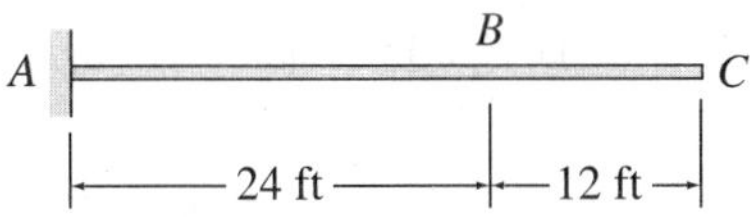

Fig. P8.5, P8.50

8.6 Trace las líneas de influencia para la cortante y el momento flexionante en el punto *C*, así como para las cortantes precisamente a la izquierda y precisamente a la derecha del apoyo *D*, de la viga mostrada en la figura P8.6.

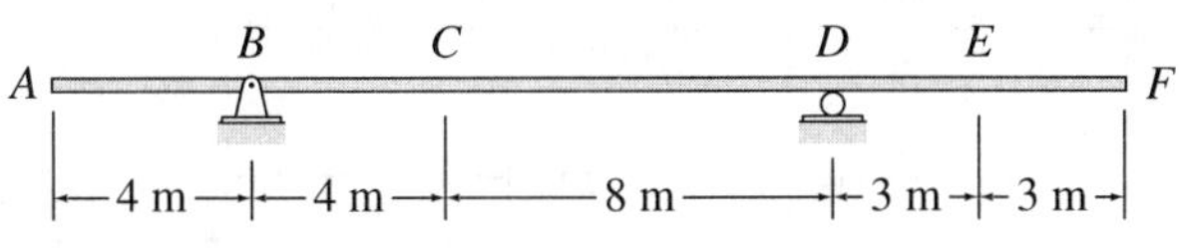

Fig. P8.6, P8.7

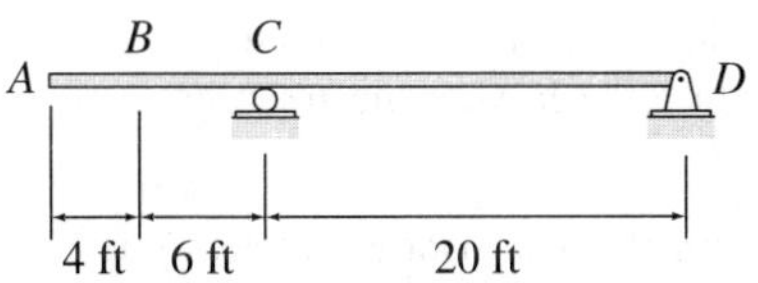

Fig. P8.8

8.7 Trace las líneas de influencia para la cortante y el momento flexionante en el punto *E* de la viga mostrada en la figura P8.6.

8.8 Trace las líneas de influencia para la cortante y el momento flexionante en el punto *B*, así como para las cortantes precisamente a la izquierda y precisamente a la derecha del apoyo *C*, de la viga mostrada en la figura P8.8.

8.9 Trace las líneas de influencia para las reacciones verticales en los apoyos *A* y *D*, así como para el momento de reacción en el apoyo *D*, de la viga mostrada en la figura P8.9.

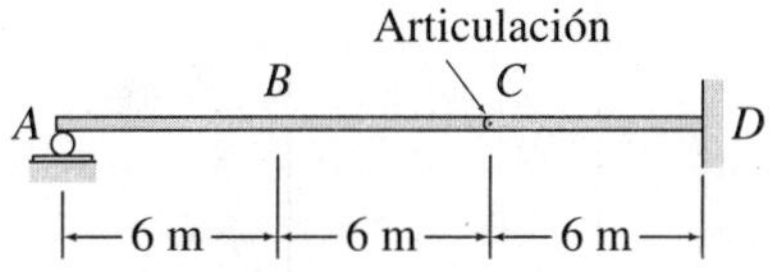

Fig. P8.9, P8.10

8.10 Trace las líneas de influencia para la cortante y el momento flexionante en el punto *B* de la viga mostrada en la figura P8.9

8.11 Trace las líneas de influencia para las reacciones verticales en los apoyos *A* y *B*, así como para la cortante y el momento flexionante en el punto *C*, del armazón mostrado en la figura P8.11.

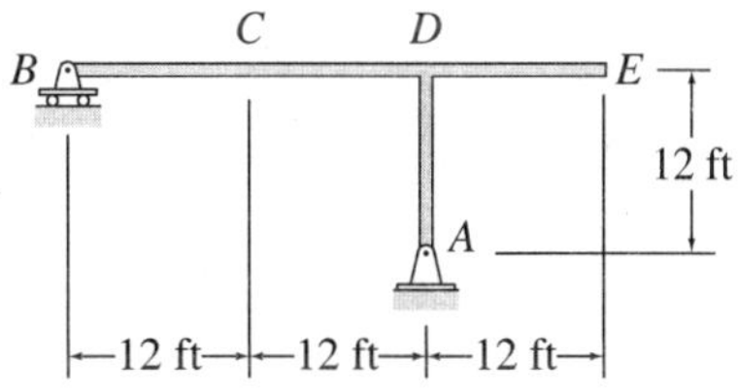

Fig. P8.11

8.12 Trace las líneas de influencia para las reacciones verticales en los apoyos *A* y *B*, así como para la cortante y el momento flexionante en el punto *E*, del armazón mostrado en la figura P8.12.

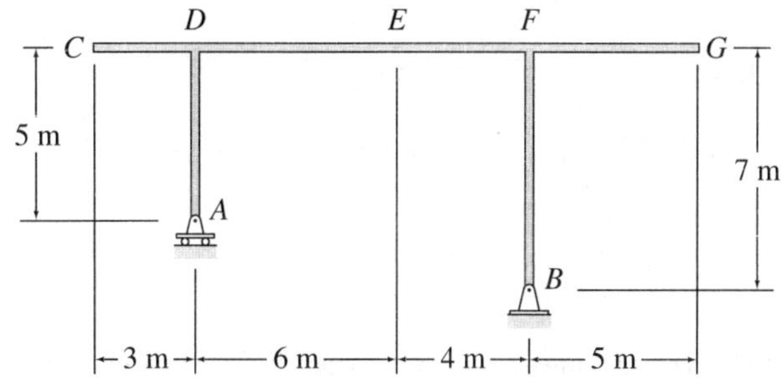

Fig. P8.12

8.13 Trace las líneas de influencia para la reacción vertical y el momento de reacción en el apoyo *A*, así como para la cortante y el momento flexionante en el punto *C*, del armazón mostrado en la figura P8.13.

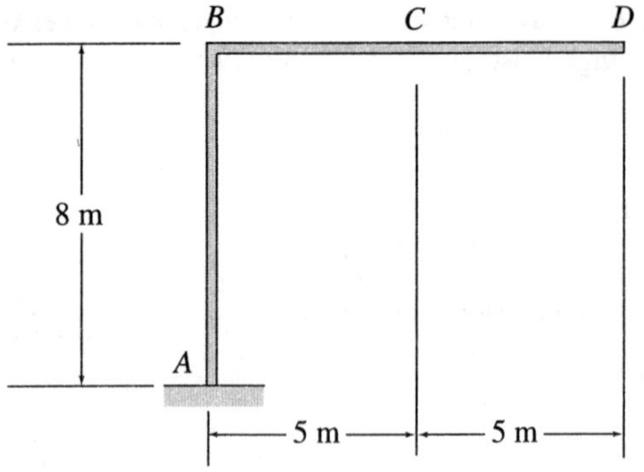

Fig. P8.13

8.14 Trace las líneas de influencia para las reacciones verticales en los apoyos *A, B* y *E*, así como para la cortante en la articulación interna *D*, del armazón mostrado en la figura P8.14.

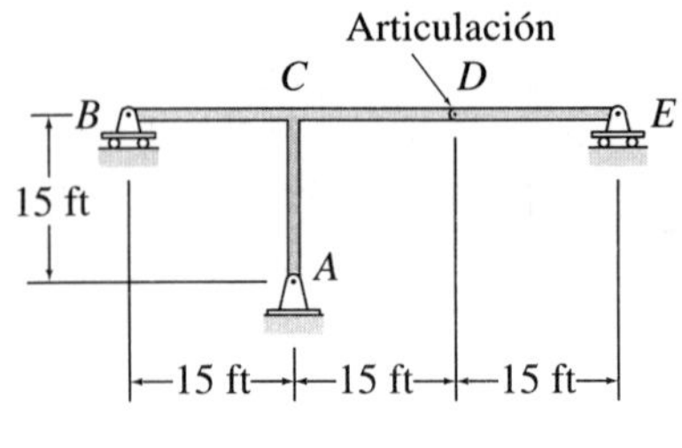

Fig. P8.14

8.15 Trace las líneas de influencia para las reacciones verticales en los apoyos *A, D* y *F* de la viga mostrada en la figura P8.15.

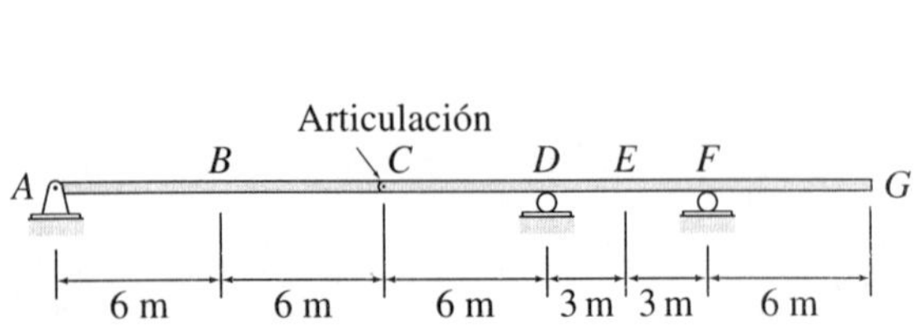

Fig. P8.15, P8.16, P8.17

8.16 Trace las líneas de influencia para la cortante y el momento flexionante en el punto *B*, así como para la cortante en la articulación interna *C*, de la viga mostrada en la figura P8.15.

8.17 Trace las líneas de influencia para la cortante y el momento flexionante en el punto *E*, de la viga mostrada en la figura P8.15.

8.18 y 8.19 Trace las líneas de influencia para las reacciones verticales en los apoyos *A, C* y *G* de las vigas mostradas en las figuras P8.18 y P8.19.

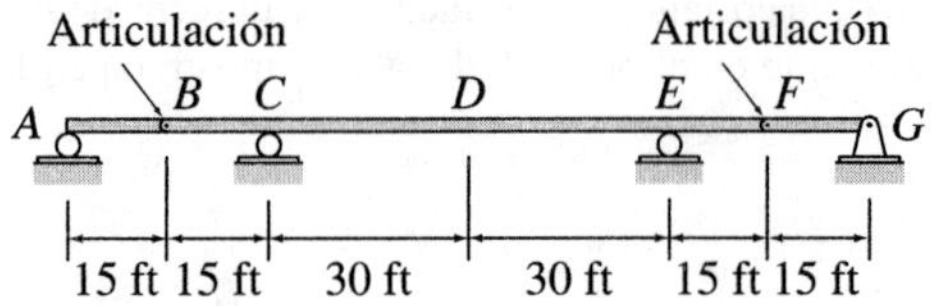

Fig. P8.18, P.8.20

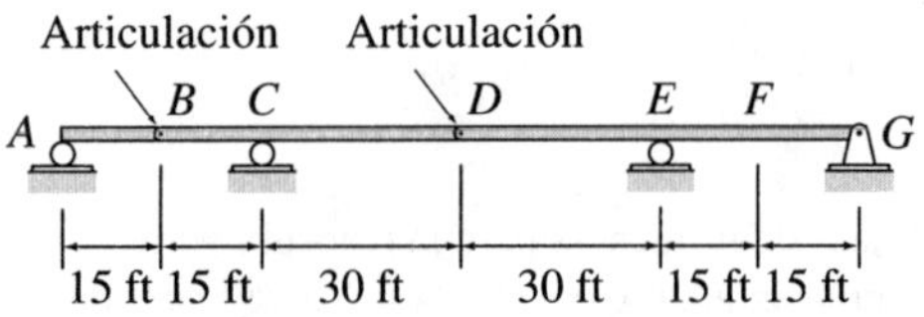

Fig. P8.19, P8.21

8.20 Trace las líneas de influencia para la cortante y el momento flexionante en el punto *D* de la viga mostrada en la figura P8.18.

8.21 Trace las líneas de influencia para la cortante y el momento flexionante en el punto *F* de la viga mostrada en la figura P8.19.

8.22 Trace las líneas de influencia para el momento de reacción en el apoyo *A*, así como para las reacciones verticales en los apoyos *A, D* y *F*, de la viga mostrada en la figura P8.22.

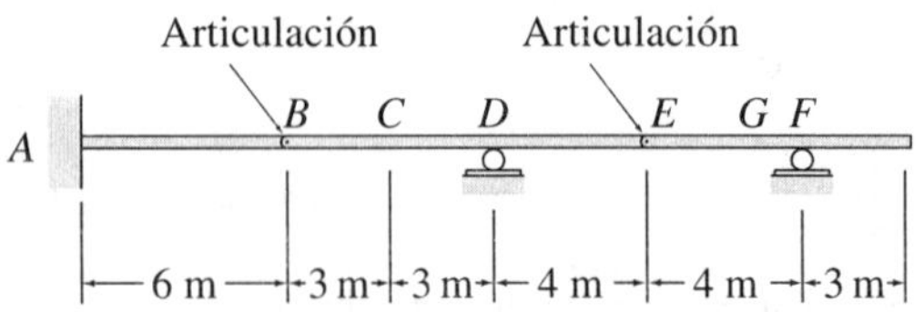

Fig. P8.22, P8.23

8.23 Trace las líneas de influencia para la cortante y el momento flexionante en el punto *C* de la viga mostrada en la figura P8.22.

8.24 Trace las líneas de influencia para el momento de reacción en el apoyo *A*, así como para las reacciones verticales en los apoyos *A, E* y *G*, de la viga mostrada en la figura P8.24.

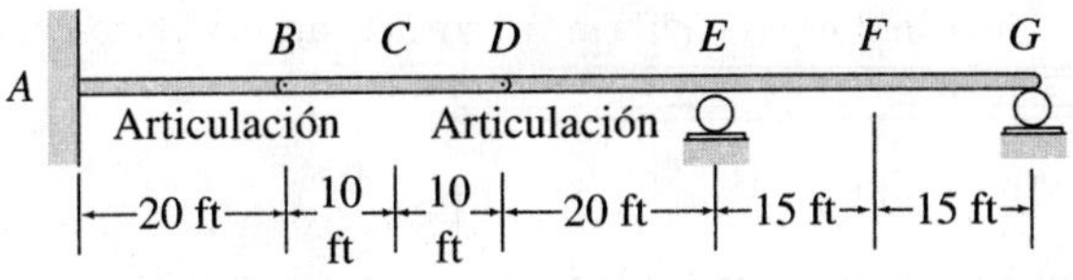

Fig. P8.24, P8.25

8.25 Trace las líneas de influencia para las cortantes y los momentos flexionantes en los puntos *C* y *F* de la viga mostrada en la figura P8.24.

8.26 Trace las líneas de influencia para los momentos de reacción y las reacciones verticales en los apoyos *A* y *F* de la viga mostrada en la figura P8.26.

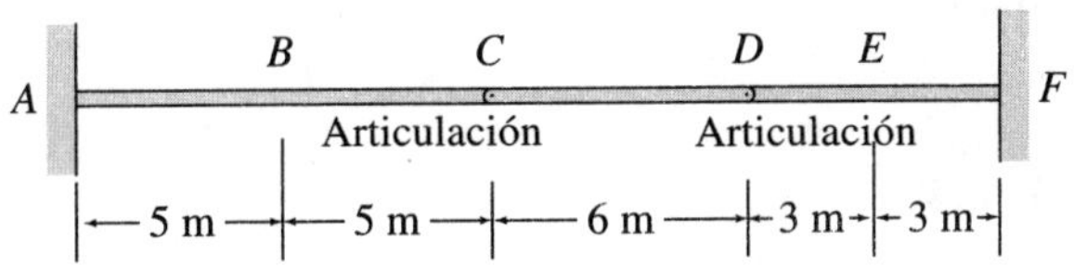

Fig. P8.26, P8.27

8.27 Trace las líneas de influencia para las cortantes y los momentos flexionantes en los puntos *B* y *E* de la viga mostrada en la figura P8.26.

8.28 Trace las líneas de influencia para las reacciones verticales en los apoyos *A*, *B*, *G* y *H* de la viga mostrada en la figura P8.28.

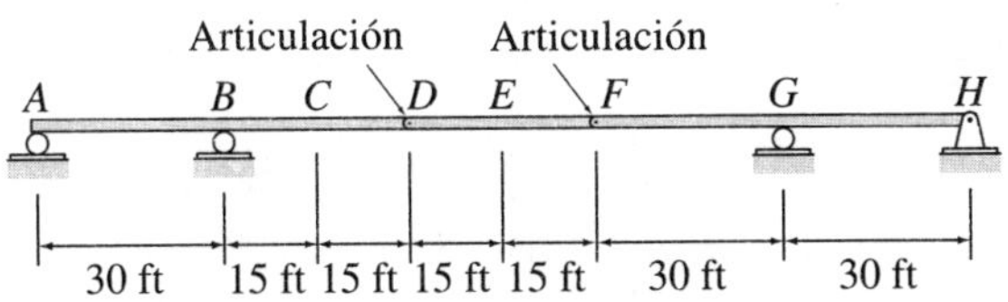

Fig. P8.28, P8.29

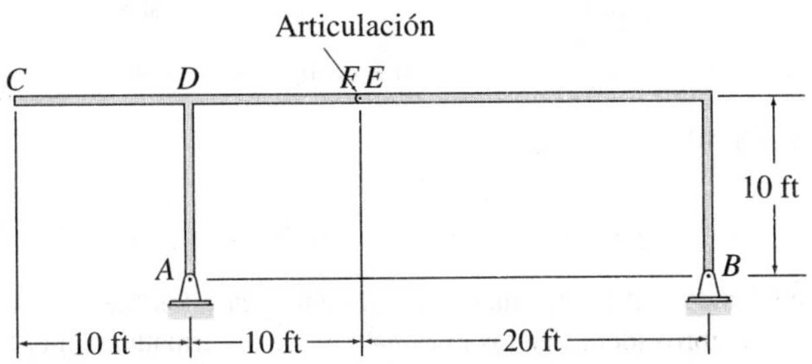

Fig. P8.30

8.29 Trace las líneas de influencia para las cortantes y los momentos flexionantes en los puntos *C* y *E* de la viga mostrada en la figura P8.28.

8.30 Trace las líneas de influencia para las reacciones horizontales y verticales en los apoyos *A* y *B* del armazón mostrado en la figura P8.30.

8.31 Trace las líneas de influencia para el momento de reacción en el apoyo *A*, así como para las reacciones verticales en los apoyos *A* y *F* y la cortante y el momento flexionante en el punto *E*, del armazón mostrado en la figura P8.31.

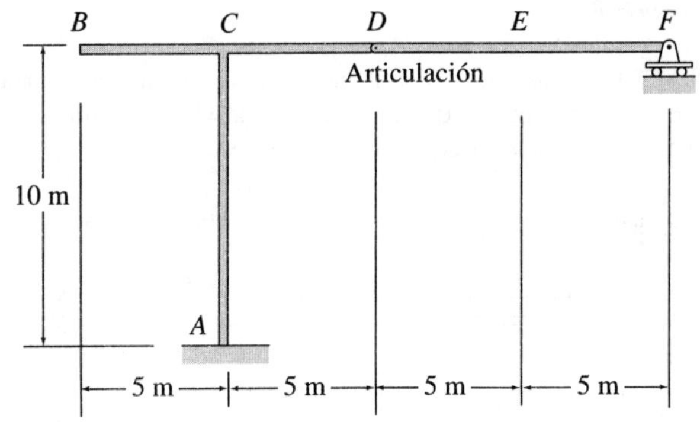

Fig. P8.31

8.32 Trace las líneas de influencia para el momento de reacción en el apoyo *A*, así como para las reacciones verticales en los apoyos *A* y *B* y la cortante en la articulación interna *C*, del armazón mostrado en la figura P8.32.

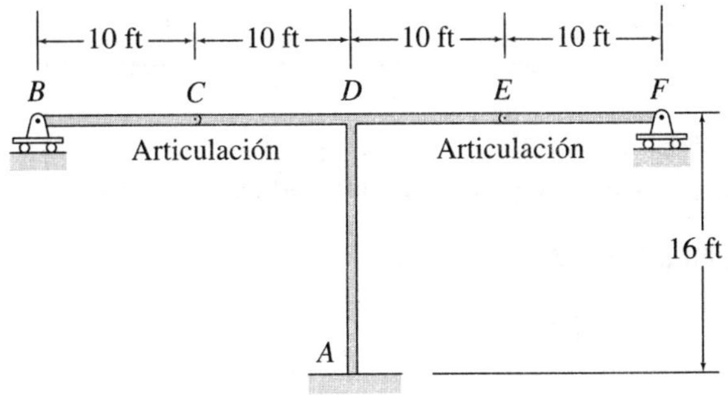

Fig. P8.32

8.33 Trace las líneas de influencia para las reacciones verticales en los apoyos *A*, *B* y *C*, así como para la cortante y el momento flexionante en el punto *E*, del armazón mostrado en la figura P8.33.

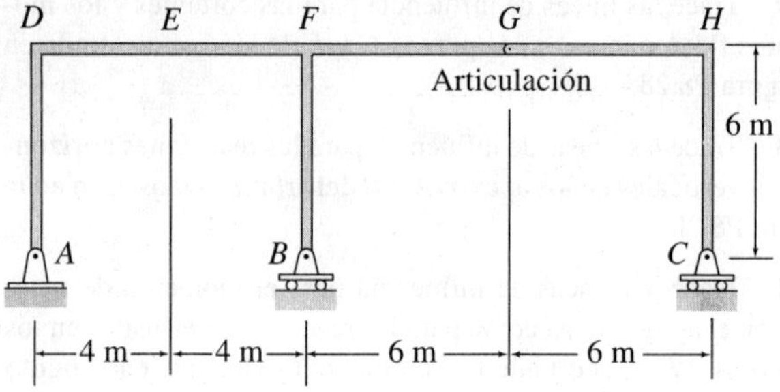

Fig. P8.33

Sección 8.3

8.34 Trace las líneas de influencia para la cortante en el panel *DE* y el momento flexionante en *D* de la viga maestra con el sistema de piso mostrada en la figura P8.34.

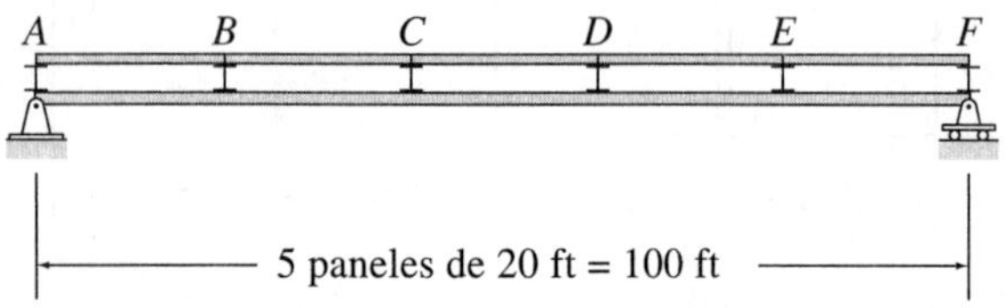

Fig. P8.34

8.35 Trace las líneas de influencia para la cortante en el panel *CD* y el momento flexionante en *C* de la viga maestra con el sistema de piso mostrada en la figura P8.35.

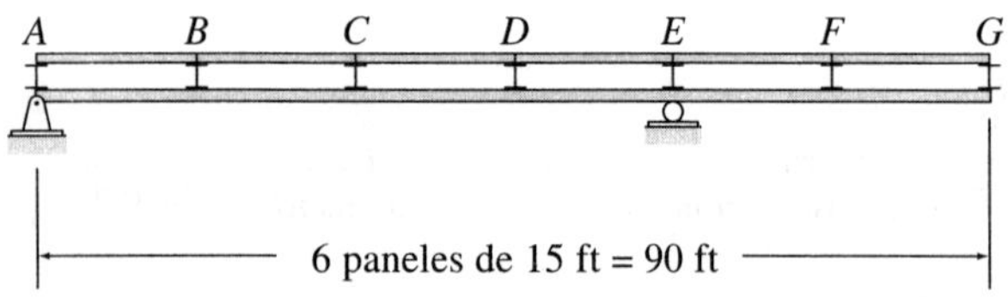

Fig. P8.35, P8.36

8.36 Trace las líneas de influencia para la cortante en el panel *EF* y el momento flexionante en *F* de la viga maestra con el sistema de piso mostrada en la figura P8.35.

8.37 Trace las líneas de influencia para la cortante en el panel *BC* y el momento flexionante en *B* de la viga maestra con el sistema de piso mostrada en la figura P8.37.

8.38 Trace las líneas de influencia para la cortante en el panel *CD* y el momento flexionante en *D* de la viga maestra con el sistema de piso mostrada en la figura P8.38.

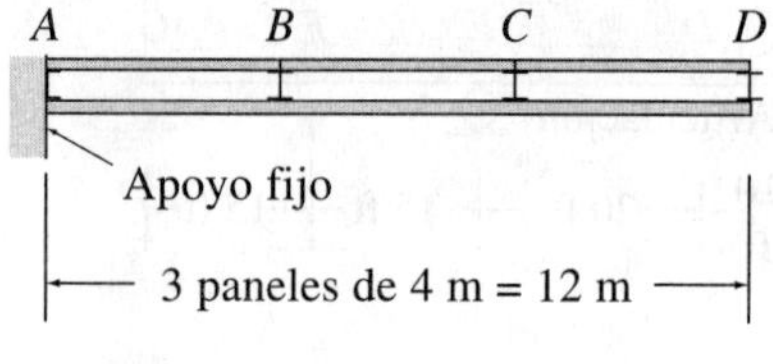

Fig. P8.37

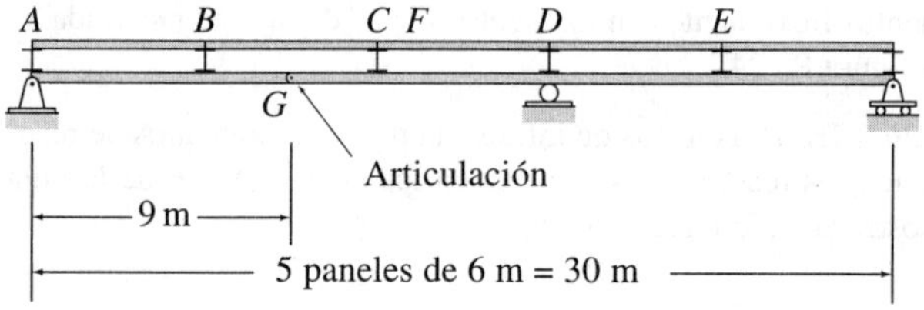

Fig. P8.38

Sección 8.4

8.39 al 8.44 Trace las líneas de influencia para los fuerzas en los miembros identificados por una "×" de las armaduras mostradas en las figuras P8.39–P8.44. Las cargas vivas se transmiten a las cuerdas inferiores de las armaduras.

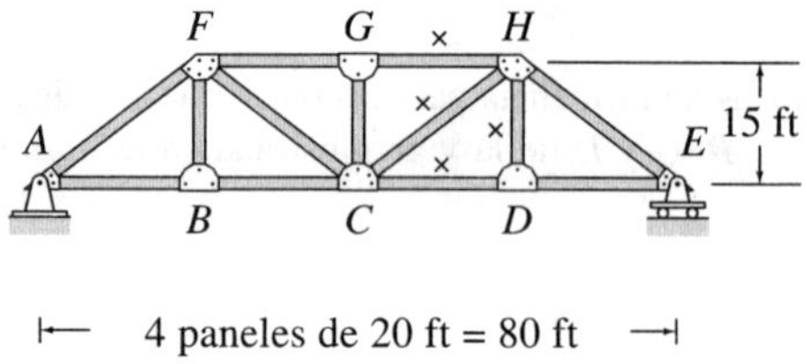

Fig. P8.39

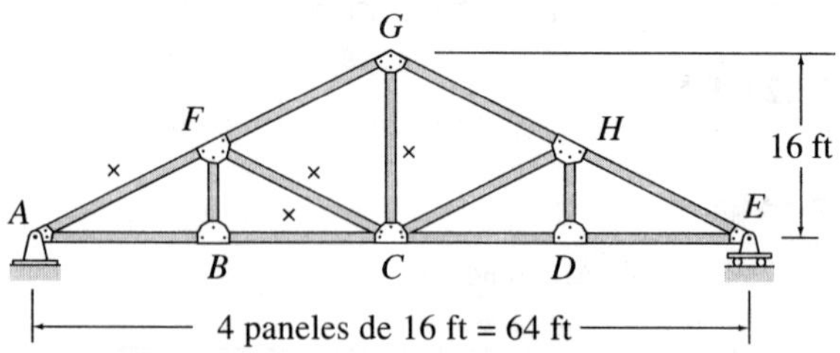

Fig. P8.40

8.45 a 8.49 Trace las líneas de influencia para los fuerzas en los miembros identificados por una "×" de las armaduras mostradas en las figuras P8.45–P8.49. Las cargas vivas se transmiten a las cuerdas superiores de las armaduras.

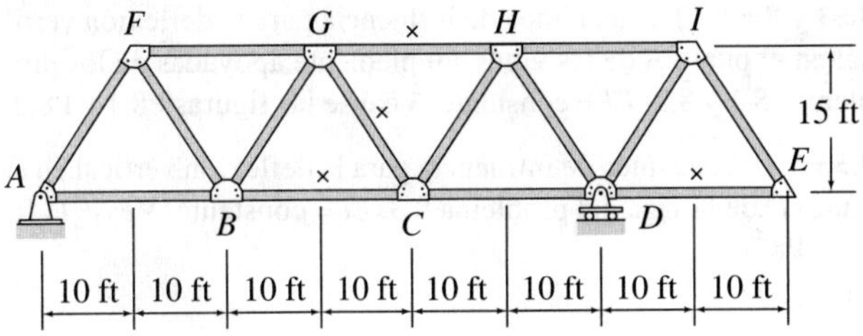

Fig. P8.41

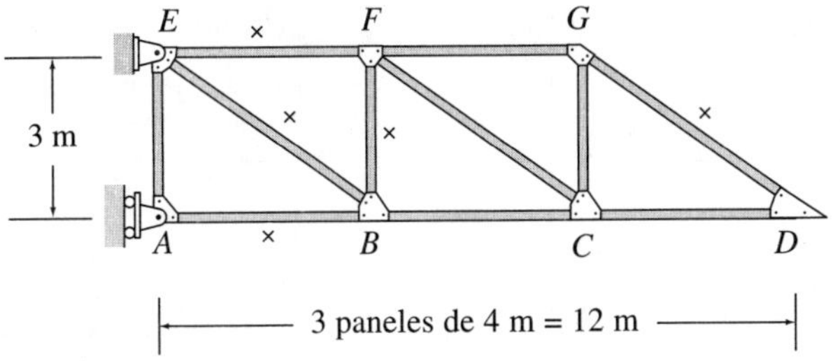

Fig. P8.42

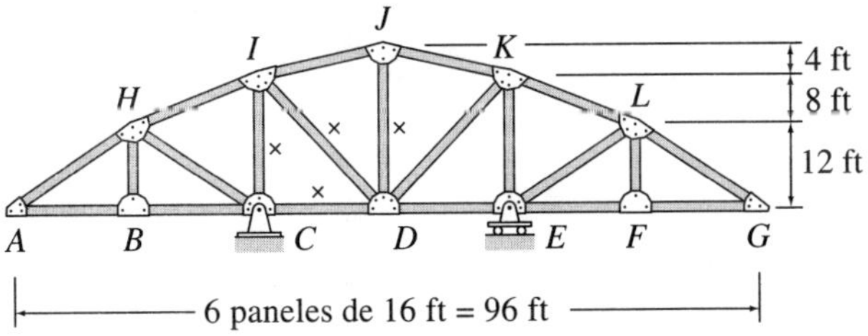

Fig. P8.43

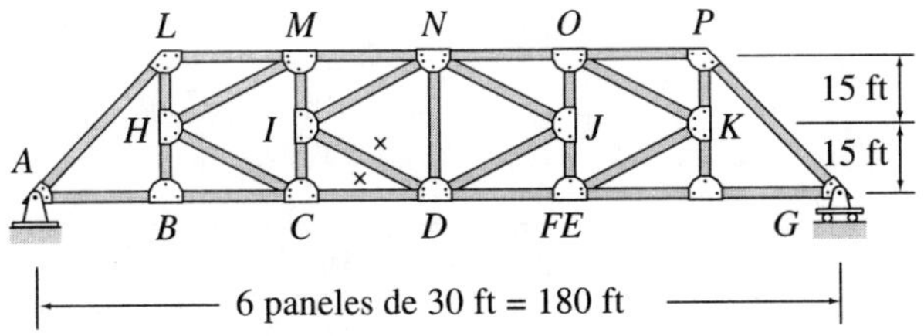

Fig. P8.44

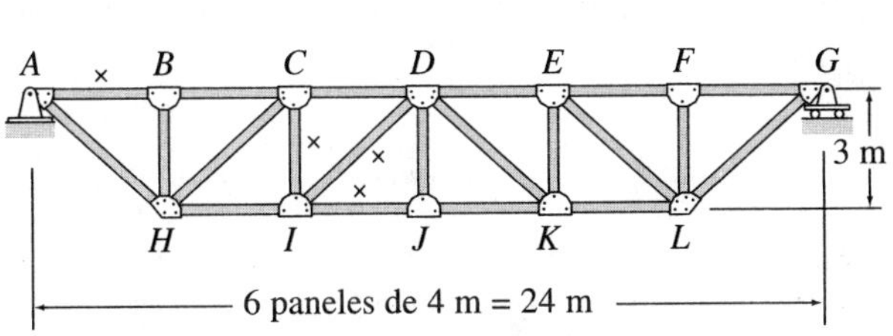

Fig. P8.45

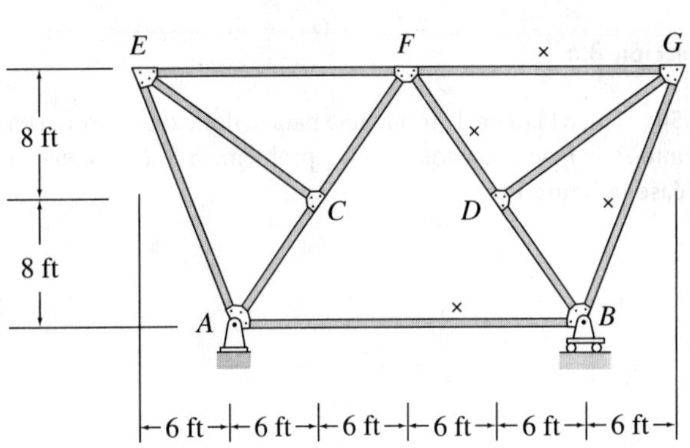

Fig. P8.46

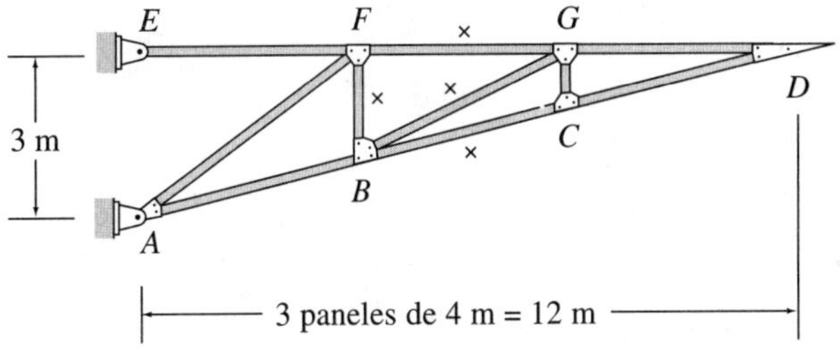

Fig. P8.47

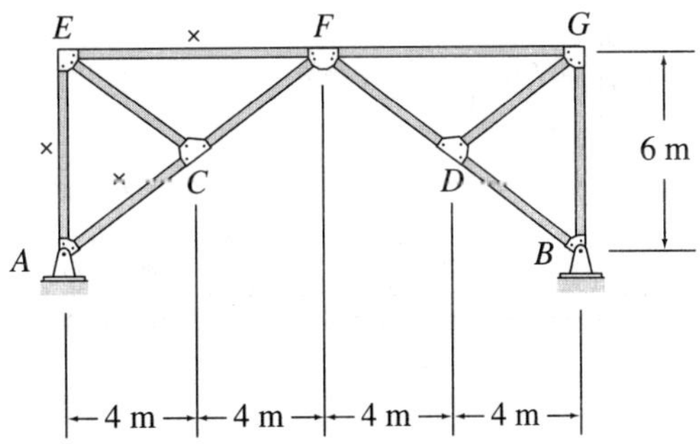

Fig. P8.48

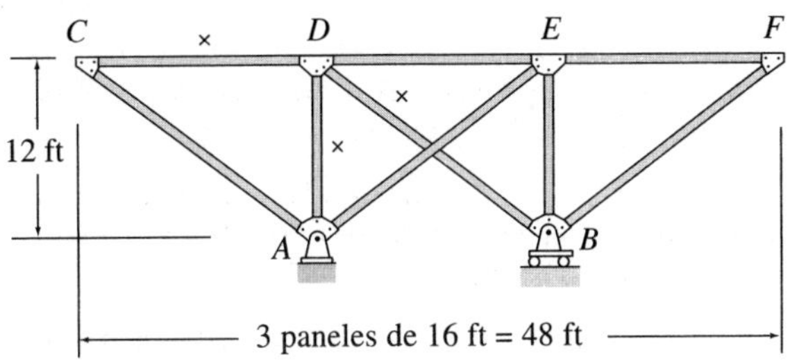

Fig. P8.49

Sección 8.5

8.50 Trace la línea de influencia para la deflexión vertical en el punto *B* de la viga en voladizo del problema 8.5. *EI* = constante. Véase la figura P8.5.

8.51 y 8.52 Trace la línea de influencia para la deflexión vertical en el punto *B* de las vigas simplemente apoyadas de los problemas 8.1 y 8.2. *EI* = constante. Véanse las figuras P8.1 y P8.2.

8.53 Trace la línea de influencia para la deflexión vertical en el punto *D* de la viga del problema 8.3. *EI* = constante. Véase la figura P8.3.

9 APLICACIÓN DE LAS LÍNEAS DE INFLUENCIA

Puente de carretera sujeto a cargas en movimiento
Fotografía cortesía del Illinois Department of Transportation

En el capítulo anterior, se aprendió cómo construir líneas de influencia para varias funciones de respuesta de estructuras. En este capítulo, se considera la aplicación de las líneas de influencia en la determinación de los valores máximos de las funciones de respuesta en lugares particulares de las estructuras, debidos a cargas variables. También se discuten los procedimientos para evaluar el valor máximo absoluto de una función de respuesta que se puede tener en cualquier parte de una estructura.

9.1 RESPUESTA EN UN LUGAR EN PARTICULAR DEBIDA A UNA SOLA CARGA CONCENTRADA EN MOVIMIENTO

Como se discutió en el capítulo anterior, cada ordenada de una línea de influencia da el valor de la función de respuesta debido a una sola carga concentrada de magnitud unitaria, colocada sobre la estructura en la ubicación de esa ordenada. Por tanto, se puede decir lo siguiente:

1. Se puede obtener el valor de una función de respuesta, debido a cualquier carga concentrada única, si se multiplica la magnitud de la carga por la ordenada de la línea de influencia de esa función de respuesta en la posición de esa carga.

2. Para determinar el valor positivo máximo de una función de respuesta, debido a una sola carga concentrada en movimiento, ésta debe colocarse en la ubicación de la ordenada positiva máxima de la línea de influencia de esa función de respuesta, en tanto que para determinar el valor negativo máximo de la función de respuesta, la carga debe colocarse en la ubicación de la ordenada negativa máxima de la línea de influencia.

Considérese, por ejemplo, una viga sujeta a una carga concentrada en movimiento de magnitud P, como se muestra en la figura 9.1(a). Supóngase que se desea determinar el momento flexionante en B cuando la carga P está localizada a una distancia x a partir del apoyo izquierdo A. La línea de influencia para M_B, dada en la figura 9.1(a), tiene una ordenada y en la posición de la carga P, indicando que una carga unitaria colocada en la posición de P causa un momento flexionante $M_B = y$. Debido a que el principio de superposición es válido, la carga de magnitud P debe causar un momento flexionante en B, el cual es P veces tan grande como el causado por la carga de magnitud unitaria. De donde, el momento flexionante en B debido a la carga P es $M_B = Py$.

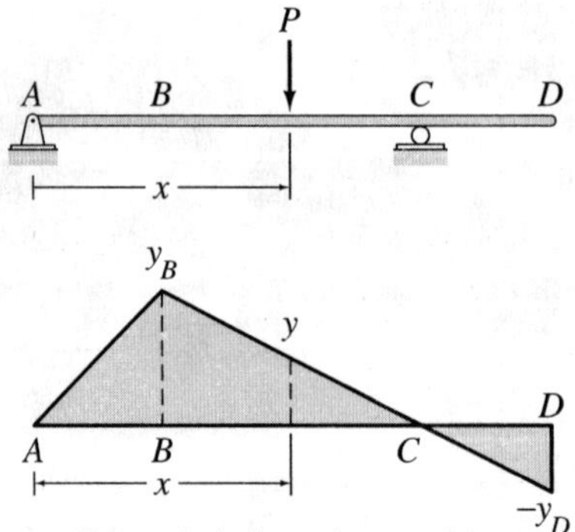

Línea de influencia para M_B

(a)

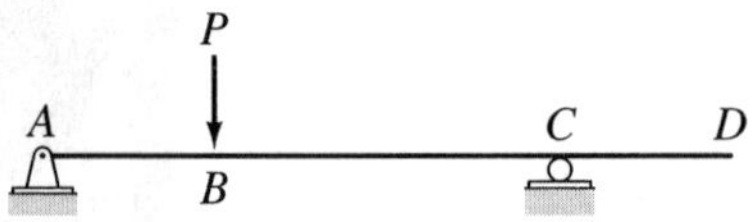

(b) Posición de la carga P para tener el M_B positivo máximo

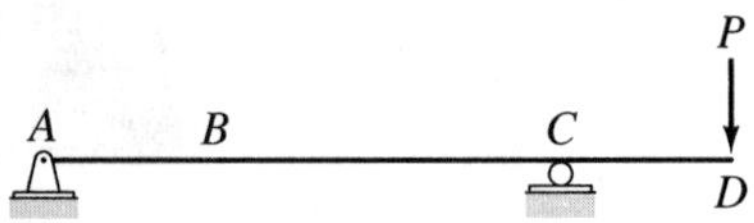

(c) Posición de la carga P para tener el M_B negativo máximo

Fig. 9.1

Enseguida, supóngase que nuestro objetivo es determinar los momentos flexionantes positivo máximo y negativo máximo en B debidos a la carga P. A partir de la línea de influencia para M_B (Fig. 9.1(a)), se observa que las ordenadas positiva máxima y negativa máxima de la línea de influencia se presentan en los puntos B y D, respectivamente. Por lo tanto, para obtener el momento flexionante positivo máximo en B, se coloca la carga P en B, como se muestra en la figura 9.1(b), y se calcula la magnitud de ese momento como $M_B = Py_B$, en donde y_B es la ordenada de la línea de influencia en B (Fig. 9.1(a)). De manera análoga, para obtener el momento flexionante negativo máximo en B, se coloca la carga P en el punto D, como se indica en la figura 9.1(c), y se calcula la magnitud del momento flexionante negativo máximo como $M_B = -Py_D$.

9.2 RESPUESTA EN UN LUGAR EN PARTICULAR DEBIDA A UNA CARGA VIVA UNIFORMEMENTE DISTRIBUIDA

También se pueden emplear las líneas de influencia a fin de determinar los valores de las funciones de respuesta de estructuras debidos a cargas distribuidas. Considérese, por ejemplo, una viga sujeta a una carga uniformemente distribuida de intensidad w_ℓ, como se muestra en la figura 9.2(a). Supóngase que se desea determinar el momento flexionante en B cuando la carga se coloca sobre la viga, desde $x = a$ hasta $x = b$, según se muestra en la figura. La línea de influencia para M_B también se da en la figura. Al tratar la carga distribuida sobre una longitud diferencial dx de la viga como una carga concentrada de magnitud $dP = w_\ell\, dx$, como se hace ver en la figura, se puede expresar el momento flexionante en B, debido a la carga dP, como

$$dM_B = dP\ y = w_\ell\, dx\ y \qquad \textbf{(9.1)}$$

en donde y es la ordenada de la línea de influencia en x, el cual es el punto de aplicación de dP, como se muestra en la figura. Para determinar el momento flexionante

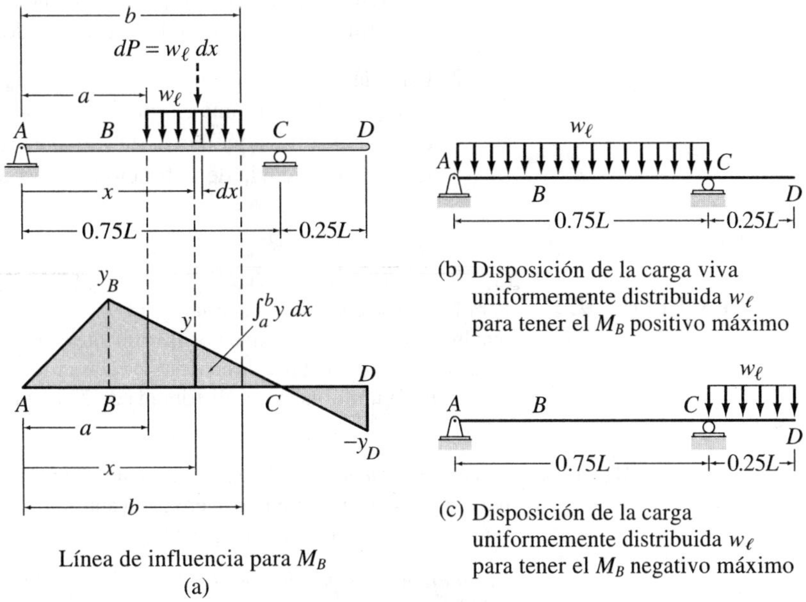

Línea de influencia para M_B
(a)

(b) Disposición de la carga viva uniformemente distribuida w_ℓ para tener el M_B positivo máximo

(c) Disposición de la carga uniformemente distribuida w_ℓ para tener el M_B negativo máximo

Fig. 9.2

total en B, debido a la carga distribuida desde $x = a$ hasta $x = b$, se integra la ecuación (9.1) entre estos límites, para obtener

$$M_B = \int_a^b w_\ell \, y \, dx = w_\ell \int_a^b y \, dx \tag{9.2}$$

en la cual la integral $\int_a^b y \, dx$ representa el área debajo del segmento de la línea de influencia, la cual corresponde a la parte cargada de la viga. Esta área se muestra en la figura 9.2(a) como un área sombreada sobre la línea de influencia para M_B.

La ecuación (9.2) también indica que el momento flexionante en B será positivo máximo si la carga uniformemente distribuida se coloca sobre todas esas partes de la viga en donde las ordenadas de la línea de influencia son positivas y viceversa. A partir de la figura 9.2(a), se puede ver que las ordenadas de la línea de influencia para M_B son positivas entre los puntos A y C y negativas entre C y D. Por lo tanto, para obtener el momento flexionante positivo máximo en B, se coloca la carga uniformemente distribuida w_ℓ desde A hasta C, como se ilustra en la figura 9.2(b) y se calcula la magnitud de ese momento como

$$M_B = w_\ell \text{(área debajo de la línea de influencia entre } A \text{ y } C)$$

$$= w_\ell \left(\frac{1}{2}\right)(0.75L)(y_B) = 0.375 w_\ell y_B L$$

De modo análogo, para obtener el momento flexionante negativo máximo en B, se coloca la carga desde C hasta D, como se muestra en la figura 9.2(c), y se calcula la magnitud de ese momento como

$$M_B = w_\ell \text{(área debajo de la línea de influencia entre } C \text{ y } D)$$

$$= w_\ell \left(\frac{1}{2}\right)(0.25L)(-y_D) = -0.125 w_\ell y_D L$$

Con base en la discusión realizada, se puede expresar lo siguiente:

1. Se puede obtener el valor de una función de respuesta debido a una carga uniformemente distribuida aplicada sobre una parte de la viga al multiplicar la intensidad de la carga por el área neta debajo de la parte correspondiente de la línea de influencia de la función de respuesta.

2. Para determinar el valor positivo (o negativo) máximo de una función de respuesta debido a una carga viva uniformemente distribuida, esta carga debe colocarse sobre aquellas partes de la estructura en donde las ordenadas de la línea de influencia de la función de respuesta son positivas (o negativas).

EJEMPLO 9.1

Para la viga que se muestra en la figura 9.3(a), determine las cortantes positiva y negativa máximas, así como los momentos flexionantes negativos en el punto C, debidos a una carga viva concentrada de 90 kN, una carga viva uniformemente distribuida de 40 kN/m y una carga muerta uniformemente distribuida de 20 kN/m.

SOLUCIÓN

Líneas de influencia Las líneas de influencia para la cortante y el momento flexionante en el punto C de esta viga se construyeron con anterioridad en el ejemplo 8.5 y se muestran en las figuras 9.3(b) y (c), respectivamente.

Cortante positiva máxima en C Con el fin de obtener la cortante positiva máxima en C, debida a la carga viva concentrada de 90 kN, se coloca esa carga precisamente a la derecha de C (Fig. 9.3(c)), en donde se presenta la ordenada positiva máxima (2/3 kN/kN) de la línea

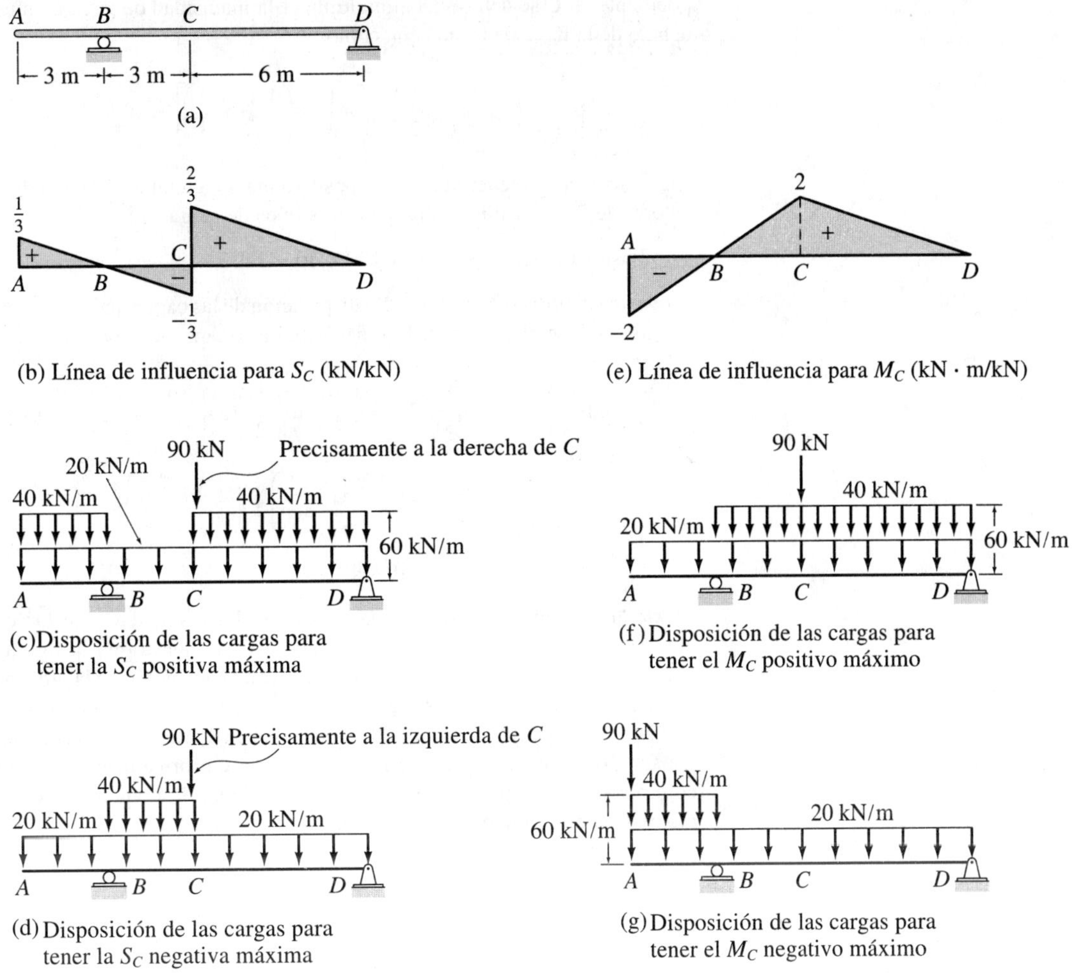

(a)

(b) Línea de influencia para S_C (kN/kN)

(e) Línea de influencia para M_C (kN · m/kN)

(c) Disposición de las cargas para tener la S_C positiva máxima

(f) Disposición de las cargas para tener el M_C positivo máximo

(d) Disposición de las cargas para tener la S_C negativa máxima

(g) Disposición de las cargas para tener el M_C negativo máximo

Fig. 9.3

de influencia para S_C. Al multiplicar la magnitud de la carga por el valor de esta ordenada, se determina el valor positivo máximo de S_C, debido a la carga viva concentrada, como

$$S_C = 90\left(\frac{2}{3}\right) = 60 \text{ kN}$$

En la figura 9.3(b), se observa que las ordenadas de la línea de influencia para S_C son positivas entre los puntos A y B y entre los puntos C y D. Por consiguiente, a fin de obtener la cortante positiva máxima en C, debida a la carga viva uniformemente distribuida de 40 kN/m, se coloca esa carga sobre las partes AB y CD de la viga, como se ilustra en la figura 9.3(c), y se calcula el valor positivo máximo de S_C, debido a esta carga, al multiplicar la intensidad de la misma por el área debajo de las partes AB y CD de la línea de influencia. De donde,

$$S_C = 40\left[\left(\frac{1}{2}\right)(3)\left(\frac{1}{3}\right) + \left(\frac{1}{2}\right)(6)\left(\frac{2}{3}\right)\right] = 100 \text{ kN}$$

A diferencia de las cargas vivas, las muertas siempre actúan en posiciones fijas de las estructuras; es decir, no se pueden hacer variar sus posiciones para maximizar las funciones de respuesta. Por lo tanto, la carga muerta uniformemente distribuida de 20 kN/m se coloca sobre toda la longitud de la viga, como se hace ver en la figura 9.3(c), y la cortante correspondiente en C se determina al multiplicar la intensidad de la carga muerta por el área neta debajo de la línea de influencia, como

$$S_C = 20\left[\left(\frac{1}{2}\right)(3)\left(\frac{1}{3}\right)+\left(\frac{1}{2}\right)(3)\left(-\frac{1}{3}\right)+\left(\frac{1}{2}\right)(6)\left(\frac{2}{3}\right)\right] = 40 \text{ kN}$$

Ahora se puede obtener la cortante positiva máxima total en C sumando algebraicamente los valores de S_C determinados para los tres tipos de cargas:

Positiva máxima $S_C = 60 + 100 + 40 = 200$ kN **Resp.**

Cortante negativa máxima en C La disposición de las cargas para obtener la cortante negativa máxima en C se muestra en la figura 9.3(d). La cortante negativa máxima en C queda dada por

$$\text{Negativa máxima } S_C = 90\left(-\frac{1}{3}\right) + 40\left(\frac{1}{2}\right)(3)\left(-\frac{1}{3}\right) + 20\left[\left(\frac{1}{2}\right)(3)\left(\frac{1}{3}\right) + \left(\frac{1}{2}\right)(3)\left(-\frac{1}{3}\right) + \left(\frac{1}{2}\right)(6)\left(\frac{2}{3}\right)\right]$$

$$= -10 \text{ kN}$$ **Resp.**

Momento flexionante positivo máximo en C La disposición de las cargas para obtener el momento flexionante positivo máximo en C se muestra en la figura 9.3(f). Nótese que la carga viva concentrada de 90 kN se coloca en la ubicación de la ordenada positiva máxima de la línea de influencia para M_C (Fig. 9.3(e)); la carga viva uniformemente distribuida de 40 kN/m se coloca sobre la parte BD de la viga, en donde las ordenadas de la línea de influencia son positivas; en tanto que la carga muerta uniformemente distribuida de 20 kN/m se coloca sobre la longitud completa de la propia viga. El momento flexionante positivo máximo en C queda dado por

$$\text{Positivo máximo } M_C = 90(2) + 40\left(\frac{1}{2}\right)(9)(2) + 20\left[\left(\frac{1}{2}\right)(3)(-2)+\left(\frac{1}{2}\right)(9)(2)\right]$$

$$= 660 \text{ kN} \cdot \text{m}$$ **Resp.**

Momento flexionante negativo máximo en C La disposición de las cargas para obtener el momento flexionante negativo máximo en C se muestra en la figura 9.3(g). El M_C negativo máximo se expresa por

$$\text{Negativo máximo } M_C = 90(-2) + 40\left(\frac{1}{2}\right)(3)(-2) + 20\left[\left(\frac{1}{2}\right)(3)(-2)+\left(\frac{1}{2}\right)(9)(2)\right]$$

$$= 180 \text{ kN} \cdot \text{m}$$ **Resp.**

9.3 RESPUESTA EN UN LUGAR EN PARTICULAR DEBIDA A UNA SERIE DE CARGAS CONCENTRADAS EN MOVIMIENTO

Como se discutió en la sección 2.2, las cargas vivas debidas al tránsito de vehículos sobre puentes de carreteras y de ferrocarril se representan por una serie de cargas concentradas en movimiento con un espaciamiento especificado entre las mismas (véanse las figuras 2.2 y 2.3). Las líneas de influencia proporcionan un medio conveniente de análisis de las estructuras sujetas a ese tipo de cargas en movimiento. En esta sección, se discute cómo se puede usar la línea de influencia para una función de respuesta con el fin de determinar 1) el valor de esa función de respuesta para una posición dada de una serie de cargas concentradas y 2) el valor máximo de la función de respuesta debido a una serie de cargas concentradas en movimiento.

Considérese, por ejemplo, la viga de puente que se muestra en la figura 9.4. Supóngase que se desea determinar la cortante en el punto B de la viga debida a las cargas de las ruedas de un camión HS20-44, cuando el eje delantero de éste se localiza a una distancia de 16 ft del apoyo izquierdo A, como se muestra en la figura. La línea de influencia para la cortante en B también se muestra en la figura. Se conocen las distancias entre las tres cargas así como la localización de la carga de 4 k, de modo que las localizaciones de las otras dos cargas se pueden establecer con facilidad. Aun cuando se pueden obtener las ordenadas de las líneas de influencia correspondientes a las cargas mediante la utilización de las propiedades de los triángulos semejantes formados por la propia línea, suele ser conveniente evaluar cualquiera de esas ordenadas al multiplicar la pendiente del segmento de la misma en donde la carga está ubicada por la distancia de esta última al punto en el cual el segmento de esa línea de influencia se interseca con el eje horizontal (es decir, se hace cero). El signo (más o menos) de la ordenada se obtiene por inspección. Por ejemplo, la ordenada de la línea de influencia correspondiente a la carga de 4 k (Fig. 9.4) se puede calcular al multiplicar la pendiente (1:100) del segmento de esa línea para la parte AB por la distancia (16 ft) de la carga al punto A. De donde, la ordenada de la línea de influencia para S_B correspondiente a la carga de 4 k es igual a $-(1/100)(16) = -0.16$ k/k. En la figura 9.4, se muestran las ordenadas correspondientes a las tres cargas, obtenidas de este modo.

Puede recordarse que la cortante en B debida a una sola carga concentrada se expresa por el producto de la magnitud de esa carga y la ordenada de la línea de influencia en la localización de aquélla. En virtud de que la superposición es válida, se puede determinar la cortante total en B causada por las tres cargas concentradas al

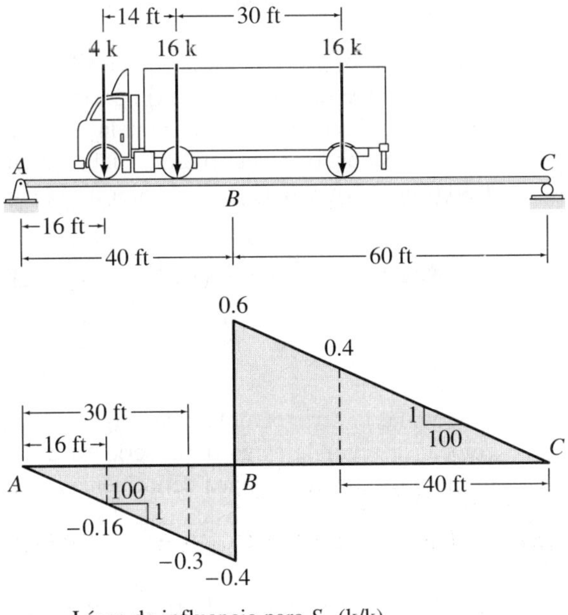

Línea de influencia para S_B (k/k)

Fig. 9.4

sumar algebraicamente las cortantes en ese punto debidas a cada una de las cargas por separado; es decir, sumando los productos de las magnitudes de las cargas y las ordenadas respectivas de la línea de influencia. De donde,

$$S_B = -4(0.16) - 16(0.3) + 16(0.4) = 0.96 \text{ k}$$

Se puede emplear el procedimiento descrito para determinar el valor de cualquier función de respuesta de fuerza o de momento de una estructura para una posición dada de una serie de cargas concentradas.

También se pueden usar las líneas de influencia para la determinación de los valores máximos de las funciones de respuesta, en lugares particulares de las estructuras, debidos a una serie de cargas concentradas. Considérese la viga mostrada en la figura 9.5(a) y supóngase que nuestro objetivo es determinar la cortante positiva máxima en el punto B debida a la serie de cuatro cargas concentradas que se muestran en la figura. La línea de influencia para S_B se muestra en la figura 9.5(b). Si se supone que la serie de cargas se mueve de derecha a izquierda sobre la viga, se puede observar a partir de estas figuras que, conforme la serie se mueve desde el extremo C de la viga hacia el punto B, la cortante en B crece en forma continua ya que crecen las ordenadas de la línea de influencia bajo las cargas. La cortante en B alcanza un máximo relativo cuando la primera carga de la serie, la de 8 k, llega precisamente a la derecha de B, en donde se localiza la ordenada positiva máxima de la línea de influencia. Cuando la carga de 8 k cruza el punto B, la cortante en este punto decrece de manera abrupta en una cantidad igual a $-8(0.667 + 0.333) = -8$ k. Con la serie de cargas moviéndose en forma continua hacia la izquierda, S_B crece una vez más y alcanza otro máximo relativo cuando la segunda carga de la serie, la de 10 k, llega precisamente a la derecha de B, y así sucesivamente. Debido a que S_B se convierte en un máximo relativo siempre que una de las cargas de la serie llega a la ordenada positiva máxima de la línea de influencia, se puede concluir que, durante el movimiento de la serie de cargas a través de la longitud completa de la viga, se presenta la cortante máxima (absoluta) en B cuando una de las cargas de la serie está en la ubicación de la ordenada positiva máxima de la línea de influencia para S_B. Ya que no es posible identificar por inspección la carga que causará la S_B positiva máxima cuando se coloque en la ordenada máxima de la línea de influencia, se utiliza un procedimiento por tanteos para determinar el valor de la cortante positiva máxima en B. Como se hace ver en la figura 9.5(c), la serie de cargas está inicialmente en posición sobre la viga con su primera carga, la de 8 k, colocada precisamente a la derecha de B, en donde se localiza la ordenada positiva máxima de la línea de influencia. Notando que la pendiente del segmento de esta línea para la parte BC es de 1:30 (Fig. 9.5(b)), se calcula el valor de S_B para esta posición de las cargas como

$$S_B = 8(20)\left(\frac{1}{30}\right) + 10(16)\left(\frac{1}{30}\right) + 15(13)\left(\frac{1}{30}\right) + 5(8)\left(\frac{1}{30}\right)$$
$$= 18.5 \text{ k}$$

Enseguida, la serie completa de cargas se mueve hacia la izquierda en 4 ft, para colocar la segunda carga de la serie, la de 10 k, en la ubicación de la ordenada positiva máxima de la línea de influencia, como se muestra en la figura 9.5(d). La cortante en B para esta posición de las cargas se expresa por

$$S_B = -8(6)\left(\frac{1}{30}\right) + 10(20)\left(\frac{1}{30}\right) + 15(17)\left(\frac{1}{30}\right) + 5(12)\left(\frac{1}{30}\right)$$
$$= 15.567 \text{ k}$$

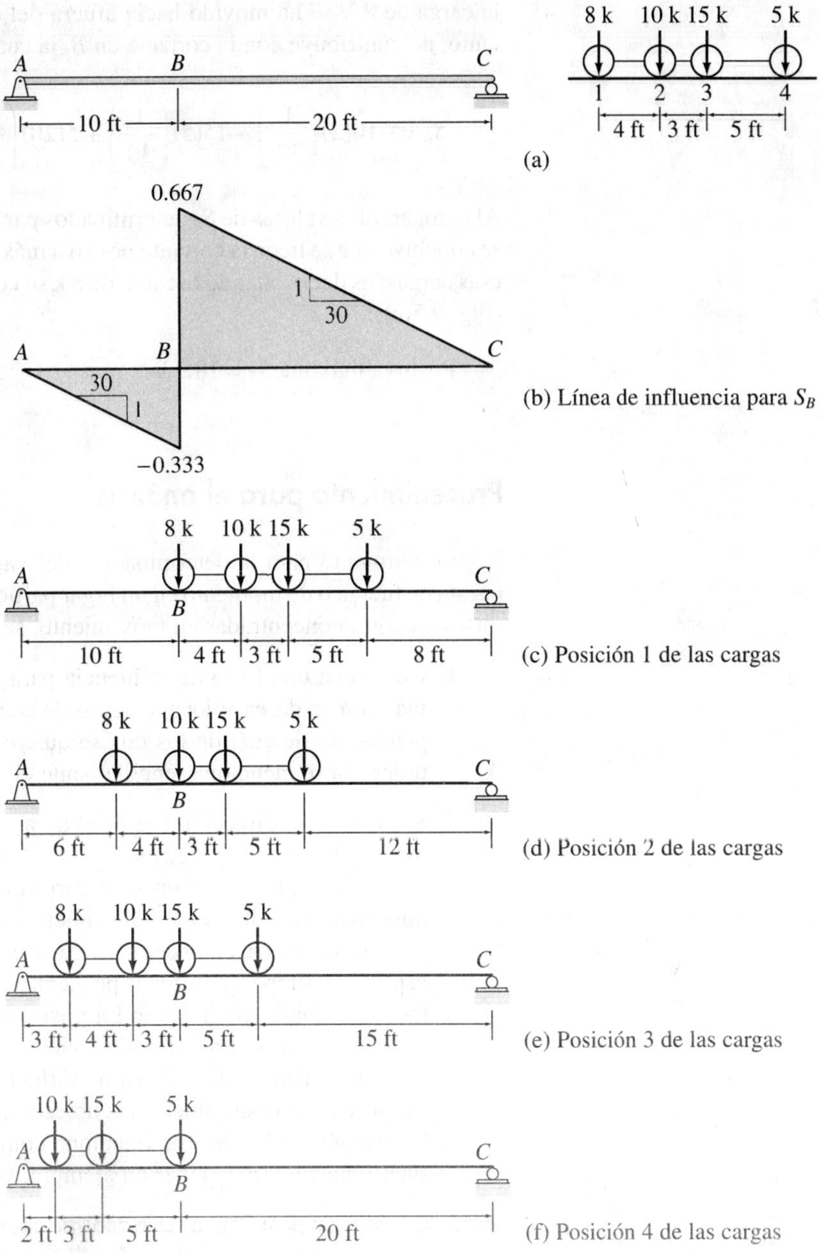

(a)

(b) Línea de influencia para S_B (k/k)

(c) Posición 1 de las cargas

(d) Posición 2 de las cargas

(e) Posición 3 de las cargas

(f) Posición 4 de las cargas

Fig. 9.5

Entonces, la serie de cargas se mueve todavía más hacia la izquierda, 3 ft, para colocar la tercera carga de la serie, la de 15 k, precisamente a la derecha de *B* (Fig. 9.5(e)). La cortante en *B* queda dada ahora por

$$S_B = -8(3)\left(\frac{1}{30}\right) - 10(7)\left(\frac{1}{30}\right) + 15(20)\left(\frac{1}{30}\right) + 5(15)\left(\frac{1}{30}\right)$$

$$= 9.367 \text{ k}$$

Por último, la serie se coloca en posición de modo que su última carga, la de 5 k, esté precisamente a la derecha de *B*, como se hace ver en la figura 9.5(f). Note que ahora la carga de 8 k se ha movido hacia afuera del espacio cubierto por la viga; por lo tanto, no contribuye con la cortante en B, la cual se da por

$$S_B = -10(2)\left(\frac{1}{30}\right) - 15(5)\left(\frac{1}{30}\right) + 5(20)\left(\frac{1}{30}\right) = 0.167 \text{ k}$$

Al comparar los valores de S_B determinados para las cuatro posiciones de las cargas, se concluye que se tiene la cortante positiva máxima en B para la primera posición de esas cargas; es decir, cuando la carga de 8 k se coloca precisamente a la derecha de B (Fig. 9.5(c)):

Positiva máxima $S_B = 18.5$ k

Procedimiento para el análisis

El procedimiento para la determinación del valor máximo de una función de respuesta de fuerza o de momento en un lugar particular de una estructura, debido a una serie de cargas concentradas en movimiento, se puede resumir como sigue:

1. Construya una línea de influencia para la función de respuesta cuyo valor máximo se desea y localice su ordenada positiva o negativa máximas, dependiendo de cuál de los dos se quiere determinar. (En lo que sigue, esta ordenada se menciona sencillamente como la *ordenada máxima.*)

2. Seleccione la dirección (de derecha a izquierda o viceversa) en la cual se moverá la serie de cargas sobre la estructura. Si la serie se va a mover de derecha a izquierda, entonces la carga que está en el extremo izquierdo de la misma se considera como la primera, en tanto que si se va a mover de izquierda a derecha, entonces la carga en el extremo derecho se considera como la primera. Empezando con la primera, numere en secuencia (como 1, 2, 3, ...) todas las cargas de la serie. La posición de la serie completa de cargas se menciona como el número de aquélla que se coloca en la ubicación de la ordenada máxima de la línea de influencia; por ejemplo, cuando la tercera carga de la serie se coloca en la ubicación de esa ordenada máxima, entonces la posición de la serie se menciona como la posición 3 de las cargas, y así sucesivamente (para tener un ejemplo, véase la figura 9.5).

3. Coloque en posición la serie dada de cargas concentradas sobre la estructura, con la primera de la serie en la ubicación de la ordenada máxima de la línea de influencia. Establezca las ubicaciones del resto de las cargas de la serie.

4. Evalue las ordenadas de la línea de influencia correspondientes a las cargas de la serie y determine el valor de la función de respuesta sumando algebraicamente los productos de las magnitudes de esas cargas y las ordenadas respectivas de la línea. Si el valor de la función de respuesta determinado en este momento es el correspondiente a la última posición de las cargas (con la última carga de la serie colocada en la ubicación de la ordenada máxima de la línea de influencia), entonces continúe con el paso 6. De la contrario, siga con el paso 5.

5. Mueva la serie de cargas en la dirección seleccionada en el paso 2 hasta que la carga siguiente llegue a la ubicación de la ordenada máxima de la línea de influencia. Establezca las posiciones del resto de las cargas de la serie y regrese al paso 4.

6. Comparando las magnitudes de la función de respuesta determinadas para todas las posiciones de las cargas que se consideren, obtenga el valor máximo de la función de respuesta.

Si la disposición de las cargas es en tal forma que todas o la mayor parte de las más pesadas se localizan cerca de uno de los extremos de la serie, entonces el análisis se puede facilitar si selecciona una dirección del movimiento de la serie, de modo que las cargas más pesadas lleguen a la ordenada máxima de la línea de influencia antes que las más ligeras. Por ejemplo, una serie de cargas en la que las más pesadas se encuentran a la izquierda debe moverse sobre la estructura de derecha a izquierda y viceversa. En ese caso, es posible que no sea necesario examinar todas las posiciones de las cargas obtenidas al colocar en forma sucesiva cada carga de la serie en la ubicación de la ordenada máxima de la línea de influencia. En lugar de ello, el análisis se puede finalizar cuando el valor de la función de respuesta empiece a decrecer; es decir, si se encuentra que el valor de la función de respuesta para una posición de las cargas es menor que el correspondiente a la posición anterior, entonces se considera que el valor de la función para esa posición anterior es el máximo. Aun cuando este criterio también puede funcionar para series con las cargas más pesadas cerca del punto medio del grupo, no es válido para cualquier serie general de cargas. En general, dependiendo de las magnitudes y del espaciamiento de las cargas, así como de la forma de la línea de influencia, el valor de la función de respuesta, después de declinar para algunas posiciones de las cargas, puede empezar a crecer de nuevo para las posiciones subsiguientes y puede alcanzar un máximo mayor.

EJEMPLO 9.2

Determine la fuerza axial máxima en el miembro BC de la armadura Warren debida a la serie de cuatro cargas concentradas en movimiento que se muestran en la figura 9.6(a).

SOLUCIÓN *Línea de influencia para* F_{BC} Véase la figura 9.6(b).

Fuerza máxima en el miembro BC Para determinar el valor máximo de F_{BC}, se mueve la serie de cargas de derecha a izquierda, colocando sucesivamente cada carga de ella en el punto B,

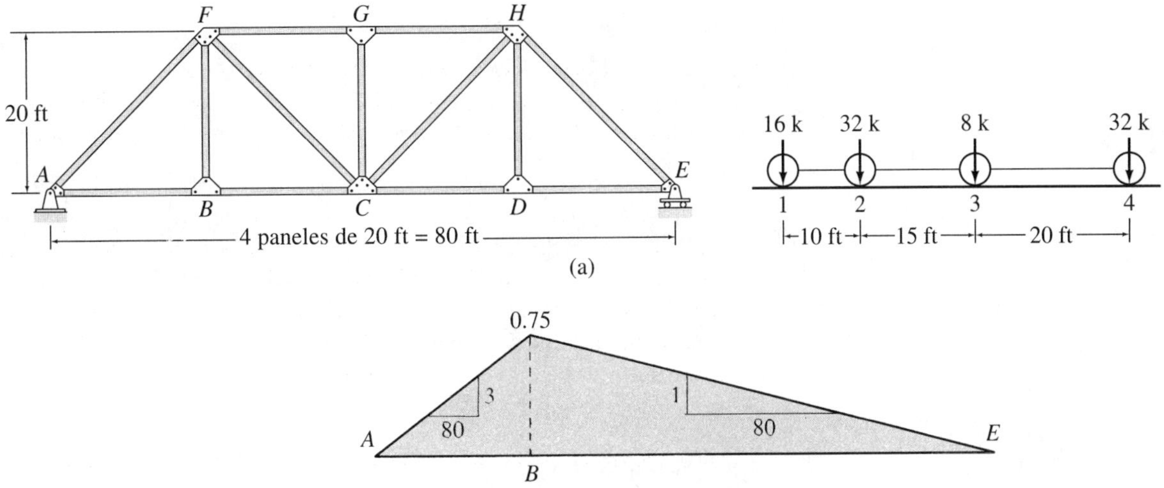

(b) Línea de influencia para F_{BC} (k/k)

Fig. 9.6

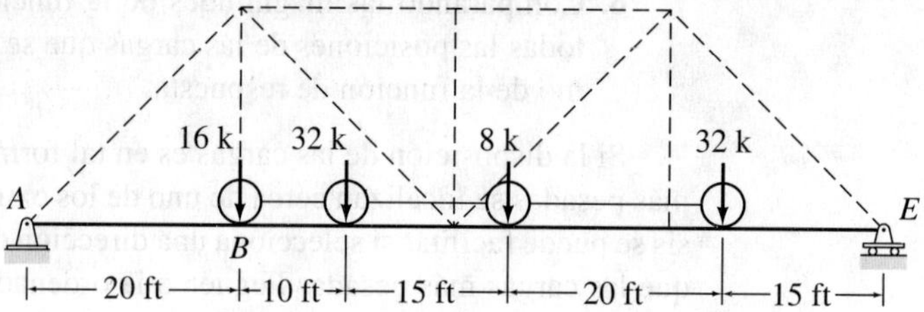

(c) Posición 1 de las cargas

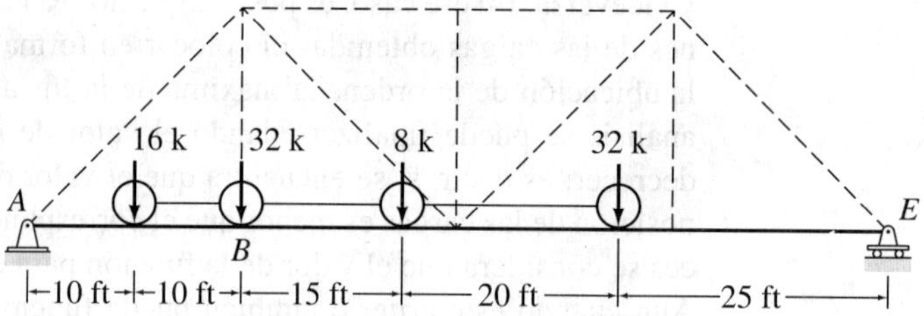

(d) Posición 2 de las cargas

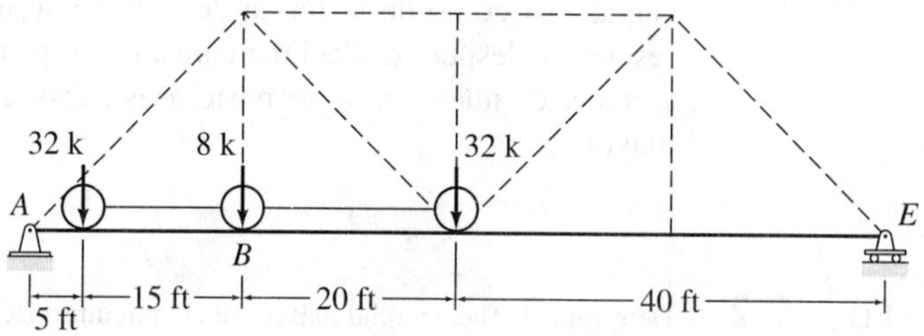

(e) Posición 3 de las cargas

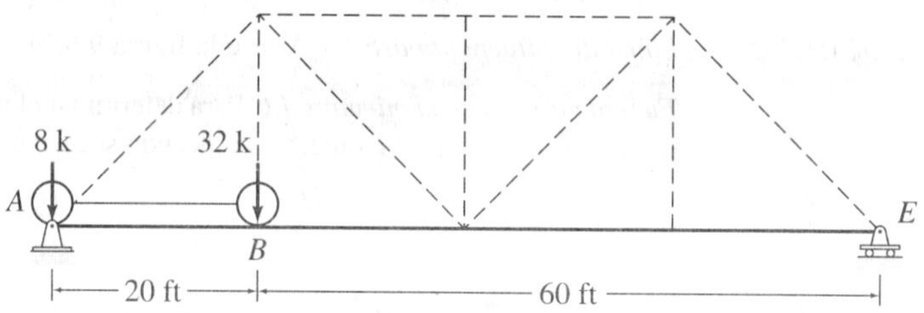

(f) Posición 4 de las cargas

Fig. 9.6 (*Continuación*)

en donde está ubicada la ordenada máxima de la línea de influencia para F_{BC} (véanse las figuras 9.6(c) a (f)). Entonces se calcula el valor de F_{BC} para cada posición de las cargas, como se indica enseguida:

- Para la posición 1 de las cargas (Fig. 9.6(c)):

$$F_{BC} = [16(60) + 32(50) + 8(35) + 32(15)]\left(\frac{1}{80}\right) = 41.5 \text{ k (T)}$$

- Para la posición 2 de las cargas (Fig. 9.6(d)):

$$F_{BC} = 16(10)\left(\frac{3}{80}\right) + [32(60) + 8(45) + 32(25)]\left(\frac{1}{80}\right) = 44.5 \text{ k (T)}$$

- Para la posición 3 de las cargas (Fig. 9.6(e)):

$$F_{BC} = 32(5)\left(\frac{3}{80}\right) + [8(60) + 32(40)]\left(\frac{1}{80}\right) = 28.0 \text{ k (T)}$$

- Para la posición 4 de las cargas (Fig. 9.6(f)):

$$F_{BC} = 32(60)\left(\frac{1}{80}\right) = 24.0 \text{ k (T)}$$

Por comparación de los valores de F_{BC} para las cuatro posiciones de las cargas, se concluye que la magnitud de la fuerza axial máxima que se desarrolla en el miembro BC es $F_{BC} = 44.5$ k de tensión. Ocurre esta fuerza máxima cuando la segunda carga de la serie se coloca en el nodo B de la armadura, como se muestra en la figura 9.6(d).

Máxima $F_{BC} = 44.5$ k (T) **Resp.**

9.4 RESPUESTA MÁXIMA ABSOLUTA

Hasta ahora, se ha considerado la respuesta máxima que puede ocurrir en una *ubicación particular* de una estructura. En esta sección, se discute cómo determinar el valor *máximo absoluto* de una función de respuesta que puede ocurrir en cualquier lugar de toda una estructura. Aun cuando en esta sección sólo se consideran vigas simplemente apoyadas los conceptos presentados en ella se pueden usar para desarrollar procedimientos para el análisis de respuestas absolutas máximas de otros tipos de estructuras.

Carga única concentrada

Considere la viga simplemente apoyada que se muestra en la figura 9.7(a). Las líneas de influencia para la cortante y el momento flexionante en cualquier sección arbitraria $a'a'$, localizada a una distancia a del apoyo izquierdo A, se muestran en las figuras 9.7(b) y (c), respectivamente. Recuerde que, en principio, estas líneas de influencia se desarrollaron en la sección 8.1 (Figs. 8.2(e) y (f)).

Suponga que se desea determinar la cortante máxima absoluta en la viga, debida a una sola carga concentrada en movimiento de magnitud P. Como se discutió en la sección 9.1, la cortante positiva máxima en la sección $a'a'$ queda dada por el producto de la magnitud de la carga, P, y la ordenada positiva máxima $1 - (a/L)$, de la línea de influencia para la cortante en esa sección (Fig. 9.7(b)). Por tanto,

$$\text{cortante positiva máxima} = P\left(1 - \frac{a}{L}\right) \qquad \textbf{(9.3)}$$

De modo análogo, la cortante negativa máxima en la sección $a'a'$ queda dada por

$$\text{cortante negativa máxima} = -\frac{Pa}{L} \qquad \textbf{(9.4)}$$

Estas ecuaciones indican que las cortantes positiva máxima y negativa máxima en una sección, debidas a una sola carga concentrada en movimiento, varían linealmente con la distancia a de la sección al apoyo izquierdo A de la viga. En la figura 9.7(d), se muestra una gráfica de las ecuaciones (9.3) y (9.4), con la cortante máxima como ordenada, contra la ubicación a de la sección como abscisa. Una gráfica de este tipo, en la que se representa la variación del valor máximo de una función de respuesta como función de la ubicación de la sección, se conoce como *envolvente de los valo-*

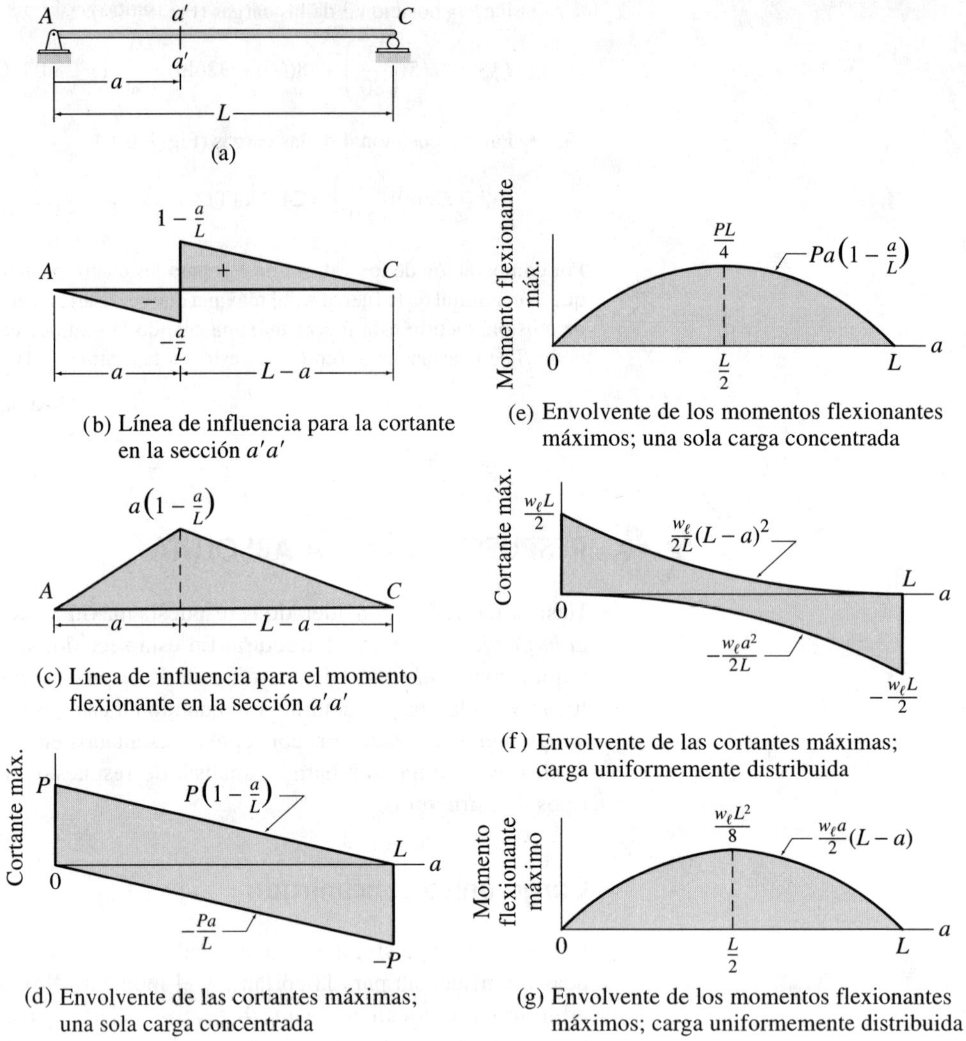

(a)

(b) Línea de influencia para la cortante en la sección $a'a'$

(c) Línea de influencia para el momento flexionante en la sección $a'a'$

(d) Envolvente de las cortantes máximas; una sola carga concentrada

(e) Envolvente de los momentos flexionantes máximos; una sola carga concentrada

(f) Envolvente de las cortantes máximas; carga uniformemente distribuida

(g) Envolvente de los momentos flexionantes máximos; carga uniformemente distribuida

Fig. 9.7

res máximos de una función de respuesta. Una envolvente de los valores máximos de una función de respuesta proporciona un modo conveniente para la determinación del valor máximo absoluto de esa función así como de su ubicación. A partir de la envolvente de las cortantes máximas (Fig. 9.7(d)) se puede ver que, en una viga simplemente apoyada sujeta a una carga concentrada en movimiento, P, la cortante máxima absoluta se desarrolla en las secciones precisamente hacia adentro de los apoyos y tiene la magnitud de P.

La envolvente de los momentos flexionantes máximos debidos a una sola carga concentrada en movimiento, P, se puede generar de manera semejante. Usando la línea de influencia para el momento flexionante en la sección arbitraria $a'a'$, dada en la figura 9.7(c), se determina la expresión para el momento flexionante máximo en esa sección como

$$\text{momento flexionante máximo} = Pa\left(1 - \frac{a}{L}\right) \qquad \textbf{(9.5)}$$

En la figura 9.7(e), se muestra la envolvente de los momentos flexionantes máximos construida al trazar la gráfica de la ecuación (9.5). Se puede ver que el momento flexionante máximo absoluto ocurre a la mitad del claro cubierto por la viga y tiene la magnitud $PL/4$.

Carga uniformemente distribuida

A continuación, determinemos la cortante y el momento flexionante máximos absolutos en la viga simplemente apoyada de la figura 9.7(a), debida a una carga viva uniformemente distribuida de intensidad w_ℓ. Como se discutió en la sección 9.2, se puede obtener la cortante positiva (o negativa) máxima en la sección $a'a'$ al colocar la carga sobre la parte de la viga en donde las ordenadas de la línea de influencia de esa cortante (Fig. 9.7(b)) son positivas (o negativas) y multiplicar el área de la línea de influencia debajo de la parte cargada de la viga. Por tanto,

$$\text{cortante positiva máxima} = \frac{w_\ell}{2L}(L-a)^2 \qquad \textbf{(9.6)}$$

$$\text{cortante negativa máxima} = \frac{w_\ell a^2}{2L} \qquad \textbf{(9.7)}$$

En la figura 9.7(f), se muestra la envolvente de las cortantes máximas debidas a una carga viva uniformemente distribuida, construida al trazar la gráfica de las ecuaciones (9.6) y (9.7). Se puede ver que la cortante máxima absoluta se desarrolla en las secciones precisamente hacia adentro de los apoyos y tiene la magnitud $w_\ell L/2$.

A fin de determinar la expresión para el momento flexionante máximo en la sección $a'a'$, se multiplica la intensidad de la carga, w_ℓ, por el área de la línea de influencia del momento flexionante (Fig. 9.7(c)), para obtener

$$\text{momento flexionante máximo} = \frac{w_\ell a}{2}(L-a) \qquad \textbf{(9.8)}$$

En la figura 9.7(g), se muestra la envolvente de los momentos flexionantes máximos debidos a una carga viva uniformemente distribuida, construida al trazar la gráfica de la ecuación (9.8). A partir de esta envolvente, se puede ver que el momento flexionante máximo absoluto ocurre a la mitad del claro cubierto por la viga y tiene la magnitud $w_\ell L^2/8$.

Serie de cargas concentradas

El valor máximo absoluto de una función de respuesta en cualquier estructura sujeta a una serie de cargas concentradas en movimiento o a cualquier otra condición de cargas vivas se puede determinar a partir de la envolvente de los valores máximos de esa función. Esa envolvente se puede construir mediante la evaluación de los valores máximos de la función de respuesta en varios puntos a lo largo de la estructura, aplicando los procedimientos descritos en las secciones 9.1 a 9.3, y trazando los gráficas de esos valores máximos. En virtud de la considerable cantidad de esfuerzo de cálculo que interviene, excepto para algunas estructuras sencillas, el análisis de la respuesta máxima absoluta se suele realizar con el uso de computadoras. En lo que sigue, se discuten los métodos directos que son de empleo común para determinar las cortantes y los momentos flexionantes máximos absolutos en las vigas simplemente apoyadas sujetas a una serie de cargas concentradas en movimiento.

Como en el caso de una sola carga concentrada y en el de cargas uniformemente distribuidas, la cortante máxima absoluta en una viga simplemente apoyada, debida

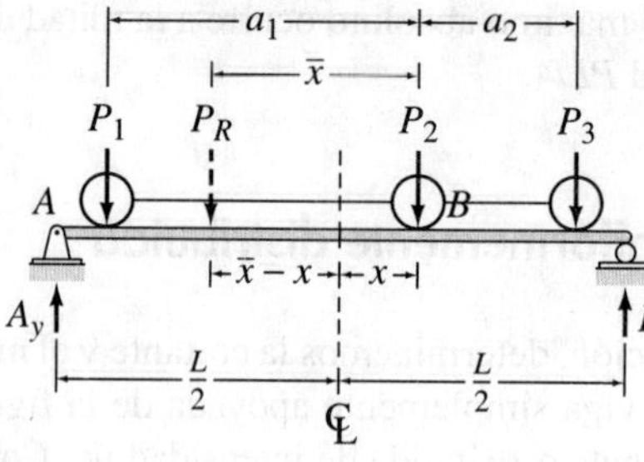

Fig. 9.8

a una serie de cargas concentradas en movimiento, siempre ocurre en las secciones precisamente hacia adentro de los apoyos. A partir de la línea de influencia para la cortante en una sección arbitraria $a'a'$ de una viga simplemente apoyada, mostrada en la figura 9.7(b), se puede ver que, para que se desarrolle la cortante positiva máxima en la sección, se deben colocar tantas cargas de la serie como sea posible sobre la parte de la viga para la cual la línea de influencia es positiva y tan pocas como sea posible sobre la parte en donde la línea de influencia es negativa. Es más, a medida que la sección $a'a'$ se desplaza hacia el apoyo izquierdo de la viga, el valor de la cortante positiva máxima crecerá en forma continua, en virtud de que la longitud y la ordenada máxima de la parte positiva de la línea de influencia crecerán, en tanto que las de la parte negativa decrecerán. De donde, se tendrá la cortante positiva máxima absoluta cuando la sección $a'a'$ esté ubicada precisamente a la derecha del apoyo izquierdo A. Usando un razonamiento semejante, se puede demostrar que la cortante negativa máxima absoluta ocurre en la sección localizada precisamente a la izquierda del apoyo derecho C de la viga simplemente apoyada. Dado que se conoce la ubicación de la cortante máxima absoluta, se puede emplear el procedimiento para calcular la respuesta máxima en una sección, debida a una serie de cargas concentradas, desarrollado en la sección 9.3, a fin de determinar la magnitud de la cortante máxima absoluta. Debido a que la línea de influencia para la cortante precisamente hacia adentro del apoyo izquierdo es idéntica a la línea de influencia para la reacción en ese apoyo izquierdo, se puede usar en forma conveniente esta última para determinar la magnitud de la cortante máxima absoluta.

Con el fin de determinar la ubicación del momento flexionante máximo absoluto, considere la viga simplemente apoyada, sujeta una serie arbitraria de cargas concentradas en movimiento, P_1, P_2 y P_3, como se muestra en la figura 9.8. La resultante de las cargas P_1, P_2 y P_3 se denota por P_R, la cual está localizada a la distancia $\bar{x}$ de la carga P_2, como se hace ver en la misma figura. El diagrama del momento flexionante de la viga consta de segmentos rectilíneos entre los puntos en que están aplicadas las cargas, sin importar la posición de éstas, de modo que el momento flexionante máximo absoluto se presenta debajo de una de ellas. Si se supone que el momento flexionante máximo absoluto se presenta debajo de la carga P_2, el objetivo es determinar su posición x respecto del punto medio del claro cubierto por la viga, como se muestra en la figura. Aplicando la ecuación de equilibrio $\sum M_B = 0$ y usando la resultante P_R, en lugar de cada una de las cargas por separado en esta ecuación, se determina que la reacción vertical A_y es

$$+ \circlearrowleft \sum M_B = 0$$

$$-A_y(L) + P_R\left(\frac{L}{2} + \bar{x} - x\right) = 0$$

$$A_y = P_R\left(\frac{1}{2} + \frac{\bar{x}}{L} - \frac{x}{L}\right)$$

De donde, el momento flexionante debajo de la carga P_2 queda dado por

$$M_2 = A_y\left(\frac{L}{2}+x\right) - P_1a_1$$

$$= P_R\left(\frac{1}{2}+\frac{\bar{x}}{L}-\frac{x}{L}\right)\left(\frac{L}{2}+x\right) - P_1a_1$$

$$= P_R\left(\frac{1}{4}+\frac{\bar{x}}{2}+\frac{x\bar{x}}{L}-\frac{x^2}{L}\right) - P_1a_1$$

Para que M_2 sea máximo, su derivada con respecto a x debe ser cero; es decir,

$$\frac{dM_2}{dx} = P_R\left(\frac{\bar{x}}{L}-\frac{2x}{L}\right) = 0$$

de lo cual se obtiene

$$\boxed{x = \frac{\bar{x}}{2}} \qquad (9.9)$$

Con base en la ecuación (9.9), se puede concluir que *en una viga simplemente apoyada, sujeta a una serie de cargas concentradas en movimiento, el momento flexionante máximo se desarrolla debajo de una carga cuando el punto medio del claro cubierto por la viga queda localizado a la mitad entre esa carga y la resultante de todas las cargas que actúan sobre la viga*. Mediante la aplicación de este criterio, se puede calcular un momento flexionante máximo para cada una de las cargas que actúan sobre la viga. El más grande de los momentos flexionantes máximos que se obtengan de este modo es el momento flexionante máximo absoluto. Sin embargo, en general, no es necesario examinar todas las cargas que actúan sobre la viga, ya que el momento flexionante máximo absoluto suele presentarse debajo de la carga más próxima a la resultante, siempre que sea de magnitud igual a la de la siguiente carga adyacente, o mayor que ésta. De lo contrario, los momentos flexionantes máximos deben calcularse para las dos cargas adyacentes a la resultante y compararse para obtener el momento flexionante máximo absoluto.

EJEMPLO 9.3

Determine el momento flexionante máximo absoluto en la viga simplemente apoyada, debido a las cargas de las ruedas del camión HS20-44 mostrado en la figura 9.9(a).

SOLUCIÓN

Resultante de la serie de cargas La magnitud de la resultante se obtiene al sumar las magnitudes de las cargas de la serie. Por tanto,

$$P_R = \sum P_i = 4 + 16 + 16 = 36 \text{ K}$$

Se puede determinar la ubicación de la resultante si utiliza la condición de que el momento de esa resultante respecto a un punto es igual a la suma de los momentos de cada una de las cargas por separado respecto al mismo punto. De donde, sumando los momentos respecto a la carga de 16 k de la rueda del remolque, se obtiene

$$P_R(\bar{x}) = \sum P_i x_i$$

$$36(\bar{x}) = 4(28) + 16(14)$$

$$x = 9.33 \text{ ft}$$

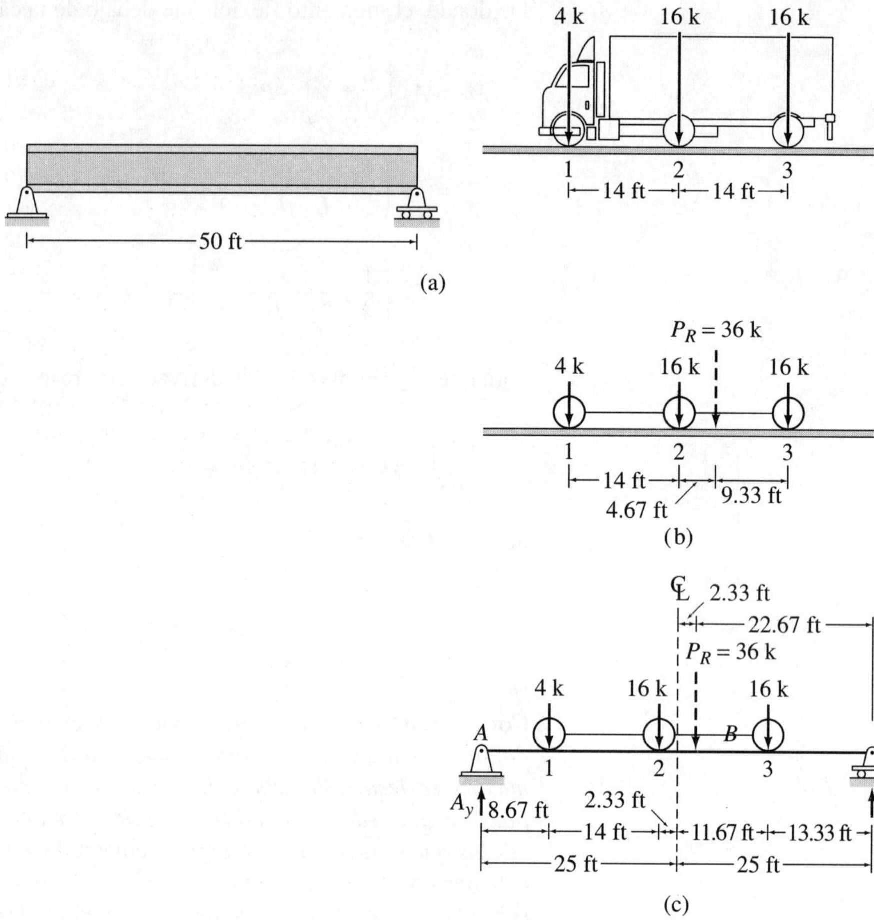

Fig. 9.9

Momento flexionante máximo absoluto A partir de la figura 9.9(b), se observa que la segunda carga de la serie (la de 16 k de la rueda trasera) es la que está ubicada más próxima a la resultante. Por consiguiente, se tiene el momento flexionante máximo absoluto debajo de la segunda carga, cuando la serie está en posición sobre la viga de modo que el punto medio del claro cubierto por ésta se encuentra ubicado a la mitad entre esa carga y la resultante. La resultante está localizada a 4.67 ft hacia la derecha de la segunda carga (Fig. 9.9(b)), de modo que se coloca en posición esta carga a una distancia de 4.67/2 = 2.33 ft hacia la izquierda del punto medio cubierto por la viga, como se muestra en la figura 9.9(c). A continuación, se calcula la reacción vertical en *A* como

$$\text{Ay} = 36\left(\frac{22.67}{50}\right) = 16.32 \text{ k}$$

De donde, el momento flexionante máximo absoluto, el cual se presenta debajo de la segunda carga de la serie, es

$$\text{Momento flexionante máximo absoluto} = M_2 = 16.32(8.67 + 14) - 4(14)$$
$$= 313.97 \text{ k-ft}$$

Resp.

RESUMEN

En este capítulo, se ha aprendido que se puede obtener el valor de una función de respuesta, debido a una sola carga concentrada, multiplicando la magnitud de esa carga por la ordenada de la línea de influencia de esa función en la posición de la propia carga. Para determinar el valor positivo (o negativo) máximo de una función de respuesta, debido a una sola carga concentrada en movimiento, ésta debe colocarse en la ubicación de la ordenada positiva (o negativa) máxima de la línea de influencia de esa función.

Se puede obtener el valor de la una función de respuesta, debido a una carga uniformemente distribuida aplicada sobre una parte de la estructura, al multiplicar la intensidad de esta carga por el área neta debajo de la parte correspondiente de la línea de influencia de esa función. Para determinar el valor positivo (o negativo) máximo de una función de respuesta, debido a una carga viva uniformemente distribuida, esta última debe colocarse sobre aquellas partes de la estructura en donde las ordenadas de la línea de influencia de esa función son positivas (o negativas).

Se puede determinar el valor máximo de una función de respuesta en un lugar en particular de una estructura, debido a una serie de cargas concentradas en movimiento, al colocar de manera sucesiva cada una de las cargas de la serie sobre la estructura en la ubicación de la ordenada máxima de la línea de influencia de esa función, calculando el valor de la función de respuesta para cada posición de la serie, a través de la suma algebraica de los productos de las magnitudes de las cargas y las ordenadas respectivas de la línea de influencia y comparando los valores de la función de respuesta obtenidos de esta manera para determinar el valor máximo de esta función.

En las vigas simplemente apoyadas: a) la cortante máxima absoluta se desarrolla en las secciones precisamente hacia adentro de los apoyos, b) el momento flexionante máximo absoluto debido a una sola carga concentrada, o a una carga viva uniformemente distribuida, se presenta en el punto medio del claro cubierto por la propia viga y c) el momento flexionante máximo absoluto debido a una serie de cargas concentradas en movimiento se presenta debajo de una de esas cargas, cerca de la resultante de éstas, cuando el punto medio del claro queda ubicado a la mitad entre la carga y la resultante.

PROBLEMAS

Secciones 9.1 y 9.2

9.1 Para la viga del problema 8.3, determine las cortantes positiva y negativa máximas y los momentos flexionantes positivo y negativo máximos en el punto *B*, debidos a una carga viva concentrada de 100 kN, una carga viva uniformemente distribuida de 50 kN/m y una carga muerta uniformemente distribuida de 20 kN/m.

9.2 Para la viga en voladizo del problema 8.5, determine la reacción vertical máxima hacia arriba y el momento de reacción máximo en sentido contrario al movimiento de las manecillas del reloj en el apoyo *A*, debidos a una carga viva concentrada de 25 k, una carga viva uniformemente distribuida de 2 k/ft y una carga muerta uniformemente distribuida de 0.5 k/ft.

9.3 Para la viga del problema 8.6, determine las cortantes positiva y negativa máximas y los momentos flexionantes positivo y negativo máximos en el punto *C*, debidos a una carga viva concentrada de 150 kN, una carga viva uniformemente distribuida de 50 kN/m y una carga muerta uniformemente distribuida de 25 kN/m.

9.4 Para la viga del problema 8.20, determine las cortantes positiva y negativa máximas y los momentos flexionantes positivo y negativo máximos en el punto *D*, debidos a una carga viva concentrada de 30 k, una carga viva uniformemente distribuida de 3 k/ft y una carga muerta uniformemente distribuida de 1 k/ft.

9.5 Para la viga del problema 8.25, determine las cortantes positiva y negativa máximas y los momentos flexionantes positivo y negativo máximos en el punto *F*, debidos a una carga viva concentrada de 40 k, una carga viva uniformemente distribuida de 2 k/ft y una carga muerta uniformemente distribuida de 1 k/ft.

9.6 Para la armadura del problema 8.39, determine las fuerzas axiales máximas de tensión y compresión en el miembro *CH*, debidas a una carga viva concentrada de 30 k, una carga viva uniformemente distribuida de 2 k/ft y una carga muerta uniformemente distribuida de 1 k/ft.

9.7 Para la armadura del problema 8.42, determine la fuerza axial máxima de compresión en el miembro *AB* y la fuerza axial máxima de tensión en el miembro *EF*, debidas a una carga viva concentrada de 120 kN, una carga viva uniformemente distribuida de 40 kN/m y una carga muerta uniformemente distribuida de 20 kN/m.

9.8 Para la armadura del problema 8.43, determine las fuerzas axiales máximas de tensión y compresión en el miembro *IJ*, debidas a una carga viva concentrada de 40 k, una carga viva uniformemente distribuida de 4 k/ft y una carga muerta uniformemente distribuida de 2 k/ft.

Sección 9.3

9.9 Para la viga del problema 8.2, determine la cortante positiva y el momento flexionante máximos en el punto *B*, debidos a las cargas de las ruedas del camión H20-44 en movimiento mostrado en la figura P9.9.

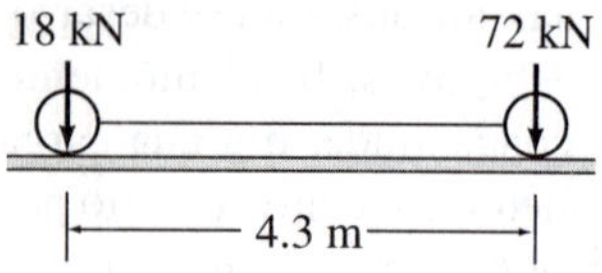

Fig. P9.9, P9.17

9.10 Para la viga del problema 8.1, determine la cortante positiva y el momento flexionante máximos en el punto *B*, debidos a la serie de cuatro cargas concentradas en movimiento mostradas en la figura P9.10.

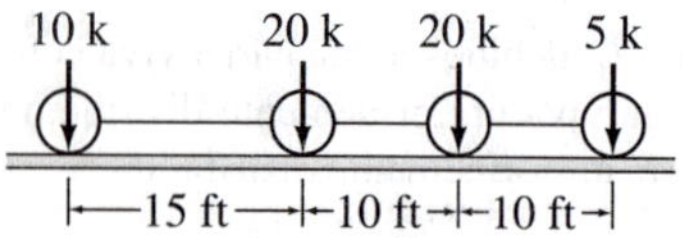

Fig. P9.10, P9.13, P9.16, P9.20

9.11 Para la viga del problema 8.3, determine el momento flexionante positivo máximo en el punto *B* debido a la serie de tres cargas concentradas en movimiento mostradas en la figura P9.11.

9.12 Para la viga del problema 8.20, determine el momento flexionante positivo máximo en el punto *D* debido a las cargas de las ruedas del camión HS15-44 en movimiento mostrado en la figura P9.12.

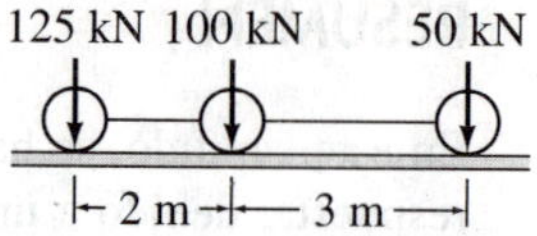

Fig. P9.11, P9.14, P9.15, P9.19

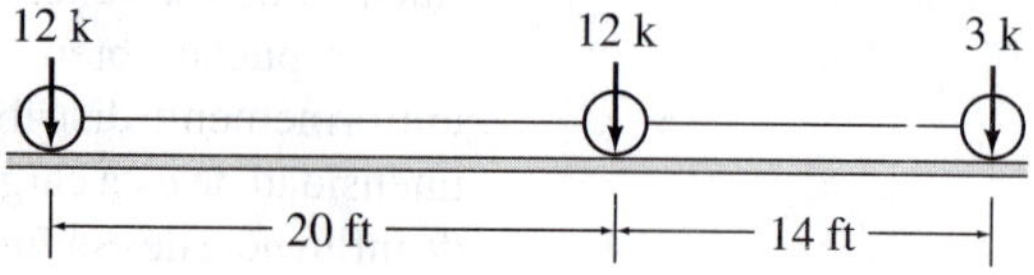

Fig. P9.12, P9.18

9.13 Para la armadura del problema 8.41, determine la fuerza axial máxima de compresión en el miembro *GH* debida a la serie de cuatro cargas concentradas en movimiento mostradas en la figura P9.10.

9.14 Para la armadura del problema 8.45, determine la fuerza axial máxima de tensión en el miembro *DI* debida a la serie de tres cargas concentradas en movimiento mostradas en la figura P9.11.

Sección 9.4

9.15 Determine la cortante máxima absoluta en una viga simplemente apoyada de 15 m de largo, debida a la serie de tres cargas concentradas en movimiento mostradas en la figura P9.11.

9.16 Determine la cortante máxima absoluta en una viga simplemente apoyada de 60 ft de largo, debida a la serie de cuatro cargas concentradas en movimiento mostradas en la figura P9.10.

9.17 Determine el momento flexionante máximo absoluto en una viga simplemente apoyada de 12 m de largo, debido a las cargas de las ruedas del camión H20-44 en movimiento mostrado en la figura P9.9.

9.18 Determine el momento flexionante máximo absoluto en una viga simplemente apoyada de 75 ft de largo, debido a las cargas de las ruedas del camión HS15-44 en movimiento mostrado en la figura P9.12.

9.19 Determine el momento flexionante máximo absoluto en una viga simplemente apoyada de 15 m de largo, debido a la serie de tres cargas concentradas en movimiento mostradas en la figura P9.11.

9.20 Determine el momento flexionante máximo absoluto en una viga simplemente apoyada de 60 ft de largo, debido a la serie de cuatro cargas concentradas en movimiento mostradas en la figura P9.10.

10 ANÁLISIS DE ESTRUCTURAS SIMÉTRICAS

Taj Mahal, construido en el siglo XVII en Agra, India

Fotografía cortesía de la Indian Government Tourist Office, New York

Muchas estructuras, debido a consideraciones estéticas o funcionales, o de los dos tipos, se disponen en formas simétricas. En el supuesto de que una estructura simétrica es linealmente elástica, se puede obtener la respuesta (es decir, las fuerzas y las deformaciones en los miembros) de la estructura completa, bajo cualesquiera cargas generales, a partir de la respuesta de una de sus partes separadas por los ejes de simetría. Como consecuencia, sólo necesita analizar una parte (por lo general, la mitad) de la estructura simétrica. En este capítulo, se discute cómo reconocer la simetría estructural y cómo utilizar ésta para reducir el esfuerzo de cálculo requerido en el análisis de las estructuras simétricas.

En primer lugar, se definen las estructuras simétricas y, enseguida, se discuten las cargas simétricas y antisimétricas. En esta presentación, se desarrolla un procedimiento para descomponer una carga en general en componentes simétricas y antisimétricas. A continuación, se examina el comportamiento de las estructuras simétricas bajo las cargas simétricas y antisimétricas; por último, se presenta un procedimiento paso a paso para el análisis de esas estructuras.

Aun cuando la discusión en este capítulo se restringe a las estructuras con un solo eje de simetría, los conceptos más adelante desarrollados pueden extenderse hacia el análisis de las estructuras con ejes múltiples de simetría.

10.1 ESTRUCTURAS SIMÉTRICAS

Reflexión

La definición de simetría se puede desarrollar mediante la aplicación del concepto de *reflexión* o imagen especular. Considere una estructura cargada en el plano xy, como se muestra en la figura 10.1(a). La reflexión de la estructura respecto del eje y se obtiene al hacer girar esa estructura un ángulo de 180° alrededor de ese eje, como se muestra en la figura 10.1(b). A partir de las figuras 10.1(a) y (b) se puede ver que, si las coordenadas de un punto D de la estructura son x_1 y y_1 entonces, en la reflexión de esa estructura respecto al eje y, las coordenadas de ese punto se transforman en $-x_1$ y y_1. La reflexión de la estructura respecto al eje x se puede obtener de manera semejante, es decir, al hacer girar la estructura un ángulo de 180° alrededor del eje x, como se muestra en la figura 10.1(c). Note que las coordenadas del punto D al reflejar la estructura respecto al eje x se convierten en x_1 y $-y_1$.

Con base en la discusión anterior, se cae en la cuenta que se puede obtener la reflexión de una estructura respecto a un eje arbitrario s, al hacer girar esa estructura 180° alrededor del eje s. De modo alternativo, se puede obtener la reflexión de la estructura al unir las reflexiones de sus diversos nodos y extremos, o de todos ellos, las cuales se determinan cambiando los signos de sus coordenadas en la dirección perpendicular al eje s. Con el fin de ilustrar este último procedimiento, considere la armadura mostrada en la figura 10.2(a). Suponga que se desea determinar su reflexión respecto al eje y. Como se hace ver en la figura 10.2(b), en primer lugar se determinan las reflexiones de los cinco nodos de la armadura, cambiando los signos de las coordenadas x de los mismos. Enseguida, se conectan las reflexiones de los nodos por medio de rectas, para obtener la reflexión de la armadura completa. Note que la reflexión del nodo C, el cual está localizado sobre el eje y, está en la misma posición que el propio nodo C.

Estructuras simétricas

Se considera que una estructura plana es simétrica con respecto a un eje de simetría en su plano, si la reflexión de la estructura respecto al eje es idéntica en relación

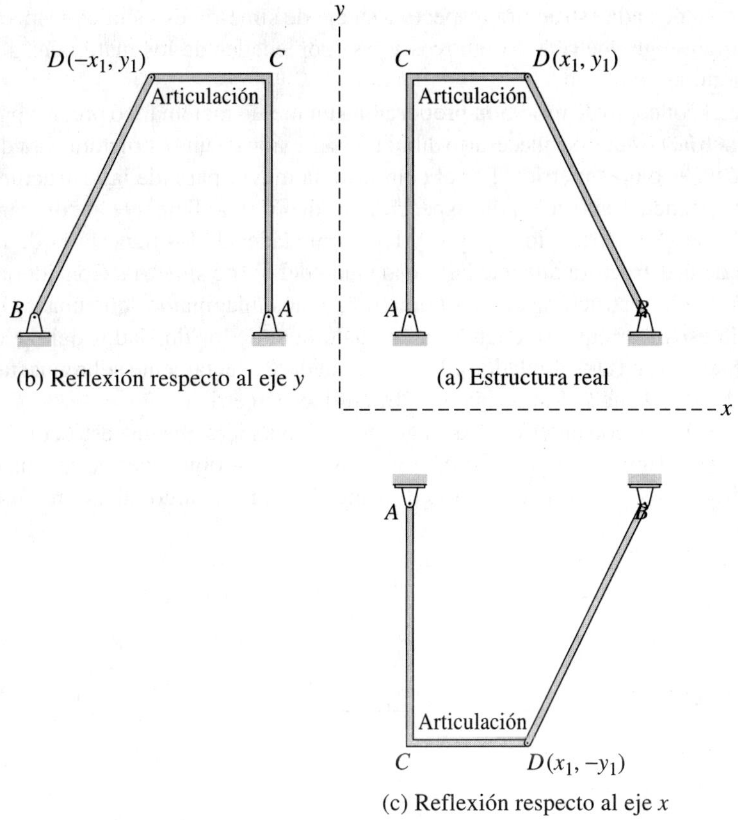

(b) Reflexión respecto al eje y

(a) Estructura real

(c) Reflexión respecto al eje x

Fig. 10.1

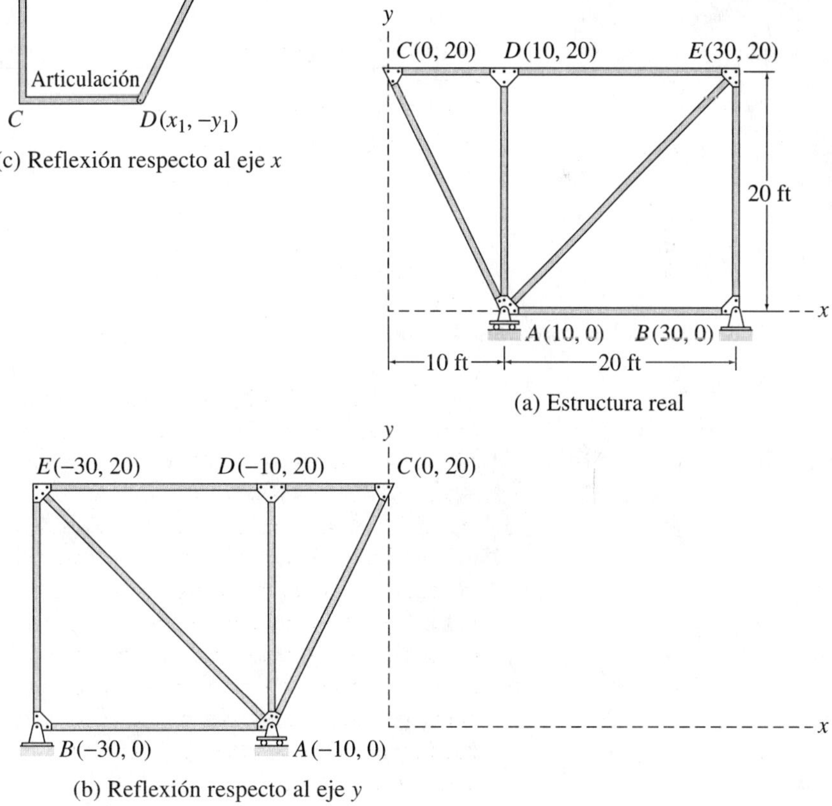

(a) Estructura real

(b) Reflexión respecto al eje y

Fig. 10.2

con la configuración geométrica, los apoyos y las propiedades de los materiales a la propia estructura. En la figura 10.3, se muestran algunos ejemplos de estructuras simétricas. Para cada estructura, el eje de simetría se identifica como el eje s. Note que la reflexión de cada estructura respecto a su eje de simetría es idéntica respecto a la configuración geométrica, los apoyos y las propiedades de los materiales a la propia estructura.

Aunque el concepto de reflexión proporciona un medio matemático preciso para definir la simetría, no suele ser necesario dibujar la reflexión de una estructura para determinar si ésta es o no simétrica. Por el contrario, la mayor parte de las estructuras simétricas se pueden identificar por inspección; es decir, sencillamente al comparar la configuración geométrica, los apoyos y las propiedades de los materiales de las dos mitades de la estructura que quedan a cada lado del eje de simetría. Considerando cualquiera de las estructuras de la figura 10.3, si nos imaginamos que una de las mitades de la estructura que se encuentra en cualquiera de los dos lados del eje de simetría se hace girar 180° alrededor de ese eje, quedará exactamente sobrepuesta a la otra mitad, con lo que se indica que la estructura es simétrica.

Como se expresó con anterioridad en general se considera que una estructura es simétrica si su configuración geométrica, sus apoyos y las propiedades de sus materiales son simétricos con respecto al eje de simetría. Sin embargo, al examinar la

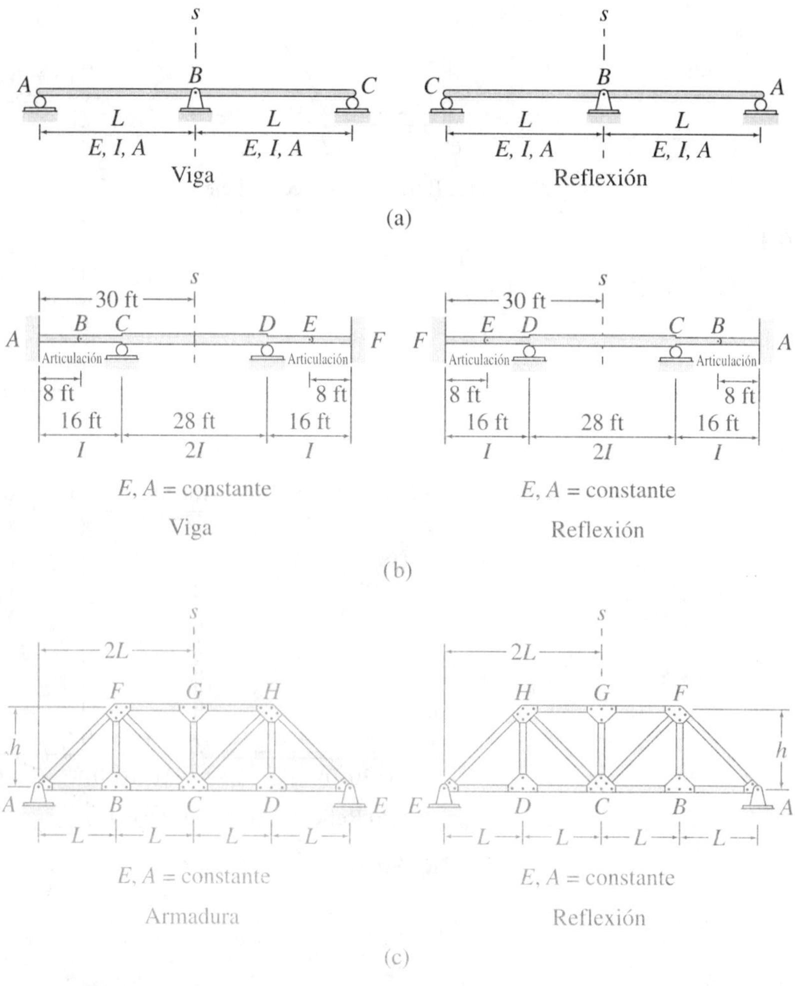

Fig. 10.3 *Ejemplos de estructuras simétricas*

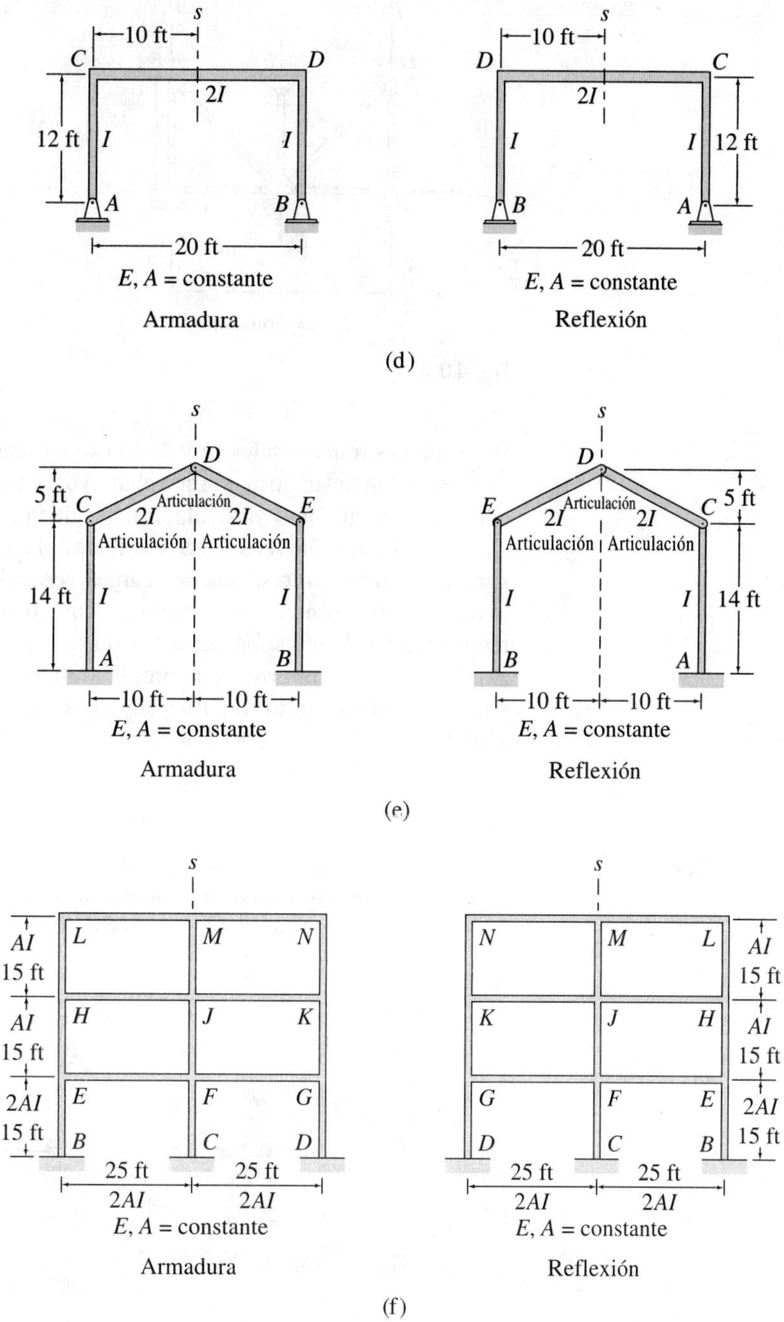

Fig. 10.3 (*Continuación*)

simetría estructural para los fines de un análisis, sólo es necesario considerar la simetría de aquellas propiedades estructurales que tienen efecto sobre los resultados de ese tipo de análisis en particular. En otras palabras, puede considerarse que una estructura es simétrica para los fines de un análisis, si sus propiedades estructurales que tienen efecto sobre los resultados de ese análisis son simétricas.

Considere, por ejemplo, la armadura estáticamente determinada sujeta a cargas verticales, como se muestra en la figura 10.4. A partir de la figura, se puede ver que la configuración geométrica de la armadura (es decir, las dimensiones de la armadura y la disposición de sus miembros) así como las propiedades de los materiales y de

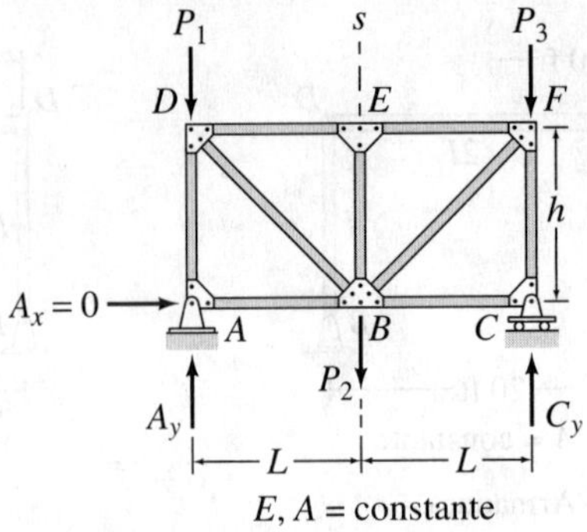

Fig. 10.4

las secciones transversales (E y A) son simétricas con respecto al eje s, pero que los apoyos violan la simetría, porque el apoyo articulado en A puede ejercer reacciones tanto horizontal como vertical, en tanto que el apoyo de rodillos en C sólo puede ejercer una reacción vertical. Sin embargo, la armadura se puede considerar como simétrica cuando sólo se sujeta a cargas verticales porque, bajo ese tipo de cargas, la reacción horizontal en el apoyo articulado será cero ($A_x = 0$); por lo tanto, no tendrá efecto alguno sobre la respuesta (por ejemplo, las fuerzas y las deflexiones axiales en los miembros) de la propia armadura. No obstante, esta armadura no se puede considerar como simétrica cuando se sujeta a cualesquiera de las cargas horizontales.

EJEMPLO 10.1

Se debe analizar la armadura mostrada en la figura 10.5(a) para determinar las fuerzas axiales y deflexiones en sus miembros debidas a un sistema general de cargas que actúan en los nodos. ¿Se puede considerar que la armadura es simétrica para un análisis de ese tipo?

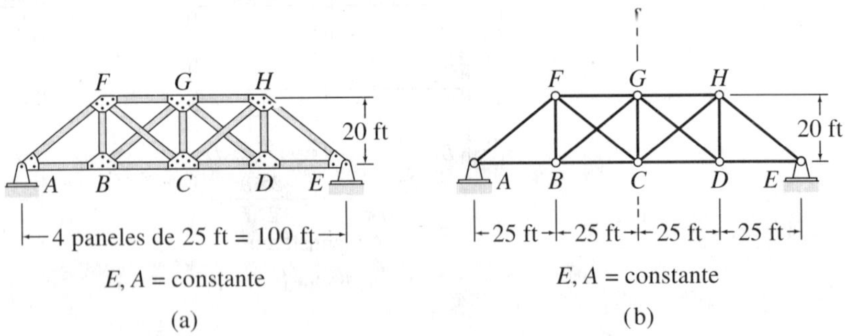

Fig. 10.5

SOLUCIÓN En la figura 10.5(b), se puede ver que las dimensiones, la disposición de los miembros, las propiedades de los materiales y las secciones transversales (E y A) así como los apoyos de la armadura dada son simétricos con respecto al eje vertical s que pasa por el miembro CG de la misma. De donde, la armadura es simétrica con respecto al eje s. **Resp.**

EJEMPLO 10.2

Se debe analizar la viga mostrada en la figura 10.6(a) para determinar las fuerzas en los extremos del miembro y las deflexiones debidas a la carga vertical que se muestra. ¿Se puede considerar que la viga es simétrica para el análisis?

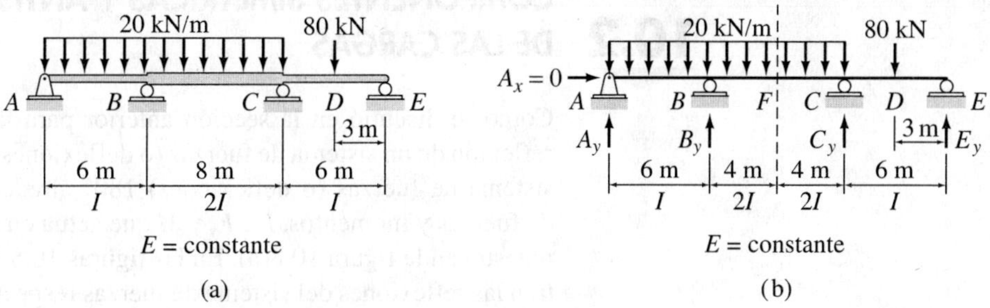

Fig. 10.6

SOLUCIÓN En la figura 10.6(b), se puede ver que las dimensiones y propiedades (E e I) de la viga son simétricas con respecto al eje vertical s que pasa por el punto medio F de la misma, pero los apoyos no son simétricos porque el apoyo articulado en A puede desarrollar reacciones tanto horizontal como vertical, en tanto que los apoyos de rodillos en B, C y E sólo pueden desarrollar reacciones verticales. Sin embargo, la viga se puede considerar como simétrica bajo las cargas verticales porque la reacción horizontal en A es cero ($A_x = 0$); por lo tanto, no tiene efecto alguno sobre las fuerzas en los extremos del miembro y las deflexiones para la viga. **Resp.**

EJEMPLO 10.3

Se debe analizar el armazón mostrado en la figura 10.7(a) para determinar las fuerzas en los extremos de sus miembros y las deflexiones debidas a un sistema general de cargas. ¿Se puede considerar el armazón como simétrico?

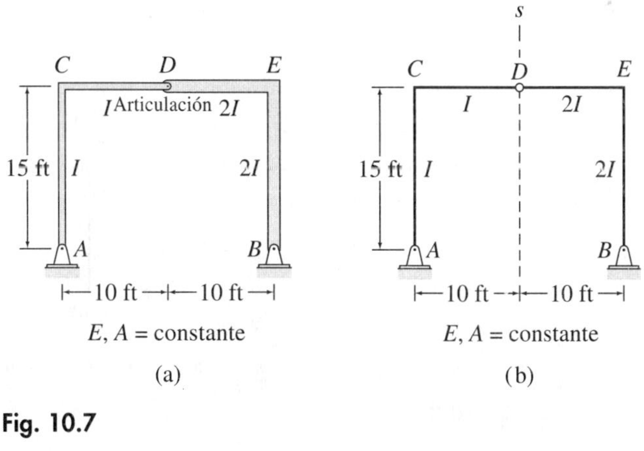

Fig. 10.7

SOLUCIÓN A partir de la figura 10.7(b), se puede ver que aun cuando la configuración geométrica y los apoyos del armazón son simétricos con respecto al eje vertical s que pasa por la articulación interna D, su momento de inercia (I) no es simétrico. Puesto que el armazón es estáticamente determinado, sus fuerzas en los extremos de los miembros son independientes de las propiedades de los materiales y de las secciones transversales (E, I y A); por lo tanto, el armazón se puede considerar como simétrico para los fines del análisis de las fuerzas en sus miembros. Sin embargo, este armazón no se puede considerar como simétrico para el análisis de las deflexiones, las cuales dependen de los momentos de inercia de los miembros del armazón. **Resp.**

10.2 COMPONENTES SIMÉTRICAS Y ANTISIMÉTRICAS DE LAS CARGAS

Como se discutió en la sección anterior para las estructuras, se puede obtener la reflexión de un sistema de fuerzas (o deflexiones) respecto a un eje al hacer girar ese sistema de fuerzas (o deflexiones) 180° alrededor del eje. Considere un sistema de fuerzas y momentos, F_x, F_y y M que actúa en un punto A en el plano xy, como se muestra en la figura 10.8(a). En las figuras 10.8(b) y (c), respectivamente, se muestran las reflexiones del sistema de fuerzas respecto a los ejes x y y. Como se muestra en estas figuras, las reflexiones de un momento en sentido contrario al movimiento de las manecillas del reloj siempre será en sentido contrario a ese movimiento. Las reflexiones de las deflexiones Δ_x y Δ_y, así como la de la rotación θ del punto A (Fig. 10.8(a)) se pueden obtener de manera semejante y también se muestran en las figuras 10.8(b) y (c).

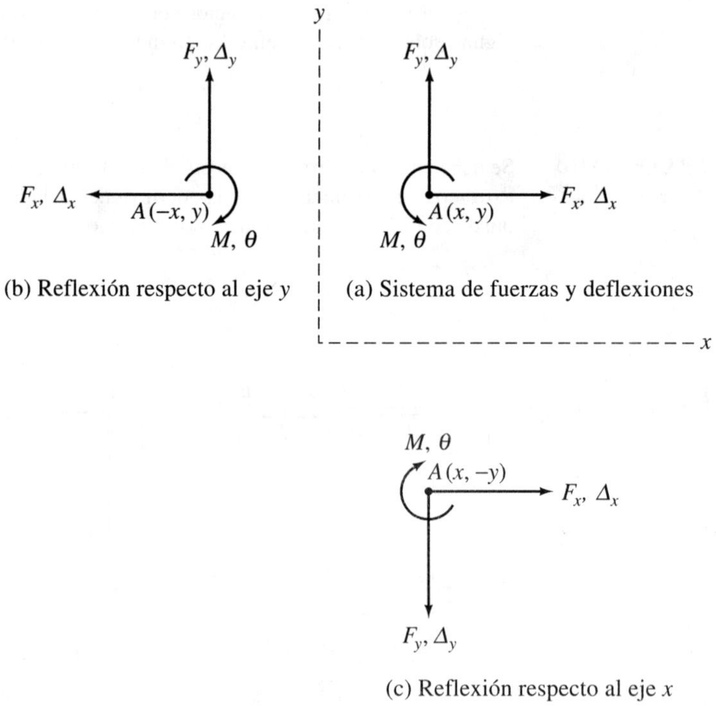

Fig. 10.8

Cargas simétricas

Se considera que una carga es simétrica con respecto a un eje en su plano, si la reflexión de la carga con respecto a ese eje es idéntico a la propia carga. En la figura 10.9, se muestran algunos ejemplos de cargas simétricas. Para verificación, en la figura también se muestra la reflexión de cada una de las cargas respecto a su eje de simetría. Sin embargo, no suele ser necesario dibujar las reflexiones, ya que, por inspección, la mayor parte de las cargas se pueden identificar como simétricas o no.

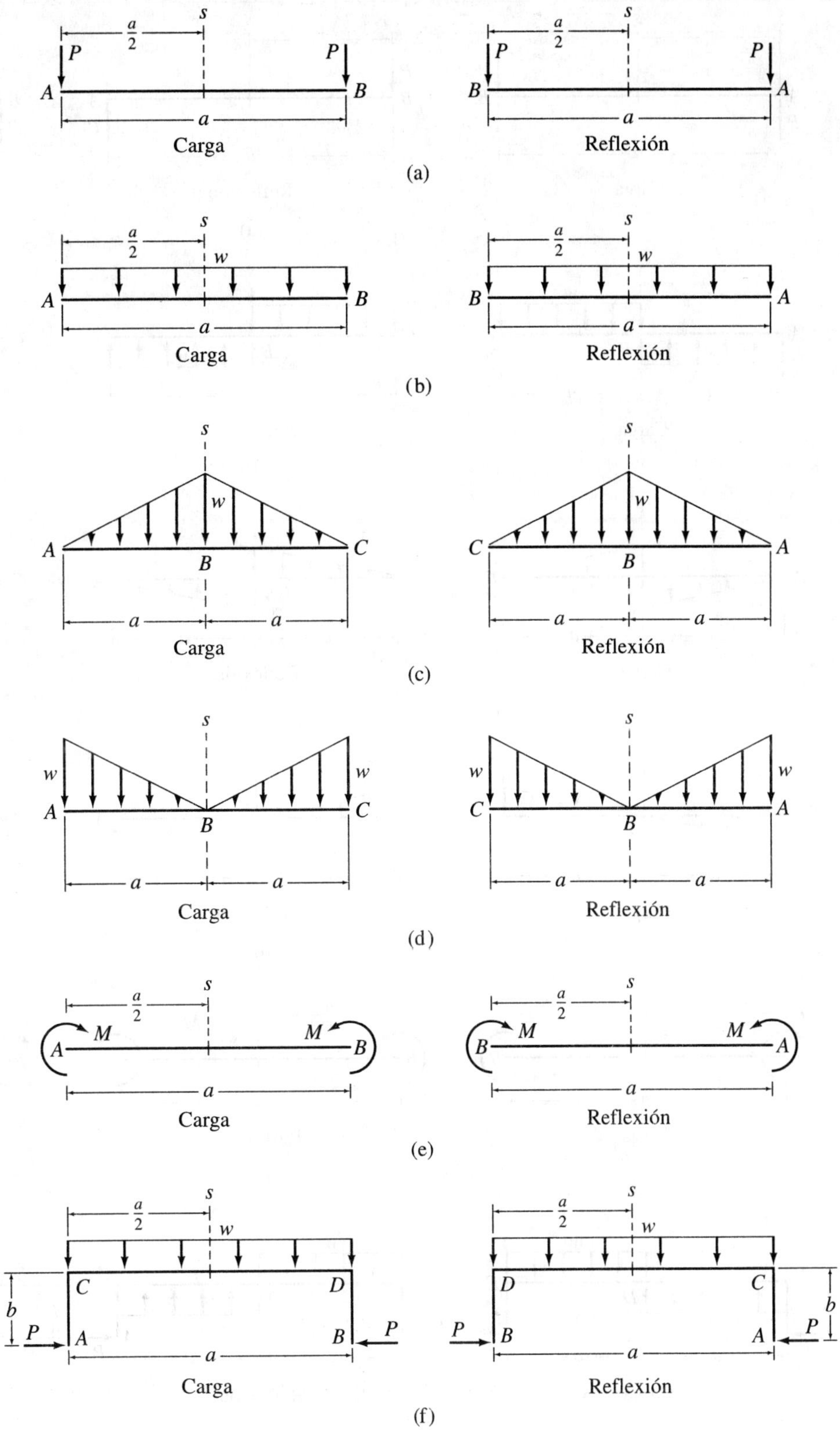

Fig. 10.9 *Ejemplos de cargas simétricas*

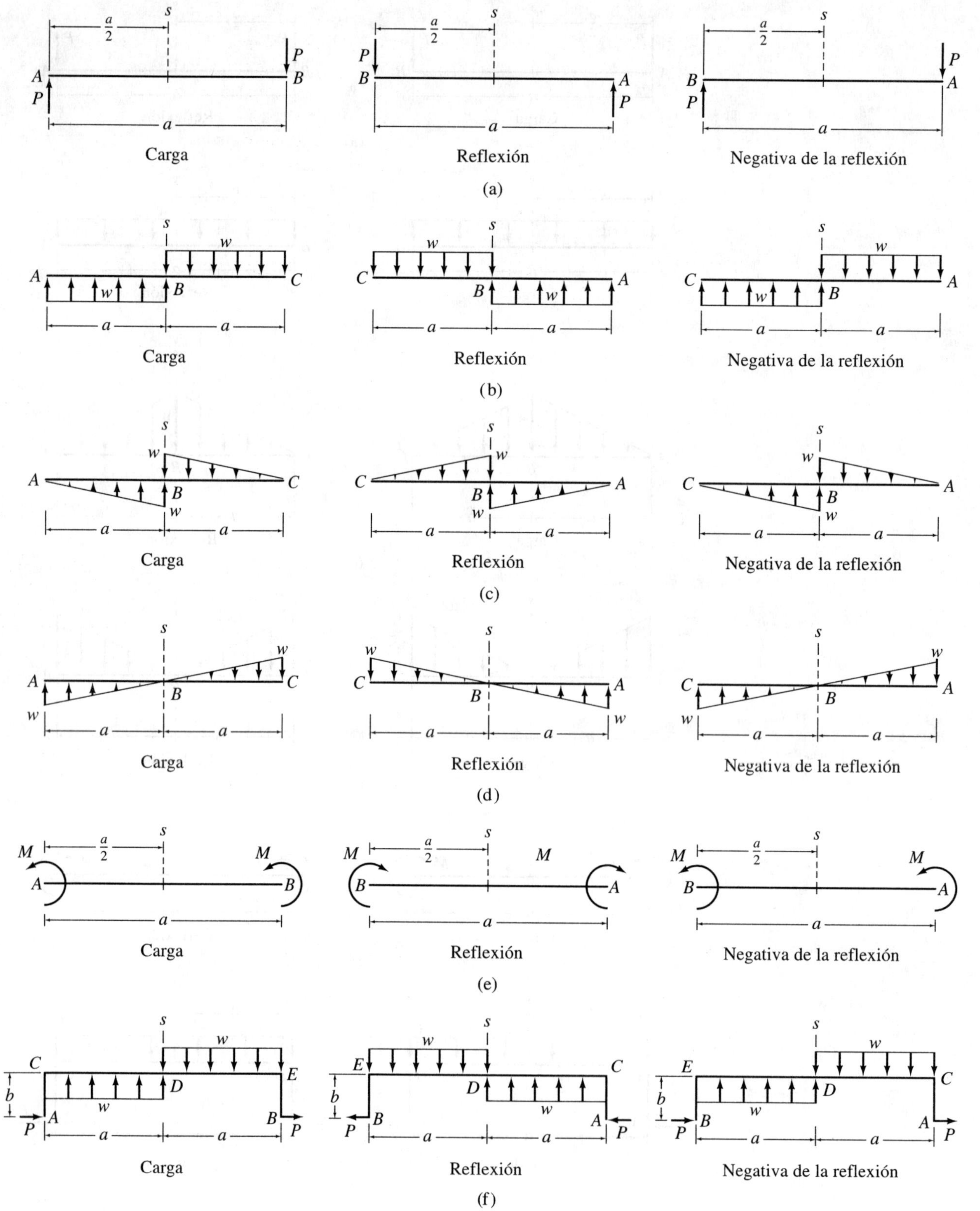

Fig. 10.10 *Ejemplos de cargas antisimétricas*

Cargas antisimétricas

Se considera que una carga es antisimétrica con respecto a un eje en su plano, si la negativa de la reflexión de esa carga respecto del eje es idéntica a la propia carga. En la figura 10.10, se muestran algunos ejemplos de cargas antisimétricas. Para cada caso de carga, en la figura también se muestran la reflexión y la negativa de la reflexión. La negativa de una reflexión se obtiene sencillamente al invertir las direcciones de todas las fuerzas y de todos los momentos en la reflexión. A partir de la figura, se puede ver que la negativa de la reflexión de cada carga respecto de su eje s es idéntica a la propia carga.

Descomposición de una carga general en componentes simétrica y antisimétrica

Cualquier carga general se puede descomponer en componentes simétrica y antisimétrica con respecto a un eje, aplicando el procedimiento siguiente:

1. Divida las magnitudes de las fuerzas o de los momentos, o de ambos, de la carga dada entre 2, para obtener la semicarga.
2. Trace una reflexión de la semicarga respecto del eje especificado.
3. Determine la componente simétrica de la carga dada al sumar la semicarga a su reflexión.
4. Determine la componente antisimétrica de la carga dada al restar la componente simétrica de esa carga, de esta misma.

A fin de ilustrar este procedimiento, considere la carga no simétrica que se muestra en la figura 10.11(a). Suponga que se desea determinar las componentes de esta carga, las cuales sean simétrica y antisimétrica con respecto a un eje s, localizado arbitrariamente, mostrado en la figura. En primer lugar, se calcula la semicarga al dividir las magnitudes de las cargas distribuida y concentrada entre 2 (Fig. 10.11(b)). Entonces se traza la reflexión de esta semicarga respecto del eje s, como se muestra en la figura 10.11(c). La componente simétrica de la carga dada se determina al sumar la semicarga (Fig. 10.11(b)) a su reflexión (Fig. 10.11(c)). En la figura 10.11(d),

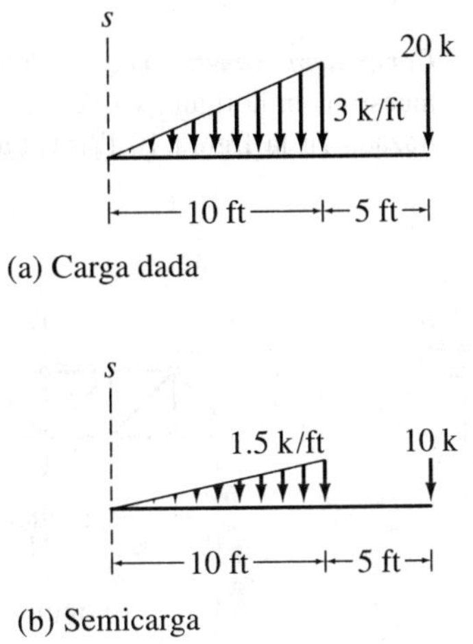

Fig. 10.11

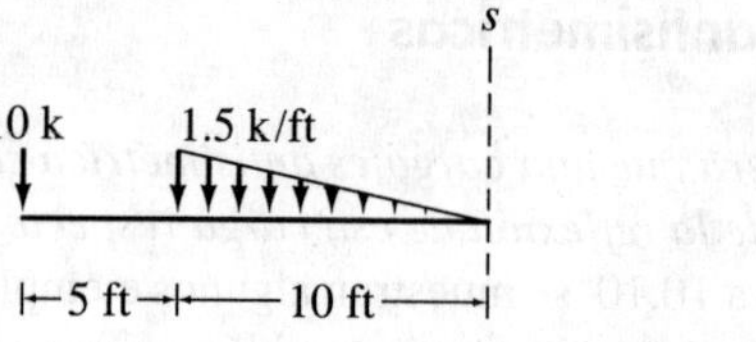

(c) Reflexión de la semicarga

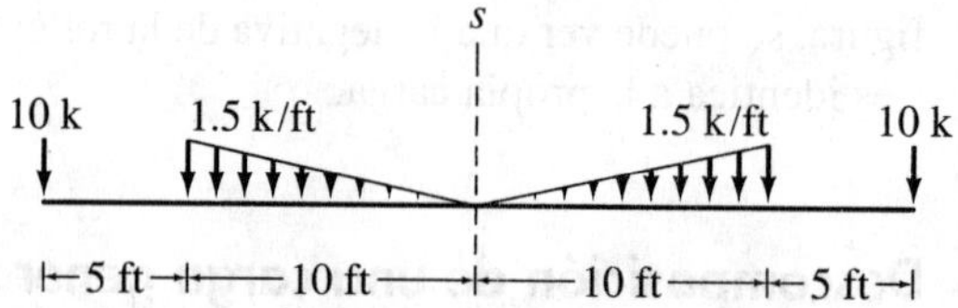

(d) Componente simétrica de la carga

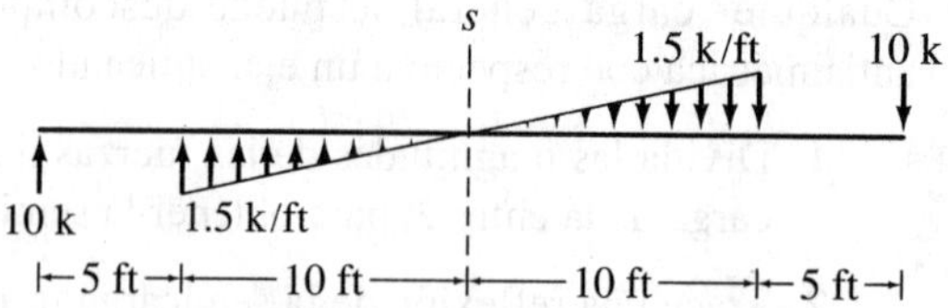

(e) Componente antisimétrica de la carga

Fig. 10.11 (*Continuación*)

se muestra la componente simétrica de la carga, obtenida de este modo. Por último, se calcula la componente antisimétrica al restar la componente simétrica (Fig. 10.11(d)) de la carga dada (Fig. 10.11(a)). En la figura 10.11(e), se muestra la componente antisimétrica de la carga, obtenida de este modo. Note que la suma de las componentes simétrica y antisimétrica es igual a la carga dada.

EJEMPLO 10.4

Una armadura Pratt de puente está sujeta a la carga que se muestra en la figura 10.12(a). Determine las componentes simétrica y antisimétrica de la carga con respecto al eje de simetría de la armadura.

SOLUCIÓN *Componente simétrica de la carga* El eje de simetría (eje s) de la armadura y la semicarga se muestran en la figura 10.12(b); la reflexión de la semicarga respecto del eje s se encuentra trazada en la figura 10.12(c). La componente simétrica de la carga dada se determina al

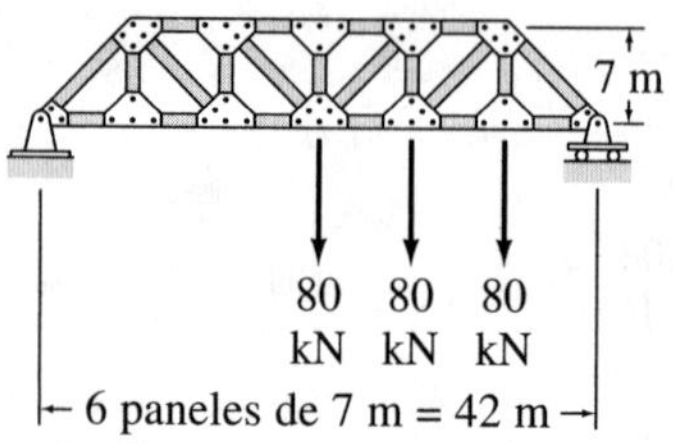

(a) Carga dada

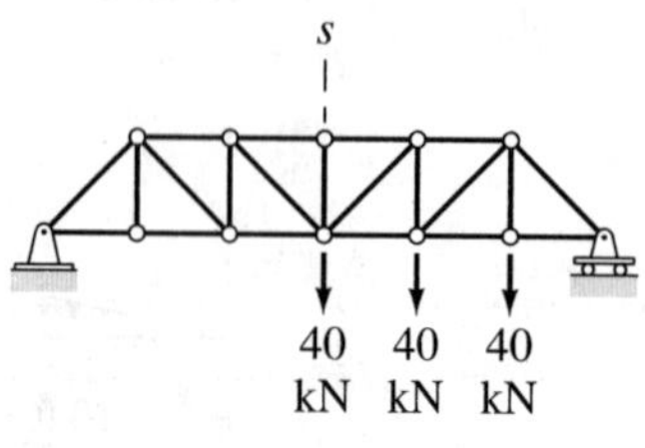

(b) Semicarga

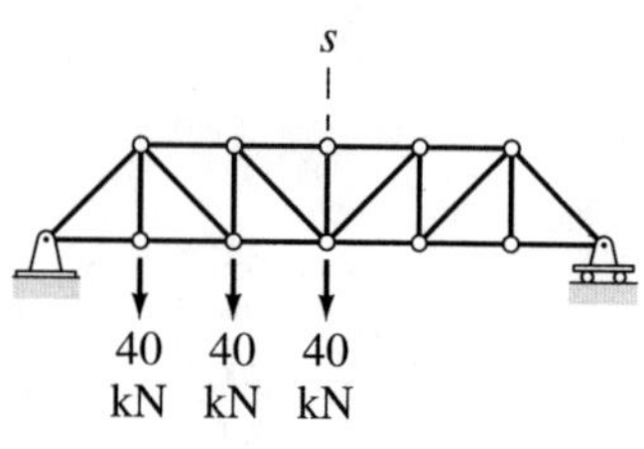

(c) Reflexión de la semicarga

Fig. 10.12

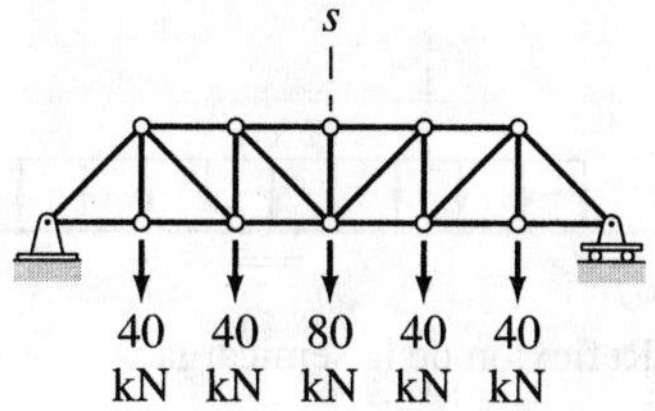

(d) Componente simétrica de la carga

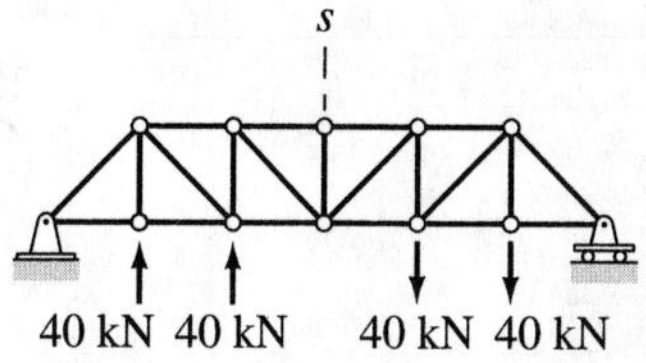

(e) Componente antisimétrica de la carga

Fig. 10.12 (*Continuación*)

sumar la semicarga (Fig. 10.12(b)) a su reflexión (Fig. 10.12(c)), como se muestra en la figura 10.12(d). **Resp.**

Componente antisimétrica de la carga La componente antisimétrica de la carga se obtiene al restar la componente simétrica (Fig. 10.12(d)) de la carga total (Fig. 10.12(a)) y se muestra en la figura 10.12(e). **Resp.**

Note que la suma de las componentes simétrica y antisimétrica es igual a la carga dada.

EJEMPLO 10.5

Una viga está sujeta a la carga que se muestra en la figura 10.13(a). Determine las componentes simétrica y antisimétrica de la carga con respecto al eje de simetría de la viga.

SOLUCIÓN

Componente simétrica de la carga El eje de simetría (eje *s*) de la viga y la semicarga se muestran en la figura 10.13(b) y la reflexión de la semicarga respecto a ese eje está trazada en la figura 10.13(c). La componente simétrica de la carga dada se determina al sumar la semicarga (Fig. 10.13(b)) a su reflexión (Fig. 10.13(c)), como se muestra en la figura 10.13(d). **Resp.**

Componente antisimétrica de la carga La componente antisimétrica se obtiene al restar la componente simétrica (Fig. 10.13(d)) de la carga total (Fig. 10.13(a)) y se muestra en la figura 10.13(e). **Resp.**

Note que la suma de las componentes simétrica y antisimétrica es igual a la carga dada.

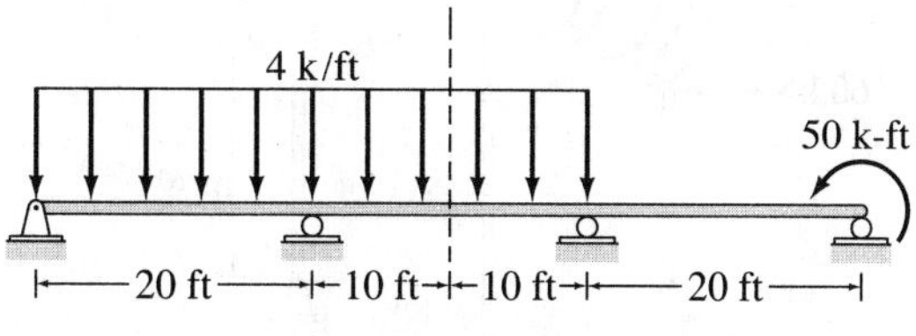

(a) Carga dada

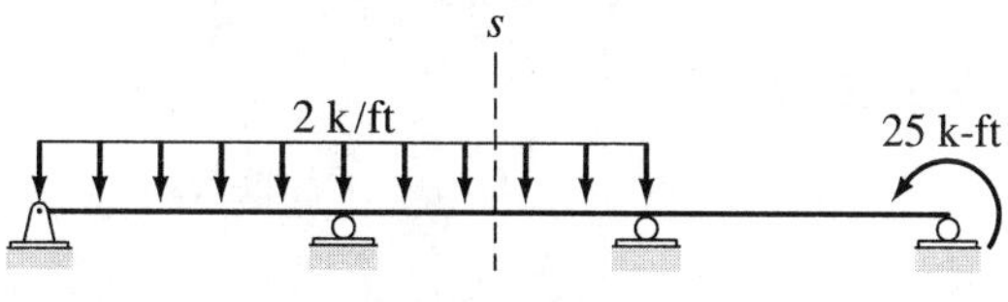

(b) Semicarga

Fig. 10.13

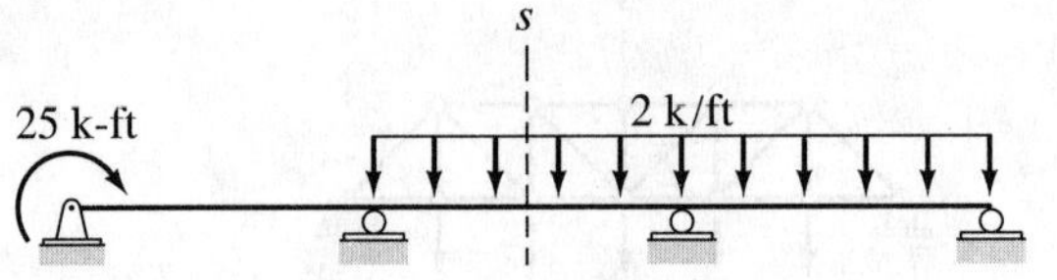

(c) Reflexión de la semicarga

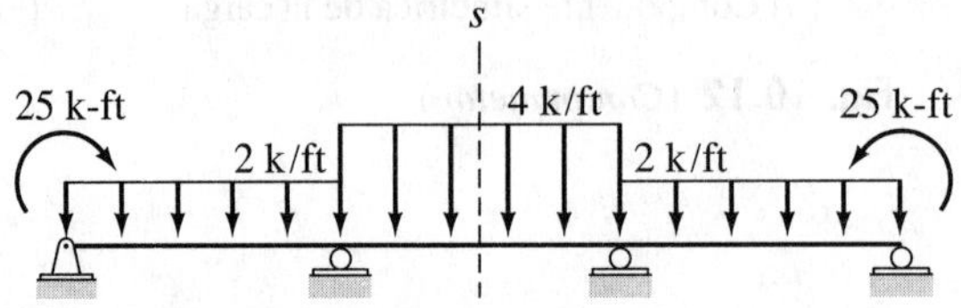

(d) Componente simétrica de la carga

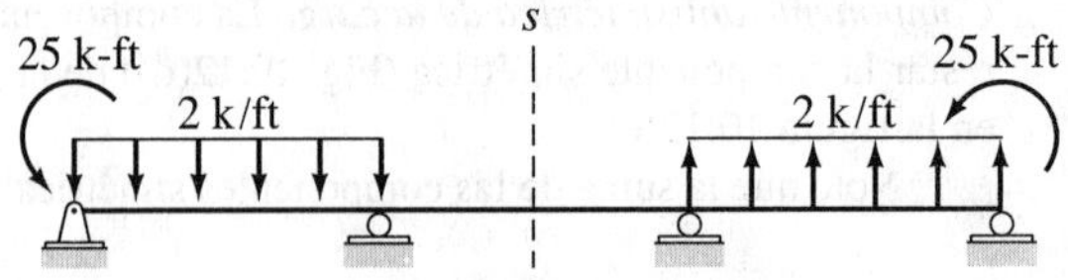

(e) Componente antisimétrica de la carga

Fig. 10.13 (*Continuación*)

EJEMPLO 10.6 Un armazón a dos aguas está sujeta a la carga que se muestra en la figura 10.14(a). Determine las componentes simétrica y antisimétrica de la carga con respecto al eje de simetría del armazón.

SOLUCIÓN *Componente simétrica de la carga* La semicarga y su reflexión se muestran en las figuras 10.14(b) y (c), respectivamente. La componente simétrica de la carga dada se determina al sumar la semicarga a su reflexión, como se muestra en la figura 10.14(d). **Resp.**

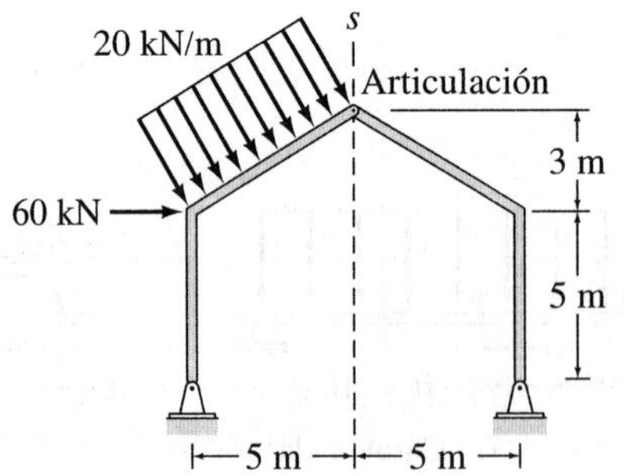

(a) Carga dada

Fig. 10.14

Componente antisimétrica de la carga Al restar la componente simétrica de la carga total (Fig. 10.14(a)), se obtiene la componente antisimétrica como se muestra en la figura 10.14(e). **Resp.**

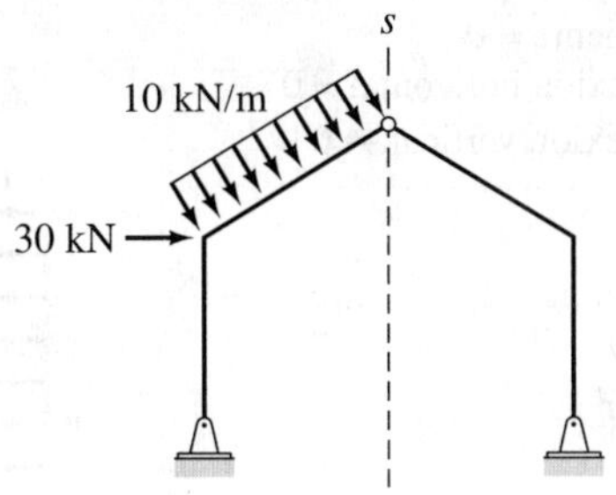

(b) Semicarga

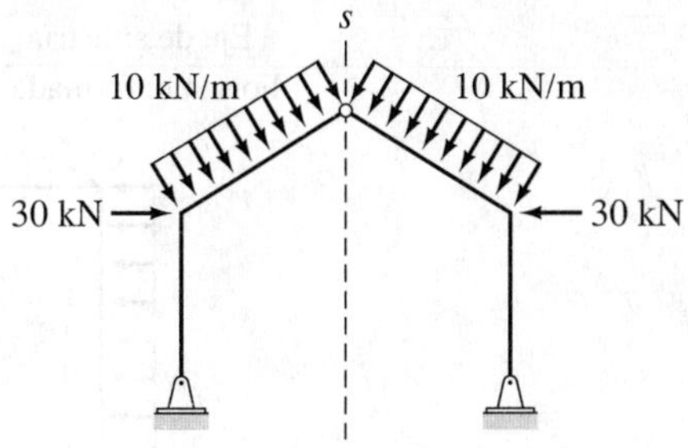

(d) Componente simétrica de la carga

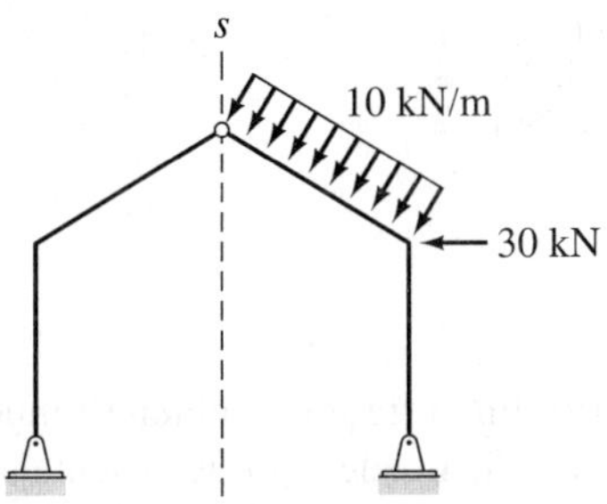

(c) Reflexión de la semicarga

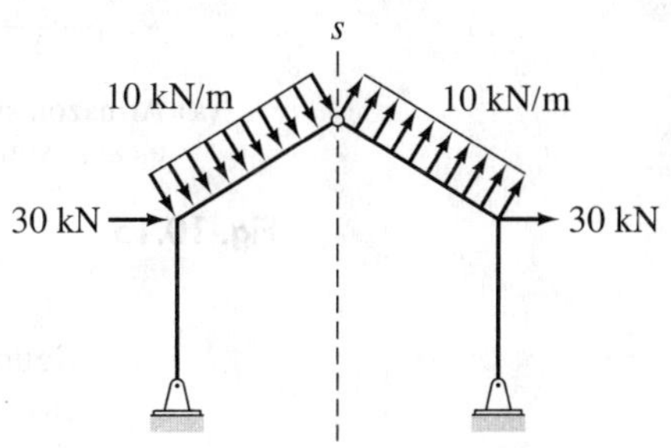

(e) Componente antisimétrica de la carga

Fig. 10.14 (*Continuación*)

10.3 COMPORTAMIENTO DE LAS ESTRUCTURAS SIMÉTRICAS BAJO CARGAS SIMÉTRICAS Y ANTISIMÉTRICAS

En la sección anterior, se discutió cómo se puede descomponer una carga general no simétrica en componentes simétrica y antisimétrica. En esta sección, se examinan las características de respuesta de las estructuras simétricas bajo condiciones simétricas y antisimétricas de carga. La visión que se adquiera en el comportamiento de las estructuras simétricas permitirá desarrollar, en la sección siguiente, un procedimiento general que puede facilitar en forma considerable el análisis de las estructuras de ese tipo.

Estructuras simétricas sujetas a cargas simétricas

Cuando una estructura simétrica se sujeta a una carga que es simétrica con respecto al eje de simetría de la propia estructura, la respuesta de esta última también es simétrica, sin que giren los puntos de la estructura en el eje de simetría (a menos que haya una articulación en un punto de ese tipo) ni se desvíen perpendiculares a este eje. Por tanto, para determinar la respuesta (es decir, las fuerzas en los miembros y las deformaciones) de la estructura completa, sólo se necesita analizar la mitad de ésta, en cualquiera de los dos lados del eje de simetría, con condiciones simétricas en la frontera (es decir, las pendientes deben ser simétricas o cero y las deflexiones perpendiculares al eje de simetría deben ser cero) en el eje. Entonces se puede obtener la respuesta de la mitad restante de la estructura por reflexión.

Considere, por ejemplo, un armazón simétrico sujeto a una carga que es simétrica con respecto al eje de simetría (eje *s*) del propio armazón, como se muestra en la

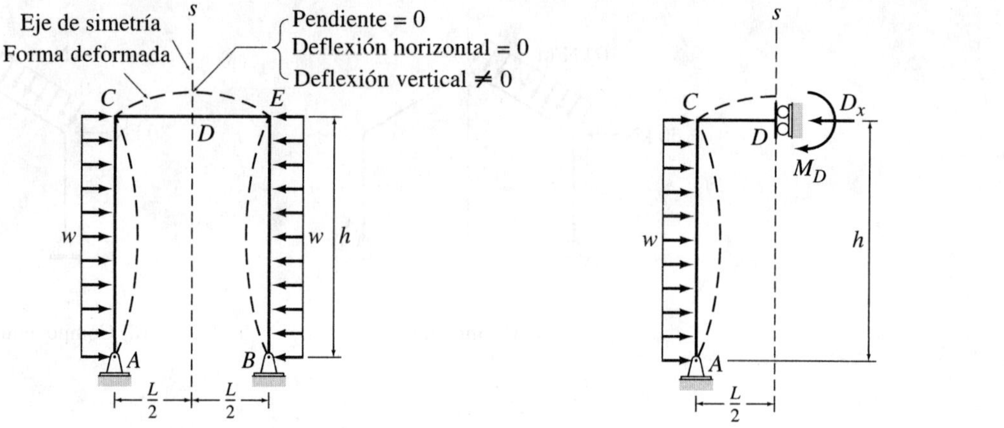

(a) Armazón simétrico sujeto a carga simétrica

(b) Mitad del armazón con condiciones simétricas en la frontera

Fig. 10.15

figura 10.15(a). En la figura, también se muestra la forma deformada (curva elástica) del armazón. Se puede ver que, a semejanza de la carga, la forma deformada es simétrica con respecto al eje de simetría del armazón. Note que la pendiente y la deflexión horizontal son cero en el punto D, en donde el eje de simetría se interseca con el armazón, en tanto que la deflexión vertical en D no es cero. Se puede determinar la respuesta del armazón completo al analizar sólo la mitad del mismo, en cualquiera de los dos lados del eje de simetría. En la figura 10.15(b), se muestra la mitad izquierda del armazón cortado por el eje de simetría. Nótese que, sobre esta subestructura, se imponen las condiciones simétricas en la frontera al soportarla en el extremo D por un tipo de apoyo de collarín (denotado por el símbolo en la figura 10.15(b), el cual impide la rotación y la deflexión horizontal en el eje de simetría, pero no puede impedir la deflexión vertical a lo largo del eje. Una vez que, por el análisis, se ha determinado la respuesta de la mitad izquierda, se puede obtener la respuesta de la mitad derecha a partir de aquélla, por reflexión.

Considere otro armazón simétrico sujeto a una carga simétrica, como se muestra en la figura 10.16(a). En la figura 10.16(b), se muestra la mitad izquierda del armazón con condiciones simétricas en la frontera. Como esta figura indica, se han restringido la rotación y la deflexión horizontal en el nodo E. El nodo articulado B ya está restringido contra el movimiento en la dirección horizontal por el apoyo articulado. Note que, sobre la mitad izquierda del armazón seleccionada para el análisis (Fig. 10.16(b)), la magnitud de la carga concentrada P, la cual actúa a lo largo del eje de simetría, se ha reducido en la mitad. De manera análoga, el área de la sección transversal (A) y el momento de inercia (I) del miembro BE, el cual está localizado a lo largo del eje de simetría, se han reducido a la mitad. Aun cuando suele considerarse conveniente reducir en la mitad las dos propiedades A e I de los miembros a lo largo del eje de simetría, debe tenerse en cuenta que los valores de los momentos de inercia (I) de estos miembros no tienen importancia en el análisis, porque los miembros localizados a lo largo de ese eje sólo sufrirán deformaciones axiales, sin flexión. Una vez que se ha determinado la respuesta de la mitad izquierda del armazón (Fig. 10.16(b)), se obtiene la respuesta de la mitad derecha por reflexión.

Estructuras simétricas sujetas a cargas antisimétricas

Cuando una estructura simétrica se sujeta a una carga que es antisimétrica con respecto al eje de simetría de la propia estructura, la respuesta de la estructura

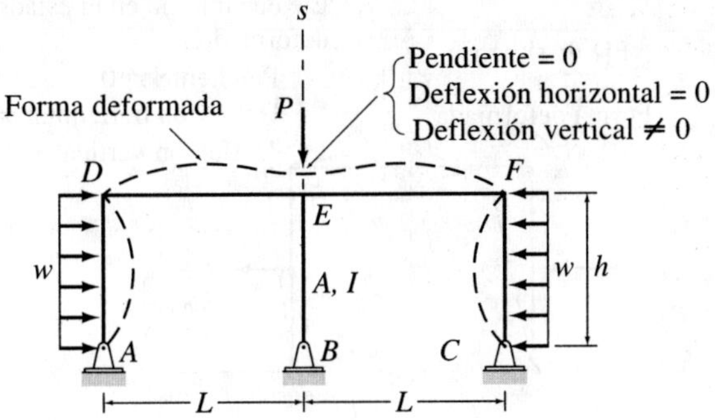

(a) Armazón simétrico sujeto a carga simétrica

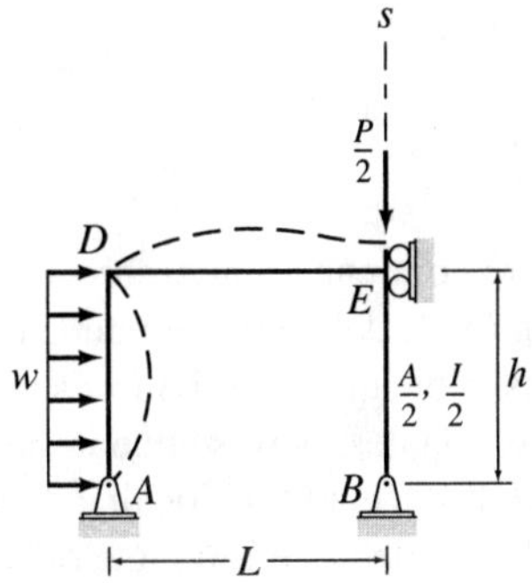

(b) Mitad del armazón con condiciones simétricas en la frontera

Fig. 10.16

también es antisimétrica, sin que se desvíen los puntos de la estructura que estén en el eje de simetría en la dirección de este eje. Por tanto, para determinar la respuesta de la estructura completa, sólo es necesario analizar la mitad de la misma, en cualquiera de los dos lados del eje de simetría, con condiciones antisimétricas en la frontera (es decir, las deflexiones en la dirección del eje de simetría deben ser cero) en el eje. La respuesta de la mitad restante queda dada por la negativa de la reflexión de la respuesta de la mitad de la estructura que se analiza.

Considere un armazón simétrico sujeto a una carga que es antisimétrica con respecto al eje de simetría (eje s) del armazón, como se muestra en la figura 10.17(a). Se puede ver que, a semejanza de la carga, la forma deformada del armazón es antisimétrica con respecto al eje de simetría del mismo. Note que la deflexión vertical es cero en el punto D, en donde el eje de simetría se interseca con el armazón, en tanto que la deflexión horizontal y la pendiente en D no son cero. Se puede determinar la respuesta del armazón completo al analizar sólo la mitad del mismo, en cualquiera de los dos lados del eje de simetría. En la figura 10.17(b), se muestra la mitad izquierda del armazón cortado por el eje de simetría. Note que, sobre esta subestructura, se imponen las condiciones antisimétricas en la frontera al apoyarla en el extremo D por un apoyo de rodillos, el cual impide la deflexión vertical en el eje de simetría, pero no puede impedir la deflexión horizontal y la rotación en D. Una vez que, por el análisis, se ha determinado la respuesta de la mitad izquierda del armazón, la respuesta de la mitad derecha queda dada por la negativa de la reflexión de aquélla.

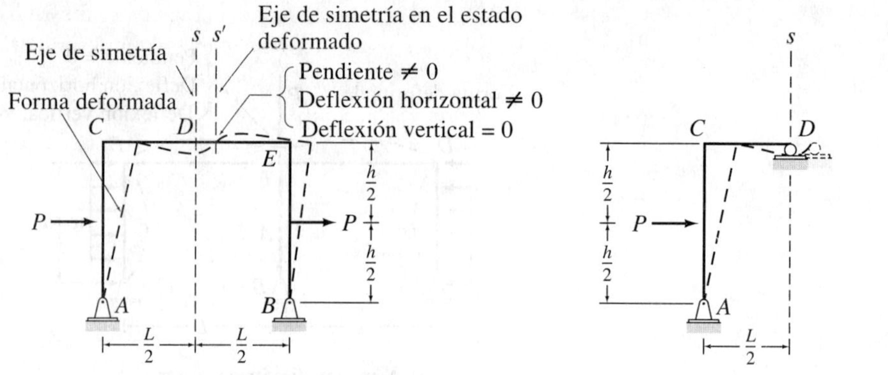

(a) Estructura simétrica sujeta a carga antisimétrica

(b) Mitad del marco con condiciones antisimétricas en la frontera

Fig. 10.17

Si una estructura contiene un miembro a lo largo del eje de simetría, las propiedades del miembro, I y A, deben de reducirse en la mitad de esa estructura seleccionada para el análisis. Note que los miembros a lo largo del eje de simetría no pueden sufrir deformaciones axiales, pero se puede flexionar. De donde, las fuerzas axiales en los miembros de las armaduras localizados a lo largo del eje de simetría serán cero, y esos miembros pueden eliminarse de la mitad de la estructura para simplificar su análisis. Las magnitudes de cualesquiera cargas y pares que actúen sobre la estructura en el eje de simetría deben reducirse a la mitad, sobre la mitad de esa estructura que se va a analizar.

Estructuras simétricas sujetas a cargas generales

Como se hace ver en la sección 10.2, cualquier carga general no simétrica que actúe sobre una estructura simétrica se puede descomponer en componentes simétrica y antisimétrica con respecto al eje de simetría de la propia estructura. Entonces se determinan las respuestas de la estructura debidas a las componentes simétrica y antisimétrica de la carga analizando una de las mitades de aquélla, con condiciones simétricas y antisimétricas, respectivamente, como se discutió en los párrafos anteriores. Entonces se sobreponen las respuestas simétrica y antisimétrica determinadas de este modo, para obtener la respuesta total de la estructura debida a la carga no simétrica dada.

10.4 PROCEDIMIENTO PARA EL ANÁLISIS DE LAS ESTRUCTURAS SIMÉTRICAS

Se puede usar el siguiente procedimiento paso a paso para obtener ventaja de la simetría estructural en el análisis de las estructuras.

1. Compruebe que la estructura dada es simétrica, como se discutió en la sección 10.1. Si encuentra que la estructura es simétrica, entonces continúe con el paso 2. De lo contrario, finalice el análisis en esta etapa.

2. Para el análisis, seleccione una subestructura (mitad de la estructura) en cualquiera de los dos lados del eje de simetría. Las áreas de las secciones transversales y los momentos de inercia de los miembros de la subestructura, los cuales se localicen a lo largo del eje de simetría, deben reducirse en la mitad, en tanto que, para todos los demás miembros, deben usarse los valores completos de estas propiedades.

3. Descomponga la carga dada en componentes simétrica y antisimétrica con respecto al eje de simetría de la estructura, aplicando el procedimiento descrito en la sección 10.2.

4. Determine la respuesta de la estructura debida a la componente simétrica de la carga, como se indica a continuación:
   a. En cada nodo y extremo de la subestructura, los cuales se encuentren localizados en el eje de simetría, aplique restricciones para impedir la rotación y la deflexión perpendicular al eje de simetría. Si se tiene una articulación en un nodo o extremo de este tipo, entonces sólo debe restringirse la deflexión, pero no la rotación, en los mismos.
   b. Aplique la componente simétrica de la carga sobre la subestructura, con las magnitudes de las cargas concentradas en el eje de simetría reducidas en la mitad.
   c. Analice la subestructura para determinar su respuesta.
   d. Obtenga la respuesta simétrica de la estructura completa, por la reflexión de la respuesta de la subestructura hacia el otro lado del eje de simetría.

5. Determine la respuesta de la estructura debida a la componente antisimétrica de la carga, como se indica a continuación:
   a. En cada nodo y extremo de la subestructura, los cuales se encuentren localizados en el eje de simetría, aplique una restricción para impedir la deflexión en la dirección del eje de simetría. En el caso de las armaduras, las fuerzas axiales en los miembros localizados a lo largo del eje de simetría serán cero. Quiten esos miembros de la estructura.
   b. Aplique la componente antisimétrica de la carga sobre la subestructura, con las magnitudes de las cargas y pares aplicados en el eje de simetría reducidos en la mitad.
   c. Analice la subestructura para determinar su respuesta.
   d. Obtenga la respuesta antisimétrica de la estructura completa, por la reflexión de la negativa de la respuesta de la subestructura hacia el otro lado del eje de simetría.

6. Determínese la respuesta total de la estructura debida a la carga dada, al sobreponer las respuestas simétrica y antisimétrica obtenidas en los pasos 4 y 5, respectivamente.

El procedimiento anterior se puede aplicar a las estructuras estáticamente determinadas así como a las simétricas indeterminadas. En los capítulos subsiguientes, resultará obvio que la utilización de la simetría estructural reduce en forma considerable el esfuerzo de cálculo requerido en el análisis de las estructuras estáticamente indeterminadas.

EJEMPLO 10.7

Determine la fuerza en cada uno de los miembros de la armadura Warren mostrada en la figura 10.18(a).

SOLUCIÓN Esta armadura se analizó en el ejemplo 4.4, sin obtener ventaja de su simetría.

Simetría Esta armadura es simétrica con respecto al eje *s* vertical que pasa por el miembro *CG*, como se muestra en la figura 10.18(b). La armadura sólo está sujeta a cargas verticales, así que la reacción horizontal en el apoyo *A* es cero ($A_x = 0$). Para el análisis, se usará la mitad de la armadura a la derecha del eje de simetría, *CEHG*.

Componentes simétrica y antisimétrica de la carga Las componentes simétrica y antisimétrica de la carga dada, con respecto al eje de simetría de la armadura, se determinan mediante la utilización del procedimiento descrito en la sección 10.2. Estas componentes de la carga se muestran en las figuras 10.18(b) y (c). Note que la suma de las dos componentes es igual a la carga total dada en la figura 10.18(a).

Fuerzas en los miembros debidas a la componente simétrica de la carga En la figura 10.18(d), se muestra la subestructura con condiciones simétricas en la frontera. Note que los nodos *C* y *G*, los cuales están localizados en el eje de simetría, están apoyados por rodillos que impi-

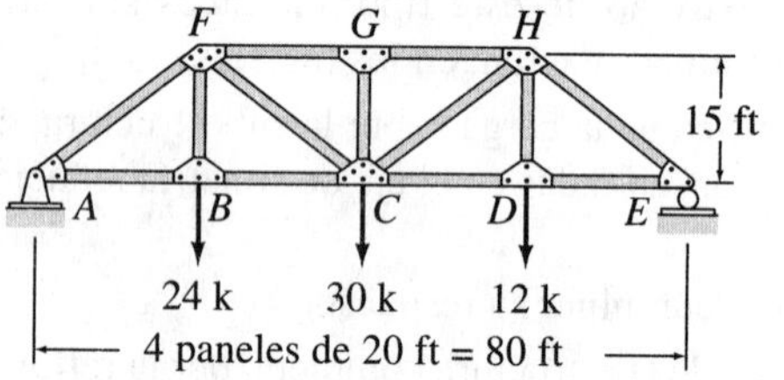

(a) Armadura y carga dadas

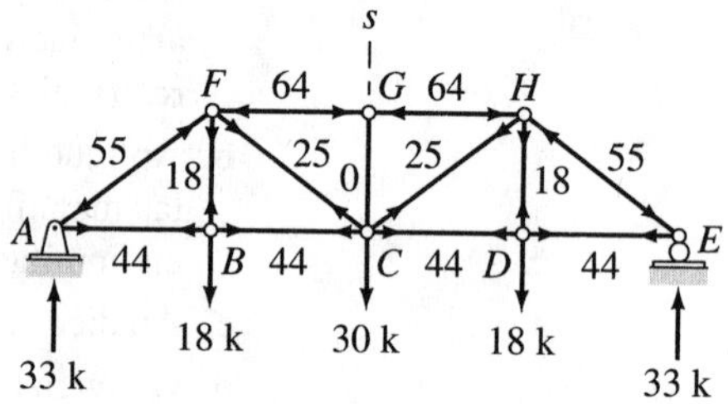

(e) Fuerzas en los miembros debidas a la componente simétrica de la carga

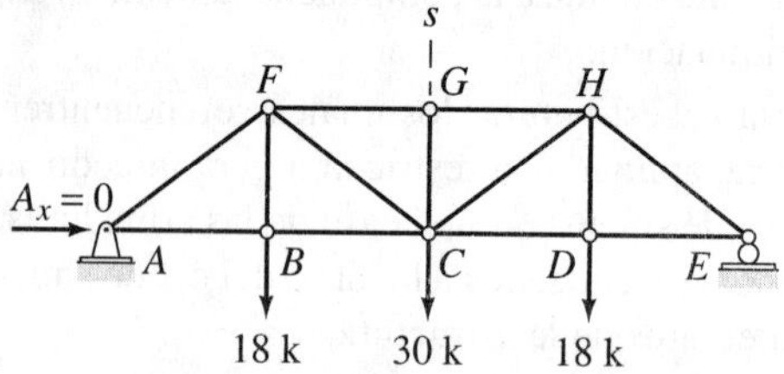

(b) Componente simétrica de la carga

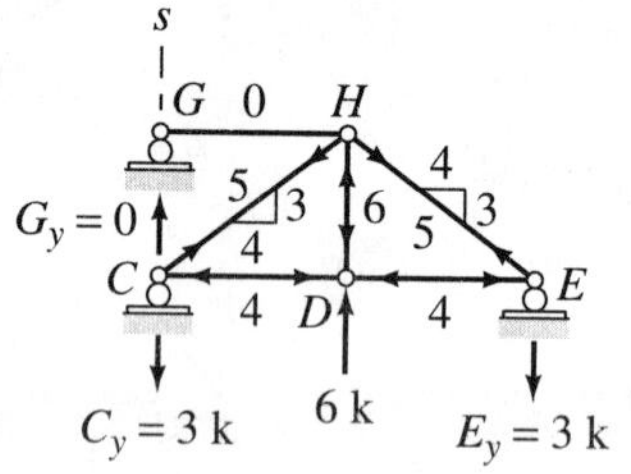

(f) Subestructura con condiciones antisimétricas en la frontera

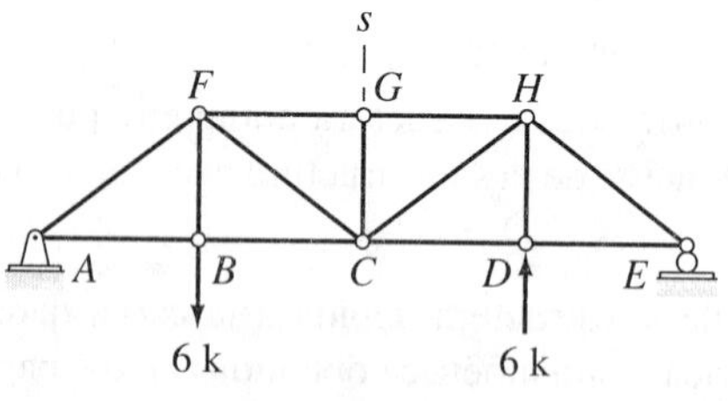

(c) Componente antisimétrica de la carga

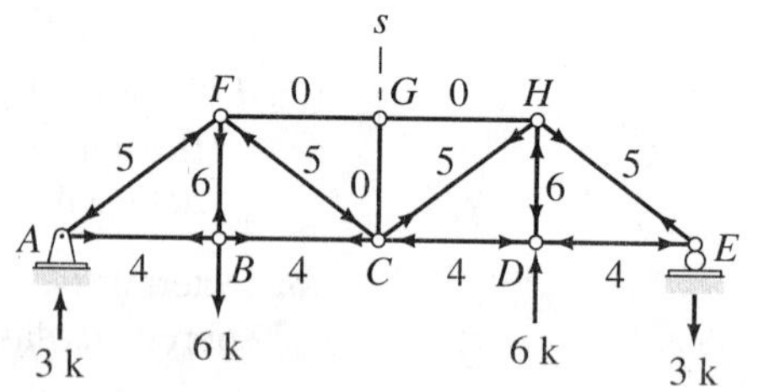

(g) Fuerzas en los miembros debidas a la componente antisimétrica de la carga

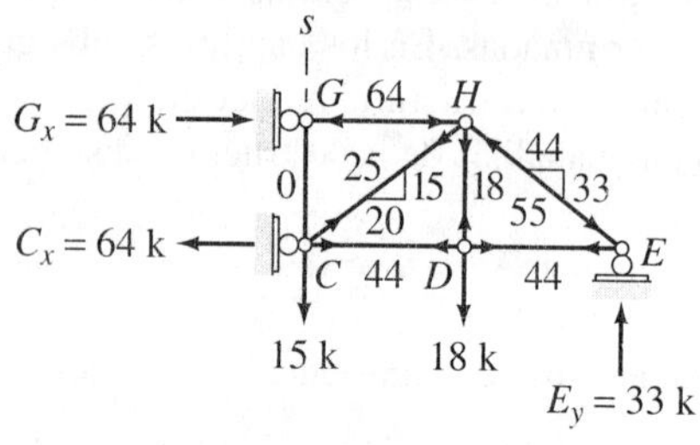

(d) Subestructura con condiciones simétricas en la frontera

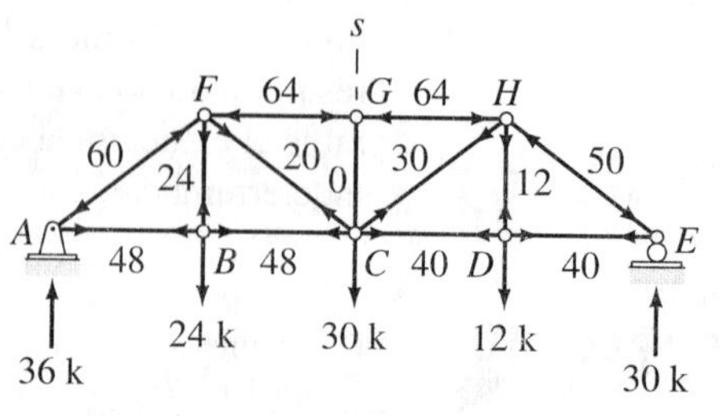

(h) Fuerzas en los miembros debidas a la carga total

Fig. 10.18

den sus movimientos en la dirección horizontal (perpendicular al eje s). La componente simétrica de la carga (Fig. 101.18(b)) se aplica a la subestructura, con la magnitud de la carga concentrada de 30 k, que actúa a lo largo del eje de simetría, reducida a la mitad, como se muestra en la figura 10.18(d). Las reacciones de la subestructura se obtienen mediante la aplicación de las ecuaciones de equilibrio:

$$+\uparrow \sum F_y = 0 \qquad -15 - 18(20) + E_y = 0 \qquad E_y = 33 \text{ k} \uparrow$$

$$+\circlearrowleft \sum M_C = 0 \qquad -G_x(15) - 18(20) + 33(40) = 0 \qquad G_x = 64 \text{ k} \rightarrow$$

$$+\rightarrow \sum F_x = 0 \qquad -C_x + 64 = 0 \qquad C_x = 64 \text{ k} \leftarrow$$

Las fuerzas axiales en los miembros de la subestructura se determinan por la aplicación del método de los nodos. Estas fuerzas en los miembros también se muestran en la figura 10.18(d).

Ahora se pueden obtener las fuerzas axiales en los miembros, en la mitad izquierda de la armadura, al hacer girar las fuerzas en los miembros de la mitad derecha (Fig. 10.18(d)) 180° alrededor del eje s, como se muestra en la figura 10.18(e).

Fuerzas en los miembros debidas a la componente antisimétrica de la carga En la figura 10.18(f), se muestra la subestructura con condiciones antisimétricas en la frontera. Note que los nodos C y G, localizados en el eje de simetría, se apoyan por rodillos para impedir sus deflexiones en la dirección vertical. Asimismo, se quita de la estructura el miembro CG, el cual está ubicado a lo largo del eje de simetría, como se muestra en la figura. (Bajo carga antisimétrica, el fuerza en el miembro CG será cero.) Se aplica la componente antisimétrica de la carga (Fig. 10.18(c)) a la estructura y se calculan sus reacciones y las fuerzas axiales en los miembros mediante la aplicación de las ecuaciones de equilibrio y del método de los nodos (véase la figura 10.18(f)).

Entonces se obtienen las fuerzas axiales en los miembros, en la mitad izquierda de la armadura, al reflejar las negativas (es decir, las fuerzas de tensión se cambian hacia compresión y viceversa) de las fuerzas en los miembros de la mitad derecha hacia el lado izquierdo del eje de simetría, como se muestra en la figura 10.18(g).

Fuerzas totales en los miembros Por último, se obtienen las fuerzas axiales totales en los miembros al sobreponer las fuerzas debidas a las componentes simétrica y antisimétrica de la carga, como se dan en las figuras 10.18(e) y (g), respectivamente. En la figura 10.18(h), se muestran estas fuerzas en los miembros. **Resp.**

EJEMPLO 10.8

Determine las fuerzas en los extremos de los miembros del armazón mostrado en la figura 10.19(a).

SOLUCIÓN

Simetría El armazón es simétrico con respecto al eje s vertical que pasa por la articulación en D, como se muestra en la figura 10.19(b). Para el análisis, se usará la mitad izquierda del armazón, ACD.

Componentes simétrica y antisimétrica de la carga Véanse las figuras 10.19(b) y (c).

Fuerzas en los miembros debidas a la componente simétrica de la carga En la figura 10.19(d), se muestra la subestructura con condiciones simétricas en la frontera. Las reacciones y las fuerzas en los miembros de la subestructura, según se determinan a partir de consideraciones de equilibrio, se muestran en la figura 10.19(d) y a la izquierda del eje s, en la figura 10.19(e), respectivamente. Entonces se obtienen las fuerzas en los extremos de los miembros a la derecha del eje s, por reflexión (véase la figura 10.19(e).

Fuerzas en los miembros debidas a la componente antisimétrica de la carga En la figura 10.19(f), se muestra la subestructura con condiciones antisimétricas en la frontera. Las fuerzas en los miembros se determinan por el análisis de la subestructura y por la reflexión de las fuerzas y los momentos calculados respecto del eje de simetría (véase la figura 10.19(g)).

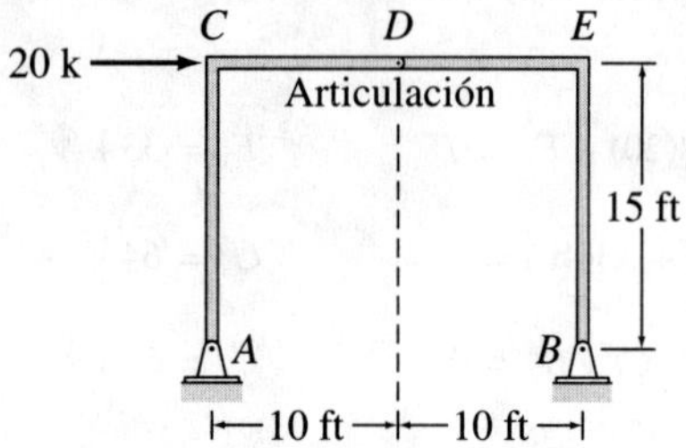

(a) Armazón y carga dados

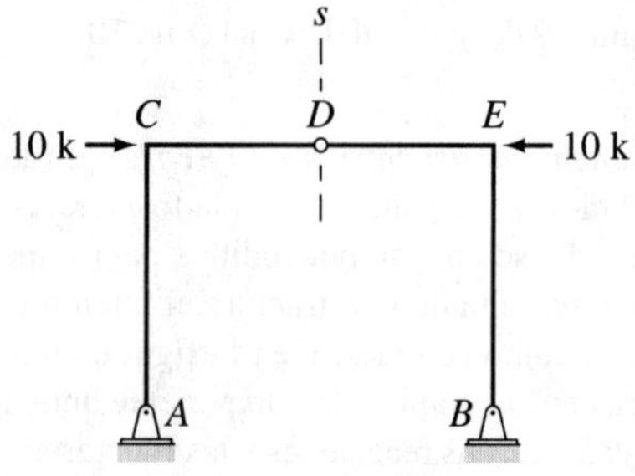

(b) Componente simétrica de la carga

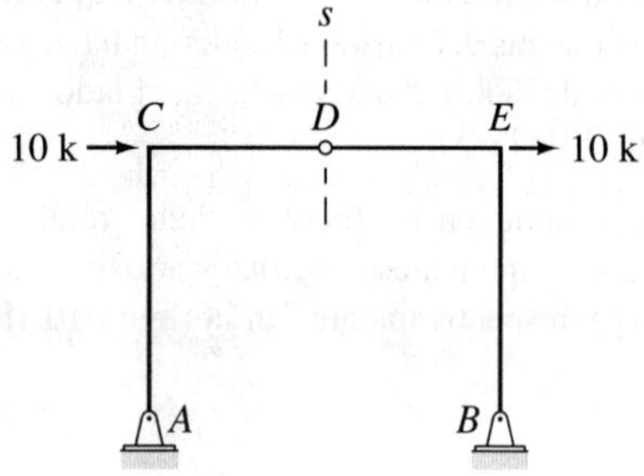

(c) Componente antisimétrica de la carga

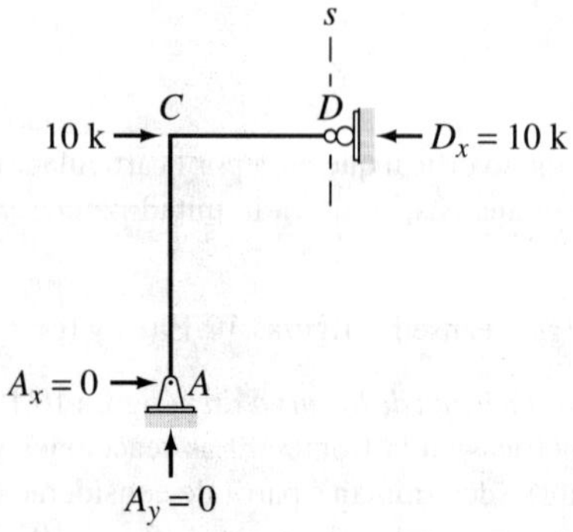

(d) Subestructura con condiciones simétricas en la frontera

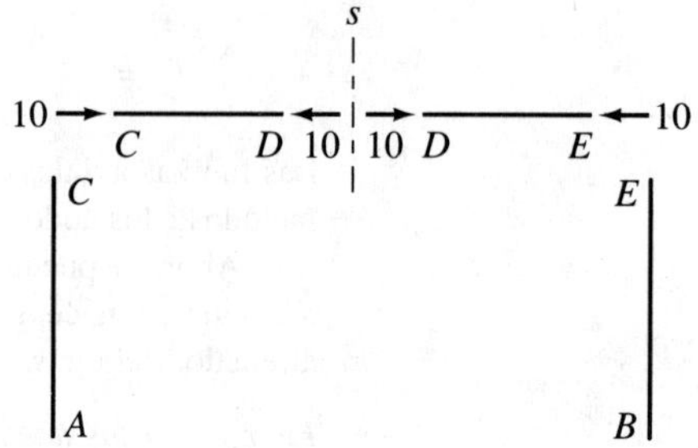

(e) Fuerzas en los miembros debidas a la componente simétrica de la carga

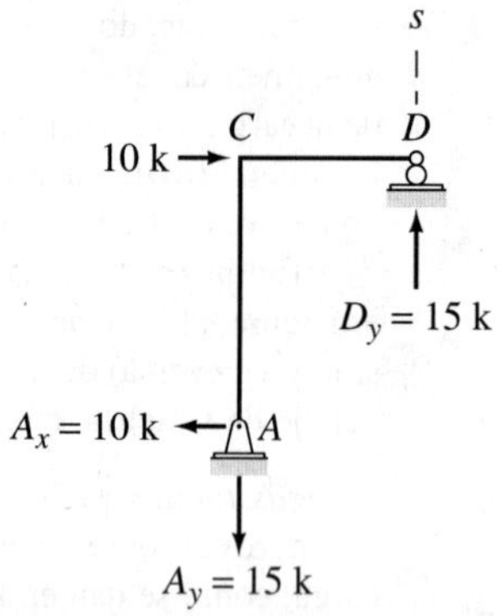

(f) Subestructura con condiciones antisimétricas en la frontera

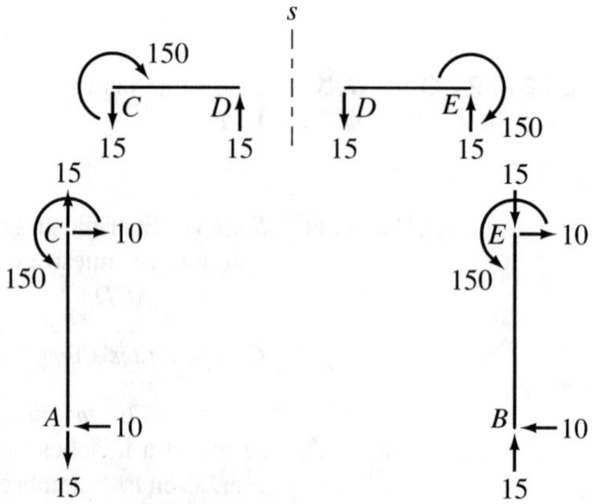

(g) Fuerzas en los miembros debidas a la componente antisimétrica de la carga

Fig. 10.19

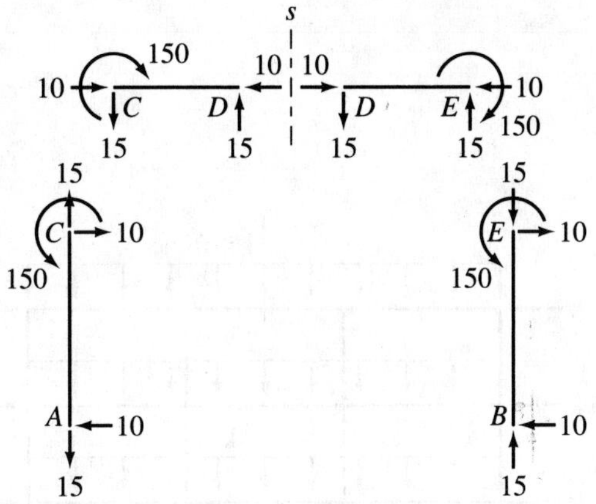

(h) Fuerzas en los miembros debidas a la carga total

Fig. 10.19 (*Continuación*)

Fuerzas totales en los miembros En la figura 10.19(h), se muestran las fuerzas totales en los miembros debidas las componentes simétrica y antisimétrica de la carga. **Resp.**

EJEMPLO 10.9

Determine las subestructuras para el análisis de las respuestas simétrica y antisimétrica del armazón estáticamente indeterminado que se muestra en la figura 10.20(a).

SOLUCIÓN *Simetría* El armazón es simétrico con respecto al eje *s* vertical que se muestra en la figura 10.20(b). Se selecciona la mitad izquierda del armazón para el análisis.

Componentes simétrica y antisimétrica de la carga Véanse las figuras 10.20(b) y (c).

Subestructuras Las subestructuras para el análisis de las respuestas simétrica y antisimétrica se muestran en las figuras 10.20(d) y (e), respectivamente. **Resp.**

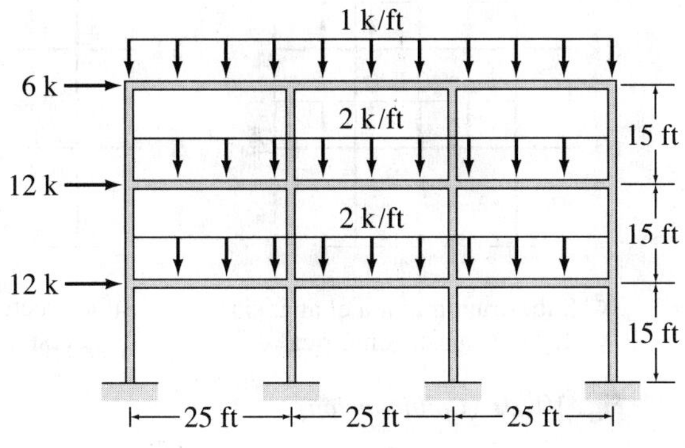

(a) Estructura y carga dadas

Fig. 10.20

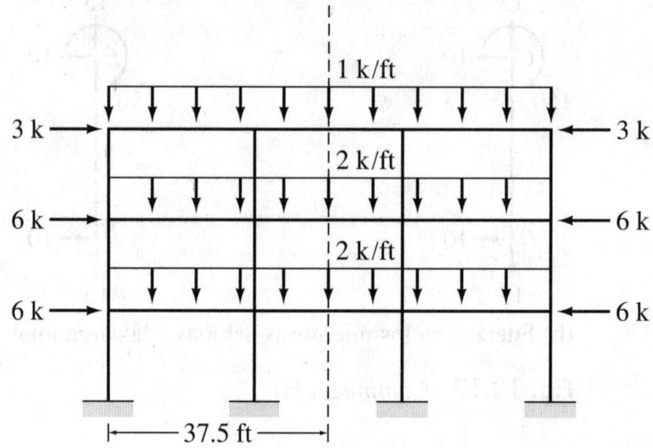

(b) Componente simétrica de la carga

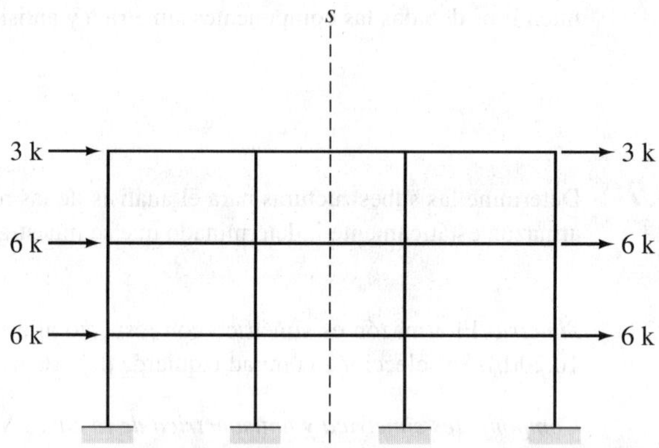

(c) Componente antisimétrica de la carga

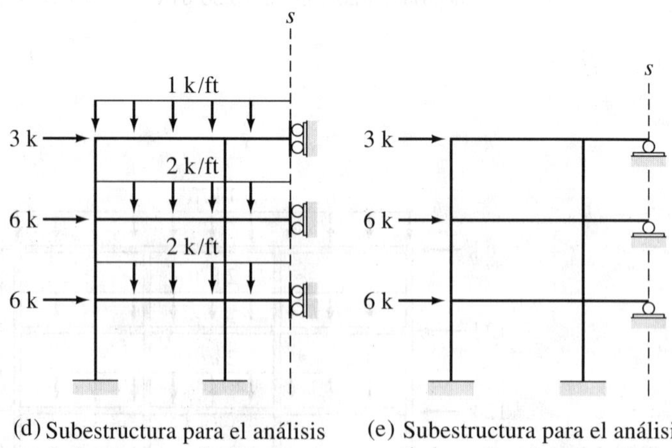

(d) Subestructura para el análisis de la respuesta simétrica

(e) Subestructura para el análisis de la respuesta antisimétrica

Fig. 10.20 (*Continuación*)

RESUMEN

En este capítulo, se ha aprendido que una estructura plana se considera como simétrica con respecto a un eje en su plano, si la reflexión de esa estructura respecto a ese eje es idéntica a la propia estructura en relación con la configuración geométrica, los apoyos y las propiedades de los materiales.

Si considera que una carga es simétrica con respecto a un eje en su plano, si la reflexión de esa carga respecto a ese eje es idéntica a la propia carga. Se considera que una carga es antisimétrica con respecto a un eje en su plano, si la negativa de la reflexión de esa carga respecto a ese eje es idéntica a la propia carga. Cualquier carga general no simétrica se puede descomponer en componentes simétrica y antisimétrica con respecto a un eje.

Cuando una estructura simétrica se sujeta a una carga que es simétrica con respecto al eje de simetría de la propia estructura, la respuesta de esa estructura también es simétrica. De donde, se puede obtener la respuesta de la estructura completa al analizar una de las mitades de esta última, hacia cualquiera de los dos lados del eje de simetría, con condiciones simétricas en la frontera, y reflejando la respuesta calculada respecto al mismo eje de simetría.

Cuando una estructura simétrica se sujeta a una carga que es antisimétrica con respecto al eje de simetría de la propia estructura, la respuesta de esa estructura también es antisimétrica. De donde, se puede obtener la respuesta de la estructura completa al analizar una de las mitades de esta última, hacia cualquiera de los dos lados del eje de simetría, con condiciones antisimétricas en la frontera, y reflejando la negativa de la respuesta calculada respecto al mismo eje de simetría.

Se puede obtener la respuesta de una estructura simétrica debida a una carga general no simétrica mediante la determinación de las respuestas de esa estructura debidas a las componentes simétrica y antisimétrica de la carga no simétrica y sobreponiendo las dos respuestas.

PROBLEMAS

Secciones 10.1 y 10.2

10.1 al 10.11 Determine las componentes simétrica y antisimétrica de las cargas mostradas en las figuras P10.1–P10.11 con respecto al eje de simetría de la estructura.

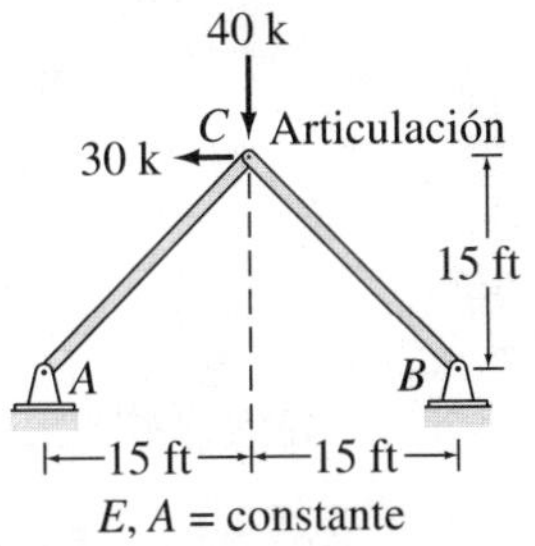

Fig. P10.1, P10.12

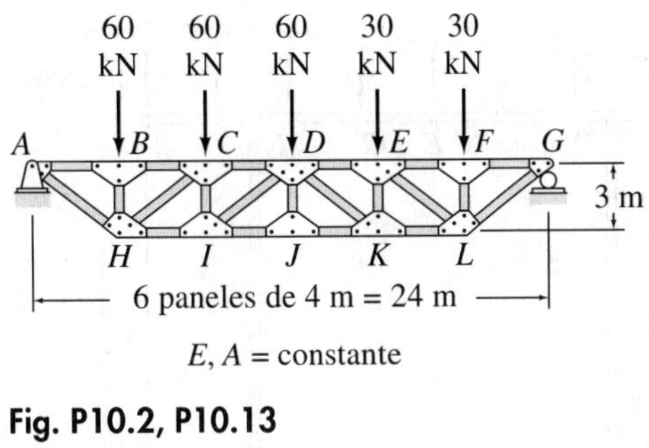

Fig. P10.2, P10.13

Secciones 10.3 y 10.4

10.12 al 10.15 Determine la fuerza en cada uno de los miembros de las armaduras mostradas en las figuras P10.1–P10.4, utilizando la simetría estructural.

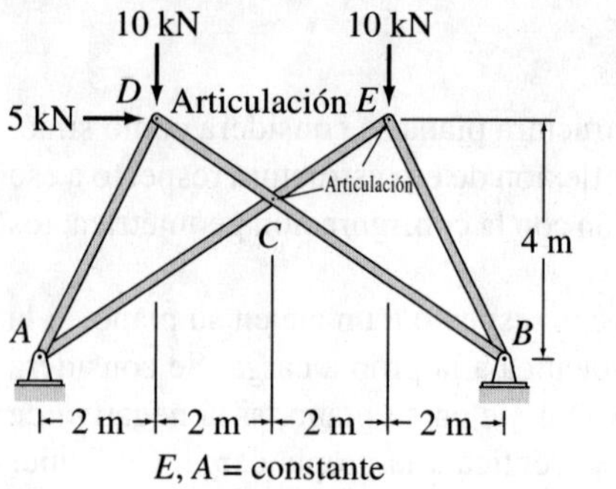

Fig. P10.3, P10.14

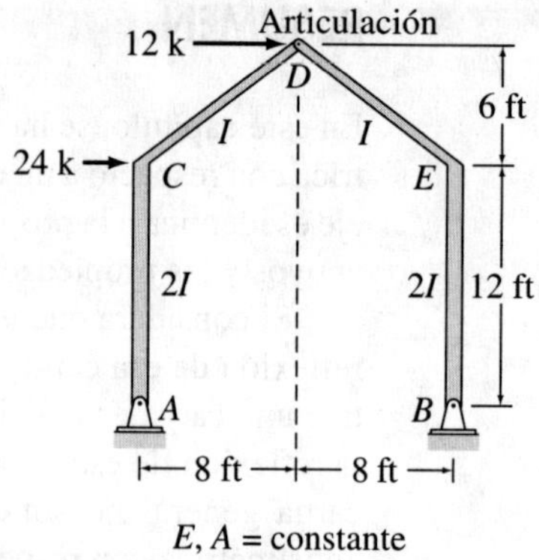

Fig. P10.6, P10.17

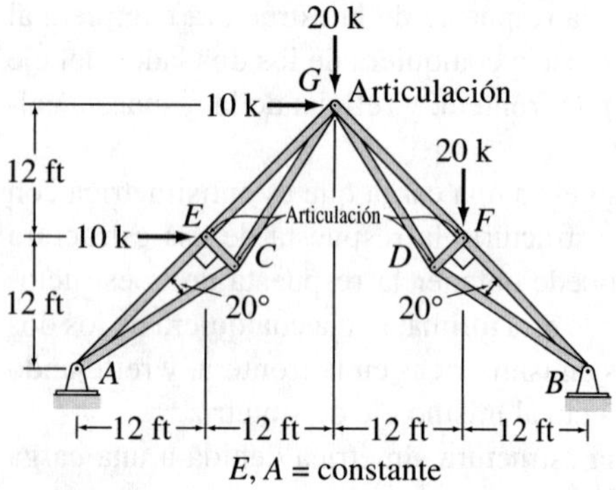

Fig. P10.4, P10.15

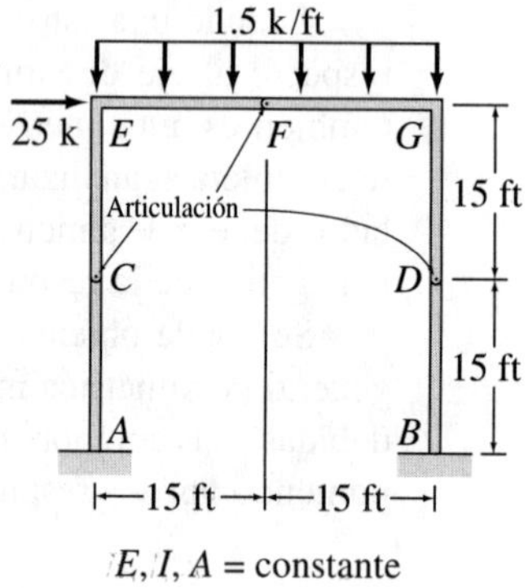

Fig. P10.7, P10.18

10.16 al 10.18 Determine las fuerzas en los extremos de los miembros de los armazones mostrados en las figuras P10.15–P10.17, utilizando la simetría estructural.

10.19 al 10.22 Determine las subestructuras para el análisis de las respuestas simétrica y antisimétrica de las estructuras mostradas en las figuras P10.8–P10.11.

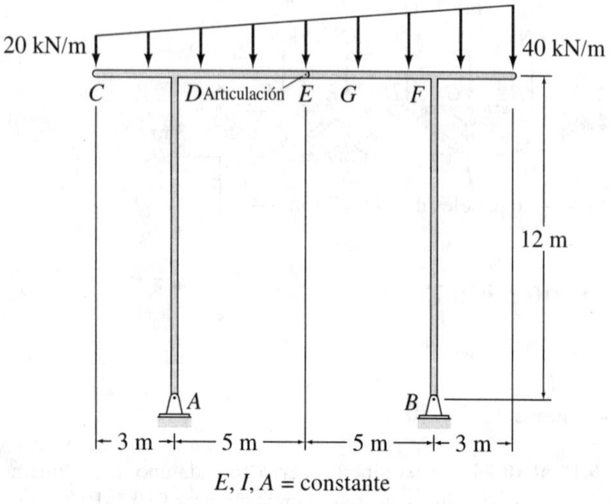

Fig. P10.5, P10.16

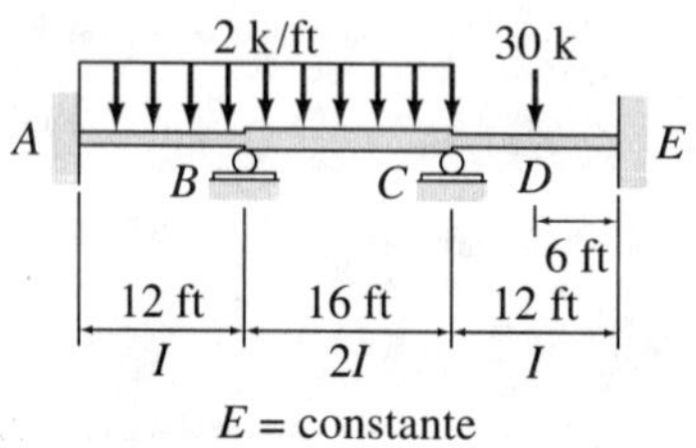

Fig. P10.8, P10.19

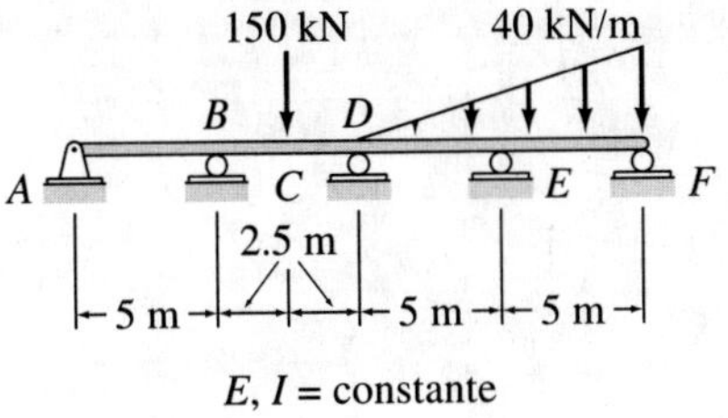

Fig. 10.9, P10.20

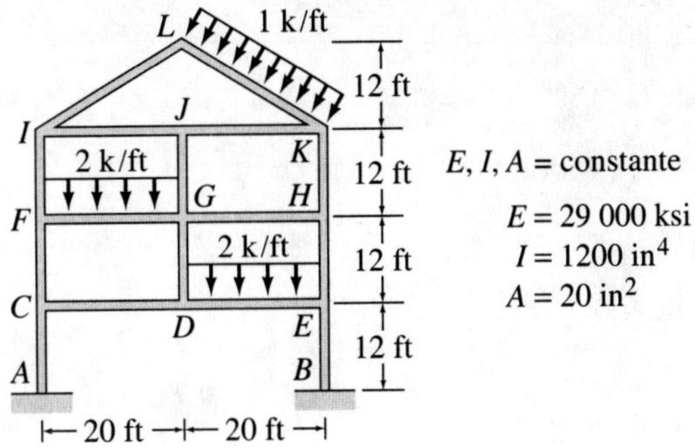

Fig. P10.11, P10.22

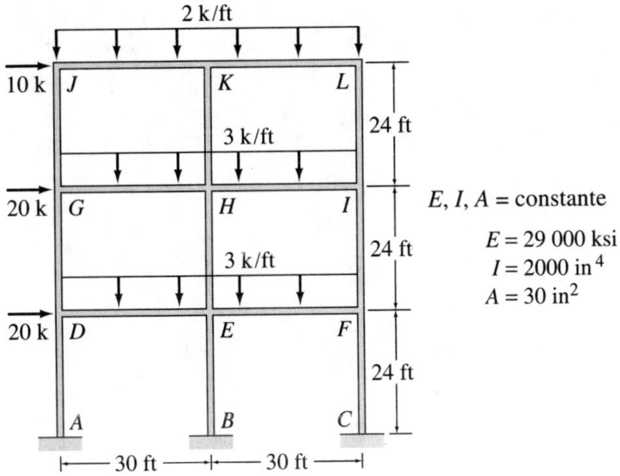

Fig. P10.10, P10.21

PARTE TRES

ANÁLISIS DE ESTRUCTURAS ESTÁTICAMENTE INDETERMINADAS

11 INTRODUCCIÓN A LAS ESTRUCTURAS ESTÁTICAMENTE INDETERMINADAS

Uno de los edificios de la Liberty Place, Philadelphia
Fotografía cortesía de Thornton-Tomasetti Engineers

En la parte dos de este texto, se consideró el análisis de las estructuras estáticamente determinadas. En esta parte (capítulos 11 al 17), se enfoca la atención en el análisis de las estructuras estáticamente indeterminadas.

Como se discutió con anterioridad, se pueden determinar las reacciones en los apoyos y las fuerzas internas de las estructuras estáticamente determinadas a partir de las ecuaciones de equilibrio (incluyendo las ecuaciones de condición, si las hay). Sin embargo, dado que las estructuras indeterminadas tienen más reacciones en los apoyos o miembros, o ambas cosas, que los requeridos por la estabilidad estática, las ecuaciones de equilibrio por sí solas no son suficientes para la determinación de las reacciones y las fuerzas internas de esas estructuras y deben complementarse por medio de relaciones basadas en la configuración geométrica de la deformación de las estructuras.

Estas relaciones adicionales, que se denominan *condiciones de compatibilidad*, garantizan que se mantenga la continuidad de los desplazamientos de uno a otro lado de la estructura y que las diversas partes de ésta se ajusten entre sí. Por ejemplo, en un nodo rígido, las deflexiones y las rotaciones de todos los miembros que se unen en ese nodo deben ser las mismas. Por tanto, el análisis de una estructura indeterminada comprende, además de las dimensiones y la disposición de los miembros de la estructura, sus propiedades de las secciones transversales y de los materiales (como las áreas de las secciones transversales, los momentos de inercia, los módulos de elasticidad, etc.), las cuales, a su vez, dependen de las fuerzas internas de la estructura. Por lo tanto, el diseño de una estructura estáticamente indeterminada se lleva a cabo de manera iterativa, con la cual inicialmente se suponen el tamaño (relativos) de los miembros estructurales y se usan para analizar la estructura, y las fuerzas internas obtenidas de este modo se usan para revisar el tamaño de los miembros; si el tamaño revisado de estos no están cercanos a los que se supusieron en un principio, entonces se vuelve a analizar la estructura usando el tamaño más reciente de esos miembros. Se continúa la iteración hasta que el tamaño de los miembros basado en los resultados de un análisis son cercanos a los supuestos para ese análisis.

A pesar de la dificultad mencionada en el diseño de las estructuras indeterminadas, una gran mayoría de las estructuras que se están construyendo hoy en día son de ese tipo; por ejemplo, los edificios más modernos de concreto reforzado son estáticamente indeterminados. En este capítulo, se discuten algunas de las ventajas y desventajas importantes de las estructuras indeterminadas, en comparación con las determinadas, y se presentan los conceptos fundamentales del análisis de aquéllas.

11.1 VENTAJAS Y DESVENTAJAS DE LAS ESTRUCTURAS INDETERMINADAS

Las ventajas de las estructuras estáticamente indeterminadas por encima de las determinadas incluyen las siguientes:

1. *Esfuerzos menores* En general, los esfuerzos máximos en las estructuras estáticamente indeterminadas son menores que en las estructuras determinadas comparables. Considere, por ejemplo, las vigas estáticamente determinada e indeterminada que se muestran en las figuras 11.1(a) y (b), respectivamente. En la figura, también se muestran los diagramas de los momentos flexionantes para las vigas, debidos a una carga uniformemente distribuida, w. (Los procedimientos para analizar las vigas indeterminadas se consideran en los capítulos subsiguientes.) A partir de las figuras, se puede ver que el momento flexionante máximo —y, en consecuencia, el esfuerzo máximo de flexión— en la viga indeterminada es significativamente inferior al de la determinada.

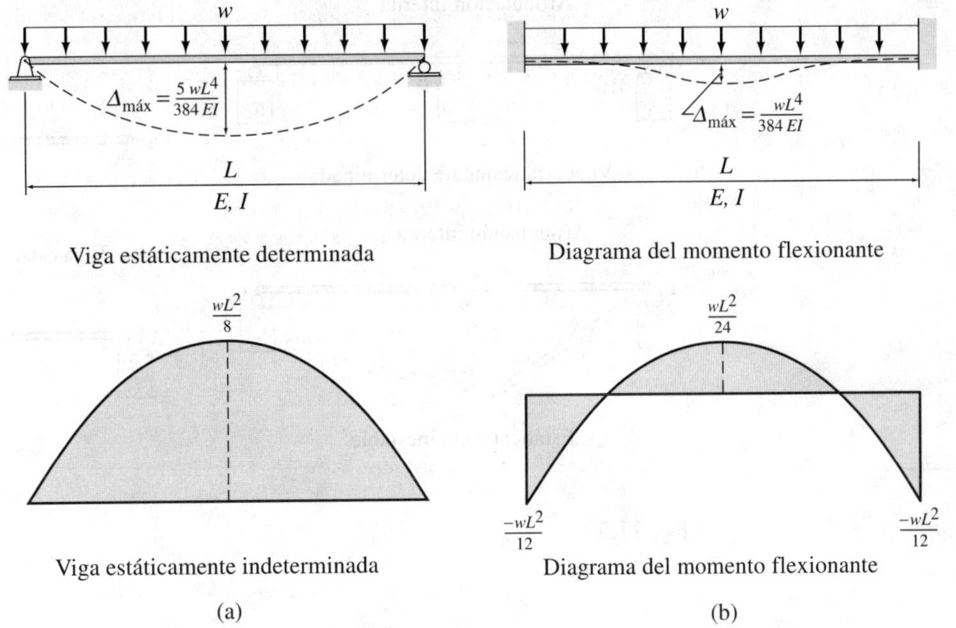

Fig. 11.1

2. ***Mayor rigidez*** En general, las estructuras estáticamente indeterminadas tienen una mayor rigidez (es decir, deformaciones más pequeñas) que las estructuras determinadas comparables. Con base en la figura 11.1, se observa que la deflexión máxima de la viga indeterminada sólo es la quinta parte de la correspondiente a la determinada.

3. ***Redundancias*** Las estructuras estáticamente determinadas, si se diseñan en forma apropiada, tienen la capacidad para redistribuir las cargas cuando ciertas partes estructurales se llegan a sobreesforzar o se desploman en los casos de sobrecargas debidas a temblores de tierra, tornados, impacto (por ejemplo, explosiones de gas o choques de vehículos) y otros eventos. Las estructuras indeterminadas tienen más miembros o reacciones en los apoyos, o ambas características, que los requeridos por la estabilidad estática, de modo que si una parte (o miembro o apoyo) de esa estructura falla, la estructura completa no se desplomará inevitablemente y las cargas se redistribuirán a las partes adyacentes de la estructura. Considere, por ejemplo, las vigas estáticamente determinada e indeterminada que se muestran en las figuras 11.2(a) y (b), respectivamente. Suponga que las vigas están sosteniendo puentes sobre una vía acuática y que se destruye el pilar de en medio, B, cuando una barcaza choca de manera accidental contra él. En virtud de que la viga estáticamente determinada se encuentra apoyada precisamente por el número suficiente de reacciones requeridas para la estabilidad estática, la eliminación del apoyo B causará que la estructura completa se desplome, como se muestra en la figura 11.2(a). Sin embargo, la viga indeterminada (Fig. 11.2(b)) tiene una reacción adicional en la dirección vertical; por lo tanto, la estructura no se desplomará inevitablemente y puede permanecer estable, incluso después de que el apoyo B haya fallado. Si se supone que la viga ha sido diseñada para soportar sólo cargas muertas en el caso de un accidente de ese tipo, el puente se cerrará al tránsito hasta que se repara el pilar B y, después, se volverá a abrir.

Las desventajas principales de las estructuras estáticamente indeterminadas, por encima de las determinadas, son las siguientes:

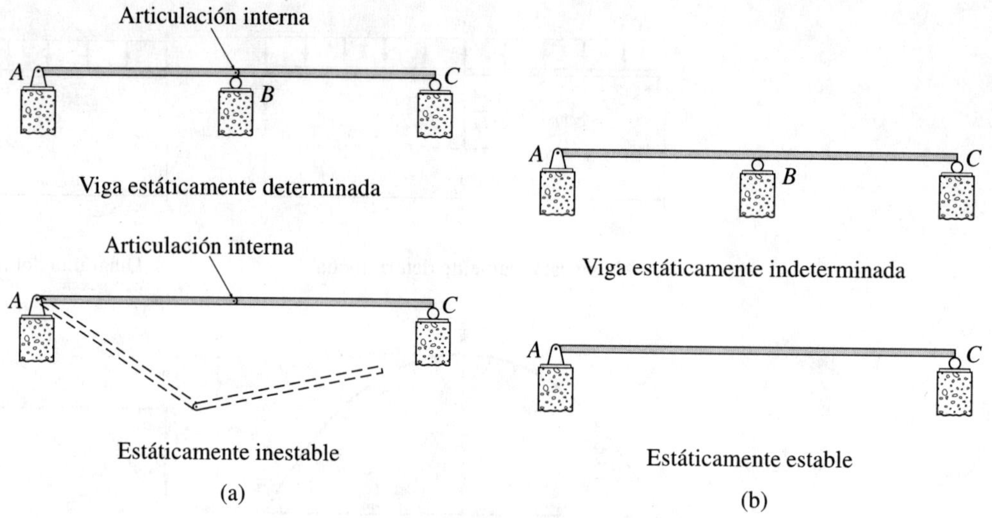

Fig. 11.2

1. ***Esfuerzos debidos a asentamientos de los apoyos*** Los asentamientos de los apoyos no causan esfuerzos en las estructuras determinadas; sin embargo, pueden inducir esfuerzos significativos en las indeterminadas, los cuales deben de tomarse en consideración cuando se diseñen estas últimas. Considérense los vigas determinada e indeterminada mostradas en la figura 11.3. En la figura 11.3(a), se puede ver que, cuando el apoyo B de la viga determinada sufre un pequeño asentamiento Δ_B, las partes AB y BC de esa viga, conectadas entre sí por una articulación interna en B, se mueven como cuerpos rígidos, sin flexionarse; es decir, permanecen rectos, no se desarrollan esfuerzos en la viga determinada. Sin embargo, cuando la viga indeterminada continua de la figura 11.3(b) se sujeta a un asentamiento similar del apoyo, se flexiona, como se muestra en la figura; por tanto, se desarrollan momentos flexionantes en la viga.

2. ***Esfuerzos debidos a cambios en la temperatura y a errores en la fabricación*** Como los asentamientos de los apoyos, estos efectos no causan esfuerzos en las estructuras determinadas, pero pueden inducir esfuerzos significativos en las estructuras indeterminadas. Considérense los vigas determinada e indeterminada que se muestran en la figura 11.4. En la figura 11.4(a), se puede ver que, cuando la viga determinada se sujeta a un aumento uniforme en la temperatura, ΔT, sencillamente se alarga, con la deformación axial dada por $\delta = \alpha(\Delta T)L$ (ecuación 7.24). Ningún esfuerzo se desarrolla en la viga determinada, ya que tiene libertad para alargarse. Sin embargo,

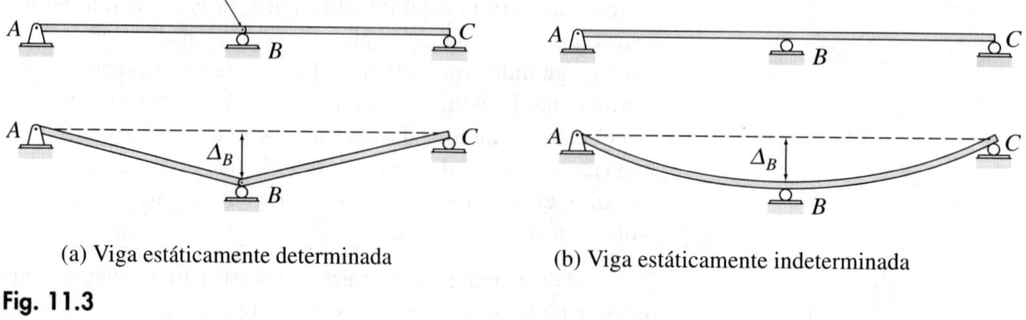

(a) Viga estáticamente determinada

(b) Viga estáticamente indeterminada

Fig. 11.3

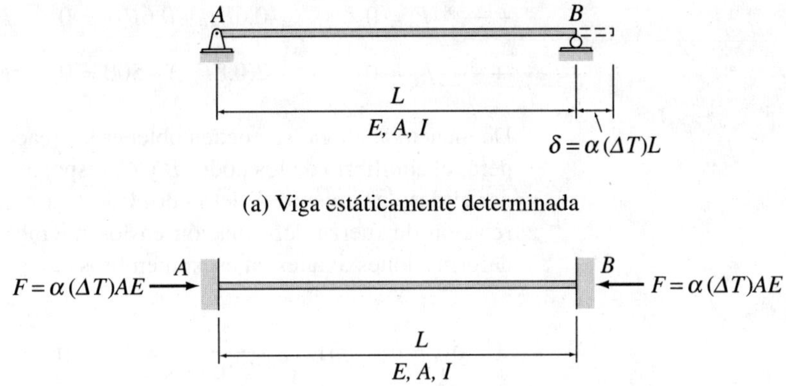

(a) Viga estáticamente determinada

(b) Viga estáticamente indeterminada

Fig. 11.4

cuando la viga indeterminada de la figura 11.4(b), la cual está restringida axialmente contra la deformación por los apoyos fijos, se sujeta a un cambio similar en la temperatura, ΔT, esa viga desarrolla una fuerza axial de compresión, $F = \delta(AE/L) = \alpha(\Delta T)AE$, como se muestra en la figura. Los efectos de los errores de fabricación son semejantes a los de los cambios de temperatura sobre las estructuras determinadas e indeterminadas.

11.2 ANÁLISIS DE LAS ESTRUCTURAS INDETERMINADAS

Relaciones fundamentales

Sin importar si una estructura es estáticamente determinada o indeterminada, su análisis completo requiere el uso de tres tipos de relaciones:

- Ecuaciones de equilibrio
- Condiciones de compatibilidad
- Relaciones de fuerza-deformación en los miembros

Las ecuaciones de equilibrio relacionan las fuerzas que actúan sobre la estructura (o sus partes), garantizando que la estructura completa así como sus partes permanezcan en equilibrio; las condiciones de compatibilidad relacionan los desplazamientos de la estructura de modo que sus diversas partes se ajusten entre sí, y las relaciones de fuerza-deformación en los miembros, las cuales comprende las propiedades de los materiales y de las secciones transversales (E, I y A) de los miembros, proporcionan el enlace necesario entre las fuerzas y los desplazamientos de la estructura.

En el análisis de las estructuras estáticamente determinadas, en primer lugar se usan las ecuaciones de equilibrio para obtener las reacciones y las fuerzas internas de la estructura; enseguida, se emplean las relaciones de fuerza-deformación en los miembros y las condiciones de compatibilidad, para determinar los desplazamientos de la propia estructura. Por ejemplo, considere la armadura estáticamente determinada que se muestra en la figura 11.5(a). Se pueden determinar las fuerzas axiales en los miembros de la armadura al considerar el equilibrio del nodo A (véase la figura 11.5(b)):

$$+\rightarrow \sum F_x = 0 \qquad -0.6F_{AB} + 0.6F_{AC} = 0 \qquad F_{AB} = F_{AC}$$

$$+\uparrow \sum F_y = 0 \qquad 2(0.8F_{AB}) - 500 = 0 \qquad F_{AB} = F_{AC} = 312.5 \text{ k (T)} \tag{11.1}$$

De manera análoga, se pueden obtener las reacciones en los apoyos B y C al considerar el equilibrio de los nodos B y C, respectivamente (Fig. 11.5(c)). Para determinar el desplazamiento Δ del nodo A de la armadura, en primer lugar se emplea la relación de fuerza-deformación en los miembros, $\delta = F(L/AE)$, para calcular las deformaciones axiales en esos miembros:

$$\delta_{AB} = \delta_{AC} = 312.5\left(\frac{20}{20000}\right) = 0.313 \text{ ft} \tag{11.2}$$

A continuación, estas deformaciones axiales en los miembros se relacionan con el desplazamiento Δ del nodo, usando la condición de compatibilidad (véase la figura 11.5(d)):

$$\delta_{AB} = \delta_{AC} = \Delta \text{ sen } \theta = 0.8\Delta \tag{11.3}$$

en la cual se supone que Δ es pequeño. Nótese que la ecuación (11.3) expresa el requisito de compatibilidad de que los desplazamientos verticales de los extremos A

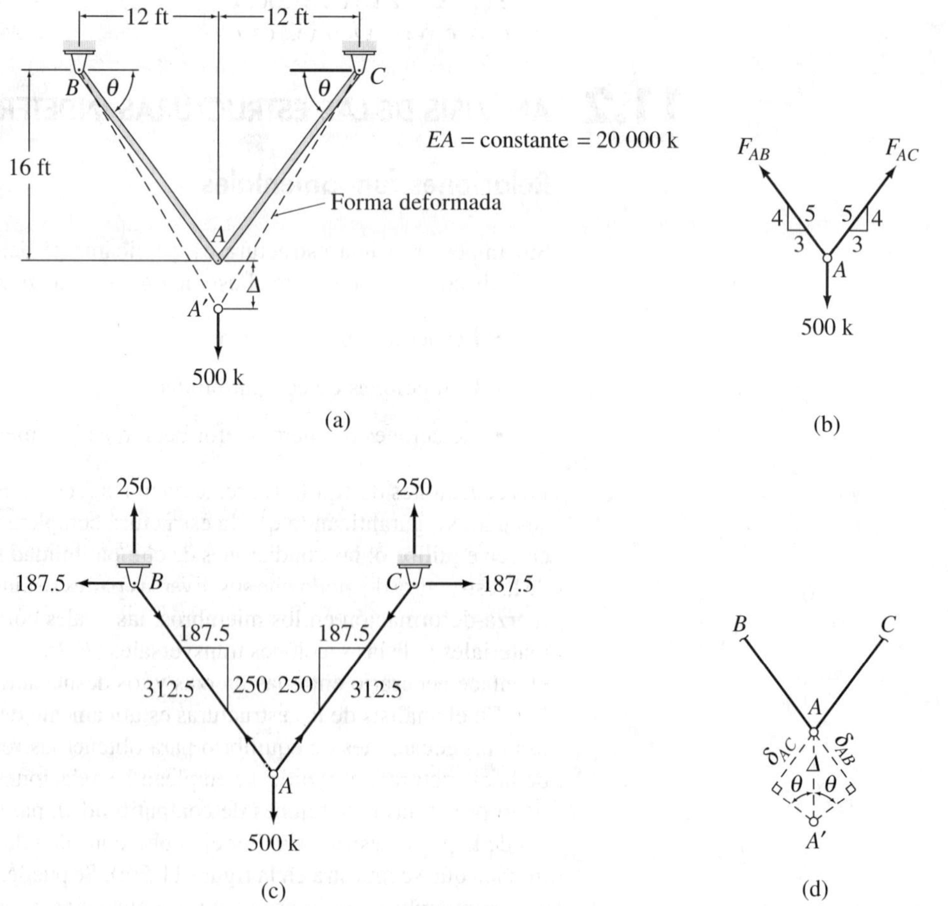

Fig. 11.5

de los miembros AB y AC deben ser iguales al desplazamiento vertical, Δ, del nodo A. Sustituyendo la ecuación (11.2) en la (11.3), se encuentra que el desplazamiento del nodo A es

$$\Delta = \frac{0.313}{0.8} = 0.391 \text{ ft} = 4.69 \text{ in} \quad \textbf{(11.4)}$$

También pudo calcularse el desplazamiento Δ empleando el *método del trabajo virtual* formulado en el capítulo 7, en el cual se satisfacen de manera automática las relaciones de fuerza-deformación en los miembros y las condiciones necesarias de compatibilidad.

Estructuras indeterminadas

En el análisis de las estructuras estáticamente indeterminadas, las ecuaciones de equilibrio por sí solas no son suficientes para la determinación de las reacciones y las fuerzas internas. Por lo tanto, se vuelve necesario resolver las ecuaciones de equilibrio en conjunción con las condiciones de compatibilidad de la estructura, para determinar su respuesta. En virtud de que las ecuaciones de equilibrio contienen las fuerzas desconocidas, en tanto que las condiciones de compatibilidad comprenden los desplazamientos como las incógnitas, se utilizan las relaciones de fuerza-deformación de los miembros para expresar las fuerzas desconocidas en términos de los desplazamientos desconocidos o viceversa. Entonces se resuelve el sistema resultante de ecuaciones, que sólo contiene un tipo de incógnitas, para las fuerzas o desplazamientos desconocidos, los cuales entonces se sustituyen en las relaciones fundamentales para determinar las características restantes de respuesta de la estructura.

Considere, por ejemplo, la armadura indeterminada que se muestra en la figura 11.6(a). La armadura se obtiene al agregar un miembro vertical, AD, a la armadura determinada de la figura 11.5(a), considerada con anterioridad. El diagrama de cuerpo libre del nodo A de la armadura se muestra en la figura 11.6(b). Las ecuaciones de equilibrio para este nodo quedan dadas por

$$+\rightarrow \sum F_x = 0 \qquad F_{AB} = F_{AC} \quad \textbf{(11.5)}$$

$$+\uparrow \sum F_y = 0 \qquad 1.6F_{AB} + F_{AD} = 500 \quad \textbf{(11.6)}$$

Note que las dos ecuaciones de equilibrio no son suficientes para la determinación de las tres fuerzas axiales desconocidas en los miembros. Las condiciones de compatibilidad se basan en el requisito de que los desplazamientos verticales de los extremos A de los tres miembros conectados en el nodo A deben ser iguales al desplazamiento vertical Δ del nodo A. El diagrama de desplazamientos del nodo A se muestra en la figura 11.6(c). Si se supone que el desplazamiento F_{AB} es pequeño, se escriben las condiciones de compatibilidad como

$$\delta_{AB} = \delta_{AC} = \Delta \text{ sen } \theta = 0.8\Delta \quad \textbf{(11.7)}$$

$$\delta_{AD} = \Delta \quad \textbf{(11.8)}$$

Al sustituir las ecuación (11.8) en la (11.7), se obtiene la relación deseada entre las deformaciones axiales en los miembros:

$$\delta_{AB} = \delta_{AC} = 0.8\delta_{AC} \quad \textbf{(11.9)}$$

la cual indica que las deformaciones axiales de los miembros inclinados AB y AC son iguales a 0.8 multiplicado por la deformación axial del miembro vertical AD.

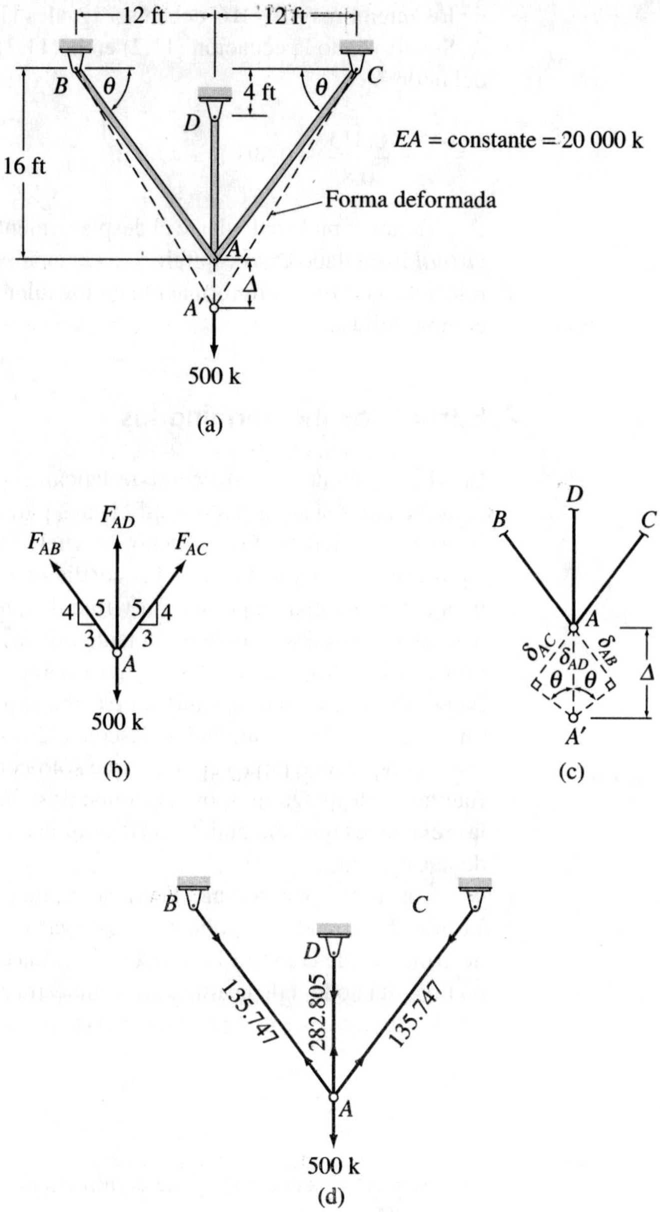

Fig. 11.6

Para expresar la ecuación (11.9) en términos de las fuerzas axiales en los miembros, se utilizan las relaciones de fuerza-deformación en los miembros:

$$\delta_{AB} = F_{AB}\left(\frac{L_{AB}}{EA}\right) = F_{AB}\left(\frac{20}{20000}\right) = 0.001F_{AB} \tag{11.10}$$

$$\delta_{AC} = F_{AC}\left(\frac{L_{AC}}{EA}\right) = F_{AC}\left(\frac{20}{20000}\right) = 0.001F_{AC} \tag{11.11}$$

$$\delta_{AD} = F_{AD}\left(\frac{L_{AD}}{EA}\right) = F_{AD}\left(\frac{12}{20000}\right) = 0.006F_{AD} \tag{11.12}$$

La sustitución de las ecuaciones (11.10) a (11.12) en la (11.9) da

$$0.001F_{AB} = 0.001F_{AC} = 0.8(0.0006F_{AD})$$

o bien,

$$F_{AB} = F_{AC} = 0.48F_{AD} \tag{11.13}$$

Ahora se pueden determinar las fuerzas axiales en los tres miembros de la armadura, resolviendo la ecuación (11.13) simultáneamente con las dos ecuaciones de equilibrio (ecuaciones (11.5) y (11.6)). De donde (Fig. 11.6(d)),

$$F_{AB} = F_{AC} = 135.747 \text{ k (T)} \quad \text{y} \quad F_{AD} = 282.805 \text{ k (T)}$$

Ahora se pueden calcular las deformaciones axiales en los miembros al sustituir estos valores de las fuerzas axiales en esos miembros en las relaciones de fuerza-deformación de éstos (ecuaciones (11.10) a (11.12)), para obtener

$$\delta_{AB} = \delta_{AC} = 0.136 \text{ ft} = 1.629 \text{ in} \quad \text{y} \quad \delta_{AD} = 0.17 \text{ ft} = 2.036 \text{ in}$$

Por último, sustituyendo los valores de las deformaciones axiales en los miembros en las condiciones de compatibilidad (ecuaciones (11.7) y (11.8)), se determina el desplazamiento del nodo A como

$$\Delta = 0.17 \text{ ft} = 0.036 \text{ in}$$

Métodos de análisis

Desde mediados del siglo XIX, se han desarrollado muchos métodos para analizar las estructuras estáticamente indeterminadas. Estos métodos se pueden clasificar en términos generales en dos categorías, a saber, los *métodos de las fuerzas (flexibilidad)* y los *métodos de los desplazamientos (rigidez)*, dependiendo del tipo de incógnitas (fuerzas o desplazamientos, respectivamente) que intervengan en la solución de las ecuaciones que rigen. En general, los métodos de las fuerzas, los cuales se presentan en el capítulo 13, son convenientes para el análisis de estructuras pequeñas, con unos cuantos elementos redundantes (es decir, unos cuantos miembros o reacciones, o ambos, en exceso que los requeridos por la estabilidad estática). Estos métodos también se usan para deducir las relaciones de fuerza-deformación en los miembros, necesarias para desarrollar los métodos de los desplazamientos. Los métodos de los desplazamientos se consideran en los capítulos 15 al 17. Estos métodos son más sistemáticos, se pueden poner en práctica con facilidad en las computadoras y, por lo tanto, se prefieren para el análisis de estructuras grandes e intensamente redundantes.

RESUMEN

En este capítulo, se ha aprendido que las ventajas de las estructuras estáticamente indeterminadas, por encima de las determinadas, incluyen esfuerzos máximos menores, rigideces mayores y redundancias. Los asentamientos de los apoyos, los cambios de temperatura y los errores de fabricación pueden inducir esfuerzos significativos en las estructuras indeterminadas, los cuales deben tomarse en cuenta al diseñar esas estructuras.

El análisis de las estructuras comprende la utilización de tres relaciones fundamentales: las ecuaciones de equilibrio, las condiciones de compatibilidad y las relaciones de fuerza-deformación en los miembros. En el análisis de las estructuras indeterminadas, las ecuaciones de equilibrio deben complementarse por las condiciones de compatibilidad, basadas en la configuración geométrica de la deformación de la estructura. La liga entre las ecuaciones de equilibrio y las condiciones de compatibilidad se establece por medio de las relaciones de fuerza-deformación de los miembros de la estructura.

Los métodos para el análisis de las estructuras indeterminadas se pueden clasificar en dos categorías, a saber, los *métodos de las fuerzas (flexibilidad)* y los *métodos de los desplazamientos (rigidez).*

12 ANÁLISIS APROXIMADOS DE ARMAZONES RECTANGULARES PARA EDIFICIOS

Arco de Entrada y Antiguo Palacio de Justicia de St. Louis
Fotografía cortesía del Jefferson National Expansion Memorial, National Park Service

El análisis de las estructuras estáticamente indeterminadas utilizando los métodos de las fuerzas y de los desplazamientos presentados en el capítulo anterior se puede considerar como *exacto* en el sentido de que, en él, se satisfacen con exactitud las condiciones de compatibilidad y de equilibrio de la estructura. Sin embargo, los resultados de un análisis con esa exactitud representan la respuesta real de la estructura sólo hasta el punto en el que el modelo analítico de la estructura represente a la estructura real. Los resultados experimentales han demostrado que la respuesta de los tipos más comunes de estructuras bajo las cargas de servicio se puede predecir de manera confiable por los métodos de las fuerzas y de los desplazamientos, siempre que, en el análisis, se use un modelo analítico exacto de la estructura.

El análisis exacto de las estructuras indeterminadas comprende el cálculo de las deflexiones y la resolución de ecuaciones simultáneas, de modo que puede consumir mucho tiempo. Es más, un análisis de ese tipo depende de los tamaños relativos (áreas de las secciones transversales o momentos de inercia, o ambas características) de los miembros de la estructura. Debido a estas dificultades asociadas con el análisis exacto, los diseños preliminares de las estructuras indeterminadas a menudo se basan en los resultados de un *análisis aproximado*, en el cual las fuerzas internas se estiman al establecer ciertas hipótesis acerca de las deformaciones o la distribución de fuerzas entre los miembros de las estructuras, o de ambas cosas, evitando de este modo la necesidad de calcular las deflexiones.

El análisis aproximado prueba ser bastante conveniente para usarse en la fase de planeación de los proyectos, cuando suelen evaluarse varios diseños posibles de la estructura, respecto de las aspectos económicos relativos. También se pueden usar los resultados del análisis aproximado para estimar las dimensiones de varios miembros estructurales necesarias para iniciar el análisis exacto. Entonces se revisan los diseños preliminares de los miembros en forma iterativa, usando los resultados de análisis exactos sucesivos, para llegar a sus diseños finales. Además, a veces se usa el análisis aproximado para comprobar de un modo general los resultados del análisis exacto, el cual, debido a su complejidad, puede ser propenso a los errores. Finalmente, en los últimos años, ha habido cada vez una mayor tendencia hacia la renovación y reacondicionamiento de estructuras más antiguas. Muchas de esas estructuras, construidas antes de 1960, incluyendo muchos edificios altos, se diseñaron únicamente sobre la base de análisis aproximado, de modo que cierto conocimiento y comprensión de los métodos aproximados que usaron los diseñadores originales suele ser de ayuda al abordar una renovación.

A diferencia de los métodos exactos, los cuales son generales en el sentido de que pueden aplicarse a diversos tipos de estructuras sujetas a diversas condiciones de carga, por lo común se requiere un método específico para el análisis aproximado de un tipo particular de estructura para una carga en particular. Por ejemplo, debe emplearse un método aproximado diferente para el análisis de un armazón rectangular bajo cargas verticales (de gravedad) que para el análisis del mismo armazón sujeto a cargas laterales. Se han desarrollado numerosos métodos para el análisis aproximado de estructuras indeterminadas. En este capítulo, se presentan algunos de los métodos aproximados más comunes, pertenecientes a armazones rectangulares. Se puede esperar que estos métodos den lugar a resultados con una diferencia menor del 20% respecto de las soluciones exactas.

Los objetivos de este capítulo son considerar el análisis aproximado de armazones rectangulares para edificios, así como adquirir cierta comprensión de las técnicas usadas en el análisis aproximado de las estructuras en general. Se presenta una discusión general de las hipótesis simplificadoras necesarias para el análisis aproximado y, después, se considera ese tipo de análisis de armazones rectangulares bajo cargas verticales (de gravedad). Por último, se presentan los dos métodos comunes que se usan para el análisis aproximado de los armazones rectangulares sujetos a cargas laterales.

12.1 HIPÓTESIS PARA EL ANÁLISIS APROXIMADO

Como se discutió en los capítulos 3 a 5, las estructuras estáticamente indeterminadas tienen más reacciones en los apoyos o más miembros, o más de ambos elementos, que los requeridos por la estabilidad estática; por lo tanto, a partir de las ecuaciones de equilibrio, no se pueden determinar todas las reacciones ni todas las fuerzas internas (incluyendo cualesquiera momentos) de esas estructuras. Se dice que las reacciones y las fuerzas internas en exceso de una estructura indeterminada son *redundantes*, el número de elementos redundantes (es decir, la diferencia entre el número total de incógnitas y el número de ecuaciones de equilibrio) se conoce como el *grado de indeterminación* de la estructura. Por tanto, para determinar las reacciones y las fuerzas internas de una estructura indeterminada, las ecuaciones de equilibrio deben complementarse con ecuaciones adicionales, cuyo número debe ser igual al grado de indeterminación de la estructura. En un análisis aproximado, estas ecuaciones adicionales se establecen aplicando juicio de ingeniería con el fin de establecer hipótesis simplificadoras acerca de la respuesta de esa estructura. El número total de hipótesis debe ser igual al grado de indeterminación de la estructura, cada una de ellas suministrando una relación independiente entre las reacciones desconocidas o las fuerzas internas, o entre ambas. Entonces se resuelven las ecuaciones basadas en las hipótesis simplificadoras en conjunción con las ecuaciones de equilibrio de la estructura, para determinar los valores aproximados de sus reacciones y fuerzas internas.

Dos tipos de hipótesis son de empleo común en el análisis aproximado.

Hipótesis acerca de la ubicación de los puntos de inflexión

En el primer enfoque, se traza un esquema de la forma cualitativa deformada de la estructura indeterminada y se usa para establecer hipótesis acerca de la ubicación de los puntos de inflexión; es decir, los puntos en donde la curvatura de la curva elástica cambia de signo o se hace cero. Como los momentos flexionantes deben ser cero en los puntos de inflexión, se insertan articulaciones internas en la estructura indeterminada, en las ubicaciones supuestas de esos puntos para obtener una estructura determinada simplificada. Cada una de las articulaciones internas proporciona una ecuación de condición, de modo que el número de los puntos de inflexión supuestos debe ser igual al grado de indeterminación de la estructura. Es más, los puntos de inflexión deben seleccionarse de tal manera que la estructura determinada resultante debe ser estática y geométricamente estable. Enseguida, se analiza la estructura determinada obtenida de este modo para determinar los valores aproximados de las reacciones y las fuerzas internas de la estructura indeterminada original.

Considérese, por ejemplo, un armazón de portal sujeto a una carga lateral P, como se muestra en la figura 12.1(a). Como el armazón está apoyado por cuatro componentes de reacción y dado que sólo se tienen tres ecuaciones de equilibrio, es estáticamente indeterminado hasta el primer grado. Por lo tanto, sólo se necesita establecer una hipótesis simplificadora acerca de la respuesta del armazón. Al examinar la forma deformada de este último, cuyo esquema se muestra en la figura 12.1(a), se observa que existe un punto de inflexión cerca del punto medio de la viga maestra CD. Aunque la localización exacta del punto de inflexión depende de las propiedades (todavía desconocidas) de las dos columnas del propia armazón y sólo se puede determinar a partir de un análisis exacto, para los fines del análisis aproximado se puede *suponer* que el punto de inflexión se localiza en el punto medio de la viga maestra CD. Dado que el momento flexionante en un punto de inflexión debe ser cero, se inserta una articulación interna en el punto medio E de la viga maestra CD, para obtener el armazón determinado que se muestra en la figura 12.1(b). Ahora se

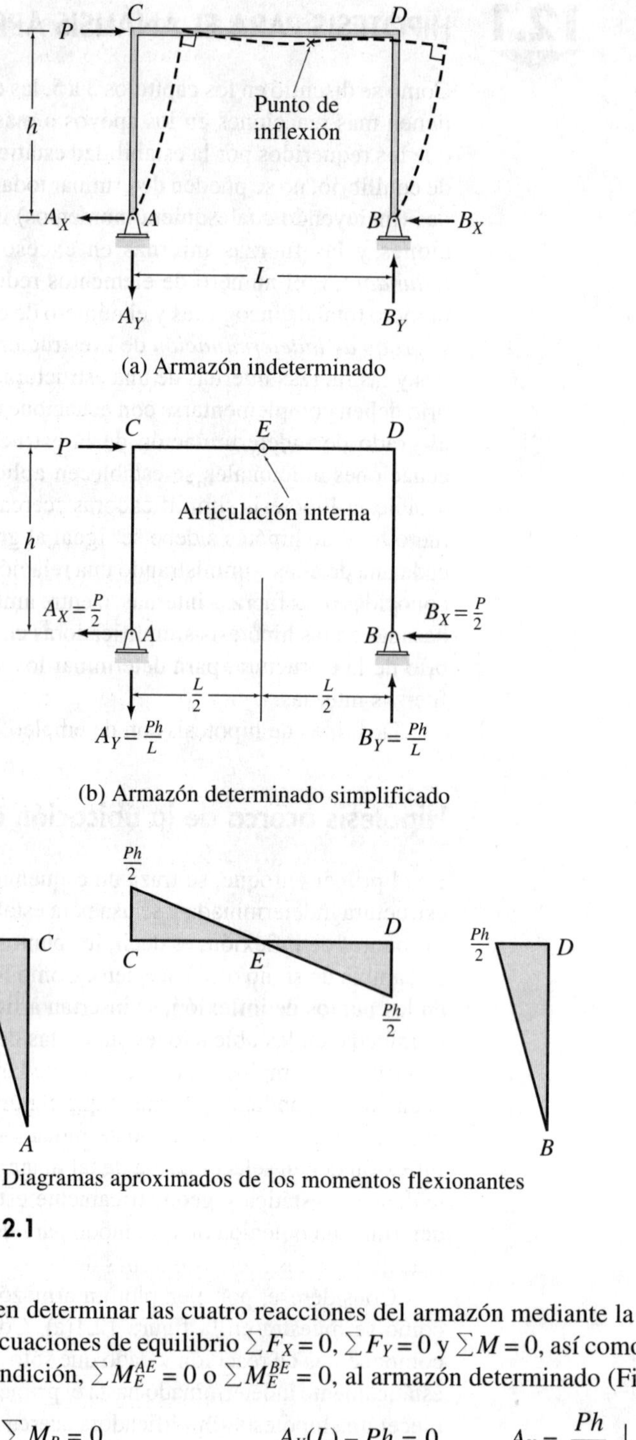

Fig. 12.1

pueden determinar las cuatro reacciones del armazón mediante la aplicación de las tres ecuaciones de equilibrio $\sum F_X = 0$, $\sum F_Y = 0$ y $\sum M = 0$, así como de una ecuación de condición, $\sum M_E^{AE} = 0$ o $\sum M_E^{BE} = 0$, al armazón determinado (Fig. 12.1(b)):

$$+\circlearrowleft \sum M_B = 0 \qquad A_Y(L) - Ph = 0 \qquad A_Y = \frac{Ph}{L} \downarrow$$

$$+\uparrow \sum F_Y = 0 \qquad -\frac{Ph}{L} + B_Y = 0 \qquad B_Y = \frac{Ph}{L} \uparrow$$

$$+\circlearrowleft \sum M_E^{BE} = 0 \qquad \frac{Ph}{L}\left(\frac{L}{2}\right) - B_X(h) = 0 \qquad B_X = \frac{P}{2} \leftarrow$$

$$+\rightarrow \sum F_X = 0 \qquad P - A_X - \frac{P}{2} = 0 \qquad A_X = \frac{P}{2} \leftarrow$$

Usando estas reacciones aproximadas, se pueden construir diagramas aproximados de las cortantes, los momentos flexionantes y las fuerzas axiales para el armazón, al considerar el equilibrio de sus miembros y nodos. En la figura 12.1(c), se muestran los diagramas de los momentos flexionantes para los miembros del armazón.

Hipótesis acerca de la distribución de las fuerzas entre los miembros o entre las reacciones, o entre ambos

El análisis aproximado de las estructuras indeterminadas a veces se lleva a cabo estableciendo hipótesis acerca de la distribución de las fuerzas entre los miembros o las reacciones, o entre ambos, de las estructuras. El número de hipótesis de ese tipo requeridas para el análisis de una estructura es igual al grado de indeterminación de esta última, proporcionando cada hipótesis una ecuación independiente que establece relaciones de las fuerzas en los miembros y las reacciones desconocidas, o de ambas. A continuación, se resuelven las ecuaciones basadas en estas hipótesis simultáneamente con las ecuaciones de equilibrio de la estructura, para determinar sus reacciones y fuerzas internas aproximadas. Por ejemplo, de modo alternativo, se puede analizar el armazón de portal de la figura 12.1(a), suponiendo que las reacciones horizontales A_X y B_X son iguales; es decir, $A_X = B_X$. Si se resuelven estas ecuaciones simultáneamente con las tres ecuaciones de equilibrio del armazón, se obtienen las mismas reacciones que se determinaron con anterioridad al suponer un punto de inflexión en el punto medio de la viga maestra *CD* del mismo armazón.

Se pueden utilizar por separado cualquiera de los dos tipos de hipótesis descritos en esta sección, o bien, se pueden combinar entre sí o con otros tipos de hipótesis basadas en el juicio de ingeniería de la respuesta estructural, o hacer las dos combinaciones, con el fin de desarrollar métodos para el análisis aproximado de diversos tipos de estructuras. En el resto de este capítulo, se enfoca la atención en el análisis aproximado de armazones rectangulares para edificios.

12.2 ANÁLISIS PARA LAS CARGAS VERTICALES

Recuerde, por lo visto en la sección 5.5, que el grado de indeterminación de un armazón rectangular para edificio con apoyos fijos es igual a *tres multiplicado por el número de vigas maestras* en el propio armazón, siempre que éste no contenga articulaciones o rodillos internos. Por tanto, en un análisis aproximado de un armazón rígido de este tipo, el número total de hipótesis requeridas es igual a tres multiplicado por el número de vigas maestras en el mismo.

Un procedimiento de uso común para el análisis aproximado de armazones rectangulares para edificios sujetos a cargas verticales (de gravedad) comprende el establecimiento de tres hipótesis acerca del comportamiento de cada una de las vigas maestras del mismo. Considérese un armazón sujeto a cargas uniformemente distribuidas w, como se muestra en la figura 12.2(a). En la figura 12.2(b), se muestra el diagrama de cuerpo libre de una viga maestra típica, *DE*, del armazón. A partir de la forma deformada de la viga maestra, cuyo esquema se da en la figura, se observa que pueden existir dos puntos de inflexión cerca de los dos extremos de esa viga. Estos puntos de inflexión se desarrollan porque las columnas y la viga maestra adyacente conectadas a los extremos de la *DE* ofrecen restricción o resistencia parciales contra la rotación, al ejercer los momentos negativos M_{DE} y M_{ED} en los extremos *D* y *E* de esta viga, respectivamente. Aun cuando la localización exacta de los puntos de inflexión depende de la rigidez relativa de los miembros del armazón y sólo se pueden determinar a partir de un análisis exacto, se pueden establecer las regiones a

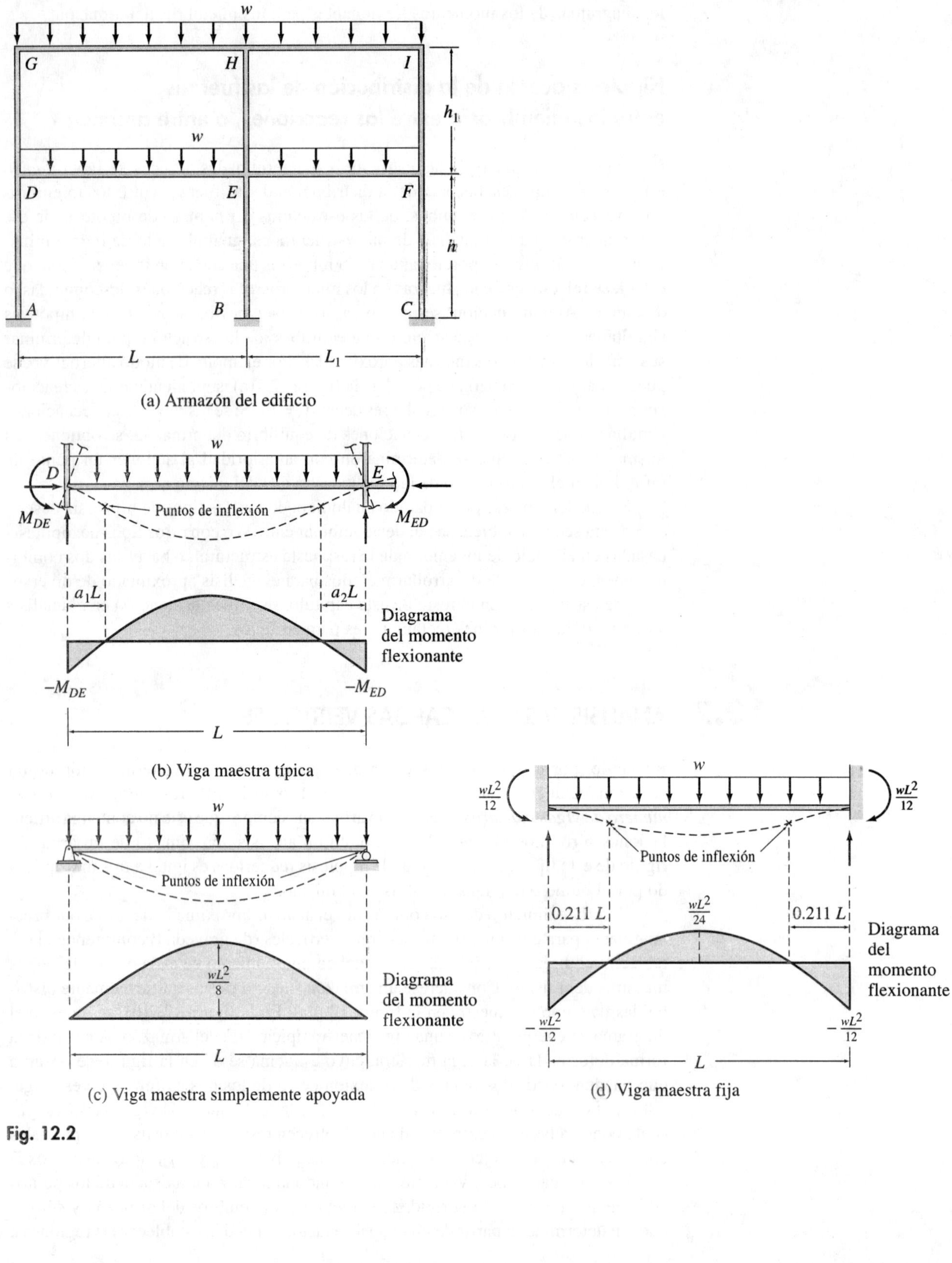

(a) Armazón del edificio

(b) Viga maestra típica

(c) Viga maestra simplemente apoyada

(d) Viga maestra fija

Fig. 12.2

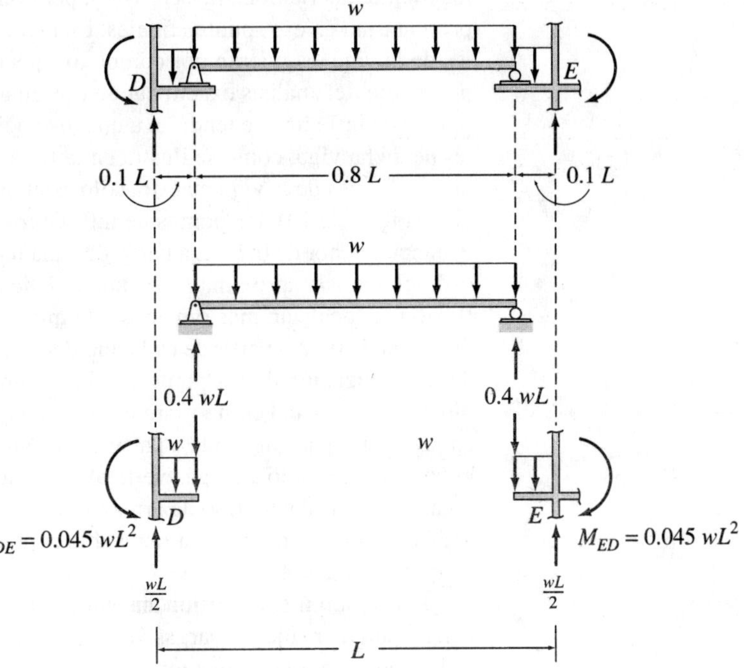

(e) Viga maestra determinada simplificada

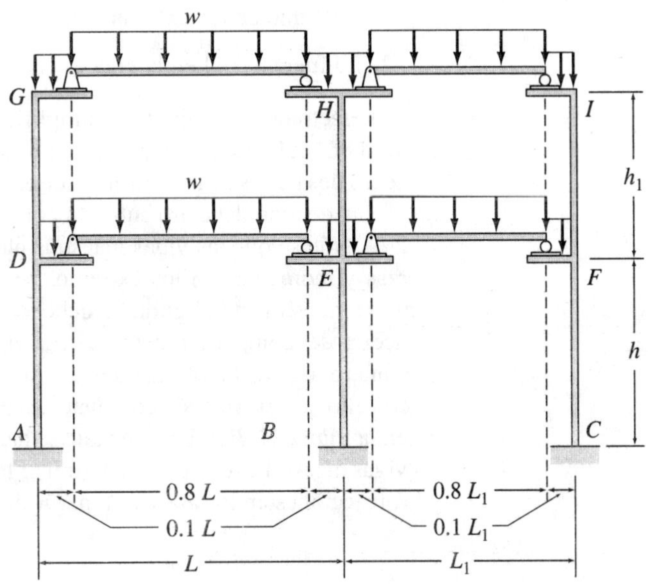

(f) Armazón determinado simplificado

Fig. 12.2 (*Continuación*)

lo largo de la viga maestra en la cual se localizan estos puntos, al examinar las dos condiciones extremas de la restricción contra la rotación en los puntos finales de esa viga, mostradas en las figuras 12.2(c) y (d). Si los puntos finales de la viga tuvieran la libertad de girar, como en el caso de la viga simplemente apoyada (Fig. 12.2(c)), los momentos flexionantes cero —y, por consiguiente, los puntos de inflexión— se presentarían en esos puntos finales. En la otra condición extrema, si los puntos finales de la viga estuvieran por completo fijos contra la rotación, se puede demostrar, por medio del análisis exacto que se presenta en los capítulos subsiguientes, que los puntos de inflexión se tendrían a una distancia de $0.211L$ a partir de los puntos finales de dicha viga, como se ilustra en la figura 12.2(d). Por consiguiente, cuando los puntos finales de la viga maestra sólo están parcialmente restringidos contra la rotación (Fig. 12.2(b)), los puntos de inflexión se deben presentar en algún punto a una distancia menor de $0.211L$ a partir de cada uno de esos puntos finales. Para la finalidad del análisis aproximado, es una práctica común suponer que los puntos de inflexión se localizan más o menos a la mitad entre los dos extremos; es decir, a una distancia de $0.1L$ a partir de cada uno de los puntos finales de la viga. La estimación de la localización de los puntos de inflexión comprende el establecimiento de dos hipótesis acerca del comportamiento de la viga maestra. La tercera hipótesis se basa en la experiencia adquirida a partir de los análisis exactos de los armazones rectangulares sujetos sólo a cargas verticales, la cual indica que las fuerzas axiales en las vigas maestras de ese tipo de armazones suelen ser muy pequeñas. De donde, en un análisis aproximado, resulta razonable suponer que las fuerzas axiales en las vigas maestras son cero.

Para resumir la discusión antes realizada, en el análisis aproximado de un armazón rectangular sujeto a cargas verticales, se establecen las hipótesis siguientes para cada viga maestra del mismo:

1. Los puntos de inflexión están localizados a un décimo del claro a partir de cada uno de los extremos de la viga.
2. La fuerza axial en la viga es cero.

El efecto de estas hipótesis simplificadoras es que las ocho décimas partes del claro ($0.8L$) cubierto por cada viga se puede considerar como simplemente apoyado sobre las dos partes de los extremos de ésta, cada una de las cuales tiene una longitud igual a un décimo del claro cubierto por la viga ($0.1L$), como se muestra en la figura 12.2(e). Nótese que las vigas maestras ahora son estáticamente determinadas y sus fuerzas y momentos en los extremos se pueden determinar a partir de la estática, como se muestra en la figura. Se debe tener en cuenta que, al establecer tres hipótesis acerca del comportamiento de cada viga maestra del armazón, se ha establecido un número total de hipótesis igual al grado de indeterminación del armazón, haciendo con ello que el armazón completo sea estáticamente determinado, como se muestra en la figura 12.2(f). Una vez que se han calculado las fuerzas en los extremos de las vigas maestras, se pueden determinar las fuerzas en los extremos de las columnas y las reacciones en los apoyos, a partir de consideraciones de equilibrio.

EJEMPLO 12.1

Trace los diagramas aproximados de las cortantes y de los momentos flexionantes para las vigas maestras del armazón mostrado en la figura 12.3(a).

SOLUCIÓN

Ya que las longitudes de los claros y las cargas para las cuatro vigas maestras del armazón son las mismas (Fig. 12.3(a)), los diagramas aproximados para las cortantes y los momentos flexionantes para esas vigas también serán los mismos. Al aplicar las hipótesis discutidas en esta sección a cualquiera de las vigas maestras del armazón, se obtiene la viga estáticamente determinada que se muestra en la figura 12.3(b). Note que la parte de en medio de la viga, la

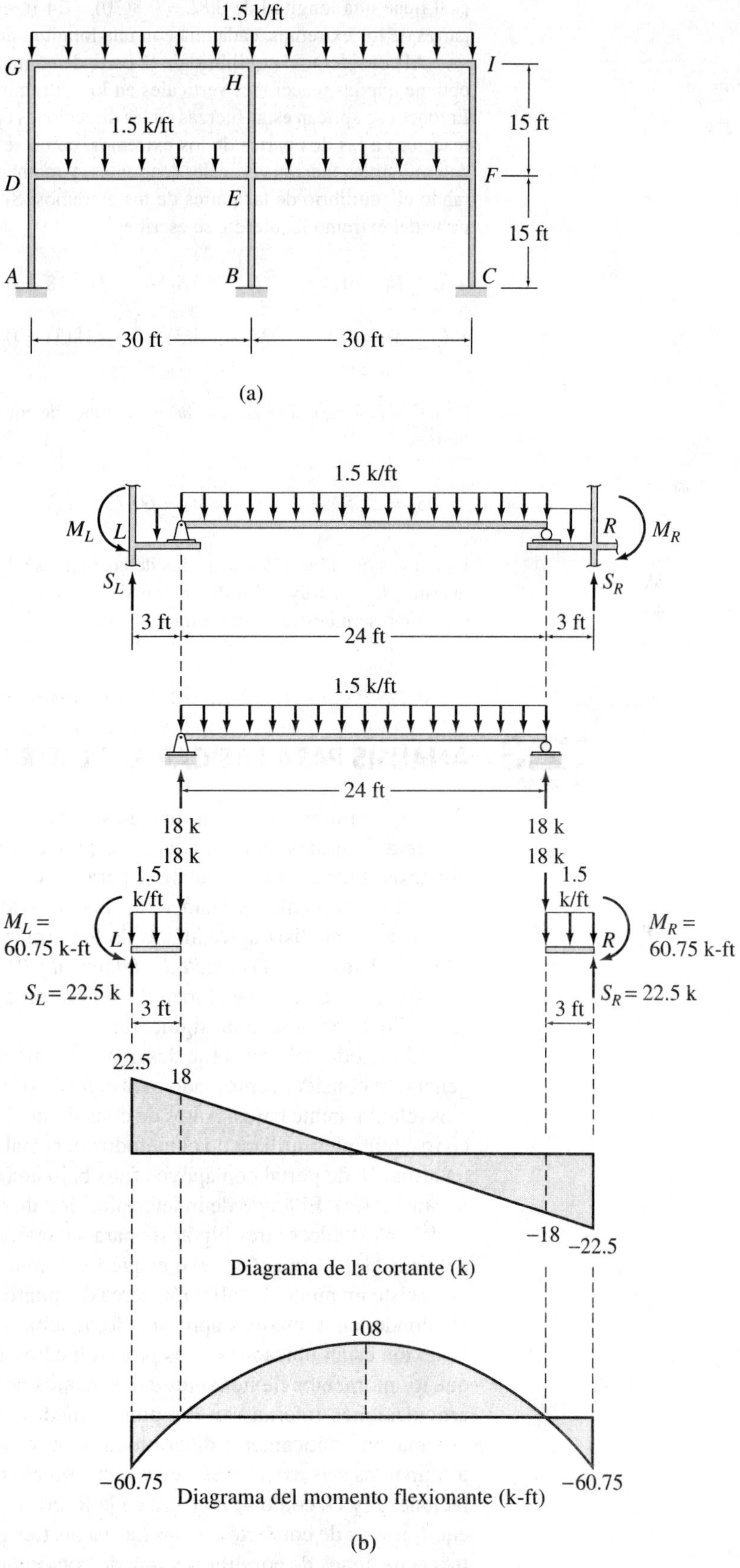
1.5 k/ft
G
H
I
1.5 k/ft
15 ft
D
E
F
15 ft
A
B
C
30 ft
30 ft
(a)
1.5 k/ft
M_L
L
R
M_R
S_L
S_R
3 ft
24 ft
3 ft
1.5 k/ft
24 ft
18 k
18 k
18 k
18 k
1.5 k/ft
1.5 k/ft
M_L = 60.75 k-ft
M_R = 60.75 k-ft
S_L = 22.5 k
S_R = 22.5 k
3 ft
3 ft
22.5
18
−18
−22.5
Diagrama de la cortante (k)
108
−60.75
−60.75
Diagrama del momento flexionante (k-ft)
(b)

Fig. 12.3

cual tiene una longitud de $0.8L = 0.8(30) = 24$ ft, está simplemente apoyada sobre las dos partes de los extremos, cada una con una longitud de $0.1L = 0.1(30) = 3$ ft.

Al considerar el equilibrio de la parte de en medio simplemente apoyada de la viga, se obtiene que las reacciones verticales en los extremos de esta parte son de $1.5(24/2) = 18$ k. Entonces se aplican estas fuerzas en las direcciones opuestas (ley de Newton de la acción y la reacción) a las dos partes de los extremos, como se muestra en la figura. Ahora se pueden determinar las fuerzas verticales (cortantes) y momentos en los extremos de la viga, considerando el equilibrio de las partes de los extremos. Si se aplica la ecuación de equilibrio a la parte del extremo izquierdo, se escribe

$$+\uparrow \sum F_Y = 0 \qquad S_L - 1.5(3) - 18 = 0 \qquad S_L = 22.5 \text{ k} \uparrow$$

$$+\circlearrowleft \sum M_L = 0 \qquad M_L - 1.5(3)\left(\frac{3}{2}\right) - 18(3) = 0 \qquad M_L = 60.75 \text{ k-ft} \circlearrowleft$$

De modo análogo, si se aplican las ecuaciones de equilibrio a la parte del extremo derecho, se obtiene

$$S_R = 22.5 \text{ k} \uparrow \qquad \text{y} \qquad M_R = 60.75 \text{ k-ft} \circlearrowright$$

Usando estos valores aproximados de las fuerzas y los momentos en los extremos de la viga maestra, se construyen los diagramas de la cortante y del momento flexionante para la misma, como se muestra en la figura 12.3(b). **Resp.**

12.3 ANÁLISIS PARA LAS CARGAS LATERALES; MÉTODO DEL PORTAL

El comportamiento de los armazones rectangulares para edificios es diferente bajo las cargas laterales (horizontales) que bajo las verticales, de modo que se deben usar hipótesis diferentes en el análisis para las cargas laterales que las aplicadas en el caso de las verticales, consideradas con anterioridad. Dos métodos son de uso común para el análisis aproximado de los armazones rectangulares sujetos a cargas laterales. Estos son: 1) *el método del portal* y 2) *el método de la viga en voladizo*. En esta sección, se describe el método del portal, en tanto que el de la viga en voladizo se considera en la sección siguiente.

El método del portal fue desarrollado inicialmente por A. Smith, en 1915, y en general se considera apropiado para el análisis aproximado de armazones para edificios relativamente bajos. Antes de considerar el análisis de los armazones de pisos y claros múltiples, utilizando el método del portal, examinemos el comportamiento de un armazón de portal con apoyos fijos bajo una carga lateral, como se muestra en la figura 12.4(a). El grado de indeterminación de este armazón es de tres; por lo tanto, se deben establecer tres hipótesis para su análisis aproximado. A partir de la forma deformada del armazón, cuyo esquema se muestra en la figura 12.4(a), se observa que existe un punto de inflexión cerca del punto medio de cada miembro del mismo. De donde, en el análisis aproximado, resulta razonable suponer que los puntos de inflexión están ubicados en los puntos medios de los miembros del armazón. Dado que los momentos flexionantes en los puntos de inflexión deben ser cero, se insertan articulaciones internas en los puntos medios de los tres miembros para obtener el armazón estáticamente determinado que se muestra en la figura 12.4(b). Para determinar las seis reacciones, se pasa una sección horizontal *aa* a través de las articulaciones *E* y *G*, como se muestra en la figura 12.4(b), y se aplican las ecuaciones de equilibrio (y de condición, si las hay) a las tres partes del armazón. Si se aplican las tres ecuaciones de equilibrio y una de condición a la parte *ECDG* (Fig. 12.4(c)), se calcula que las fuerzas en las articulaciones internas *E* y *G* son

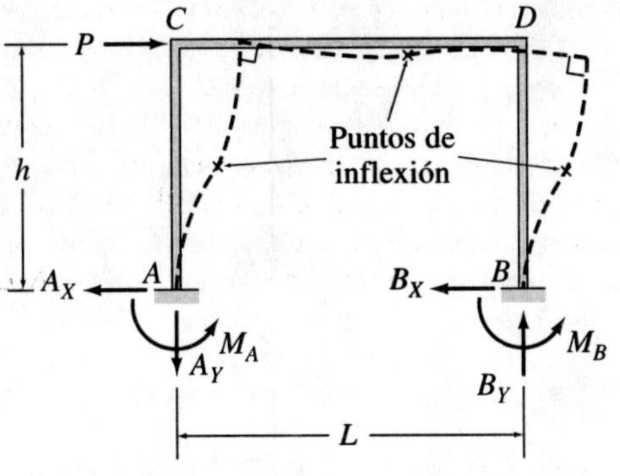

(a) Armazón de portal

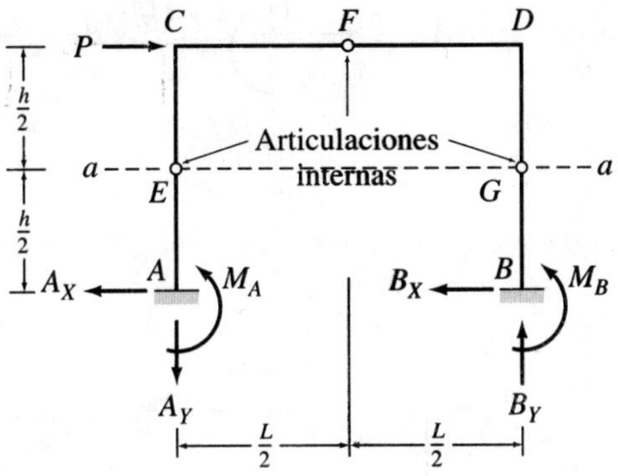

(b) Armazón determinado simplificado

Fig. 12.4

$$+\circlearrowleft \sum M_G = 0 \qquad E_Y(L) - P\left(\frac{h}{2}\right) = 0 \qquad E_Y = \frac{Ph}{2L} \downarrow$$

$$+\uparrow \sum F_Y = 0 \qquad -\frac{Ph}{2L} + G_Y = 0 \qquad G_Y = \frac{Ph}{2L} \uparrow$$

$$+\circlearrowleft \sum M_F^{EF} = 0 \qquad \frac{Ph}{2L}\left(\frac{L}{2}\right) - E_X\left(\frac{h}{2}\right) = 0 \qquad E_X = \frac{P}{2} \leftarrow$$

$$+\rightarrow \sum F_X = 0 \qquad P - \frac{P}{2} - G_X = 0 \qquad G_X = \frac{P}{2} \leftarrow$$

Ahora se pueden determinar las reacciones en los apoyos A y B al considerar el equilibrio de las partes AE y BG, respectivamente. Para la parte AE (Fig. 12.4(c)):

$$+\rightarrow \sum F_X = 0 \qquad A_X = \frac{P}{2} \leftarrow$$

$$+\uparrow \sum F_Y = 0 \qquad A_Y = \frac{Ph}{2L} \uparrow$$

$$+\circlearrowleft \sum M_A = 0 \qquad -\frac{P}{2}\left(\frac{h}{2}\right) + M_A = 0 \qquad M_A = \frac{Ph}{4} \circlearrowleft$$

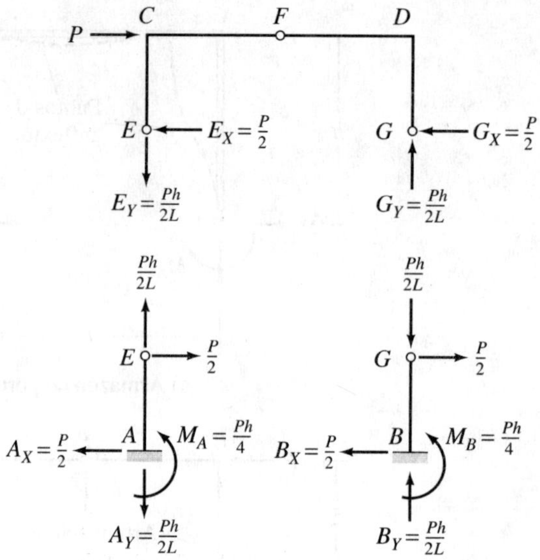

(c)

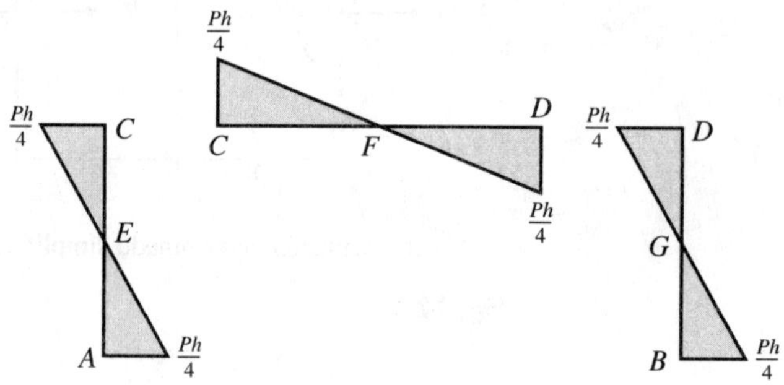

(d) Diagramas aproximados de los momentos flexionantes

Fig. 12.4 (*Continuación*)

De modo análogo, para la parte *BG* (Fig. 12.4(c)):

$$+\rightarrow \sum F_X = 0 \qquad B_X = \frac{P}{2} \leftarrow$$

$$+\uparrow \sum F_Y = 0 \qquad B_Y = \frac{Ph}{2L} \uparrow$$

$$+\circlearrowleft \sum M_B = 0 \qquad -\frac{P}{2}\left(\frac{h}{2}\right) - M_B = 0 \qquad M_B = \frac{Ph}{4} \circlearrowright$$

Note que las reacciones en los apoyos *A* y *B* son iguales (es decir, $A_X = B_X$), lo que indica que las cortantes en las dos columnas del armazón también deben ser iguales entre sí. Los diagramas de los momentos flexionantes para los miembros del armazón de portal se muestran en la figura 12.4(d).

A fin de desarrollar el método del portal para el análisis de los armazones, considérese el armazón de edificio de dos pisos y tres claros que se muestra en la figura 12.5(a). El armazón contiene seis vigas maestras, de modo que su grado de indeterminación es 3(6) = 18. A partir de la forma deformada del armazón, cuyo esquema se da en la figura 12.5(a), se observa que el comportamiento relacionado con las deflexiones de este armazón es semejante al del portal considerado con anterioridad (Fig. 12.4(a)), en el sentido de que existe un punto de inflexión cerca del punto medio de cada uno de los miembros del mismo. En el método del portal, se supone que los puntos de inflexión están localizados en los puntos medios de los miembros y, por lo tanto, se inserta una articulación a la mitad de cada uno de esos miembros para obtener un armazón simplificado, como se muestra en la figura 12.5(b). Note que este armazón simplificado no es estáticamente determinado porque se obtiene al insertar sólo 14 articulaciones internas (es decir, una articulación en cada uno de los 14 miembros) en el armazón original, el cual es indeterminado hasta el grado 18. Por

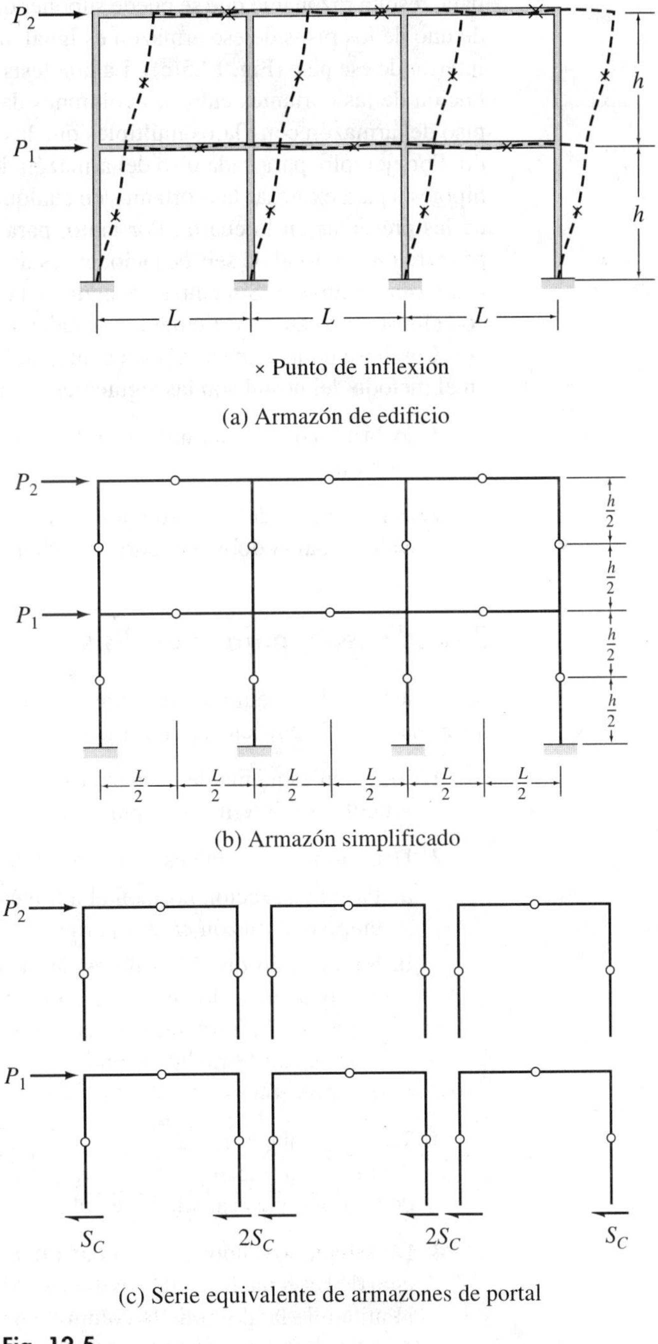

(a) Armazón de edificio

(b) Armazón simplificado

(c) Serie equivalente de armazones de portal

Fig. 12.5

tanto, el grado de indeterminación del armazón simplificado de la figura 12.5(b) es de 18 – 14 = 4; por lo tanto, se deben establecer cuatro hipótesis adicionales antes de que pueda llevarse a cabo un análisis aproximado en el que intervenga sólo la estática. En el método del portal, se supone además que el armazón está compuesto de una serie de armazones de portal, como se muestra en la figura 12.5(c), considerando que cada columna interior del armazón original de claros múltiples representa dos patas de un portal. Con anterioridad se demostró (Fig. 12.4) que un armazón de portal con articulaciones internas en los puntos medios de sus miembros se sujeta a una carga lateral, en las dos patas de ese portal se desarrollan cortantes iguales. Supuesto que una columna interior del armazón original de claros múltiples representa dos patas de portal, en tanto que una columna exterior representa sólo una pata, resulta razonable que se puede suponer que la cortante en una columna interior de uno de los pisos de ese armazón es igual al doble de la cortante en una columna interior de ese piso (Fig. 12.5(c)). La hipótesis antes establecida referente a la distribución de las cortantes entre las columnas da lugar a una ecuación más para cada piso del armazón con claros múltiples que las necesarias para el análisis aproximado. Por ejemplo, para cada piso del armazón de la figura 12.5, se puede utilizar esta hipótesis para expresar las cortantes en cualquiera de las tres columnas, en términos de las presentes en la cuarta. Por tanto, para el armazón completo, esta hipótesis proporciona un total de seis ecuaciones; es decir, dos más que las necesarias para el análisis aproximado. Sin embargo, como las ecuaciones adicionales son coherentes con el resto, no causan dificultades de cálculo en el análisis.

Con base en la discusión precedente, deducimos que las hipótesis establecidas en el método del portal son las siguientes:

1. A la mitad de cada miembro del armazón está localizado un punto de inflexión.
2. En cada piso del armazón, las columnas interiores soportan cortantes con un valor igual al doble del correspondiente a las columnas exteriores.

Procedimiento para el análisis

Se puede usar el procedimiento siguiente paso a paso para el análisis aproximado de los armazones de edificios, por el método del portal:

1. Trace un esquema del armazón simplificado que se obtenga al insertar una articulación interna en el punto medio de cada miembro del armazón dado.
2. Determine las cortantes en las columnas. Para cada piso del armazón:
   a. Pase una sección horizontal a través de todas las columnas del piso, cortando el armazón en dos partes.
   b. Suponiendo que los valores de las cortantes en las columnas interiores son iguales al doble de los correspondientes a las columnas exteriores, determine las cortantes en las columnas mediante la aplicación de la ecuación de equilibrio horizontal ($\sum F_X = 0$) al cuerpo libre de la parte superior del armazón.
3. Tracen los diagramas de cuerpo libre de todos los miembros y todos los nodos del armazón, mostrando las cargas externas y las cortantes en los extremos de las columnas calculadas en el paso anterior.
4. Determine los momentos en cada una de las columnas mediante la aplicación de las ecuaciones de condición de que el momento flexionante es cero a la mitad de la altura de la columna, en donde se ha supuesto que existe un punto de inflexión (articulación interna). Como se muestra en la figura 12.6(a),

al aplicar las ecuaciones de condición, $\sum M_H^{BH} = 0$ y $\sum M_H^{TH} = 0$, al cuerpo libre de una columna de altura h, se encuentra que los momentos en los dos extremos de ella son de magnitudes iguales y tienen el mismo sentido (es decir, los dos momentos en los extremos son en el mismo sentido del movimiento de las manecillas del reloj o los dos son en el sentido contrario). La magnitud de los momentos en los extremos de la columna (M_C) es igual a la magnitud de las cortantes en la misma columna (S_C) multiplicada por la mitad de la altura de ésta; es decir,

$$M_C = S_C\left(\frac{h}{2}\right) \tag{12.1}$$

Determine los momentos en los extremos para todas las columnas del armazón.

5. Determine las fuerzas axiales, los momentos y las cortantes en las vigas maestras. Yendo de la parte superior del armazón hacia abajo, calcule las fuerzas axiales, los momentos y las cortantes en los extremos de las vigas maestras de cada piso sucesivo, partiendo del nodo de la extrema izquierda del piso y resolviendo de uno a otro lado hasta la derecha, como sigue:
   a. Aplique las ecuaciones de equilibrio, $\sum F_X = 0$ y $\sum M = 0$, al cuerpo libre del nodo que se esté considerando, para calcular la fuerza axial y el momento, respectivamente, en el extremo izquierdo (contiguo) de la viga maestra, a la derecha del nodo.

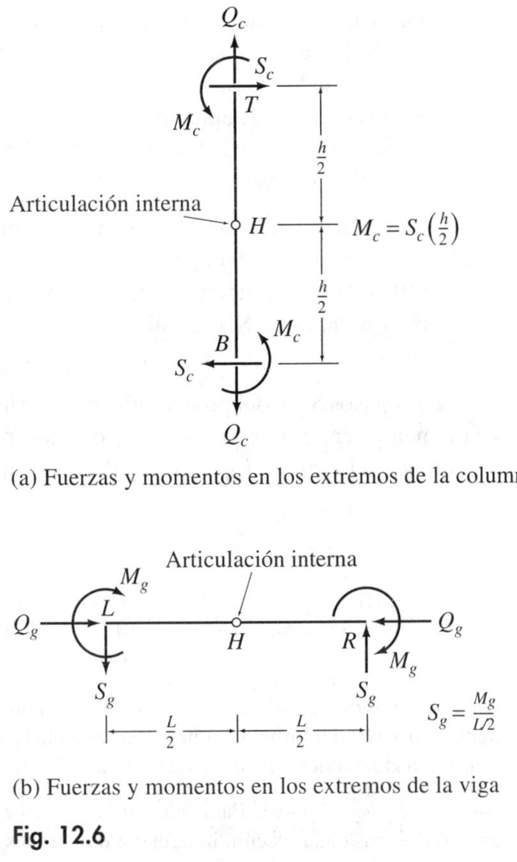

(a) Fuerzas y momentos en los extremos de la columna

(b) Fuerzas y momentos en los extremos de la viga

Fig. 12.6

b. Considerando el cuerpo libre de la viga maestra, determine la cortante en el extremo izquierdo de ésta, al dividir el momento en ella entre la mitad de la longitud de la misma (véase la figura 12.6(b)); es decir

$$\boxed{S_g = \frac{M_g}{(L/2)}} \tag{12.2}$$

La ecuación (12.2) está basada en la condición de que el momento flexionante en el punto medio de la viga es cero.

c. Por la aplicación de las ecuaciones de equilibrio $\sum F_X = 0$, $\sum F_Y = 0$ y $\sum M = 0$ al cuerpo libre de la viga maestra, determine la fuerza axial, la cortante y el momento, respectivamente, en el extremo derecho. Como se muestra en la figura 12.6(b), las fuerzas axiales y las cortantes en los extremos de la viga deben ser iguales pero opuestas, en tanto que los dos momentos en los extremos deben ser iguales entre sí, tanto en magnitud como en dirección.

d. Seleccione el nodo que queda a la derecha de la viga maestra antes considerada y repita las pasos 5a) al 5c), hasta que se hayan determinado las fuerzas axiales, los momentos y las cortantes en todas las vigas maestras del piso. Hasta ahora no se han utilizado las ecuaciones de equilibrio $\sum F_X = 0$ y $\sum M = 0$ para el nodo del extremo derecho, de modo que se pueden usar estas ecuaciones para comprobar los cálculos.

e. Partiendo del nodo de la extrema izquierda del piso que se encuentra debajo del considerado con anterioridad, repítanse los pasos 5a) al 5d), hasta que se hayan determinado las fuerzas axiales, los momentos y las cortantes en todas las vigas maestras del armazón.

6. Determine las fuerzas axiales en las columnas. Empezando en el piso superior, aplique la ecuación de equilibrio $\sum F_Y = 0$ sucesivamente al cuerpo libre de cada nodo, para determinar las fuerzas axiales en las columnas del piso. Repita el procedimiento para cada piso sucesivo, resolviendo de arriba hacia abajo, hasta que se hayan determinado las fuerzas axiales en todas las columnas del armazón.

7. Tomando cuenta que las fuerzas y los momentos en los extremos inferiores de las columnas del piso de abajo representan las reacciones en los apoyos, utilice las tres ecuaciones de equilibrio del armazón completo para comprobar los cálculos. Si el análisis se ha llevado a cabo en forma correcta, entonces se deben satisfacer estas ecuaciones de equilibrio.

En los pasos 5 y 6 del procedimiento descrito, si se desean calcular las fuerzas y los momentos en los miembros yendo del extremo derecho del piso hacia el izquierdo, entonces el término *izquierdo* se debe reemplazar por *derecho* y viceversa.

EJEMPLO 12.2

Determine las fuerzas axiales, las cortantes y los momentos aproximados para todos los miembros del armazón mostrado en la figura 12.7(a), utilizando el método del portal.

SOLUCIÓN

Armazón simplificado El armazón simplificado para el análisis aproximado se obtiene mediante la inserción de articulaciones internas en los puntos medios de todos los miembros del armazón dado, como se muestra en la figura 12.7(b).

Cortantes en las columnas Para calcular las cortantes en las columnas del segundo piso del armazón, se pasa una sección imaginaria *aa* a través de las columnas *DG EH* y *FI*, precisamente arriba del nivel del piso, como se muestra en la figura 12.7(b). El diagrama de cuerpo libre de la parte del armazón arriba de la sección *aa* se muestra en la figura 12.7(c). Note que se ha supuesto que la cortante en la columna interior *EH* es el doble de la existente en las columnas exteriores *DG* y *FI*. Mediante la aplicación de la ecuación de equilibrio $\sum F_X = 0$, se obtiene (Fig. 12.7(c))

$$+ \rightarrow \sum F_X = 0 \qquad 10 - S_2 - 2S_2 - S_2 = 0 \qquad S_2 = 2.5 \text{ k}$$

De donde, las fuerzas cortantes en los extremos inferiores de las columnas del segundo piso son

$$S_{DG} = S_{FI} = S_2 = 2.5 \text{ k} \leftarrow \qquad S_{EH} = 2S_2 = 5 \text{ k} \leftarrow$$

De modo análogo, al emplear la sección *bb* (Fig. 12.7(b)), se determina que las fuerzas cortantes en los extremos inferiores de las columnas del primer piso, *AD*, *BE* y *CF*, son (véase la figura 12.7(d)):

$$S_{AD} = S_{CF} = S_1 = 7.5 \text{ k} \leftarrow \qquad S_{BE} = 2S_1 = 15 \text{ k} \leftarrow$$

Las fuerzas cortantes en los extremos superiores de las columnas se determinan por la aplicación de la ecuación de equilibrio $\sum F_X = 0$ al cuerpo libre de cada una de ellas. Por ejemplo, a partir del diagrama de cuerpo libre de la columna *DG*, mostrado en la figura 12.7(e), se puede ver que para que se satisfaga $\sum F_X = 0$, la fuerza cortante en el extremo superior, S_{GD}, debe actuar hacia la derecha con una magnitud de 2.5 k, para equilibrar la fuerza cortante que se aplica en el extremo inferior, $S_{DG} = 2.5$ k hacia la izquierda. Por tanto, $S_{GD} = 2.5 \text{ k} \rightarrow$. Las fuerzas cortantes en los extremos superiores de las columnas restantes se obtienen de manera semejante y se muestran en la figura 12.7(f), en el cual se representan los diagramas de cuerpos libres de todos los miembros y nodos del armazón.

Momentos en las columnas Conociendo las cortantes en las columnas, ahora se pueden calcular los momentos en los extremos de estas últimas al multiplicar esas cortantes por la mitad de las longitudes de las columnas. Por ejemplo, ya que la columna *DG* (véase la figura 12.7(e) tiene 12 ft de alto y cortantes en los extremos de 2.5 k, sus momentos en los extremos son

$$M_{DG} = M_{GD} = 2.5\left(\frac{12}{2}\right) = 15 \text{ k-ft} \circlearrowleft$$

Note que los dos momentos en los extremos, M_{DG} y M_{GD} son en sentido contrario al movimiento de las manecillas del reloj; es decir, opuestos a los momentos en el sentido de ese movimiento de las cortantes en los extremos de 2.5 k, respecto a la articulación interna que está a la mitad de la altura de la columna. Los momentos en los extremos de las columnas restantes del armazón se calculan de modo semejante y se muestran en la figura 12.7(f).

Fuerzas axiales, momentos y cortantes en las vigas maestras Se empieza el cálculo de las acciones en los extremos de las vigas en el nodo superior izquierdo *G*. La cortante S_{GD} y el momento M_{GD} en la columna, calculados con anterioridad, se aplican al diagrama de cuerpo libre del nodo *G* en direcciones opuestas, de acuerdo con la tercera ley de Newton, como se

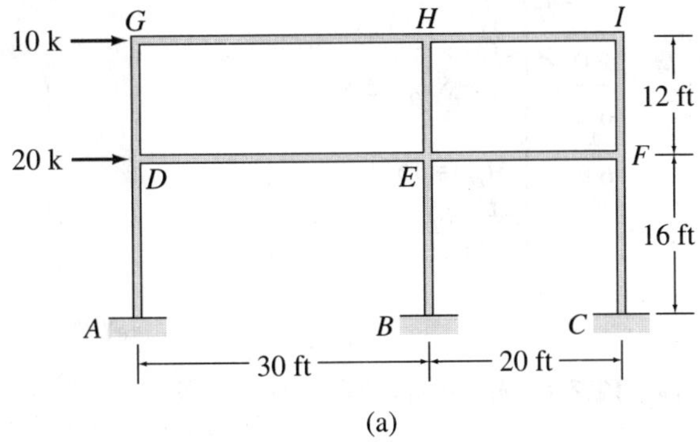

(a)

Fig. 12.7

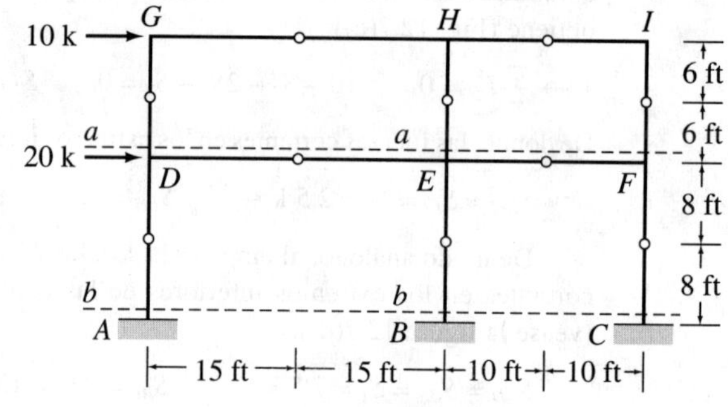

(b) Armazón simplificado

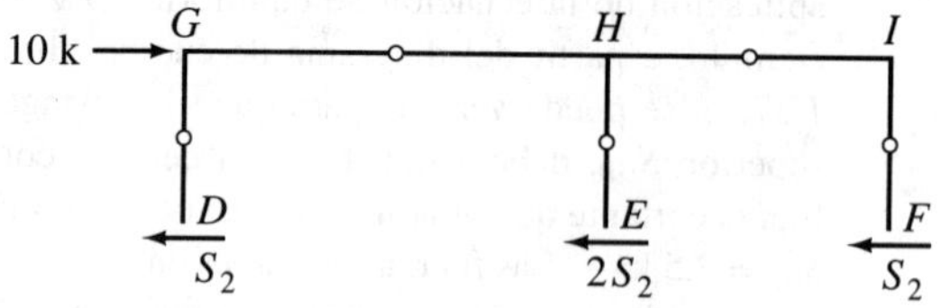

(c) Sección *aa*

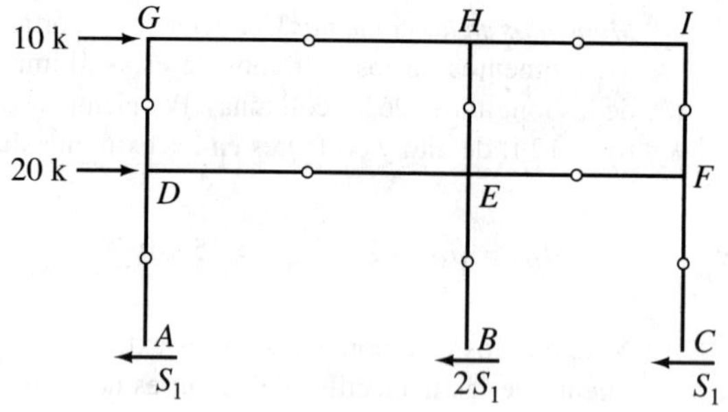

(d) Sección *bb*

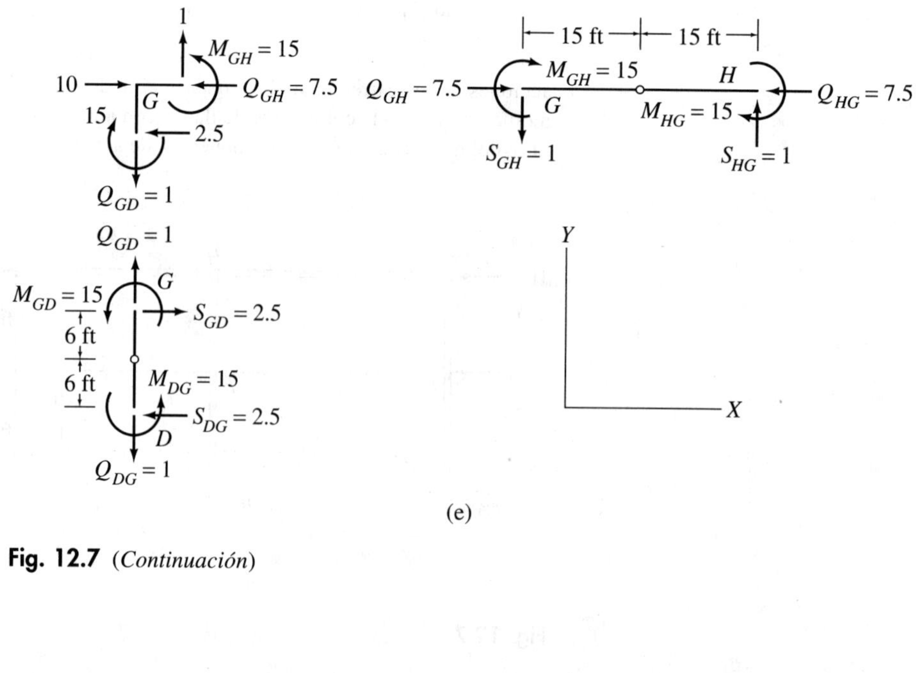

(e)

Fig. 12.7 (*Continuación*)

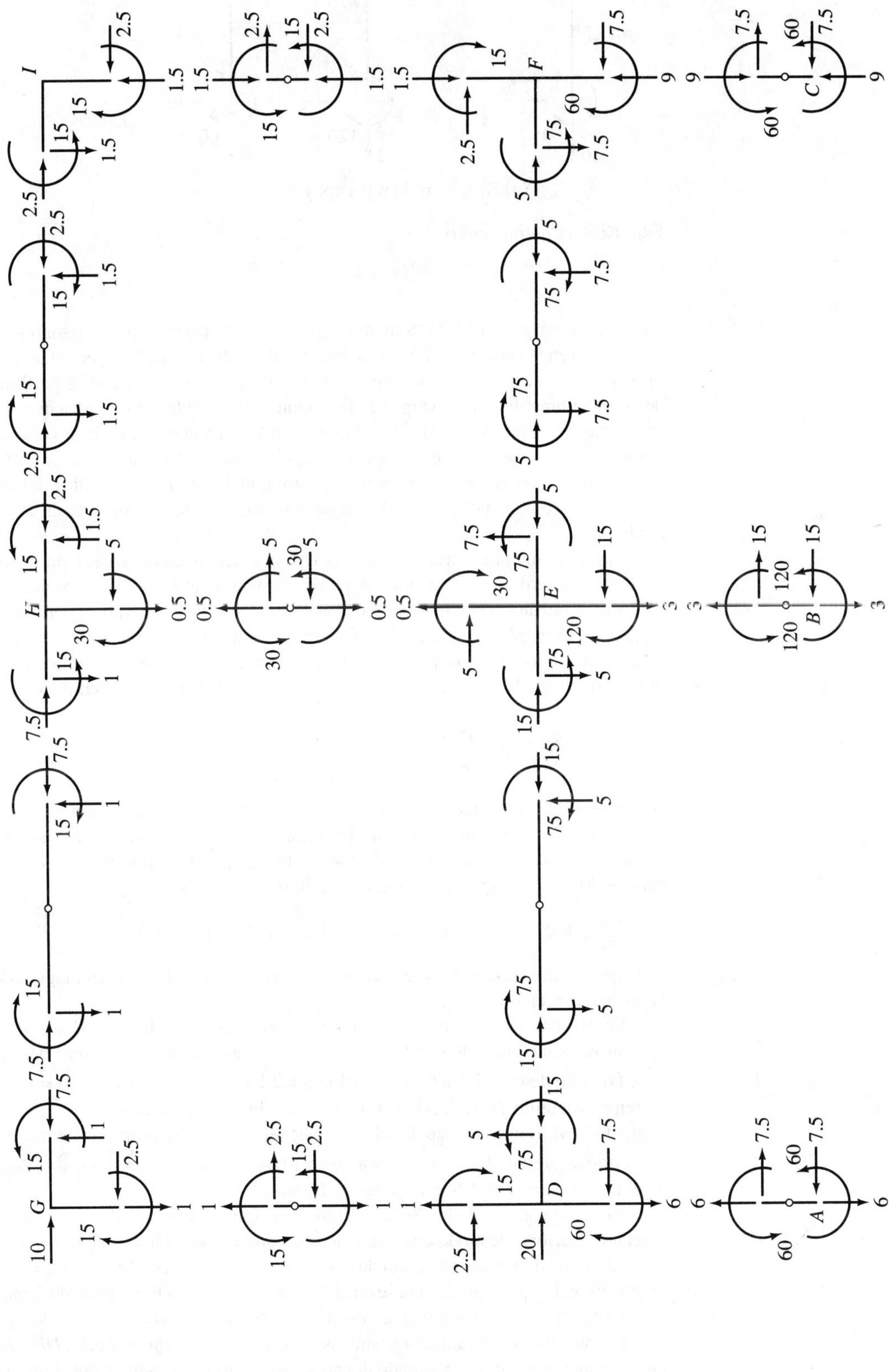

(f) Fuerzas y momentos en los extremos de los miembros

Fig. 12.7 *(Continuación)*

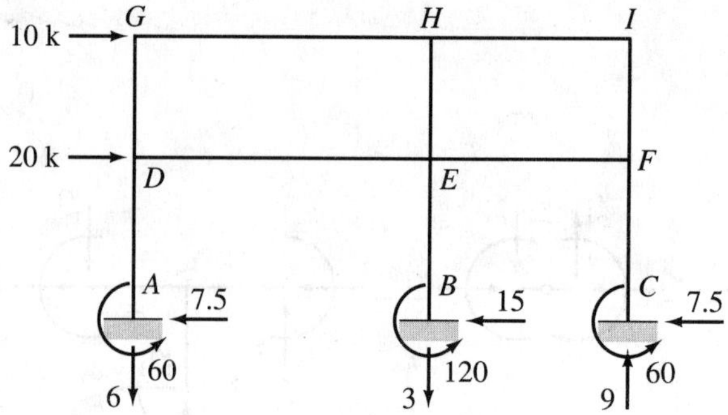

(g) Reacciones en los apoyos

Fig. 12.7 (*Continuación*)

muestra en la figura 12.7(e). Sumando las fuerzas en la dirección horizontal, se obtiene la fuerza axial en la viga $Q_{GH} = 7.5$ k ← sobre el nodo *G*. Note que Q_{GH} debe actuar en la dirección opuesta —es decir, hacia la derecha— en el extremo *G* de la viga *GH*. A partir del diagrama de cuerpo libre del nodo *G* (Fig. 12.7(e)). también se puede ver que para que se satisfaga el equilibrio de momentos ($\sum M = 0$), el momento M_{GH} en el extremo de la viga debe ser igual y opuesto al momento en el extremo de la columna de 15 k-ft. Por tanto, $M_{GH} = 15$ k-ft, con una dirección en sentido contrario al movimiento de las manecillas del reloj sobre el nodo *G*, pero con una dirección en el mismo sentido de ese movimiento en el extremo *G* de la viga *GH*.

Para determinar la cortante S_{GH} en la viga maestra, se considera el equilibrio de momentos de la izquierda de la viga *GH*. A partir del diagrama de cuerpo libre de esta viga (Fig. 12.7(e)), se puede ver que la fuerza cortante S_{GH} debe actuar hacia abajo con una magnitud de $M_{GH}/(L/2)$, de modo que pueda desarrollar un momento en sentido contrario al movimiento de las manecillas del reloj de magnitud M_{GH}, respecto de la articulación interna, para equilibrar el momento M_{GH} en el extremo, en el mismo sentido de ese movimiento. De donde,

$$S_{GH} = \frac{M_{GH}}{(L/2)} = \frac{15}{(30/2)} = 1 \text{ k} \downarrow$$

Ahora se pueden calcular la fuerza axial, la cortante y el momento en el extremo derecho *H* al aplicar las tres ecuaciones de equilibrio al cuerpo libre de la viga *GH* (Fig. 12.7(e)). Aplicando $\sum F_X = 0$, se obtiene $Q_{HG} = 7.5$ k ←. De $\sum F_Y = 0$, se obtiene $S_{HG} = 7.5$ k ↑, y para calcular M_{HG}, se aplica la ecuación de equilibrio:

$$+\circlearrowleft \sum M_G = 0 \qquad -15 - M_{HG} + 1(30) = 0 \qquad M_{HG} = 15 \text{ k-ft} \circlearrowright$$

Note que los momentos en los extremos de la viga, M_{GH} y M_{HG}, tienen magnitudes iguales y la misma dirección.

Enseguida, se calculan las acciones en los extremos para la viga *HI*. En primer lugar, se aplican las ecuaciones de equilibrio $\sum F_X = 0$ y $\sum M = 0$ al cuerpo libre del nodo *H* (Fig. 12.7(f)), a fin de obtener la fuerza axial $Q_{HI} = 2.5$ k → y el momento $M_{HI} = 15$ k-ft ↻, en el extremo izquierdo *H* de la viga. Entonces se obtiene la cortante $S_{HI} = 1.5$ k ↓ al dividir el momento M_{HI} entre la mitad de la longitud de la propia viga y se aplican las tres ecuaciones de equilibrio al cuerpo libre de ésta, para obtener $Q_{IH} = 2.5$ k ←, $S_{IH} = 1.5$ k ↑ y $M_{IH} = 15$ k-ft ↻ en el extremo derecho *I* de ella (véase la figura 12.7(f)).

Ahora se conocen todos los momentos y las fuerzas horizontales que actúan en el nodo derecho superior *I*, de modo que se pueden comprobar los cálculos que se han llevado a cabo hasta ahora mediante la aplicación de las dos ecuaciones de equilibrio $\sum F_X = 0$ y $\sum M = 0$ al cuerpo libre de este nodo. Con base en el diagrama de cuerpo libre del nodo *I*, mostrado en la figura 12.7(f), resulta obvio que, en efecto, se satisfacen estas ecuaciones de equilibrio.

Las acciones en los extremos para las vigas maestras del primer piso, *DE* y *EF*, se calculan de manera semejante, partiendo del nodo izquierdo *D* y yendo de uno a otro lado hasta la derecha. Las acciones en los extremos de las vigas, calculadas de este modo, se muestran en la figura 12.7(f).

Fuerzas axiales en las columnas Se empieza el cálculo de las fuerzas axiales en las columnas en el nodo superior izquierdo *G*. A partir del diagrama de cuerpo libre de este nodo, mostrado en la figura 12.7(e), se observa que la fuerza axial en la columna *DG* debe ser igual y opuesta a la cortante en la viga *GH*. Por tanto, la fuerza axial en el extremo superior *G* de la columna *DG* es $Q_{GD} = 1$ k ↑. Al aplicar $\sum F_Y = 0$ al cuerpo libre de esta columna, se obtiene que la fuerza axial en el extremo inferior de la misma es $Q_{DG} = 1$ k ↓. De donde, La columna *DG* está sujeta a una fuerza axial de tensión de 1 k. Las fuerzas axiales para las columnas restantes del segundo piso, *EH* y *FI*, se determinan de modo semejante, al considerar el equilibrio de los nodos *H* e *I*, respectivamente; después de eso, se calculan las fuerzas axiales para las columnas del primer piso, *AD*, *BE* y *CF*, a partir de las consideraciones de equilibrio de los nodos *D*, *E* y *F*, respectivamente. En la figura 12.7(f), se muestran las fuerzas axiales obtenidas de este modo. **Resp.**

Reacciones Las fuerzas y los momentos en los extremos inferiores de las columnas del primer piso, *AD*, *BE* y *CF*, representan las reacciones en los apoyos fijos *A*, *B* y *C*, respectivamente, como se muestra en la figura 12.7(g). **Resp.**

Cálculos de comprobación Para comprobar los cálculos, se aplican las tres ecuaciones de equilibrio al cuerpo libre del armazón completo (Fig. 12.7(g)):

$+\rightarrow \sum F_X = 0 \qquad 10 + 20 - 7.5 - 15 - 7.5 = 0$ **Coincide**

$+\uparrow \sum F_Y = 0 \qquad -6 - 3 + 9 = 0$ **Coincide**

$+\circlearrowleft \sum M_C = 0 \qquad -10(28) - 20(16) + 60 + 6(50) + 120 + 3(20) + 60 = 0$ **Coincide**

12.4 ANÁLISIS PARA LAS CARGAS LATERALES; MÉTODO DE LA VIGA EN VOLADIZO

El método de la viga en voladizo fue desarrollado en principio por A. C. Wilson, en 1908, y en general se considera que es apropiado para el análisis aproximado de armazones de edificios más o menos altos. El método de la viga en voladizo se basa en la hipótesis de que, bajo cargas laterales, los armazones de edificios se comportan como vigas de ese tipo, como se muestra en la figura 12.8. Recuerde (por lo visto en *mecánica de los materiales*) que el esfuerzo axial sobre una sección transversal de una viga en voladizo, sujeta a cargas laterales, varía en forma lineal con la distancia al eje centroidal (superficie neutra), de modo que las fibras longitudinales de esa viga del lado cóncavo de la superficie neutra están a compresión, en tanto que las del lado convexo sufren tensión. En el método de la viga en voladizo, se supone que la distribución de las fuerzas axiales entre las columnas de un armazón a la mitad de las alturas de aquéllas es análoga a la distribución de los esfuerzos axiales entre las fibras longitudinales de una viga en voladizo. En otras palabras, se supone que el esfuerzo axial a la mitad de la altura de cada columna es linealmente proporcional a la distancia de ésta al centroide de las áreas de todas las columnas en ese piso. Si se supone además que las áreas de las secciones transversales de todas las columnas en cada piso del armazón son iguales, entonces la fuerza axial en cada columna también será linealmente proporcional a la distancia de la columna al centroide de todas las columnas en ese piso. Cuando las cargas laterales están actuando sobre el armazón hacia la derecha, como se muestra en la figura 12.8, entonces las columnas a la derecha del eje centroidal estarán a compresión, en tanto que las de la izquierda estarán a tensión y viceversa.

Eje centroidal

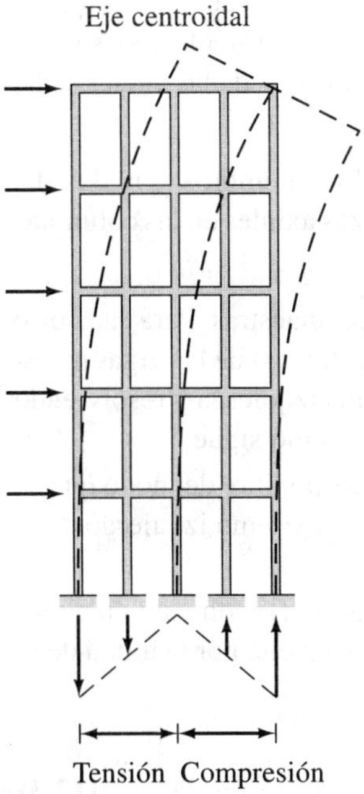

Tensión Compresión

Fig. 12.8

Además de las hipótesis establecidas, en el método de la viga en voladizo también se establece la misma hipótesis referente a la ubicación de los puntos de inflexión, según se aplican en el método del portal. Por tanto, las hipótesis establecidas en el método de la viga en voladizo se pueden enunciar como sigue:

1. A la mitad de cada miembro del armazón, se encuentra localizado un punto de inflexión.
2. En cada piso del armazón, las fuerzas axiales en las columnas son linealmente proporcionales a sus distancias al centroide de las áreas de las secciones transversales de todas las columnas en ese piso.

Procedimiento para el análisis

Se puede utilizar el siguiente procedimiento paso a paso para el análisis aproximado de armazones de edificios, por el método de la viga en voladizo.

1. Trace un esquema del armazón simplificado, el cual se obtiene al insertar una articulación interna en el punto medio de cada miembro del armazón dado.
2. Determine las fuerzas axiales en las columnas. Para cada piso del armazón:
   a. Pase una sección horizontal a través de las articulaciones internas insertadas a la mitad de las alturas de las columnas, cortando el armazón en dos partes.
   b. Dibuje un diagrama de cuerpo libre de la parte del armazón arriba de la sección. Debido a que la sección pasa a través de las columnas en las articulaciones internas, sólo cortantes internas y fuerzas axiales (pero no momentos internos) actúan sobre el cuerpo libre en los puntos en donde se han cortado esas columnas.
   c. Determine la ubicación del centroide de todas las columnas, en el piso que se esté considerando.
   d. Suponiendo que las fuerzas axiales en las columnas son proporcionales a sus distancias al centroide, determine las fuerzas axiales en las columnas mediante la aplicación de la ecuación de equilibrio de momentos, $\sum M = 0$, al cuerpo libre del armazón arriba de la sección. Con el fin de eliminar las cortantes desconocidas en las columnas, de la ecuación de equilibrio, deben de sumarse los momentos respecto de una de las articulaciones internas a la mitad de las alturas de esas columnas, a través de las cuales se ha pasado la sección.
3. Dibuje los diagramas de cuerpo libre de todos los miembros y nodos del armazón, mostrando las cargas externas y las fuerzas axiales en las columnas que se calcularon en el paso anterior.
4. Determine las cortantes y los momentos en las vigas maestras. Para cada piso del armazón, las cortantes y los momentos en los extremos de las vigas maestras se calculan empezando en el nodo de la extrema izquierda y resolviendo de uno al otro lado hasta la derecha (o viceversa), como sigue:
   a. Aplique la ecuación de equilibrio $\sum F_Y = 0$ al cuerpo libre del nodo que se está considerando, para calcular la cortante en el extremo izquierdo de la viga que está al lado derecho de ese nodo.
   b. Considerando el cuerpo libre de la viga, determine el momento en el extremo izquierdo de ésta al multiplicar la cortante en ella por la mitad de la longitud de la misma; es decir,

$$M_g = S_g \left(\frac{L}{2} \right) \tag{12.3}$$

La ecuación (12.3) está basada en la condición de que el momento flexionante en el punto medio de la viga es cero.

c. Por la aplicación de las ecuaciones de equilibrio $\sum F_Y = 0$ y $\sum M = 0$ al cuerpo libre de la viga, determine la cortante y el momento, respectivamente, en el extremo derecho.

d. Seleccione el nodo a la derecha de la viga maestra considerada con anterioridad y repítanse los pasos 4a) al 4c), hasta que se hayan determinado todas las cortantes y todos los momentos en todas las vigas maestras del piso. En virtud de que no se ha utilizado la ecuación de equilibrio $\sum F_Y = 0$ para el nodo del extremo derecho, se puede usar para comprobar los cálculos.

5. Determine los momentos y las cortantes en las columnas. Empezando en el piso superior, aplique la ecuación de equilibrio $\sum M = 0$ al cuerpo libre de cada nodo del piso, para determinar el momento en el extremo superior de la columna que está debajo del nodo. Enseguida, para cada columna del piso, calcule la cortante en el extremo superior de esa columna al dividir el momento en ella entre la mitad de la altura de la misma; es decir,

$$S_C = \frac{M_C}{(h/2)} \tag{12.4}$$

Determine la cortante y el momento en el extremo inferior de la columna por la aplicación de las ecuaciones de equilibrio $\sum F_X = 0$ y $\sum M = 0$, respectivamente, al cuerpo libre de esa columna. Repita el procedimiento para cada piso sucesivo, resolviendo de arriba hacia abajo, hasta que se hayan determinado los momentos y las cortantes en todas las columnas del armazón.

6. Determine las fuerzas axiales en las vigas maestras. Para cada piso del armazón, determine las fuerzas axiales en las vigas, partiendo del nodo de la extrema izquierda y aplicando la ecuación de equilibrio $\sum F_X = 0$ sucesivamente al cuerpo libre de cada nodo del piso.

7. Al tener en cuenta que las fuerzas y los momentos en los extremos inferiores de las columnas del piso inferior representan las reacciones en los apoyos, use las tres ecuaciones de equilibrio del armazón completo para comprobar los cálculos. Si el análisis se ha realizado de manera correcta, entonces se deben satisfacer estas ecuaciones de equilibrio.

EJEMPLO 12.3

Determine las fuerzas axiales, las cortantes y los momentos aproximados para todos los miembros del armazón mostrado en la figura 12.9(a), aplicando el método de la viga en voladizo.

SOLUCIÓN Este armazón se analizó por el método del portal en el ejemplo 12.2.

Armazón simplificado El armazón simplificado, obtenido al insertar articulaciones internas en los puntos medios de todos los miembros del armazón dado, se muestra en la figura 12.9(b).

Fuerzas axiales en las columnas A fin de calcular las fuerzas axiales en las columnas del segundo piso del armazón, se pasa una sección imaginaria *aa* a través de las articulaciones internas que están a la mitad de las alturas de las columnas *DG*, *EH* y *FI*, como se muestra en la figura 12.9(b). En la figura 12.9(c), se muestra el diagrama de cuerpo libre de la parte del armazón arriba de esta sección. En virtud de que la sección corta las columnas en las articulaciones internas, sólo las cortantes internas y las fuerzas axiales (pero no los momentos internos) actúan sobre el cuerpo libre, en los puntos en donde se han cortado las columnas. Si se supone que las áreas de las secciones transversales de las columnas son iguales, se deter-

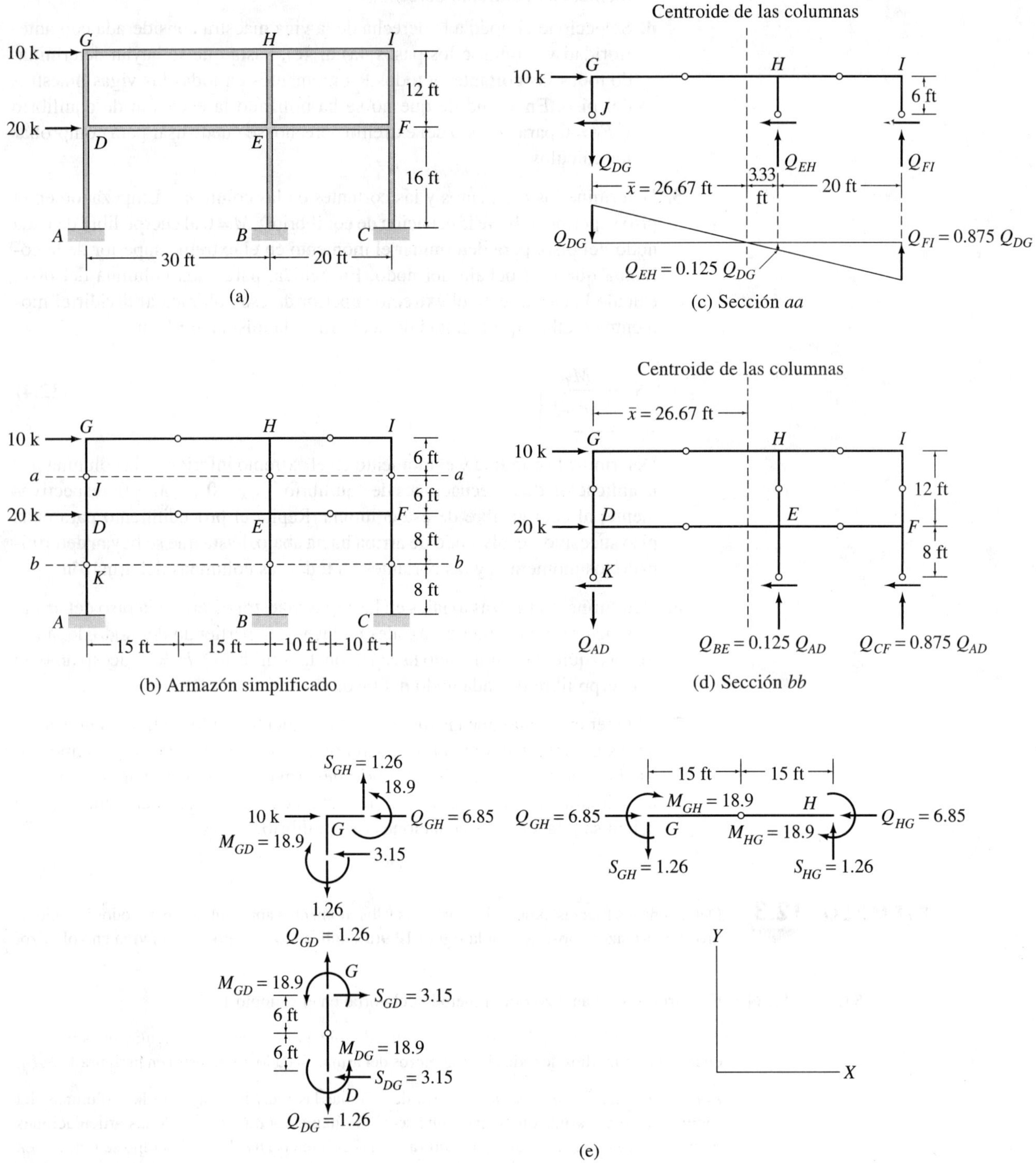
10 k
20 k
G
H
I
D
E
F
A
B
C
12 ft
16 ft
30 ft
20 ft
(a)
Centroide de las columnas
10 k
G
H
I
J
6 ft
Q_{DG}
Q_{EH}
Q_{FI}
$\bar{x}$ = 26.67 ft
3.33 ft
20 ft
Q_{DG}
Q_{FI} = 0.875 Q_{DG}
Q_{EH} = 0.125 Q_{DG}
(c) Sección aa
10 k
20 k
a
b
J
K
6 ft
6 ft
8 ft
8 ft
15 ft
15 ft
10 ft
10 ft
(b) Armazón simplificado
Centroide de las columnas
$\bar{x}$ = 26.67 ft
12 ft
8 ft
Q_{AD}
Q_{BE} = 0.125 Q_{AD}
Q_{CF} = 0.875 Q_{AD}
(d) Sección bb
S_{GH} = 1.26
18.9
10 k
Q_{GH} = 6.85
M_{GD} = 18.9
3.15
1.26
Q_{GD} = 1.26
M_{GD} = 18.9
S_{GD} = 3.15
6 ft
6 ft
M_{DG} = 18.9
S_{DG} = 3.15
Q_{DG} = 1.26
15 ft
15 ft
Q_{GH} = 6.85
M_{GH} = 18.9
M_{HG} = 18.9
Q_{HG} = 6.85
S_{GH} = 1.26
S_{HG} = 1.26
Y
X
(e)

Fig. 12.9

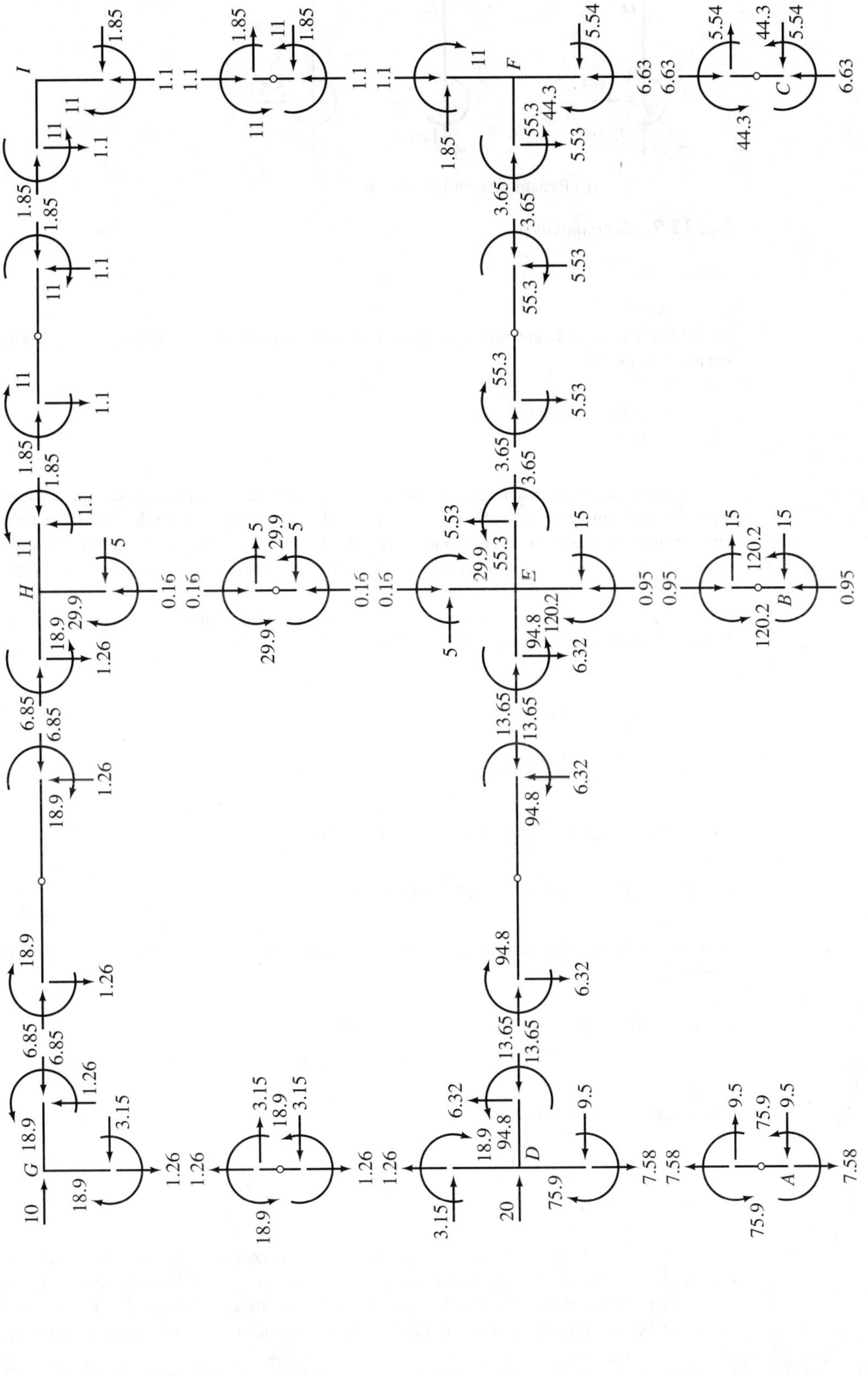

(f) Fuerzas y momentos en los extremos de los miembros

Fig. 12.9 (*Continuación*)

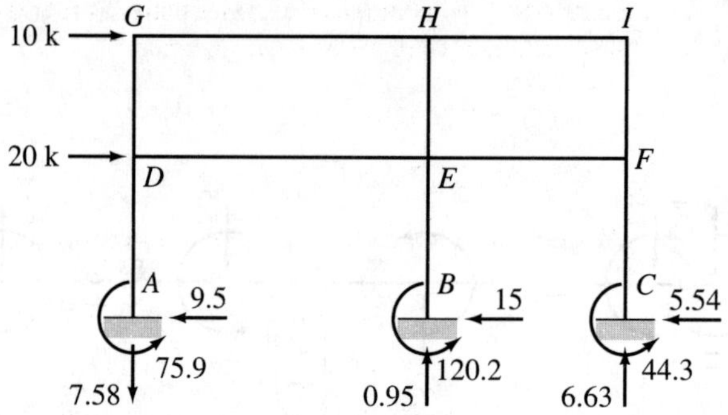

(g) Reacciones en los apoyos

Fig. 12.9 (*Continuación*)

mina la ubicación del centroide de las tres columnas, a partir de la columna izquierda DG, usando la relación

$$\bar{x} = \frac{\sum Ax}{\sum A} = \frac{A(0) + A(30) + A(50)}{3A} = 26.67 \text{ ft}$$

Las cargas laterales están actuando sobre el armazón hacia la derecha, de modo que la fuerza axial en la columna DG, la cual está a la izquierda del centroide, debe ser de tensión, en tanto que las fuerzas axiales en las columnas EH y FI, localizadas a la derecha de tal centroide, deben ser de compresión, como se muestra en la figura 12.9(c). Asimismo, como se supone que las fuerzas axiales en las columnas son linealmente proporcionales a sus distancias al centroide, las relaciones entre ellas se pueden establecer por medio de los triángulos semejantes mostrados en la figura 12.9(c); es decir,

$$Q_{EH} = \frac{3.33}{26.67} Q_{DG} = 0.125 Q_{DG} \tag{1}$$

$$Q_{FI} = \frac{3.33}{26.67} Q_{DG} = 0.875 Q_{DG} \tag{2}$$

Al sumar los momentos respecto a la articulación interna izquierda J, se escribe

$$+\circlearrowleft \sum M_J = 0 \qquad -10(6) + Q_{EH}(30) + Q_{FI}(50) = 0$$

Si se sustituyen las ecuaciones (1) y (2) en la ecuación inmediata anterior y se despeja Q_{DG}, se obtiene

$$-60 + (0.125 Q_{DG})(30) + (0.875 Q_{DG})(50) = 0$$

$$Q_{DG} = 1.26 \text{ k}$$

Por lo tanto, de las ecuaciones (1) y (2),

$$Q_{EH} = 0.125(1.26) = 0.16 \text{ k}$$

$$Q_{FI} = 0.875(1.26) = 1.1 \text{ k}$$

De manera semejante, se pueden determinar las fuerzas axiales en las columnas del primer piso, empleando la sección bb mostrada en la figura 12.9(b). El diagrama de cuerpo libre de la parte del armazón arriba de esta sección se muestra en la figura 12.9(d). La disposición de las columnas para los dos pisos es la misma, de modo que la localización del centroide —así como las relaciones entre las fuerzas axiales— de las columnas para los dos pisos también son las mismas. De donde,

$$Q_{BE} = 0.125 Q_{AD} \tag{3}$$

$$Q_{CF} = 0.875 Q_{AD} \tag{4}$$

Al sumar los momentos respecto a la articulación interna K, se escribe

$$+ \circlearrowleft \sum M_K = 0 \qquad -10(20) - 20(8) + Q_{BE}(30) + Q_{CF}(50) = 0$$

Si se sustituyen las ecuaciones (3) y (4), se obtiene

$$-360 + (0.125 Q_{AD})(30) + (0.875 Q_{AD})(50) = 0$$

$$Q_{AD} = 7.58 \text{ k}$$

Por lo tanto,

$$Q_{BE} = 0.95 \text{ k}$$

$$Q_{CF} = 6.63 \text{ k}$$

Las fuerzas axiales en las columnas se muestran en la figura 12.9(f), en la cuales se representan los diagramas de cuerpos libres de todos los miembros y nodos del armazón.

Cortantes y momentos en las vigas maestras Conociendo las fuerzas axiales en las columnas, ahora se pueden calcular las cortantes en las vigas maestras al considerar el equilibrio en la dirección vertical de los nodos. Partiendo del nodo superior izquierdo G, se aplica la ecuación de equilibrio $\sum F_Y = 0$ al cuerpo libre de este nodo (véase la figura 12.9(e)), para obtener la cortante $S_{GH} = 1.26$ k $\downarrow$ en el extremo izquierdo de la viga GH. Entonces se determina el momento en el extremo izquierdo al multiplicar la cortante para la mitad de la longitud de la viga; es decir,

$$M_{GH} = 1.26(15) = 18.9 \text{ k-ft} \circlearrowright$$

Ahora se pueden calcular la cortante y el momento en el extremo derecho, H, mediante la aplicación de las ecuaciones de equilibrio $\sum F_Y = 0$ y $\sum M = 0$, respectivamente, al cuerpo libre de la viga GH (Fig. 12.9(e)). Aplicando estas ecuaciones, se obtiene $S_{HG} = 1.26$ k $\uparrow$ y $M_{HG} = 1.26$ k-ft $\circlearrowright$. Note que los momentos en los extremos de la viga, M_{GH} y M_{HG}, tienen la misma magnitud y dirección.

A continuación, se calculan las cortantes y los momentos en los extremos para la viga HI, al considerar el equilibrio del nodo H y la propia viga (véase la figura 12.9(f)), y se aplica la ecuación de equilibrio $\sum F_Y = 0$ al cuerpo libre del nodo derecho I, para comprobar los cálculos realizados hasta ahora.

De manera semejante, se calculan las cortantes y los momentos para las vigas maestras del primer piso, DE y EF, partiendo del nodo izquierdo D y resolviendo de uno a otro lado hasta la derecha. En la figura 12.9(f), se muestran las cortantes y los momentos en las vigas obtenidos de este modo.

Momentos y cortantes en las columnas Con los momentos de las vigas ahora conocidos, se pueden determinar los momentos en las columnas al considerar el equilibrio de momentos de los nodos. Si se empieza en el segundo piso y se aplica $\sum M = 0$ al cuerpo libre del nodo G (Fig. 12.9(e)), se obtiene que el momento en el extremo superior de la viga DG es $M_{GD} = 18.9$ k-ft $\circlearrowleft$. Entonces se calcula la cortante en el extremo superior de esta columna al dividir M_{GD} entre la mitad de la longitud de la misma; es decir,

$$S_{GD} = \frac{18.9}{6} = 3.15 \text{ k} \rightarrow$$

Note que S_{GD} debe actuar hacia la derecha, de modo que pueda desarrollar un momento en el sentido del movimiento de las manecillas del reloj para equilibrar el momento en el extremo

M_{GD}, el cual es en sentido contrario de ese movimiento. Enseguida, se determinan la cortante y el momento en el extremo inferior D, aplicando las ecuaciones de equilibrio $\sum F_X = 0$ y $\sum M = 0$ al cuerpo libre de la columna DG (véase la figura 12.9(e)). A continuación, y de modo semejante, se calculan los momentos y las cortantes en los extremos para las columnas EH y FI; después de ello, se repite el procedimiento para determinar los momentos y las cortantes para las columnas del primer piso, AD, BE y CF (véase la figura 12.9(f)).

Fuerzas axiales en las vigas maestras Se empieza el cálculo de las fuerzas axiales en las vigas maestras en el nodo superior izquierdo G. Si se aplica $\sum F_X = 0$ al diagrama del cuerpo libre del nodo G, mostrado en la figura 12.9(e), se encuentra que la fuerza axial en la viga GH es una compresión de 6.85 k. La fuerza axial para la viga HI se determina de manera semejante, al considerar el equilibrio del nodo H, después de lo cual se aplica la ecuación de equilibrio $\sum F_X = 0$ al cuerpo libre del nodo derecho I, para comprobar los cálculos. Después, se calculan las fuerzas axiales para las vigas del primer piso, DE y EF, a partir de la consideración de equilibrio de los nodos D y E, en orden. Las fuerzas axiales obtenidas de este modo se muestran en la figura 12.9(f). **Resp.**

Reacciones Las fuerzas y los momentos en los extremos inferiores de las columnas del primer piso, AD, BE y CF, representan las reacciones en los apoyos A, B y C, respectivamente, como se muestra en la figura 12.9(g). **Resp.**

Comprobación de los cálculos Para comprobar los cálculos, se aplican las tres ecuaciones de equilibrio al cuerpo libre del armazón completo (Fig. 12.9(g)):

$+\rightarrow \sum F_X = 0 \qquad 10 + 20 - 9.5 - 15 - 5.54 = -0.04 \approx 0$ **Coincide**

$+\uparrow \sum F_Y = 0 \qquad -7.58 + 0.95 + 6.63 = 0$ **Coincide**

$+\circlearrowleft \sum M_C = 0$

$-10(28) - 20(16) + 75.9 + 7.58(50) + 120.2 - 0.95(20) + 44.3 = 0.04 \approx 0$ **Coincide**

RESUMEN

En este capítulo se ha aprendido que, en el análisis aproximado de las estructuras estáticamente indeterminadas, dos tipos de hipótesis simplificadoras son de empleo común: 1) hipótesis acerca de la ubicación de los puntos de inflexión y 2) hipótesis acerca de la distribución de las fuerzas entre los miembros o de las reacciones, o de ambos tipos de fuerzas. El número total de hipótesis requeridas es igual al grado de indeterminación de la estructura.

El análisis aproximado de los armazones rectangulares sujetos a cargas verticales se basa en las hipótesis siguientes para cada viga maestra del armazón: 1) los puntos de inflexión están localizados a un décimo del claro cubierto por la viga, a partir de cada uno de los extremos de ésta, y 2) la fuerza axial en la viga maestra es cero.

Dos métodos de uso común para el análisis aproximado de los armazones rectangulares sujetos a cargas laterales son el método del portal y el método de la viga en voladizo.

El método del portal implica el establecimiento de las hipótesis de que, a la mitad de cada miembro, está localizado un punto de inflexión y que, en cada piso, las columnas interiores reciben el doble del valor de la cortante que las columnas exteriores.

En el método de la viga en voladizo, se establecen las hipótesis siguientes acerca del comportamiento del armazón: que, a la mitad de cada miembro, está localizado un punto de inflexión y que, en cada piso, las fuerzas axiales en las columnas son linealmente proporcionales a sus distancias al centroide de las áreas de las secciones transversales de todas las columnas en ese piso.

PROBLEMAS

Sección 12.2

12.1 al 12.4 Trace los diagramas aproximados de las cortantes y de los momentos flexionantes para las vigas maestras de los armazones mostrados en las figuras P12.1 a P12.4.

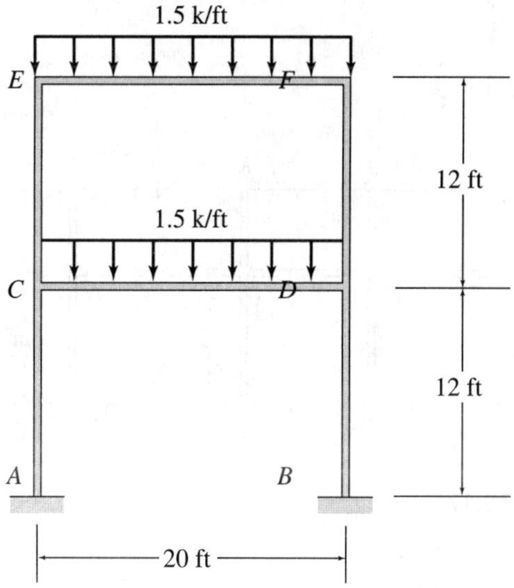

Fig. P12.1

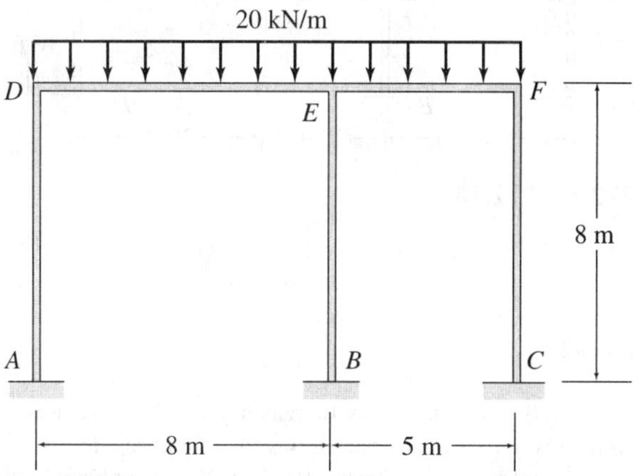

Fig. P12.2

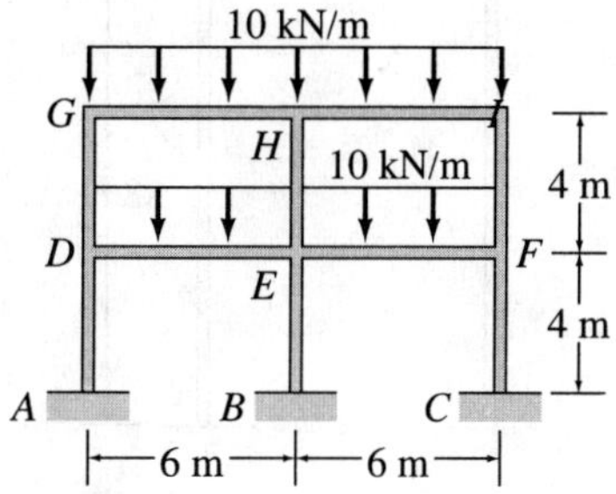

Fig. P12.3

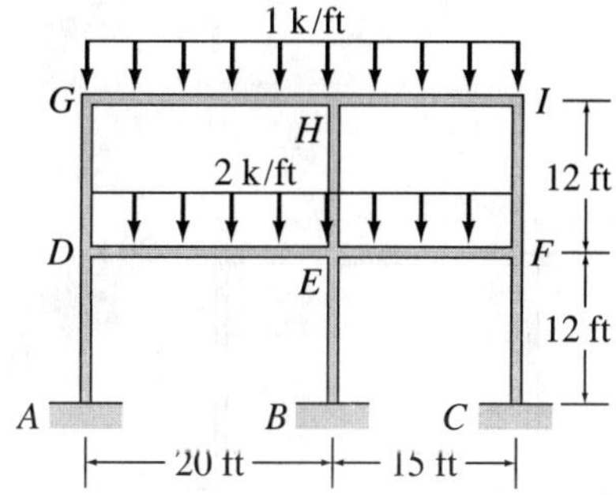

Fig. P12.4

Sección 12.3

12.5 al 12.11 Determine las fuerzas axiales, las cortantes y los momentos aproximados para todos los miembros de los armazones mostrados en las figuras P12.5 a P12.11, aplicando el método del portal.

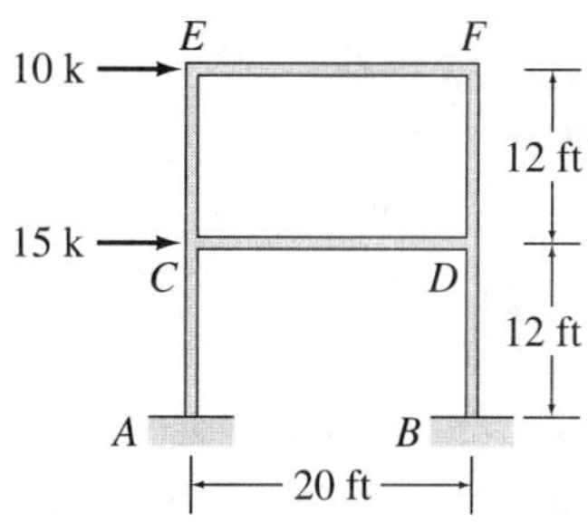

Fig. P12.5, P12.12

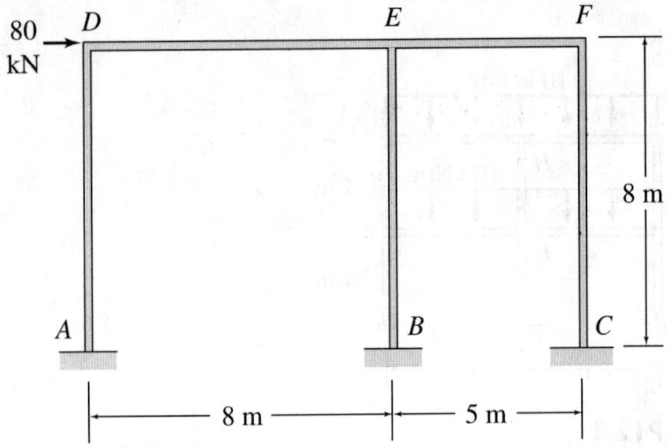

Fig. P12.6, P12.13

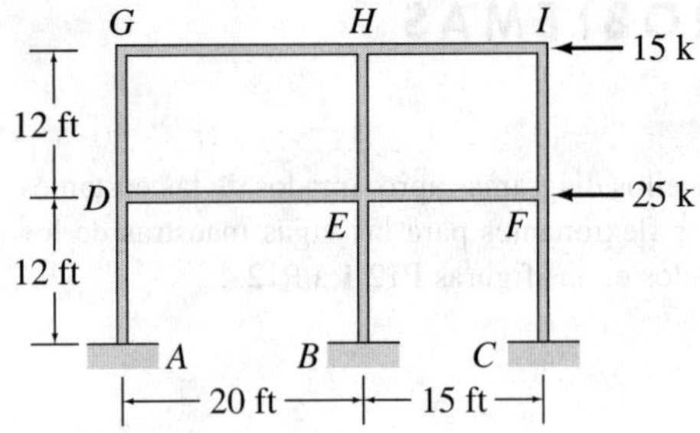

Fig. P12.9, P12.16

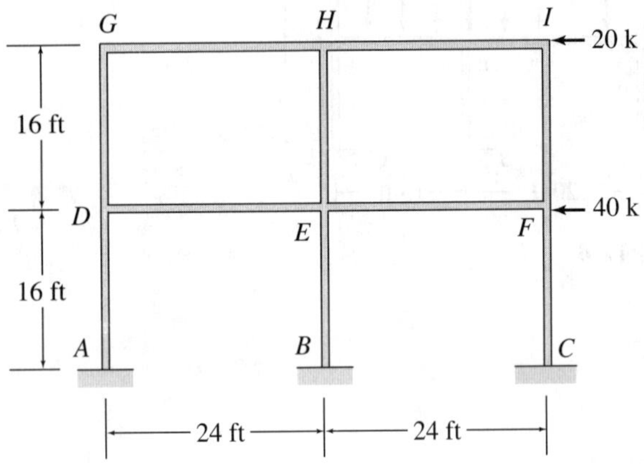

Fig. P12.7, P12.14

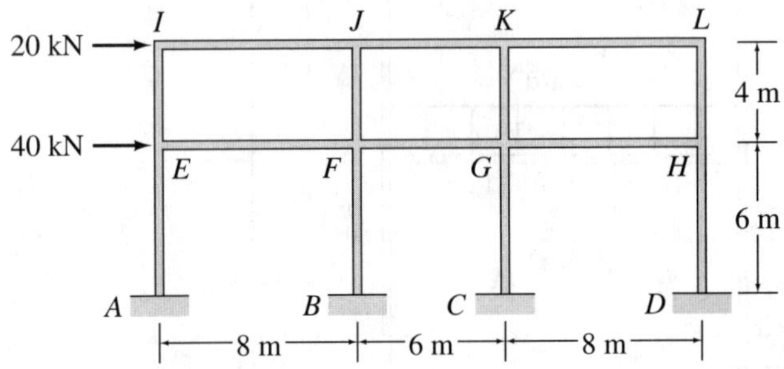

Fig. P12.10, P12.17

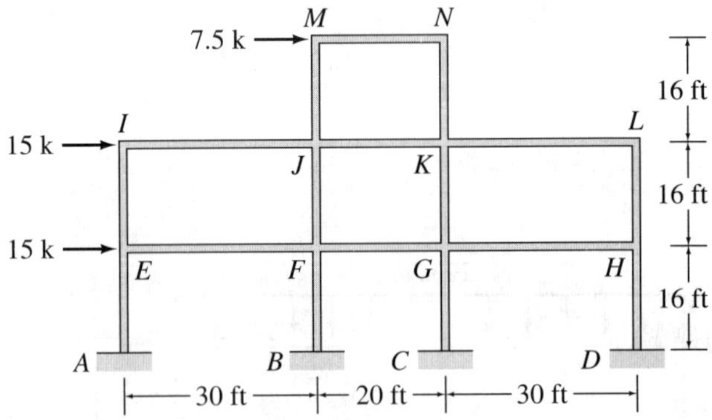

Fig. P12.11, P12.18

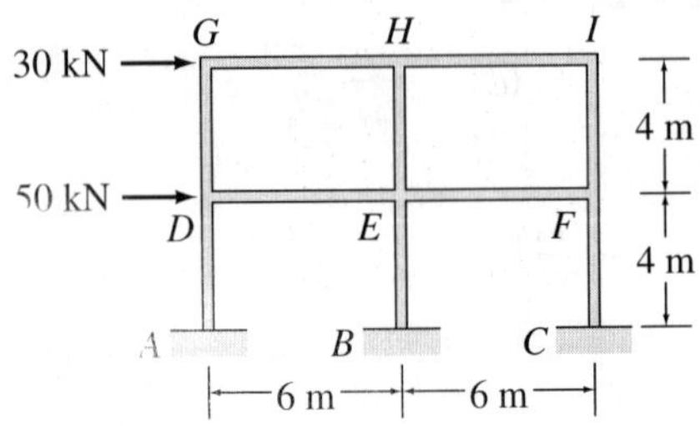

P12.8, P12.15

Sección 12.4

12.12 al 12.18 Determine las fuerzas axiales, las cortantes y los momentos aproximados para todos los miembros de los armazones mostrados en las figuras P12.5 a P12.11, aplicando el método de la viga en voladizo.

13 MÉTODO DE LAS DEFORMACIONES COHERENTES; MÉTODO DE LAS FUERZAS

Puente de viga continua
Fotografía cortesía del Illinois Department of Transportation

En este capítulo, se estudia una formulación general del método de las fuerzas (flexibilidad) llamado *método de las deformaciones coherentes* para el análisis de las estructuras estáticamente indeterminadas. El método, presentado por James C. Maxwell en 1864, comprende, en esencia, la eliminación de suficientes restricciones de la estructura indeterminada para volverla estáticamente determinada. Esta estructura determinada, la cual debe ser estáticamente estable, se conoce como la *estructura primaria*. Las restricciones en exceso que se eliminan de la estructura indeterminada dada para convertirla en la estructura primaria determinada se llaman *restricciones redundantes*, y las reacciones o fuerzas internas asociadas con estas restricciones se califican como redundantes. Entonces se aplican las fuerzas redundantes como cargas desconocidas sobre la estructura primaria y sus valores se determinan al resolver las ecuaciones de compatibilidad basadas en la condición de que las deformaciones de esa estructura primaria, debido al efecto combinado de las fuerzas redundantes y la carga externa dada, deben ser iguales a las deformaciones de la estructura indeterminada original.

Puesto que las variables independientes o incógnitas en el método de las deformaciones coherentes son las fuerzas (o momentos, o ambas acciones) redundantes, las cuales deben determinarse antes que puedan evaluarse las otras características de respuesta (por ejemplo, los desplazamientos), el método se clasifica como un *método de las fuerzas*.

En este capítulo, también se discute una formulación alternativa del método de las fuerzas, conocido como el *método del trabajo mínimo*. Este método alternativo, el cual se basa en el segundo teorema de Castigliano, en esencia es semejante al método de las deformaciones coherentes, excepto en que las ecuaciones de compatibilidad del trabajo mínimo se establecen por la minimización de la energía de deformación de la estructura, expresada en términos de los elementos redundantes desconocidos, en lugar de la superposición de deflexiones, como en el método de las deformaciones coherentes.

En este capítulo, se desarrolla en primer lugar el análisis de las vigas, los armazones y las armaduras con un solo grado de indeterminación, aplicando el método de las deformaciones coherentes. Después se aplica este método a estructuras con grados múltiples de indeterminación. A continuación, se considera el análisis para los efectos de los asentamientos de los apoyos, las cambios de temperatura y los errores de fabricación y, por último, se presenta el método del trabajo mínimo.

13.1 ESTRUCTURAS CON UN SOLO GRADO DE INDETERMINACIÓN

Con el fin de ilustrar el concepto básico del método de las deformaciones coherentes, considérese la viga apuntalada en voladizo sujeta a una carga concentrada P, como se muestra en la figura 13.1(a). Dado que la viga está sostenida por cuatro reacciones en los apoyos (A_x, A_y, M_A y C_y), las tres ecuaciones de equilibrio ($\sum F_x = 0$, $\sum F_y = 0$ y $\sum M_A = 0$) no son suficientes para la determinación de todas las reacciones. Por lo tanto, la viga es estáticamente indeterminada. El grado de indeterminación de la viga es igual al número de reacciones desconocidas menos el número de ecuaciones de equilibrio (esto es, $4 - 3 = 1$) lo cual indica que la viga tiene una reacción más, o *reacción redundante*, que las necesarias para la estabilidad estática. De donde, si se puede determinar una de las cuatro reacciones mediante la utilización de una ecuación de compatibilidad basada en la configuración geométrica de la deformación de la viga, entonces se pueden obtener las tres reacciones restantes a partir de las tres ecuaciones de equilibrio.

Para establecer la ecuación de compatibilidad, se selecciona una de las reacciones de la viga para que sea la redundante. Suponga que se selecciona la reacción vertical C_y ejercida por el apoyo de rodillo C para que sea la redundante. A partir de

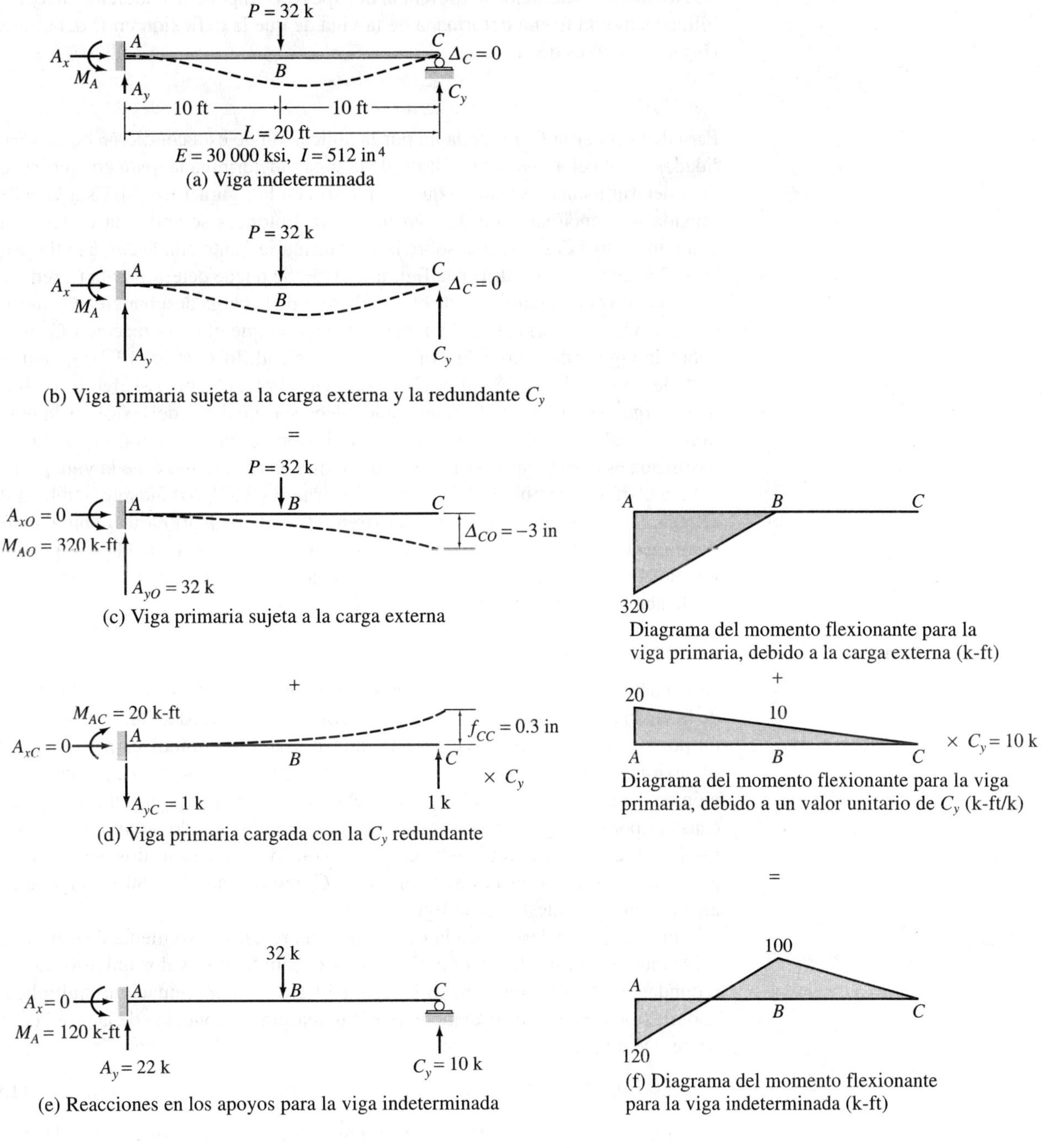

P = 32 k
A
C
B
Δ_C = 0
A_x
M_A
A_y
C_y
10 ft
10 ft
L = 20 ft
E = 30 000 ksi, I = 512 in^4
(a) Viga indeterminada
P = 32 k
A
C
B
Δ_C = 0
A_x
M_A
A_y
C_y
(b) Viga primaria sujeta a la carga externa y la redundante C_y
=
P = 32 k
A
B
C
A_xO = 0
M_AO = 320 k-ft
Δ_CO = −3 in
A_yO = 32 k
(c) Viga primaria sujeta a la carga externa
A
B
C
320
Diagrama del momento flexionante para la viga primaria, debido a la carga externa (k-ft)
+
M_AC = 20 k-ft
A_xC = 0
A
f_CC = 0.3 in
B
C
× C_y
A_yC = 1 k
1 k
(d) Viga primaria cargada con la C_y redundante
+
20
10
A
B
C
× C_y = 10 k
Diagrama del momento flexionante para la viga primaria, debido a un valor unitario de C_y (k-ft/k)
=
32 k
A
B
C
A_x = 0
M_A = 120 k-ft
A_y = 22 k
C_y = 10 k
(e) Reacciones en los apoyos para la viga indeterminada
100
A
B
C
120
(f) Diagrama del momento flexionante para la viga indeterminada (k-ft)

Fig. 13.1

la figura 13.1(a), se puede ver que si se quita el apoyo C de la viga, se volverá determinada, al mismo tiempo que sigue siendo estáticamente estable, porque el apoyo fijo A por sí solo puede impedir la traslación o la rotación, o ambos efectos, como un cuerpo rígido. Por tanto, el apoyo de rodillo C no es necesario para la estabilidad estática de la viga y su reacción C_y se puede designar como la redundante. No obstante, note que la presencia del apoyo C impone la condición de compatibilidad sobre la forma deformada de la viga de que la deflexión en C debe ser cero (Fig. 13.1(a)); es decir,

$$\Delta_C = 0 \tag{13.1}$$

Para determinar la C_y redundante por la aplicación de esta condición de compatibilidad, se quita el apoyo de rodillo C de la viga indeterminada, para convertirla en la viga determinada en voladizo que se muestra en la figura 13.1 (b). Esta viga determinada se menciona como la *viga primaria*. Entonces se aplica la C_y redundante como una carga desconocida sobre la viga primaria, junto con la carga externa dada $P = 32$ k, como se muestra en la figura 13.1(b). Se puede determinar la C_y redundante aplicando el razonamiento de que si el valor de la carga desconocida C_y que actúa sobre la viga primaria (Fig. 13.1(b)) es el mismo que el de la reacción C_y ejercida sobre la viga indeterminada por el apoyo de rodillo C (Fig. 13.1(a)), entonces la deflexión en el extremo libre C de esa viga primaria, debida al efecto combinado de la carga externa P y la C_y redundante, debe ser igual a la deflexión de la indeterminada en el apoyo C. Debido a que la deflexión Δ_C en el apoyo C de la viga indeterminada es cero (ecuación 13.1), la deflexión en el extremo C de la viga primaria, debida al efecto combinado de la carga externa P y la C_y redundante, también debe ser cero. La deflexión total Δ_C en el extremo C de la viga primaria, debida al efecto combinado de P y C_y, se puede expresar de manera conveniente al sobreponer (sumando algebraicamente) las deflexiones debidas a la carga externa P y la C_y redundante actuando por separado sobre la viga; es decir,

$$\Delta_C = \Delta_{CO} + \Delta_{CC} \tag{13.2}$$

en la cual Δ_{CO} y Δ_{CC} representan, respectivamente, las deflexiones en el extremo C de la viga primaria, debidas a la carga externa P y a la C_y redundante, actuando cada un por sí sola sobre dicha viga. Note que se usan dos subíndices para denotar las deflexiones Δ_{CO} y Δ_{CC} de la viga primaria. El primer subíndice, C, indica la ubicación de estas deflexiones; el segundo subíndice, O, se usa para indicar que Δ_{CO} es causada por la carga externa dada, en tanto que el segundo subíndice, C, de Δ_{CC} implica que se debe a la C_y redundante. Se considera que estas dos deflexiones son positivas si ocurren en la dirección de la C_y redundante, la cual se supone hacia arriba, como se muestra en la figura 13.1(b).

Puesto que se desconoce la C_y redundante, resulta conveniente determinar Δ_{CC} evaluando en primer lugar la deflexión en C debida a un valor unitario de esa C_y redundante, como se muestra en la figura 13.1(d) y, a continuación, multiplicando la deflexión obtenida de este modo por la magnitud desconocida de la propia redundante. De donde,

$$\Delta_{CC} = f_{CC} C_y \tag{13.3}$$

en la cual f_{CC} denota la deflexión en el punto C de la viga primaria, debida al valor unitario de la C_y redundante. Puede ser que recuerde, de lo visto en la sección 7.8, que f_{CC}, la cual tiene unidades de deflexión por unidad de fuerza, se menciona como *coeficiente de flexibilidad*. Al sustituir las ecuaciones (13.1) y (13.3) en la (13.2), se obtiene la ecuación de compatibilidad

$$\boxed{\Delta_{CC} = \Delta_{CO} + f_{CC} C_y = 0} \tag{13.4}$$

la cual se puede resolver para expresar la C_y redundante en términos de las deflexiones Δ_{CO} y f_{CC} de la viga primaria:

$$C_y = -\frac{\Delta_{CO}}{f_{CC}} \tag{13.5}$$

Las ecuaciones (13.4) y (13.5) también se pueden establecer de manera intuitiva, considerando la C_y redundante como la fuerza necesaria para corregir la forma deformada de la estructura primaria, de modo que se acople a la forma deformada de la estructura indeterminada original. Cuando se imagina que el apoyo C se quita de la viga indeterminada de la figura 13.1(a), la carga externa P causa una deflexión hacia abajo de Δ_{CO} en el extremo C, como se muestra en la figura 13.1(c). Dado que la deflexión en C en la viga indeterminada original es cero, la fuerza C_y redundante debe tener una magnitud suficiente para empujar el extremo C de regreso a su posición original, produciendo una deflexión hacia arriba de Δ_{CO} en el extremo C de la viga primaria. Para evaluar el efecto de C_y sobre la viga, se calcula el coeficiente de flexibilidad f_{CC}, el cual es la deflexión en C debida a un valor unitario de la redundante (Fig. 13.1(d)). Ya que la superposición es válida, la deflexión es directamente proporcional a la carga; es decir, si una carga unitaria causa una deflexión de f_{CC}, entonces una carga diez veces más grande causará una deflexión de $10f_{CC}$. Por tanto, la redundante hacia arriba de magnitud C_y causa una deflexión hacia arriba de C_yf_{CC} en el extremo C de la viga primaria. Ya que la deflexión hacia arriba (C_yf_{CC}) causada por la C_y redundante debe ser igual a la deflexión hacia abajo (Δ_{CO}) debida a la carga externa P, se escribe

$$C_yf_{CC} = -\Delta_{CO} \tag{13.6}$$

en la cual se supone que las dos deflexiones, f_{CC} y Δ_{CO} son positivas hacia arriba. Note que las ecuación (13.6) es equivalente a las ecuaciones (13.4) y (13.5) deducidas con anterioridad.

Ya que la viga primaria es estáticamente determinada, se pueden calcular las deflexiones Δ_{CO} y f_{CC} aplicando los métodos descritos con anterioridad en los capítulos 6 y 7, o bien, usando las fórmulas de la deflexión de las vigas que se dan al inicio de esta obra. Usando las fórmulas de la deflexión de las vigas, se determina que la deflexión en el extremo C de la viga primaria, debida a la carga externa P (= 32 k) es

$$\Delta_{CO} = -\frac{5PL^3}{48EI} = -\frac{5(32)(20)^3}{48(30000)(512)/144} = -0.25 \text{ ft} = -3 \text{ in}$$

(véase la figura 13.1(c)) en la cual se ha asignado un signo negativo a la magnitud de Δ_{CO} para indicar que la deflexión ocurre en la dirección hacia abajo; es decir, en la dirección opuesta a la de la C_y. De modo análogo, el coeficiente de flexibilidad f_{CC} se evalúa como

$$f_{CC} = \frac{L^3}{3EI} = \frac{(20)^3}{3(30000)(512)/144} = 0.025 \text{ ft/k} = 0.3 \text{ in/k}$$

(véase la figura 13.1(d)). Al sustituir las expresiones o los valores numéricos de Δ_{CO} y f_{CC} en la ecuación (13.5), se determina que la C_y redundante es

$$C_y = -\left(-\frac{5PL^3}{48EI}\right)\left(\frac{3EI}{L^3}\right) = \frac{5}{16}P = 10 \text{ k} \uparrow$$

La respuesta positiva para C_y indica que la hipótesis inicial acerca de la dirección hacia arriba de esta C_y era correcta.

Conocida la reacción C_y, ahora se pueden determinar las tres reacciones restantes por la aplicación de las tres ecuaciones de equilibrio al cuerpo libre de la viga indeterminada (Fig. 13.1(e)):

$$+ \rightarrow \sum F_x = 0 \qquad A_x = 0$$

$$+ \uparrow \sum F_y = 0 \qquad A_y - 32 + 10 = 0 \qquad A_y = 22 \text{ k} \uparrow$$

$$+ \circlearrowleft \sum M_A = 0 \qquad M_A - 32(10) + 10(20) = 0 \qquad M_A = 120 \text{ k-ft} \circlearrowleft$$

Después que se ha calculado la C_y redundante, también se pueden determinar las reacciones y todas las demás características de respuesta de la viga, mediante el empleo de relaciones de superposición de forma semejante a la relación de superposición de la deflexión expresada en la ecuación (13.4). Por tanto, las reacciones se pueden determinar de manera alternativa, usando las relaciones de superposición (véanse las figuras 13.1(a), (c) y (d)):

$$+ \rightarrow A_x = A_{xO} + A_{xC}(C_y) = 0$$

$$+ \uparrow A_y = A_{yO} + A_{yC}(C_y) = 32 - 1(10) = 22 \text{ k} \uparrow$$

$$+ \circlearrowleft M_A = M_{AO} + M_{AC}(C_y) = 320 - 20(10) = 120 \text{ k-ft} \circlearrowleft$$

Note que se usa el segundo subíndice O para denotar las reacciones debidas sólo a la carga externa (Fig. 13.1(c)), en tanto que el segundo subíndice C denota las reacciones debidas a un valor unitario de la C_y redundante (Fig. 13.1(d)).

De modo análogo, se puede obtener el diagrama del momento flexionante para la viga indeterminada al sobreponer el diagrama del momento flexionante de la viga primaria, debido sólo a la carga externa, sobre el diagrama del momento flexionante de la viga primaria, debido a un valor unitario de la C_y redundante, multiplicado por el valor de la propia C_y. En la figura 13.1(f), se muestra el diagrama del momento flexionante para la viga indeterminada, construido de este modo.

Momento como el elemento redundante

En el análisis antes desarrollado de la viga apuntalada en voladizo (Fig. 13.1(a)), arbitrariamente se seleccionó la reacción vertical en el apoyo de rodillo C como el elemento redundante. *Cuando se analiza una estructura por el método de las deformaciones coherentes, se puede elegir cualquier reacción en los apoyos o fuerza interna (o momento) como el elemento redundante, siempre que al eliminar la restricción correspondiente de la estructura indeterminada dada se tenga por resultado una estructura primaria que sea estáticamente determinada y estable.*

Si se considera una vez más la viga apuntalada en voladizo de la figura 13.1(a), la cual se ha vuelto a trazar en la figura 13.2(a), se puede ver que al eliminar la restricción correspondiente a la reacción horizontal A_x se hace que la viga sea estáticamente inestable. Por lo tanto, no se puede usar A_x como el elemento redundante. Sin embargo, cualquiera de las otras dos reacciones en el apoyo A se puede usar como el elemento redundante.

Consideremos el análisis de la viga usando el momento de reacción M_A como el elemento redundante. El sentido real de M_A no se conoce y se supone en forma arbitraria como en sentido contrario al movimiento de las manecillas del reloj, como se muestra en la figura 13.2(a). Para obtener la viga primaria, se quita la restricción contra la rotación en el extremo A, reemplazando el apoyo fijo por un articulado, como se aprecia en la figura 13.2(b). Note que la viga simplemente apoyada

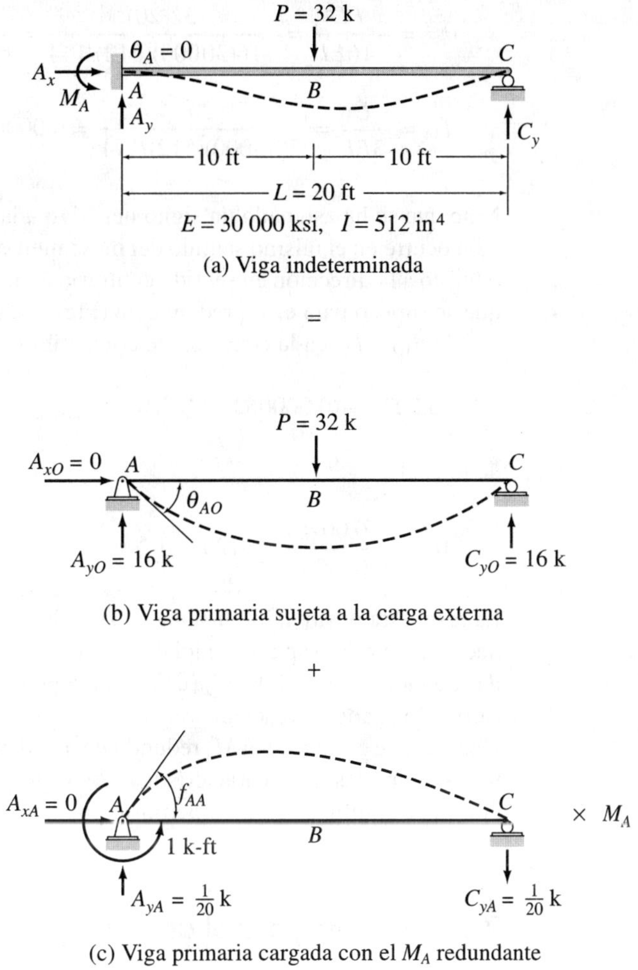

Fig. 13.2

que se obtiene de este modo es estáticamente determinada y estable. Ahora se trata el M_A redundante como una carga desconocida sobre la viga primaria y se puede determinar su magnitud a partir de la condición de compatibilidad de que la pendiente en A, debida al efecto combinado de la carga externa P y el M_A redundante debe ser cero.

La viga primaria se sujeta por separado a la carga externa $P = 32$ k y a un valor unitario del M_A redundante desconocido, como se muestra en las figuras 13.2(b) y (c), respectivamente. Según se muestra en estas figuras, θ_{AO} representa la pendiente en el extremo A, debida a la carga externa P, mientras que f_{AA} denota el coeficiente de flexibilidad; es decir, la pendiente en A debida a un valor unitario del M_A redundante. De donde, la pendiente en A debida a M_A es igual a $\theta_{AA} = f_{AA}M_A$. Debido a que la suma algebraica de las pendientes en el extremo A tienen su origen en la carga externa P y al M_A redundante debe ser cero, se puede expresar la ecuación de compatibilidad como

$$\boxed{\theta_{AO} + f_{AA}M_A = 0} \qquad \textbf{(13.7)}$$

Las pendientes θ_{AO} y f_{AA} se pueden calcular con facilidad mediante las fórmulas de la deflexión de las vigas que se encuentran al inicio de esta obra. Por tanto,

$$\theta_{AO} = -\frac{PL^2}{16EI} = -\frac{32(20)^2}{16(30000)(512)/144} = -0.0075 \text{ rad}$$

$$f_{AA} = \frac{L}{3EI} = \frac{20}{3(30000)(512)/144} = 0.0000625 \text{ rad/k-ft}$$

Note que se ha asignado un signo negativo a la magnitud de θ_{AO}, porque esta rotación ocurre en el mismo sentido del movimiento de las manecillas del reloj; es decir, opuesto a la dirección en sentido contrario al movimiento de las manecillas del reloj que se supuso para el f_{AA} redundante (Fig. 13.2(a)). Al sustituir los valores numéricos de θ_{AO} y f_{AA} en la ecuación de compatibilidad (ecuación 13.7), se escribe

$$-0.0075 + (0.0000625)M_A = 0$$

de lo cual

$$M_A = \frac{0.0075}{0.0000625} = 120 \text{ k-ft} \circlearrowleft$$

La respuesta positiva implica que el sentido contrario al del movimiento de las manecillas del reloj supuesto inicialmente para M_A era correcto. Note que el momento de reacción $M_A = 120$ k-ft $\circlearrowleft$ calculado aquí es idéntico al que se obtuvo con anterioridad usando la reacción vertical C_y como el elemento redundante (Fig. 13.1). Una vez que se conoce el M_A redundante, pueden determinarse las reacciones restantes así como las otras características de respuesta de la viga, a través de consideraciones de equilibrio o por superposición, como se discutió con anterioridad.

Procedimiento para el análisis

Con base en la discusión anterior, se puede desarrollar el proceso paso a paso siguiente para el análisis de estructuras externamente indeterminadas, con un solo grado de indeterminación.

1. Determine el grado de indeterminación de la estructura dada. Si el grado de indeterminación es mayor que 1 o si la es internamente indeterminada, o tiene ambas características, entonces finalice el análisis en esta etapa. El análisis de las estructuras internamente indeterminadas y de aquéllas con grados múltiples de indeterminación en secciones subsiguientes.

2. Seleccione una de las reacciones en los apoyos como el elemento redundante. La elección del elemento redundante es algo simplemente de conveniencia y se puede seleccionar cualquier reacción como la redundante, siempre que la eliminación de la restricción correspondiente de la estructura indeterminada dada dé por resultado una estructura primaria que sea estáticamente determinada y estable. El sentido del elemento redundante no se conoce y se puede suponer en forma arbitraria. Se conocerá el sentido real de este elemento después de que se haya determinado su magnitud al resolver la ecuación de compatibilidad. Una magnitud positiva para la redundante implicará que el sentido supuesto era correcto, en tanto que un valor negativo de esa magnitud indicará que el sentido real es opuesto al supuesto inicialmente.

3. Elimine la restricción correspondiente al elemento redundante de la estructura indeterminada dada, a fin de obtener la estructura determinada primaria.

4. a. Trace un diagrama de la estructura primaria sólo con la carga externa aplicada a ella. Dibuje un esquema de la forma deformada de la estructura y muestre la deflexión (o pendiente) en el punto de aplicación y en la dirección del elemento redundante, por un símbolo apropiado.

b. Enseguida, dibuje un diagrama de la estructura primaria sólo con el valor unitario del elemento redundante aplicado a ella. La fuerza unitaria (o momento unitario) debe aplicarse en la dirección positiva del elemento redundante. Haga un esquema de la forma deformada de la estructura y muestre, por medio un símbolo apropiado, el coeficiente de flexibilidad que represente la deflexión (o la pendiente) en el punto de aplicación y en la dirección del elemento redundante. Para indicar que la carga, así como la respuesta de la estructura, se deben multiplicar por el elemento redundante, muestre este elemento precedido por un signo de multiplicación (×) próximo al diagrama de la estructura. La deflexión (o la pendiente) en la ubicación del elemento redundante, debida a este elemento desconocido, es igual al coeficiente de flexibilidad multiplicado por la magnitud desconocida de este último.

5. Escriba la ecuación de compatibilidad, igualando la suma algebraica de las deflexiones (o pendientes) de la estructura primaria en la ubicación del elemento redundante, debida a la carga externa y a este último, al desplazamiento dado (o rotación dada) del apoyo redundante de la estructura indeterminada real. Ya que aquí se supone que los apoyos no ceden, la suma algebraica de las deflexiones debidas a la carga externa y al elemento redundante se puede sencillamente igualar a cero para obtener la ecuación de compatibilidad. (El caso de movimientos de los apoyos se considera en una sección subsiguiente.)

6. Calcule las deflexiones de la estructura primaria en la ubicación del elemento redundante, debida a la carga externa y debida al valor unitario de este último. Se considera que una deflexión es positiva si tiene el mismo sentido que el supuesto para el elemento redundante. Las deflexiones se pueden determinar aplicando cualquiera de los métodos discutidos en los capítulos 6 y 7. Para las vigas con rigidez a la flexión, *EI*, constante, suele ser conveniente determinar estas cantidades utilizando las fórmulas para las deflexiones dadas al principio de esta obra, mientras que las deflexiones de las armaduras y de los armazones se pueden calcular en forma conveniente aplicando el método del trabajo virtual.

7. Sustituya los valores de las deflexiones (o pendientes) calculadas en el paso 6, en la ecuación de compatibilidad, y resuelva para el elemento redundante desconocido.

8. Determine las reacciones restantes en los apoyos de la estructura indeterminada, aplicando las tres ecuaciones de equilibrio al cuerpo libre de la estructura indeterminada o por superposición de las reacciones de la estructura primaria, debida a la carga externa y debida al elemento redundante.

9. Una vez que se han evaluado las reacciones, se pueden determinar las otras características de respuesta (por ejemplo, los diagramas de la cortante y del momento flexionante o las fuerzas en los miembros, o tanto aquellos como éstas) de la estructura indeterminada, a través de consideraciones de equilibrio o por superposición de las respuestas de la estructura primaria, debida a la carga externa y debida al elemento redundante.

EJEMPLO 13.1

Determine las reacciones y trace los diagramas de la cortante y del momento flexionante para la viga mostrada en la figura 13.3(a), por el método de las deformaciones coherentes.

SOLUCIÓN

Grado de indeterminación La viga está sostenida por cuatro reacciones, A_x, A_y, M_A y B_y (Fig. 13.3(a)); es decir, $r = 4$. Como sólo existen tres ecuaciones de equilibrio, el grado de indeterminación de la viga es igual a $r - 3 = 1$.

Viga primaria Se selecciona la reacción vertical B_y, en el apoyo de rodillo B, para que sea el elemento redundante. Se supone que el sentido de B_y es hacia arriba, como se muestra en la figura 13.3(a). En la figura 13.3(b), podemos ver la viga primaria que se obtiene al eliminar el apoyo de rodillo B de la viga indeterminada. Note que la viga primaria en voladizo es estáticamente determinada y estable. A continuación, la viga primaria se sujeta por separado al momento externo M y a un valor unitario de la B_y redundante desconocida, como se muestra en las figuras 13.3(b) y (c), respectivamente. Como se hace ver en la figura, Δ_{BO} denota la deflexión en B debida al momento externo M, en tanto que f_{BB} denota el coeficiente de flexibilidad que representa la deflexión en el mismo B debida al valor unitario de la B_y redundante. De donde, la deflexión en B debida a la B_y redundante desconocida es igual a $f_{BB}B_y$.

Ecuación de compatibilidad La deflexión en el apoyo B de la viga indeterminada real es cero, de modo que la suma algebraica de las deflexiones de la viga primaria en B, debidas al momento externo M y a la B_y redundante, también debe ser cero. Por tanto, la ecuación de compatibilidad se puede escribir como

$$\Delta_{BO} + f_{BB}B_y = 0 \tag{1}$$

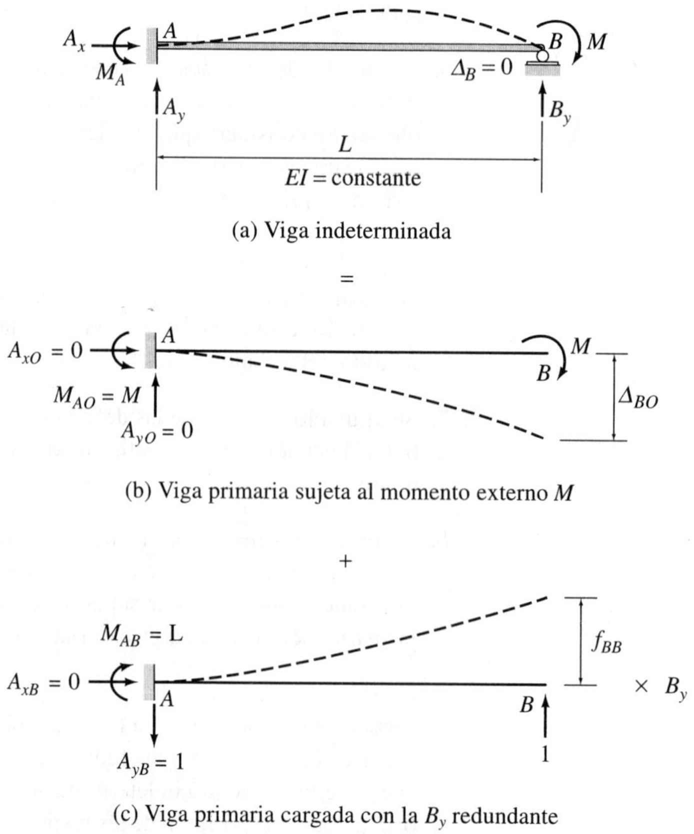

Fig. 13.3

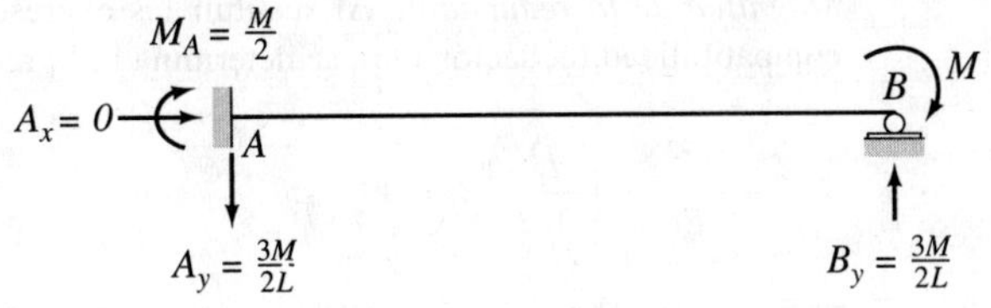

(d) Reacciones en los apoyos para la viga indeterminada

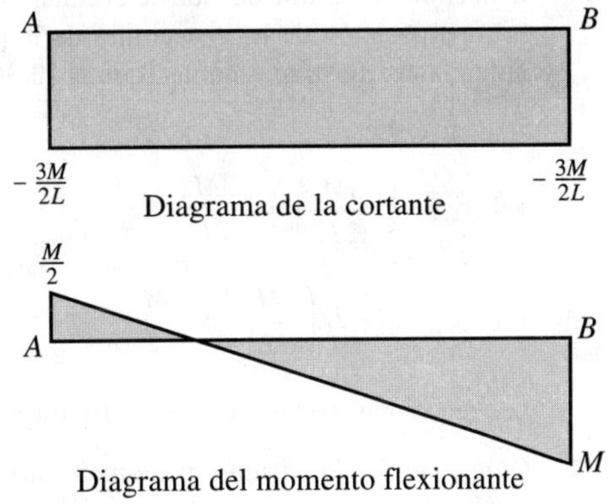

(e) Diagramas de la cortante y del momento flexionante para la viga indeterminada

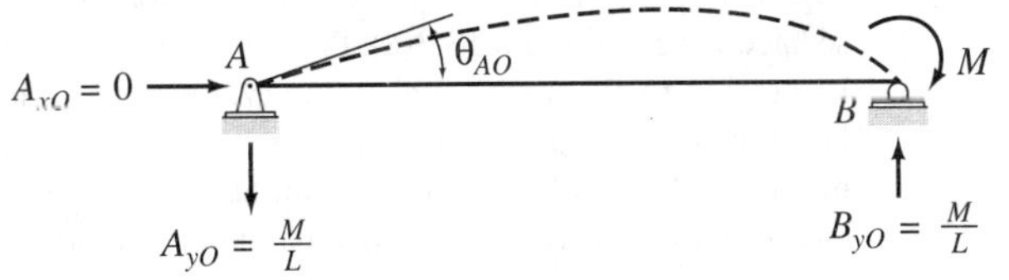

(f) Viga primaria sujeta al momento externo M

+

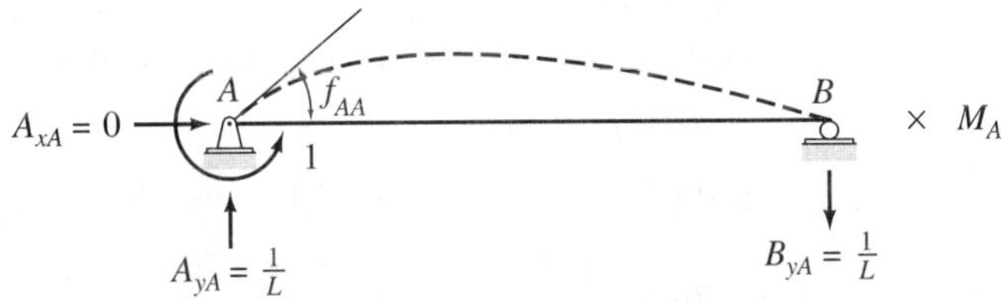

(g) Viga primaria cargada con el M_A redundante

Fig. 13.3 (*Continuación*)

Deflexiones de la viga primaria Utilizando las fórmulas de las deflexiones de las vigas, se obtiene que las deflexiones Δ_{BO} y f_{BB} son

$$\Delta_{BO} = -\frac{ML^2}{2EI} \qquad \text{y} \qquad f_{BB} = \frac{L^3}{3EI}$$

en las cuales el signo negativo para Δ_{BO} indica que esta deflexión ocurre en la dirección hacia abajo; es decir, opuesta a la dirección hacia arriba supuesta para la B_y redundante.

Magnitud de la redundante Al sustituir las expresiones para Δ_{BO} y f_{BB} en la ecuación de compatibilidad (ecuación (1)), se determina la B_y redundante como

$$-\frac{ML^2}{2EI} + \left(\frac{L^3}{3EI}\right)B_y = 0 \qquad B_y = \frac{3M}{2L}\uparrow$$ **Resp.**

La respuesta positiva para B_y indica que la hipótesis inicial acerca de la dirección hacia arriba de esa B_y era correcta.

Reacciones Ahora se pueden determinar las reacciones restantes de la viga indeterminada por la superposición de las reacciones de la primaria, debida al momento externo M y a la B_y redundante, mostradas en las figuras 13.3(b) y (c), respectivamente:

$$+\rightarrow A_x = 0 \qquad A_x = 0$$ **Resp.**

$$+\uparrow A_y = -1\left(\frac{3M}{2L}\right) = -\frac{3M}{2L} \qquad A_y = \frac{3M}{2L}\downarrow$$ **Resp.**

$$+\circlearrowleft M_A = M - L\left(\frac{3M}{2L}\right) = -\frac{M}{2} \qquad M_A = \frac{M}{2}\circlearrowright$$ **Resp.**

Las reacciones se muestran en la figura 13.3(d).

Diagramas de la cortante y del momento flexionante Utilizando las reacciones, se construyen los diagramas de la cortante y del momento flexionante para la viga indeterminada. Estos diagramas se muestran en la figura 13.3(e). **Resp.**

Método alternativo De modo alternativo, la viga indeterminada de la figura 13.3(a) se puede analizar al el momento de reacción M_A como el elemento redundante. De modo arbitrario, se supone que el sentido de M_A es contrario al del movimiento de las manecillas del reloj, como se hace ver en la figura 13.3(a). Para obtener la viga primaria, se elimina la restricción contra la rotación en el extremo A al reemplazar el apoyo fijo por uno articulado, como se ilustra en la figura 13.3(f). Entonces, la viga primaria simplemente apoyada se sujeta por separado al momento externo M y a un valor unitario del M_A redundante desconocido, como se muestra en las figuras 13.3(f) y (g), respectivamente. Como se hace ver en estas figuras, θ_{AO} representa la pendiente en A debida al momento externo M, mientras que f_{AA} denota el coeficiente de flexibilidad que representa la pendiente en A debida al valor unitario del M_A redundante. Igualando la suma algebraica de las pendientes de la viga primaria en A, debidas al momento externo M y al M_A redundante, a la pendiente en el apoyo fijo A de la viga indeterminada real, la cual es cero, se escribe la ecuación de compatibilidad

$$\theta_{AO} + f_{AA}M_A = 0 \tag{2}$$

A partir de las fórmulas de las deflexiones de las vigas,

$$\theta_{AO} = \frac{ML}{6EI} \quad \text{y} \quad f_{AA} = \frac{L}{3EI}$$

Al sustituir estas expresiones en la ecuación (2), se obtiene

$$\frac{ML}{6EI} + \left(\frac{L}{3EI}\right)M_A = 0$$

de lo cual,

$$M_A = -\frac{M}{2}$$

La respuesta negativa para el M_A indica que la hipótesis inicial acerca de una dirección en sentido contrario al movimiento de las manecillas del reloj para ese M_A era incorrecta y que, en realidad, M_A es en el sentido de ese movimiento.

$$M_A = \frac{M}{2}\circlearrowright$$ **Coincide**

Teniendo ahora conocido el M_A redundante, se pueden determinar las reacciones restantes así como los diagramas de la cortante y del momento flexionante para la viga indeterminada, como se discutió con anterioridad .

EJEMPLO 13.2

Determine las reacciones y trace las diagramas de la cortante y del momento flexionante para la viga continua de dos claros que se muestra en la figura 13.4(a), usando el método de las deformaciones coherentes.

SOLUCIÓN

Grado de indeterminación La viga está apoyada por cuatro reacciones, de modo que su grado de indeterminación es 4 – 3 = 1.

Viga primaria Se selecciona la reacción vertical B_y, en el apoyo de rodillo B, para que sea el elemento redundante, y la viga primaria se obtiene al eliminar ese apoyo B de la viga indeterminada dada, como se muestra en la figura 13.4(b). A continuación, la viga primaria se sujeta por separado a la carga externa y a un valor unitario de la B_y redundante desconocida, como se ilustra en las figuras 13.4(b) y (c), respectivamente. Como se hace ver en estas figuras, Δ_{BO} denota la deflexión en B debida a la carga externa, en tanto que f_{BB} denota el coeficiente de flexibilidad que representa la deflexión también en B debida al valor unitario de la B_y redundante.

Ecuación de compatibilidad Debido a que la deflexión en el apoyo B de la viga indeterminada real es cero, la suma algebraica de las deflexiones de la viga primaria en el mismo B, debidas a la carga primaria y a la B_y redundante, también debe ser cero. De donde, la ecuación de compatibilidad se puede escribir como

$$\Delta_{BO} + f_{BB}B_y = 0 \tag{1}$$

Deflexiones de la viga primaria La rigidez a la flexión, EI, de la viga primaria no es constante (ya que el momento de inercia de la mitad derecha de la viga, BD, es igual al doble del momento de inercia de la mitad izquierda, AB), de modo que no se pueden usar las fórmulas dadas al inicio de esta obra para calcular las deflexiones. Por lo tanto, se utilizará el método de la viga conjugada, discutido en el capítulo 6, para la determinación de las deflexiones de la viga primaria.

Para determinar la deflexión Δ_{BO} debida a la carga externa, se trazan las vigas conjugadas para la carga uniformemente distribuida de 15 kN/m y la concentrada de 60 kN, como se muestra en las figuras 13.4(d) y (e), respectivamente. Recordando que la deflexión en un punto de una viga real es igual al momento flexionante en ese punto, en la viga conjugada correspondiente, se determina la deflexión Δ_{BO}, debida al efecto combinado de las cargas distribuida y concentrada, como

$$EI\Delta_{BO} = \left[-4218.75(10)+\left(\frac{2}{3}\right)(10)(150)\left(\frac{30}{8}\right)\right] + \left[-718.75(10)+\left(\frac{1}{2}\right)(10)(150)\left(\frac{10}{3}\right)\right]$$

$$\Delta_{BO} = -\frac{28125\,\text{kN}\cdot\text{m}^3}{EI}$$

en lo cual el signo negativo indica que la deflexión ocurre en la dirección hacia abajo. Note que aun cuando se dan los valores numéricos de E e I, suele ser conveniente llevar a cabo el análisis en términos de EI. El coeficiente de flexibilidad, f_{BB}, se puede calcular de manera análoga, usando la viga conjugada que se muestra en la figura 13.4(f). De donde,

$$EI\,f_{BB} = 20.833(10) - \left(\frac{1}{2}\right)(10)(5)\left(\frac{10}{3}\right) = 125\ \text{kN}\cdot\text{m}^3/\text{kN}$$

$$f_{BB} = \frac{125\,\text{kN}\cdot\text{m}^3/\text{kN}}{EI}$$

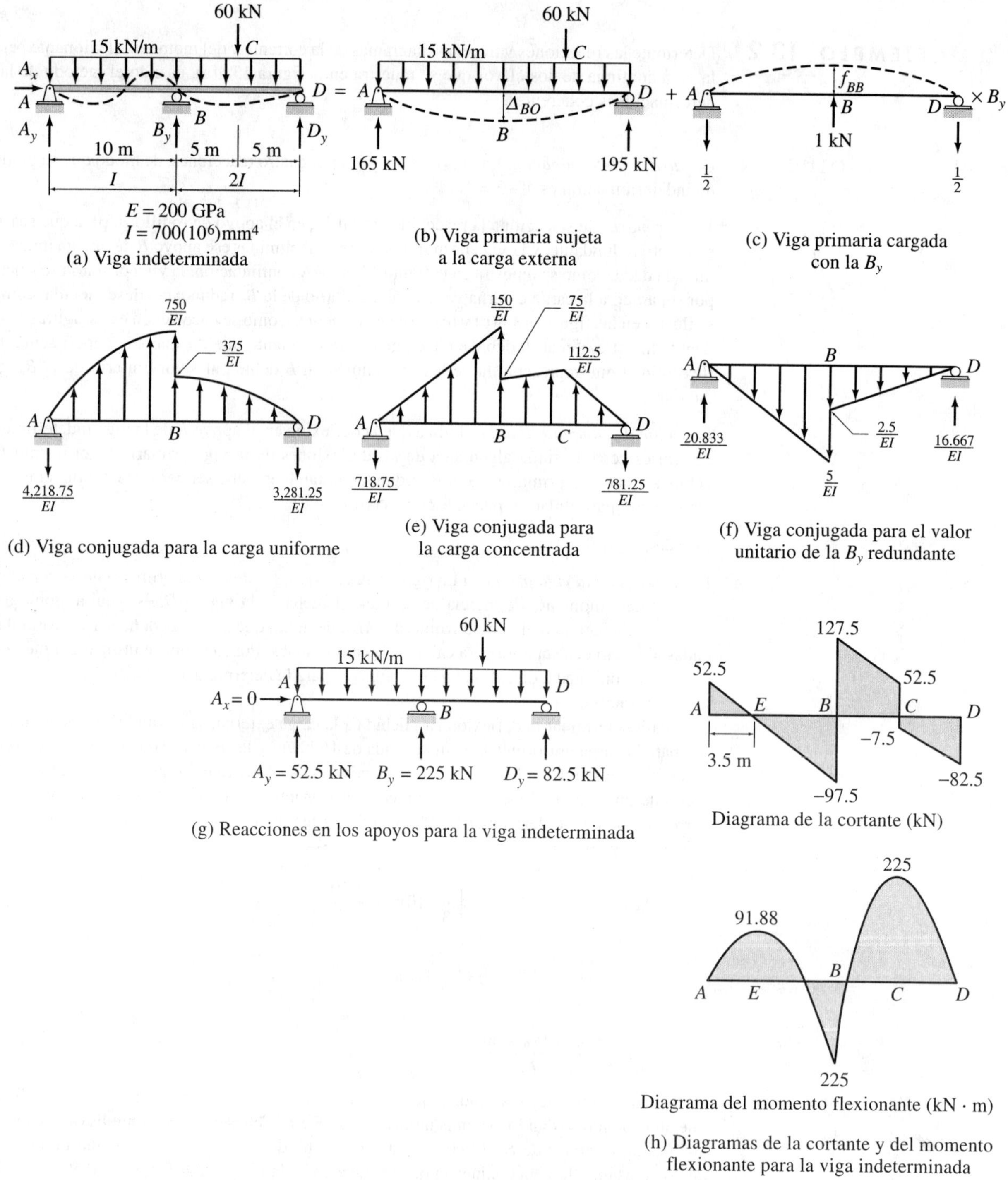

(a) Viga indeterminada

(b) Viga primaria sujeta a la carga externa

(c) Viga primaria cargada con la B_y

(d) Viga conjugada para la carga uniforme

(e) Viga conjugada para la carga concentrada

(f) Viga conjugada para el valor unitario de la B_y redundante

(g) Reacciones en los apoyos para la viga indeterminada

(h) Diagramas de la cortante y del momento flexionante para la viga indeterminada

Fig. 13.4

Magnitud de la redundante Al sustituir las valores de Δ_{BO} y f_{BB} en la ecuación de compatibilidad (ecuación (1)), se obtiene

$$-\frac{28125}{EI} + \left(\frac{125}{EI}\right) B_y = 0 \qquad B_y = 225 \text{ kN} \uparrow$$ **Resp.**

Reacciones A fin de determinar las reacciones restantes de la viga indeterminada, se aplican las ecuaciones de equilibrio (Fig. 13.4(g)):

$$+ \rightarrow \sum F_x = 0 \qquad A_x = 0$$ **Resp.**

$$+ \circlearrowleft \sum M_D = 0 \qquad -A_y(20) - 225(10) + 15(20)(10) + 60(5) = 0$$

$$A_y = 52.5 \text{ kN} \uparrow$$ **Resp.**

$$+ \uparrow \sum F_y = 0 \qquad 52.5 + 225 - 15(20) - 60 + D_y = 0$$

$$D_y = 82.5 \text{ kN} \uparrow$$ **Resp.**

Diagramas de la cortante y del momento flexionante Véase la figura 13.4(h). **Resp.**

EJEMPLO 13.3

Determine las reacciones y la fuerza en cada uno de los miembros de la armadura mostrada en la figura 13.5(a), utilizando el método de las deformaciones coherentes.

SOLUCIÓN

Grado de indeterminación La armadura es indeterminada al primer grado.

Armadura primaria Se selecciona la reacción horizontal D_x en el apoyo articulado D para que sea el elemento redundante. Se supone de manera arbitraria que la dirección de D_x es hacia la derecha, como se muestra en la figura 13.5(a). La armadura primaria se obtiene al eliminar la restricción contra el desplazamiento horizontal en el nodo D, reemplazando el apoyo articulado por uno de rodillo, como se muestra en la figura 13.5(b). Enseguida, la armadura primaria se sujeta por separado a la carga externa y a un valor desconocido de la D_x redundante, como se ilustra en las figuras 13.5(b) y (c), respectivamente.

Ecuación de compatibilidad Si Δ_{DO} denota la deflexión horizontal en el nodo D de la viga primaria, debida a la carga externa, y si f_{DD} denota el coeficiente de flexibilidad que representa la deflexión horizontal en D debida al valor unitario de la D_x redundante, entonces la ecuación de compatibilidad se puede escribir como

$$\Delta_{DO} + f_{DD} D_x = 0 \tag{1}$$

Deflexiones de la viga primaria Las deflexiones Δ_{DO} y f_{DD} se pueden evaluar aplicando el método del trabajo virtual. Recuerde, por lo visto en el capítulo 7, que la expresión del trabajo virtual para las deflexiones de las armaduras queda dada por (ecuación (7.23))

$$\Delta = \sum \frac{F F_v L}{AE} \tag{2}$$

en la cual F representa simbólicamente las fuerzas axiales en los miembros de las armaduras, debidas a la carga real que causa la deflexión Δ, y F_v representa las fuerzas axiales en los miembros de la armadura, debidas a una carga unitaria virtual que actúa en el nodo y en la dirección de la deflexión deseada Δ.

Para calcular las deflexiones Δ_{DO} de la armadura primaria, el sistema real consta de la carga externa dada, como se hace ver en la figura 13.5(b). Las fuerzas axiales en los miembros, debidas a esta carga, se denotan simbólicamente como fuerzas F_O y sus valores numéricos, obtenidos por el método de los nodos, se muestran en la figura 13.5(b). El sistema virtual para Δ_{DO} consta de una carga unitaria aplicada en la ubicación y en la dirección de la D_x redundante, la cual es la misma que la del sistema mostrado en la figura 13.5(c) (sin el multiplicador D_x). Las fuerzas axiales en los miembros, debidas al valor unitario de la D_x redundante, se denotan simbólicamente como fuerzas u_D y sus valores numéricos, obtenidos por el método de los nodos, se muestran en la figura 13.5(c). Por tanto, la expresión del trabajo virtual para Δ_{DO} se puede escribir como

$$\Delta_{DO} = \sum \frac{F_O u_D L}{AE} \tag{3}$$

Entonces se disponen en una tabla las fuerzas en los miembros F_O y u_D, y se aplica la ecuación (3) para determinar Δ_{DO}, como se muestra en la tabla 13.1. De donde

$$\Delta_{DO} = \frac{5493.6 \text{ k/in}}{E}$$

La magnitud positiva de Δ_{DO} indica que la deflexión ocurre hacia la derecha; es decir, en la misma dirección que la supuesta para la D_x redundante.

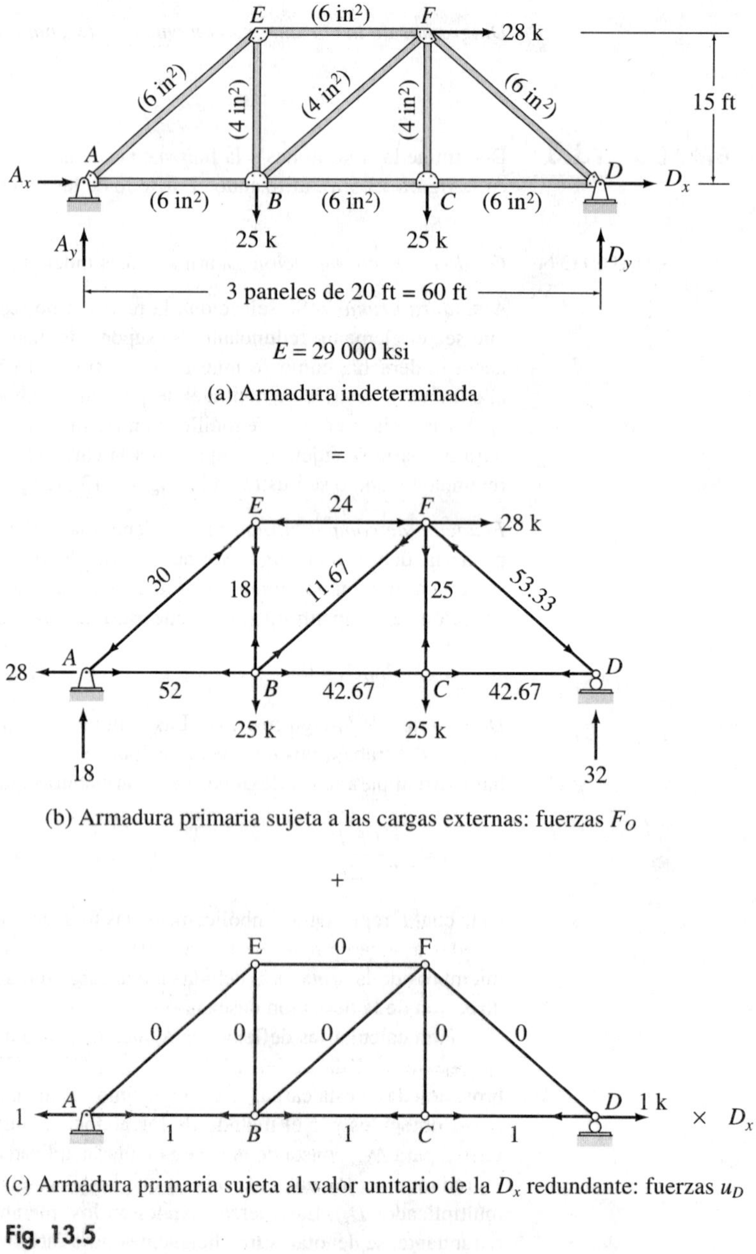

Fig. 13.5

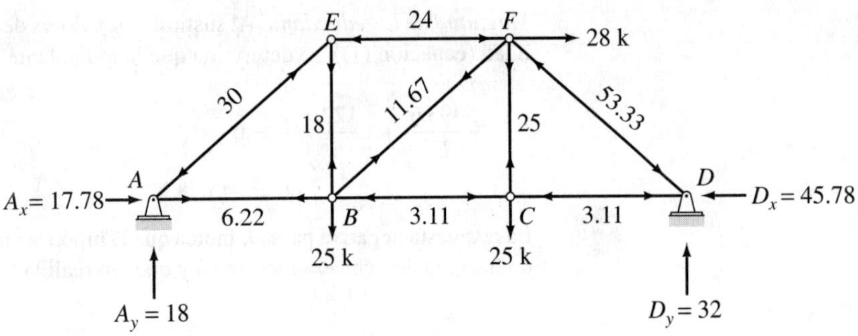

(d) Reacciones en los apoyos y fuerzas en los miembros para la armadura indeterminada

Fig. 13.5 (*Continuación*)

Para calcular el coeficiente de flexibilidad f_{DD}, tanto el sistema real como el virtual constan de un valor unitario de la D_x redundante aplicado a la armadura primaria, como se muestra en la figura 13.5(c) (sin el multiplicador D_x). Por tanto, la expresión del trabajo virtual para el f_{DD} queda

$$f_{DD} = \sum \frac{u_D^2 L}{AE} \tag{4}$$

La ecuación (4) se aplica para determinar f_{DD}, como se indica en la tabla 13.1. De donde,

$$f_{DD} = \frac{120(1/\text{in})}{E}$$

Tabla 13.1

Miembro	L (in)	A (in²)	F_O (k)	u_D (k/k)	$\frac{F_O u_D L}{A}$ (k/in)	$\frac{u_D^2 L}{A}$ (1/in)	$F = F_O + u_D D_x$ (k)
AB	240	6	52	1	2080	40	6.22
BC	240	6	42.67	1	1706.8	40	–3.11
CD	240	6	42.67	1	1706.8	40	–3.11
EF	240	6	–24	0	0	0	–24
BE	180	4	18	0	0	0	18
CF	180	4	25	0	0	0	25
AE	300	6	–30	0	0	0	–30
BF	300	4	11.67	0	0	0	11.67
DF	300	6	–53.33	0	0	0	–53.33
				Σ	5493.6	120	

$$\Delta_{DO} = \frac{1}{E}\sum \frac{F_o u_D L}{A} = \frac{5493.6\text{ k/in}}{E} \qquad f_{DD} = \frac{1}{E}\sum \frac{u_D^2 L}{A} = \frac{120(1/\text{in})}{E}$$

$$\Delta_x = -\frac{\Delta_{DO}}{f_{DD}} = -45.78\text{ k}$$

Magnitud de la redundante Al sustituir los valores de Δ_{DO} y f_{DD} en la ecuación de compatibilidad (ecuación (1)), se determina que la redundante D_x es

$$\frac{5493.6}{E} + \left(\frac{120}{E}\right)D_x = 0$$

$$D_x = -45.78 \text{ k}$$

La respuesta negativa para D_x indica que la hipótesis inicial acerca de que esta D_x está actuando hacia la derecha era incorrecta y que, en realidad, D_x actúa hacia la izquierda.

$$D_y = 32 \text{ k} \leftarrow$$ **Resp.**

Reacciones Ahora se pueden determinar las reacciones restantes de la armadura indeterminada por la superposición de las reacciones de la armadura primaria, debidas a las cargas externas (Fig. 13.5(b)), y las debidas a la D_x redundante (Fig. 13.5(c)).

$$A_x = -28 - 1(-45.78) = 17.78 \text{ k} \rightarrow$$ **Resp.**

$$A_y = 18 \text{ k} \uparrow$$ **Resp.**

$$D_y = 32 \text{ k} \uparrow$$ **Resp.**

Las reacciones se muestran en la figura 13.5(d).

Fuerzas axiales en los miembros Las fuerzas axiales en los miembros de la viga indeterminada se pueden determinar por la superposición de las fuerzas en los miembros de la viga primaria, debidas a las cargas externas y a la D_x; es decir,

$$F = F_O + u_D D_x \qquad (5)$$

El cálculo de las fuerzas finales en los miembros se puede llevar a cabo de manera conveniente en forma de tabla, como se muestra en la tabla 13.1. Para cada miembro, la fuerza final F se calcula al sumar algebraicamente el elemento de la cuarta columna (F_O) al elemento correspondiente de la quinta columna (u_D) multiplicado por la magnitud de la $D_x = -45.78$ k redundante. Entonces se registra el valor de la fuerza final, calculado de este modo, en la octava columna, como se muestra en la misma tabla. En la figura 13.5(d), también se muestran las fuerzas en los miembros obtenidas de esta manera. **Resp.**

EJEMPLO 13.4

Determine las reacciones y trace los diagramas de las cortantes y de los momentos flexionantes para el armazón mostrado en la figura 13.6(a), por el método de las deformaciones coherentes.

SOLUCIÓN *Grado de indeterminación* El armazón es indeterminado al primer grado.

Armazón primario Se selecciona la reacción horizontal A_X en el apoyo articulado A para que sea el elemento redundante. El armazón primario se obtiene al eliminar la restricción contra el desplazamiento horizontal en el nodo A, lo cual se hace al reemplazar el apoyo articulado por uno de rodillo, como se muestra en la figura 13.6(b). Enseguida, el armazón primario se sujeta por separado a la carga externa y a un valor unitario de la A_X redundante desconocida, como se ilustra en las figuras 13.6(b) y (c), respectivamente.

Ecuación de compatibilidad A partir de las figuras 13.6(a), (b) y (c), se observa que

$$\Delta_{AO} + f_{AA}A_X = 0 \qquad (1)$$

Deflexiones del armazón primario Se evaluarán las deflexiones Δ_{AO} y f_{AA} de armazón primario, aplicando el método del trabajo virtual discutido en el capítulo 7. La expresión del trabajo virtual para Δ_{AO}, la cual representa la deflexión horizontal en el nodo A del armazón primario debida a la carga externa, se puede escribir como

$$\Delta_{AO} = \sum \int \frac{M_O m_A}{EI}\, dx \qquad (2)$$

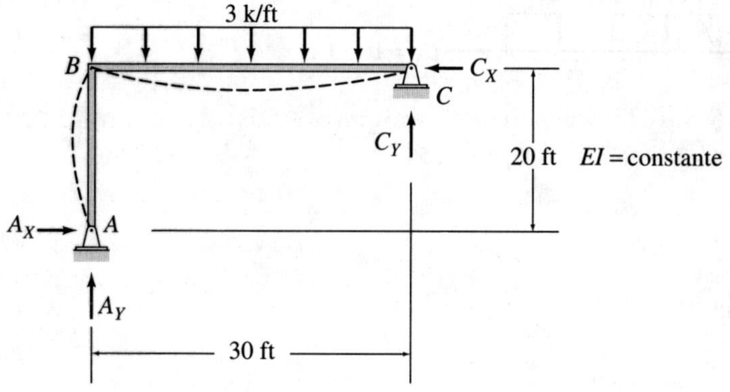

(a) Armazón indeterminado

=

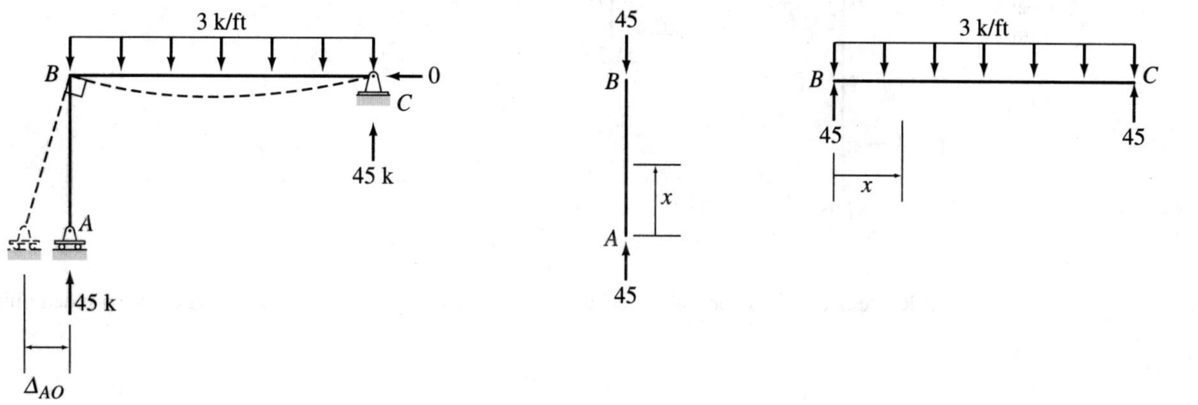

(b) Armazón primario sujeto a la carga externa: momentos M_O

+

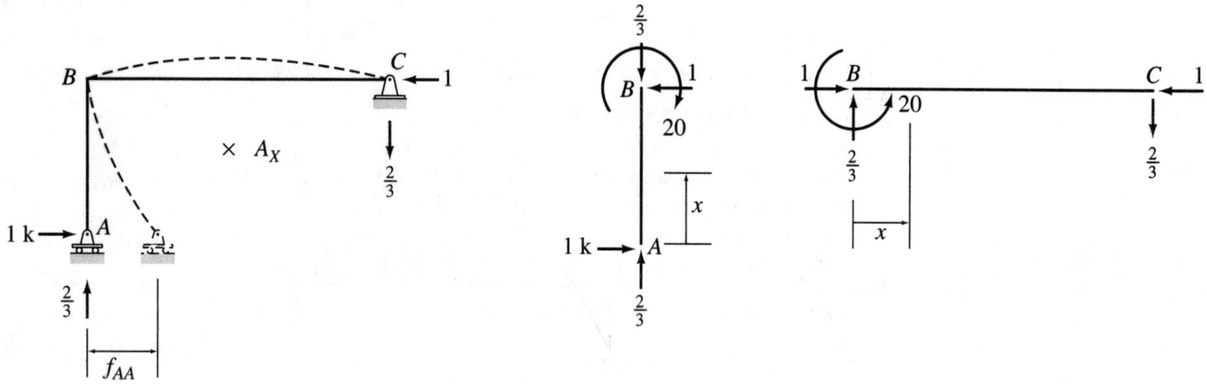

(c) Armazón primario sujeto al valor unitario de la A_X redundante: momentos m_A

Fig. 13.6

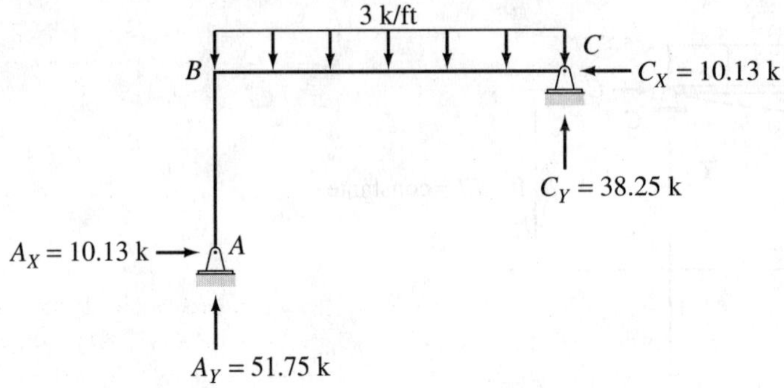

Reacciones

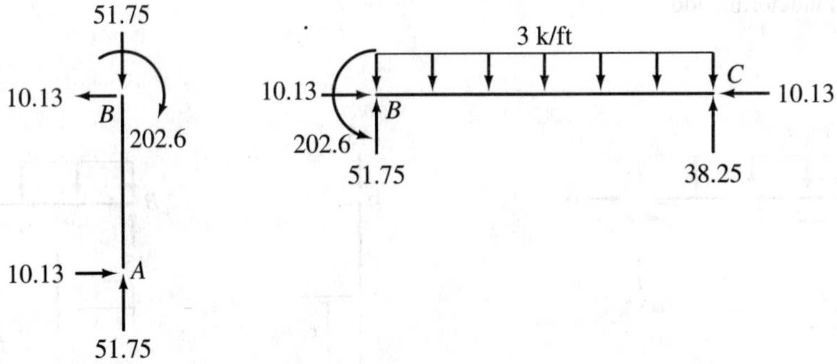

Fuerzas en las extremos de los miembros

(d) Reacciones en los apoyos y fuerzas en los extremos de los miembros para el armazón indeterminado

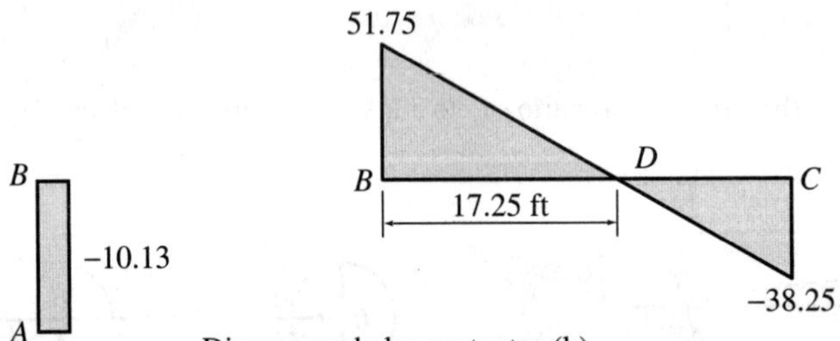

Diagramas de las cortantes (k)

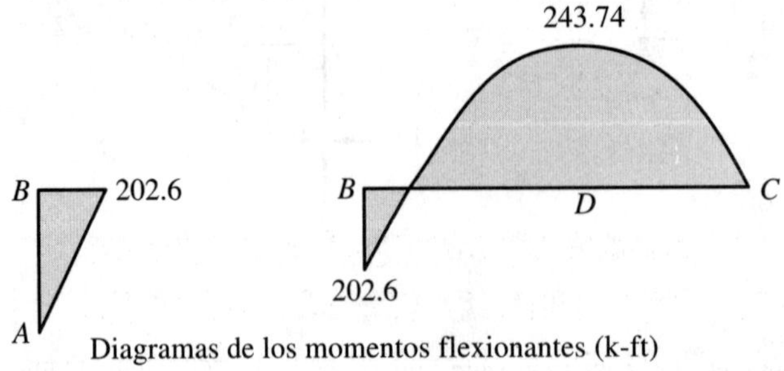

Diagramas de los momentos flexionantes (k-ft)

(e) Diagramas de las cortantes y de los momentos flexionantes para el armazón indeterminado

Fig. 13.6 (*Continuación*)

Tabla 13.2

	Coordenada x			
Miembro	**Origen**	**Límites (ft)**	M_O **(k-ft)**	m_A **(k-ft/k)**
AB	*A*	0-20	0	$-1x$
BC	*B*	0-30	$45x - \frac{3}{2}x^2$	$-20 + \frac{3}{2}x$

en la cual M_O denota los momentos flexionantes debidos a la carga externa (real) (Fig. 13.6(b)) y m_A denota los momentos flexionantes debidos a la carga unitaria (virtual) en el lugar y en la dirección de la redundante (Fig. 13.6(c)). Las coordenadas x usadas para la determinación de las ecuaciones del momento flexionante para los miembros *AB* y *BC* del armazón primario se muestran en las figuras 13.6(b) y (c), y las ecuaciones para M_O y m_A se encuentran en la tabla 13.2. Al aplicar la ecuación (2), se obtiene

$$\Delta_{AO} = \frac{1}{EI}\int_0^{30}\left(45x - \frac{3}{2}x^2\right)\left(-20 + \frac{2}{3}x\right)dx = -\frac{67500\,\text{k-ft}^3}{EI}$$

Para calcular el coeficiente de flexibilidad f_{AA}, los sistemas real y virtual constan de un valor unitario de la A_X aplicado al armazón primario, como se hace ver en la figura 13.6(c) (sin el multiplicador A_X). De donde, la expresión del trabajo virtual para f_{AA} queda

$$f_{AA} = \sum \int \frac{m_A^2}{EI}\,dx \qquad (3)$$

Si se sustituyen las ecuaciones para M_A tomadas de la tabla 13.2, se obtiene

$$f_{AA} = \frac{1}{EI}\left[\int_0^{20}(-x)^2dx + \int_0^{30}\left(-20 + \frac{2}{3}x\right)^2dx\right] = \frac{6666.66\text{ft}^3}{EI}$$

Magnitud de la redundante Al sustituir los valores de Δ_{AO} y f_{AA} en la ecuación de compatibilidad (ecuación (1)), se determina que la A_X redundante es

$$-\frac{67500}{EI} + \left(\frac{666.66}{EI}\right)A_X = 0$$

$$A_X = 10.13 \text{ k} \rightarrow$$ **Resp.**

Reacciones Ahora se pueden determinar las reacciones y las fuerzas en los extremos de los miembros restantes del armazón indeterminado, a partir del equilibrio. Las reacciones y las fuerzas en los miembros obtenidas de este modo se muestran en la figura 13.6(d). **Resp.**

Diagramas de las cortantes y de los momentos flexionantes Véase la figura 13.6(e). **Resp.**

13.2 FUERZAS Y MOMENTOS INTERNOS COMO ELEMENTOS REDUNDANTES

Hasta ahora, se han analizado las estructuras externamente indeterminadas, con un solo grado de indeterminación, seleccionando una reacción en los apoyos como el elemento redundante. El análisis de esas estructuras también se puede llevar a cabo si se elige una fuerza o momento internos como el elemento redundante, siempre que la eliminación de la restricción interna correspondiente de la estructura indeterminada dé por resultado una estructura primaria que sea estáticamente determinada y estable.

Considere la viga continua con dos claros que se muestra en la figura 13.7(a). Como se discutió en la sección anterior, se puede analizar esta viga al tratar una de las reacciones verticales como el elemento redundante. Sin embargo, suele ser más conveniente analizar las vigas continuas (en especial aquéllas con claros desiguales) seleccionando momentos flexionantes internos como elementos redundantes. Consideremos el análisis de la viga de la figura 13.7(a) usando el momento flexionante M_B, en el apoyo interior *B* como el elemento redundante. A partir de la figura 13.7(a), se puede ver que la pendiente de la curva elástica de la viga indeterminada es continua en *B*. En otras palabras, no hay cambio de la pendiente de las tangentes a la curva elástica precisamente a la izquierda de *B* y precisamente a la derecha *B*; es decir, el ángulo entre las tangentes es cero. Cuando se elimina la restricción correspondiente al momento flexionante M_B redundante mediante la inserción de una articulación interna en *B*, como se muestra en la figura 13.7(b), se desarrolla una discontinuidad en la pendiente de la curva elástica en ese punto, en el sentido de que la tangente a esa curva precisamente a la izquierda de *B* gira con relación a la tangente precisamente a la derecha de este mismo *B*. El cambio de la pendiente (o del ángulo) entre las dos tangentes debido a las cargas externas se denota por $\theta_{BO\,\text{rel.}}$ y se puede expresar como

$$\theta_{BO\,\text{rel.}} = \theta_{BL} + \theta_{BR} \qquad \textbf{(13.8)}$$

(véase la figura 13.7(b)) en la cual θ_{BL} y θ_{BR} denotan las pendientes en los extremos *B* de los claros izquierdo y derecho de la viga, respectivamente, debidas a la carga externa dada.

Ya que el momento flexionante M_B redundante proporciona la continuidad de la pendiente de la curva elástica en *B*, debe ser de magnitud suficiente como para eliminar la discontinuidad $\theta_{BO\,\text{rel.}}$ de la viga primaria, haciendo que se unan nuevamente las tangentes. A fin de evaluar el efecto de M_B sobre la viga primaria, se determina el coeficiente de flexibilidad $f_{BB\,\text{rel.}}$ que representa el cambio de pendiente (o del ángulo) entre las tangentes a la curva elástica precisamente a la izquierda de *B* y precisamente a la derecha de este punto, debido a un valor unitario de M_B, como se muestra en la figura 13.7(c). Un momento flexionante interno se define mediante una *pareja* de pares iguales pero opuestos. De donde, deben aplicarse dos pares opuestos de magnitud unitaria a la viga primaria con el fin de determinar el coeficiente de flexibilidad, como se indica en la figura 13.7(c). Note que se considera que el M_B redundante es positivo de acuerdo con la *convención de la viga*; es decir, cuando causa compresión en las fibras superiores y tensión en las inferiores de la viga. A partir de la figura 13.7(c), se puede ver que el coeficiente de flexibilidad puede expresarse como

$$f_{BB\,\text{rel.}} = f_{BBL} + f_{BBR} \qquad \textbf{(13.9)}$$

en la cual f_{BBL} y f_{BBR} denotan las pendientes en los extremos *B* de los claros izquierdo y derecho de la viga, respectivamente, debidas al valor unitaria del M_B redundante.

La ecuación de compatibilidad se basa en el requisito de que la pendiente de la curva elástica de la viga indeterminada real es continua en *B*; esto es, no hay cambio en la pendiente desde precisamente a la izquierda de *B* hasta precisamente a la derecha de este punto. Por lo tanto, la suma algebraica de los ángulos entre las tangentes precisamente a la izquierda y precisamente a la derecha de *B*, debidos a la carga externa y al M_B redundante, debe ser cero. De donde

$$\boxed{\theta_{BO\,\text{rel.}} + f_{BB\,\text{rel.}} M_B = 0} \qquad \textbf{(13.10)}$$

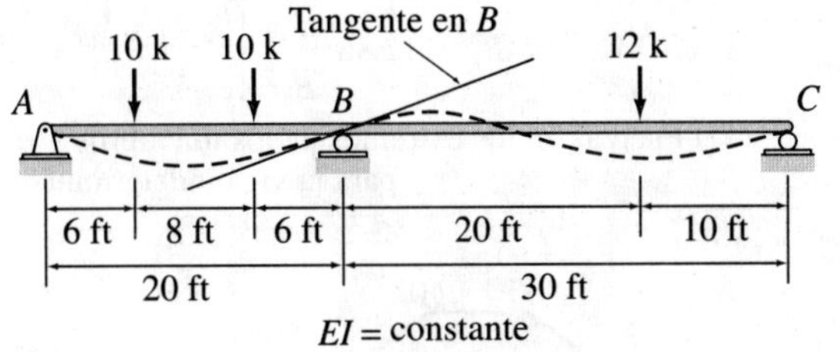

(a) Viga indeterminada

=

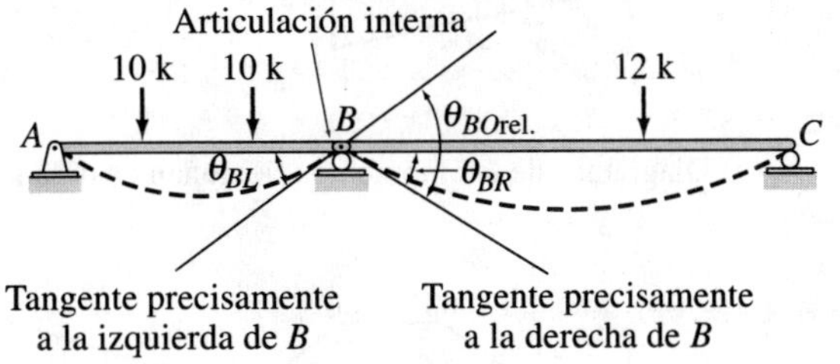

(b) Viga primaria sujeta a la carga externa

+

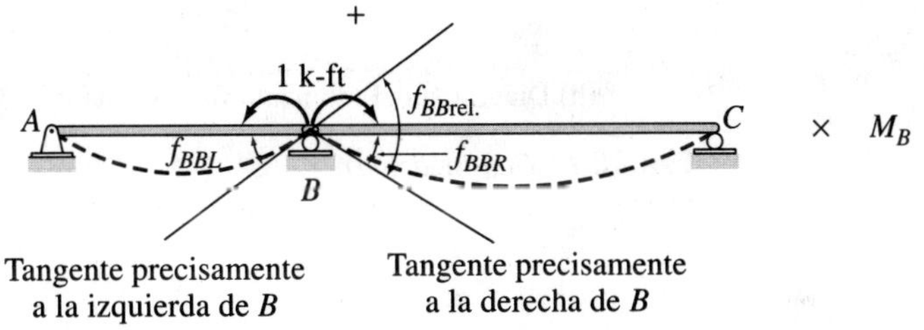

(c) Viga primaria cargada con el M_B redundante

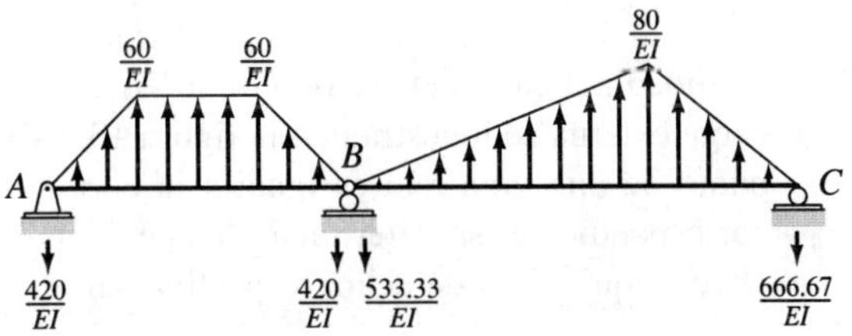

(d) Vigas conjugadas para la carga externa

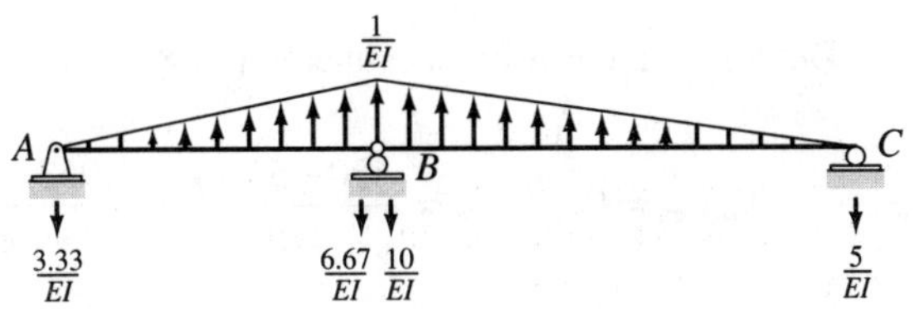

(e) Viga conjugada por el valor unitario del M_B redundante

Fig. 13.7

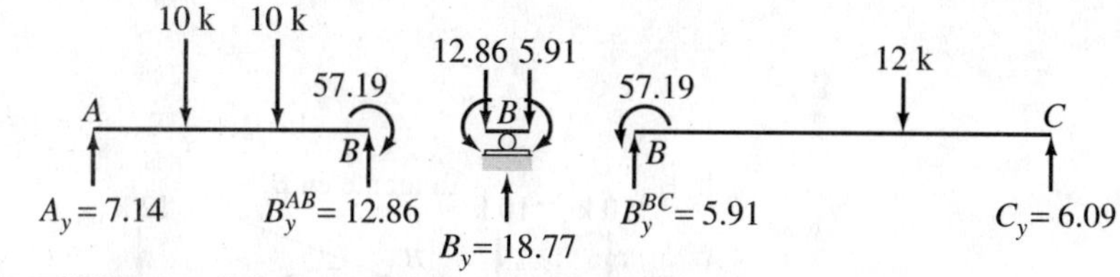

(f) Fuerzas en los extremos de los miembros y reacciones en los apoyos para la viga indeterminada

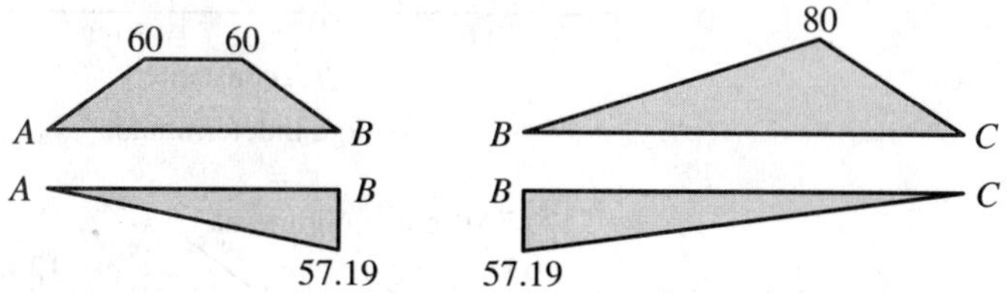

(g) Diagramas de los momentos flexionantes para los miembros *AB* y *BC* (k-ft)

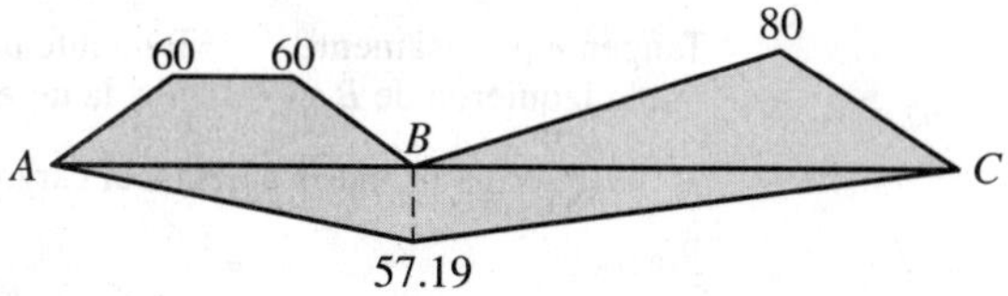

(h) Diagrama del momento flexionante para la viga continua (k-ft)

Fig. 13.7 (*Continuación*)

la cual se puede resolver para el momento flexionante M_B después de que se han evaluado los cambios en las pendientes $\theta_{BO\,\text{rel.}}$ y $f_{BB\,\text{rel.}}$.

Puesto que cada uno de los claros de la viga primaria se pueden tratar como una viga simplemente apoyada, las pendientes en los extremos *B* pueden calcularse con facilidad aplicando el método de la viga conjugada. Las vigas conjugadas para la carga externa se muestran en la figura 13.7(d). Recordando que la pendiente en un punto de una viga real es igual a la cortante en ese punto de la viga conjugada correspondiente, se determinan las pendientes θ_{BI} y θ_{BD} en los extremos *B* de los claros izquierdo y derecho, respectivamente, como

$$\theta_{BL} = \frac{420\text{k-ft}^2}{EI} \quad \text{y} \quad \theta_{BR} = \frac{533.33\text{k-ft}^2}{EI}$$

De donde, a partir de la ecuación (13.8), se obtiene

$$\theta_{BO\,\text{rel.}} = \theta_{BL} + \theta_{BR} = \frac{420+533.33}{EI} = \frac{953.33\text{k-ft}^2}{EI}$$

De manera análoga, se puede calcular el coeficiente de flexibilidad $f_{BB\,\text{rel.}}$, utilizando la viga conjugada para un valor unitario del M_B redundante mostrado en la figura 13.7(e). De donde,

$$f_{BBL} = \frac{6.67\text{k-ft}^2/\text{k-ft}}{EI} \quad \text{y} \quad f_{BBR} = \frac{10\text{k-ft}^2/\text{k-ft}}{EI}$$

De la ecuación (13.9), se obtiene

$$f_{BB\,\text{rel.}} = f_{BBL} + f_{BBR} = \frac{6.67+10}{EI} = \frac{16.67\,\text{k-ft}^2/\text{k-ft}}{EI}$$

Sustituyendo los valores de $\theta_{BO\,\text{rel.}}$ y $f_{BB\,\text{rel.}}$ en la ecuación de compatibilidad (ecuación (13.10)), se determina la magnitud del M_B redundante como

$$\frac{953.33}{EI} + \left(\frac{16.67}{EI}\right) M_B = 0$$

o sea

$$M_B = -57.19 \text{ k-ft}$$

Con el M_B redundante conocido, se pueden determinar las fuerzas en los extremos de los miembros así como las reacciones en los apoyos, al considerar el equilibrio de los cuerpos libres de los miembros AB y BC y del nodo B, como se muestra en la figura 13.7(f). Note que, en los extremos B de los miembros AB y BC, se aplica el momento flexionante negativo M_B de modo que cause tensión en las fibras superiores y compresión en las inferiores de los miembros.

Cuando se conocen los momentos en los extremos de los miembros de una viga continua, suele ser conveniente construir su diagrama del momento flexionante en dos partes; una para la carga externa y la otra para los momentos en los extremos del miembro. A este procedimiento se le suele mencionar como construcción del *diagrama del momento flexionante por partes de viga simple*, porque cada miembro de la viga continua se trata como una viga simplemente apoyada, a la cual se le aplican por separado las cargas externas y los momentos en los extremos y se trazan los diagramas de los momentos flexionantes correspondientes. En la figura 13.7(g), se muestran esos diagramas para los miembros AB y BC de la viga continua que se está considerando. Los diagramas de los momentos flexionantes de los miembros se pueden trazar juntos, como se ve en la figura 13.7(b), para obtener el diagrama del momento flexionante para la viga continua completa.

Estructuras internamente indeterminadas

Como los indica la discusión antes desarrollada, las estructuras con un solo grado de indeterminación que son externamente indeterminadas se pueden analizar al seleccionar una reacción, una fuerza interna o un momento como el elemento redundante. Sin embargo, si una estructura es internamente indeterminada pero externamente determinada, entonces sólo se puede usar una fuerza o un momento internos como el elemento redundante, porque la eliminación de una reacción externa de una estructura de ese tipo conducirá a una estructura primaria estáticamente inestable.

Considere, por ejemplo, la armadura que se muestra en la figura 13.8(a). Esta armadura consta de seis miembros conectados entre sí por cuatro nodos y está apoyada por tres componentes de reacción. De donde, como se discutió en la sección 4.4, el grado de indeterminación de la armadura es $(m + r) - 2j = (6 + 3) - 2(4) = 1$. Debido a que las tres reacciones se pueden determinar a partir de las tres ecuaciones de equilibrio de la armadura completa, ésta es internamente indeterminada al primer grado; es decir, contiene un miembro adicional que los requeridos para la estabilidad interna.

A fin de analizar la armadura, se debe seleccionar la fuerza axial en uno de sus miembros para que sea el elemento redundante. Supóngase que se selecciona la fuerza F_{AD} en el miembro diagonal AD como el elemento redundante. Entonces se

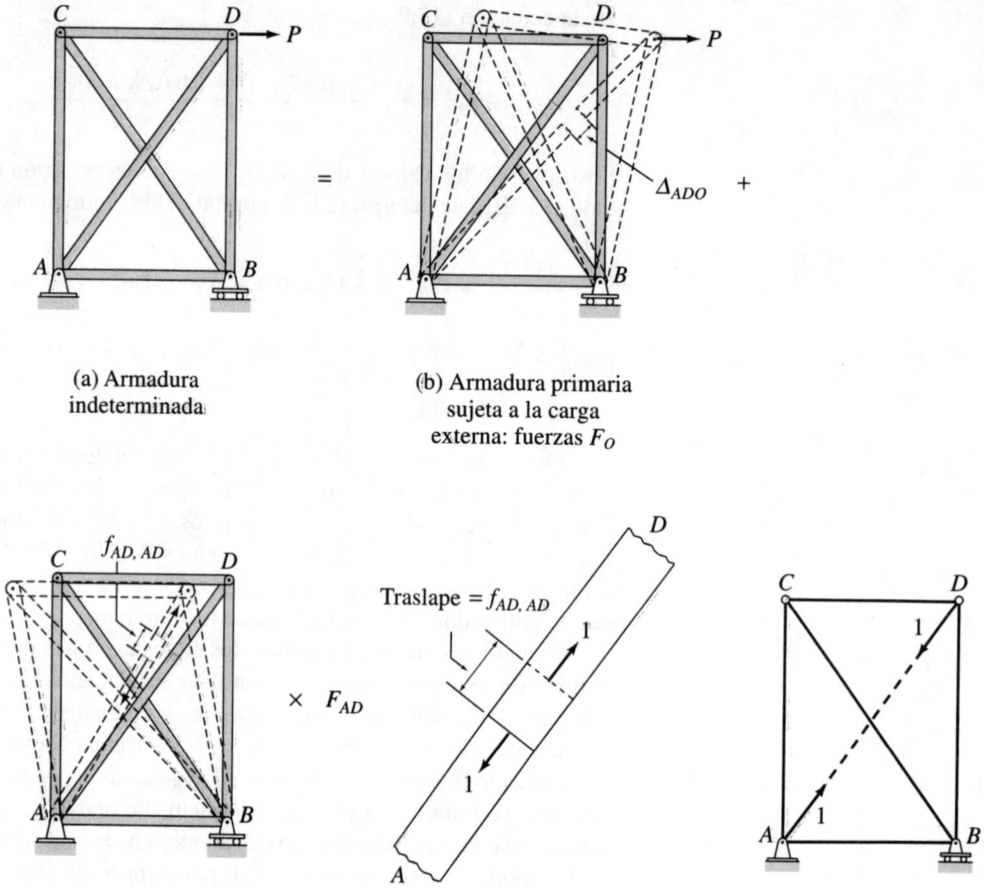

(a) Armadura indeterminada

(b) Armadura primaria sujeta a la carga externa: fuerzas F_O

(c) Armadura primaria sujeta al valor unitario de las fuerzas F_{AD}–u_{AD} redundantes

(d) Sistema virtual

Fig. 13.8

elimina la restricción correspondiente a F_{AD} de la armadura, si se corta el miembro AD para obtener la armadura primaria que se muestra en la figura 13.8(b). Note que ya que el miembro AD no puede sostener una fuerza, la armadura primaria es estáticamente determinada. Cuando la armadura primaria se sujeta a la carga externa P, se deforma y se produce una abertura Δ_{ADO} entre los extremos de las dos partes del miembro AD, como se muestra en la figura 13.8(b). Como en realidad no existe esa abertura en la armadura indeterminada real, se concluye que la fuerza F_{AD} redundante debe tener una magnitud suficiente para hacer que los extremos de las dos partes del miembro AD se junten para cerrar la abertura. Para evaluar el efecto de F_{AD} en la acción de cerrar la abertura, se sujeta la armadura primaria a un valor unitario de F_{AD}, aplicando cargas axiales unitarias iguales y opuestas a esas dos partes del miembro AD, según se muestra en la figura 13.8(c). Note que todavía no se conoce el sentido real de la F_{AD} redundante y que se supone arbitrariamente que es de tensión, tendiendo las fuerzas axiales unitarias a alargar las partes de ese miembro, como se hace ver en la figura. El valor unitario de F_{AD} deforma la armadura primaria y causa que los extremos de las dos partes del miembro AD se traslapen en una cantidad $f_{AD,\,AD}$, como se muestra en la figura 13.8(c). De donde, el traslape en el miembro AD, debido a la fuerza axial de magnitud F_{AD}, es igual a $f_{AD,\,AD}\,F_{AD}$.

Ya que no existe abertura ni traslape en el miembro AD de la viga indeterminada real, se puede expresar la ecuación de compatibilidad como

$$\boxed{\Delta_{ADO} + f_{AD,AD} F_{AD} = 0} \qquad \textbf{(13.11)}$$

la cual se puede resolver para la fuerza axial F_{AD} redundante, después de que se hayan determinado las magnitudes de Δ_{ADO} y $f_{AD,AD}$.

Note que, en realidad, Δ_{ADO} y $f_{AD,AD}$ son desplazamientos relativos entre los nodos A y D de la armadura primaria. Estos desplazamientos se pueden calcular de modo conveniente, si se aplica el método del trabajo virtual empleando un sistema virtual que conste de dos cargas unitarias aplicadas con sentidos opuestos en la dirección del miembro AD, en los nodos A y D, como se muestra en la figura 13.8(d). Una comparación de las figuras 13.8(c) y (d) indica que las fuerzas axiales en los miembros de la armadura primaria, debidas a las cargas unitarias virtuales (Fig. 13.8(d)), serán las mismas que las fuerzas u_{AD}, debidas a la fuerza axial unitaria en el miembro AD (Fig. 13.8(c)). De donde se puede usar la armadura, con una fuerza axial unitaria en el miembro AD, como el sistema virtual para calcular los desplazamientos relativos. Si las fuerzas axiales en los miembros, debidas a la carga externa P, se denotan simbólicamente como las fuerzas F_O (Fig. 13.8(b)), entonces la expresión del trabajo virtual para Δ_{ADO} se puede escribir como

$$\boxed{\Delta_{ADO} = \sum \frac{F_O u_{AD} L}{AE}} \qquad \textbf{(13.12)}$$

Para calcular el coeficiente de flexibilidad $f_{AD,AD}$, tanto el sistema real como el virtual constan de una fuerza axial unitaria en el miembro AD, como se muestra en la figura 13.8(c). Por tanto, la expresión del trabajo virtual para $f_{AD,AD}$ queda dada por

$$\boxed{f_{AD,AD} = \sum \frac{u_{AD}^2 L}{AE}} \qquad \textbf{(13.13)}$$

en la cual debe incluirse la fuerza en el miembro AD redundante en la suma, para tomar en cuenta la deformación de este miembro.

Una vez que se han evaluado los desplazamientos relativos Δ_{ADO} y $f_{AD,AD}$, sus valores se sustituyen en la ecuación de compatibilidad (ecuación (13.11)), la cual entonces se resuelve para la F_{AD} redundante. Conocida la F_{AD} redundante, pueden determinarse las fuerzas axiales en los miembros de la armadura indeterminada, por superposición de las fuerzas en los miembros de la armadura primaria, debidas a la carga externa P y debidas a la F_{AD} redundante; es decir,

$$\boxed{F = F_O + u_{AD} F_{AD}} \qquad \textbf{(13.14)}$$

EJEMPLO 13.5

Determine las reacciones y trace el diagrama del momento flexionante para la viga continua de dos claros que se muestra en la figura 13.9(a), por el método de las deformaciones coherentes. Seleccione el momento flexionante en el apoyo interior B para que sea el elemento redundante.

SOLUCIÓN

Esta viga se analizó en el ejemplo 13.2, seleccionando la reacción vertical en el apoyo B como el elemento redundante.

Viga primaria La viga primaria se obtiene al eliminar la restricción correspondiente al momento flexionante M_B, insertando una articulación interna en B de la viga indeterminada dada, como se ilustra en la figura 13.9(b). Enseguida, la viga primaria se sujeta por separado a la carga externa y a un valor unitario del M_B redundante, como se hace ver en las figuras 13.9(b) y (c), respectivamente.

Ecuación de compatibilidad Véanse las figuras 13.9(b) y (c):

$$\theta_{BO\,\text{rel.}} + f_{BB\,\text{rel.}} M_B = 0 \qquad \textbf{(1)}$$

Pendientes de la viga primaria Cada uno de los claros de la viga primaria se puede tratar como una viga simplemente apoyada de rigidez constante a la flexión, EI, de modo que se pueden usar las fórmulas de las deflexiones de las vigas, dadas al inicio de esta obra, para evaluar los cambios de las pendientes $\theta_{BO\,\text{rel.}}$ y $f_{BB\,\text{rel.}}$. A partir de la figura 13.9(b), se puede ver que

$$\theta_{BO\,\text{rel.}} = \theta_{BL} + \theta_{BR}$$

en la cual θ_{BL} y θ_{BR} son las pendientes en los extremos de los claros izquierdo y derecho de la viga primaria, respectivamente, debidas a la carga externa. Usando las fórmulas de las deflexiones, se obtiene

$$\theta_{BL} = \frac{15(10)^3}{24EI} = \frac{625\,\text{kN}\cdot\text{m}^2}{EI}$$

$$\theta_{BR} = \frac{15(10)^3}{24E(2I)} + \frac{60(10)^2}{16E(2I)} = \frac{500\,\text{kN}\cdot\text{m}^2}{EI}$$

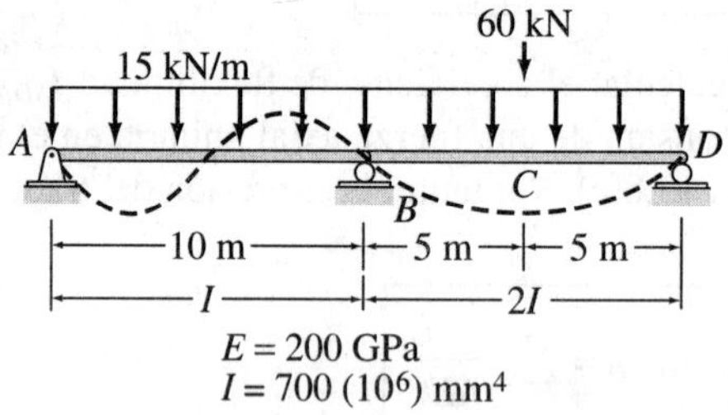

(a) Viga indeterminada

=

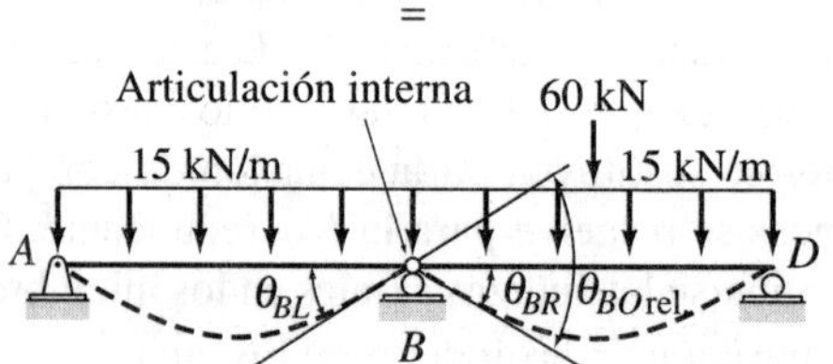

(b) Viga primaria sujeta a la carga externa

+

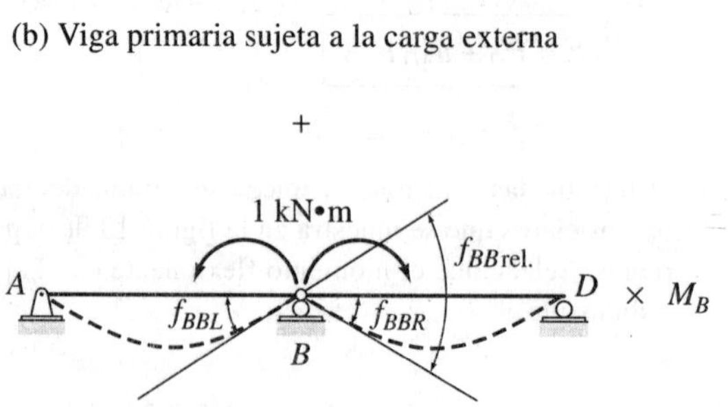

(c) Viga primaria cargada con el M_B redundante

Fig. 13.9

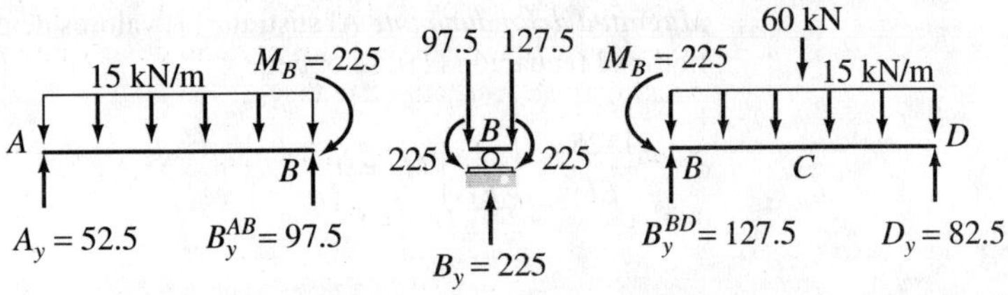

(d) Fuerzas en los extremos de los miembros y reacciones en los apoyos para la viga indeterminada

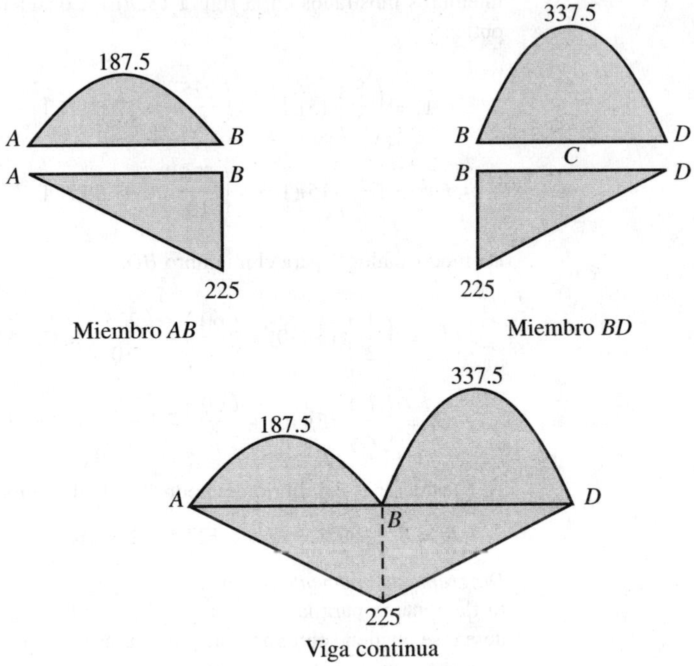

(e) Diagramas de los momentos flexionantes (kN · m)

Fig. 13.9 (*Continuación*)

Por tanto,

$$\theta_{BO\,\text{rel.}} = \frac{625}{EI} + \frac{500}{EI} = \frac{1125\,\text{kN}\cdot\text{m}^2}{EI}$$

De manera semejante, se puede calcular el coeficiente de flexibilidad $f_{BB\,\text{rel.}}$. De la figura 13.9(c), se puede ver que

$$f_{BB\,\text{rel.}} = f_{BBI} + f_{BBD}$$

en la cual

$$f_{BBI} = \frac{10}{3EI} = \frac{3.33\,\text{m}}{EI} \qquad \text{y} \qquad f_{BBD} = \frac{10}{3E(2I)} = \frac{1.67\,\text{m}}{EI}$$

Por tanto,

$$f_{BB\,\text{rel.}} = \frac{3.33}{EI} + \frac{1.67}{EI} = \frac{5\,\text{m}}{EI}$$

Magnitud del redundante Al sustituir los valores de $\Delta_{BO\,\text{rel.}}$ y $f_{BB\,\text{rel.}}$ en la ecuación de compatibilidad (ecuación (1)), se obtiene

$$\frac{1125}{EI} + \left(\frac{5}{EI}\right) M_B = 0$$

$$M_B = -225 \text{ kN} \cdot \text{m}$$ **Resp.**

Reacciones Ahora se pueden determinar las fuerzas en los extremos de los miembros *AB* y *BD* de la viga continua, aplicando las ecuaciones de equilibrio a los cuerpos libres de los miembros mostrados en la figura 13.9(d). Considerando el equilibrio del miembro *AB*, se obtiene

$$A_y = \left(\frac{1}{2}\right)(15)(10) - \left(\frac{225}{10}\right) = 52.5 \text{ kN} \uparrow$$

$$B_y^{AB} = \left(\frac{1}{2}\right)(15)(10) + \left(\frac{225}{10}\right) = 97.5 \text{ kN} \uparrow$$ **Resp.**

De modo análogo, para el miembro *BD*,

$$B_y^{BD} = \left(\frac{1}{2}\right)(15)(10) + \left(\frac{60}{2}\right) + \left(\frac{225}{10}\right) = 127.5 \text{ kN} \uparrow$$

$$D_y = \left(\frac{1}{2}\right)(15)(10) + \left(\frac{60}{2}\right) - \left(\frac{225}{10}\right) = 82.5 \text{ kN} \uparrow$$ **Resp.**

Al considerar el equilibrio del nodo *B* en la dirección vertical, se obtiene

$$B_y = B_y^{AB} + B_y^{BD} = 97.5 + 127.5 = 225 \text{ kN} \uparrow$$ **Resp.**

Diagrama del momento flexionante En la figura 13.9(e), se muestra el diagrama del momento flexionante para la viga continua, construido por las partes de las vigas simples. Si se desea, se pueden sobreponer las dos partes del diagrama, debidas a la carga externa y a los momentos en los extremos de los miembros, para obtener el diagrama resultante del momento flexionante que se muestra en el ejemplo 13.2. **Resp.**

EJEMPLO 13.6

Determine las reacciones y la fuerza en cada uno de los miembros de la armadura mostrada en la figura 13.10(a), por el método de las deformaciones coherentes.

SOLUCIÓN

Grado de indeterminación La armadura consta de diez miembros conectados por seis nodos y se encuentra apoyada por tres componentes de reacción. Por tanto, el grado de indeterminación de la armadura es igual a $(m + r) - 2j = (10 + 3) - 2(6) = 1$. Las tres reacciones se pueden determinar a partir de las tres ecuaciones de equilibrio externo, de modo que la armadura es internamente indeterminada al primer grado.

Armadura primaria Se selecciona la fuerza axial F_{CE} en el miembro diagonal *CE* para que sea el elemento redundante. De modo arbitrario, se supone que el sentido de F_{CE} es para que resulte de tensión. En la figura 13.10(b), se muestra la armadura primaria obtenida al eliminar el miembro *CE*. Enseguida, la armadura primaria se sujeta por separado a la carga externa y a una fuerza de tensión unitaria en el miembro *CE* redundante, como se muestra en las figuras 13.10(b) y (c), respectivamente.

Ecuación de compatibilidad La ecuación de compatibilidad se puede expresar como

$$\Delta_{CEO} + f_{CE,\,CE} F_{CE} = 0 \qquad \textbf{(1)}$$

en la cual Δ_{CEO} denota el desplazamiento relativo entre los nodos *C* y *E* de la armadura primaria, debido a las cargas externas, y el coeficiente de flexibilidad $f_{CE,\,CE}$ denota el desplazamiento relativo entre los mismos nodos, debido a un valor unitario de la F_{CE} redundante.

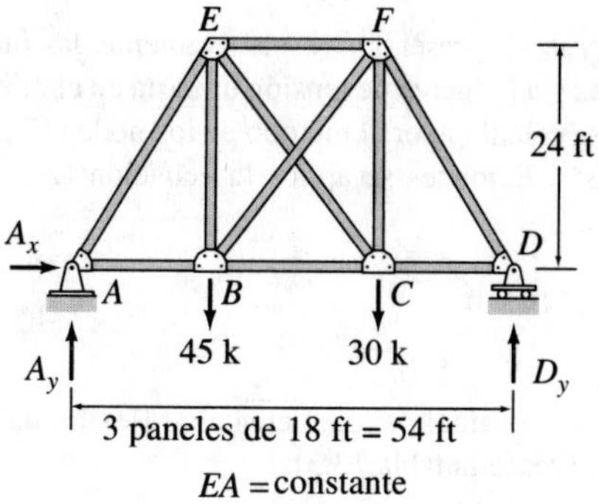

(a) Armadura indeterminada

=

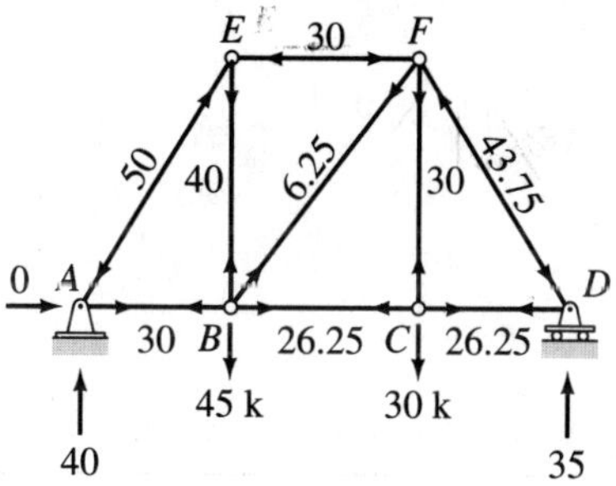

(b) Armadura primaria sujeta a las cargas externas: Fuerzas F_O

+

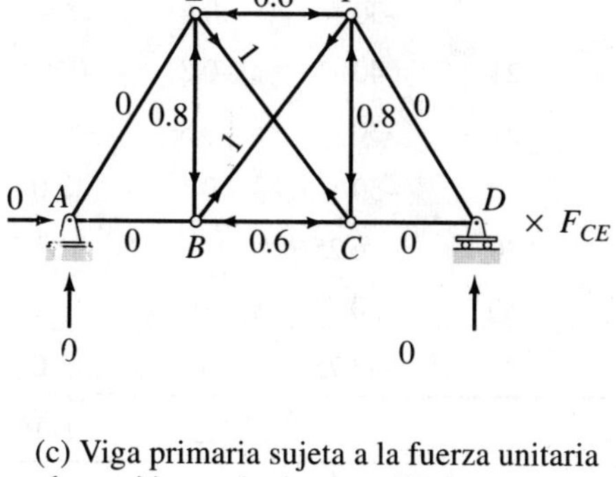

(c) Viga primaria sujeta a la fuerza unitaria de tensión en el miembro CE: fuerzas u_{CE}

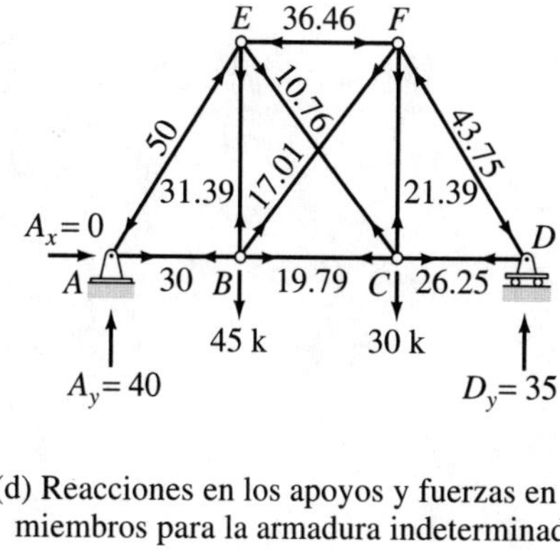

(d) Reacciones en los apoyos y fuerzas en los miembros para la armadura indeterminada

Fig. 13.10

Deflexiones de la armadura primaria La expresión del trabajo virtual para Δ_{CEO} se puede escribir como

$$\Delta_{CEO} = \sum \frac{F_O u_{CE} L}{AE} \tag{2}$$

en la cual F_O y u_{CE} representan, respectivamente, las fuerzas en los miembros debidas a las cargas externas y a la fuerza de tensión unitaria en el miembro CE. Los valores numéricos de estas fuerzas se calculan por el método de los nodos (Figs. 13.10(b) y (c)) y se hacen constar en la tabla 13.3. Entonces se aplica la ecuación (2), como se muestra en esa tabla, para obtener

$$\Delta_{CEO} = -\frac{1116\,\text{k-ft}}{AE}$$

A continuación, se calcula el coeficiente de flexibilidad $f_{CE,\,CE}$, utilizando la expresión del trabajo virtual (véase la tabla 13.3):

$$f_{CE,\,CE} = \sum \frac{u_{CE}^2 L}{AE} = \frac{103.68\,\text{ft}}{AE}$$

Magnitud de la redundante Al sustituir los valores de Δ_{CEO} y $f_{CE,\,CE}$ en la ecuación de compatibilidad (ecuación (1)), se determina que la F_{CE} redundante es

$$-\frac{1116}{AE} + \left(\frac{103.68}{AE}\right) F_{CE} = 0$$

$$F_{CE} = 10.76\ \text{k (T)}$$ **Resp.**

Tabla 13.3

Miembro	L (ft)	F_O (k)	u_{CE} (k/k)	$F_O u_{CE} L$ (k-ft)	$u_{CE}^2 L$ (k-ft)	$F = F_O + u_{CE} L_{CE}$ (k)
AB	18	30	0	0	0	30
BC	18	26.25	–0.6	–283.5	6.48	19.79
CD	18	26.25	0	0	0	26.25
EF	18	–30	–0.6	324	6.48	–36.46
BE	24	40	–0.8	–768	15.36	31.39
CF	24	30	–0.8	–576	15.36	21.39
AE	30	–50	0	0	0	–50
BF	30	6.25	1	187.5	30	17.01
CE	30	0	1	0	30	10.76
DF	30	–43.75	0	0	0	–43.75
			$\sum$	–1116	103.68	

$$\Delta_{CEO} = \frac{1}{AE}\sum F_0 u_{CE} L = -\frac{1116\,\text{k-ft}}{AE}$$

$$f_{CE,\,CE} = \frac{1}{AE}\sum u_{CE}^2 L = \frac{103.68\,\text{ft}}{AE}$$

$$F_{CE} = -\frac{\Delta_{CEO}}{f_{CE,CE}} = 10.76\ \text{k(T)}$$

Reacciones Véase la figura 13.10(d). Note que las reacciones debidas a la F_{CE} redundante son cero, como se ilustra en la figura 13.10(c).

Fuerzas axiales en los miembros Ahora se pueden determinar las fuerzas en los miembros restantes mediante la aplicación de la relación de superposición:

$$F = F_O + u_{CE}F_{CE}$$

En la tabla 13.3 y la figura 13.10(d), se muestran las fuerzas en los miembros obtenidas de este modo. **Resp.**

13.3 ESTRUCTURAS CON GRADOS MÚLTIPLES DE INDETERMINACIÓN

El método de las deformaciones coherentes, desarrollado en las secciones anteriores para analizar las estructuras con un solo grado de indeterminación, se puede extender con facilidad al análisis de estructuras con grados múltiples de indeterminación. Considere, por ejemplo, la viga continua de cuatro claros sujeta a una carga uniformemente distribuida, w, como se muestra en la figura 13.11(a). La viga está sostenida por seis reacciones en los apoyos; de donde, el grado de indeterminación es $6 - 3 = 3$. Para analizar la viga, deben seleccionarse tres reacciones en los apoyos como elementos redundantes. Supóngase que se seleccionan las reacciones verticales B_y, C_y y D_y, en los apoyos interiores B, C y D, respectivamente, para que sean los elementos redundantes. Entonces se eliminan los apoyos de rodillos en B, C y D de la viga indeterminada dada, para obtener la viga primaria estáticamente determinada y estable, como se hace ver en la figura 13.11(b). Las tres redundantes ahora se tratan como cargas desconocidas sobre la viga primaria y sus magnitudes se pueden determinar a partir de las condiciones de compatibilidad de que las deflexiones de la viga primaria, en las ubicaciones B, C y D de las redundantes, debidas al efecto combinado de la carga externa conocida w y las B_y, C_y y D_y redundantes desconocidas, deben ser iguales a cero. Esto se debe a que las deflexiones de la viga indeterminada dada en los apoyos de rodillos B, C y D son cero.

Para establecer las ecuaciones de compatibilidad, se sujeta la viga primaria por separado a la carga externa w (Fig. 13.11(b)) y a un valor unitario de cada una de las B_y, C_y y D_y redundantes (Figs. 13.11(c), (d) y (e), respectivamente). Como se muestra en la figura 13.11(b), las deflexiones de la viga primaria en los puntos B, C y D, debidas a la carga externa w, se denotan por Δ_{BO}, Δ_{CO} y Δ_{DO}, respectivamente. Nótese que el primer subíndice de una deflexión Δ indica la ubicación de la deflexión, en tanto que el segundo subíndice, O, se usa para indicar que la deflexión se debe a la carga externa. Los coeficientes de flexibilidad que representan las deflexiones de la viga primaria debidas a valores unitarios de las redundantes también se definen usando subíndices dobles, como se muestra en las figuras 13.11(c) a (e). El primer subíndice del coeficiente de flexibilidad denota la ubicación de la deflexión y el segundo indica la ubicación de la carga unitaria que causa la deflexión. Por ejemplo, el coeficiente de flexibilidad f_{CB} denota la deflexión en el punto C de la viga primaria, debida a una carga unitaria en el punto B (Fig. 13.11(c)), en tanto que f_{BC} denota la deflexión en B debida a una carga unitaria en C (Fig. 13.11(d)), y así sucesivamente, De modo alternativo, un coeficiente de flexibilidad f_{ij} también puede interpretarse como la deflexión correspondiente a una redundante i debida a un valor unitario de una redundante j; por ejemplo, f_{CB} denota la deflexión correspondiente a la C_y redundante, debida a un valor unitario de la B_y (Fig. 13.11(c), f_{BC} denota la deflexión correspondiente a la B_y redundante, debida a un valor unitario de la C_y redundante, y así sucesivamente. Se considera que una deflexión o un coeficiente de

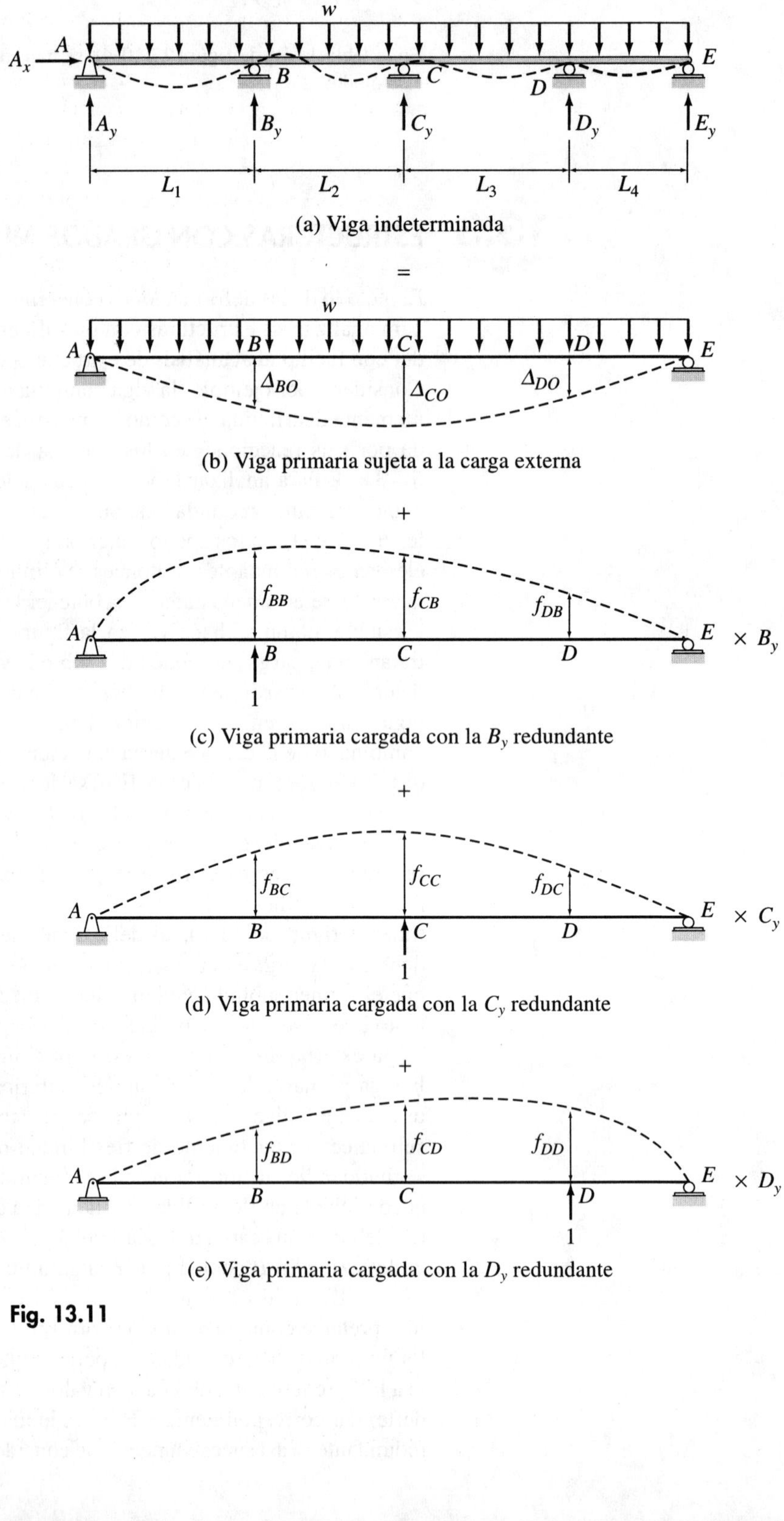

(a) Viga indeterminada

(b) Viga primaria sujeta a la carga externa

(c) Viga primaria cargada con la B_y redundante

(d) Viga primaria cargada con la C_y redundante

(e) Viga primaria cargada con la D_y redundante

Fig. 13.11

flexibilidad en la ubicación de una redundante son positivos, si tienen el mismo sentido que el supuesto para la redundante.

Si se enfoca la atención en el punto B de la viga primaria, se ve que la deflexión en este punto, debida la carga externa, es Δ_{BO} (Fig. 13.11(b)). La deflexión debida a B_y es $f_{BB}B_y$ (Fig. 13.11(c)), la debida a C_y es $f_{BC}C_y$ (Fig. 13.11(d)) y la debida a D_y es $f_{BD}D_y$ (Fig. 13.11(e)). Por tanto, la deflexión total en B, debida al efecto combinado de la carga externa y de todas las redundantes es $\Delta_{BO} + f_{BB}B_y + f_{BC}C_y + f_{BD}D_y$. Puesto que la deflexión de la viga indeterminada real (Fig. 13.11(a)) en el apoyo B es cero, la suma algebraica de las deflexiones de la viga primaria en B se iguala a cero, para obtener la ecuación de compatibilidad, $\Delta_{BO} + f_{BB}B_y + f_{BC}C_y + f_{BD}D_y$. Enseguida, se enfoca la atención en el punto C de la viga primaria; sumando algebraicamente las deflexiones en C debidas a la carga externa y a las redundantes, e igualando la suma a cero, se obtiene la segunda ecuación de compatibilidad, $\Delta_{CO} + f_{CB}B_y + f_{CC}C_y + f_{CD}D_y = 0$. De manera análoga, al igualar a cero la suma algebraica de las deflexiones de la viga primaria en D, debidas a la carga externa y a las redundantes, se obtiene la tercera ecuación de compatibilidad, $\Delta_{DO} + f_{DB}B_y + f_{DC}C_y + f_{DD}D_y = 0$. Las tres ecuaciones de compatibilidad obtenidas de esta manera son

$$\Delta_{BO} + f_{BB}B_y + f_{BC}C_y + f_{BD}D_y = 0 \quad \textbf{(13.15)}$$

$$\Delta_{CO} + f_{CB}B_y + f_{CC}C_y + f_{CD}D_y = 0 \quad \textbf{(13.16)}$$

$$\Delta_{DO} + f_{DB}B_y + f_{DC}C_y + f_{DD}D_y = 0 \quad \textbf{(13.17)}$$

Como el número de ecuaciones de compatibilidad es igual al número de redundantes desconocidas, estas ecuaciones se pueden resolver para esas redundantes. Como las ecuaciones (13.15) a (13.17) indican, en general, que las ecuaciones de compatibilidad de las estructuras con múltiples grados de indeterminación están *acopladas*, en el sentido de que cada ecuación puede contener más de una redundante desconocida. El acoplamiento se presenta porque la deflexión en la ubicación de una de las redundantes puede ser causada no sólo por esa redundante en particular (y la carga externa), sino también por algunas de las redundantes restantes, o por todas éstas. Debido a ese acoplamiento, las ecuaciones de compatibilidad se pueden resolver en forma simultánea a fin de determinar las redundantes desconocidas.

La viga primaria es estáticamente determinada, de modo que se pueden evaluar sus deflexiones debidas a la carga externa así como a los coeficientes de flexibilidad, utilizando las métodos discutidos con anterioridad en este texto. El número total de deflexiones (incluyendo los coeficientes de flexibilidad) que intervengan en un sistema de ecuaciones de compatibilidad depende del grado de indeterminación de la estructura. Con base en las ecuaciones (13.15) a (13.17), se puede ver que para la viga que se está considerando, la cual es indeterminada hasta el tercer grado, las ecuaciones de compatibilidad contienen 12 deflexiones (es decir, tres deflexiones debidas a la carga externa más nueve coeficientes de flexibilidad). Sin embargo, según la *ley de Maxwell de las deflexiones recíprocas* (sección 7.8), $f_{CB} = f_{BC}$, $f_{DB} = f_{BD}$ y $f_{DC} = f_{CD}$. Por tanto, tres de los coeficientes de flexibilidad se pueden obtener por la aplicación de la ley de Maxwell, reduciendo de este modo a nueve el número de deflexiones que deben calcularse. Aplicando un razonamiento semejante, se puede demostrar que el número total de deflexiones necesarias para el análisis de una estructura con el grado de indeterminación de i es igual a $(i + i^2)$, de las cuales deben calcularse $(3i + i^2)/2$, en tanto que las restantes se pueden obtener por la aplicación de la ley de Maxwell de las deflexiones recíprocas.

Una vez que se han determinado las redundantes, resolviendo las ecuaciones de compatibilidad, se pueden evaluar las otras características de respuesta de la estructura, por el equilibrio o por superposición.

Procedimiento para el análisis

Con base en la discusión antes realizada, se puede desarrollar el siguiente procedimiento paso a paso para el análisis de estructuras, por el método de las deflexiones coherentes:

1. Determine el grado de indeterminación de la estructura.

2. Seleccione las fuerzas o los momentos redundantes, a los elementos de ambos tipos. El número total de elementos redundantes debe ser igual al grado de indeterminación de la estructura. Asimismo, los elementos redundantes deben elegirse de modo que la eliminación de las restricciones correspondientes de la estructura indeterminada dada dé por resultado una estructura primaria que sea estáticamente determinada y estable. Los sentidos de los elementos redundantes no se conocen y se pueden suponer de manera arbitraria. Una respuesta positiva para un elemento redundante implicará que el sentido supuesto inicialmente para el mismo era correcto.

3. Elimine las restricciones correspondientes a los elementos redundantes de la estructura indeterminada dada, a fin de obtener la estructura primaria (determinada).

4. a. Dibuje un diagrama de la estructura primaria sólo con la carga externa aplicada a ella. Trace un esquema de la forma deformada de la estructura y muestre la deflexión (o pendiente) en el punto de aplicación y en la dirección de cada elemento redundante, por medio de un símbolo apropiado.

b. A continuación, para cada elemento redundante, dibuje un diagrama de la estructura primaria sólo con el valor unitario de ese elemento aplicado a ella. La fuerza unitaria (o el momento unitario) deben aplicarse en la dirección positiva del elemento redundante. Trace un esquema de la forma deformada de la estructura y muestre mediante símbolos apropiados los coeficientes de flexibilidad en las ubicaciones de todos los elementos redundantes. A fin de indicar que la carga así como la respuesta estructural deben multiplicarse por el elemento redundante que se esté considerando, muestre ese elemento precedido por un signo de multiplicación (×), próximo al diagrama de la estructura. La deflexión (o pendiente) en la ubicación de cualquier elemento redundante, debida a ese redundante que se esté considerando, es igual al coeficiente de flexibilidad en esa ubicación multiplicado por la magnitud desconocida del elemento.

5. Escriba una ecuación de compatibilidad para la ubicación de cada elemento redundante, igualando la suma algebraica de las deflexiones (o pendientes) de la estructura primaria, debidas a la carga externa y a cada uno de los elementos redundantes, al desplazamiento (o rotación) conocido en la ubicación correspondiente de la estructura indeterminada real. El número total de ecuaciones de compatibilidad obtenidas de este modo debe ser igual al número de elementos redundantes.

6. Calcule las deflexiones (y los coeficientes de flexibilidad) que intervienen en lás ecuaciones de compatibilidad, aplicando los métodos discutidos con anterioridad en este texto y por la aplicación de la ley de Maxwell de las deflexiones recíprocas. Se considera que una deflexión (o coeficiente de flexibilidad) en la ubicación de un elemento redundante es positiva(o), si tiene el mismo sentido que el supuesto para ese elemento.

7. Sustituya los valores de las deflexiones calculadas en el paso 6, en las ecuaciones de compatibilidad y resuelva para los elementos redundantes desconocidos.

8. Una vez que se han determinado los elementos redundantes, se pueden evaluar las otras características de respuesta (por ejemplo, las reacciones, los diagramas de las cortantes y de los momentos flexionantes o las fuerzas en los miembros, o también estos últimos) de la estructura indeterminada, a través de consideraciones de equilibrio o por superposición de las respuestas de la estructura primaria, debidas a la carga externa y debidas a cada uno de los elementos redundantes.

EJEMPLO 13.7

Determine las reacciones y dibuje los diagramas de la cortante y del momento flexionante para la viga continua de tres claros que se muestra en la figura 13.12(a), aplicando el método de las deformaciones coherentes.

SOLUCIÓN *Grado de indeterminación* $i = 2$.

Viga primaria Las reacciones verticales B_y y C_y, en los apoyos interiores B y C, respectivamente, se seleccionan como los elementos redundantes. Entonces se eliminan los apoyos de rodillos en B y C, para obtener la viga primaria mostrada en la figura 13.12(b). Enseguida, la viga primaria se sujeta por separado a la carga externa de 2 k/ft y a los valores unitarios de las B_y y C_y redundantes, como se muestra en las figuras 13.12(b), (c) y (d), respectivamente.

Ecuaciones de compatibilidad Dado que las deflexiones de la viga real indeterminada en los apoyos B y C son cero, se iguala a cero la suma algebraica de las deflexiones en los puntos B y C, respectivamente, de la viga primaria, debidas a la carga externa de 2 k/ft y a cada una de las redundantes, para obtener las ecuaciones de compatibilidad:

$$\Delta_{BO} + f_{BB}B_y + f_{BC}C_y = 0 \qquad \textbf{(1)}$$

$$\Delta_{CO} + f_{CB}B_y + f_{CC}C_y = 0 \qquad \textbf{(2)}$$

Deflexiones de la viga primaria Utilizando las fórmulas de las deflexiones de las vigas, se obtiene

$$\Delta_{BO} = \Delta_{CO} = \frac{293\,333.333\,\text{ft}^3}{EI}$$

$$f_{BB} = f_{CC} = \frac{3555.556\,\text{ft}^3}{EI}$$

$$f_{CB} = \frac{3111.111\text{ft}^3}{EI}$$

Aplicando la ley de Maxwell,

$$f_{BC} = \frac{3111.111\text{ft}^3}{EI}$$

Magnitudes de las redundantes Si se sustituyen los valores de las deflexiones y de los coeficientes de flexibilidad de la viga primaria que acaban de calcularse en las ecuaciones de compatibilidad (ecuaciones (1) y (2)), se obtiene

$$-293\,333.333 + 3555.556B_y + 3111.111C_y = 0$$

$$-293\,333.333 + 3111.111B_y + 3555.556C_y = 0$$

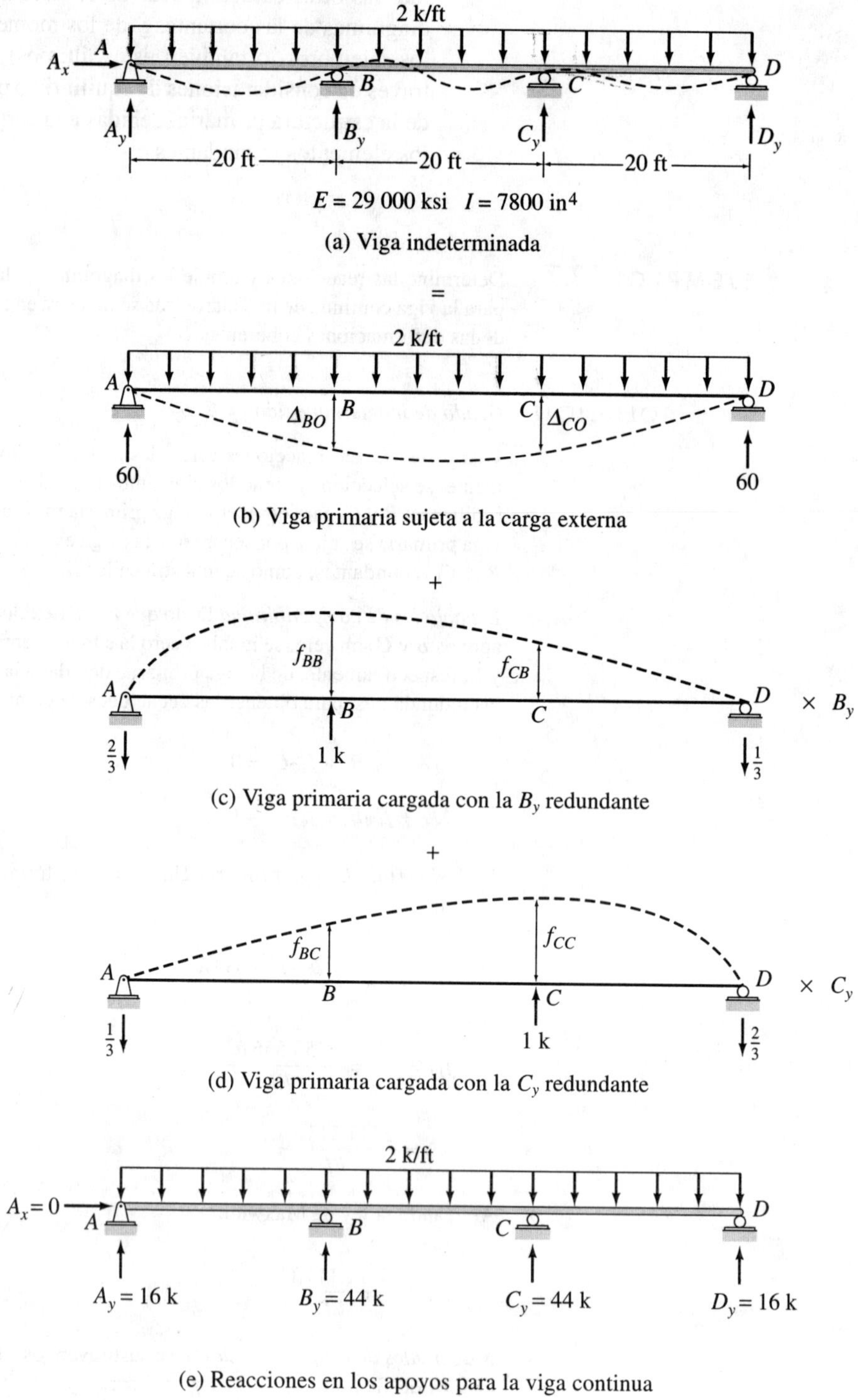

(a) Viga indeterminada

(b) Viga primaria sujeta a la carga externa

(c) Viga primaria cargada con la B_y redundante

(d) Viga primaria cargada con la C_y redundante

(e) Reacciones en los apoyos para la viga continua

Fig. 13.12

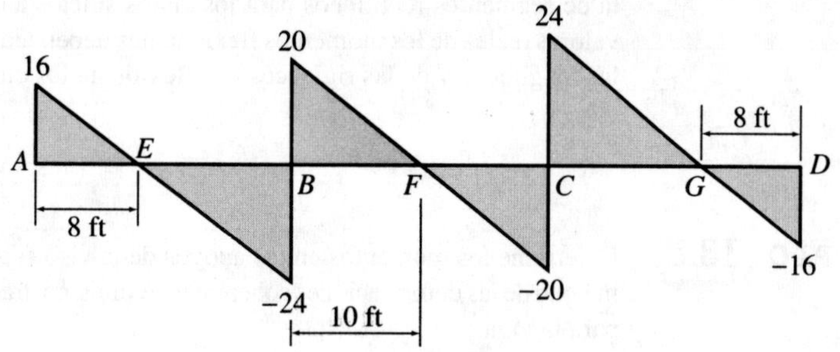

Diagrama de la cortante (k)

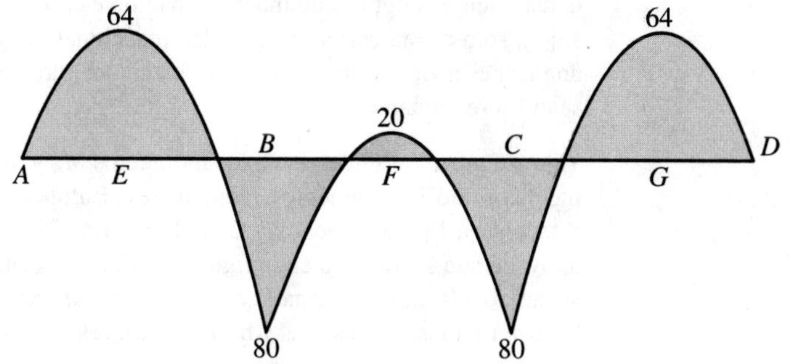

Diagrama del momento flexionante (k-ft)

(f) Diagramas de la cortante y del momento flexionante para la viga continua

Fig. 13.12 (*Continuación*)

o bien,

$$3555.556B_y + 3111.111C_y = 293\,333.333 \qquad \textbf{(1a)}$$

$$3111.111B_y + 3555.556C_y = 293\,333.333 \qquad \textbf{(2a)}$$

Si se resuelven las ecuaciones (1a) y (2a) simultáneamente para B_y y C_y, se obtiene

$$B_y = C_y = 44 \text{ k} \uparrow \qquad \textbf{Resp.}$$

Reacciones Ahora se pueden determinar las reacciones restantes mediante la aplicación de las tres ecuaciones de equilibrio al cuerpo libre de la viga continua, como sigue (Fig. 13.12(e)):

$$+ \rightarrow \sum F_x = 0 \qquad A_x = 0 \qquad \textbf{Resp.}$$

$$+ \circlearrowleft \sum M_D = 0 \qquad -A_y(60) + 2(60)(30) - 44(40 + 20) = 0$$

$$A_y = 16 \text{ k} \uparrow \qquad \textbf{Resp.}$$

$$+ \uparrow \sum F_y = 0 \qquad 16 - 2(60) + 44 + 44 + D_y = 0$$

$$D_y = 16 \text{ k} \uparrow \qquad \textbf{Resp.}$$

Diagramas de la cortante y del momento flexionante En la figura 13.12(f), se muestran los diagramas de la cortante y del momento flexionante de la viga. **Resp.**

En general, las formas de los diagramas de la cortante y del momento flexionante para las vigas continuas son semejantes a los de la viga continua con tres claros, mostrados en la figura 13.12(f). Como se muestra en esta figura, por lo general se desarrollan momentos flexionantes negativos en los apoyos interiores de las vigas continuas, mientras que el diagrama del momento flexionante suele ser positivo sobre las partes medias de los claros. El momento flexionante en un soporte articulado en uno de los extremos de la viga debe ser y, en general, es negativo en un apoyo fijo en el extremo. Asimismo, la forma del diagrama del momento flexionante es parabólica para los claros sujetos a cargas uniformemente distribuidas y consta de segmentos rectilíneos para los claros sujetos a cargas concentradas. Por supuesto, los valores reales de los momentos flexionantes dependen de la magnitud de la carga así como de las longitudes y de las rigideces a la flexión de los claros de la viga continua.

EJEMPLO 13.8

Determine los momentos en los apoyos de la viga fija mostrada en la figura 13.13(a), por el método de las deformaciones coherentes. Asimismo, trace el diagrama del momento flexionante para la viga.

SOLUCIÓN

Grado de indeterminación La viga está sostenida por seis reacciones en los apoyos; por consiguiente, su grado de indeterminación es $i = 6 - 3 = 3$. Sin embargo, como la viga está sujeta sólo a una carga vertical, las reacciones A_x y C_x deben ser cero. Por lo tanto, para analizar esta viga, sólo es necesario seleccionar dos de las cuatro reacciones restantes para que sean las redundantes.

Viga primaria Se seleccionan los momentos M_A y M_C en los apoyos fijos A y C, respectivamente, como los elementos redundantes. Entonces se eliminan las restricciones contra la rotación en los extremos A y C de la viga, a fin de obtener la viga primaria simplemente apoyada que se muestra en la figura 13.13(b). A continuación, la viga primaria se sujeta por separado a la carga externa P y a los valores unitarios de los M_A y M_C redundantes, como se hace ver en las figuras 13.13(b), (c) y (d), respectivamente.

Ecuaciones de compatibilidad Notando que las pendientes de la viga indeterminada real en los apoyos fijos A y C son cero, se escriben las ecuaciones de compatibilidad:

$$\theta_{AO} + f_{AA}M_A + f_{AC}M_C = 0 \tag{1}$$

$$\theta_{CO} + f_{CA}M_A + f_{CC}M_C = 0 \tag{2}$$

Pendientes de la viga primaria Las pendientes en los extremos A y C de la viga primaria, debidas a la carga externa P y debidas al valor unitario de cada uno de los redundantes, obtenidas al utilizar las fórmulas de las deflexiones o el método de la viga conjugada son

$$\theta_{AO} = \frac{Pb(L^2 - b^2)}{6EIL}$$

$$\theta_{CO} = \frac{Pa(L^2 - a^2)}{6EIL}$$

$$f_{AA} = f_{CC} = \frac{L}{3EI}$$

$$f_{CA} = \frac{L}{6EI}$$

Al aplicar la ley de Maxwell,

$$f_{AC} = \frac{L}{6EI}$$

Magnitudes de los redundantes Al sustituir las expresiones de las pendientes en las ecuaciones de compatibilidad (ecuaciones (1) y (2)), se obtiene

$$-\frac{Pb(L^2 - b^2)}{6EIL} + \left(\frac{L}{3EI}\right)M_A + \left(\frac{L}{6EI}\right)M_C = 0 \tag{1a}$$

$$-\frac{Pa(L^2 - a^2)}{6EIL} + \left(\frac{L}{6EI}\right)M_A + \left(\frac{L}{3EI}\right)M_C = 0 \tag{2a}$$

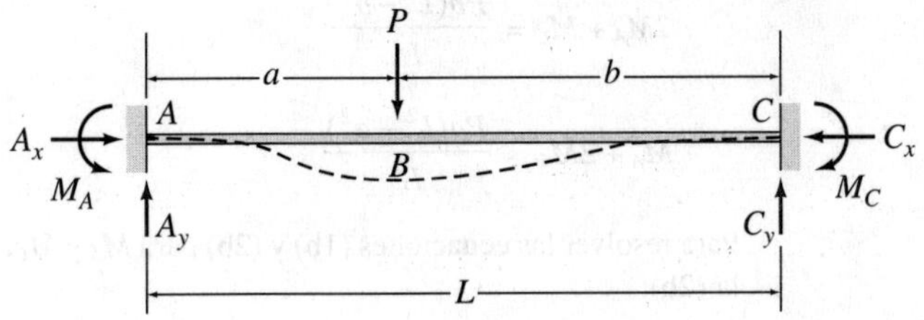

(a) Viga indeterminada

=

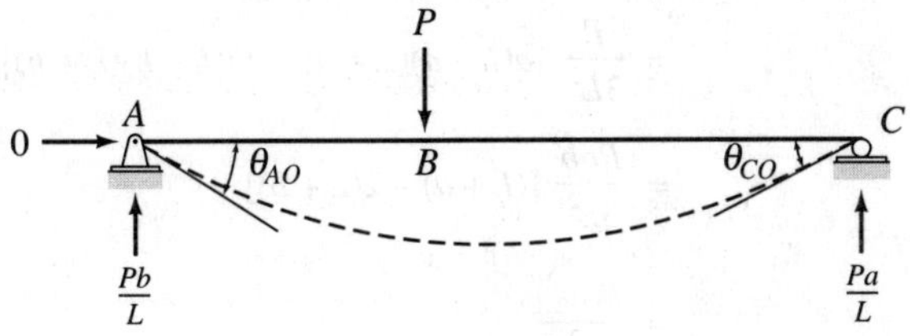

(b) Viga primaria sujeta a la carga externa

+

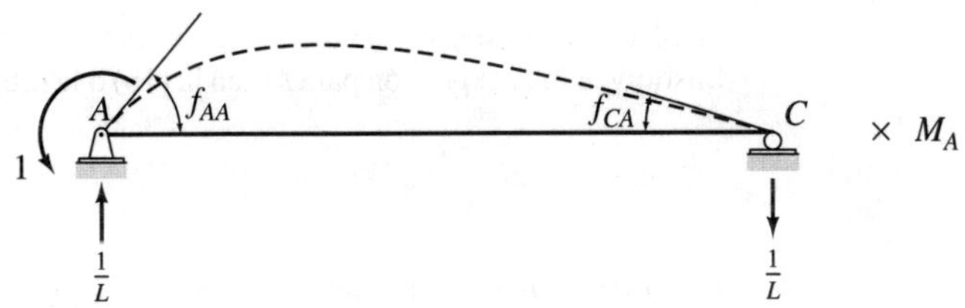

(c) Viga primaria cargada con el M_A redundante

+

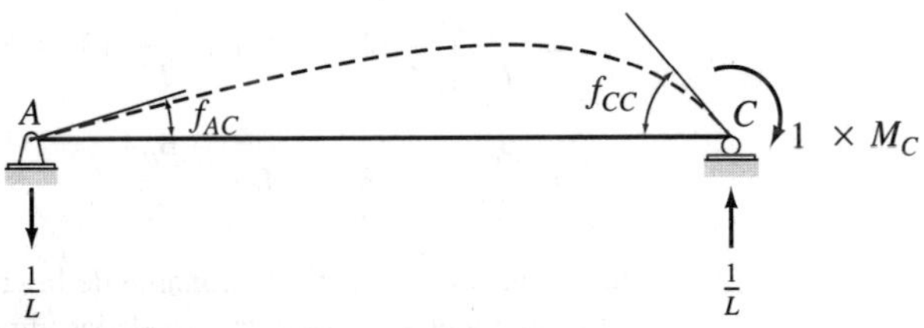

(d) Viga primaria cargada con el M_C redundante

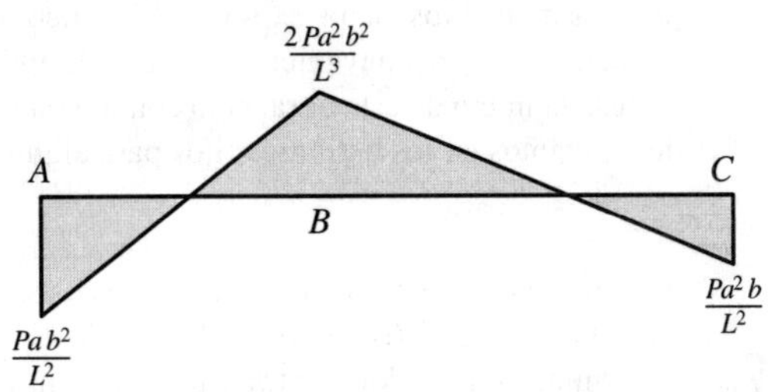

(e) Diagrama del momento flexionante para la viga fija

Fig. 13.13

las cuales se pueden simplificar como

$$2M_A + M_C = \frac{Pb(L^2 - b^2)}{L^2} \qquad \textbf{(1b)}$$

$$M_A + 2M_C = \frac{Pa(L^2 - a^2)}{L^2} \qquad \textbf{(2b)}$$

Para resolver las ecuaciones (1b) y (2b) para M_A y M_C, se multiplica la (1b) por 2 y se resta de la (2b):

$$M_A = -\frac{P}{3L^2}[a(L^2 - a^2) - 2b(L^2 - b^2)]$$

$$= \frac{P}{3L^2}[a(L - a)(L + a) - 2b(L - b)(L + b)]$$

$$= \frac{Pab}{3L^2}[(L + a) - 2(L + b)]$$

$$= \frac{Pab^2}{L^2}$$

$$M_A = \frac{Pab^2}{L^2} \circlearrowleft \qquad \textbf{Resp.}$$

Sustituyendo la expresión para M_A en la (1b) o la (2b) y despejando M_C, se obtiene lo siguiente:

$$M_C = \frac{Pa^2b}{L^2} \circlearrowright \qquad \textbf{Resp.}$$

Diagrama del momento flexionante Ahora se pueden determinar las reacciones verticales A_y y C_y mediante la superposición de las reacciones de la viga primaria, debidas a la carga externa P y debidas a cada uno de los redundantes (Figs. 13.13(b) a (d)). De donde,

$$A_y = \frac{Pb}{L} + \frac{1}{L}(M_A - M_C) = \frac{Pb^2}{L^3}(3a + b)$$

$$C_y = \frac{Pa}{L} + \frac{1}{L}(M_A - M_C) = \frac{Pa^2}{L^3}(a + 3b)$$

El diagrama del momento flexionante de la viga se muestra en la figura 13.13(e). **Resp.**

Los momentos en los extremos de las vigas cuyos extremos están fijos contra la rotación suelen mencionarse como *momentos en extremos fijos*. Este tipo de momentos desempeñan un papel importante en el análisis de las estructuras por el método de los desplazamientos, que se va a considerar en los capítulos subsiguientes. Como se ilustra aquí, las expresiones para los momentos en los extremos fijos, debidos a diversas condiciones de carga, se pueden deducir de manera conveniente mediante la aplicación del método de las deformaciones coherentes. Al inicio de esta obra, para contar con una referencia conveniente, se dan expresiones de momentos en los extremos fijos para algunos tipos comunes de condiciones de carga.

EJEMPLO 13.9

Determine las reacciones y trace los diagramas de la cortante y del momento flexionante para la viga continua con cuatro claros que se muestra en la figura 13.14(a), utilizando el método de las deformaciones coherentes.

SOLUCIÓN *Simetría* Ya que la viga y la carga son simétricas respecto al eje vertical s que pasa por el apoyo de rodillo C (Fig. 13.14(a)), sólo se analizará la mitad derecha de la viga, con condi-

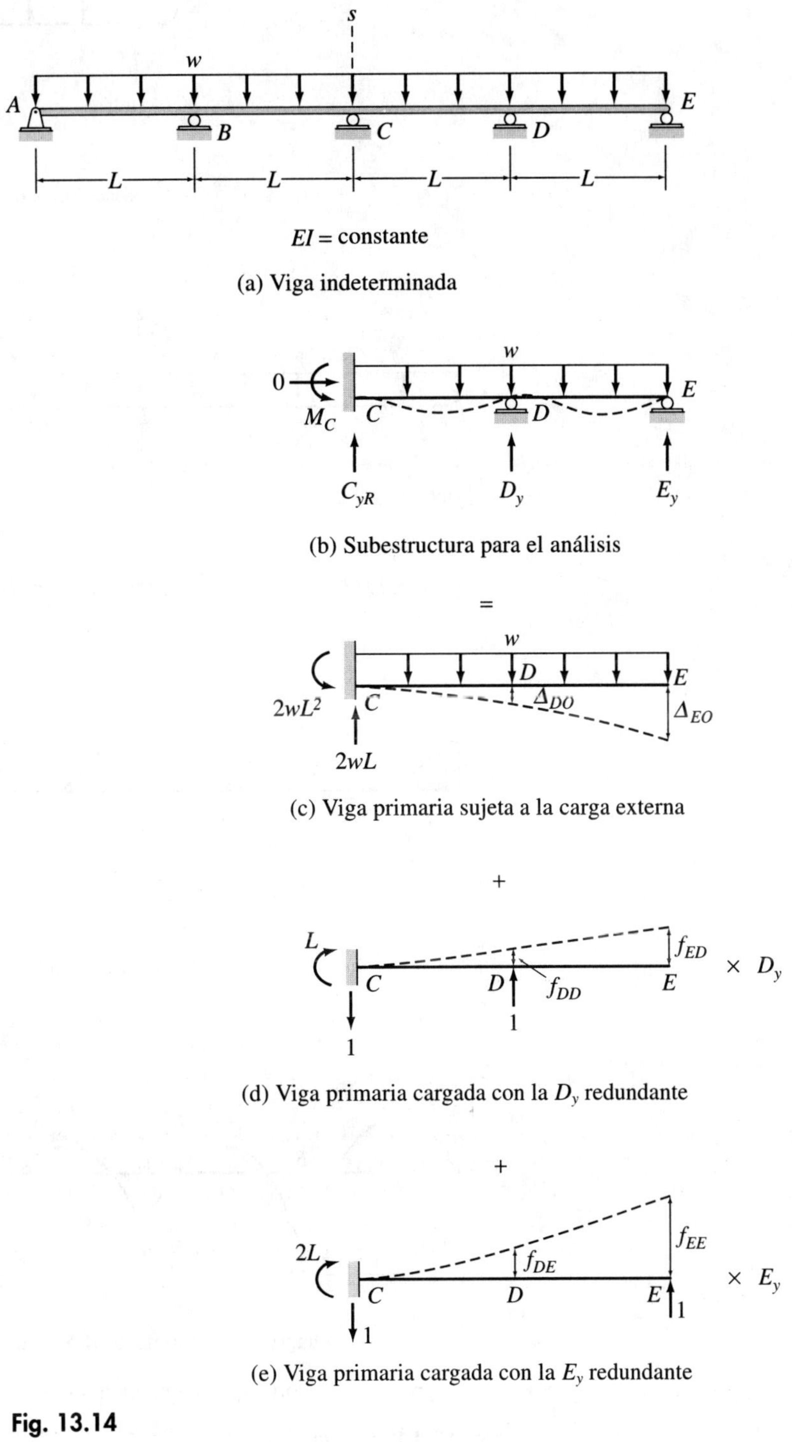

(a) Viga indeterminada

(b) Subestructura para el análisis

(c) Viga primaria sujeta a la carga externa

(d) Viga primaria cargada con la D_y redundante

(e) Viga primaria cargada con la E_y redundante

Fig. 13.14

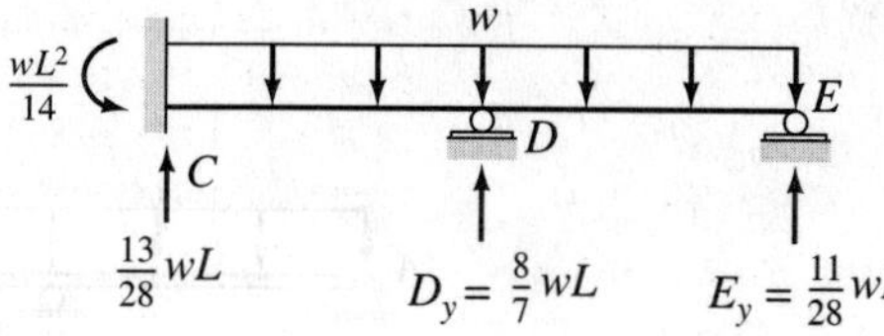

(f) Reacciones para la subestructura

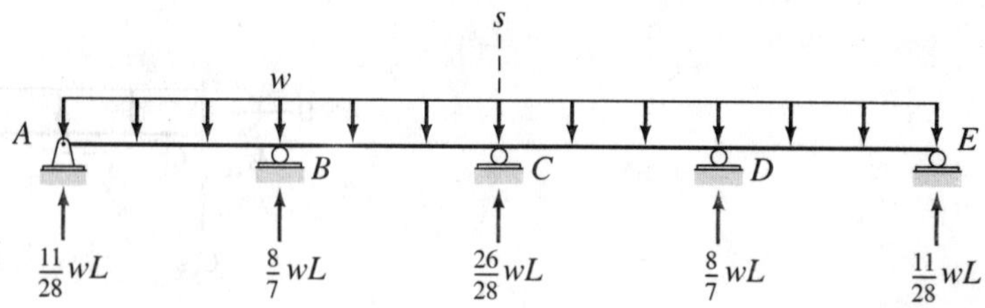

(g) Reacciones en los apoyos para la viga continua

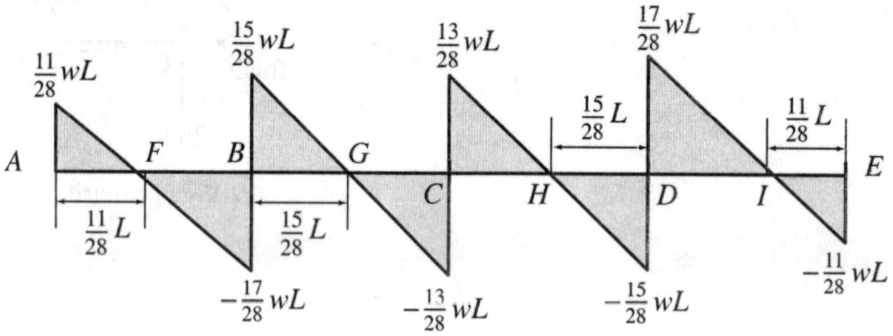

Diagrama de la cortante

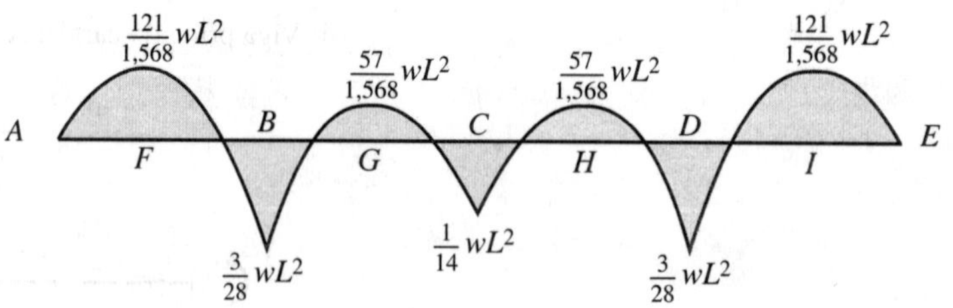

Diagrama del momento flexionante

(h) Diagramas de la cortante y del momento flexionante para la viga continua

Fig. 13.14 (*Continuación*)

ciones simétricas en la frontera, como se indica en la figura 13.14(b). Entonces se obtendrá la respuesta de la mitad izquierda de la viga por la reflexión de la respuesta de la mitad derecha hacia el otro lado del eje de simetría.

Grado de indeterminación El grado de indeterminación de la subestructura (Fig. 13.14(b)) es de dos. Note que, como el grado de indeterminación de la viga continua completa (Fig. 13.14(a)) es de tres, la utilización de la simetría estructural reducirá el esfuerzo de cálculo requerido en el análisis.

Viga primaria Se seleccionan las reacciones verticales D_y y E_y en los apoyos de rodillo D y E, respectivamente, de la subestructura como los elementos redundantes. Entonces se eliminan los apoyos de rodillos D y E para obtener la viga primaria en voladizo que se muestra en la figura 13.14(c).

Ecuaciones de compatibilidad Véanse las figuras 13.14(b) a (e).

$$\Delta_{DO} + f_{DD}D_y + f_{DE}E_y = 0 \qquad \textbf{(1)}$$

$$\Delta_{EO} + f_{ED}D_y + f_{EE}E_y = 0 \qquad \textbf{(2)}$$

Deflexiones de la viga primaria Utilizando las fórmulas de las deflexiones, se obtiene

$$\Delta_{DO} = -\frac{17wL^4}{24EI} \qquad \Delta_{EO} = -\frac{2wL^4}{EI}$$

$$f_{DD} = \frac{L^3}{3EI} \qquad f_{ED} = \frac{5L^3}{6EI}$$

$$f_{EE} = \frac{8L^3}{3EI}$$

Aplicando la ley de Maxwell,

$$f_{DE} = \frac{5L^3}{6EI}$$

Magnitudes de las redundantes Al sustituir las deflexiones de la viga primaria en las ecuaciones de compatibilidad, se obtiene

$$-\frac{17wL^4}{24EI} + \left(\frac{L^3}{3EI}\right)D_y + \left(\frac{5L^3}{6EI}\right)E_y = 0 \qquad \textbf{(1a)}$$

$$-\frac{2wL^4}{EI} + \left(\frac{5L^3}{6EI}\right)D_y + \left(\frac{8L^3}{3EI}\right)E_y = 0 \qquad \textbf{(2a)}$$

las cuales pueden simplificarse hasta

$$8D_y + 20E_y = 17wL \qquad \textbf{(1b)}$$

$$5D_y + 16E_y = 12wL \qquad \textbf{(2b)}$$

Resolviendo las ecuaciones (1b) y (2b) simultáneamente para D_y y E_y, se obtiene

$$D_y = \frac{8}{7}wL \uparrow \qquad E_y = \frac{11}{28}wL \uparrow \qquad \textbf{Resp.}$$

Reacciones Las reacciones restantes de la subestructura, obtenidas por la aplicación de las ecuaciones de equilibrio, se muestran en la figura 13.14(f). Entonces se obtienen por reflexión las reacciones a la izquierda del eje s, como se muestra en la figura 13.14(g). **Resp.**

Diagramas de la cortante y del momento flexionante Utilizando las reacciones de la viga continua, se construyen sus diagramas de la cortante y del momento flexionante. Estos diagramas se muestran en la figura 13.14(h). **Resp.**

▲▲▲

EJEMPLO 13.10 Determine las reacciones y la fuerza en cada uno de los miembros de la armadura mostrada en la figura 13.15(a), por el método de las deformaciones coherentes.

SOLUCIÓN *Grado de indeterminación* $i = (m + r) - 2j = (14 + 4) - 2(8) = 2$.

Armadura primaria La reacción vertical D_y, en el apoyo de rodillo D, y la fuerza axial F_{BG}, en el miembro diagonal BG, se seleccionan como los elementos redundantes. Entonces se eliminan el apoyo de rodillo D y el miembro BG de la armadura indeterminada dada, a fin de obtener la armadura primaria que se muestra en la figura 13.15(b). Esta armadura primaria se sujeta por separado a la carga externa (Fig. 13.15(b)), a un valor unitario de la D_y redundante (Fig. 13.15(c)) y a una fuerza unitaria de tensión en el miembro redundante BG (Fig. 13.15(d)).

Ecuaciones de compatibilidad Las ecuaciones de compatibilidad se pueden expresar como

$$\Delta_{DO} + f_{DD}D_y + f_{D,BG}F_{BG} = 0 \tag{1}$$

$$\Delta_{BGO} + f_{BG,D}D_y + f_{BG,BG}F_{BG} = 0 \tag{2}$$

en las cuales, Δ_{DO} = deflexión vertical en el nodo D de la armadura primaria, debida a la carga externa; Δ_{BGO} = desplazamiento relativo entre los nodos B y G, debido a la carga externa; f_{DD} = deflexión vertical en el nodo D, debido a una carga unitaria en este nodo; $f_{BG,D}$ = desplazamiento relativo entre los nodos B y G, debido a una carga unitaria en el nodo D; $f_{BG,BG}$ = desplazamiento relativo entre los nodos B y G, debido a una fuerza unitaria de tensión en el miembro BG, y $f_{D,BG}$ = deflexión vertical en el nodo D, debido a una fuerza unitaria de tensión en el miembro BG.

Deflexiones de la armadura primaria Las expresiones del trabajo virtual para las deflexiones antes mencionadas son

$$\Delta_{DO} = \sum \frac{F_O u_D L}{AE} \qquad \Delta_{BGO} = \sum \frac{F_O u_{BG} L}{AE}$$

$$f_{DD} = \sum \frac{u_D^2 L}{AE} \qquad f_{BG,BG} = \sum \frac{u_{BG}^2 L}{AE}$$

$$f_{BG,D} = f_{D,BG} = \sum \frac{u_D u_{BG} L}{AE}$$

en las cuales F_O, u_D y u_{BG} representan las fuerzas en los miembros debidas a la carga externa, a una carga unitaria en el nodo D y a una fuerza unitaria de tensión en el miembro BG, respectivamente. En la tabla 13.4, se hacen constar los valores numéricos de las fuerzas en los miembros, según se calculan por el método de los nodos (Figs. 13.15(b) a (d)). Nótese que, como la rigidez axial EA es la misma para todos los miembros, en la tabla 13.4 sólo están evaluados los numeradores de las expresiones del trabajo virtual. De donde

$$\Delta_{DO} = -\frac{4472.642\,\text{kN}\cdot\text{m}}{AE} \qquad \Delta_{BGO} = -\frac{992.819\,\text{kN}\cdot\text{m}}{AE}$$

$$f_{DD} = \frac{48.736\,\text{m}}{AE} \qquad f_{BG,BG} = \frac{48.284\,\text{m}}{AE}$$

$$f_{BG,D} = f_{D,BG} = -\frac{6.773\,\text{m}}{AE}$$

Magnitudes de las redundantes Al sustituir estas deflexiones y los coeficientes de flexibilidad en las ecuaciones de compatibilidad (ecuaciones (1) y (2)), se escribe

$$-4472.642 + 48.736D_y - 6.773F_{BG} = 0 \tag{1a}$$

$$-992.819 + 6.733D_y + 48.284F_{BG} = 0 \tag{2a}$$

Si se resuelven las ecuaciones (1a) y (2a) simultáneamente para D_y y F_{BG}, se obtiene

$D_y = 96.507$ kN ↑ $\quad F_{BG} = 34.1$ kN (T) **Resp.**

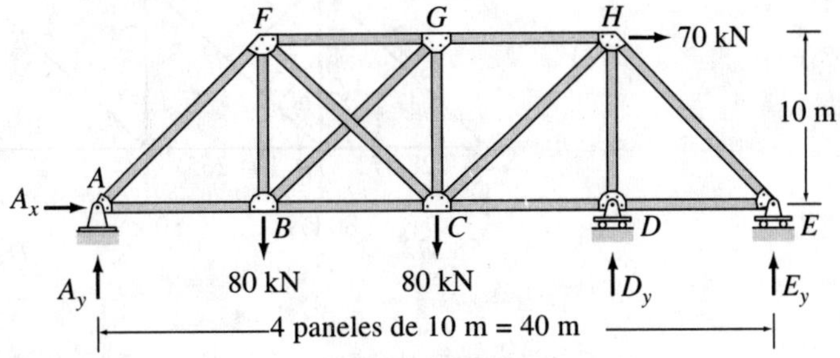

EA = constante
E = 200 GPa
A = 4000 mm²

(a) Armadura indeterminada

=

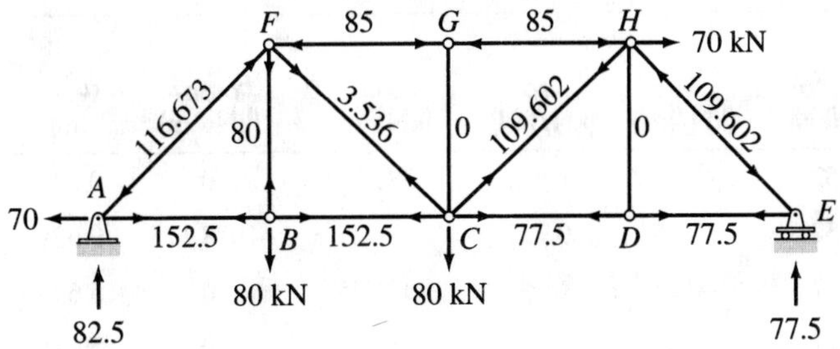

(b) Armadura primaria sujeta a las cargas externas: fuerzas F_O

+

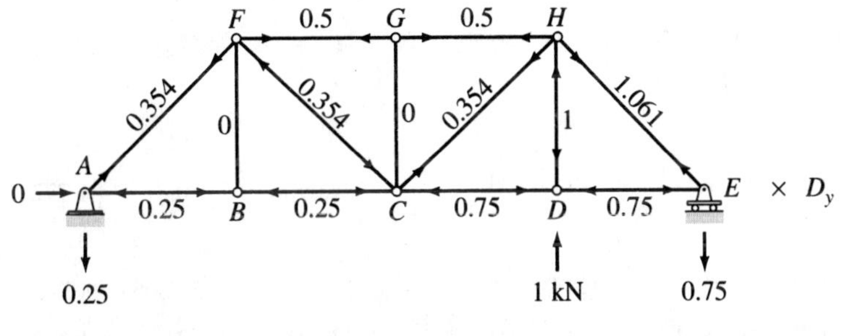

(c) Armadura primaria sujeta al valor unitario de la D_y redundante: fuerzas u_D

+

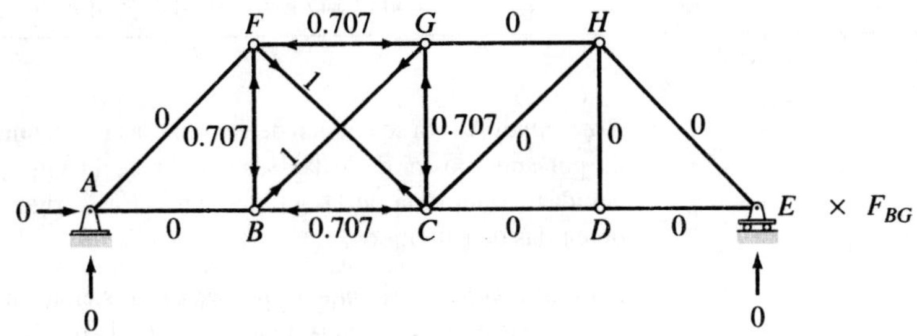

(d) Armadura primaria sujeta a la fuerza unitaria de tensión en el miembro BG: fuerzas u_{BG}

Fig. 13.15

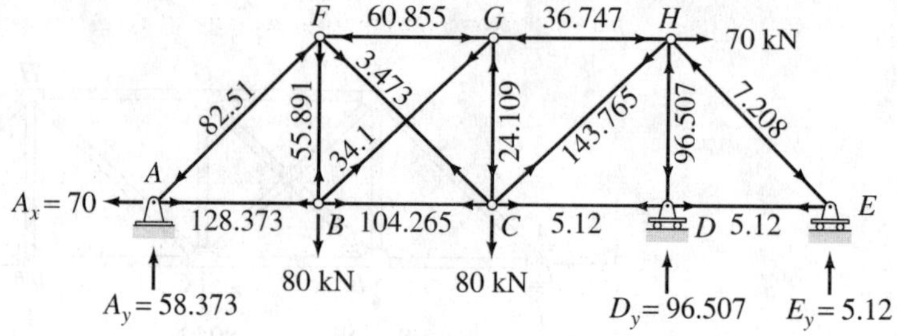

(e) Reacciones en los apoyos y fuerzas en los miembros para la armadura indeterminada

Fig. 13.15 (*Continuación*)

Tabla 13.4

Miembro	L (m)	F_O (kN)	u_D (kN/kN)	u_{BG} (kN/kN)	$F_O u_D L$ (kN · m)	$F_O u_{BG} L$ (kN · m)	$u_D^2 L$ (m)	$u_{BG}^2 L$ (m)	$u_D u_{BG} L$ (m)	$F = F_O + u_D D_y + u_{BG} F_{BG}$ (kN)
AB	10	152.5	−0.25	0	−381.25	0	0.625	0	0	128.373
BC	10	152.5	−0.25	−0.707	−381.25	−1078.175	0.625	5	1.768	104.265
CD	10	77.5	−0.75	0	−581.25	0	5.625	0	0	5.12
CD	10	77.5	−0.75	0	−581.25	0	5.625	0	0	5.12
FG	10	−85	0.5	−0.707	−425	600.95	2.5	5	−3.535	−60.855
GH	10	−85	0.5	0	−425	0	2.5	0	0	−36.747
BF	10	80	0	−0.707	0	−565.60	0	5	0	55.891
CG	10	0	0	−0.707	0	0	0	5	0	−24.109
DH	10	0	−1	0	0	0	10	0	0	−96.507
AF	14.142	−116.673	0.354	0	−584.0906	0	1.772	0	0	−82.51
BG	14.142	0	0	1	0	0	0	14.142	0	34.1
CF	14.142	3.536	−0.354	1	−17.702	50.006	1.772	14.142	−5.006	3.473
CH	14.142	109.602	0.354	0	548.697	0	1.772	0	0	143.765
EH	14.142	−109.602	1.061	0	−1644.541	0	15.92	0	0	−7.208
				Σ	−4472.642	−992.819	48.736	48.284	−6.773	

Reacciones Ahora se pueden determinar las reacciones restantes de la armadura indeterminada por superposición de las reacciones de la viga primaria, debidas a la carga externa y debidas a cada una de las redundantes. En la figura 13.15(e), se muestran las reacciones obtenidas de este modo. **Resp.**

Fuerzas axiales en los miembros Las fuerzas en los miembros restantes de la armadura indeterminada se pueden determinar aplicando la relación de superposición:

$$F = F_O + u_D D_y + u_{BG} F_{BG}$$

Las fuerzas en los miembros obtenidas de este manera se muestran en la tabla 13.4 y la figura 13.15(e). **Resp.**

EJEMPLO 13.11

Determine las reacciones y trace los diagramas de las cortantes y de los momentos flexionantes para el armazón mostrado en la figura 13.16(a), por el método de las deformaciones coherentes.

SOLUCIÓN *Grado de indeterminación i* = 2.

Armazón primario Las reacciones D_X y D_Y en el apoyo articulado D se seleccionan como los elementos redundantes. Entonces se elimina el apoyo articulado D, para obtener el armazón primario mostrado en la figura 13.16(b). A continuación, el armazón primario se sujeta por separado a la carga externa y a los valores unitarios de las D_X y D_Y redundantes, como se muestra en las figuras 13.16 (b), (c) y (d), respectivamente.

Ecuaciones de compatibilidad Notando que las deflexiones horizontal y vertical del armazón indeterminado real, en el apoyo articulado D, son cero, se escriben las ecuaciones de compatibilidad:

$$\Delta_{DXO} + f_{DX,DX}D_X + f_{DX,DY}D_Y = 0 \quad \textbf{(1)}$$

$$\Delta_{DYO} + f_{DY,DX}D_X + f_{DY,DY}D_Y = 0 \quad \textbf{(2)}$$

Deflexiones en el armazón primario En la tabla 13.5, se hacen constar las ecuaciones para los momentos flexionantes de los miembros del armazón, debidos a la carga externa y a valores unitarios de las redundantes. Al aplicar el método del trabajo virtual, se obtiene

$$\Delta_{DXO} = \sum \int \frac{M_O m_{DX}}{EI}\, dx = -\frac{241875\text{ k-ft}^3}{EI}$$

$$\Delta_{DYO} = \sum \int \frac{M_O m_{DY}}{EI}\, dx = -\frac{641250\text{ k-ft}^3}{EI}$$

$$f_{DX,DX} = \sum \int \frac{m_{DX}^2}{EI}\, dx = -\frac{9000\text{ ft}^3}{EI}$$

$$f_{DY,DY} = \sum \int \frac{m_{DY}^2}{EI}\, dx = -\frac{22\,500\text{ ft}^3}{EI}$$

$$f_{DX,DY} = f_{DY,DX} = \sum \int \frac{m_{DX} m_{DY}}{EI}\, dx = -\frac{10125\text{ ft}^3}{EI}$$

Magnitudes de las redundantes Al sustituir estas deflexiones y los coeficientes de flexibilidad en las ecuaciones de compatibilidad, se escribe

$$241\,875 - 9000D_X + 10\,125D_Y = 0 \quad \textbf{(1a)}$$

$$-641\,250 - 10\,125D_X + 22\,500D_Y = 0 \quad \textbf{(2a)}$$

Si se resuelven las ecuaciones (1a) y (2a) simultáneamente para D_X y D_Y, se obtiene

$D_X = 10.503$ k ← $\quad D_Y = 33.226$ k ↑ **Resp.**

Tabla 13.5

	Coordenada x				
Miembro	**Origen**	**Límites (ft)**	**M_O (k-ft)**	**m_{DX} (k-ft/k)**	**m_{DY} (k-ft/k)**
AB	*A*	0-15	$-1050 + 10x$	$-x$	30
CB	*C*	0-30	$-x^2$	-15	x
DC	*D*	0-15	0	x	0

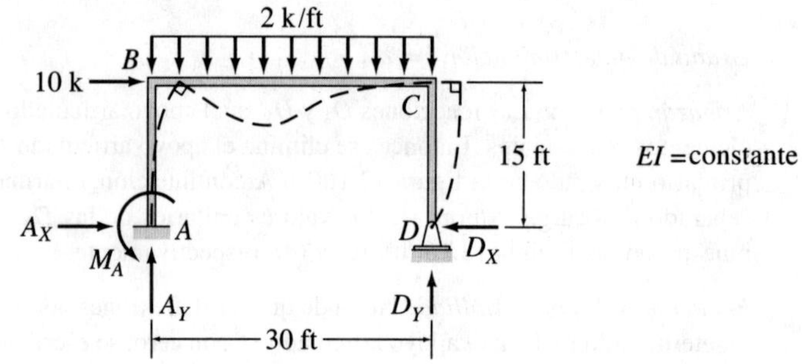

(a) Armazón indeterminado

=

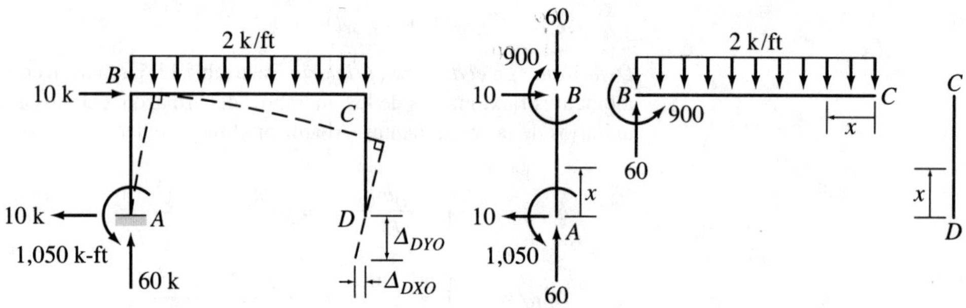

(b) Armazón primario sujeto a la carga externa: momentos M_O

+

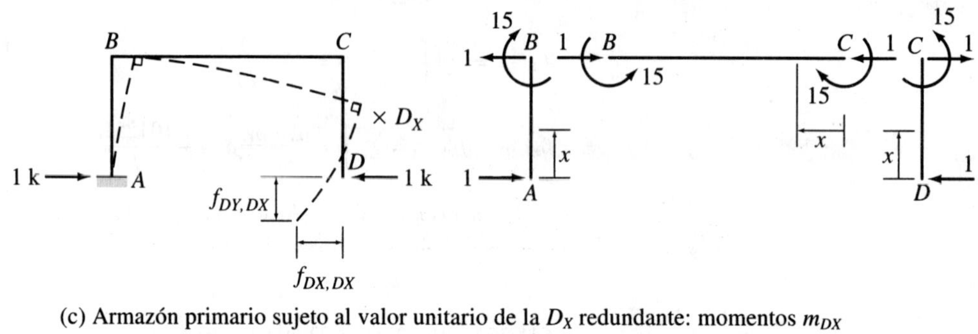

(c) Armazón primario sujeto al valor unitario de la D_X redundante: momentos m_{DX}

+

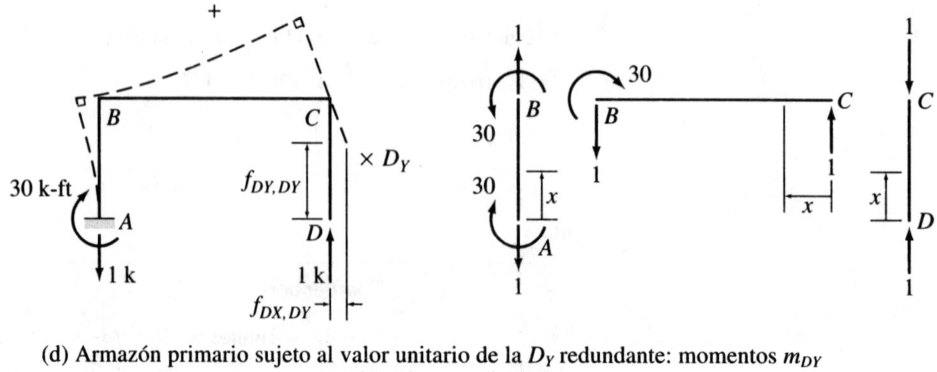

(d) Armazón primario sujeto al valor unitario de la D_Y redundante: momentos m_{DY}

Fig. 13.16

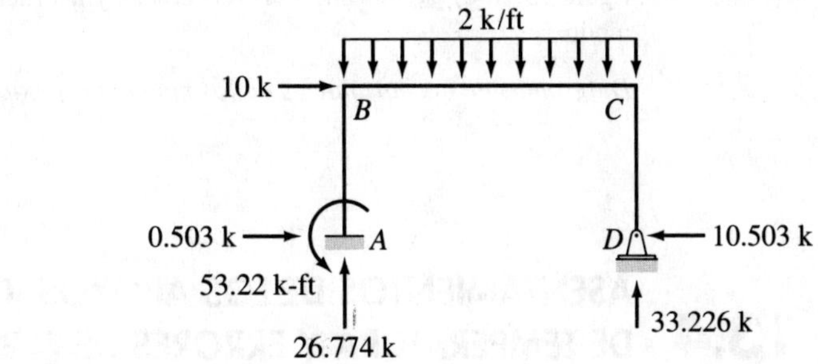

Reacciones

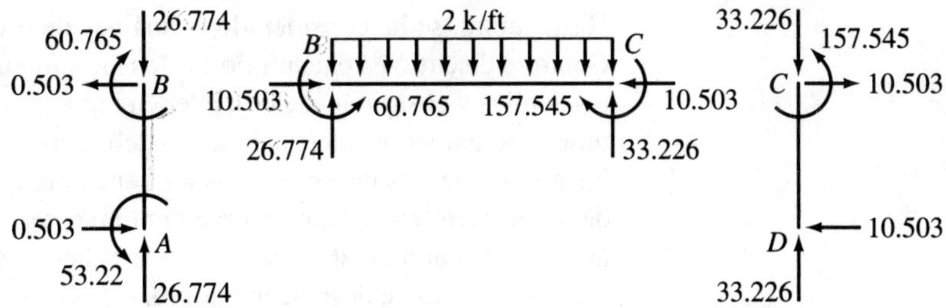

Fuerzas en los extremos de los miembros

(e) Reacciones en los apoyos y fuerzas en los extremos de los miembros para el armazón indeterminado

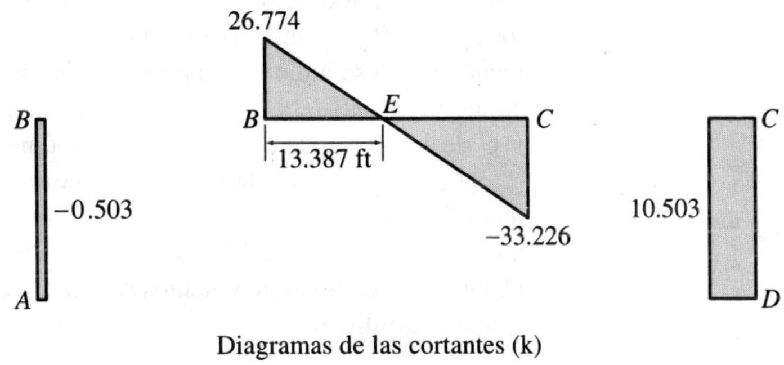

Diagramas de las cortantes (k)

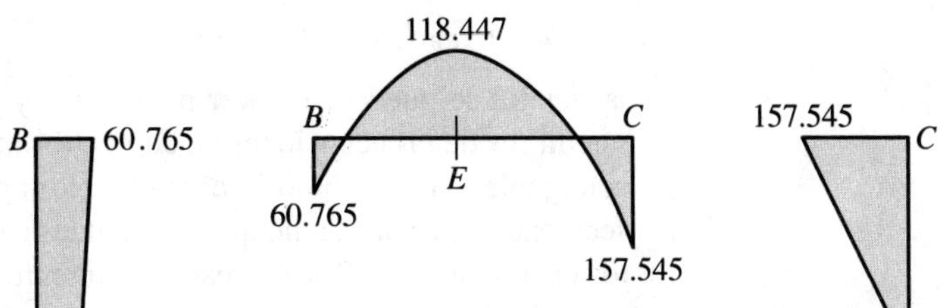

Diagramas de los momentos flexionantes (k-ft)

(f) Diagramas de las cortantes y de los momentos flexionantes para el armazón indeterminado

Fig. 13.16 (*Continuación*)

Reacciones Ahora se pueden determinar las reacciones restantes y las fuerzas en los extremos de los miembros del armazón indeterminado, aplicando las ecuaciones de equilibrio. En la figura 13.16(e), se muestran las reacciones y las fuerzas en los miembros obtenidas de este modo. **Resp.**

Diagramas de las cortantes y de los momentos flexionantes Véase la figura 13.16(f). **Resp.**

13.4 ASENTAMIENTOS DE LOS APOYOS, CAMBIOS DE TEMPERATURA Y ERRORES DE FABRICACIÓN

Asentamientos de los apoyos

Hasta ahora, se ha considerado el análisis de estructuras con apoyos que no ceden. Como se discutió en el capítulo 11, los movimientos en los apoyos debidos a cimientos débiles y cosas por el estilo pueden inducir esfuerzos significativos en las estructuras externamente indeterminadas y deben considerarse en sus diseños. Sin embargo, los asentamientos de los apoyos no tienen efecto sobre las condiciones de esfuerzo de las estructuras que son internamente indeterminadas pero externamente determinadas. Esta carencia de efecto se debe al hecho de que los asentamientos hacen que esas estructuras se desplacen o giren, o realicen ambos movimientos, como cuerpos rígidos, sin que cambien sus formas. El método de las deformaciones coherentes, como se desarrolló en las secciones anteriores, se puede modificar con facilidad para incluir el efecto de los asentamientos de los apoyos en el análisis.

Considere, por ejemplo, una viga continua con dos claros sujeta a una carga uniformemente distribuida, w, como se muestra en la figura 13.17(a). Suponga que los apoyos B y C de la viga sufren los pequeños asentamientos Δ_B y Δ_C, respectivamente, como se indica en la figura. A fin de analizar la viga, se consideran las reacciones verticales B_y y C_y como los elementos redundantes. Se eliminan los apoyos B y C de la viga indeterminada, para obtener la viga primaria, la cual entonces se sujeta por separado a la carga externa w y a los valores unitarios de las B_y y C_y redundantes, como se hace ver en las figuras (b), (c) y (d), respectivamente. Si tenemos en cuenta que las deflexiones de la viga indeterminada real, en los apoyos B y C, son iguales a los asentamientos Δ_B y Δ_C, respectivamente, se obtienen las ecuaciones de compatibilidad

$$\Delta_{BO} + f_{BB}B_y + f_{BC}C_y = \Delta_B \qquad \textbf{(13.18)}$$

$$\Delta_{CO} + f_{CB}B_y + f_{CC}C_y = \Delta_C \qquad \textbf{(13.19)}$$

las cuales se pueden resolver para las B_y y C_y redundantes. Note que los segundos miembros de las ecuaciones de compatibilidad (ecuaciones (13.18) y (13.19)) ya no son iguales a cero, como en el caso de los apoyos que no ceden, considerados en las secciones anteriores, sino que son iguales a los valores prescritos de los asentamientos en los apoyos B y C, respectivamente. Una vez que se han determinado las redundantes al resolver las ecuaciones de compatibilidad, se pueden evaluar las otras características de respuesta de la viga, por el equilibrio o por superposición.

Aun cuando los asentamientos de los apoyos suelen especificarse con respecto a la posición no deformada de la estructura indeterminada, las magnitudes de esos desplazamientos que tienen que usarse en las ecuaciones de compatibilidad deben medirse desde la cuerda que une las posiciones deformadas de los apoyos de la estructura primaria hasta las posiciones deformadas de los apoyos redundantes. Cualquiera de esos desplazamientos de los apoyos se considera como positivo si tiene el mismo sentido que el supuesto para la redundante. En el caso de la viga de la figura

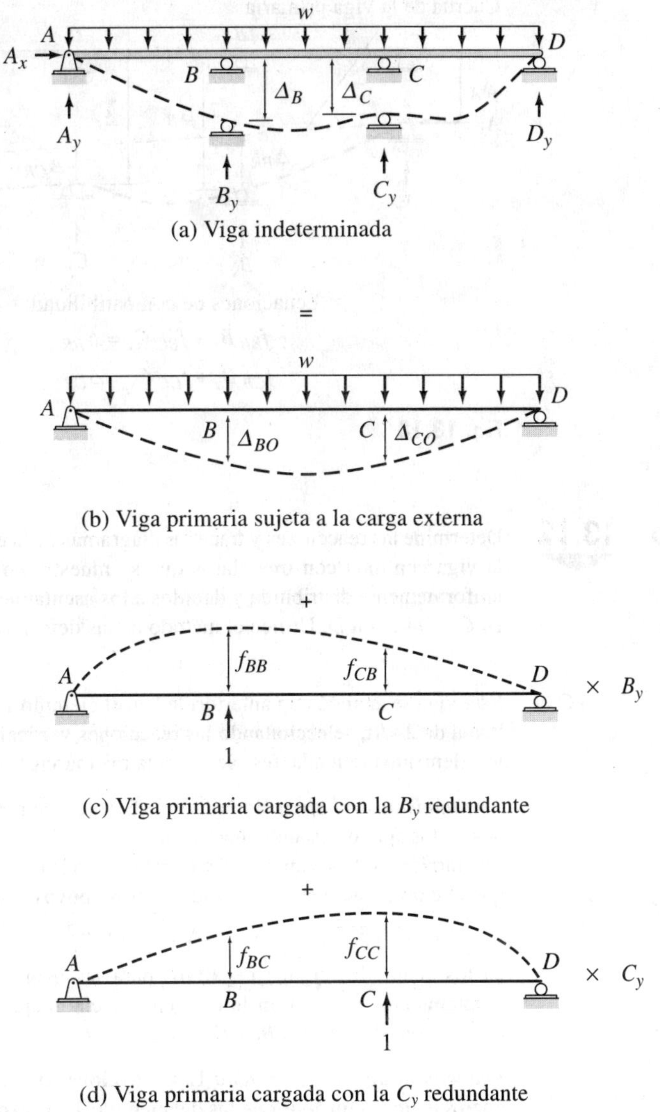

Fig. 13.17

13.17(a), suponemos que los apoyos extremos A y D no sufren asentamiento, la cuerda AD de la viga primaria coincide con la posición no deformada de la viga indeterminada; por tanto, los asentamientos de los apoyos B y C, relativos a la cuerda de la viga primaria, son iguales a los asentamientos prescritos Δ_B y Δ_C, respectivamente.

Suponga ahora que todos los apoyos de la viga sufren asentamiento, como se indica en la figura 13.18. Si consideramos que las reacciones B_y y C_y son los elementos redundantes, entonces los desplazamientos Δ_{BR} y Δ_{CR} de los apoyos B y C, respectivamente, relativos a la cuerda de la viga primaria deben usarse en las ecuaciones de compatibilidad, en lugar de los desplazamientos especificados Δ_B y Δ_C. Esto es porque sólo los desplazamientos relativos a la cuerda causan esfuerzos en la viga. En otras palabras, si los apoyos de la viga se hubieran asentado en cantidades iguales, o bien, en cantidades tales que los posiciones deformadas de todos los apoyos quedaran sobre una recta, entonces la viga permanecería recta, sin flexionarse, y no se desarrollarían esfuerzos en ella.

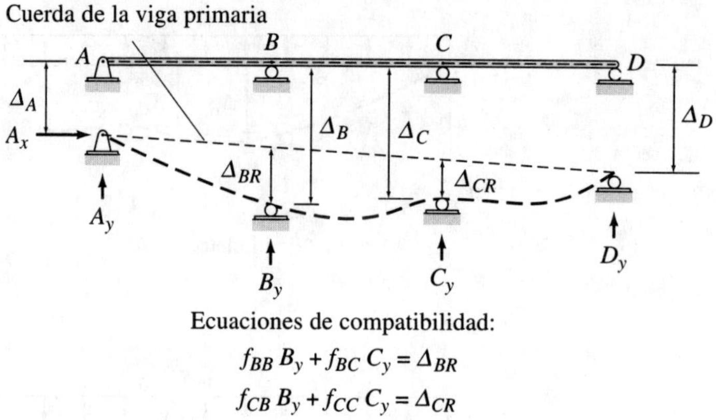

Fig. 13.18

EJEMPLO 13.12

Determine las reacciones y trace los diagramas de la cortante y del momento flexionante para la viga continua con tres claros que se muestra en la figura 13.19(a), debidos a la carga uniformemente distribuida y debidos a los asentamientos de los apoyos de 5/8 in en *B*, $\frac{1}{2}$ in en *C* y 3/4 in en *D*. Utilice el método de las deformaciones coherentes.

SOLUCIÓN

Esta viga se analizó con anterioridad en el ejemplo 13.7, para la carga uniformemente distribuida de 2 k/ft, seleccionando las reacciones verticales en los apoyos interiores *B* y *C* como los elementos redundantes. Se usará la misma viga primaria como se hizo con anterioridad.

Asentamientos relativos En la figura 13.19(b), se representan los asentamientos especificados de los apoyos, usando una escala exagerada. A partir de esta figura, se puede ver que los asentamientos de los apoyos *B* y *C*, relativos a la cuerda de la viga primaria (la cual es la recta que une las posiciones desplazadas de los apoyos *A* y *D*), son

$$\Delta_{BR} = -0.375 \text{ in} \quad \text{y} \quad \Delta_{CR} = -1.0 \text{ in}$$

en los cuales los signos negativos para las magnitudes de Δ_{BR} y Δ_{CR} indican que estos asentamientos ocurren en la dirección hacia abajo; es decir, opuesta a la dirección hacia arriba supuesta para las B_y y C_y redundantes.

Ecuaciones de compatibilidad Las ecuaciones de compatibilidad para la viga primaria siguen siendo las mismas que las del ejemplo 13.7, excepto en que los segundos miembros de las ecuaciones ahora deben igualarse a los asentamientos Δ_{BR} y Δ_{CR}. Por tanto,

$$\Delta_{BO} + f_{BB}B_y + f_{BC}C_y = \Delta_{BR} \tag{1}$$

$$\Delta_{CO} + f_{CB}B_y + f_{CC}C_y = \Delta_{BR} \tag{2}$$

Deflexiones de la viga primaria En el ejemplo 13.7, las deflexiones y los coeficientes de flexibilidad de la viga se expresaron en términos de *EI*. Dado que los segundos miembros de las ecuaciones de compatibilidad fueron cero, los términos *EI* sencillamente se cancelaron de los cálculos. Sin embargo, en este ejemplo, debido a la presencia de los asentamientos de los apoyos en los segundos miembros de las ecuaciones de compatibilidad, los términos *EI* no se pueden cancelar; por lo tanto, deben calcularse los valores numéricos reales de las deflexiones y de los coeficientes de flexibilidad.

$$\Delta_{BO} = \Delta_{CO} = \frac{293333.333\text{k-ft}^3}{EI} = \frac{293333.333(12)^3}{(29000)(7800)} = -2.241 \text{ in/k}$$

$$f_{BB} = f_{CC} = \frac{3555.556\,\text{ft}^3}{EI} = \frac{3555.556(12)^3}{(29000)(7800)} = 0.0272 \text{ in/k}$$

$$f_{CB} = f_{BC} = \frac{3111.111\text{ft}^3}{EI} = \frac{3111.111(12)^3}{(29000)(7800)} = 0.0238 \text{ in/k}$$

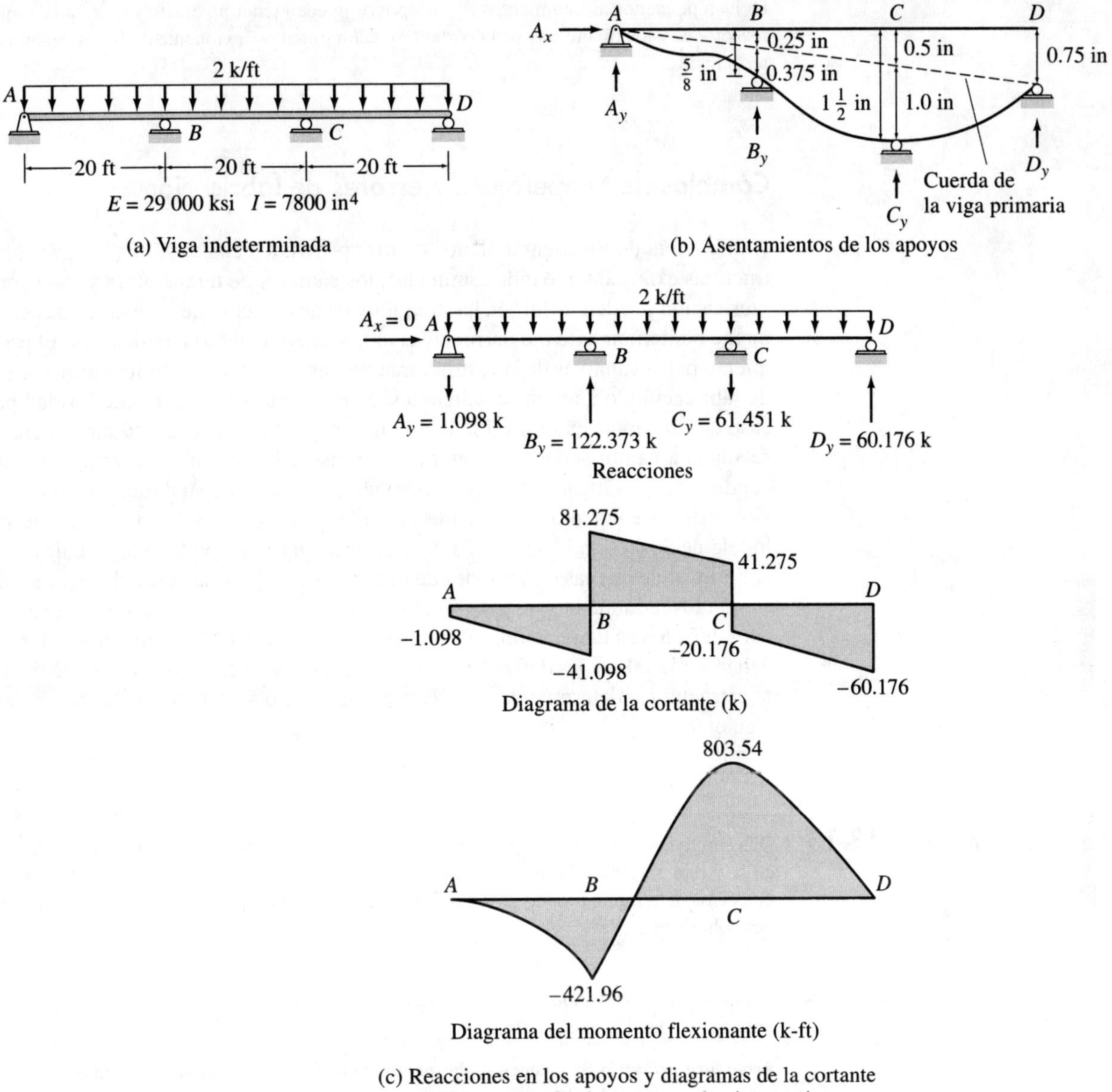

(a) Viga indeterminada

(b) Asentamientos de los apoyos

(c) Reacciones en los apoyos y diagramas de la cortante y del momento flexionante para la viga continua

Fig. 13.19

Magnitudes de las redundantes Al sustituir los valores numéricos en las ecuaciones de compatibilidad, se escribe

$$-2.241 + 0.0272B_y + 0.0238C_y = -0.375 \tag{1a}$$

$$-2.241 + 0.0238B_y + 0.0272C_y = -1 \tag{2a}$$

Al resolver las ecuaciones (1a) y (2a) simultáneamente para B_y y C_y, se obtiene

$$B_y = 122.373 \text{ k} \uparrow \quad \text{y} \quad C_y = -61.451 \text{ k} = 61.451 \text{ k} \downarrow$$ **Resp.**

Reacciones y diagramas de la cortante y del momento flexionante Ahora se pueden determinar las reacciones restantes de la viga continua, por el equilibrio. Las reacciones y los diagramas de la cortante y del momento flexionante de la viga se muestran en la figura 13.19(c). La comparación de estos resultados con los del ejemplo 13.7 (sin asentamiento) indican que incluso pequeños asentamientos de los apoyos pueden tener un efecto significativo sobre las reacciones y los diagramas de la cortante y del momento flexionante de las estructuras indeterminadas. **Resp.**

Cambios de temperatura y errores de fabricación

A diferencia de los asentamientos de los apoyos, los cuales sólo afectarán a las estructuras externamente indeterminadas, los cambios de temperatura y los errores de fabricación pueden influir en las condiciones de esfuerzo de las estructuras externamente o internamente indeterminadas, o que tengan ambas condiciones. El procedimiento para el análisis de las estructuras sujetas a cambios de temperatura o a errores de fabricación, o a ambas condiciones, es el mismo usado con anterioridad para el caso de las cargas externas. La única diferencia es que la estructura primaria ahora se sujeta a cambios de temperatura o errores de fabricación prescritos, o a ambas condiciones (en lugar de a cargas externas), para evaluar su deflexión en las ubicaciones de los elementos redundantes, debida a estos efectos. Entonces se determinan los elementos redundantes mediante la aplicación de las condiciones usuales de compatibilidad de que las deflexiones de la estructura primaria en las ubicaciones de los elementos redundantes, debidas al efecto combinado de los cambios de temperatura o los defectos de fabricación, o de ambas condiciones, y de los elementos redundantes deben ser iguales a las deflexiones conocidas en las ubicaciones correspondientes de la estructura indeterminada real. El procedimiento se ilustra mediante el ejemplo siguiente.

EJEMPLO 13.13

Determine las reacciones y la fuerza en cada uno de los miembros de la armadura mostrada en la figura 13.20(a), debidas a un aumento en la temperatura de 45°C en el miembro *AB* y una caída de temperatura de 20°C en el miembro *CD*. Aplique el método de las deformaciones coherentes.

SOLUCIÓN

Grado de indeterminación $i = (m + r) - 2j = (6 + 3) - 2(4) = 1$. La armadura es internamente indeterminada al primer grado.

Armadura primaria Se selecciona la fuerza axial F_{AD} en el miembro diagonal *AD* para que sea el elemento redundante. La armadura primaria obtenida al eliminar el miembro *AD* se muestra en la figura 13.20(b). A continuación, la viga primaria se sujeta por separado a los cambios prescritos de temperatura y a una fuerza de tensión de 1 k en el miembro redundante *AD*, como se muestra en la figura 13.20(b) y (c), respectivamente.

Ecuación de compatibilidad La ecuación de compatibilidad se puede expresar como

$$\Delta_{ADO} + f_{AD,AD} F_{AD} = 0 \tag{1}$$

en la cual Δ_{ADO} denota el desplazamiento relativo entre los nodos *A* y *D* de la armadura primaria, debido a los cambios de temperatura, y el coeficiente de flexibilidad $f_{AD,AD}$ denota el desplazamiento relativo entre los mismos nodos debido a un valor unitario de la F_{AD} redundante.

Deflexiones de la armadura primaria Como se discutió en la sección 7.3, la expresión del trabajo virtual para Δ_{ADO} se puede escribir como

$$\Delta_{ADO} = \sum \alpha(\Delta T) L u_{AD}$$

en la cual el producto $\alpha(\Delta T)L$ es igual a la deformación axial de un miembro de la viga primaria, debida a un cambio ΔT en la temperatura, y u_{AD} representa la fuerza axial en el mismo miembro debida a una fuerza de tensión de 1 kN en el miembro *AD*. En la tabla 13.6,

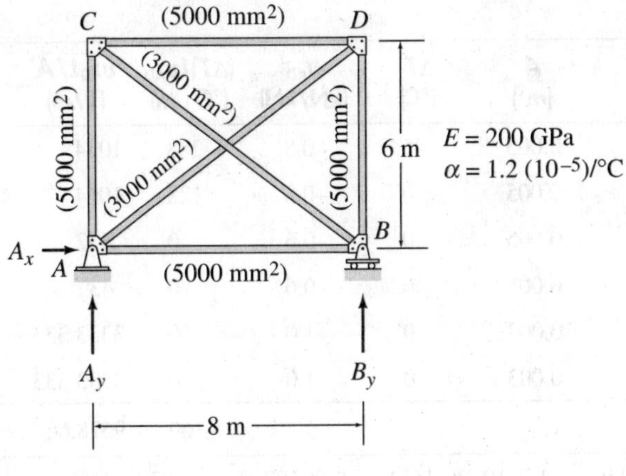

(a) Armadura indeterminada

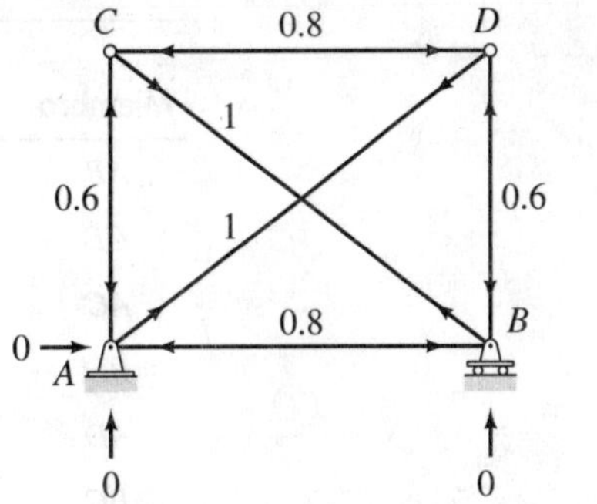

(c) Armadura primaria sujeta a una fuerza unitaria de tensión en el miembro AD: fuerzas u_{AD} (kN)

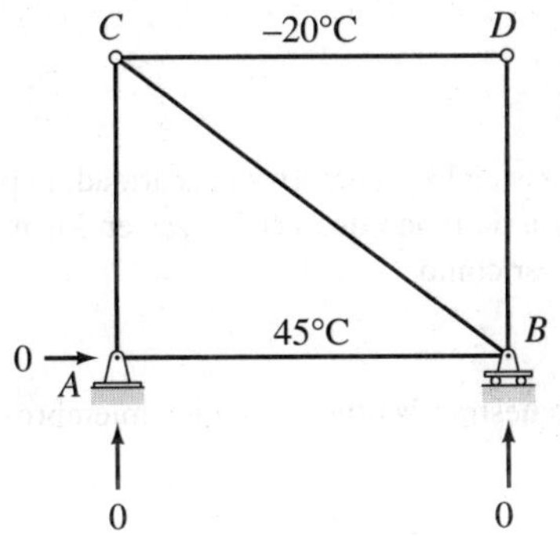

(b) Armadura primaria sujeta a cambios de temperatura

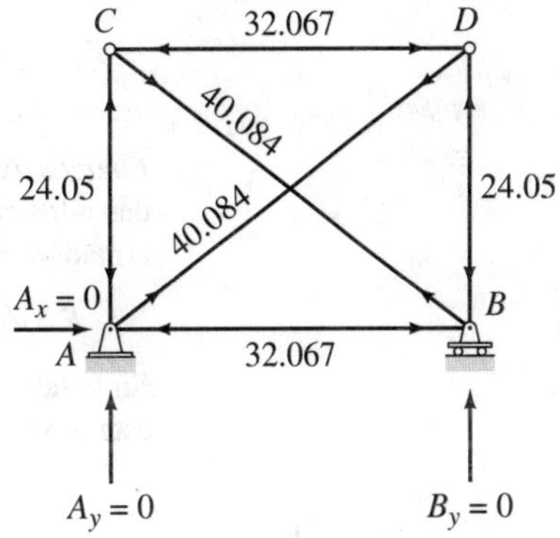

(d) Fuerzas en los miembros para la armadura indeterminada

Fig. 13.20

se hacen constar los valores numéricos de estas cantidades, de los cuales se determina que Δ_{ADO} es

$$\Delta_{ADO} = -1.92 \text{ mm}$$

A continuación, se calcula el coeficiente de flexibilidad $f_{AD,AD}$ usando la expresión del trabajo virtual (véase la tabla 13.6):

$$f_{AD,AD} = \sum \frac{u_{AD}^2 L}{AE} = 0.0479 \text{ mm}$$

Magnitud de la redundante Al sustituir los valores de Δ_{ADO} y $f_{AD,AD}$ en la ecuación (1), se obtiene

$$-1.92 + (0.0479)\, F_{AD} = 0$$

$$F_{AD} = 40.084 \text{ kN (T)}$$ **Resp.**

Reacciones Suponemos que la armadura es estáticamente determinada, externamente, sus reacciones debidas a los cambios de temperatura son cero. **Resp.**

Tabla 13.6

Miembro	L (m)	A (m²)	ΔT (°C)	u_{AD} (kN/kN)	$(\Delta T)Lu_{AD}$ (°C · m)	u_{AD}^2L/A (1/m)	$F = u_{AD}F_{AD}$ (kN)
AB	8	0.005	45	–0.8	–288	1024	–32.067
CD	8	0.005	–20	–0.8	128	1024	–32.067
AC	6	0.005	0	–0.6	0	432	–24.05
BD	6	0.005	0	–0.6	0	432	–24.05
AD	10	0.003	0	1.0	0	3333.333	40.084
BC	10	0.003	0	1.0	0	3333.333	40.084
				$\sum$	–160	9578.667	

$$\Delta_{ADO} = \alpha \sum (\Delta T)Lu_{AD} = 1.2(10^{-5})(-160) = -0.00192 \text{ m} = -1.92 \text{ mm}$$

$$f_{AD,AD} = \frac{1}{E}\sum \frac{u_{AD}^2 L}{AE} = \frac{9578.667}{200(10^6)} = 47.893(10\text{–}6) \text{ m/kN} = 0.0479 \text{ mm/kN}$$

$$F_{AD} = -\frac{\Delta_{ADO}}{f_{AD,AD}} = 40.084 \text{ kN (T)}$$

Fuerzas axiales en los miembros Las fuerzas en los miembros de la armadura primaria, debidas a los cambios de temperatura son cero, de modo que las fuerzas en los miembros de la armadura indeterminada se pueden expresar como

$$F = u_{AD}F_{AD}$$

En la tabla 13.6 y la figura 13.20(d), se muestran las fuerzas en los miembros obtenidas de este modo. **Resp.**

13.5 MÉTODO DEL TRABAJO MÍNIMO

En esta sección, se considera un planteamiento alternativo del método de las fuerzas, llamada *método del trabajo mínimo*. En este método, se establecen las ecuaciones de compatibilidad mediante la aplicación del *segundo teorema de Castigliano*, en lugar de la superposición de deflexiones, como en el método de las deformaciones coherentes, considerado en las secciones anteriores. Con esta excepción, los dos métodos son semejantes y, en esencia, requieren la misma cantidad de esfuerzo de cálculo. Por lo común, el método del trabajo mínimo prueba ser más conveniente para el análisis de estructuras compuestas que contienen tanto fuerzas axiales en los miembros como miembros a flexión (por ejemplo, vigas sostenidas por cables). Sin embargo, el método no es tan general como el de las deformaciones coherentes, en el sentido de que, en su forma original (como se presenta aquí), el método del trabajo mínimo no se puede usar para el análisis de los efectos de los asentamientos en los apoyos, los cambios de temperatura y los errores de fabricación.

A fin de desarrollar el método del trabajo mínimo, consideremos una viga estáticamente indeterminada, con soportes que no ceden, sujeta a una carga externa

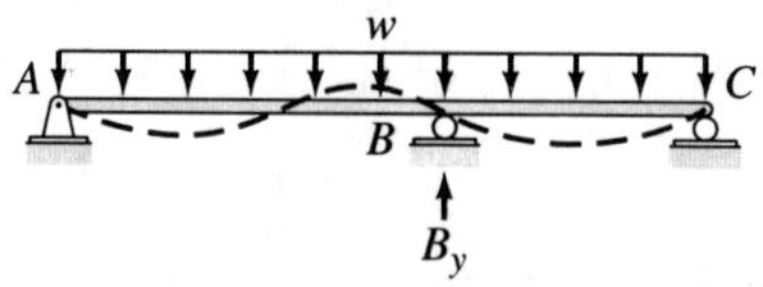

Fig. 13.21

w, como se muestra en la figura 13.21. Suponga que se selecciona la reacción vertical B_y, en el apoyo interior B, para que sea el elemento redundante. Al tratar el elemento redundante como una carga desconocida aplicada a la viga junto con la carga prescrita w, se puede escribir una expresión para la energía de deformación, en términos de la carga conocida w la B_y redundante desconocida, como

$$U = f(w, B_y) \tag{13.20}$$

La ecuación (13.20) indica en forma simbólica que la energía de deformación para la viga se expresa como función de la carga externa conocida w y la B_y redundante desconocida.

Según el segundo teorema de Castigliano (sección 7.7), la derivada parcial de la energía de deformación con respecto a una fuerza es igual a la deflexión del punto de aplicación de esa fuerza, a lo largo de su línea de acción. Supuesto que la deflexión en el punto de aplicación de la B_y redundante es cero, mediante la aplicación del segundo teorema de Castigliano, se puede escribir

$$\frac{\partial U}{\partial B_y} = 0 \tag{13.21}$$

Se debe caer en la cuenta que la ecuación (13.21) representa la ecuación de compatibilidad en la dirección de la B_y redundante y se puede resolver para esta última.

Como lo indica la ecuación (13.21), la primera derivada parcial de la energía de deformación con respecto a la redundante debe ser igual a cero. Esto implica que para el valor de la redundante que satisfaga las ecuaciones de equilibrio y de compatibilidad, la energía de deformación de la estructura es un mínimo o un máximo. Ya que para una estructura linealmente elástica no existe valor máximo de la energía de deformación, porque se puede incrementar en forma indefinida al aumentar el valor de la redundante, se concluye que, para el valor verdadero de la redundante, la energía de deformación debe ser un mínimo. Esta conclusión se conoce como *principio del trabajo mínimo:*

Las magnitudes de las redundantes de una estructura estáticamente indeterminada deben ser tales que la energía de deformación almacenada en ella sea un mínimo (es decir, el trabajo interno realizado sea el mínimo).

El método del trabajo mínimo, según acaba de describirse, se puede ampliar con facilidad al análisis de estructuras con grados múltiples de indeterminación. Si una estructura es indeterminada al n-ésimo grado, entonces se seleccionan las n redundantes y se expresa la energía de deformación para la estructura, en términos de la carga externa y de las n redundantes desconocidas, como

$$U = f(w, R_1, R_2, \ldots, R_n) \tag{13.22}$$

en la cual w representa todas las cargas desconocidas y $R_1, R_2, \ldots, R_n$ denota las n redundantes. A continuación, el principio del trabajo mínimo se aplica por separado para cada redundante, al derivar la expresión de la energía de deformación (ecuación (13.22)) con respecto a cada una de las redundantes e igualando cada derivada parcial a cero; es decir,

$$\begin{aligned} \frac{\partial U}{\partial R_1} &= 0 \\ \frac{\partial U}{\partial R_2} &= 0 \\ &\vdots \\ \frac{\partial U}{\partial R_n} &= 0 \end{aligned} \tag{13.23}$$

lo cual representa un sistema de n ecuaciones simultáneas en términos de las n redundantes y se puede resolver para estas últimas.

El procedimiento para el análisis de las estructuras indeterminadas se ilustra por medio de los ejemplos siguientes.

EJEMPLO 13.14

Determine las reacciones para la viga continua con dos claros que se muestra en la figura 13.22, por el método del trabajo mínimo.

SOLUCIÓN

La viga está apoyada por cuatro reacciones, A_x, A_y, B_y y D_y. Como sólo se tienen tres ecuaciones de equilibrio, el grado de indeterminación de la viga es igual a 1. Seleccionemos la reacción B_y para que sea la redundante. La magnitud de esta redundante se determinará al minimizar la energía de deformación de la viga con respecto a B_y.

Como se discutió en la sección 7.6, la energía de deformación de una viga sujeta sólo a flexión se puede expresar como

$$U = \int_0^L \frac{M^2}{2EI} dx \tag{1}$$

De acuerdo con el principio del trabajo mínimo, la derivada parcial de la energía de deformación con respecto a B_y debe ser cero; es decir,

$$\frac{\partial U}{\partial B_y} = \int_0^L \left(\frac{\partial M}{\partial B_y}\right) \frac{M}{EI} dx = 0 \tag{2}$$

Antes de poder obtener las ecuaciones para los momentos flexionantes, M, se deben expresar las reacciones en los apoyos A y D de la viga en términos de la B_y redundante. Si se aplican las tres ecuaciones de equilibrio, se escribe

$+\rightarrow \sum F_x = 0$ $\qquad A_x = 0$ **Resp.**

$+\circlearrowleft \sum M_D = 0$

$$-A_y(20) + 30(10)(15) + B_y(10) + 80(5) = 0$$

$$A_y = 245 - 0.5B_y \tag{3}$$

$+\uparrow \sum F_y = 0$

$$(245 - 0.5B_y) - 30(10) + B_y - 80 + D_y = 0$$

$$D_y = 135 - 0.5B_y \tag{4}$$

Con el fin de determinar las ecuaciones para los momentos flexionantes, M, la viga se divide en tres segmentos, AB, BC y CD. En la figura 13.22, se muestran las coordenadas x usadas para la determinación de las ecuaciones y, en la tabla 13.7, se tienen las ecuaciones de los momentos flexionantes, en términos de B_y. Enseguida, se evalúan las derivadas de los mo-

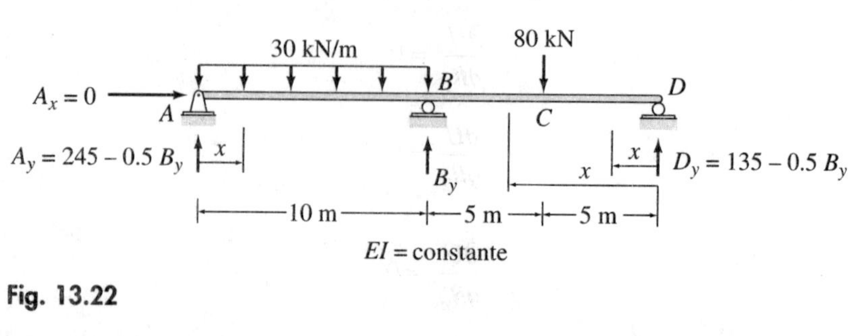

Fig. 13.22

Tabla 13.7

Segmento	**Coordenada x** **Origen**	**Límites (m)**	***M***	**∂M/∂By**
AB	A	0-10	$(245 - 0.5B_y)x - 15x^2$	$-0.5x$
DC	D	0-5	$(135 - 0.5B_y)x$	$-0.5x$
CB	D	5-10	$(135 - 0.5B_y)x - 80(x^2 - 5)$	$-0.5x$

mentos flexionantes con respecto a B_y. La lista de estas derivadas se encuentra en la última columna de la tabla 13.7.

Al sustituir las expresiones para M y $\partial M/\partial B_y$ en la ecuación (2), se escribe

$$\frac{1}{EI}\left[\int_0^{10}(-0.5x)(245x-0.5B_yx-15x^2)dx + \int_0^{5}(-0.5x)(135x-0.5B_yx)dx + \int_5^{10}(-0.5x)(55x-0.5B_yx+400)dx\right]=0$$

Al integrar, se obtiene

$$-40\,416.667 + 166.667B_y = 0$$

de lo cual,

$B_y = 242.5$ kN ↑ **Resp.**

Sustituyendo los valores de B_y en las ecuaciones (3) y (4), respectivamente, se determinan las reacciones verticales en los apoyos A y D.

$A_y = 123.75$ kN ↑ **Resp.**

$D_y = 13.75$ kN ↑ **Resp.**

EJEMPLO 13.15

Determine la fuerza en cada uno de los miembros de la armadura mostrada en la figura 13.23(a), por el método del trabajo mínimo.

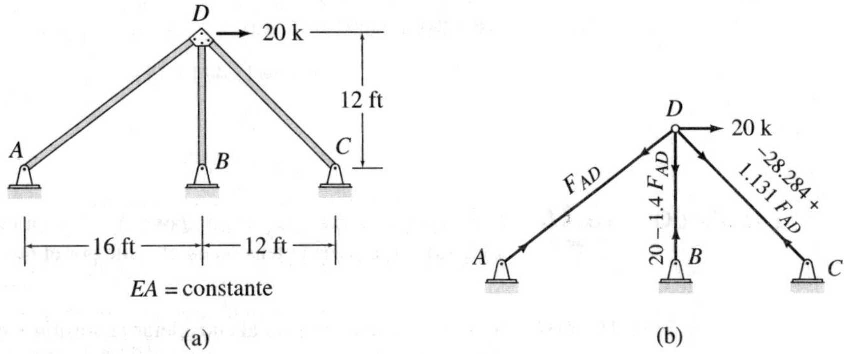

Fig. 13.23

SOLUCIÓN La armadura contiene un miembro más que los necesarios para la estabilidad interna; por lo tanto, su grado de indeterminación es igual a 1. Seleccionemos la fuerza F_{AD} en el miembro AD para que sea la redundante. Se determinará la magnitud de F_{AD} al minimizar la energía de deformación de la armadura con respecto a la propia F_{AD}.

Como se discutió en la sección 7.6, la energía de deformación de una armadura se puede expresar como

$$U = \sum \frac{F^2 L}{2AE} \tag{1}$$

Según el principio del trabajo mínimo, la derivada parcial de la energía de deformación con respecto a F_{AD} debe ser cero; esto es,

$$\frac{\partial U}{\partial F_{AD}} = \sum \left(\frac{\partial F}{\partial F_{AD}} \right) \frac{FL}{AE} = 0 \tag{2}$$

Las fuerzas axiales en los miembros BD y CD se expresan en términos de la F_{AD} redundante al considerar el equilibrio del nodo D (Fig. 13.23(b)). En la tabla 13.8, se hacen constar estas fuerzas F en los miembros junto con sus derivadas parciales con respecto a F_{AD}. Para aplicar la ecuación (2), se calculan los términos $(\partial F/\partial F_{AD})\ FL$ para cada uno de los miembros por separado y se suman, como se hace ver en la tabla 13.8. Nótese que EA es constante, no se incluye en la suma. Entonces se resuelve la ecuación (2), como se muestra en la tabla 13.8, para determinar la magnitud de la redundante.

$F_{AD} = 13.474$ k (T) **Resp.**

Por último, se evalúan las fuerzas en los miembros BD y CD, al sustituir el valor de F_{AD} en las expresiones para las fuerzas en los miembros dadas en la tercera columna de la tabla 13.8.

$F_{BD} = 1.136$ k (T) **Resp.**

$F_{CD} = 13.045$ l (C) **Resp.**

Tabla 13.8

Miembro	L (ft)	F	$\frac{\partial F}{\partial F_{AD}}$	$\left(\frac{\partial F}{\partial F_{AD}}\right) F_L$	F (k)
AD	20	F_{AD}	1	$20F_{AD}$	13.474
BD	12	$20 - 1.4F_{AD}$	–1.4	$-336 + 23.52F_{AD}$	1.136
CD	16.971	$-28.284 + 1.131F_{AD}$	1.131	$-542.889 + 21.709F_{AD}$	–13.045
			Σ	$-878.889 + 65229F_{AD}$	

$$\frac{1}{AE}\sum \left(\frac{\partial F}{\partial F_{AD}} \right) F_L = 0$$

$$-878.889 + 65.229F_{AD} = 0$$

$$F_{AD} = 13.474 \text{ k (T)}$$

▲▲▲

EJEMPLO 13.16

Una viga está sostenida por un apoyo fijo A y un cable BD, como se muestra en la figura 13.24(a). Determine la tensión en el cable por el método del trabajo mínimo.

SOLUCIÓN Se analizará la estructura al considerar la tensión T en el cable BD como la redundante. La magnitud de la redundante se determinará al minimizar la energía de deformación de la estructura con respecto a T.

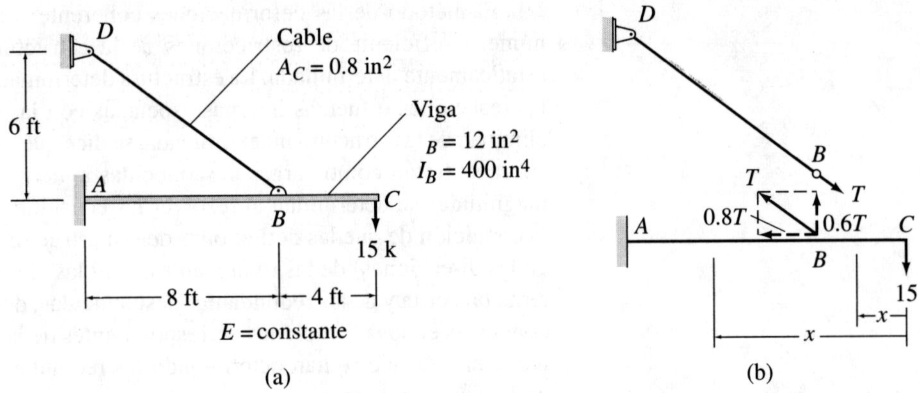

Fig. 13.24

Tabla 13.9

Segmento	Origen	Coordenada x — Límites (ft)	M	F	$\dfrac{\partial M}{\partial T}$	$\dfrac{\partial F}{\partial T}$
CB	C	0-4	$-15x$	0	0	0
BA	C	4-12	$-15x + 0.67T(x - 4)$	$-0.8T$	$0.6(x - 4)$	-0.8
BD	—	—	0	T	0	1

En virtud de que la estructura contiene tanto miembros cargados en forma axial como de flexión, su energía total de deformación se expresa como la suma de la energía de deformación debida a las fuerzas axiales y la debida a la flexión; esto es,

$$U = \sum \frac{F^2 L}{2AE} + \sum \int \frac{M^2}{2EI} dx \tag{1}$$

Según el principio del trabajo mínimo,

$$\frac{\partial U}{\partial T} = \sum \left(\frac{\partial F}{\partial T}\right) \frac{FL}{AE} + \sum \int \left(\frac{\partial M}{\partial T}\right) \frac{M}{EI} dx = 0 \tag{2}$$

En la tabla 13.9, se encuentran las expresiones para los momentos flexionantes M y las fuerzas axiales F, en términos de la T redundante y sus derivadas con respecto a esta última. Al sustituir estas expresiones y las derivadas en la ecuación (2), se escribe

$$\frac{1}{E}\left[\frac{-(-0.8)(-0.8T)(8)(12)^2}{12} + \frac{1(T)(10)(12)^2}{0.8}\right.$$

$$\left. + \frac{(12)^4}{400}\int_4^{12} 0.6(x-4)(-15x + 0.6Tx - 2.4T)dx\right] = 0$$

$$T = 27.612 \text{ k}$$ **Resp.**

RESUMEN

En este capítulo, se han discutido dos planteamientos del método de las fuerzas (de la flexibilidad) para el análisis de las estructuras estáticamente indeterminadas: 1) el método de las deformaciones coherentes y 2) el método del trabajo mínimo.

El método de las deformaciones coherentes comprende la eliminación de un número suficiente de restricciones de la estructura indeterminada para hacerla estáticamente determinada. La estructura determinada se llama estructura primaria y las reacciones o fuerzas internas asociadas con las restricciones en exceso, que se eliminan de la estructura indeterminada, se dice que son redundantes. Las redundantes ahora se tratan como cargas desconocidas aplicadas a la estructura primaria y sus magnitudes se determinan al resolver las ecuaciones de compatibilidad basadas en la condición de que las deflexiones de esa estructura primaria en las ubicaciones (y en las direcciones) de las redundantes, debidas al efecto combinado de la carga externa prescrita y de las redundantes desconocidas, deben ser iguales a las deflexiones conocidas en las ubicaciones correspondientes de la estructura indeterminada original. Una vez que se han determinado las redundantes, se pueden evaluar las otras características de respuesta de la estructura indeterminada a través de consideraciones de equilibrio o por superposición de las respuestas de la estructura primaria debidas a la carga externa y debidas a cada una de las redundantes.

El principio del trabajo mínimo expresa que *las magnitudes de las redundantes de una estructura indeterminada deben ser tales que la energía de deformación almacenada en esa estructura sea un mínimo.* Con el fin de analizar una estructura indeterminada por el método del trabajo mínimo, en primer lugar se expresa la energía de deformación de la estructura en términos de las redundantes. Enseguida, se determinan las derivadas parciales de la energía de deformación con respecto a cada una de las redundantes y se igualan a cero, para obtener un sistema de ecuaciones simultáneas que se puede resolver para las redundantes. El método del trabajo mínimo no se puede utilizar para el análisis de los efectos de los asentamientos en los apoyos, los cambios de temperatura y los errores de fabricación.

PROBLEMAS

Sección 13.1

13.1 al 13.4 Determine las reacciones y trace los diagramas de las cortantes y de los momentos flexionantes para las vigas que se muestran en las figuras P13.1–P13.4, aplicando el método de las deformaciones coherentes. Seleccione la reacción en el apoyo de rodillo para que sea la redundante.

13.5 al 13.8 Determine las reacciones y trace los diagramas de la cortante y del momento flexionante para la viga que se muestran en las figuras P13.1–P13.4, aplicando el método de las deformaciones coherentes. Seleccione el momento de reacción en el apoyo fijo para que sea el elemento redundante.

13.9 al 13.12 Determine las reacciones y trace los diagramas de las cortantes y de los momentos flexionantes para las vigas que se muestran en las figuras P13.9–P13.12, aplicando el método de las deformaciones coherentes. Seleccione la reacción en el apoyo interior para que sea la redundante.

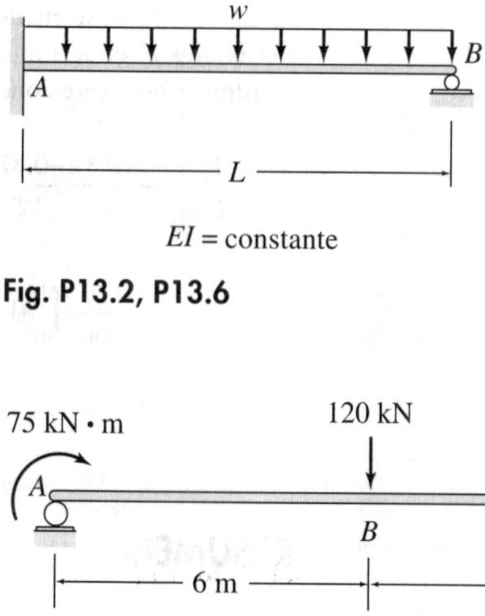

Fig. P13.2, P13.6

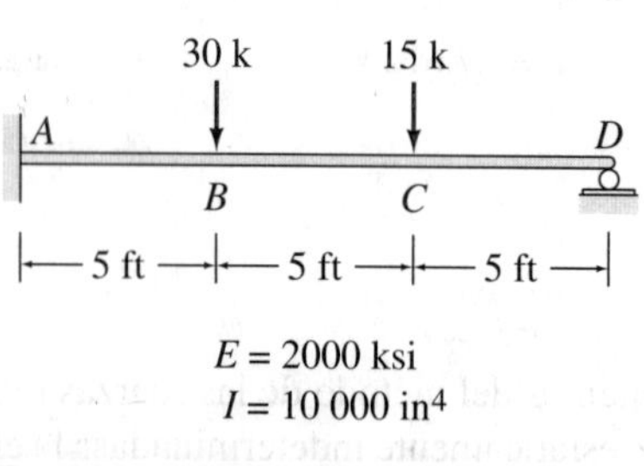

Fig. P13.1, P13.5, P13.49

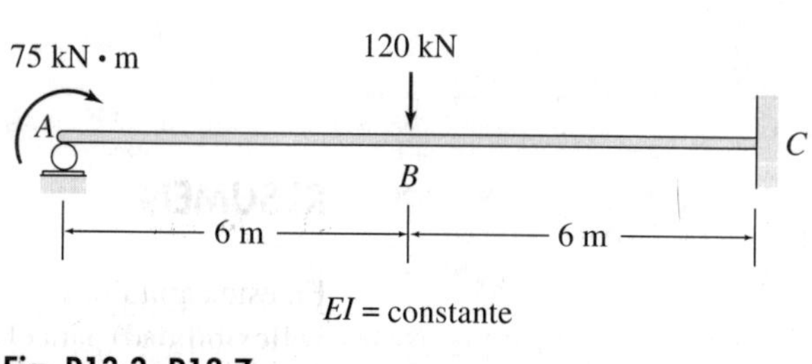

Fig. P13.3, P13.7

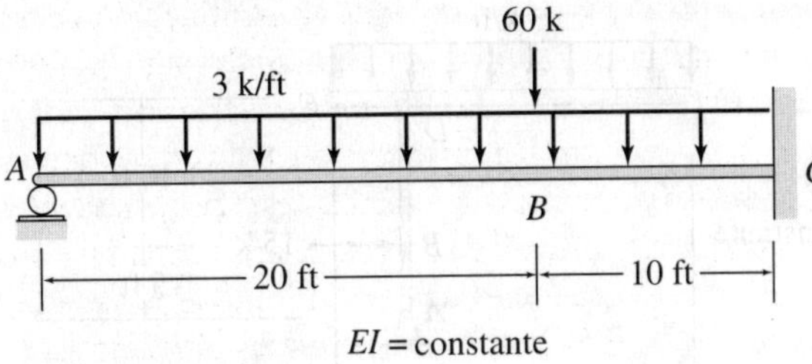

Fig. P13.4, P13.8

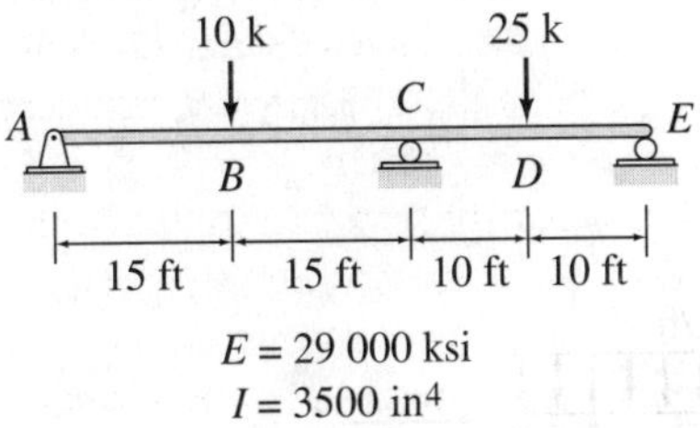

Fig. P13.9, P13.30, P13.50

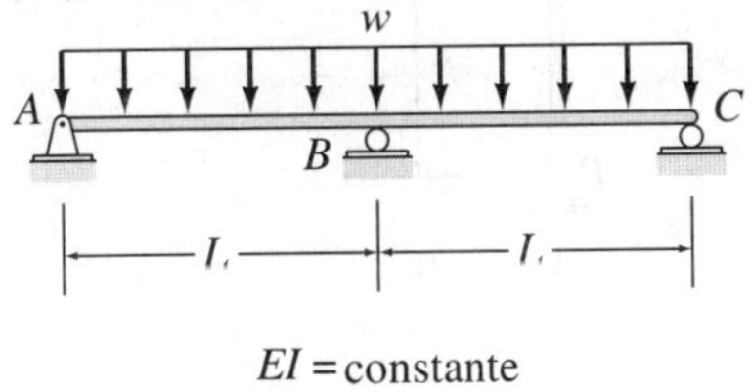

Fig. P13.10, P13.31

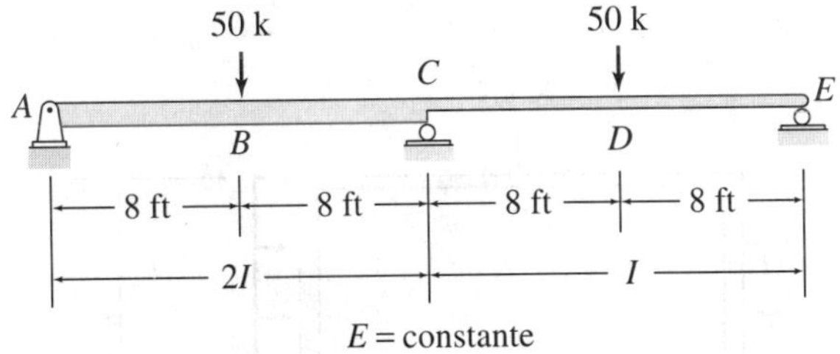

Fig. P13.11, P13.32

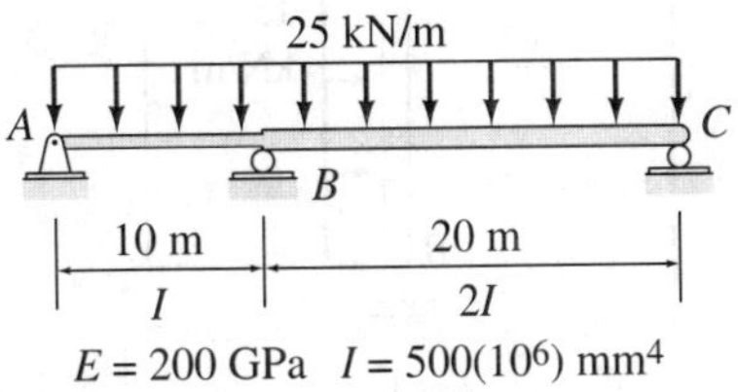

Fig. P13.12, P13.33, P13.51

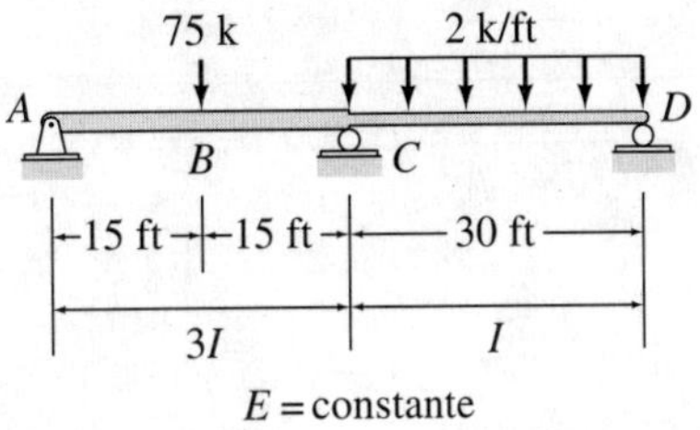

Fig. P13.13

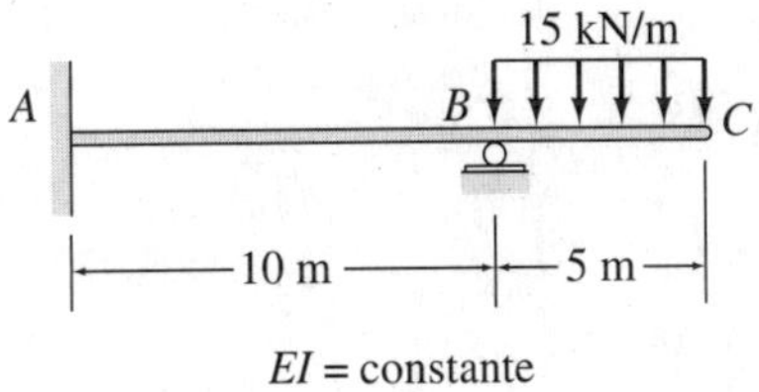

Fig. P13.14

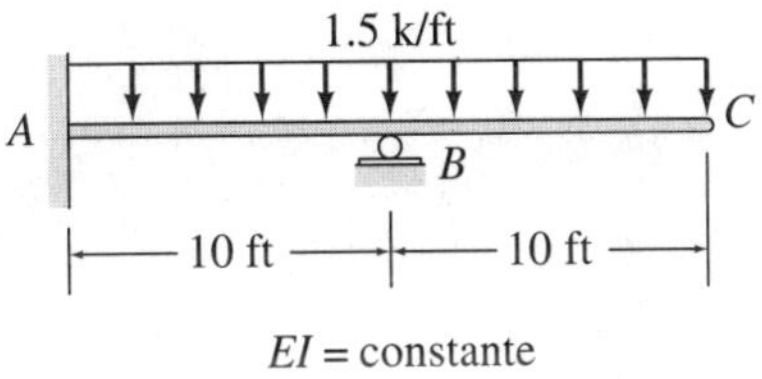

Fig. P13.15, P13.58

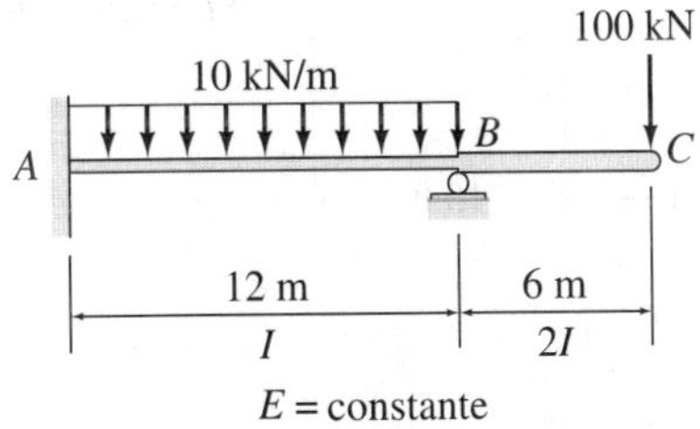

Fig. P13.16, P13.59

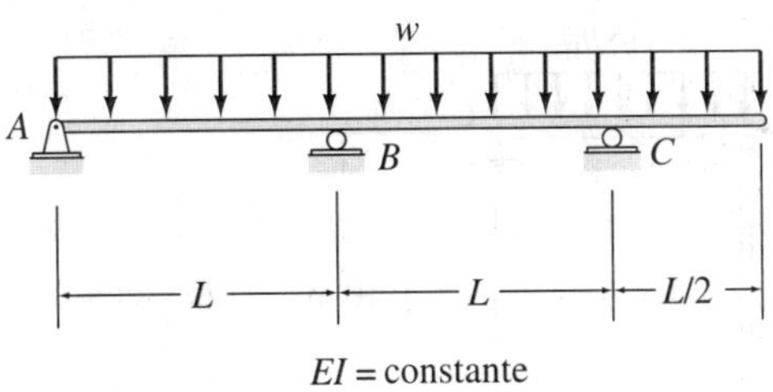

Fig. P13.17

13.13 al 13.25 Determine las reacciones y trace los diagramas de las cortantes y de los momentos flexionantes para las estructuras que se muestran en las figuras P13.13–P13.25, aplicando el método de las deformaciones coherentes.

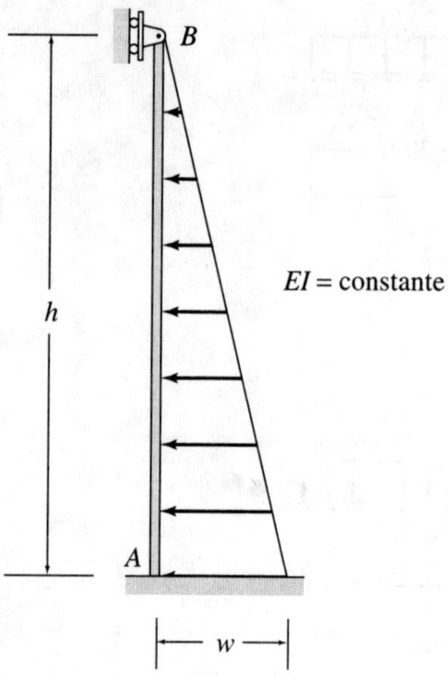

Fig. P13.18

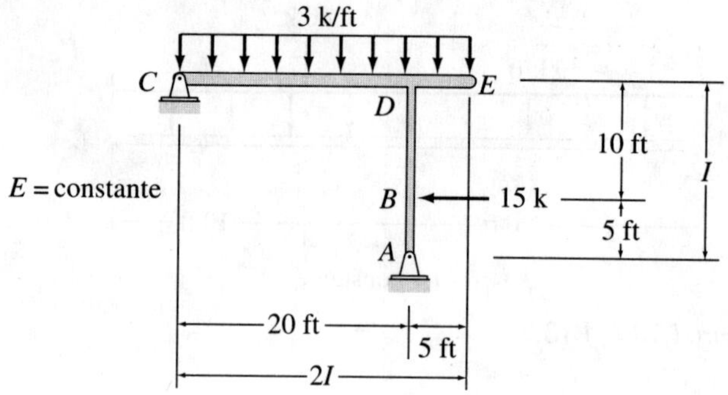

Fig. P13.21

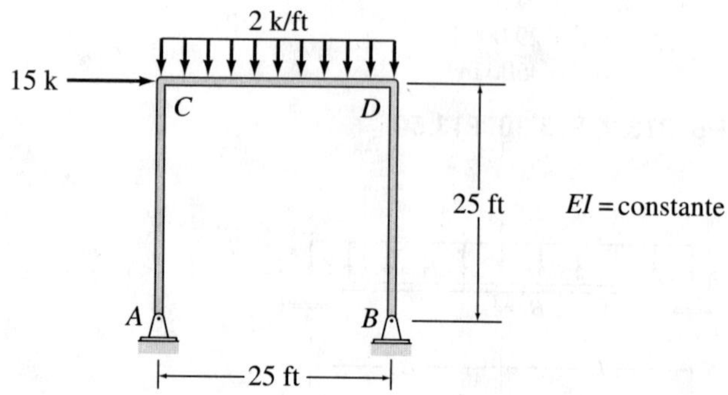

Fig. P13.22

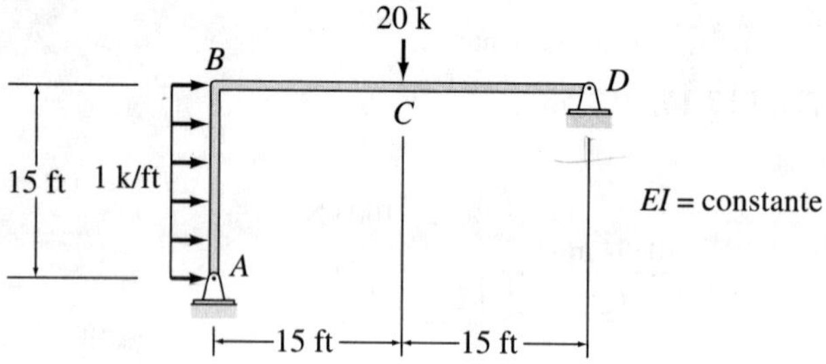

Fig. P13.19

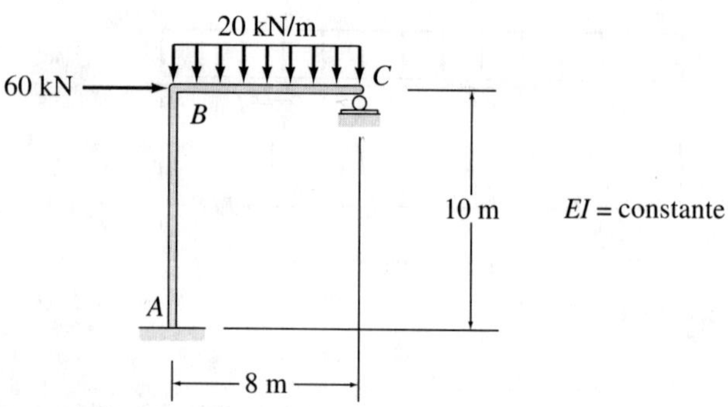

Fig. P13.20

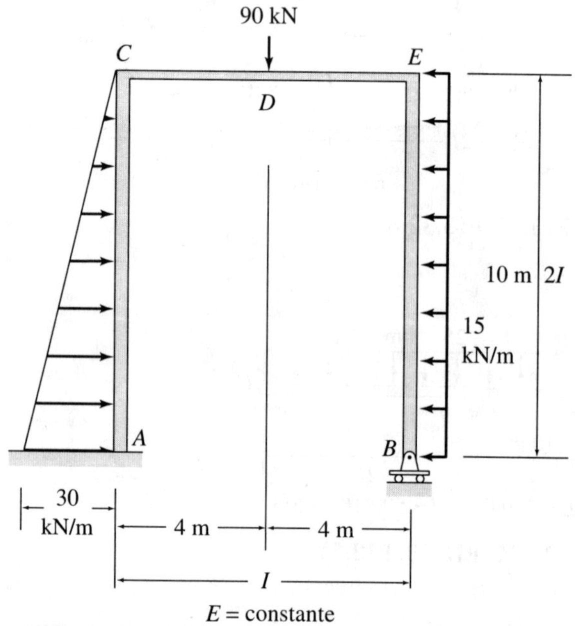

Fig. P13.23

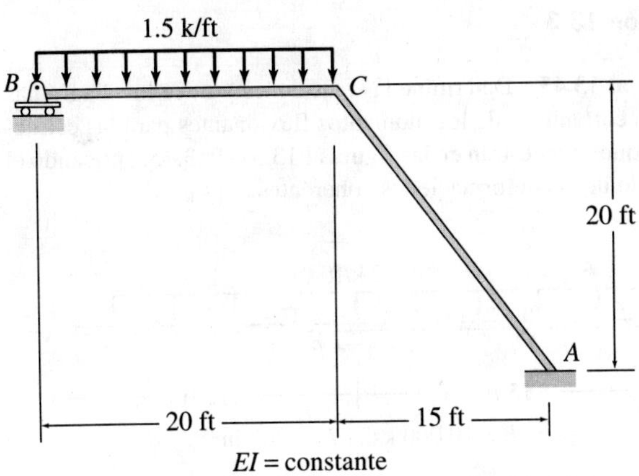

Fig. P13.24

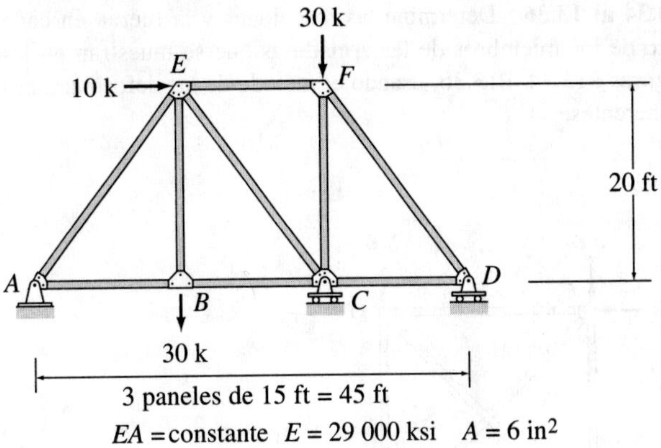

Fig. P13.27, P13.52

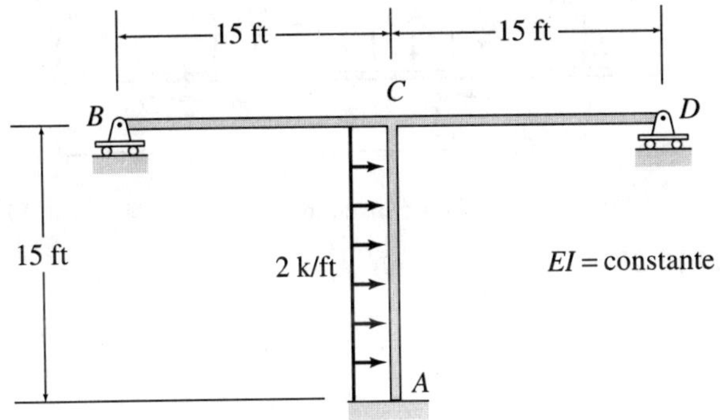

Fig. P13.25

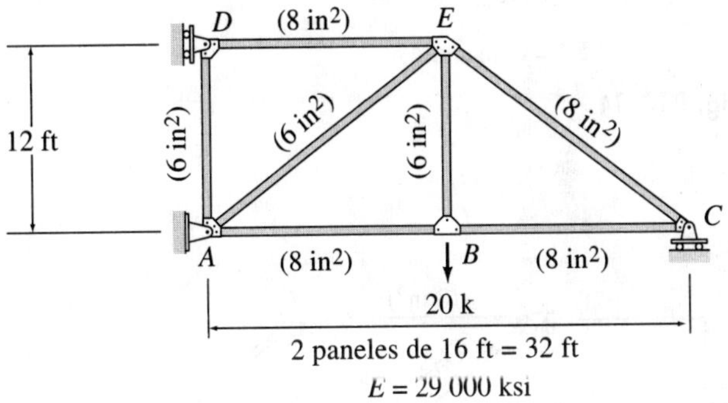

Fig. P13.28

13.26 al 13.29 Determine las reacciones y la fuerza en cada uno de los miembros de las armaduras que se muestran en las figuras P13.26–P13.29, usando el método de las deformaciones coherentes.

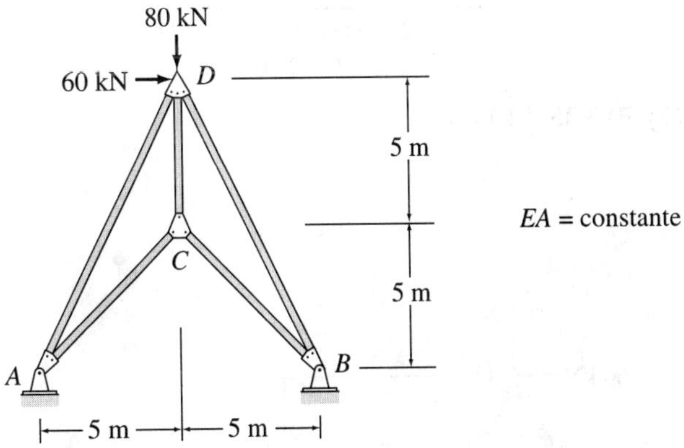

Fig. P13.29

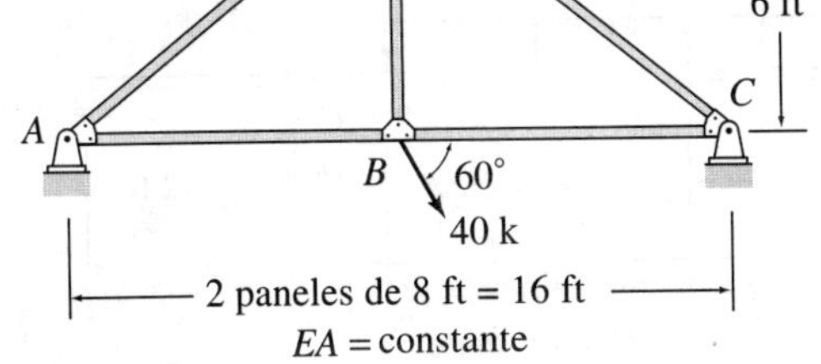

Fig. P13.26

Sección 13.2

13.30 al 13.33 Resuelva los problemas 13.9 al 13.12 seleccionando el momento flexionante en el apoyo interior para que sea el elemento redundante. Véanse las figuras P13.9–P13.12.

13.34 al 13.36 Determine las reacciones y la fuerza en cada uno de los miembros de las armaduras que se muestran en las figuras P13.34–P13.36, usando el método de las deformaciones coherentes.

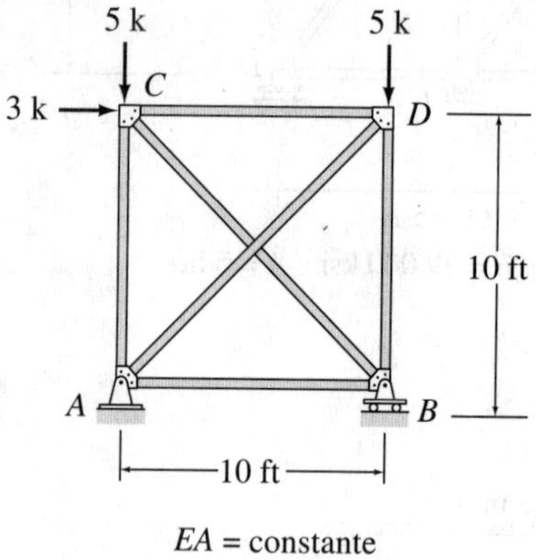

Fig. P13.34

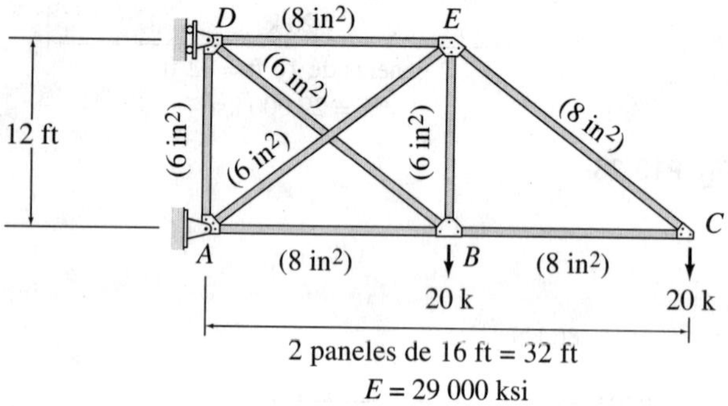

Fig. P13.35, P13.60

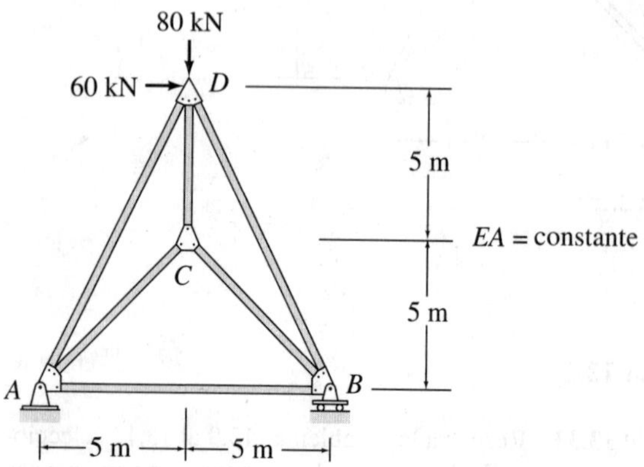

Fig. P13.36

Sección 13.3

13.37 al 13.45 Determine las reacciones y trace los diagramas de las cortantes y de los momentos flexionantes para las estructuras que se muestran en las figuras P13.37–P13.45, aplicando el método de las deformaciones coherentes.

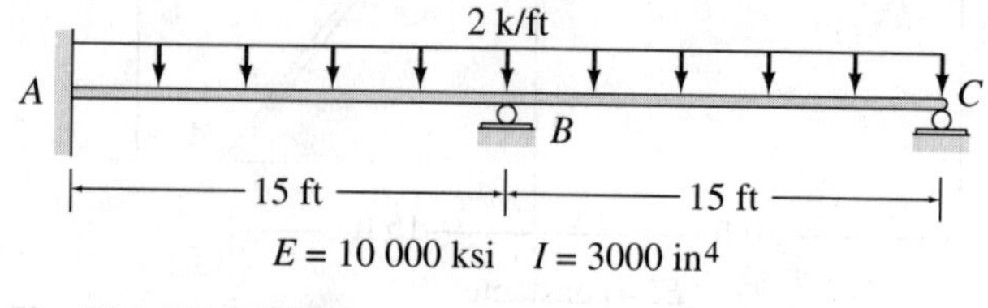

Fig. P13.37, P13.53

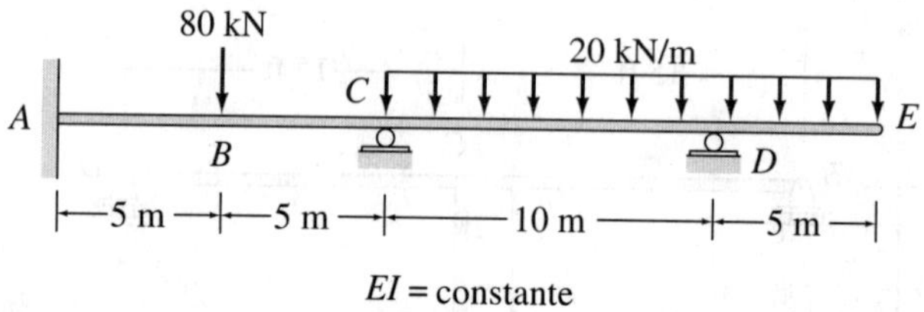

Fig. P13.38

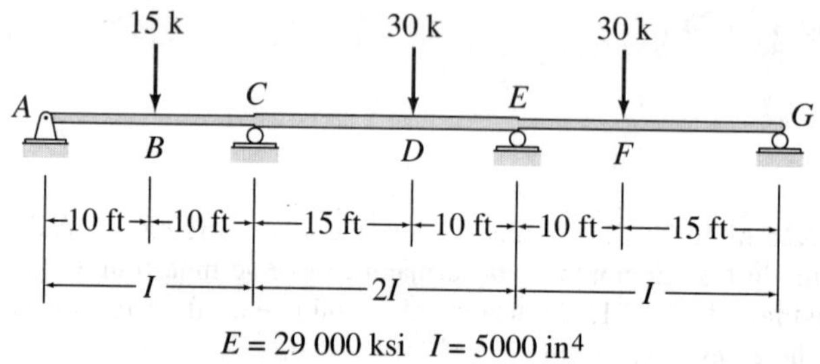

Fig. P13.39, P13.54

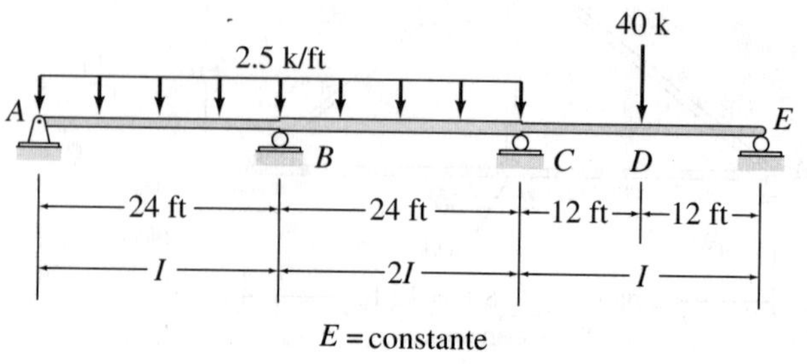

Fig. P13.40

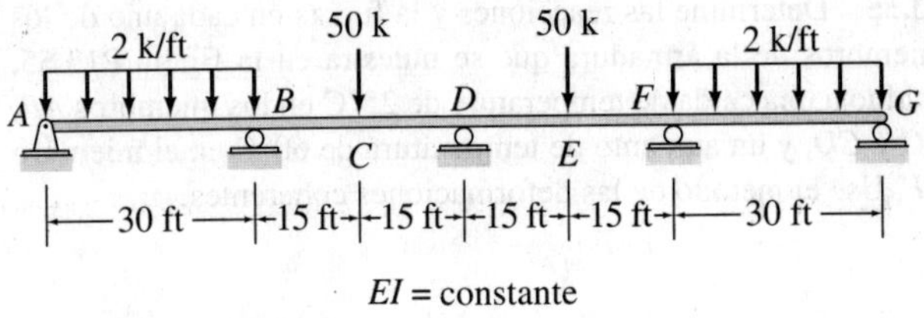

Fig. P13.41

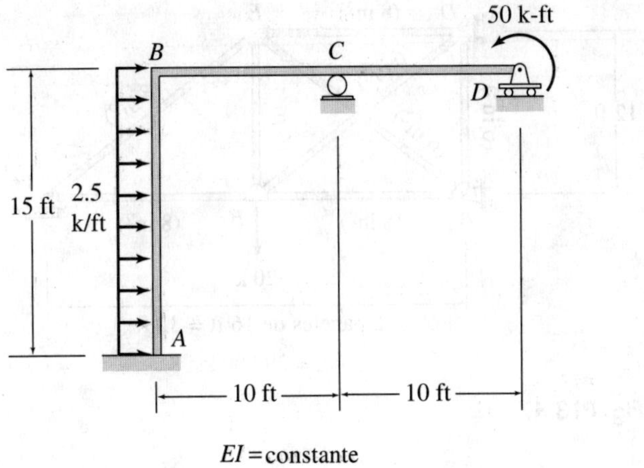

Fig. P13.44

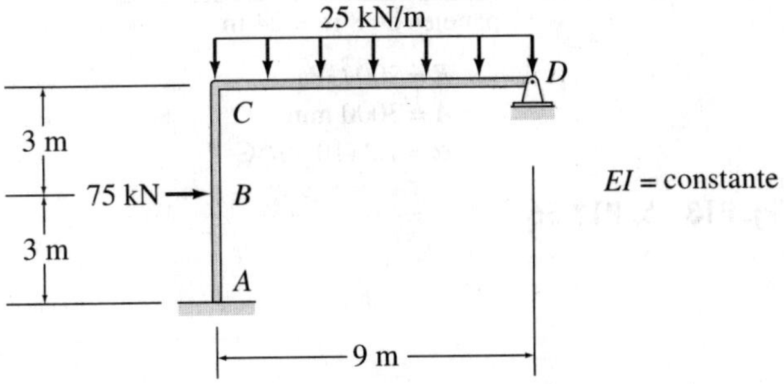

Fig. P13.42

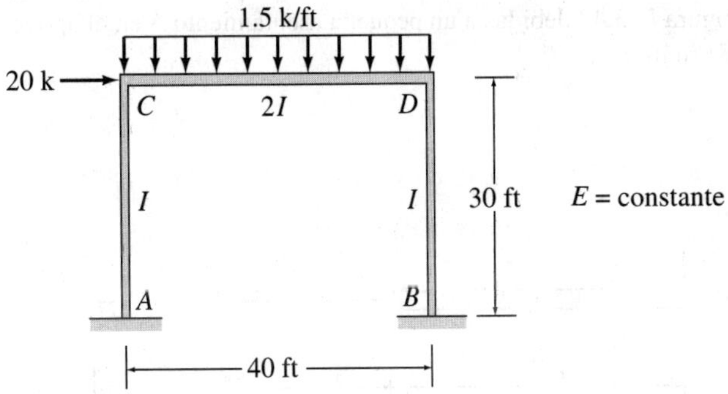

Fig. P13.45

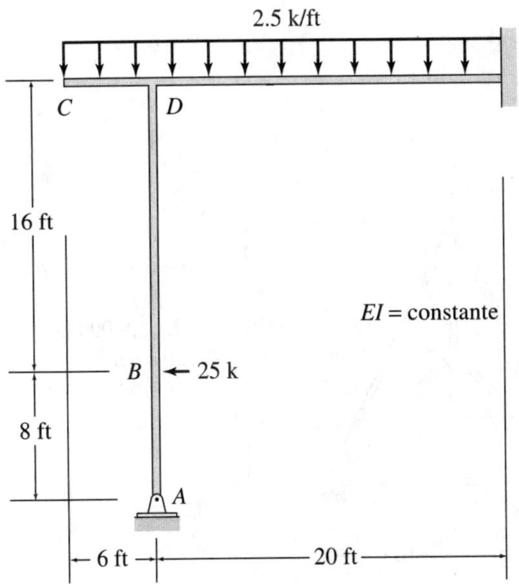

Fig. P13.43

13.46 al 13.47 Determine las reacciones y la fuerza en cada uno de los miembros de las armaduras que se muestran en las figuras P13.46 y P13.47, usando el método de las deformaciones coherentes.

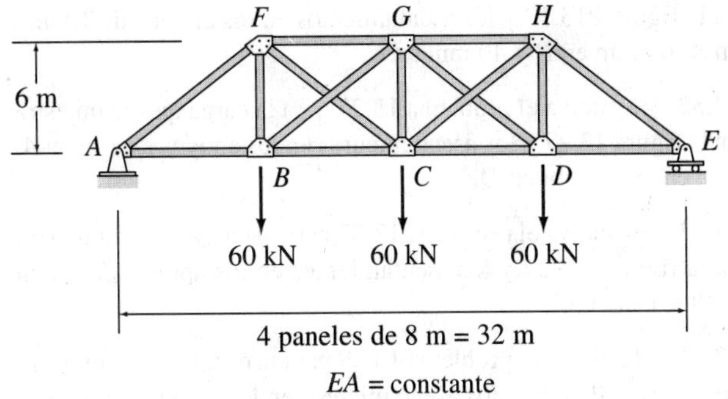

Fig. P13.46

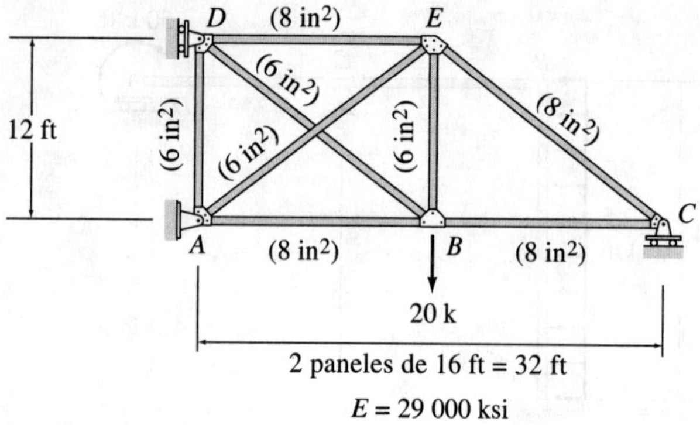

Fig. P13.47

Sección 13.4

13.48 Determine las reacciones la viga que se muestra en la figura P13.48 debidas a un pequeña asentamiento Δ en el apoyo de rodillo C.

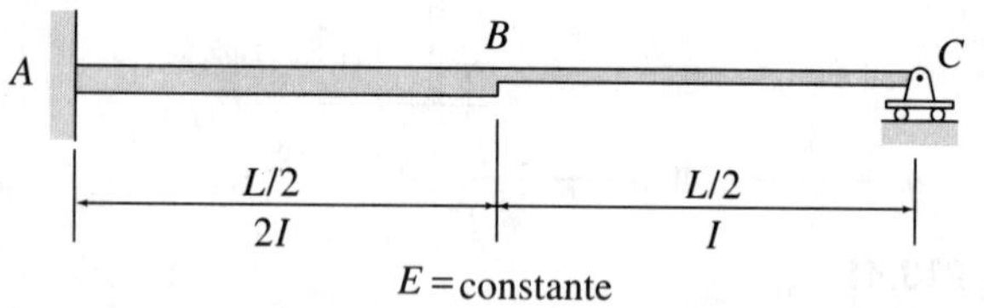

Fig. P13.48

13.49 Resuelva el problema 13.1 para la carga que se muestra y un asentamiento de 1 in en el apoyo D. Vea la figura P13.1.

13.50 Resuelva el problema 13.9 para la carga que se muestra y un asentamiento de $1\frac{3}{4}$ in en el apoyo C.

13.51 Resuelva el problema 13.12 para la carga que se muestra en la figura P13.12 y los asentamientos en los apoyos de 10 mm en A, 65 mm en B y 40 mm en C.

13.52 Resuelva el problema 13.27 para la carga que se muestra en la figura 13.27 y los asentamientos en los apoyos de 1 in en A, 3 in en C y $1\frac{3}{4}$ in en D.

13.53 Resuelva el problema 13.37 para la carga que se muestra en la figura P13.37 y los asentamientos en los apoyos de $1\frac{1}{2}$ in en B y 1 in en C.

13.54 Resuelva el problema 13.39 para la carga que se muestra en la figura P13.39 y los asentamientos en los apoyos de $\frac{1}{2}$ in A, 4 in en C, 3 in en E y $2\frac{1}{2}$ en G.

13.55 Determine las reacciones y la fuerza en cada uno de los miembros de la armadura que se muestra en la figura P13.55, debido a una caída de temperatura de 25°C en los miembros AB, BC y CD, y un aumento de temperatura de 60°C en el miembro EF. Use el método de las deformaciones coherentes.

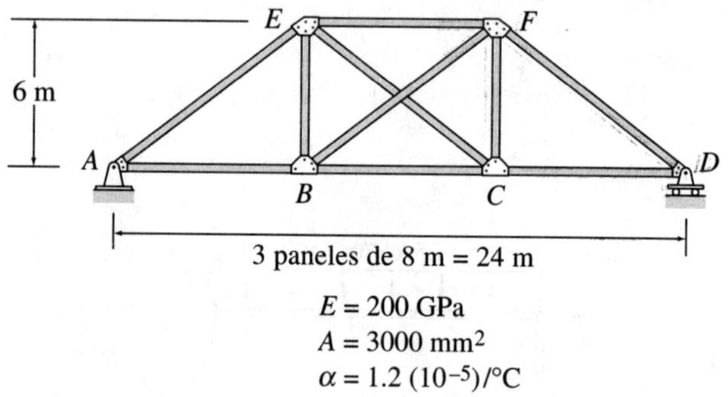

Fig. P13.55, P13.56

13.56 Determine las reacciones y la fuerza en cada uno de los miembros de la armadura que se muestra en la figura P13.55, si el miembro EF es 30 mm demasiado corto. Use el método de las deformaciones coherentes.

13.57 Determine las reacciones y la fuerza en cada uno de los miembros de la armadura que se muestra en la figura P13.57, debido a aumento de temperatura de 70°F en el miembro AB. Use el método dc las dcformaciones coherentes.

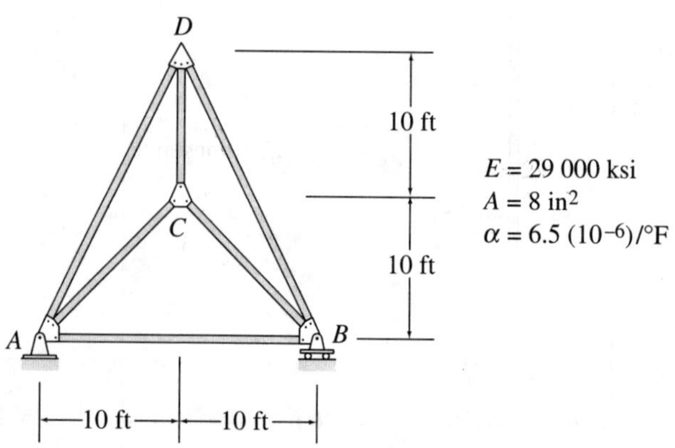

Fig. P13.57

Sección 13.5

13.58 Resuelva el problema 13.15 por el método del trabajo mínimo. Vea la figura P13.15.

13.59 Resuelva el problema 13.16 por el método del trabajo mínimo. Vea la figura P13.16.

13.60 Resuelva el problema 13.35 por el método del trabajo mínimo. Vea la figura P13.35.

13.61 Una viga está sostenida por un apoyo fijo A y un cable BC, como se muestra en la figura P13.61. Determine la tensión en el cable por el método del trabajo mínimo.

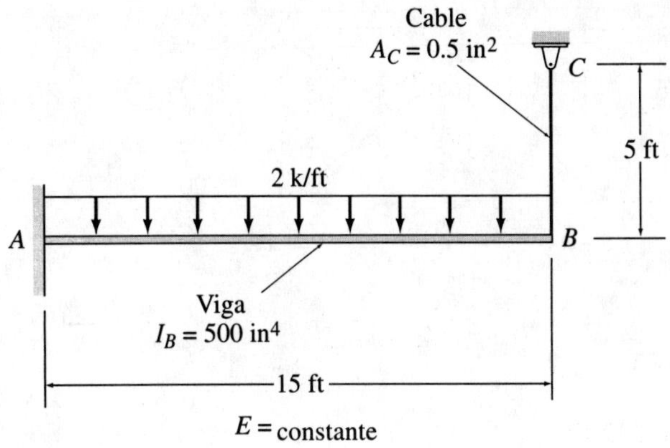

Fig. P13.61 *V*

14 LÍNEAS DE INFLUENCIA PARA LAS ESTRUCTURAS ESTÁTICAMENTE INDETERMINADAS

Puente Golden Gate, San Francisco
Fotografía cortesía de Bethlehem Steel Corporation

En este capítulo, se discuten los procedimientos para la construcción de las líneas de influencia para las estructuras estáticamente indeterminadas. Es posible que recuerde, por lo visto en el capítulo 8, que *una línea de influencia es una gráfica de una función de respuesta de una estructura como función de la posición de una carga unitaria hacia abajo que se mueve a través de la estructura.*

El procedimiento básico para la construcción de las líneas de influencia para estructuras indeterminadas es el mismo que el aplicado para las determinadas, el cual se consideró en el capítulo 8. En esencia, el procedimiento comprende el cálculo de valores de la función de respuesta que interesa para diversas posiciones de una carga unitaria sobre la estructura y la situación gráfica de los valores de esa función como ordenadas contra la posición de la carga unitaria como abscisa, con el fin de obtener la línea de influencia. Dado que las líneas de influencia para las fuerzas y los momentos de las estructuras determinadas constan de segmentos rectilíneos, esas líneas se construyeron en el capítulo 8 mediante la evaluación de las ordenadas para sólo unas cuantas posiciones de la carga unitaria y uniéndolas con rectas. Sin embargo, para las estructuras indeterminadas, las líneas de influencia en general son curvas. (Para las vigas maestras indeterminadas con sistemas de pisos y armaduras y para otras estructuras indeterminadas a las cuales se transmiten cargas en movimiento por la vía de sistemas de armazones, las líneas de influencia suelen consistir en las cuerdas de líneas curvas.) Por tanto, la construcción de las líneas de influencia para las estructuras indeterminadas requiere el cálculo de muchas más ordenadas que las necesarias en el caso de las determinadas.

Aunque se puede usar cualquiera de los métodos de análisis de las estructuras indeterminadas presentados en la parte tres a fin de calcular las líneas de influencia, se utilizará el de las deformaciones coherentes, discutido en el capítulo 13, para esos fines. Una vez que se han construido las líneas de influencia para las estructuras indeterminadas, se pueden usar de la misma manera que las de las determinadas discutidas en el capítulo 9. En este capítulo, se desarrolla el procedimiento para la construcción de las líneas de influencia para vigas y armaduras estáticamente indeterminadas y se discute la aplicación del principio de Müller-Breslau para la construcción de líneas cualitativas de influencia para vigas y armazones indeterminados.

14.1 LÍNEAS DE INFLUENCIA PARA VIGAS Y ARMADURAS

Considere la viga continua que se muestra en la figura 14.1(a). Suponga que se desea trazar la línea de influencia para la reacción vertical en el apoyo interior B de la viga. Ésta se encuentra sujeta a una carga concentrada hacia abajo en movimiento de magnitud unitaria, la posición de la cual se define por la coordenada x medida desde el extremo izquierdo de la propia viga, como se muestra en la figura.

A fin de desarrollar la línea de influencia para la reacción B_y, se necesita determinar la expresión de ésta en términos de la posición variable x de la carga unitaria. Cuando notamos que la viga es estáticamente indeterminada al primer grado, se selecciona la reacción B_y para que sea el elemento redundante. Entonces se elimina el apoyo de rodillo en B de la viga indeterminada real, a fin de obtener la viga primaria estáticamente determinada que se muestra en la figura 14.1(b). Enseguida, la viga primaria se sujeta, por separado, a la carga unitaria colocada en posición en un punto arbitrario X, a una distancia x a partir del extremo izquierdo, y a la B_y redundante, como se muestra en las figuras 14.1(b) y (c), respectivamente. Ahora se puede determinar la expresión para B_y, utilizando la condición de compatibilidad de que la deflexión de la viga primaria en B, debida al efecto combinado de la carga unitaria externa y la B_y, debe ser igual a cero. De donde

$$f_{BX} + f_{BB}B_y = 0$$

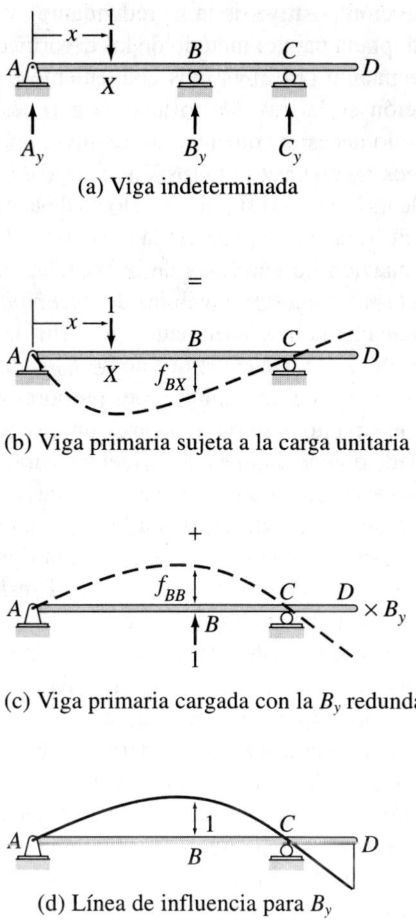

Fig. 14.1

de lo cual

$$B_y = -\frac{f_{BX}}{f_{BB}} \tag{14.1}$$

en la cual el coeficiente de flexibilidad f_{BX} denota la deflexión de la viga primaria en B debida a la carga unitaria en X (Fig. 14.1(b)), en tanto que el coeficiente de flexibilidad f_{BB} denota la deflexión en el mismo B debido al valor unitario de la B_y redundante (Fig. 14.1(c)).

Se puede usar la ecuación (14.1) para construir la línea de influencia para B_y, al colocar la carga unitaria de manera sucesiva en varias posiciones X a lo largo de la viga, evaluando f_{BX} para cada posición de la carga unitaria y situando en una gráfica los valores de la razón $-f_{BX}/f_{BB}$. Sin embargo, se puede idear un procedimiento más eficiente mediante la aplicación de la *ley de Maxwell de las deflexiones recíprocas* (sección 7.8), según la cual la deflexión en B debida a una carga unitaria en X debe ser igual a la deflexión en X debida a una carga unitaria en B; esto es, $f_{BX} = f_{XB}$. De donde la ecuación (14.1) se puede volver a escribir como

$$B_y = -\frac{f_{XB}}{f_{BB}} \tag{14.2}$$

lo cual representa la ecuación de la línea de influencia para B_y. Note que las deflexiones f_{XB} y f_{BB} se consideran como positivas cuando tienen la dirección hacia arriba (es decir, en la dirección positiva de la B_y redundante), de acuerdo con la convención de los signos adoptada para el método de las deformaciones coherentes, en el capítulo 13.

La ecuación (14.2) es más conveniente para ser aplicada que la (14.1) en la construcción de la línea de influencia porque, según la ecuación (14.2), la carga unitaria sólo necesita colocarse sobre la viga primaria en B, y se deben calcular las deflexiones f_{XB} en varios puntos X a lo largo de la viga. Entonces se puede construir la línea de influencia al situar los valores de la razón $-f_{XB}/f_{BB}$ como ordenadas contra la distancia x, la cual representa la posición del punto X, como abscisa.

La ecuación de una línea de influencia, cuando se expresa en la forma de la ecuación (14.2), muestra la validez del *principio de Müller-Breslau* para las estructuras estáticamente indeterminadas. A partir de la ecuación (14.2), para la línea de influencia de B_y, se puede ver que como f_{BB} es una constante, la ordenada de la línea de influencia en cualquier punto X es proporcional a la deflexión f_{XB} de la viga primaria en ese punto, debida a la carga unitaria en B. Además, esta ecuación indica que se puede obtener la línea de influencia para B_y al multiplicar la forma deformada de la viga primaria, debida a la carga unitaria en B, por el factor de escala $-1/f_{BB}$. Note que este cambio de escala da lugar a una forma deformada, con un desplazamiento unitario en B, como se muestra en la figura 14.1(d). La observación anterior hace ver la validez del principio de Müller-Breslau para las estructuras indeterminadas. Recuerde, por lo visto en la sección 8.2 que, de acuerdo con este principio, se puede obtener la línea de influencia para B_y mediante la eliminación del apoyo B de la viga original y al darle a la viga liberada un desplazamiento unitario en la dirección de la propia B_y. Asimismo, nótese en la figura 14.1(d) que, a diferencia del caso de las estructuras estáticamente determinadas, considerado en el capítulo 8, la eliminación del apoyo B de la viga indeterminada no la convierte en estáticamente estable; por lo tanto, la línea de influencia para su reacción B_y es una línea curva. Una vez que se ha determinado la línea de influencia para la B_y redundante, se pueden obtener las líneas de influencia para las reacciones restantes, así como para las cortantes y los momentos flexionantes, de la viga, a través de consideraciones de equilibrio.

Líneas de influencia para estructuras con grados múltiples de indeterminación

El procedimiento para la construcción de las líneas de influencia para las estructuras con grados múltiples de indeterminación es semejante al aplicado para aquellas que tienen un solo grado. Considérese, por ejemplo, la viga continua con tres claros que se muestra en la figura 14.2(a). Debido a que la viga es estáticamente indeterminada al segundo grado, se seleccionan las reacciones B_y y C_y para que sean los elementos redundantes. Con el fin de determinar los elementos de influencia para las redundantes, se coloca una carga unitaria sucesivamente en varias posiciones X a lo largo de la viga, y para cada posición de esa carga, se evalúan las ordenadas de las líneas de influencia para B_y y C_y, por la aplicación de las ecuaciones de compatibilidad (véanse las figuras 14.2(a) a (d))

$$f_{BX} + f_{BB}B_y + f_{BC}C_y = 0 \tag{14.3}$$

$$f_{CX} + f_{CB}B_y + f_{CC}C_y = 0 \tag{14.4}$$

Una vez que se han obtenido las líneas de influencia para las redundantes, se pueden determinar, mediante la estática, las líneas de influencia para las reacciones restantes, así como las cortantes y los momentos flexionantes.

Como se discutió con anterioridad, el análisis se puede facilitar de manera considerable por la aplicación de la *ley de Maxwell de las deflexiones recíprocas*, según

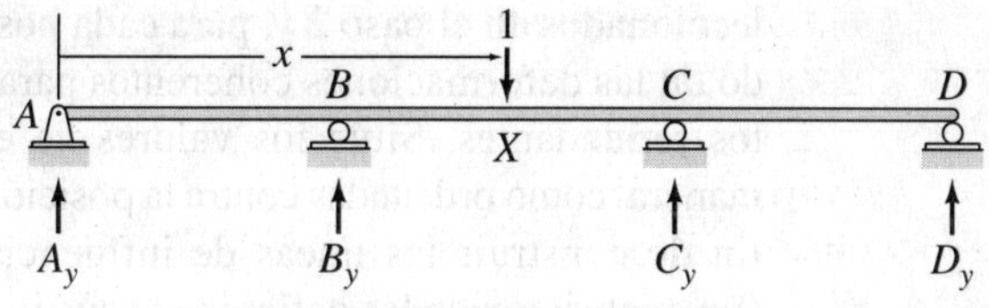

(a) Viga indeterminada

=

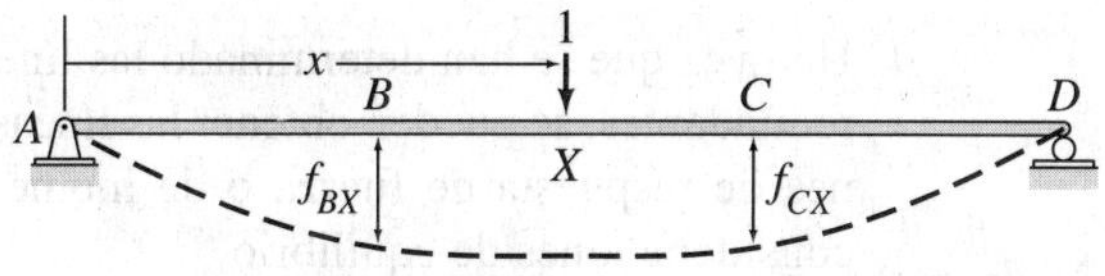

(b) Viga primaria sujeta a la carga unitaria

+

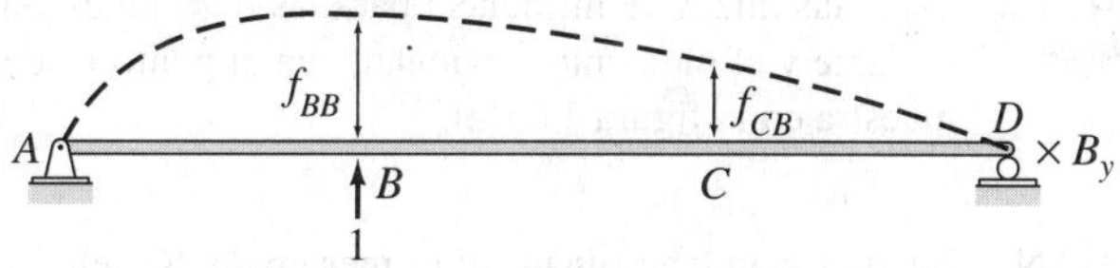

(c) Viga primaria cargada con la B_y redundante

+

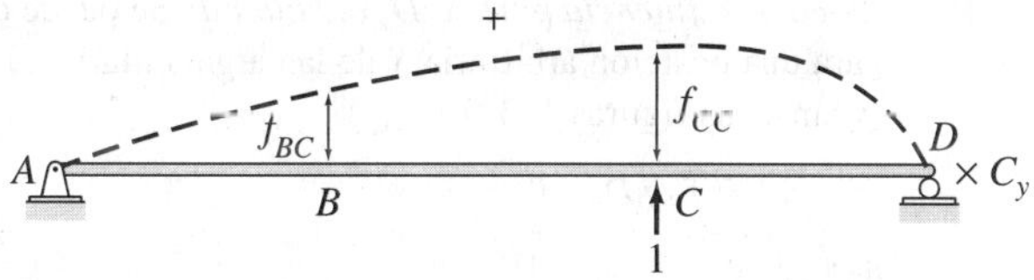

(d) Viga primaria cargada con la C_y redundante

Fig. 14.2

la cual $f_{BX} = f_{XB}$ y $f_{CX} = f_{XC}$. De donde la carga unitaria necesita colocarse de manera sucesiva sólo en los puntos B y C, y se calculan las deflexiones f_{XB} y f_{XC} en varios puntos X a lo largo de la viga, en lugar de calcular las deflexiones f_{BX} y f_{CX} en los puntos B y C, respectivamente, para cada una de varias posiciones de la carga unitaria.

Procedimiento para el análisis

El procedimiento para construir las líneas de influencia para las estructuras estáticamente indeterminadas, por el método de las deformaciones coherentes, se puede resumir como sigue:

1. Determine el grado de indeterminación de la estructura y seleccione los elementos redundantes.
2. Seleccione varios puntos a lo largo de la estructura en los cuales se evaluarán los valores numéricos de las ordenadas de las líneas de influencia.
3. Con el fin de construir las líneas de influencia para los elementos redundantes, coloque una carga unitaria en forma sucesiva en cada uno de los puntos se-

leccionados en el paso 2 y, para cada posición de esa carga, aplique el método de las deformaciones coherentes para calcular los valores de los elementos redundantes. Sitúe los valores de estos elementos, obtenidos de esta manera, como ordenadas contra la posición de la carga unitaria como abscisa, a fin de construir las líneas de influencia para los elementos redundantes. (La evaluación de las deflexiones que intervienen en las ecuaciones de compatibilidad se puede facilitar de modo considerable por la aplicación de la *ley de Maxwell de las deflexiones recíprocas*, como se ilustra mediante los ejemplos 14.1 y 14.2.)

4. Una vez que se han determinado las líneas de influencia para los elementos redundantes, se pueden obtener las líneas de influencia para las otras funciones de respuesta de fuerza o de momento, o de ambos tipos, a través de consideraciones de equilibrio.

EJEMPLO 14.1

Trace las líneas de influencia para las reacciones verticales en los apoyos, así como para la cortante y el momento flexionante en el punto *C*, de la viga continua con dos claros que se muestra en la figura 14.3(a).

SOLUCIÓN La viga es indeterminada al primer grado. Se selecciona la reacción vertical D_y, en el apoyo interior *D*, como el elemento redundante. Se evaluarán las ordenadas de las líneas de influencia a intervalos de 10 ft, en los puntos *A* al *F* que se muestran en la figura 14.3(a).

Línea de influencia para la D_y redundante Se puede determinar el valor de la D_y redundante, para una posición arbitraria *X* de la carga unitaria, al resolver la ecuación de compatibilidad (véanse las figuras 143.(b) y (c))

$$f_{DX} + \bar{f}_{DD} D_y = 0$$

de la cual

$$D_y = -\frac{f_{DX}}{\bar{f}_{DD}} \tag{1}$$

Como, de acuerdo con la ley de Maxwell de las deflexiones recíprocas, $f_{DX} = f_{XD}$, se coloca la carga unitaria en *D* sobre la viga primaria (Fig. 14.3(d)) y se calculan las deflexiones en los puntos *A* al *F*, aplicando el método de la viga conjugada. La viga conjugada se muestra en la figura 14.3(e), de la cual se obtiene lo siguiente:

$$f_{DA} = f_{AD} = 0$$

$$f_{DB} = f_{BD} = -\frac{1}{EI}\left[86(10) - \left(\frac{1}{2}\right)(10)(2)\left(\frac{10}{3}\right)\right] = -\frac{826.667\text{ k-ft}^3/\text{k}}{EI}$$

$$f_{DC} = f_{CD} = -\frac{1}{EI}\left[86(20) - \left(\frac{1}{2}\right)(20)(4)\left(\frac{20}{3}\right)\right] = -\frac{1453.333\text{ k-ft}^3/\text{k}}{EI}$$

$$f_{DD} = -\frac{1}{EI}\left[86(30) - \left(\frac{1}{2}\right)(30)(6)(10)\right] = -\frac{1680\text{ k-ft}^3/\text{k}}{EI}$$

$$f_{DE} = f_{ED} = -\frac{1}{EI}\left[124(10) - \left(\frac{1}{2}\right)(10)(6)\left(\frac{10}{3}\right)\right] = -\frac{1140\text{ k-ft}^3/\text{k}}{EI}$$

$$f_{DF} = f_{FD} = 0$$

en las cuales los signos negativos indican que estas deflexiones ocurren en la dirección hacia abajo. Nótese que el coeficiente de flexibilidad $\bar{f}_{DD}$ de la ecuación (1) denota la deflexión hacia arriba (positiva) de la viga primaria en *D*, debida el valor unitario de la D_y redundante

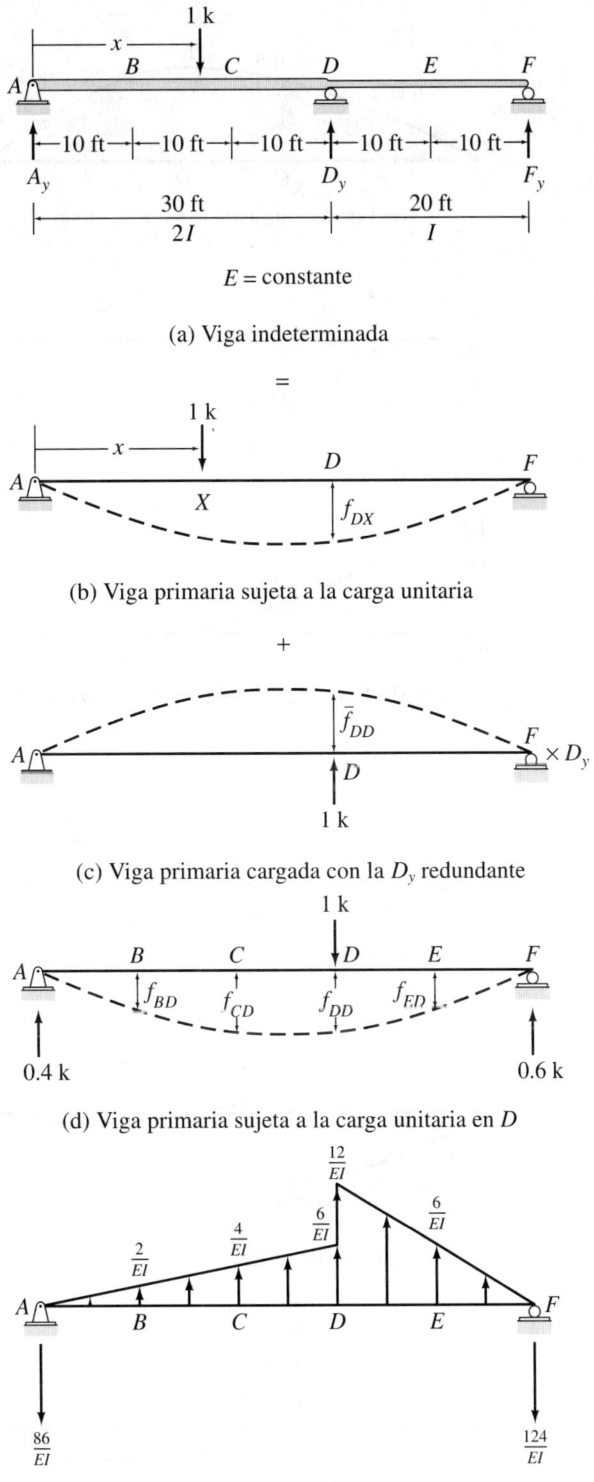

(a) Viga indeterminada

(b) Viga primaria sujeta a la carga unitaria

(c) Viga primaria cargada con la D_y redundante

(d) Viga primaria sujeta a la carga unitaria en D

(e) Viga conjugada para la carga unitaria en D

Fig. 14.3

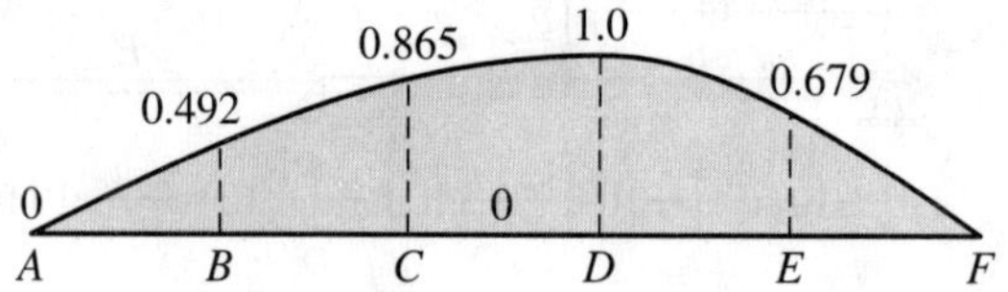

(f) Línea de influencia para D_y (k/k)

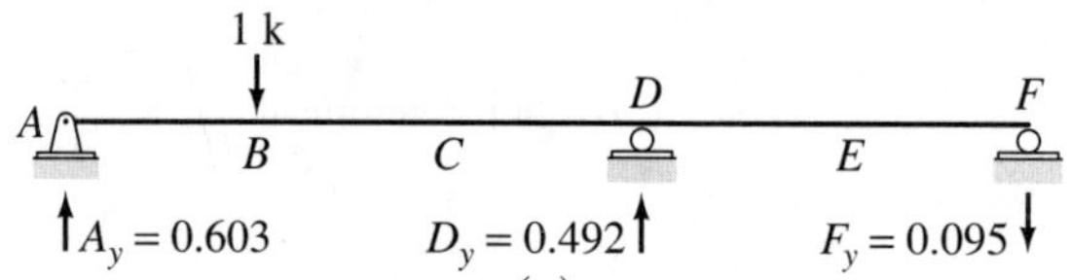

(g)

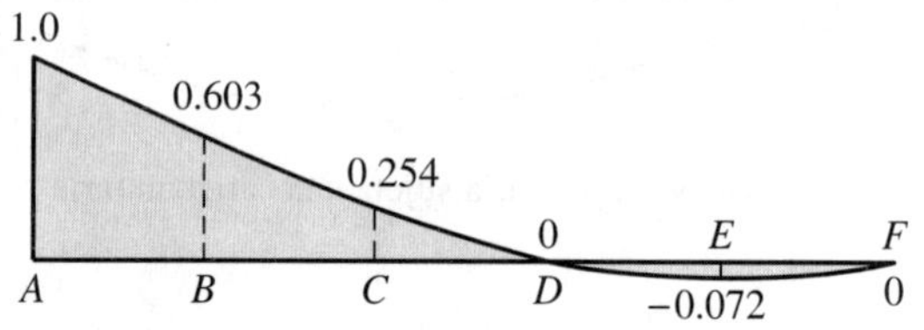

(h) Línea de influencia para A_y (k/k)

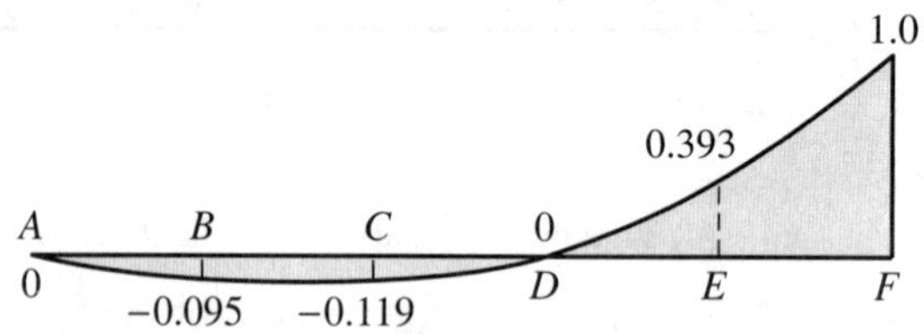

(i) Línea de influencia para F_y (k/k)

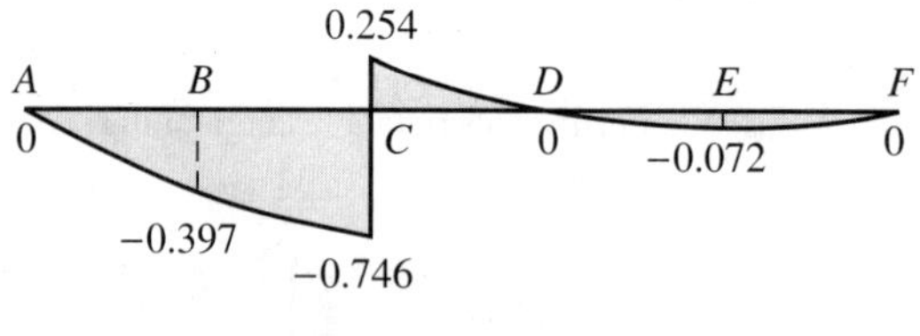

(j) Línea de influencia para S_C (k/k)

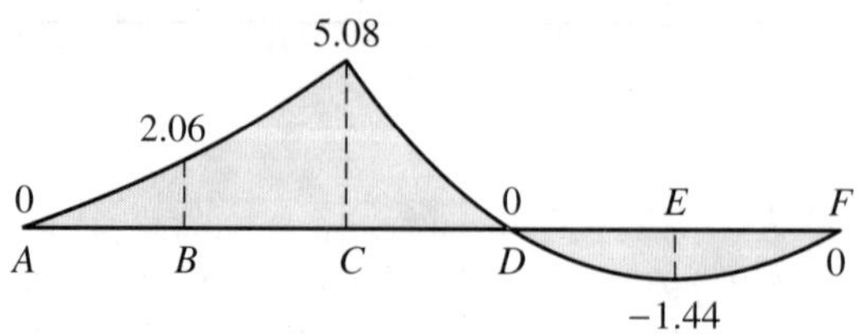

(k) Línea de influencia para M_C (k-ft/k)

Fig. 14.3 (*Continuación*)

Tabla 14.1

Carga unitaria en	Ordenadas de las líneas de influencia				
	D_y (k/k)	A_y (k/k)	F_y (k/k)	S_C (k/k)	M_C (k-ft/k)
A	0	1.0	0	0	0
B	0.492	0.603	–0.095	–0.397	2.06
C	0.865	0.254	–0.119	–0.746 (izquierda)	5.08
				0.254 (derecha)	
D	1.0	0	0	0	0
E	0.679	–0.072	0.393	–0.072	–1.44
F	0	0	1.0	0	0

(Fig. 14.3(c)), en tanto que la deflexión f_{DD} representa la deflexión hacia abajo (negativa) en *D*, debida a la carga unitaria externa en este punto (Fig. 14.3(d)). De donde

$$\bar{f}_{DD} = -f_{DD} = +\frac{1680\,\text{k-ft}^3/\text{k}}{EI}$$

Ahora se pueden calcular las ordenadas de las líneas de influencia para D_y mediante la aplicación de la ecuación (1) sucesivamente para cada posición de la carga unitaria. Por ejemplo, cuando la carga unitaria está ubicada en *B*, el valor de D_y queda dado por

$$D_y = -\frac{f_{DB}}{\bar{f}_{DD}} = \frac{826.667}{1680} = 0.492 \text{ k/k}$$

Las ordenadas restantes de la línea de influencia para D_y se calculan de manera semejante. Estas ordenadas se hacen constar en la tabla 14.1 y, en la figura 14.3(f), se muestra la línea de influencia para D_y. **Resp.**

Líneas de influencia para A_y y F_y Conocida la línea de influencia para D_y, ahora se pueden determinar las líneas de influencia para las reacciones restantes por la aplicación de las ecuaciones de equilibrio. Por ejemplo, para la posición de la carga unitaria en el punto *B*, como se muestra en la figura 14.3 (g), se ha hallado que el valor de la reacción D_y es de 0.492 k/k. Aplicando las ecuaciones de equilibrio, se determina que los valores de las reacciones A_y y F_y son

$$+\circlearrowleft \sum M_F = 0 \qquad -A_y(50) + 1(40) - 0.492(20) = 0$$

$$A_y = 0.603 \text{ k/k} \uparrow$$

$$+\uparrow \sum F_y = 0 \qquad 0.603 - 1 + 0.492 + F_y = 0$$

$$F_y = -0.095 \text{ k/k} = 0.095 \text{ k/k} \downarrow$$

Los valores de las ordenadas de las líneas de influencia restantes se calculan de manera semejante. Estas ordenadas se encuentran en la tabla 14.1 y las líneas de influencia para A_y y F_y se muestran las figuras 14.1(h) e (i), respectivamente. **Resp.**

Líneas de influencia para S_C y M_C Ahora se pueden evaluar las ordenadas de las líneas de influencia para la cortante y el momento flexionante en *C*, al colocar la carga unitaria sucesivamente en los puntos *A* al *F*, sobre la viga indeterminada, y utilizando los valores correspondientes de las reacciones calculados con anterioridad. Por ejemplo, como se ilustra en la figura 14.3(g), cuando la carga unitaria está localizada en el punto *B*, los valores de las reacciones son $A_y = 0.603$ k/k; $D_y = 0.492$ k/k, y $F_y = -0.095$ k/k. Al considerar el equilibrio del cuerpo libre de la parte de la viga a la izquierda de C, se obtiene

$$S_C = 0.603 - 1 = -0.397 \text{ k/k}$$

$$M_C = 0.603(20) - 1(10) = 2.06 \text{ k-ft/k}$$

Los valores de las ordenadas restantes de las líneas de influencia se calculan de manera semejante. Estas ordenadas se encuentran en la tabla 14.1 y las líneas de influencia para la cortante y el momento flexionante en C se muestran en las figuras 14.3(j) y (k), respectivamente. **Resp.**

EJEMPLO 14.2

Trace las líneas de influencia para las reacciones en los apoyos para la viga mostrada en la figura 14.4(a).

SOLUCIÓN

La viga es indeterminada al segundo grado. Se seleccionan las reacciones verticales D_y y G_y, en los apoyos de rodillos D y G, respectivamente, para que sean los elementos redundantes. Las ordenadas de las líneas de influencia se evaluarán a intervalos de 5 m, en los puntos A al G mostrados en la figura 14.4(a).

Líneas de influencia para las D_y y G_y redundantes Se pueden determinar los valores de las D_y y G_y redundantes, para cualquier posición arbitraria X de la carga unitaria, al resolver las ecuaciones de compatibilidad (véanse las figuras 14.4(b) a (d)):

$$f_{DX} + \overline{f}_{DD}D_y + \overline{f}_{DG}G_y = 0 \tag{1}$$

$$f_{GX} + \overline{f}_{GD}D_y + \overline{f}_{GG}G_y = 0 \tag{2}$$

Dado que por la ley de Maxwell, $f_{DX} = f_{XD}$, se coloca la carga unitaria en D sobre la viga primaria (Fig. 14.4(e)) y se calculan las deflexiones en los puntos A al G, usando las fórmulas de las deflexiones de las vigas que se dan al inicio de esta obra. De donde

$$f_{DA} = f_{AD} = 0$$

$$f_{DB} = f_{BD} = -\frac{166.667 \text{ kN}\cdot\text{m}^3/\text{kN}}{EI}$$

$$f_{DC} = f_{CD} = -\frac{583.333 \text{ kN}\cdot\text{m}^3/\text{kN}}{EI}$$

$$f_{DD} = -\frac{1125 \text{ kN}\cdot\text{m}^3/\text{kN}}{EI}$$

$$f_{DE} = f_{ED} = -\frac{1687.5 \text{ kN}\cdot\text{m}^3/\text{kN}}{EI}$$

$$f_{DF} = f_{FD} = -\frac{2250 \text{ kN}\cdot\text{m}^3/\text{kN}}{EI}$$

$$f_{DG} = f_{GD} = -\frac{2812.5 \text{ kN}\cdot\text{m}^3/\text{kN}}{EI}$$

De manera análoga, las deflexiones $f_{GX} = f_{XG}$ se calculan al colocar la carga unitaria en G (Fig. 14.4(f)):

$$f_{GA} = f_{AG} = 0$$

$$f_{GB} = f_{BG} = -\frac{354.167 \text{ kN}\cdot\text{m}^3/\text{kN}}{EI}$$

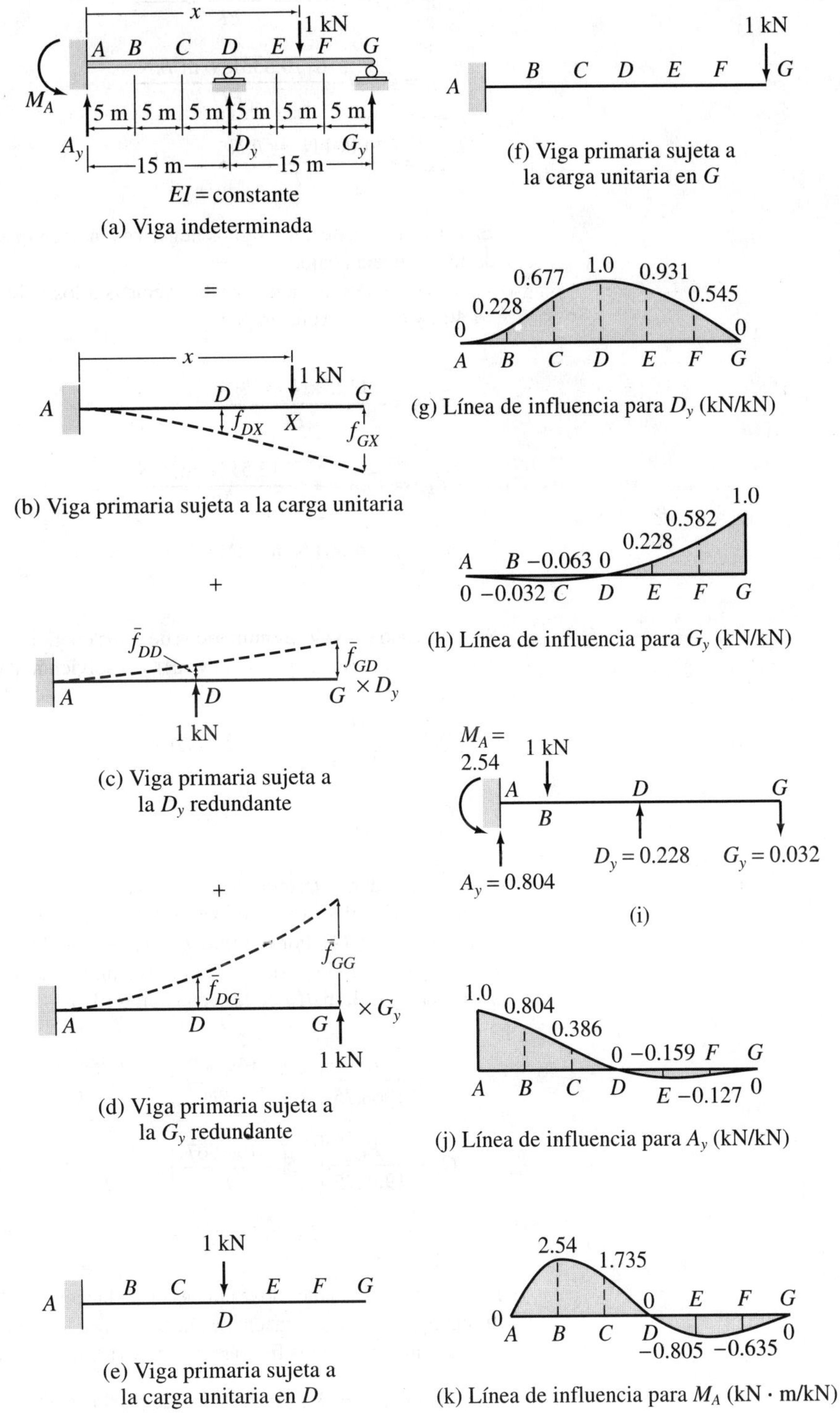

(a) Viga indeterminada

(b) Viga primaria sujeta a la carga unitaria

(c) Viga primaria sujeta a la D_y redundante

(d) Viga primaria sujeta a la G_y redundante

(e) Viga primaria sujeta a la carga unitaria en D

(f) Viga primaria sujeta a la carga unitaria en G

(g) Línea de influencia para D_y (kN/kN)

(h) Línea de influencia para G_y (kN/kN)

(i)

(j) Línea de influencia para A_y (kN/kN)

(k) Línea de influencia para M_A (kN · m/kN)

Fig. 14.4

$$f_{GC} = f_{CG} = -\frac{1333.333\,\text{kN}\cdot\text{m}^3/\text{kN}}{EI}$$

$$f_{GE} = f_{EG} = -\frac{4666.667\,\text{kN}\cdot\text{m}^3/\text{kN}}{EI}$$

$$f_{GF} = f_{FG} = -\frac{6770.833\,\text{kN}\cdot\text{m}^3/\text{kN}}{EI}$$

$$f_{GG} = -\frac{9000\,\text{kN}\cdot\text{m}^3/\text{kN}}{EI}$$

En estas ecuaciones, los signos negativos indican que estas deflexiones se encuentran en la dirección hacia abajo.

Las deflexiones hacia arriba, debidas a los valores unitarios de las redundantes (Figs. 14.4(c) y (d)) se expresan por

$$\overline{f}_{DD} = +\frac{1125\,\text{kN}\cdot\text{m}^3/\text{kN}}{EI}$$

$$\overline{f}_{DG} = \overline{f}_{GD} = +\frac{2812.5\,\text{kN}\cdot\text{m}^3/\text{kN}}{EI}$$

$$\overline{f}_{GG} = +\frac{9000\,\text{kN}\cdot\text{m}^3/\text{kN}}{EI}$$

Sustituyendo los valores numéricos de estos coeficientes de flexibilidad en las ecuaciones de compatibilidad (ecuaciones (1) y (2)) y resolviendo para D_y y G_y, se obtiene

$$D_y = \frac{EI}{1968.75}(-8f_{GX} + 2.5f_{GX}) \tag{3}$$

$$G_y = \frac{EI}{1968.75}(2.5f_{DX} - f_{GX}) \tag{4}$$

Ahora se pueden determinar los valores de las D_y y G_y redundantes, para cada posición de la carga unitaria, al sustituir los valores correspondientes de las deflexiones f_{DX} y f_{GX} en las ecuaciones (3) y (4). Por ejemplo, se pueden calcular las ordenadas de las líneas de influencia para D_y y G_y, para la posición de la carga unitaria en B, al sustituir $f_{DX} = f_{DB} = -166.667/EI$ y $f_{GX} = f_{GB} = -354.167/EI$ en las ecuaciones (3) y (4):

$$D_y = \frac{EI}{1968.75}\left[-8\left(-\frac{166.667}{EI}\right) + 2.5\left(\frac{354.167}{EI}\right)\right] = 0.228 \text{ kN/kN} \uparrow$$

$$G_y = \frac{EI}{1968.75}\left[2.5\left(-\frac{166.667}{EI}\right) + \frac{354.167}{EI}\right] = -0.032 \text{ kN/kN}$$

$$= 0.032 \text{ kN/kN} \downarrow$$

Las ordenadas restantes de las líneas de influencia para las redundantes se calculan de manera semejante. Estas ordenadas se encuentran en la tabla 14.2 y las líneas de influencia para D_y y G_y se muestran en las figuras 14.4(g) y (h), respectivamente. **Resp.**

Líneas de influencia para A_y y M_A Ahora se pueden determinar las líneas de influencia para las reacciones restantes, al colocar la carga unitaria en forma sucesiva en los puntos A al G sobre la viga indeterminada y aplicando las ecuaciones de equilibrio. Por ejemplo, para la posición de la carga unitaria en B (Fig. 14.4(i)), se ha encontrado que los valores de las reacciones D_y y G_y son de 0.228 kN/kN y –0.032 kN/kN, respectivamente. Al considerar el equilibrio de la viga, se determinan los valores de las reacciones A_y y M_A, como sigue:

Tabla 14.2

Carga unitaria en	Ordenadas de la línea de influencia			
	D_y (kN/kN)	G_y (kN/kN)	A_y (kN/kN)	M_A (kN · m/kN)
A	0	0	1.0	0
B	0.228	–0.032	0.804	2.540
C	0.677	–0.063	0.386	1.735
D	1.0	0	0	0
E	0.931	0.228	–0.159	–0.805
F	0.545	0.582	–0.127	–0.635
G	0	1.0	0	0

$$+\uparrow \sum F_y = 0$$

$$A_y - 1 + 0.228 - 0.032 = 0$$

$$A_y = 0.804 \text{ kN/kN} \uparrow$$

$$+\circlearrowleft \sum M_A = 0$$

$$M_A - 1(5) + 0.228(15) - 0.032(30) = 0$$

$$M_A = 2.54 \text{ kN} \cdot \text{m/kN} \circlearrowleft$$

Los valores de las ordenadas de las líneas de influencia restantes se calculan de manera semejante. En la tabla 14.2, se tiene la lista de estas ordenadas y las líneas de influencia para A_y y M_A se muestran en las figuras 14.4(j) y (k), respectivamente. **Resp.**

EJEMPLO 14.3

Trace las líneas de influencia para las fuerzas en los miembros *BC*, *BE* y *CE* de la armadura mostrada en la figura 14.5(a). Las cargas vivas se transmiten a la cuerda superior de la armadura.

SOLUCIÓN

La armadura es internamente indeterminada al primer grado. Se selecciona la fuerza axial F_{CE} en el miembro diagonal *CE* para que sea el elemento redundante.

Líneas de influencia para la F_{CE} redundante Con el fin de determinar la línea de influencia para F_{CE}, se coloca una carga unitaria en forma sucesiva en los nodos *B* y *C* de la armadura y, para cada posición de esa carga, se aplica el método de las deformaciones coherentes para calcular el valor de la propia F_{CE}. La armadura primaria, obtenida al eliminar el miembro *CE*, se sujeta por separado a la carga unitaria en *B* y *C*, como se muestra en las figuras 14.5(b) y (c), respectivamente, y a una fuerza unitaria de tensión en el miembro redundante *CE*, como se hace ver en la figura 14.5(d).

Cuando la carga unitaria está localizada en *B*, la ecuación de compatibilidad se puede expresar como

$$f_{CE,B} + f_{CE,CE}F_{CE} = 0$$

en la cual $f_{CE,B}$ denota el desplazamiento relativo entre los nodos *C* y *E* de la armadura primaria, debido a la carga unitaria en *B*, y $f_{CE,CE}$ denota el desplazamiento relativo entre los mismos nodos, debido a un valor unitario de la F_{CE} redundante. Si se aplica el método del trabajo virtual (véanse las figuras 14.5(b) y (d) y la tabla 14.3), se obtiene

$$f_{CE,B} = \frac{1}{E}\sum \frac{u_B u_{CE} L}{A} = \frac{37.856}{E}$$

$$f_{CE,CE} = \frac{1}{E}\sum \frac{u_{CE}^2 L}{A} = \frac{233.6}{E}$$

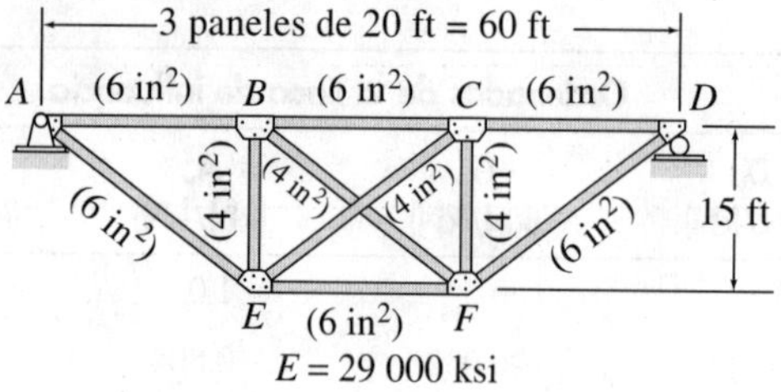

(a) Armadura indeterminada

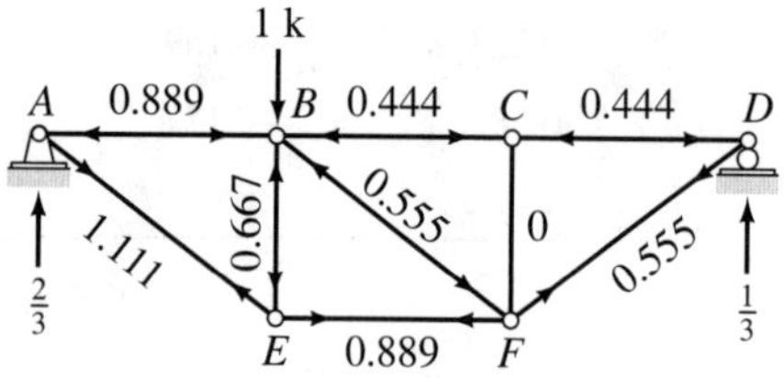

(b) Armadura primaria sujeta a una carga unitaria en B: fuerzas u_B

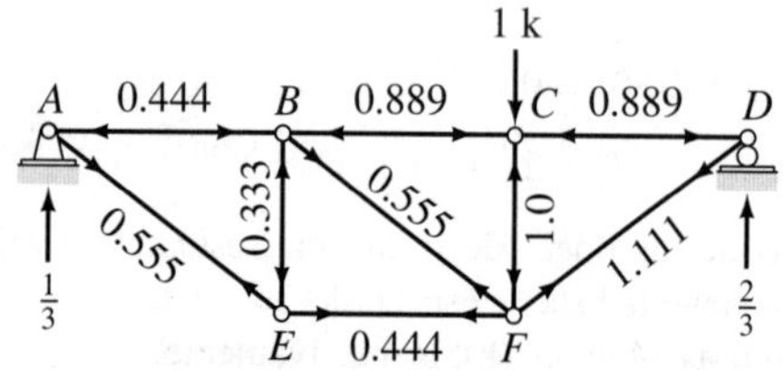

(c) Armadura primaria sujeta a una carga unitaria en C: fuerzas u_C

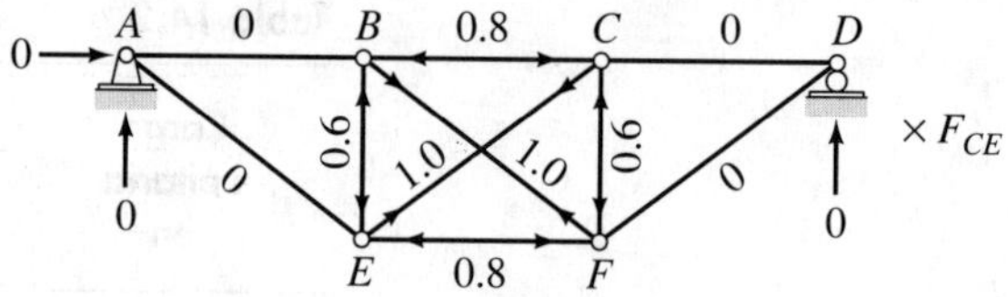

(d) Armadura primaria sujeta a una fuerza de tensión unitaria en el miembro CE: fuerzas u_{CE}

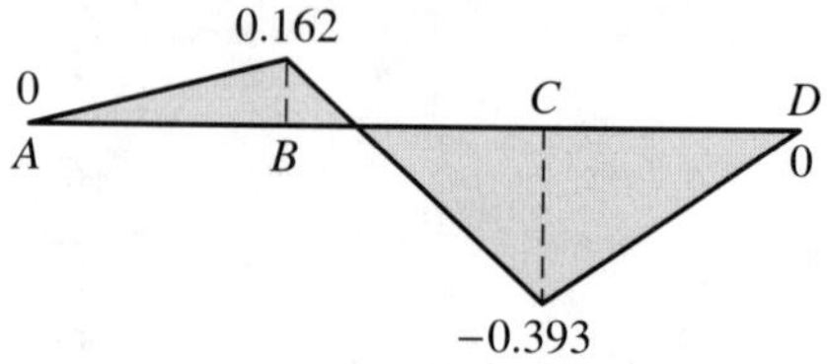

(e) Línea de influencia para F_{CE} (k/k)

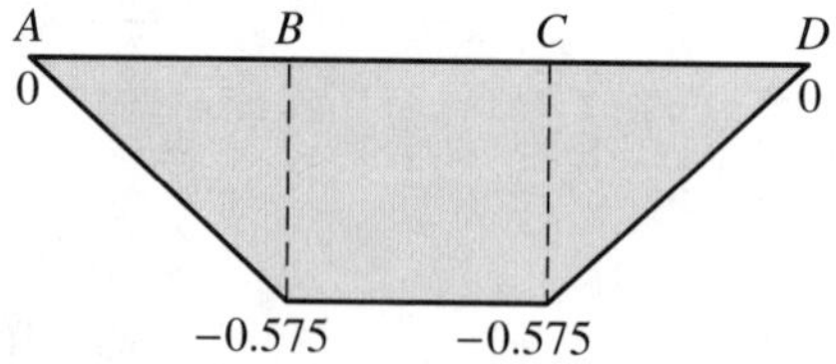

(f) Línea de influencia para F_{BC} (k/k)

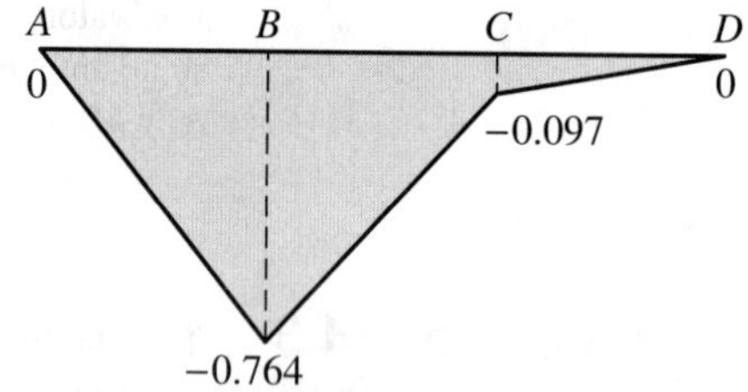

(g) Línea de influencia para F_{BE} (k/k)

Fig. 14.5

Sustituyendo estos valores numéricos en la ecuación de compatibilidad, se determina que la ordenada de la línea de influencia para F_{CE} es

$$F_{CE} = 0.162 \text{ k/k(T)}$$

De modo análogo, cuando la carga unitaria se localiza en C, la ecuación de compatibilidad se expresa por

$$f_{CE,\,C} + f_{CE,\,CE}F_{CE} = 0$$

(véanse las figuras 14.5(c) y (d) y la tabla 14.3) en la cual

$$f_{CE,\,C} = \frac{1}{E}\sum \frac{u_C u_{CE} L}{A} = \frac{91.856}{E}$$

Sustituyendo los valores numéricos de $f_{CE,\,C}$ y $f_{CE,\,CE}$ en la ecuación de compatibilidad, se determina la ordenada de la línea de influencia para F_{CE} en C como

$$F_{CE} = -0.393 \text{ k/k} = 0.393 \text{ k/k(C)}$$

La línea de influencia para F_{CE} se muestra en la figura 14.5(e). **Resp.**

Tabla 14.3

Miembro	L (in)	A (in²)	u_B (k/k)	u_C (k/k)	u_{CE} (k/k)	$\frac{u_B u_{CE} L}{A}$	$\frac{u_C u_{CE} L}{A}$	$\frac{u_{CE}^2 L}{A}$
AB	240	6	−0.889	−0.444	0	0	0	0
BC	240	6	−0.444	−0.889	−0.8	14.208	28.448	25.6
CD	240	6	−0.444	−0.889	0	0	0	0
EF	240	6	0.889	0.444	−0.8	−28.448	−14.208	25.6
BE	180	4	−0.667	−0.333	−0.6	18.009	8.991	16.2
CF	180	4	0	−1.0	−0.6	0	27.0	16.2
AE	300	6	1.111	0.555	0	0	0	0
BF	300	4	−0.555	0.555	1.0	−41.625	41.625	75.0
CE	300	4	0	0	1.0	0	0	75.0
DF	300	6	0.555	1.111	0	0	0	0
					Σ	−37.856	91.856	233.6

Líneas de influencia para F_{BC} y F_{BE} Se puede determinar la ordenada en B de la línea de influencia para la fuerza en cualquier miembro de la armadura por la relación de superposición (véanse las figuras 14.5(b) y (d) y la tabla 14.3)

$$F = u_B + u_{CE}F_{CE}$$

en la cual F_{CE} denota la ordenada en B de la línea de influencia para esa F_{CE} redundante. De donde, las ordenadas en B de las líneas de influencia para F_{BC} y F_{BE} son

$$F_{BC} = -0.444 + (-0.8)(-0.162) = -0.575 \text{ k/k} = 0.575 \text{ k/k(C)}$$

$$F_{BE} = -0.667 + (-0.6)(-0.162) = -0.764 \text{ k/k} = 0.764 \text{ k/k(C)}$$

De modo análogo, se pueden determinar las ordenadas de las líneas de influencia para F_{BC} y F_{BE} en C, usando la relación de superposición (véanse las figuras 14.5(c) y (d) y la tabla 14.3)

$$F = u_C + u_{CE}F_{CE}$$

en la cual F_{CE} ahora denota la ordenada en C de la línea de influencia para esta redundante. Por tanto,

$$F_{BC} = -0.889 + (-0.8)(-0.393) = -0.575 \text{ k/k} = 0.575 \text{ k/k(C)}$$

$$F_{BE} = -0.333 + (-0.6)(-0.393) = -0.097 \text{ k/k} = 0.097 \text{ k/k(C)}$$

Las líneas de influencia para F_{BC} y F_{BE} se muestran en las figuras 14.5(f) y (g), respectivamente. **Resp.**

14.2 LÍNEAS CUALITATIVAS DE INFLUENCIA POR EL PRINCIPIO DE MÜLLER-BRESLAU

En muchas aplicaciones prácticas, como cuando se diseñan vigas continuas o armazones de edificios sujetos a cargas vivas uniformemente distribuidas, suele ser suficiente sólo trazar las líneas cualitativas de influencia para decidir en dónde colocar las cargas vivas a fin de maximizar las funciones de respuesta que interesan. Como en el caso de las estructuras estáticamente determinadas (sección 8.2), el *principio de Müller-Breslau* proporciona un medio conveniente para establecer las líneas cualitativas de influencia para las estructuras indeterminadas.

Recuerde, por lo visto en la sección 8.2, que el principio de Müller-Breslau se puede enunciar como sigue:

La línea de influencia para una función de respuesta de fuerza (o de momento) queda dada por la forma deformada de la estructura liberada que se obtiene al eliminar la restricción correspondiente a la función de respuesta de la estructura original y dando a esa estructura liberada un desplazamiento unitario (o rotación unitaria) en el lugar y en la dirección de dicha función de respuesta, de modo que sólo esta última y la carga unitaria realicen trabajo externo.

El procedimiento para la construcción de las líneas cualitativas de influencia para las estructuras indeterminadas es el mismo que el aplicado para las determinadas y que se discutió en la sección 8.2. En esencia, el procedimiento comprende: 1) la eliminación en la estructura dada de la restricción correspondiente a la función de respuesta que interesa, para obtener la estructura liberada; 2) la aplicación de un pequeño desplazamiento (o rotación) a la estructura liberada en el lugar y en la dirección positiva de la función de respuesta, y 3) el trazo de la forma deformada de la estructura liberada, coherente con sus condiciones de apoyo y de continuidad. En general, las líneas de influencia para las estructuras indeterminadas son líneas curvas.

Una vez que se ha construido una línea de influencia cualitativa para una función de respuesta estructural, se puede usar para decidir en dónde colocar las cargas vivas para maximizar el valor de esa función de respuesta. Como se discutió en la sección 9.2, el valor de una función de respuesta, debido a una carga viva uniformemente distribuida, es un máximo positivo (o negativo) cuando esa carga se coloca sobre aquellas partes de la estructura en donde las ordenadas de la línea de influencia de la propia función de respuesta son positivas (o negativas). Debido a que las ordenadas de la línea de influencia tienden a disminuir con rapidez en relación con la distancia al punto de aplicación de la función de respuesta, las cargas vivas colocadas a más de tres claros de la ubicación de ésta en general tienen un efecto despreciable sobre el valor de la misma. Teniendo conocido el patrón de la carga viva, se puede realizar un análisis de la estructura indeterminada, a fin de determinar el valor máximo de la función de respuesta.

EJEMPLO 14.4

Trace las líneas cualitativas de influencia para las reacciones verticales en los apoyos A y B, el momento flexionante en el punto B y la cortante y el momento flexionante en el punto C de la viga continua con cuatro claros que se muestra en la figura 14.6(a). Asimismo, muestre las disposiciones de una carga viva hacia abajo, w_ℓ, uniformemente distribuida, que causen las reacciones máximas positivas en los apoyos A y B, el momento flexionante negativo máximo en B, la cortante negativa máxima en C y el momento flexionante máximo positivo en C.

SOLUCIÓN

Línea de influencia para A_y Con el fin de determinar la línea cualitativa de influencia para la reacción vertical A_y en el apoyo A, se elimina la restricción vertical en A de la viga real y, a la viga liberada, se le da un pequeño desplazamiento en la dirección positiva de la propia A_y. La forma deformada de la viga liberada que se obtiene de este modo (Fig. 14.6(b)) representa la forma general de la línea de influencia (es decir, la línea cualitativa de influencia) para A_y. Note que la forma deformada es coherente con las condiciones de apoyo de la viga liberada; es decir, los puntos B, D, E y F de esta viga, los cuales están sujetos a los apoyos de rodillos, no se desplazan. **Resp.**

Para maximizar el valor positivo de A_y, la carga viva w_ℓ se coloca sobre los claros AB y DE de la viga, en donde las ordenadas de la línea de influencia para A_y son positivas, como se ilustra en la figura 14.6(b). **Resp.**

Línea de influencia para B_y La línea cualitativa de influencia para B_y así como la disposición de la carga viva para tener el valor máximo positivo de esta B_y se determinan de manera semejante y se muestran en la figura 14.6(c). **Resp.**

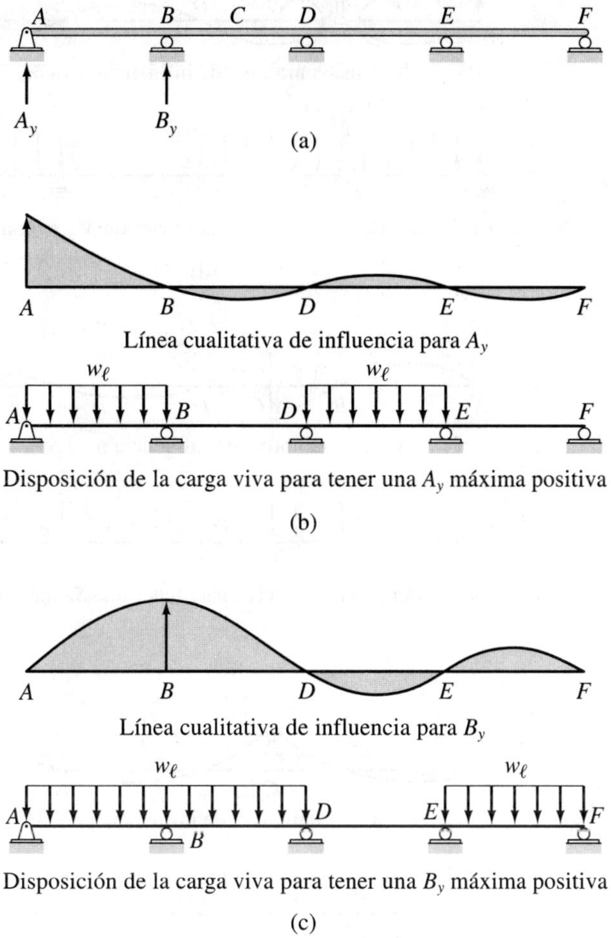

Fig. 14.6

Línea de influencia para M_B Para determinar la línea cualitativa de influencia para el mo mento flexionante en *B*, se inserta una articulación en este punto de la viga real y, a la viga liberada, se le da una pequeña rotación en la dirección positiva de M_B, al hacer girar la parte a la izquierda de ese punto *B* en sentido contrario al movimiento de las manecillas del reloj y la parte a la derecha del mismo punto, en el mismo sentido de ese movimiento, como se hace ver en la figura 14.6(d). La forma deformada de la viga liberada que se obtiene de este modo representa la línea cualitativa de influencia para M_B. **Resp.**

Para causar el momento flexionante máximo negativo en *B*, se coloca la carga viva w_ℓ sobre los claros *AB*, *BD* y *EF* de la viga, en donde las ordenadas de la línea de influencia para M_B son negativas, como se muestra en la figura 14.6(d). **Resp.**

Línea de influencia para S_C La línea cualitativa de influencia para S_C se determina al cortar la viga real en *C* y al darle a la viga liberada un pequeño desplazamiento relativo en la dirección positiva de la propia S_C, moviendo el extremo *C* de la parte izquierda de tal viga hacia abajo y el extremo *C* de la parte derecha, hacia arriba, como se ilustra en la figura 14.6(e). **Resp.**

A fin de obtener la cortante máxima negativa en *C*, la carga viva se coloca sobre el claro *DE* de la parte *BC* del claro *BD* de la viga, en donde las ordenadas de la línea de influencia para S_c son negativas, como se hace ver en la figura 14.6(e). **Resp.**

Línea de influencia para M_C. La línea cualitativa de influencia para el momento flexionante en *C*, así como la disposición de la carga viva para tener el valor máximo positivo de M_C, se muestran en la figura 14.6(f). **Resp.**

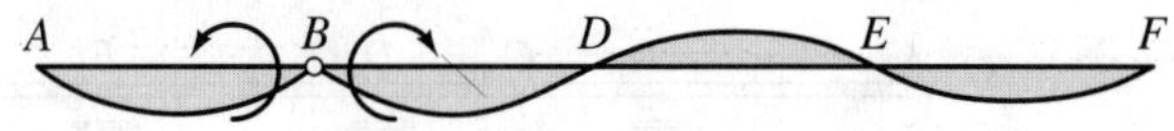

Línea cualitativa de influencia para M_B

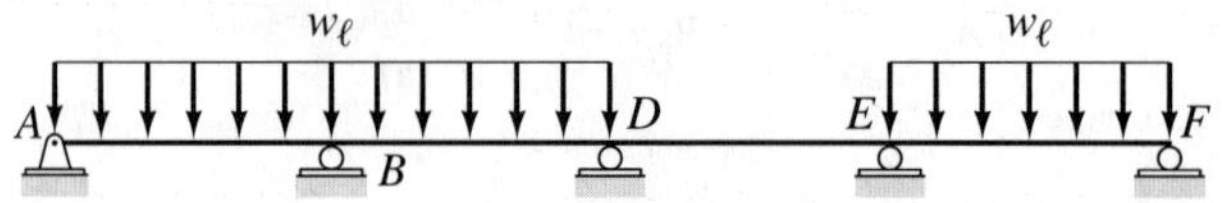

Disposición de la carga viva para tener un M_B máximo negativo

(d)

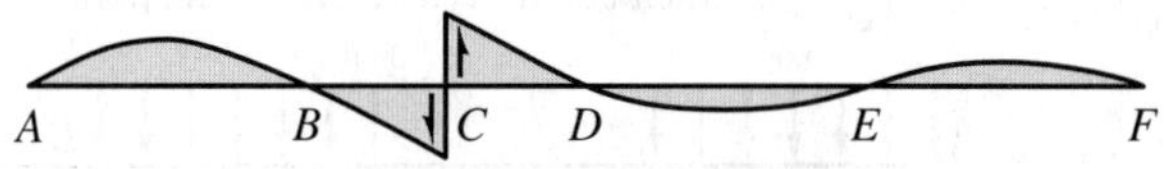

Línea cualitativa de influencia para S_C

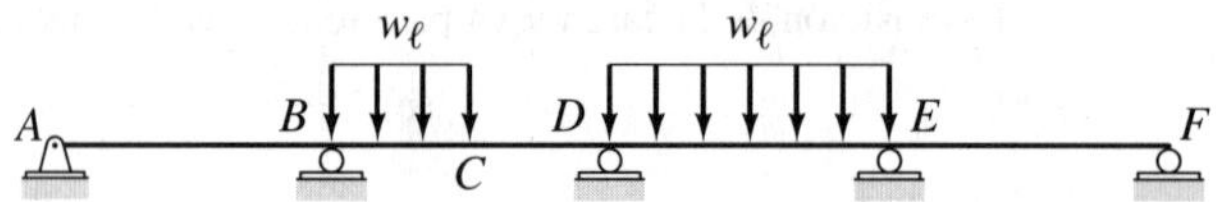

Disposición de la carga viva para tener una S_C máxima negativa

(e)

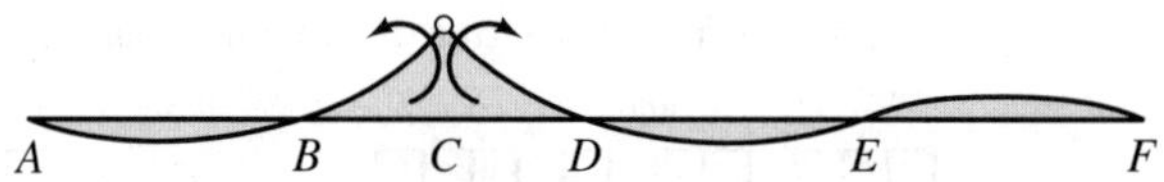

Línea cualitativa de influencia para M_C

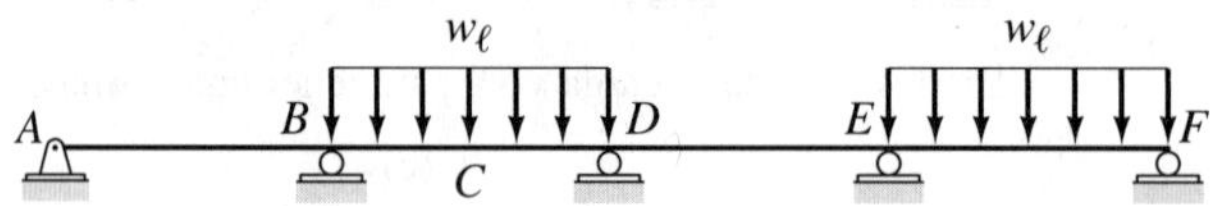

Disposición de la carga viva para tener un M_C máximo positivo

(f)

Fig. 14.6 (*Continuación*)

EJEMPLO 14.5

Trace las líneas cualitativas de influencia para el momento flexionante y la cortante en el punto A del armazón para edificio mostrado en la figura 14.7(a). Asimismo, muestre las disposiciones de una carga viva hacia abajo, w_ℓ, uniformemente distribuida, que causará el momento flexionante máximo positivo y la cortante máxima negativa en A.

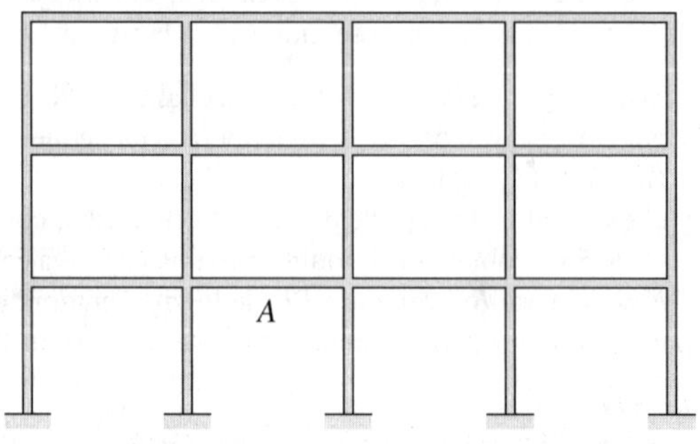

(a)

Fig. 14.7

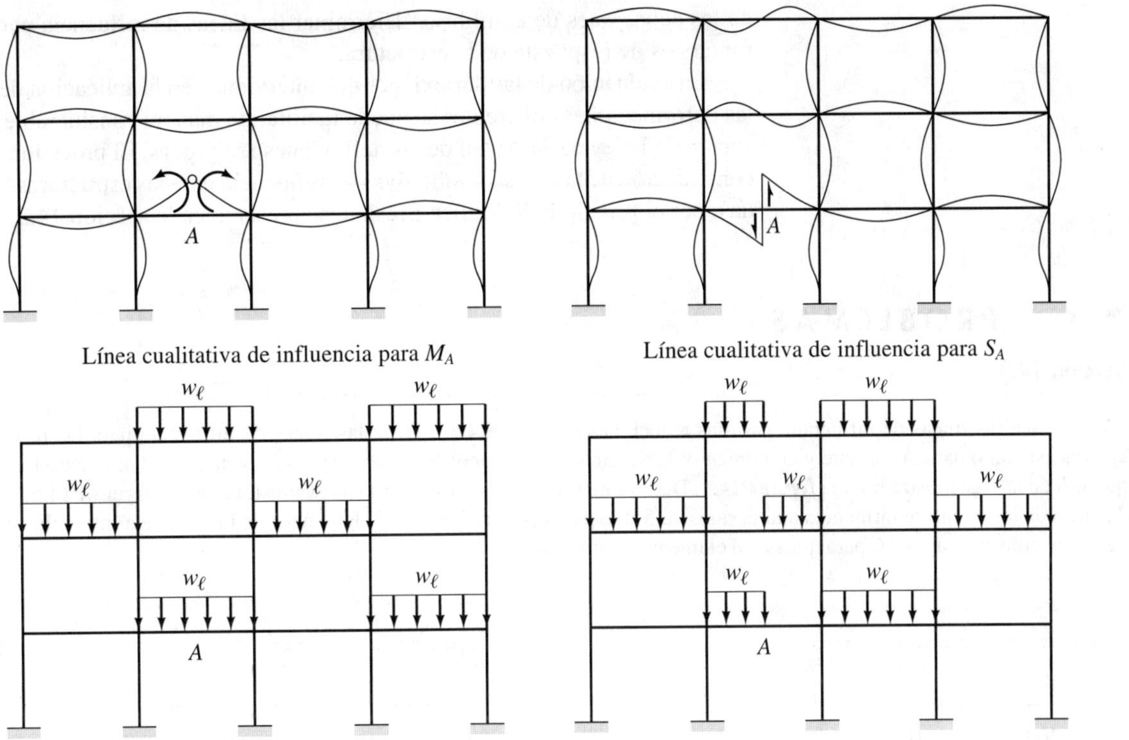

Línea cualitativa de influencia para M_A

Línea cualitativa de influencia para S_A

Disposición de la carga viva para tener el M_A positivo máximo
(b)

Disposición de la carga viva para tener la S_A negativa máxima
(c)

Fig. 14.7 (*Continuación*)

SOLUCIÓN *Línea de influencia para M_A* La línea cualitativa de influencia para el momento flexionante en *A* se muestra en la figura 14.7(b). Note que, como los miembros del armazón están conectados entre sí por nodos rígidos, los ángulos originales en los miembros que se intersecan en un nodo deben mantenerse en la forma deformada del propio armazón. Con el fin de obtener el momento flexionante positivo máximo en *A*, la carga viva w_ℓ se coloca sobre aquellos claros del armazón en donde las ordenadas de la línea de influencia para M_A son positivas, como se muestra en la figura 14.7(b). Este tipo de patrón de carga viva a veces se menciona como *patrón de carga de tablero de ajedrez.* **Resp.**

Línea de influencia para S_A La línea cualitativa de influencia para la cortante en *A*, así como la disposición de la carga viva para tener el valor negativo máximo de S_A, se muestran en la figura 14.7(c). **Resp.**

RESUMEN

En este capítulo, se han discutido las líneas de influencia para las estructuras estáticamente indeterminadas. En esencia, el procedimiento para la construcción de esas líneas de influencia por el método de las deformaciones coherentes comprende: 1) la construcción de las líneas de influencia para los elementos redundantes, colocando una carga unitaria en forma sucesiva en varios puntos a lo largo de la estructura y, para cada posición de la carga unitaria, calculando los valores de esos elementos mediante la aplicación del método de las deformaciones coherentes, y 2) con el uso de las líneas de influencia para los elementos redundantes y mediante la aplicación de las ecuaciones de equilibrio, determinar las líneas de influencia para las demás funciones de respuesta de la estructura.

La evaluación de las deflexiones que intervienen en la aplicación del método de las deformaciones coherentes se puede facilitar de manera considerable con la utilización de la ley de Maxwell de las deflexiones recíprocas. El procedimiento para la construcción de las líneas cualitativas de influencia para las estructuras indeterminadas, por el principio de Müller-Breslau, se presenta en la sección 14.2.

PROBLEMAS

Sección 14.1

14.1 Trace las líneas de influencia para las reacciones en los apoyos así como para la cortante y el momento flexionante en el punto *B* de la viga mostrada en la figura P14.1. Determine las ordenadas de las líneas de influencia a intervalos de 5 ft. Seleccione la reacción en el apoyo *C* para que sea el elemento redundante.

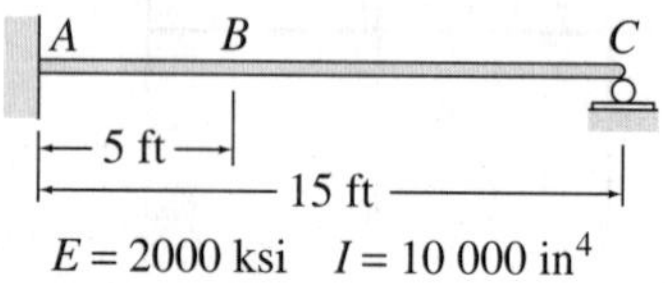

Fig. P14.1, P14.2

14.2 Determine las líneas de influencia para las reacciones en los apoyos para la viga del problema 14.1, seleccionando el momento en el apoyo *A* para que sea el elemento redundante. Véase la figura P14.1.

14.3 Trace las líneas de influencia para la reacción en el apoyo *B* así como para la cortante y el momento flexionante en el punto *C* de la viga mostrada en la figura P14.3. Determine las ordenadas de las líneas de influencia a intervalos de 3 m.

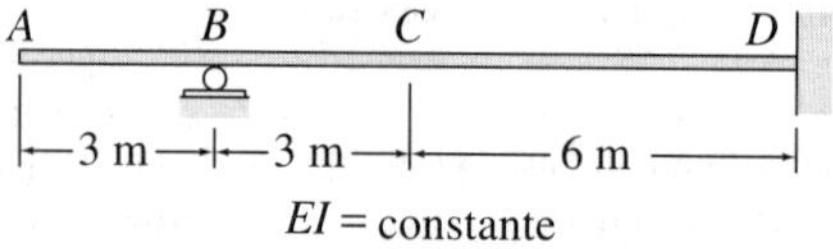

Fig. P14.3

14.4 Trace las líneas de influencia para las reacciones en los apoyos así como para la cortante y el momento flexionante en el punto *C* de la viga mostrada en la figura P14.4. Determine las ordenadas de las líneas de influencia a intervalos de 10 ft.

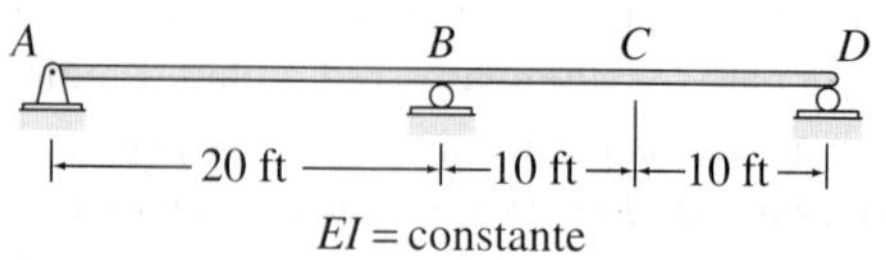

Fig. P14.4

14.5 Trace las líneas de influencia para las reacciones en los apoyos así como para la cortante y el momento flexionante en el punto *C* de la viga mostrada en la figura P14.5. Determine las ordenadas de las líneas de influencia a intervalos de 4 m.

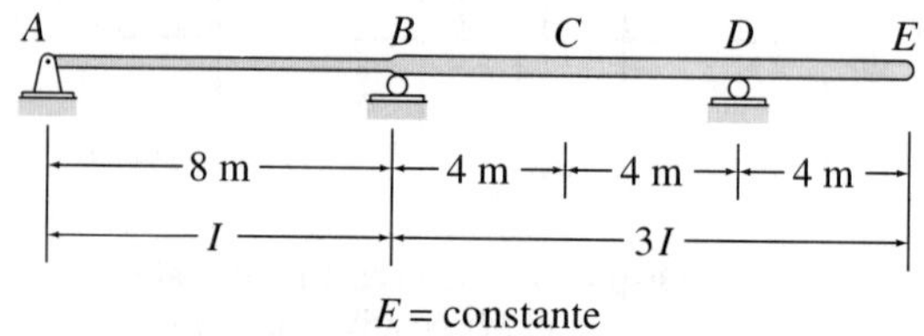

Fig. P14.5

14.6 Trace las líneas de influencia para las reacciones en los apoyos y las fuerzas en los miembros *BC*, *CE* y *EF* de la armadura mostrada en la figura P14.6. Las cargas vivas se transmiten a la cuerda inferior de la armadura.

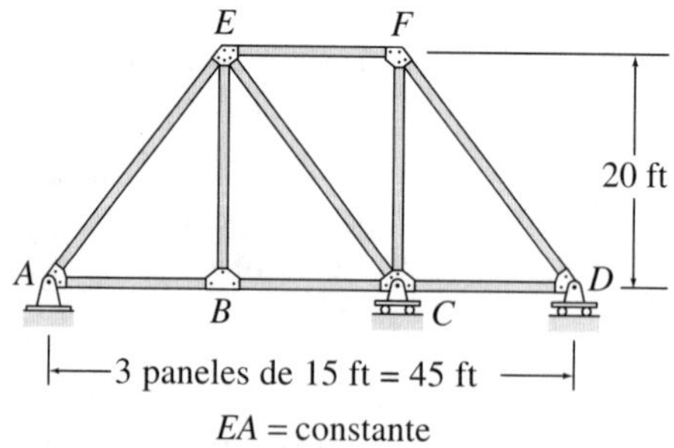

Fig. P14.6

14.7 Trace las líneas de influencia para las fuerzas en los miembros *BC*, y *CD* de la armadura mostrada en la figura P14.7. Las cargas vivas se transmiten a la cuerda superior de la armadura.

14.8 Trace las líneas de influencia para las fuerzas en los miembros *BC*, *BF* y *CF* de la armadura mostrada en la figura P14.8. Las cargas vivas se transmiten a la cuerda inferior de la armadura.

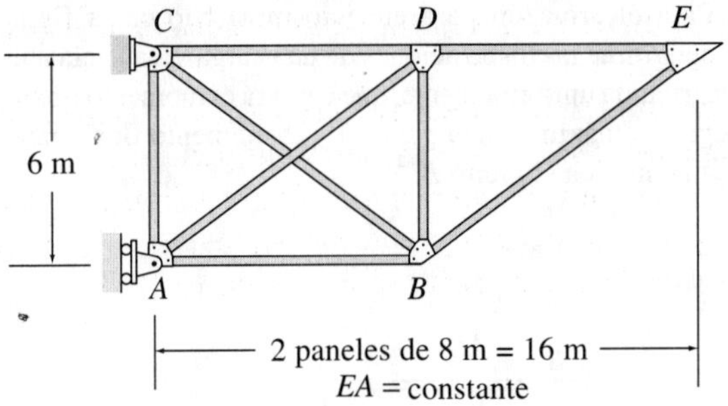

Fig. P14.7

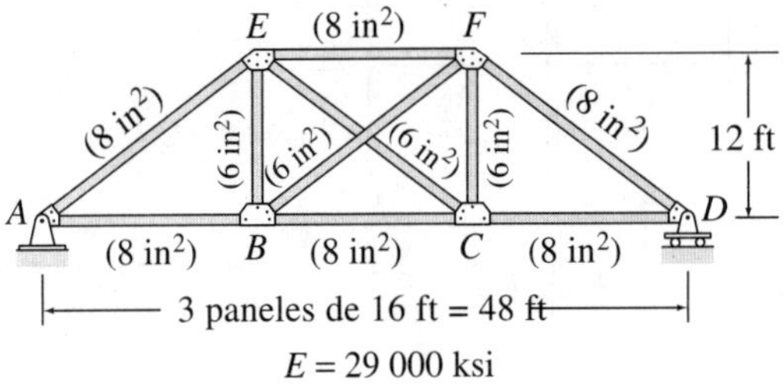

Fig. P14.8

14.9 Trace las líneas de influencia para las reacciones en los apoyos *B* y *D* así como para la cortante y el momento flexionante en el punto *C* de la viga mostrada en la figura P14.9. Determine las ordenadas de las líneas de influencia a intervalos de 5 ft.

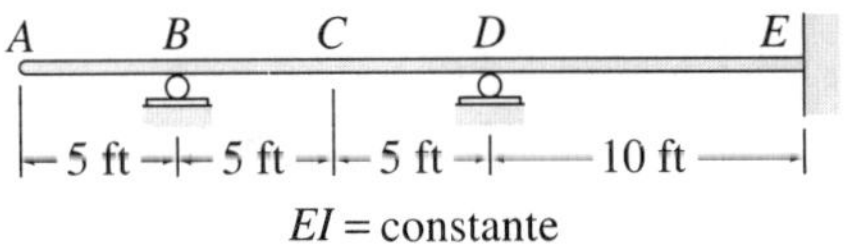

Fig. P14.9

14.10 Trace las líneas de influencia para las reacciones en los apoyos para la viga mostrada en la figura P14.10. Determine las ordenadas de las líneas de influencia a intervalos de 3 m.

14.11 Trace las líneas de influencia para la reacción en el apoyo *C* y las fuerzas en los miembros *BC*, *CE* y *EF* de la armadura mostrada en la figura P14.11. Las cargas vivas se transmiten a la cuerda inferior de la armadura.

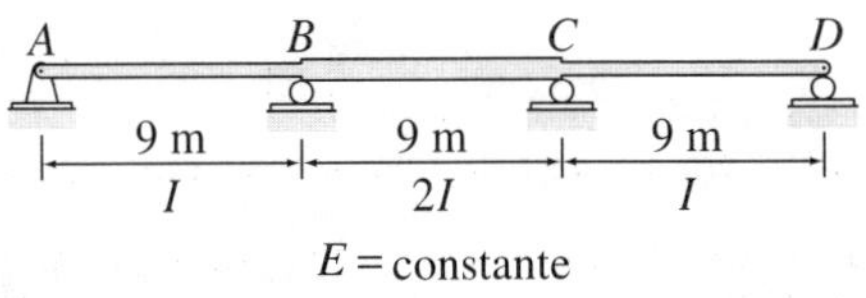

Fig. P14.10

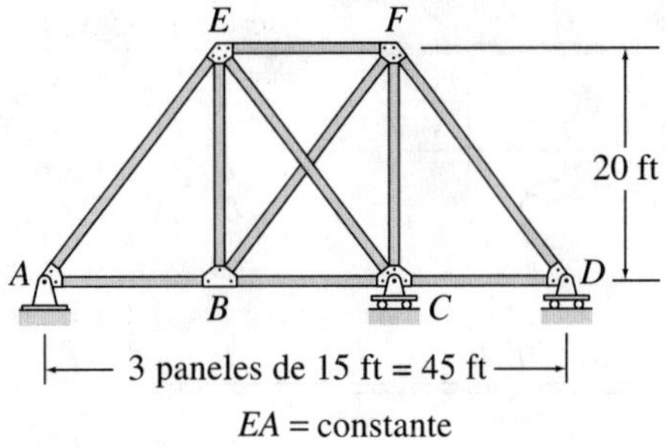

Fig. P14.11

14.12 Trace las líneas de influencia para las fuerzas en los miembros *BG*, *CD* y *DG* de la armadura mostrada en la figura P14.12. Las cargas vivas se transmiten a la cuerda inferior de la armadura.

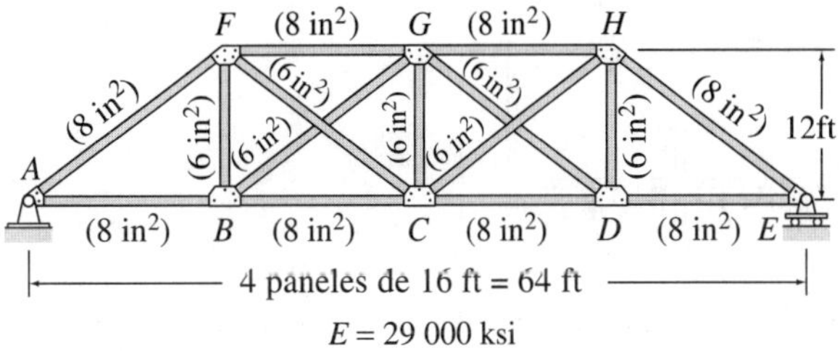

Fig. P14.12

Sección 14.2

14.13 al 14.15 Trace las líneas cualitativas de influencia para las reacciones verticales en los apoyos *A* y *B*, el momento flexionante en el punto *B* y la cortante y el momento flexionante en el punto *C* de las vigas mostradas en las figuras P14.13–P14.15. Asimismo, muestre las disposiciones de una carga viva hacia abajo, w_ℓ, distribuida uniformemente, para causar las reacciones máximas hacia arriba en los apoyos *A* y *B*, el momento flexionante negativo máximo en *B*, la cortante negativa máxima en *C* y el momento flexionante positivo máximo en *C*.

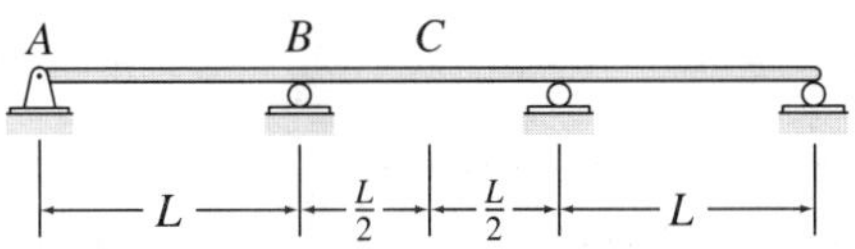

Fig. P14.13

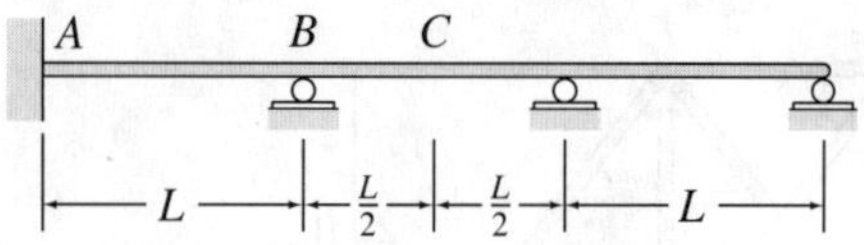

Fig. P14.14

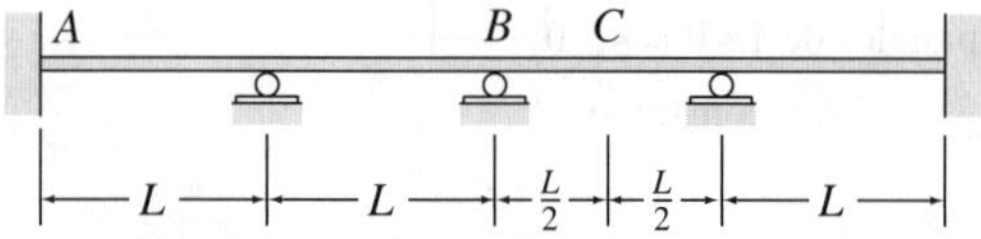

Fig. P14.15

14.16 Trace las líneas cualitativas de influencia para el momento flexionante y la cortante en el punto A del armazón para edificio mostrado en la figura P14.16. Asimismo, muestre las disposiciones de una carga viva hacia abajo, w_ℓ, distribuida uniformemente, para causar el momento flexionante positivo máximo en A y la cortante negativa máxima en el mismo punto.

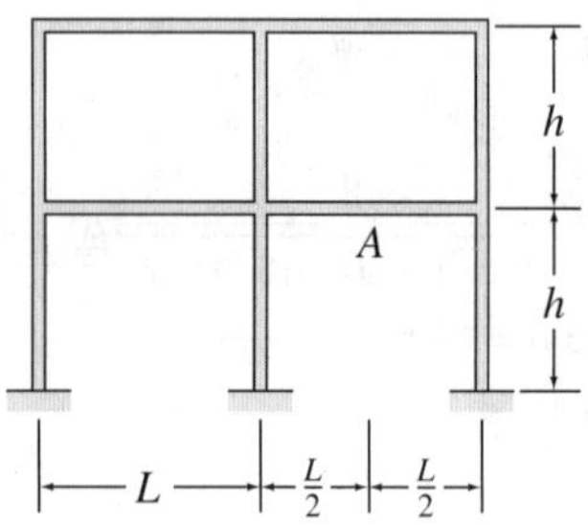

Fig. P14.16

14.17 Para el armazón para edificio mostrado en la figura P14.17, determine las disposiciones de una carga viva hacia abajo, w_ℓ, distribuida uniformemente, que causará el momento flexionante negativo máximo en el punto A y el momento flexionante positivo máximo en el punto B.

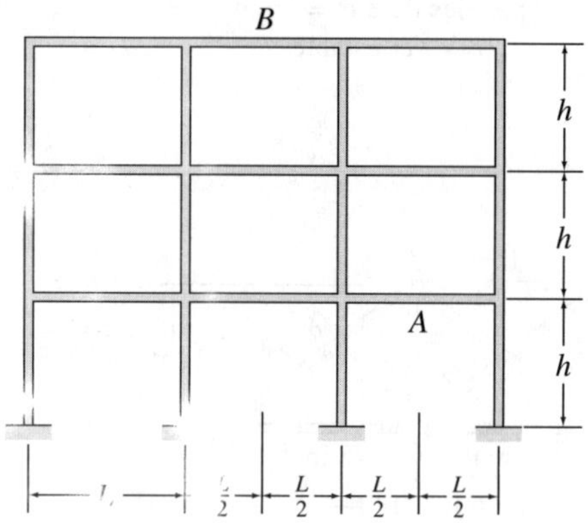

Fig. P14.17

15 MÉTODO DE LAS PENDIENTES-DEFLEXIONES

Edificio en la calle Market # 388, San Francisco
Fotografía cortesía de American Institute of Steel Construction, Inc.

En el capítulo 13 se consideró el método de las fuerzas (flexibilidad) de análisis de las estructuras estáticamente indeterminadas. Recuerde que en el método de las fuerzas, se determinan primero las *fuerzas* redundantes desconocidas mediante la resolución de las ecuaciones de compatibilidad de la estructura; enseguida, se evalúan las otras características de respuesta de esta última por las ecuaciones de equilibrio o por superposición. Un enfoque alterno que se puede utilizar para el análisis de las estructuras indeterminadas se denomina *método de los desplazamientos* (*rigidez*). A diferencia del método de las fuerzas, en el de los desplazamientos en primer lugar se determinan *desplazamientos* desconocidos mediante la resolución de las ecuaciones de equilibrio de la estructura; después, se evalúan las otras características de respuesta a través de consideraciones de compatibilidad y de relaciones fuerzas-deformaciones de los miembros.

En este capítulo se considera un planteamiento clásico del método de los desplazamientos llamado *método de las pendientes-deflexiones*. Un planteamiento alterno clásico, el *método de la distribución de los momentos*, se presenta en el capítulo siguiente, seguido por una introducción al moderno *método matricial de la rigidez*, en el capítulo 17.

El método de las pendientes-deflexiones para el análisis de las vigas y los armazones indeterminados fue introducido por George A. Maney, en 1915. En este método sólo se toman en cuenta las deformaciones por flexión de las estructuras. Aun cuando se considera que el método de las pendientes-deflexiones es por sí mismo una herramienta útil para el análisis de las vigas y armazones indeterminados, la comprensión de los fundamentos de este método proporciona una valiosa introducción al método matricial de la rigidez, base de la mayor parte del software para computadoras que se usa en la actualidad para el análisis estructural.

En principio, se deducen las relaciones fundamentales necesarias para la aplicación del método de las pendientes-deflexiones y, a continuación, se desarrolla el concepto básico del propio método. Se considera la aplicación del método al análisis de vigas continuas y se presenta el análisis de los armazones, en los cuales se impiden las traslaciones de los nodos. Por último, se considera el análisis de armazones con traslaciones de nodos.

15.1 ECUACIONES DE LAS PENDIENTES-DEFLEXIONES

Cuando una viga continua o un armazón se sujetan a cargas externas, en general se desarrollan momentos internos individuales en los extremos de sus miembros. *Las ecuaciones de las pendientes–deflexiones relacionan los momentos en los extremos de un miembro con las rotaciones y desplazamientos en sus extremos y las cargas externas aplicadas al mismo.*

A fin de deducir las ecuaciones de las pendientes-deflexiones, enfoquemos nuestra atención en un miembro arbitrario *AB* de la viga continua que se muestra en la figura 15.1(a). Cuando la viga se sujeta a cargas externas y a asentamientos en los apoyos, el miembro *AB* se deforma como se muestra en la figura y se inducen momentos internos en sus extremos. En la figura 15.1(b) se muestran, usando una escala exagerada, el diagrama de cuerpo libre y la curva elástica para el miembro *AB*. Como se indica en esta figura, se usa notación con doble subíndice para los momentos en los extremos del miembro, identificándose con el primer subíndice el extremo del miembro en el cual actúa el momento y con el segundo subíndice el otro extremo del miembro. Por tanto, M_{AB} denota el momento en el extremo *A* del miembro *AB*, en tanto que M_{BA} representa el momento en el extremo *B* del mismo miembro. Asimismo, como se muestra en la figura 15.1(b), θ_A y θ_B denotan, respectivamente, las rotaciones de los extremos *A* y *B* del miembro con respecto a la posición no deformada (horizontal) del mismo; Δ denota la traslación relativa entre los dos extremos del miembro en la dirección perpendicular al eje no deformado del miembro, y el ángulo ψ denota la rotación de la cuerda del propio miembro (es decir, la recta que une las posiciones deformadas de los extremos del miembro), debida a la traslación relativa Δ. Como se supone que las deformaciones son pequeñas, la rotación de la cuerda se puede expresar como

$$\psi = \frac{\Delta}{L} \tag{15.1}$$

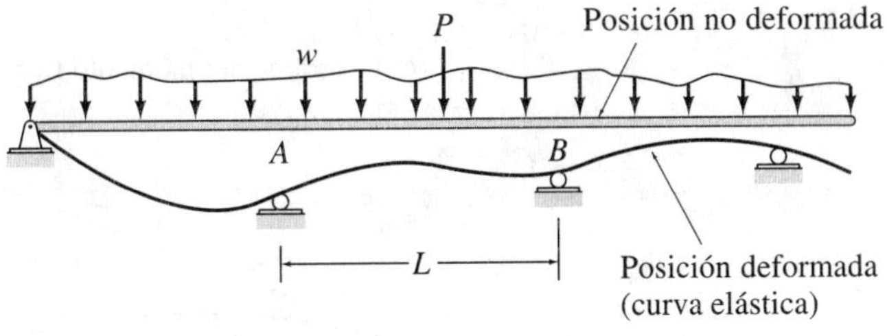

(a)

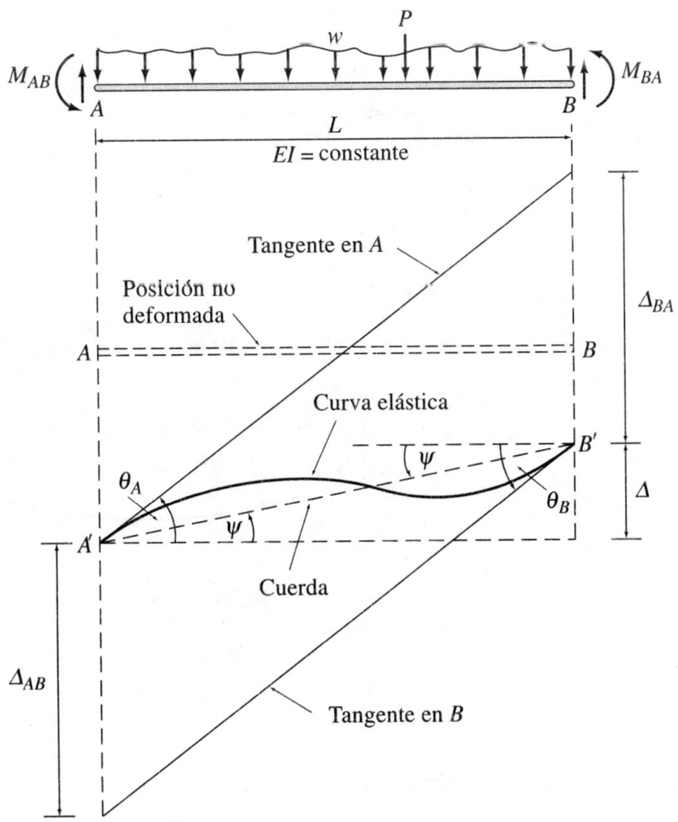

(b)

Fig. 15.1

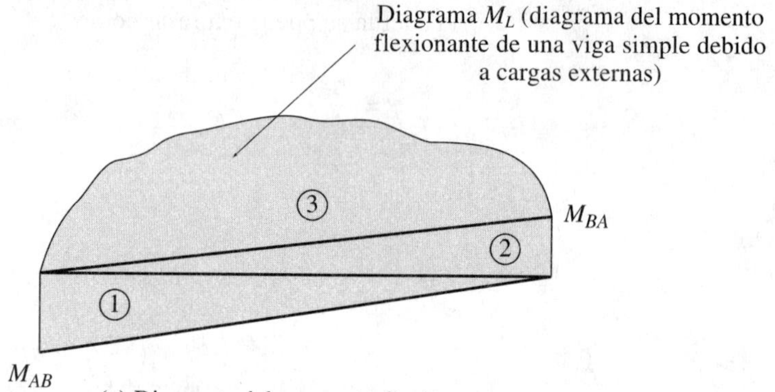

(c) Diagrama del momento flexionante

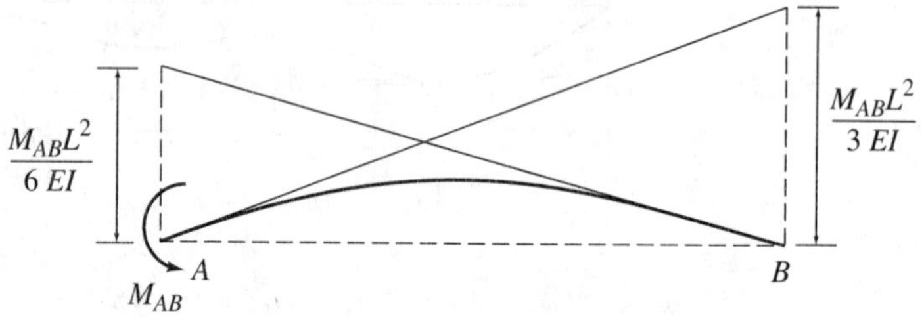

Desviaciones tangenciales debidas a M_{AB}

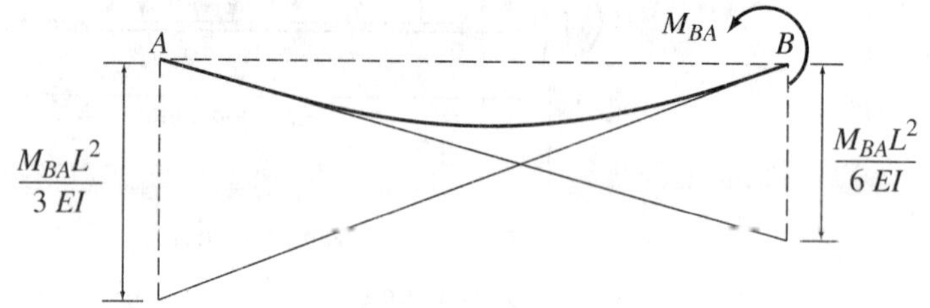

Desviaciones tangenciales debidas a M_{BA}

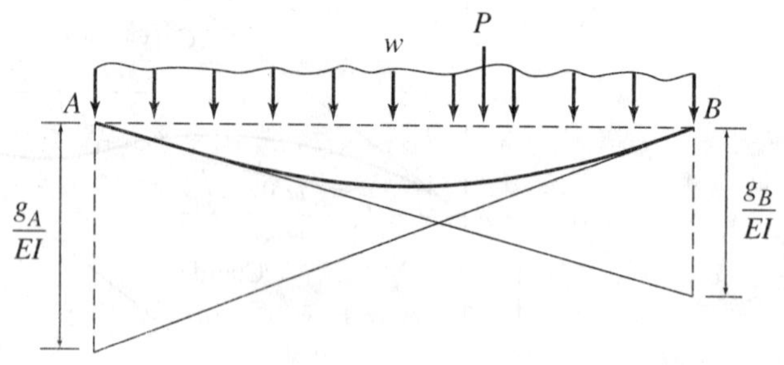

Desviaciones tangenciales debidas a la carga externa

(d)

Fig. 15.1 (*Continuación*)

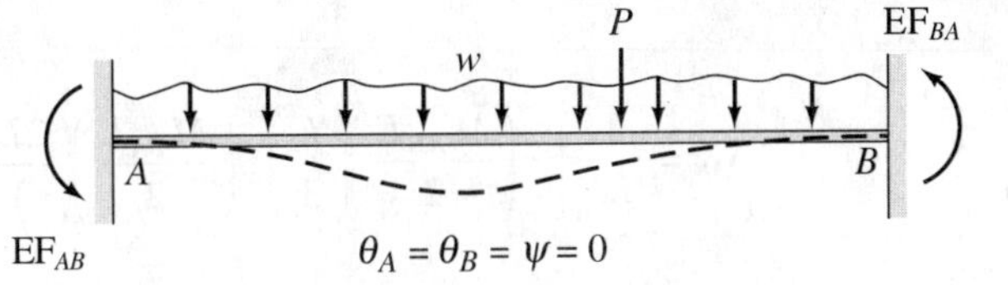

(e) Momentos en extremos fijos

Fig. 15.1 (*Continuación*)

La convención de los signos que se usa en este capítulo es la siguiente:

> *Los momentos en los extremos de los miembros, las rotaciones en los extremos y la rotación de la cuerda son positivos cuando giran en sentido contrario al movimiento de las manecillas del reloj.*

Note que, en la figura 15.1(b), todos los momentos y rotaciones se muestran en el sentido positivo.

Las ecuaciones de las pendientes-deflexiones se pueden deducir al relacionar los momentos en los extremos del miembro con las rotaciones en los extremos y la rotación de la cuerda, mediante la aplicación del segundo teorema del momento-área (sección 6.4). A partir de la figura 15.1(b), se puede ver que

$$\theta_A = \frac{\Delta_{BA} + \Delta}{L} \qquad \theta_B = \frac{\Delta_{AB} + \Delta}{L} \tag{15.2}$$

Si, en las ecuaciones anteriores, se hace la sustitución $\Delta/L = \psi$, se escribe

$$\theta_A - \psi = \frac{\Delta_{BA}}{L} \qquad \theta_B - \psi = \frac{\Delta_{AB}}{L} \tag{15.3}$$

en la cual, como se muestra en la figura 15.1(b), Δ_{BA} es la desviación tangencial del extremo B respecto de la tangente a la curva elástica en el extremo A y Δ_{AB} es la desviación tangencial del extremo A respecto de la tangente a la curva elástica en el extremo B. Según el segundo teorema del momento-área, se pueden obtener las expresiones para las desviaciones tangenciales Δ_{BA} y Δ_{AB} al sumar los momentos respecto a los extremos B y A, respectivamente, del área debajo del diagrama M/EI entre los dos extremos.

El diagrama del momento flexionante se construye en partes por la aplicación, por separado, de Δ_{AB}, Δ_{BA} y la carga externa sobre el miembro con los extremos simplemente apoyados. Los *tres diagramas de momentos flexionantes de la viga simple* obtenidos de esta manera se muestran en la figura 15.1(c). Si se supone que el miembro es prismático —es decir, EI es constante a lo largo del miembro— se suman los momentos del área debajo del diagrama M/EI respecto a los extremos B y A, respectivamente, para determinar las desviaciones tangenciales:

$$\Delta_{BA} = \frac{1}{EI}\left[\left(\frac{M_{AB}L}{2}\right)\left(\frac{2L}{3}\right) + \left(\frac{M_{BA}L}{2}\right)\left(\frac{L}{3}\right) + g_B\right]$$

o bien,

$$\Delta_{BA} = \frac{M_{AB}L^2}{3EI} - \frac{M_{BA}L^2}{6EI} - \frac{g_B}{EI} \tag{15.4a}$$

y

$$\Delta_{AB} = \frac{1}{EI}\left[-\left(\frac{M_{AB}L}{2}\right)\left(\frac{L}{3}\right)+\left(\frac{M_{BA}L}{2}\right)\left(\frac{2L}{3}\right)+g_A\right]$$

o bien,

$$\Delta_{AB} = -\frac{M_{AB}L^2}{6EI} - \frac{M_{BA}L^2}{3EI} - \frac{g_A}{EI} \qquad \textbf{(15.4b)}$$

donde g_B y g_A son los momentos respecto a los extremos B y A, respectivamente, del área debajo del diagrama del momento flexionante de la viga simple debido a la carga externa (diagrama M_L de la figura 15.1(c)). Los tres términos de las ecuaciones (15.4a) y (15.4b) representan las desviaciones tangenciales debidas a M_{AB}, M_{BA} y la carga externa, actuando por separado sobre el miembro (Fig. 15.1(d)), indicándose con un término negativo que la desviación tangencial correspondiente gira en dirección opuesta a la que se muestra en la curva elástica del miembro de la figura 15.1(b).

Al sustituir las expresiones para Δ_{BA} y Δ_{AB}, ecuación (15.4), en la ecuación (15.3), se escribe

$$\theta_A - \psi = \frac{M_{AB}L}{3EI} - \frac{M_{BA}L}{6EI} - \frac{g_A}{EIL} \qquad \textbf{(15.5a)}$$

$$\theta_B - \psi = -\frac{M_{AB}L}{6EI} + \frac{M_{BA}L}{3EI} + \frac{g_A}{EIL} \qquad \textbf{(15.5b)}$$

Con el fin de expresar los momentos en los extremos del miembro, en términos de las rotaciones en esos extremos, la rotación de la cuerda y la carga externa, se resuelven las ecuaciones (15.5a) y (15.5b) simultáneamente para M_{AB} y M_{BA}. Si se vuelve a escribir la ecuación (15.5a) como

$$\frac{M_{BA}L}{3EI} = \frac{2M_{AB}L}{3EI} - \frac{2g_B}{EIL} - 2(\theta_A - \psi)$$

Se sustituye esta ecuación en la (15.5b) y si se resuelve la ecuación resultante para M_{AB}, se obtiene

$$M_{AB} = \frac{2EI}{L}(2\theta_A + \theta_B - 3\psi) + \frac{2}{L^2}(2g_B - g_A) \qquad \textbf{(15.6a)}$$

y al sustituir esta ecuación (15.6a) en la (15.5a) o en la (15.5b), se obtiene la expresión para M_{BA}:

$$M_{BA} = \frac{2EI}{L}(\theta_A + 2\theta_B - 3\psi) + \frac{2}{L^2}(g_B - 2g_A) \qquad \textbf{(15.6b)}$$

Como lo indican las ecuaciones (15.6), los momentos que se desarrollan en los extremos de un miembro dependen de las rotaciones y las traslaciones de sus extremos, así como de la carga externa aplicada entre los extremos.

Supóngase ahora que el miembro que se está considerando, en lugar de ser parte de una estructura más grande, fuera una viga aislada con sus dos extremos por completo fijos contra las rotaciones y traslaciones, como se muestra en la figura 15.1(e). Los momentos que se desarrollarían en los extremos de una *viga fija* de ese tipo se conocen como *momentos en extremos fijos* y sus expresiones se pueden obtener a partir de la ecuación (15.6) al hacer $\theta_A = \theta_B = \psi = 0$; es decir,

$$\mathrm{EF}_{AB} = \frac{2}{L^2}(2g_B - g_A) \tag{15.7a}$$

$$\mathrm{EF}_{BA} = \frac{2}{L^2}(g_B - 2g_A) \tag{15.7b}$$

en las cuales EF_{AB} y EF_{BA} denotan los momentos en los extremos fijos debidos a la carga externa en los extremos A y B, respectivamente, de la viga fija AB (véase la figura 15.1(e)).

Al comparar la ecuación (15.6) y la (15.7), se encuentra que los segundos términos de los segundos miembros de la (15.6) son iguales a los momentos en extremos fijos que se desarrollarían si los extremos del miembro estuvieran fijos contra las rotaciones y traslaciones. Por tanto, sustituyendo la ecuación (15.7) en la (15.6), se obtiene

$$M_{AB} = \frac{2EI}{L}(2\theta_A + \theta_B - 3\psi) + \mathrm{EF}_{AB} \tag{15.8a}$$

$$M_{BA} = \frac{2EI}{L}(\theta_A + 2\theta_B - 3\psi) + \mathrm{EF}_{BA} \tag{15.8b}$$

Las ecuaciones (15.8a) y (15.8b), las cuales expresan los momentos en los extremos de un miembro en términos de sus rotaciones y traslaciones en los extremos, para una carga externa específica, se conocen como las *ecuaciones de las pendientes-deflexiones*. Estas ecuaciones son válidas sólo para miembros prismáticos compuestos de material linealmente elástico y sujetos a deformaciones pequeñas. Asimismo, aun cuando en las ecuaciones se toman en cuenta las deformaciones por flexión de los miembros, se desprecian las deformaciones debidas a las fuerzas axiales y a las cortantes.

A partir de las ecuaciones (15.8), se observa que las dos ecuaciones de las pendientes-deflexiones tienen la misma forma y que una de ellas se puede obtener a partir de la otra, sencillamente al intercambiar los subíndices A y B. Por tanto, suele ser conveniente expresar estas ecuaciones mediante la ecuación única de las pendientes-deflexiones:

$$M_{cl} = \frac{2EI}{L}(2\theta_n + \theta_f - 3\psi) + \mathrm{EF}_{cl} \tag{15.9}$$

en la cual el subíndice c se refiere al extremo *cercano* del miembro en donde actúa el momento M_{cl} y con el subíndice l se identifica el extremo *lejano* (el otro) del propio miembro.

Momentos en extremos fijos

Se pueden deducir las expresiones para momentos en extremos fijos, debidos a cualquier condición de carga, mediante la aplicación de las deformaciones coherentes, como se discutió en el capítulo 13 (véase el ejemplo 13.8). Sin embargo, suele ser más conveniente determinar las expresiones de los momentos en extremos fijos por

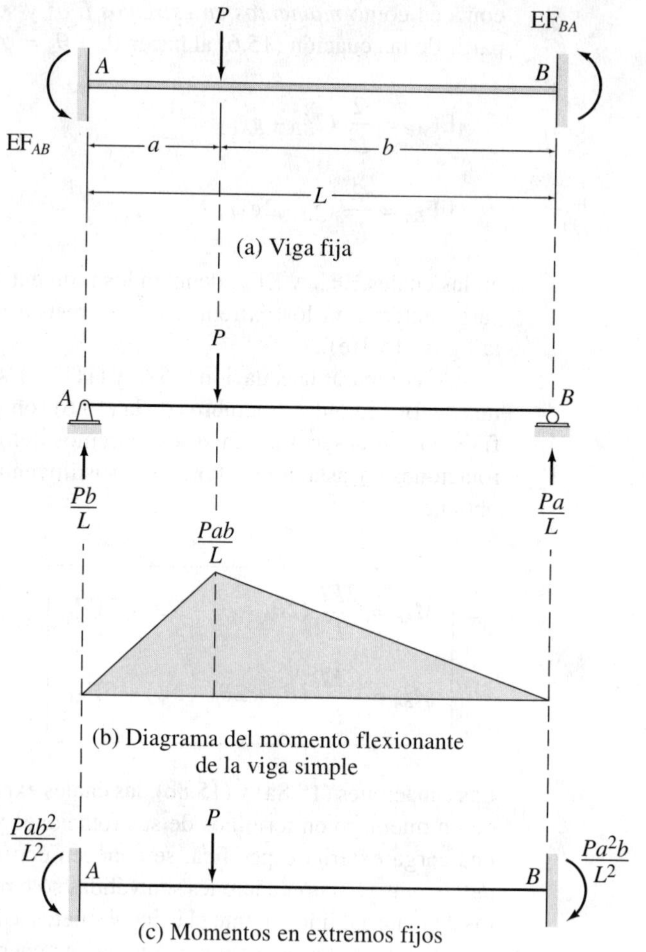

Fig. 15.2

la aplicación de las ecuaciones (15.7), las cuales sólo requieren el cálculo de los momentos del área debajo del diagrama del momento flexionante de la viga simple respecto a los extremos de la viga fija.

Con el fin de ilustrar la aplicación de las ecuaciones (15.7), considere una viga fija sujeta a una carga concentrada P, como se muestra en la figura 15.2(a). Los momentos en extremos fijos de esta viga se determinaron con anterioridad en el ejemplo 13.8, por el método de las deformaciones coherentes. Para aplicar las ecuaciones (15.7), se reemplazan los extremos de la viga por apoyos simples y se construye el diagrama del momento flexionante de la viga simple, como se muestra en la figura 15.2(b). Los momentos del área debajo del diagrama del momento flexionante de la viga simple, respecto a los extremos A y B, quedan dados por

$$g_A = \frac{1}{2}a\left(\frac{Pab}{L}\right)\left(\frac{2a}{3}\right) + \frac{1}{2}b\left(\frac{Pab}{L}\right)\left(a+\frac{b}{3}\right)$$

$$g_B = \frac{1}{2}a\left(\frac{Pab}{L}\right)\left(\frac{a}{3}+b\right) + \frac{1}{2}b\left(\frac{Pab}{L}\right)\left(\frac{2b}{3}\right)$$

Al hacer la sustitución $L = a + b$ en estas ecuaciones y simplificar, se obtiene

$$g_A = \frac{Pab}{6}(2a + b) \qquad g_B = \frac{Pab}{6}(a + 2b)$$

Sustituyendo g_A y g_B por sus expresiones en las ecuaciones (15.7), se determina que los momentos en los extremos fijos son

$$\text{EF}_{AB} = \frac{2}{L^2}\left[\frac{2Pab}{6}(a+2b) - \frac{Pab}{6}(2a+b)\right] = \frac{Pab^2}{L^2} \circlearrowleft$$

$$\text{EF}_{BA} = \frac{2}{L^2}\left[\frac{Pab}{6}(a+2b) - \frac{2Pab}{6}(2a+b)\right] = -\frac{Pa^2b}{L^2}$$

Recuerde que las ecuaciones (15.7) se basan en la convención de los signos de que los momentos en los extremos en sentido contrario al movimiento de las manecillas del reloj son positivos. Por tanto, la respuesta negativa para EF_{BA} indica que el movimiento en sentido de las manecillas del reloj es correcto; es decir,

$$\text{EF}_{BA} = \frac{Pa^2b}{L^2} \circlearrowright$$

como se muestra en la figura 15.2(c).

Al inicio de esta obra se dan las expresiones de los momentos en extremos fijos para algunos tipos comunes de condiciones de carga, como una referencia conveniente.

Miembros con un extremo articulado

Las ecuaciones de las pendientes-deflexiones deducidas con anterioridad (ecuaciones (15.8) o (15.9)) se basan en la condición de que los miembros está rígidamente conectados a los nodos en los dos extremos, de modo que las rotaciones θ_A y θ_B en los extremos del miembro son iguales a las rotaciones de los nodos adyacentes. Cuando uno de los extremos del miembro se conecta al nodo adyacente por una conexión articulada, el momento en el extremo articulado debe ser cero. Las ecuaciones de las pendientes-deflexiones se pueden modificar con facilidad para reflejar esta condición. Con referencia a la figura 15.1(b), si el extremo B del miembro AB está articulado, entonces el momento en B debe ser cero. Mediante la sustitución de $M_{BA} = 0$ en las ecuaciones (15.8), se escribe

$$M_{AB} = \frac{2EI}{L}(2\theta_A + \theta_B - 3\psi) + \text{EF}_{AB} \tag{15.10a}$$

$$M_{BA} = 0 = \frac{2EI}{L}(\theta_A + 2\theta_B - 3\psi) + \text{EF}_{BA} \tag{15.10b}$$

Si se resuelve la ecuación (15.10b) para θ_B, se obtiene

$$\theta_B = -\frac{\theta_A}{2} + \frac{3}{2}\psi - \frac{L}{4EI}(\text{EF}_{BA}) \tag{15.11}$$

Para eliminar θ_B de las ecuaciones de las pendientes-deflexiones, se sustituye la ecuación (15.11) en la (15.10a), obteniendo de este modo las *ecuaciones modificadas de las pendientes-deflexiones*, para un miembro AB con una articulación en el extremo B:

$$M_{BA} = \frac{3EI}{L}(\theta_A - \psi) + \left(\text{EF}_{AB} - \frac{\text{EF}_{BA}}{2}\right) \tag{15.12a}$$

$$M_{AB} = 0 \tag{15.12b}$$

De manera análoga, se puede demostrar que, para el miembro AB con una articulación en A, la rotación del extremo articulado se expresa por

$$\theta_A = -\frac{\theta_B}{2} + \frac{3}{2}\psi - \frac{L}{4EI}(\mathrm{EF}_{AB}) \quad \textbf{(15.13)}$$

y las ecuaciones modificadas de las pendientes-deflexiones se pueden expresar como

$$M_{BA} = \frac{3EI}{L}(\theta_B - \psi) + \left(\mathrm{EF}_{BA} - \frac{\mathrm{EF}_{AB}}{2}\right) \quad \textbf{(15.14a)}$$

$$M_{AB} = 0 \quad \textbf{(15.14b)}$$

En virtud de que las ecuaciones modificadas de las pendientes-deflexiones tienen una forma semejante a la de las ecuaciones (15.12) y (15.14), se pueden resumir de un manera conveniente como

$$M_{ra} = \frac{3EI}{L}(\theta_r - \psi) + \left(\mathrm{EF}_{ra} - \frac{\mathrm{EF}_{ar}}{2}\right) \quad \textbf{(15.15a)}$$

$$M_{ar} = 0 \quad \textbf{(15.15b)}$$

en las cuales, el subíndice r se refiere al extremo *rígidamente conectado* del miembro, en donde actúa el M_{ra}, y el subíndice a identifica al extremo *articulado* del mismo miembro. Ahora, la rotación del extremo articulado se puede escribir como

$$\theta_a = -\frac{\theta_r}{2} + \frac{3}{2}\psi - \frac{L}{4EI}(\mathrm{EF}_{ar}) \quad \textbf{(15.16)}$$

15.2 CONCEPTO BÁSICO DEL MÉTODO DE LAS PENDIENTES-DEFLEXIONES

Con el fin de ilustrar el concepto básico del método de las pendientes-deflexiones, considere la viga continua con tres claros de la figura 15.3(a). Aun cuando la estructura en realidad consta de una sola viga continua entre los apoyos fijos A y D, para la finalidad del análisis se considera que está compuesta por tres miembros, AB, BC y CD, rígidamente conectados en los nodos A, B, C y D que se encuentra ubicados en los apoyos de la estructura. Note que la viga continua se ha dividido en miembros y nodos, de modo que las reacciones externas desconocidas sólo actúan en estos últimos.

Grados de libertad

Habiendo establecido las ubicaciones de los nodos, se identifican los desplazamientos independientes desconocidos (traslaciones y rotaciones) de esos nodos de la estructura. Estos desplazamientos desconocidos de los nodos se conocen como *grados de libertad* de la estructura. A partir de la forma cualitativa deformada de la estructura de la viga continua mostrada en la figura 15.3(a), se puede ver que ninguno de sus nodos se puede trasladar. Además, los nodos fijos A y D no se pueden hacer girar, en tanto que los nodos B y C si pueden hacerlo. Por ello, la viga continua tiene dos grados de libertad, θ_B y θ_C, los cuales representan las rotaciones desconocidas en los nodos B y C, respectivamente.

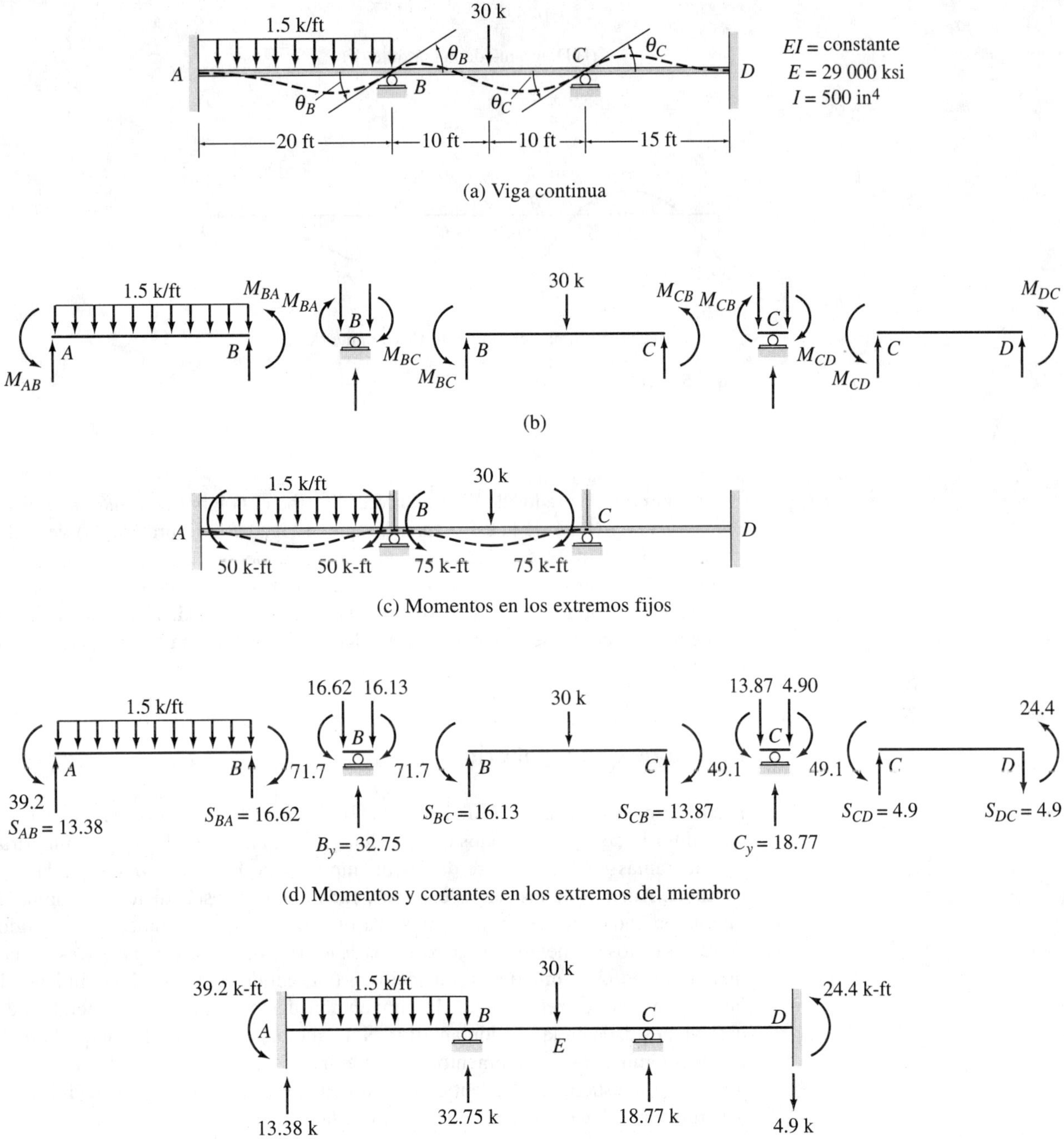

(a) Viga continua

(b)

(c) Momentos en los extremos fijos

(d) Momentos y cortantes en los extremos del miembro

(e) Reacciones en los apoyos

Fig. 15.3

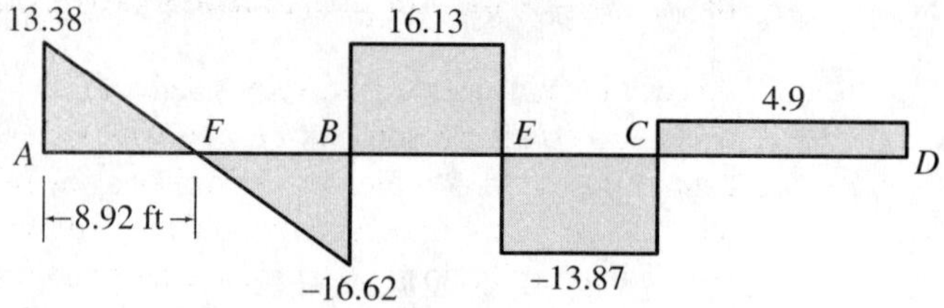

(f) Diagrama de la cortante (k)

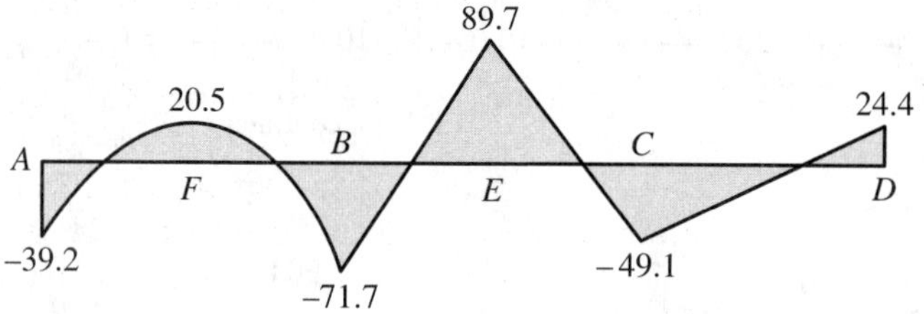

(g) Diagrama del momento flexionante (k-ft)

Fig. 15.3 (*Continuación*)

El número de grados de libertad a veces recibe el nombre de *grado de indeterminación cinemática* de la estructura. Ya que la viga de la figura 15.3(a) tiene dos grados de libertad, se considera que es cinemáticamente indeterminada al segundo grado. Una estructura sin grados de libertad se dice que es *cinemáticamente determinada*. En otras palabras, si los desplazamientos de todos los nodos de una estructura son cero o se conocen, se considera que la estructura es cinemáticamente determinada.

Ecuaciones de equilibrio

Las rotaciones desconocidas de los nodos se determinan al resolver las ecuaciones de equilibrio de aquellos nodos que pueden girar. En la figura 15.3(b), se muestran los diagramas de cuerpo libre de los miembros y de los nodos B y C de la viga continua. Además de las cargas externas, cada miembro está sujeto a un momento interno en cada uno de sus extremos. Ya que todavía no se conocen los sentidos correctos de los momentos en los extremos de los miembros, se supone que estos momentos de todos los miembros son positivos (en sentido contrario al movimiento de las manecillas del reloj) según la convención de los signos de las pendientes-deflexiones dada en la sección anterior. Note que los diagramas de cuerpo libre de los nodos muestran los momentos en los extremos de los miembros actuando en dirección opuesta (en la del sentido del movimiento de las manecillas del reloj), de acuerdo con la ley de Newton de la acción y la reacción.

En virtud de que la estructura completa está en equilibrio, cada uno de sus miembros y de sus nodos también deben estar en equilibrio. Por la aplicación de las ecuaciones de equilibrio de los momentos $\sum M_B = 0$ y $\sum M_C = 0$, respectivamente, a los cuerpos libres de los nodos B y C, se obtienen las ecuaciones de equilibrio

$$M_{BA} + M_{BC} = 0 \qquad \textbf{(15.17a)}$$

$$M_{CB} + M_{CD} = 0 \qquad \textbf{(15.17b)}$$

Ecuaciones de las pendientes-deflexiones

Las ecuaciones de equilibrio antes dadas (ecuaciones (15.17)) se pueden expresar en términos de las rotaciones desconocidas de los nodos, θ_B y θ_C, utilizando las ecuaciones de las pendientes-deflexiones que relacionan los momentos en los extremos de los miembros con esas rotaciones desconocidas. Sin embargo, antes de que se puedan escribir las ecuaciones de las pendientes-deflexiones, es necesario calcular los momentos en los extremos fijos debidos a las cargas externas que actúan sobre los miembros de la viga continua.

Para calcular los momentos en los extremos fijos, se aplican sujeciones imaginarias en los nodos B y C para impedir que giren, como se muestra en la figura 15.3(c). Los momentos en los extremos fijos que se desarrollan en los miembros de esta estructura por completo restringida o cinemáticamente determinada se pueden evaluar con facilidad por la aplicación de las ecuaciones (15.7), o bien, usando las expresiones para los momentos en extremos fijos que se dan en el interior de la guarda posterior del libro. Con el uso de las expresiones para los momentos en extremos fijos, se calculan esos momentos como sigue:

Para el miembro AB:

$$\text{EF}_{AB} = \frac{wL^2}{12} = \frac{1.5(20)^2}{12} = 50 \text{ k-ft} \circlearrowleft \qquad \text{o} \qquad +50 \text{ k-ft}$$

$$\text{EF}_{BA} = 50 \text{ k-ft} \circlearrowright \qquad \text{o} \qquad -50 \text{ k-ft}$$

Para el miembro BC:

$$\text{EF}_{BC} = \frac{PL}{8} = \frac{30(20)}{8} = 75 \text{ k-ft} \circlearrowleft \qquad \text{o} \qquad +75 \text{ k-ft}$$

$$\text{EF}_{CB} = 75 \text{ k-ft} \circlearrowright \qquad \text{o} \qquad -75 \text{ k-ft}$$

Note que, de acuerdo con la convención de los signos de las pendientes-deflexiones, los momentos en los extremos fijos en sentido contrario al movimiento de las manecillas del reloj se consideran positivos. Como, sobre el miembro CD, no actúan cargas externas, sus momentos en los extremos fijos son cero; es decir,

$$\text{EF}_{CD} = \text{EF}_{DC} = 0$$

Los momentos en los extremos fijos se muestran en el diagrama de la estructura restringida de la figura 15.3(c).

Ahora se pueden escribir las ecuaciones de las pendientes-deflexiones para los tres miembros de la viga continua mediante el uso de la ecuación (15.9). Si se supone que ninguno de los apoyos de la viga continua se traslada, las rotaciones de las cuerdas de los tres miembros son cero (es decir, $\psi_{AB} = \psi_{BC} = \psi_{CD} = 0$). Asimismo, ya que los apoyos A y D están fijos, las rotaciones $\theta_A = \theta_D = 0$. Al aplicar la ecuación (15.9) para el miembro AB, considerando A como el extremo cercano y B como el lejano, se obtiene la ecuación de las pendientes-deflexiones

$$M_{AB} = \frac{2EI}{20}(0 + \theta_B - 0) + 50 = 0.1EI\theta_B + 50 \qquad \textbf{(15.18a)}$$

Enseguida, considerando B como el extremo cercano y A como el lejano, se escribe

$$M_{BA} = \frac{2EI}{20}(2\theta_B + 0 - 0) - 50 = 0.2EI\theta_B - 50 \qquad \textbf{(15.18b)}$$

De modo análogo, mediante la aplicación de la ecuación (15.9) para el miembro BC, se obtiene

$$M_{BC} = \frac{2EI}{20}(2\theta_B + \theta_C) + 75 = 0.2EI\theta_B + 0.1EI\theta_C + 75 \tag{15.18c}$$

$$M_{CB} = \frac{2EI}{20}(2\theta_C + \theta_B) - 75 = 0.2EI\theta_C + 0.1EI\theta_B - 75 \tag{15.18d}$$

y para el miembro CD,

$$M_{CD} = \frac{2EI}{15}(2\theta_C) = 0.267EI\theta_C \tag{15.18e}$$

$$M_{DC} = \frac{2EI}{15}(\theta_C) = 0.133EI\theta_C \tag{15.18f}$$

Estas ecuaciones de pendientes-deflexiones satisfacen de modo automático las condiciones de compatibilidad de la estructura. Ya que suponemos que los extremos de los miembros están rígidamente conectados a los nodos adyacentes, las rotaciones de esos extremos son iguales a las rotaciones de esos nodos adyacentes. Por tanto, los términos θ en las ecuaciones de pendientes-deflexiones (ecuaciones (15.18)) representan las rotaciones de los extremos de los miembros, así como las de los nodos.

Rotaciones de los nodos

A fin de determinar las rotaciones desconocidas en los nodos, θ_B y θ_C, se sustituyen las ecuaciones de las pendientes-deflexiones (ecuaciones (15.18)) en las de equilibrio de los nodos (ecuaciones (15.17)) y el sistema resultante de ecuaciones se resuelve simultáneamente para θ_B y θ_C. Por tanto, al sustituir las ecuaciones (15.18b) y (15.18c) en la (15.17a), se obtiene

$$(0.2EI\theta_B - 50) + (0.2EI\theta_B + 0.1EI\theta_C + 75) = 0$$

o bien,

$$0.4EI\theta_B + 0.1EI\theta_C = -25 \tag{15.19a}$$

y al sustituir (15.18d) y (15.18e) en la (15.17b), se obtiene

$$(0.2EI\theta_C + 0.1EI\theta_B - 75) + 0.267EI\theta_C = 0$$

o bien,

$$0.1EI\theta_B + 0.467EI\theta_C = 75 \tag{15.19b}$$

Si se resuelvan las ecuaciones (15.19a) y (15.19b) simultáneamente para $EI\theta_B$ y $EI\theta_C$, se obtiene

$$EI\theta_B = -108.46 \text{ k-ft}^2$$

$$EI\theta_C = 182.82 \text{ k-ft}^2$$

Al sustituir los valores numéricos de $E = 29\,000$ ksi $= 29\,000(12)^2$ ksf e $I = 500$ in^4 $= (500/12^4)$ ft^4 (ksi = kilolibra por in^2; ksf = kilolibra por ft^2), se determinan las rotaciones de los nodos B y C como

$$\theta_B = -0.001 \text{ rad} \quad \text{o} \quad 0.0011 \text{ rad} \circlearrowright$$

$$\theta_C = 0.0018 \text{ rad} \circlearrowleft$$

Momentos en los extremos de los miembros

Ahora se pueden determinar los momentos en los extremos de los tres miembros de la viga continua al sustituir los valores numéricos para $EI\theta_B$ y $EI\theta_C$ en las ecuaciones de las pendientes-deflexiones (ecuaciones (15.18)). Por tanto,

$$M_{AB} = 0.1(-108.46) + 50 = 39.2 \text{ k-ft} \circlearrowleft$$

$$M_{BA} = 0.2(-108.46) - 50 = -71.7 \text{ k-ft} \quad \text{o} \quad 71.7 \text{ k-ft} \circlearrowright$$

$$M_{BC} = 0.2(-108.46) + 0.1(183.82) + 75 = 71.7 \text{ k-ft} \circlearrowleft$$

$$M_{CB} = 0.2(183.82) + 0.1(-108.46) - 75 = -49.1 \text{ k-ft} \quad \text{o} \quad 49.1 \text{ k-ft} \circlearrowright$$

$$M_{CD} = 0.267(183.82) = 49.1 \text{ k-ft} \circlearrowleft$$

$$M_{DC} = 0.133(183.82) = 24.4 \text{ k-ft} \circlearrowleft$$

Note que una respuesta positiva para el momento en un extremo indica que su sentido es contrario al movimiento de las manecillas del reloj, en tanto que una negativa para ese momento implica un sentido igual al del movimiento de las manecillas del reloj.

Para comprobar que la solución de las ecuaciones simultáneas (ecuaciones (15.19)) se ha llevado a cabo de la manera correcta, deben sustituirse los valores numéricos de los momentos en los extremos de los miembros, en las ecuaciones de equilibrio del nodo (ecuaciones (15.17)). Si la solución es correcta, entonces las ecuaciones de equilibrio deben de satisfacerse:

$$M_{BA} + M_{BC} = -71.7 + 71.7 = 0$$ **Coincide**

$$M_{CD} + M_{CD} = -49.1 + 49.1 = 0$$ **Coincide**

Cortantes en los extremos de los miembros

Los momentos en los extremos de los miembros que acaban de calcularse se muestran en los diagramas de cuerpo libre de los miembros y las juntas de la figura 15.3(d). Ahora se pueden determinar las fuerzas cortantes en los extremos de los miembros por la aplicación de las ecuaciones de equilibrio a los cuerpos libres de los miembros. Por tanto, para el miembro AB,

$$+\circlearrowleft \sum M_B = 0 \qquad 39.2 - S_{AB}(20) + 1.5(20)(10) - 71.7 = 0$$

$$S_{AB} = 13.38 \text{ k} \uparrow$$

$$+\uparrow \sum F_y = 0 \qquad 13.38 - 1.5(20) + S_{BA} = 0$$

$$S_{BA} = 16.62 \text{ k} \uparrow$$

De modo análogo, para el miembro BC,

$$+\circlearrowleft \sum M_C = 0 \qquad 71.7 - S_{BC}(20) + 30(10) - 49.1 = 0$$

$$S_{BC} = 16.13 \text{ k} \uparrow$$

$$+\uparrow \sum F_y = 0 \qquad 16.13 - 30 + S_{CB} = 0$$

$$S_{CB} = 13.87 \text{ k} \uparrow$$

y para el miembro *CD*,

$+\circlearrowleft \sum M_D = 0 \quad 49.1 - S_{CD}(15) + 24.4 = 0 \qquad S_{CD} = 4.9 \text{ k} \uparrow$

$+\uparrow \sum F_y = 0 \qquad S_{DC} = 4.9 \text{ k} \downarrow$

De manera alternativa, se pueden evaluar las cortantes antes obtenidas en los extremos de los miembros por la superposición de las cortantes en los extremos debidas a la carga externa y a cada uno de los momentos en los extremos, actuando por separado sobre el miembro. Por ejemplo, la cortante en el extremo *A* del miembro *AB* se expresa por

$$S_{AB} = \frac{1.5(20)}{2} + \frac{39.2}{20} - \frac{71.7}{20} = 13.38 \text{ k} \uparrow$$

en la cual el primer término es igual a la cortante debida a la carga uniformemente distribuida de 1.5 k/ft, en tanto que el segundo y tercer términos son las cortantes debidas a los momentos de 39.2 k-ft y 71.7 k-ft, respectivamente, en los extremos *A* y *B* del miembro.

Reacciones en los apoyos

A partir del diagrama de cuerpo libre del nodo *B*, de la figura 15.3(d), se puede ver que la reacción vertical en el apoyo de rodillo *B* es igual a la suma de las cortantes en los extremos *B* de los miembros *AB* y *BC*; es decir,

$$B_y = S_{BA} + S_{BC} = 16.62 + 16.13 = 32.75 \text{ k} \uparrow$$

De manera análoga, la reacción vertical en el apoyo de rodillo *C* es igual a la suma de las cortantes en los extremos *C* de los miembros *BC* y *CD*, donde

$$C_y = S_{CB} + S_{CD} = 13.87 + 4.9 = 18.77 \text{ k} \uparrow$$

Las reacciones en el apoyo fijo son iguales a la cortante y al momento en el extremo *A* del miembro *AB*; esto es,

$$A_y = S_{AB} = 13.38 \text{ k} \uparrow$$

$$M_A = M_{AB} = 39.2 \text{ k-ft} \circlearrowleft$$

De manera análoga, las reacciones en el apoyo fijo *D* son iguales a la cortante y al momento en el extremo *D* del miembro *CD*. Por tanto,

$$D_y = S_{DC} = 4.9 \text{ k} \downarrow$$

$$M_D = M_{DC} = 24.4 \text{ k-ft} \circlearrowleft$$

Las reacciones en los apoyos se muestran en la figura 15.3(e).

Comprobación del equilibrio

Con el fin de verificar los cálculos de las cortantes en los extremos de los miembros y de las reacciones en los apoyos, se aplican las ecuaciones del equilibrio al cuerpo libre de la estructura completa. De donde (Fig. 15.3(e)),

$+\uparrow \sum F_y = 0$

$13.38 - 1.5(20) + 32.75 - 30 + 18.77 - 4.9 = 0$ **Coincide**

$$+\circlearrowleft \sum M_D = 0$$

$$39.2 - 13.38(55) + 1.5(20)(45) - 32.75(35) + 30(25)$$

$$- 18.77(15) + 24.4 = -0.1 \approx 0$$ **Coincide**

Esta comprobación del equilibrio, así como la comprobación realizada con anterioridad sobre la solución de las ecuaciones simultáneas, no detectan los errores relacionados con las ecuaciones de las pendientes-deflexiones. Por lo tanto, estas ecuaciones deben desarrollarse con mucho cuidado y verificarse antes de continuar con el análisis.

Conocidas las reacciones en los apoyos, ahora se pueden construir los diagramas de la cortante y del momento flexionante de la manera usual, aplicando la *convención de los signos de la viga* descrita en la sección 5.1. Los diagramas de la cortante y del momento flexionante obtenidos de este modo para la viga continua se muestran en las figuras 15.3(f) y (g), respectivamente.

15.3 ANÁLISIS DE VIGAS CONTINUAS

Con base en la discusión presentada en la sección anterior, el procedimiento para el análisis de las vigas continuas por el método de las pendientes-deflexiones se puede resumir como sigue:

1. Identifique los grados de libertad de la estructura. Para las vigas continuas, los grados de libertad consisten en las rotaciones desconocidas de los nodos.

2. Calcule los momentos en los extremos fijos. Para cada miembro de la estructura, evalue los momentos en los extremos fijos debidos a las cargas externas mediante la aplicación de las expresiones dadas al inicio de esta obra. Los momentos en extremos fijos en sentido contrario al del movimiento de las manecillas del reloj se consideran como positivos.

3. En el caso de asentamientos de los apoyos, determine las rotaciones de las cuerdas de los miembros adyacentes a los apoyos, que se asientan al dividir la traslación relativa entre los dos extremos de ese miembro entre la longitud del mismo ($\psi = \Delta/L$). Las rotaciones de las cuerdas se miden a partir de las posiciones no deformadas (horizontales) de los miembros, considerando el sentido contrario al del movimiento de las manecillas del reloj como positivo.

4. Escriba las ecuaciones de las pendientes-deflexiones. Para cada miembro, aplique la ecuación (15.9) para escribir las ecuaciones de las pendientes-deflexiones que relacionan los momentos en los extremos de los miembros con las rotaciones desconocidas de los nodos adyacentes.

5. Escriba las ecuaciones de equilibrio. Para cada uno de los nodos que pueda girar, escriba la ecuación de equilibrio de momentos, $\sum M = 0$, en términos de los momentos en los extremos de los miembros conectados al nodo. El número total de ecuaciones de equilibrio debe ser igual al número de grados de libertad de la estructura.

6. Determine las rotaciones desconocidas de los nodos. Sustituya las ecuaciones de las pendientes-deflexiones en las ecuaciones de equilibrio y resuelva el sistema resultante para las rotaciones desconocidas en los nodos.

7. Calcule los momentos en los extremos de los miembros al sustituir los valores numéricos de las rotaciones de los nodos, determinados en el paso 6, en las ecuaciones de las pendientes-deflexiones. Una respuesta positiva para el

momento en un extremo indica que su sentido es contrario al movimiento de las manecillas del reloj, en tanto que una respuesta negativa para este momento implica que el movimiento es en sentido de las manecillas del reloj.

8. Para comprobar si la resolución de las ecuaciones simultáneas se llevó a cabo o no de manera correcta en el paso 6, sustituya los valores numéricos de los momentos en los extremos de los miembros en las ecuaciones de equilibrio de los nodos desarrolladas en el paso 5. Si la solución es correcta, entonces las ecuaciones de equilibrio deben de ser satisfechas.

9. Calcule las cortantes en los extremos de los miembros. Para cada uno de los miembros: a) dibuje un diagrama de cuerpo libre en que se muestren las cargas externas y los momentos en los extremos, y b) aplique las ecuaciones de equilibrio para calcular las fuerzas cortantes en los extremos del miembro.

10. Determine las reacciones en los apoyos al considerar el equilibrio de los nodos de la estructura.

11. Para comprobar los cálculos de las cortantes en los extremos de los miembros y las reacciones en los apoyos, aplique las ecuaciones de equilibrio al cuerpo libre de la estructura completa. Si los cálculos se han llevado a cabo en forma correcta, entonces las ecuaciones de equilibrio deben satisfacerse.

12. Trace los diagramas de la cortante y del momento flexionante de la estructura mediante la aplicación de la *convención de los signos de la viga*.

Vigas con apoyos simples en sus extremos

Aun cuando el procedimiento antes descrito se puede usar para analizar vigas continuas que están apoyadas en uno de los extremos o en los dos, el análisis de esas estructuras se puede simplificar de manera considerable mediante el uso de las ecuaciones modificadas de las pendientes-deflexiones (ecuaciones (15.15)) para los claros adyacentes a los apoyos simples en los extremos, eliminando del análisis las rotaciones de estos últimos apoyos (véase el ejemplo 15.2). Sin embargo, este enfoque simplificado sólo se puede usar para esos apoyos simples en los extremos en los que no se aplica momento externo. Esto se debe a que las ecuaciones simplificadas de las pendientes-deflexiones para un miembro con uno de sus extremos articulado (ecuaciones (15.15)) se basan en la condición de que el momento en el extremo articulado es cero.

Estructuras con partes salientes en voladizo

Considere una viga continua con una parte saliente en voladizo, como se muestra en la figura 15.4(a). Puesto que la parte en voladizo *CD* de la viga es estáticamente determinada en el sentido de que se pueden obtener la cortante y el momento en su extremo *C* por la aplicación de las ecuaciones de equilibrio (Fig. 15.4(b)), no es necesario incluir esta parte en el análisis. Por tanto, para los fines del análisis, se puede eliminar de la estructura la parte en voladizo *CD*, siempre que se incluyan en ese análisis el momento y la fuerza ejercidos por tal parte sobre la estructura restante. En la figura 15.4(c), se muestra la parte indeterminada *AC* de la estructura, la cual debe analizarse.

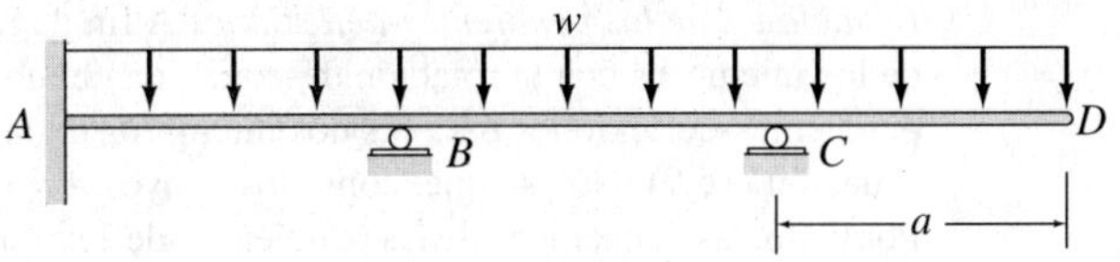

(a) Viga real

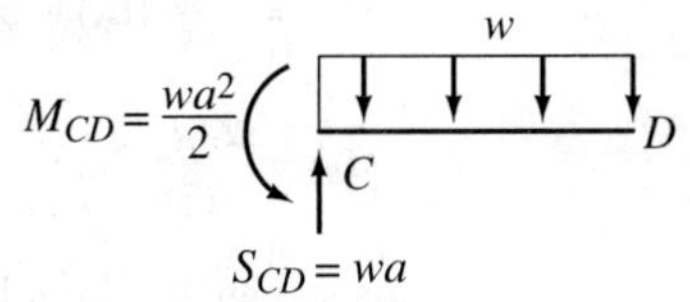

(b) Parte en voladizo estáticamente determinada

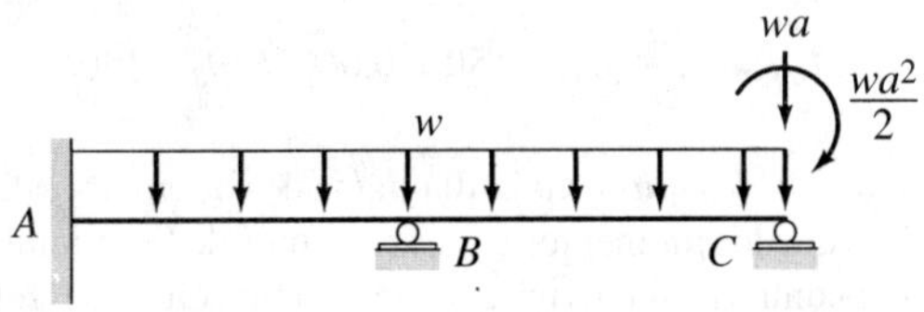

(c) Parte estáticamente indeterminada, que tiene que analizarse

Fig. 15.4

EJEMPLO 15.1

Determine las reacciones y trace los diagramas de la cortante y del momento flexionante para la viga continua con dos claros que se muestra en la figura 15.5(a), por el método de las pendientes-deflexiones.

SOLUCIÓN

Grados de libertad A partir de la figura 15.5(a), se puede ver que sólo puede girar el nodo B de la viga. Por esto, la estructura sólo tiene un grado de libertad, el cual es la rotación desconocida del nodo, θ_B.

Momentos en los extremos fijos Usando las expresiones para los momentos en los extremos fijos dadas al inicio de esta obra, se evalúan los momentos en los extremos de este tipo debidos a las cargas externas, para cada uno de los miembros:

$$\text{EF}_{AB} = \frac{Pab^2}{L^2} = \frac{18(10)(15)^2}{(25)^2} = 64.8 \text{ k-ft} \circlearrowleft \quad \text{o} \quad +64.8 \text{ k-ft}$$

$$\text{EF}_{BA} = \frac{Pa^2b}{L^2} = \frac{18(10)^2(15)}{(25)^2} = 43.2 \text{ k-ft} \circlearrowright \quad \text{o} \quad -43.2 \text{ k-ft}$$

$$\text{EF}_{BC} = \frac{wL^2}{12} = \frac{2(30)^2}{12} = 150 \text{ k-ft} \circlearrowleft \quad \text{o} \quad +150 \text{ k-ft}$$

$$\text{EF}_{CB} = 150 \text{ k-ft} \circlearrowright \quad \text{o} \quad -150 \text{ k-ft}$$

Note que, de acuerdo con la convención de los signos de las pendientes-deflexiones, los momentos en extremos fijos en sentido contrario al movimiento de las manecillas del reloj se consideran como positivos, en tanto que aquellos con el movimiento en sentido de las manecillas del reloj se les considera negativos.

Rotaciones de las cuerdas Ya que no se presentan asentamientos de los apoyos, las rotaciones de las cuerdas de ambos miembros son cero; es decir, $\psi_{AB} = \psi_{BC} = 0$.

Ecuaciones de las pendientes-deflexiones A fin de relacionar los momentos en los extremos de los miembros con la rotación desconocida del nodo, θ_B, se escriben las ecuaciones de las pendientes-deflexiones para los dos miembros de la estructura, mediante la aplicación de la ecuación (15.9). Nótese que, como los apoyos A y C están fijos, las rotaciones $\theta_A = \theta_C = 0$. Por tanto, las ecuaciones de las pendientes-deflexiones para el miembro AB se pueden expresar como

$$M_{AB} = \frac{2EI}{25}(\theta_B) + 64.8 = 0.08EI\theta_B + 64.8 \tag{1}$$

$$M_{BA} = \frac{2EI}{25}(2\theta_B) - 43.2 = 0.16EI\theta_B - 43.2 \tag{2}$$

De manera análoga, por la aplicación de la ecuación (15.9) para el miembro BC, se obtienen las ecuaciones de las pendientes-deflexiones:

$$M_{BC} = \frac{2EI}{30}(2\theta_B) + 150 = 0.133EI\theta_B + 150 \tag{3}$$

$$M_{CB} = \frac{2EI}{30}(\theta_B) - 150 = 0.0667EI\theta_B - 150 \tag{4}$$

Ecuación de equilibrio El diagrama de cuerpo libre del nodo B se muestra en la figura 15.5(b). Note que los momentos en los extremos de los miembros, los cuales se supone están en dirección contraria al movimiento de las manecillas del reloj sobre esos extremos, deben aplicarse en la dirección de ese movimiento (opuesta) sobre el cuerpo libre del nodo, según la tercera

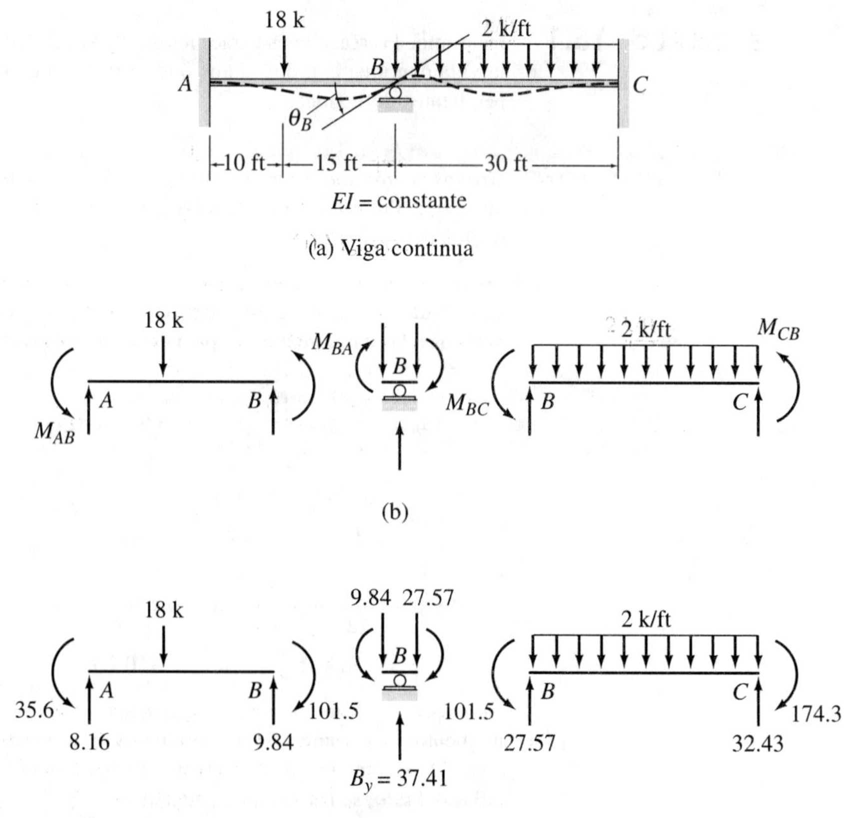

(c) Momentos y cortantes en los extremos de los miembros

Fig. 15.5

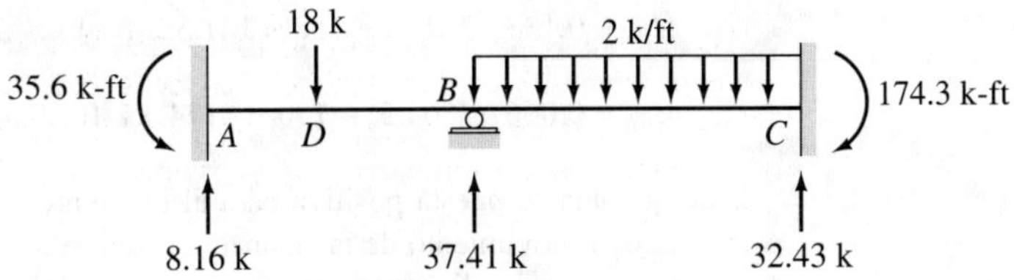

(d) Reacciones en los apoyos

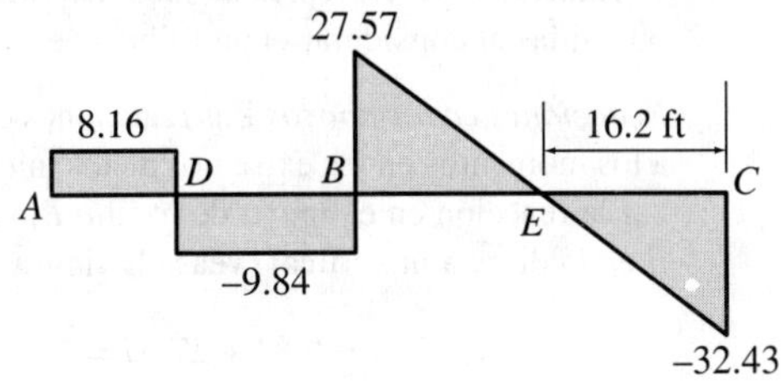

(e) Diagrama de la cortante (k)

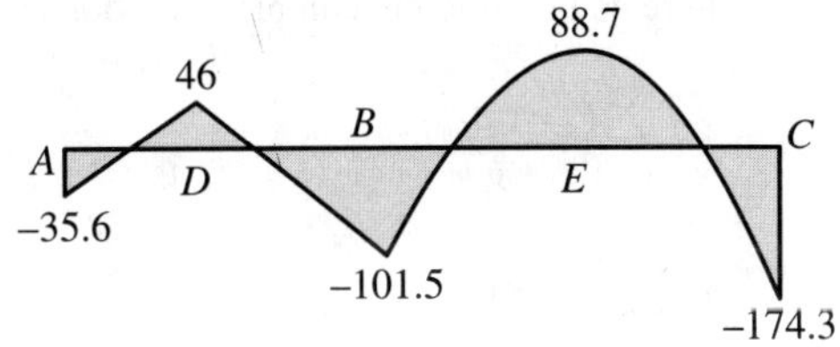

(f) Diagrama del momento flexionante (k-ft)

Fig. 15.5 (*Continuación*)

ley de Newton. Al aplicar la ecuación de equilibrio de momentos $\sum M_B = 0$ al cuerpo libre del nodo B, se obtiene la ecuación de equilibrio

$$M_{BA} + M_{BC} = 0 \tag{5}$$

Rotación del nodo Con el fin de determinar la rotación desconocida del nodo, θ_B, se sustituyen las ecuaciones de las pendientes-deflexiones (ecuaciones (2) y (3)) en la de equilibrio (ecuación (5)) para obtener

$$(0.16EI\theta_B - 43.2) + (0.133EI\theta_B + 150) = 0$$

o bien,

$$0.293EI\theta_B = -106.8$$

de lo cual

$$EI\theta_B = -364.5 \text{ k-ft}^2$$

Momentos en los extremos de los miembros Ahora se pueden calcular los momentos en los extremos de los miembros al sustituir el valor numérico de $EI\theta_B$ de regreso a las ecuaciones de las pendientes-deflexiones (ecuaciones (1)–(4)). Por tanto,

$$M_{AB} = 0.08(-364.5) + 64.8 = 35.6 \text{ k-ft} \circlearrowleft$$

$$M_{BA} = 0.16(-364.5) - 43.2 = -101.5 \text{ k-ft} \quad \text{o} \quad 101.5 \text{ k-ft} \circlearrowright$$

$$M_{BC} = 0.133(-364.5) + 150 = 101.5 \text{ k-ft} \circlearrowleft$$

$$M_{CB} = 0.0667(-364.5) - 150 = -174.3 \text{ k-ft} \quad \text{o} \quad 174.3 \text{ k-ft} \circlearrowright$$

Note que una respuesta positiva para el momento en un extremo indica que su sentido es contrario al movimiento de las manecillas del reloj, en tanto que una negativa para uno de esos momentos implica un movimiento en sentido de las manecillas del reloj. Dado que los momentos en los extremos M_{BA} y M_{BC} tienen magnitudes iguales, pero sentidos opuestos, en efecto se satisface la ecuación de equilibrio, $M_{BA} + M_{BC} = 0$.

Cortantes en los extremos de los miembros Las cortantes en los extremos de los miembros, obtenidas al considerar el equilibrio de cada miembro, se muestran en la figura 15.5(c).

Reacciones en los apoyos Las reacciones en los apoyos fijos A y C son iguales a las fuerzas y a los momentos en los extremos de los miembros conectados a estos nodos. A fin de determinar la reacción en el apoyo de rodillo B, se considera el equilibrio del cuerpo libre del nodo B en la dirección vertical (véase la figura 15.5(c)), para obtener

$$B_y = S_{BA} + S_{BC} = 9.84 + 27.57 = 37.41 \text{ k} \uparrow$$

Las reacciones en los apoyos se muestran en la figura 15.5(d). **Resp.**

Comprobación del equilibrio Para comprobar los cálculos de las cortantes en los extremos de los miembros y las reacciones en los apoyos, se aplican las ecuaciones de equilibrio al cuerpo libre de la estructura completa. De donde (véase la figura 15.5(d)),

$$+\uparrow \sum F_y = 0$$

$$8.16 - 18 + 37.41 - 2(30) + 32.43 = 0 \qquad \textbf{Coincide}$$

$$+\circlearrowleft \sum M_C = 0$$

$$35.6 - 8.16(55) + 18(45) - 37.41(30) + 2(30)(15) - 174.3 = 0.2 \approx 0 \qquad \textbf{Coincide}$$

Diagramas de la cortante y del momento flexionante Ahora se pueden construir los diagramas de la cortante y del momento flexionante, aplicando la *convención de los signos de la viga* de la sección 5.1. Estos diagramas se muestran en las figuras 15.5(e) y (f). **Resp.**

EJEMPLO 15.2

Determine los momentos en los extremos de los miembros y las reacciones para la viga continua mostrada en la figura 15.6(a), por el método de las pendientes-deflexiones.

SOLUCIÓN Esta viga ya se analizó en el ejemplo 13.5, por el método de las deformaciones coherentes.

A partir de la figura 15.6(a), se puede ver que los tres nodos de la viga tienen libertad para girar. Por tanto, se puede considerar que la viga tiene tres grados de libertad, θ_A, θ_B y θ_D, y se puede analizar utilizando las ecuaciones de las pendientes-deflexiones (ecuación (15.9)) para miembros rígidamente conectados en ambos extremos. No obstante, este enfoque consume bastante tiempo, ya que requiere la resolución de tres ecuaciones simultáneas para determinar las rotaciones desconocidas de los nodos.

Supuesto que los apoyos A y D de la viga son simples, en los cuales no se aplica momento externo, los momentos en el extremo A del miembro AB y en el extremo D del BD deben ser cero. (Esto se puede verificar con facilidad al considerar el equilibrio de momentos de los cuerpos libres de los nodos A y D mostrados en la figura 15.6(b).) Por tanto, puede considerarse que el extremo A del miembro AB y el D del BD son articulados, y se pueden usar las ecuaciones modificadas de las pendientes-deflexiones (ecuaciones (15.15)) para estos miembros. Además, dado que estas ecuaciones no contienen las rotaciones de los extremos articulados, al usarlas se pueden eliminar del análisis las rotaciones θ_A y θ_D de los apoyos simples, el cual entonces sólo comprenderá una rotación desconocida en un nodo, θ_B. Debe hacerse notar que, una vez evaluado θ_B, se pueden calcular, si se desea, los valores de las rotaciones

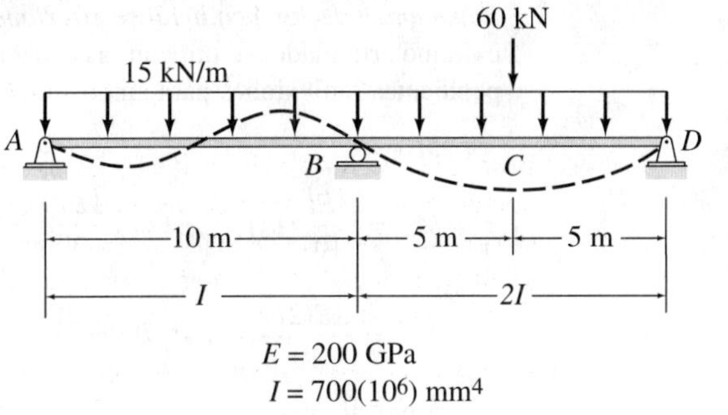

(a) Viga continua

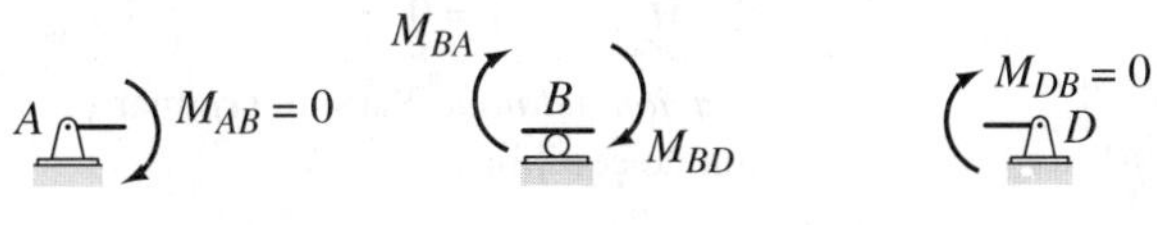

(b) Diagramas de cuerpo libre de los nodos

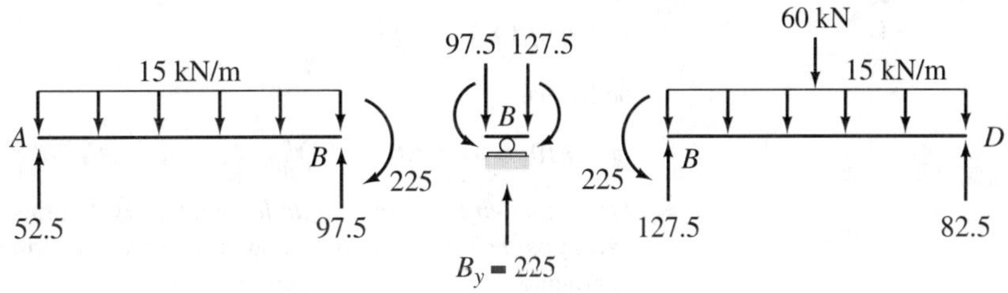

(c) Momentos y cortantes en los extremos de los miembros

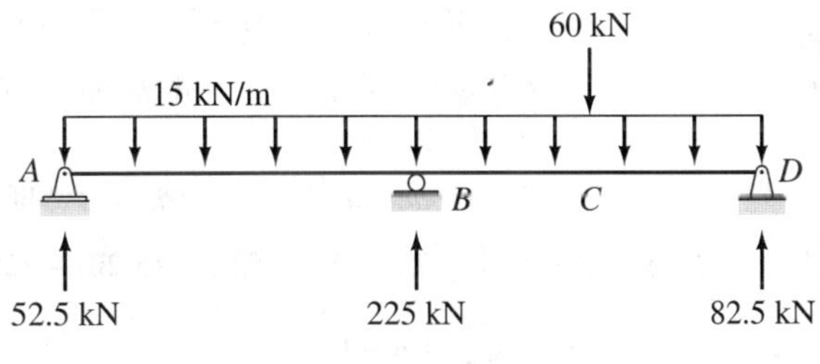

(d) Reacciones en los apoyos

Fig. 15.6

θ_A y θ_D, usando la ecuación (15.16). En los pasos siguientes, se utiliza este procedimiento simplificado para analizar la viga continua.

Grados de libertad θ_B.

Momentos en los extremos fijos

$$\text{EF}_{AB} = \frac{15(10)^2}{12} = 125 \text{ kN}\cdot\text{m} \circlearrowleft \quad \text{o} \quad +125 \text{ kN}\cdot\text{m}$$

$$\text{EF}_{BA} = 125 \text{ kN}\cdot\text{m} \circlearrowright \quad \text{o} \quad -125 \text{ kN}\cdot\text{m}$$

$$\text{EF}_{BD} = \frac{60(10)}{8} + \frac{15(10)^2}{12} = 200 \text{ kN}\cdot\text{m} \circlearrowleft \quad \text{o} \quad +200 \text{ kN}\cdot\text{m}$$

$$\text{EF}_{DB} = 200 \text{ kN}\cdot\text{m} \circlearrowright \quad \text{o} \quad -200 \text{ kN}\cdot\text{m}$$

Ecuaciones de las pendientes-deflexiones Ya que los dos miembros de la viga tienen un extremo articulado, se utilizan las ecuaciones (15.15) a fin de obtener las ecuaciones de las pendientes-deflexiones para ambos miembros. Por tanto,

$$M_{AB} = 0 \qquad \textbf{Resp.}$$

$$M_{BA} = \frac{3EI}{10}(\theta_B) + \left(-125 - \frac{125}{2}\right) = 0.3EI\theta_B - 187.5 \qquad \textbf{(1)}$$

$$M_{BD} = \frac{3E(2I)}{10}(\theta_B) + \left(200 + \frac{200}{2}\right) = 0.6EI\theta_B + 300 \qquad \textbf{(2)}$$

$$M_{DB} = 0 \qquad \textbf{Resp.}$$

Ecuación de equilibrio Si se considera el equilibrio de momentos del cuerpo libre del nodo B (Fig. 15-6(b)), se obtiene la ecuación de equilibrio

$$M_{BA} + M_{BD} = 0 \qquad \textbf{(3)}$$

Rotación del nodo Para determinar la rotación desconocida θ_B del nodo, se obtiene la ecuación de equilibrio

$$(0.3EI\theta_B - 187.5) + (0.6EI\theta_B + 300) = 0$$

o bien,

$$0.9EI\theta_B = -112.5$$

de lo cual

$$EI\theta_B = -125 \text{ kN} \cdot \text{m}^2 \circlearrowright$$

Momentos en los extremos de los miembros Ahora se pueden calcular los momentos en los extremos de los miembros al sustituir el valor numérico de $EI\theta_B$ en las ecuaciones de las pendientes-deflexiones (ecuaciones (1) y (2)). De donde,

$$M_{BA} = 0.3(-125) - 187.5 = -225 \text{ kN} \cdot \text{m} \quad \text{o} \quad 225 \text{ kN} \cdot \text{m} \circlearrowright \qquad \textbf{Resp.}$$

$$M_{BD} = 0.6(-125) + 300 = 225 \text{ kN} \cdot \text{m} \circlearrowleft \qquad \textbf{Resp.}$$

Cortantes en los extremos de los miembros y reacciones en los apoyos Véase las figuras 15.6(c) y (d).

Comprobación del equilibrio Véase la figura 15.6(d).

$$+\uparrow \sum F_y = 0 \qquad 52.5 - 15(20) + 225 - 60 + 82.5 = 0 \qquad \textbf{Coincide}$$

$$+\circlearrowleft \sum M_D = 0$$

$$-52.5(20) + 15(20)(10) - 225(10) + 60(5) = 0 \qquad \textbf{Coincide}$$

EJEMPLO 15.3

Determine los momentos en los extremos de los miembros y las reacciones para la viga continua mostrada en la figura 15.7(a), por el método de las pendientes-deflexiones.

SOLUCIÓN

Ya que el momento y la cortante en el extremo C del miembro en voladizo CD de la viga se pueden calcular en forma directa por la aplicación de las ecuaciones de equilibrio (véase la figura 15.7(b)), no es necesario incluir este miembro en el análisis. De donde, sólo la parte indeterminada AC de la viga mostrada en la figura 15.7(c), necesita ser analizada. Note que, como se muestra en esta figura, debe incluirse en el análisis el momento de 120 kN · m y la fuerza de 30 kN ejercidos en el nodo C por la parte CD en voladizo.

Grados de libertad A partir de la figura 15.7(c), se puede ver que los nodos B y C tienen la libertad de girar. De donde, la estructura que debe analizarse tiene dos grados de libertad, las cuales son las rotaciones desconocidas θ_B y θ_C en los nodos.

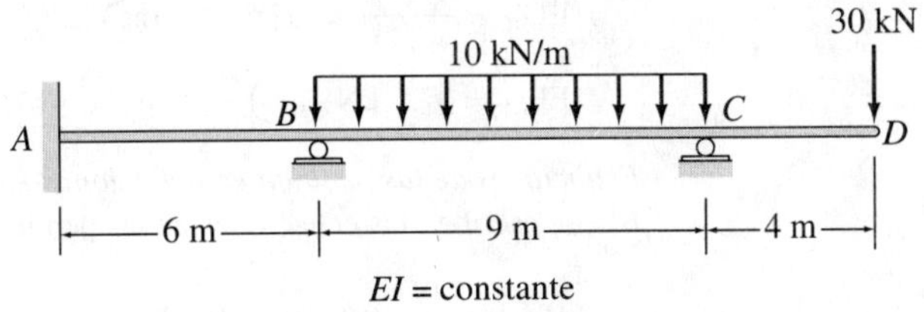

(a) Viga continua

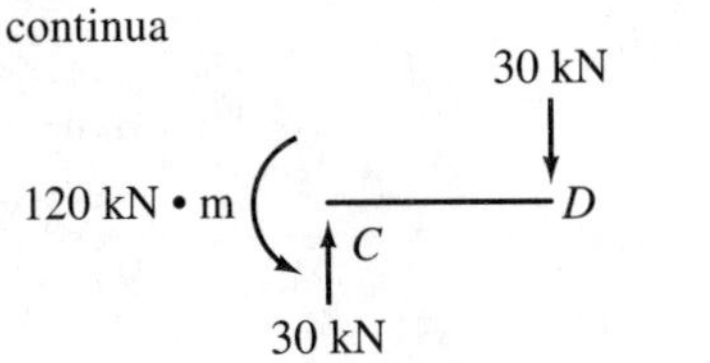

(b) Parte en voladizo estáticamente determinada

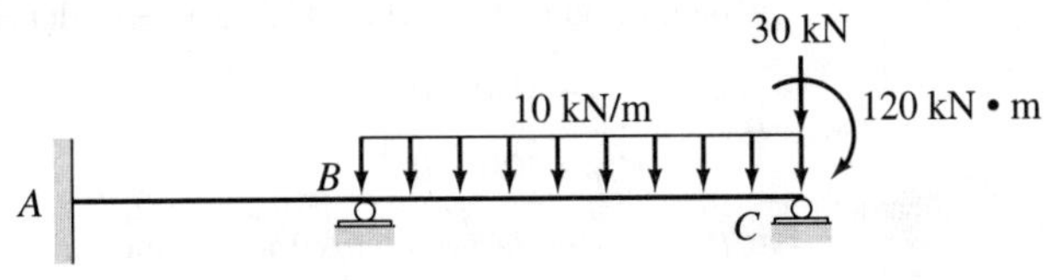

(c) Parte estáticamente indeterminada, que debe analizarse

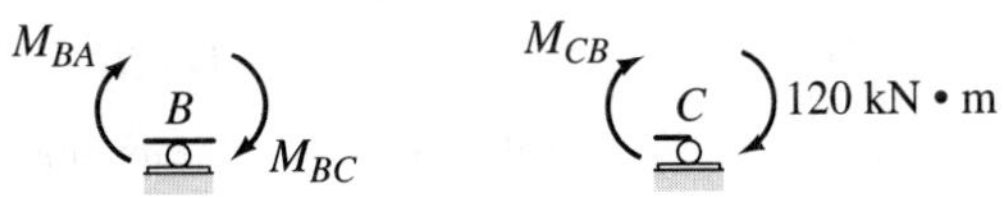

(d) Diagramas de cuerpo libre de los nodos B y C

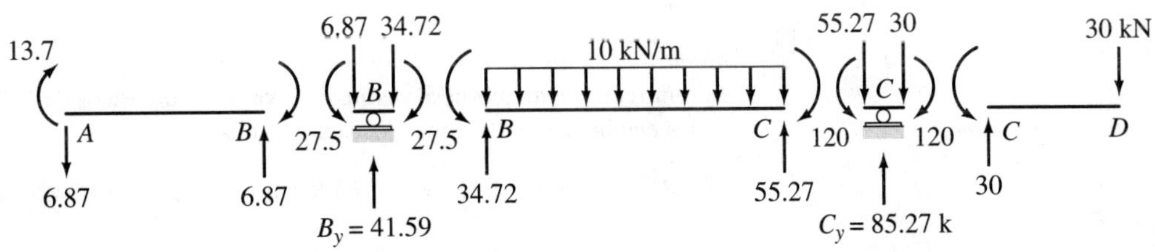

(e) Momentos y cortantes en los extremos de los miembros

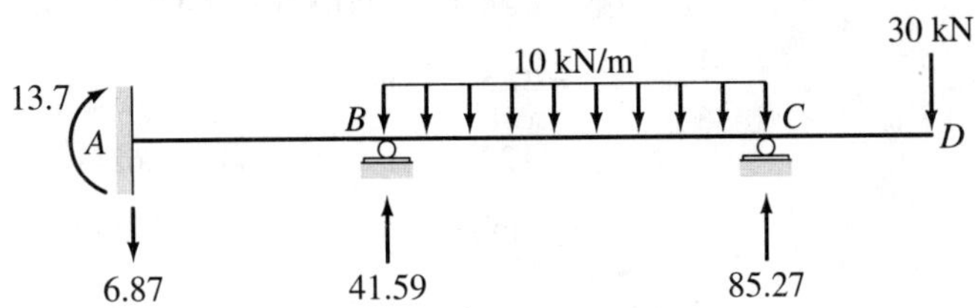

(f) Reacciones en los apoyos

Fig. 15.7

Momentos en los extremos fijos

$$\text{EF}_{AB} = \text{EF}_{BA} = 0$$

$$\text{EF}_{BC} = \frac{10(9)^2}{12} = 67.5 \text{ kN} \cdot \text{m} \circlearrowright \qquad \text{o} \qquad +67.5 \text{ kN} \cdot \text{m}$$

$$\text{EF}_{CB} = 67.5 \text{ kN} \cdot \text{m} \circlearrowleft \qquad \text{o} \qquad -67.5 \text{ kN} \cdot \text{m}$$

Ecuaciones de las pendientes-deflexiones Al aplicar la ecuación (15.9) a los miembros AB y BC, se escriben las ecuaciones de las pendientes-deflexiones:

$$M_{AB} = \frac{2EI}{6}(\theta_B) = 0.333EI\theta_B \tag{1}$$

$$M_{BA} = \frac{2EI}{6}(2\theta_B) = 0.667EI\theta_B \tag{2}$$

$$M_{BC} = \frac{2EI}{9}(2\theta_B + \theta_C) + 67.5 = 0.444EI\theta_B + 0.222EI\theta_C + 67.5 \tag{3}$$

$$M_{CB} = \frac{2EI}{9}(2\theta_C + \theta_B) - 67.5 = 0.222EI\theta_B + 0.444EI\theta_C - 67.5 \tag{4}$$

Ecuaciones de equilibrio Considerando el equilibrio de los momentos de los cuerpos libres de los nodos B y C (Fig. 15.7(d)), se obtienen las ecuaciones de equilibrio

$$M_{BA} + M_{BC} = 0 \tag{5}$$

$$M_{CB} + 120 = 0 \tag{6}$$

Rotaciones de los nodos La sustitución de las ecuaciones de las pendientes-deflexiones (ecuaciones (2)–(4)) en las ecuaciones de equilibrio (ecuaciones (5) y (6)) da

$$0.444EI\theta_B + 0.222EI\theta_C = -67.5 \tag{7}$$

$$0.222EI\theta_B + 0.444EI\theta_C = -52.5 \tag{8}$$

Resolviendo simultáneamente las ecuaciones (7) y (8), se determinan los valores de $EI\theta_B$ y $EI\theta_C$ como

$$EI\theta_B = -41.25 \text{ kN} \cdot \text{m}^2$$

$$EI\theta_C = -97.62 \text{ kN} \cdot \text{m}^2$$

Momentos en los extremos de los miembros Ahora se pueden calcular los momentos en los extremos de los miembros al sustituir los valores numéricos de $EI\theta_B$ y $EI\theta_C$ en las ecuaciones de las pendientes-deflexiones (ecuaciones (1)–(4)):

$$M_{AB} = 0.333(-41.25) = -13.7 \text{ kN} \cdot \text{m} \qquad \text{o} \qquad 13.7 \text{ kN} \cdot \text{m} \circlearrowleft$$ **Resp.**

$$M_{BA} = 0.667(-41.25) = -27.5 \text{ kN} \cdot \text{m} \qquad \text{o} \qquad 27.5 \text{ kN} \cdot \text{m} \circlearrowleft$$ **Resp.**

$$M_{BC} = 0.444(-41.25) + 0.222(-97.62) + 67.5$$

$$= 27.5 \text{ kN} \cdot \text{m} \qquad \text{o} \qquad 27.5 \text{ kN} \cdot \text{m} \circlearrowright$$ **Resp.**

$$M_{CB} = 0.222(-41.25) + 0.444(-97.62) - 67.5$$

$$= -120 \text{ kN} \cdot \text{m} \qquad \text{o} \qquad 120 \text{ kN} \cdot \text{m} \circlearrowleft$$ **Resp.**

Note que los valores numéricos de M_{BA}, M_{BC} y M_{CB} en realidad satisfacen las ecuaciones de equilibrio (ecuaciones (5) y (6)).

Cortantes en los extremos de los miembros y reacciones en los apoyos Véase las figuras 15.7(e) y (f). **Resp.**

Comprobación del equilibrio Se satisfacen las ecuaciones de equilibrio.

▲▲▲

EJEMPLO 15.4

Determine los momentos en los extremos de los miembros y las reacciones para la viga continua con tres claros mostrada en la figura 15.8(a), debidos a la carga uniformemente distribuida y a los asentamientos en los apoyos de $\frac{5}{8}$ in en *B*, $1\frac{1}{2}$ in en *C* y $\frac{3}{4}$ in en *D*. Use el método de las pendientes-deflexiones.

SOLUCIÓN

Grados de libertad Aun cuando los cuatro nodos de la viga tienen libertad para girar, se eliminarán del análisis las rotaciones de los apoyos simples en los extremos *A* y *D*, aplicando las ecuaciones modificadas de las pendientes-deflexiones para los miembros *AB* y *CD*, respectivamente. Por tanto, el análisis sólo comprenderá dos rotaciones desconocidas de los nodos, θ_B y θ_C.

Momentos en los extremos fijos

$$\text{EF}_{AB} = \text{EF}_{BC} = \text{EF}_{CD} = \frac{2(20)^2}{12} = 66.7 \text{ k-ft} \circlearrowleft \quad \text{o} \quad +66.7 \text{ k-ft}$$

$$\text{EF}_{BA} = \text{EF}_{CB} = \text{EF}_{DC} = 66.7 \text{ k-ft} \circlearrowright \quad \text{o} \quad -66.7 \text{ k-ft}$$

Rotaciones de las cuerdas En la figura 15.8(b), se encuentran representados los asentamientos específicos de los apoyos usando una escala exagerada. Las líneas discontinuas en esta figura indican las cuerdas (no las curvas elásticas) de los miembros en las posiciones deformadas. A partir de esta figura, se puede ver que el apoyo *A* no se asienta pero el *B* lo hace en $\frac{5}{8}$ in, el asentamiento relativo entre los dos extremos del miembro *AB* es de $\frac{5}{8}$ in = 0.0521 ft. En virtud de que la longitud de ese miembro *AB* es de 20 ft, la rotación de la cuerda del mismo es

$$\psi_{AB} = -\frac{0.0521}{20} = -0.0026$$

en la cual se ha asignado el signo negativo al valor de ψ_{AB} para indicar que su dirección es en el sentido del movimiento de las manecillas del reloj, como se muestra en la figura 15.8(b). La rotación de la cuerda para el miembro *BC* se puede calcular de manera semejante, usando los asentamientos de los apoyos *B* y *C*. A partir de la figura 15.8(b), se observa que el asentamiento relativo entre los extremos del miembro *BC* es de $1\frac{1}{2}$ in $-$ $\frac{5}{8}$ in = 0.875 in = 0.0729 ft y, por tanto,

$$\psi_{BC} = -\frac{0.0729}{20} = -0.00365$$

De modo análogo, la rotación para el miembro *CD* es

$$\psi_{CD} = -\frac{1.5 - 0.75}{(12)(20)} = -0.00313$$

Ecuaciones de las pendientes-deflexiones

$$M_{AB} = 0 \qquad \textbf{Resp.}$$

$$M_{BA} = \frac{3EI}{20}(\theta_B + 0.0026) - 100 = 0.15EI\theta_B + 0.00039EI - 100 \qquad (1)$$

$$M_{BC} = \frac{2EI}{20}[2\theta_B + \theta_C - 3(-0.00365)] + 67$$

$$= 0.2EI\theta_B + 0.1EI\theta_C + 0.0011EI + 67 \qquad (2)$$

$$M_{CB} = \frac{2EI}{20}[2\theta_C + \theta_B - 3(-0.00365)] - 66.7$$

$$= 0.1EI\theta_B + 0.2EI\theta_C + 0.0011EI - 66.7 \qquad (3)$$

$$M_{CD} = \frac{3EI}{20}(\theta_C + 0.00313) + 100 = 0.15EI\theta_C + 0.00047EI + 100 \qquad (4)$$

$$M_{DC} = 0 \qquad \textbf{Resp.}$$

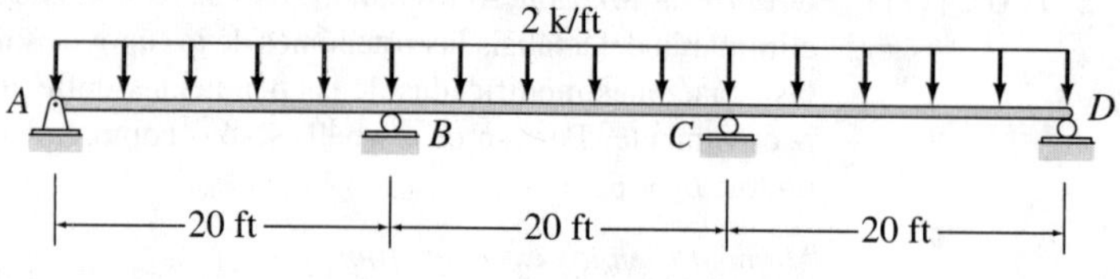

$E = 29\ 000$ ksi $I = 7800$ in^4

(a) Viga continua

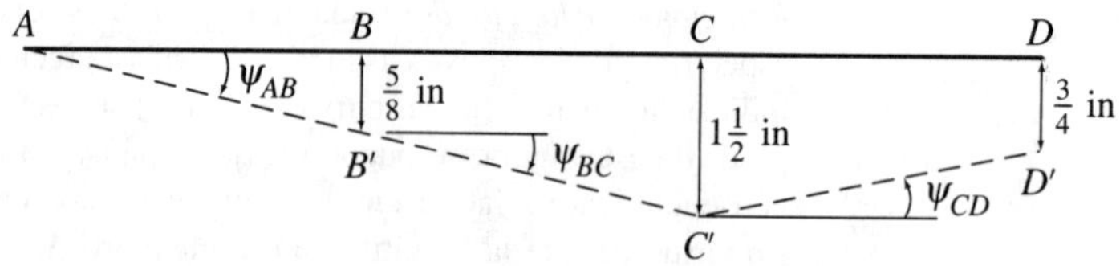

(b) Rotaciones de las cuerdas debidas a los asentamientos de los apoyos

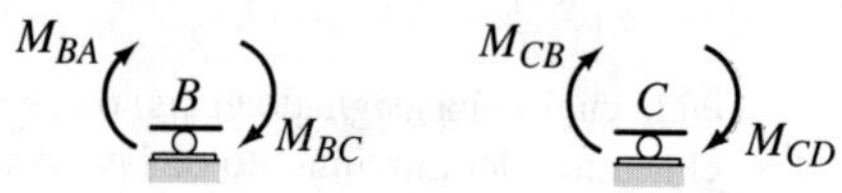

(c) Diagramas de cuerpo libre de los nodos B y C

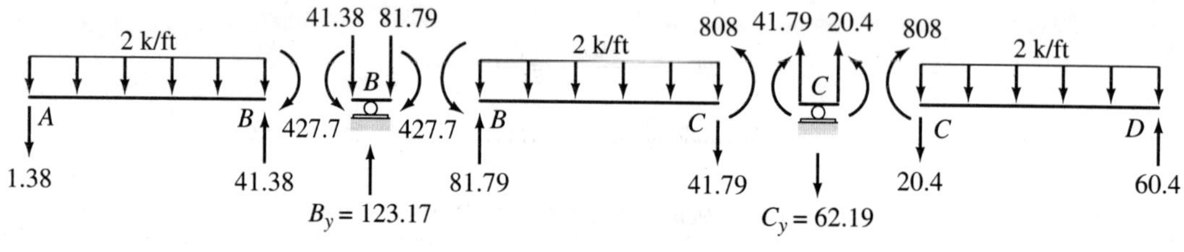

(d) Momentos y cortantes en los extremos de los miembros

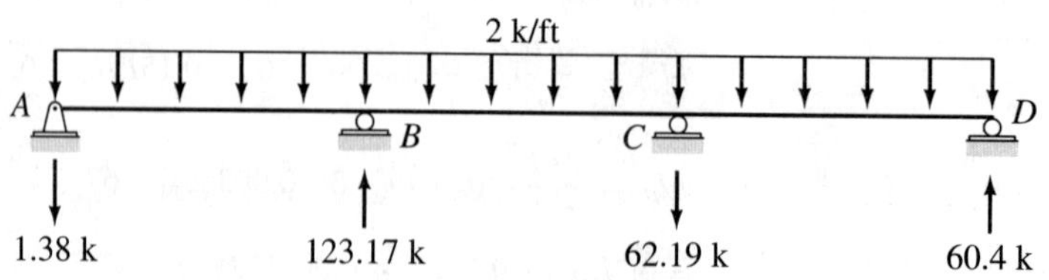

(e) Reacciones en los apoyos

Fig. 15.8

Ecuaciones de equilibrio Véase la figura 15.8(c),

$$M_{AB} + M_{BC} = 0 \tag{5}$$

$$M_{CB} + M_{CD} = 0 \tag{6}$$

Rotaciones de los nodos Al sustituir las ecuaciones de las pendientes-deflexiones (ecuaciones (1–4)) en las de equilibrio (ecuaciones (5) y (6)), se obtiene

$$0.35EI\theta_B + 0.1EI\theta_C = -0.00149EI + 33.3$$

$$0.1EI\theta_B + 0.35EI\theta_C = -0.00063EI - 33.3$$

Si se hace la sustitución $EI = (29\ 000)(7800)/(12)^2$ k-ft^2 en los segundos miembros de las ecuaciones anteriores, da

$$0.35EI\theta_B + 0.1EI\theta_C = -2307.24 \tag{7}$$

$$0.1EI\theta_B + 0.35EI\theta_C = -1022.93 \tag{8}$$

Resolviendo simultáneamente las ecuaciones (7) y (8), se determina que los valores de $EI\theta_B$ y $EI\theta_C$ son

$$0.1EI\theta_B = -6268.81 \text{ k-ft}^2$$

$$0.1EI\theta_C = -1131.57 \text{ k-ft}^2$$

Momentos en los extremos de los miembros Con el fin de calcular los momentos en los extremos de los miembros, se sustituyen los valores numéricos de $EI\theta_B$ y $EI\theta_C$ de regreso en las ecuaciones de las pendientes-deflexiones (ecuaciones (1–4)), para obtener

$M_{BA} = -427.7$ k-ft o 427.7 k-ft ↻ **Resp.**

$M_{BC} = 427.7$ k-ft ↺ **Resp.**

$M_{CB} = 808$ k-ft ↺ **Resp.**

$M_{CD} = -808$ k-ft o 808 k-ft ↻ **Resp.**

Cortantes en los extremos de los miembros y reacciones en los apoyos Véase las figuras 15.8(d) y (e). **Resp.**

Comprobación del equilibrio Las ecuaciones de equilibrio se satisfacen.

Con anterioridad, en el ejemplo 13.12, se analizó la viga continua que acaba de considerarse por el método de las deformaciones coherentes. En teoría, el método de las pendientes-deflexiones y el de las deformaciones coherentes deben tener resultados idénticos para una estructura dada. Las pequeñas diferencias entre los resultados que acaban de determinarse y los obtenidos en el ejemplo 13.12 se deben a los errores de redondeo.

EJEMPLO 15.5

Determine las reacciones y dibuje los diagramas de la cortante y del momento flexionante para la viga continua con cuatro claros mostrada en la figura 15.9(a).

SOLUCIÓN En virtud de que la viga y la carga son simétricas respecto al eje vertical *s* que pasa por el apoyo de rodillo *C* (Fig. 15.9(a)), puede determinarse la respuesta de la viga completa analizando sólo la mitad izquierda, *AC*, de la viga, con condiciones simétricas en la frontera, como se muestra en la figura 15.9(b). Además, con base en la figura 15.9(b), se puede ver que la mitad de la viga con condiciones simétricas en la frontera también es simétrica con respecto al eje *s'* que pasa por el apoyo de rodillo *B*. Por lo tanto, sólo se necesita analizar la cuarta parte de la viga —es decir, la parte *AB*— con condiciones simétricas en la frontera, como se muestra en la figura 15.9(c).

Como la subestructura que se va a analizar consta de la viga fija AB (Fig. 15.9(c)), se pueden obtener sus momentos en los extremos, de modo directo, a partir de las expresiones de momentos en extremos fijos dadas en las páginas finales del libro. De donde,

$$M_{AB} = \mathrm{EF}_{AB} = \frac{wL^2}{12} \circlearrowleft$$

$$M_{BA} = \mathrm{EF}_{BA} = \frac{wL^2}{12} \circlearrowright$$

Las cortantes en los extremos del miembro AB se determinan al considerar el equilibrio del mismo.

Ahora se pueden obtener las cortantes y los momentos en los extremos del miembro BC al reflejar las respuestas correspondientes del miembro AB a la derecha del eje s', y se pueden determinar los momentos en los extremos y las cortantes sobre la mitad derecha de viga al reflejar las respuestas correspondientes de la mitad izquierda hacia el otro lado del eje s. En la figura 15.9(d) se muestran los momentos y las cortantes en los extremos de los miembros, obtenidos de esta manera, y las reacciones en los apoyos se dan en la figura 15.9(e).

Los diagramas de la cortante y del momento flexionante para la viga se muestran en las figuras 15.9(f) y (g), respectivamente.

Como hace ver este ejemplo, la utilización de la simetría estructural puede reducir en forma considerable el esfuerzo de computación requerido para el análisis. La viga considerada en este ejemplo (Fig. 15.9(b)) tiene tres grados de libertad, θ_B, θ_C y θ_D. Sin embargo, al utilizar la simetría de la estructura, se pudieron eliminar del análisis todos esos grados de libertad.

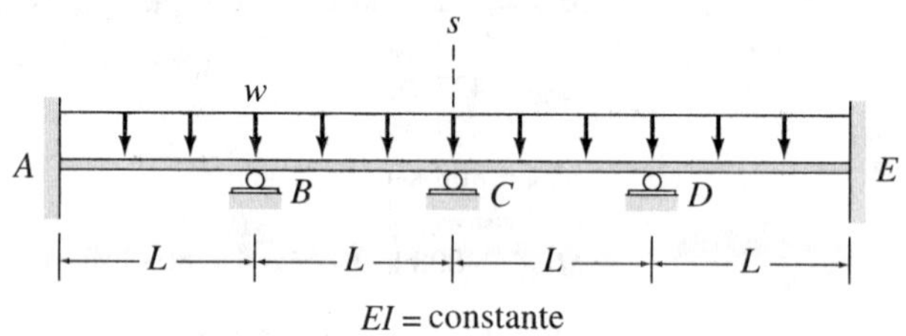

(a) Viga continua

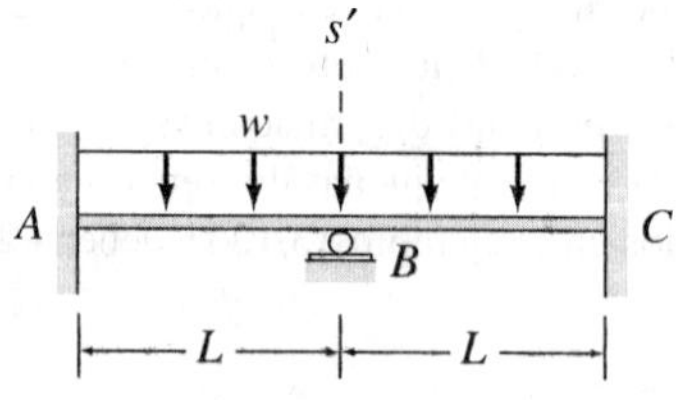

(b) Mitad de la viga con condiciones simétricas en la frontera

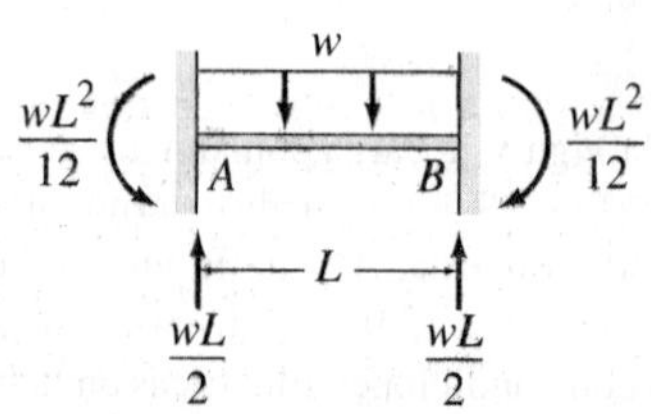

(c) Cuarto de viga con condiciones simétricas en la frontera

Fig. 15.9

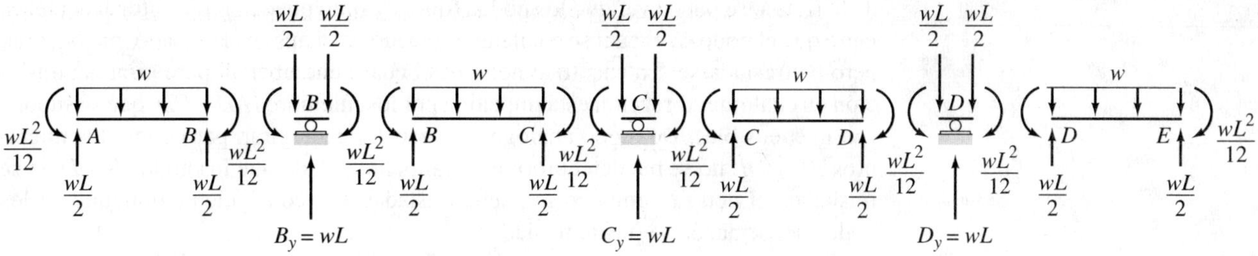

(d) Momentos y cortantes en los extremos de los miembros

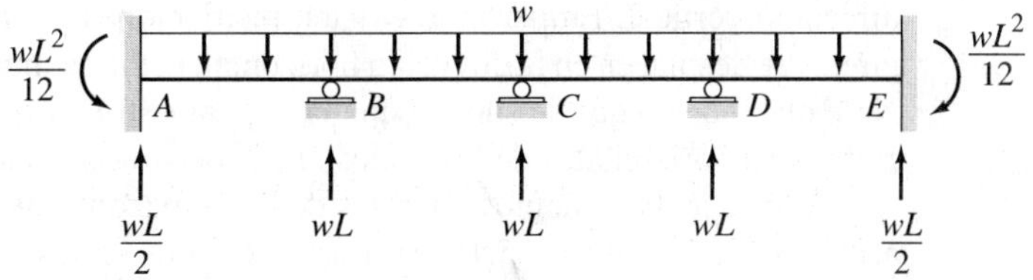

(e) Reacciones en los apoyos

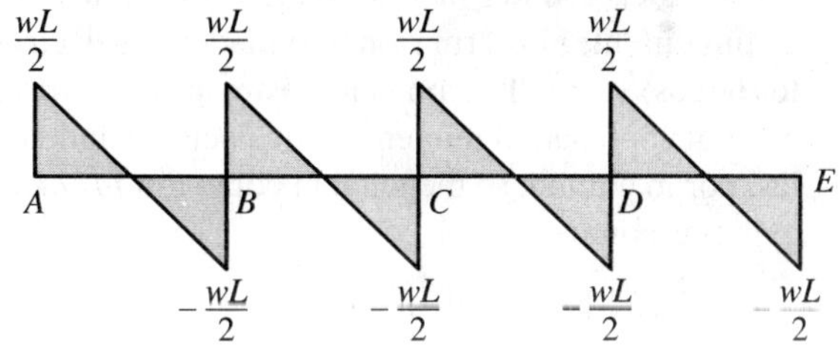

(f) Diagrama de la cortante

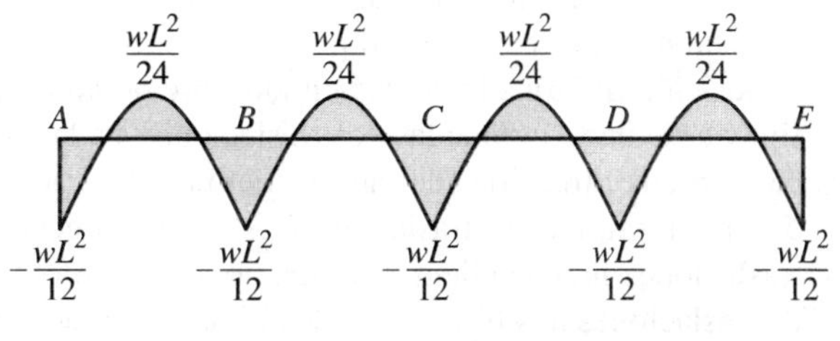

(g) Diagrama del momento flexionante

Fig. 15.9 (*Continuación*)

15.4 ANÁLISIS DE ARMAZONES SIN LADEO

El método de las pendientes-deflexiones también se puede usar para el análisis de armazones. Como, en general, las deformaciones axiales de los miembros de los armazones compuestos de materiales comunes de ingeniería son mucho menores que las deformaciones por flexión, aquéllas se desprecian en el análisis y se supone que los miembros son *inextensibles* (es decir, no pueden sufrir alargamiento o acortamiento axiales).

Considere el armazón que se muestra en la figura 15.10(a). También se muestra una forma deformada cualitativa de ese armazón para una carga arbitraria *P*. A partir de la figura, se puede ver que los nodos fijos *A* y *B* no pueden girar ni trasladarse, en tanto que el nodo *C*, el cual se encuentra ubicado en el apoyo articulado, puede girar, pero no trasladarse. En cuanto al nodo *D*, el cual tiene libertad para girar, su traslación en cualquier dirección está impedida por los miembros *AD* y *CD*, que se supone son inextensibles. De modo análogo, el nodo *E* puede girar, pero como los miembros *BE* y *DE* no se pueden deformar axialmente y dado que los nodos *B* y *D* no se trasladan, el nodo *E* tampoco se puede trasladar. Por consiguiente, ninguno de los nodos del armazón se puede trasladar.

Suponga ahora que se elimina el miembro *CD* del armazón de la figura 15.10(a), para obtener el que se muestra en la figura 15.10(b). Ya que las deformaciones axiales de las columnas *AD* y *BE* se desprecian, los nodos *D* y *E* no se pueden trasladar en la dirección vertical. Empero, no existen restricciones para impedir que estos nodos giren y se desplacen en la dirección horizontal, como se muestra en la figura 15.10(b). Note que, puesto que se supone que la viga maestra *DE* es inextensible, los desplazamientos horizontales de los nodos *D* y *E* deben ser iguales.

A los desplazamientos laterales de los armazones de los edificios, como el del armazón de la figura 15.10(b), por lo común se les menciona como *ladeos* y los armazones cuyos nodos sufren traslaciones se denominan *armazones con ladeo*, en tanto que aquellos sin traslaciones de los nodos se les llama *armazones sin ladeo*. En la aplicación del método de las pendientes-deflexiones, suele ser conveniente distinguir entre los armazones sin ladeo (es decir, sin traslaciones desconocidas de los nodos) y aquellos con ladeo. Para un armazón plano arbitrario sujeto a una carga general coplanar, el número de traslaciones independientes de los nodos —las cuales, por lo común, se mencionan como *grados de libertad del ladeo*, *ll*— se pueden expresar como

$$ll = 2j - [2(f + a) + r + m] \qquad \textbf{(15.20)}$$

en la cual j = número de nodos; f = número de apoyos fijos; a = número de apoyos articulados; r = número de apoyos de rodillos y m = número de miembros (inextensibles). La expresión dada se basa en el razonamiento de que se necesitan dos traslaciones (por ejemplo, en las direcciones vertical y horizontal) para especificar la posición deformada de cada nodo libre de un armazón plano, y que cada apoyo fijo y articulado impide las dos traslaciones, cada apoyo de rodillo impide la traslación en una dirección (del nodo sujeto a él) y cada miembro inextensible que une dos nodos impide una traslación de éste en su dirección axial. Entonces, el número de traslaciones independientes de los nodos, *ll*, se obtiene al restar, del número total de traslaciones posibles de *j* nodos libres, el número de traslaciones restringidas por los apoyos y los miembros del armazón. Se pueden verificar las conclusiones acerca de los armazones de las figuras15.10(a) y (b), por la aplicación de la ecuación (15.20). Dado que el armazón de la figura 15.10(a) consta de cinco nodos ($j = 5$), cuatro miembros ($m = 4$), dos apoyos fijos ($f = 2$) y un apoyo articulado ($a = 1$), la aplicación de la ecuación (15.20) da $ll = 2(5) - [2(2 + 1) + 4] = 0$, lo cual indica que este armazón se puede considerar sin ladeo. En cuanto al armazón de la figura 15.10(b), ya que tiene $j = 4$, $m = 3$ y $f = 2$, el número de sus grados de libertad de ladeo están dados por $ll = 2(4) - [2(2) + 3] = 1$, lo cual indica que el armazón puede sufrir una traslación independiente de los nodos. Note que esta traslación independiente de los nodos se identifica como el desplazamiento horizontal Δ de los nodos *D* y *E* de la figura 15.10(b).

Es importante darse cuenta que un armazón puede contener nodos que tienen libertar para trasladarse, pero que todavía se pueden considerar para fines analíticos como sin ladeo, bajo una condición particular de carga, si no se presentan traslaciones de los nodos bajo esa condición. Un ejemplo de un armazón de ese tipo se muestra en la figura 15.10(c). Aun cuando los nodos *D* y *E* del armazón simétrico pueden trasladarse en el sentido horizontal, no se trasladarán cuando el armazón esté sujeto

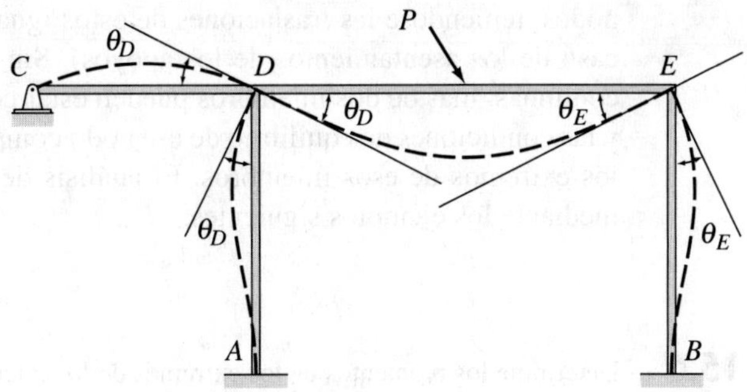

(a) Armazón sin ladeo

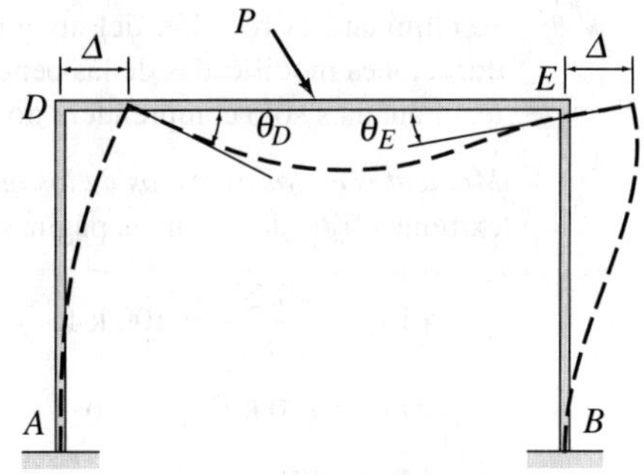

(b) Armazón con ladeo

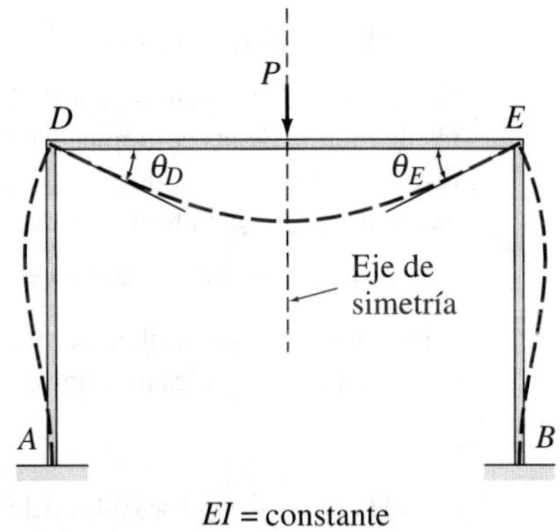

(c) Armazón simétrico sujeto a carga simétrica; no hay ladeo

Fig. 15.10

a una carga que sea simétrica respecto al eje de simetría de la estructura. Por tanto, este armazón, cuando se sujeta a una carga simétrica, se puede analizar como sin ladeo. En lo que sigue, se discute la aplicación del método de las pendientes-deflexiones al análisis de armazones sin ladeo. El análisis de armazones con ladeo se considera en la sección siguiente.

El procedimiento para el análisis de los armazones sin ladeo es casi idéntico al aplicado para el análisis de las vigas continuas que se presentó en la sección anterior. Se considera esta semejanza porque, como las vigas continuas, los grados de libertad de los armazones sin ladeo sólo constan de las rotaciones desconocidas en los nodos, teniéndose las traslaciones de estos iguales a cero o conocidas (como en el caso de los asentamientos de los apoyos). Sin embargo, a diferencia de las vigas continuas, más de dos miembros pueden estar conectados a un nodo de un armazón y las condiciones de equilibrio de ese nodo comprenderían más de dos momentos en los extremos de esos miembros. El análisis de los armazones sin ladeo se ilustra mediante los ejemplos siguientes.

EJEMPLO 15.6

Determine los momentos en los extremos de los miembros y las reacciones para el armazón mostrado en la figura 15.11(a), por el método de las pendientes-deflexiones.

SOLUCIÓN

Grados de libertad Los nodos C, D y E del armazón tienen libertad para girar. Sin embargo, se eliminará la rotación del apoyo simple en el extremo E mediante la aplicación de las ecuaciones modificadas de las pendientes-deflexiones para el miembro DE. Por consiguiente, el análisis sólo comprenderá dos ecuaciones desconocidas de los nodos, θ_C y θ_D.

Momentos en los extremos de los miembros Al aplicar las expresiones para los momentos en extremos fijos dadas en las páginas finales del libro, se obtiene

$$\text{EF}_{AC} = \frac{40(20)}{8} = 100 \text{ k-ft} \circlearrowleft \quad \text{o} \quad +100 \text{ k-ft}$$

$$\text{EF}_{CA} = 100 \text{ k-ft} \circlearrowright \quad \text{o} \quad -100 \text{ k-ft}$$

$$\text{EF}_{BD} = \text{FE}_{DB} = 0$$

$$\text{EF}_{CD} = \text{EF}_{DE} = \frac{2(30)^2}{12} = 150 \text{ k-ft} \circlearrowleft \quad \text{o} \quad +150 \text{ k-ft}$$

$$\text{EF}_{DC} = \text{EF}_{ED} = 150 \text{ k-ft} \circlearrowright \quad \text{o} \quad -150 \text{ k-ft}$$

Ecuaciones de las pendientes-deflexiones Como se indica en la figura 15.11(a), los momentos de inercia de las columnas y de las vigas maestras del armazón son de 800 in^4 y 1600 in^4, respectivamente. Usando $I = I_{\text{columna}} = 800 \text{ in}^4$ como del momento de inercia de referencia, se expresa $I_{\text{viga maestra}}$ en términos de I como

$$I_{\text{viga maestra}} = 1600 = 2(800) = 2I$$

A continuación, se escriben las ecuaciones de las pendientes-deflexiones por la aplicación de la ecuación (15.9) a los miembros AC, BD y CD, y las ecuaciones (15.15) al miembro DE. De donde,

$$M_{AC} = \frac{2EI}{20}(\theta_C) + 100 = 0.1EI\theta_C + 100 \tag{1}$$

$$M_{CA} = \frac{2EI}{20}(2\theta_C) - 100 = 0.2EI\theta_C - 100 \tag{2}$$

$$M_{BD} = \frac{2EI}{20}(\theta_D) = 0.1EI\theta_D \tag{3}$$

$$M_{DB} = \frac{2EI}{20}(2\theta_D) = 0.2EI\theta_D \tag{4}$$

$$M_{CD} = \frac{2E(2I)}{30}(2\theta_C + \theta_D) + 150 = 0.267EI\theta_C + 0.133EI\theta_D + 150 \tag{5}$$

$$M_{DC} = \frac{2E(2I)}{30}(2\theta_D + \theta_C) - 150 = 0.133EI\theta_C + 0.267EI\theta_D - 150 \tag{6}$$

$$M_{DE} = \frac{3E(2I)}{30}(\theta_D) + \left(150 + \frac{150}{2}\right) = 0.2EI\theta_D + 225 \tag{7}$$

$$M_{ED} = 0$$ **Resp.**

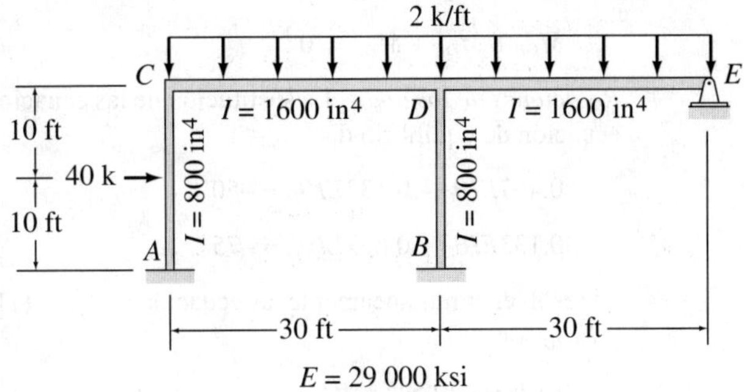

(a) Armazón

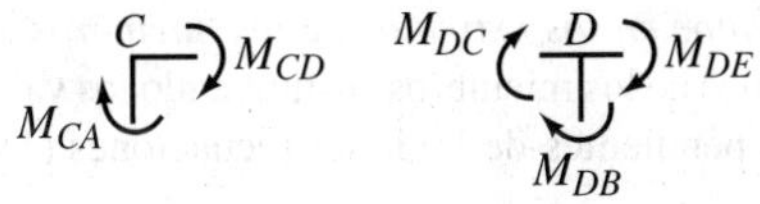

(b) Diagramas de cuerpo libre de los nodos C y D

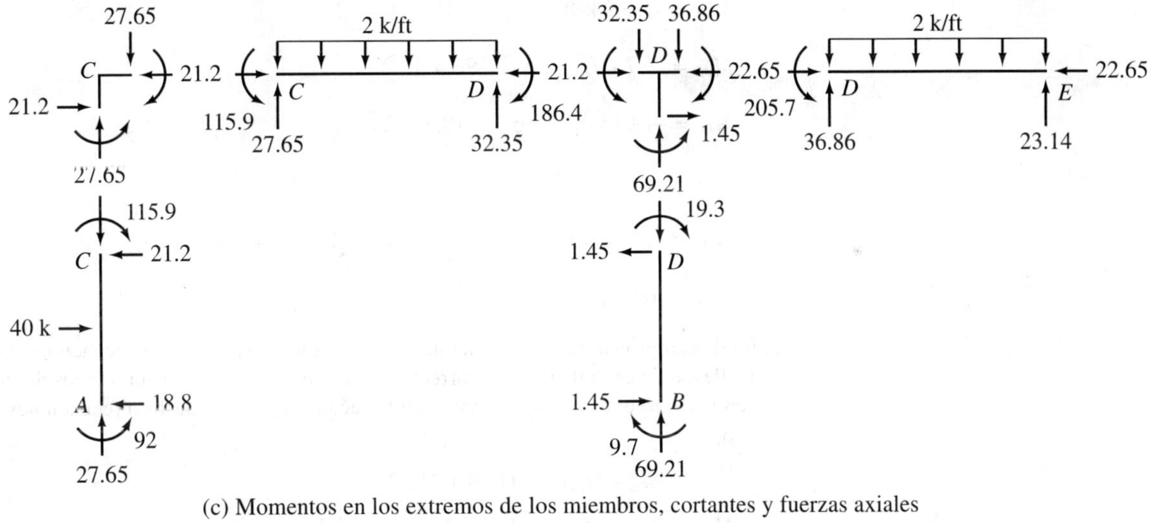

(c) Momentos en los extremos de los miembros, cortantes y fuerzas axiales

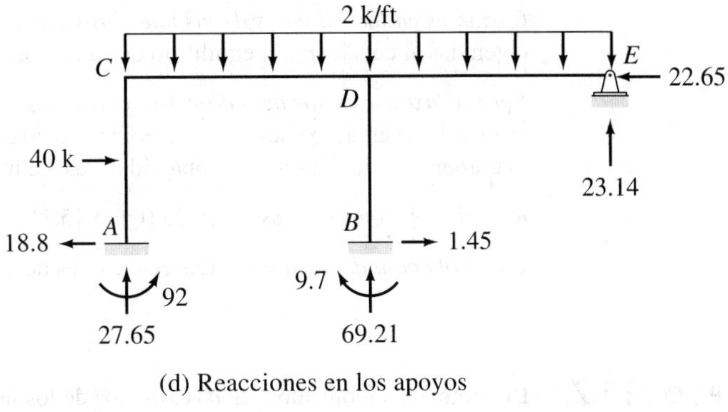

(d) Reacciones en los apoyos

Fig. 15.11

Ecuaciones de equilibrio Al aplicar la ecuación de equilibrio de momentos, $\sum M = 0$, a los cuerpos libres de los nodos C y D (Fig. 15.11(b)), se obtienen las ecuaciones de equilibrio

$$M_{CA} + M_{CD} = 0 \tag{8}$$

$$M_{DB} + M_{DC} + M_{DE} = 0 \tag{9}$$

Rotaciones de los nodos La sustitución de las ecuaciones de las pendientes-deflexiones en la ecuación de equilibrio da

$$0.467EI\theta_C + 0.133EI\theta_D = -50 \tag{10}$$

$$0.133EI\theta_C + 0.667EI\theta_D = -75 \tag{11}$$

Al resolver simultáneamente las ecuaciones (10) y (11), se determina que los valores de $EI\theta_C$ y $EI\theta_D$ son

$$EI\theta_C = -79.545 \text{ k-ft}^2$$

$$EI\theta_D = -96.591 \text{ k-ft}^2$$

Momentos en los extremos de los miembros Ahora se pueden calcular los momentos en los extremos de los miembros sustituyendo los valores numéricos de $EI\theta_C$ y $EI\theta_D$ en las ecuaciones de las pendientes-deflexiones (ecuaciones (1)–(7)):

$M_{AC} = 92$ k-ft **Resp.**

$M_{CA} = -115.9$ k-ft o 115.9 k-ft **Resp.**

$M_{BD} = -9.7$ k-ft o 9.7 k-ft **Resp.**

$M_{DB} = -19.3$ k-ft o 19.3 k-ft **Resp.**

$M_{CD} = 115.9$ k-ft **Resp.**

$M_{DC} = -186.4$ k-ft o 186.4 k-ft **Resp.**

$M_{DE} = 205.7$ k-ft **Resp.**

A fin de comprobar que la resolución de las ecuaciones simultáneas (ecuaciones (10) y (11)) se ha llevado a cabo de manera correcta, se sustituyen los valores numéricos de los momentos en los extremos de los miembros en las ecuaciones de equilibrio (ecuaciones (8) y (9)), para obtener

$M_{CA} + M_{CD} = -115.9 + 115.9 = 0$ **Coincide**

$M_{DB} + M_{DC} + M_{DE} = -19.3 - 186.4 + 205.7 = 0$ **Coincide**

Cortantes en los extremos de los miembros Las cortantes en los extremos de los miembros, obtenidas al considerar el equilibrio de cada miembro, se muestran en la figura 15.11(c).

Fuerzas axiales en los miembros Conocidas las cortantes en los extremos, ahora se pueden evaluar las fuerzas axiales en los miembros al considerar el equilibrio de los nodos C y D, en ese orden. Las fuerzas axiales obtenidas de este modo se muestran en la figura 15.11(c).

Reacciones en los apoyos Véase la figura 15.11(d). **Resp.**

Comprobación del equilibrio Las ecuaciones de equilibrio se satisfacen.

EJEMPLO 15.7

Determine los momentos en los extremos de los miembros y las reacciones para el armazón del ejemplo 15.6, debidos a un asentamiento de $\frac{3}{4}$ in en el apoyo B. Use el método de las pendientes-deflexiones.

SOLUCIÓN El armazón se muestra en la figura 15.12(a).

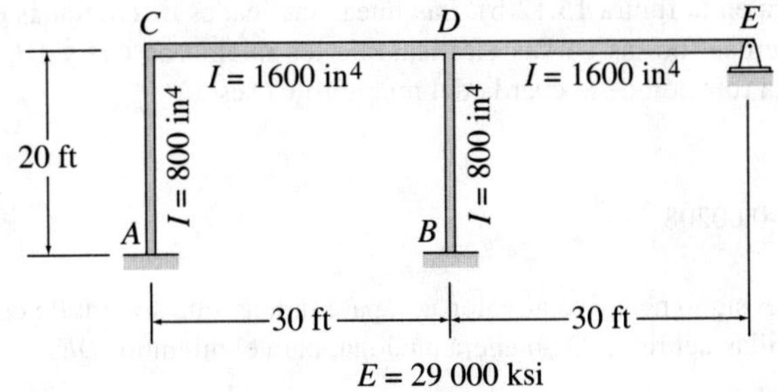

(a) Armazón

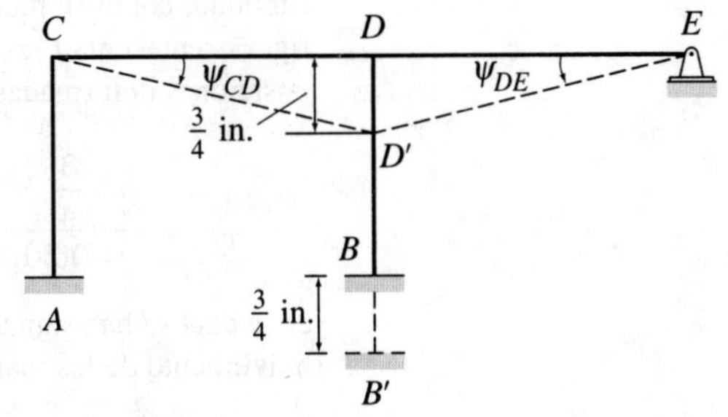

(b) Rotación de las cuerdas debida a los asentamientos de los apoyos

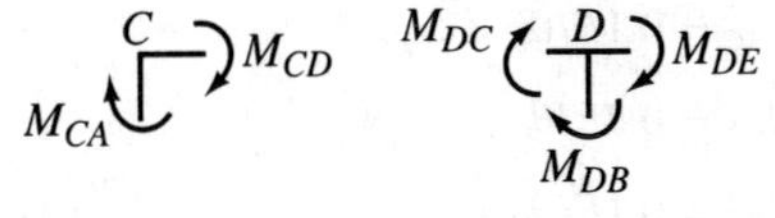

(c) Diagramas de cuerpo libre de los nodos C y D

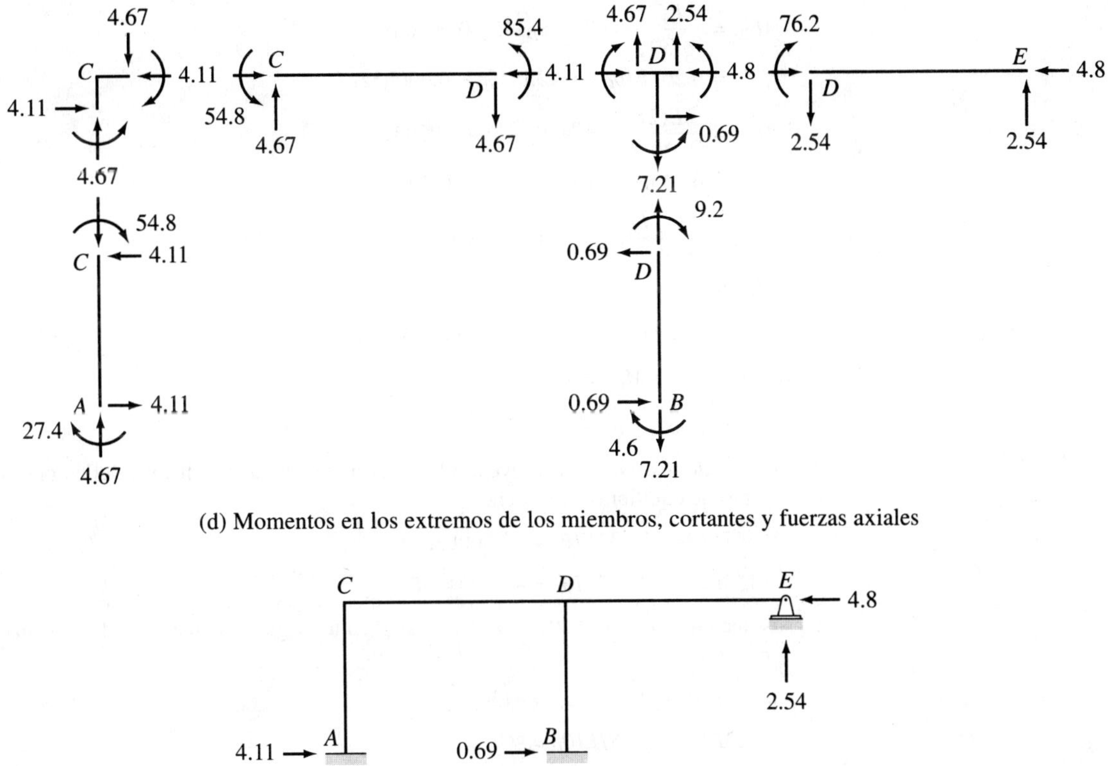

(d) Momentos en los extremos de los miembros, cortantes y fuerzas axiales

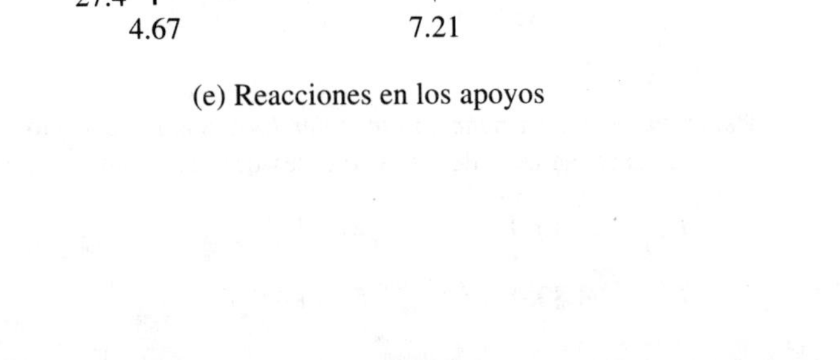

(e) Reacciones en los apoyos

Fig. 15.12

Grados de libertad θ_C y θ_D son los grados de libertad.

Rotaciones de las cuerdas Puesto que se desprecia la deformación axial del miembro BD, el asentamiento de $\frac{3}{4}$ in del apoyo B hace que el nodo D se desplace hacia abajo la misma cantidad, como se muestra en la figura 15.12(b). Las líneas inclinadas discontinuas en esta figura representan las cuerdas (no las curvas elásticas) de los miembros CD y DE en las posiciones deformadas. La rotación de la cuerda del miembro CD es

$$\psi_{CD} = -\frac{\frac{3}{4}}{(12)(30)} = -0.00208$$

en la cual se ha asignado el signo negativo al valor ψ_{CD} para indicar que su sentido es el del movimiento de las manecillas del reloj. De manera análoga, para el miembro DE,

$$\psi_{DE} = 0.00208$$

Ecuaciones de las pendientes-deflexiones

$$M_{AC} = 0.1EI\theta_C \quad (1)$$

$$M_{CA} = 0.2EI\theta_C \quad (2)$$

$$M_{BD} = 0.1EI\theta_D \quad (3)$$

$$M_{DB} = 0.2EI\theta_D \quad (4)$$

$$M_{CD} = \frac{2E(2I)}{30}[2\theta_C + \theta_D - 3(-0.00208)]$$

$$= 0.267EI\theta_C + 0.133EI\theta_D + 0.000832EI \quad (5)$$

$$M_{DC} = \frac{2E(2I)}{30}[2\theta_D + \theta_C - 3(-0.00208)]$$

$$= 0.133EI\theta_C + 0.267EI\theta_D + 0.000832EI \quad (6)$$

$$M_{DE} = \frac{3E(2I)}{30}(\theta_D - 0.00208) = 0.2EI\theta_D - 0.000416EI \quad (7)$$

$$M_{ED} = 0$$ **Resp.**

Ecuaciones de equilibrio Véase la figura 15.12(c).

$$M_{CA} + M_{CD} = 0 \quad (8)$$

$$M_{DB} + M_{DC} + M_{DE} = 0 \quad (9)$$

Rotaciones de los nodos Sustituyendo las ecuaciones de las pendientes-deflexiones en las ecuaciones de equilibrio, se obtiene

$$0.467EI\theta_C + 0.133EI\theta_D = -0.000832EI$$

$$0.133EI\theta_C + 0.667EI\theta_D = -0.000416EI$$

La sustitución de $EI = (29\,000)(800)/(12)^2$ k-ft^2 en los segundos miembros de las ecuaciones anteriores da

$$0.467EI\theta_C + 0.133EI\theta_D = -134 \quad (10)$$

$$0.133EI\theta_C + 0.667EI\theta_D = -67 \quad (11)$$

Si se resuelven en forma simultánea las ecuaciones (10) y (11), se obtiene

$$EI\theta_C = -273.883 \text{ k-ft}^2$$

$$EI\theta_D = -45.838 \text{ k-ft}^2$$

Momentos en los extremos de los miembros Sustituyendo los valores numéricos de $EI\theta_C$ y $EI\theta_D$ en las ecuaciones de las pendientes-deflexiones, se obtiene

$M_{AC} = -27.4$ k-ft o 27.4 k-ft ↻ **Resp.**

$M_{CA} = -54.8$ k-ft o 54.8 k-ft ↻ **Resp.**

$M_{BD} = -4.6$ k-ft o 4.6 k-ft ↻ **Resp.**

$M_{DB} = -9.2$ k-ft o 9.2 k-ft ↻ **Resp.**

$M_{CD} = 54.8$ k-ft ↺ **Resp.**

$M_{DC} = 85.4$ k-ft ↺ **Resp.**

$M_{DE} = -76.2$ k-ft o 76.2 k-ft ↻ **Resp.**

Si se sustituyen de regreso los valores numéricos de los momentos en los extremos de los miembros en las ecuaciones de equilibrio (ecuaciones (8) y (9)) da

$$M_{CA} + M_{CD} = -54.8 + 54.8 = 0$$ **Coincide**

$$M_{DB} + M_{DC} + M_{DE} = -9.2 + 85.4 - 76.2 = 0$$ **Coincide**

Cortantes en los extremos de los miembros y fuerzas axiales Véase la figura 15.12(d).

Reacciones en los apoyos Véase la figura 15.12(e). **Resp.**

Comprobación del equilibrio Las ecuaciones de equilibrio se satisfacen.

15.5 ANÁLISIS DE ARMAZONES CON LADEO

En general, un armazón sufrirá ladeo si sus nodos no están restringidos contra la traslación, a menos que sea uno simétrico sujeto a carga simétrica. Con el fin de desarrollar el análisis de los armazones con ladeo, considere el armazón rectangular que se muestra en la figura 15.13(a). En la figura se muestra una forma deformada cualitativa del armazón, para una carga arbitraria, usando una escala exagerada. Aunque los nodos fijos *A* y *B* del armazón están por completo restringidos contra la rotación, así como contra la traslación, los nodos *C* y *D* tienen la libertad de girar y trasladarse. Sin embargo, si se supone que las columnas *AC* y *BD* son inextensibles y que las deformaciones del propio armazón son pequeñas, los nodos *C* y *D* sólo se pueden trasladar en la dirección horizontal; es decir, en dirección perpendicular a las columnas *AC* y *BD*, respectivamente. Además, como se supone que la viga maestra *CD* es inextensible, los desplazamientos horizontales de los nodos *C* y *D* deben ser los mismos. Por tanto, el armazón tiene tres desplazamientos desconocidos de los nodos, o grados de libertad, las rotaciones θ_C y θ_D de los nodos *C* y *D*, respectivamente, y el desplazamiento horizontal Δ de los nodos *C* y *D*.

Como se muestra en la figura 15.13(a), el desplazamiento Δ de los nodos *C* y *D* hace que giren las cuerdas de las columnas *AC* y *BD*, y estas rotaciones de las cuerdas se pueden expresar en términos de ese desplazamiento desconocido como

$$\psi_{AC} = \psi_{BD} = -\frac{\Delta}{h} \tag{15.21}$$

en la cual el signo negativo indica que las rotaciones de las cuerdas son en el sentido del movimiento de las manecillas del reloj. Dado que los nodos *C* y *D* no se pueden desplazar en dirección vertical, la rotación de la cuerda de la viga maestra *CD* es cero; es decir, $\psi_{CD} = 0$.

Para relacionar los momentos en los extremos de los miembros con los desplazamientos desconocidos de los nodos, θ_C, θ_D y Δ, se escriben las ecuaciones de las pendientes-deflexiones para los tres miembros del armazón. Por consiguiente, aplicando la ecuación (15.9), se obtiene

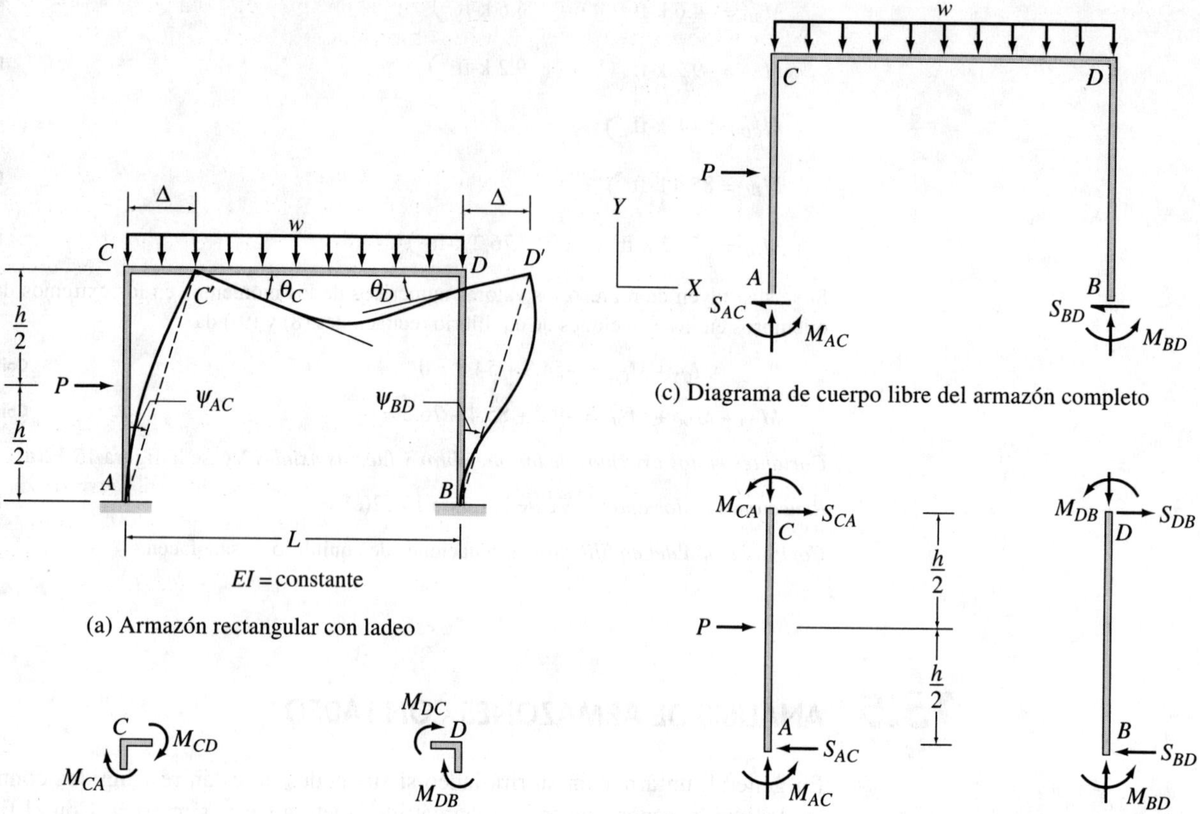

(a) Armazón rectangular con ladeo

(b) Diagramas de cuerpo libre de los nodos C y D

(c) Diagrama de cuerpo libre del armazón completo

(d) Diagramas de cuerpo libre de las columnas AC y BD

Fig. 15.13

$$M_{AC} = \frac{2EI}{h}\left(\theta_C + \frac{3\Delta}{h}\right) + \mathrm{EF}_{AC} \qquad \textbf{(15.22a)}$$

$$M_{CA} = \frac{2EI}{h}\left(2\theta_C + \frac{3\Delta}{h}\right) + \mathrm{EF}_{CA} \qquad \textbf{(15.22b)}$$

$$M_{BD} = \frac{2EI}{h}\left(\theta_D + \frac{3\Delta}{h}\right) \qquad \textbf{(15.22c)}$$

$$M_{DB} = \frac{2EI}{h}\left(2\theta_D + \frac{3\Delta}{h}\right) \qquad \textbf{(15.22d)}$$

$$M_{CD} = \frac{2EI}{h}(2\theta_C + \theta_D) + \mathrm{EF}_{CD} \qquad \textbf{(15.22e)}$$

$$M_{DC} = \frac{2EI}{h}(2\theta_D + \theta_C) + \mathrm{EF}_{DC} \qquad \textbf{(15.22f)}$$

Note que las ecuaciones anteriores de las pendientes-deflexiones contienen tres incógnitas, θ_C, θ_D y Δ, las cuales deben determinarse mediante la resolución de tres ecuaciones independientes de equilibrio, antes de poder calcular los valores de los momentos en los extremos de los miembros. Dos de las tres ecuaciones de equilibrio necesarias para la resolución de los desplazamientos desconocidos en los nodos se obtienen al considerar el equilibrio de momentos de los nodos C y D (Fig. 15.13(b)):

$$M_{CA} + M_{CD} = 0 \tag{15.23a}$$

$$M_{DB} + M_{DC} = 0 \tag{15.23b}$$

La tercera ecuación de equilibrio, por lo común denominada *ecuación de las cortantes*, se basa en la condición de que la suma de todas las fuerzas horizontales que actúan sobre el cuerpo libre del armazón completo debe ser cero. En la figura 15.13(c), se muestra el diagrama de cuerpo libre del armazón, obtenido al pasar una sección imaginaria precisamente arriba del nivel de los apoyos. Al aplicar la ecuación de equilibrio $\sum F_X = 0$, se escribe

$$P - S_{AC} - S_{BD} = 0 \tag{15.23c}$$

en la cual S_{AC} y S_{BD} son las cortantes en los extremos inferiores de las columnas AC y BD, respectivamente, como se muestra en la figura 15.13(c). A fin de expresar la tercera ecuación de equilibrio (ecuación (15.23c)) en términos de los momentos en los extremos de las columnas, se considera el equilibrio de los cuerpos libres de las columnas AC y BD, mostrados en la figura 15.13(d). Sumando los momentos respecto a la parte superior de cada columna, se obtiene lo siguiente:

$$+\circlearrowleft \sum M_C^{AC} = 0 \qquad M_{AC} - S_{AC}(h) + P\left(\frac{h}{2}\right) + M_{CA} = 0$$

$$S_{AC} = \frac{M_{AC} + M_{CA}}{h} + \frac{P}{2} \tag{15.24a}$$

$$+\circlearrowleft \sum M_D^{BD} = 0 \qquad M_{BD} + M_{DB} - S_{BD}(h) = 0$$

$$S_{BD} = \frac{M_{BD} + M_{DB}}{h} \tag{15.24b}$$

Al sustituir las ecuaciones (15.24a) y (15.24b) en la (15.23c), se obtiene la tercera ecuación de equilibrio en términos de los momentos en los extremos de los miembros:

$$P - \left(\frac{M_{AC} + M_{CA}}{h} + \frac{P}{2}\right) - \left(\frac{M_{BD} + MDB}{h}\right) = 0$$

la cual se reduce a

$$M_{AC} + M_{CA} + M_{BD} + M_{DB} - \frac{Ph}{2} = 0 \tag{15.25}$$

Después de establecer las tres ecuaciones de equilibrio (ecuaciones (15.23a), (15.23b) y (15.25)), se puede proceder con el resto del análisis de la manera usual. Al sustituir las ecuaciones de las pendientes-deflexiones (ecuaciones (15.22)) en las de equilibrio, se obtiene el sistema de ecuaciones que se puede resolver para los desplazamientos desconocidos de los nodos, θ_C, θ_D y Δ. Entonces se pueden sustituir los desplazamientos de los nodos así obtenidos, de regreso en las ecuaciones de pendientes-deflexiones a fin de determinar los momentos en los extremos de los miembros, a partir de los cuales se pueden calcular las cortantes en los extremos y las fuerzas axiales en los miembros, así como las reacciones en los apoyos, como se mencionó con anterioridad.

Armazones con patas inclinadas

El análisis de los armazones con patas inclinadas es semejante al de los armazones rectangulares considerado con anterioridad, excepto en que cuando aquellos se sujetan a ladeo, sus miembros horizontales también sufren rotaciones en las cuerdas, las cuales deben incluirse en el análisis. Recuerde, por lo visto en la discusión anterior, que las rotaciones de las cuerdas de los miembros horizontales de los armazones rectangulares, sujetos a ladeo, son cero.

Considere el armazón con patas inclinadas que se muestra en la figura 15.14(a). Para analizar este armazón por el método de las pendientes-deflexiones, deben relacionarse las rotaciones de las cuerdas de sus tres miembros entre sí o con una traslación independiente de un nodo. Con ese fin, se sujeta el nodo C del armazón a un desplazamiento horizontal arbitrario Δ y se dibuja una forma deformada cualitativa de ese armazón, la cual debe ser coherente con sus condiciones de apoyo, así como con la hipótesis de que los miembros del mismo son inextensibles. Para dibujar la forma deformada, la cual se muestra en la figura 15.14(b), en primer lugar se imagina que los miembros BD y CD se desconectan en el nodo D. Ya que se supone que el miembro AC es inextensible, el nodo C sólo se puede mover en un arco alrededor del punto A. Además, ya que se supone que la traslación del nodo C es pequeña, se puede considerar que el arco es una recta perpendicular al miembro AC.

Por tanto, para mover el nodo C en la dirección horizontal en una distancia Δ, se le debe desplazar en una dirección perpendicular al miembro AC en una distancia

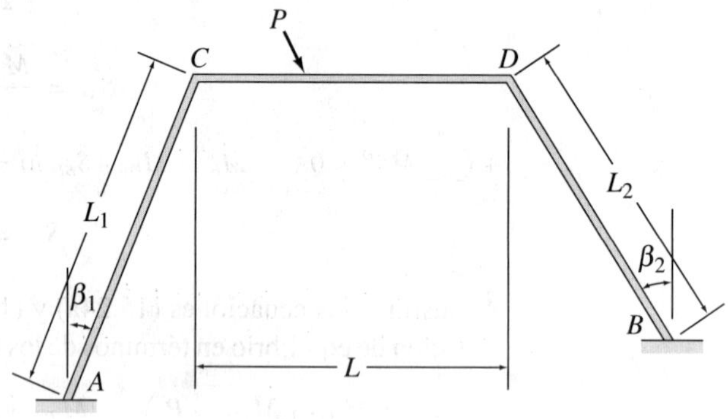

(a) Armazón con patas inclinadas

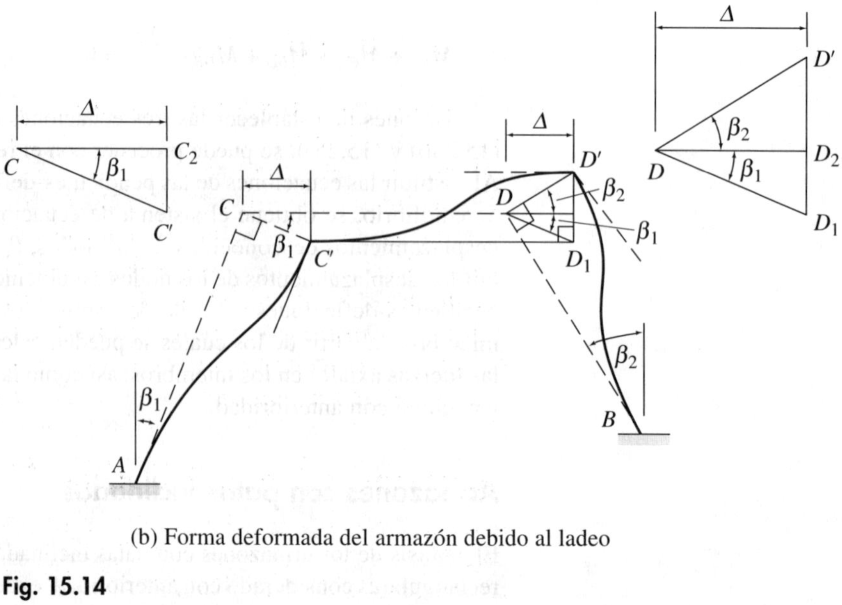

(b) Forma deformada del armazón debido al ladeo

Fig. 15.14

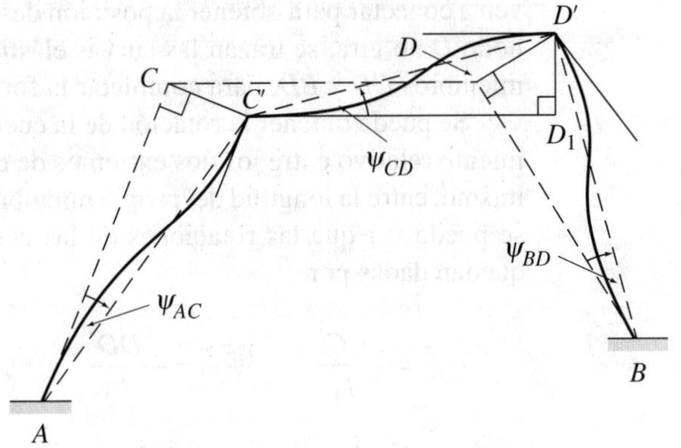

(c) Rotación de cuerdas debido al ladeo

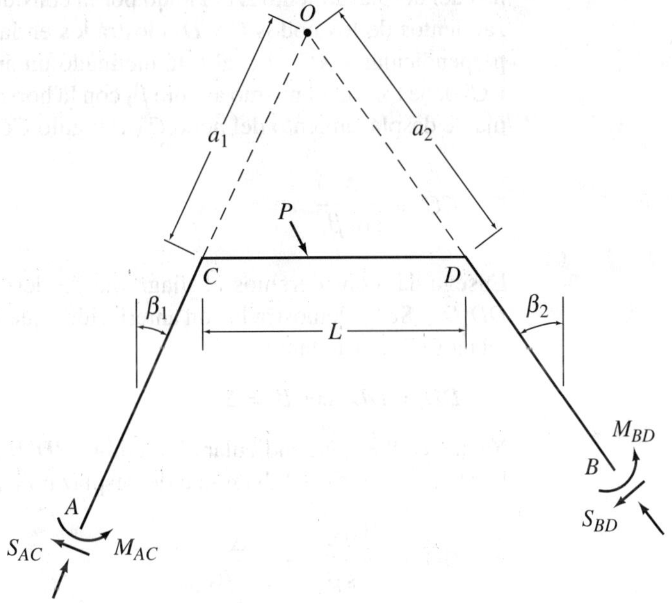

(d)

Fig. 15.14 (*Continuación*)

CC' (Fig. 15.14(b)), de modo que la componente horizontal de CC' es igual a Δ. Note que aun cuando el nodo C tiene libertad para girar, su rotación se ignora en esta etapa del análisis y la curva elástica AC' del miembro AC se traza con la tangente en C' paralela a la dirección no deformada del miembro. El miembro CD permanece horizontal y se traslada como un cuerpo rígido hacia la posición $C'D_1$, con el desplazamiento DD_1 igual a CC', como se muestra en la figura. Dado que se supone que el miembro CD es inextensible y que la translación del nodo D es pequeña, el extremo D de este miembro se puede mover sólo en la dirección vertical a partir de su posición deformada D_1. De manera análoga, como se supone que el miembro BD es inextensible, su extremo D sólo se puede mover en la dirección perpendicular al propio miembro. Por lo tanto, para obtener la posición deformada del nodo D, se mueve el extremo D del miembro CD en la dirección vertical, a partir de su posición deformada D_1, y el extremo D del miembro BD en la dirección perpendicular al mismo, hasta que los dos extremos se encuentran en el punto D', en donde se vuelven a conectar para obtener la posición desplazada D' del nodo D. Al suponer que el nodo D no gira, se trazan las curvas elásticas $C'D'$ y BD', respectivamente, de los miembros CD y BD, para completar la forma deformada del armazón completo.

Se puede obtener la rotación de la cuerda de un miembro al dividir el desplazamiento relativo entre los dos extremos de este último, en dirección perpendicular al mismo, entre la longitud del propio miembro. Por tanto, a partir de la figura 15.14(b), se puede ver que las rotaciones de las cuerdas de los tres miembros del armazón quedan dadas por

$$\psi_{AC} = -\frac{CC'}{L_1} \qquad \psi_{BD} = -\frac{DD'}{L_2} \qquad \psi_{CD} = -\frac{D_1D'}{L} \tag{15.26}$$

en las cuales las rotaciones de las cuerdas de los miembros AC y BD se consideran como negativas porque giran en el sentido del movimiento de las manecillas del reloj (Fig. 15.14(c)). Las tres rotaciones de las cuerdas se pueden expresar en términos del desplazamiento Δ del nodo por la consideración de los diagramas de desplazamientos de los nodos C y D, mostrados en la figura 15.14(b). Dado que CC' es perpendicular a AC, el cual está inclinado un ángulo β_1 con respecto a la vertical, CC' debe formar el mismo ángulo β_1 con la horizontal. De donde, a partir del diagrama de desplazamiento del nodo C (triángulo $CC'C_2$), se puede ver que

$$CC' = \frac{\Delta}{\cos\beta_1} \tag{15.27}$$

Enseguida, consideremos el diagrama de desplazamiento del nodo D (triángulo DD_1D'). Se ha demostrado con anterioridad que DD_1 tiene igual magnitud y es paralela a CC'. Por lo tanto,

$$DD_2 = DD_1 \cos\beta_1 = \Delta$$

Ya que DD' es perpendicular al miembro BD, forma un ángulo β_2 con la horizontal. Por tanto, a partir del diagrama de desplazamiento del nodo D,

$$DD' = \frac{DD_2}{\cos\beta_2} = \frac{\Delta}{\cos\beta_2} \tag{15.28}$$

y

$$D_1D' = DD_1 \operatorname{sen}\beta_1 + DD' \operatorname{sen}\beta_2 = \frac{\Delta}{\cos\beta_1}\operatorname{sen}\beta_1 + \frac{\Delta}{\cos\beta_2}\operatorname{sen}\beta_2$$

o bien,

$$D_1D' = \Delta(\tan\beta_1 + \tan\beta_2) \tag{15.29}$$

Al sustituir las ecuaciones (15.27) a (15.29) en la ecuación (15.26), se obtienen las rotaciones de las cuerdas de los tres miembros en términos de Δ:

$$\psi_{AC} = -\frac{\Delta}{L_1\cos\beta_1} \tag{15.30a}$$

$$\psi_{BD} = -\frac{\Delta}{L_2\cos\beta_2} \tag{15.30b}$$

$$\psi_{CD} = \frac{\Delta}{L}(\tan\beta_1 + \tan\beta_2) \tag{15.30c}$$

Se pueden usar las expresiones anteriores de rotaciones de las cuerdas para escribir las ecuaciones de las pendientes-deflexiones, relacionando de este modo los momentos en los extremos de los miembros con los tres desplazamientos desconocidos de los nodos, θ_C, θ_D y Δ. Como en el caso de los armazones rectangulares considerados con anterioridad, se pueden establecer las tres ecuaciones de equilibrio necesarias para la resolución de los desplazamientos desconocidos de los nodos al sumar los momentos que actúan sobre los nodos C y D y al sumar también las fuerzas horizontales que actúan sobre el armazón completo. Sin embargo, para los armazones con patas inclinadas, suele ser más conveniente establecer la tercera ecuación de equilibrio sumando los momentos de todas las fuerzas y pares que actúan sobre el armazón completo, respecto a un centro de momentos O, el cual está localizado en la intersección de los ejes longitudinales de los dos miembros inclinados, como se muestra en la figura 15.14(d). Se puede determinar la ubicación del centro de momentos O por la aplicación de las condiciones (véase la figura 15.14(d))

$$a_1 \cos \beta_1 = a_2 \cos \beta_2 \tag{15.31a}$$

$$a_1 \operatorname{sen} \beta_1 + a_2 \operatorname{sen} \beta_2 = L \tag{15.31b}$$

Resolviendo simultáneamente las ecuaciones (15.31a) y (15.31b) para a_1 y a_2, se obtiene

$$a_1 = \frac{L}{\cos \beta_1 (\tan \beta_1 + \tan \beta_2)} \tag{15.32a}$$

$$a_2 = \frac{L}{\cos \beta_2 (\tan \beta_1 + \tan \beta_2)} \tag{15.32b}$$

Una vez que se han establecido las ecuaciones de equilibrio, el análisis se puede completar de la manera usual, como se realizó con anterioridad.

Armazones de pisos múltiples

El método anterior se puede extender hacia el análisis de armazones de pisos múltiples sujetos a ladeo, como se ilustra mediante el ejemplo 15.10. Sin embargo, debido a los cálculos que se requieren, actualmente el análisis de esas estructuras se lleva a cabo en computadoras, utilizando la formulación matricial del método de los desplazamientos que se presenta en el capítulo 17.

EJEMPLO 15.8

Determine los momentos en los extremos de los miembros y las reacciones para el armazón mostrado en la figura 15.15(a), por el método de las pendientes-deflexiones.

SOLUCIÓN

Grados de libertad Los grados de libertad son θ_C, θ_D y Δ (véase la figura 15.15(b)).

Momentos en los extremos fijos Usando las expresiones de los momentos en extremos fijos que se dan en el interior de las guardas posteriores del libro, se obtiene

$$\text{EF}_{CD} = \frac{40(3)(4)^2}{(7)^2} = 39.2 \text{ kN} \cdot \text{m} \circlearrowleft \quad \text{o} \quad +39.2 \text{ kN} \cdot \text{m}$$

$$\text{EF}_{DC} = \frac{40(3)^2(4)}{(7)^2} = 29.4 \text{ kN} \cdot \text{m} \circlearrowright \quad \text{o} \quad -29.4 \text{ kN} \cdot \text{m}$$

$$\text{EF}_{AC} = \text{EF}_{CA} = \text{EF}_{BD} = \text{EF}_{DB} = 0$$

Rotaciones de las cuerdas A partir de la figura 15.15(b), se puede ver que

$$\psi_{AC} = -\frac{\Delta}{7} \qquad \psi_{BD} = -\frac{\Delta}{5} \qquad \psi_{CD} = 0$$

Ecuaciones de las pendientes-deflexiones

$$M_{AC} = \frac{2EI}{7}\left[\theta_C - 3\left(-\frac{\Delta}{7}\right)\right] = 0.286EI\theta_C + 0.122EI\Delta \qquad (1)$$

$$M_{CA} = \frac{2EI}{7}\left[2\theta_C - 3\left(-\frac{\Delta}{7}\right)\right] = 0.571EI\theta_C + 0.122EI\Delta \qquad (2)$$

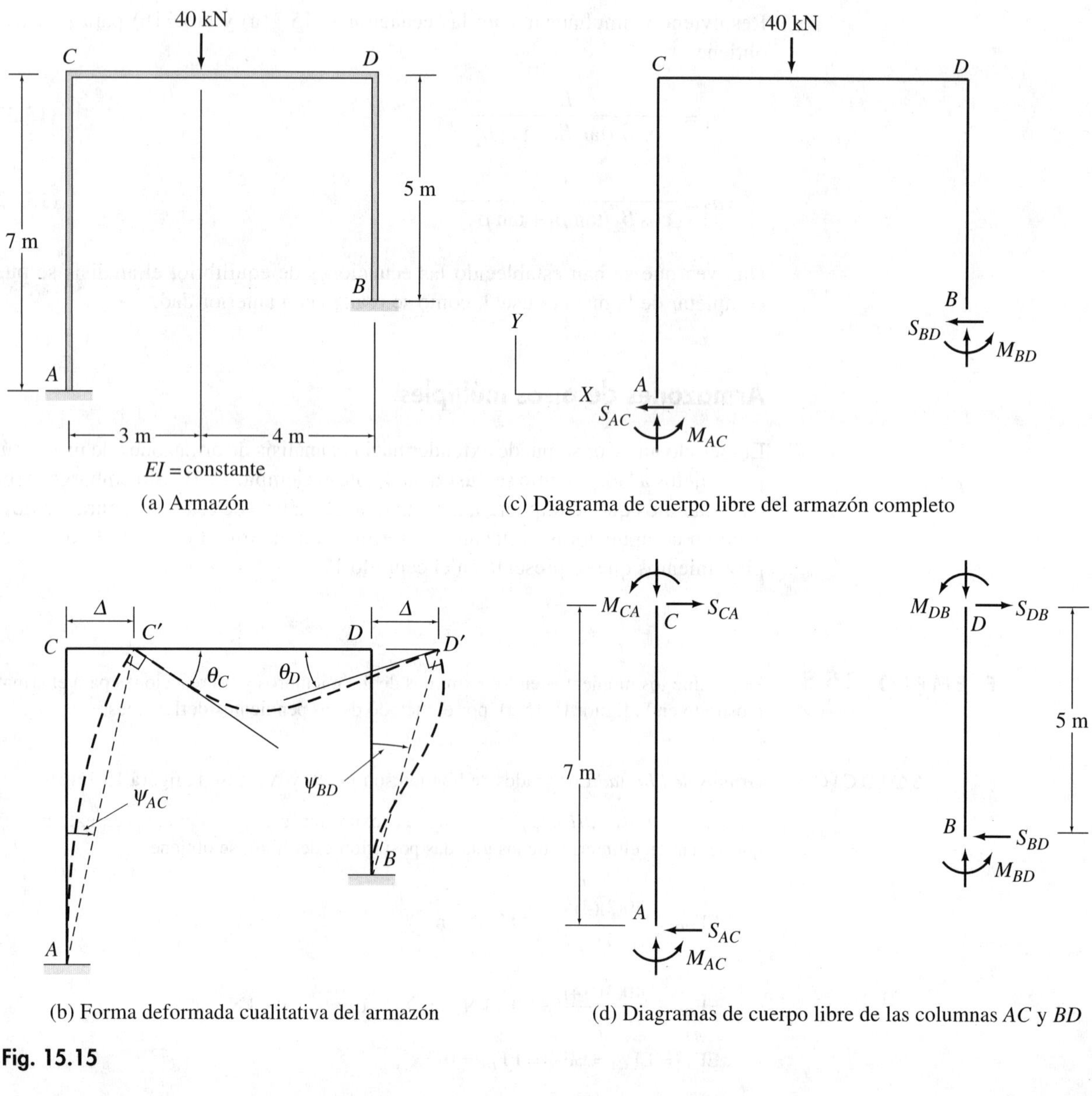

Fig. 15.15

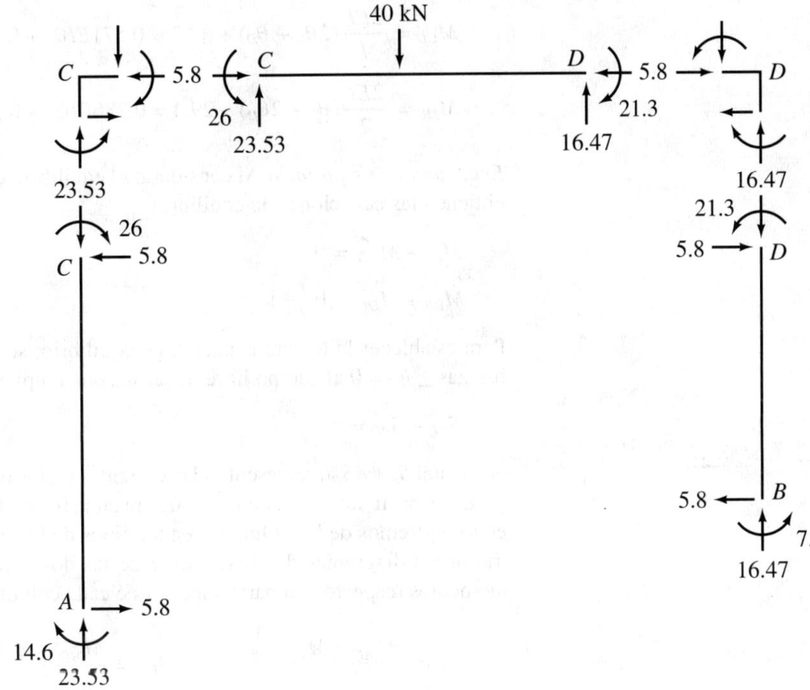

(e) Momentos en los extremos de los miembros, cortantes y fuerzas axiales

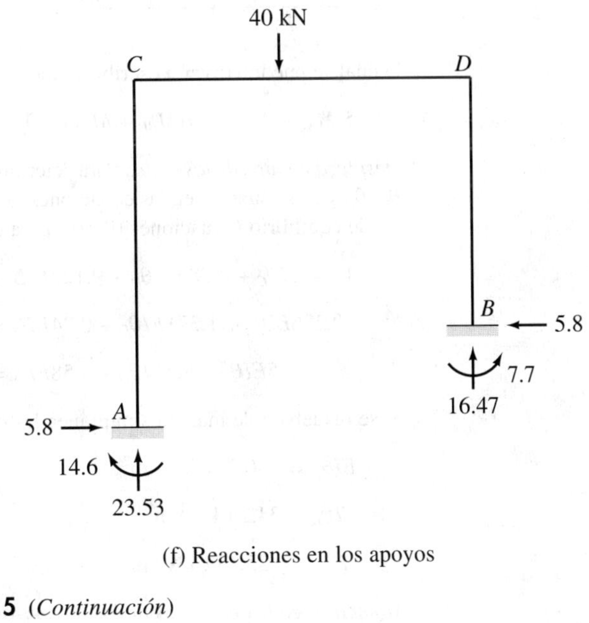

(f) Reacciones en los apoyos

Fig. 15.15 (*Continuación*)

$$M_{BD} = \frac{2EI}{5}\left[\theta_D - 3\left(-\frac{\Delta}{5}\right)\right] = 0.4EI\theta_D + 0.24EI\Delta \quad \textbf{(3)}$$

$$M_{DB} = \frac{2EI}{5}\left[2\theta_D - 3\left(-\frac{\Delta}{5}\right)\right] = 0.8EI\theta_D + 0.24EI\Delta \quad \textbf{(4)}$$

$$M_{CD} = \frac{2EI}{7}(2\theta_C + \theta_D) + 39.2 = 0.571EI\theta_C + 0.286EI\theta_D + 39.2 \quad \textbf{(5)}$$

$$M_{DC} = \frac{2EI}{7}(\theta_C + 2\theta_D) - 29.4 = 0.286EI\theta_C + 0.571EI\theta_D - 29.4 \quad \textbf{(6)}$$

Ecuaciones de equilibrio Al considerar el equilibrio de los momentos de los nodos C y D, se obtienen las ecuaciones de equilibrio

$$M_{CA} + M_{CD} = 0 \quad \textbf{(7)}$$

$$M_{DB} + M_{DC} = 0 \quad \textbf{(8)}$$

Para establecer la tercera ecuación de equilibrio, se aplica la ecuación de equilibrio de las fuerzas $\sum F_X = 0$ al cuerpo libre del armazón completo (Fig. 15.15(c)), para obtener

$$S_{AC} + S_{BD} = 0$$

en la cual S_{AC} y S_{BD} representan las cortantes en los extremos inferiores de las columnas AC y BD, respectivamente, como se muestra en la figura 15.15(c). A fin de expresar las cortantes en los extremos de las columnas en términos de los momentos en esos mismos extremos, se trazan los diagramas de cuerpo libre de las dos columnas (Fig. 15.15(d)) y se suman los momentos respecto a la parte superior de cada columna:

$$S_{AC} = \frac{M_{AC} + M_{CA}}{7} \quad \text{y} \quad S_{BD} = \frac{M_{BD} + M_{DB}}{5}$$

Sustituyendo estas ecuaciones en la tercera ecuación de equilibrio, se obtiene

$$\frac{M_{AC} + M_{CA}}{7} + \frac{M_{BD} + M_{DB}}{5} = 0$$

la cual se puede volver a escribir como

$$5(M_{AC} + M_{CA}) + 7(M_{BD} + M_{DB}) = 0 \quad \textbf{(9)}$$

Desplazamientos de los nodos Para determinar los desplazamientos desconocidos de los nodos, θ_C, θ_D y Δ, se sustituyen las ecuaciones de las pendientes-deflexiones (ecuaciones (1–6)) en las de equilibrio (ecuaciones (7–9)), para obtener

$$1.142EI\theta_C + 0.286EI\theta_D + 0.122EI\Delta = -39.2 \quad \textbf{(10)}$$

$$0.286EI\theta_C + 1.371EI\theta_D + 0.24EI\Delta = 29.4 \quad \textbf{(11)}$$

$$4.285EI\theta_C + 8.4EI\theta_D + 4.58EI\Delta = 0 \quad \textbf{(12)}$$

Si se resuelven de manera simultánea las ecuaciones (10–12), da

$$EI\theta_D = -40.211 \text{ kN} \cdot \text{m}^2$$

$$EI\theta_D = 34.24 \text{ kN} \cdot \text{m}^2$$

$$EI\Delta = -25.177 \text{ kN} \cdot \text{m}^3$$

Momentos en los extremos de los miembros Al sustituir los valores numéricos de $EI\theta_C$, $EI\theta_D$ y $EI\Delta$ en las ecuaciones de pendientes-deflexiones (ecuaciones (1–6)), se obtiene

$M_{AC} = -14.6$ kN · m o 14.6 kN · m ↻ **Resp.**

$M_{CA} = -26$ kN · m o 26 kN · m ↻ **Resp.**

$M_{BD} = 7.7 \text{ kN} \cdot \text{m}$ ↻ **Resp.**

$M_{DB} = 21.3 \text{ kN} \cdot \text{m}$ ↻ **Resp.**

$M_{CD} = 26 \text{ kN} \cdot \text{m}$ ↻ **Resp.**

$M_{DC} = -21.3 \text{ kN} \cdot \text{m}$ o $21.3 \text{ kN} \cdot \text{m}$ ↺ **Resp.**

Para comprobar que la resolución de las ecuaciones simultáneas (ecuaciones (10–12)) se ha llevado a cabo de modo correcto, se sustituyen los valores numéricos de los momentos en los extremos de los miembros de regreso en las ecuaciones de equilibrio (ecuaciones (7–9)):

$$M_{CA} + M_{CD} = -26 + 26 = 0$$ **Coincide**

$$M_{DB} + M_{DC} = 21.3 - 21.3 = 0$$ **Coincide**

$$5(M_{AC} + M_{CA}) + 7(M_{BD} + M_{DB}) = 5(-14.6 - 26) + 7(7.7 + 21.3) = 0$$ **Coincide**

Cortantes en los extremos de los miembros Las cortantes en los extremos de los miembros, obtenidas al considerar el equilibrio de cada uno de estos últimos, se muestran en la figura 15.15(e).

Fuerzas axiales en los miembros Conocidas las cortantes en los extremos, ahora se pueden evaluar las fuerzas axiales en los miembros al considerar el equilibrio de los nodos C y D. Las fuerzas axiales obtenidas de este modo se muestran en la figura 15.15(e).

Reacciones en los apoyos Véase la figura 15.15(f). **Resp.**

Comprobación del equilibrio Se satisfacen las ecuaciones de equilibrio.

EJEMPLO 15.9

Determine los momentos en los extremos de los miembros y las reacciones para el armazón mostrado en la figura 15.16(a), por el método de las pendientes-deflexiones.

SOLUCIÓN

Grados de libertad Los grados de libertad son θ_C, θ_D y Δ.

Momentos en los extremos fijos Supuesto que no se aplican cargas externas a los miembros, los momentos en los extremos fijos son cero.

Rotaciones de las cuerdas A partir de la figura 15.16(b), se puede ver que

$$\psi_{AC} = -\frac{CC'}{20} = -\frac{\left(\frac{5}{4}\right)\Delta}{20} = -0.0625\Delta$$

$$\psi_{BD} = -\frac{DD'}{16} = -\frac{\Delta}{16} = -0.0625\Delta$$

$$\psi_{CD} = \frac{C'C_1}{20} = \frac{\left(\frac{3}{4}\right)\Delta}{20} = 0.0375\Delta$$

Ecuaciones de las pendientes-deflexiones

$$M_{AC} = \frac{2EI}{20}[\theta_D - 3(-0.0625\Delta)] = 0.1EI\theta_C + 0.0188EI\Delta \quad (1)$$

$$M_{CA} = \frac{2EI}{20}[2\theta_C - 3(-0.0625\Delta)] = 0.2EI\theta_C + 0.0188EI\Delta \quad (2)$$

$$M_{BD} = \frac{2EI}{16}[\theta_D - 3(-0.0625\Delta)] = 0.125EI\theta_D + 0.0234EI\Delta \quad (3)$$

$$M_{DB} = \frac{2EI}{16}[2\theta_D - 3(-0.0625\Delta)] = 0.25EI\theta_D + 0.0234EI\Delta \quad \textbf{(4)}$$

$$M_{CD} = \frac{2EI}{20}[2\theta_C + \theta_D - 3(0.0375\Delta)] = 0.2EI\theta_C + 0.1EI\theta_D - 0.0113EI\Delta \quad \textbf{(5)}$$

$$M_{DC} = \frac{2EI}{20}[2\theta_D + \theta_C - 3(0.0375\Delta)] = 0.2EI\theta_D + 0.1EI\theta_C - 0.0113EI\Delta \quad \textbf{(6)}$$

Ecuaciones de equilibrio Considerando el equilibrio de momentos de los nodos C y D, se obtienen las ecuaciones de equilibrio

$$M_{CA} + M_{CD} = 0 \quad \textbf{(7)}$$

$$M_{DB} + M_{DC} = 0 \quad \textbf{(8)}$$

La tercera ecuación de equilibrio se establece al sumar los momentos de todas las fuerzas y pares que actúan sobre el cuerpo libre del armazón completo, respecto al punto O, el cual se localiza en la intersección de los ejes longitudinales de las dos columnas, como se muestra en la figura 15.16(c). De donde,

$$+\circlearrowleft \sum M_O = 0 \qquad M_{AC} - S_{AC}(53.33) + M_{BD} - S_{BD}(42.67) + 30(26.67) = 0$$

en la cual las cortantes en los extremos inferiores de las columnas se pueden expresar en términos de los momentos en los extremos de esas columnas como (véase la figura 15.16(d))

$$S_{AC} = \frac{M_{AC} + M_{CA}}{20} \quad \text{y} \quad S_{BD} = \frac{M_{BD} + M_{DB}}{16}$$

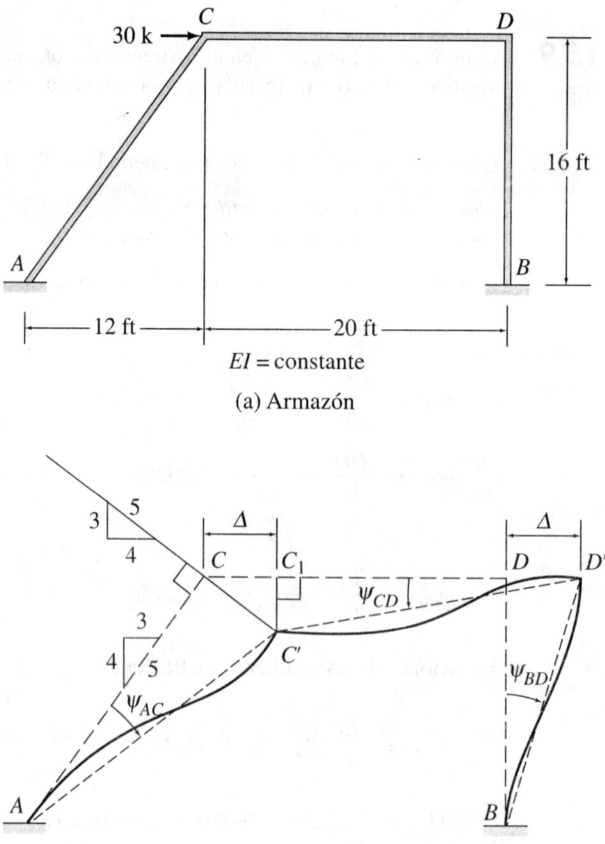

(a) Armazón

(b) Rotaciones de las cuerdas debido al ladeo

Fig. 15.16

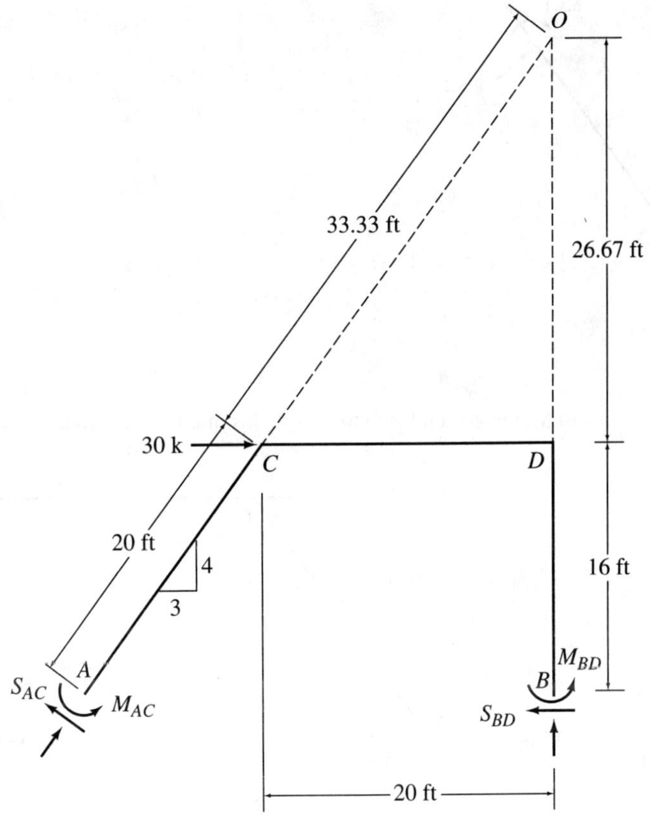

(c) Diagrama de cuerpo libre del armazón completo

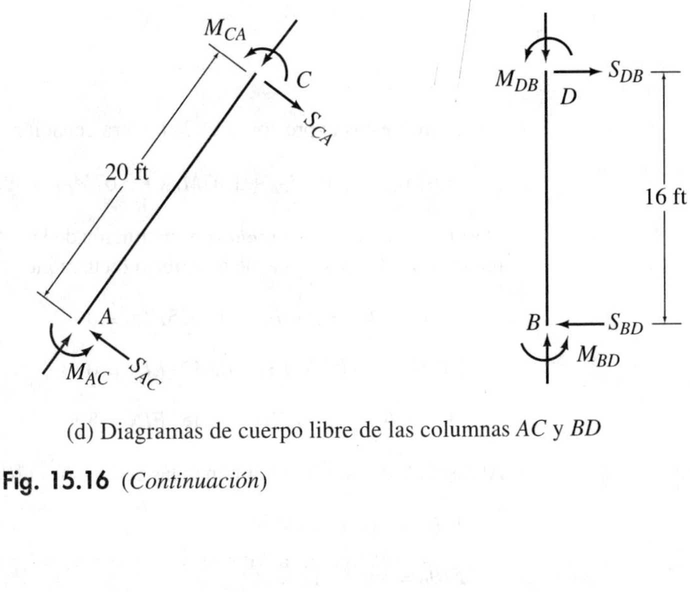

(d) Diagramas de cuerpo libre de las columnas *AC* y *BD*

Fig. 15.16 (*Continuación*)

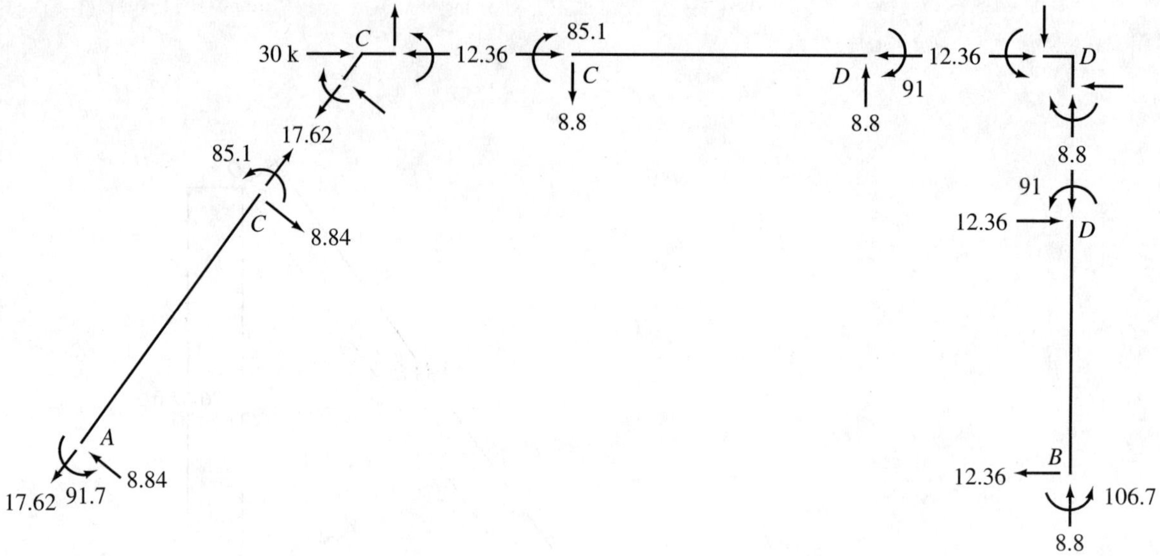

(e) Momentos en los extremos de los miembros, cortantes y fuerzas axiales

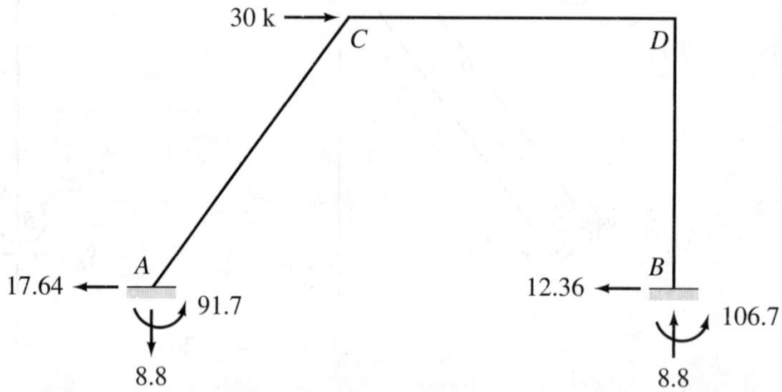

(f) Reacciones en los apoyos

Fig. 15.16 (*Continuación*)

Al sustituir estas expresiones en la tercera ecuación de equilibrio, se obtiene

$$1.67M_{AC} + 2.67M_{CA} + 1.67M_{BD} + 2.67M_{DB} = 800 \tag{9}$$

Desplazamientos de los nodos La sustitución de las ecuaciones de las pendientes-deflexiones (ecuaciones (1–6)) en las de equilibrio (ecuaciones (7–9)) da

$$0.4EI\theta_C + 0.1EI\theta_D + 0.0075EI\Delta = 0 \tag{10}$$

$$0.1EI\theta_C + 0.45EI\theta_D + 0.0121EI\Delta = 0 \tag{11}$$

$$0.71EI\theta_C + 0.877EI\theta_D + 0.183EI\Delta = 800 \tag{12}$$

Al resolver de manera simultánea las ecuaciones (10–12), se determinan

$$EI\theta_C = -66.648 \text{ k-ft}^2$$

$$EI\theta_D = -125.912 \text{ k-ft}^2$$

$$EI\Delta = 5233.6 \text{ k-ft}^3$$

Momentos en los extremos de los miembros Sustituyendo los valores numéricos de $EI\theta_C$, $EI\theta_D$ y $EI\Delta$ en las ecuaciones de las pendientes-deflexiones (ecuaciones (1–6)), se obtiene

$M_{AC} = 91.7$ k-ft ↻ **Resp.**

$M_{CA} = 85.1$ k-ft ↻ **Resp.**

$M_{BD} = 106.7$ k-ft ↻ **Resp.**

$M_{DB} = 91$ k-ft ↻ **Resp.**

$M_{CD} = -85.1$ k-ft o 85.1 k-ft ↺ **Resp.**

$M_{DC} = -91$ k-ft o 91 k-ft ↺ **Resp.**

La sustitución de los valores numéricos de los momentos en los extremos de los miembros de regreso en las ecuaciones de equilibrio da

$$M_{CA} + M_{CD} = 85.1 - 85.1 = 0$$ **Coincide**

$$M_{DB} + M_{DC} = 91 - 91 = 0$$ **Coincide**

$$1.67M_{AC} + 2.67M_{CA} + 1.67M_{BD} + 2.67M_{DB} = 1.67(91.7) + 2.67(85.1) + 1.67(106.7) + 2.67(91) = 801.5 \approx 800$$ **Coincide**

Cortantes en los extremos de los miembros y fuerzas axiales Véase la figura 15.16(c).

Reacciones en los apoyos Véase la figura 15.16(f). **Resp.**

Comprobación del equilibrio Se satisfacen las ecuaciones de equilibrio.

EJEMPLO 15.10

Determine los momentos en los extremos de los miembros, las reacciones en los apoyos y la deflexión horizontal del nodo F del armazón de dos pisos mostrado en la figura 15.17(a), por el método de las pendientes-deflexiones.

SOLUCIÓN

Grados de libertad A partir de la figura 15.17(a), se puede ver que los nodos C, D, E y F del armazón tienen libertad para girar y trasladarse en la dirección horizontal. Como se muestra en la figura 15.17(b), el desplazamiento horizontal de los nodos C y D del primer piso se designan como Δ_1, en tanto que el desplazamiento horizontal de los nodos E y F del segundo se expresan como $\Delta_1 + \Delta_2$, representando con Δ_2 el desplazamiento de los nodos del segundo piso con relación a los del primero. Por consiguiente, el armazón tiene seis grados de libertad; es decir, θ_C, θ_D, θ_E, θ_F, Δ_1 y Δ_2.

Momentos en los extremos fijos Los momentos diferentes de cero de los extremos fijos son

$$\text{EF}_{CD} = \text{EF}_{EF} = 200 \text{ k-ft}$$

$$\text{EF}_{DC} = \text{EF}_{FE} = -200 \text{ k-ft}$$

Rotaciones de las cuerdas Véase la figura 15.17(b).

$$\psi_{AC} = \psi_{BD} = -\frac{\Delta_1}{20}$$

$$\psi_{CE} = \psi_{DF} = -\frac{\Delta_2}{20}$$

$$\psi_{CD} = \psi_{EF} = 0$$

Ecuaciones de las pendientes-deflexiones Si se usa $I_{columna} = I$ y $I_{viga\ maestra} = 2I$, se escribe

$$M_{AC} = 0.1EI\theta_C + 0.015EI\Delta_1 \quad (1)$$

$$M_{CA} = 0.2EI\theta_C + 0.015EI\Delta_1 \quad (2)$$

$$M_{BD} = 0.1EI\theta_D + 0.015EI\Delta_1 \quad (3)$$

$$M_{DB} = 0.2EI\theta_D + 0.015EI\Delta_1 \quad (4)$$

$$M_{CE} = 0.2EI\theta_C + 0.1EI\theta_E + 0.015EI\Delta_2 \quad (5)$$

$$M_{EC} = 0.2EI\theta_E + 0.1EI\theta_C + 0.015EI\Delta_2 \quad (6)$$

$$M_{DF} = 0.2EI\theta_D + 0.1EI\theta_F + 0.015EI\Delta_2 \quad (7)$$

$$M_{FD} = 0.2EI\theta_F + 0.1EI\theta_D + 0.015EI\Delta_2 \quad (8)$$

$$M_{CD} = 0.2EI\theta_C + 0.1EI\theta_D + 200 \quad (9)$$

$$M_{DC} = 0.2EI\theta_D + 0.1EI\theta_C - 200 \quad (10)$$

$$M_{EF} = 0.2EI\theta_E + 0.1EI\theta_F + 200 \quad (11)$$

$$M_{FE} = 0.2EI\theta_F + 0.1EI\theta_E - 200 \quad (12)$$

Ecuaciones de equilibrio Al considerar el equilibrio de momentos de los nodos *C*, *D*, *E* y *F*, se obtiene

$$M_{CA} + M_{CD} + M_{CE} = 0 \quad (13)$$

$$M_{DB} + M_{DC} + M_{DF} = 0 \quad (14)$$

$$M_{EC} + M_{EF} = 0 \quad (15)$$

$$M_{FD} + M_{FE} = 0 \quad (16)$$

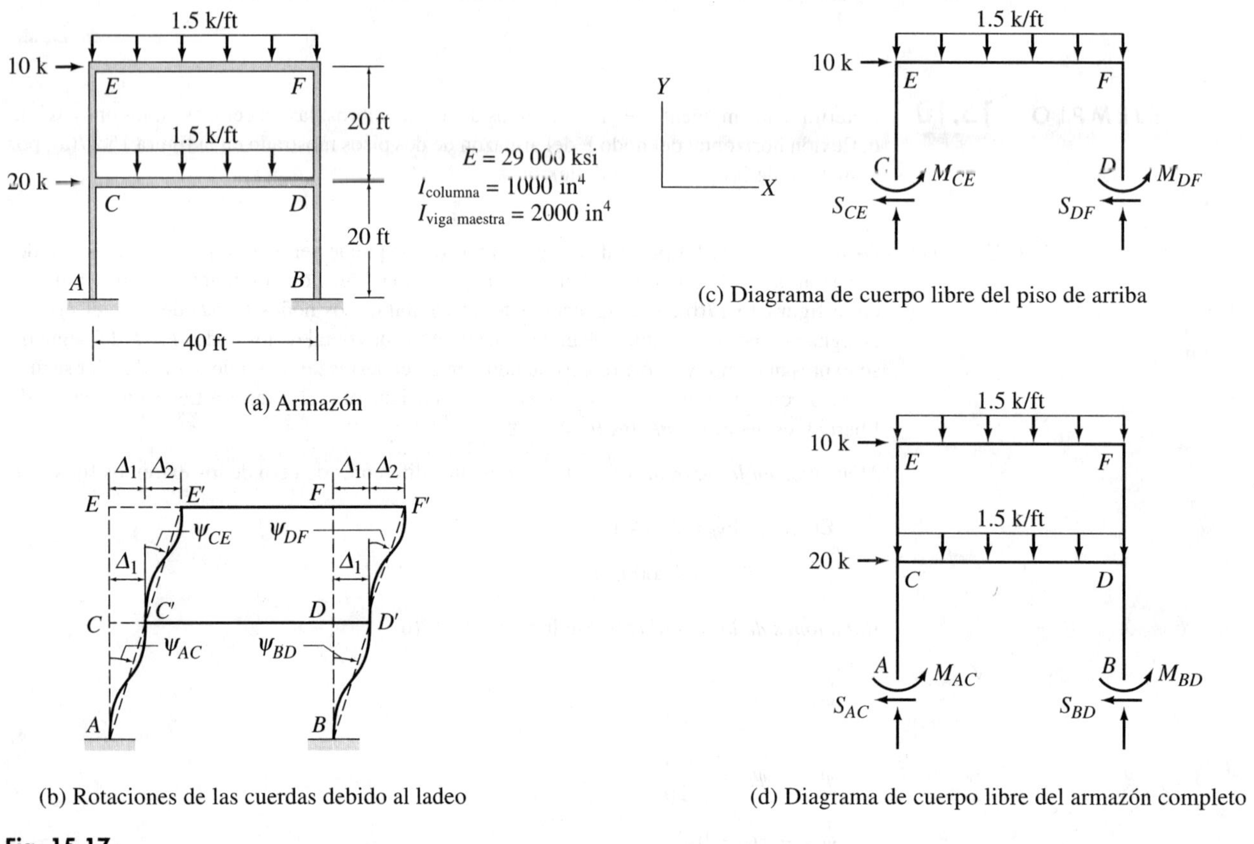

(a) Armazón

(b) Rotaciones de las cuerdas debido al ladeo

(c) Diagrama de cuerpo libre del piso de arriba

(d) Diagrama de cuerpo libre del armazón completo

Fig. 15.17

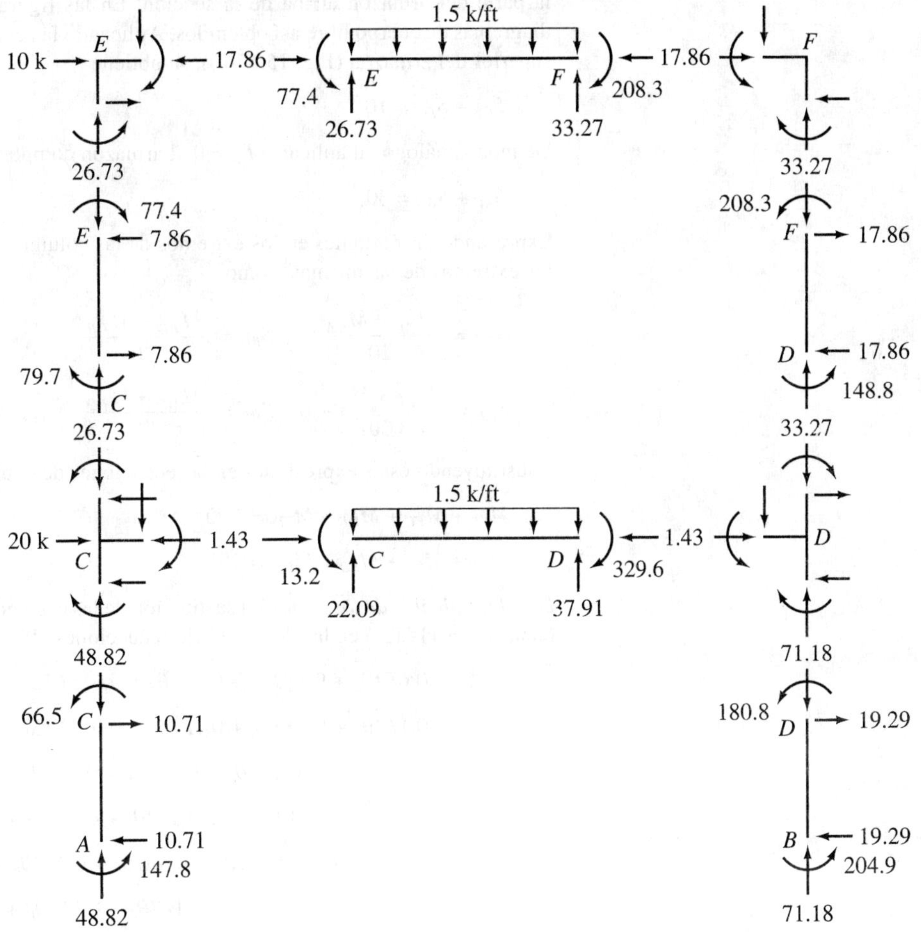

(e) Momentos en los extremos de los miembros, cortantes y fuerzas axiales

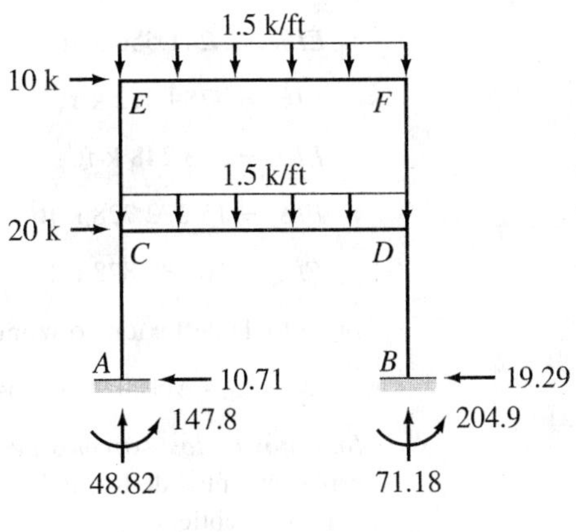

(f) Reacciones en los apoyos

Fig. 15.17 (*Continuación*)

A fin de establecer las dos ecuaciones restantes de equilibrio, se pasa en forma sucesiva una sección horizontal precisamente arriba de los extremos inferiores de las columnas de cada piso del armazón y se aplica la ecuación de equilibrio horizontal ($\sum F_X = 0$) al cuerpo libre de la parte del armazón arriba de la sección. En las figuras 15.17(c) y (d), se muestran los diagramas de cuerpo libre así obtenidos. Aplicando la ecuación de equilibrio $\sum F_X = 0$ al piso superior del armazón (Fig. 15.17(c)), se obtiene

$$S_{CE} + S_{DF} = 10$$

De modo análogo, al aplicar $\sum F_X = 0$ al armazón completo (Fig. 15.17(d)), se escribe

$$S_{AC} + S_{BD} = 30$$

Expresando las cortantes en los extremos de las columnas, en términos de los momentos en los extremos de las mismas, como

$$S_{AC} = \frac{M_{AC} + M_{CA}}{20} \qquad S_{BD} = \frac{M_{BD} + M_{DB}}{20}$$

$$S_{CE} = \frac{M_{CE} + M_{EC}}{20} \qquad S_{DF} = \frac{M_{DF} + M_{FD}}{20}$$

y sustituyendo estas expresiones en las ecuaciones de equilibrio de las fuerzas, se obtiene

$$M_{CE} + M_{EC} + M_{DF} + M_{FD} = 200 \qquad \textbf{(17)}$$

$$M_{AC} + M_{CA} + M_{BD} + M_{DB} = 200 \qquad \textbf{(18)}$$

Desplazamientos de los nodos La sustitución de las ecuaciones de las pendientes-deflexiones (ecuaciones (1–12)) en las de equilibrio (ecuaciones (13–18)) da

$$0.6EI\theta_C + 0.1EI\theta_D + 0.1EI\theta_E + 0.015EI\Delta_1 + 0.015EI\Delta_2 = -200 \qquad \textbf{(19)}$$

$$0.1EI\theta_C + 0.6EI\theta_D + 0.1EI\theta_F + 0.015EI\Delta_1 + 0.015EI\Delta_2 = 200 \qquad \textbf{(20)}$$

$$0.1EI\theta_C + 0.4EI\theta_E + 0.1EI\theta_F + 0.015EI\Delta_2 = -200 \qquad \textbf{(21)}$$

$$0.1EI\theta_D + 0.1EI\theta_E + 0.4EI\theta_F + 0.015EI\Delta_2 = 200 \qquad \textbf{(22)}$$

$$0.3EI\theta_C + 0.3EI\theta_D + 0.3EI\theta_E + 0.3EI\theta_F + 0.06EI\Delta_2 = 200 \qquad \textbf{(23)}$$

$$0.1EI\theta_C + 0.1EI\theta_D + 0.015EI\Delta_1 = 200 \qquad \textbf{(24)}$$

Resolviendo las ecuaciones (19–24) por el método de eliminación de Gauss-Jordan (apéndice B), se determinan

$$EI\theta_C = -812.988 \text{ k-ft}^2$$

$$EI\theta_D = -241.556 \text{ k-ft}^2$$

$$EI\theta_E = -789.612 \text{ k-ft}^2$$

$$EI\theta_F = 353.248 \text{ k-ft}^2$$

$$EI\Delta_1 = 15\,272.728 \text{ k-ft}^3 \quad \text{o} \quad \Delta_1 = 0.0758 \text{ ft} = 0.91 \text{ in} \rightarrow$$

$$EI\Delta_2 = 10\,787.878 \text{ k-ft}^3 \quad \text{o} \quad \Delta_2 = 0.0536 \text{ ft} = 0.643 \text{ in} \rightarrow$$

Por tanto, la deflexión horizontal del nodo F del armazón es la siguiente:

$$\Delta_F = \Delta_1 + \Delta_2 = 0.91 + 0.643 = 1.553 \text{ in} \rightarrow$$ **Resp.**

Momentos en los extremos de los miembros Si se sustituyen los valores numéricos de los desplazamientos de los nodos en las ecuaciones de las pendientes-deflexiones (ecuaciones (1–12)), se obtiene

$$M_{AC} = 147.8 \text{ k-ft} \circlearrowright$$ **Resp.**

$$M_{CA} = 66.5 \text{ k-ft} \circlearrowright$$ **Resp.**

$$M_{BD} = 204.9 \text{ k-ft} \circlearrowright$$ **Resp.**

$M_{DB} = 180.8$ k-ft ↻ **Resp.**

$M_{CE} = -79.7$ k-ft o 79.7 k-ft ↻ **Resp.**

$M_{EC} = -77.4$ k-ft o 77.4 k-ft ↻ **Resp.**

$M_{DF} = 148.8$ k-ft ↺ **Resp.**

$M_{FD} = 208.3$ k-ft ↺ **Resp.**

$M_{CD} = 13.2$ k-ft ↺ **Resp.**

$M_{DC} = -329.6$ k-ft o 329.6 k-ft ↻ **Resp.**

$M_{EF} = 77.4$ k-ft ↺ **Resp.**

$M_{FE} = -208.3$ k-ft o 208.3 k-ft ↻ **Resp.**

La sustitución de los valores numéricos de los momentos en los extremos de los miembros, de regreso en las ecuaciones de equilibrio, da

$$M_{CA} + M_{CD} + M_{CE} = 66.5 + 13.2 - 79.7 = 0$$ **Coincide**

$$M_{DB} + M_{DC} + M_{DF} = 180.8 - 329.6 + 148.8 = 0$$ **Coincide**

$$M_{EC} + M_{EF} = -77.4 + 77.4 = 0$$ **Coincide**

$$M_{FD} + M_{FE} = 208.3 - 208.3 = 0$$ **Coincide**

$$M_{CE} + M_{EC} + M_{DF} + M_{FD} = -79.7 - 77.4 + 148.8 + 208.3 = 200$$ **Coincide**

$$M_{AC} + M_{CA} + M_{BD} + M_{DB} = 147.8 + 65.5 + 204.9 + 180.8 = 600$$ **Coincide**

Cortantes en los extremos de los miembros y fuerzas axiales Véase la figura 15.17(e).

Reacciones en los apoyos Véase la figura 15.17(f). **Resp.**

Comprobación del equilibrio Se satisfacen las ecuaciones de equilibrio.

RESUMEN

En este capítulo se ha estudiado un planteamiento clásico del método de los desplazamientos (rigidez), llamado método de las pendientes-deflexiones, para el análisis de las vigas y de los armazones. El método se basa en la ecuación de las pendientes-deflexiones:

$$M_{cl} = \frac{2EI}{L}(2\theta_c + \theta_l - 3\psi) + \mathrm{EF}_{cl} \qquad \textbf{(15.9)}$$

la cual relaciona el momentos en los extremos de un miembro con las rotaciones y desplazamientos de sus extremos y las cargas externas aplicadas al mismo.

En esencia, el procedimiento para el análisis comprende: 1) la identificación de los desplazamientos desconocidos de los nodos (grados de libertad) de la estructura; 2) para cada miembro, se expresan las ecuaciones de las pendientes-deflexiones que relacionan los momentos en los extremos de los miembros con los desplazamientos desconocidos de los nodos; 3) el establecimiento de las ecuaciones de equilibrio de la estructura, en términos de los momentos en los extremos de los miembros; 4) la sustitución de las ecuaciones de las pendientes-deflexiones en las de equilibrio y la resolución del sistema de ecuaciones resultante, a fin de determinar los desplazamientos desconocidos de los nodos, y 5) el cálculo de los momentos en los extremos de los miembros al sustituir los valores de los desplazamientos de los nodos de regreso en las ecuaciones de las pendientes-deflexiones. Una vez que se han evaluado los momentos en los extremos de los miembros, se pueden determinar las cortantes en los extremos de los miembros y las fuerzas axiales, así como las reacciones en los apoyos a través de consideraciones de equilibrio.

PROBLEMAS

Sección 15.3

15.1 al 15.5 Determine las reacciones y trace los diagramas de la cortante y del momento flexionante para las vigas mostradas en las figuras P15.1–P15.5, usando el método de las pendientes-deflexiones.

15.6 Resuelva el problema 15.2 para la carga que se muestra en la figura P15.2 y un asentamiento de $\frac{1}{2}$ in en el apoyo B.

15.7 Resuelva el problema 15.4 para la carga que se muestra en la figura P15.4 y los asentamientos de los apoyos de $1\frac{1}{2}$ in en B y 1 in en C.

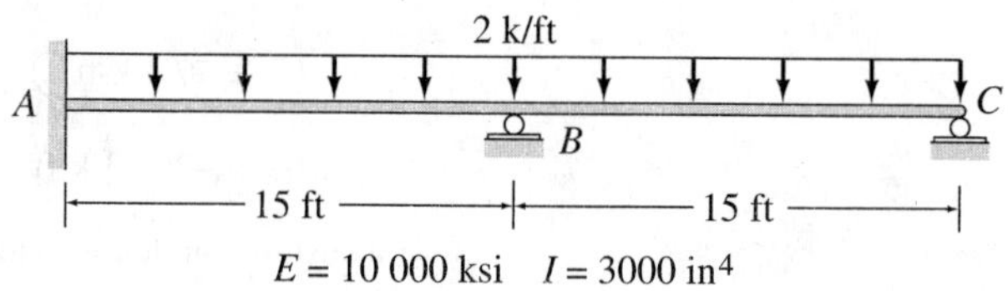

Fig. P15.4, P15.7

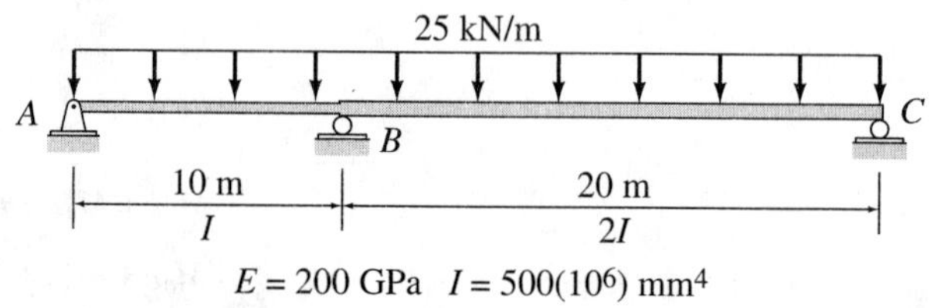

Fig. P15.5

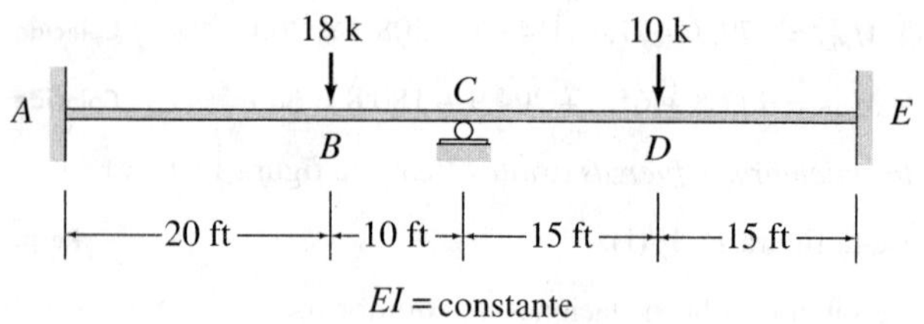

Fig. P15.1

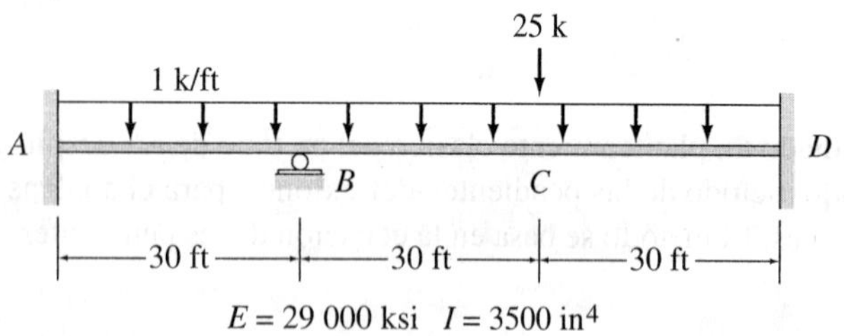

Fig. P15.2, P15.6

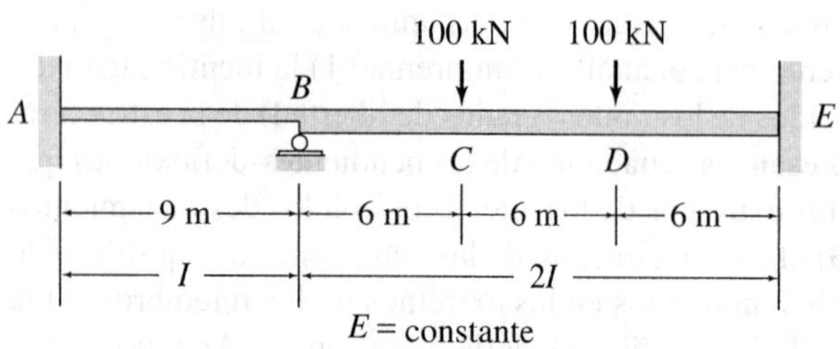

Fig. P15.3

15.8 al 15.14 Determine las reacciones y trace los diagramas de la cortante y del momento flexionante para las vigas mostradas en las figuras P15.8–P15.14, usando el método de las pendientes-deflexiones.

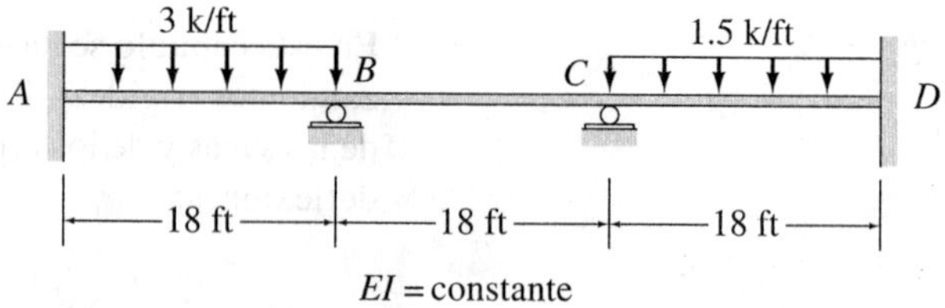

Fig. P15.8

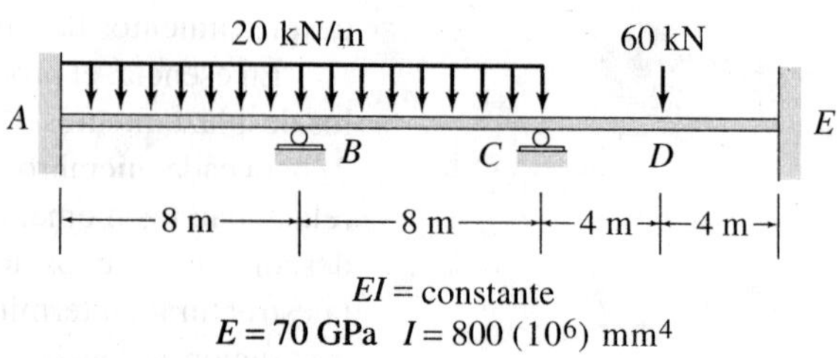

Fig. P15.9, P15.15

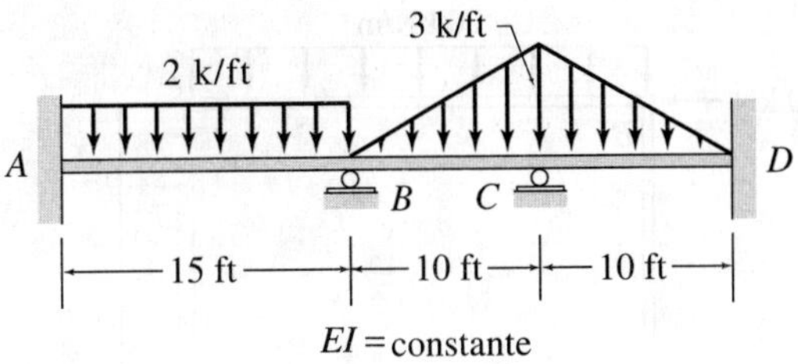

Fig. P15.10

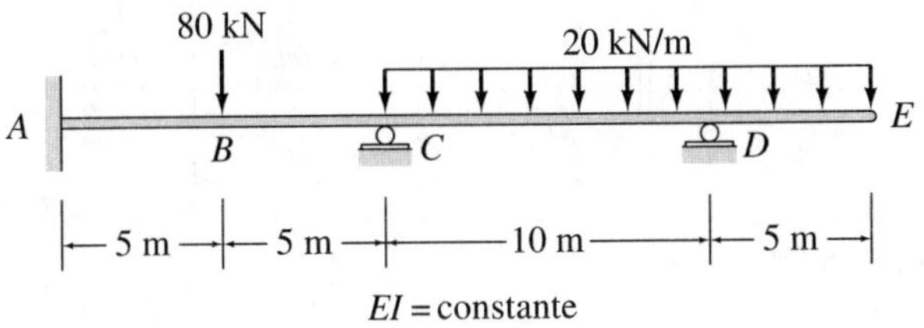

Fig. P15.11

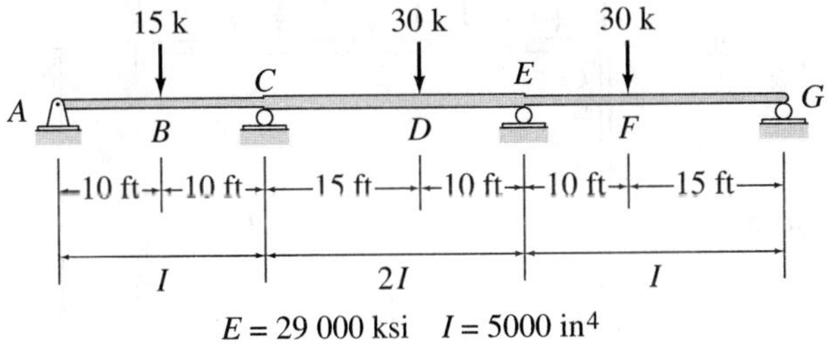

Fig. P15.12, P15.16

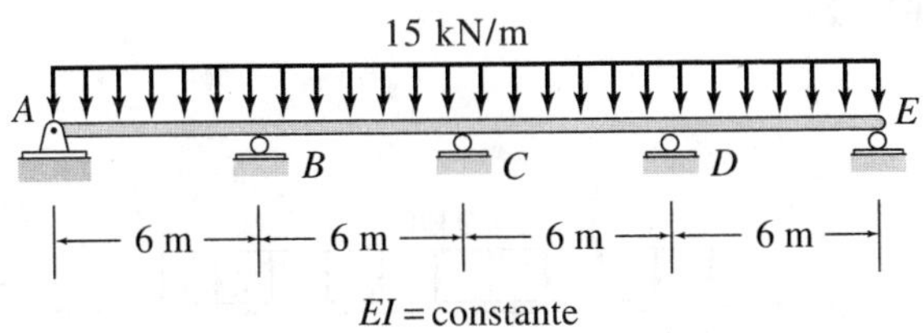

Fig. P15.13

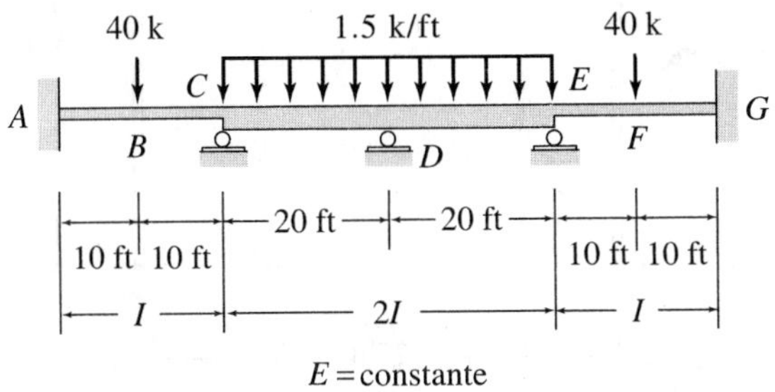

Fig. P15.14

15.15 Resuelva el problema 15.9 para la carga que se muestra en la figura P15.9 y un asentamiento de 25 mm en el apoyo C.

16.16 Resuelva el problema 15.12 para la carga que se muestra en la figura P15.12 y los asentamientos de los apoyos de $\frac{1}{2}$ in en el A; 4 in en el C; 3 in en el E y $2\frac{1}{2}$ in en el G.

Sección 15.4

15.17 al 15.20 Determine los momentos en los extremos de los miembros y las reacciones para los armazones mostrados en las figuras P15.17–P15.20, usando el método de las pendientes-deflexiones.

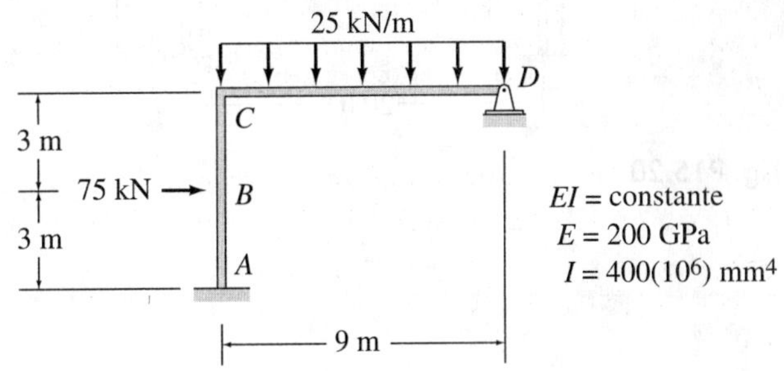

Fig. P15.17, P15.21

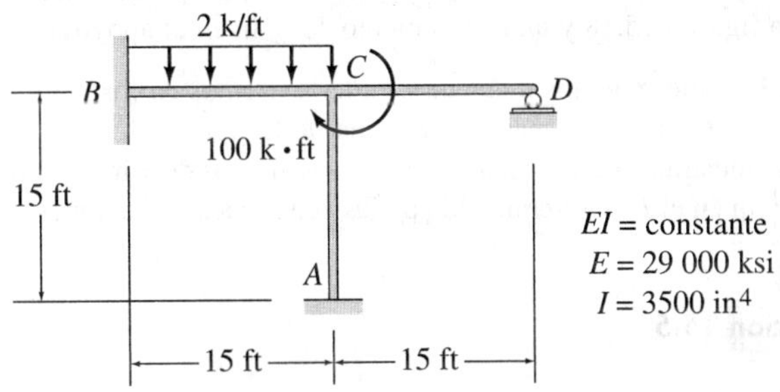

Fig. P15.18, P15.22

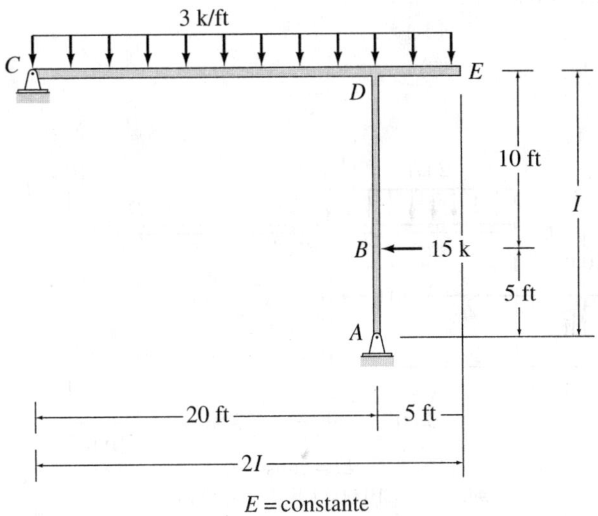

Fig. P15.19

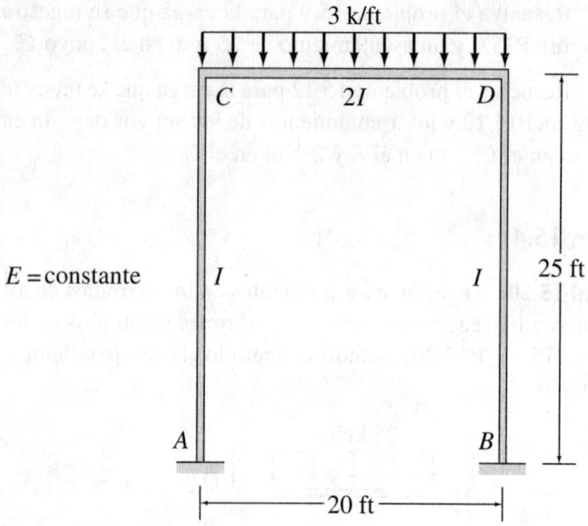

Fig. P15.20

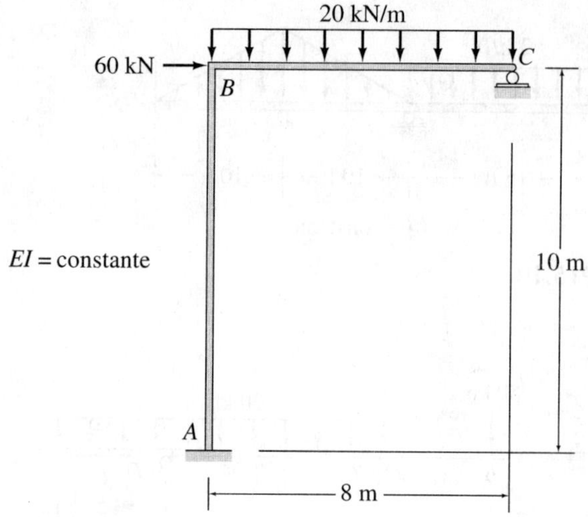

Fig. P15.24

15.21 Resuelva el problema 15.17 para la carga que se muestra en la figura P15.17 y un asentamiento de 50 mm en el apoyo D.

15.22 Resuelva el problema 15.18 para la carga que se muestra en la figura P15.18 y un asentamiento de $\frac{1}{4}$ in en el apoyo A.

15.23 Determine los momentos en los extremos de los miembros y las reacciones para el armazón de la figura P15.23 y la carga mostrada, con asentamientos de los apoyos de 1 in en el A y $1\frac{1}{2}$ in en el D. Use el método de las pendientes-deflexiones.

Sección 15.5

15.24 al 15.31 Determine los momentos en los extremos de los miembros y las reacciones para los armazones mostrados en las figuras P15.24 a P15.31, usando el método de las pendientes-deflexiones.

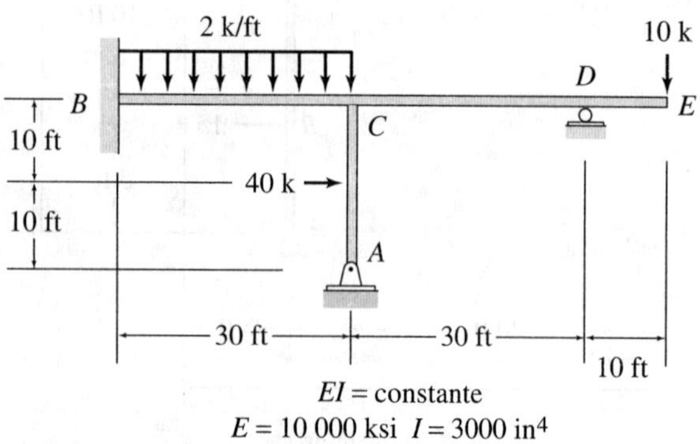

Fig. P15.23

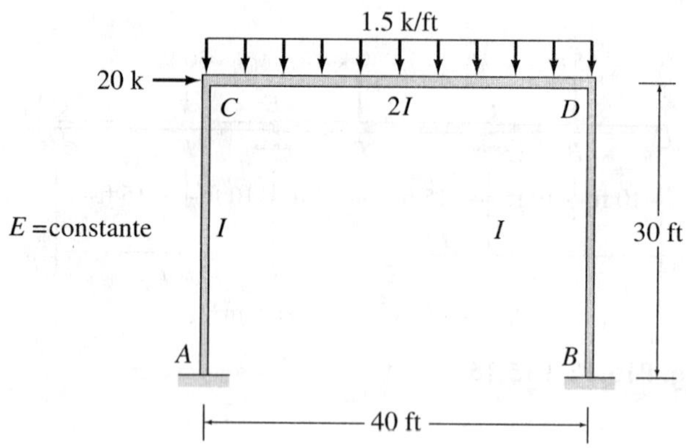

Fig. P15.25

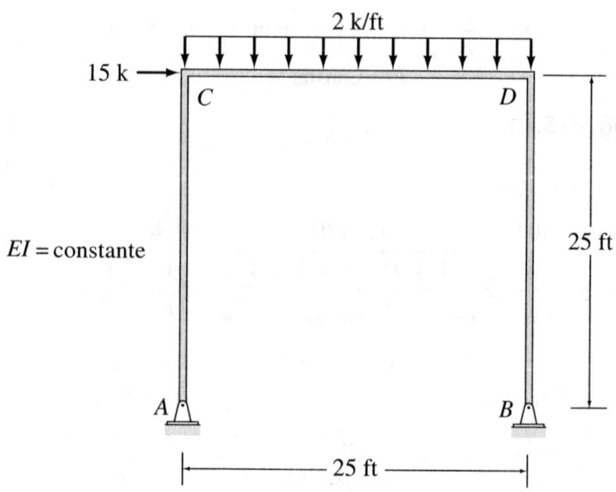

Fig. P15.26

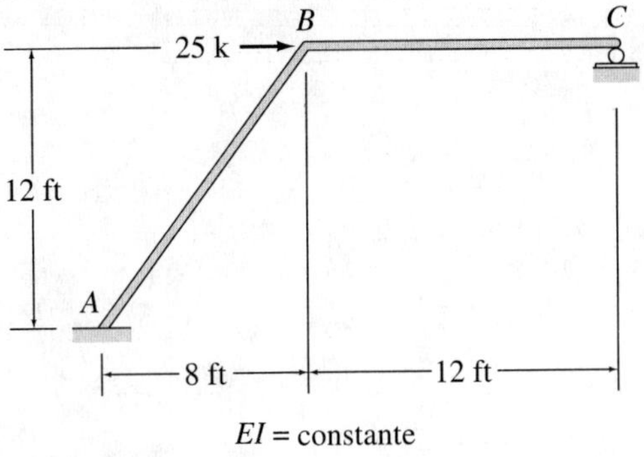

Fig. P15.27

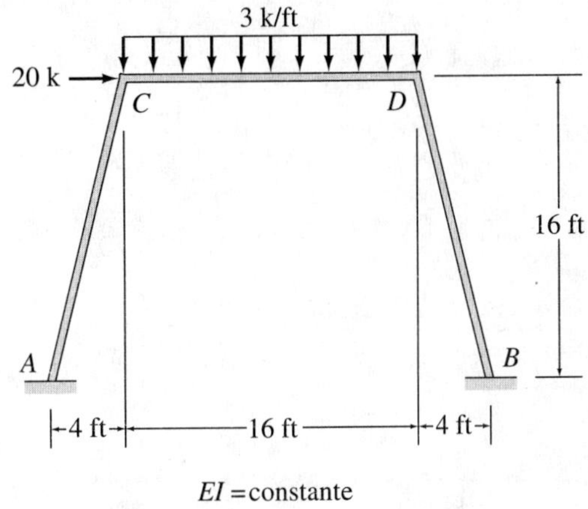

Fig. P15.30

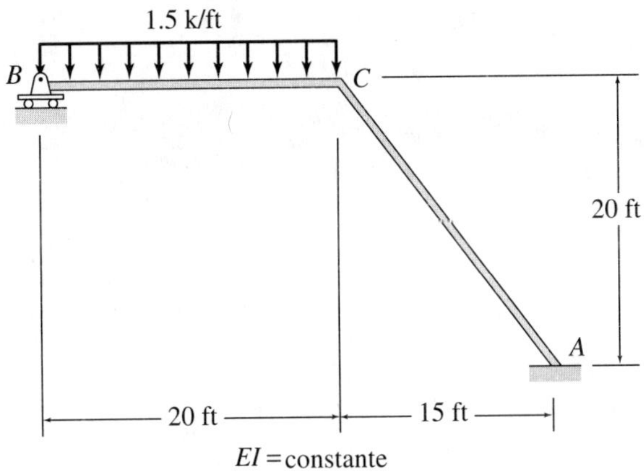

Fig. P15.28

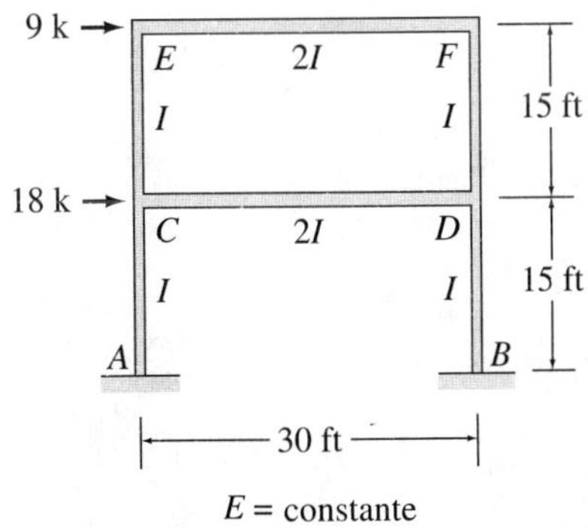

Fig. P15.31

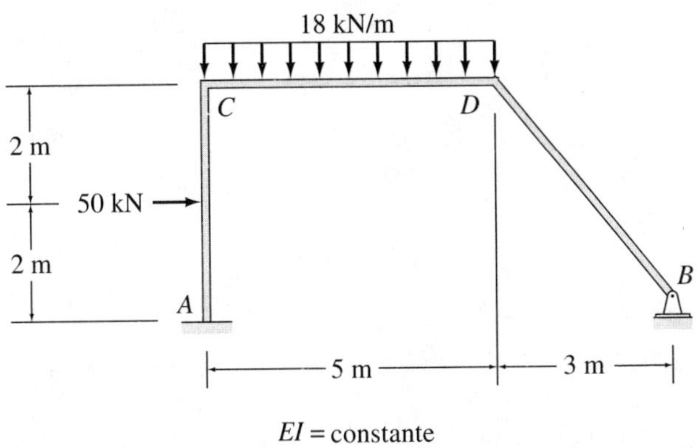

Fig. P15.29

16 MÉTODO DE DISTRIBUCIÓN DE MOMENTOS

Edificio Empire State, Nueva York
Fotografía cortesía de Bethlehem Steel Corporation

En este capítulo se considera otro planteamiento clásico del método de los desplazamientos, el *método de distribución de momentos.* Como el método de las pendientes-deflexiones, el método de distribución de momentos sólo se puede usar para el análisis de vigas continuas y armazones, tomando en cuenta sólo sus deformaciones por flexión. Este método, que fue desarrollado inicialmente por Hardy Cross en 1924, fue el método de mayor uso para el análisis de estructuras desde 1930, cuando se publicó por primera vez, hasta la década de 1960. Desde el principio de la década de los 70, con la disponibilidad cada vez mayor de las computadoras, el uso del método de distribución de momentos ha declinado en favor de los métodos matriciales de análisis estructural, orientados a las computadoras. No obstante, muchos ingenieros todavía prefieren el método de distribución de momentos para el análisis de las estructuras más pequeñas, ya que proporciona una mejor visión del comportamiento de las mismas. Además, se puede utilizar este método para los diseños preliminares, así como para comprobar los resultados de los análisis computarizados.

La razón principal de la popularidad del método de distribución de momentos en la era previa a las computadoras se debió al hecho de que no comprende la resolución de tantas ecuaciones simultáneas como lo requieren los otros métodos clásicos. En el análisis de las vigas continuas y los armazones sin ladeo, el método de distribución de momentos evita por completo la resolución de ecuaciones simultáneas, en tanto que en el caso de los armazones con ladeo, el número de ecuaciones simultáneas que intervienen suele ser igual al número de traslaciones independientes de los nodos.

El método de distribución de momentos se clasifica como de desplazamientos y, desde un punto de vista teórico, es muy semejante al de las pendientes-deflexiones considerado en el capítulo anterior. Sin embargo, a diferencia de este último, en el cual se satisfacen de manera simultánea todas las ecuaciones de equilibrio de la estructura, en aquél se resuelven las ecuaciones de equilibrio de los momentos en forma iterativa, al considerar de modo sucesivo el equilibrio de los momentos en un nodo a la vez, en tanto que se supone que los nodos restantes de la estructura tienen restringido el desplazamiento.

En principio, se deducen las relaciones fundamentales necesarias para la aplicación del método de distribución de momentos y, a continuación, se desarrolla el concepto básico del propio método. Enseguida, se considera la aplicación del método al análisis de vigas continuas y armazones sin ladeo y, por último, se realiza el análisis de los armazones con ladeo.

16.1 DEFINICIONES Y TERMINOLOGÍA

Antes de poder desarrollar el método de distribución de momentos, es necesario adoptar una convención respecto a los signos y definir varios términos usados en el análisis.

Convención de los signos

En la aplicación del método de distribución de momentos, se adoptará la convención de los signos como se usó para el de las pendientes-deflexiones:

> Los momentos en los extremos de los miembros en sentido contrario al movimiento de las manecillas del reloj se consideran positivos.

Ya que un momento en sentido contrario al movimiento de las manecillas del reloj en un extremo de un miembro debe actuar en el mismo sentido de ese movimiento sobre el nodo adyacente, la convención antes dada de los signos implica que *los momentos en el sentido del movimiento de las manecillas del reloj sobre los nodos se consideran positivos*.

Rigidez del miembro

Considere una viga prismática AB, la cual se encuentra articulada en el extremo A y fija en el B, como se muestra en la figura 16.1(a). Si se aplica un momento M en el extremo A, la viga gira en un ángulo θ en este extremo y desarrolla un momento M_{BA} en el extremo fijo B, como se muestra en la figura. Se puede establecer la relación entre el momento aplicado M y la rotación θ mediante el uso de la ecuación de las pendientes-deflexiones deducida en la sección 15.1. Al hacer la sustitución $M_{cl} = M$, $\theta_c = \theta$ y $\theta_l = \psi = \mathrm{EF}_{cl} = 0$ en la ecuación mencionada (ecuación (15.9)), se obtiene

$$M = \left(\frac{4EI}{L}\right)\theta \qquad \textbf{(16.1)}$$

La *rigidez a la flexión,* $\overline{K}$*, de un miembro se define como el momento que debe aplicarse en uno de los extremos de éste para causar una rotación unitaria de ese extremo*. Por tanto, al hacer $\theta = 1$ en la ecuación (16.1), se obtiene la expresión para la rigidez a la flexión de la viga de la figura 16.1(a) como

$$\overline{K} = \frac{4EI}{L} \qquad \textbf{(16.2)}$$

Cuando el módulo de elasticidad para todos los miembros de una estructura es el mismo (es decir, E = constante), suele ser conveniente trabajar con la *rigidez relativa a la flexión* del miembro en el análisis. *La rigidez relativa a la flexión, K, de*

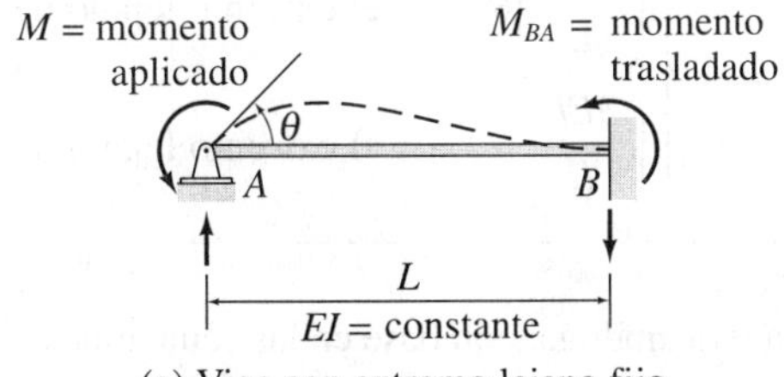

(a) Viga con extremo lejano fijo

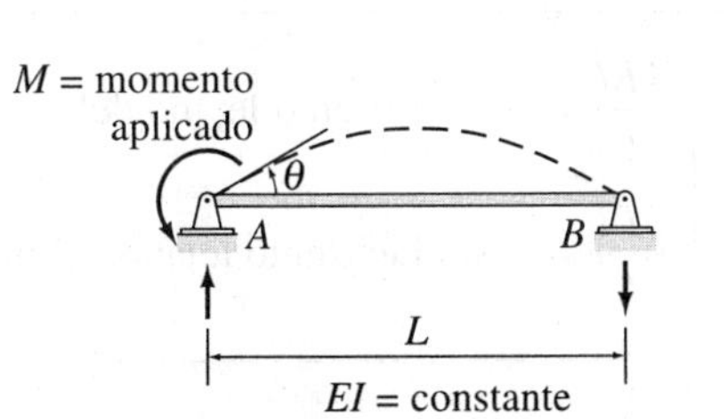

(b) Viga con extremo lejano articulado

Fig. 16.1

un miembro se obtiene al dividir su rigidez a la flexión, $\overline{K}$*, entre* 4*E*. Por tanto, la rigidez relativa a la flexión de la viga de la figura 16.1(a) está dada por

$$K = \frac{\overline{K}}{4E} = \frac{I}{L} \qquad \textbf{(16.3)}$$

Ahora, suponga que el extremo lejano *B* de la viga de la figura 16.1(a) está articulado, como se muestra en la figura 16.1(b). Ahora se puede determinar la relación entre el momento aplicado *M* y la rotación θ del extremo *A* de la viga mediante el uso de la ecuación modificada de las pendientes-deflexiones (ecuación (15.15)), deducida en la sección 15.1. Al sustituir $M_{ra} = M$, $\theta_r = \theta$ y $\psi = \text{EF}_{ra} = \text{EF}_{ar} = 0$ en la ecuación 15.9, se obtiene

$$M = \left(\frac{3EI}{L}\right)\theta \qquad \textbf{(16.4)}$$

Al hacer $\theta = 1$ rad, se observa que la expresión para la rigidez a la flexión de la viga de la figura 16.1(b) es

$$\overline{K} = \frac{3EI}{L} \qquad \textbf{(16.5)}$$

Una comparación de las ecuaciones (16.2) y (16.5) indica que la rigidez de la viga se reduce en un 25%, cuando el soporte fijo en *B* se reemplaza por uno articulado. Ahora se puede obtener la rigidez relativa a la flexión de la viga al dividir su rigidez a la flexión entre 4*E*:

$$K = \frac{3}{4}\left(\frac{I}{L}\right) \qquad \textbf{(16.6)}$$

A partir de las ecuaciones (16.1) y (16.4), se puede ver que la relación entre el momento aplicado *M* en un extremo y la rotación θ del extremo correspondiente de un miembro se puede resumir como sigue:

$$M = \begin{cases} \left(\dfrac{4EI}{L}\right)\theta & \text{si el extremo lejano del miembro está fijo} \\ \left(\dfrac{3EI}{L}\right)\theta & \text{si el extremo lejano del miembro está articulado} \end{cases} \qquad \textbf{(16.7)}$$

De manera análoga, con base en las ecuaciones (16.2) y (16.5), la rigidez a la flexión de un miembro se expresa como

$$\overline{K} = \begin{cases} \dfrac{4EI}{L} & \text{si el extremo lejano del miembro está fijo} \\ \dfrac{3EI}{L} & \text{si el extremo lejano del miembro está articulado} \end{cases} \qquad \textbf{(16.8)}$$

y la rigidez relativa a la flexión de un miembro se puede expresar como (véase las ecuaciones (16.3) y (16.6))

$$K = \begin{cases} \dfrac{I}{L} & \text{si el extremo lejano del miembro está fijo} \\ \dfrac{3}{4}\left(\dfrac{I}{L}\right) & \text{si el extremo lejano del miembro está articulado} \end{cases} \qquad \textbf{(16.9)}$$

Momento trasladado

Consideremos una vez más la viga articulada y fija de la figura 16.1. Cuando se aplica un momento M al extremo articulado A de la viga, se desarrolla un momento M_{BA} en el extremo fijo B, como se muestra en la figura. El momento M_{BA} se denomina *momento trasladado*. Para establecer la relación entre el momento aplicado M y el momento trasladado M_{BA}, se escribe la ecuación de las pendientes-deflexiones para M_{BA}, al sustituir $M_{cl} = M_{BA}$, $\theta_l = \theta$ y $\theta_c = \psi = \mathrm{EF}_{cl} = 0$ en la ecuación (15.9):

$$M_{BA} = \left(\frac{2EI}{L}\right)\theta \qquad \textbf{(16.10)}$$

Sustituyendo $\theta = ML/(4EI)$ de la ecuación (16.1) a la (16.10), se obtiene

$$M_{BA} = \frac{M}{2} \qquad \textbf{(16.11)}$$

Como la ecuación (16.11) indica, cuando se aplica un momento de magnitud M en el extremo articulado de una viga, la mitad del momento aplicado se *traslada* hasta el extremo lejano, siempre que este último esté fijo. Note que la dirección del momento trasladado, M_{BA}, es la misma que la del momento aplicado M.

Cuando el extremo lejano de la viga está articulado, como se muestra en la figura 16.1(b), el momento trasladado M_{BA} es cero. Por tanto, se puede expresar el momento trasladado como

$$M_{BA} = \begin{cases} \dfrac{M}{2} & \text{si el extremo lejano del miembro está fijo} \\ 0 & \text{si el extremo lejano del miembro está articulado} \end{cases} \qquad \textbf{(16.12)}$$

La razón del momento trasladado al aplicado (M_{BA}/M) se llama *factor de traslación* del miembro. Representa la fracción del momento aplicado M que se *traslada* hasta el extremo lejano del miembro. Si se divide la ecuación (16.12) entre M, se puede expresar el factor de traslación (FT) como

$$\mathrm{FT} = \begin{cases} \dfrac{1}{2} & \text{si el extremo lejano del miembro está fijo} \\ 0 & \text{si el extremo lejano del miembro está articulado} \end{cases} \qquad \textbf{(16.13)}$$

Deducción de la rigidez del miembro y del momento trasladado por el método del momento-área

Las expresiones antes dadas de la rigidez a la flexión del miembro y del momento trasladado se pueden deducir, de modo alterno, por la aplicación del método del momento-área analizado en el capítulo 6.

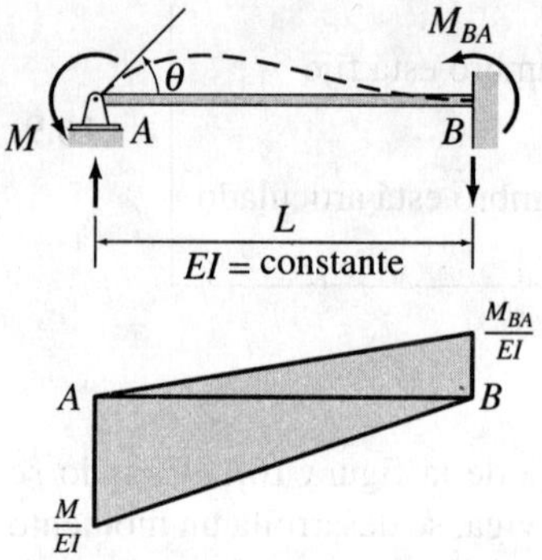

(a) Viga con el extremo lejano fijo

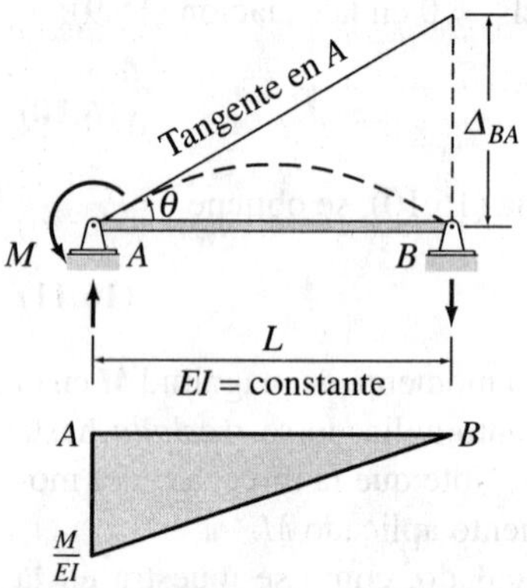

(b) Viga con el extremo lejano articulado

Fig. 16.2

En la figura 16.2(a), se ha vuelto a trazar la viga articulada y fija de la figura 16.1(a), en la cual también se muestra el diagrama M/EI de la propia viga. Debido a que el extremo derecho B de ésta se encuentra fijo, la tangente a la curva elástica en B es horizontal y pasa por el extremo izquierdo A. Por lo tanto, la desviación tangencial del extremo A respecto de la tangente en B es cero (es decir, $\Delta_{BA} = 0$). Ya que, según el segundo teorema del momento-área, esta desviación tangencial es igual al momento del diagrama M/EI entre A y B, respecto a A, se puede escribir

$$\Delta_{AB} = \frac{1}{2}\left(\frac{M}{EI}\right)L\left(\frac{L}{3}\right) - \frac{1}{2}\left(\frac{M_{BA}}{EI}\right)L\left(\frac{2L}{3}\right) = 0$$

de lo cual

$$M_{BA} = \frac{M}{2}$$

Note que la expresión inmediata anterior para el momento trasladado es idéntica a la ecuación (16.11), la cual se dedujo con anterioridad mediante la aplicación de las ecuaciones de las pendientes-deflexiones.

Con la tangente en B horizontal, el ángulo θ en A es igual al cambio en la pendiente θ_{BA} entre A y B. Como, según el primer teorema del momento-área, θ_{BA} es igual al área del diagrama M/EI entre A y B, se escribe

$$\theta = \frac{1}{2}\left(\frac{M}{EI}\right)L - \frac{1}{2}\left(\frac{M_{BA}}{EI}\right)L$$

Al hacer la sustitución $M_{BA} = M/2$, se obtiene

$$\theta = \left(\frac{L}{4EI}\right)M$$

de lo cual

$$M = \left(\frac{4EI}{L}\right)\theta$$

que es lo mismo que la ecuación (16.1), deducida con anterioridad.

En la figura 16.2(b), se muestra la curva elástica y el diagrama M/EI para la viga, cuando su extremo lejano B está articulado. Con base en la curva elástica se puede ver que

$$\theta = \frac{\Delta_{BA}}{L}$$

en la cual, de acuerdo con el segundo teorema del momento-área,

$$\Delta_{BA} = \text{momento del diagrama } M/EI \text{ entre } A \text{ y } B\text{, respecto a } B$$

$$= \frac{1}{2}\left(\frac{M}{EI}\right)L\left(\frac{2L}{3}\right) = \left(\frac{L^2}{3EI}\right)M$$

Por lo tanto,

$$\theta = \frac{\Delta_{BA}}{L} = \left(\frac{L}{3EI}\right)M$$

de la cual

$$M = \left(\frac{3EI}{L}\right)\theta$$

lo que es idéntico a la ecuación (16.4), deducida con anterioridad usando las ecuaciones de las pendientes-deflexiones.

Factores de distribución

Cuando se analiza una estructura por el método de distribución de momentos, una importante pregunta que surge es cómo distribuir un momento aplicado a un nodo entre los diversos miembros conectados a ese nodo. Considere el armazón de tres miembros que se muestra en la figura 16.3(a) y suponga que se aplica un momento M al nodo B, haciéndolo girar en un ángulo θ, como se muestra en la figura. A fin de determinar qué fracción del momento aplicado M es resistida por cada uno de los tres miembros conectados al nodo B, se dibujan los diagramas de cuerpo libre del nodo B y de los tres miembros AB, BC y BD, como se muestra en la figura 16.3(b).

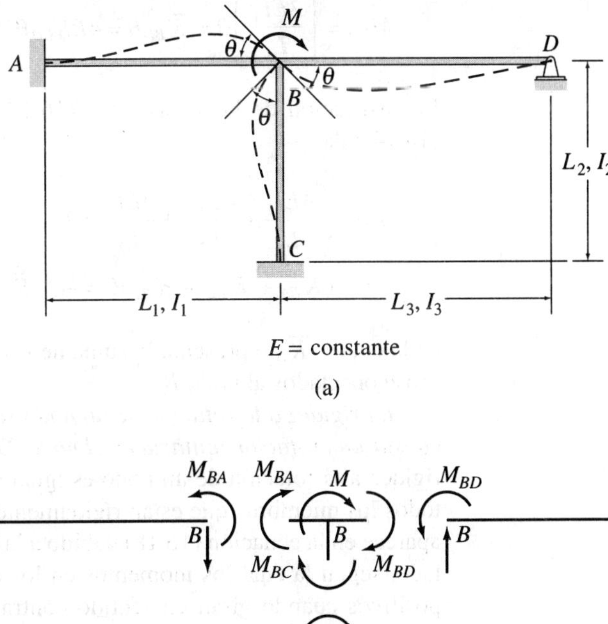

(a)

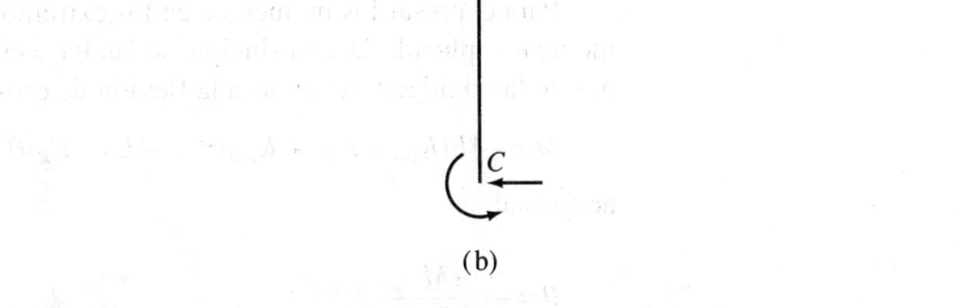

(b)

Fig. 16.3

Al considerar el equilibrio de los momentos del cuerpo libre del nodo B (es decir, $\sum M_B = 0$), se escribe

$$M + M_{BA} + M_{BC} + M_{BD} = 0$$

o bien,

$$M = -(M_{BA} + M_{BC} + M_{BD}) \tag{16.14}$$

Ya que suponemos que los miembros AB, BC y BD están rígidamente conectados al nodo B, las rotaciones en los extremos B de estos miembros son iguales a la del nodo. Los momentos en los extremos B de los miembros se pueden expresar en términos de la rotación θ del nodo, mediante la aplicación de la ecuación (16.7). Al notar que los extremos lejanos A y C, respectivamente, de los miembros AB y BC están fijos, en tanto que el lejano D del miembro BD está articulado, se aplican las ecuaciones (16.7) a (16.9) a cada uno de los miembros para obtener

$$M_{BA} = \left(\frac{4EI_1}{L_1}\right)\theta = \overline{K}_{BA}\theta = 4EK_{BA}\theta \tag{16.15}$$

$$M_{BC} = \left(\frac{4EI_2}{L_2}\right)\theta = \overline{K}_{BC}\theta = 4EK_{BC}\theta \tag{16.16}$$

$$M_{BD} = \left(\frac{3EI_3}{L_3}\right)\theta = \overline{K}_{BD}\theta = 4EK_{BD}\theta \tag{16.17}$$

La sustitución de las ecuaciones (16.15) a (16.17) en la de equilibrio (ecuación (16.14)) da

$$\begin{aligned} M &= -\left(\frac{4EI_1}{L_1} + \frac{4EI_2}{L_2} + \frac{3EI_3}{L_3}\right)\theta \\ &= -(\overline{K}_{BA} + \overline{K}_{BC} + \overline{K}_{BD})\theta = -(\sum \overline{K}_B)\theta \end{aligned} \tag{16.18}$$

en la cual $\sum \overline{K}_B$ representa la suma de las rigideces a la flexión de todos los miembros conectados al nodo B.

La rigidez a la rotación de un nodo se define como el momento requerido para causar una rotación unitaria en el nodo. De la ecuación (16.18), se puede ver que la rigidez a la rotación de un nodo es igual a la suma de las rigideces a la flexión de todos los miembros que están rígidamente conectados a el nodo. El signo negativo aparece en la ecuación (16.18) debido a la convención de los signos que se ha adoptado, según la cual los momentos en los extremos de los miembros se consideran positivos cuando giran en sentido contrario al movimiento de las manecillas del reloj, en tanto que los momentos que actúan sobre los nodos se consideran positivos cuando el movimiento es en el sentido de las manecillas del reloj.

Para expresar los momentos en los extremos de los miembros, en términos del momento aplicado M, en principio se vuelve a escribir la ecuación (16.18) en términos de las rigideces relativas a la flexión de esos miembros como

$$M = -4E(K_{BA} + K_{BC} + K_{BD})\theta = -4E\,(\sum K_B)\theta$$

de lo cual

$$\theta = -\frac{M}{4E\sum K_B} \tag{16.19}$$

Sustituyendo la ecuación (16.19) en las ecuaciones (16.15) a (16.17), se obtiene

$$M_{BA} = -\left(\frac{K_{BA}}{\sum K_B}\right)M \tag{16.20}$$

$$M_{BC} = -\left(\frac{K_{BC}}{\sum K_B}\right)M \tag{16.21}$$

$$M_{BD} = -\left(\frac{K_{BD}}{\sum K_B}\right)M \tag{16.22}$$

A partir de las ecuaciones (16.20) a (16.22), se puede ver que el momento aplicado M se distribuye hacia los tres miembros en proporción a sus rigideces relativas a la flexión. Para un miembro, la razón $K/\sum K_B$ se denomina *factor de distribución* (FD) de ese miembro para el extremo B y representa la fracción del momento aplicado M que se distribuye hacia ese extremo B del miembro. Por tanto, las ecuaciones (16.20) a (16.22) se pueden expresar como

$$M_{BA} = -\text{FD}_{BA}M \tag{16.23}$$

$$M_{BC} = -\text{FD}_{BC}M \tag{16.24}$$

$$M_{BD} = -\text{FD}_{BD}M \tag{16.25}$$

en las cuales $\text{FD}_{BA} = K_{BA}/\sum K_B$, $\text{FD}_{BC} = K_{BC}/\sum K_B$ y $\text{FD}_{BD} = K_{BD}/\sum K_B$ son los factores de distribución para los extremos B de los miembros AB, BC y BD, respectivamente.

Por ejemplo, si el nodo B del armazón de la figura 16.3(a) se sujeta a un momento en el sentido del movimiento de las manecillas del reloj de 150 k-ft (es decir, M = 150 k-ft) y si $L_1 = L_2 = 20$ ft, $L_3 = 30$ ft e $I_1 = I_2 = I_3 = I$, de modo que

$$K_{BA} = K_{BC} = \frac{1}{20} = 0.05I$$

$$K_{BD} = \frac{3}{4}\left(\frac{I}{30}\right) = 0.025I$$

entonces los factores de distribución de los extremos B de los miembros AB, BC y BD quedan dados por

$$\text{FD}_{BA} = \frac{K_{BA}}{K_{BA}+K_{BC}+K_{BD}} = \frac{0.05I}{(0.05+0.05+0.025)I} = 0.4$$

$$\text{FD}_{BC} = \frac{K_{BC}}{K_{BA}+K_{BC}+K_{BD}} = \frac{0.05I}{0.125I} = 0.4$$

$$\text{FD}_{BD} = \frac{K_{BD}}{K_{BA}+K_{BC}+K_{BD}} = \frac{0.025I}{0.125I} = 0.2$$

Estos factores de distribución indican que 40% del momento de 150 k-ft aplicado al nodo B se ejerce en el extremo B del miembro AB, 40 % en el extremo B del BC y el 20% restante sobre el extremo B del miembro BD, Por tanto, los momentos en los extremos B de los tres miembros son

$$M_{BA} = -\text{FD}_{BA}M = -0.4(150) = -60 \text{ k-ft} \quad \text{o} \quad 60 \text{ k-ft} \curvearrowright$$

$$M_{BC} = -\text{FD}_{BC}M = -0.4(150) = -60 \text{ k-ft} \quad \text{o} \quad 60 \text{ k-ft} \curvearrowright$$

$$M_{BD} = -\text{FD}_{BD}M = -0.2(150) = -30 \text{ k-ft} \quad \text{o} \quad 30 \text{ k-ft} \curvearrowright$$

Con base en la discusión planteada, se puede decir que, en general, el factor de distribución (FD) para un extremo de un miembro que está rígidamente conectado al nodo adyacente es igual a la razón de la rigidez relativa a la flexión del miembro con la suma de las rigideces relativas a la flexión de todos los miembros sujetos a ese nodo; es decir,

$$\boxed{FD = \frac{K}{\sum K}} \tag{16.26}$$

Además, el momento distribuido (o al que se pone resistencia) de un extremo rígidamente conectado de un miembro es igual al factor de distribución para ese extremo multiplicado por el negativo del momento aplicado al nodo adyacente.

Momentos en extremos fijos

Al inicio de esta obra se dan las expresiones para los momentos en extremos fijos, para algunos tipos comunes de condiciones de carga, así como para desplazamientos relativos de extremos de miembros, para contar con una referencia conveniente. En el método de distribución de momentos también se toman en cuenta los efectos de las traslaciones de los nodos debidas a asentamientos de los apoyos y al ladeo, por medio de los momentos en extremos fijos.

Considere la viga fija de la figura 16.4(a). Como se muestra en esta figura, un pequeño asentamiento Δ del extremo izquierdo A de la viga con respecto al extremo derecho B hace que la cuerda de la misma gire en sentido contrario al movimiento de las manecillas del reloj en un ángulo $\psi = \Delta/L$. Si se escribe la ecuación de las pendientes-deflexiones (ecuación (15.9)) para los dos momentos en los extremos, con $\psi = \Delta/L$ e igualando a cero θ_A, θ_B y los momentos en extremos fijos EF_{AB} y EF_{BA} debidos a la carga externa, se obtiene

$$EF_{AB} = EF_{BA} = -\frac{6EI\Delta}{L^2}$$

en la cual, EF_{AB} y EF_{BA} ahora denotan los momentos en extremos fijos debidos a la traslación relativa Δ entre los dos extremos de la viga. Note que las magnitudes, así como las direcciones de estos dos momentos son los mismos. Se puede ver, a partir de la figura 16.4(a), que cuando un desplazamiento relativo causa una rotación de la cuerda en sentido contrario al movimiento de las manecillas del reloj, entonces los dos momentos en los dos extremos fijos actúan en sentido del movimiento de las manecillas del reloj (negativo), para hacer que se mantengan pendientes cero en los dos extremos de la viga. Inversamente, si la rotación de la cuerda debida al desplaza-

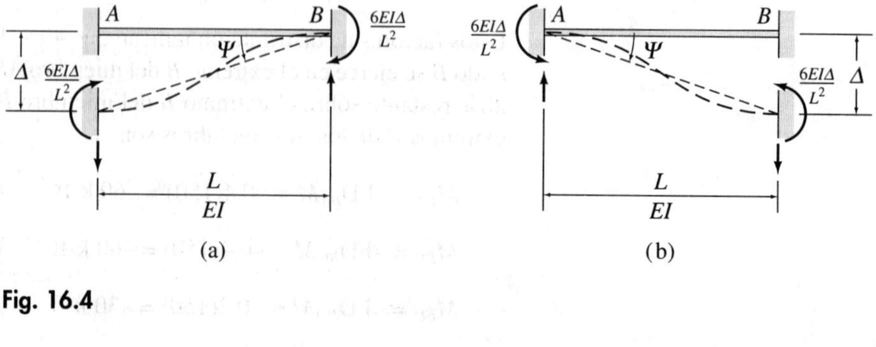

Fig. 16.4

miento relativo es en el sentido del movimiento de las manecillas del reloj, como se muestra en la figura 16.4(b), entonces los dos momentos en extremos fijos actúan en el sentido contrario al movimiento de las manecillas del reloj (positivo), para impedir que los extremos de la viga lleguen a girar.

16.2 CONCEPTO BÁSICO DEL MÉTODO DE DISTRIBUCIÓN DE MOMENTOS

El método de distribución de momentos es un procedimiento iterativo en el cual, en principio, se supone que todos los nodos de la estructura que tienen la libertad de girar están restringidos en forma temporal contra esa rotación por medio de sujeciones imaginarias aplicadas en ellos. Las cargas externas y las traslaciones de los nodos (si las hay) se aplican a esta estructura hipotética fija y se calculan los momentos en extremos fijos, en los extremos de sus miembros. En general, estos momentos en extremos fijos no están en equilibrio en esos nodos de la estructura que, en realidad, tienen libertad para girar. Entonces se satisfacen de modo iterativo las condiciones de equilibrio de esos nodos mediante la liberación de un nodo a la vez, suponiendo que los nodos restantes permanecen sujetos. Se selecciona un nodo en el que los momentos no estén equilibrados y se evalúa su momento no equilibrado. Enseguida, se libera el nodo por la eliminación de la sujeción, permitiendo de este modo su giro bajo la acción del momento no equilibrado, hasta que se alcanza el equilibrio. La rotación del nodo induce momentos en los miembros conectados con él. Esos momentos en los extremos de los miembros se conocen como *momentos distribuidos* y sus valores se determinan al multiplicar el negativo del momento no equilibrado en el nodo por los factores de distribución de los extremos de los miembros conectados a ese nodo. Las flexiones de estos miembros debidas a los momentos distribuidos hacen que se desarrollen momentos trasladados en los extremos lejanos de los mismos, los cuales se pueden evaluar con facilidad mediante el uso de los factores de traslación de esos miembros. El nodo, el cual ahora se encuentra en equilibrio, se vuelve a sujetar en su posición girada. A continuación, se selecciona otro miembro con un momento no equilibrado y se libera, se equilibra y se vuelve a sujetar de la misma manera. El procedimiento se repite hasta que los momentos no equilibrados en todos los nodos de la estructura son tan pequeños que se pueden despreciar. Los momentos finales en los extremos de los miembros se obtienen mediante la suma algebraica de los momentos en extremos fijos y de todos los momentos distribuidos y trasladados, en cada extremo de esos miembros. Este proceso iterativo de determinación de los momentos en los extremos de los miembros mediante la distribución sucesiva del momento no equilibrado en cada nodo se llama *proceso de distribución de momentos*.

Si se conocen los momentos en los extremos de los miembros, se pueden determinar las cortantes en esos extremos, las fuerzas axiales en los miembros y las reacciones en los apoyos a través de consideraciones de equilibrio, como se discutió en el capítulo 15.

Para ilustrar el método de distribución de momentos, considere la viga continua con tres claros que se muestra en la figura 16.5(a). Esta estructura se analizó con anterioridad, en la sección 15.2, por el método de las pendientes-deflexiones. Suele ser conveniente llevar a cabo el análisis de la distribución de momentos en forma de tabla, como se muestra en la figura 16.5(a). Note que la tabla, la cual a veces se menciona como *tabla de distribución de momentos*, consta de seis columnas, una para cada extremo de los miembros de la estructura. Todos los cálculos para un momento en uno de los extremos de un miembro en particular se registran en la columna que corresponde a ese extremo.

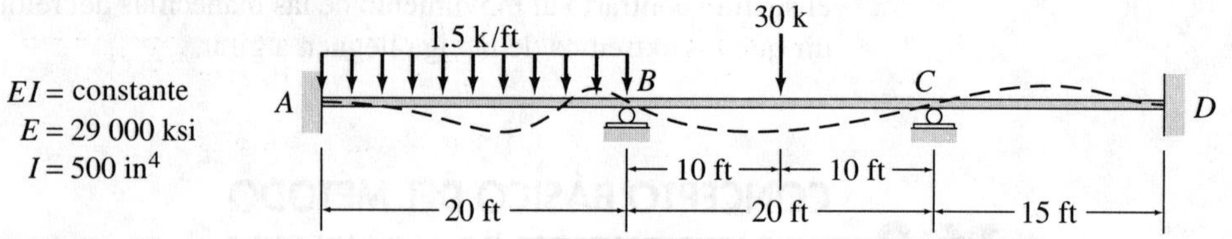

	A	B	B	C	C	D
Factores de distribución		0.5	0.5	0.429	0.571	
1. Momentos en extremos fijos	+50	−50	+75	−75		
2. Equilibrio del nodo C y traslación			+16.1 ←	+32.2	+42.8 →	+21.4
3. Equilibrio del nodo B y traslación	−10.3 ←	−20.6	−20.6 →	−10.3		
4. Equilibrio del nodo C y traslación			+ 2.2 ←	+ 4.4	+ 5.9 →	+ 2.9
5. Equilibrio del nodo B y traslación	− 0.6 ←	− 1.1	− 1.1 →	− 0.6		
6. Equilibrio del nodo C y traslación			+ 0.2 ←	+ 0.3	+ 0.3 →	+ 0.2
7. Equilibrio del nodo B		− 0.1	− 0.1			
8. Momentos finales	+39.1	−71.8	+71.7	−49	+49	+24.5

(a) Viga continua y tabla de distribución de momentos

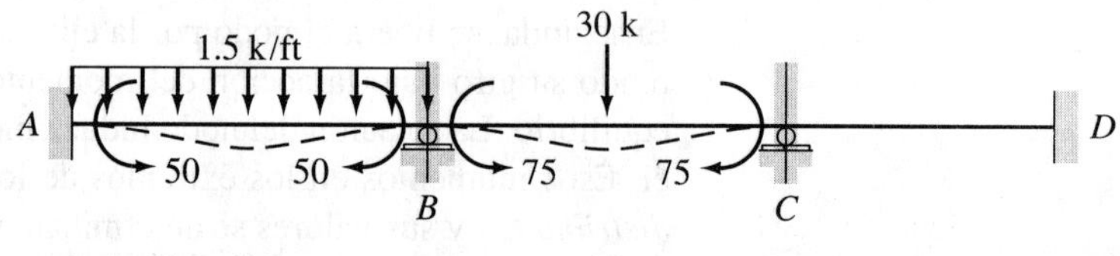

(b) Momentos en extremos fijos

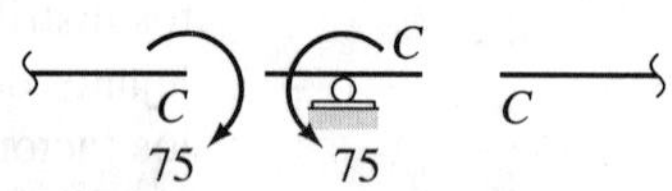

(c) Momento no equilibrado en el nodo C

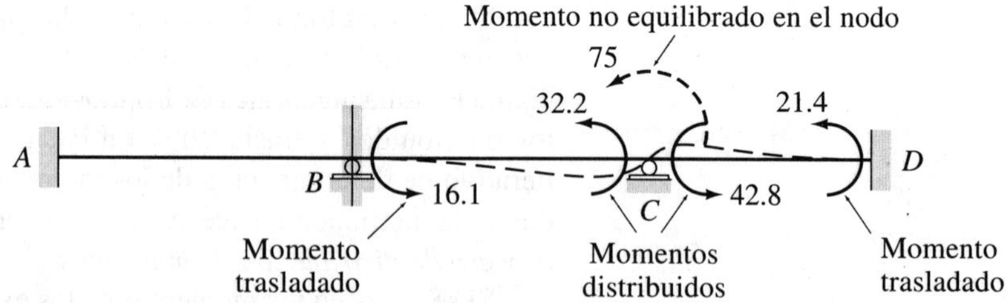

(d) Equilibrio del nodo C

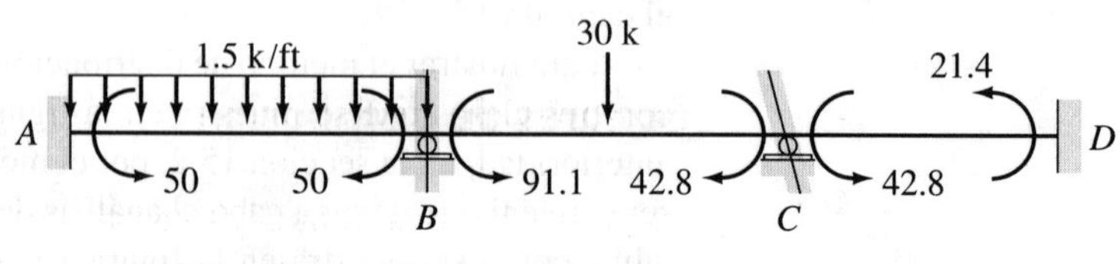

(e) Momentos en extremos fijos con el nodo C equilibrado

Fig. 16.5

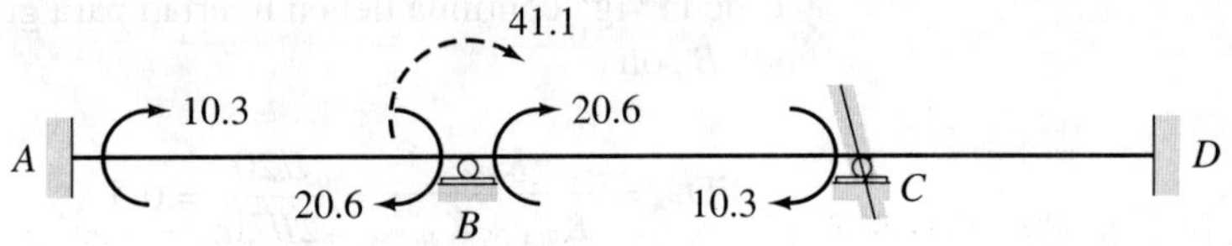

(f) Equilibrado del nodo *B*

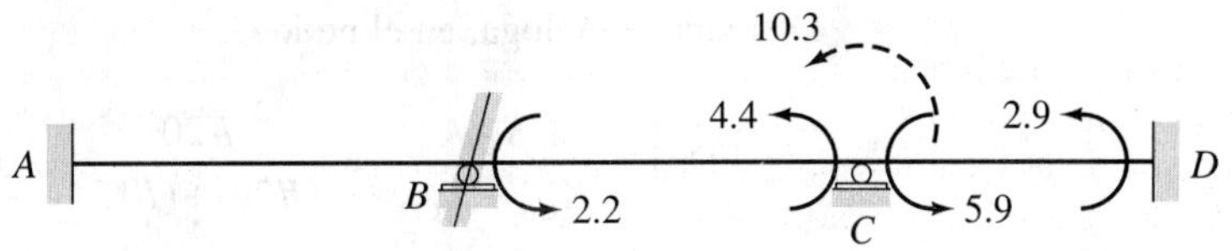

(g) Equilibrado del nodo *C*

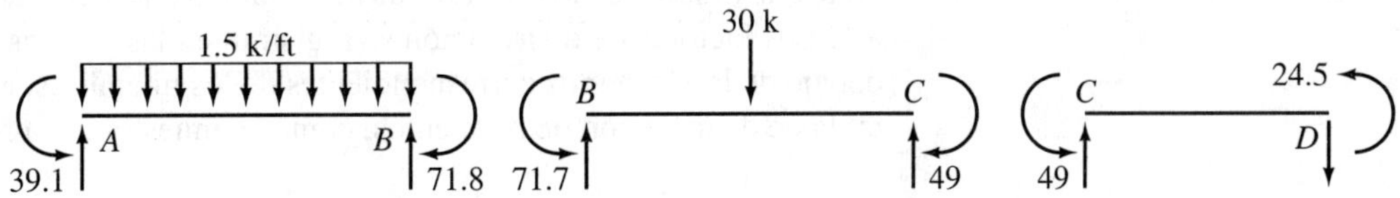

(h) Momentos finales en los extremos de los miembros (k-ft)

Extremos de los miembros	*AB*	*BA*	*BC*	*CB*	*CD*	*DC*
Factores de distribución		0.5	0.5	0.429	0.571	
1. Momentos en extremos fijos	+50	−50	+75	−75		
2. Equilibrio de los nodos		−12.5	−12.5	+32.2	+42.8	
3. Traslación	− 6.3		+16.1	− 6.3		+21.4
4. Equilibrio de los nodos		− 8.1	− 8.1	+ 2.7	+ 3.6	
5. Traslación	− 4.1		+ 1.4	− 4.1		+ 1.8
6. Equilibrio de los nodos		− 0.7	− 0.7	+ 1.8	+ 2.3	
7. Traslación	− 0.4		+ 0.9	− 0.4		+ 1.2
8. Equilibrio de los nodos		− 0.5	− 0.5	+ 0.2	+ 0.2	
9. Traslación	− 0.3		+ 0.1	− 0.3		+ 0.1
10. Equilibrio de los nodos		− 0.05	− 0.05	+ 0.1	+ 0.2	
11. Momentos finales	+38.9	−71.8	+71.7	−49.1	+49.1	+24.5

(i)

Fig. 16.5 (*Continuación*)

Factores de distribución

El primer paso en el análisis es calcular los factores de distribución en aquellos nodos de la estructura que tienen libertad para girar.

Como se discutió en la sección 16.1 (ecuación (16.26)), el factor de distribución para un extremo de un miembro es igual a la rigidez relativa a la flexión del miembro, dividida entre la suma de las rigideces relativas a la flexión de todos los miembros conectados al nodo. A partir de la figura 16.5(a), se puede ver que sólo los nodos *B* y C de la viga continua tienen libertad para girar. Los factores de distribución en el nodo B son

$$FD_{BA} = \frac{K_{BA}}{K_{BA}+K_{BC}} = \frac{I/20}{2I/20} = 0.5$$

$$FD_{BC} = \frac{K_{BC}}{K_{BA}+K_{BC}} = \frac{I/20}{2I/20} = 0.5$$

De manera análoga, en el nodo C,

$$FD_{CB} = \frac{K_{CB}}{K_{CB}+K_{CD}} = \frac{I/20}{(I/20)+(I/15)} = 0.429$$

$$FD_{CD} = \frac{K_{CD}}{K_{CB}+K_{CD}} = \frac{I/15}{(I/20)+(I/15)} = 0.571$$

Note que la suma de los factores de distribución en cada nodo siempre debe ser igual a 1. Los factores de distribución se registran en las casillas que están directamente debajo de los extremos correspondientes de los miembros, en la parte superior de la tabla de distribución de momentos, como se muestra en la figura 16.5(a).

Momentos en extremos fijos

Enseguida, suponiendo que los nodos B y C se restringen contra la rotación por medio de sujeciones imaginarias aplicadas en ellos (Fig. 16.5(b)), se calculan los momentos en extremo fijo que se desarrollan en los extremos de cada uno de los miembros. Utilizando las expresiones para los momentos en extremos fijos dadas al inicio de esta obra, se obtiene

$$EF_{AB} = \frac{1.5(20)^2}{12} = 50 \text{ k-ft} \circlearrowleft \quad \text{o} \quad +50 \text{ k-ft}$$

$$EF_{BA} = 50 \text{ k-ft} \circlearrowright \quad \text{o} \quad -50 \text{ k-ft}$$

$$EF_{BC} = \frac{30(20)}{8} = 75 \text{ k-ft} \circlearrowleft \quad \text{o} \quad +75 \text{ k-ft}$$

$$EF_{CB} = 75 \text{ k-ft} \circlearrowright \quad \text{o} \quad -75 \text{ k-ft}$$

$$EF_{CD} = EF_{DC} = 0$$

Note que, de acuerdo con la convención de signos en la distribución de momentos, los momentos en extremos fijos con sentido contrario al movimiento de las manecillas del reloj se consideran positivos. Los momentos en extremos fijos están registrados en la primera fila de la tabla de distribución de momentos, como se muestra en la figura 16.5(a).

Equilibrado del nodo C

Ya que suponemos que, en realidad, los nodos B y C no están sujetos, se liberan, uno a la vez. Se puede liberar el nodo B o el C; empecemos con el nodo C. A partir de la figura 16.5(b), se puede ver que se tiene un momento en extremo fijo de –75 k-ft (en el sentido del movimiento de las manecillas del reloj), en el extremo C del miembro

, *BC*, mientras que no existe momento en el extremo *C* del miembro *CD*. En tanto que el nodo *C* esté restringido contra la rotación por la sujeción, el momento no equilibrado de –75 k-ft es absorbido por esta última. Sin embargo, cuando se elimina la sujeción imaginaria para liberar el nodo, el momento no equilibrado de –75 k-ft actúa en el nodo, como se muestra en la figura 16.5(c), haciéndolo girar en sentido contrario al movimiento de las manecillas del reloj, hasta que queda en equilibrio (Fig. 16.5(d)). La rotación del nodo *C* hace que se desarrollen los momentos distribuidos, FD_{CB} y FD_{CD}, en los extremos *C* de los miembros *BC* y *CD*, los cuales se pueden evaluar al multiplicar el negativo del momento no equilibrado (es decir, de +75 k-ft) por los factores de distribución FD_{CB} y FD_{CD}, respectivamente. Por tanto,

$$D_{CB} = 0.429(+75) = +32.2 \text{ k-ft}$$

$$D_{CD} = 0.571(+75) = +42.8 \text{ k-ft}$$

Estos momentos distribuidos están registrados en la fila 2 de la tabla de distribución de momentos (Fig. 16.5(a)) y se ha trazado una línea debajo de ellos con el fin de indicar que el nodo *C* está ahora equilibrado. Note que la suma de los tres momentos que están arriba de la línea en el nodo *C* es igual a cero (es decir, –75 + 32.2 + 42.8 = 0).

El momento distribuido en el extremo *C* del miembro *BC* induce un momento trasladado en el extremo lejano *B* (Fig. 16.5(d)), el cual se puede determinar multiplicando ese momento distribuido por el factor de traslación del miembro. Dado que el nodo *B* permanece sujeto, el factor de traslación del miembro *BC* es $\frac{1}{2}$ (ecuación (16.13)). De donde, el momento trasladado en el extremo *B* del miembro *BC* es

$$T_{BC} = FT_{CB}(D_{CB}) = \frac{1}{2}(+32.3) = +16.1 \text{ k-ft}$$

De manera análoga, el momento trasladado en el extremo *D* del miembro *CD* se calcula como

$$T_{DC} = FT_{CD}(D_{CD}) = \frac{1}{2}(+42.8) = +21.4 \text{ k-ft}$$

Estos momentos trasladados están registrados en la misma fila de la tabla de distribución de momentos en la que se encuentran los momentos distribuidos, habiéndose colocando una flecha horizontal desde cada momento distribuido hasta su momento trasladado, como se muestra en la figura 16.5(a).

En la figura 16.5(e) se encuentran representados los momentos totales en los extremos de los miembros, en este punto del análisis. A partir de esta figura, se puede ver que el nodo *C* está ahora en equilibrio, porque se encuentra sujeto a dos momentos iguales, pero opuestos. Sin embargo, el nodo *B* no está en equilibrio y es necesario equilibrarlo. Antes de liberar el nodo *B*, se aplica una sujeción imaginaria a *C*, en su posición girada, como se muestra en la figura 16.5(e).

Equilibrado del nodo *B*

Ahora se libera el nodo *B*. El momento no equilibrado en este nodo se obtiene al sumar todos los momentos que actúan en los extremos *B* de los miembros *AB* y *BC*, los cuales se encuentran rígidamente conectados al nodo *B*. A partir de la tabla de distribución de momentos (filas 1 y 2), se puede ver que existe un momento en extremo fijo de –50 k-ft en el extremo *B* del miembro *AB*, en tanto que el extremo *B* del miembro *BC* está sujeto a un momento en extremo fijo de +75 k-ft y uno trasladado de +16.1 k-ft. De donde, el momento no equilibrado en el nodo *B* es

$$NE_B = -50 + 75 + 16.1 = +41.1 \text{ k-ft}$$

Este momento no equilibrado hace que el nodo B gire, como se muestra en la figura 16.5(f) e induce momentos distribuidos en los extremos B de los miembros AB y BC. Como se discutió con anterioridad, los momentos distribuidos se evalúan al multiplicar el negativo del momento no equilibrado por los factores de distribución:

$$D_{BA} = 0.5(-41.1) = -20.6 \text{ k-ft}$$

$$D_{BC} = 0.5(-41.1) = -20.6 \text{ k-ft}$$

Estos momentos distribuidos están registrados en la fila 3 de la tabla de distribución de momentos y se ha trazado una línea debajo de ellos, con el fin de indicar que el nodo B ahora queda equilibrado. Entonces, la mitad de los momentos distribuidos se trasladan hacia los extremos lejanos A y C de los miembros AB y BC, respectivamente, como se indica por las flechas horizontales en la fila 3 de la tabla. Enseguida, se vuelve a sujetar el nodo B, en su posición girada.

Equilibrado del nodo C

Como ahora el nodo B está equilibrado, se puede ver en la tabla de distribución de momentos (fila 3) que, debido al efecto de traslación, se tiene un momento no equilibrado de -10.3 k-ft en el nodo C. Recuerde que, con anterioridad, los momentos arriba de la línea horizontal en el nodo C estaban equilibrados. Por tanto, se libera el nodo C una vez más y se distribuye el momento no equilibrado hacia los extremos de los miembros BC y CD como (Fig. 16.5(g))

$$D_{CB} = 0.429(+10.3) = +4.4 \text{ k-ft}$$

$$D_{CD} = 0.571(+10.3) = +5.9 \text{ k-ft}$$

Estos momentos distribuidos están registrados en la fila 4 de la tabla de distribución de momentos y la mitad de estos momentos se han trasladado hacia los extremos B y D de los miembros BC y CD, respectivamente, como se indica en la propia tabla. Enseguida, se vuelve a sujetar el nodo C.

Equilibrado del nodo B

El momento no equilibrado de $+2.2$ k-ft en el nodo B (fila 4 de la tabla de distribución de momentos) se equilibra de manera semejante. Los momentos distribuidos y trasladados de este modo se muestran en la fila 5 de la tabla. A continuación, se vuelve a sujetar el nodo B.

Se puede ver en la fila 5 de la tabla de distribución de momentos que el momento no equilibrado en el nodo C ahora se ha reducido a sólo -0.6 k-ft. Otro equilibrado del nodo C produce un momento no equilibrado incluso más pequeño de $+0.2$ k-ft en el nodo B, como se muestra en la fila 6 de la tabla mencionada. Ya que los momentos distribuidos inducidos por este momento no equilibrado son tan pequeños que pueden considerarse despreciables, se finaliza el proceso de distribución de momentos. Los momentos finales en los extremos de los miembros se obtienen sumando algebraicamente los valores que aparecen en cada columna de la tabla de distribución de momentos. Los momentos finales obtenidos de este modo están registrados en la fila 8 de la tabla y se muestran en los diagramas de cuerpo libre de los miembros, en la figura 16.5(h). Note que los momentos finales satisfacen las ecuaciones de equilibrio de momentos en los nodos B y C.

Como ya se conocen los momentos en los extremos de los miembros, ahora se pueden determinar las cortantes en los extremos de los miembros y las reacciones en los apoyos al considerar el equilibrio de los cuerpos libres de los miembros y nodos de la viga continua, como se analizó en la sección 15.2. Enseguida, se pueden construir los diagramas de la cortante y del momento flexionante de la manera usual, aplicando la *convención de los signos de la viga* (véase la figura 15.3).

Aplicación práctica del proceso de distribución de momentos

En la discusión anterior se determinaron los momentos en los extremos de los miembros al equilibrar de manera sucesiva un nodo de la estructura a la vez. Aun cuando este procedimiento proporciona una visión más clara del concepto básico del proceso de distribución de momentos, desde un punto de vista práctico suele ser más conveniente utilizar un enfoque alterno en el que todos los nodos de la estructura que tengan libertad para girar se equilibren de manera simultánea en el mismo paso. Entonces, en el paso siguiente, se calculan en forma simultánea todos los momentos trasladados que se inducen en los extremos lejanos de los miembros y se repite el proceso de equilibrio de los nodos y de traslación de momentos, hasta que los momentos no equilibrados en los nodos sean tan pequeños que puedan despreciarse.

Con el fin de ilustrar este procedimiento alterno, considere una vez más la viga continua con tres claros de la figura 16.5(a). La tabla de distribución de momentos usada para llevar a cabo los cálculos se muestra en la figura 16.5(i). Los factores de distribución y los momentos en extremos fijos, calculados con anterioridad, están registrados en la parte superior y en la primera fila, respectivamente, de la tabla, como se muestra en la figura. El proceso de distribución de momentos se inicia equilibrando los nodos B y C. En la fila 1 de la tabla de distribución de momentos (Fig. 16.5(i)), se puede ver que el momento no equilibrado en el nodo B es

$$NE_B = -50 + 75 = +25 \text{ k-ft}$$

Como se discutió con anterioridad, el equilibrado del nodo B induce momentos distribuidos en los extremos B de los miembros AB y BC, los cuales se pueden evaluar multiplicando el negativo del momento no equilibrado por los factores de distribución. Por tanto,

$$D_{BA} = 0.5(-25) = -12.5 \text{ k-ft}$$

$$D_{BC} = 0.5(-25) = -12.5 \text{ k-ft}$$

Entonces, se equilibra el nodo C de manera semejante. En la fila 1 de la tabla de distribución de momentos se puede ver que el momento no equilibrado en el nodo C es

$$NE_C = -75 \text{ k-ft}$$

Por tanto, el equilibrado del nodo C induce los momentos distribuidos siguientes en los extremos C de los miembros BC y CD, respectivamente:

$$D_{CB} = 0.429(+75) = +32.2 \text{ k-ft}$$

$$D_{CD} = 0.571(+75) = +42.8 \text{ k-ft}$$

Los cuatro momentos distribuidos se encuentran registrados en la fila 2 de la tabla de distribución de momentos y está trazada una línea debajo de ellos, a través de todo el ancho de la tabla, para indicar que ahora todos los nodos están equilibrados.

En el paso siguiente del análisis, se calculan los momentos trasladados que se desarrollan en los extremos lejanos de los miembros, multiplicando los momentos distribuidos por los factores de traslación:

$$T_{AB} = \frac{1}{2}(D_{BA}) = \frac{1}{2}(-12.5) = -6.3 \text{ k-ft}$$

$$T_{CB} = \frac{1}{2}(D_{BC}) = \frac{1}{2}(-12.5) = -6.3 \text{ k-ft}$$

$$T_{BC} = \frac{1}{2}(D_{CB}) = \frac{1}{2}(+32.2) = +16.1 \text{ k-ft}$$

$$T_{DC} = \frac{1}{2}(D_{CD}) = \frac{1}{2}(+42.8) = +21.4 \text{ k-ft}$$

Estos momentos trasladados están registrados en la fila siguiente (fila 3) de la tabla de distribución de momentos, teniéndose una flecha inclinada que apunta en cada momento distribuido hacia su momento trasladado, como se muestra en la figura 16.5(i). En la fila 3 de esa tabla se puede ver que, debido al efecto de traslación, ahora se tienen los momentos no equilibrados de +16.1 k-ft y –6.3 k-ft en los nodos *B* y *C* respectivamente. Por consiguiente, estos nodos se equilibran una vez más y los momentos distribuidos que se obtienen de este modo se registran en la fila 4 de la tabla en cuestión. Entonces se trasladan la mitad de los momentos distribuidos sobres los extremos lejanos de los miembros (fila 5), y el proceso se continúa hasta que los momentos no equilibrados son tan pequeños que se pueden despreciar. Los momentos finales en los extremos de los miembros, obtenidos al sumar algebraicamente los valores que se encuentran en cada columna de la tabla, están registrados en la fila 11 de la tabla (Fig. 16.5(i)). Note que estos momentos finales concuerdan con los determinados con anterioridad en la figura 16.5(a) y en la sección 15.2, por el método de las pendientes-deflexiones. Las pequeñas diferencias entre los resultados obtenidos por los diferentes procedimientos se deben a los errores por redondeo.

16.3 ANÁLISIS DE VIGAS CONTINUAS

Basado en la discusión presentada en la sección anterior, se puede resumir el procedimiento para el análisis de las vigas continuas por el método de distribución de momentos, como sigue:

1. Calcule los factores de distribución. En cada una de los nodos que tengan libertad para girar, calcule el factor de distribución para cada miembro que esté rígidamente conectado al nodo. El factor de distribución para el extremo de un miembro se calcula al dividir la rigidez relativa a la flexión (I/L) de este último entre la suma de las rigideces relativas a la flexión de todos los miembros que están rígidamente conectados al nodo. La suma de todos los factores de distribución en un nodo debe ser igual a 1.
2. Calcule los momentos en extremos fijos. Suponiendo que todos los nodos libres se sujetan contra la rotación, evalue, para cada miembro, los momentos en extremos fijos debidos a las cargas externas y a los asentamientos de los apoyos (si los hay), aplicando las expresiones para esos momentos que se dan al inicio de esta obra. Los momentos en extremos fijos en sentido contrario al movimiento de las manecillas del reloj se consideran positivos.
3. Equilibre los momentos en todos los nodos que tengan libertad para girar, mediante la aplicación del proceso de distribución de momentos, como sigue:
   a. En cada nodo, evalue el momento no equilibrado y distribuya este momento a los miembros conectados al nodo. El momento distribuido en cada uno de los miembros rígidamente conectado al nodo se obtiene mul-

tiplicando el negativo del momento no equilibrado por el factor de distribución para el extremo del miembro.

b. Traslade la mitad de cada momento distribuido hacia el extremo opuesto (lejano) del miembro.

c. Repita los pasos 3a y 3b hasta que todos los nodos libres queden equilibrados, o bien, los momentos no equilibrados en estos nodos sean suficientemente pequeños como para despreciarse.

4. Determine los momentos finales en los extremos de los miembros sumando algebraicamente el momento en extremo fijo y todos los momentos distribuidos y trasladados en el extremo de cada miembro. Si la distribución de momentos se ha llevado a cabo en forma correcta, entonces los momentos finales deben satisfacer las ecuaciones de equilibrio de momentos en todos los nodos de la estructura que tienen libertad para girar.

5. Calcule las cortantes en los extremos de los miembros considerando el equilibrio de los miembros de la estructura.

6. Determine las reacciones en los apoyos considerando el equilibrio de los nodos de la estructura.

7. Trace los diagramas de la cortante y del momento flexionante mediante la aplicación de la *convención de los signos de la viga.*

Vigas con apoyos simples en los extremos

Aunque el procedimiento antes descrito se puede utilizar para analizar vigas continuas que estén simplemente apoyadas en uno de sus extremos o en ambos, el análisis de esas estructuras se puede simplificar de manera considerable si utiliza las rigideces relativas reducidas a la flexión, $K = 3I/(4L)$, para los claros adyacentes a los apoyos simples en los extremos, según la ecuación (16.9). Cuando se aplican las rigideces reducidas, los nodos en los apoyos simples de los extremos se equilibran sólo una vez durante el proceso de distribución de momentos, después de lo cual se dejan sin sujetar, de modo que ningún momento se pueda trasladar hacia ellos a medida que se equilibran los nodos interiores de la estructura (véase el ejemplo 16.2).

Estructuras con partes salientes en voladizo

Considere una viga continua con una parte saliente en voladizo, como se muestra en la figura 16.6(a). Ya que la parte en voladizo, *CD*, no contribuye a la rigidez de la rotación del nodo *C*, el factor de distribución para su extremo *C* es cero ($FD_{CD} = 0$). Por consiguiente, el nodo *C* se puede tratar, en el análisis, como un apoyo simple en el extremo. Sin embargo, el momento en el extremo *C* de la parte en voladizo en realidad influye sobre el momento no equilibrado en el nodo *C* y debe incluirse en el análisis, junto con los demás momentos en extremo fijo (Fig. 16.6(b)). Note que la parte en voladizo *CD* es estáticamente determinada; por lo tanto, el momento en su extremo *C* se puede evaluar con facilidad mediante la aplicación de la ecuación de equilibrio de momentos (Fig. 16.6(c)).

EJEMPLO 16.1

Determine los momentos en extremos fijos para la viga continua con dos claros que se muestra en la figura 16.7(a), aplicando el método de distribución de momentos.

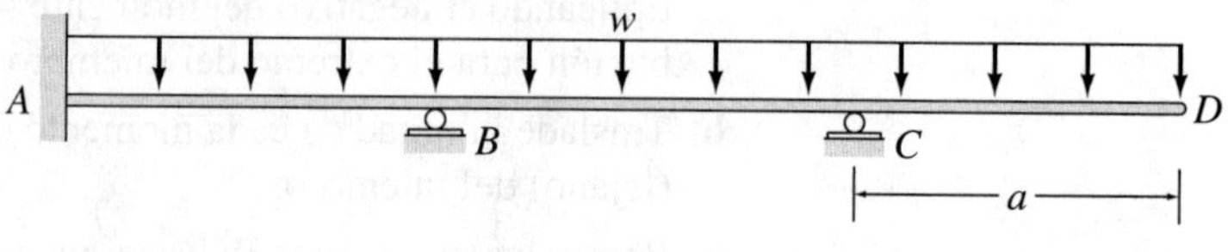

(a) Viga continua

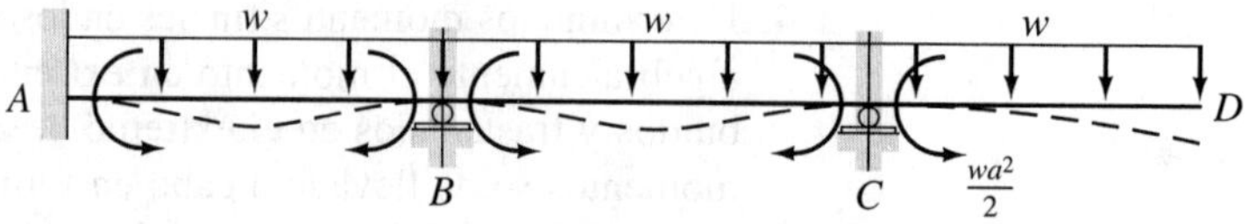

(b) Momentos en extremos fijos

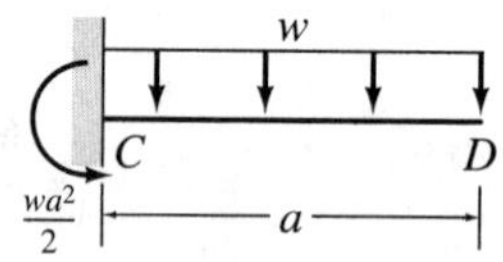

(c) Parte en voladizo estáticamente determinada

Fig. 16.6

SOLUCIÓN Esta viga se analizó con anterioridad en el ejemplo 15.1, por el método de las pendientes-deflexiones.

Factores de distribución Sólo el nodo B tiene libertad para girar. Los factores de distribución en este nodo son

$$\text{FD}_{BA} = \frac{K_{BA}}{K_{BA} + K_{BC}} = \frac{I/25}{(I/25)+(I/30)} = 0.545$$

$$\text{FD}_{BC} = \frac{K_{BC}}{K_{BA} + K_{BC}} = \frac{I/30}{(I/25)+(I/30)} = 0.455$$

Note que la suma de los factores de distribución en el nodo B es iguala a 1; es decir,

$$\text{FD}_{BA} + \text{FD}_{BC} = 0.545 + 0.455 = 1$$ **Coincide**

Los factores de distribución se registran en casillas debajo de los extremos correspondientes de los miembros, en la parte superior de la tabla de distribución de momentos, como se muestra en la figura 16.7(a).

Momentos en extremos fijos Si se supone que el nodo B se sujeta contra la rotación, se calculan los momentos en extremos fijos debidos a las cargas externas usando las expresiones de los momentos en extremos fijos dadas al inicio de esta obra:

$$\text{EF}_{AB} = \frac{18(10)(15)^2}{(25)^2} = 64.8 \text{ k-ft} \circlearrowright \quad \text{o} \quad +64.8 \text{ k-ft}$$

$$\text{EF}_{BA} = \frac{18(10)^2(15)}{(25)^2} = 43.2 \text{ k-ft} \circlearrowleft \quad \text{o} \quad -43.2 \text{ k-ft}$$

$$\text{EF}_{BC} = \frac{2(30)^2}{12} = 150 \text{ k-ft} \circlearrowright \quad \text{o} \quad +150 \text{ k-ft}$$

$$\text{EF}_{CB} = 150 \text{ k-ft} \circlearrowleft \quad \text{o} \quad -150 \text{ k-ft}$$

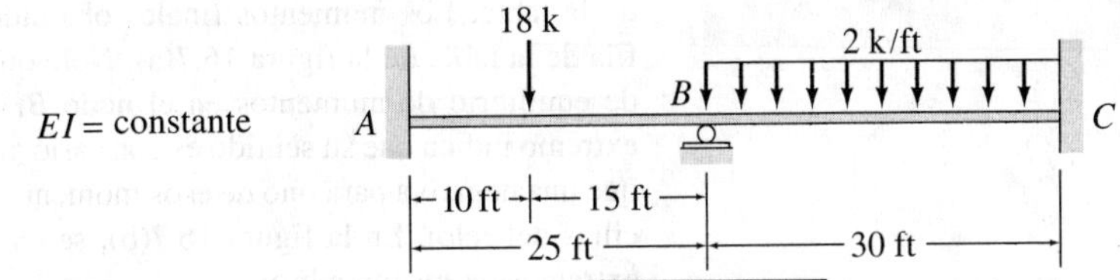

Factores de distribución		0.545	0.455	
1. Momentos en extremos fijos	+64.8	− 43.2	+150	−150
2. Equilibrio del nodo *B*		− 58.2	− 48.6	
3. Traslación	−29.1			− 24.3
4. Momentos finales	+35.7	−101.4	+101.4	−174.3

(a) Viga continua y tabla de distribución de momentos

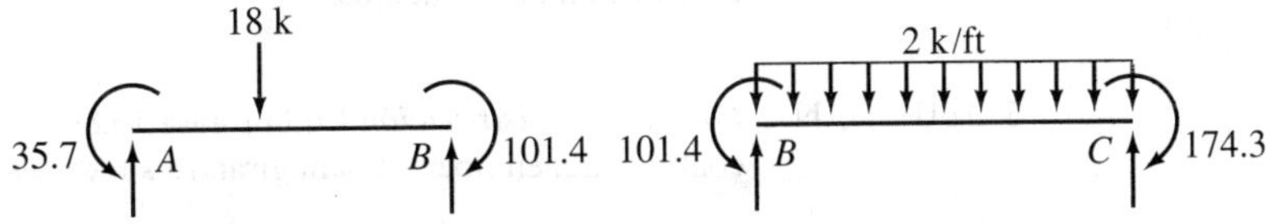

(b) Momentos finales en los extremos de los miembros (k-ft)

Fig. 16.7

Estos momentos en extremos fijos se encuentran registrados en la primera fila de la tabla de distribución de momentos, como se muestra en la figura 16.7(a).

Distribución de momentos Como, en realidad, el nodo *B* no está sujeto, se le libera y se determina el momento no equilibrado que actúa sobre él, sumando los momentos en los extremos *B* de los miembros *AB* y *BC*:

$$NE_B = -43.2 + 150 = +106.8 \text{ k-ft}$$

Este momento no equilibrado en el nodo *B* induce momentos distribuidos en los extremos *B* de los miembros *AB* y *BC*, los cuales se pueden determinar multiplicando el negativo del momento no equilibrado por los factores de distribución:

$$D_{BA} = NE_{BA}(-FD_B) = 0.545(-106.8) = -58.2 \text{ k-ft}$$

$$D_{BC} = NE_{BC}(-FD_B) = 0.455(-106.8) = -48.6 \text{ k-ft}$$

Estos momentos distribuidos se encuentran registrados en la fila 2 de la tabla de distribución de momentos y se ha trazado una línea debajo de ellos para indicar que el nodo *B* ahora está equilibrado. Entonces se calculan los momentos trasladados en los extremos *A* y *C* de los miembros *AB* y *BC*, respectivamente, como

$$T_{AB} = \frac{1}{2}(D_{BA}) = \frac{1}{2}(-58.2) = -29.1 \text{ k-ft}$$

$$T_{CB} = \frac{1}{2}(D_{BC}) = \frac{1}{2}(-48.6) = -24.3 \text{ k-ft}$$

Los momentos trasladados se encuentran registrados en la fila siguiente (fila 3) de la tabla antes mencionada, con un flecha inclinada apuntando en cada momento distribuido hacia su momento trasladado, como se muestra en la figura 16.7(a).

El nodo *B* es el único de la estructura que tiene libertad para girar y, puesto que se ha equilibrado, finaliza el proceso de distribución de momentos.

Momentos finales Los momentos finales en los extremos de los miembros se obtienen al sumar algebraicamente todos los momentos que se encuentran en cada una de las columnas de la tabla. Los momentos finales obtenidos de este modo están registrados en la última fila de la tabla de la figura 16.7(a). Note que estos momentos finales satisfacen la ecuación de equilibrio de momentos en el nodo B. Una respuesta positiva para el momento en un extremo indica que su sentido es contrario al movimiento de las manecillas del reloj, en tanto que una negativa para uno de esos momentos implica un movimiento en sentido de las manecillas del reloj. En la figura 16.7(b), se encuentran ilustrados los momentos finales en los extremos de los miembros. **Resp.**

Ahora se pueden determinar las cortantes en los extremos de los miembros y las reacciones en los apoyos al considerar el equilibrio de los miembros y nodos de la viga continua, como se analizó en el ejemplo 15.1. En este ejemplo también se construyeron los diagramas de la cortante y del momento flexionante.

EJEMPLO 16.2

Determine las reacciones y trace los diagramas de la cortante y del momento flexionante para la viga continua con dos claros que se muestra en la figura 16.8(a), aplicando el método de distribución de momentos.

SOLUCIÓN *Factores de distribución* En la figura 16.8(a), se puede ver que los nodos B y C de la viga continua tienen libertad para girar. Los factores de distribución en el nodo B son

$$FD_{BA} = \frac{K_{BA}}{K_{BA}+K_{BC}} = \frac{1.5I/10}{(1.5I/10)+(I/10)} = 0.6$$

$$FD_{BC} = \frac{K_{BC}}{K_{BA}+K_{BC}} = \frac{1I/10}{(1.5I/10)+(I/10)} = 0.4$$

De manera análoga, en el nodo C,

$$FD_{CB} = \frac{K_{CB}}{K_{CB}} = \frac{0.1I}{0.1I} = 1$$

Momentos en extremos fijos

$$EF_{AB} = +\frac{80(10)}{8} = +100 \text{ kN}\cdot\text{m}$$

$$EF_{BA} = -100 \text{ kN}\cdot\text{m}$$

$$EF_{BC} = +\frac{40(10)}{8} = +50 \text{ kN}\cdot\text{m}$$

$$EF_{CB} = -50 \text{ kN}\cdot\text{m}$$

Distribución de momentos Después de registrar los factores de distribución y los momentos en extremos fijos en la tabla de distribución de momentos que muestra en la figura 16.8(b), se empieza el proceso de distribución equilibrando los nodos B y C. El momento no equilibrado en el nodo B es igual a $-100 + 50 = -50$ kN · m. Por tanto, los momentos distribuidos en los extremos B de los miembros AB y BC son

$$D_{BA} = FD_{BA}(-NE_B) = 0.6(+50) = +30 \text{ kN}\cdot\text{m}$$

$$D_{BC} = FD_{BC}(-NE_B) = 0.4(+50) = +20 \text{ kN}\cdot\text{m}$$

De manera análoga, si se observa que el momento no equilibrado en el nodo C es de -50 kN · m, se determina que el momento distribuido en el extremo C del miembro BC es

$$D_{CB} = FD_{CB}(-NE_C) = 1(+50) = +50 \text{ kN}\cdot\text{m}$$

Enseguida, la mitad de estos momentos distribuidos se trasladan hacia los extremos lejanos de los miembros, como se muestra en la tercera fila de la tabla de distribución de momentos de la figura 16.8(b). Se repite este proceso, como se muestra en la figura, hasta que los momentos no equilibrados son tan pequeños que se pueden despreciar.

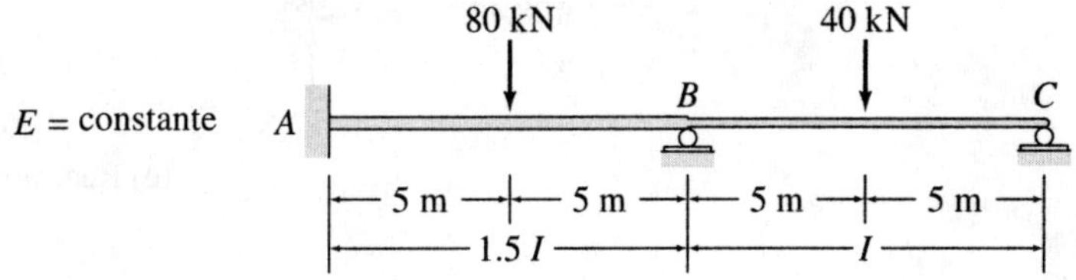

(a) Viga continua

Factores de distribución		0.6	0.4	1.0
1. Momentos en extremos fijos	+100	−100	+50	−50
2. Equilibrio de los nodos *B* y *C*		+ 30	+20	+50
3. Traslación	+ 15		+25	+10
4. Equilibrio de los nodos *B* y *C*		− 15	−10	−10
5. Traslación	− 7.5		− 5	− 5
6. Equilibrio de los nodos *B* y *C*		+ 3	+ 2	+ 5
7. Traslación	+ 1.5		+ 2.5	+ 1
8. Equilibrio de los nodos *B* y *C*		− 1.5	− 1	− 1
9. Traslación	− 0.8		− 0.5	− 0.5
10. Equilibrio de los nodos *B* y *C*		+ 0.3	+ 0.2	+ 0.5
11. Traslación	+ 0.2		+ 0.3	+ 0.1
12. Equilibrio de los nodos *B* y *C*		− 0.2	− 0.1	− 0.1
13. Momentos finales	+108.4	− 83.4	+83.4	0

(b) Tabla de distribución de momentos: $K_{BC} = \frac{I}{10}$

Factores de distribución		$\frac{2}{3}$	$\frac{1}{3}$	1
1. Momentos en extremos fijos	+100	−100	+50	−50
2. Equilibrio de los nodos *B* y *C*		+ 33.3	+16.7	+50
3. Traslación	+ 16.7		+25	
4. Equilibrio del nodo *B*		− 16.7	− 8.3	
5. Traslación	− 8.3			
6. Momentos finales	+108.4	− 83.4	+83.4	0

(c) Tabla de distribución de momentos: $K_{BC} = \frac{3}{4}\left(\frac{I}{10}\right)$

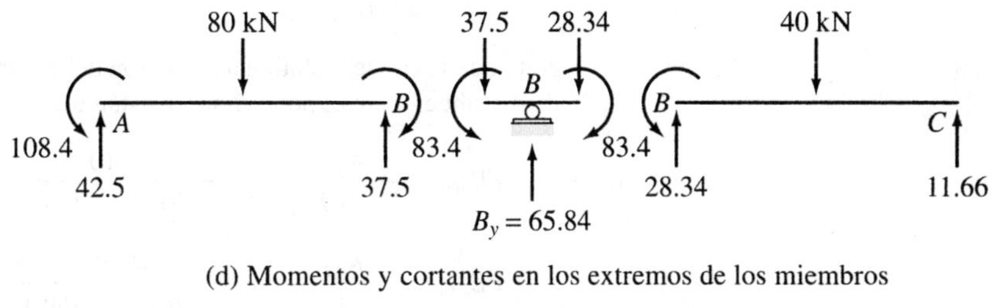

(d) Momentos y cortantes en los extremos de los miembros

Fig. 16.8

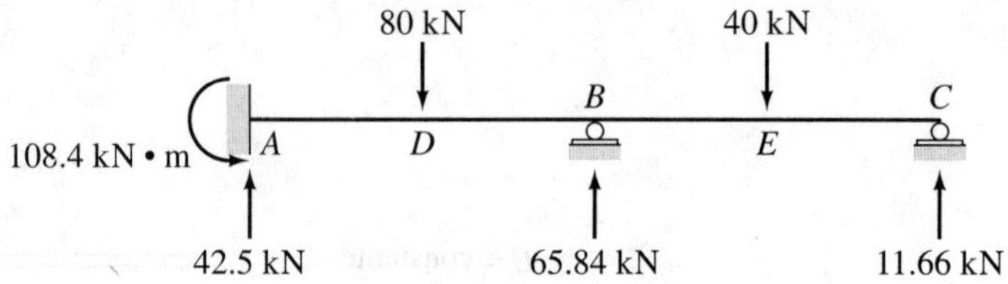

(e) Reacciones en los apoyos

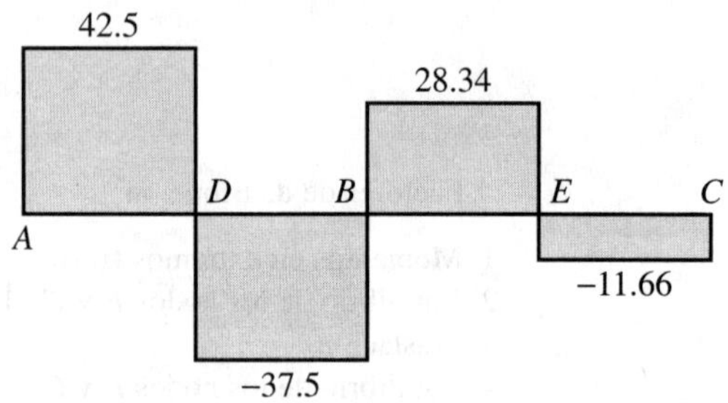

(f) Diagrama de la cortante (kN)

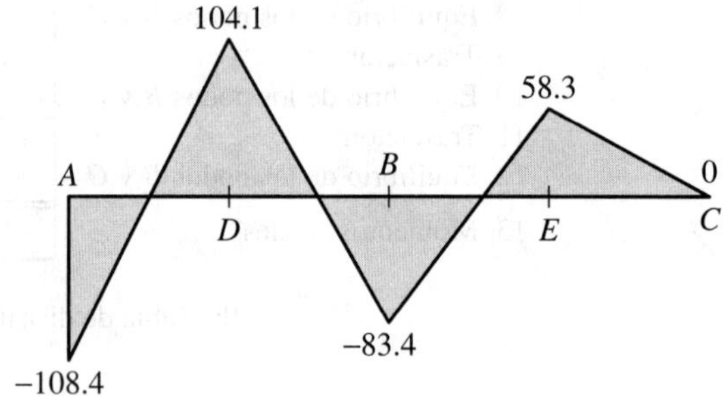

(g) Diagrama del momento flexionante (kN · m)

Fig. 16.8 (*Continuación*)

Momentos finales Los momentos finales en los extremos de los miembros, obtenidos al sumar los momentos que aparecen en cada columna de la tabla de distribución de momentos, se encuentran registrados en la última fila de la tabla de la figura 16.8(b). **Resp.**

Método alterno En virtud de que el apoyo C en el extremo de la viga continua es simple, el análisis se puede simplificar utilizando la rigidez relativa reducida a la flexión para el miembro C, el cual es adyacente al apoyo simple C:

$$K_{BC} = \frac{3}{4}\left(\frac{I}{10}\right)$$

Note que la rigidez relativa a la flexión del miembro AB es la misma que antes. Los factores de distribución en el nodo B ahora están dados por

$$\text{FD}_{BA} = \frac{K_{BA}}{K_{BA} + K_{BC}} = \frac{1.5I/10}{(1.5I/10) + (3I/40)} = \frac{2}{3}$$

$$\text{FD}_{BC} = \frac{K_{BC}}{K_{BA} + K_{BC}} = \frac{3I/40}{(1.5I/10) + (3I/40)} = \frac{1}{3}$$

En el nodo C, $\text{FD}_{CB} = K_{CB}/K_{CB} = 1$. Estos factores de distribución y los momentos en extremos fijos, que siguen siendo los mismos de antes, se encuentran registrados en la tabla de distribución de momentos, como se muestra en la figura 16.8(c).

Como se está utilizando la rigidez relativa reducida a la flexión para el miembro BC, el nodo C sólo necesita equilibrarse una vez en el proceso de distribución de momentos. De este modo, los nodos B y C se encuentran equilibrados y los momentos distribuidos se calculan de la manera usual, como se indica en la segunda fila de la tabla (Fig. 16.8(c)). Sin embargo, como se muestra en la tercera fila de la misma tabla, no se traslada un momento hacia el extremo C del miembro BC. El nodo B se equilibra una vez más y el momento se traslada hacia el extremo A del miembro AB (filas 4 y 5). Debido a que los nodos B y C ahora están equilibrados, se puede finalizar el proceso de distribución de momentos y determinar los momentos finales sumando los momentos que se encuentran en cada una de las columnas de la tabla. **Resp.**

Cortantes en los extremos de los miembros En la figura 16.8(d), se muestran las cortantes en los extremos de los miembros, obtenidas al considerar el equilibrio de cada uno de los miembros. **Resp.**

Reacciones en los apoyos Véase la figura 16.8(e). **Resp.**

Diagramas de la cortante y del momento flexionante Véase las figuras 16.8(f) y (g). **Resp.**

EJEMPLO 16.3

Determine los momentos en los extremos de los miembros para la viga continua mostrada en la figura 16.9(a), aplicando el método de distribución de momentos.

SOLUCIÓN Esta viga ya se analizó en el ejemplo 15.3, aplicando el método de las pendientes-deflexiones.

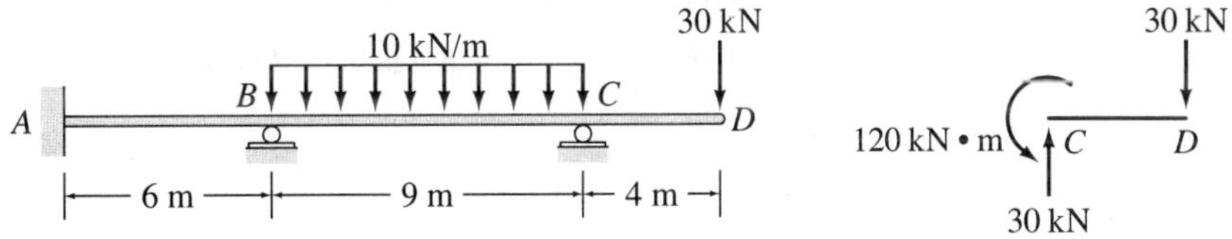

EI = constante

(a) Viga continua

(b) Parte en voladizo estáticamente determinada

AB	BA	BC	CB	CD
	2/3	1/3	1	
		+67.5	−67.5	+120
	−45	−22.5	−52.5	
−22.5		−26.3		
	+17.5	+8.8		
+8.8				
−13.7	−27.5	+27.5	−120	+120

(c) Tabla de distribución de momentos

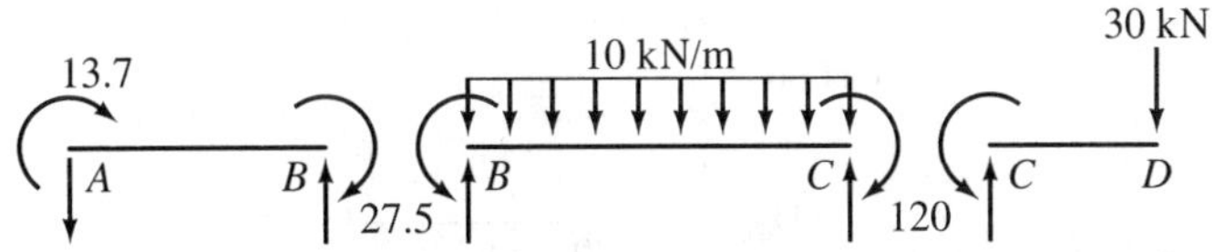

(d) Momentos finales en los extremos de los miembros (kN · m)

Fig. 16.9

Factores de distribución Puesto que la parte CD en voladizo no contribuye con la rigidez a la rotación del nodo C, se puede tratar este último como un apoyo simple en el extremo y utilizar en el análisis la rigidez relativa reducida a la flexión del miembro BC:

$$K_{BA} = \frac{I}{6} \quad \text{y} \quad K_{BC} = \frac{3}{4}\left(\frac{I}{9}\right) = \frac{I}{12}$$

En el nodo B,

$$\text{FD}_{BA} = \frac{I/6}{(I/6)+(I/12)} = \frac{2}{3}$$

$$\text{FD}_{BC} = \frac{I/12}{(I/6)+(I/12)} = \frac{1}{3}$$

En el nodo C,

$$\text{FD}_{CB} = 1$$

Momentos en extremo fijos Usando las expresiones para los momentos en extremos fijos y la figura 16.9(b), se obtiene

$$\text{EF}_{AB} = \text{EF}_{BA} = 0$$

$$\text{EF}_{BC} = +67.5 \text{ kN} \cdot \text{m} \qquad \text{EF}_{CB} = -67.5 \text{ kN} \cdot \text{m}$$

$$\text{EF}_{CD} = +30(4) = +120 \text{ kN} \cdot \text{m}$$

Distribución de momentos La distribución de momentos se lleva a cabo como se muestra en la tabla de la figura 16.9(c).

Momentos finales Véase la tabla de distribución de momentos y la figura 16.9(d). **Resp.**

EJEMPLO 16.4

Determine los momentos en los extremos de los miembros para la viga continua con tres claros de la figura 16.10(a) debidos a la carga uniformemente distribuida y a los asentamientos de los apoyos de $\frac{5}{8}$ in en B, $1\frac{1}{2}$ in en C y $\frac{3}{4}$ in en D. Aplique el método de distribución de momentos.

SOLUCIÓN

Esta viga ya se analizó en el ejemplo 15.4, por el método de las pendientes-deflexiones.

Factores de distribución En el nodo A,

$$\text{FD}_{AB} = 1$$

En el nodo B,

$$\text{FD}_{BA} = \frac{3I/80}{(3I/80)+(I/20)} = 0.429$$

$$\text{FD}_{BC} = \frac{I/20}{(3I/80)+(I/20)} = 0.571$$

En el nodo C,

$$\text{FD}_{CB} = \frac{I/20}{(3I/80)+(I/20)} = 0.571$$

$$\text{FD}_{CD} = \frac{3I/80}{(3I/80)+(I/20)} = 0.429$$

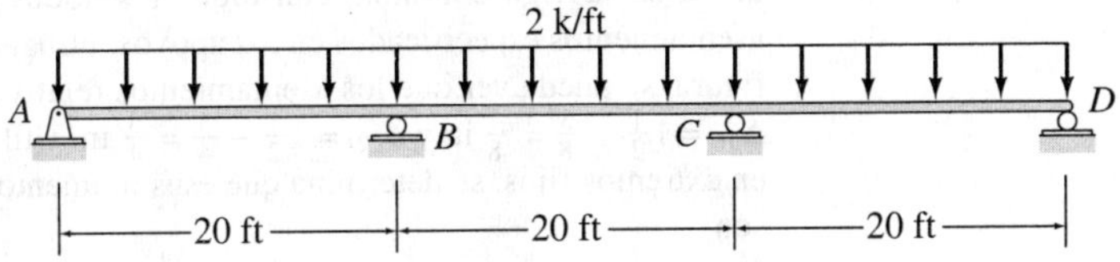

$E = 29\,000$ ksi $I = 7800$ in^4

(a) Viga continua

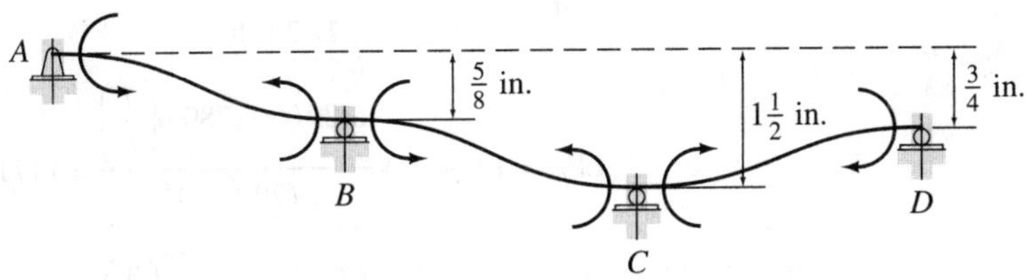

(b) Momentos en extremos fijos debidos a asentamientos en los apoyos

AB	*BA*	*BC*	*CB*	*CD*	*DC*
1	0.429	0.571	0.571	0.429	1
+1293.9	+1160.5	+1784.8	+1651.4	−1406	−1539.4
−1293.9	−1263.5	−1681.8	− 140.1	− 105.3	+1539.4
	− 647	− 70.1	− 840.9	+ 769.7	
	+ 307.6	+ 409.5	+ 40.7	+ 30.5	
		+ 20.4	+ 204.8		
	− 8.8	− 11.6	− 116.9	− 87.9	
		− 58.5	− 5.8		
	+ 25.1	+ 33.4	+ 3.3	+ 2.5	
		+ 1.7	+ 16.7		
	− 0.7	− 1.0	− 9.5	− 7.2	
		− 4.8	− 0.5		
	+ 2.1	+ 2.7	+ 0.3	+ 0.2	
		+ 0.2	+ 1.4		
	− 0.1	− 0.1	− 0.8	− 0.6	
		− 0.4			
	+ 0.2	+ 0.2			
0	− 424.6	+ 424.6	+ 804.1	− 804.1	0

(c) Tabla de distribución de momentos

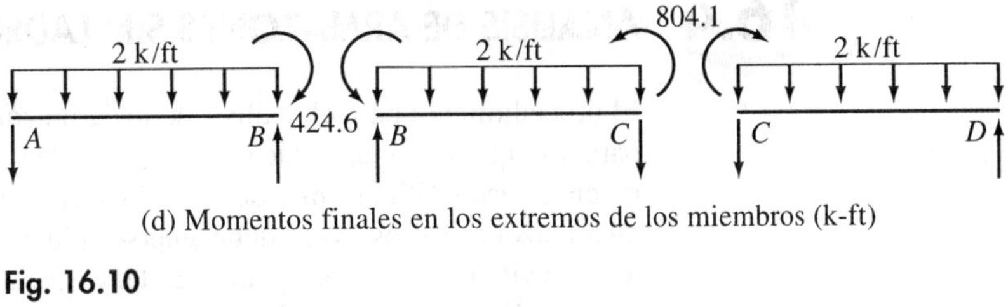

(d) Momentos finales en los extremos de los miembros (k-ft)

Fig. 16.10

En el nodo D,

$$FD_{DC} = 1$$

Momentos en extremos fijos En la figura 16.10(b) se representa una forma deformada cualitativa de la viga continua, con todos los nodos sujetos contra la rotación y sujeta a los asentamientos especificados en los apoyos, utilizando una escala exagerada. A partir de esta figura, se puede ver que los asentamientos relativos para los tres miembros son $\Delta_{AB} = \frac{5}{8}$ in, $\Delta_{BC} = 1\frac{1}{2} - \frac{5}{8} = \frac{7}{8}$ in y $\Delta_{CD} = 1\frac{1}{2} - \frac{3}{4} = \frac{3}{4}$ in. Utilizando las expresiones para los momentos en extremos fijos, se determina que esos momentos, debidos a asentamientos en los apoyos, son

$$EF_{AB} = EF_{BA} = +\frac{6EI\Delta}{L^2} = +\frac{6(29\,000)(7800)\left(\frac{5}{8}\right)}{(20)^2(12)^3}$$
$$= +1227.2 \text{ k-ft}$$

$$EF_{BC} = EF_{CB} = +\frac{6(29\,000)(7800)\left(\frac{7}{8}\right)}{(20)^2(12)^3} = +1718.1 \text{ k-ft}$$

$$EF_{CD} = EF_{DC} = -\frac{6(29\,000)(7800)\left(\frac{3}{4}\right)}{(20)^2(12)^3} = -1472.7 \text{ k-ft}$$

Los momentos en extremos fijos debidos a la carga externa de 2 k/ft son

$$EF_{AB} = EF_{BC} = EF_{CD} = +\frac{2(20)^2}{12} = +66.7 \text{ k-ft}$$
$$EF_{BA} = EF_{CB} = EF_{DC} = -66.7 \text{ k-ft}$$

Por tanto, los momentos totales en extremos fijos debidos al efecto combinado de la carga externa y de los asentamientos en los apoyos son

$$EF_{AB} = +1293.9 \text{ k-ft} \qquad EF_{BA} = +1160.5 \text{ k-ft}$$
$$EF_{BC} = +1784.8 \text{ k-ft} \qquad EF_{CB} = +1651.4 \text{ k-ft}$$
$$EF_{CD} = -1406 \text{ k-ft} \qquad EF_{DC} = -1539.4 \text{ k-ft}$$

Distribución de momentos La distribución de momentos se lleva a cabo de la manera usual, como se muestra en la tabla de la figura 16.10(c). Note que los nodos A y D en los apoyos simples en los extremos sólo se equilibran una vez y no se trasladan momentos hacia estos nodos.

Momentos finales Véase la tabla de distribución de momentos y la figura 16.10(d). **Resp.**

16.4 ANÁLISIS DE ARMAZONES SIN LADEO

El procedimiento para el análisis de los armazones sin ladeo es semejante al usado para las vigas continuas, que se presentó en la sección anterior. Sin embargo, a diferencia de estas últimas, más de dos miembros pueden estar conectados a un nodo de un armazón. En esos casos, debe tenerse cuidado de registrar los cálculos de manera que se eviten las equivocaciones. En tanto que a algunos ingenieros les gusta registrar los cálculos de la distribución de momentos directamente sobre un esquema del armazón, otros prefieren usar un formato de tabla para esos fines. En este texto se usará una tabla para los cálculos, como se ilustra mediante el ejemplo siguiente.

EJEMPLO 16.5 Determine los momentos en los extremos de los miembros para el armazón que se muestra en la figura 16.11(a), utilizando el método de distribución de momentos.

SOLUCIÓN Este armazón se analizó en el ejemplo 15.6, por el método de las pendientes-deflexiones.

Factores de distribución En el nodo C,

$$FD_{CA} = \frac{\left(\frac{800}{20}\right)}{\left(\frac{800}{20}\right)+\left(\frac{1600}{30}\right)} = 0.429 \qquad FD_{CD} = \frac{\left(\frac{1600}{30}\right)}{\left(\frac{800}{20}\right)+\left(\frac{1600}{30}\right)} = 0.571$$

$$FD_{CA} + FD_{CD} = 0.429 + 0.571 = 1$$ **Coincide**

En el nodo D,

$$FD_{DB} = \frac{\left(\frac{800}{20}\right)}{\left(\frac{800}{20}\right)+\left(\frac{1600}{30}\right)+\left(\frac{3}{4}\right)+\left(\frac{1600}{30}\right)} = 0.3$$

$$FD_{DC} = \frac{\left(\frac{1600}{30}\right)}{\left(\frac{800}{20}\right)+\left(\frac{1600}{30}\right)+\left(\frac{3}{4}\right)+\left(\frac{1600}{30}\right)} = 0.4$$

$$FD_{DE} = \frac{\left(\frac{3}{4}\right)\left(\frac{1600}{30}\right)}{\left(\frac{800}{20}\right)+\left(\frac{1600}{30}\right)+\left(\frac{3}{4}\right)+\left(\frac{1600}{30}\right)} = 0.3$$

$$FD_{DB} + FD_{DE} + FD_{DC} = 2(0.3) + 0.4 = 1$$ **Coincide**

En el nodo E,

$$FD_{ED} = 1$$

Momentos en extremos fijos Utilizando las expresiones para los momentos en extremos fijos, se obtiene

$$EF_{AC} = +100 \text{ k-ft} \qquad EF_{CA} = -100 \text{ k-ft}$$

$$EF_{BD} = EF_{DB} = 0$$

$$EF_{CD} = EF_{DE} = +150 \text{ k-ft} \qquad EF_{DC} = EF_{ED} = -150 \text{ k-ft}$$

Distribución de momentos El proceso de distribución de momentos se lleva a cabo en forma de tabla, como se muestra en la figura 16.11(b). La tabla, cuya forma es semejante a la que se usó con anterioridad para el análisis de las vigas continuas, contiene una columna para cada extremo de miembro de la estructura. Note que las columnas para todos los extremos de los miembros, los cuales están conectados al mismo nodo, están agrupados, de modo que cualquier momento no equilibrado en el nodo se pueda distribuir en forma conveniente entre los miembros conectados a él. Asimismo, cuando las columnas para los dos extremos de un miembro no se pueden colocar adyacentes entre sí, entonces una flecha por encima que una las columnas de esos extremos puede servir como un recordatorio para trasladar los momentos de uno de los extremos al otro. En la figura 16.11(b), se ha usado una de esas flechas entre las columnas de los extremos del miembro BD. Esta flecha indica que un momento distribuido en el extremo D del miembro BD induce un momento trasladado en el extremo lejano B. No obstante, note que ningún momento se traslada del extremo B al D de ese miembro, porque el nodo B, que se encuentra en un apoyo fijo, no se liberará durante el proceso de distribución de momentos.

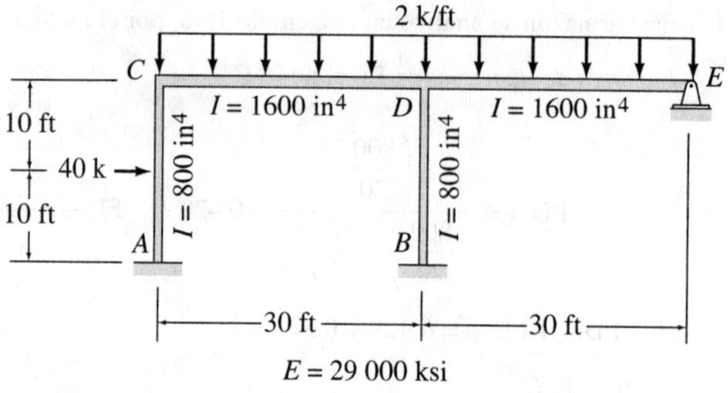

(a) Armazón

Traslación (DB → BD)

Extremos de los miembros	AC	CA	CD	DC	DB	DE	ED	BD
Factores de distribución		0.429	0.571	0.4	0.3	0.3	1	
1. Momentos en extremos fijos	+100	−100	+150	−150		+150	−150	
2. Equilibrio de los nodos		− 21.4	− 28.6				+150	
3. Traslación	− 10.7			− 14.3		+ 75		
4. Equilibrio de los nodos				− 24.3	−18.2	− 18.2		
5. Traslación			− 12.2					−9.1
6. Equilibrio de los nodos		+ 5.2	+ 7					
7. Traslación	+ 2.6			+ 3.5				
8. Equilibrio de los nodos				− 1.4	− 1.1	− 1.1		
9. Traslación			− 0.7					−0.6
10. Equilibrio de los nodos		+ 0.3	+ 0.4					
11. Traslación	+ 0.2			+ 0.2				
12. Equilibrio de los nodos				− 0.1	− 0.1	− 0.1		
13. Momentos finales	+ 92.1	−115.9	+115.9	−186.4	−19.4	+205.6	0	−9.7

(b) Tabla de distribución de momentos

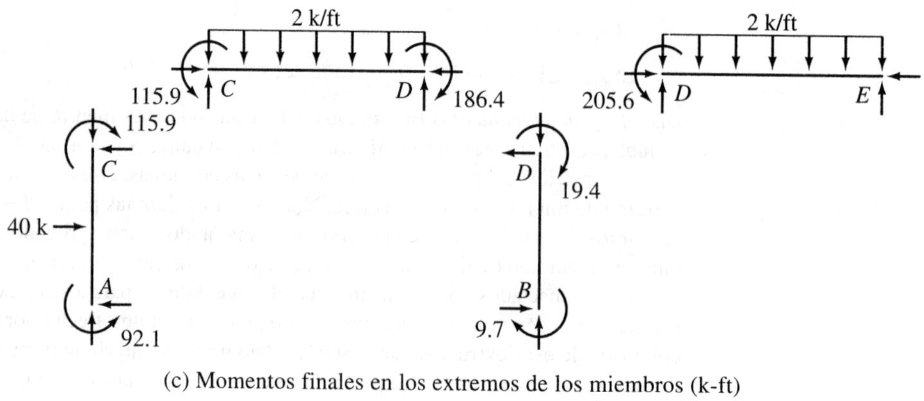

(c) Momentos finales en los extremos de los miembros (k-ft)

Fig. 16.11

La distribución de momentos se lleva a cabo de la misma manera como se analizó con anterioridad para las vigas continuas. Note que cualquier momento no equilibrado en el nodo D debe distribuirse hacia los extremos D de los tres miembros conectados a él, según sus factores de distribución.

Momentos finales Los momentos finales en los extremos de los miembros se obtienen al sumar todos los momentos que se encuentran en cada columna de la tabla de distribución de momentos. Note que los momentos finales, los cuales están registrados en la última fila de esa tabla y se encuentran representados en la figura 16.11(c), satisfacen las ecuaciones de equilibrio de momentos en los nodos C y D del armazón.

16.5 ANÁLISIS DE ARMAZONES CON LADEO

Hasta aquí, se ha considerado el análisis de estructuras en las cuales las traslaciones de los nodos fueron cero o se conocían (como en el caso de asentamientos en los apoyos). En esta sección se aplica el método de distribución de momentos para analizar armazones cuyos nodos pueden sufrir tanto rotaciones como traslaciones que no se han prescrito. Como se discutió en la sección 15.4, este tipo de armazones, por lo común, se mencionan como armazones con ladeo.

Considere, por ejemplo, el armazón rectangular que se muestra en la figura 16.12(a). En la figura también se muestra una forma deformada cualitativa de ese armazón para una carga arbitraria, usando una escala exagerada. Aun cuando los nodos fijos A y B del armazón están por completo restringidos contra la rotación, así como contra la traslación, los nodos C y D pueden girar y trasladarse. Empero, como se supone que los miembros del armazón son inextensibles y que las deformaciones son pequeñas, los nodos C y D se desplazan en la misma cantidad, Δ, sólo en la dirección horizontal, como se muestra en la figura.

El análisis de distribución de momentos para un armazón de este tipo, con ladeo, se lleva a cabo en dos partes. En la primera parte, el ladeo del armazón se impide agregando un rodillo imaginario a la estructura, como se muestra en la figura 16.12(b). Entonces se aplican las cargas externas a este armazón y se calculan los momentos en los extremos de los miembros por la aplicación del proceso de distribución de momentos, de la manera usual. Como se conocen los momentos en los extremos de los miembros, se evalúa la fuerza de restricción (reacción) R que se desarrolla en el apoyo imaginario, aplicando las ecuaciones de equilibrio.

En la segunda parte del análisis, el armazón se sujeta a la fuerza R, la cual se aplica en la dirección opuesta, como se muestra en la figura 16.12(c). Se determinan los momentos que se desarrollan en los extremos de los miembros y se sobreponen a los momentos calculados en la primera parte (Fig. 16.12(b)), a fin de obtener los momentos en los extremos de los miembros en el armazón real (Fig. 16.12(a)). Si por M, M_O y M_R se denotan, respectivamente, los momentos en los extremos de los miembros en el armazón real, en el armazón con el ladeo impedido y en el armazón sujeto a R, entonces se puede escribir (véase las figuras 16.12(a), (b) y (c))

$$M = M_O + M_R \qquad \textbf{(16.27)}$$

Una pregunta importante que surge en la segunda parte del análisis es cómo determinar los momentos M_R en los extremos de los miembros que se desarrollan cuando el armazón sufre ladeo bajo la acción de R (Fig. 16.12(c)). Como no se puede usar el método de distribución de momentos en forma directa, para calcular los momentos debidos a la carga lateral conocida, R, se emplea un enfoque indirecto en el cual el armazón se sujeta a una traslación arbitraria conocida de los nodos, Δ', causada por una carga desconocida Q que actúa en la ubicación y en la dirección de R, como se muestra en la figura 16.12(d). A partir de la traslación conocida de los

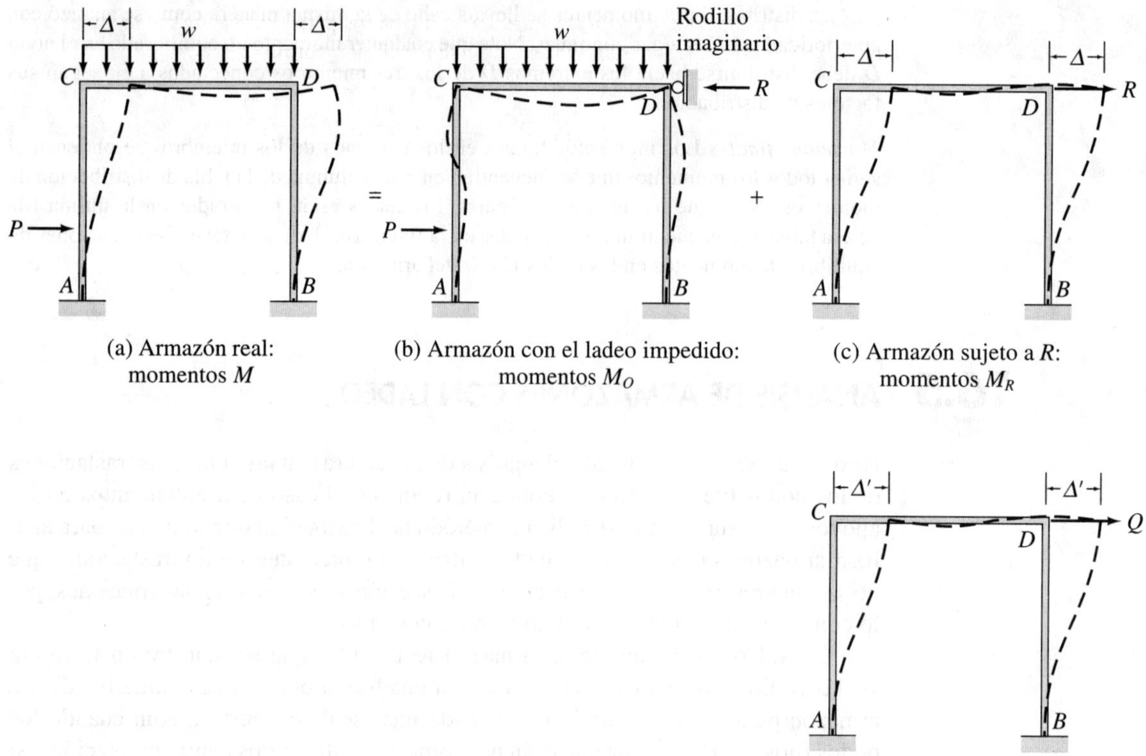

(a) Armazón real: momentos M

(b) Armazón con el ladeo impedido: momentos M_O

(c) Armazón sujeto a R: momentos M_R

(d) Armazón sujeto a una traslación arbitraria Δ′: momentos M_Q

Fig. 16.12

nodos, Δ′, se determina la traslación relativa entre los extremos de cada miembro y se calculan los momentos en extremos fijos de los miembros, de la misma manera que se hizo en el caso de asentamientos de los apoyos. Los momentos en extremos fijos obtenidos de este modo se distribuyen por el proceso de distribución de momentos, a fin de determinar los momentos M_Q en los extremos de los miembros, causados por la todavía desconocida carga Q. Una vez que se han determinado los momentos M_Q en los extremos de los miembros, se puede evaluar la magnitud de Q por la aplicación de las ecuaciones de equilibrio.

Como ya se conocen la carga Q y los momentos M_Q correspondientes, ahora se pueden determinar con facilidad los momentos deseados M_R, debidos a la carga lateral R, al multiplicar M_Q por la razón R/Q; es decir,

$$M_R = \left(\frac{R}{Q}\right) M_Q \qquad \textbf{(16.28)}$$

Si se sustituye la ecuación (16.28) en la (16.27), se pueden expresar los momentos en los extremos de los miembros en el armazón real (Fig. 16.12(a)) como

$$\boxed{M = M_O + \left(\frac{R}{Q}\right) M_Q} \qquad \textbf{(16.29)}$$

Este método de análisis se ilustra por medio de los ejemplos siguientes.

EJEMPLO 16.6 Determine los momentos en los extremos de los miembros para el armazón mostrado en la figura 16.13(a), aplicando el método de distribución de momentos.

SOLUCIÓN Este armazón se analizó en el ejemplo 15.8, por el método de las pendientes-deflexiones.

Factores de distribución En el nodo *C*,

$$FD_{CA} = FD_{CD} = \frac{I/7}{2(I/7)} = 0.5$$

En el nodo *D*,

$$FD_{DC} = \frac{I/7}{(I/7)+(I/5)} = 0.417$$

$$FD_{DB} = \frac{I/5}{(I/7)+(I/5)} = 0.583$$

$$FD_{DC} + FD_{DB} = 0.417 + 0.583 = 1 \qquad \textbf{Coincide}$$

Parte I: Ladeo impedido En la primera parte del análisis se impide el ladeo del armazón al agregar un rodillo imaginario en el nodo *C*, como se muestra en la figura 16.13(b). Suponiendo que los nodos *C* y *D* de este armazón están sujetos contra la rotación, se calculan los momentos en extremos fijos debidos a la carga externa como

$$EF_{CD} = +39.2 \text{ kN}\cdot\text{m} \qquad EF_{DC} = -29.4 \text{ kN}\cdot\text{m}$$

$$EF_{AC} = EF_{CA} = EF_{BD} = EF_{DB} = 0$$

Entonces se realiza la distribución de momentos de estos momentos en extremos fijos, como se muestra en la tabla de la figura 16.13(c), con el fin de determinar los momentos M_O en los extremos de los miembros, en el armazón con el ladeo impedido.

Para evaluar la fuerza de restricción *R* que se desarrolla en el soporte imaginario de rodillo, en principio se calculan las cortantes en los extremos inferiores de las columnas *AC* y *BD*, al considerar el equilibrio de momentos de los cuerpos libres de esas columnas, mostrados en la figura 16.13(d). Enseguida, al considerar el equilibrio de las fuerzas horizontales que actúan sobre el armazón completo (Fig. 16.13(e)), se determina la fuerza de restricción *R* como

$$+\rightarrow \sum F_X = 0 \qquad R + 5.14 - 7.2 = 0$$

$$R = 2.06 \text{ kN} \rightarrow$$

Note que la fuerza de restricción actúa hacia la derecha, lo que indica que si el rodillo no hubiera estado en su lugar, el armazón se habría ladeado hacia la izquierda.

Parte II: Ladeo permitido Dado que el armazón real no está apoyado por un rodillo en el nodo *C*, se neutraliza el efecto de la fuerza de restricción por la aplicación de una carga lateral $R = 2.06$ kN al armazón, en la dirección opuesta (es decir, hacia la izquierda), como se muestra en la figura 16.13(f). Según se discutió con anterioridad, como no se puede usar en forma directa el método de distribución de momentos para calcular los momentos M_R en los extremos de los miembros, debidos a la carga lateral $R = 2.06$ kN, se aplica un enfoque indirecto, en el cual el armazón se sujeta a una traslación arbitraria conocida en los nodos, Δ', causada por una carga desconocida *Q* que actúa en la ubicación y en la dirección de *R*, como se muestra en la figura 16.13(g). Suponiendo que los nodos *C* y *D* del armazón están sujetos contra la rotación, figura 16.13(h), los momentos en extremos fijos debidos a la traslación Δ' están dados por

$$EF_{AC} = EF_{CA} = -\frac{6EI\Delta'}{(7)^2} = -\frac{6EI\Delta'}{49}$$

$$EF_{BD} = EF_{DB} = -\frac{6EI\Delta'}{(5)^2} = -\frac{6EI\Delta'}{25}$$

$$EF_{CD} = EF_{DC} = 0$$

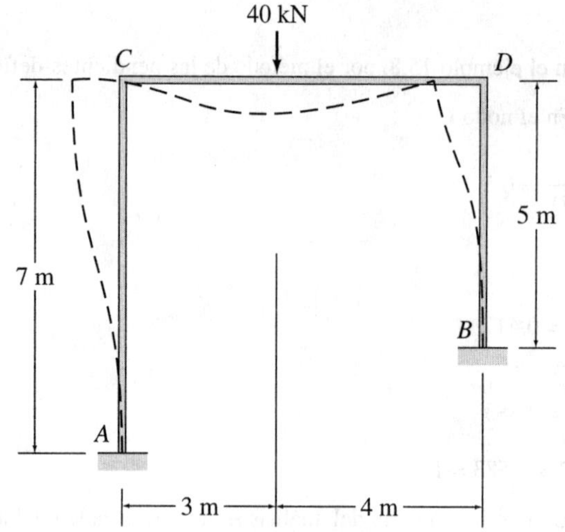

EI = constante

(a) Armazón

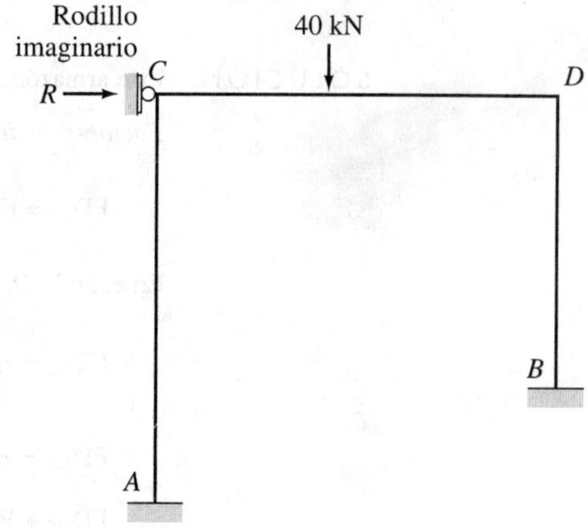

(b) Armazón con ladeo impedido

AC	CA	CD	DC	DB	BD
	0.5	0.5	0.417	0.583	
		+39.2	−29.4		
	−19.6	−19.6	+12.3	+17.1	
− 9.8		+ 6.2	− 9.8		+ 8.6
	− 3.1	− 3.1	+ 4.1	+ 5.7	
− 1.6		+ 2.1	− 1.6		+ 2.9
	− 1.1	− 1.1	+ 0.7	+ 0.9	
− 0.6		+ 0.4	− 0.6		+ 0.5
	− 0.2	− 0.2	+ 0.3	+ 0.3	
−12	−24	+23.9	−24	+24	+12

(c) Momentos en los extremos de los miembros para el armazón con el ladeo impedido: momentos M_O

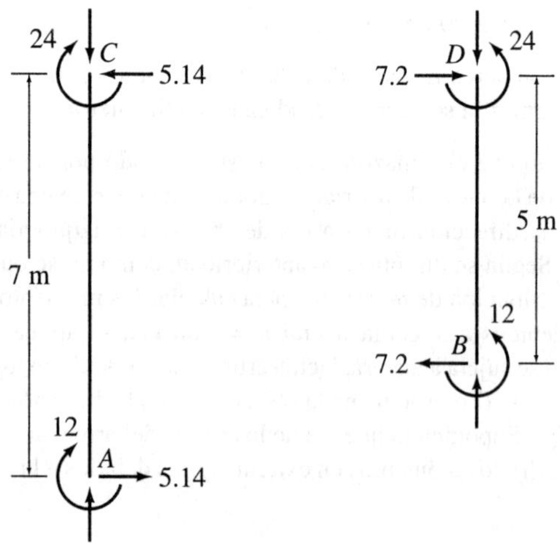

(d)

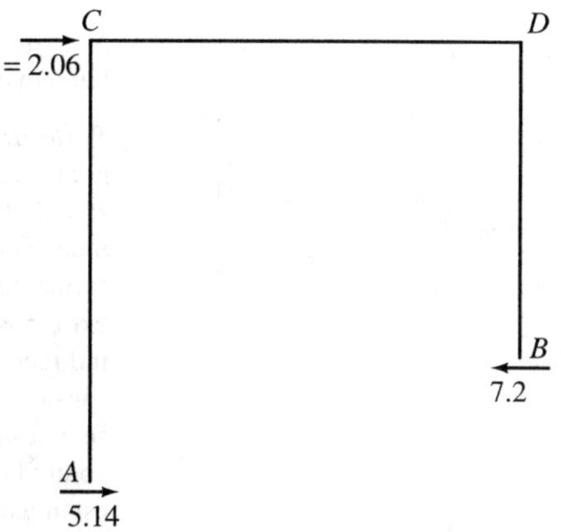

(e)

Fig. 16.13

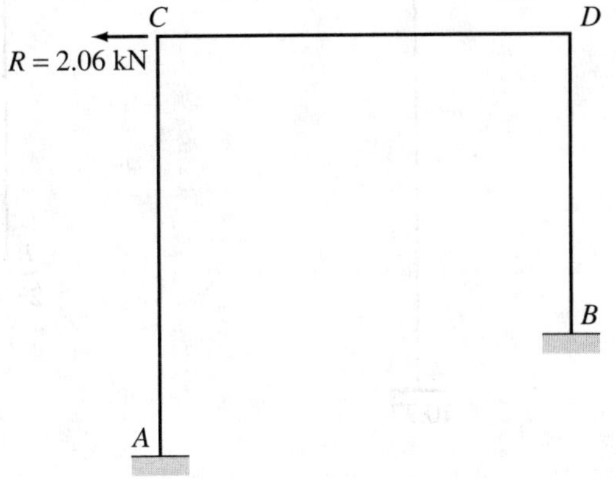

(f) Armazón sujeto a R = 2.06 kN: momentos M_R

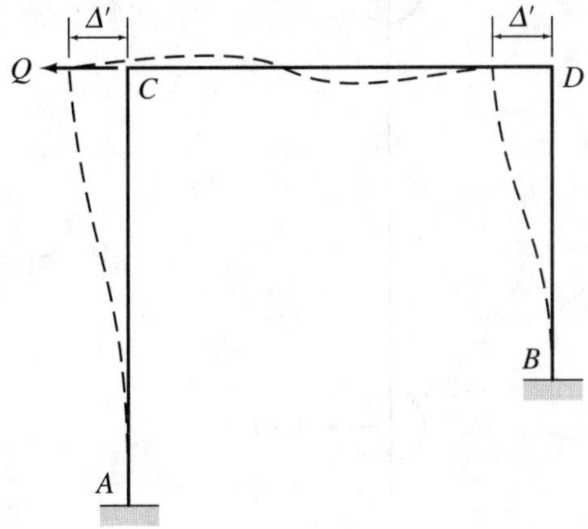

(g) Armazón sujeto a una traslación arbitraria Δ′: momentos M_Q

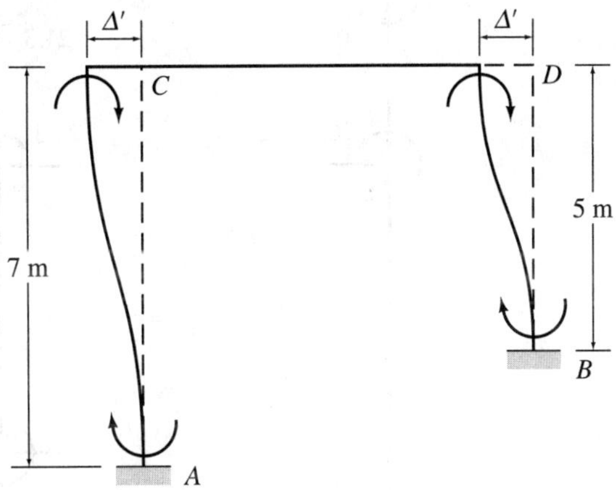

(h) Momentos de extremos fijos debidos a la traslación conocida Δ′

AC	*CA*	*CD*	*DC*	*DB*	*BD*
	0.5	0.5	0.417	0.583	
−50	−50			−98	−98
	+25	+25	+40.9	+57.1	
+12.5		+20.5	+12.5		+28.6
	−10.3	−10.3	− 5.2	− 7.3	
− 5.2		− 2.6	− 5.2		− 3.7
	+ 1.3	+ 1.3	+ 2.2	+ 3	
+ 0.7		+ 1.1	+ 0.7		+ 1.5
	− 0.6	− 0.6	− 0.3	− 0.4	
− 0.3		− 0.2	− 0.3		− 0.2
	+ 0.1	+ 0.1	+ 0.1	+ 0.2	
−42.3	−34.5	+34.3	+45.4	−45.4	−71.8

(i) Momentos en los extremos de los miembros debidos a la traslación conocida Δ′: momentos M_Q

Fig. 16.13 (*Continuación*)

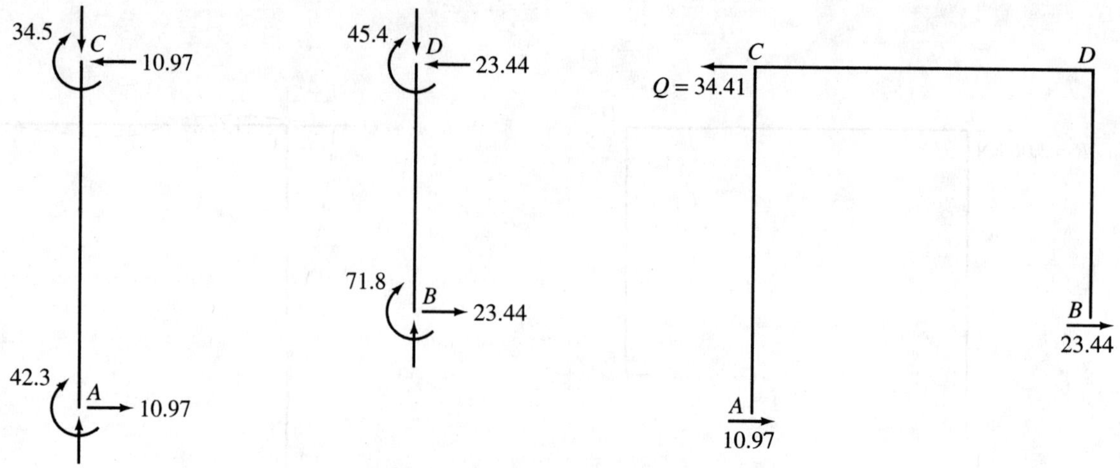

(j) Evaluación de Q

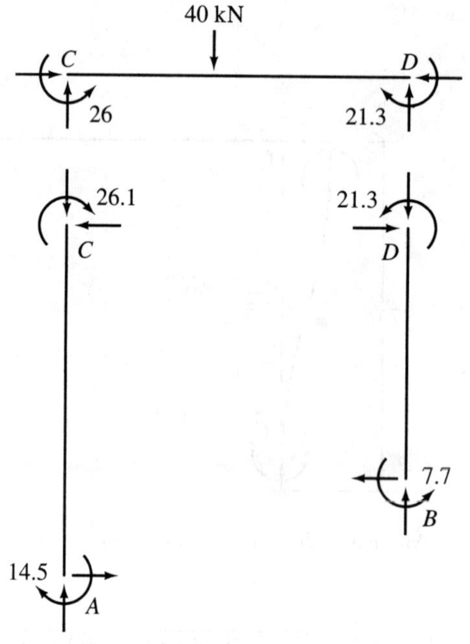

(k) Momentos reales en los extremos de los miembros (kN · m)

Fig. 16.13 (*Continuación*)

en las cuales se han asignado signos negativos a los momentos en extremos fijos para las columnas, porque estos momentos deben actuar en el sentido del movimiento de las manecillas del reloj, como se muestra en la figura 16.13(h).

En lugar de suponer en forma arbitraria un valor numérico para Δ', con el fin de calcular los momentos en extremos fijos, suele ser más conveniente suponer un valor numérico para uno de estos momentos, evaluar Δ' a partir de la expresión de ese momento y usar el valor de Δ', obtenido de este modo, para calcular los momentos restantes. Por tanto, se supone en forma arbitraria que el momento en extremo fijo EF_{AC} es de –50 kN · m; es decir,

$$EF_{AC} = EF_{CA} = -\frac{6EI\Delta'}{49} = -50 \text{ kN} \cdot \text{m}$$

Resolviendo para Δ', se obtiene

$$\Delta' = \frac{408.33}{EI}$$

Sustituyendo este valor de Δ' en las expresiones para EF_{BD} y EF_{DB}, se determinan los valores coherentes de estos momentos como

$$EF_{BD} = EF_{DB} = -\frac{6(408.33)}{25} = -98 \text{ kN} \cdot \text{m}$$

A continuación, los momentos en extremos fijos que acaban de determinarse se distribuyen por el proceso usual de distribución de momentos, como se muestra en la figura 16.13(i), para determinar los momentos M_Q en los extremos de los miembros causados por la todavía desconocida carga Q.

Para evaluar la magnitud de Q, que corresponde a estos momentos en los extremos de los miembros, en primer lugar se calculan las cortantes en los extremos inferiores de las columnas, considerando su equilibrio de momentos (Fig. 16.13(j)) y, enseguida, se aplica la ecuación de equilibrio en la dirección horizontal del marco completo:

$$+ \rightarrow \sum F_X = 0$$

$$-Q + 10.97 + 23.44 = 0$$

$$Q = 34.41 \text{ kN} \leftarrow$$

lo cual indica que los momentos M_Q calculados en la figura 16.13(i) son causados por una carga lateral $Q = 34.41$ kN. Ya que los momentos son linealmente proporcionales a la magnitud de la carga, los momentos deseados M_R debidos a la carga lateral $R = 2.06$ kN deben ser iguales a los momentos M_Q (Fig. 16.13(i)) multiplicados por la razón $R/Q = 2.06/34.41$.

Momentos reales en los extremos de los miembros Ahora se pueden determinar los momentos reales en los extremos de los miembros, M, sumando algebraicamente los momentos M_O en los extremos de los miembros, calculados en la figura 16.13(c) y 2.06/34.41 veces los momentos M_Q en los extremos de los miembros, calculados en la figura 16.13(i). Por tanto,

$$M_{AC} = -12 + \left(\frac{2.06}{34.41}\right)(-42.3) = -14.5 \text{ kN} \cdot \text{m}$$ **Resp.**

$$M_{CA} = -24 + \left(\frac{2.06}{34.41}\right)(-34.5) = -26.1 \text{ kN} \cdot \text{m}$$ **Resp.**

$$M_{CD} = 23.9 + \left(\frac{2.06}{34.41}\right)(34.3) = 26 \text{ kN} \cdot \text{m}$$ **Resp.**

$$M_{DC} = -24 + \left(\frac{2.06}{34.41}\right)(45.4) = -21.3 \text{ kN} \cdot \text{m}$$ **Resp.**

$$M_{DB} = 24 + \left(\frac{2.06}{34.41}\right)(-45.4) = 21.3 \text{ kN} \cdot \text{m}$$ **Resp.**

$$M_{BD} = 12 + \left(\frac{2.06}{34.41}\right)(-71.8) = 7.7 \text{ kN} \cdot \text{m}$$ **Resp.**

Estos momentos están representados en la figura 16.13(k).

EJEMPLO 16.7

Determine las reacciones para la viga no prismática que se muestra en la figura 16.14(a), aplicando el método de distribución de momentos.

SOLUCIÓN Como las relaciones de rigidez y traslación deducidas en la sección 16.1, así como las expresiones de los momentos en extremos fijos dadas al inicio de esta obra sólo son válidas para

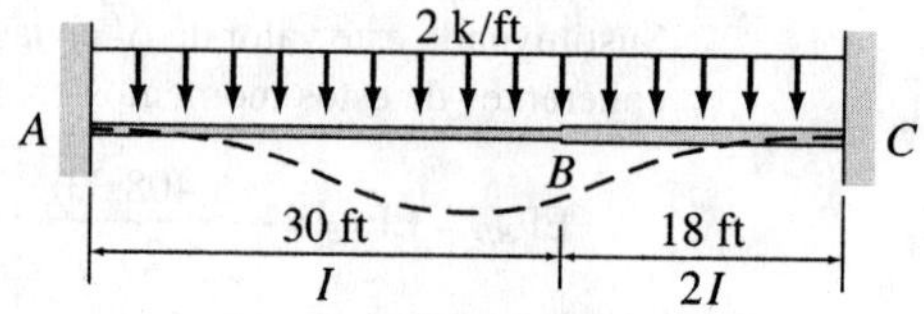

E = constante

(a) Viga

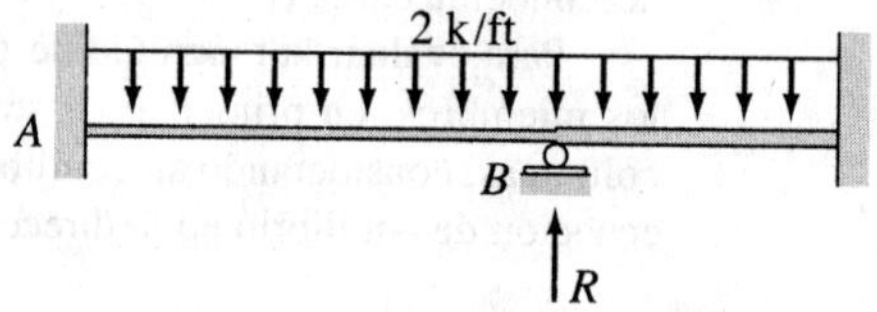

	0.231	0.769	
+150	−150	+ 54	− 54
	+ 22.2	+ 73.8	
+ 11.1			+ 36.9
+161.1	−127.8	+127.8	− 17.1

(b) Viga con traslación de los nodos impedida: momentos M_O

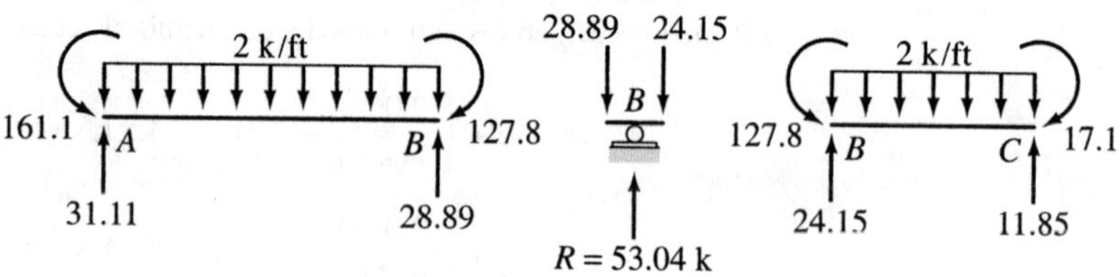

(c) Evaluación de la fuerza de restricción R

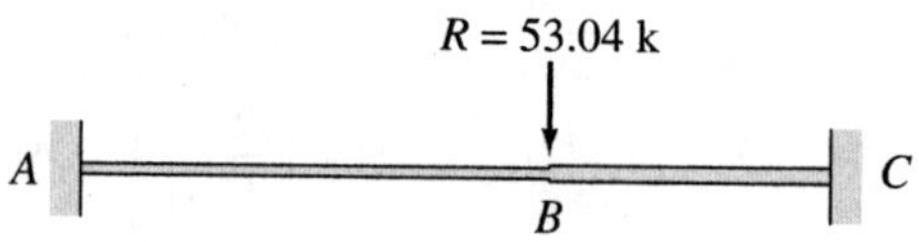

(d) Viga sujeta a R = 53.04 k: momentos M_R

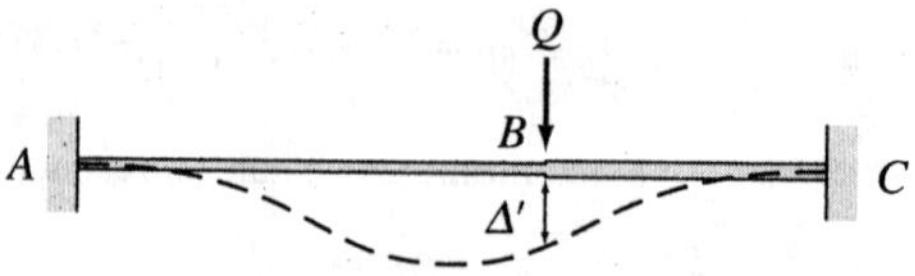

(e) Viga sujeta a una traslación arbitraria Δ': momentos M_Q

Fig. 16.14

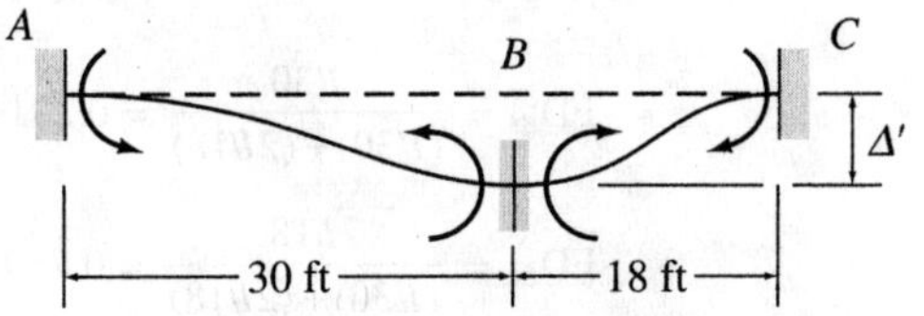

(f) Momentos en extremos fijos debidos a la traslación conocida Δ′

	0.231	0.769	
+18	+18 +18.9	−100 + 63.1	−100
+ 9.5			+ 31.5
+27.5	+36.9	− 36.9	− 68.5

(g) Momentos en los extremos de los miembros debidos a la traslación conocida Δ′: momentos M_Q

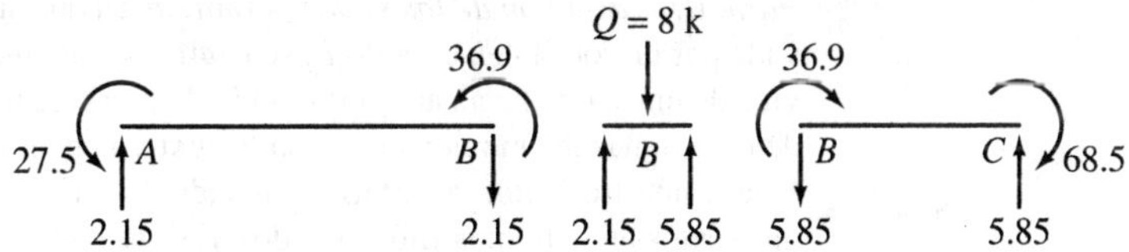

(h) Evaluación de Q

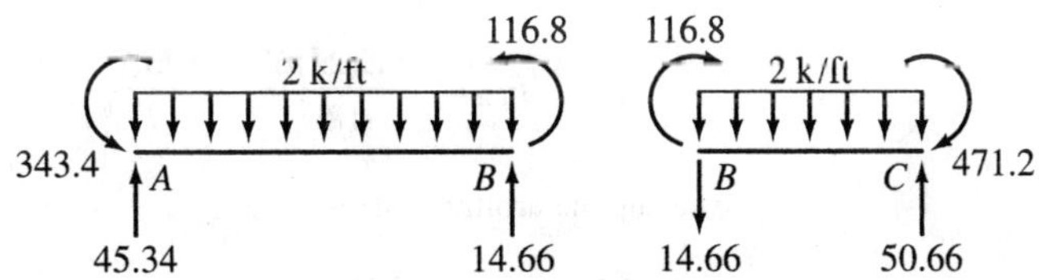

(i) Momentos reales en los extremos de los miembros (k-ft)

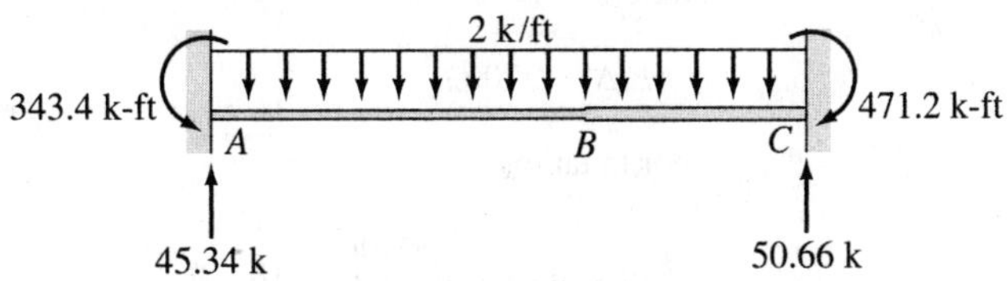

(j) Reacciones en los apoyos

Fig. 16.14 *(Continuación)*

los miembros prismáticos, se analizará la viga no prismática dada como si estuviera compuesta por dos miembros prismáticos, *AB* y *BC*, rígidamente conectados en el nodo *B*. Note que el nodo *B* tiene libertad para girar y para trasladarse en la dirección vertical, como se muestra en la figura 16.14(a).

Factores de distribución Los factores de distribución en el nodo *B* son

$$\text{FD}_{BA} = \frac{I/30}{(I/30)+(2I/18)} = 0.231$$

$$\text{FD}_{BC} = \frac{I/18}{(I/30)+(2I/18)} = 0.769$$

Parte I: Traslación de los nodos impedida En esta parte se impide la traslación del nodo *B* por un rodillo imaginario, como se muestra en la figura 16.14(b). Los momentos en extremos fijos debidos a la carga externa son

$$\text{EF}_{AB} = +150 \text{ k-ft} \qquad \text{EF}_{BA} = -150 \text{ k-ft}$$

$$\text{EF}_{BC} = +54 \text{ k-ft} \qquad \text{EF}_{CB} = -54 \text{ k-ft}$$

Se lleva a cabo la distribución de momentos de estos momentos en extremos fijos, como se muestra en la figura 16.14(b), para determinar los momentos M_O en los extremos de los miembros. Entonces se evalúa la fuerza de restricción *R* en el apoyo de rodillo imaginario, al considerar el equilibrio de los miembros *AB* y *BC* y del nodo *B*, como se muestra en la figura 16.14(c). Se encuentra que la fuerza de restricción es

$$R = 53.04 \text{ k} \uparrow$$

Parte II: Traslación de los nodos permitida Ya que suponemos que la viga real no está apoyada por un rodillo en el nodo *B*, se neutraliza su efecto de restricción por la aplicación a la viga de una carga hacia abajo $R = 53.04$ k, como se muestra en la figura 16.14(d). Con el fin de determinar los momentos M_R en los extremos de los miembros, debidos a *R*, se sujeta la viga a una traslación arbitraria conocida Δ', como se muestra en la figura 16.14(e). Los momentos en extremos fijos, debidos a Δ', se dan por (véase la figura 16.14(f))

$$\text{EF}_{AB} = \text{EF}_{BA} = \frac{6EI\Delta'}{(30)^2} = \frac{EI\Delta'}{150}$$

$$\text{EF}_{BC} = \text{EF}_{CB} = -\frac{6E(2I)\Delta'}{(18)^2} = -\frac{EI\Delta'}{27}$$

Si se supone arbitrariamente que

$$\text{EF}_{BC} = \text{EF}_{CB} = -\frac{EI\Delta'}{27} = -100 \text{ k-ft}$$

entonces

$$EI\Delta' = 2700$$

y, por lo tanto,

$$\text{EF}_{AB} = \text{EF}_{BA} = \frac{2700}{150} = 18 \text{ k-ft}$$

Estos momentos en extremos fijos se distribuyen por el proceso de distribución de momentos, como se muestra en la figura 16.14(g), para determinar los momentos M_Q en los extremos de los miembros. Ahora se puede evaluar la carga *Q*, en la ubicación y en la dirección de *R*, que corresponde a estos momentos, considerando el equilibrio de los miembros *AB* y *BC* y del nodo *B*, como se muestra en la figura 16.14(h). Se encuentra que la magnitud de *Q* es

$$Q = 8 \text{ k} \downarrow$$

Por tanto, los momentos deseados M_R, debidos a la carga vertical $R = 53.04$ k (Fig. 16.14(d)) deben ser iguales a los momentos M_Q (Fig. 16.14(g)) multiplicados por la razón $R/Q = 53.04/8 = 6.63$.

Momentos reales en los extremos de los miembros Ahora se pueden determinar los momentos reales en los extremos de los miembros, M, al sumar algebraicamente los momentos M_O en los extremos de los miembros, calculados en la figura 16.14(b) y 6.63 veces los momentos M_Q en los extremos de los miembros, calculados en la figura 16.14(g).

$M_{AB} = 161.1 + 6.63(27.5) = 343.4$ k-ft **Resp.**

$M_{BA} = -127.8 + 6.63(36.9) = 116.8$ k-ft **Resp.**

$M_{BC} = 127.8 + 6.63(-36.9) = -116.8$ k-ft **Resp.**

$M_{CB} = -17.1 + 6.63(-68.5) = -471.2$ k-ft **Resp.**

Las cortantes en los extremos de los miembros obtenidas por la aplicación de las ecuaciones de equilibrio se muestran en la figura 16.14(i).

Reacciones en los apoyos Véase la figura 16.14(j). **Resp.**

Comprobación del equilibrio Se satisfacen las ecuaciones de equilibrio.

EJEMPLO 16.8

Determine los momentos en los extremos de los miembros y las reacciones para el armazón mostrado en la figura 16.15(a), aplicando el método de la distribución de momentos.

SOLUCIÓN *Factores de distribución* En el nodo C,

$$FD_{CA} = FD_{CD} = \frac{I/20}{2(I/20)} = 0.5$$

En el nodo D,

$$FD_{DC} = \frac{I/20}{(I/20)+(3/4)(I/14.42)} = 0.49$$

$$FD_{DB} = \frac{(3/4)(I/14.42)}{(I/20)+(3/4)(I/14.42)} = 0.51$$

Momentos en los extremos de los miembros debidos a un ladeo arbitrario Δ' Como no se encuentran aplicadas cargas externas a los miembros del armazón, los momentos M_O en los extremos de los miembros del armazón restringido contra el ladeo serán cero. Con el fin de determinar los momentos M en los extremos de los miembros, debidos a la carga lateral de 30 k, se sujeta el armazón a una traslación horizontal arbitraria conocida Δ', en el nodo C. En la figura 16.15(b), se muestra una forma deformada cualitativa del armazón con todos los nodos sujetos contra la rotación y con el desplazamiento horizontal Δ' aplicado en el nodo C. El procedimiento para la construcción de esas formas deformadas se discutió en la sección 15.5. Note que, como se supone que los miembros del armazón son inextensibles y que las deformaciones son pequeñas, un extremo de un miembro sólo se puede trasladar en la dirección perpendicular a este miembro. A partir de esta figura, se puede ver que las traslaciones relativas Δ_{AC} entre los extremos del miembro AC en la dirección perpendicular a éste se pueden expresar en términos de la traslación Δ' del nodo como

$$\Delta_{AC} = CC' = \frac{5}{4}\Delta' = 1.25\Delta'$$

De modo análogo, las traslaciones relativas para los miembros CD y BD se expresan por

$$\Delta_{CD} = D_1D' = \frac{2}{3}\Delta' + \frac{3}{4}\Delta' = 1.417\Delta'$$

$$\Delta_{BD} = DD' = \frac{\sqrt{13}}{3}\Delta' = 1.202\Delta'$$

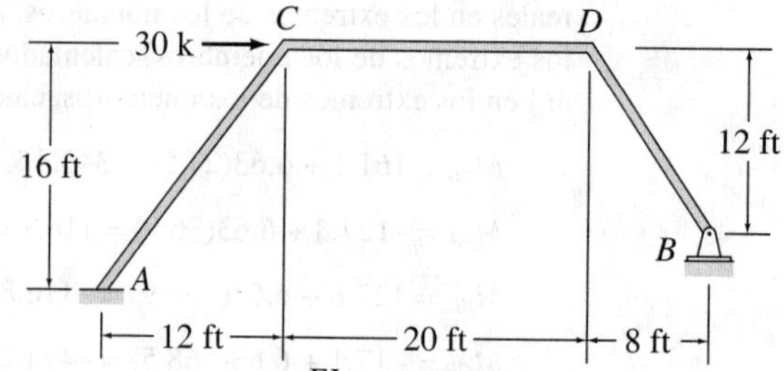

$EI =$ constante

(a) Armazón

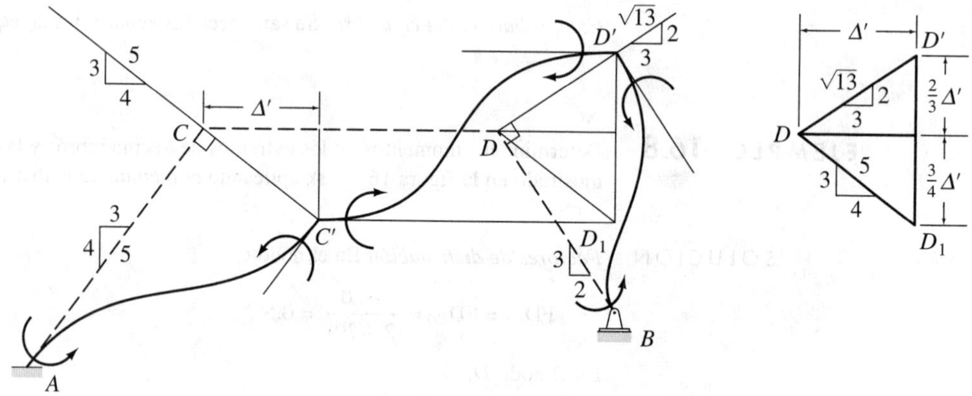

(b) Momentos en extremos fijos debidos a una traslación arbitraria Δ′

AC	*CA*	*CD*	*DC*	*DB*	*BD*
	0.5	0.5	0.49	0.51	1
+54.1	+54.1	−61.3	−61.3	+100	+100
	+ 3.6	+ 3.6	−19	− 19.7	−100
+ 1.8		− 9.5	+ 1.8	− 50	
	+ 4.8	+ 4.8	+23.6	+ 24.6	
+ 2.4		+11.8	+ 2.4		
	− 5.9	− 5.9	− 1.2	− 1.2	
− 3		− 0.6	− 3		
	+ 0.3	+ 0.3	+ 1.5	+ 1.5	
+ 0.2		+ 0.8	+ 0.2		
	− 0.4	− 0.4	− 0.1	− 0.1	
− 0.2			− 0.2		
			+ 0.1	+ 0.1	
+55.3	+56.5	−56.4	−55.2	+ 55.2	0

(c) Momentos en los extremos de los miembros debidos a la traslación conocida Δ′: momentos M_Q

Fig. 16.15

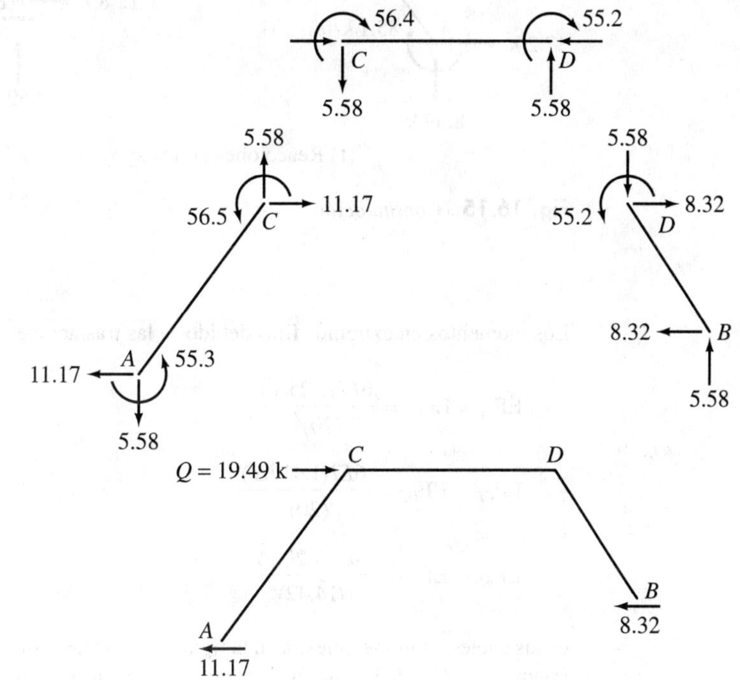

(d) Evaluación de Q

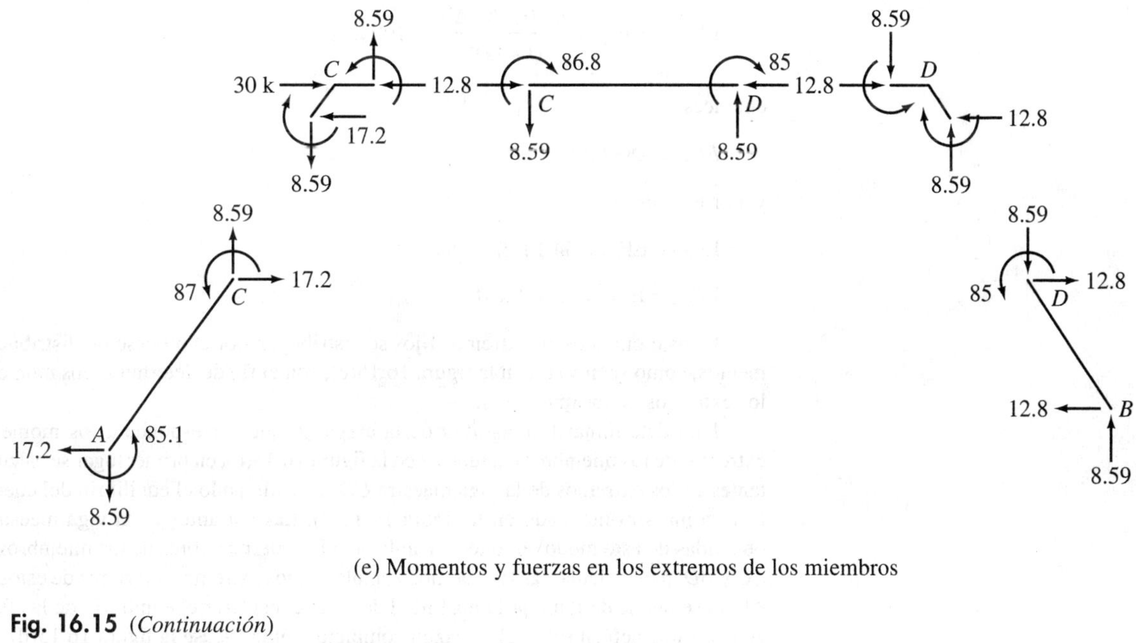

(e) Momentos y fuerzas en los extremos de los miembros

Fig. 16.15 *(Continuación)*

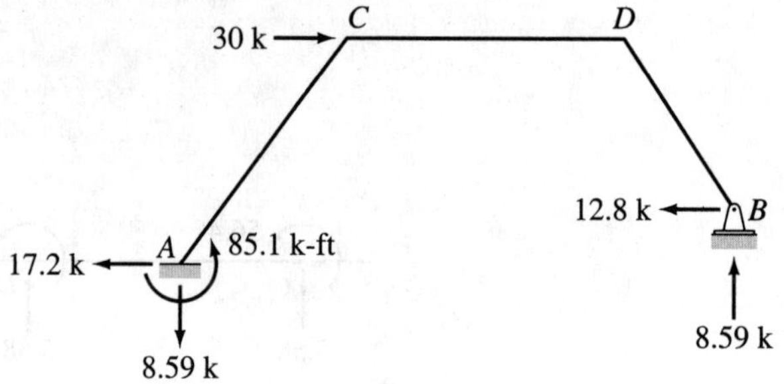

(f) Reacciones en los apoyos

Fig. 16.15 (*Continuación*)

Los momentos en extremos fijos debidos a las traslaciones relativas son

$$\text{EF}_{AC} = \text{EF}_{CA} = \frac{6EI(1.25\Delta')}{(20)^2}$$

$$\text{EF}_{CD} = \text{EF}_{DC} = \frac{6EI(1.417\Delta')}{(20)^2}$$

$$\text{EF}_{BD} = \text{EF}_{DB} = \frac{6EI(1.202\Delta')}{(14.42)^2}$$

en las cuales, como se muestra en la figura 16.15(b), los momentos en extremos fijos para los miembros AC y BD giran en sentido contrario al movimiento de las manecillas del reloj (positivos), en tanto que los del miembro CD giran en el sentido del movimiento de las manecillas del reloj (negativos). Si se supone arbitrariamente que

$$\text{EF}_{BD} = \text{EF}_{DB} = \frac{6EI(1.202\Delta')}{(14.42)^2} = 100 \text{ k-ft}$$

entonces

$$EI\Delta' = 2883.2$$

y, por lo tanto,

$$\text{EF}_{AC} = \text{EF}_{CA} = 54.1 \text{ k-ft}$$

$$\text{EF}_{CD} = \text{EF}_{DC} = -61.3 \text{ k-ft}$$

Estos momentos en extremos fijos se distribuyen por el proceso de distribución de momentos, como se muestra en la figura 16.15(c), con el fin de determinar los momentos M_Q en los extremos de los miembros.

Para determinar la magnitud de la carga Q, que corresponde a los momentos en los extremos de los miembros calculados en la figura 16.15(c), en primer lugar se calculan las cortantes en los extremos de la viga maestra CD, considerando el equilibrio del cuerpo libre de la viga maestra mostrado en la figura 16.15(d). Las cortantes en la viga maestra (5.58 k), obtenidas de este modo, entonces se aplican a los cuerpos libres de los miembros inclinados AC y BD, para calcular las fuerzas horizontales en los extremos inferiores de estos miembros. Ahora se puede determinar la magnitud de Q, al considerar el equilibrio de las fuerzas horizontales que actúan sobre el armazón completo, como (véase la figura 16.15(d))

$$+ \rightarrow \sum F_x = 0$$

$$Q - 11.17 - 8.32 = 0$$

$$Q = 19.49 \text{ k} \rightarrow$$

Momentos reales en los extremos de los miembros Ahora se pueden evaluar los momentos reales en los extremos de los miembros, M, debidos a la carga lateral de 30 k, multiplicando los momentos M_Q calculados en la figura 16.15(c) por la razón $30/Q = 30/19.49$:

$$M_{AC} = \frac{30}{19.49}(55.3) = 85.1 \text{ k-ft}$$ **Resp.**

$$M_{CA} = \frac{30}{19.49}(56.5) = 87 \text{ k-ft}$$ **Resp.**

$$M_{CD} = \frac{30}{19.49}(-56.4) = -86.8 \text{ k-ft}$$ **Resp.**

$$M_{DC} = \frac{30}{19.49}(-55.2) = -85 \text{ k-ft}$$ **Resp.**

$$M_{DB} = \frac{30}{19.49}(55.2) = 85 \text{ k-ft}$$ **Resp.**

$$M_{BD} = 0$$ **Resp.**

Fuerzas en los extremos de los miembros Véase la figura 16.15(e).

Reacciones en los apoyos Véase la figura 16.15(f). **Resp.**

Comprobación del equilibrio Se satisfacen las ecuaciones de equilibrio.

Análisis de armazones de pisos múltiples

Ahora se puede extender el procedimiento antes descrito al análisis de estructuras con grados múltiples de libertad de ladeo. Considere el armazón rectangular de dos pisos que se muestra en la figura 16.16(a). El análisis de distribución de momentos de este armazón se lleva a cabo en tres partes. En la primera parte se impide el ladeo de los dos pisos del armazón, agregando rodillos imaginarios en los niveles del piso, como se muestra en la figura 16.16(b). Se calculan los momentos M_O en los extremos de los miembros que se desarrollan en este armazón debido a las cargas externas, por el proceso de distribución de momentos y se evalúan las fuerzas de restricción R_1 y R_2 en los apoyos imaginarios mediante la aplicación de las ecuaciones de equilibrio. En la segunda parte del análisis, se permite que el piso inferior del armazón se desplace en una cantidad conocida Δ'_1, al mismo tiempo que se impide el ladeo del piso superior, como se muestra en la figura 16.16(c). Se calculan y distribuyen los momentos en extremos fijos causados por este desplazamiento, para obtener los momentos M_{Q1} en los extremos de los miembros. Conocidos los momentos en los extremos de los miembros, a partir de las ecuaciones de equilibrio se determinan las fuerzas Q_{11} y Q_{21} en las ubicaciones de apoyos de los rodillos. De manera análoga, en la tercera parte del análisis se deja que el piso superior del armazón se desplace en una cantidad conocida Δ'_2, como se muestra en la figura 16.16(d), y se evalúan los momentos correspondientes M_{Q2} en los extremos de los miembros, así como las fuerzas Q_{12} y Q_{22}. Los momentos M en los extremos de los miembros en la armadura real (Fig. 16.16(a)) se determinan por la superposición de los momentos calculados en las tres partes, como

$$M = M_O + c_1 M_{Q1} + c_2 M_{Q2} \tag{16.30}$$

en la cual c_1 y c_2 son las constantes cuyos valores se obtienen por la resolución de las ecuaciones de superposición de las fuerzas horizontales, en las ubicaciones de los

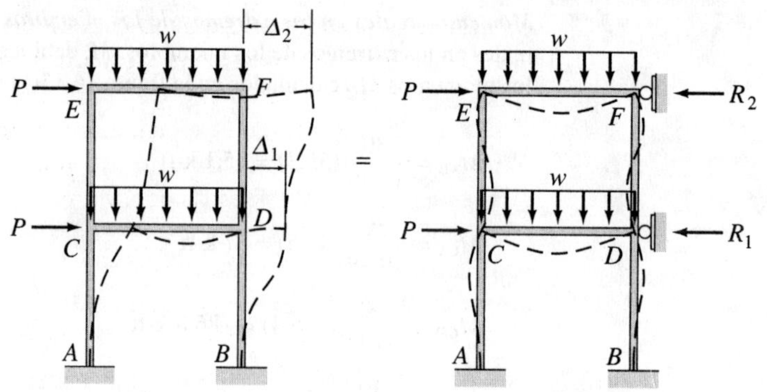

(a) Armazón real: momentos M

(b) Armazón con el ladeo impedido: momentos M_O

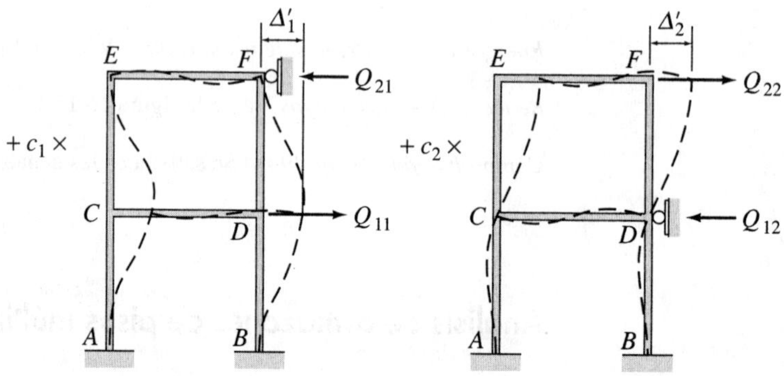

(c) Armazón sujeto a la traslación conocida Δ_1': momentos M_{Q1}

(d) Armazón sujeto a la traslación conocida Δ_2': momentos M_{Q2}

Fig. 16.16

apoyos imaginarios. Al sobreponer las fuerzas horizontales mostradas en las figuras 16.16(a) a la (d), en los nodos D y F, respectivamente, se obtiene

$$-R_1 + c_1Q_{11} - c_2Q_{12} = 0$$
$$-R_2 - c_1Q_{21} + c_2Q_{22} = 0$$

Al resolver en forma simultánea estas ecuaciones, se obtienen los valores de las constantes c_1 y c_2, los cuales se usan entonces en la ecuación (16.30) para determinar los momentos en los extremos deseados, M.

Como indica lo antes expuesto, el análisis de los armazones de pisos múltiples por el método de distribución de momentos puede ser bastante tedioso y consumir bastante tiempo. Por lo tanto, en la actualidad el análisis de esas estructuras se lleva a cabo en computadoras, utilizando el planteamiento matricial del método de los desplazamientos presentado en el capítulo 17.

RESUMEN

En este capítulo se ha estudiado una formulación clásica del método de los desplazamientos (rigidez), llamado método de distribución de momentos, para el análisis de vigas y armazones.

En esencia, el procedimiento para el análisis de las vigas continuas y de los armazones sin ladeo comprende el cálculo de momentos en extremos fijos debidos a las cargas externas, suponiendo que, en forma temporal, en todos los nodos libres de la estructura se restringe la rotación y se equilibran los momentos en esos nodos libres por el proceso de distribución de momentos. En el proceso de distribución de momentos, en cada uno de los nodos libres de la estructura, se evalúa el momento no equilibrado y se distribuye a los extremos de los miembros conectados a él. Entonces se calculan los momentos trasladados, que se inducen en los extremos lejanos de los miembros, y el proceso de equilibrado de los nodos y traslación de momentos se repite hasta que los momentos no equilibrados son tan pequeños que se pueden despreciar. Los momentos finales en los extremos de los miembros se obtienen al sumar algebraicamente el momento en extremo fijo y todos los momentos distribuidos y trasladados en cada uno de los extremos de los miembros.

El análisis de los armazones con un solo grado de libertad de ladeo se lleva a cabo en dos partes. En la primera, se impide el ladeo por la adición de un rodillo imaginario a la estructura. Se calculan los momentos en los extremos de los miembros que se desarrollan en este armazón restringido, debidos a las cargas externas, por el proceso de distribución de momentos y se evalúa la fuerza de restricción R en el rodillo imaginario por la aplicación de las ecuaciones de equilibrio. En la segunda parte del análisis, a fin de calcular los momentos en los miembros debidos a la fuerza R aplicada en la dirección opuesta, se deja que la estructura se desplace en una cantidad arbitraria supuesta *conocida*, y los momentos en los miembros y la fuerza correspondiente Q en la ubicación de R se evalúan como antes. Los momentos reales en los extremos de los miembros se determinan al sumar algebraicamente los momentos calculados en la primera parte y R/Q veces los momentos calculados en la segunda.

Una vez que se conocen los momentos en los extremos de los miembros, se pueden evaluar las cortantes en los extremos de los miembros, las fuerzas axiales en los miembros y las reacciones en los apoyos a través de consideraciones de equilibrio.

PROBLEMAS

Sección 16.3

16.1 al 16.5 Determine las reacciones y trace los diagramas de la cortante y del momento flexionante para las vigas mostradas en las figuras P16.1–P16.5, aplicando el método de distribución de momentos.

16.6 Resuelva el problema 16.2 para la carga que se muestra en la figura P16.2 y un asentamiento de $\frac{1}{2}$ in en el apoyo B.

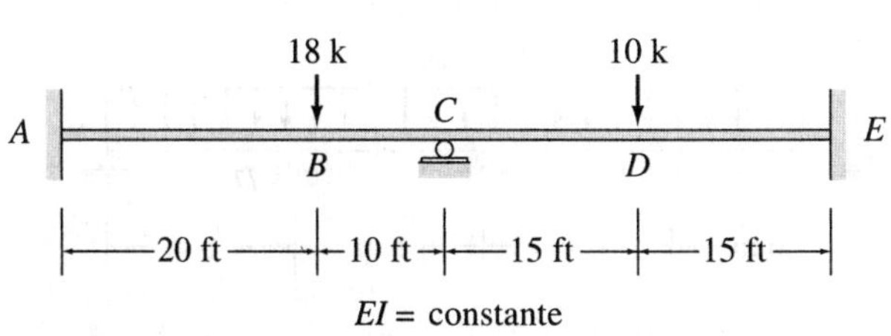

Fig. P16.1

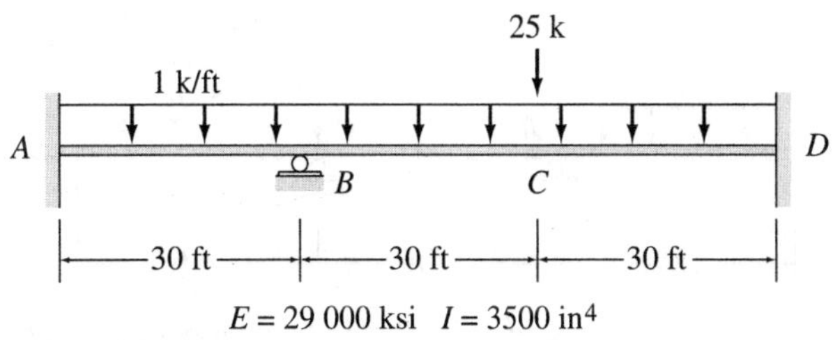

Fig. P16.2, P16.6

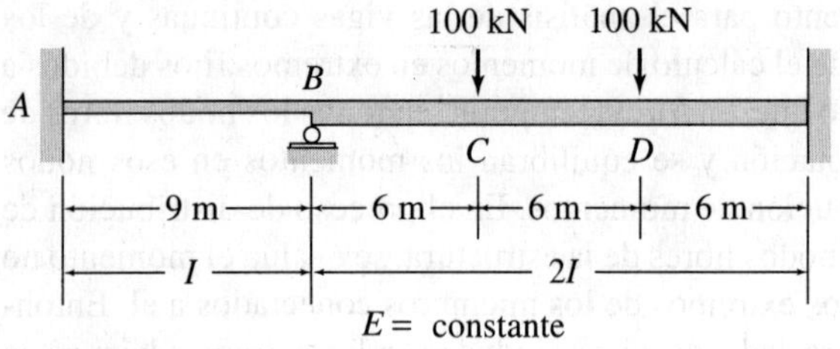

Fig. P16.3

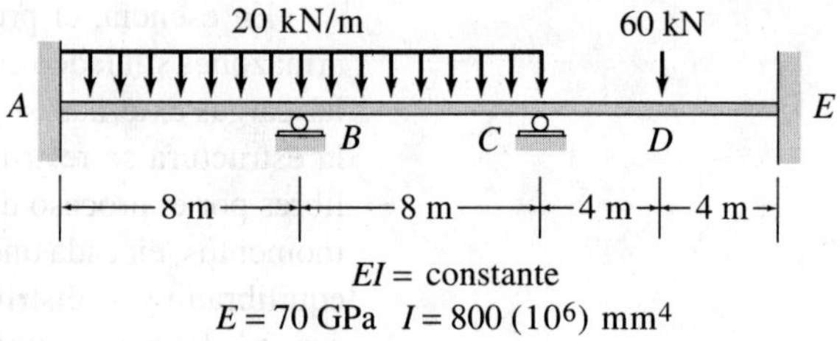

Fig. P16.9, P16.15

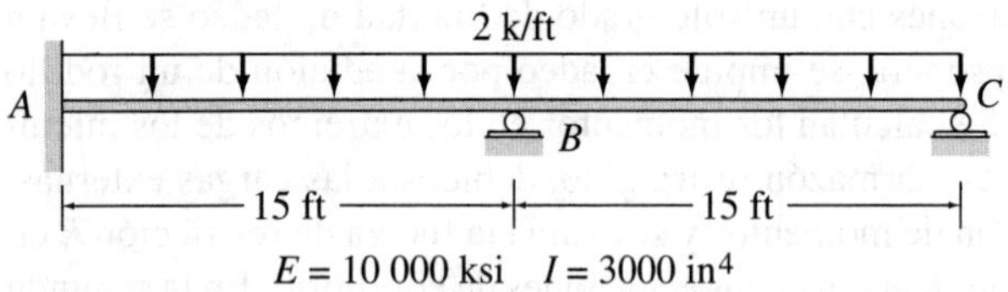

Fig. P16.4, P16.7

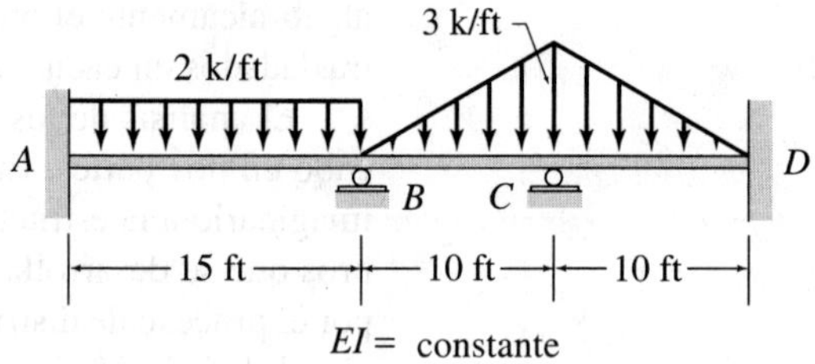

Fig. P16.10

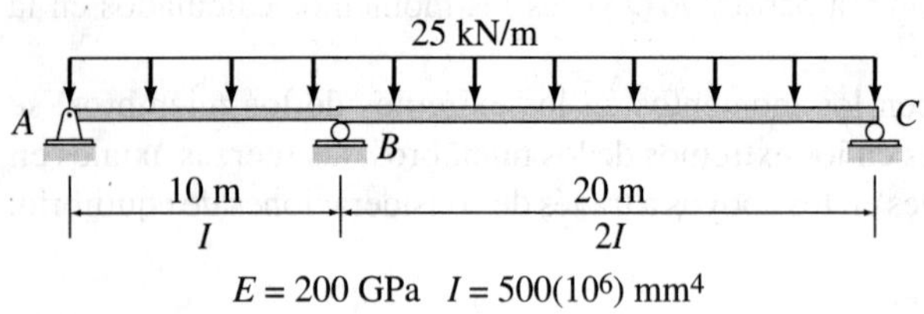

Fig. P16.5

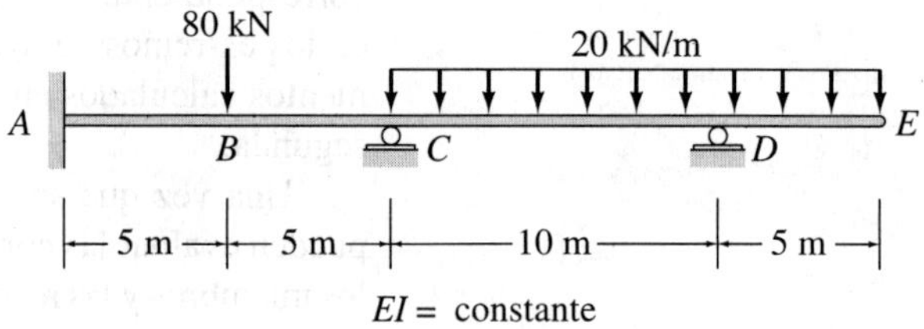

Fig. P16.11

16.7 Resuelva el problema 16.4 para la carga que se muestra en la figura P16.4 y los asentamientos en los apoyos de $\frac{1}{2}$ in en *B* y de 1 in en *C*.

16.8 al 16.14 Determine las reacciones y trace los diagramas de la cortante y del momento flexionante para las vigas mostradas en las figuras P16.8–P16.14, aplicando el método de distribución de momentos.

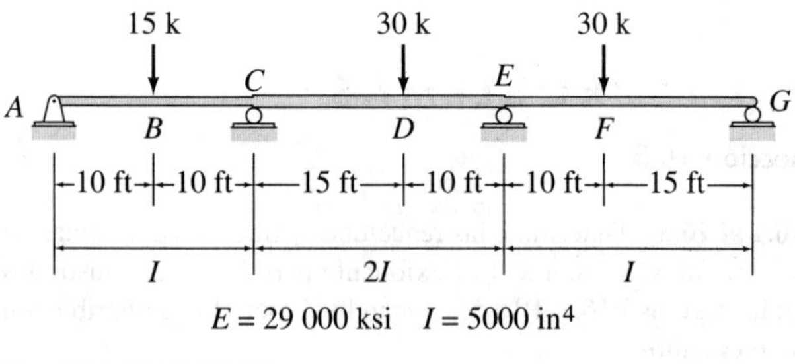

Fig. P16.12, P16.16

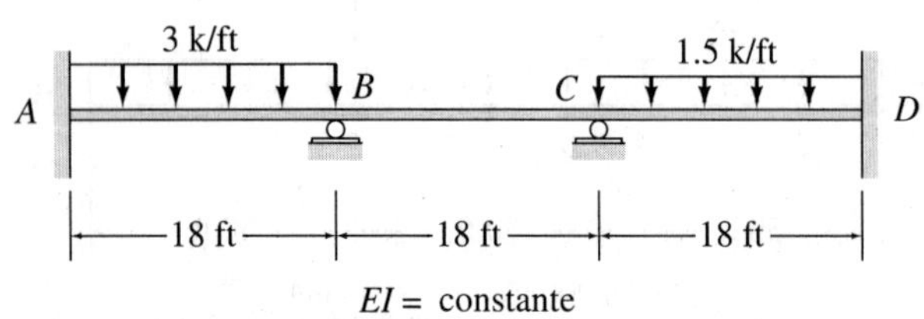

Fig. P16.8

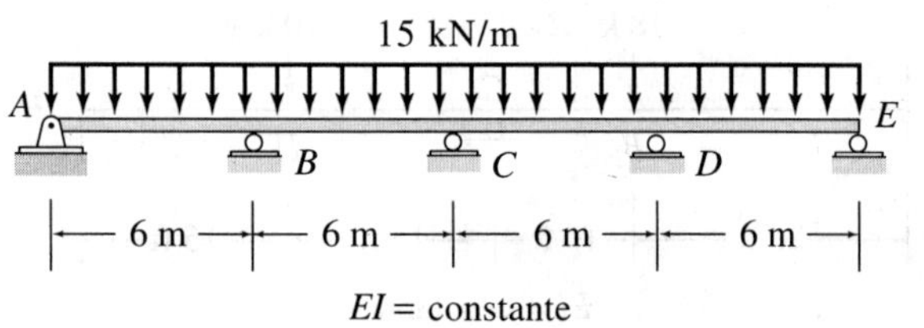

Fig. P16.13

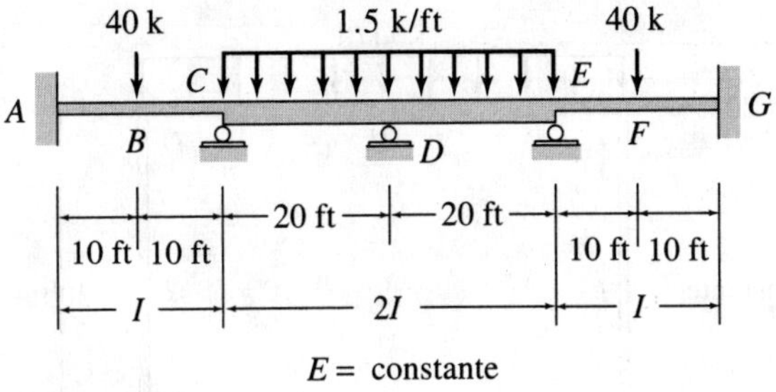

Fig. P16.14

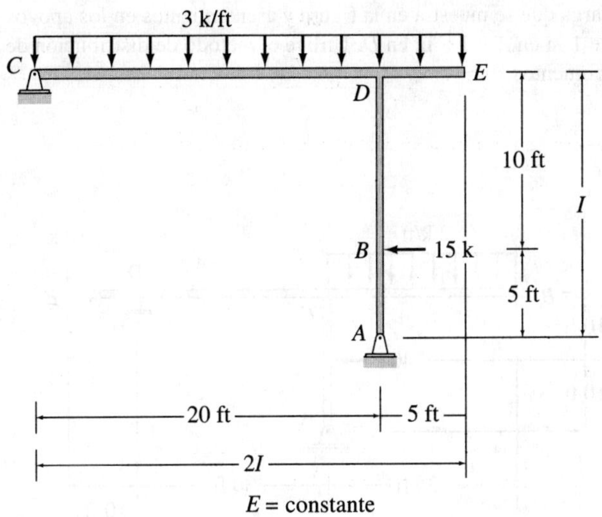

Fig. P16.19

16.15 Resuelva el problema 16.9 para la carga que se muestra en la figura P16.9 y un asentamiento de 25 mm en el apoyo *C*.

16.16 Resuelva el problema 16.12 para la carga que se muestra en la figura P16.12 y los asentamientos en los apoyos de $\frac{1}{2}$ in en *A*, 4 in en *C*, 3 in en *E* y $2\frac{1}{2}$ in en *G*.

Sección 16.4

16.17 al 16.20 Determine los momentos en los extremos de los miembros y las reacciones para los armazones que se muestran en las figuras P16.17–P16.20, aplicando el método de distribución de momentos.

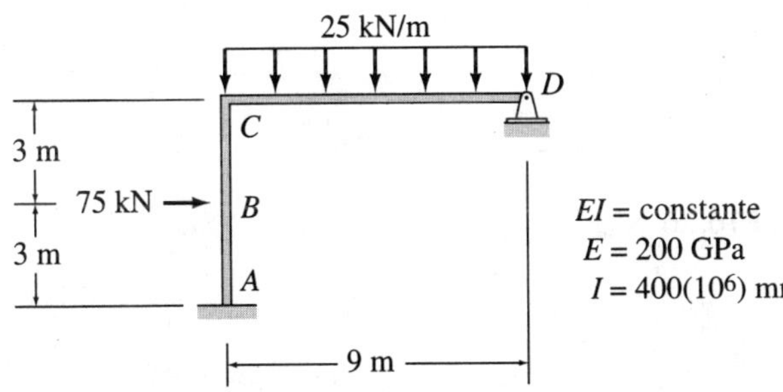

Fig. P16.17, P16.21

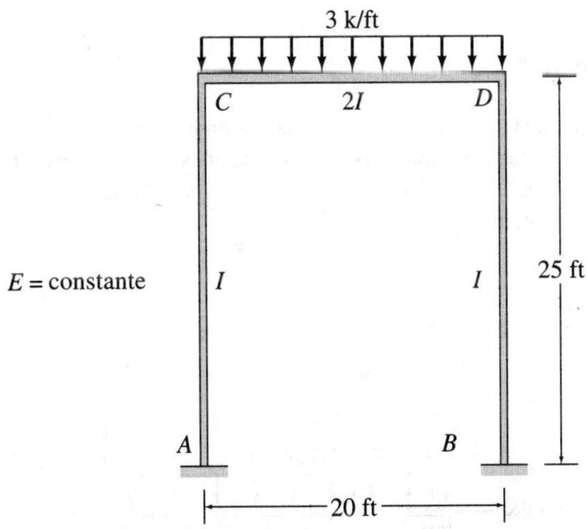

Fig. P16.20

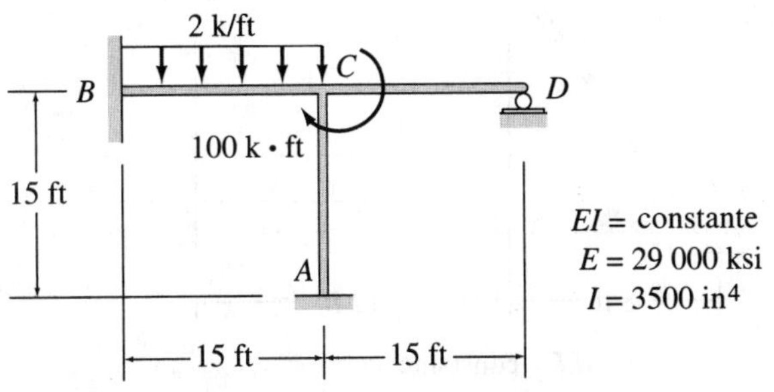

Fig. P16.18, P16.22

16.21 Resuelva el problema 16.17 para la carga que se muestra en la figura P16.17 y un asentamiento de 50 mm en el apoyo *D*.

16.22 Resuelva el problema 16.18 para la carga que se muestra en la figura P16.18 y un asentamiento de $\frac{1}{4}$ in en el apoyo *A*.

16.23 Determine los momentos en los extremos de los miembros y las reacciones para el armazón de la figura P16.23, para la carga que se muestra en la figura y asentamientos en los apoyos de 1 in en A y $1\frac{1}{2}$ in en D. Utilice el método de distribución de momentos.

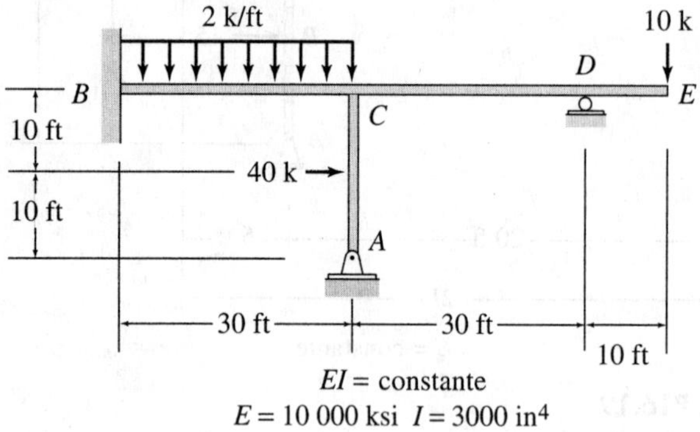

Fig. P16.23

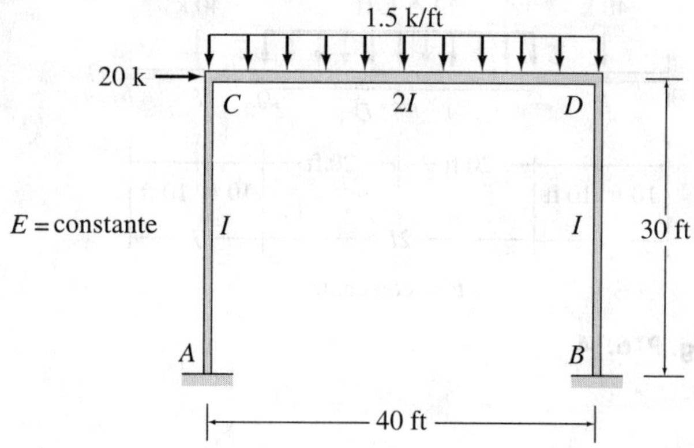

Fig. P16.25

Sección 16.5

16.24 al 16.31 Determine los momentos en los extremos de los miembros y las reacciones para los armazones que se muestran en las figuras P16.24–P16.31, aplicando el método de distribución de momentos.

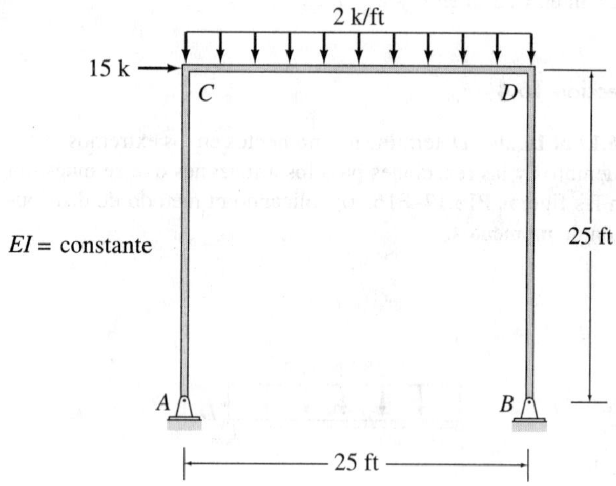

Fig. P16.26

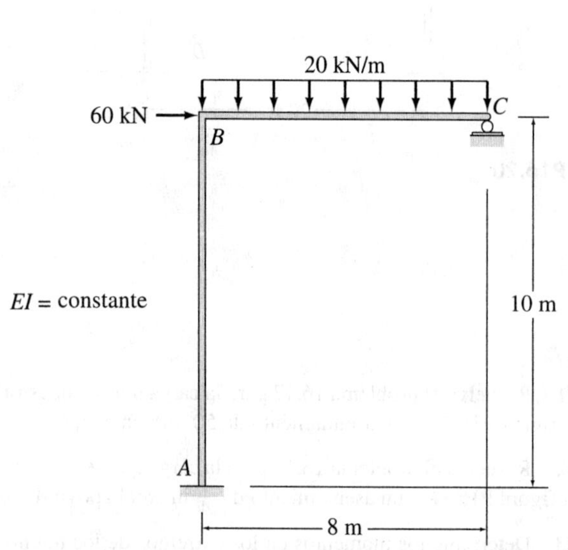

Fig. P16.24

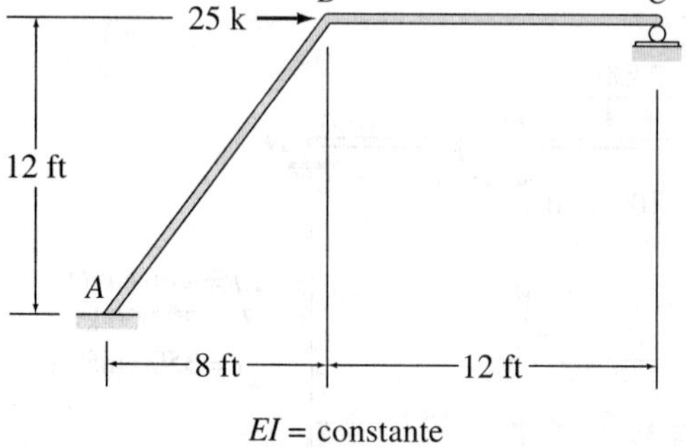

Fig. P16.27

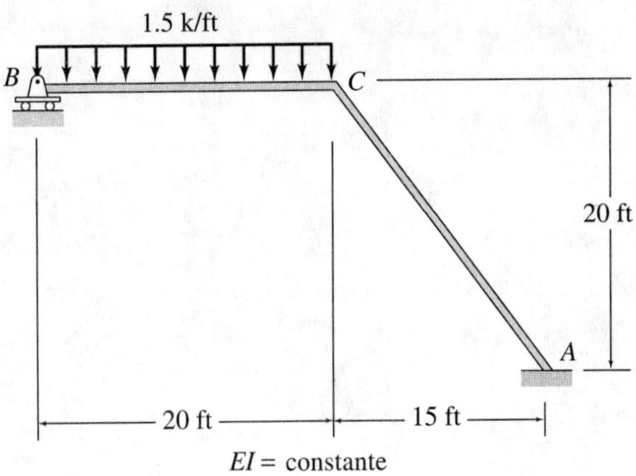

Fig. P16.28

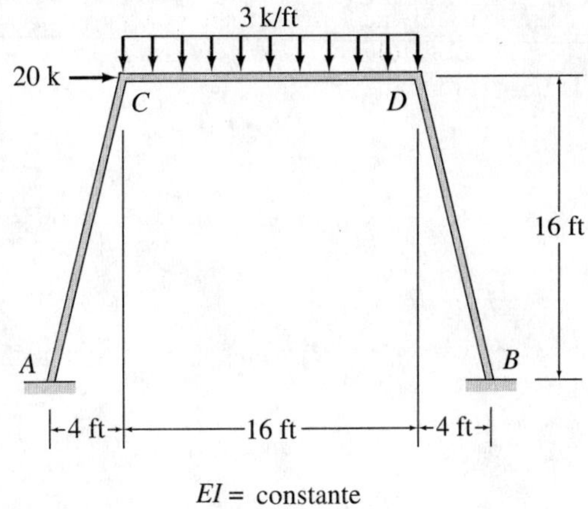

Fig. P16.30

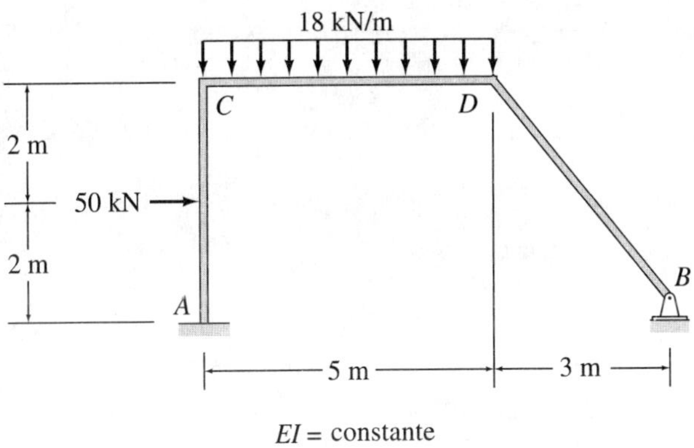

Fig. P16.29

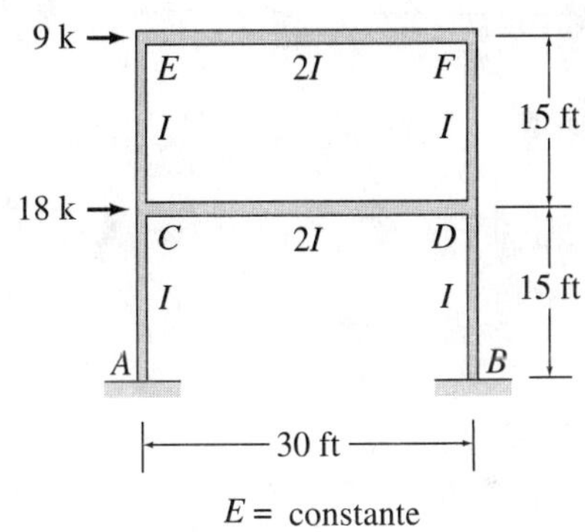

Fig. P16.31

17 INTRODUCCIÓN AL ANÁLISIS ESTRUCTURAL MATRICIAL

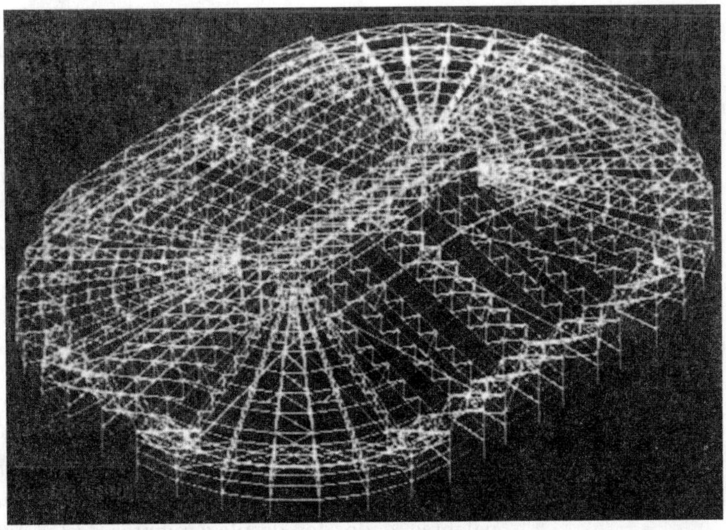

Modelo analítico de la superestructura de la Arena de Anaheim, California
Fotografía cortesía de Thornton-Tomasetti Engineers

En este texto se ha enfocado la atención en los métodos clásicos del análisis estructural. Aun cuando un estudio de los métodos clásicos es esencial para desarrollar cierta comprensión del comportamiento estructural y de los principios del análisis correspondiente, el análisis de estructuras grandes con la aplicación de estos métodos de cálculo a mano puede consumir bastante tiempo. Con la disponibilidad de las microcomputadoras, que a pesar de su tamaño son poderosas, hoy en día el análisis de las estructuras en la mayor parte de las oficinas de diseño se realiza en forma rutinaria con computadoras, utilizando software basado en métodos matriciales del análisis estructural.

El objetivo de este capítulo es introducir al lector en el campo excitante y todavía en crecimiento del análisis estructural matricial. Sin embargo, en este libro sólo se presentan los conceptos básicos de dicho análisis. Para llevar a cabo un estudio más detallado, el lector debe consultar uno de los muchos libros de texto dedicados por completo al tema de análisis estructural matricial.

Los métodos matriciales no comprenden nuevos principios fundamentales; pero las relaciones fundamentales de equilibrio, compatibilidad y de fuerzas-desplazamientos de los miembros ahora se expresan en forma de ecuaciones matriciales, de modo que los cálculos numéricos se puedan realizar en forma eficiente en una computadora. Por lo tanto, la familiaridad con las operaciones básicas del álgebra matricial es un requisito previo para comprender el análisis estructural matricial. En el apéndice B, para conveniencia del lector, se presenta un repaso de los conceptos del álgebra matricial necesarios para desarrollar los métodos matriciales del análisis estructural.

Aun cuando tanto los métodos de la flexibilidad (fuerzas) como los de la rigidez (desplazamientos) se pueden representar en forma matricial, el método de la rigidez es más sistemático y se puede poner en práctica con mayor facilidad en las computadoras. Por tanto, la mayor parte de los programas para computadora, con los que se cuenta para el análisis estructural, se basan en el método de la rigidez. En este capítulo sólo se considerará el método matricial de la rigidez (desplazamientos) del análisis estructural. Este método se puede usar para analizar estructuras estáticamente determinadas, así como las indeterminadas.

Se empieza por discutir el proceso de preparación de un modelo analítico de la estructura que se va a analizar. También se definen los sistemas de coordenadas globales y locales, y se explica el concepto de grados de libertad. Enseguida, se deducen las relaciones de fuerzas-desplazamientos de los miembros en coordenadas locales. Se considera la transformación de las fuerzas en los extremos de los miembros y los desplazamientos de los extremos de coordenadas locales a globales y viceversa, y se desarrollan las relaciones de rigidez de los miembros en coordenadas globales. Se formulan las relaciones de rigidez para la estructura completa por la combinación de las relaciones de rigidez de los miembros y, por último, se desarrolla un procedimiento paso a paso para el análisis de armaduras, vigas continuas y armazones por el método matricial de la rigidez.

17.1 MODELO ANALÍTICO

En el método matricial de análisis de la rigidez se considera que la estructura es un montaje de miembros rectos conectados en sus extremos a nodos. *Un miembro se define como una parte de la estructura para la cual las relaciones de fuerzas-desplazamientos, de los miembros que se van a usar en el análisis, son válidas.* En otras palabras, dados los desplazamientos de los extremos de un miembro, se debe ser capaz de determinar las fuerzas y los momentos en sus extremos utilizando las relaciones de fuerzas-desplazamientos. Esas relaciones para los miembros prismáticos se analizarán en la sección siguiente. *Un nodo se define como una parte estructural de tamaño infinitesimal al cual se conectan los extremos de los miembros*. Los miembros y nodos de las estructuras también se mencionan como *elementos* y *nodos*, respectivamente.

Antes de proceder con el análisis, debe prepararse un modelo analítico de la estructura. El modelo se representa por un diagrama lineal de esta última, en el que todos los nodos y los miembros se identifican con números. Considere, por ejemplo, el armazón mostrado en la figura 17.1(a). El modelo analítico del armazón se muestra en la figura 17.1(b), en el cual los números de los nodos están encerrados dentro de círculos para distinguirlos de los números de los miembros, que están encerrados dentro de rectángulos. Como se muestra en esta figura, se considera que el armazón está compuesto, para los fines del análisis, por cuatro miembros y cinco nodos. Note que, como las relaciones de fuerzas-desplazamientos de los miembros que se van a usar en el análisis son válidas sólo para los miembros prismáticos, la columna vertical del armazón se ha subdividido en dos miembros, cada uno con propiedades constantes (I y A) de la sección transversal, a todo lo largo.

Sistemas de coordenadas globales y locales

En el método de la rigidez la configuración geométrica y el comportamiento globales de la estructura se describen con referencia a un *sistema de coordenadas globales (o*

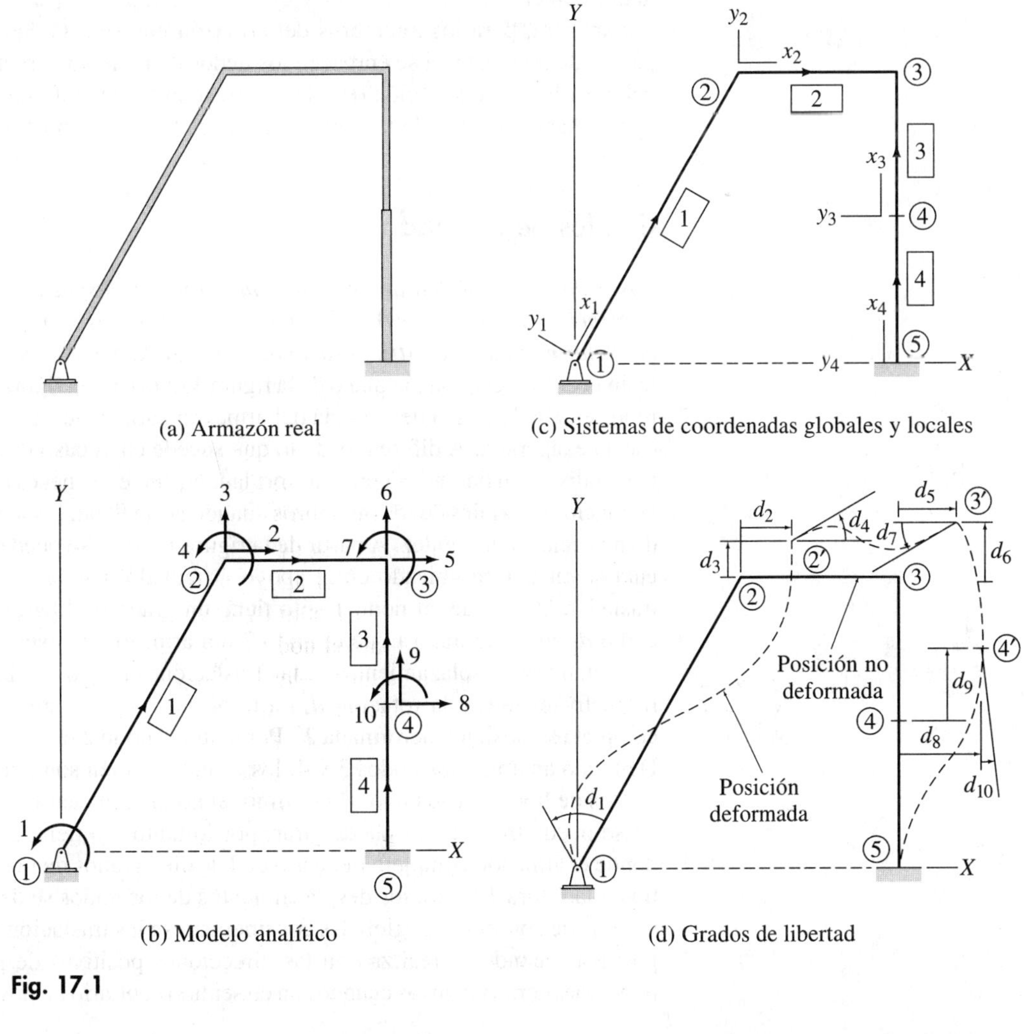

Fig. 17.1

estructurales) cartesianas o rectangulares. El sistema de coordenadas globales que se usa en este capítulo es un sistema derecho de coordenadas *XYZ*, encontrándose la estructura plana en el plano *XY*, como se muestra en la figura 17.1(b).

Ya que suele ser conveniente deducir las relaciones básicas de fuerzas-desplazamientos, en términos de fuerzas y desplazamientos en las direcciones a lo largo y perpendicular de los miembros, se define un *sistema de coordenadas locales (o del miembro)* para cada miembro de la estructura. El origen del sistema de coordenadas locales *xyz* para un miembro puede ubicarse de manera arbitraria en uno de los extremos de éste, con el eje *x* dirigido a lo largo del eje centroidal del mismo. La dirección positiva del eje *y* se elige de modo que el sistema de coordenadas sea derecho, con el eje *z* local apuntando en la dirección positiva del eje *Z* global. En la figura 17.1(b) se indica la dirección positiva del eje *x* para cada miembro al trazar una flecha a lo largo de cada uno de ellos en el diagrama lineal de la estructura. Por ejemplo, en esta figura se indica que el origen del sistema de coordenadas locales para el miembro 1 está ubicado en su extremo conectado al nodo 1, con el eje x_1 dirigido del nodo 1 hacia el 2. El nodo al cual se conecta el extremo del miembro con el origen del sistema de coordenadas locales se conoce como *nodo inicial* de ese miembro, en tanto que el nodo adyacente al extremo opuesto de este último se denomina *nodo final*. Por ejemplo, en la figura 17.1(b), el miembro 1 se inicia en el nodo 1 y finaliza en el nodo 2, en tanto que el miembro 2 se inicia en el nodo 2 y finaliza en el 3, y así sucesivamente. Una vez que se define el eje *x* local para un miembro, se puede establecer el eje *y* correspondiente mediante la aplicación de la regla de la mano derecha. En la figura 17.1(c), se muestran los ejes *y* locales obtenidos de esta manera, para los miembros del armazón que se está considerando. Note que, para cada miembro, si se enroscan los dedos de la mano derecha desde la dirección del eje *x* hacia la dirección del eje *y* correspondiente, entonces el pulgar extendido apunta hacia el plano de la página, la cual es la dirección positiva del eje *Z* global.

Grados de libertad

Los grados de libertad de una estructura son los desplazamientos independientes (traslaciones y rotaciones) de los nodos que son necesarios para especificar la forma deformada de esa estructura, cuando se sujeta a una carga arbitraria. Considere una vez más el armazón plano de la figura 17.1(a). En la figura 17.1(d), se encuentra representada la forma deformada del armazón para una carga arbitraria, usando una escala exagerada. A diferencia de lo que sucede en el caso de los métodos clásicos del análisis considerados con anterioridad, no suele ser necesario despreciar las deformaciones axiales de los miembros cuando se analizan los armazones por el método matricial de la rigidez. A partir de la figura 17.1(d), se puede ver que el nodo 1, el cual se encuentra ubicado en el apoyo articulado, puede girar, pero no se puede trasladar. De donde, el nodo 1 sólo tiene un grado de libertad, el cual se designa como d_1 en la figura. Ya que el nodo 2 del armazón no está sujeto a un apoyo, se necesitan tres desplazamientos —las traslaciones d_2 y d_3 en las direcciones *X* y *Y*, respectivamente, y la rotación d_4 en torno al eje *Z*— para especificar de manera completa su posición deformada 2′. Por tanto, el nodo 2 tiene tres grados de libertad. De modo análogo, los nodos 3 y 4, los cuales también son nodos *libres*, tienen tres grados de libertad cada uno. Por último, el nodo 5, el cual está sujeto al apoyo fijo, no se puede trasladar ni puede girar; por lo tanto, no tiene grados de libertad. De donde el armazón completo tiene un total de diez grados de libertad. Como se muestra en la figura 17.1(d), los desplazamientos de los nodos se definen con relación al sistema de coordenadas globales considerándose las traslaciones de los nodos como positivas cuando se realizan en las direcciones positivas de los ejes *X* y *Y*, y las rotaciones como positivas cuando son en sentido contrario al movimiento de las manecillas del reloj. Note que, en la figura 17.1(d), todos los desplazamientos de los nodos se muestran en sentido positivo. Los desplazamientos de los nodos del armazón se pueden escribir en forma colectiva matricial como

$$\mathbf{d} = \begin{bmatrix} d_1 \\ d_2 \\ \vdots \\ d_9 \\ d_{10} \end{bmatrix}$$

con lo cual **d** se denomina *vector de desplazamientos de los nodos* de la estructura.

Al aplicar el método de la rigidez, no es necesario dibujar la forma deformada de la estructura, como se muestra en la figura 17.1(d), para identificar sus grados de libertad. En lugar de ello, los grados de libertad se pueden especificar directamente sobre el diagrama lineal de la estructura, trazando flechas en los nodos, como se muestra en la figura 17.1(b). Como se indica en esta figura, los grados de libertad se numeran empezando con el número más bajo de nodo y avanzando en forma secuencial hacia el número más alto. En el caso de más de un grado de libertad en un nodo, la traslación en la dirección X se enumera primero, seguida por la traslación en la dirección Y y, enseguida, por la rotación.

En las vigas continuas sujetas a cargas laterales, las deformaciones axiales de los miembros son cero. Por lo tanto, en el análisis, no es necesario considerar los desplazamientos de los nodos en la dirección del eje centroidal de la viga. Por tanto, un nodo de una viga continua plana puede tener hasta dos grados de libertad, a saber, una traslación perpendicular al eje centroidal de la misma y una rotación. Por ejemplo, la viga continua de la figura 17.2(a) tiene cuatro grados de libertad, como se muestra en la figura 17.2(b).

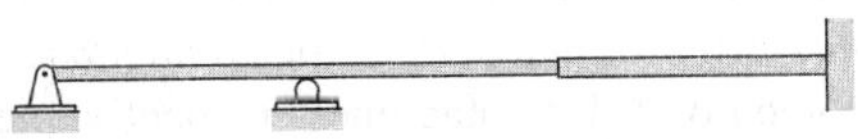

(a) Viga continua real

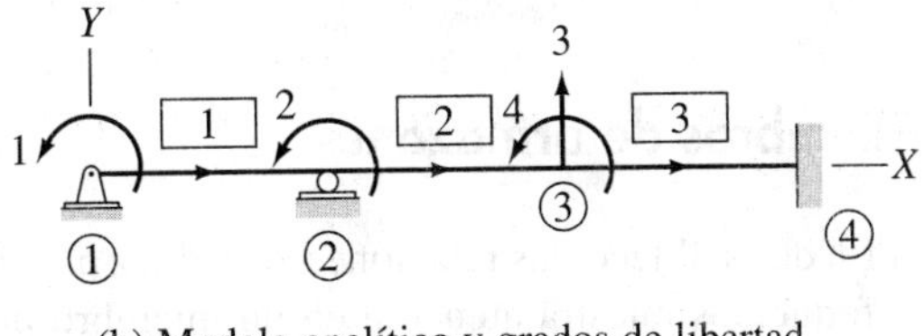

(b) Modelo analítico y grados de libertad

Fig. 17.2

Ya que se supone que los nodos de las armaduras son articulaciones sin fricción, no están sujetos a momentos; por lo tanto, sus rotaciones son cero. De donde, al analizar armaduras planas, sólo dos grados de libertad es necesario considerar para cada nodo, a saber, las traslaciones en las direcciones globales X y Y. Por ejemplo, la armadura de la figura 17.3(a) tiene tres grados de libertad, como se muestra en la figura 17.3(b).

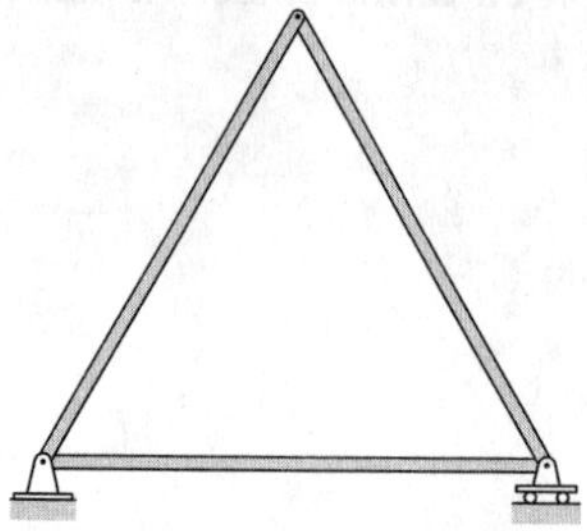

(a) Armadura real

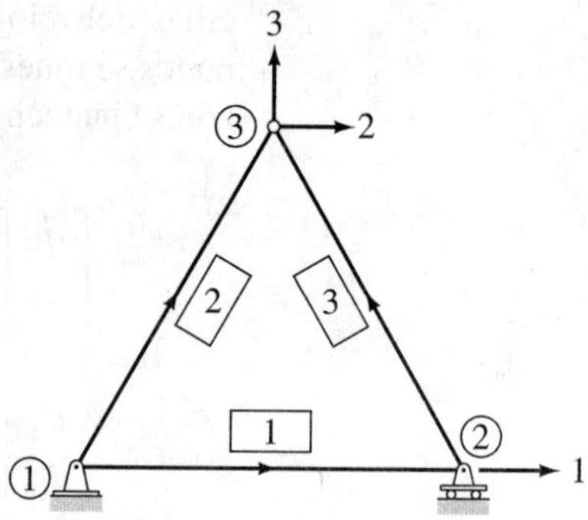

(b) Modelo analítico y grados de libertad

Fig. 17.3

17.2 RELACIONES DE RIGIDEZ DE LOS MIEMBROS EN COORDENADAS LOCALES

En el método matricial de análisis de la rigidez se determinan los desplazamientos de los nodos de la estructura mediante la resolución de un sistema de ecuaciones simultáneas, las cuales se expresan en la forma

$$\mathbf{\overline{P}} = \mathbf{Sd} \tag{17.1}$$

en la cual, **d** denota el vector de desplazamientos de los nodos, como se discutió con anterioridad, $\mathbf{\overline{P}}$ representa los efectos de las cargas externas en los nodos de la estructura y **S** es la *matriz de rigidez de la estructura*. Como se discute en la sección 17.5, la matriz de rigidez para la estructura completa, **S**, se obtiene al ensamblar las matrices de rigideces para cada uno de los miembros de esa estructura. *La matriz de rigidez de un miembro se usa para expresar las fuerzas en los extremos del miembro como funciones de los desplazamientos de los extremos del mismo*. Note que, en este caso, los términos *fuerzas* y *desplazamientos* se usan en el sentido general para incluir los momentos y las rotaciones, respectivamente. En esta sección se obtienen las matrices de rigidez de los miembros de armazones planos, vigas continuas y armaduras planas, en los sistemas de coordenadas locales de esos miembros.

Miembros de armazones

A fin de establecer las relaciones de rigidez para los miembros de armazones planos, enfoquemos nuestra atención en un miembro prismático arbitrario m del armazón mostrado en la figura 17.4(a). Cuando el armazón se sujeta a cargas externas, el miembro m se deforma y se inducen fuerzas internas en sus extremos. En la figura 17.4(b) se muestran las posiciones no deformada y deformada del miembro. Como se indica en esta figura, se necesitan tres desplazamientos —traslaciones en las direcciones x y y, y rotación alrededor del eje z— a fin de especificar por completo la posición deformada de cada uno de los extremos del miembro. Por consiguiente, el miembro tiene un total de seis desplazamientos de los extremos o grados de libertad. Como se muestra en la figura 17.4(b), los desplazamientos de los extremos del miembro se denotan por u_1 hasta u_6, y las fuerzas correspondientes en los extremos de los miembros se denotan por Q_1 hasta Q_6. Note que estos desplazamientos de los extremos y estas fuerzas están definidos con relación al sistema de coordenadas locales

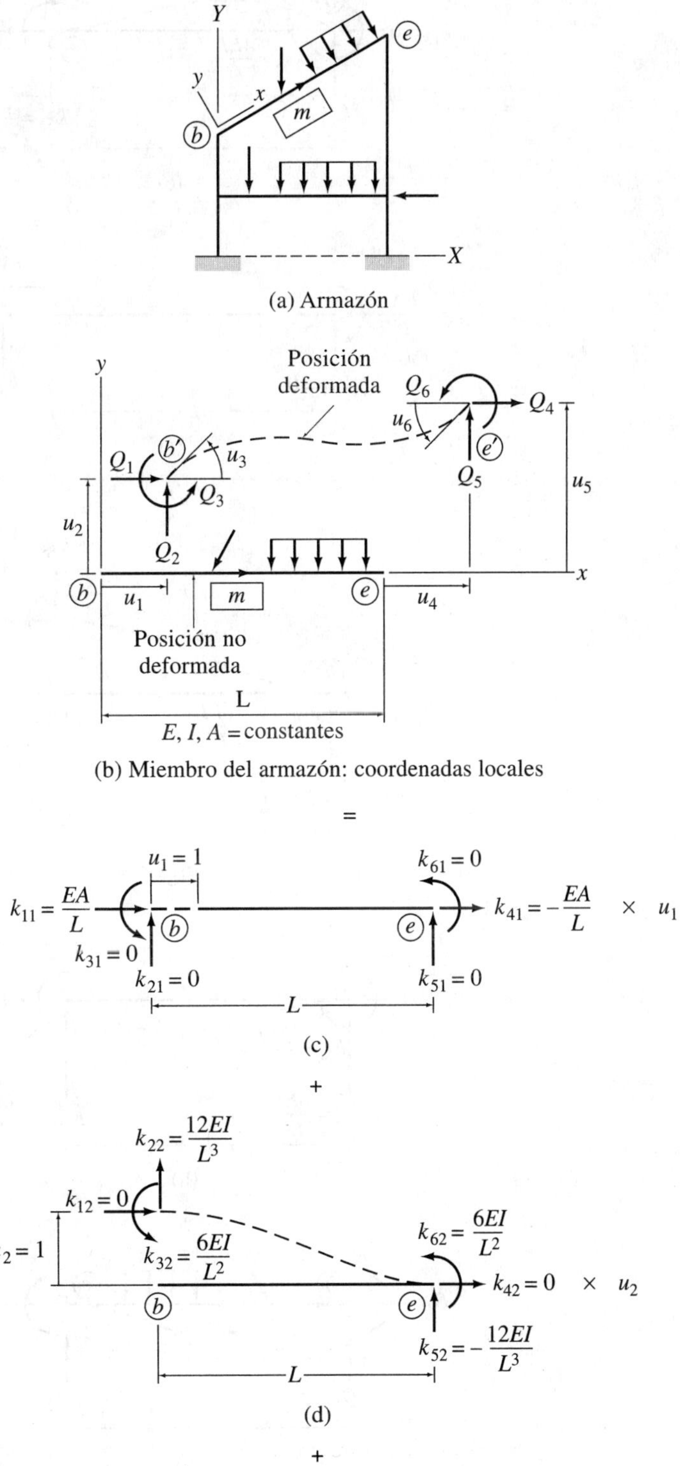
Y
y
x
m
(b)
(e)
X
(a) Armazón
Posición
deformada
Q6
Q4
u6
(b')
Q1
u3
Q3
(e')
Q5
u5
u2
Q2
m
(b)
u1
(e)
u4
Posición no
deformada
L
E, I, A = constantes
(b) Miembro del armazón: coordenadas locales
=
u1 = 1
k61 = 0
k11 = EA/L
k41 = − EA/L
× u1
k31 = 0
k21 = 0
k51 = 0
L
(c)
+
k22 = 12EI/L3
k12 = 0
u2 = 1
k32 = 6EI/L2
k62 = 6EI/L2
k42 = 0
× u2
k52 = − 12EI/L3
L
(d)
+

Fig. 17.4

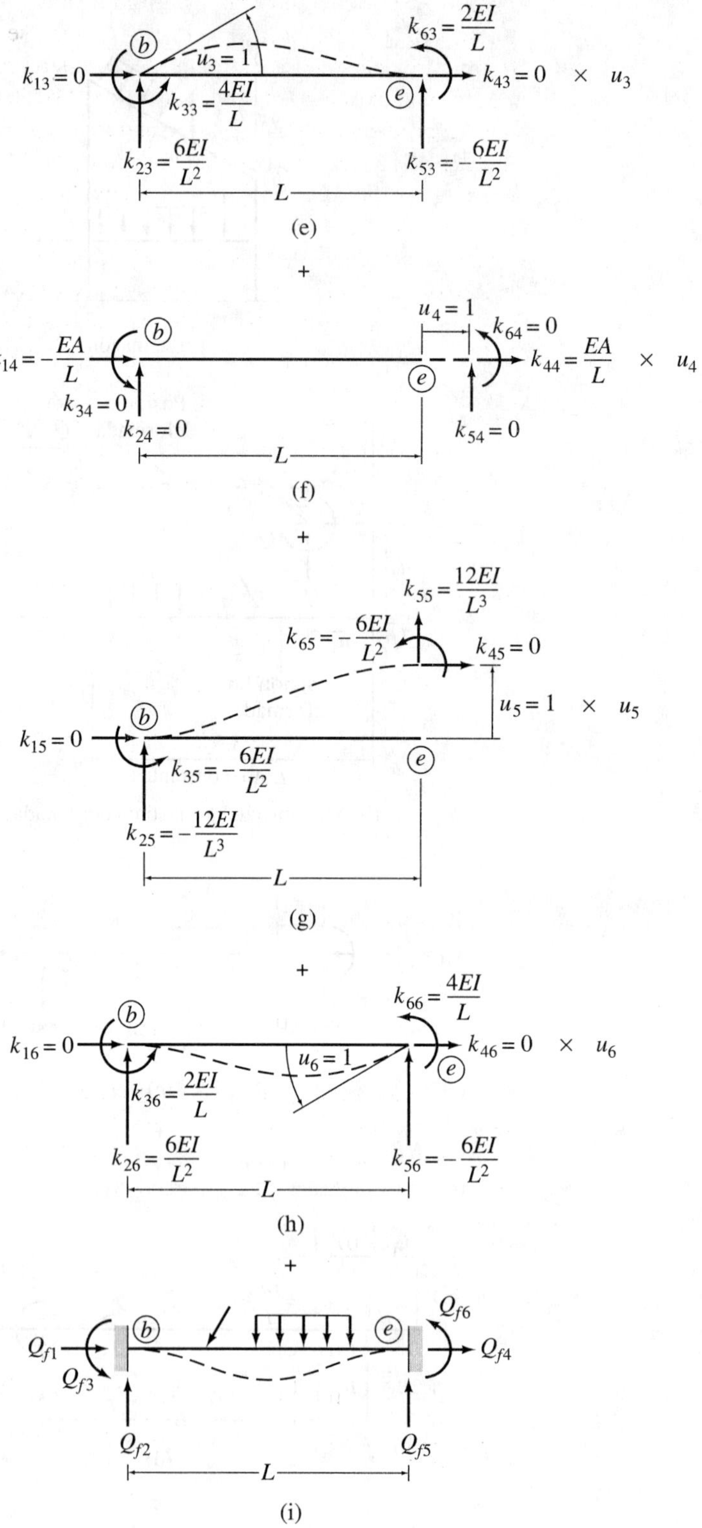

Fig. 17.4 (*Continuación*)

del miembro, considerándose las traslaciones y las fuerzas como positivas cuando se tienen en las direcciones positivas de los ejes *x* y *y* locales, y las rotaciones y los momentos se consideran como positivos cuando giran en sentido contrario al movimiento de las manecillas del reloj. Como se indica en la figura 17.4(b), los desplazamientos de los extremos de los miembros y las fuerzas se numeran empezando en el extremo *b* del miembro, donde se encuentra ubicado el origen del sistema de coordenadas locales, numerándose en primer lugar la traslación y la fuerza en la dirección *x*, seguidas por la traslación y la fuerza en la dirección *y* y, a continuación, la rotación y el momento. Enseguida, se numeran los desplazamientos y las fuerzas en el extremo opuesto *e* del miembro, en el mismo orden secuencial.

En este caso, el objetivo es determinar las relaciones entre las fuerzas en los extremos del miembro y los desplazamientos de esos extremos, en términos de las cargas aplicadas a ese miembro. Esas relaciones se pueden establecer de modo conveniente al sujetar el miembro, por separado, a cada uno de los seis desplazamientos en los extremos y a las cargas externas, y al expresar las fuerzas totales en el extremo del miembro como las sumas algebraicas de las fuerzas en los extremos requeridas para causar los desplazamientos de los extremos por separado y las fuerzas causadas por las cargas externas. En consecuencia, en las figuras 17.4(b) a la (h), se puede ver que

$$Q_1 = K_{11}u_1 + K_{12}u_2 + K_{13}u_3 + K_{14}u_4 + K_{15}u_5 + K_{16}u_6 + Q_{f1} \quad \textbf{(17.2a)}$$

$$Q_2 = K_{21}u_1 + K_{22}u_2 + K_{23}u_3 + K_{24}u_4 + K_{25}u_5 + K_{26}u_6 + Q_{f2} \quad \textbf{(17.2b)}$$

$$Q_3 = K_{31}u_1 + K_{32}u_2 + K_{33}u_3 + K_{34}u_4 + K_{35}u_5 + K_{36}u_6 + Q_{f3} \quad \textbf{(17.2c)}$$

$$Q_4 = K_{41}u_1 + K_{42}u_2 + K_{43}u_3 + K_{44}u_4 + K_{45}u_5 + K_{46}u_6 + Q_{f4} \quad \textbf{(17.2d)}$$

$$Q_5 = K_{51}u_1 + K_{52}u_2 + K_{53}u_3 + K_{54}u_4 + K_{55}u_5 + K_{56}u_6 + Q_{f5} \quad \textbf{(17.2e)}$$

$$Q_6 = K_{61}u_1 + K_{62}u_2 + K_{63}u_3 + K_{64}u_4 + K_{65}u_5 + K_{66}u_6 + Q_{f6} \quad \textbf{(17.2f)}$$

en las cuales k_{ij} *representa la fuerza en la ubicación y en la dirección de la* Q_i *requerida, junto con otras fuerzas en el extremo, para causar un valor unitario del desplazamiento* u_j, *mientras que todos los desplazamientos en el otro extremo son cero.* Estas fuerzas por desplazamiento unitario se conocen como *coeficientes de rigidez*. Note que se usa una notación de subíndice doble para los coeficientes de rigidez, identificándose con el primer subíndice la fuerza y, con el segundo, el desplazamiento. Los últimos términos en los segundos miembros de las ecuaciones (17.2) representan las fuerzas en extremos fijos debidas a las cargas externas (Fig. 17.4(i)), las cuales se pueden determinar usando las expresiones para esos momentos dadas al inicio de esta obra y aplicando las ecuaciones de equilibrio.

Usando la definición de multiplicación de matrices, las ecuaciones (17.2) se pueden expresar en forma matricial como

$$\begin{bmatrix} Q_1 \\ Q_2 \\ Q_3 \\ Q_4 \\ Q_5 \\ Q_6 \end{bmatrix} = \begin{bmatrix} k_{11} & k_{12} & k_{13} & k_{14} & k_{15} & k_{16} \\ k_{21} & k_{22} & k_{23} & k_{24} & k_{25} & k_{26} \\ k_{31} & k_{32} & k_{33} & k_{34} & k_{35} & k_{36} \\ k_{41} & k_{42} & k_{43} & k_{44} & k_{45} & k_{46} \\ k_{51} & k_{52} & k_{53} & k_{54} & k_{55} & k_{56} \\ k_{61} & k_{62} & k_{63} & k_{64} & k_{65} & k_{66} \end{bmatrix} \begin{bmatrix} u_1 \\ u_2 \\ u_3 \\ u_4 \\ u_5 \\ u_6 \end{bmatrix} + \begin{bmatrix} Q_{f1} \\ Q_{f2} \\ Q_{f3} \\ Q_{f4} \\ Q_{f5} \\ Q_{f6} \end{bmatrix} \quad \textbf{(17.3)}$$

o, simbólicamente, como

$$\boxed{\mathbf{Q} = \mathbf{ku} + \mathbf{Q}_f} \quad \textbf{(17.4)}$$

en la cual **Q** y **u** son los vectores de fuerzas en los extremos de los miembros y de desplazamientos de los extremos de los miembros, respectivamente, en coordenadas locales; **k** es la *matriz de rigidez del miembro, en coordenadas locales* y $\mathbf{Q}_f$ es el *vector de fuerzas en extremos fijos del miembro, en coordenadas locales*.

Los coeficientes de rigidez, k_{ij}, se pueden evaluar al sujetar el miembro, por separado, a valores unitarios de cada uno de los seis desplazamientos. Entonces se determinan las fuerzas requeridas en los extremos del miembro para causar cada uno de esos desplazamientos, utilizando los principios de la mecánica de los materiales y las ecuaciones de las pendientes-deflexiones (capítulo 15), así como aplicando las ecuaciones de equilibrio. Las fuerzas en los extremos del miembro, obtenidas de este modo, representan los coeficientes de rigidez para el mismo.

Evaluemos los coeficientes de rigidez correspondientes a un valor unitario del desplazamiento u_1 en el extremo b del miembro, como se muestra en la figura 17.4(c). Note que los demás desplazamientos del miembro son cero. Recuerde, por lo visto en *mecánica de los materiales*, que la deformación axial u_1 de un miembro causada por una fuerza axial Q_1 se expresa por $u_1 = Q_1L/EA$, y se determina que la fuerza k_{11} que debe aplicarse en el extremo b de ese miembro (Fig. 17.4(c)) para causar un desplazamiento $u_1 = 1$ es

$$k_{11} = \frac{EA}{L}$$

Ahora se puede obtener la fuerza axial k_{41} en el extremo lejano e del miembro mediante la aplicación de la ecuación de equilibrio:

$$+\rightarrow \sum F_x = 0 \qquad k_{11} + k_{41} = 0$$

$$k_{41} = -k_{11} = -\frac{EA}{L}$$

en la cual el signo negativo indica que esta fuerza actúa en la dirección x negativa. Ya que la imposición del desplazamiento en el extremo $u_1 = 1$ no hace que el miembro se doble, no se desarrollan momentos o fuerzas en la dirección y en los extremos de éste. Por lo tanto,

$$k_{21} = k_{31} = k_{51} = k_{61} = 0$$

De modo análogo, las fuerzas requeridas en los extremos para causar un desplazamiento axial $u_4 = 1$ en el extremo e del miembro son (Fig. 17.4(f))

$$K_{14} = -\frac{EA}{L} \qquad k_{44} = \frac{EA}{L} \qquad k_{24} = k_{34} = k_{54} = k_{64} = 0$$

En la figura 17.4(d), se muestra la forma deformada de la viga debida a un valor unitario del desplazamiento u_2, mientras todos los demás desplazamientos son cero. Se pueden determinar los momentos en los extremos requeridos (junto con las fuerzas en los extremos en la dirección y) para causar esta forma deformada utilizando las ecuaciones de las pendientes-deflexiones deducidas en la sección 15.1. Al sustituir $M_{AB} = k_{32}$, $M_{BA} = k_{62}$, $\theta_A = \theta_B = 0$, $\psi = -1/L$ y $\mathrm{EF}_{AB} = \mathrm{EF}_{BA} = 0$ en la ecuación (15.8), se obtiene

$$k_{32} = k_{62} = \frac{6EI}{L^2}$$

Ahora se pueden obtener las fuerzas en los extremos en la dirección y, aplicando las siguientes ecuaciones de equilibrio:

$$+\circlearrowleft \sum M_e = 0 \quad 2\left(\frac{6EI}{L^2}\right) - k_{11}(L) = 0$$

$$k_{22} = \frac{12EI}{L^3}$$

$$+\uparrow \sum F_y = 0 \quad \frac{12EI}{L^3} + k_{52} = 0$$

$$k_{52} = -\frac{12EI}{L^3}$$

Puesto que no se inducen deformaciones axiales en el miembro, las fuerzas axiales en los extremos de éste son cero; es decir,

$$k_{12} = k_{42} = 0$$

De manera semejante se pueden determinar las fuerzas en los extremos del miembro requeridas para causar un desplazamiento $u_5 = 1$ (Fig. 17.4(g)):

$$k_{12} = k_{42} = 0 \qquad k_{25} = -\frac{12EI}{L^3} \qquad k_{35} = k_{65} = -\frac{6EI}{L^2} \qquad k_{55} = \frac{12EI}{L^3}$$

En la figura 17.4(e), se muestra la forma deformada del miembro debido a una rotación $u_3 = 1$, con $u_1 = u_2 = u_4 = u_5 = u_6 = 0$. Al sustituir $M_{AB} = k_{33}$, $M_{BA} = k_{63}$, $\theta_A = 1$ y $\theta_B = \psi = EF_{AB} = EF_{BA} = 0$ en las ecuaciones de las pendientes-deflexiones (ecuaciones 15.8)), se obtienen los momentos en los extremos del miembro como

$$k_{33} = \frac{4EI}{L} \qquad k_{63} = \frac{2EI}{L}$$

Aplicando las ecuaciones de equilibrio, se determina

$$k_{23} = \frac{6EI}{L^2} \qquad k_{53} = -\frac{6EI}{L^2}$$

Procediendo de la misma manera, se encuentran los coeficientes de rigidez correspondientes al desplazamiento unitario $u_6 = 1$ como (Fig. 17.4(h))

$$k_{16} = k_{46} = 0 \qquad k_{26} = -k_{56} = \frac{6EI}{L^2} \qquad k_{36} = \frac{2EI}{L} \qquad k_{66} = \frac{4EI}{L}$$

La sustitución de los valores encontrados de los coeficientes de rigidez en la ecuación (17.3) da la siguiente matriz de rigidez para los miembros de los armazones planos, en coordenadas locales:

$$\mathbf{k} = \frac{EI}{L^3}\begin{bmatrix} \frac{AL^2}{I} & 0 & 0 & -\frac{AL^2}{I} & 0 & 0 \\ 0 & 12 & 6L & 0 & -12 & 6L \\ 0 & 6L & 4L^2 & 0 & -6L & 2L^2 \\ -\frac{AL^2}{I} & 0 & 0 & \frac{AL^2}{I} & 0 & 0 \\ 0 & -12 & -6L & 0 & 12 & -6L \\ 0 & 6L & 2L^2 & 0 & -6L & 4L^2 \end{bmatrix} \tag{17.5}$$

Note que la i-ésima columna de la matriz de rigidez de los miembros consta de las fuerzas en los extremos requeridas para causar un valor unitario del desplazamiento

u_i, mientras que todos los demás desplazamientos son cero. Por ejemplo, la segunda columna de **k** consta de seis fuerzas en los extremos requeridas para causar el desplazamiento $u_2 = 1$, como se muestra en la figura 17.4(d), y así sucesivamente. En la ecuación (17.5), se puede ver que la matriz de rigidez **k** es simétrica; es decir, $k_{ij} = k_{ji}$. Puede demostrarse, aplicando la ley de Betti (sección 7.8), que las matrices de rigidez de las estructuras linealmente elásticas también son simétricas.

Miembros de vigas continuas

Dado que las deformaciones axiales de los miembros de las vigas continuas sujetas a cargas laterales son cero, en el análisis no es necesario considerar los grados de libertad en la dirección del eje centroidal del miembro. Como consecuencia, para los miembros de las vigas continuas planas, sólo deben considerarse cuatro grados de libertad. En la figura 17.5, se muestran los grados de libertad y las fuerzas correspondientes en los extremos para un miembro de una viga continua.

Las relaciones de rigidez expresadas en forma matricial simbólica o condensada en la ecuación (17.4) siguen siendo válidas para los miembros de vigas continuas. Sin embargo, $\mathbf{Q}$, $\mathbf{u}$ y $\mathbf{Q}_f$ ahora son vectores de 4×1 y la matriz de rigidez del miembro, **k**, en coordenadas locales, está dada por

$$\mathbf{k} = \frac{EI}{L^3}\begin{bmatrix} 12 & 6L & -12 & 6L \\ 6L & 4L^2 & -6L & 2L^2 \\ -12 & -6L & 12 & -6L \\ -6L & 2L^2 & -6L & 4L^2 \end{bmatrix} \tag{17.6}$$

Note que la matriz **k** antes dada, de 4×4, se obtiene al eliminar la primera y cuarta columnas, y la primera y cuarta filas de la matriz correspondiente para miembros de armazones deducida con anterioridad (ecuación (17.5)).

Miembros de armaduras

Un miembro de una armadura sólo está sujeto a fuerzas axiales, las cuales se pueden determinar a partir de los desplazamientos de los extremos de ese miembro en la dirección del eje centroidal del mismo. De donde, sólo se necesitan considerar dos grados axiales de libertad para los miembros de armaduras planas. En la figura 17.6 se muestran los grados de libertad y las fuerzas correspondientes en los extremos para un miembro de una armadura.

Las relaciones de rigidez para miembros de armaduras, en coordenadas locales, se expresan como

$$\mathbf{Q} = \mathbf{k}\mathbf{u} \tag{17.7}$$

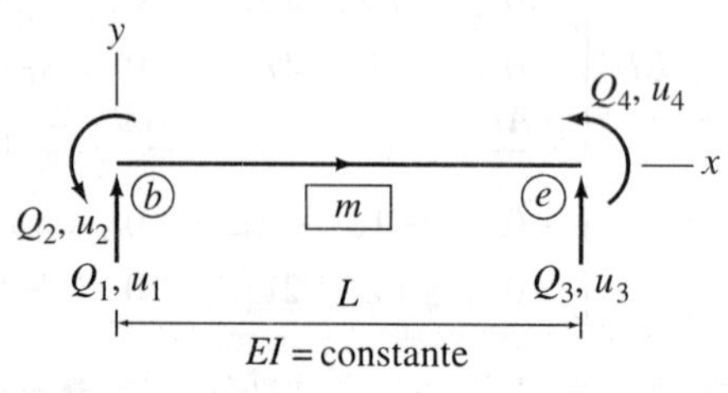

Fig. 17.5 *Miembro de viga continua: coordenadas locales*

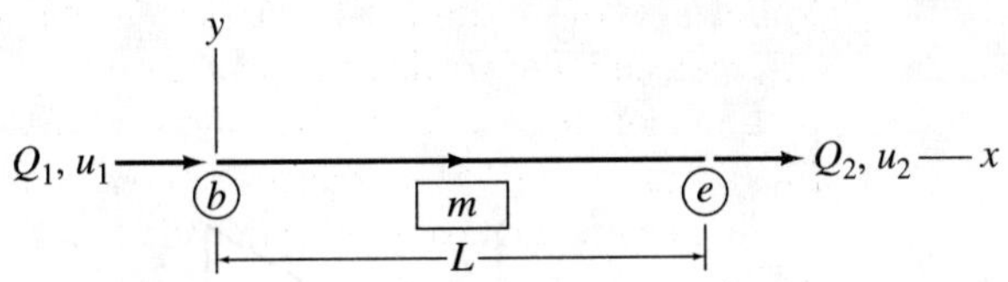

Fig. 17.6 *Miembro de armadura: coordenadas locales*

Note que la ecuación (17.7) se obtiene a partir de la (17.4) al hacer $\mathbf{Q}_f = \mathbf{0}$. Esto se debe a que los miembros de armaduras no están sujetos a cargas externas y, por lo tanto, las fuerzas en extremos fijos para el miembro son cero. En la ecuación (17.7), **Q** y **u** son vectores de 2 × 1 que constan de las fuerzas en los extremos del miembro y de los desplazamientos de los extremos, respectivamente (Fig. 17.6), y **k** es la matriz de rigidez del miembro, en coordenadas locales, la cual está dada por

$$\mathbf{k} = \frac{EA}{L}\begin{bmatrix} 1 & -1 \\ -1 & 1 \end{bmatrix} \tag{17.8}$$

La matriz antes dada de rigidez para los miembros de armaduras se puede deducir, directamente, aplicando el procedimiento discutido con anterioridad (véase las figuras 17.4(c) y (f)), o bien, puede obtenerse al eliminar las columnas 2, 3, 5 y 6, y las filas 2, 3, 5 y 6 de la matriz correspondiente para los miembros de armazones (ecuación (17.5)).

17.3 TRANSFORMACIONES DE COORDENADAS

Cuando los miembros de una estructura están orientados en direcciones diferentes, es necesario transformar las relaciones de rigidez de cada miembro, del sistema de coordenadas locales del mismo, hacia un sistema común de coordenadas globales. Entonces se combinan las relaciones de rigidez de los miembros así obtenidas a fin de establecer las relaciones de rigidez para la estructura completa. En esta sección se analizan las transformaciones de las fuerzas en los extremos de los miembros y los desplazamientos de los extremos, de coordenadas locales a globales y viceversa, para los miembros de armazones planos, vigas continuas y armaduras planas. La transformación de coordenadas de las relaciones de rigidez se considera en la sección siguiente.

Miembros de armazones

Considere un miembro arbitrario m del armazón mostrado en la figura 17.7(a). La orientación del miembro con respecto al sistema de coordenadas globales XY se define por un ángulo θ, medido en sentido contrario al movimiento de las manecillas del reloj, a partir de la dirección positiva del eje global X hasta la dirección positiva del eje local x, como se muestra en la figura. Las relaciones de rigidez deducidas en la sección anterior sólo son válidas para las fuerzas **Q** en los extremos del miembro y los desplazamientos **u** de los extremos, descritos con referencia al sistema de coordenadas locales xy del propio miembro, como se muestra en la figura 17.7(b).

Ahora, suponga que las fuerzas en los extremos del miembro y los desplazamientos de los extremos se especifican con relación al sistema de coordenadas globales XY (Fig. 17.7(c)) y se desea determinar el sistema equivalente de fuerzas en los

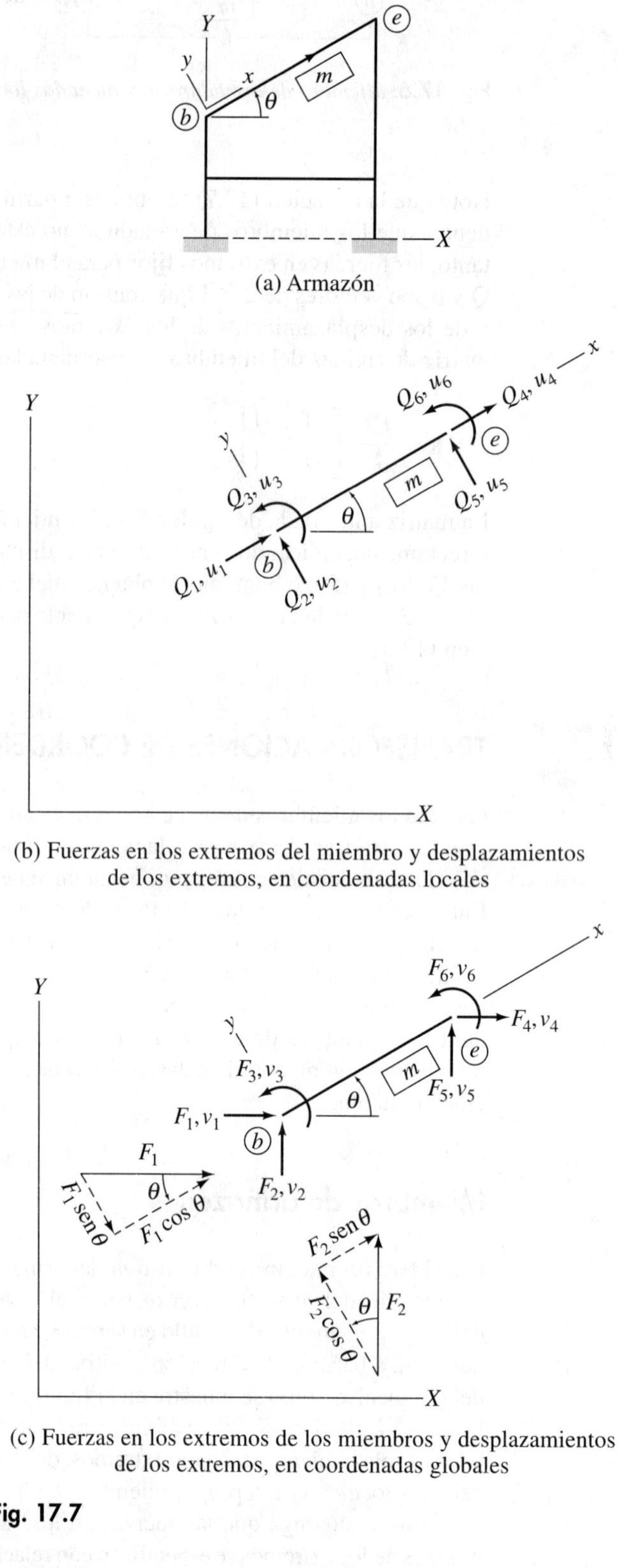
Y
y
x
m
θ
b
e
X
(a) Armazón
Y
y
x
Q_6, u_6
Q_4, u_4
Q_3, u_3
m
θ
e
Q_5, u_5
Q_1, u_1
b
Q_2, u_2
X
(b) Fuerzas en los extremos del miembro y desplazamientos de los extremos, en coordenadas locales
Y
y
x
F_6, v_6
F_4, v_4
F_3, v_3
m
e
F_5, v_5
θ
F_1, v_1
b
F_1
θ
F_1 sen θ
F_1 cos θ
F_2, v_2
F_2 sen θ
θ
F_2
F_2 cos θ
X
(c) Fuerzas en los extremos de los miembros y desplazamientos de los extremos, en coordenadas globales

Fig. 17.7

extremos y desplazamientos de los extremos, en las coordenadas locales xy, que tenga el mismo efecto sobre dicho miembro. Como se muestra en la figura 17.7(c), las fuerzas en los extremos del miembro, en coordenadas globales, se denotan por F_1 hasta F_6, y los desplazamientos correspondientes de los extremos de ese miembro se denotan por v_1 hasta v_6. Estas fuerzas en los extremos del miembro y estos desplazamientos de los extremos globales están numerados principiando en el extremo b del miembro, donde está ubicado el origen del sistema de coordenadas locales, numerándose en primer lugar la fuerza y la traslación en la dirección X, seguidas por la fuerza y la traslación en la dirección Y y, a continuación, por el momento y la rotación. Después se numeran las fuerzas y los desplazamientos en el extremo opuesto e del miembro, en el mismo orden secuencial.

Una comparación de las figuras 17.7(b) y (c) indica que, en el extremo b del miembro, la fuerza local Q_1 debe ser igual a la suma algebraica de las componentes de las fuerzas globales F_1 y F_2, en la dirección del eje local x. Por consiguiente,

$$Q_1 = F_1 \cos\theta + F_2 \operatorname{sen}\theta \tag{17.9a}$$

De manera semejante, la fuerza local Q_2 es igual a la suma algebraica de las componentes de F_1 y F_2, en la dirección del eje local y, es decir,

$$Q_2 = -F_1 \operatorname{sen}\theta + F_2 \cos\theta \tag{17.9b}$$

Dado que el eje local z y el global Z se encuentran en la misma dirección —es decir, dirigidos hacia afuera del plano de la página— el momento local en el extremo, Q_3, es igual al momento global en el mismo extremo, F_3. De donde,

$$Q_3 = F_3 \tag{17.9c}$$

Utilizando un procedimiento semejante en el extremo e del miembro, se expresan las fuerzas locales, en términos de las fuerzas globales como

$$Q_4 = F_4 \cos\theta + F_5 \operatorname{sen}\theta \tag{17.9d}$$

$$Q_5 = -F_4 \operatorname{sen}\theta + F_5 \cos\theta \tag{17.9e}$$

$$Q_6 = F_6 \tag{17.9f}$$

Las ecuaciones (17.9a) a (17.9f) se pueden escribir en forma matricial como

$$\begin{bmatrix} Q_1 \\ Q_2 \\ Q_3 \\ Q_4 \\ Q_5 \\ Q_6 \end{bmatrix} = \begin{bmatrix} \cos\theta & \operatorname{sen}\theta & 0 & 0 & 0 & 0 \\ -\operatorname{sen}\theta & \cos\theta & 0 & 0 & 0 & 0 \\ 0 & 0 & 1 & 0 & 0 & 0 \\ 0 & 0 & 0 & \cos\theta & \operatorname{sen}\theta & 0 \\ 0 & 0 & 0 & -\operatorname{sen}\theta & \cos\theta & 0 \\ 0 & 0 & 0 & 0 & 0 & 1 \end{bmatrix} \begin{bmatrix} F_1 \\ F_2 \\ F_3 \\ F_4 \\ F_5 \\ F_6 \end{bmatrix} \tag{17.10}$$

o, simbólicamente, como

$$\mathbf{Q} = \mathbf{TF} \tag{17.11}$$

en la cual

$$\mathbf{T} = \begin{bmatrix} \cos\theta & \operatorname{sen}\theta & 0 & 0 & 0 & 0 \\ -\operatorname{sen}\theta & \cos\theta & 0 & 0 & 0 & 0 \\ 0 & 0 & 1 & 0 & 0 & 0 \\ 0 & 0 & 0 & \cos\theta & \operatorname{sen}\theta & 0 \\ 0 & 0 & 0 & -\operatorname{sen}\theta & \cos\theta & 0 \\ 0 & 0 & 0 & 0 & 0 & 1 \end{bmatrix} \tag{17.12}$$

se conoce como la *matriz de transformación*. Los cosenos directores del miembro, necesarios para la evaluación de **T**, se pueden determinar con facilidad utilizando las relaciones

$$\cos\theta = \frac{X_e - X_b}{L} = \frac{X_e - X_b}{\sqrt{(X_e - X_b)^2 + (Y_e - Y_b)^2}} \tag{17.13a}$$

$$\operatorname{sen}\theta = \frac{Y_e - Y_b}{L} = \frac{Y_e - Y_b}{\sqrt{(X_e - X_b)^2 + (Y_e - Y_b)^2}} \tag{17.13b}$$

en las cuales X_b y Y_b representan las coordenadas globales del nodo inicial b del miembro; X_e y Y_e denotan las coordenadas del extremo final e, y L es la longitud del propio miembro.

Como las fuerzas en los extremos, los desplazamientos de los extremos del miembro son vectores, los cuales están definidos en las mismas direcciones que las fuerzas correspondientes. Por lo tanto, la matriz de transformación **T** desarrollada para el caso de las fuerzas en los extremos (ecuación (17.12)) también se usa para transformar los desplazamientos de los extremos del miembro, de coordenadas globales a locales:

$$\boxed{\mathbf{u} = \mathbf{T}\mathbf{v}} \tag{17.14}$$

A continuación, se determinan las transformaciones de las fuerzas en los extremos de los miembros, de coordenadas locales a globales. En las figuras 17.7(b) y (c), se observa que, en el extremo b del miembro, la fuerza global F_1 debe ser igual a la suma algebraica de las componentes de las fuerzas locales Q_1 y Q_2, en la dirección del eje global X. Por tanto,

$$F_1 = Q_1 \cos\theta - Q_2 \operatorname{sen}\theta \tag{17.15a}$$

De modo análogo, la fuerza global F_1 es igual a la suma algebraica de las componentes de Q_1 y Q_2, en la dirección del eje global Y, es decir,

$$F_2 = Q_1 \operatorname{sen}\theta - Q_2 \cos\theta \tag{17.15b}$$

y, como se discutió con anterioridad,

$$F_3 = Q_3 \tag{17.15c}$$

De modo análogo, en el extremo e del miembro,

$$F_4 = Q_4 \cos\theta - Q_5 \operatorname{sen}\theta \tag{17.15d}$$

$$F_5 = Q_4 \operatorname{sen}\theta - Q_5 \cos\theta \tag{17.15e}$$

$$F_6 = Q_6 \tag{17.15f}$$

Las ecuaciones (17.15a) a (17.15f) se pueden expresar en forma matricial como

$$\begin{bmatrix} F_1 \\ F_2 \\ F_3 \\ F_4 \\ F_5 \\ F_6 \end{bmatrix} = \begin{bmatrix} \cos\theta & -\operatorname{sen}\theta & 0 & 0 & 0 & 0 \\ \operatorname{sen}\theta & \cos\theta & 0 & 0 & 0 & 0 \\ 0 & 0 & 1 & 0 & 0 & 0 \\ 0 & 0 & 0 & \cos\theta & -\operatorname{sen}\theta & 0 \\ 0 & 0 & 0 & \operatorname{sen}\theta & \cos\theta & 0 \\ 0 & 0 & 0 & 0 & 0 & 1 \end{bmatrix} \begin{bmatrix} Q_1 \\ Q_2 \\ Q_3 \\ Q_4 \\ Q_5 \\ Q_6 \end{bmatrix} \tag{17.16}$$

Una comparación de las ecuaciones (17.10) y (17.16) indica que la matriz de transformación de la ecuación (17.16), la cual transforma las fuerzas de coordenadas locales a globales, es la transpuesta de la matriz de transformación **T** de la ecuación (17.10), la cual transforma las fuerzas de coordenadas globales a locales. Como consecuencia, la ecuación (17.16) se puede escribir como

$$\boxed{\mathbf{F} = \mathbf{T}^T\mathbf{Q}} \tag{17.17}$$

La matriz $\mathbf{T}^T$ también define las transformaciones de los desplazamientos de los extremos del miembro, de coordenadas locales a globales; es decir,

$$\mathbf{v} = \mathbf{T}^T\mathbf{u} \tag{17.18}$$

Miembros de vigas continuas

Cuando se analizan las vigas continuas, las coordenadas locales del miembro se orientan de modo que las direcciones positivas de los ejes locales x y y sean las mismas que las direcciones positivas de los ejes globales X y Y, respectivamente (Fig. 17.8). Esta orientación permite evitar las transformaciones de coordenadas porque las fuerzas en los extremos de los miembros y los desplazamientos en las coordenadas globales y locales son los mismos; es decir,

$$\mathbf{F} = \mathbf{Q} \qquad \mathbf{v} = \mathbf{u} \tag{17.19}$$

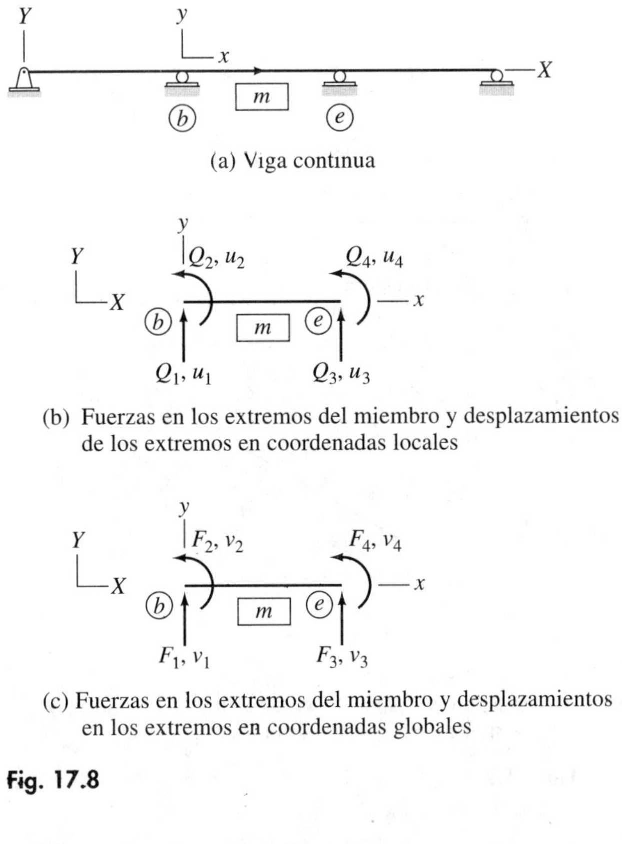

(a) Viga continua

(b) Fuerzas en los extremos del miembro y desplazamientos de los extremos en coordenadas locales

(c) Fuerzas en los extremos del miembro y desplazamientos en los extremos en coordenadas globales

Fig. 17.8

Miembros de armaduras

Considere un miembro arbitrario m de la armadura mostrada en la figura 17.9(a). En las figuras 17.9(b) y (c), respectivamente, se muestran las fuerzas en los extremos y los desplazamientos de los extremos para el miembro. Note que, en cada extremo del miembro, se necesitan dos grados de libertad y dos fuerzas en los extremos, en coordenadas globales, para representar las componentes del desplazamiento axial y la fuerza axial de ese miembro, respectivamente. Por consiguiente, en coordenadas globales, el miembro de la armadura tiene un total de cuatro grados de libertad, v_1 a v_4, y cuatro fuerzas en los extremos, F_1 a F_4, como se muestra en la figura 17.9(c).

Se puede establecer la matriz de transformación **T** de los miembros de la armadura al expresar las fuerzas locales en los extremos, **Q**, en términos de las fuerzas globales en los extremos, **F**, como (figuras 17.9(b) y (c))

$$Q_1 = F_1 \cos\theta + F_2 \operatorname{sen}\theta \tag{17.20a}$$

$$Q_2 = F_3 \cos\theta + F_4 \operatorname{sen}\theta \tag{17.20b}$$

o, en forma matricial, como

$$\begin{bmatrix} Q_1 \\ Q_2 \end{bmatrix} = \begin{bmatrix} \cos\theta & \operatorname{sen}\theta & 0 & 0 \\ 0 & 0 & \cos\theta & \operatorname{sen}\theta \end{bmatrix} \begin{bmatrix} F_1 \\ F_2 \\ F_3 \\ F_4 \end{bmatrix} \tag{17.21}$$

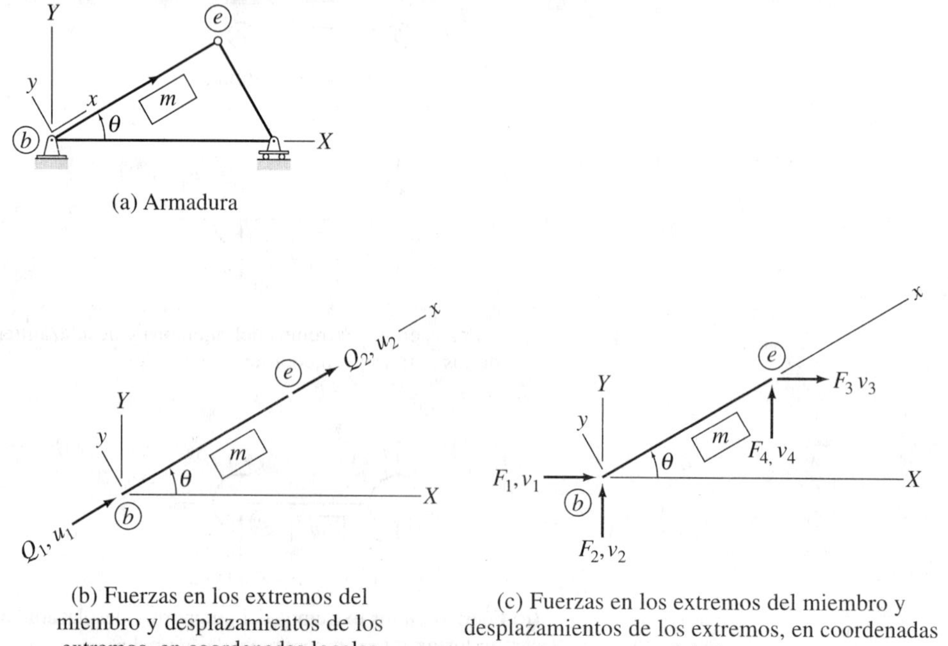

(a) Armadura

(b) Fuerzas en los extremos del miembro y desplazamientos de los extremos, en coordenadas locales

(c) Fuerzas en los extremos del miembro y desplazamientos de los extremos, en coordenadas globales

Fig. 17.9

con la cual se obtiene la matriz de transformación

$$\mathbf{T} = \begin{bmatrix} \cos\theta & \operatorname{sen}\theta & 0 & 0 \\ 0 & 0 & \cos\theta & \operatorname{sen}\theta \end{bmatrix} \tag{17.22}$$

Las relaciones de transformación dadas en forma matricial simbólica o condensada de las ecuaciones (17.11), (17.14), (17.17) y (17.18) siguen siendo válidas para un miembro de una armadura, representando ahora los vectores **Q**, **F**, **u** y **v** las fuerzas en los extremos y los desplazamientos de los extremos del miembro de la armadura, como se muestra en las figuras 17.9(b) y (c), y la matriz **T**, que representa la matriz de transformación definida en la ecuación (17.22).

17.4 RELACIONES DE RIGIDEZ DE LOS MIEMBROS EN COORDENADAS GLOBALES

Utilizando las relaciones de rigidez de los miembros en coordenadas locales (sección 17.2) y las relaciones de transformación (sección 17.3), ahora se pueden desarrollar las relaciones de rigidez para los miembros, en coordenadas globales.

Miembros de armazones

Para establecer las relaciones de rigidez de los miembros, en coordenadas globales, primero se sustituyen las relaciones de rigidez, en coordenadas locales, $\mathbf{Q} = \mathbf{ku} + \mathbf{Q}_f$, ecuación (17.4), en las relaciones de transformación de las fuerzas $\mathbf{F} = \mathbf{T}^T\mathbf{Q}$, ecuación (17.17), para obtener

$$\mathbf{F} = \mathbf{T}^T\mathbf{Q} = \mathbf{T}^T(\mathbf{ku} + \mathbf{Q}_f) = \mathbf{T}^T\mathbf{ku} + \mathbf{T}^T\mathbf{Q}_f \tag{17.23}$$

Enseguida, al sustituir las relaciones de transformación de los desplazamientos, $\mathbf{u} = \mathbf{Tv}$ (ecuación (17.14)) en la ecuación (17.23), se determinan las relaciones deseadas entre las fuerzas en los extremos de los miembros, **F**, y los desplazamientos en los extremos, **v**, como

$$\mathbf{F} = \mathbf{T}^T\mathbf{kTv} + \mathbf{T}^T\mathbf{Q}_f \tag{17.24}$$

La ecuación (17.24) se puede escribir como

$$\boxed{\mathbf{F} = \mathbf{Kv} + \mathbf{F}_f} \tag{17.25}$$

donde

$$\mathbf{K} = \mathbf{T}^T\mathbf{kT} \tag{17.26}$$

$$\mathbf{F}_f = \mathbf{T}^T\mathbf{Q}_f \tag{17.27}$$

La matriz **K** se llama *matriz de rigidez del miembro* y $\mathbf{F}_f$ es el *vector de fuerzas en extremos fijos del miembro, ambos en coordenadas globales.*

Miembros de vigas continuas

Como se expresó con anterioridad, las coordenadas locales de los miembros de vigas continuas se orientan de modo que las direcciones positivas de los ejes locales x y y sean las mismas que las direcciones positivas de los ejes globales X y Y, respectivamente. Por tanto, no se necesitan transformaciones de coordenadas y las relaciones de rigidez de los miembros en las coordenadas locales y globales son las mismas.

Miembros de armaduras

Las relaciones de rigidez para los miembros de armaduras, en coordenadas globales, se expresan como

$$\mathbf{F} = \mathbf{K}\mathbf{v} \tag{17.28}$$

Note que la ecuación (17.28) se obtiene a partir de la ecuación (17.25), haciendo que, para el vector de fuerzas en extremos fijos, se tenga $\mathbf{F}_f = \mathbf{0}$.

Cuando se analizan armaduras, suele ser conveniente usar la forma explícita de la matriz de rigidez del miembro, **K**. Si se sustituyen las ecuaciones (17.8) y (17.22) en la (17.26), se escribe

$$\mathbf{K} = \begin{bmatrix} \cos\theta & 0 \\ \operatorname{sen}\theta & 0 \\ 0 & \cos\theta \\ 0 & \operatorname{sen}\theta \end{bmatrix} \frac{EA}{L} \begin{bmatrix} 1 & -1 \\ -1 & 1 \end{bmatrix} \begin{bmatrix} \cos\theta & \operatorname{sen}\theta & 0 & 0 \\ 0 & 0 & \cos\theta & \operatorname{sen}\theta \end{bmatrix}$$

Al realizar la multiplicación de matrices, se obtiene

$$\mathbf{K} = \frac{EA}{L} \begin{bmatrix} \cos^2\theta & \cos\theta\operatorname{sen}\theta & -\cos^2\theta & -\cos\theta\operatorname{sen}\theta \\ \cos\theta\operatorname{sen}\theta & \operatorname{sen}^2\theta & -\cos\theta\operatorname{sen}\theta & -\operatorname{sen}^2\theta \\ -\cos^2\theta & -\cos\theta\operatorname{sen}\theta & \cos^2\theta & \cos\theta\operatorname{sen}\theta \\ -\cos\theta\operatorname{sen}\theta & -\operatorname{sen}^2\theta & \cos\theta\operatorname{sen}\theta & \operatorname{sen}^2\theta \end{bmatrix} \tag{17.29}$$

De modo alterno, se pudo haber determinado la matriz **K** de la ecuación (17.29) al sujetar un miembro inclinado de la armadura, por separado, a valores unitarios de cada uno de los cuatro desplazamientos globales de los extremos y evaluando las fuerzas en los extremos, en coordenadas globales, requeridas para causar cada uno de los desplazamientos unitarios. Las fuerzas en los extremos requeridas para causar un valor unitario del desplazamiento v_i, mientras todos los demás desplazamientos son cero, representan la i-ésima columna de la matriz de rigidez global del miembro, **K**.

17.5 RELACIONES DE RIGIDEZ DE LA ESTRUCTURA

Una vez que se determinan las relaciones de rigidez de los miembros, en coordenadas globales, se pueden establecer las relaciones de rigidez para la estructura completa al escribir las ecuaciones de equilibrio de los nodos de la estructura y aplicando las condiciones de compatibilidad de que los desplazamientos de los extremos de los miembros, rígidamente conectados a los nodos, deben ser los mismos que los desplazamientos correspondientes de estos últimos.

Con el fin de ilustrar este procedimiento, considere el armazón de dos miembros mostrado en la figura 17.10(a). El modelo analítico del armazón se da en la figura 17.10(b), el cual indica que la estructura tiene tres grados de libertad, d_1, d_2 y d_3. Las cargas en los nodos correspondientes a estos grados de libertad se designan como P_1, P_2 y P_3, respectivamente. Las fuerzas en los extremos, $\mathbf{F}^{(i)}$, y los desplazamientos de los extremos, $\mathbf{v}^{(i)}$, globales, se muestran en la figura 17.10(c), en la cual el superíndice (i) denota el número del miembro. El objetivo es expresar las cargas en los nodos, **P**, como funciones de los desplazamientos, **d**, de los nodos.

Ecuaciones de equilibrio

Por aplicación de las tres ecuaciones de equilibrio, $\sum F_X = 0$, $\sum F_Y = 0$ y $\sum M = 0$ al cuerpo libre del nodo 2, mostrado en la figura 17.10(c), se obtienen las ecuaciones de equilibrio

$$P_1 = F_4^{(1)} + F_1^{(2)} \tag{17.30a}$$

$$P_2 = F_5^{(1)} + F_2^{(2)} \tag{17.30b}$$

$$P_3 = F_6^{(1)} + F_3^{(2)} \tag{17.30c}$$

Relaciones de rigidez de los miembros

Para expresar las cargas **P** en el nodo, en términos de los desplazamientos de éste, **d**, en principio se relacionan las fuerzas en los extremos de los miembros, $\mathbf{F}^{(i)}$, con los desplazamientos de los extremos, $\mathbf{v}^{(i)}$, utilizando las relaciones de rigidez de los miembros, en coordenadas globales, deducidas en la sección anterior. Al escribir la ecuación (17.25) en forma desarrollada para el miembro 1, se obtiene

$$\begin{bmatrix} F_1^{(1)} \\ F_2^{(1)} \\ F_3^{(1)} \\ F_4^{(1)} \\ F_5^{(1)} \\ F_6^{(1)} \end{bmatrix} = \begin{bmatrix} K_{11}^{(1)} & K_{12}^{(1)} & K_{13}^{(1)} & K_{14}^{(1)} & K_{15}^{(1)} & K_{16}^{(1)} \\ K_{21}^{(1)} & K_{22}^{(1)} & K_{23}^{(1)} & K_{24}^{(1)} & K_{25}^{(1)} & K_{26}^{(1)} \\ K_{31}^{(1)} & K_{32}^{(1)} & K_{33}^{(1)} & K_{34}^{(1)} & K_{35}^{(1)} & K_{36}^{(1)} \\ K_{41}^{(1)} & K_{42}^{(1)} & K_{43}^{(1)} & K_{44}^{(1)} & K_{45}^{(1)} & K_{46}^{(1)} \\ K_{51}^{(1)} & K_{52}^{(1)} & K_{53}^{(1)} & K_{54}^{(1)} & K_{55}^{(1)} & K_{56}^{(1)} \\ K_{61}^{(1)} & K_{62}^{(1)} & K_{63}^{(1)} & K_{64}^{(1)} & K_{65}^{(1)} & K_{66}^{(1)} \end{bmatrix} \begin{bmatrix} v_1^{(1)} \\ v_2^{(1)} \\ v_3^{(1)} \\ v_4^{(1)} \\ v_5^{(1)} \\ v_6^{(1)} \end{bmatrix} + \begin{bmatrix} F_{f1}^{(1)} \\ F_{f2}^{(1)} \\ F_{f3}^{(1)} \\ F_{f4}^{(1)} \\ F_{f5}^{(1)} \\ F_{f6}^{(1)} \end{bmatrix} \tag{17.31}$$

con la cual se determina que las expresiones para las fuerzas en el extremo 2 del miembro son

$$F_4^{(1)} = K_{41}^{(1)}v_1^{(1)} + K_{42}^{(1)}v_2^{(1)} + K_{43}^{(1)}v_3^{(1)} + K_{44}^{(1)}v_4^{(1)} + K_{45}^{(1)}v_5^{(1)} + K_{46}^{(1)}v_6^{(1)} + F_{f4}^{(1)} \tag{17.32a}$$

$$F_5^{(1)} = K_{51}^{(1)}v_1^{(1)} + K_{52}^{(1)}v_2^{(1)} + K_{53}^{(1)}v_3^{(1)} + K_{54}^{(1)}v_4^{(1)} + K_{55}^{(1)}v_5^{(1)} + K_{56}^{(1)}v_6^{(1)} + F_{f5}^{(1)} \tag{17.32b}$$

$$F_6^{(1)} = K_{61}^{(1)}v_1^{(1)} + K_{62}^{(1)}v_2^{(1)} + K_{63}^{(1)}v_3^{(1)} + K_{64}^{(1)}v_4^{(1)} + K_{65}^{(1)}v_5^{(1)} + K_{66}^{(1)}v_6^{(1)} + F_{f6}^{(1)} \tag{17.32c}$$

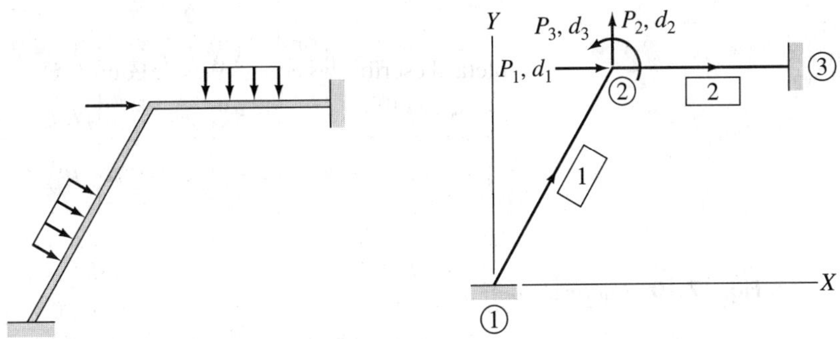

(a) Armazón real

(b) Modelo analítico

Fig. 17.10

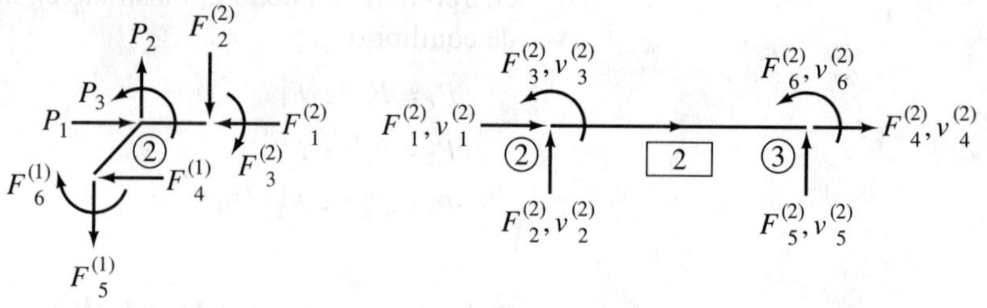

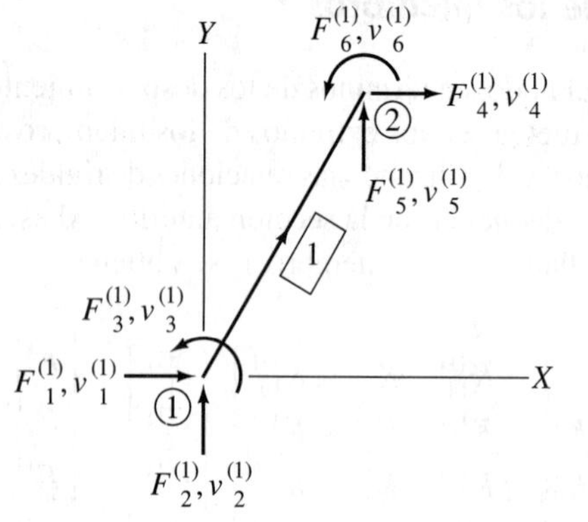

(c)

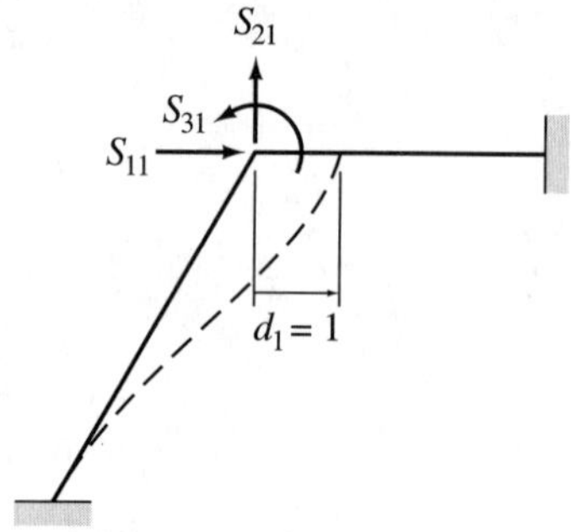

(d)

$$\mathbf{K}_1 = \begin{array}{c} \begin{matrix} 0 & 0 & 0 & 1 & 2 & 3 \end{matrix} \\ \left[\begin{matrix} K_{11}^{(1)} & K_{12}^{(1)} & K_{13}^{(1)} & K_{14}^{(1)} & K_{15}^{(1)} & K_{16}^{(1)} \\ K_{21}^{(1)} & K_{22}^{(1)} & K_{23}^{(1)} & K_{24}^{(1)} & K_{25}^{(1)} & K_{26}^{(1)} \\ K_{31}^{(1)} & K_{32}^{(1)} & K_{33}^{(1)} & K_{34}^{(1)} & K_{35}^{(1)} & K_{36}^{(1)} \\ K_{41}^{(1)} & K_{42}^{(1)} & K_{43}^{(1)} & K_{44}^{(1)} & K_{45}^{(1)} & K_{46}^{(1)} \\ K_{51}^{(1)} & K_{52}^{(1)} & K_{53}^{(1)} & K_{54}^{(1)} & K_{55}^{(1)} & K_{56}^{(1)} \\ K_{61}^{(1)} & K_{62}^{(1)} & K_{63}^{(1)} & K_{64}^{(1)} & K_{65}^{(1)} & K_{66}^{(1)} \end{matrix}\right] \end{array} \begin{matrix} 0 \\ 0 \\ 0 \\ 1 \\ 2 \\ 3 \end{matrix} \qquad \mathbf{K}_2 = \begin{array}{c} \begin{matrix} 1 & 2 & 3 & 0 & 0 & 0 \end{matrix} \\ \left[\begin{matrix} K_{11}^{(2)} & K_{12}^{(2)} & K_{13}^{(2)} & K_{14}^{(2)} & K_{15}^{(2)} & K_{16}^{(2)} \\ K_{21}^{(2)} & K_{22}^{(2)} & K_{23}^{(2)} & K_{24}^{(2)} & K_{25}^{(2)} & K_{26}^{(2)} \\ K_{31}^{(2)} & K_{32}^{(2)} & K_{33}^{(2)} & K_{34}^{(2)} & K_{35}^{(2)} & K_{36}^{(2)} \\ K_{41}^{(2)} & K_{42}^{(2)} & K_{43}^{(2)} & K_{44}^{(2)} & K_{45}^{(2)} & K_{46}^{(2)} \\ K_{51}^{(2)} & K_{52}^{(2)} & K_{53}^{(2)} & K_{54}^{(2)} & K_{55}^{(2)} & K_{56}^{(2)} \\ K_{61}^{(2)} & K_{62}^{(2)} & K_{63}^{(2)} & K_{64}^{(2)} & K_{65}^{(2)} & K_{66}^{(2)} \end{matrix}\right] \end{array} \begin{matrix} 1 \\ 2 \\ 3 \\ 0 \\ 0 \\ 0 \end{matrix}$$

$$\mathbf{S} = \begin{array}{c} \begin{matrix} 1 & 2 & 3 \end{matrix} \\ \left[\begin{matrix} K_{44}^{(1)} + K_{11}^{(2)} & K_{45}^{(1)} + K_{12}^{(2)} & K_{46}^{(1)} + K_{13}^{(2)} \\ K_{54}^{(1)} + K_{21}^{(2)} & K_{55}^{(1)} + K_{22}^{(2)} & K_{56}^{(1)} + K_{23}^{(2)} \\ K_{64}^{(1)} + K_{31}^{(2)} & K_{65}^{(1)} + K_{32}^{(2)} & K_{66}^{(1)} + K_{33}^{(2)} \end{matrix}\right] \end{array} \begin{matrix} 1 \\ 2 \\ 3 \end{matrix}$$

(e)

Fig. 17.10 (*Continuación*)

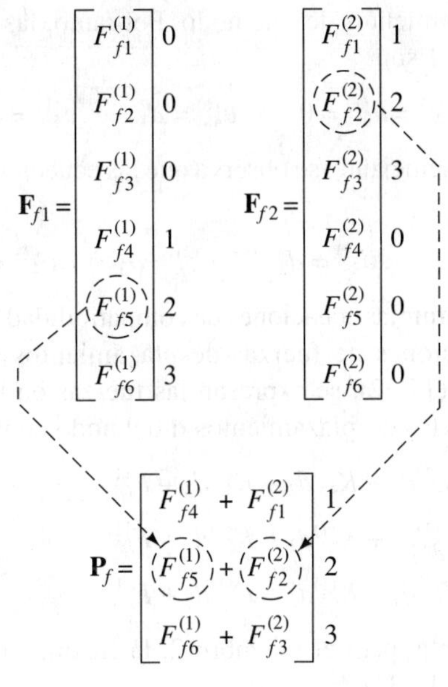

(f)

Fig. 17.10 (*Continuación*)

De modo análogo, al escribir la ecuación (17.25) para el miembro 2, se obtiene

$$\begin{bmatrix} F_1^{(2)} \\ F_2^{(2)} \\ F_3^{(2)} \\ F_4^{(2)} \\ F_5^{(2)} \\ F_6^{(2)} \end{bmatrix} = \begin{bmatrix} K_{11}^{(2)} & K_{12}^{(2)} & K_{13}^{(2)} & K_{14}^{(2)} & K_{15}^{(2)} & K_{16}^{(2)} \\ K_{21}^{(2)} & K_{22}^{(2)} & K_{23}^{(2)} & K_{24}^{(2)} & K_{25}^{(2)} & K_{26}^{(2)} \\ K_{31}^{(2)} & K_{32}^{(2)} & K_{33}^{(2)} & K_{34}^{(2)} & K_{35}^{(2)} & K_{36}^{(2)} \\ K_{41}^{(2)} & K_{42}^{(2)} & K_{43}^{(2)} & K_{44}^{(2)} & K_{45}^{(2)} & K_{46}^{(2)} \\ K_{51}^{(2)} & K_{52}^{(2)} & K_{53}^{(2)} & K_{54}^{(2)} & K_{55}^{(2)} & K_{56}^{(2)} \\ K_{61}^{(2)} & K_{62}^{(2)} & K_{63}^{(2)} & K_{64}^{(2)} & K_{65}^{(2)} & K_{66}^{(2)} \end{bmatrix} \begin{bmatrix} v_1^{(2)} \\ v_2^{(2)} \\ v_3^{(2)} \\ v_4^{(2)} \\ v_5^{(2)} \\ v_6^{(2)} \end{bmatrix} + \begin{bmatrix} F_{f1}^{(2)} \\ F_{f2}^{(2)} \\ F_{f3}^{(2)} \\ F_{f4}^{(2)} \\ F_{f5}^{(2)} \\ F_{f6}^{(2)} \end{bmatrix} \quad \textbf{(17.33)}$$

con la cual se determina que las fuerzas en el extremo 2 del miembro son

$$\begin{aligned} F_1^{(2)} = {} & K_{11}^{(2)}v_1^{(2)} + K_{12}^{(2)}v_2^{(2)} + K_{13}^{(2)}v_3^{(2)} + K_{14}^{(2)}v_4^{(2)} + K_{15}^{(2)}v_5^{(2)} \\ & + K_{16}^{(2)}v_6^{(2)} + F_{f1}^{(2)} \end{aligned} \quad \textbf{(17.34a)}$$

$$\begin{aligned} F_2^{(2)} = {} & K_{21}^{(2)}v_1^{(2)} + K_{22}^{(2)}v_2^{(2)} + K_{23}^{(2)}v_3^{(2)} + K_{24}^{(2)}v_4^{(2)} + K_{25}^{(2)}v_5^{(2)} \\ & + K_{26}^{(2)}v_6^{(2)} + F_{f2}^{(2)} \end{aligned} \quad \textbf{(17.34b)}$$

$$\begin{aligned} F_3^{(2)} = {} & K_{31}^{(2)}v_1^{(2)} + K_{32}^{(2)}v_2^{(2)} + K_{33}^{(2)}v_3^{(2)} + K_{34}^{(2)}v_4^{(2)} + K_{35}^{(2)}v_5^{(2)} \\ & + K_{36}^{(2)}v_6^{(2)} + F_{f3}^{(2)} \end{aligned} \quad \textbf{(17.34c)}$$

Ecuaciones de compatibilidad

Comparando las figuras 17.10(b) y (c), se observa que, puesto que el extremo inferior 1 del miembro 1 está rígidamente conectado al nodo fijo 1, el cual no se puede trasladar ni puede girar, los tres desplazamientos del extremo 1 del miembro deben ser cero. De modo análogo, ya que el extremo 2 de este miembro está rígidamente conectado al nodo 2, los desplazamientos de ese extremo deben ser los mismos que los desplazamientos de este nodo. Por tanto, las ecuaciones de compatibilidad para el miembro 1 son

$$v_1^{(1)} = v_2^{(1)} = v_3^{(1)} = 0 \qquad v_4^{(1)} = d_1 \qquad v_5^{(1)} = d_2 \qquad v_6^{(1)} = d_3 \tag{17.35}$$

De manera semejante, se observa que las ecuaciones de compatibilidad para el miembro 2 son

$$v_1^{(2)} = d_1 \qquad v_2^{(2)} = d_2 \qquad v_3^{(2)} = d_3 \qquad v_4^{(2)} = v_5^{(2)} = v_6^{(2)} = 0 \tag{17.36}$$

Al sustituir las ecuaciones de compatibilidad del miembro 1 (ecuaciones (17.35)) en las relaciones de fuerzas-desplazamientos del mismo, según se dan por las ecuaciones (17.32), se expresan las fuerzas en los extremos del miembro, $\mathbf{F}^{(1)}$, en términos de los desplazamientos **d** del nodo como

$$F_4^{(1)} = K_{44}^{(1)} d_1 + K_{45}^{(1)} d_2 + K_{46}^{(1)} d_3 + F_{f4}^{(1)} \tag{17.37a}$$

$$F_5^{(1)} = K_{54}^{(1)} d_1 + K_{55}^{(1)} d_2 + K_{56}^{(1)} d_3 + F_{f5}^{(1)} \tag{17.37b}$$

$$F_6^{(1)} = K_{64}^{(1)} d_1 + K_{65}^{(1)} d_2 + K_{66}^{(1)} d_3 + F_{f6}^{(1)} \tag{17.37c}$$

Análogamente, para el miembro 2, la sustitución de las ecuaciones (17.36) en las ecuaciones (17.34) da

$$F_1^{(2)} = K_{11}^{(2)} d_1 + K_{12}^{(2)} d_2 + K_{13}^{(2)} d_3 + F_{f1}^{(2)} \tag{17.38a}$$

$$F_2^{(2)} = K_{21}^{(2)} d_1 + K_{22}^{(2)} d_2 + K_{23}^{(2)} d_3 + F_{f2}^{(2)} \tag{17.38b}$$

$$F_3^{(2)} = K_{31}^{(2)} d_1 + K_{32}^{(2)} d_2 + K_{33}^{(2)} d_3 + F_{f3}^{(2)} \tag{17.38c}$$

Relaciones de rigidez de la estructura

Por último, si se sustituyen las ecuaciones (17.37) y (17.38) en las ecuaciones de equilibrio del nodo (ecuaciones (17.30)), se obtienen las relaciones deseadas entre las cargas **P** sobre el nodo y los desplazamientos **d** del nodo, del armazón, como

$$\begin{aligned} P_1 = {} & (K_{44}^{(1)} + K_{11}^{(2)}) d_1 + (K_{45}^{(1)} + K_{12}^{(2)}) d_2 + (K_{46}^{(1)} + K_{13}^{(2)}) d_3 \\ & + (F_{f4}^{(1)} + F_{f1}^{(2)}) \end{aligned} \tag{17.39a}$$

$$\begin{aligned} P_2 = {} & (K_{54}^{(1)} + K_{21}^{(2)}) d_1 + (K_{55}^{(1)} + K_{22}^{(2)}) d_2 + (K_{56}^{(1)} + K_{23}^{(2)}) d_3 \\ & + (F_{f5}^{(1)} + F_{f2}^{(2)}) \end{aligned} \tag{17.39b}$$

$$\begin{aligned} P_3 = {} & (K_{64}^{(1)} + K_{31}^{(2)}) d_1 + (K_{65}^{(1)} + K_{32}^{(2)}) d_2 + (K_{66}^{(1)} + K_{33}^{(2)}) d_3 \\ & + (F_{f6}^{(1)} + F_{f3}^{(2)}) \end{aligned} \tag{17.39c}$$

Las ecuaciones (17.39) se pueden expresar de modo conveniente en la forma matricial condensada como

$$\mathbf{P} = \mathbf{S}\mathbf{d} + \mathbf{P}_f \tag{17.40}$$

o bien,

$$\boxed{\mathbf{P} - \mathbf{P}_f = \mathbf{S}\mathbf{d}} \tag{17.41}$$

en la cual

$$\mathbf{S} = \begin{bmatrix} K_{44}^{(1)} + K_{11}^{(2)} & K_{45}^{(1)} + K_{12}^{(2)} & K_{46}^{(1)} + K_{13}^{(2)} \\ K_{54}^{(1)} + K_{21}^{(2)} & K_{55}^{(1)} + K_{22}^{(2)} & K_{56}^{(1)} + K_{23}^{(2)} \\ K_{64}^{(1)} + K_{31}^{(2)} & K_{65}^{(1)} + K_{32}^{(2)} & K_{66}^{(1)} + K_{33}^{(2)} \end{bmatrix} \tag{17.42}$$

se llama *matriz de rigidez de la estructura* y

$$\mathbf{P}_f = \begin{bmatrix} F_{f4}^{(1)} + F_{f1}^{(2)} \\ F_{f5}^{(1)} + F_{f2}^{(2)} \\ F_{f6}^{(1)} + F_{f3}^{(2)} \end{bmatrix} \qquad \textbf{(17.43)}$$

se denomina *vector de fuerzas en nodo fijo de la estructura*. El procedimiento antes descrito de determinación de las relaciones de rigidez de la estructura, por la combinación de las relaciones de rigidez de los miembros, a menudo se menciona como *método directo de la rigidez* [37].

La matriz de rigidez de la estructura, **S**, se interpreta de manera análoga a la matriz de rigidez de los miembros; es decir, un *coeficiente de rigidez de la estructura, S_{ij}, representa la fuerza en la ubicación y en la dirección de la P_i requerida, junto con otras fuerzas en el nodo, para causar un valor unitario del desplazamiento d_j mientras todos los demás desplazamientos del nodo son cero*. Por tanto, la j-ésima columna de la matriz **S** consta de las cargas en el nodo requeridas para causar un valor unitario del desplazamiento d_j mientras todos los demás desplazamientos son cero. Por ejemplo, la primera columna de **S** consta de las tres cargas en el nodo requeridas para causar el desplazamiento $d_j = 1$, como se muestra en la figura 17.10(d), y así sucesivamente.

La interpretación antes dada de la matriz de rigidez estructural, **S**, indica que, de modo alterno, se puede determinar una matriz de ese tipo al sujetar la estructura, por separado, a valores unitarios de cada uno de sus desplazamientos en el nodo y evaluando las cargas requeridas en el nodo para causar cada uno de los desplazamientos. Sin embargo, ese procedimiento no se puede ejecutar con facilidad en las computadoras y, en la práctica, rara vez se usa. Por lo tanto, en este capítulo no se considera este procedimiento alterno.

Armado de S y P_f con los números codificados de los miembros

En los párrafos anteriores se determinó la matriz de rigidez de la estructura, **S** (ecuación (17.42)), y el vector de fuerzas en nodo fijo de la estructura, $\mathbf{P}_f$ (ecuación (17.43)), sustituyendo las ecuaciones de compatibilidad de los miembros en las relaciones de rigidez global de los mismos y, a continuación, sustituyendo las relaciones resultantes en las ecuaciones de equilibrio del nodo. Este proceso de escribir tres tipos de ecuaciones y, después, hacer sustituciones puede ser bastante tedioso y tardado para estructuras grandes.

A partir de la ecuación (17.42), se observa que la rigidez de un nodo en una dirección es igual a la suma de las rigideces en esa dirección de los miembros que se unen en ese nodo. Este hecho indica que se puede formular directamente la matriz de rigidez de la estructura, **S**, sumando los elementos de las matrices de rigidez de los miembros en sus posiciones apropiadas en la matriz de la estructura, evitándose de este modo la necesidad de escribir ecuaciones. La técnica de formar directamente la matriz de rigidez de la estructura, ensamblando los elementos de las matrices de rigidez global de los miembros fue introducido por S. S. Tezcan en 1936 [36] y, a veces, se menciona como la *técnica de los números codificados*.

Para ilustrar esta técnica, considere una vez más el armazón de dos miembros de la figura 17.10. Las matrices de rigidez, en las coordenadas globales, para los miembros 1 y 2 del armazón se designan como $\mathbf{K}_1$ y $\mathbf{K}_2$, respectivamente (Fig. 17.10(e)). El objetivo es formar la matriz de rigidez de la estructura, **S**, montando los elementos de $\mathbf{K}_1$ y $\mathbf{K}_2$. Antes de poder determinar las posiciones de los elementos de una matriz de miembro, **K**, en la matriz de la estructura, **S**, es necesario identificar, para cada uno de los grados de libertad del miembro, en coordenadas globales, el número del correspondiente grado de libertad de la estructura. Si el grado de libertad de la estructura correspondiente a un grado de libertad de un miembro no está definido (es decir, el desplazamiento del nodo correspondiente es cero), entonces se usa cero para el número del grado de libertad de la estructura. Por tanto, al comparar los grados de libertad globales del miembro 1 mostrado en la figura 17.10(c), con los grados de libertad de la estructura dados en la figura 17.10(b), se determina que los números de los grados de libertad de la estructura para ese miembro son 0, 0, 0, 1, 2, 3. Note que estos números están en el mismo orden que el de los grados de libertad del miembro; por ejemplo, el cuarto número, 1, corresponde al cuarto grado de libertad, $v_4^{(1)}$, del miembro, y así sucesivamente. En otras palabras, los tres primeros números identifican, en orden, la traslación *X*, la traslación *Y* y la rotación del nodo inicial del miembro, en tanto que los tres últimos números identifican la traslación *X*, la traslación *Y* y la rotación, respectivamente, del punto final. De manera semejante, se determina que los números de los grados de libertad para el miembro 2 son 1, 2, 3, 0, 0, 0.

Se pueden usar los números de los grados de libertad de la estructura de un miembro para determinar las ecuaciones de compatibilidad de éste. Por ejemplo, los números de los grados de libertad de la estructura, 0, 0, 0, 1, 2, 3, implican las siguientes ecuaciones de compatibilidad para el miembro 1:

$$v_1^{(1)} = v_2^{(1)} = v_3^{(1)} = 0 \qquad v_4^{(1)} = d_1 \qquad v_5^{(1)} = d_2 \qquad v_6^{(1)} = d_3$$

las cuales son idénticas a las dadas en las ecuaciones (17.35).

Ahora se pueden determinar las posiciones de los elementos de la matriz de rigidez $\mathbf{K}_1$ del miembro en la matriz de rigidez **S** de la estructura, escribiendo los números de los grados de libertad de la estructura (0, 0, 0, 1, 2, 3) a la derecha y en la parte superior de $\mathbf{K}_1$, como se muestra en la figura 17.10(e). Note que los números a la derecha de $\mathbf{K}_1$ representan los números de las filas de la matriz **S**, en tanto que los números de la parte superior representan los números de las columnas de la propia **S**. Por ejemplo, el elemento $K_{65}^{(1)}$ de $\mathbf{K}_1$ debe ubicarse en la fila 3 y columna 2 de **S**, como se muestra en la figura 17.10(e). Utilizando este procedimiento, se almacenan los elementos restantes de $\mathbf{K}_1$, excepto los correspondientes al número cero de fila o columna de **S**, en sus posiciones apropiadas en la matriz de rigidez de la estructura, **S**.

Enseguida, se repite el mismo procedimiento para el miembro 2. Cuando dos o más coeficientes de rigidez de miembros se ubican en la misma posición de **S**, entonces esos coeficientes deben sumarse algebraicamente. En la figura 17.10(e), se muestra la matriz completada de rigidez de la estructura, **S**. Note que esta matriz es idéntica a la obtenida con anterioridad (ecuación (17.42)), sustituyendo las ecuaciones de compatibilidad y las relaciones de rigidez de los miembros en las ecuaciones de equilibrio del nodo.

El procedimiento antes descrito de formación directa de la matriz de rigidez de la estructura, ensamblando los coeficientes de rigidez de los miembros, se puede ejecutar con facilidad en las computadoras. Para ahorrar espacio de almacenamiento en la computadora se genera una matriz de rigidez de miembro a la vez, y el espacio se vuelve a utilizar para generar la matriz de rigidez para el miembro siguiente, y así sucesivamente.

Se puede armar el vector de fuerzas en nodo fijo de la estructura, $\mathbf{P}_f$, utilizando un procedimiento semejante al de formación de la matriz de rigidez de la misma. A fin de generar el vector $\mathbf{P}_f$ para el armazón que se está considerando, en primer lugar se escriben los números de los grados de libertad de la estructura para el miembro 1 a la derecha del vector de fuerzas en extremos fijos del propio miembro, $\mathbf{F}_{f1}$, como se muestra en la figura 17.10(f). Cada uno de estos números ahora representa el número de fila de $\mathbf{P}_f$ en la cual debe almacenarse la fuerza correspondiente del miembro. Por ejemplo, el elemento $F_{f5}^{(1)}$ debe ubicarse en el renglón 2 de $\mathbf{P}_f$, como se muestra en la figura. De manera semejante, se almacenan los elementos restantes de $\mathbf{F}_{f1}$, en su posición apropiada en $\mathbf{P}_f$, excepto los que corresponden al número cero de la fila de éste. Entonces se repite el mismo procedimiento para el miembro 2. En la figura 17.10(f), se muestra el vector de fuerzas en nodo fijo de la estructura, $\mathbf{P}_f$, así obtenido. Note que este vector es idéntico al que se da en la ecuación (17.43).

Una vez que se han evaluado **S** y $\mathbf{P}_f$, se pueden resolver las relaciones de rigidez de la estructura (ecuación (17.41)), las cuales ahora representan un sistema de ecuaciones algebraicas lineales simultáneas, para los desplazamientos desconocidos **d** del nodo. Teniéndose conocido **d**, se pueden determinar los desplazamientos de los extremos para cada miembro, aplicando las ecuaciones de compatibilidad definidas por sus números de los grados de libertad de la estructura; enseguida, se pueden calcular las fuerzas correspondientes en los extremos, con aplicación de las relaciones de rigidez del miembro.

El procedimiento para generar la matriz de rigidez de la estructura, **S**, y el vector de fuerzas en nodo fijo, $\mathbf{P}_f$, según acaba de describirse para los armazones, se puede aplicar también para los vigas continuas y armaduras, excepto que en el caso de las armaduras $\mathbf{P}_f = \mathbf{0}$.

17.6 PROCEDIMIENTO PARA EL ANÁLISIS

Con base en la discusión presentada en las secciones anteriores, se puede desarrollar el siguiente procedimiento, paso a paso, para el análisis de estructuras por el método matricial de la rigidez.

1. Prepare un modelo analítico de la estructura, como sigue:
   - **a.** Dibuje un diagrama lineal de la estructura, en el que se identifiquen cada nodo u cada miembro por un número.
   - **b.** Seleccione un sistema de coordenadas globales *XY*, con los ejes *X* y *Y* orientados en las direcciones horizontal (positiva hacia la derecha) y vertical (positiva hacia arriba), respectivamente. Suele ser conveniente localizar el origen de este sistema de coordenadas en un nodo inferior izquierdo de la estructura, de modo que la mayor parte de las coordenadas *X* y *Y* de los nodos sean positivas.
   - **c.** Para cada miembro, establezca un sistema de coordenadas locales *xy*, seleccionando uno de los nodos en sus extremos como el nodo inicial y el otro como el final. En el diagrama lineal de la estructura, para cada miembro, indique la dirección positiva del eje local *x*, dibujando una flecha a lo largo del miembro que apunte hacia el nodo final. Para los miembros horizontales, se puede evitar la transformación de coordenadas al seleccionar el nodo del extremo izquierdo del miembro como el inicial.
   - **d.** Identifique los grados de libertad o desplazamientos desconocidos de los nodos, **d**, de la estructura. Los grados de libertad se especifican en el diagrama lineal de la estructura dibujando flechas en los nodos y se numeran empezando en el número de nodo más bajo y avanzado en forma secuencial hasta el número más alto de nodo. En el caso de más de un grado de libertad en un nodo, primero se numera la traslación *X*, seguida de la traslación *Y* y, después, la rotación. Recuerde que un nodo de un armazón plano puede tener hasta tres grados de libertad (dos traslaciones y una rotación); un nodo de una viga continua puede tener hasta dos grados de libertad (una traslación perpendicular al eje centroidal de la viga y una rotación), y un nodo de una armadura plana puede tener hasta dos grados

de libertad (dos traslaciones). Note que las traslaciones de los nodos se consideran como positivas cuando giran en la dirección positiva de los ejes *X* y *Y*; las rotaciones de los nodos se consideran como positivas cuando giran en sentido contrario al movimiento de las manecillas del reloj.

2. Evalue la matriz de rigidez de la estructura, **S**, y el vector de fuerzas en nodo fijo, $\mathbf{P}_f$. Para cada miembro de la estructura, realice las operaciones siguientes:
   - **a.** Para las armaduras, pase directamente al paso 2d). De lo contrario, calcule la matriz de rigidez de los miembros en coordenadas locales, **k**. En las ecuaciones (17.5) y (17.6), respectivamente, se dan las expresiones de **k** para los miembros de armaduras y de vigas continuas.
   - **b.** Si el miembro se encuentra sujeto a cargas externas, entonces evalue su vector de fuerzas en extremos fijos, $\mathbf{Q}_f$, en coordenadas locales, utilizando las expresiones para los momentos en extremos fijos que se dan al inicio de esta obra y aplicando las ecuaciones de equilibrio (véanse los ejemplos 17.2 y 17.3).
   - **c.** Para miembros horizontales con en el eje local *x* positivo hacia la derecha (es decir, en la misma dirección que la del eje global *X*), las relaciones de rigidez de esos miembros en las coordenadas locales y las globales son las mismas (es decir, $\mathbf{K} = \mathbf{k}$ y $\mathbf{F}_f = \mathbf{Q}_f$); continúe con el paso 2e). De lo contrario, calcule la matriz de transformación del miembro, **T**, con el uso de la ecuación (17.12).
   - **d.** Determine la matriz de rigidez de los miembros en coordenadas globales, $\mathbf{K} = \mathbf{T}^T\mathbf{k}\mathbf{T}$ (ecuación (17.26)), el vector correspondiente de fuerzas en extremos fijos, $\mathbf{F}_f = \mathbf{T}^T\mathbf{k}\mathbf{Q}_f$ (ecuación (17.27)). La matriz **K** debe ser simétrica. Para las armaduras, suele ser más conveniente usar la forma explícita de **K** dada en la ecuación (17.29); así como para las armaduras $\mathbf{F}_f = \mathbf{0}$.
   - **e.** Identifique los números de los grados de libertad de la estructura correspondientes al miembro y almacene los elementos pertinentes de **K** y $\mathbf{F}_f$ en sus posiciones apropiadas en la matriz de rigidez de la estructura, **S**, y el vector de fuerzas en nodo fijo, $\mathbf{P}_f$, respectivamente, utilizando el procedimiento descrito en la sección 17.5. La matriz completa de rigidez de la estructura, **S**, obtenida al ensamblar los coeficientes de rigidez de todos los miembros de la estructura debe ser simétrica.
3. Forme el vector de cargas del nodo, **P**.
4. Determine los desplazamientos desconocidos del nodo. Sustituya **P**, $\mathbf{P}_f$ y **S** en las relaciones de rigidez de la estructura, $\mathbf{P} - \mathbf{P}_f = \mathbf{S}\mathbf{d}$ (ecuación (17.41)), y resuelva el sistema resultante de ecuaciones simultáneas para los desplazamientos desconocidos del nodo **d**.
5. Calcule los desplazamientos en los extremos de los miembros y las fuerzas en los extremos. Para cada miembro, haga lo siguiente:
   - **a.** Obtenga los desplazamientos de los extremos del miembro, en coordenadas globales **v** a partir de los desplazamientos de los nodos **d**, utilizando los números de los grados de libertad de la estructura correspondientes al propio miembro.
   - **b.** Determine los desplazamientos de los extremos del miembro, en coordenadas locales, utilizando la relación $\mathbf{u} = \mathbf{T}\mathbf{v}$ (ecuación (17.14)). Para los miembros horizontales con el eje local *x* positivo hacia la derecha, $\mathbf{u} = \mathbf{v}$.
   - **c.** Calcule las fuerzas en los extremos del miembro, en coordenadas locales, usando la relación $\mathbf{Q} = \mathbf{k}\mathbf{u} + \mathbf{Q}_f$ (ecuación (17.4)). Para las armaduras, $\mathbf{Q}_f = \mathbf{0}$.

d. Calcule las fuerzas en los extremos del miembro, en coordenadas globales, usando la relación de transformación $\mathbf{F} = \mathbf{T}^T\mathbf{Q}$ (ecuación (17.17)). Para los miembros horizontales con el eje local x positivo hacia la derecha, $\mathbf{F} = \mathbf{Q}$.

6. Determine las reacciones en los apoyos al considerar el equilibrio de los nodos localizados en los apoyos de la estructura.

EJEMPLO 17.1

Determine las reacciones y la fuerza en cada uno de los miembros de la armadura mostrada en la figura 17.11(a), por el método matricial de la rigidez.

SOLUCIÓN

Grados de libertad A partir del modelo analítico de la armadura, mostrado en la figura 17.11(b), se observa que sólo el nodo 3 tiene libertad para trasladarse. Por tanto, la armadura tiene dos grados de libertad, d_1 y d_2, los cuales son las traslaciones desconocidas del nodo 3, en las direcciones X y Y, respectivamente.

Matriz de rigidez de la estructura

Miembro 1 Como se muestra en la figura 17.11(b), se ha seleccionado el nodo 1 como el nodo inicial y el nodo 3 como el final para el miembro 1. Aplicando las ecuaciones (17.13), se determina

$$L = \sqrt{(X_3 - X_1)^2 + (Y_3 - Y_1)^2} = \sqrt{(15-0)^2 + (20-0)^2} = 25 \text{ ft}$$

$$\cos\theta = \frac{X_3 - X_1}{L} = \frac{15}{25} = 0.6$$

$$\operatorname{sen}\theta = \frac{Y_3 - Y_1}{L} = \frac{20}{25} = 0.8$$

Ahora se puede evaluar la matriz de rigidez del miembro, en coordenadas globales, utilizando la ecuación (17.29):

$$\mathbf{K}_1 = \frac{(29\,000)(9)}{(25)(12)} \begin{bmatrix} 0.36 & 0.48 & -0.36 & -0.48 \\ 0.48 & 0.64 & -0.48 & -0.64 \\ -0.36 & -0.48 & 0.36 & 0.48 \\ -0.48 & -0.64 & 0.48 & 0.64 \end{bmatrix}$$

o sea

$$\mathbf{K}_1 = \begin{matrix} 0 & 0 & 1 & 2 & \\ \end{matrix}$$
$$\mathbf{K}_1 = \left[\begin{array}{cc|cc} 313.2 & 417.6 & -313.2 & -417.6 \\ 417.6 & 556.8 & -417.6 & -556.8 \\ \hline -313.2 & -417.6 & 313.2 & 417.6 \\ -417.6 & -556.8 & 417.6 & 556.8 \end{array}\right] \begin{matrix} 0 \\ 0 \\ 1 \\ 2 \end{matrix} \qquad \textbf{(1)}$$

(columnas: 0, 0, 1, 2)

En la figura 17.11(b), se observa que los desplazamientos del nodo inicial 1, para el miembro, son cero, en tanto que los desplazamientos del nodo final 3 son d_1 y d_2. De donde, los números de los grados de libertad de la estructura, para este miembro, son 0, 0, 1, 2. Estos números se escriben a la derecha y en la parte superior de $\mathbf{K}_1$ (véase la ecuación (1)), para indicar las filas y los renglones, respectivamente, de la matriz de rigidez de la estructura, $\mathbf{S}$, donde se almacenan los elementos de $\mathbf{K}_1$. Note que los elementos de $\mathbf{K}_1$, los cuales corresponden al número cero de los grados de libertad de la estructura, sencillamente se descartan. De donde, el elemento en la fila 3 y columna 3 de $\mathbf{K}_1$ se almacena en la fila 1 y columna 1 de $\mathbf{S}$, como se muestra en la figura 17.11(c). Análogamente, el elemento en la fila 3 y columna 4

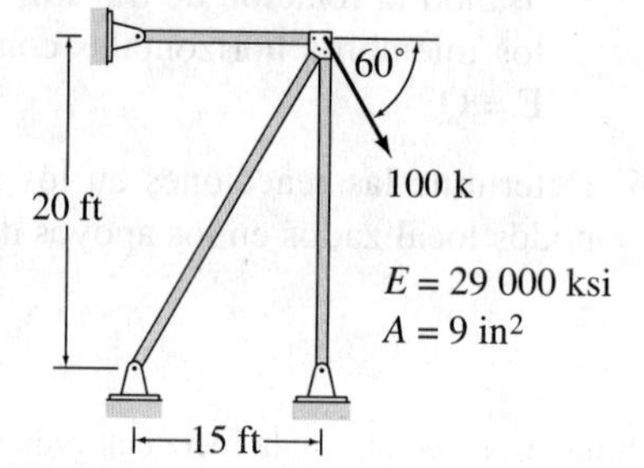

(a) Armadura

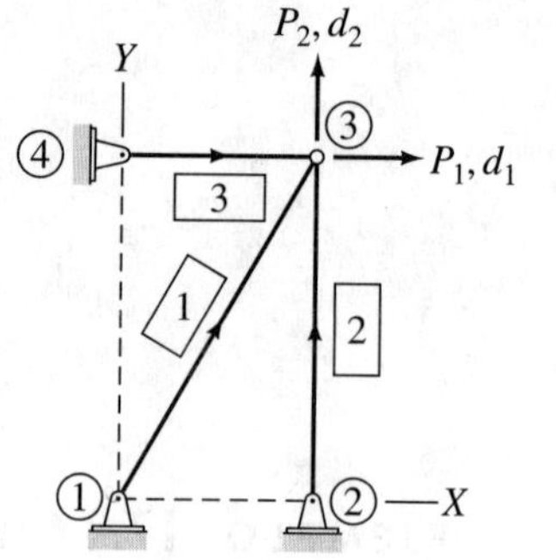

(b) Modelo analítico

$$\mathbf{S} = \begin{bmatrix} (313.2 + 0 + 1450) & (417.6 + 0 + 0) \\ (417.6 + 0 + 0) & (556.8 + 1087.5 + 0) \end{bmatrix} = \begin{bmatrix} 1763.2 & 417.6 \\ 417.6 & 1644.3 \end{bmatrix}$$

(c) Matriz de rigidez de la estructura

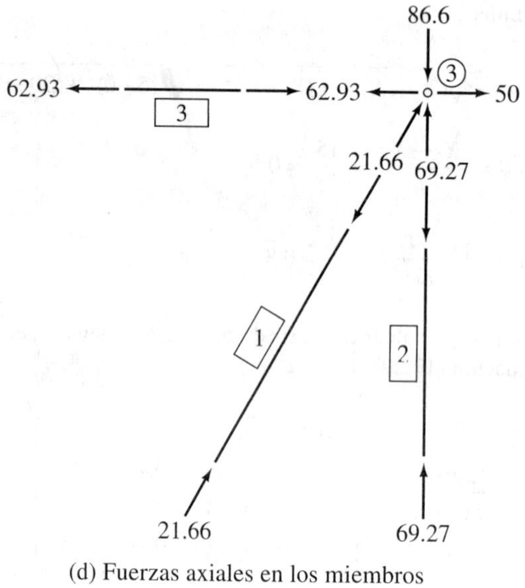

(d) Fuerzas axiales en los miembros

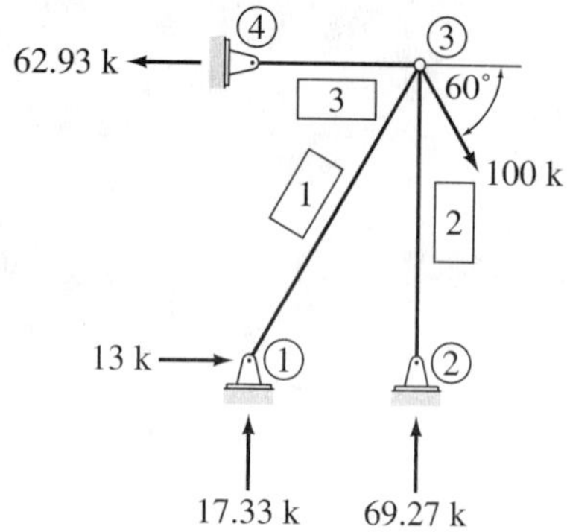

(e) Reacciones en los apoyos

Fig. 17.11

de $\mathbf{K}_1$ se almacena en la fila 1 y columna 2 de **S**. Los elementos restantes de $\mathbf{K}_1$ se almacenan en **S** de manera semejante (Fig. 17.11(c)).

Miembro 2 En la figura 17.11(b), se puede ver que el nodo 2 es el inicial y el 3 es el final para el miembro 2. Aplicando la ecuación (17.13), se obtiene

$$\cos\theta = \frac{X_3 - X_2}{L} = \frac{15 - 15}{20} = 0$$

$$\operatorname{sen}\theta = \frac{Y_3 - Y_2}{L} = \frac{20 - 0}{20} = 1$$

Por tanto, utilizando la (17.29),

$$\mathbf{K}_2 = \begin{array}{c} \begin{matrix} 0 & 0 & 1 & 2 \end{matrix} \\ \left[\begin{array}{cc|cc} 0 & 0 & 0 & 0 \\ 0 & 1087.5 & 0 & -1087.5 \\ \hline 0 & 0 & 0 & 0 \\ 0 & -1087.5 & 0 & 1087.5 \end{array}\right] \begin{matrix} 0 \\ 0 \\ 1 \\ 2 \end{matrix} \end{array}$$

A partir de la figura 17.11(b), se puede ver que los números de los grados de libertad de la estructura para este miembro son 0, 0, 1, 2. Estos números se usan para almacenar los elementos pertinentes de $\mathbf{K}_2$, en sus posiciones apropiadas, en la matriz de rigidez de la estructura, **S**, como se muestra en la figura 17.11(c).

Miembro 3 $\cos\theta = 1$ $\quad$ $\text{sen}\,\theta = 0$

Usando la ecuación (17.29)

$$\mathbf{K}_3 = \begin{array}{c} \begin{matrix} 0 & 0 & 1 & 2 \end{matrix} \\ \left[\begin{array}{cc|cc} 1450 & 0 & -1450 & 0 \\ 0 & 0 & 0 & 0 \\ \hline -1450 & 0 & 1450 & 0 \\ 0 & 0 & 0 & 0 \end{array}\right] \begin{matrix} 0 \\ 0 \\ 1 \\ 2 \end{matrix} \end{array}$$

Los números de los grados de libertad de la estructura para este miembro son 0, 0, 1, 2. Utilizando estos números, los elementos de $\mathbf{K}_3$ se almacenan en **S**, como se muestra en la figura 17.11(c).

Note que la matriz de rigidez de la estructura, **S**, obtenida al ensamblar los coeficientes de rigidez de los tres miembros es simétrica.

Vector de cargas del nodo Al comparar la figura 17.11(a) con la (b), se cae en la cuenta de que

$$P_1 = 100 \cos 60° = 50 \text{ k} \qquad P_2 = -100 \text{ sen } 60° = -86.6 \text{ k}$$

Por tanto, el vector de cargas del nodo es

$$\mathbf{P} = \begin{bmatrix} 50 \\ -86.6 \end{bmatrix} \tag{2}$$

Desplazamientos del nodo Las relaciones de rigidez para la armadura completa se pueden expresar como (ecuación (17.41) con $\mathbf{P}_f = 0$)

$$\mathbf{P} = \mathbf{Sd} \tag{3}$$

Sustituyendo **P** por su expresión dada en la ecuación (2) y **S** por su expresión de la figura 17.11(c), se escribe la ecuación (3) en forma desarrollada como

$$\begin{bmatrix} 50 \\ -86.6 \end{bmatrix} = \begin{bmatrix} 1763.2 & 417.6 \\ 417.6 & 1644.3 \end{bmatrix} \begin{bmatrix} d_1 \\ d_2 \end{bmatrix}$$

La resolución simultánea de estas ecuaciones, determina que los desplazamientos del nodo son

$$d_1 = 0.0434 \text{ in} \qquad d_2 = -0.0637 \text{ in}$$

o bien

$$\mathbf{d} = \begin{bmatrix} 0.0434 \\ -0.0637 \end{bmatrix} \text{ in}$$

Desplazamientos en los extremos de los miembros y fuerzas en los extremos

Miembro 1 Se pueden obtener los desplazamientos de los extremos del miembro, **v**, en coordenadas globales, al comparar los números de los grados de libertad globales de este miembro con los números de los grados de libertad de la estructura para el miembro, como sigue:

$$\mathbf{v}_1 = \begin{bmatrix} v_1 \\ v_2 \\ v_3 \\ v_4 \end{bmatrix} \begin{matrix} 0 \\ 0 \\ 1 \\ 2 \end{matrix} = \begin{bmatrix} 0 \\ 0 \\ d_1 \\ d_2 \end{bmatrix} = \begin{bmatrix} 0 \\ 0 \\ 0.0434 \\ -0.0637 \end{bmatrix} \text{in} \qquad \textbf{(4)}$$

Note que los números de los grados de libertad de la estructura para el miembro (0, 0, 1, 2) están escritos a la derecha de **v**, como se muestra en la ecuación (4). Ya que los números de los grados de libertad de la estructura correspondientes a v_1 y v_2 son cero, esto indica que $v_1 = v_2 = 0$. Análogamente, los números 1 y 2 correspondientes a v_3 y v_4, respectivamente, indican que $v_3 = d_1$ y $v_4 = d_2$. Debe de tomarse en cuenta que, de modo alterno, se pudieron haber establecido estas ecuaciones de compatibilidad sólo con una inspección visual del diagrama lineal de la estructura (Fig. 17.11(b)). Sin embargo, el uso de los números de los grados de libertad de la estructura permiten programar en forma conveniente este procedimiento en una computadora.

Ahora se pueden determinar los desplazamientos de los extremos del miembro, en coordenadas locales, utilizando la relación **u** = **Tv** (ecuación (17.14)), con **T** según se define en la ecuación (17.22):

$$\mathbf{u}_1 = \begin{bmatrix} u_1 \\ u_2 \end{bmatrix} = \begin{bmatrix} 0.6 & 0.8 & 0 & 0 \\ 0 & 0 & 0.6 & 0.8 \end{bmatrix} \begin{bmatrix} 0 \\ 0 \\ 0.0434 \\ -0.0637 \end{bmatrix} = \begin{bmatrix} 0 \\ -0.0249 \end{bmatrix} \text{in}$$

Utilizando la ecuación (17.7) se calculan las fuerzas en los extremos del miembro como

$$\mathbf{Q} = \mathbf{ku}$$

$$\mathbf{Q}_1 = \begin{bmatrix} Q_1 \\ Q_2 \end{bmatrix} = 870 \begin{bmatrix} 1 & -1 \\ -1 & 1 \end{bmatrix} \begin{bmatrix} 0 \\ -0.0249 \end{bmatrix} = \begin{bmatrix} 21.66 \\ -21.66 \end{bmatrix} \text{k}$$

Donde, como se muestra en la figura 17.11(d), la fuerza axial en el miembro 1 es

21.66 k (C) **Resp.**

Aplicando la ecuación (17.17), se pueden determinar las fuerzas en los extremos del miembro, en coordenadas globales, como

$$\mathbf{F} = \mathbf{T}^T\mathbf{Q}$$

$$\mathbf{F}_1 = \begin{bmatrix} F_1 \\ F_2 \\ F_3 \\ F_4 \end{bmatrix} = \begin{bmatrix} 0.6 & 0 \\ 0.8 & 0 \\ 0 & 0.6 \\ 0 & 0.8 \end{bmatrix} \begin{bmatrix} 21.66 \\ -21.66 \end{bmatrix} = \begin{bmatrix} 13 \\ 17.33 \\ -13 \\ -17.33 \end{bmatrix} \text{k}$$

Miembro 2 Los desplazamientos de los extremos del miembro, en coordenadas globales, están dados por

$$\mathbf{v}_2 = \begin{bmatrix} v_1 \\ v_2 \\ v_3 \\ v_4 \end{bmatrix} \begin{matrix} 0 \\ 0 \\ 1 \\ 2 \end{matrix} = \begin{bmatrix} 0 \\ 0 \\ d_1 \\ d_2 \end{bmatrix} = \begin{bmatrix} 0 \\ 0 \\ 0.0434 \\ -0.0637 \end{bmatrix} \text{in}$$

Utilizando la relación **u** = **Tv**, se determina que los desplazamientos de los extremos del miembro, en coordenadas locales, son

$$\mathbf{u}_2 = \begin{bmatrix} u_1 \\ u_2 \end{bmatrix} = \begin{bmatrix} 0 & 1 & 0 & 0 \\ 0 & 0 & 0 & 1 \end{bmatrix} \begin{bmatrix} 0 \\ 0 \\ 0.0434 \\ -0.0637 \end{bmatrix} = \begin{bmatrix} 0 \\ -0.0637 \end{bmatrix} \text{in}$$

Enseguida, se calculan las fuerzas en el extremo del miembro, en coordenadas locales, usando la relación $\mathbf{Q} = \mathbf{ku}$:

$$\mathbf{Q}_2 = \begin{bmatrix} Q_1 \\ Q_2 \end{bmatrix} = 1087.5 \begin{bmatrix} 1 & -1 \\ -1 & 1 \end{bmatrix} \begin{bmatrix} 0 \\ -0.0637 \end{bmatrix} = \begin{bmatrix} 69.27 \\ -69.27 \end{bmatrix} \text{k}$$

Por tanto, como se muestra en la figura 17.11(d), la fuerza axial en el miembro 2 es

69.27 k (C) **Resp.**

Usando la relación $\mathbf{F} = \mathbf{T}^T\mathbf{Q}$, se calculan las fuerzas en los extremos del miembro, en coordenadas globales, como

$$\mathbf{F}_2 = \begin{bmatrix} F_1 \\ F_2 \\ F_3 \\ F_4 \end{bmatrix} = \begin{bmatrix} 0 & 0 \\ 1 & 0 \\ 0 & 0 \\ 0 & 1 \end{bmatrix} \begin{bmatrix} 69.27 \\ -69.27 \end{bmatrix} = \begin{bmatrix} 0 \\ 69.27 \\ 0 \\ -69.27 \end{bmatrix} \text{k}$$

Miembro 3

$$\mathbf{v}_3 = \begin{bmatrix} v_1 \\ v_2 \\ v_3 \\ v_4 \end{bmatrix} \begin{matrix} 0 \\ 0 \\ 1 \\ 2 \end{matrix} = \begin{bmatrix} 0 \\ 0 \\ d_1 \\ d_2 \end{bmatrix} = \begin{bmatrix} 0 \\ 0 \\ 0.0434 \\ -0.0637 \end{bmatrix} \text{in}$$

$\mathbf{u} = \mathbf{Tv}$

$$\mathbf{u}_3 = \begin{bmatrix} u_1 \\ u_2 \end{bmatrix} = \begin{bmatrix} 1 & 0 & 0 & 0 \\ 0 & 0 & 1 & 0 \end{bmatrix} \begin{bmatrix} 0 \\ 0 \\ 0.0434 \\ -0.0637 \end{bmatrix} = \begin{bmatrix} 0 \\ 0.0434 \end{bmatrix} \text{in}$$

$\mathbf{Q} = \mathbf{ku}$

$$\mathbf{Q}_3 = \begin{bmatrix} Q_1 \\ Q_2 \end{bmatrix} = 1450 \begin{bmatrix} 1 & -1 \\ -1 & 1 \end{bmatrix} \begin{bmatrix} 0 \\ 0.0434 \end{bmatrix} = \begin{bmatrix} -62.93 \\ 62.93 \end{bmatrix} \text{k}$$

Donde la fuerza axial en el miembro 3 es (Fig. 17.11(d))

62.93 k (T) **Resp.**

$\mathbf{F} = \mathbf{T}^T\mathbf{Q}$

$$\mathbf{F}_3 = \begin{bmatrix} F_1 \\ F_2 \\ F_3 \\ F_4 \end{bmatrix} = \begin{bmatrix} 1 & 0 \\ 0 & 0 \\ 0 & 1 \\ 0 & 0 \end{bmatrix} \begin{bmatrix} -62.93 \\ 62.93 \end{bmatrix} = \begin{bmatrix} -62.93 \\ 0 \\ 62.93 \\ 0 \end{bmatrix} \text{k}$$

Reacciones en los apoyos Como se muestra en la figura 17.11(e), las reacciones en los nodos en los apoyos 1, 2 y 4 son iguales a las fuerzas, en coordenadas globales, en los extremos de los miembros conectados a estos nodos. **Resp.**

Comprobación del equilibrio Aplicando las ecuaciones de equilibrio del cuerpo libre de la estructura completa (Fig. 17.11(e)), se obtiene

$+ \rightarrow \sum F_X = 0 \qquad 13 - 62.93 + 100 \cos 60° = 0.07 \approx 0$ **Coincide**

$+ \uparrow \sum F_Y = 0 \qquad 17.33 + 69.27 - 100 \text{ sen } 60° = 0$ **Coincide**

$+ \quad \sum M_{①} = 0 \qquad 69.27(15) + 62.93(20) - 100 \cos 60°(20) - 100 \text{ sen } 60°(15)$

$= -1.39 \approx 0$ **Coincide**

EJEMPLO 17.2 Determine las reacciones y las fuerzas en los extremos de los miembros para la viga continua con tres claros, mostrada en la figura 17.12(a), aplicando el método matricial de la rigidez.

SOLUCIÓN *Grados de libertad* A partir del modelo analítico de la viga mostrado en la figura 17.12(b), se observa que la estructura tiene dos grados de libertad, d_1 y d_2, los cuales son las rotaciones desconocidas de los nodos 2 y 3, respectivamente. Note que se eligen los sistemas de coordenadas locales de los miembros, de modo que las direcciones positivas de los ejes locales y globales sean las mismas. Por lo tanto, no se requieren transformaciones de coordenadas; es decir, las relaciones de rigidez de los miembros en las coordenadas locales y en las globales son las mismas.

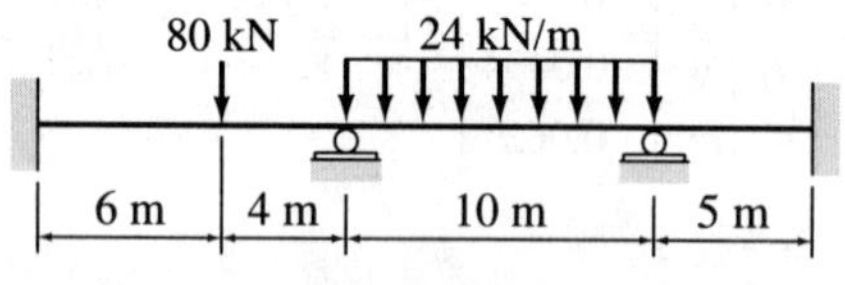

(a) Viga continua

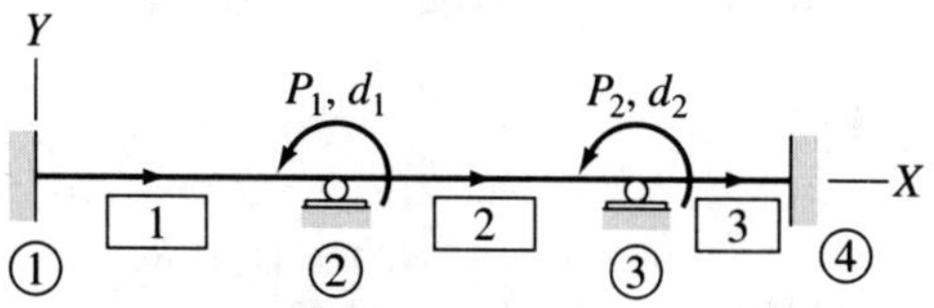

(b) Modelo analítico

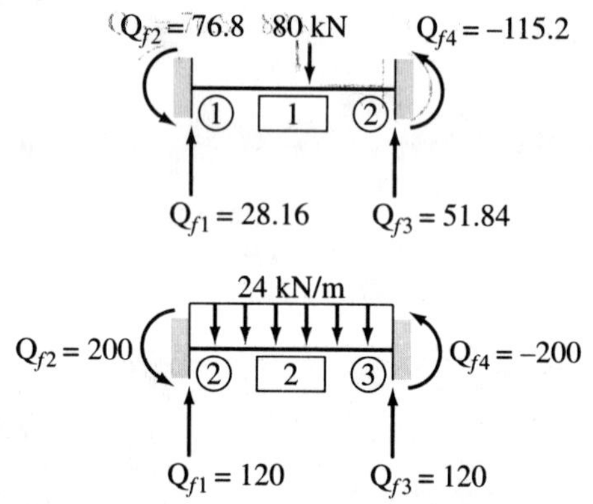

(c) Fuerzas en extremos fijos de los miembros

$$\mathbf{S} = EI \begin{bmatrix} (0.4 + 0.4) & 0.2 \\ 0.2 & (0.4 + 0.8) \end{bmatrix} \begin{matrix} 1 \\ 2 \end{matrix} = EI \begin{bmatrix} 0.8 & 0.2 \\ 0.2 & 1.2 \end{bmatrix} \begin{matrix} 1 \\ 2 \end{matrix}$$

(columnas 1, 2)

$$\mathbf{P}_f = \begin{bmatrix} (-115.2 + 200) \\ -200 \end{bmatrix} \begin{matrix} 1 \\ 2 \end{matrix} = \begin{bmatrix} 84.8 \\ -200 \end{bmatrix} \begin{matrix} 1 \\ 2 \end{matrix}$$

(d) Matriz de rigidez de la estructura y vector de fuerzas en nodo fijo

Fig. 17.12

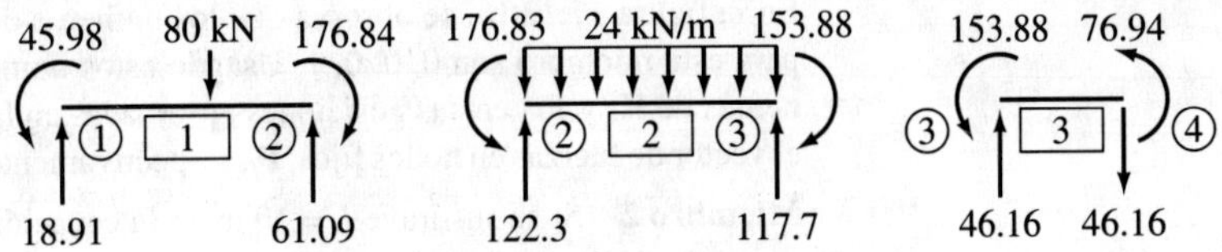

(e) Fuerzas en los extremos de los miembros

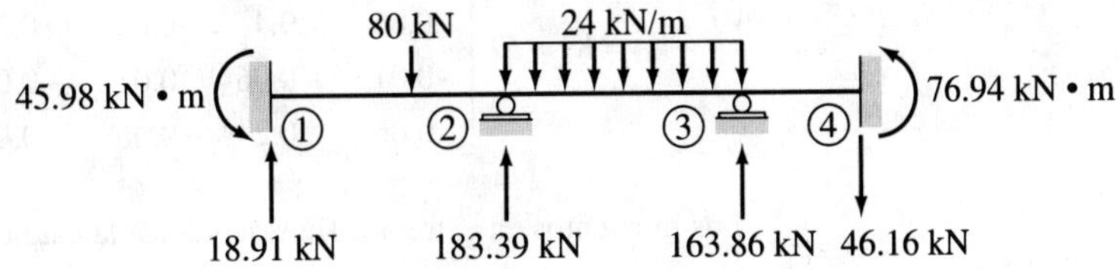

(f) Reacciones en los apoyos

Fig. 17.12 (*Continuación*)

Matriz de rigidez de la estructura

Miembro 1 Al sustituir $L = 10$ m en la ecuación (17.6), se obtiene

$$\mathbf{K}_1 = \mathbf{k}_1 = EI \begin{array}{c} \begin{array}{cccc} 0 & 0 & 0 & 1 \end{array} \\ \left[\begin{array}{cccc} 0.012 & 0.06 & -0.012 & 0.06 \\ 0.06 & 0.4 & -0.06 & 0.2 \\ -0.012 & -0.06 & 0.012 & -0.06 \\ 0.06 & 0.2 & -0.06 & 0.4 \end{array}\right] \end{array} \begin{array}{c} 0 \\ 0 \\ 0 \\ 1 \end{array}$$

Utilizando las expresiones para los momentos en extremos fijos dadas en las páginas iniciales del libro, se evalúan esos momentos debidos a la carga de 80 kN como

$$Q_{f2} = \frac{80(6)(4)^2}{(10)^2} = 76.8 \text{ kN} \cdot \text{m}$$

$$Q_{f4} = -\frac{80(6)^2(4)}{(10)^2} = -115.2 \text{ kN} \cdot \text{m}$$

Ahora se pueden determinar las cortantes en extremos fijos Q_{f1} y Q_{f3}, considerando el equilibrio del cuerpo libre del miembro 1, mostrado en la figura 17.12(c):

$$+ \circlearrowleft \sum M_{②} = 0$$

$$76.8 - Q_{f1}(10) + 80(4) - 115.2 = 0$$

$$Q_{f1} = 28.16 \text{ kN}$$

$$+ \rightarrow \sum F_y = 0$$

$$28.16 - 80 + Q_{f3} = 0$$

$$Q_{f3} = 51.84 \text{ kN}$$

Donde el vector de fuerzas en extremos fijos para el miembro 1 es

$$\mathbf{F}_{f1} = \mathbf{Q}_{f1} = \left[\begin{array}{c} 28.16 \\ 76.8 \\ 51.84 \\ -115.2 \end{array}\right] \begin{array}{c} 0 \\ 0 \\ 0 \\ 1 \end{array}$$

En la figura 17.12(b), se observa que los números de los grados de libertad de la estructura para este miembro son 0, 0, 0, 1. Usando estos números, se almacenan los elementos pertinentes de $\mathbf{K}_1$ y $\mathbf{F}_{f1}$ en sus posiciones apropiadas en la matriz de rigidez de la estructura, **S**, y el vector de fuerzas en nodos fijos, $\mathbf{P}_f$, respectivamente, como se muestra en la figura 17.12(d).

Miembro 2 Si se sustituye $L = 10$ m en la ecuación (17.6), se obtiene

$$\mathbf{K}_2 = \mathbf{k}_2 = EI \begin{array}{c} \begin{matrix} 0 & \quad 1 & \quad 0 & \quad 2 \end{matrix} \\ \begin{bmatrix} 0.012 & 0.06 & -0.012 & 0.06 \\ 0.06 & 0.4 & -0.06 & 0.2 \\ -0.012 & -0.06 & 0.012 & -0.06 \\ 0.06 & 0.2 & -0.06 & 0.4 \end{bmatrix} \end{array} \begin{matrix} 0 \\ 1 \\ 0 \\ 2 \end{matrix}$$

Los momentos en extremos fijos debidos a la carga de 24 kN/m son

$$Q_{f2} = -Q_{f4} = \frac{24(10)^2}{12} = 200 \text{ kN} \cdot \text{m}$$

La aplicación de las ecuaciones de equilibrio al cuerpo libre del miembro 2 da (Fig. 17.12(c))

$$Q_{f1} = -Q_{f3} = 120 \text{ kN}$$

Por tanto,

$$\mathbf{F}_{f2} = \mathbf{Q}_{f2} = \begin{bmatrix} 120 \\ 200 \\ 120 \\ -200 \end{bmatrix} \begin{matrix} 0 \\ 1 \\ 0 \\ 2 \end{matrix}$$

Usando los números de los grados de libertad de la estructura, 0, 1, 0, 2, para este miembro, se almacenan los elementos relevantes de $\mathbf{K}_2$ y $\mathbf{F}_{f2}$ en **S** y $\mathbf{P}_f$, respectivamente, como se muestra en la figura 17.12(d).

Miembro 3 $L = 5$ m:

$$\mathbf{K}_3 = \mathbf{k}_3 = EI \begin{array}{c} \begin{matrix} 0 & \quad 2 & \quad 0 & \quad 0 \end{matrix} \\ \begin{bmatrix} 0.096 & 0.24 & -0.096 & 0.24 \\ 0.24 & 0.8 & -0.24 & 0.4 \\ -0.096 & -0.24 & 0.096 & -0.24 \\ 0.24 & 0.4 & -0.24 & 0.8 \end{bmatrix} \end{array} \begin{matrix} 0 \\ 2 \\ 0 \\ 0 \end{matrix}$$

Los elementos de $\mathbf{K}_3$ se almacenan en **S** usando los números de los grados de libertad de la estructura 0, 2, 0, 0. Note que el miembro 3 no está sujeto a cargas externas,

$$\mathbf{F}_{f3} = \mathbf{Q}_{f3} = \mathbf{0}$$

Vector de cargas en los nodos Ya que no se aplican momentos externos a la viga en los nodos 2 y 3, el vector de cargas en los nodos es cero; es decir,

$$\mathbf{P} = \mathbf{0}$$

Desplazamientos de los nodos Las relaciones de rigidez para la viga continua completa, $\mathbf{P} - \mathbf{P}_f = \mathbf{Sd}$, se escriben en forma desarrollada como

$$\begin{bmatrix} -84.8 \\ 200 \end{bmatrix} = EI \begin{bmatrix} 0.8 & 0.2 \\ 0.2 & 1.2 \end{bmatrix} \begin{bmatrix} d_1 \\ d_2 \end{bmatrix}$$

La resolución simultánea de estas ecuaciones determina que los desplazamientos de los nodos son

$$EId_1 = -154.09 \text{ kN} \cdot \text{m}^2 \qquad EId_2 = 192.35 \text{ kN} \cdot \text{m}^2$$

o bien,

$$\mathbf{d} = \frac{1}{EI}\begin{bmatrix} -154.09 \\ 192.35 \end{bmatrix} \text{kN} \cdot \text{m}^2$$

Desplazamientos en los extremos de los miembros y fuerzas en los extremos

Miembro 1 Utilizando los números de los grados de libertad de la estructura, se obtienen los desplazamientos de los extremos del miembro:

$$\mathbf{u}_1 = \mathbf{v}_1 = \begin{bmatrix} v_1 \\ v_2 \\ v_3 \\ v_4 \end{bmatrix}\begin{matrix} 0 \\ 0 \\ 0 \\ 1 \end{matrix} = \begin{bmatrix} 0 \\ 0 \\ 0 \\ d_1 \end{bmatrix} = \frac{1}{EI}\begin{bmatrix} 0 \\ 0 \\ 0 \\ -154.09 \end{bmatrix}$$

Usando las relaciones de rigidez del miembro $\mathbf{Q} = \mathbf{ku} + \mathbf{Q}_f$ (ecuación (17.4)), se calculan las fuerzas en los extremos del miembro como

$$\mathbf{F}_1 = \mathbf{Q}_1 = EI\begin{bmatrix} 0.012 & 0.06 & -0.012 & 0.06 \\ 0.06 & 0.4 & -0.06 & 0.2 \\ -0.012 & -0.06 & 0.012 & -0.06 \\ 0.06 & 0.2 & -0.06 & 0.4 \end{bmatrix}\frac{1}{EI}\begin{bmatrix} 0 \\ 0 \\ 0 \\ -154.09 \end{bmatrix} + \begin{bmatrix} 28.16 \\ 75.8 \\ 51.84 \\ -115.2 \end{bmatrix}$$

$$= \begin{bmatrix} 18.91 \text{ kN} \\ 45.98 \text{ kN} \cdot \text{m} \\ 61.09 \text{ kN} \\ -176.84 \text{ kN} \cdot \text{m} \end{bmatrix}$$ **Resp.**

Miembro 2

$$\mathbf{u}_2 = \mathbf{v}_2 = \begin{bmatrix} v_1 \\ v_2 \\ v_3 \\ v_4 \end{bmatrix}\begin{matrix} 0 \\ 1 \\ 0 \\ 2 \end{matrix} = \begin{bmatrix} 0 \\ d_1 \\ 0 \\ d_2 \end{bmatrix} = \frac{1}{EI}\begin{bmatrix} 0 \\ -154.09 \\ 0 \\ 192.35 \end{bmatrix}$$

$$\mathbf{Q} = \mathbf{ku} + \mathbf{Q}_f$$

$$\mathbf{F}_2 = \mathbf{Q}_2 = \begin{bmatrix} 0.012 & 0.06 & -0.012 & 0.06 \\ 0.06 & 0.4 & -0.06 & 0.2 \\ -0.012 & -0.06 & 0.012 & -0.06 \\ 0.06 & 0.2 & -0.06 & 0.4 \end{bmatrix}\frac{1}{EI}\begin{bmatrix} 0 \\ -154.09 \\ 0 \\ 192.35 \end{bmatrix} + \begin{bmatrix} 120 \\ 200 \\ 120 \\ -200 \end{bmatrix}$$

$$= \begin{bmatrix} 122.3 \text{ kN} \\ 176.83 \text{ kN} \cdot \text{m} \\ 117.7 \text{ kN} \\ -153.88 \text{ kN} \cdot \text{m} \end{bmatrix}$$ **Resp.**

Miembro 3

$$\mathbf{u}_3 = \mathbf{v}_3 = \begin{bmatrix} v_1 \\ v_2 \\ v_3 \\ v_4 \end{bmatrix}\begin{matrix} 0 \\ 2 \\ 0 \\ 0 \end{matrix} = \begin{bmatrix} 0 \\ d_2 \\ 0 \\ 0 \end{bmatrix} = \frac{1}{EI}\begin{bmatrix} 0 \\ 192.35 \\ 0 \\ 0 \end{bmatrix}$$

$$\mathbf{Q} = \mathbf{ku} + \mathbf{Q}_f$$

$$\mathbf{F}_3 = \mathbf{Q}_3 = \begin{bmatrix} 0.096 & 0.24 & -0.096 & 0.24 \\ 0.24 & 0.8 & -0.24 & 0.4 \\ -0.096 & -0.24 & 0.096 & -0.24 \\ 0.24 & 0.4 & -0.24 & 0.8 \end{bmatrix} \begin{bmatrix} 0 \\ 192.35 \\ 0 \\ 0 \end{bmatrix} = \begin{bmatrix} 41.16\,\text{kN} \\ 153.88\,\text{kN}\cdot\text{m} \\ -46.16\,\text{kN} \\ 76.94\,\text{kN}\cdot\text{m} \end{bmatrix}$$ **Resp.**

Las fuerzas en los extremos, para los tres miembros de la viga continua, se muestran en la figura 17.12(e).

Reacciones en los apoyos Puesto que el nodo 1 de apoyo es el nodo inicial para el miembro 1, se requiere que las consideraciones de equilibrio de las reacciones en el nodo 1, $\mathbf{R}_{①}$, sean iguales a la mitad superior de $\mathbf{F}_1$ (es decir, la fuerzas en el extremo 1 del miembro 1)

$$\mathbf{R}_{①} = \begin{bmatrix} 18.91\,\text{kN} \\ 45.98\,\text{kN}\cdot\text{m} \end{bmatrix}$$ **Resp.**

en la cual el primer elemento de $\mathbf{R}_{①}$ representa la fuerza vertical y el segundo representa el momento, como se muestra en la figura 17.12(f). De manera semejante, como el nodo 2 de apoyo es el nodo final del miembro 1, pero el inicial del miembro 2, el vector de reacciones en el nodo 2, $\mathbf{R}_{②}$, debe ser igual a la suma algebraica de la mitad inferior de $\mathbf{F}_1$ y la mitad superior de $\mathbf{F}_2$:

$$\mathbf{R}_{②} = \begin{bmatrix} 61.09 \\ -176.84 \end{bmatrix} + \begin{bmatrix} 122.3 \\ 176.83 \end{bmatrix} = \begin{bmatrix} 183.39\,\text{kN} \\ -1.01 \approx 0 \end{bmatrix}$$ **Resp.**

Análogamente, en el nodo 3 de apoyo se puede determinar $\mathbf{R}_{③}$ sumando algebraicamente la mitad inferior de $\mathbf{F}_2$ y la superior de $\mathbf{F}_3$:

$$\mathbf{R}_{③} = \begin{bmatrix} 117.7 \\ -153.88 \end{bmatrix} + \begin{bmatrix} 46.16 \\ 153.88 \end{bmatrix} = \begin{bmatrix} 163.86\,\text{kN} \\ 0 \end{bmatrix}$$ **Resp.**

Por último, el vector de reacciones en el nodo 4 debe ser igual a la mitad inferior de $\mathbf{F}_3$:

$$\mathbf{R}_{④} = \begin{bmatrix} -46.16\,\text{kN} \\ 76.94\,\text{kN}\cdot\text{m} \end{bmatrix}$$ **Resp.**

En la figura 17.12(f), se muestran las reacciones en los apoyos. **Resp.**

Comprobación del equilibrio Aplicando las ecuaciones de equilibrio a la estructura completa (Fig. 17.12(f)), se obtiene

$$+\uparrow \sum F_Y = 0$$

$$18.91 - 80 + 183.39 - 24(10) + 163.86 - 46.16 = 0$$ **Coincide**

$$+\circlearrowleft \sum M_{④} = 0$$

$$45.98 - 18.91(25) + 80(19) - 183.39(15)$$

$$+ 24(10)(10) - 163.86(5) + 76.94 = 0.02 \approx 0$$ **Coincide**

EJEMPLO 17.3

Determine las reacciones y las fuerzas en los extremos de los miembros para el armazón mostrado en la figura 17.13(a), aplicando el método matricial de la rigidez.

SOLUCIÓN

Grados de libertad A partir del modelo analítico del armazón que se muestra en la figura 17.13(b), se observa que mientras que los nodos 1 y 3 de la estructura no pueden trasladarse ni girar, el nodo 2 puede trasladarse, así como girar. Por tanto, el armazón tiene tres grados de libertad: las traslaciones d_1 y d_2 en las direcciones X y Y, respectivamente, y la rotación d_3 del nodo 2.

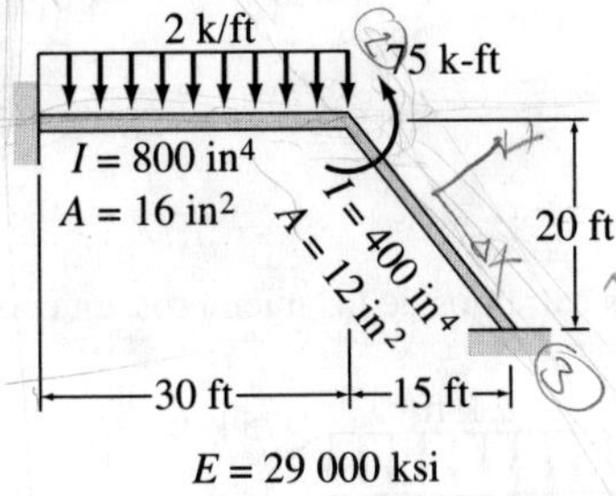

(a) Armazón

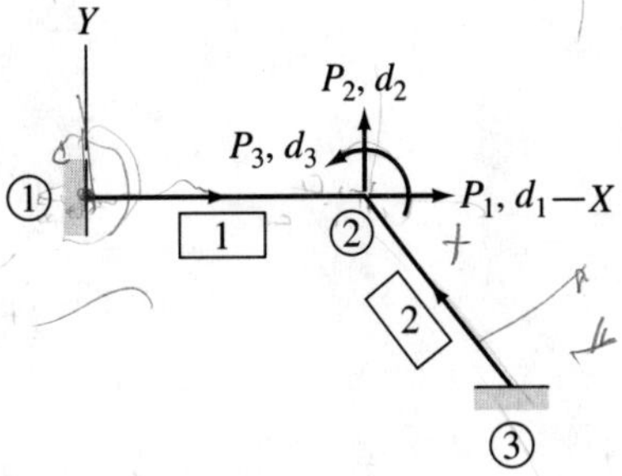

(b) Modelo analítico

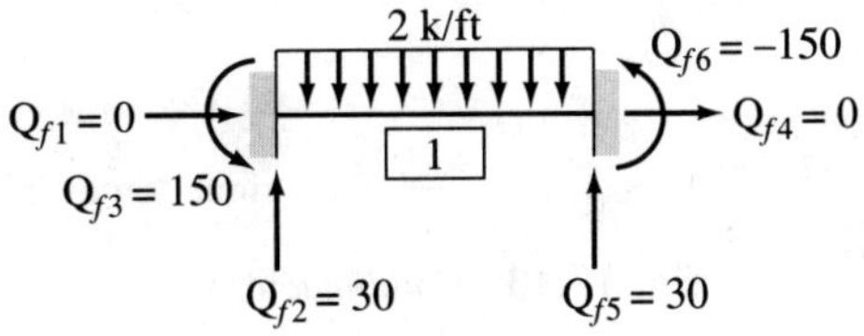

(c) Fuerzas en extremos fijos del miembro

$$\mathbf{S} = \begin{bmatrix} (15\,466.67 + 5050.8) & -6651.9 & 618.67 \\ -6651.9 & (71.6 + 8931.07) & (-1074.07 + 464) \\ 618.67 & (-1074.07 + 464) & (21\,481.48 + 12\,888.89) \end{bmatrix} \begin{matrix} 1 \\ 2 \\ 3 \end{matrix}$$

(columnas 1, 2, 3)

$$= \begin{bmatrix} 20\,517.47 & -6651.9 & 618.67 \\ -6651.9 & 9002.67 & -610.07 \\ 618.67 & -610.07 & 34\,370.37 \end{bmatrix} \begin{matrix} 1 \\ 2 \\ 3 \end{matrix}$$

(columnas 1, 2, 3)

$$\mathbf{P}_f = \begin{bmatrix} 0 \\ 30 \\ -150 \end{bmatrix} \begin{matrix} 1 \\ 2 \\ 3 \end{matrix}$$

(d) Matriz de rigidez de la estructura y vector de fuerza en nodo fijo

Fig. 17.13

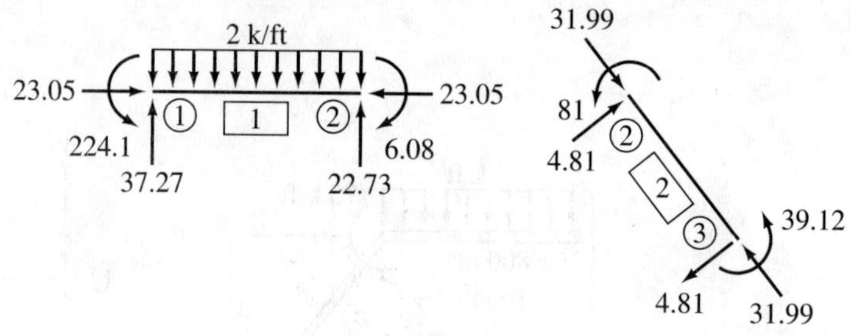

(e) Fuerzas en los extremos de los miembros, en coordenadas locales

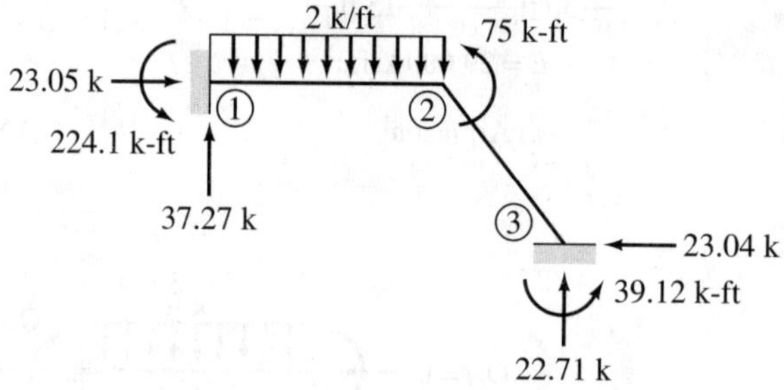

(f) Reacciones en los apoyos

Fig. 17.13 (*Continuación*)

Matriz de rigidez de la estructura

Miembro 1 Puesto que el sistema de coordenadas *xy* para este miembro coincide con el sistema de coordenadas globales *XY*, no se necesitan transformaciones de coordenadas; es decir, las relaciones de rigidez del miembro en las coordenadas locales y globales son las mismas. Al sustituir $E = 29\,000(12)^2$ ksf, $I = 800/(12)^4$ ft^4, $A = 16/(12)^2$ ft^2 y $L = 30$ ft (ksf = 1000 lb/ft²) en la ecuación (17.5), se obtiene

$$
\begin{array}{cccccc}
0 & 0 & 0 & 1 & 2 & 3
\end{array}
$$

$$
\mathbf{K}_1 = \mathbf{k}_1 = \left[\begin{array}{cccccc}
15466.67 & 0 & 0 & -15466.67 & 0 & 0 \\
0 & 71.6 & 1074.07 & 0 & -71.6 & 1074.07 \\
0 & 1074.07 & 21481.48 & 0 & -1074.07 & 10740.74 \\
-15466.67 & 0 & 0 & 15466.67 & 0 & 0 \\
0 & -71.6 & -1074.07 & 0 & 71.6 & -1074.07 \\
0 & 1074.07 & 10740.74 & 0 & -1074.07 & 21481.48
\end{array}\right]
\begin{array}{c} 0 \\ 0 \\ 0 \\ 1 \\ 2 \\ 3 \end{array}
\quad \textbf{(1)}
$$

Utilizando las expresiones para los momentos en extremos fijos dadas al inicio de esta obra, se evalúan los momentos en extremos fijos debidos a la carga de 2 k/ft como

$$Q_{f3} = -Q_{f6} = \frac{2(30)^2}{12} = 150 \text{ k-ft}$$

Al aplicar las ecuaciones de equilibrio al cuerpo libre del miembro, se obtiene (Fig. 17.13(c))

$$\mathbf{Q}_{f2} = \mathbf{Q}_{f5} = 30 \text{ k}$$

Donde

$$\mathbf{F}_{f1} = \mathbf{Q}_{f1} = \begin{bmatrix} 0 \\ 30 \\ 150 \\ \hdashline 0 \\ 30 \\ -150 \end{bmatrix} \begin{matrix} 0 \\ 0 \\ 0 \\ 1 \\ 2 \\ 3 \end{matrix} \tag{2}$$

Utilizando la estructura de los números de los grados de libertad, 0, 0, 0, 1, 2, 3, para este miembro, los elementos pertinentes de $\mathbf{K}_1$ y $\mathbf{F}_{f1}$ se almacenan en sus posiciones apropiadas en la matriz de rigidez de la estructura y en el vector de fuerzas en nodo fijo $\mathbf{P}_f$, respectivamente, como se muestra en la figura 17.13(d).

Miembro 2 Si se sustituyen $E = 20\,000(12)^2$ ksf, $I = 400(12)^4$ ft^4, $A = 12/(12)^2$ ft^2 y $L = 25$ ft en la ecuación (17.5), se obtiene

$$\mathbf{k}_2 = \begin{bmatrix} 13920 & 0 & 0 & -13920 & 0 & 0 \\ 0 & 61.87 & 773.33 & 0 & -61.87 & 773.33 \\ 0 & 773.33 & 12888.89 & 0 & -773.33 & 6444.44 \\ -13920 & 0 & 0 & 13920 & 0 & 0 \\ 0 & -61.87 & -773.33 & 0 & 61.87 & -773.33 \\ 0 & 773.33 & 6444.44 & 0 & -773.33 & 12888.89 \end{bmatrix} \tag{3}$$

Puesto que el miembro no está sujeto a cargas externas,

$$\mathbf{Q}_{f2} = \mathbf{0} \tag{4}$$

Utilizando las coordenadas globales del nodo inicial 3 y del final 2, se determinan los cosenos directores del miembro 2 como (ecuación (17.13))

$$\cos\theta = \frac{X_2 - X_3}{L} = \frac{30-45}{25} = -0.6$$

$$\text{sen}\,\theta = \frac{Y_2 - Y_3}{L} = \frac{0-(-20)}{25} = 0.8$$

Se sustituyen estos valores en la ecuación (17.12) de la siguiente matriz de transformación para el miembro

$$\mathbf{T}_2 = \begin{bmatrix} -0.6 & 0.8 & 0 & 0 & 0 & 0 \\ -0.8 & -0.6 & 0 & 0 & 0 & 0 \\ 0 & 0 & 1 & 0 & 0 & 0 \\ 0 & 0 & 0 & -0.6 & 0.8 & 0 \\ 0 & 0 & 0 & -0.8 & -0.6 & 0 \\ 0 & 0 & 0 & 0 & 0 & 1 \end{bmatrix} \tag{5}$$

A fin de determinar la matriz de rigidez del miembro en coordenadas globales, $\mathbf{K}_2$, se sustituyen las matrices $\mathbf{k}_2$ y $\mathbf{T}_2$ en la relación $\mathrm{K} = \mathbf{T}^T\mathbf{k}\mathbf{T}$ (ecuación (17.26)) y se lleva a cabo la multiplicación necesaria de matrices para obtener

$$\mathbf{K}_2 = \begin{matrix} & \begin{matrix} 0 & 0 & 0 & 1 & 2 & 3 \end{matrix} \\ & \begin{bmatrix} 5050.8 & -6651.9 & -618.67 & -5050.8 & 6651.9 & -618.67 \\ -6651.9 & 8931.07 & -464 & 6651.9 & -8931.07 & -464 \\ -618.67 & -464 & 12888.89 & 618.67 & 464 & 6444.44 \\ -5050.8 & 6651.9 & 618.67 & 5050.8 & -6651.9 & 618.67 \\ 6651.9 & -8931.07 & 464 & -6651.9 & 8931.07 & 464 \\ -618.67 & -464 & 6444.44 & 618.67 & 464 & 12888.89 \end{bmatrix} \begin{matrix} 0 \\ 0 \\ 0 \\ 1 \\ 2 \\ 3 \end{matrix} \end{matrix} \tag{6}$$

Note que $\mathbf{K}_2$ es simétrica. Utilizando los números de los grados de libertad de la estructura, 0, 0, 0, 1, 2, 3 para el miembro 2, los elementos relevantes de $\mathbf{K}_2$ se añaden en sus posiciones en la matriz **S**, como se muestra en la figura 17.13(d). Note que $\mathbf{F}_{f2} = \mathbf{0}$.

Vector de carga del nodo Al comparar las figuras 17.13(a) y (b), se escribe

$$\mathbf{P} = \begin{bmatrix} 0 \\ 0 \\ 75 \end{bmatrix}$$

Desplazamientos del nodo Las relaciones de rigidez para el armazón completo, $\mathbf{P} - \mathbf{P}_f = \mathbf{Sd}$, se escriben en forma desarrollada como

$$\begin{bmatrix} 0 \\ 0 \\ 75 \end{bmatrix} - \begin{bmatrix} 0 \\ 30 \\ -150 \end{bmatrix} = \begin{bmatrix} 20517.47 & -6651.9 & 618.67 \\ -6651.9 & 9002.67 & -610.07 \\ 618.67 & -610.07 & 34370.37 \end{bmatrix} \begin{bmatrix} d_1 \\ d_2 \\ d_3 \end{bmatrix}$$

o bien,

$$\begin{bmatrix} 0 \\ -30 \\ 225 \end{bmatrix} = \begin{bmatrix} 20517.47 & -6651.9 & 618.67 \\ -6651.9 & 9002.67 & -610.07 \\ 618.67 & -610.07 & 34370.37 \end{bmatrix} \begin{bmatrix} d_1 \\ d_2 \\ d_3 \end{bmatrix}$$

Si se resuelven simultáneamente estas ecuaciones, se determinan los desplazamientos del nodo como

$$\mathbf{d} = \begin{bmatrix} -0.00149\,\text{f} \\ -0.00399\,\text{ft} \\ 0.0065\,\text{rad} \end{bmatrix}$$

Desplazamientos de los extremos de los miembros y fuerzas en los extremos

Miembro 1

$$\mathbf{u}_1 = \mathbf{v}_1 = \begin{bmatrix} v_1 \\ v_2 \\ v_3 \\ v_4 \\ v_5 \\ v_6 \end{bmatrix} \begin{matrix} 0 \\ 0 \\ 0 \\ 1 \\ 2 \\ 3 \end{matrix} = \begin{bmatrix} 0 \\ 0 \\ 0 \\ d_1 \\ d_2 \\ d_3 \end{bmatrix} = \begin{bmatrix} 0 \\ 0 \\ 0 \\ -0.00149\,\text{ft} \\ -0.00339\,\text{ft} \\ 0.0065\,\text{ft} \end{bmatrix}$$

Al sustituir $\mathbf{k}_1$, $\mathbf{Q}_{f1}$ y $\mathbf{u}_1$ en la relación de rigidez del miembro, $\mathbf{Q} = \mathbf{ku} + \mathbf{Q}_f$ (ecuación (17.4)), se determina que las fuerzas en los extremos del miembro son

$$\mathbf{F}_1 = \mathbf{Q}_1 = \begin{bmatrix} 23.05\,\text{k} \\ 37.27\,\text{k} \\ 224.1\,\text{k-ft} \\ -23.05\,\text{k} \\ 22.73\,\text{k} \\ -6.08\,\text{k-ft} \end{bmatrix}$$ **Resp.**

Miembro 2

$$\mathbf{v}_2 = \begin{bmatrix} v_1 \\ v_2 \\ v_3 \\ v_4 \\ v_5 \\ v_6 \end{bmatrix} \begin{matrix} 0 \\ 0 \\ 0 \\ 1 \\ 2 \\ 3 \end{matrix} = \begin{bmatrix} 0 \\ 0 \\ 0 \\ d_1 \\ d_2 \\ d_3 \end{bmatrix} = \begin{bmatrix} 0 \\ 0 \\ 0 \\ -0.00149\,\text{ft} \\ -0.00339\,\text{ft} \\ 0.0065\,\text{ft} \end{bmatrix}$$

Sustituyendo $\mathbf{k}_2$, $\mathbf{v}_2$ y $\mathbf{F}_{f2} = \mathbf{0}$ en la relación de rigidez del miembro, en las coordenadas globales, $\mathbf{F} = \mathbf{Kv} + \mathbf{F}_f$(ecuación (17.25)), se determinan las fuerzas en los extremos del miembro, en coordenadas globales, como

$$\mathbf{F}_2 = \begin{bmatrix} -23.04\text{ k} \\ 22.71\text{ k} \\ 39.12\text{ k-ft} \\ 23.04\text{ k} \\ -22.71\text{ k} \\ 81\text{ k-ft} \end{bmatrix}$$

Ahora se pueden evaluar las fuerzas en el extremo del miembro, en coordenadas locales, al sustituir $\mathbf{F}_2$ y $\mathbf{T}_2$ en la relación $\mathbf{Q} = \mathbf{TF}$ (ecuación (17.11)).

$$\mathbf{Q}_2 = \begin{bmatrix} 31.99\text{ k} \\ 4.81\text{ k} \\ 39.12\text{ k-ft} \\ -31.99\text{ k} \\ -4.81\text{ k} \\ 81\text{ k-ft} \end{bmatrix}$$ **Resp.**

Reacciones en los apoyos Puesto que los nodos 1 y 3 de apoyo son los nodos iniciales para los miembros 1 y 2, respectivamente, los vectores de reacciones $\mathbf{R}_{①}$ y $\mathbf{R}_{③}$ deben ser iguales a las mitades superiores de $\mathbf{F}_1$ y $\mathbf{F}_2$, respectivamente.

$$\mathbf{R}_{①} = \begin{bmatrix} 23.05\text{ k} \\ 37.27\text{ k} \\ 224.1\text{ k-ft} \end{bmatrix}, \qquad \mathbf{R}_{③} = \begin{bmatrix} -23.04\text{ k} \\ 22.71\text{ k} \\ 39.12\text{ k-ft} \end{bmatrix}$$ **Resp.**

En la figura 17.13(f), se muestran las reacciones en los apoyos. **Resp.**

Comprobación del equilibrio Si se aplican las ecuaciones de equilibrio al armazón completo (Fig. 17.13(f)), se obtiene

$$+ \rightarrow \sum F_X = 0 \qquad 23.05 - 23.04 = 0.01 \approx 0$$ **Coincide**

$$+ \uparrow \sum F_Y = 0 \qquad 37.27 - 2(30) + 22.71 = -0.02 \approx 0$$ **Coincide**

$$+\circlearrowleft \sum M_{①} = 0 \qquad 224.1 - 2(30)(15) + 75 - 23.04(20) + 22.71(45) + 39.12$$

$$= -0.63 \approx 0$$ **Coincide**

RESUMEN

En este capítulo se han estudiado los conceptos básicos del método matricial de la rigidez para el análisis de las armaduras planas. En la figura 17.14, se presenta un diagrama de bloques en el que se resumen los diversos pasos relacionados con el análisis.

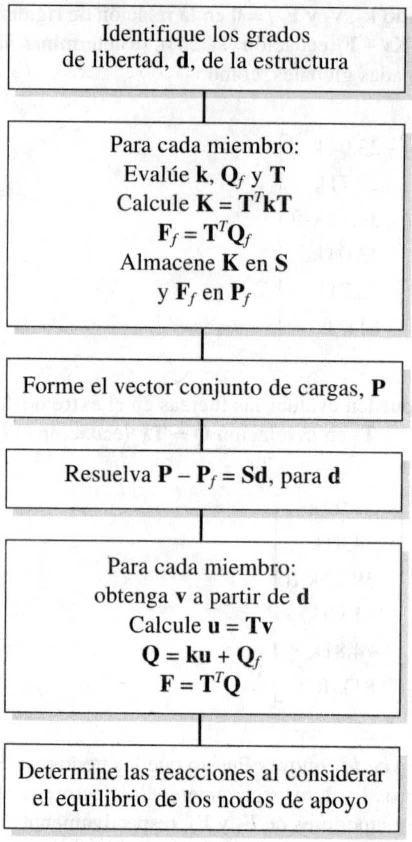

Fig. 17.14

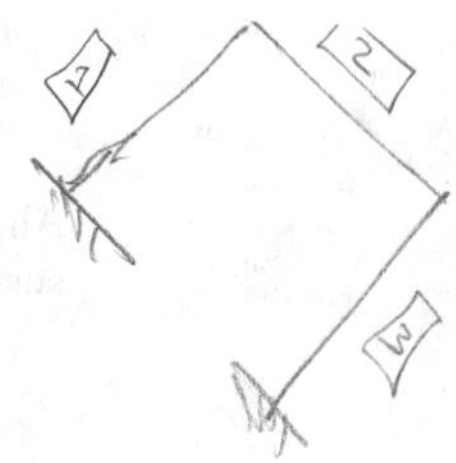

PROBLEMAS

Sección 17.6

17.1 al 17.3 Determine las reacciones y las fuerzas en cada uno de los miembros de las armaduras mostradas en las figuras P17.1–P17.3, utilizando el método matricial de la rigidez.

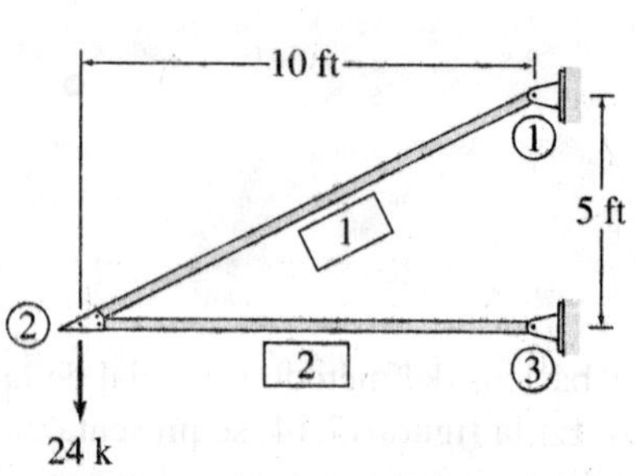

EA = constante

Fig. P17.1

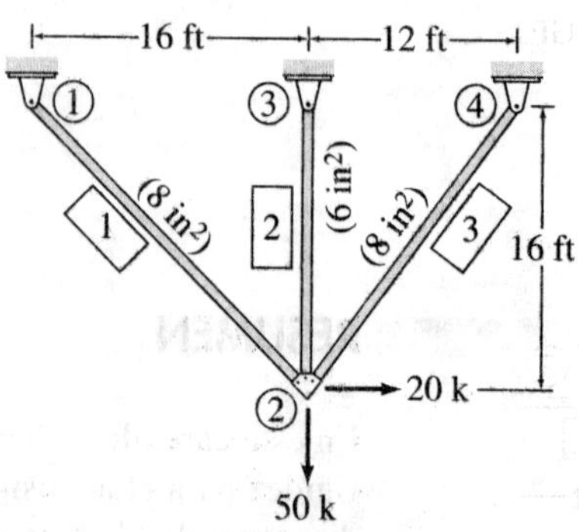

E = 10 000 ksi

Fig. P17.2

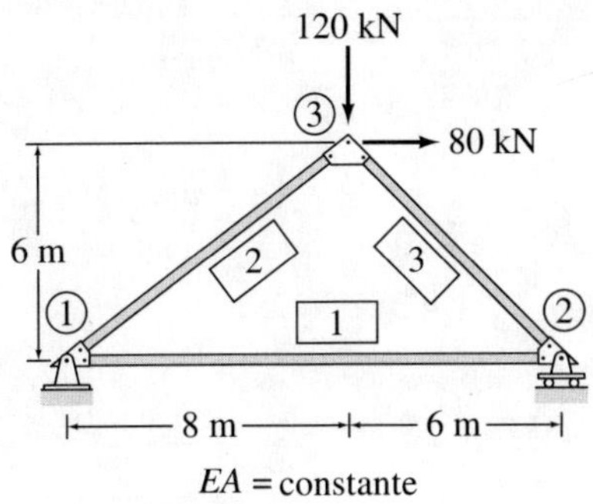

Fig. P17.3

17.4 al 17.6 Determine las reacciones y las fuerzas en los extremos de los miembros para las vigas mostradas en las figuras P17.4–P17.6, utilizando el método matricial de la rigidez.

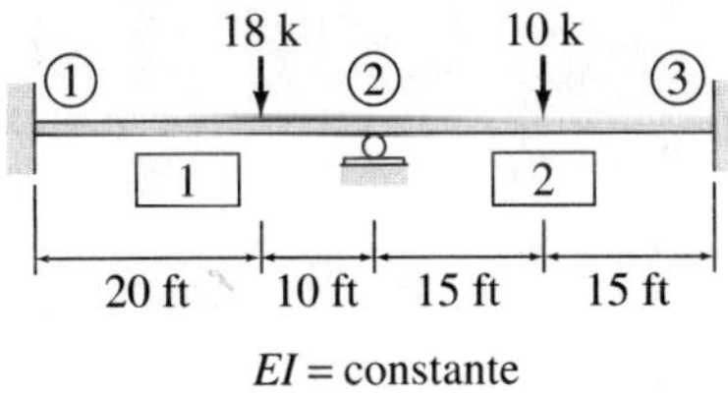

Fig. P17.4

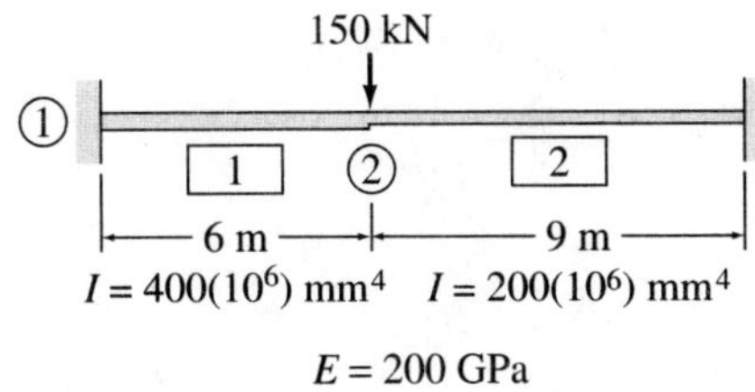

Fig. P17.5

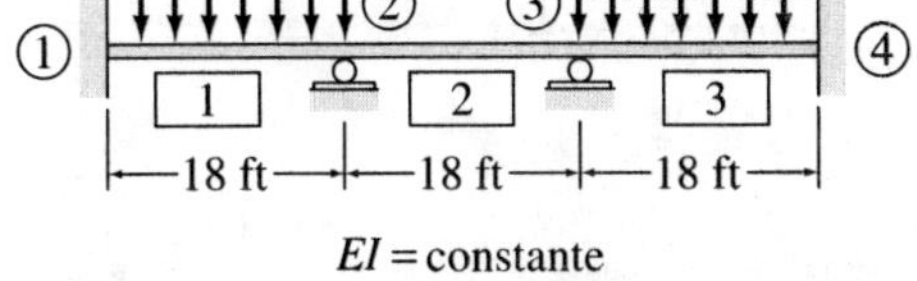

Fig. P17.6

17.7 al 17.9 Determine las reacciones y las fuerzas en los extremos de los miembros, en coordenadas locales, para los armazones mostrados en las figuras P17.7–P17.9, utilizando el método matricial de la rigidez.

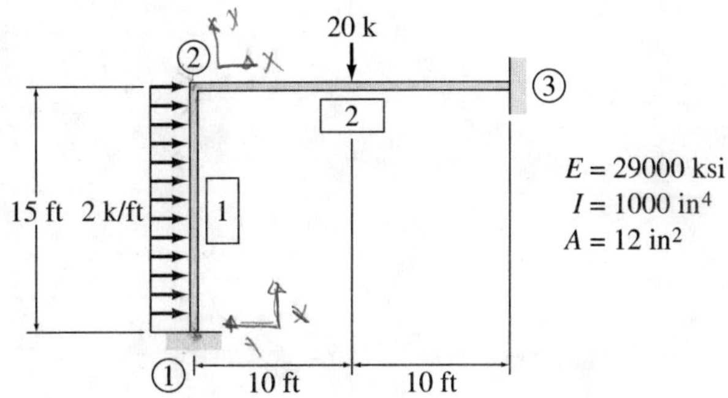

Fig. P17.7

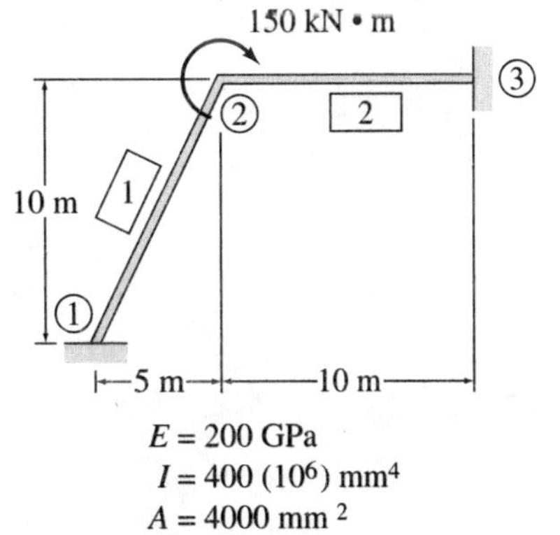

Fig. P17.8

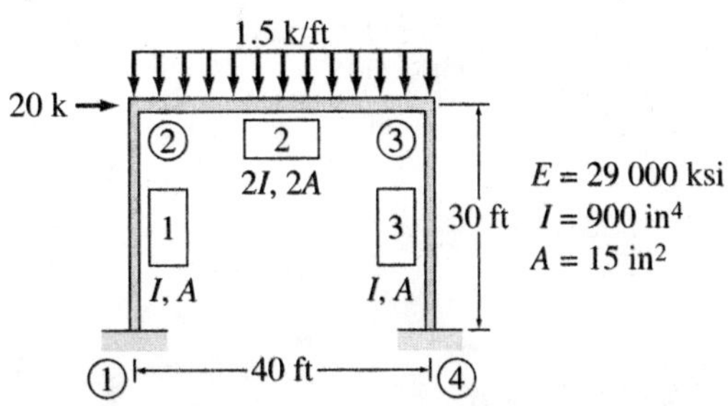

Fig. P17.9

A ÁREAS Y CENTROIDES DE FORMAS GEOMÉTRICAS

Forma	Área	Centroide
Triángulo rectángulo 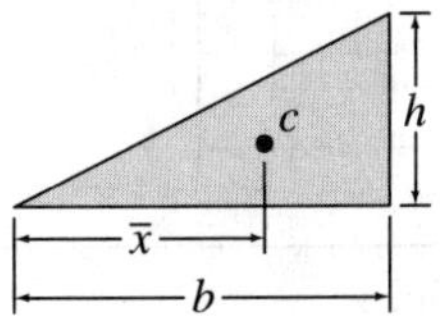	$A = \frac{bh}{2}$	$\bar{x} = \frac{2b}{3}$
Triángulo 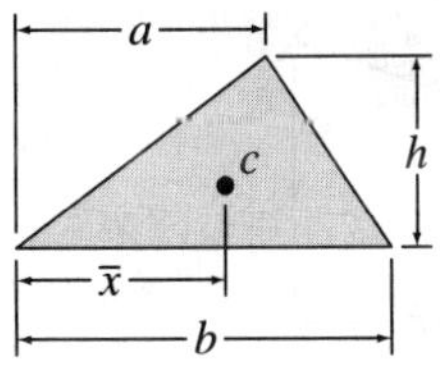	$A = \frac{bh}{2}$	$x = \frac{a + b}{3}$
Trapecio 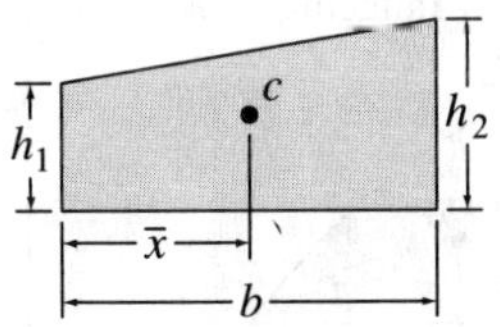	$A = \frac{b(h_1 + h_2)}{2}$	$\bar{x} = \frac{b(h_1 + 2h_2)}{3(h_1 + h_2)}$

Forma	Área	Centroide
Semiparábola 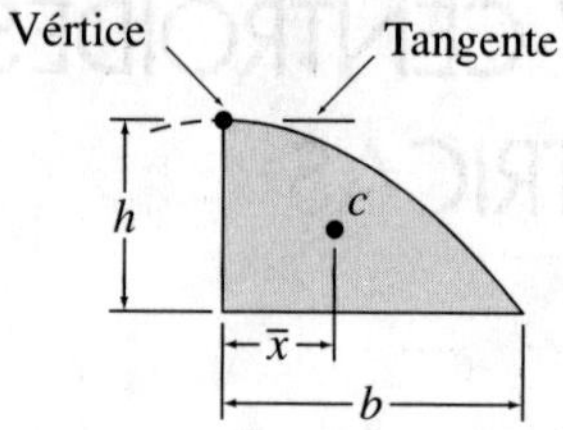	$A = \frac{2bh}{3}$	$\bar{x} = \frac{3b}{8}$
Enjuta parabólica 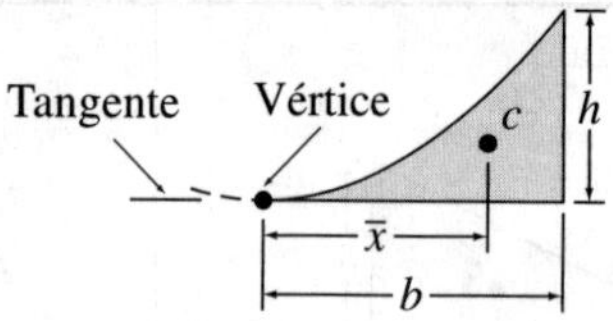	$A = \frac{bh}{3}$	$\bar{x} = \frac{3b}{4}$
Segmento parabólico 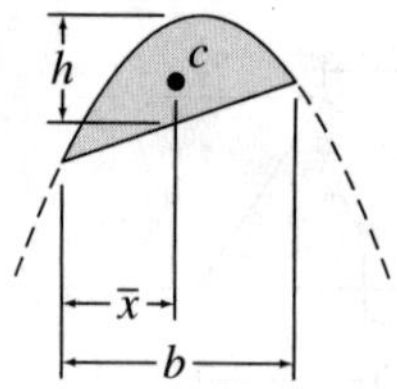	$A = \frac{2bh}{3}$	$\bar{x} = \frac{b}{2}$
	Nota: Cuando el segmento representa una parte del diagrama del momento flexionante de un miembro sujeto a una carga uniformemente distribuida w, entonces $h = wb^2/8$.	
Cúbica 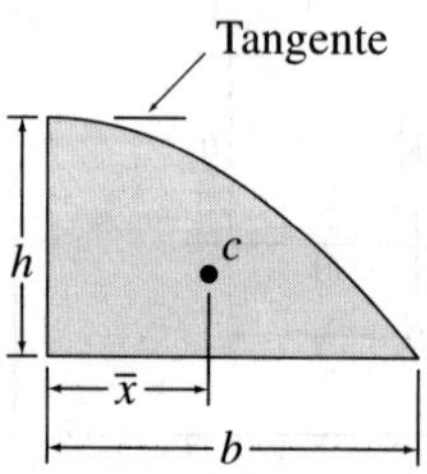	$A = \frac{3bh}{4}$	$\bar{x} = \frac{2b}{5}$

Forma	Área	Centroide
Enjuta cúbica 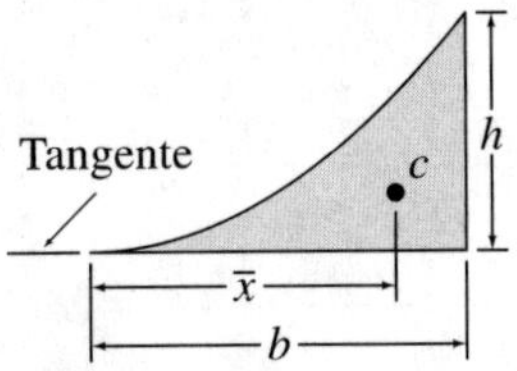	$A = \frac{bh}{4}$	$\bar{x} = \frac{4b}{5}$
Curva de n-ésimo grado $y = ax^n,\ n \geq 1$ 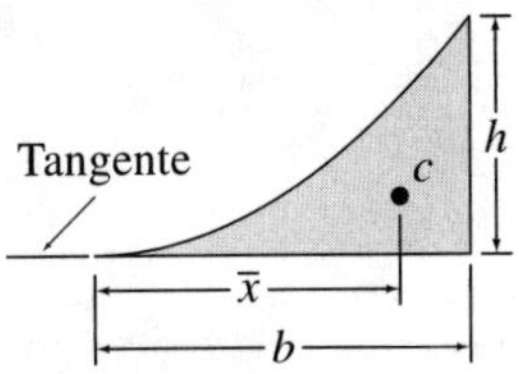	$A = \frac{bh}{n+1}$	$\bar{x} = \frac{(n+1)b}{(n+2)}$

B REPASO DE ÁLGEBRA DE MATRICES

En este apéndice se repasan con brevedad algunos conceptos básicos del álgebra de matrices, que son necesarios para la formulación del análisis computarizado de las estructuras. En cualquier libro de texto sobre álgebra de matrices, como el [11] y el [26], se puede hallar un tratamiento más amplio y matemáticamente riguroso de estos conceptos.

B.1 DEFINICIÓN DE MATRIZ

Una matriz es un arreglo rectangular de cantidades dispuestas en filas y columnas. Una matriz que contiene m filas y n columnas se puede expresar como:

$$\mathbf{A} = [A] = \begin{bmatrix} A_{11} & A_{12} & \cdots & & \cdots & A_{1n} \\ A_{21} & A_{22} & \cdots & & \cdots & A_{2n} \\ \cdots & & \cdots & A_{ij} & \cdots & \\ A_{m1} & A_{m2} & \cdots & & \cdots & A_{mn} \end{bmatrix} \quad i\text{-ésima fila} \tag{B.1}$$

j-ésima columna $\quad m \times n$

Como lo indica la ecuación (B.1), las matrices suelen denotarse por *letras en negritas* (por ejemplo, **A**), o bien, por *letras cursivas* encerradas entre corchetes (por ejemplo, $[A]$). Las cantidades que forman una matriz se mencionan como *elementos* de la misma y cada uno de ellos se representa por una letra con doble subíndice, identificándose el primer subíndice con la fila y el segundo con la columna, en las cuales se encuentra localizado el elemento. Por tanto, en la ecuación (B.1), A_{12} representa el elemento localizado en la primera fila y la segunda columna de la matriz **A**, y A_{21} representa el elemento en la segunda fila y la primera columna de **A**. En general, un elemento localizado en la i-ésima fila y la j-ésima columna de la matriz **A** se designa como A_{ij}. Es común encerrar el arreglo completo de elementos entre corchetes, como se muestra en la ecuación (B.1).

El *tamaño* de una matriz se mide por su *orden*, el cual se refiere al número de filas y columnas de la propia matriz. De donde, la matriz **A** de la ecuación (B.1), la cual consta de m filas y n columnas, se considera que es del orden $m \times n$ (m por n). Como ejemplo, considere una matriz **B** dada por

$$\mathbf{B} = \begin{bmatrix} 5 & 21 & 3 & -7 \\ 40 & -6 & 19 & 23 \\ -8 & 12 & 50 & 22 \end{bmatrix}$$

El orden de la matriz es 3×4 y sus elementos se pueden representar simbólicamente por B_{ij}, con $i = 1$ hasta 3 y $j = 1$ hasta 4; por ejemplo $B_{23} = 19$, $B_{31} = -8$, $B_{34} = 22$, etcétera.

B.2 TIPOS DE MATRICES

Matriz fila

Si todos los elementos de una matriz están dispuestos en una sola fila (es decir, $m = 1$), entonces la matriz se llama *matriz fila*. Un ejemplo de una matriz fila es

$$\mathbf{C} = [50 \quad -3 \quad -27 \quad 35]$$

Matriz columna

Una matriz con sólo una columna de elementos (es decir, $n = 1$) se llama *matriz columna*. Por ejemplo,

$$\mathbf{D} = \{D\} = \begin{bmatrix} -10 \\ 33 \\ -6 \\ 15 \end{bmatrix}$$

Las matrices columna también se conocen como *vectores* y a veces se denotan por letras *cursivas* encerradas por llaves (por ejemplo, $\{D\}$).

Matriz cuadrada

Una matriz con el mismo número de filas que de columnas ($m = n$) se llama *matriz cuadrada*. Un ejemplo de una matriz cuadrada de 3×3 es

$$\mathbf{A} = \begin{bmatrix} 5 & 21 & 3 \\ 40 & -6 & 19 \\ -8 & 12 & 50 \end{bmatrix} \tag{B.2}$$

Diagonal principal

Los elementos con los mismos subíndices —es decir, $A_{11}, A_{22}, \ldots, A_{nn}$— forman la *diagonal principal* de la matriz cuadrada **A**. Estos elementos se mencionan como los *elementos de la diagonal*. Como se muestra en la ecuación (B.2), la diagonal principal va de la esquina superior izquierda a la esquina inferior derecha de la matriz cuadrada. Los elementos restantes, (es decir, A_{ij} con $i \neq j$) que no se encuentran a lo largo de la diagonal principal se denominan *elementos fuera de la diagonal.*

Matriz simétrica

Si los elementos de una matriz cuadrada son simétricos respecto de su diagonal principal (es decir, $A_{ij} = A_{ji}$), se dice que esa matriz es una *matriz simétrica*. Un ejemplo de una matriz simétrica de 4×4 es

$$\mathbf{A} = \begin{bmatrix} -12 & -6 & 13 & 5 \\ -6 & 7 & -28 & 31 \\ 13 & -28 & 10 & -9 \\ 5 & 31 & -9 & -2 \end{bmatrix}$$

Matriz diagonal

Si todos los elementos fuera de la diagonal de una matriz cuadrada son cero (es decir, $A_{ij} = 0$ para $i \neq j$), se dice que la matriz es una *matriz diagonal*. Por ejemplo,

$$\mathbf{A} = \begin{bmatrix} 3 & 0 & 0 \\ 0 & -8 & 0 \\ 0 & 0 & 14 \end{bmatrix}$$

Matriz unidad o identidad

Una matriz diagonal con todos los elementos de la diagonal iguales a 1 (es decir, $I_{ii} = 1$ e $I_{ij} = 0$ para $i \neq j$) se llama *matriz unidad* o *identidad*. Las matrices unidad suelen denotarse por **I** o $[I]$. Un ejemplo de una matriz unidad de 4×4 es

$$\mathbf{I} = \begin{bmatrix} 1 & 0 & 0 & 0 \\ 0 & 1 & 0 & 0 \\ 0 & 0 & 1 & 0 \\ 0 & 0 & 0 & 1 \end{bmatrix}$$

Matriz nula

Cuando todos los elementos de una matriz son cero (es decir, $O_{ij} = 0$), la matriz recibe el nombre de *matriz nula*. Por lo común, las matrices nulas se denotan por **O** o por $[O]$. Por ejemplo,

$$\mathbf{O} = \begin{bmatrix} 0 & 0 & 0 & 0 \\ 0 & 0 & 0 & 0 \\ 0 & 0 & 0 & 0 \end{bmatrix}$$

B.3 OPERACIONES CON MATRICES

Igualdad

Dos matrices **A** y **B** son iguales si son del mismo orden y si sus elementos correspondientes son idénticos (es decir, $A_{ij} = B_{ij}$). Considere, por ejemplo, las matrices

$$\mathbf{A} = \begin{bmatrix} -3 & 5 & 6 \\ 4 & 7 & 9 \\ 12 & 0 & 1 \end{bmatrix} \quad \text{y} \quad \mathbf{B} = \begin{bmatrix} -3 & 5 & 6 \\ 4 & 7 & 9 \\ 12 & 0 & 1 \end{bmatrix}$$

Como **A** y **B** son de orden 3×3 y dado que cada elemento de **A** es igual al elemento correspondiente de **B**, se considera que las matrices son iguales entre sí; es decir, $\mathbf{A} = \mathbf{B}$.

Adición y sustracción

La adición (o sustracción) de dos matrices **A** y **B**, las cuales deben ser del mismo orden, se lleva a cabo sumando (o restando) los elementos correspondientes de las dos matrices. Por tanto, si $\mathbf{A} + \mathbf{B} = \mathbf{C}$, entonces $C_{ij} = A_{ij} + B_{ij}$, y si $\mathbf{A} - \mathbf{B} = \mathbf{D}$, entonces $D_{ij} = A_{ij} - B_{ij}$. Por ejemplo, si

$$\mathbf{A} = \begin{bmatrix} 2 & 5 \\ 3 & 0 \\ 8 & 1 \end{bmatrix} \quad \text{y} \quad \mathbf{B} = \begin{bmatrix} 10 & 4 \\ 6 & 7 \\ 9 & 2 \end{bmatrix}$$

entonces

$$\mathbf{A} + \mathbf{B} = \mathbf{C} = \begin{bmatrix} 12 & 9 \\ 9 & 7 \\ 17 & 3 \end{bmatrix}$$

y

$$\mathbf{A}-\mathbf{B}=\mathbf{D}=\begin{bmatrix}-8 & 1\\ -3 & -7\\ -1 & -1\end{bmatrix}$$

Note que las matrices **C** y **D** tienen el mismo orden que el de las matrices **A** y **B**.

Multiplicación por un escalar

Para obtener el producto de un escalar y una matriz, cada elemento de la matriz debe multiplicarse por el escalar. Por tanto, si

$$\mathbf{B}=\begin{bmatrix}7 & 3\\ -1 & 4\end{bmatrix} \quad \text{y} \quad c=-3$$

entonces

$$c\mathbf{B}=\begin{bmatrix}-21 & -9\\ 3 & -12\end{bmatrix}$$

Multiplicación de matrices

Sólo se puede llevar a cabo la multiplicación de dos matrices si el número de columnas de la primera de ellas es igual al número de filas de la segunda. Se dice que esas matrices son *conformables* para la multiplicación. Considere, por ejemplo, las matrices

$$\mathbf{A}=\begin{bmatrix}-1 & 5\\ 7 & -3\end{bmatrix} \quad \text{y} \quad \mathbf{B}=\begin{bmatrix}2 & 3 & -6\\ 4 & -8 & 9\end{bmatrix} \tag{B.3}$$

en las cuales **A** es del orden 2 × 2 y **B** es del orden 2 × 3. Note que el producto **AB** de estas matrices está definido, porque la primera matriz, **A**, de la secuencia **AB** tiene dos columnas y la segunda matriz, **B,** tiene dos filas. Sin embargo, si se invierte la secuencia de las matrices, el producto **BA** no existe, porque ahora la primera matriz, **B**, tiene tres columnas y la segunda matriz, **A**, tiene dos filas. El producto **AB** suele mencionarse como **A** *posmultiplicada* por **B**, o bien, como **B** *premultiplicada* por **A**. Inversamente, el producto **BA** se menciona como **B** posmultiplicada por **A** o como **A** premultiplicada por **B**.

Cuando se multiplican dos matrices conformables, la matriz producto que se obtiene de este modo tendrá el número de filas de la primera matriz y el número de columnas de la segunda. De donde, si una matriz **A** de orden $m \times n$ se posmultiplica por una matriz **B** de orden $n \times s$, entonces la matriz producto **C** será del orden $m \times s$; es decir,

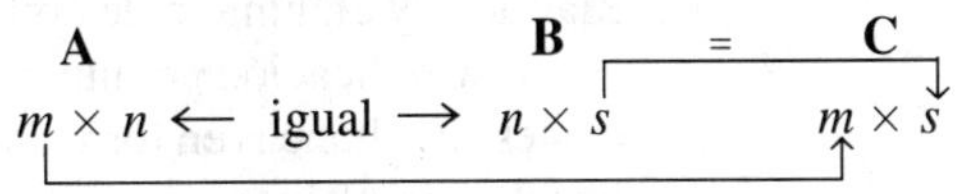

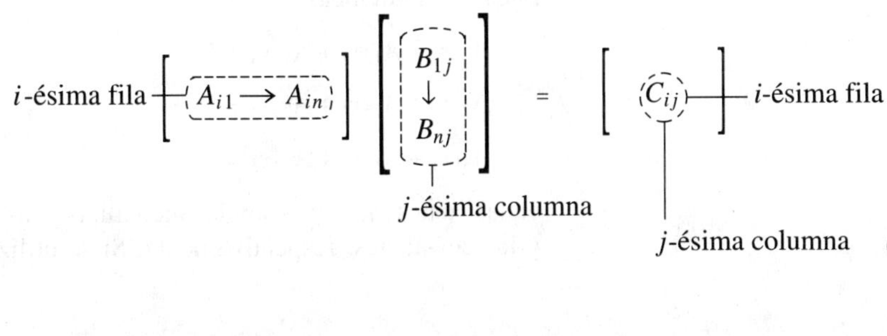

(B.4)

Como se ilustra en la ecuación (B.4), cualquier elemento C_{ij} de la matriz producto **C** se puede evaluar al multiplicar cada elemento de la i-ésima fila de **A** por el elemento correspondiente de la j-ésima columna de **B** y sumando algebraicamente los productos resultantes; es decir,

$$C_{ij} = A_{i1}B_{ij} + A_{i2}B_{2j} + \cdots + A_{in}B_{nj} \tag{B.5}$$

La ecuación (B.5) se puede expresar de manera conveniente como

$$\boxed{C_{ij} = \sum_{k=1}^{n} A_{ik}B_{kj}} \tag{B.6}$$

en la cual n representa el número de columnas de la matriz **A** y el número de filas de la matriz **B**. Note que se puede usar la ecuación (B.6) para determinar cualquier elemento de la matriz producto **C** = **AB**.

A fin de ilustrar el procedimiento de la multiplicación de matrices, calcule el producto **C** = **AB** de las matrices **A** y **B** dadas en la ecuación (B.3) como

$$\mathbf{C} = \mathbf{AB} = \underset{2 \times 2}{\begin{bmatrix} -1 & 5 \\ 7 & -3 \end{bmatrix}} \underset{2 \times 3}{\begin{bmatrix} 2 & 3 & -6 \\ 4 & -8 & 9 \end{bmatrix}} = \underset{2 \times 3}{\begin{bmatrix} 18 & -43 & 51 \\ 2 & 45 & -69 \end{bmatrix}}$$

en la cual se obtiene el elemento C_{11} de la matriz producto **C** al multiplicar cada elemento de la primera fila de **A** por el elemento correspondiente de la primera columna de **B** y sumando los productos resultantes; es decir,

$$C_{11} = -(2) + 5(4) = 18$$

Análogamente, el elemento C_{21} se determina al multiplicar los elementos de la segunda fila de **A** por los elementos correspondientes de la primera columna de **B** y sumando los productos resultantes, es decir,

$$C_{21} = 7(2) - 3(4) = 2$$

Los elementos restantes de **C** se determinan de manera semejante:

$$C_{12} = -1(3) + 5(-8) = -43$$

$$C_{22} = 7(3) - 3(-8) = 45$$

$$C_{13} = -1(-6) + 5(9) = 51$$

$$C_{23} = 7(-6) -3(9) = -69$$

Note que el orden de la matriz producto **C** es 2 × 3, el cual es igual al número de filas de **A** y el número de columnas de **B**.

Una aplicación común de la multiplicación de matrices es para expresar ecuaciones simultáneas en forma matricial compacta. Considere el sistema de ecuaciones lineales simultáneas

$$\begin{aligned} A_{11}x_1 + A_{12}x_2 + A_{13}x_3 &= P_1 \\ A_{21}x_1 + A_{22}x_2 + A_{23}x_3 &= P_2 \\ A_{31}x_1 + A_{32}x_2 + A_{33}x_3 &= P_3 \end{aligned} \tag{B.7}$$

en las cuales x_1, x_2 y x_3 son las incógnitas y las A y las P representan los coeficientes y las constantes, respectivamente. Si se utiliza la definición de multiplicación de matrices, este sistema de ecuaciones simultáneas se puede escribir en forma matricial como

$$\begin{bmatrix} A_{11} & A_{12} & A_{13} \\ A_{21} & A_{22} & A_{23} \\ A_{31} & A_{32} & A_{33} \end{bmatrix} \begin{bmatrix} x_1 \\ x_2 \\ x_3 \end{bmatrix} = \begin{bmatrix} P_1 \\ P_2 \\ P_3 \end{bmatrix} \quad \textbf{(B.8)}$$

o, en forma simbólica, como

$$\mathbf{Ax} = \mathbf{P} \quad \textbf{(B.9)}$$

Incluso cuando dos matrices **A** y **B** son de órdenes tales que los dos productos **AB** y **BA** pueden estar determinados, en general los dos productos no son iguales; esto es,

$$\boxed{\mathbf{AB} \neq \mathbf{BA}} \quad \textbf{(B.10)}$$

Por lo tanto, es necesario mantener el orden secuencial apropiado de las matrices cuando se calculan productos de éstas. Aun cuando, en general, la multiplicación de matrices no es conmutativa, como se indica mediante la ecuación (B.10), es asociativa y distributiva, siempre que se mantenga el orden secuencial en el que las matrices deben multiplicarse. Por tanto,

$$\mathbf{ABC} = (\mathbf{AB})\mathbf{C} = \mathbf{A}(\mathbf{BC}) \quad \textbf{(B.11)}$$

y

$$\mathbf{A}(\mathbf{B} + \mathbf{C}) = \mathbf{AB} + \mathbf{AC} \quad \textbf{(B.12)}$$

La matriz de cualquier matriz **A** por una matriz nula conformable **O** da como resultado una matriz nula, es decir,

$$\mathbf{OA} = \mathbf{O} \qquad \text{y} \qquad \mathbf{AO} = \mathbf{O} \quad \textbf{(B.13)}$$

Por ejemplo,

$$\begin{bmatrix} 0 & 0 \\ 0 & 0 \end{bmatrix} \begin{bmatrix} 5 & -7 \\ 9 & 2 \end{bmatrix} = \begin{bmatrix} 0 & 0 \\ 0 & 0 \end{bmatrix}$$

La multiplicación de cualquier matriz **A** por una matriz unidad conformable **I** da como resultado la misma matriz **A**; es decir,

$$\mathbf{IA} = \mathbf{A} \qquad \text{y} \qquad \mathbf{AI} = \mathbf{A} \quad \textbf{(B.14)}$$

Por ejemplo,

$$\begin{bmatrix} 1 & 0 \\ 0 & 1 \end{bmatrix} \begin{bmatrix} 5 & -7 \\ 9 & 2 \end{bmatrix} = \begin{bmatrix} 5 & -7 \\ 9 & 2 \end{bmatrix}$$

y

$$\begin{bmatrix} 5 & -7 \\ 9 & 2 \end{bmatrix} \begin{bmatrix} 1 & 0 \\ 0 & 1 \end{bmatrix} = \begin{bmatrix} 5 & -7 \\ 9 & 2 \end{bmatrix}$$

Como las ecuaciones (B.13) y (B.14) indican, las matrices nulas y matrices unidad se utilizan, en el álgebra de matrices, con fines análogos a los de los números 0 y 1, respectivamente, en el álgebra de escalares.

Inversa de una matriz cuadrada

La inversa de una matriz cuadrada **A** se define como una matriz $\mathbf{A}^{-1}$ con elementos de tales magnitudes que la multiplicación de la matriz original **A** por su inversa $\mathbf{A}^{-1}$ da como resultado una matriz unidad **I**; es decir,

$$\boxed{\mathbf{A}^{-1}\mathbf{A} = \mathbf{A}\mathbf{A}^{-1} = \mathbf{I}} \tag{B.15}$$

Considere, por ejemplo la matriz cuadrada

$$\mathbf{A} = \begin{bmatrix} 1 & -2 \\ 3 & -4 \end{bmatrix}$$

La inversa de **A** queda dada por

$$\mathbf{A}^{-1} = \begin{bmatrix} -2 & 1 \\ -1.5 & 0.5 \end{bmatrix}$$

de modo que los productos $\mathbf{A}^{-1}\mathbf{A}$ y $\mathbf{A}\mathbf{A}^{-1}$ satisfacen la ecuación (B.15):

$$\mathbf{A}^{-1}\mathbf{A} = \begin{bmatrix} -2 & 1 \\ -1.5 & 0.5 \end{bmatrix} \begin{bmatrix} 1 & -2 \\ 3 & -4 \end{bmatrix}$$

$$= \begin{bmatrix} (-2+3) & (4-4) \\ (-1.5+1.5) & (3-2) \end{bmatrix} = \begin{bmatrix} 1 & 0 \\ 0 & 1 \end{bmatrix} = \mathbf{I}$$

y

$$\mathbf{A}\mathbf{A}^{-1} = \begin{bmatrix} 1 & -2 \\ 3 & -4 \end{bmatrix} \begin{bmatrix} -2 & 1 \\ -1.5 & 0.5 \end{bmatrix} = \begin{bmatrix} (-2+3) & (4-4) \\ (-6+6) & (3-2) \end{bmatrix} = \begin{bmatrix} 1 & 0 \\ 0 & 1 \end{bmatrix} = \mathbf{I}$$

La operación de inversión está definida sólo para las matrices cuadradas. La inversa de una matriz de ese tipo también es una matriz cuadrada del mismo orden que la original. En la sección siguiente se presenta un procedimiento para la determinación de inversas de matrices. La operación de inversión de matrices sirve para el mismo fin que la operación de división en el álgebra de escalares. Considere un sistema de ecuaciones simultáneas expresado en forma matricial como

$$\mathbf{A}\mathbf{x} = \mathbf{P}$$

en la cual **A** representa la matriz cuadrada de los coeficientes conocidos; **x** representa el vector de las incógnitas y **P** representa el vector de las constantes. Ya que la operación de división no está definida en el álgebra de matrices, no se puede resolver la ecuación matricial precedente para **x** dividiendo **P** entre **A** (es decir, $\mathbf{x} = \mathbf{P}/\mathbf{A}$). En lugar de ello, para determinar las incógnitas **x**, se premultiplican ambos miembros de la ecuación por $\mathbf{A}^{-1}$, para obtener

$$\mathbf{A}^{-1}\mathbf{A}\mathbf{x} = \mathbf{A}^{-1}\mathbf{P}$$

Dado que $\mathbf{A}^{-1}\mathbf{A} = \mathbf{I}$ e $\mathbf{I}\mathbf{x} = \mathbf{x}$, se puede escribir

$$\mathbf{x} = \mathbf{A}^{-1}\mathbf{P}$$

lo cual indica que un sistema de ecuaciones simultáneas se puede resolver al premultiplicar el vector de las constantes por la inversa de la matriz de coeficientes.

Una propiedad importante de la inversión de matrices es que *la inversa de una matriz simétrica siempre es una matriz simétrica.*

Transpuesta de una matriz

La *transpuesta* de una matriz se obtiene al intercambiar sus filas y columnas correspondientes. La matriz transpuesta suele identificarse por el superíndice T colocado sobre el símbolo de la matriz original. Considere, por ejemplo, la matriz de 2×3

$$\mathbf{A} = \begin{bmatrix} 6 & -2 & 4 \\ 1 & 8 & -3 \end{bmatrix}$$

La transpuesta de **A** queda dada por

$$\mathbf{A}^T = \begin{bmatrix} 6 & 1 \\ -2 & 8 \\ 4 & -3 \end{bmatrix}$$

Note que la primera columna de **A** se convierte en la primera fila de $\mathbf{A}^T$. De modo análogo, la segunda y tercera columnas de **A** se convierten, respectivamente, en la segunda y tercera filas de $\mathbf{A}^T$. El orden de la $\mathbf{A}^T$ obtenida de este modo es 3×2.

Como otro ejemplo, considere la matriz de 3×3

$$\mathbf{B} = \begin{bmatrix} 9 & 7 & -5 \\ 7 & -3 & 2 \\ -5 & 2 & 6 \end{bmatrix}$$

Supuesto que los elementos de **B** son simétricos respecto de la diagonal principal (es decir, $B_{ij} = B_{ji}$), el intercambio de las filas y las columnas de esta matriz produce una matriz $\mathbf{B}^T$ que es idéntica a la propia matriz **B**; es decir,

$$\mathbf{B}^T = \mathbf{B}$$

Por tanto, *la transpuesta de una matriz simétrica es la misma matriz.*

Otra propiedad útil de la transposición de matrices es que *la transpuesta de un producto de matrices es igual al producto de las transpuestas en orden inverso*; es decir,

$$\boxed{(\mathbf{AB})^T = \mathbf{B}^T\mathbf{A}^T} \tag{B.16}$$

De manera análoga,

$$(\mathbf{ABC})^T = \mathbf{C}^T\mathbf{B}^T\mathbf{A}^T \tag{B.17}$$

Partición de matrices

La *partición* es un proceso mediante el cual una matriz se subdivide en varias matrices más pequeñas llamadas *submatrices*. Por ejemplo, una matriz **A** de 3×4 se parte en cuatro submatrices al trazar rectas de partición horizontal y vertical:

$$\mathbf{A} = \left[\begin{array}{ccc:c} 3 & 5 & -1 & 2 \\ -2 & 4 & 7 & 9 \\ \hdashline 6 & 1 & 3 & 4 \end{array}\right] = \begin{bmatrix} \mathbf{A}_{11} & \mathbf{A}_{12} \\ \mathbf{A}_{21} & \mathbf{A}_{22} \end{bmatrix} \tag{B.18}$$

en la cual las submatrices son

$$\mathbf{A}_{11} = \begin{bmatrix} 3 & 5 & -1 \\ -2 & 4 & 7 \end{bmatrix} \qquad \mathbf{A}_{12} = \begin{bmatrix} 2 \\ 9 \end{bmatrix}$$

$$\mathbf{A}_{21} = \begin{bmatrix} 6 & 1 & 3 \end{bmatrix} \qquad \mathbf{A}_{12} = \begin{bmatrix} 4 \end{bmatrix}$$

Las operaciones sobre matrices, como la adición, la sustracción y la multiplicación, se pueden realizar sobre matrices partidas, de la misma manera como se describió con anterioridad, al tratar las submatrices como elementos, siempre que las matrices se partan de tal manera que sus submatrices correspondientes sean conformables para la operación en particular. Por ejemplo, suponga que se desea posmultiplicar la matriz **A** de 3 × 4 de la ecuación (B.18) por una matriz **B** de 4 × 2, la cual se parte en dos submatrices como

$$\mathbf{B} = \begin{bmatrix} 1 & 8 \\ -5 & 2 \\ -3 & 6 \\ \hline 7 & -1 \end{bmatrix} = \begin{bmatrix} \mathbf{B}_{11} \\ \mathbf{B}_{21} \end{bmatrix} \tag{B.19}$$

El producto **AB** se expresa en términos de las submatrices como

$$\mathbf{AB} = \begin{bmatrix} \mathbf{A}_{11} & \mathbf{A}_{12} \\ \mathbf{A}_{21} & \mathbf{A}_{22} \end{bmatrix} \begin{bmatrix} \mathbf{B}_{11} \\ \mathbf{B}_{21} \end{bmatrix} = \begin{bmatrix} \mathbf{A}_{11}\mathbf{B}_{11} + \mathbf{A}_{12}\mathbf{B}_{21} \\ \mathbf{A}_{21}\mathbf{B}_{11} + \mathbf{A}_{22}\mathbf{B}_{21} \end{bmatrix} \tag{B.20}$$

Note que las matrices **A** y **B** se han partido de tal manera que sus submatrices correspondientes sean conformables para la multiplicación; es decir, los órdenes de las submatrices son tales que los productos $\mathbf{A}_{11}\mathbf{B}_{11}$, $\mathbf{A}_{12}\mathbf{B}_{21}$, $\mathbf{A}_{21}\mathbf{B}_{11}$ y $\mathbf{A}_{22}\mathbf{B}_{21}$ están definidos. Como se muestra en las ecuaciones (B.18) y (B.19), esto se logra al partir las filas de la segunda matriz **B** del producto **AB** de la misma manera en que se parten las columnas de la primera matriz **A**. Los productos de las submatrices quedan dados por

$$\mathbf{A}_{11}\mathbf{B}_{11} = \begin{bmatrix} 3 & 5 & -1 \\ -2 & 4 & 7 \end{bmatrix} \begin{bmatrix} 1 & 8 \\ -5 & 2 \\ -3 & 6 \end{bmatrix} = \begin{bmatrix} -19 & 28 \\ -43 & 34 \end{bmatrix}$$

$$\mathbf{A}_{12}\mathbf{B}_{21} = \begin{bmatrix} 2 \\ 9 \end{bmatrix} \begin{bmatrix} 7 & -1 \end{bmatrix} = \begin{bmatrix} 14 & -2 \\ 63 & -9 \end{bmatrix}$$

$$\mathbf{A}_{21}\mathbf{B}_{11} = \begin{bmatrix} 6 & 1 & 3 \end{bmatrix} \begin{bmatrix} 1 & 8 \\ -5 & 2 \\ -3 & 6 \end{bmatrix} = \begin{bmatrix} -8 & 68 \end{bmatrix}$$

$$\mathbf{A}_{22}\mathbf{B}_{21} = \begin{bmatrix} 4 \end{bmatrix} \begin{bmatrix} 7 & -1 \end{bmatrix} = \begin{bmatrix} 28 & -4 \end{bmatrix}$$

La sustitución en la ecuación (B.20) da

$$\mathbf{AB} = \begin{bmatrix} \begin{bmatrix} -19 & 28 \\ -43 & 34 \end{bmatrix} + \begin{bmatrix} 14 & -2 \\ 63 & -9 \end{bmatrix} \\ \begin{bmatrix} -8 & 68 \end{bmatrix} + \begin{bmatrix} 28 & -4 \end{bmatrix} \end{bmatrix} = \begin{bmatrix} -5 & 26 \\ 20 & 25 \\ 20 & 64 \end{bmatrix}$$

B.4 RESOLUCIÓN DE ECUACIONES SIMULTÁNEAS POR EL MÉTODO DE GAUSS-JORDAN

El *método de eliminación de Gauss-Jordan* es uno de los procedimientos de uso más común para resolver ecuaciones algebraicas lineales simultáneas. Para ilustrar el método, considere el sistema siguiente de tres ecuaciones simultáneas:

$$\begin{aligned} 2x_1 - 5x_2 + 4x_3 &= 44 \\ 3x_1 + x_2 - 8x_3 &= -35 \\ 4x_1 - 7x_2 - x_3 &= 28 \end{aligned} \tag{B.21a}$$

Para resolver las incógnitas x_1, x_2 y x_3, se empieza por dividir la primera ecuación entre el coeficiente de su término en x_1:

$$\begin{aligned} x_1 - 2.5x_2 + 2x_3 &= 22 \\ 3x_1 + x_2 - 8x_3 &= -35 \\ 4x_1 - 7x_2 - x_3 &= 28 \end{aligned} \tag{B.21b}$$

Enseguida, se elimina la incógnita x_1 de las demás ecuaciones al restar de manera sucesiva, de cada una de esas ecuaciones restantes, el producto del coeficiente de su término en x_1 y la primera ecuación. Por tanto, para eliminar x_1 de la segunda ecuación, se multiplica la primera ecuación por 3 y se le resta de la segunda. Análogamente, se elimina x_1 de la tercera ecuación al multiplicar la primera por 4 y restándola de la tercera. El sistema de ecuaciones que se obtiene de este modo es

$$\begin{aligned} x_1 - 2.5x_2 + 2x_3 &= 22 \\ 8.5x_2 - 14x_3 &= -101 \\ 3x_2 - 9x_3 &= -60 \end{aligned} \tag{B.21c}$$

Después de eliminar x_1 de todas las ecuaciones, excepto de la primera, se divide la segunda ecuación entre el coeficiente de su término en x_2:

$$\begin{aligned} x_1 - 2.5x_2 + 2x_3 &= 22 \\ x_1 + x_2 - 1.647x_3 &= -11.882 \\ 3x_2 - x_3 &= -60 \end{aligned} \tag{B.21d}$$

A continuación, se elimina x_2 de la primera y tercera ecuaciones, en forma sucesiva, al multiplicar la segunda ecuación por −2.5 y restarla de la primera y, después, multiplicando la segunda por 3 y restándola de la tercera. Esto da

$$\begin{aligned} x_1 \qquad - 2.118x_3 &= -7.705 \\ x_2 - 1.647x_3 &= -11.882 \\ - 4.059x_3 &= -24.354 \end{aligned} \tag{B.21e}$$

Al dividir la tercera ecuación entre el coeficiente de su término en x_3, se obtiene

$$\begin{aligned} x_1 \qquad - 2.118x_3 &= -7.705 \\ x_2 - 1.647x_3 &= -11.882 \\ x_3 &= 6 \end{aligned} \tag{B.21f}$$

Por último, al multiplicar la tercera ecuación por −2.118 y restarla de la primera, y multiplicar la tercera por −1.647 y restarla de la segunda, se determina la solución del sistema dado de ecuaciones (ecuación (B.21a)) como

$$\begin{aligned} x_1 \quad\quad &= 5 \\ x_2 \quad &= -2 \\ x_3 &= 6 \end{aligned} \tag{B.21g}$$

Es decir, $x_1 = 5$, $x_2 = -2$ y $x_3 = 6$. Para comprobar que la resolución se llevó a cabo en forma correcta, se sustituyen los valores numéricos de x_1, x_2 y x_3 en las ecuaciones originales (ecuación (B.21a)):

$$2(5) - 5(-2) + 4(6) = 44 \quad \textbf{Coincide}$$

$$3(5) - 2 - 8(6) = -35 \quad \textbf{Coincide}$$

$$4(5) - 7(-2) - 6 = 28 \quad \textbf{Coincide}$$

Como lo ilustra el ejemplo anterior, el método de Gauss-Jordan comprende en esencia la eliminación sucesiva de cada incógnita de todas las ecuaciones del sistema, excepto de una, realizando las operaciones siguientes: 1) división de una ecuación entre un escalar y 2) multiplicación de una ecuación por un escalar y la sustracción de la ecuación resultante de otra. Estas operaciones, las cuales no cambian la solución del sistema original de ecuaciones, se aplican repetidas veces, hasta que se obtiene un sistema en el que cada ecuación sólo contiene una incógnita.

La resolución de ecuaciones simultáneas suele llevarse a cabo en forma matricial, realizando operaciones sobre las filas de la matriz de coeficientes y el vector que contiene los términos constantes de esas ecuaciones. Las operaciones antes presentadas entonces se mencionan como *operaciones elementales sobre las filas*. Estas operaciones se aplican tanto a la matriz de coeficientes como al vector de las constantes en forma simultánea, hasta que la matriz de coeficientes se reduce a una matriz unidad. Los elementos del vector, el cual en principio contuvo los términos constantes de las ecuaciones originales, ahora representan la solución de las ecuaciones simultáneas originales. Para ilustrar este procedimiento, considere una vez más el sistema de tres ecuaciones simultáneas dado en la ecuación (B.21a). El sistema se puede expresar en forma matricial como

$$\mathbf{Ax} = \mathbf{P}$$

$$\begin{bmatrix} 2 & -5 & 4 \\ 3 & 1 & -8 \\ 4 & -7 & -1 \end{bmatrix} \begin{bmatrix} x_1 \\ x_2 \\ x_3 \end{bmatrix} = \begin{bmatrix} 44 \\ -35 \\ 28 \end{bmatrix} \tag{B.22}$$

Al aplicar el método de Gauss-Jordan, suele ser conveniente escribir la matriz de coeficientes **A** y el vector de constantes **P** como submatrices de una *matriz aumentada* partida:

$$\left[\begin{array}{ccc|c} 2 & -5 & 4 & 44 \\ 3 & 1 & -8 & -35 \\ 6 & -7 & -1 & 28 \end{array}\right] \tag{B.23a}$$

Para determinar la solución se principia por dividir la fila 1 de la matriz aumentada entre $A_{11} = 2$:

$$\left[\begin{array}{ccc|c} 1 & -2.5 & 2 & 22 \\ 3 & 1 & -8 & -35 \\ 4 & -7 & -1 & 28 \end{array}\right] \tag{B.23b}$$

Enseguida, se multiplica la fila 1 por $A_{21} = 3$ y se resta de la fila 2 y, a continuación, se multiplica la misma fila 1 por $A_{22} = 4$ y se resta de la fila 3. Esto da

$$\left[\begin{array}{ccc:c} 1 & -2.5 & 2 & 22 \\ 0 & 8.5 & -14 & -101 \\ 0 & 3 & -9 & 60 \end{array}\right] \tag{B.23c}$$

Divida la fila 2 entre $A_{22} = 8.5$, obteniendo

$$\left[\begin{array}{ccc:c} 1 & -2.5 & 2 & 22 \\ 0 & 1 & -1.647 & -11.882 \\ 0 & 3 & -9 & -60 \end{array}\right] \tag{B.23d}$$

Multiplique la fila 2 por $A_{12} = -2.5$ y réstela de la fila 1; después, multiplique esa fila 2 por $A_{32} = 3$ y réstela de la fila 3. Esto da

$$\left[\begin{array}{ccc:c} 1 & 0 & -2.118 & -7.705 \\ 0 & 1 & -1.647 & -11.882 \\ 0 & 0 & -4.059 & -24.354 \end{array}\right] \tag{B.23e}$$

Divida el renglón 3 entre $A_{33} = -4.059$:

$$\left[\begin{array}{ccc:c} 1 & 0 & -2.118 & -7.705 \\ 0 & 1 & -1.647 & -11.882 \\ 0 & 0 & 1 & 6 \end{array}\right] \tag{B.23f}$$

Multiplique la fila 3 por $A_{13} = -2.118$ y réstela de la fila 1; enseguida, multiplique esa fila 3 por $A_{23} = -1.647$ y réstela de la fila 2. Esto da

$$\left[\begin{array}{ccc:c} 1 & 0 & 0 & 5 \\ 0 & 1 & 0 & -2 \\ 0 & 0 & 1 & 6 \end{array}\right] \tag{B.23g}$$

Donde, $x_1 = 5$, $x_2 = -2$ y $x_3 = 6$.

Inversión de matrices

También se puede usar el método de eliminación de Gauss para determinar las inversas de matrices cuadradas. El procedimiento es semejante al que se acaba de describir para la resolución de ecuaciones simultáneas, excepto que, en la matriz aumentada, la matriz de coeficientes se reemplaza por la matriz **A** que se va a invertir y el vector de constantes **P** se reemplaza por una matriz unidad **I** del mismo orden que el de la matriz **A**. Entonces se realizan las operaciones elementales sobre las filas, sobre la matriz aumentada, para reducir la matriz **A** a una matriz unidad. La matriz **I**, la cual al inicio fue la matriz unidad, ahora representa la inversa de la matriz original **A**.

Para ilustrar el procedimiento antes descrito, calculemos la inversa de la matriz de 2×2

$$\mathbf{A} = \begin{bmatrix} 1 & -2 \\ 3 & -4 \end{bmatrix} \tag{B.24}$$

La matriz aumentada está dada por

$$\left[\begin{array}{cc:cc} 1 & -2 & 1 & 0 \\ 3 & -4 & 0 & 1 \end{array}\right] \tag{B.25a}$$

Multiplicando la fila 1 por $A_{21} = 3$ y restándola de la 2, se obtiene

$$\left[\begin{array}{cc|cc} 1 & -2 & 1 & 0 \\ 0 & 2 & -3 & 1 \end{array}\right] \quad \textbf{(B.25b)}$$

A continuación, se divide la fila 2 entre $A_{22} = 2$, y se obtiene

$$\left[\begin{array}{cc|cc} 1 & -2 & 1 & 0 \\ 0 & 1 & -1.5 & 0.5 \end{array}\right] \quad \textbf{(B.25c)}$$

Por último, al multiplicar la fila 2 por –2 y restarla de la 1, se obtiene

$$\left[\begin{array}{cc|cc} 1 & 0 & -2 & 1 \\ 0 & 1 & -1.5 & 0.5 \end{array}\right] \quad \textbf{(B25.d)}$$

donde,

$$\mathbf{A}^{-1} = \begin{bmatrix} -2 & 1 \\ -1.5 & 0.5 \end{bmatrix}$$

Se pueden comprobar los cálculos mediante el uso de la relación $\mathbf{A}^{-1}\mathbf{A} = \mathbf{I}$. En la sección B.3 se demostró que la matriz $\mathbf{A}^{-1}$, calculada aquí, en realidad satisface esta relación.

PROBLEMAS

Sección B.3

B.1 Determine la matriz $\mathbf{C} = \mathbf{A} + 3\mathbf{B}$ si

$$\mathbf{A} = \begin{bmatrix} 12 & -8 & 15 \\ -8 & 7 & 10 \\ 15 & 10 & -5 \end{bmatrix} \qquad \mathbf{B} = \begin{bmatrix} 2 & -1 & 1 \\ -1 & 4 & 6 \\ 1 & 6 & 3 \end{bmatrix}$$

B.2 Determine la matriz $\mathbf{C} = 2\mathbf{A} - \mathbf{B}$ si

$$\mathbf{A} = \begin{bmatrix} 3 & 7 \\ 8 & 4 \\ 2 & -2 \end{bmatrix} \qquad \mathbf{B} = \begin{bmatrix} -1 & 6 \\ 5 & 1 \\ 3 & -4 \end{bmatrix}$$

B.3 Determine los productos $\mathbf{C} = \mathbf{AB}$ y $\mathbf{D} = \mathbf{BA}$ si

$$\mathbf{A} = [-6 \quad 4 \quad -2] \qquad \mathbf{B} = \begin{bmatrix} 2 \\ -1 \\ 5 \end{bmatrix}$$

B.4 Determine los productos $\mathbf{C} = \mathbf{AB}$ y $\mathbf{D} = \mathbf{BA}$ si

$$\mathbf{A} = \begin{bmatrix} 2 & -5 \\ -5 & 3 \end{bmatrix} \qquad \mathbf{B} = \begin{bmatrix} -3 & 4 \\ 4 & 1 \end{bmatrix}$$

B.5 Demuestre que $(\mathbf{AB})^T = \mathbf{B}^T\mathbf{A}^T$, usando las matrices **A** y **B** dadas a continuación.

$$\mathbf{A} = \begin{bmatrix} 8 & -2 & 5 \\ 1 & -4 & 3 \\ 2 & 0 & 6 \end{bmatrix} \qquad \mathbf{B} = \begin{bmatrix} 1 & -5 \\ 7 & 0 \\ 0 & -3 \end{bmatrix}$$

Sección B.4

B.6 Resuelva el siguiente sistema de ecuaciones simultáneas por el método de Gauss-Jordan.

$$\begin{aligned} 2x_1 + 5x_2 - x_3 &= 15 \\ 5x_1 - x_2 + 3x_3 &= 27 \\ -x_1 + 3x_2 + 4x_3 &= 14 \end{aligned}$$

B.7 Resuelva el sistema siguiente de ecuaciones simultáneas por el método de Gauss-Jordan.

$$\begin{aligned} -12x_1 - 3x_2 + 6x_3 &= 45 \\ 5x_1 + 2x_2 - 4x_3 &= -9 \\ 10x_1 + x_2 - 7x_3 &= -32 \end{aligned}$$

B.8 Resuelva el sistema siguiente de ecuaciones simultáneas por el método de Gauss-Jordan.

$$\begin{aligned} 5x_1 - 2x_2 + 6x_3 \qquad &= 0 \\ -2x_1 + 4x_2 + x_3 + 3x_4 &= 18 \\ 6x_1 + x_2 + 6x_3 + 8x_4 &= -29 \\ 3x_2 + 8x_3 + 7x_4 &= 11 \end{aligned}$$

B.9 Determine la inversa de la matriz que se muestra, aplicando el método de Gauss-Jordan.

$$\mathbf{A} = \begin{bmatrix} 4 & -3 & -1 \\ -2 & 5 & 1 \\ 6 & -4 & -5 \end{bmatrix}$$

B.10 Determine la inversa de la matriz que se muestra, aplicando el método de Gauss-Jordan.

$$\mathbf{A} = \begin{bmatrix} 4 & 2 & 0 & -3 \\ 2 & 3 & -4 & 0 \\ 0 & -4 & 2 & -1 \\ -3 & 0 & -1 & 5 \end{bmatrix}$$

BIBLIOGRAFÍA

1. *ASCE Standard Minimum Design Loads for Buildings and Other Structures.* (1996) ANSI/ASCE 7-95, American Society of Civil Engineers, New York.
2. Arbabi, F. (1991) *Structural Analysis and Behavior.* McGraw-Hill, New York.
3. Bathe, K. J., and Wilson, E. L. (1976) *Numerical Methods in Finite Element Analysis.* Prentice Hall, Englewood Cliffs, N.J.
4. Beer, F. P., and Johnston, E. R., Jr. (1981) *Mechanics of Materials.* McGraw-Hill, New York.
5. Betti, E. (1872) *Il Nuovo Cimento.* Series 2, Vols. 7 and 8.
6. Boggs, R. G. (1984) *Elementary Structural Analysis,* Holt, Rinehart & Winston, New York.
7. Chajes, A. (1990) *Structural Analysis,* 2nd ed. Prentice Hall, Englewood Cliffs, N.J.
8. *Colloquim on History of Structures.* (1982) Proceedings, International Association for Bridge and Structural Engineering, Cambridge, England.
9. Cross, H. (1930) "Analysis of Continuous Frames by Distributing Fixed-End Moments." *Proceedings of the Ameri-can Society of Civil Engineers* 56, 919–928.
10. Elias, Z. M. (1986) *Theory and Methods of Structural Analysis.* Wiley, New York.
11. Gere, J. M., and Weaver, W., Jr. (1965) *Matrix Algebra for Engineers.* Van Nostrand Reinhold, New York.
12. Glockner, P. G. (1973) "Symmetry in Structural Mechanics." *Journal of the Structural Division, ASCE* 99, 71–89.
13. Hibbler, R. C. (1990) *Structural Analysis,* 2nd ed. Macmillan, New York.
14. Holzer, S. M. (1985) *Computer Analysis of Structures.* Elsevier Science, New York.
15. Kennedy, J. B., and Madugula, M. K. S. (1990) *Elastic* Analysis of Structures: Classical and Matrix Methods. Harper & Row, New York.
16. Laible, J. P. (1985) *Structural Analysis.* Holt, Rinehart & Winston, New York.
17. Langhaar, H. L. (1962) *Energy Methods in Applied Mechanics.* Wiley, New York.
18. Laursen, H. A. (1988) *Structural Analysis,* 3rd ed. McGraw-Hill, New York.
19. Leet, K. M. (1988) *Fundamentals of Structural Analysis.* Macmillan, New York.
20. McCormac, J. (1984) *Structural Analysis,* 4th ed. Harper & Row, New York.
21. McCormac, J., and Elling, R. E. (1988) *Structural Analysis: A Classical and Matrix Approach.* Harper & Row, New York.
22. McGuire, W., and Gallagher, R. H. (1979) *Matrix Structural Analysis.* Wiley, New York.
23. Maney, G. A. (1915) *Studies in Engineering,* Bulletin 1. University of Minnesota, Minneapolis.
24. *Manual for Railway Engineering.* (1980) American Railway Engineering Association, Chicago.
25. Maxwell, J. C. (1864) "On the Calculations of the Equilibrium and Stiffness of Frames." *Philosophical Magazine* 27, 294–299.
26. Noble, B. (1969) *Applied Linear Algebra.* Prentice Hall, Englewood Cliffs, N.J.
27. Norris, C. H., Wilbur, J. B., and Utku, S. (1976) *Elementary Structural Analysis,* 3rd ed. McGraw-Hill, New York.
28. Parcel, J. H., and Moorman, R. B. B. (1955) *Analysis of Statically Indeterminate Structures.* Wiley, New York.
29. Petroski, H. (1985) *To Engineer Is Human—The Role of Failure in Successful Design.* St. Martin's Press, New York.
30. Popov, E. P. (1968) *Introduction to Mechanics of Solids.* Prentice Hall, Englewood Cliffs, N.J.
31. Sack, R. L. (1989) *Matrix Structural Analysis.* PWS-KENT, Boston.
32. Smith, J. C. (1988) *Structural Analysis.* Harper & Row, New York.
33. Spillers, W. R. (1985) *Introduction to Structures.* Ellis Horwood, West Sussex, England.
34. *Standard Specifications for Highway Bridges,* 15th ed. (1992) American Association of State Highway and Transportation Officials, Washington, D.C.
35. Tartaglione, L. C. (1991) *Structural Analysis.* McGraw-Hill, New York.

36. Tezcan, S. S. (1963) Discussion of "Simplified Formulation of Stiffness Matrices," by P. M. Wright. *Journal of the Structural Division, ASCE* 89(6), 445–449.

37. Turner, J. J.; Clough, R. W.; Martin, H. C.; and Topp, L. J. (1956) "Stiffness and Deflection Analysis of Complex Structures." *Journal of Aeronautical Sciences* 23(9), 805–823.

38. *Uniform Building Code.* (1994) International Conference of Building Officials, Whittier, California.

39. Wang, C. K. (1983) *Intermediate Structural Analysis.* McGraw-Hill, New York.

40. West, H. H. (1989) *Analysis of Structures: An Integration of Classical and Modern Methods,* 2nd ed. Wiley, New York.

RESPUESTAS A PROBLEMAS SELECCIONADOS

Capítulo 2

2.1 Viga CD: $w = 662.3$ lb/ft; Viga maestra AE: $w = 111.3$ lb/ft; $P_C = 8279$ lb; $P_A = P_E = 4529$ lb

2.3 Viga BF: $w = 16.04$ kN/m; Viga maestra AD: $w = 1.97$ kN/m; $P_B = P_C = 80.2$ kN; $P_A = P_D = 41.85$ kN

2.5 Viga CD: $w = 480$ lb/ft; Viga maestra AE: $P_C = 6000$ lb; $P_A = P_E = 3000$ lb

2.7 Viga EF: $w = 180$ lb/ft; Viga maestra AG: $P_C = P_E = 1800$ lb; $P_A = P_G = 900$ lb; Columna A: $P = 2700$ lb

2.9 Lado de barlovento: -252.66 N/m^2 y 101.06 N/m^2; Lado de sotavento: -433.12 N/m^2

2.11 Muro de barlovento: 13.78 psf para $0 \le z \le 15$ ft; 15.89 psf para $z = 30$ ft; Muro de sotavento: -6.2 psf

2.13 Carga balanceada = 0.92 kN/m^2; Carga no balanceada = 1.2 kN/m^2

Capítulo 3

3.1 (a) Determinada; (b) Indeterminada, $i_e = 2$; (c) Indeterminada, $i_e = 1$; (d) Inestable

3.3 (a) Inestable; (b) Inestable; (c) Indeterminada, $i_e = 1$; (d) Inestable

3.5 $A_x = 0$; $A_y = 45.94$ k ↑; $B_y = 39.06$ k ↑

3.7 $A_x = 22.5$ k ←; $A^y = 0$; $M_A = 225$ k-ft ↻

3.9 $A_x = 0$; $A_y = 90$ k ↑; $B_y = 30$ k ↑

3.11 $R_A = 18.48$ k ↗; $B_x = 9.24$ k ←; $B_y = 32$ k ↑

3.13 Para $0 \le x \le 20$ m: $A_y = 45 - 2x$ kN ↑; $B_y = 5 + 2x$ kN ↑. Para 20 m $\le x \le 25$ m: $A_y = (25 - x)^2)5$ kN ↑; $B_y = (625 - x^2))5$ kN ↑

3.15 $A_x = 0$; $A_y = 85$ kN ↑; $B_y = 280$ kN ↑

3.17 $A_y = 13.33$ k ↑; $B_x = 25$ k ←; $B_y = 46.67$ k ↑

3.19 $A_x = 30$ k ←; $A_y = 10$ k ↑; $B_y = 70$ k ↑

3.21 $A_x = 35.8$ kN ←; $A_y = 97.7$ kN ↑; $R_B = 190.3$ kN ↖

3.23 $A_x = 10$ k ←; $A_y = 5$ k ↓; $B_x = 5$ k ←; $B_y = 15$ k ↑

3.25 $A_x = 0$; $A_y = 45$ k ↑; $B_y = 210$ k ↑; $C_y = 45$ k ↓

3.27 $A_x = 176.67$ kN →; $A_y = 356.67$ kN ↑; $B_x = 23.33$ kN →; $B_y = 3.33$ kN ↑

3.29 $A_x = 20$ kN →; $A_y = 197.33$ kN ↑; $B_x = 20$ kN ←; $B_y = 282.67$ kN ↑

3.31 $A_x = 0$; $A_y = 80$ kN ↑; $M_A = 0$; $B_y = 480$ kN ↑; $C_y = 80$ kN ↑

3.33 $A_y = 50$ kN ↓; $B_y = 475$ kN ↑; $C_x = 0$; $C_y = 225$ kN ↑; $M_C = 900$ kN · m ↻

3.35 $A_x = B_x = 62.5$ kN ←; $A_y = 62.5$ kN ↓; $B_y = 62.5$ kN ↑; $M_A = M_B = 187.5$ kN · m ↻

Capítulo 4

4.1 (a) Inestable; (b) Determinada; (c) Determinada; (d) Inestable

4.3 (a) Indeterminada, $i = 2$; (b) Indeterminada, $i = 1$; (c) Indeterminada, $i = 1$; (d) Determinada

4.5 (a) Inestable; (b) Inestable; (c) Determinada; (d) Inestable

4.7 $F_{AB} = 0$; $F_{AD} = 100$ kN (T); $F_{BD} = 100$ kN (C); $F_{DE} = 80$ kN (T)

4.9 $F_{AD} = 37.72$ k (C); $F_{AC} = 8.58$ k (C); $F_{CD} = 8.81$ k (T); $F_{DE} = 15$ k (C)

4.11 $F_{CD} = 200$ kN (T); $F_{CE} = 270$ kN (T); $F_{DE} = 250$ kN (C); $F_{DF} = 120$ kN (C)

4.13 $F_{DE} = 240$ kN (C); $F_{DK} = 75$ kN (C); $F_{EK} = 45$ kN (T); $F_{JK} = 300$ kN (T)

4.15 $F_{CD} = 1$ k (T); $F_{CE} = 4$ k (T); $F_{DE} = 3.61$ k (C); $F_{DF} = 3.16$ k (C)

4.17 $F_{CD} = 60$ k (T); $F_{CE} = 56.57$ k (T); $F_{CG} = 73.89$ k (T); $F_{EG} = 89.49$ k (C)

4.19 $F_{CE} = 73.64$ kN (C); $F_{DE} = 84.19$ kN (T); $F_{DF} = 6.87$ kN (T); $F_{EF} = 40$ kN (C)

4.21 $F_{BC} = 30$ k (T); $F_{BG} = 50$ k (T); $F_{CG} = 50$ k (C); $F_{CH} = 125$ k (T)

4.23 $F_{CD} = 210$ kN (C); $F_{CG} = F_{CH} = 42.4$ kN (C); $F_{GH} = 240$ kN (T)

4.25 $F_{AB} = 150$ kN (T); $F_{BD} = 62.5$ kN (C); $F_{BF} = 75$ kN (T); $F_{DF} = 125$ kN (C)

4.27 $F_{CD} = F_{DE} = 80$ k (T); $F_{CI} = 10$ k (C); $F_{HI} = 80$ k (C); $F_{DK} = 14.14$ k (T); $F_{JK} = 90$ k (C)

4.29 $F_{AC} = 7.73$ k (T); $F_{CD} = 31.5$ k (C); $F_{DF} = 10.82$ k (C)

4.31 $F_{BC} = F_{DE} = 53.33$ kN (T); $F_{CI} = F_{EJ} = 0$; $F_{IJ} = F_{JK} = 66.67$ kN (C)

4.33 $F_{CD} = 260.63$ kN (C); $F_{EJ} = 18$ kN (C); $F_{JK} = 275.17$ kN (T)

4.35 $F_{GJ} = 101.38$ kN (T); $F_{HJ} = 111.8$ kN (C); $F_{HL} = 111.8$ kN (T)

4.37 $F_{AB} = 5$ k (T); $F_{DG} = 0$; $F_{FG} = 2$ k (C)

4.39 $F_{CD} = 27.81$ k (T); $F_{CG} = 13.29$ k (T); $F_{GJ} = 16.78$ k (T); $F_{JK} = 21.25$ k (C)

4.41 $F_{AF} = 72$ kN (C); $F_{DH} = 84.85$ kN (T); $F_{GI} = 27.34$ kN (C); $F_{IJ} = 15$ kN (C)

4.43 $F_{AB} = F_{AC} = 0$; $F_{AD} = 101.6$ kN (C); $F_{BD} = 33.33$ kN (T)

4.45 $F_{AE} = 57.31$ kN (C); $F_{BE} = 68.78$ kN (C); $F_{CE} = 0$; $F_{DE} = 57.31$ kN (T)

Capítulo 5

5.1 $Q_A = 5$ k; $S_A = 9.17$ k; $M_A = 133.3$ k-ft; $Q_B = 0$; $S_B = -19.49$ k; $M_B = 58.5$ k-ft

5.3 $Q_A = 0$; $S_A = -16$ k; $M_A = 8$ k-ft; $Q_B = 0$; $S_B = 8$ k; $M_B = -76$ k-ft

5.5 $Q_A = 0$; $S_A = -22.5$ k; $M_A = -37.5$ k-ft; $Q_B = 0$; $S_B = 15$ k; $M_B = 0$

5.7 $Q_A = 52.57$ k; $S_A = -3.43$ k; $M_A = 108.5$ k-ft; $Q_B = 64.57$ k; $S_B = -19.43$ k; $M_B = -54.3$ k-ft

5.9 $S = P$; $M = P(x - L)$

5.11 $S = -wx$; $M = -wx^2)2$

5.13 $S = 0$; $M_x = -M$

5.15 Para $x = 0$ en B: $S = wx^2)(2L)$; $M = -wx^3)(6L)$

5.17 Para $0 \le x < 5$ ft: $S = -x^2)16$; $M = -x^3)48$. Para 5 ft $< x <$ 19 ft: $S = -(x^2)16) + 7.71$; $M = -(x^3)48) + 7.71\ (x - 5)$. Para 19 ft $< x \le 24$ ft: $S = -(x^2)16) + 36$; $M = -(x^3)48) + 36x - 576.06$

5.19 $S = 36.67 - 2x - (x^2)45)$; $M = 36.67x - x^2 - (x^3)135)$

5.21 Para $0 \le x < 5$ m: $S = -x^2$; $M = -x^3)3$. Para 5 m $< x <$ 10 m: $S = -x^2 + 82.5$; $M = -(x^3)3) + 82.5\ (x - 5)$. Con $x_1 = 0$ en E, para $0 \le x_1 < 5$ m: $S = 1.25x_1^2$; $M = -1.25x_1^3)3$. Para 5 m $< x_1 < 8$ m: S 5 $1.25\ x_1^2 - 97.5$; $M = -(1.25x_1^3)3) + 97.5(x_1 - 5)$

5.23 $S_{A,D} = S_{B,I} = 160$ kN; $S_{B,D} = S_{C,I} = 60$ kN; $M_A = -1140$ kN · m; $M_B = -180$ kN · m

5.25 $S_{A,D} = 57.5$ kN; $S_B = S_{C,I} = -2.5$ kN; $S_{C,D} = S_{D,I} = -52.5$ kN; $M_B = 110$ kN · m; $M_C = 105$ kN · m; $M_{máx} = 110.2$ kN · m a 3.83 m desde A

5.27 $S_{A,D} = S_{B,I} = 60$ kN; $S_{B,D} = S_C = S_{D,I} = -90$ kN; $M_B = 300$ kN · m; $M_{C,I} = -150$ kN · m; $M_{C,D} = 450$ kN · m

5.29 $S_{B,I} = -75$ kN; $S_{B,D} = 89.1$ kN; $S_{C,I} = -110.9$ kN; $S_{C,D} = 100$ kN; $M_B = -112.5$ kN · m; $M_C = -200$ kN · m; $+M_{máx} = 46.2$ kN · m a 6.56 m desde A

5.31 $S_{A,D} = 109.5$ kN; $S_{B,I} = 37.5$ kN; $S_{B,D} = -112.5$ kN; $S_{C,I} = -184.5$ kN; $S_{C,D} = 120$ kN; $S_{D,I} = 60$ kN; $M_B = 441$ kN · m; $M_C = -450$ kN · m

5.33 $S_{A,D} = 165$ kN; $S_{C,I} = -75$ kN; $S_{C,D} = 60$ kN; $M_A = -1260$ kN · m; $M_C = -180$ kN · m; $+M_{máx} = 101.25$ kN · m a 7.5 m hacia la izquierda de C

5.35 $S_{A,D} = S_{B,I} = 33.33$ kN; $S_{B,D} = S_{D,I} = -66.67$ kN; $S_{D,D} = S_{E,I} = -266.67$ kN; $S_{E,D} = 316.67$ kN; $S_{F,I} = 16.67$ kN; $M_B = 333.3$ kN · m; $M_D = -333.3$ kN · m; $M_E = -1666.7$ kN · m

5.37 $S_{A,D} = 7.5$ k; $S_{C,I} = -22.5$ k; $S_{C,D} = 22.5$ k; $S_{E,I} = -7.5$ k; $S_{E,D} = 4.17$ k; $S_{F,I} = -10.83$ k; $S_{F,D} = 10$ k; $M_C = -225$ k-ft; $M_F = -50$ k-ft; $+M_{máx} = 28.13$ k-ft, a 22.5 ft hacia la izquierda y hacia la derecha de C

5.39 $S_B = 2$ k; $S_C = -2$ k; $M_B = M_C = 4$ k-ft; $M_{máx} = 6$ k-ft a 6 ft desde A

5.41 (a) $a = 10$ ft; (b) $S_{A,D} = S_{C,I} = 40$ k; $S_{C,D} = S_{D,I} = -20$ k; $M_A = -400$ k-ft; $M_C = 400$ k-ft

5.43 (a) Indeterminado, $i = 2$; (b) Determinado; (c) Inestable; (d) Indeterminado, $i = 24$

5.45 Miembro AB: $S_{máx} = 48$ kN; $M_{máx} = 120$ kN · m; $Q_{máx} = -104$ kN
Miembro BC: $S_{máx} = -48$ kN; $M_{máx} = 96$ kN · m; $Q = -24$ kN

5.47 Miembro AB: $S_{máx} = 200$ kN; $M_{máx} = 1560$ kN · m; $Q = -80$ kN
Miembro BC: $S = 80$ kN; $M_{máx} = 560$ kN · m; $Q = 0$

5.49 Miembro AB: $S = -90$ kN; $M_{máx} = 720$ kN · m; $Q = -111$ kN
Miembro BC: $S_{máx} = 111$ kN; $M_{máx} = 720$ kN · m; $Q = -90$ kN
Miembro CD: $S_{máx} = 90$ kN; $M_{máx} = 360$ kN · m; $Q = -39$ kN

5.51 Miembro AB: $S = 60$ kN; $M_{máx} = 240$ kN · m; $Q_{máx} = -4.72$ kN
Miembro BC: $S_{máx} = -66.8$ kN; $M_{máx} = 250$ kN · m; $Q_{máx} = 55.8$ kN
Miembro CD: $S = M = 0$; $Q = -84.72$ kN

5.53 Miembro AB: $S_{máx} = 64.5$ kN; $M_{máx} = 322.5$ kN · m; $Q = 0$
Miembro BD: $S_{máx} = -180$ kN; $M_{máx} = 810$ kN · m; $Q = -10.5$ kN

5.55 Miembro CG: $S_{máx} = -90.75$ kN;
$M_{máx} = 266.3$ kN · m; $Q_{máx} = -39.38$ kN
Miembro AD: $S_{máx} = -39.38$ kN; $M_{máx} = 76.9$ kN · m;
$Q = -104.25$ kN
Miembro BF: $S = 39.38$ kN; $M_{máx} = 236.3$ kN · m;
$Q = -120.75$ kN

Capítulo 6

6.1 $\theta = \dfrac{M}{EI}\left(x - \dfrac{L}{2}\right); y = \dfrac{Mx}{2EI}(x - L)$

6.3 $\theta = \dfrac{M}{6EIL}(6x^2 - 6Lx + L^2);$

$$y = \frac{Mx}{6EIL}(2x^2 - 3Lx + L^2)$$

6.5 Para $0 \le x \le L$:

$$\theta = \frac{PaL}{6EI}\left(1 - 3\frac{x^2}{L^2}\right); y = \frac{PaLx}{6EI}\left(1 - \frac{x^2}{L^2}\right)$$

Para $L \le x \le (L + a)$:

$$\theta = \frac{PL}{EI}\left[\frac{x^2}{2L} - x\left(1 + \frac{a}{L}\right) + \frac{L}{2} + \frac{2a}{3}\right];$$

$$y = \frac{PL}{EI}\left[\frac{x^3}{6L} - \frac{x^2}{2}\left(1 + \frac{a}{L}\right) + x\left(\frac{L}{2} + \frac{2a}{3}\right) - \frac{L}{6}(L + a)\right]$$

6.7 y 6.28 $\theta_B = wL^3/(6EI)$ ↻; $\Delta_B = wL^4/(8EI)$ ↓

6.9 y 6.30 $\theta_B = 3PL^2/(16EI)$ ↻;
$\Delta_B = 5PL^3/(96EI)$ ↓;
$\theta_C = 5PL^2/(16EI)$ ↻;
$\Delta_C = 3PL^3/(16EI)$ ↓

6.11 y 6.32 $\theta_B = 0.0918$ rad ↻; $\Delta_B = 0.203$ m ↓;
$\theta_C = 0.155$ rad ↻; $\Delta_C = 1.73$ m ↓

6.13 y 6.34 3180 in^4

6.15 y 6.36 14412 in^4

6.17 y 6.38 3033 in^4

6.19 y 6.40 136 mm ↓

6.21 y 6.42 0.124 in ↓

6.23 y 6.44 13.1 mm ↓

6.25 y 6.46 $\theta_B = 0.0099$ rad ↻; $\Delta_B = 0.86$ in ↓;
$\theta_D = 0.0084$ rad ↺; $\Delta_D = 1.44$ in ↓

Capítulo 7

7.1 y 7.41 $\Delta_{BH} = 0.0191$ in →; $\Delta_{BV} = 0$

7.3 y 7.43 $\Delta_{BH} = 0.968$ in ←; $\Delta_{BV} = 2.229$ in ↓

7.5 9.1 mm ↓

7.7 23 mm →

7.9 3050 mm^2

7.11 11.91 in^2

7.13 11.07 in^2

7.15 0.175 in ←

7.17 2.07 in ←

7.19 $\theta_B = PL^2/(2EI)$ ↻; $\Delta_B = PL^3/(3EI)$ ↓

7.21 y 7.47 0.498 in ↓

7.23 y 7.49 0.0048 in ↑

7.25 11340 (10^6) mm^4

7.27 y 7.50 $\theta_D = 0.0071$ rad ↻; $\Delta_D = 0.62$ in ↓

7.29 105 mm ↓

7.31 2.27 in →

7.33 19.2 mm ↓

7.35 y 7.53 0.182 m →

7.37 2225 in^4

7.39 0.00386 rad ↻

Capítulo 8

8.1 A_y: 1 en A; 0 en C
C_y: 0 en A; 1 en C
S_B: 0 en A y C; –0.5 en B_L; 0.5 en B_R
M_B: 0 en A y C; 7.5 en B

8.3 A_y: 1 en A; 0 en C; –0.25 en D
C_y: 0 en A; 1.25 en D
S_B: 0 en A y C; –0.5 en B_L; 0.5 en B_R; – 0.25 en D
M_B: 0 en A y C; 2 en B; –1 en D

8.5 A_y: 1 en A y C
M_A: 0 en A; 36 en C
S_B: 0 en A y B_L; 1 en B_R y C
M_B: 0 en A y B; –12 en C

8.7 S_E: 0 en B, D y E_L; 1 en E_R y F
M_E: 0 en B, D y E; –3 en F

8.9 A_y: 1 en A; 0 en C y D
D_y: 0 en A; 1 en C y D
M_D: 0 en A y D; –6 en C

8.11 A_y: 0 en B; 1.5 en E
B_y: 1 en B; 0 en D; –0.5 en E
S_C: 0 en B y D; –0.5 en C_L; 0.5 en C_R; –0.5 en E
M_C: 0 en B y D; 6 en C; –6 en E

8.13 A_y: 1 en B y D
M_A: 0 en B; 10 en D
S_C: 0 en B y C_L; 1 en C_R y D
M_C: 0 en B y C; –5 en D

8.15 A_y: 1 en A; 0 en C, D, F y G
D_y: 0 en A y F; 2 en C; 1 en D; –1 en G
F_y: 0 en A y D; –1 en C; 1 en F; 2 en G

8.17 S_E: 0 en A, D y F; 1 en C; – 0.5 en E_L; 0.5 en E_R; – 1 en G
M_E: 0 en A, D y F; –3 en + y G; 1.5 en E

8.19 A_y: 1 en A; 0 en B, C, D, E, y G
C_y: 0 en A, D, E, y G; 1.5 en B; 1 en C
E_y: 0 en A, C, y G; –1 en B; 2 en D; 1 en E
G_y: 0 en A, C, y E; 0.5 en B; –1 en D; 1 en G

8.21 S_F: 0 en A, C, E, y G; –0.5 en B; 1 en D; –0.5 en FL; 0.5 en F_R
M_F: 0 en A, C, E, y G; 7.5 en B y F; –15 en D

8.23 S_C: 0 en A, B, D y F; –0.5 en C_L; 0.5 en C_R y G; –0.667 en E
M_C: 0 en A, B, D y F; 1.5 en + y G; –2 en E

8.25 S_C: 0 en A, B, D, E y G; –0.5 en C_L; 0.5 en C_R
M_C: 0 en A, B, D, E y G; 5 en C
S_F: 0 en A, B, E, y G; 0.667 en D; –0.5 en F_L; 0.5 en F_R
M_F: 0 en A, B, E, y G; –10 en D; 7.5 en F

8.27 S_B: 0 en A, B_L, D y F; 1 en B_R y C
M_B: 0 en A, B, D y F; –5 en C
S_E: 0 en A, C, E_R, y F; –1 en D y E_L
M_E: 0 en A, C, E, y F; –3 en D

8.29 S_C: 0 en A, B, CL, F, G y H; 1 en C_R y D
M_C: 0 en A, B, C, F, G y H; –15 en D
S_E: 0 en A, B, D, F, G y H; –0.5 en E_L; 0.5 en E_R
M_E: 0 en A, B, D, F, G, y H; 7.5 en E

8.31 A_y:1 en B, C y D; 0 en F
M_A: –5 en B; 0 en C y F; 5 en D
F_y: 0 en B, C y D; 1 en F
S_E: 0 en B, C, D, y F; –0.5 en E_L; 0.5 en E_R
M_E: 0 en B, C, D, y F; 2.5 en E

8.33 A_y: 1 en D; 0 en F y H; –0.75 en G
B_y: 0 en D y H; 1 en F; 1.75 en G
C_y: 0 en D, F y G; 1 en H
S_E: 0 en D, F y H; –0.5 en E_L; 0.5 en E_R; –0.75 en G
M_E: 0 en D, F y H; 2 en E; –3 en G

8.35 S_{CD}: 0 en A y E; –0.5 en C; 0.5 en D; –1 en G
M_C: 0 en A y E; 15 en C; –15 en G

8.37 S_{BC}: 0 en A y B; 1 en C y D
M_B: 0 en A y B; – 4 en C; –8 en D

8.39 F_{DH}: 0 en A, B, C y E; 1 en D
F_{CD}: 0 en A y E; 1 en D
F_{GH}: 0 en A y E; –1.33 en C
F_{CH}: 0 en A y E; 0.833 en C; –0.417 en D

8.41 F_{DE}: 0 en A, B, + y D; –0.667 en E
F_{CG}: 0 en A y D; –0.401 en B y E; 0.401 en C
F_{GH}: 0 en A y D; – 0.889 en C; 0.889 en E
F_{BC}: 0 en A y D; 0.667 en B y C; –0.667 en E

8.43 F_{CD}: –1.6 en A; 0 en C, D, E, F y G
F_{CI}: –1.8 en A; 0 en C y E; –0.5 en D; 1 en G
F_{DI}: 1.494 en A; 0 en C y E; 0.534 en D; –1.067 en G
F_{DJ}: –0.333 en A y G; 0 en C y E; 0.167 en D

8.45 F_{AB}: 0 en A y G; –1.11 en B
F_{DI}: 0 en A y G; 0.556 en C; –0.833 en D
F_{IJ}: 0 en A y G; 2 en D
F_{CI}: 0 en A y G; –0.333 en C; 0.5 en D

8.47 F_{BC}: 0 en E, F y G; –4.123 en D
F_{BF}: 0 en E, F y D; 0.5 en G
F_{BG}: 0 en E, F y D; –2.236 en G
F_{FG}: 0 en E y F; 2 en G; 4 en D

8.49 F_{AD}: 0 en C y E; –1 en D; 1 en F
F_{BD}: 0 en C, D y E; –1.67 en F
F_{CD}: 1.33 en C; 0 en D, E y F

8.51 Δ_B: 0 en A y C; –562.5/(EI) en B

8.53 Δ_D: 0 en A y C; –13.33/(EI) en D

Capítulo 9

9.1 Positiva máxima S_B = 95 kN; negativa máxima S_B = –117.5 kN; positivo máximo M_B = 740 kN · m; negativo máximo M_B = –10 kN · m

9.3 Positiva máxima S_C = 295.9 kN; negativa máxima S_C = –154.2 kN; positivo máximo M_C = 1316.7 kN · m; negativo máximo M_C = –850 kN · m

9.5 Positiva máxima S_F = 74.16 k; negativa máxima S_F = –14.17 k; positivo máximo M_F = 437.5 k-ft; negativo máximo M_F = –887.5 k-ft

9.7 Máxima de compresión F_{AB} = 1920 kN (C); máxima de tensión F_{EF} = 960 kN (T)

9.9 S_B = 48 kN; M_B = 144 kN · m

9.11 350 kN · m

9.13 36.67 k (C)

9.15 245 kN

9.17 232.7 kN · m

9.19 831.3 kN · m

Capítulo 10

10.13 F_{DE} = 240 kN (C); F_{DK} = 75 kN (C); F_{EK} = 45 kN (T); F_{JK} = 300 kN (T)

10.15 F_{AE} = 16.78 k (C); F_{CE} = 7.07 k (C); F_{CG} = 10.34 k (T); F_{EG} = 23.86 k (C)

10.17 B_X^{BE} = 14 k ←; B_Y^{BE} = 31.5 k ↑; E_X^{BE} = 14 k →; E_Y^{BE} = 31.5 k ↓; M_E^{BE} = 168 k-ft ↻

Capítulo 12

12.1 $S_L = S_R$ = 15 k ↑; M_L = 27 k-ft ↻; M_R = 27 k-ft ↻

12.3 $S_L = S_R = 30$ kN $\uparrow$; $M_L = 16.2$ kN · m ↻;
$M_R = 16.2$ kN · m ↻

12.5 Miembro AC: $Q = 13.5$ k (T); $S = 12.5$ k; $M = 75$ k-ft
Miembro BD: $Q = 13.5$ k (C); $S = 12.5$ k; $M = 75$ k-ft
Miembro CD: $Q = 7.5$ k (C); $S = 10.5$ k; $M = 105$ k-ft
Miembro EF: $Q = 5$ k (C); $S = 3$ k; $M = 30$ k-ft

12.7 Miembro AD: $Q = 16.67$ kN (C); $S = 15$ kN;
$M = 120$ kN · m
Miembro CF: $Q = 16.67$ kN (T); $S = 15$ kN;
$M = 120$ kN · m
Miembro DE: $Q = 10$ kN (C); $S = 13.33$ kN;
$M = 160$ kN · m
Miembro HI: $Q = 15$ kN (C); $S = 3.33$ kN;
$M = 40$ kN · m

12.9 Miembro AD: $Q = 10.5$ k (C); $S = 10$ k; $M = 60$ k-ft
Miembro CF: $Q = 14$ k (T); $S = 10$ k; $M = 60$ k-ft
Miembro DE: $Q = 6.25$ k (C); $S = 8.25$ k; $M = 82.5$ k-ft
Miembro HI: $Q = 11.25$ k (C); $S = 3$ k; $M = 22.5$ k-ft

12.11 Miembro AE: $Q = 7.33$ k (T); $S = 6.25$ k; $M = 50$ k-ft
Miembro CG: $Q = 9.67$ k (C); $S = 12.5$ k; $M = 100$ k-ft
Miembro EF: $Q = 12.5$ k (C); $S = 5.33$ k; $M = 80$ k-ft
Miembro JK: $Q = 7.5$ k (C); $S = 6$ k; $M = 60$ k-ft

12.13 Miembro AD: $Q = 26.05$ kN (T); $S = 26.05$ kN;
$M = 104.2$ kN · m
Miembro EF: $Q = 13.96$ kN (C); $S = 22.33$ kN;
$M = 55.83$ kN · m

12.15 Miembro AD: $Q = 23.33$ kN (T); $S = 20$ kN;
$M = 40$ kN · m
Miembro FI: $Q = 5$ kN (C); $S = 7.5$ kN;
$M = 15$ kN · m
Miembro EF: $Q = 12.5$ kN (C); $S = 18.33$ kN;
$M = 55$ kN · m
Miembro GH: $Q = 22.5$ kN (C); $S = 5$ kN;
$M = 15$ kN · m

12.17 Miembro AE: $Q = 11$ kN (T); $S = 10.16$ kN;
$M = 30.48$ kN · m
Miembro CG: $Q = 3$ kN (C); $S = 19.86$ kN;
$M = 59.58$ kN · m
Miembro FG: $Q = 19.97$ kN (C); $S = 11.85$ kN;
$M = 35.55$ kN · m
Miembro JK: $Q = 10.01$ kN (C); $S = 2.15$ kN;
$M = 6.45$ kN · m

Capítulo 13

13.1 y 13.5 $A_y = 32.78$ k $\uparrow$; $M_A = 116.7$ k-ft ↻;
$D_y = 12.22$ k $\uparrow$

13.3 y 13.7 $A_y = 28.13$ kN $\uparrow$; $C_y = 91.87$ kN $\uparrow$;
$M_C = 307.4$ kN · m ↻

13.9 y 13.30 $A_y = 2.62$ k $\uparrow$; $C_y = 23.44$ k $\uparrow$;
$E_y = 8.94$ k $\uparrow$

13.11 y 13.32 $A_y = E_y = 15.63$ k $\uparrow$; $C_y = 68.75$ k $\uparrow$

13.13 $A_y = 28.36$ k $\uparrow$; $C_y = 85.78$ k $\uparrow$; $D_y = 20.86$ k $\uparrow$

13.15 y 13.58 $A_y = 1.88$ k $\downarrow$; $M_A = 18.8$ k-ft ↻;
$B_y = 31.88$k $\uparrow$

13.17 $A_y = (13\ wL)/32$ $\uparrow$; $B_y = (17\ wL)/16$ $\uparrow$;
$C_y = (33\ wL)/32$ $\uparrow$

13.19 $A_X = 1.9$ k $\leftarrow$; $A_Y = 12.8$ k $\uparrow$; $D_X = 13.1$ k $\leftarrow$;
$D_Y = 7.2$ k $\uparrow$

13.21 $A_X = 5.7$ k $\rightarrow$; $A_Y = 50.1$ k $\uparrow$; $C_X = 9.3$ k $\rightarrow$;
$C_Y = 24.9$ k $\uparrow$

13.23 $A_X = 0$; $A_Y = 8.23$ kN $\downarrow$; $M_A = 675.8$ kN · m ↻;
$B_Y = 98.23$ kN $\uparrow$

13.25 $A_X = 30$ k $\leftarrow$; $A_Y = 0$; $M_A = 160.8$ k-ft ↻;
$B_Y = 2.14$ k $\downarrow$; $D_Y = 2.14$ k $\uparrow$

13.27 $A_x = 10$ k $\leftarrow$; $A_y = 11.7$ k $\uparrow$; $C_y = 41.5$ k $\uparrow$;
$D_y = 6.8$ k $\uparrow$

13.29 $A_x = 2.7$ kN $\leftarrow$; $A_y = 20$ kN $\downarrow$; $B_x = 57.3$ kN $\leftarrow$;
$B_y = 100$ kN $\uparrow$

13.35 $F_{AB} = 51.6$ k (C); $F_{DE} = 55.1$ k (T); $F_{AD} = 18.7$ k (C);
$F_{BE} = 1.3$ k (T); $F_{AE} = 35.6$ k (C); $F_{BD} = 31.1$ k (T)

13.37 $A_y = 13.9$ k $\uparrow$; $M_A = 31.5$ k-ft ↻; $B_y = 34.3$ k $\uparrow$;
$C_y = 11.8$ k $\uparrow$

13.39 $A_y = 4.6$ k $\uparrow$; $C_y = 19.3$ k $\uparrow$; $E_y = 44.5$ k $\uparrow$;
$G_y = 6.6$ k $\uparrow$

13.41 $A_y = G_y = 23$ k $\uparrow$; $B_y = F_y = 63$ k $\uparrow$;
$D_y = 48$ k $\uparrow$

13.43 $A_X = 15$ k $\rightarrow$; $A_Y = 34.13$ k $\uparrow$; $E_X = 10$ k $\rightarrow$;
$E_Y = 30.87$ k $\uparrow$; $M_E = 122.4$ k-ft

13.45 $A_X = 4.29$ k $\leftarrow$; $A_Y = 23.25$ k $\uparrow$; $M_A = 107.9$ k-ft ↻;
$B_X = 15.71$ k $\leftarrow$; $B_Y = 36.75$ k $\uparrow$; $M_B - 222.1$ k-ft ↻

13.47 $A_x = 10.04$ k $\rightarrow$; $A_y = 13.77$ k $\uparrow$; $C_y = 6.23$ k $\uparrow$;
$D_x = 10.04$ k $\leftarrow$; $F_{BD} = 12.16$ k(T)

13.49 $A_y = 43.07$ k $\uparrow$; $M_A = 271.1$ k-ft ↻; $D_y = 1.93$ k $\uparrow$

13.51 $A_y = 56.7$ kN $\uparrow$; $B_y = 477.4$ kN $\uparrow$; $C_y = 215.9$ kN $\uparrow$

13.53 $A_y = 73.6$ k $\uparrow$; $M_A = 561$ k-ft ↻; $B_y = 49.8$ k $\downarrow$;
$C_y = 36.2$ k $\uparrow$

13.55 $F_{BC} = F_{EF} = 37.34$ kN (C); $F_{BF} = F_{CE}$
$= 46.67$ kN(T)

13.57 $F_{AB} = 3.35$ k (C); $F_{AC} = F_{BC} = 9.46$ k (T);
$F_{CD} = 13.38$ k (T)

13.61 10.9 k (T)

Capítulo 14

14.1 y 14.2 A_y: 1 en A; 0.852 en B; 0 en C
M_A: 0 en A y C; 2.78 en B
C_y: 0 en A; 0.148 en B; 1 en C

S_B: 0 en A y C; – 0.148 en B_L; 0.852 en B_R
M_B: 0 en A y C; 1.48 en B

14.3 B_y: 1.5 en A; 1 en B; 0.519 en C; 0 en D
S_C: 0.5 en A; 0 en B y D; –0.481 en C_L; 0.519 en C_R
M_C: –1.5 en A; 0 en B y D; 1.56 en C

14.5 A_y: 1 en A; 0 en B y D; –0.047 en C; 0.063 en E
B_y: 0 en A y D; 1 en B; 0.594 en C; –0.625 en E
D_y: 0 en A y B; 0.453 en C; 1 en D; 1.563 en E
S_C: 0 en A, B y D; –0.453 en C_L; 0.547 en C_R; – 0.563 en E
M_C: 0 en A, B y D; 1.81 en C; –1.75 en E

14.7 F_{BC}: 0 en C; 0.833 en D; 0.938 en E
F_{CD}: 0 en C; 0.667 en D; 1.917 en E

14.9 B_y: 1.643 en A; 1 en B; 0.393 en C; 0 en D y E; –0.054 en x = 20 ft
D_y: –0.857 en A; 0 en B y E; 0.767 en C; 1 en D; 0.447 en x = 20 ft
S_C: 0.643 en A; 0 en B, D y E; –0.607 en C_L; 0.393 en C_R; –0.054 en x = 20 ft
M_C: –1.79 en A; 0 en B, D y E; 1.97 en C; –0.27 en x = 20 ft

14.11 C_y: 0 en A y D; 0.582 en B; 1 en C
F_{BC}: 0 en A, C y D; 0.11 en B
F_{CE}: 0 en A, C y D; –0.252 en B
F_{EF}: 0 en A, C y D; –0.203 en B

Capítulos 15 y 16

15.1 y 16.1 M_{AC} = 50.6 k-ft ↺; M_{CA} = 58.8 k-ft ↻;
M_{CE} = 58.8 k-ft ↺; M_{EC} = 26.9 k-ft ↻

15.3 y 16.3 M_{AB} = 100 kN · m ↻; M_{BA} = 200 kN · m ↻;
M_{BE} = 200 kN · m ↺; M_{EB} = 500 kN · m ↻

15.5 y 16.5 $M_{AB} = M_{CB}$ = 0; M_{BA} = 781 kN · m ↻;
M_{BC} = 781 kN · m ↺

15.7 y 16.7 M_{AB} = 561 k-ft ↺; M_{BA} = 315 k-ft ↺;
M_{BC} = 315 k-ft ↻; M_{CB} = 0

15.9 y 16.9 M_{AB} = 103.5 kN · m ↺; M_{BA} = 113 kN · m ↻;
M_{BC} = 113 kN · m ↺; M_{CB} = 85 kN · m ↻;
M_{CE} = 85 kN · m ↺; M_{EC} = 47.5 kN · m ↻

15.11 y 16.11 M_{AC} = 92.8 kN · m ↺;
M_{CA} = 114.3 kN · m ↻;
M_{CD} = 114.3 kN · m ↺; M_{DC} = 250 kN · m ↻

15.13 y 16.13 $M_{AB} = M_{ED}$ = 0; $M_{BA} = M_{DC}$ = 57.9 kN · m ↻;
$M_{BC} = M_{DE}$ = 57.9 kN · m ↺;
M_{CB} = 38.6 kN · m ↻;
M_{CD} = 38.6 kN · m ↺

15.15 y 16.15 M_{AB} = 68.6 kN · m ↺; M_{BA} = 183 kN · m ↻;
M_{BC} = 183 kN · m ↺; M_{CB} = 29 kN · m ↺;
M_{CE} = 29 kN · m ↻; M_{EC} = 170.2 kN · m ↻

15.17 y 16.17 M_{AC} = 9.4 kN · m ↻;
M_{CA} = 187.5 kN · m ↻;
M_{CD} = 187.5 kN · m ↺; M_{DC} = 0

15.19 y 16.19 $M_{AD} = M_{CD} = M_{ED}$ = 0; M_{DA} = 65 k-ft ↺;
M_{DC} = 102.5 k-ft ↻; M_{DE} = 37.5 k-ft ↺

15.21 y 16.21 M_{AC} = 58.6 kN · m ↻;
M_{CA} = 286 kN · m ↻;
M_{CD} = 286 kN · m ↺; M_{DC} = 0

15.23 y 16.23 M_{AC} = 0; M_{DE} = 100 k-ft ↺;
M_{CA} = 69.6 k-ft ↻;
M_{BC} = 301.5 k-ft ↺; M_{CB} = 37 k-ft ↺;
M_{CD} = 32.1 k-ft ↺; M_{DC} = 100 k-ft ↻

15.25 y 16.25 M_{AC} = 107.8 k-ft ↺;
M_{CA} = 20.8 k-ft ↺;
M_{BD} = 222 k-ft ↺; M_{DB} = 249.2 k-ft ↺;
M_{CD} = 20.8 k-ft ↻; M_{DC} = 249.2 k-ft ↻

15.27 y 16.27 M_{AB} = 127 k-ft a; M_{BA} = 103.4 k-ft ↺;
M_{BC} = 103.4 k-ft ↻; M_{CB} = 0

15.29 y 16.29 M_{AC} = 11.7 kN · m ↺;
M_{CA} = 43.9 kN · m ↻;
M_{CD} = 43.9 kN · m ↺; M_{DC} = 14.7 kN · m ↻;
M_{DB} = 14.7 kN · m ↺; M_{BD} = 0

15.31 y 16.31 $M_{AC} = M_{BD}$ = 119 k-ft ↺;
$M_{CA} = M_{DB}$ = 83.5 k-ft ↺;
$M_{CE} = M_{DF}$ = 23.3 k-ft ↺;
$M_{EC} = M_{FD}$ = 44.2 k-ft ↺;
$M_{CD} = M_{DC}$ = 106.8 k-ft ↻;
$M_{EF} = M_{FE}$ = 44.2 k-ft ↻

Capítulo 17

17.1 Q_1 = 53.5 k (T); Q_2 = 47.7 k (C)

17.3 Q_1 = 102.8 kN (T); Q_2 = 28.6 kN (C);
Q_3 = 145.4 kN (C)

17.5 $\mathbf{Q}_1 = \begin{bmatrix} 104.4\text{ kN} \\ 394\text{ kN}\cdot\text{m} \\ -104.4\text{ kN} \\ 232\text{ kN}\cdot\text{m} \end{bmatrix}$ $\mathbf{Q}_2 = \begin{bmatrix} -45.6\text{ kN} \\ -232\text{ kN}\cdot\text{m} \\ 45.6\text{ kN} \\ -178\text{ kN}\cdot\text{m} \end{bmatrix}$

17.7 $\mathbf{Q}_1 = \begin{bmatrix} 9.36\text{ k} \\ 14.72\text{ k} \\ 37.65\text{ k-ft} \\ -0.36\text{ k} \\ 15.29\text{ k} \\ -41.92\text{ k-ft} \end{bmatrix}$ $\mathbf{Q}_2 = \begin{bmatrix} 15.28\text{ k} \\ 9.36\text{ k} \\ 41.92\text{ k-ft} \\ -15.28\text{ k} \\ 10.64\text{ k} \\ -54.65\text{ k-ft} \end{bmatrix}$

17.9 $\mathbf{Q}_1 = \begin{bmatrix} 23.26\text{ k} \\ 4.3\text{ k} \\ 108\text{ k-ft} \\ -23.26\text{ k} \\ -4.3\text{ k} \\ 21\text{ k-ft} \end{bmatrix}$ $\quad \mathbf{Q}_2 = \begin{bmatrix} 15.7\text{ k} \\ 23.26\text{ k} \\ -21\text{ k-ft} \\ -15.7\text{ k} \\ 36.74\text{ k} \\ -249\text{ k-ft} \end{bmatrix}$

$\mathbf{Q}_3 = \begin{bmatrix} 36.74\text{ k} \\ 15.7\text{ k} \\ 222\text{ k-ft} \\ -36.74\text{ k} \\ -15.7\text{ k} \\ 249\text{ k-ft} \end{bmatrix}$

Apéndice B

B.1 $\mathbf{C} = \begin{bmatrix} 18 & -11 & 18 \\ -11 & 19 & 28 \\ 18 & 28 & 4 \end{bmatrix}$

B.3 $C = -26$; $\mathbf{D} = \begin{bmatrix} -12 & 8 & -4 \\ 6 & -4 & 2 \\ -30 & 20 & -10 \end{bmatrix}$

B.5 $(\mathbf{AB})^T = \mathbf{B}^T\mathbf{A}^T = \begin{bmatrix} -6 & -27 & 2 \\ -30 & -14 & -28 \end{bmatrix}$

B.7 $x_1 = -7$; $x_2 = 3$; $x_3 = -5$

B.9 $\mathbf{A}^{-1} = \begin{bmatrix} 0.42 & 0.22 & -0.04 \\ 0.08 & 0.28 & 0.04 \\ 0.44 & 0.04 & -0.28 \end{bmatrix}$

ÍNDICE

A

B

C